An Introduction to
the World's Oceans

10th Edition

认识海洋

全彩插图：第10版

[美] 基斯 · A. 斯韦德鲁普（Keith A. Sverdrup）
[美] E. 弗吉尼亚 · 安布拉斯特（E. Virginia Armbrust）
——————— 著

魏友云
——————— 译

U0347075

海峡出版发行集团 THE STRAITS PUBLISHING & DISTRIBUTING GROUP | 福建教育出版社

图书在版编目（CIP）数据

认识海洋:全彩插图:第10版 / (美) 基斯 · A.斯韦德鲁普, (美) E.弗吉尼亚 · 安布拉斯特著 ; 魏友云译. -- 福州 : 福建教育出版社, 2020.3

ISBN 978-7-5334-8576-4

Ⅰ.①认… Ⅱ.①基… ②E… ③魏… Ⅲ.①海洋学—普及读物 Ⅳ.①P7-49

中国版本图书馆CIP数据核字(2019)第219815号

Keith A. Sverdrup, E. Virginia Armbrust
An Introduction to the World`s Oceans, 10e
ISBN 0-07-337670-7
Copyright © 2009 by McGraw-Hill Education
All Rights reserved. No part of this publication may be reproduced or transmitted in any form or by any means, electronic or mechanical, including without limitation photocopying, recording, taping, or any database, information or retrieval system, without the prior written permission of the publisher.
This authorized Chinese translation edition is jointly published by McGraw-Hill Education and Fujian Education Press. This edition is authorized for sale in the People's Republic of China only, excluding Hong Kong, Macao SAR and Taiwan.
Translation Copyright © 2020 by McGraw-Hill Education and Fujian Education Press.

版权所有。未经出版人事先书面许可，对本出版物的任何部分不得以任何方式或途径复制传播，包括但不限于复印、录制、录音，或通过任何数据库、信息或可检索的系统。
本授权中文简体字翻译版由麦格劳-希尔教育出版公司和福建教育出版社合作出版。此版本经授权仅限在中华人民共和国境内（不包括香港特别行政区、澳门特别行政区和台湾）销售。
版权©2020 由麦格劳-希尔教育出版公司与福建教育出版社所有。
本书封面贴有McGraw-Hill Education 公司防伪标签，无标签者不得销售。
著作权合同登记号：13-2019-023
审图号：GS（2019）3026号

认识海洋：全彩插图：第 10 版

RenShi HaiYang：QuanCai ChaTu：Di Shi Ban

作　　者：[美] 基斯 · A. 斯韦德鲁普　[美] E. 弗吉尼亚 · 安布拉斯特　译　　者：魏友云
出 版 人：江金辉　责任编辑：朱蕴茝　筹划出版：后浪出版公司
出版统筹：吴兴元　特约编辑：赵晓莉　营销推广：ONEBOOK
装帧制造：墨白空间 · 张静涵　经　　销：新华书店

出版发行：福建教育出版社
（福州市梦山路 27 号　邮编：350025　http：//www.fep.com.cn
编辑部电话：0591-83726290　发行部电话：0591-83721876/87115073，010-62027445）

印　　刷：北京盛通印刷股份有限公司　开　　本：889 毫米 ×1194 毫米 1/16
印　　张：31.75　字　　数：872 千字
版　　次：2020 年 3 月第 1 版　印　　次：2020 年 3 月第 1 次印刷
书　　号：ISBN 978-7-5334-8576-4　定　　价：228.00 元

读者服务：reader@hinabook.com 188-1142-1266　购书服务：buy@hinabook.com 133-6657-3072
投稿服务：onebook@hinabook.com 133-6631-2326　网上订购：https://hinabook.tmall.com/（天猫官方直营店）

后浪出版咨询(北京)有限责任公司 常年法律顾问：北京大成律师事务所　周天晖 copyright@hinabook.com
未经许可，不得以任何方式复制或抄袭本书部分或全部内容
版权所有，侵权必究
本书若有质量问题，请与本公司图书销售中心联系调换。电话：010-64010019

献给

芭芭拉·J. 斯韦德鲁普·斯通、斯蒂芬妮·J. 斯韦德鲁普·斯通
（Barbara J. and Stephanie J. Sverdrup stone）

和

鲍勃·安布拉斯特、查尔斯·安布拉斯特
（Bob and Charles Armbrust）

作者简介

基斯·A. 斯韦德鲁普（Keith A. Sverdrup），担任威斯康星大学密尔沃基分校地球物理学教授，讲授海洋学课程25年，并从事地质构造和地震学的研究工作，曾获得该校的本科教学奖。基斯在明尼苏达大学获得地球物理学学士学位，之后在斯克里普斯海洋研究所研究太平洋盆地地震构造，并获得地球科学博士学位。

基斯一直积极参与美国地球物理协会（AGU）、美国物理研究所（AIP）和美国地质学会（GSA）的教育计划，加入美国地球物理联合会教育和人力资源委员会12年，其中有4年担任该委员会主席。此外，他还在美国地球物理协会的卓越地球物理教育奖委员会、《地球与太空》的编辑顾问委员会及沙利文奖委员会的最佳科学报道评选均担任职务。基斯曾是美国物理研究所物理教育委员会成员，他也是美国地球物理联合会、美国湖沼海洋学会、海洋学会、美国地质学会、国家地质教师协会、国家科学教师协会以及美国Sigma Xi科学研究学会成员。2005—2007年，基斯任职于美国国家科学基金会事业部本科教育分部。

E. 弗吉尼亚·安布拉斯特（E. Virginia Armbrust），现任华盛顿大学海洋学院教授，从事海洋浮游植物的教学及研究工作。她在斯坦福大学获得人类生物学学士学位，在麻省理工学院和伍兹霍尔海洋研究所获得生物海洋学博士学位。

安布拉斯特博士主要研究海洋浮游植物的生物多样性、生理和生态，探究这些微生物对栖息地变化的应变特征。她在一个国际科研项目中担任首席科学家，该项目致力于确定海洋硅藻的全部DNA序列，以便更好地了解这些有机体的各种生物功能。她还担任西北太平洋人类健康和海洋研究中心联合主任，积极探索海洋过程和人类健康之间的联系。安布拉斯特博士还是海洋与渔业科学学院环境基因中心负责人，以及戈登-贝蒂·穆尔基金会海洋微生物研究项目的成员。

安布拉斯特博士从事多年本科和研究生的教学工作，两次获得学院研究生教学优秀奖，曾指导过30名本科生进行实验研究，是40位研究生的导师委员会成员。在担任“携手科学”（Partners in Science）项目导师期间，她在自己的实验室中为许多高中教师提供了暑期进修指导。

◎封面图片：大白鲨。© Tim Flach（蒂姆·弗拉克）/《濒危：我们和它们的未来》

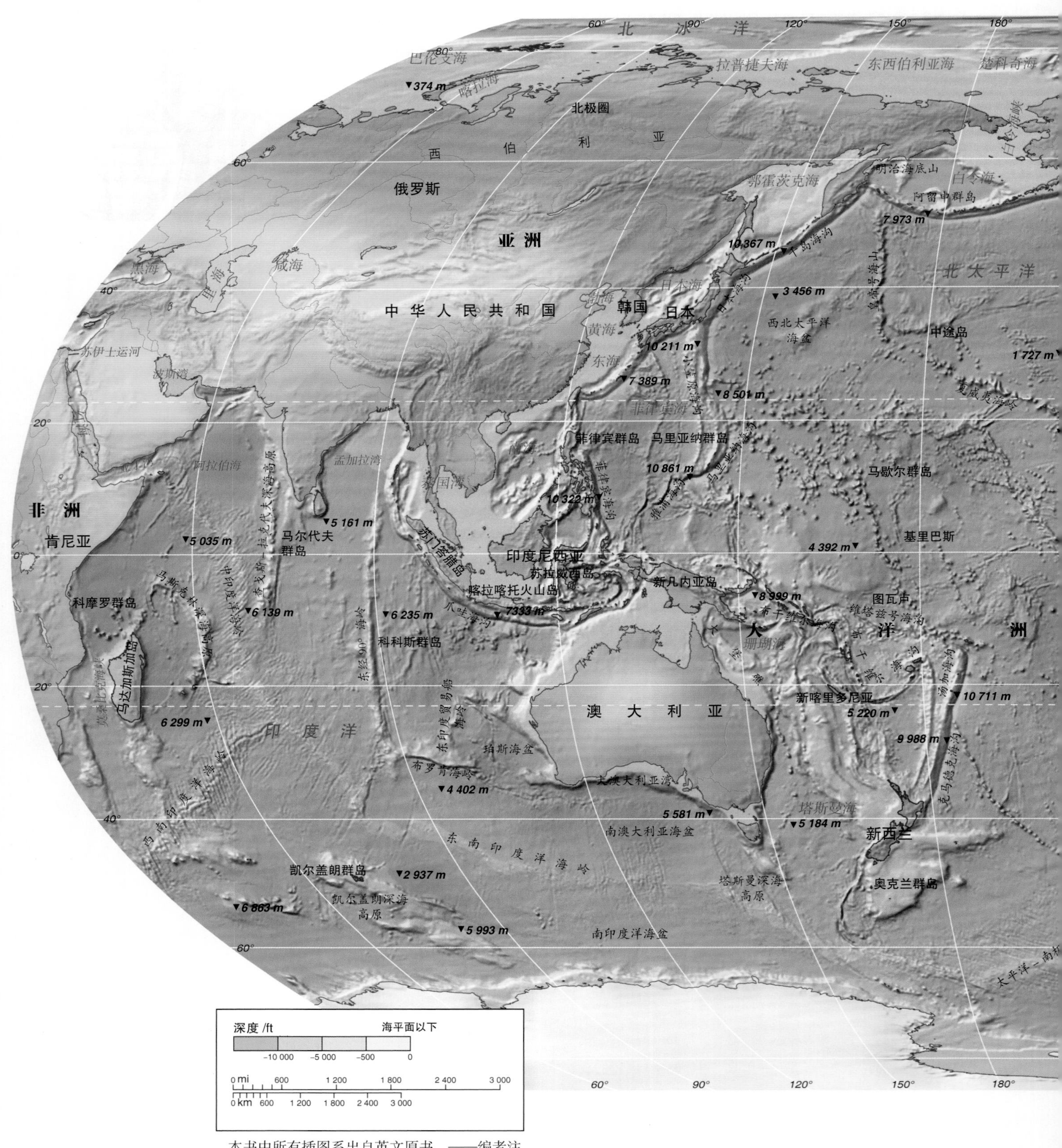

本书中所有插图系出自英文原书。——编者注

格陵兰岛
3 632 m
2 102 m
巴芬湾
挪威海
冰岛
挪威海盆
哈得孙湾
296 m
拉布拉多海
2 461 m
234 m
拉布拉多
贝尔岛海峡
3 359 m
153 m
英格兰
加拿大
纽芬兰
欧洲
北大西洋
北美洲
纽芬兰大浅滩
4 619 m
6 210 m
葡萄牙
西班牙
3 573 m
2 281 m
亚速尔群岛
2 041 m
美国
地中海
哈特拉斯角
马德拉群岛
3 124 m
马尾藻海
加那利群岛
5 376 m
墨西哥湾
6 885 m
北美海盆
墨西哥
3 960 m
波多黎各海沟
西印度群岛
佛得角群岛
7 565 m
733 m
5 630 m
7 177 m
非洲
5 335 m
中美洲海沟
科科斯海岭
4 135 m
5 130 m
科隆群岛
（加拉帕戈斯群岛）
马克萨斯群岛
5 399 m
6 434 m
阿森松岛
4 763 m
南美洲
秘鲁-智利海沟
秘鲁
巴西
法属波利尼西亚
5 955 m
7 939 m
324 m
纳斯卡海岭
复活节岛
东太平洋海隆
南太平洋
5 664 m
纳米比亚
里奥格兰德深海高原
中大西洋海岭
鲸湾海岭
安第斯山脉
南非
536 m
5 089 m
特里斯坦-达库尼亚群岛
好望角
5 183 m
2 274 m
南太平洋盆地
3 915 m
南大西洋
6 115 m
4 799 m
1 506 m
麦哲伦海峡
马尔维纳斯群岛
（福克兰群岛）
大西洋-印度洋海岭
合恩角
斯科舍海
南乔治亚
南大洋
南桑威奇海沟
5 158 m
492 m
827 m
南极圈
威德尔深海平原
4 754 m
威德尔海
南极洲
120°
90°
60°
30°
0°
20°
40°
60°
80°

简　目

目 录

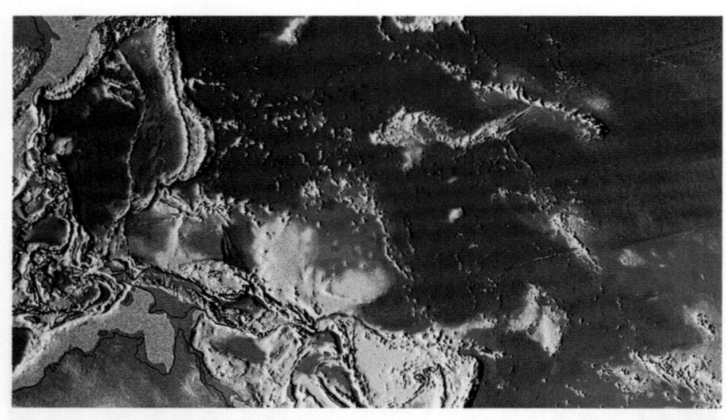

第 3 章

板块构造　51

第 4 章

海底和海底沉积物　89

第 5 章

海水的物理性质 121

第 6 章

海水的化学性质 145

第 7 章

大气结构与运动 165

第 8 章

环流与海洋结构 199

第 9 章

表层海流 217

第 10 章

波 浪 239

第 11 章

潮 汐 267

第 12 章

海岸、海滩和河口 287

第 13 章

环境问题与关注 319

第 14 章

生机盎然的海洋 343

第 15 章

生产与生命 361

第 16 章

浮游生物：海洋中的漂流者 379

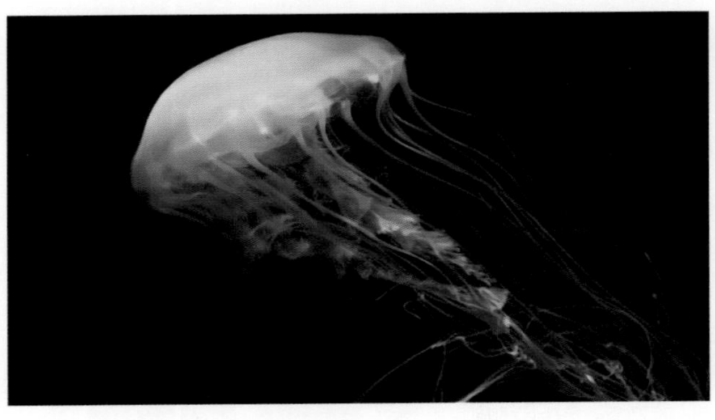

第 17 章

游泳生物：海洋中的自由游泳者 401

第 18 章

底栖生物：海底的居民　431

知识窗和专业笔记

前　言

致学生

从第一次在海边漫步开始，人类就对海洋充满了好奇心。随着对海洋的了解越来越深入，人们越来越理解和感激海洋给我们生活带来的巨大变化。海洋占据地球70%以上的面积，是无数生物赖以生存的栖息地。此外，海洋拥有富饶的自然资源，其中许多资源正在被人类开采。随着技术发展和需求增长，未来人们可能开采更多的资源。海洋和大气之间存在水汽和热量交换，因此对于全球气候和天气有强烈的影响。海洋盆地亦是剧烈的地质活动地带。例如，地震和火山活动，延绵起伏的海岭和深邃的海沟，都与海底板块运动息息相关。

海洋内部及海底发生的大部分过程不易直接观测。尽管哈勃太空望远镜能够观测的最大距离已经超过10^{22} km，但由于海水的强烈散射和光吸收作用，即使最理想的状况下，我们也仅能直接观测到海表面以下几十米的深度。因此，人们对海洋的了解往往来自间接观测。随着技术不断改进和创新，我们将继续深入探索海洋的地质、物理、化学和海洋生物学等知识。

海洋科学研究困难重重、充满挑战，一旦成功大有裨益。人们的生活与海洋联系紧密，每一个新发现都可能蕴藏着巨大价值。随着全球人口逐渐增长，对海洋的研究和理解变得越来越重要。新千年之初，在全球人口增长方面，人们喜忧参半。好消息是随着出生率的降低，人口增长的速度放缓，并有望在本世纪末达到稳定；坏消息则是，即使达到了稳定，总人口也将比现在的地球总人口多出几十亿。显然，在可以预见的未来，全球将面临各种海洋和陆地环境问题。应对这些挑战，最明智和有效的办法是大力增加对海洋的认识。

毋庸置疑，培养海洋学家非常重要。但同样的，其他行业的人也需要了解海洋对人类生活的影响，以及人类的行为如何影响海洋。通过学习海洋学使自己具全球视野，在将来，甚至可能有机会发表对海洋健康方面的想法。你可以对海洋学的兴趣以及学习将有助于你在将来参与海洋相关的讨论和决策。

互联网也有很多类似的网站扩展你的海洋学知识。与本书配套的网址为www.mhhe.com/sverdrup10e，该网站中含各章节的主要知识点和练习题，方便你测试学习和掌握的程度。

致教师

本书将当前研究的新进展与基础原理相结合，综合多个学科介绍海洋学知识。为此，我们对第9版进行了大量的修订，形成了第10版。针对海洋学持续而快速的发展，我们新增了具有趣味性的材料，邀请了6位科学家撰写他们各自擅长领域的小短文——专业笔记。此外，还有1篇短文专门讲述海洋调查的计划和执行，由一位首席科学家和一位船长共同完成。

考虑到读者的背景程度多样，在保证内容严谨的同时，本书尽量采用了简单的数学。例如，不是每个读者都学过向量的概念，所以我们通过离心力的概念来解释潮汐机制。

在与生物有关的章节里，我们结合生态学方法和内容描述将生物知识与其他学科相融合。我们努力做到将海洋学的各方面知识视为一个整体，相互糅合，而不是以海洋学的名义简单地罗列各个学科的内容。

除了掌握海洋过程和原理之外，读者还应当掌握海洋科学专业词汇。因此，所有术语都在教材中给出定义，重要术语加粗表示。每章结尾及全书最后都有关键术语列表。

每章结尾处的小结可以帮助读者快速复习重要概念。部分章末附有计算题，所有章末尾都附思考题。思考题不仅可以用于复习，也可以帮助读者更深入地思考每章的知识内容。

这本书可以设计为半个学期或一个学期教学使用。由于每个教师的经验和专业背景不同，可以根据情况强化或略去某些内容的讲解。我们努力使每个章节内容相对独立，并鼓励教师按照合适的教学方法来自主地安排讲课的内容和次序。交叉引用表明该知识点在多个章节会涉及。对于希望提高数学要求的教师，可以参考本书的附录。

第10版修订内容

在这一版中我们在每章开头都引入了学习目标，在学习过程中，这些学习目标可以引导教师和学生。**第1章**增加了托马斯·赫胥黎的历史信息，以及他将海克尔原肠虫（*Bathybius haeckellii*）认定为深海原始生命起源的故事，更新了“Argo计划”内容；**第3章**更新了“专业笔记：探索海洋的新方法”；**第4章**对一些图进行了处理，使之更为清晰；**第5章**修订了海水光衰减的讨论部分，使用新图片来展示开阔海域海水和近海海水光衰减系数的差异，更新了南极冰山内容；**第7章**增加了对厄尔尼诺的关注，对卡特里娜飓风的讨论，以及新内容“专业笔记：海洋和气候变化”；**第8章**对海洋热能转换进行讨论；**第9章**增加了海流输运体积的相关内容；**第10章**更新了有关浮标“DART计划”的内容，扩充了对海洋内波的相关讨论；**第12章**更新了国家海洋保护区和海平面上升的相关内容；**第13章**对海洋污染、墨西哥缺氧区以及溢油等进行了大幅度更新；**第15章**更新了图片和营养级输运的概念；**第16章**添加了新图片，更好地表现了微生物食物网的复杂性；**第17章**更新了“实际应用”部分，并更新了过去几十年世界渔获量的信息；**第16—18章**修订后，更好地阐释了食物网“上行控制”和“下行控制”的概念。

参考资源

互联网为研究人员提供了丰富的海洋资讯和数据，为教师和学生提供了多种形式的图像和信息。全世界范围内许多公共机构和博物馆、大学和研究实验室、卫星和海洋工程相关的团体和个人都提供了可公开访问的信息。

“认识海洋”网站（http://www.mhhe.com/sverdrup10e）为学生提供了复习材料，有利于提高学习效率。网站提供了以下在线学习工具：

- 多项选择测试题
- 学生学习指南
- 关键术语卡片
- 互联网练习
- 章节相关材料的网页链接

致 谢

除作者外，本书还汇聚了许多人的经验和成果。感谢所有慷慨答疑、提供信息及照片文件的朋友和同事们。特别感谢海洋学院全体师生，以及华盛顿大学水产和渔业科学学院、海洋与渔业学院的学生回答各种问题，提供数据，并积极提供建议。感谢斯克里普斯海洋研究所授予教学录像带的使用权，作为第10版的教师辅助材料。

特别感谢下述撰写专业笔记的学者：

华盛顿大学的弗吉尼亚·安布拉斯特（Virginia Armbrust），美国国家海洋与大气局太平洋海洋环境实验室的埃迪·伯纳德（Eddie Bernard），美国国家海洋与大气局国家环境卫星数据信息服务署的克里斯托弗·布朗（Christopher Brown），蒙特雷湾水产研究所的弗朗西斯科·查维斯（Francisco Chavez），蒙特雷湾水产研究所的戴维·克莱格（David Clague），华盛顿大学的约翰·德莱尼（John Delaney），蒙特雷湾水产研究所的马西娅·麦克纳特（Marcia McNutt），海洋和气候变化研究所的卢安妮·汤普森（LuAnne Thompson），蒙特雷湾水产研究所的伊恩·扬（Ian Young）。

感谢以下学者的审阅并提出宝贵的建议：

得克萨斯农工大学的道格拉斯·比格斯（Douglas Biggs），科林学院的伊斯特万·乔托（Istvan Csato），蒙特克莱尔州立大学的冯桓（Huan Feng），北科罗拉多大学的威廉·霍伊特（William Hoyt），佛罗里达理工学院的凯文·约翰逊（Kevin Johnson），迈阿密大学的格蕾塔·麦肯齐（Greta Mackenzie）。

感谢麦格劳–希尔（McGraw–Hill）出版社本书项目的所有成员，在他们的热情帮助和合作下，本书才得以出版。

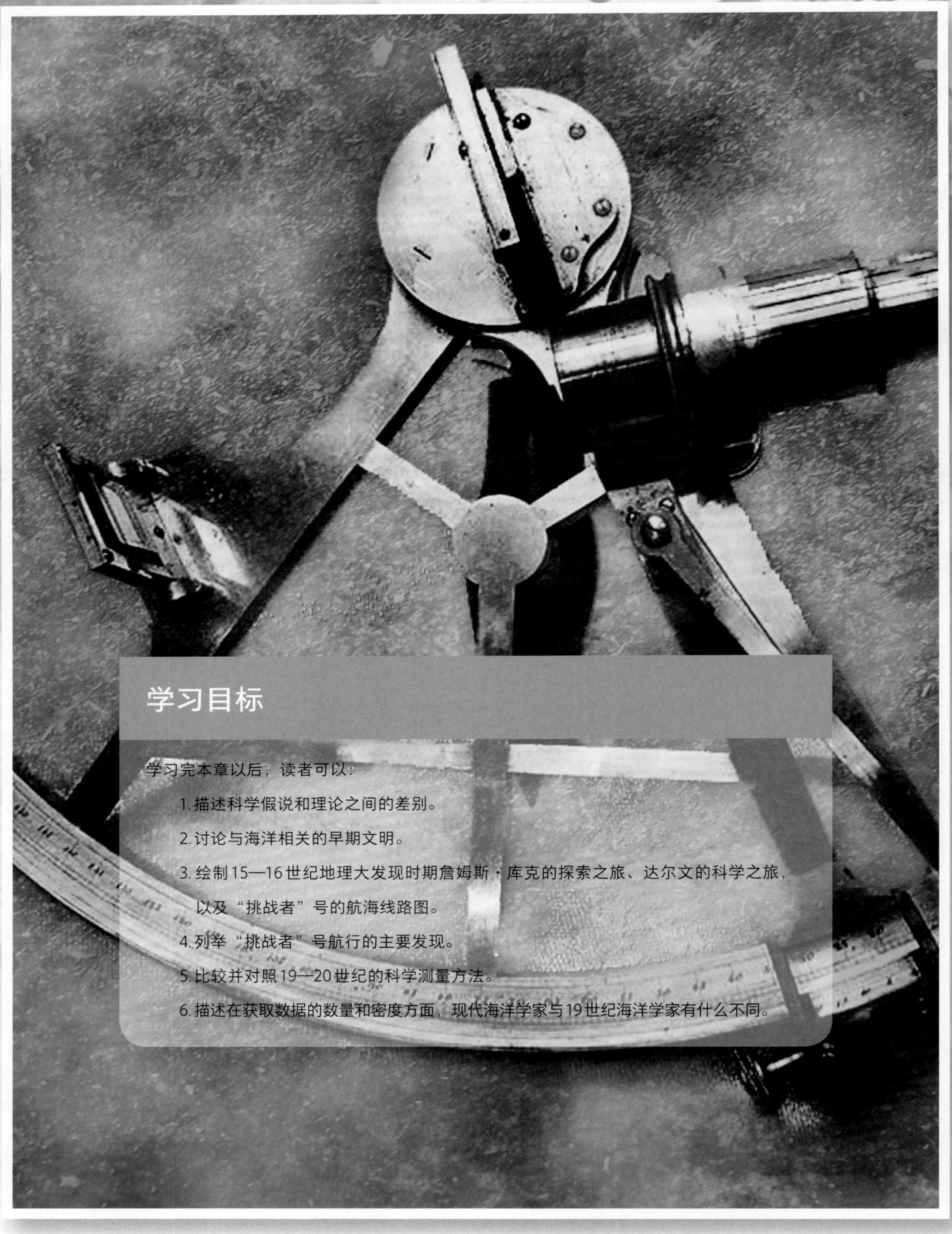

学习目标

学习完本章以后，读者可以：

1. 描述科学假说和理论之间的差别。
2. 讨论与海洋相关的早期文明。
3. 绘制15—16世纪地理大发现时期詹姆斯·库克的探索之旅、达尔文的科学之旅，以及“挑战者”号的航海线路图。
4. 列举“挑战者”号航行的主要发现。
5. 比较并对照19—20世纪的科学测量方法。
6. 描述在获取数据的数量和密度方面，现代海洋学家与19世纪海洋学家有什么不同。

第1章

海洋学的历史

海洋学是一个包含多学科的宽广领域，其下所有学科的共同目标是认识海洋。在扩展我们对海洋的认知方面，地质学、地理学、地球物理学、物理学、化学、地球化学、数学、气象学、植物学和动物学都扮演着重要角色。由于极具学科交叉性，当今海洋学通常分为以下几个分支。

地质海洋学（Geological Oceanography）研究海洋的边界和底部，以及洋盆的形成过程。物理海洋学（Physical Oceanography）研究海水运动（例如波浪、海流、潮汐等）的特征和动力成因，以及它们对海洋环境的影响；物理海洋学还研究海水中的能量传播，例如声、光、热等。海洋气象学（Marine Meteorology）通常包含在物理海洋学范畴内，主要研究热量传递、水循环、海气相互作用等。化学海洋学（Chemical Oceanography）研究海水的成分和历史、演变过程以及成分间的相互作用。生物海洋学（Biological Oceanography）研究海洋生物及其与海洋环境的关系。海洋工程（Ocean Engineering）则是设计和规划海上设备和装置的学科。

一直以来，科学家通过收集观察和实验得到的数据来探索自然界的过去和现在。数据就是科学家用于科学研究的“证据”。科学数据必须具备可重复性，并且包含误差分析。一个无法重复，或者没有误差估计的观测数据，不能称为科学数据。彼此工作独立的科学家们，在重复实验观测的过程中，在误差允许范围内，应当获得与根据原始数据所得相接近的结果。

科学**假说**（hypothesis）是在已确定的物理或化学原理基础上对数据进行的初步解释。如果数据是量化的（可以用数的形式表达），科学假说通常可表达为数学公式。能够被接受的科学假说，必须可以进行重复试验和证伪（证明某个事物不是真的）。经过多次测试并且与观测事实相吻合的科学假说可以正式被认为是可行的假说，并且将来有可能被更完善的假说所取代。

如果一个科学假说能够不断地被重复的实验结果和不同的实验支持，那么该假说就可以上升为**理论**（theory）。科学理论的价值在于，它能够预测此前还没有被人们意识到的某种现象或者关系的存在。普通人通常将“理论”理解为“推论”。与普通人相比，科学家对“理论”定义更为严格。“理论”不是推论，而是对重复的实验结果之间关系进行可验证的、精准可靠的阐述。

在一个固定观测地点，以小时为单位测量得到的海平面高度数据，是一组科学数据或者科学事实。假说“潮汐力作用导致海平面高度变化”可用来初

◀ 航海六分仪，由约翰·伯德（John Bird）于1759年发明，在早期航海中被用于导航。

步解释这些数据，随后该假说可以被表述为精确的数学公式，如果在海洋其他区域的重复测量数据可以持续地用该假说精确解释，那么该假说可以上升为潮汐理论（将在第11章进一步讨论）。

即使有时候假说被提升到了理论的地位，科学探索的脚步也不会停止。科学家不会轻易地抛弃已被广泛接受的理论，人们解释新的发现时，首先会套用已经存在的理论。只有在经过重复实验之后，已有理论不能解释新的数据结果时，科学家才会质疑已有理论并试图做出修改。

海洋研究受到学术和社会力量的推动，也有赖于我们对海洋资源、贸易、商业、国家安全的需求。起初，海洋学是非正式学科，发展进程缓慢。到了19世纪中期，海洋学发展成一门现代科学，并在该世纪最后几十年内呈爆炸式成长。探索海洋的过程并不是一帆风顺的，我们经常需要变换方向。国家的利益和需求以及科学家的学术好奇心决定着我们研究海洋的方式、方法和领域。为了获知现代人类对海洋的认识程度，我们需要先从了解历史上激励人们探索海洋的一些事件和动机开始。

1.1 早期的海洋学

早在数千年前，人类就开始认识海洋，积累起点点滴滴的海洋知识，并通过口述流传。起初，人们好奇地在海边漫步，在浅滩涉水，在岸边采集食物，从而产生了认识海洋的想法。跨入旧石器时代，人类发明了带刺的长矛、鱼叉和鱼钩。原始的鱼钩是系在绳子上的有两个尖端的短棒，上面插着诱饵。新石器时代之初，聪明的人类祖先发明了骨质鱼钩和渔网。公元前5000年，人类开始使用铜鱼钩。

人类向海洋方向迁移并在沿海定居，首先是为了利用海洋中的食物资源。在古代人类海岸居住遗址中，先民们留下的成堆的贝类和鱼骨等废弃物遗骸，被称为“贝冢”。这表明人类早期祖先使用木筏或某种类型的船进行近海的渔业活动。一些科学家认为，由于海平面上升，许多史前古器物已经丢失或被冲散，目前发现的贝冢可能只留给我们关于古代海岸定居点的最低程度的认知。古代神殿的壁画中已经出现了渔网；古代埃及第五王朝法老蒂（Ti）[①]（约5 000年前）的坟墓内画有剧毒的河豚，旁边有象形文字描述其危害。公元前1200年或更早的时候，波斯湾就有了鱼干交易；在地中海地区，古希腊人捕捞、保存海鱼并进行交易；腓尼基人则建立了渔业定居点，例如“渔民小镇”西顿，后来发展成为重要的贸易港口。

早期的海洋信息收集者主要是探险家和商人，留下的文字记录很少，这些信息主要在海员之间口口相传。早期的海员们被这些信息引导着，从一个地标航行到另一个地标。他们靠近岸边航行，夜晚经常把船停靠在海滩附近。

一些历史学家认为，航海船起源于埃及。人类首次有记录的航海行为发生在公元前3200年，由法老斯奈夫鲁（Pharaoh Snefru）率领；有记录以来最早的海上探险活动发生在公元前2750年，汉努（Hannu）率领船队从埃及出发，到达阿拉伯半岛南端和红海。

约公元前1200—前146年，腓尼基人居住在现在的黎巴嫩地区，他们是优秀的水手和航海家。尽管土地肥沃，但由于人口过于密集，腓尼基人不得不从事商业贸易以获取所需的各种货物。他们通过向东建立陆路、向西建立海上航线的方式实现贸易交换。当时，腓尼基人是该地区唯一拥有海军的民族。他们穿越地中海，与北非、意大利、希腊、法国和西班牙的居民进行贸易往来。约公元前590年，腓尼基人还离开过地中海，向北沿欧洲海岸航行，到达大不列颠群岛，向南进行了环绕非洲的航行。1999年，人们利用遥控潜水器（remotely operated vehicle，ROV）探测到两艘约公元前750年的腓尼基货船残骸。遥控潜水器能下潜到残骸的位置并将沉船的视频图像传送回地面。这两艘沉船被发现于距离以色列海岸48 km、水深300～900 m的地方。

人类穿越西南太平洋的大规模迁徙活动，可能始于公元前2500年。这些早期的迁徙仅在西南太平

① 原文可能有误。据资料，蒂不是法老，而可能是埃及第五王朝时期的一位官员。——译者注

洋上的岛屿之间进行，距离相对较短，航行难度不大。公元前1500年，波利尼西亚人开始向东进行更远的航行，航行的范围从距离数十千米的西太平洋岛屿附近，扩大到数千千米之外的夏威夷群岛。公元450—600年，他们到达夏威夷群岛并定居下来。到了8世纪，每个可居住的岛屿上都有了他们的身影，范围是北至夏威夷，西南至新西兰，东至复活节岛形成的三角区域，面积约相当于美国的两倍。

在太平洋上，早期的导航手段主要是依靠观察天空中明亮星体在地平线上的升起和降落。从赤道附近观测，这些星体以南北方向为轴，自东向西旋转。有些星体升起和降落的位置离北部较远，有些离南部较远，这些规律随着时间变化。波利尼西亚的航海者根据星体位置升降的规律，将水平方向分成32个区，以此创建了“星体坐标”。这些方向组成一个罗盘，记录风向、洋流、波浪等信息，并为岛屿、浅滩、暗礁间的相对位置提供参考坐标。波利尼西亚人还通过观察波浪和云的形态来帮助航行。鸟类和陆地上的独特气味（例如鲜花和木头燃烧产生的烟）可以提示他们附近可能存在着岛屿或陆地。一旦发现岛屿，该岛屿相对于其他岛屿的位置、涌浪的类型、岛屿周围波浪的弯曲等信息，就可以由棒图（通常由竹子和贝壳制成）记录下来（图1.1）。

图1.1 马绍尔群岛的航海图（棒图）。图中，木棒表示一系列有规律的涌浪，弯曲的木棒表示波浪方向随着海岸线和岛屿发生改变的情况，贝壳表示岛屿位置。

早在公元前1500年，不同族群和地区的中东人就开始探索印度洋。到了公元7世纪，他们皈依了伊斯兰教，控制了通往印度和中国的贸易路线。丝绸、香料和其他贵重物品在这条线路上流通。一直到1502年，达·伽马在阿拉伯海上击败了阿拉伯舰队，这种垄断才结束。

希腊人称地中海为“塔拉萨”（Thalassa，海面女神），并认为陆地环绕它，而陆地又被“俄刻阿诺斯”（Oceanus，海洋之神）包围。公元前325年，亚历山大大帝（Alexander the Great）到达莫克兰海岸的沙漠地带（现为巴基斯坦的一部分），他派舰队沿海岸努力探寻海神的奥秘，希望找到黑暗可怕的漩涡海和怪兽恶魔居住的喷水口。他们发现了在地中海从未见到过的潮汐。指挥官尼阿卡斯（Nearchus）第一次将希腊船队带入海洋，探索了海岸并于80天后安全到达霍尔木兹港口。皮西亚斯（Pytheas，公元前350—前300年）是与亚历山大同时代的航海家、地理学家和天文学家，也是最早记录从地中海至英格兰航行的人之一。尽管皮西亚斯可能携带着某种形式的航路指南，他还是借助太阳、星座和风力导航，从英格兰向北航行到苏格兰、挪威和德国。他确认了潮汐和月球之间的关系，并且他也是较早尝试测定经纬度的人。这些最早的航行者并没有探索海洋，对他们来说，海洋只是一条充满危险的道路，是从这里到那里的途径。像这样的境况持续了数百年。然而，通过航海者们不断地补充与积累海洋信息，人们逐渐形成了对海洋的主体认知。

希腊人在地中海贸易和战争期间进行了海洋观测，并努力思考有关海洋的问题。亚里士多德（Aristotle，公元前384—前322年）认为，海洋占据了地球表面最深的地方，表层海水通过太阳蒸发又冷凝，以降雨的形式返回海洋。他还编排了海洋生物的目录。埃及亚历山大城睿智的埃拉托色尼（Eratosthenes，公元前264—前194年），绘制了他所理解的世界，并计算出地球周长为40 250 km（现代的测量结果为40 067 km）。据希腊地理学家斯特拉波（Strabo，公元前63—公元21年）称，波希多尼（Posidonius，约公元前135—前50年）在撒丁岛附近海域测得，海水深度约为1 800 m。老普林尼（Pliny the Elder，约23—79年）描述了月相与潮汐的关系，并研究了穿过直布罗陀海峡的海流。托勒密（Claudius Ptolemy，约85—161年）绘制出第一张世界地图并限定了世界的边界：北至不列颠群岛、北欧和亚洲未知陆地；南至“未知的南方大陆”（Terra Australis Incognita），包括埃塞俄比亚、利比亚和印度海；东至中国；西边界为延伸到中国的巨大的西方海洋（Western Ocean）。托勒密的地图用经纬度标注了8 000多个地点。但是，这张古老的世界地图带有一个重大缺陷，即托勒密认为地球周长只有29 000 km。这导致1 000多年后，哥伦布登陆美洲时误以为到了亚洲东海岸。

1.2 中世纪的海洋学

自托勒密之后的1 000年里，欧洲的知识活动和科学思想逐渐衰败。然而，造船业在此期间有了长足发展，船舶被改进得更适于航海与航运。因此，水手们能够进行更远的航行。维京人（北欧海盗）都是熟练的水手，在近三个世纪（793—1066年）内，他们进行了大量的探险并从事贸易和殖民活动，通过内河航行，穿越欧洲和西亚，远至黑海和里海（图1.2）。维京人最著名的航行是横跨北大西洋之旅。871年，他们航行至冰岛，约12 000人移民并最终定居于此。982年，埃里克·索瓦尔松（Erik Thorvaldsson，又称“红胡子埃里克”）从冰岛出发，向西航行并发现了格陵兰岛。在那里生活了三年后，他又回到冰岛招募了更多移民。985—986年，冰岛人比亚德尼·赫尔约夫松（Bjarni Herjolfsson）在前往格陵兰岛的途中被风吹离航线，向南绕过了格陵兰岛。传说他已经看到纽芬兰了才调头回到格陵兰岛。1002年，埃里克·索瓦尔松的儿子莱夫·埃里克松（Leif Eriksson）从格陵兰岛向西航行到达北美洲，这比哥伦布的航行早了约500年。

罗马帝国灭亡后，地中海地区的阿拉伯学者继承了希腊和罗马积累的知识。阿拉伯作家马苏第（El-Mas’údé，？—956年）首次描述了由季风造成的洋流变化。运用季风和洋流知识，阿拉伯水手建立了横跨印度洋的稳定贸易航线。12世纪初，中国的大型帆船已经可以乘坐200～300名船员。这些大型帆船与阿拉伯独桅帆船在相同的航线上（中国和波斯湾之间）航行。

中世纪时期，关于海洋的认识依然停留在原始状态，但随着航海知识的增加，人们制作出了海港示意图或航海图。这些航海图带有距离标志，标记了各种危险地点，但没有经度或纬度。13世纪，随着指南针从亚洲传入欧洲，海图上增加了方位标识。图1.3为约翰内斯·范科伊伦（Johannes van Keulen）在1682—1684年所著的《伟大新海图集》（*Great New and Improved Sea-Atlas or Water-World*）中的

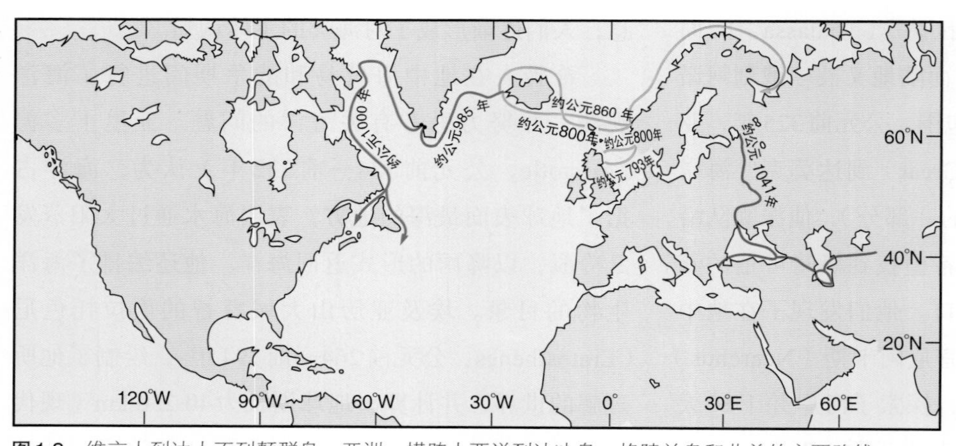

维京人的航线
最早期的航线
红胡子埃里克的航线
莱夫·埃里克松的航线
英瓦尔的航线

图1.2 维京人到达大不列颠群岛、亚洲，横跨大西洋到达冰岛、格陵兰岛和北美的主要路线。

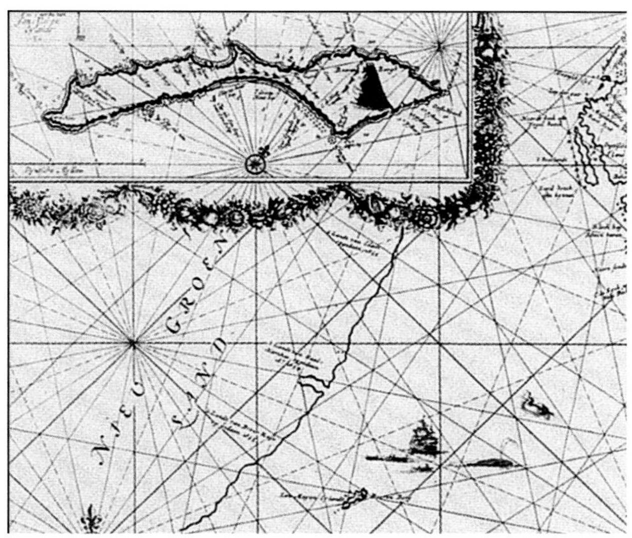

图1.3 约翰内斯·范科伊伦于1682—1684年著的《伟大新海图集》中的北欧航海图。

荷兰航海图，图中指南针方向与14世纪早期的“航海指南”（*portolano*）一致。

尽管当时的人们还不理解潮汐现象，圣比德（the Venerable Bede，673—735年）根据英国海岸数据记录计算了潮汐变化。计算结果在1200年左右被英国圣奥尔本斯修道院的院长收录，用于观测潮汐，他的潮汐表“伦敦桥的涨潮”，记录了历次高水位的出现时间。至17世纪，水手们一直使用圣比德的计算结果。

伴随着欧洲学术的复兴，早期关于希腊研究的阿拉伯译文被翻译为拉丁文，欧洲学者因而开始接触到这些研究。中世纪的科学家持续被潮汐研究吸引，他们也对海水的盐度感兴趣。到了14世纪，欧洲人已经成功地建立了包括横跨部分海洋在内的贸易航线。随着贸易路线的延伸，导航技术的重要性逐渐凸现出来。

1.3 地理大发现

1405—1433年，中国航海家郑和率领船队，创造了七下西洋的壮举。行程途经西太平洋，纵贯印度洋，西达非洲。船队有超过300艘船只，其中“宝船”62艘。“宝船”长122 m、宽52 m，尺寸是同期欧洲探险船的10倍。学界对郑和七下西洋的目的众说纷纭，说法包括建立贸易、与外国政府建交、军事国防目的等。郑和的航行到1433年结束，由于明朝政府认为外国文明与中华文明悬殊，并且难以从对外贸易中获利，于是实施海禁，开始了为期400年的闭关锁国。

在欧洲，对新大陆财富的强烈渴望，驱使着一大批富有的航海家，他们以其所在国家的名义，开启了探索世界各大洋的长途之旅。欧洲地理大发现时代中，最具代表性的人物是葡萄牙航海家亨利王子（Prince Henry the Navigator，1394—1460年）。1419年，亨利王子的父亲约翰国王指派其管理葡萄牙最南端的沿海地区。亨利王子酷爱帆船和贸易，也研究航海技术和海图绘制。约1450年，他建立了海军天文台，以传授航海学、天文学和航海制图。为了保障贸易路线安全并建立殖民地，从1419年直至1460年去世，亨利王子派遣了一批又一批探险队沿非洲西海岸向南远征。由于当时人们相信赤道水域处于沸腾状态，海怪会吞没船只，探险队行动缓慢。直到亨利王子去世27年后（1487年），巴托洛梅乌·迪亚斯（Bartolomeu Dias，约1450—1500年）冒着这些“巨大的危险”，第一次在航海中发现并绕过好望角（图1.4），自此之后才开启了一条获取东方丝绸与香料的快捷航线。

葡萄牙人在非洲西海岸寻找通往东方之路的缓慢进程，最终由达·伽马（Vasco da Gama，1469—1524年）突破。1498年，达·伽马追随迪亚斯的航线到达好望角，并沿非洲东海岸继续前行。他成功开拓了通往印度的航路，但遭遇阿拉伯船队的海上拦截。1502年，达·伽马率领14艘重炮舰卷土重来，击退阿拉伯舰船。1511年，葡萄牙控制了香料航路和香料群岛，又于1513年将贸易延伸到了中国和日本。

为了寻找到达东印度群岛的西行航线，哥伦布（Christopher Columbus，1451—1506年）尝试了四次横跨大西洋的航行。由于当时对地球半径长度的估算不准确，他错误地认为到达了亚洲，实际上他发现了新大陆（New World）（图1.4）。

意大利人阿梅里戈·韦斯普奇（Amerigo Vespucci，

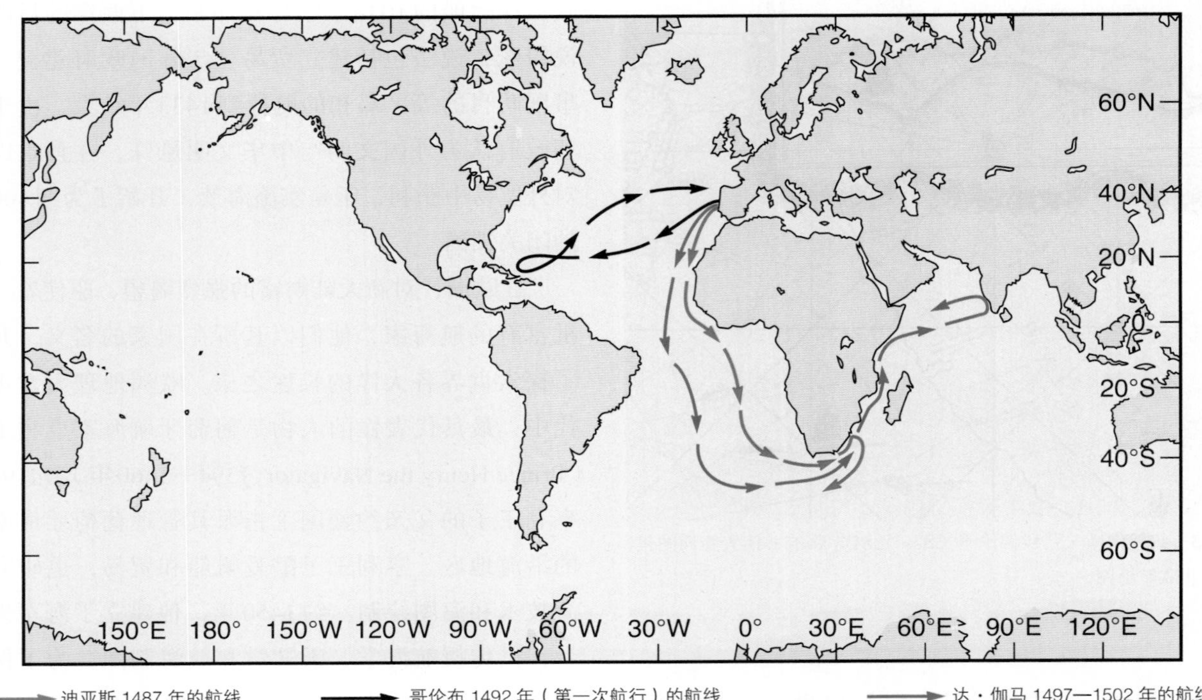

图 1.4 迪亚斯和达・伽马绕过好望角的航线和哥伦布的首航路线。

1454—1512年）在西班牙和葡萄牙的支持下，于1499—1504年间数次前往新大陆航行，探索南美洲海岸线近10 000 km。他断言，南美洲是一块新大陆而非亚洲的一部分。1507年，为了纪念韦斯普奇，德国制图员马丁・瓦尔德泽米勒（Martin Waldseemüller）将新大陆命名为“美洲”（America）。1513年，瓦斯科・努涅斯・德・巴尔沃亚（Vasco Núñez de Balboa，1475—1519年）经过巴拿马地峡时发现了太平洋；同年，胡安・庞塞・德莱昂（Juan Ponce de León，约1460—1521年）发现了佛罗里达和佛罗里达暖流。这些外来者都宣称美洲大陆是他们祖国的殖民地。尽管这些航海家并非出于对知识的探索，而是为了名誉和财富远航，但他们还是准确地记录了海洋的范围和特征。他们发现新大陆的壮举激励了一批批冒险者加入到海洋探索中。

1519年9月，麦哲伦（Ferdinand Magellan，1480—1521年）带领270名船员，乘5艘船从西班牙出发，寻找前往香料群岛的西向航线，途中损失了两艘船。1520年11月，探险队发现了位于南美洲最南端的麦哲伦海峡，随后通过了该海峡并横跨太平洋，于1521年3月到达菲律宾。1521年4月27日，麦哲伦在与当地土著的冲突中丧生。船队中剩下的两艘船继续航行，最终于1521年11月抵达香料群岛。在那里，探险队往船上装载了大量珍贵的香料后返航。为了确保至少有一艘船能够回到西班牙，两艘船在不同的航路上分开航行。“维多利亚”号（*Victoria*）继续向西航行，成功穿过印度洋，绕过非洲好望角，于1522年9月6日返回西班牙，此时船上仅幸存18名船员。这是人类历史上首次环球航行（图1.5）。麦哲伦丰富的航海经验使得这次航行为早期海洋绘图做出了伟大的贡献。不仅如此，麦哲伦在航行过程中还确定了1纬度的长度，并测量了地球的圆周长度。还有一种说法是，麦哲伦试图用绳子测量大洋中部的深度，但事实上，这种测量方法是19世纪德国海洋学家所采用的，麦哲伦航海期间并未记录此事。

16世纪中后期，西方人出于冒险、好奇、追求财富等因素，开始在北美附近寻找通往中国的贸易捷径。马丁・弗罗比歇爵士（Sir Martin Frobisher，约1535—1594年）分别于1576、1577和1578年进行了三次航行。亨利・哈得孙（Henry Hudson，?—1611年）分别在1607、1608、1609和1610年进行

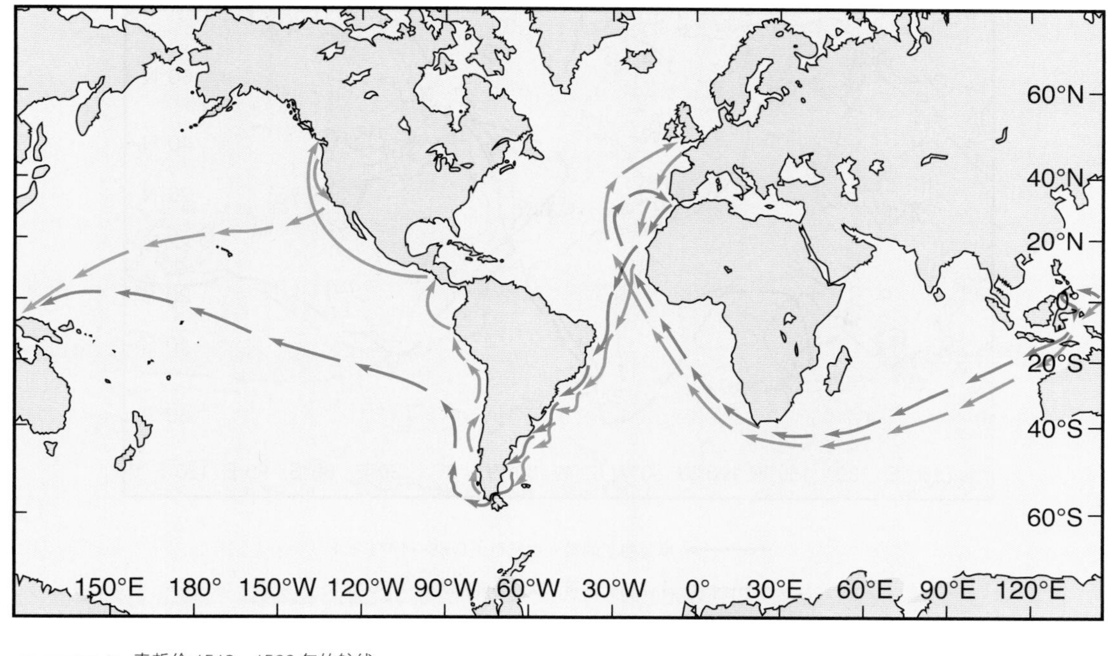

麦哲伦 1519—1522 年的航线

德雷克 1577—1580 年的航线

图1.5 16世纪麦哲伦和德雷克的环球航线。

了四次航行。在哈得孙海湾，哈得孙和他的儿子被叛变的船员放逐到海上并因此而亡。在西北航线巨大的财富诱惑下，威廉·巴芬（William Baffin，1584—1622年）也分别在1615年和1616年进行了两次不成功的航行。

当欧洲国家忙于在新大陆建立殖民地和宣称新领地之时，英国人弗朗西斯·德雷克（Francis Drake，1540—1596年）率领5艘高悬英国国旗的船，共165名船员的探险队，于1577年开始了环游世界的航行（图1.5）。经过美洲南部时，他被迫放弃了两艘船，后来在麦哲伦海峡又与另外两艘船失去联系。航行过程中，德雷克在加勒比海及中美洲抢劫了西班牙船上的财宝。1579年6月，他抵达现在的加利福尼亚沿岸，并继续向北航行至现在的美国-加拿大边界，然后掉头转向西南，用两个月时间穿越了太平洋。1580年，德雷克和他所率领的“金鹿”号（*Golden Hind*）带着西班牙黄金货物，完成了环球航行回到家乡。德雷克被授予爵位，一时成了国家英雄。英国女王伊丽莎白一世（Queen Elizabeth Ⅰ）高度肯定了德雷克船长的功绩与探险历程，因为王室意识到，拥有强大的海上力量就能给他们带来财富。

1.4 地球科学的诞生

15—16世纪出现的新思想和新知识刺激了人们对海洋的探索实践，但当时对海洋的大部分认知仍来源于亚里士多德及老普林尼的学说。尽管17世纪的贸易、国防以及经济和政治扩张等对海洋的需求日益增加，但此时科学家们才开始对实验科学感兴趣，并开始研究物质特性。科学家们对地球的好奇与日俱增。一些研究地球的专著问世，引起社会广泛热议。约翰内斯·开普勒（Johannes Kepler，1571—1630年）关于行星运动的研究，以及伽利略·加利莱伊（Galileo Galilei，1564—1642年）关于质量、重量及加速度的研究，对当时人们探索海洋的帮助很大。尽管开普勒和伽利略都建立了自己的潮汐运动理论，但直到1687年艾萨克·牛顿爵士（Sir Isaac Newton，1642—1727年）在其所著的《自然哲学的数学原理》（*Principia*）中，向世界揭示了万有引力定律，才解释了潮汐现象的真正原因。牛顿的好友、因彗星而闻名于世的天文学家埃德蒙·哈雷（Edmund Halley，1656—1742年）也对海洋产生了兴趣，他于1698年出海测量经度、研究

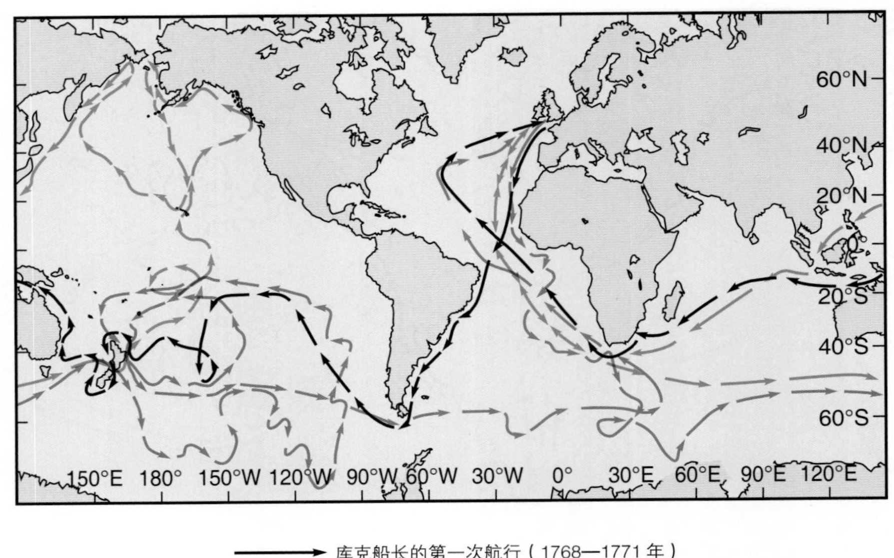

图1.6 库克船长的三次航行路线。

罗盘磁针变化，还提出可通过测定河流向海洋输入盐分的速率来计算海洋年龄。1899年，物理学家约翰·乔利（John Joly）根据哈雷的研究，在海洋含盐总量和海洋含盐量年增长率的基础上，计算得到海洋年龄为0.9亿～1.0亿年，但他未考虑盐类的循环，也没有计算进入海底沉积物的盐分（即海洋盐类沉积），因而大大低估了海洋年龄。

1.5 海图和导航信息的重要性

因为殖民地远离其宗主国，贸易、交通以及探索扩张等新需求再次激发了海图与导航技术向更精确、更先进的方向发展。1720年，第一个致力于海图绘制工作的海道测量局在法国成立。随后，1795年英国海军部门也任命了一位海道测量员。

早在1530年，佛兰芒[1]天文学家赫马·弗里修斯（Gemma Frisius）就提出了时间与经度之间的关系。1598年，西班牙国王菲利普三世（King Philip Ⅲ）许诺：研制出船用精密时钟的钟表匠，将得到10万克朗奖金（有关经度与时间的讨论详见第2章第2.4节）。1714年，在英国安妮女王（Queen Anne）的授权下，英国议会对公众悬赏，以寻求一种使时钟在海上保持走时准确的实用方法，同时，议会提供2万英镑用于奖励航海钟研制者，要求航海钟从大英帝国航行至西印度群岛的时间误差小于2分钟。1735年，来自英国约克郡的钟表匠约翰·哈里森（John Harrison）制作了他的第一代航海钟（高精度时钟）。对其进行了三次改进之后，1761年，他的第四代航海钟参加了测试，在为期81天的航行中仅慢了51秒[2]。但当时哈里森只拿到一部分奖金。直到1775年，英国政府才支付完剩余的奖金，此时哈里森已经83岁了。1772年，詹姆斯·库克船长（James Cook，1728—1779年）复制了哈里森第四代航海钟，用于绘制新探索海区的精确海图，并校正了以前绘制的海图中的错误。

1768—1779年，为了绘制太平洋海图，库克船长进行了三次伟大的航行（图1.6）。1768年，为了绘制金星凌日，库克船长率领“奋进”号（*Endeavour*）离开英国踏上探险旅程；到了1771年，他完成了环球航行。在这期间，他探索了新西兰和澳大利亚东部的海岸线并绘制了地图。1772—1775年，他率“决心”号（*Resolution*）和“探险”号（*Adventure*）驶往南太平

① 现在隶属荷兰。——译者注

② 一说是5秒。——编者注

洋，绘制了大量岛屿地图，还探索了南极海域。在这次航行中，库克船长通过控制船员饮食来预防维生素C缺乏症，即坏血病——在长时间的海上航行中，这种疾病可导致大批船员死亡。1776年，库克船长开始了第三次航行，这也是他生命里的最后一次航行。他率领"决心"号和"探险"号在南太平洋上航行一年之后再向北，于1778年发现夏威夷群岛。然后，探险队沿北美大陆西北海岸线航行，进入白令海峡，试图寻找通往大西洋的航道，同年冬天又返回夏威夷。1779年，在夏威夷凯阿拉凯夸湾，库克船长被当地土著人杀害。库克船长无疑是航海史上一个里程碑式的人物，他不仅是伟大的航海家，更是杰出的科学家。他测量了海面以下400 m深的海洋，并准确观测了风、海流和水温，这些准确的观测结果为后人提供了非常有价值的信息，也使他成为海洋学的奠基人之一。

美国人本杰明·富兰克林（Benjamin Franklin，1706—1790年）非常关心英美之间信息传递和货物运输所需要的时间，于是他和表兄蒂莫西·福尔杰（Timothy Folger）船长以及一位楠塔基特岛的捕鲸船船长，一起制作了1769年富兰克林-福尔杰湾流图，绘制了**湾流**（Gulf Stream）的分布。该图一出版，就帮助船长们沿着湾流航行，先到欧洲，然后利用信风带返回，再追随湾流北上至费城、纽约及其他港口。由于湾流将温暖的海水由低纬度地区输运至高纬度地区，这就可以通过卫星测量海洋表面温度来确定其位置（请比较图1.7富兰克林-福尔杰湾流图和图1.8基于1996年海洋表面平均温度得到的湾流图）。1802年，另一位美国人纳撒尼尔·鲍迪奇（Nathaniel Bowditch，1773—1838年）出版了《新美国实践航海学》（*New American Practical Navigator*）。在这本书中，鲍迪奇首次建议每位水手都要学会使用天文学导航技术，从而为旧式帆船时代美国确立海上霸主地位创造了条件。鲍迪奇逝世后，美国海军购买了该书的版权，使其得以连续再版，并且，每一版本的内容都在不断地更新和扩充。这本书指导并培育了几代海员和航海家。

1807年，根据美国总统托马斯·杰斐逊（Thomas Jefferson）的指示，美国国会在财政部下设立海岸测量局，即后来的海岸与大地测量局（现为美国国家海洋调查局）。1830年成立美国海军海道测量办公室（现为美国海军海洋办公室）。这两个机构都是为了探索海洋并绘制更加准确的海岸线和海图而设立的。马修·F.莫里（Matthew F. Maury，1806—1873年）上尉曾就职于海岸与大地测量局，1842年被派遣至海道测量办公室，成立海军图表站。他从航海日志中系统收集风和海流的数据，于1847年绘制了第一张北大西洋的风向及洋流图。1853年，在布鲁塞尔海事会议上，莫里提出通过国际合作来收集数据。他通过收集到的航海日志，制作并出版了第一本关于海况与航向的地图册。莫里的工作无疑具有

图1.7 1769年的富兰克林-福尔杰湾流图，请与图1.8比较。

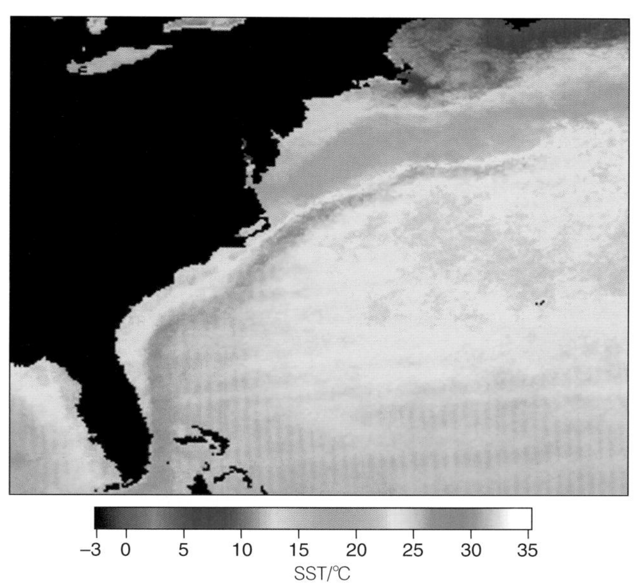

图1.8 1996年海平面年平均温度值。温度为25～30℃的橙红色条带即为湾流。

海洋考古学

在人类超过2 000年的探险历程中，由于战争和贸易，海底散布着数以千计的沉船残骸。这些残骸是考古学家和历史学家探索船舶、贸易、战争和古代人类生活详细信息的巨大宝藏。海洋考古学家利用海洋技术寻找、探索并保护这些残骸和其他沉入深海底的人工制品。人们利用声束扫描海底，将获得的图像传输到船上，并用计算机控制系统精确定位感兴趣的目标。磁力仪也可被用来探测沉船所含的钢铁。在浅水区，潜水员能够下潜寻找残骸；在深水区，观测者可以搭乘潜艇寻找；在困难危险的海域，可以用水下拖曳相机装置或搭载有摄像设备的遥控潜水器探索。遥控潜水器和潜艇也可用来采集样本以判断残骸。

1983年，人们在土耳其海岸附近水深超过33 m的地中海中，发掘出一艘公元前14世纪青铜器时代的商船残骸。这是迄今人们所知的最古老的沉船。潜水员从沉船上捞取了无数艺术品，包括铜锡制品、陶器、象牙和琥珀等。通过这些物品，考古学家能够重现当时的生活和文化、推断商船的路线，以及更深刻地理解青铜器时代人类的造船技术。

据称，从人类开始在北欧附近海域从事海上贸易和航行以来，该海域已经发生了数以千计的沉船事件。在浅海区发现的两艘沉船为历史学家和考古学家提供了许多线索。1545年夏季，英国战舰“玛丽·玫瑰”号（*Mary Rose*）在与法国舰队交战时沉没。1982年该船被发掘。研究人员共取回超过1.7万件物品。这些发现有助于考古学家和海军历史学家深入了解当时海军战舰上军官和舰员的日常生活和工作。“玛丽·玫瑰”号的部分船体，由于被掩埋在泥土中得以完好保存，现在陈列在英国朴次茅斯。1682年，瑞典军舰“瓦萨”号（*Vasa*）首航时就在斯德哥尔摩海港沉没。这艘船在1956年被找到，并于1961年被打捞。“瓦萨”号船体长度超过60 m，和同时期的其他船舶一样，它船体的雕刻华丽而壮观。1963—1967年间的夏季，潜水员们都在海底寻找散落的船体雕刻部分。由于波罗的海的盐度比开阔大洋低得多，木质的船体未遭到船蛆摧毁，“瓦萨”号保存较好。现今，该船在瑞典斯德哥尔摩展览。

同一时期的另一艘战舰——西班牙的“圣地亚哥”号（*San Diego*）帆船，1600年在菲律宾沿岸与两艘荷兰战舰交战时沉没。考古学家对该船细致的挖掘工作从1992年开始，历时两年。人们从船上发掘出许多完整的中国瓷器、一个用于测量纬度的青铜星盘以及一个青铜玻璃罗盘。该船在发掘时，大部分船体已被船蛆和海流侵蚀损坏，剩余的部分在勘测之后，用细沙覆盖保护。

强流和海浪极易摧毁沉船残骸，而深海沉船残骸的位置在这些强流和海浪的下方，因此，相对于浅海来说，深海更能维持船体的原始状态。而且，浅海的残骸通常也容易被探险者或者寻宝的人发现，造成沉船遗址位置的移动。不同于在浅海区木质船体容易被海洋生物蛀蚀的情况，深海的低温低氧环境使木质船体的分解作用变慢而利于保存。并且，从上方下沉到深海的泥沙覆盖船体残骸的速度，相对于浅海来说也慢得多。

1685年，探险家拉萨尔（Robert Cavelier, Sieur de la Salle）的“贝拉”号（*Belle*）在靠近得克萨斯州的马塔戈达湾沉没。1995年，人们在调查海岸地磁异常时发现了这艘铁制沉船，船体位于水面以下4 m并且布满泥沙。考古学家用两片同心八边形的钢板围堰把沉船围了起来，围堰切入海底12 m，高出海面6 m。当“贝拉”号沉船被围起来之后，考古学家用水泵抽走围堰中的水，清理泥沙后进入残骸展开挖掘。这次的沉船围堰打捞是一次工艺品大丰收，发掘了大炮、黄铜壶、烛台、成卷的绳索和黄铜丝、个人物品，以及戒指、玻璃珠、梳子等贸易商品。

美国康涅狄格州米斯蒂克探险研究所罗伯特·巴拉德（Robert Ballard）用复杂的电子仪器和机器设备进行探险，数次发现古代和现代的沉船。1985年，他在北大西洋海面以下4790 m的深处发现了“泰坦尼克”号（*Titanic*）的残骸；1989年，他搜寻了面积518 km^2的海域，在深度为4 750 m的深海中发现了德国战舰“俾斯麦”号（*Bismarck*）。“俾斯麦”号沉没于1941年，它在第二次世界大战期间一次著名的海战中被击中。这两艘船都是利用水下拖曳相机找到的。发现沉船时，研究者利用潜水器下潜进行直接观测，再对船体进行深层次勘查，还可以通过控制遥控潜水器的摄影设备调查船体内外部。

1997年，由巴拉德带领的一组海洋学家、工程师和考古学家在地中海底部发现了一批罗马沉船及其运输的许多古代文物。这五艘船躺在一条古老的水上贸易路线下方762 m的深处，沉没时间估计在公元前100年至公元400年间。在这次考古发现之前，考古学家发现过的主要的沉船海域深度不超过61 m。由于这些沉船被珊瑚覆盖着，之前没有被人们发现，因此保存良好。这些船集中分布在面积约为52 km^{2}的小范围海域中，很可能是由于遭遇突发风暴而沉没的。研究人员首先用美国海军“NR-1”号核潜艇定位这些沉船。“NR-1”号能够长时间持续工作，便于搜索较大海域；并且，与海洋学家采用的传统声呐系统相比，它的远程声呐系统的探测距离更远。研究人员一旦确定残骸位置，就用小型遥控潜水器“贾森”号（*Jason*）进行详细绘图和勘探发掘。在这次沉船发掘中，超过100件古代文物被打捞上来并用于帮助考古学家确定沉船的年代。

这些探索将海洋考古学的研究范围从浅海推进到了深海。如今的海洋调查技术可使考古学家对各种类型的沉船进行调查。

延伸阅读：

Ballard, R. D. 1985. How We Found *Titanic*. *National Geographic* 168(6): 698–722.

Ballard, R. D. 1986. A Long Last Look at *Titanic*. *National Geographic* 170 (6): 698–727.

Ballard, R. D. 1989. Find the *Bismarck*. *National Geographic* 176 (5): 622–37.

Ballard, R. D. 1998. High-Tech Search for Roman Shipwrecks. *National Geographic* 193 (4): 32–41.

Bass, G. F. 1987. Oldest Known Shipwreck Reveals Splendors of the Bronze Age. *National Geographic* 172 (6): 693–734.

Gerard, S. 1992. The Carribean Treasure Hunt. *Sea Frontiers* 38 (3): 48–53.

Goddio, F. 1994. The Tale of the *San Diego*. *National Geographic* 186 (1): 35–56.

LaRoe, L. 1997. La Salle’s Last Voyage. *National Geographic* 191 (5): 72–83.

Oceanus 28 (4) 1985–86. Winter issue devoted to the discovery of the *Titanic*.

Roberts, D. 1997. Sieur de la Salle’s Fateful Landfall. *Smithsonian* 28 (1): 40–52.

重大的实用价值。有了地图册，船队在世界主要港口间的航行更加安全，航行时间大大缩短。据英国人估算，采用莫里的航海指南，从大不列颠群岛至加利福尼亚、澳大利亚以及里约热内卢的航程，可分别缩短30天、20天和10天。1855年，莫里出版了《海洋自然地理学》（*The Physical Geography of the Sea*），其中包含湾流、大气、洋流、深度、风、气候和风暴等内容，以及北大西洋6 000 ft[①]、12 000 ft、18 000 ft以及24 000 ft的等深线图。许多海洋科学家认为，莫里的这本著作是第一本真正意义上的海洋学教科书，莫里本人则是第一位真正意义上的海洋学家。这再一次证明，国家和商业利益是海洋研究背后的驱动力。

1.6 海洋科学的开始

日益精确的海图和逐渐丰富的海洋信息引起了博物学家和生物学家对海洋的兴趣。1799—1804年，亚历山大·冯·洪堡男爵（Baron Alexander von Humboldt，1769—1859年）进行了历时五年的南美洲航行考察。他对栖息在沿南美西海岸向北洋流中的大量动物特别着迷，并由此发现了“洪堡寒流”。1831—1836年，查尔斯·达尔文（Charles Darwin，1809—1882年）作为博物学家随英国海军调查船“贝格尔”号（HMS *Beagle*）（图1.9）出航，对途经陆地和海洋中的各类生物进行描述、收集和分类。他提出的环礁形成理论至今仍广泛为大众所接受。

同一时期，英国博物学家爱德华·福布斯（Edward Forbes，1815—1854年）对不列颠群岛周边、地中海以

① 英尺（ft）为英制单位，1 ft=0.304 8 m。——编者注

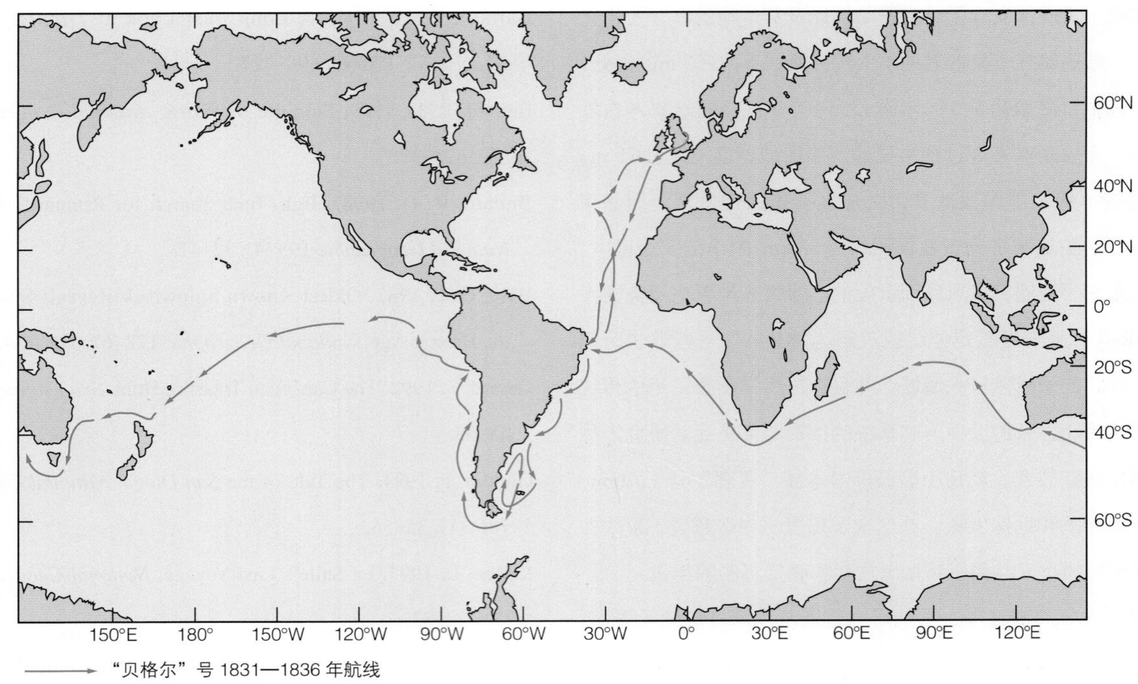

图1.9 1831—1836年达尔文所搭乘的"贝格尔"号调查船航线图。

及爱琴海的海洋生物进行了系统调查。他通过收集和观察深海生物，提出以特定种群为特征的海洋深度分层。但他错误地认为550 m以下的海水为无生命环境。早在20年前，极地探险家约翰·罗斯爵士（Sir John Rose，1777—1856年）在第二次寻找西北航道时，就在巴芬湾用"深海钳"采集到水下约1 800 m深的底层样本，并从中发现了蠕虫及生活在软泥中的生物，这与他的侄子詹姆斯·克拉克·罗斯爵士（Sir Jams Clark Ross，1800—1862年）在南极更深海域采集的南极生物样本中的生物物种相似。尽管如此，福布斯仍然进行海洋调查，试图建立一个可预测的海洋生物顺序，其热忱和影响力使他成为海洋学创始人的候选人之一。

德国博物学家埃伦伯格（Christian Ehrenberg，1795—1876年）在海底沉积物中发现了微小的生物骨架结构，并意识到相同的生物同样生活在海洋表面，他由此推断海洋中充满了微小的生物，如此它们的骨骼碎屑才会沉降到海底。对细微的浮游动植物的研究一直没有得到人们的重视。直到1846年，德国科学家弥勒（Johannes Müller，1801—1858年）开展工作，对细微的浮游动植物的研究才真正步入正轨。弥勒使用一种改进的细眼拖网（与达尔文所用的方法类似）来收集生物，并通过显微镜鉴定其类别。维克托·亨森（Victor Hensen，1835—1924年）继承了弥勒的研究。他改进了弥勒的采样网，引入了定量研究方法，并在1887年正式命名这些生物为浮游生物。

尽管17世纪和18世纪的科学界看起来欣欣向荣，但除了潮汐预测和安全性等对航海有实用意义的研究外，人们对海洋科学几乎没有兴趣。19世纪初，海洋科学家的数量仍然较少，许多人只是短暂关注与海洋有关的研究。一些历史学家认为，这是由于海洋的研究范围过于广泛，在海洋学成为一门科学之前，需要投入大量人力和资金以及引起政府的兴趣和支持，这些条件直到19世纪才在英国得到满足。

19世纪后期，为了铺设横跨大西洋的海底电缆，要求人们必须对深海有更深入的了解。工程师们需要了解海底的情况，包括海底地形、海流以及哪些生物可能导致电缆移位或损坏等。英国人从约1 500 m的海底深处（深度远大于福布斯认定的无生命区）取回一条受损的电缆。当破损的电缆被吊出水面时，他们发现电缆表面覆盖着生物，许多物种人们从未见过。这件事激发他们进行了一系列深海研究。1868年，"闪电"号（*Lightning*）在苏格兰与法罗群岛之间915 m深的水下进行拖网调查，发现了许多海洋生物。1869—

1870年的夏天，英国海军军舰“豪猪”号（*Porcupine*）继续这些研究，在超过4 300 m深的海底发现了大量海洋动物。查尔斯·威维尔·汤姆森（Charles Wyville Thomson，1830—1882年）与福布斯一样，是爱丁堡大学的博物学教授，也是这两次科学探险的科学家之一。他根据这些调查结果撰写了《海洋深处》（*The Depths of the Sea*），该书于1873年出版后广受欢迎，一些人甚至认为这本书才是第一本海洋学专著。

英国生物学家托马斯·亨利·赫胥黎（Thomas Henry Huxley，1825—1895年）是达尔文的挚友、资助者以及进化论的忠实支持者。他特别关注对深海生物的研究，认为深海生物能为生物演化提供有效证据。1868年，赫胥黎在分析用酒精保存了11年的大西洋深海海泥样本时发现，样本表层覆盖着一层厚黏液状的物质并嵌有粒状物。在显微镜下观察，这些颗粒似乎会移动。他因此推断，这些黏液是活的原生质形式。赫胥黎将这种“生物”以德国博物学家恩斯特·海克尔（Ernst Haeckel）的名字命名为海克尔原肠虫（*Bathybius haeckelii*）[图1.10（b）]。海克尔也是进化论的坚定支持者，他认为原生质是所有其他生命进化的原始软泥，覆盖深海海底，为深海的高营养级捕食者源源不断地提供食物。第1.7节中提及的“挑战者”号（*Challenger*），其主要的调查目标之一就是研究海克尔原肠虫的分布。

1.7 “挑战者”号探险

随着公众热情高涨，英国皇家学会的环球航海委员会终于说服英国海军组织全面的海洋学探险，学会获得了英国海军护卫舰“挑战者”号（一艘蒸汽辅助动力帆船）的使用权，船上的舰炮装置仅保留了两门，其余都被移除。船上还配备了实验室、绞车和一些仪器，包括长232 km的测深绳。查尔斯·威维尔·汤姆森任船长，其助手约翰·莫里（John Murray，1841—1914年）是一位年轻的地质学家。1872年12月21日，“挑战者”号从英国朴次茅斯港出发，整个航程110 840 km，历时将近三年半（图1.10）。“挑战者”号首先到达百慕大群岛，然后前往好望角附近的南大西洋上的特里斯坦–达库尼亚岛，向东穿越印度洋的最南端（这是蒸汽船首次穿越南极圈）；之后，继续驶向澳大利亚、新西兰、菲律宾、日本以及中国；再向南抵达马里亚纳群岛，在那里探测到最深的水深深度为8 180 m；随后又横跨太平洋到达夏威夷和塔希提岛，穿过麦哲伦海峡，于1876年5月24日回到英国。维多利亚女王授予汤姆森船长爵士爵位，“挑战者”号环球考察就此结束。

“挑战者”号环球航行的主要目的是进行科学研究。航行期间，船员在361个海洋观测站进行了水深、水温、流速等测量，采集了数千个深海底泥及生物样品，收集到海洋不同深度都有生命的证据，开辟了通往描述性海洋学时代的道路。

“挑战者”号航行期间采集了大量深海沉积物，但人们并未在这些新鲜样品中找到任何关于海克尔原肠虫的证据。一位博物学家发现，向样本中加入酒精后，类似于海克尔原肠虫的物质就产生了。海克尔原肠虫并非所有其他生物进化的原始生命形式，而是沉积物和酒精发生化学反应产生的沉淀物。

虽然“挑战者”号的航行在1876年就结束了，但调查资料整理工作又持续了20年，直到共50卷的《“挑战者”号报告》（*Challenger Reports*）发表。汤姆森逝世后，该项工作由约翰·莫里（后来成为约翰·莫里爵士）主持，他被认为是第一位海洋地质学家。威廉·迪特马尔（William Dittmar，1833—1892年）整理了《“挑战者”号报告》中关于海水化学的部分。他鉴定了水中的主要元素，证实了早期化学家在海水样本中的发现，即海水中主要元素的相对比例是恒定的。作为一门现代科学，海洋学通常被认为起源于“挑战者”号的航行考察，《“挑战者”号报告》则为海洋科学的建立奠定了基础。

“挑战者”号科学考察促使其他国家加强了对海洋的探索。尽管他们声明探索活动的目的是对海洋进行科学研究，但在很大程度上是出于威望危机。1876—1878年的每年夏季，“挪威”号（*Voringen*）对北大西洋海域进行了调查；德国“波美拉尼亚”号（SS *Pomerania*）分别于1871和1872年、*Crache*号分别于1881、1882以及1884年对波罗的海和北海进行了调查；19世纪80年代，法国政府资助了“工人”

(a)

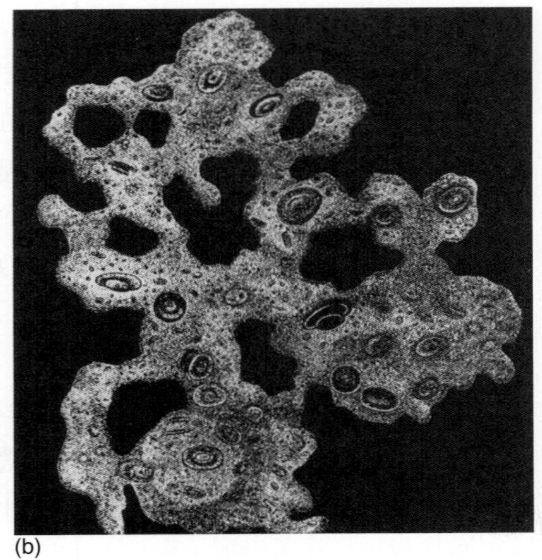
(b)

(c)

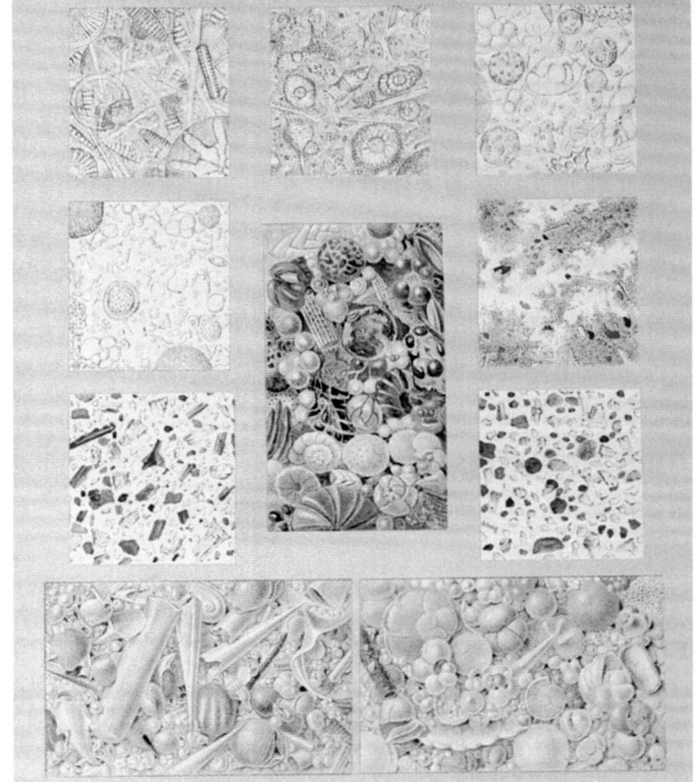
(e)

(d)

(f)

(j) ——→ 1872—1876 年“挑战者”号的航行路线

图1.10 1872年12月21日至1876年5月24日的“挑战者”号探险。图片来自《“挑战者”号报告》，1885年第一卷。(a)“挑战者”号收起风帆并减速，准备进行水深测量。(b)海克尔原肠虫，曾被假想是覆盖在海床上的原生质。(c)“挑战者”号甲板准备拖网和测深，索具挂在桅横杆上以便于使用船舷外的采样设备。从图中可以看出生物拖网悬挂在船舷外侧，索具上的大圆柱体是减震器。(d)筛选海底生物样本。(e)深海沉积物。这张图显示微小生物外壳组成深海海底的多种淤泥和黏土。(f)“挑战者”号航行到位于赤道大西洋中部的圣保罗礁石区。(g)位于主甲板上的生物实验室。(h)化学实验室。(i)用于底部采样的生物拖网。注意用于维持网口张开的框架和使网在海底滑行的滑道。(j)1872—1876年“挑战者”号的航行路线。

号(*Travailleur*)和“塔里斯曼”号(*Talisman*)的航行；19世纪90年代，奥地利“极地”号(*Pola*)对地中海及红海进行了调查；1883—1886年，美国“企业”号(*Enterprise*)进行了环球航行，1886—1889年，意大利和俄国也进行了环球航行。

1.8 海洋学成为科学

19世纪末20世纪初，随着科学家对海洋兴趣的增加，海洋学从描述性科学转变为量化的科学。人们已经可以通过海洋科考收集数据来检验科学家们最初的猜想，并建立了海洋环流和海水运动的理论模型。斯堪的纳维亚地区的海洋学家对海洋水体运动的研究尤为活跃，其中以挪威的弗里乔夫·南森(Fridtjof Nansen，1861—1930年)为代表。南森是著名的运动员、探险家和动物学家，对极地海域的海流非常感兴趣。为了验证自己关于北极浮冰漂流方向的想法，南森计划将船冻在浮冰上，然后让船随着浮冰漂往北极。为保证探险成功，他设计了一艘特殊的船，该船能够抵抗浮冰的巨大压力。这艘木质的“前进”号（*Fram*），外表光滑呈近圆形，长39 m，船体厚度超过60 cm。

1893年，南森和13名队员从奥斯陆向北极点进发，“前进”号在距北极1 100 km处被冻结在厚厚的冰上，并且在冰上停留长达35个月之久！在这段时间里，他们通过冰洞对北极的水深进行了测量，发现北冰洋是一个深海盆地，而非之前设想的浅海。队员们还对水温、气温、海水化学性质以及大量浮游植物进行了观测和分析。由于浮冰漂流速度缓慢，南森开始失去耐心，在距离北极点500 km的地方，他和助手约翰森离开了“前进”号。两人乘坐狗拉雪橇向极地前进，四个半星期过去了，他们仍然距离北极300 km。此时供给缺乏，拉雪橇的狗也疲惫不堪，他们的处境十分糟糕。两人不得不向南折回，在海冰上度过了1895—1896年的冬天，靠着猎食海豹和海象幸而生存。1896年6月，他们幸运地被英国极地探险队发现，于8月返回挪威。而“前进”号及其他探险队员随着海冰漂流，也于1896年回到挪威。南森的探险为后来探索北极打下了坚实的基础。

探险成果发表之后，南森对海洋学的研究依旧执着。1910年，南森发明了一种采集深水水样的装置——“南森瓶”[①]，他的名字也因此广为人知。1905年，南森投身政治领域，为挪威脱离瑞典和平独立而努力。第一次世界大战后，他与国际联盟合作设置难民营，并在1922年获诺贝尔和平奖。设计精湛的“前进”号后来又一次被用于极地探险。挪威探险家罗尔德·阿蒙森（Roald Amundsen，1872—1928年）乘坐“前进”号到达南极大陆并于1911年成功远征南极点。此前，阿蒙森曾于1903年驾驶“约阿”号（*Gjoa*）离开挪威，并于3年后到达阿拉斯加的诺姆市，从而开辟了西北航道。

北大西洋及邻近海域商业鱼类资源量的波动，及其对各国渔业的影响，促进了对海洋的研究与国际合作。早在1870年，研究人员就意识到，研究海洋生物需要用到海洋化学和物理知识，而研究海洋与渔业需要国际合作。1902年，德国、俄国、英国、荷兰及北欧诸国建立了国际海洋考察理事会（International Council for the Exploration of the Sea，ICES），以支持并协调海洋与渔业的相关研究。

在现代仪器设备出现以前，海洋学理论的发展有时无法得到实际验证。1872年，开尔文勋爵（Lord Kelvin，1824—1907年）发明了一种结合潮汐理论与天文预报来预测潮汐的仪器。直到1910年，当南森采水器和为了测量深海温度而设计的温度计结合使用后，物理学家马丁·克努森（Martin Knudsen，1871—1949年）发明了精确测量深海盐度的方法，人类对深海环流的系统探测才开始；而获得准确可靠的水深数据，则是在回声测深仪发明之后。1925—1927年，德国派出“流星”号（*Meteor*）开展海洋科学考察，其真正的目的是寻找以低成本从海水中分离黄金的方法。尽管最终没有成功，但这次探索首次采用了回声测深仪测量海底深度，并确实积累了大量关于南大西洋的信息。

1.9 20世纪的海洋学

19世纪以来，美国大量增设与海洋相关的机构，致力于搜集海洋信息，以服务于贸易、渔业及海军。美国内战结束后，蒸汽船逐步取代帆船，政府减少了对海洋风向、海流及海底的研究，取而代之的是美国个人机构及富商大力支持海洋学的发展。亚历山大·阿加西（Alexander Agassiz，1835—1910年）是矿业工程师、海洋科学家和哈佛大学教授，他资助了一系列深海调查，极大地丰富了人们对于深海生物学的知识。1882年，阿加西曾担任美国渔业委员会第一艘海洋调查专用船“信天翁”号（*Albatross*）的首席科学家，设计并资助了很多深海采样设备。“信天翁”号在一个航次中发现的深海鱼种，比“挑战者”号在整整三年半航行中发现的还要多。

阿加西的学生之一——威廉·E.里特（William E. Ritter），是加州大学伯克利分校的动物学教授。1892—1903年，他带领学生在加利福尼亚沿海连续做了大量的夏季野外调查。1903年，一群商业和专业人员在圣迭戈成立了海洋生物协会，并邀请里特在当地建立永久性的野外观测站，在著名报业大亨斯克里普斯家族

① 又称为“颠倒采水器”。——译者注

计划和开展一次成功的海洋调查

马西娅・麦克纳特博士与伊恩・扬船长

海洋科学考察是一项复杂的活动，需要长期细致的规划。每次科考航行都涉及两组人员：由首席科学家领导的科学小组和由船长领导的全体船员。以下是首席科学家马西娅・麦克纳特（Marcia McNutt）博士和船长伊恩・扬（Ian Young）对于规划和执行一次成功的海洋科学考察的思考。20世纪80—90年代，麦克纳特博士在麻省理工学院工作了长达15年的时间，是地球物理学“格里斯沃尔德”教授；伊恩・扬船长在90年代期间驾驶“莫里斯・埃文”号（R/V *Maurice Ewing*）航行了许多年。该船属于美国国家科学基金会，由拉蒙特-多尔蒂地球观测中心维护管理。麦克纳特博士和扬都在蒙特雷湾水产研究所工作，麦克纳特博士是该研究所所长和首席执行官，扬是“西飞”号（R/V *Western Flyer*）的船长。

首席科学家的角色

所有的科学家都被新发现带来的快乐激励着。对于像我这样的海洋学家来说，新发现不在实验室的器皿中，而在海洋里。即使在现代科技条件下，人们对大部分深海仍然处于未探索的状态或者只有粗略的认识，因此，我们有足够的机遇前往前人没有到过的地方，利用科技之“眼”看看那里究竟有什么东西。对我自己来说，每次考察总是带来令人惊奇的新发现，这些新发现不能被已有的理论所预测。基于这个原因，我经常出海。

海洋科学调查是一项耗费极大的工程，单单是科考船每天航行的花费就达10 000～20 000美元，并且这些花费还不包括随船科学家的薪水、船队的运输费、专用仪器的使用费，以及最终收集到的数据的分析费用等。因此，每次考察都有必要提出重要的科学问题，使用最好的技术处理数据，由最具能力的科研团队计划和执行。

计划海洋科考的第一步，我通常先构想一个可被试验的假说，无论这个假说验证与否，考察结果都会对解决一个重要的科学问题产生重大影响。下一步要做的就是确定检测假说而需要观测的数据和应该进行的实验。一旦到了这个层面，那么自然而然地就知道了需要配备的仪器和专业科研人员。对于其他人员，我主要是根据其科研能力和专业素养来选择，但是个人意愿也必须考虑在内（例如你是否愿意和某个人在80 m长的铁盒子里漂流并相处30～60天）。

然后，科研团队提交一份基金项目申请给基金资助机构（通常是美国国家自然科学基金会），来申请支持考察的经费。项目基金评估专家审核评议这份申请，决定是否应当从有限的基金中支持这个项目。结果通常在6个月后公布。如果我们团队的基金申请幸运地获得批准，那么，我们还需要提交一份计划日程表给由研究所管理的国家科考船队，申请使用其中的一艘船作为此次的科考船。对科考船的选择取决于考察涉及的仪器类型和研究区域。我的很多工作只有一两艘专业科考船才能胜任，因此，我们可能不得不再多等待一年甚至更长的时间，才有机会使用特定的科考船前往指定海域进行实验。

一旦确定了科考船，我将起草一份给船长和船上技术人员看的工作大纲。与强调科学重要性的提纲不同，这份大纲详尽细致地告诉船员，我们要去哪里，将要使用什么仪器和方法。航行开始数月之前，我需要与科考船的运营管理者和船长开会，讨论出海任务，并且回答他们关于大纲的疑问。这是为了确保起航后不会有令人不愉快的意外发生（例如，“我以为你带了钻探活塞芯的垫片呢”“哦没有，我原以为船上会有备用的”），也为了确保必要时我们得到在别国领海内航行的许可。

第一次与船长会面时，我非常希望船长能够感受到我对出海工作十分了解并且做了充足的准备。团队工作必须建立在互相尊重的基础上：一方面，除非处于危险的状况下，我必须信任船长不会对我的科学研究进行限制；另一方面，船长也必须对我们有信心，除非实验要求，我们不会提出超出工作范围的要求。

一旦出航，我们就要利用好每一分钟。工作按部就班进行，船员和科研小组成员合作，每四小时轮班观测。作为首席科学家，我需要确保船长和船员了解下一步的科学观测计划。从科学的角度来说，最好的考察是航行计划随着新发现不断地做出调整。但是，这种方式不允许首席科学家连续睡

8个小时，因此并不受人欢迎。

最后，成功的考察往往需要船长和船员们格外努力，来应对坏天气、容易受到干扰的仪器、“墨菲定律”效应等。这也是为什么很多海洋研究出版物最后都有这么一段致谢：“特别感谢×××号考察船的船长和船员，没有他们这次科考不可能成功。”

船长的角色

我有超过20年的专业航行经验，曾经在不同类型的船上工作过。无论是作为货船的三副前往非洲，还是在环绕世界大洋的科考船上工作，我总是安全完成任务。

作为现代科考船的船长，我主要关心的是科考活动的准备情况。通常没有两次科考是相同的，每次科考都需要专门准备。每次科考信息总是由首席科学家提前1～3个月提供给科考船的海洋办公室或者船长。

船长在考察开始之前数月就开始计划航程。在这方面，“5P”规则（Proper Planning Prevents Poor Performance）总是很管用：计划得当，可以避免失策。这包括订购研究区域的海图、准备仪器，以及为保障下个科考航次的全天候运行必须进行的船舶系统（电力和机械）保养工作等。

船长倚赖全体船员（包括技术人员、大副、总工程师、厨师等）保障每次航行都能妥当顺利地完成。船上的技术人员负责确保船舶数据收集系统的准备，及其与科学计算机的兼容性。大副负责准备仪器，维护甲板，为储存、运输、启用和回收仪器设备清理甲板空间。按照美国海岸警卫队的规定，所有安全救生设备必须运作良好。船舶总工程师需要提前为船舶订购燃料、润滑油、液压油和各种备用配件。这些准备工作对科考任务都起着重要作用，任何一个地方出错都会耽搁、减缓甚至终止科考活动。船上的厨师必须为40个人选择并囤积足够30～50天航行的补给。为确保膳食质量，这项工作需要有经验并且细心的人。

取决于研究区域的范围，有些科考计划可能要经过多个国家。理想的状况是，由美国国务院在考察队起航前发放一些许可证，这些许可证将允许船舶申请在外国主权领海内航行，而且避免与外国政府发生冲突。科考船办公室通常需要提前6～12个月申请这些必要的许可证。如果申请过程不顺利会产生严重后果，可能会导致考察计划不得不做出相应的推迟，有时会错过最佳的海上站点观测时机，降低观测数据的质量和数量。

船长需要和首席科学家紧密配合来确保任务按时完成。两人第一次会面时，船长就需要全面了解考察活动的流程，以便为船舶做准备。科考航程包含很多不同的方面：站点工作、布置牵引设备、安装底部仪器、取回浮标、网格观测等。由于船长对船舶和船员最熟悉，通过这次会面，船长也有机会为科学家更好地利用时间和设备提供建议。

船长需要时刻观察天气情况。有些时候科研工作可以围绕着某些天气特征来规划。但更多时候，“坏天气”不期而至，为了甲板上工作人员和船舶的安全，不得不中断工作。有时候因为飓风或台风，船舶不得不休息一个晚上，或者收回设备，甚至撤离研究区域。这对船长来说是一个艰难的选择，因为首席科学家总是不希望中断数据采集，以及将时间浪费在奔波航行上。同很多其他情形一样，船长必须做出正确的决定。一个错误的判断可能会危及船舶和船上所有人的安全，还有可能使船长失业。

在科考航行接近结束的时候，船长和首席科学家总是会面临一个问题：协商科研工作结束的具体时间点。此时科考船的工作站点距离港口可能只剩数小时，也可能是数周的航程。船长和首席科学家都会各自估算返回港口所需的时间，通常两个人会给出不同的答案。考虑到天气和海流不佳等原因，船长会预留更多时间用于返回港口，首席科学家则通常不会。在这个时间点上，首席科学家通常会想：“如果不收集最后一组数据，整个出海考察将可能功亏一篑。”当然真实情况往往并非如此，但这种想法有助于一次科考的成功完成。一般说来，完成科学任务的时间既要在合理范围内，又要保证船长按计划安全返航。虽然还有几天才能返回港口，但在船长的脑海中，这次航行已经结束，他已经开始考虑下一次的航行。

的资助下，里特实现了建立海洋观测站的梦想。这就是加州大学斯克里普斯海洋研究所的由来。1912年，海洋生物协会的所有权和资产正式并入加州大学。

20世纪的前20年，卡内基研究所资助了一系列航海探索，包括地球磁场调查和维持一个生物实验室。1927年，美国国家科学院科学委员会建议在美国东海岸建立永久性的海洋科学实验室，即著名的伍兹霍尔海洋研究所（成立于1930年）的前身，该海洋实验室主要由洛克菲勒基金会资助。洛克菲勒基金会多年来致力于加强海洋研究，成立了更多的海洋实验室，并将海洋学引入高校。依据海洋学的教学需要，1942年，哈拉尔・U.斯韦德鲁普（Harald U. Sverdrup）、马丁・W.约翰逊（Martin W. Johnson）和理查德・H.弗莱明（Richard H. Fleming）编著了《海洋》（*The Oceans*）一书，内容几乎涵盖了所有的海洋学领域，培养了一代代海洋学家。

第二次世界大战期间，面对军事需求，海洋科学进入快速发展阶段。美国及其盟军需要依靠海洋运输人员和装备、预测登陆地点的海洋和海岸条件、掌握水下爆炸的强度，根据航拍图绘制海岸线及港口地图，以及利用声学手段发现敌军的潜艇等。海洋学家停止学术研究转而为战争服务。

第二次世界大战结束后，海洋科学家带着大批新式、复杂的仪器设备重新回到课堂与实验室中。这些仪器使海洋科学研究如虎添翼，其中包括雷达、新型声呐、自动波浪探测仪和水温水深记录仪。海洋学家们获得了来自政府及科研机构的大量资助，用于科学研究和教学。20世纪50年代以后，地球科学和海洋科学进入了高速发展期，研究人员、学生、教育项目、研究机构以及专业期刊的数量，犹如雨后春笋一般，呈现爆炸式增长。

美国的海洋基础研究主要由美国自然科学基金会和美国海军研究办公室资助。美国原子能委员会资助了中西太平洋环礁核试验区的海洋学研究。20世纪50年代，美国海岸和大地测量局扩大了管理范围，并开始研究海啸预警系统。此外，1957—1958年的国际地球物理年（International Geophysical Year，IGY）带动了国际合作。该项目有67个国家参与，共同探索海底，其间的发现改变了人们对大陆与海洋盆地的一些基本认识。在IGY项目的影响下，大量专门用于海洋调查的船舶和潜水艇被研发出来，以供联邦机构和大学开展科学研究。

20世纪60年代，海洋研究计划和设备进入高速发展时期。1963—1964年，多个国家在印度洋海域进行了协作调查；1965年，美国一些政府机构进行了重组，由美国海岸与大地测量局和气象局整合成立了环境科学服务局（Environmental Science Services Administration，ESSA）。他们又在ESSA下建立了联邦环境研究所及实验室，海洋研究的目的也聚焦在利用卫星获取数据方面。1968年，由研究所和大学合作的项目“深海钻探计划”（Deep Sea Drilling Program，DSDP）正式启动，利用钻探船“格罗玛・挑战者”号（*Glomar Challenger*）开展大洋地壳的取样研究（见第3章）。该船为纪念“挑战者”号环球航行而得名。1983年，服务了15年的“格罗玛・挑战者”号退役。与此同时，由空间项目发展起来的电子技术被运用于海洋研究，计算机首次被运用到大型调查船上。科学家能在第一时间获取海洋数据，并在海上进行分析，这有助于科学家在项目进行中及时调整实验方向。政府投入的加大让很多大规模的海洋研究项目得以进行，来自不同国家和不同研究所的海洋调查船队，对海洋开展了全面的调查研究。

1970年，美国政府对地球科学机构再次进行重组，隶属于商务部的美国国家海洋与大气局（National Oceanic and Atmospheric Administration，NOAA）正式成立。NOAA将众多独立的研究机构合并在一起，包括国家海洋调查局、国家气象服务局、国家海洋渔业服务中心、环境数据中心、国家环境卫星服务中心以及环境研究实验室等重量级机构。NOAA还负责监管国家海洋基金会资助的“赠海学院计划”（National Sea Grant College Program），该计划由29个独立的海洋研究项目组成，遍布美国沿海地带和五大湖区，鼓励政府、学校以及企业合作开展海洋研究与教育。

该时期广为人知的还有多国合作项目“国际海洋考察十年计划”（International Decade of Ocean Exploration，IDOE），其研究领域涵盖勘探海床矿产资源，提高对海洋的环境预测能力，研究海岸线生态系统，规范并使海洋数据的收集、分析和利用等方面符合现代化的要求。

20世纪70年代末期，海洋学面临调查船及基础研究资金投入的减少，但海底热泉及其相关的海底生物与矿藏的发现，令人们重拾对深海生物学、化学、地质学以及海洋常规调查等的兴趣。同时，海洋研究调查设备变得越来越复杂和昂贵，深海潜标、深潜设备、海洋遥感卫星等陆续问世。随着研究机构之间合作的加强，促进了海洋分支学科之间的整合，大规模、多层次的研究项目不断涌现。20世纪70年代以来，尽管海洋调查船收集数据的能力已得到提升，但是卫星数据更能让研究者从全球尺度研究海洋表面。科学家利用卫星研究海流、涡旋、藻类生产、海平面变化、波浪、热性能、海洋-大气相互作用，还能借助计算机建立预测模型并通过自然现象来验证。

随着研究的深入，地球科学家们逐渐意识到地球环境正在恶化，亟须进一步出台政策，并对生物及非生物资源进行有效的科学管理。这吸引了众多学生投身海洋事业，海洋管理课程逐步进入课堂。由于越来越多的国家将海洋视为获取食物的重要来源，科技的发展提高了人们探索海洋资源的能力，资源所有权、渔业资源衰竭以及海洋管理等问题，也摆到了人们面前。

1983年，深海钻探计划更名为“大洋钻探计划”（Ocean Drilling Program，ODP）。ODP由14个美国科研机构和一个由21个国际组织参与，被称为“地球深部取样海洋机构联合体”（Joint Oceanographic Institutions for Deep Earth Sampling，JOIDES）的机构共同管理。ODP淘汰了“格罗玛·挑战者”号，引入了更大的“乔迪斯·决心”号（*JOIDES Resolution*）。“乔迪斯·决心”号因200年前库克船长环球航行的“决心”号而得名，它于1985年开始服役，2003年ODP结束时退役，其间船上总共包括50名科学技术人员和65名船员。

1978年，美国国家航空航天局（NASA）的“雨云7号”（*NIMBUS*-7）卫星升空，该卫星携带海岸带水色扫描仪（coastal zone color scanner，CZCS）遥感装置，能从海洋及陆地的藻类叶绿素中探测到多波段辐射能量。从1978年到1986年，“雨云7号”共服役8年。海洋学家通过CZCS获取的图像可以用来确定海洋的生物生产力等级（图1.11），还可以预测海洋物理过程对生物群落，尤其是浮游植物分布的影响（见第16章）。CZCS遥感装置之后，又出现了海洋宽视场遥感器（sea-viewing wide field-of-view sensor，SeaWiFS）和中等分辨率成像光谱仪（moderate resolution imaging spectroradiometer，MODIS），这两套系统如今已被广泛运用于海洋研究中。SeaWiFS自开发以后连续工作超过10年（1997—2007年），由“海星”（*SEASTAR*）卫星携带；MODIS自2002年开始记录数据，由“水”（*Aqua*）卫星携带（见第1.10节）。

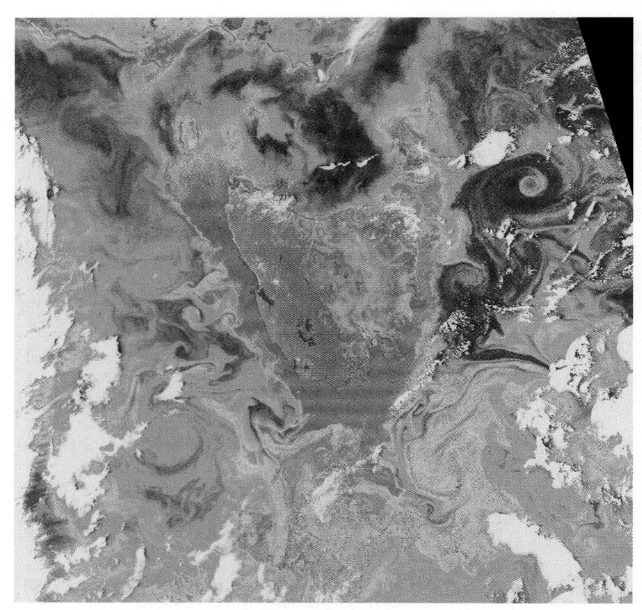

图1.11 以塔斯马尼亚岛为中心的假彩色卫星影像。塔斯马尼亚位于澳大利亚东海岸南部。图中黄色和红色表示高浓度浮游植物聚集区域，绿色和蓝色表示低浓度浮游植物聚集区域，深蓝和紫色表示极低浓度浮游植物聚集区域。环绕海岛的复杂海流相互影响，表现为彩色的流涡，对浮游植物分布有显著影响。

1985年，美国海军的地球动力实验海洋卫星（*geodynamic experimental ocean satellite*，*GEOSAT*）升空。*GEOSAT*最初用于搜集军事情报，但后来变更轨道，用于取代退役的“海星”卫星，进行科研调查。1986—1990年，该卫星监测了海面地形、海表风场、波浪、局部重力变化以及由温度和盐度突变引起的海洋表面“边界”等。*GEOSAT*是第1.10节中提及的托帕克斯（*TOPEX*/*Poseidon*）和“贾森”（*Jason*）卫星的前身。

1.10 海洋学的近代、现在与未来

如今，科学家已经认识到地球不是一个单独的实体，而是一个由不同子系统组成的复杂统一整体。20世纪90年代到21世纪初，大型项目都是跨学科合作的，科

学家为达到共同目标而共享各种信息。卫星已被广泛用于观测全球。无论在海上还是在陆地上，地球科学家和海洋科学家都可通过计算机迅速获取与处理数据，并通过互联网共享。此外，与地球有关的研究项目需要政府、各类组织、高校以及国际组织合作实施，并且共享研究结果。

大规模的海洋学研究项目有利于人们更全面地了解海洋在大气–海洋–陆地系统中的作用，这些项目为科学家建立的模型提供数据，从而能够预测地球环境的变化及人类活动给环境带来的影响。世界大洋环流实验（World Ocean Circulation Experiment，WOCE）利用船舶采样、卫星监测和浮标传感器获取数据，通过计算机与化学示踪剂来模拟世界海洋的现状，并预测长期气候变化下海洋的演化过程。自1988年开始到2003年结束的全球联合海洋通量研究项目（Joint Global Ocean Flux Study，JGOFS），是人类历史上最大、最复杂的海洋生物地球化学研究计划。研究期间，JGOFS总共进行了3 000多天（超过8年）的海上航行，总航程约343 000 n mile（几乎可以绕地球16圈）。JGOFS的目的是，在全球范围内测量和研究海洋、大气与陆地之间的碳循环及其他生物过程，以便更好地预测海洋对环境的变化，尤其是对全球气候变化的响应。全球海洋–大气–陆面系统模式（Global Ocean-Atmosphere-Land System，GOALS）主要研究大气与热带海洋的能量转换，以便深入了解厄尔尼诺现象及其影响，并提高对大范围气候变化的预测精度。

1992年8月，美法联合项目托帕克斯卫星发射升空，旨在探索海洋环流过程及其与大气的相互作用，该卫星每10天沿相同的轨道测量海表层，科学家据此数据绘制出穿越洋盆的海洋等高线图，精度达3 cm。托帕克斯卫星前三年的运行任务已于1995年秋季结束，目前处于延长观测阶段。[①]后续研究由2001年12月发射的“贾森1号”卫星（*Jason-1*）执行。“贾森1号”与托帕克斯卫星的任务相同，但能够连续在更长时间内获取数据，以便监测全球气候与海洋的相互作用（见第12章关于海平面上升的讨论）。

1991年，政府间海洋学委员会（Intergovernmental Oceanographic Commission，IOC）建议设立全球海洋观测系统（Global Ocean Observing System，GOOS），该系统包含卫星、浮标系统和调查（监测）船，目的是加强对海洋现象的认识，更加准确和提前预测厄尔尼诺（见第7.8节）等海洋现象及其对气候的影响。根据GOOS，科学家成功地提前6个月预测了1997—1998年的厄尔尼诺现象。这表明预测厄尔尼诺现象成为可能。

以古希腊神话中的航海英雄伊阿宋（Jason）乘坐的神船命名的阿尔戈计划（Argo）[②]，是全球海洋观测系统中不可或缺的国际项目。2000—2003年，该计划在全球大洋中投放3 000个浮标，组成一张庞大的全球海洋观测网［图1.12（a）］，旨在快速、准确、大范围收集全球海洋上层的水温和盐度剖面资料。浮标下降深度达2 000 m，随海流漂移，每10～14天为1个监测过程，详细提供海洋上层2 000 m的水温与盐度信息［图1.12（b）］。在10～14天的时间里，浮标不间断地记录水温和盐度，然后上浮至海面，其数据记录通过卫星传送后，浮标再次下降，开始下一次循环。Argo浮标寿命为4年，每年约更换1/4的浮标。

1997年，美国国家航空航天局发射了“海星”卫星，搭载SeaWiFS，计划利用5年时间监测海洋水色。该卫星发射10年后，SeaWiFS仍在为我们提供基本的海洋生物学信息，包括海洋初级生产力、植物生物量及多样性。

联合国将1998年定为国际海洋年，目标包括：（1）全面审查并协调推进国际海洋政策及项目，以达到最佳结果；（2）提高公众的海洋意识，使普通人认识到海洋对人类生活的意义和人类生活对海洋的影响。同年，美国国家研究委员会海洋研究委员会指出，未来应该重点从三个方面关注海洋的研究：（1）提高近岸沿海的健康度和生产力；（2）维持海洋生态系统健康发展；（3）预测海洋与气候变化的关系。

2002年，美国国家航空航天局发射了以“水”命名的地球观测系统（Earth Observing System，EOS）卫星，配备MODIS来收集地球水循环信息，包括海洋蒸发、海冰范围、海洋辐射能量、海水温度、海洋

① 托帕克斯卫星已于2005年10月结束运行。——编者注

② 即实时地转海洋学阵计划（Array for Real-time Geostrophic oceanography），Argo是其英文缩写形式。——编者注

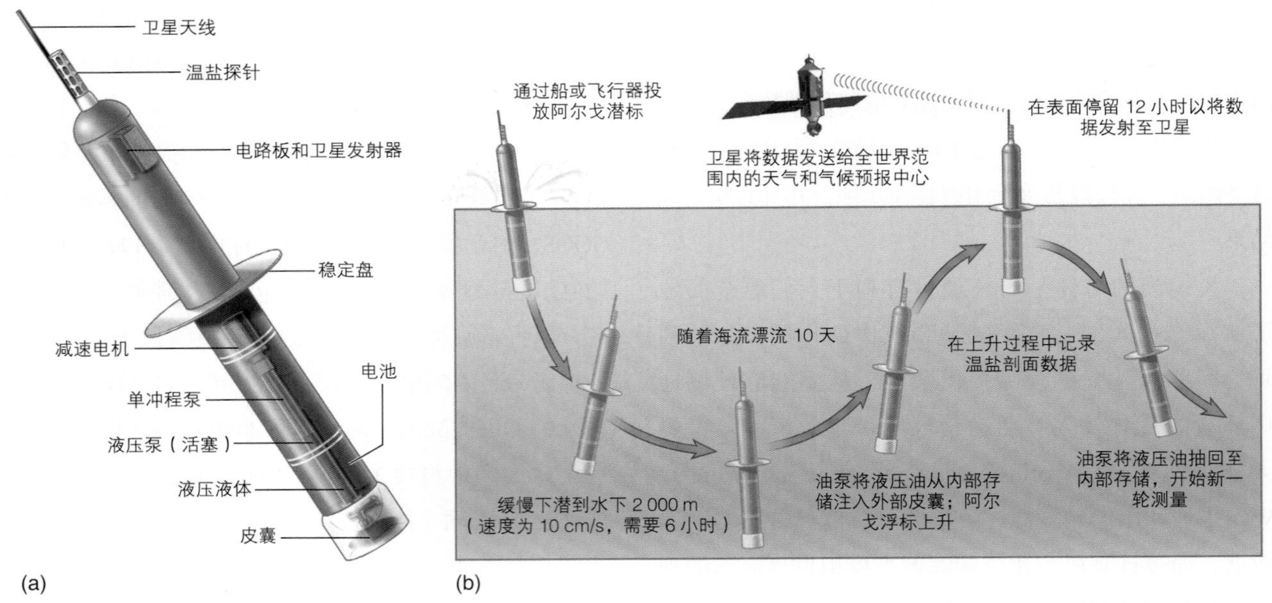

图1.12 （a）阿尔戈浮标示意图。通过液压泵将液压液体注入浮标外部皮囊或从皮囊中抽回来增大或减小皮囊的体积，由此实现浮标的浮沉功能。（b）在一次测量周期中，浮标缓慢下潜到水下2 000 m处，并在那里停留10天左右；通过液压泵把液压流体送到外部皮囊中，浮标上升至海洋表面，测量数据将被发送至卫星，然后浮标下潜开始下一个测量周期。

浮游植物与溶解有机物的分布等。

2003年，ODP结束后，新的国际性项目“综合大洋钻探计划”（Integrated Ocean Drilling Program，IODP）开始实施。IODP有16个国家的数百名科学家参加，其中美国方面由联合海洋研究所（Joint Oceanographic Institutions，JOI）负责。IODP是继DSDP和ODP之后的第三个海洋钻探计划，主要使用两艘钻探船。其中，“乔迪斯·决心”号由美国管理，另一艘新船——“地球”号（*Chikyu*）则由日本建造并管理。

“地球”号深海探测船于2002年1月建成，2004年12月首航，2007年开始科学钻探航行。“乔迪斯·决心”号在水下5 333 m处最大钻进深度为2 994 m，而“地球”号的设计钻进深度为7 500 m、最大可达8 000 m，最深可在7 000 m的水下进行钻探作业。船上的起重机高达110 m。“地球”号具备最先进的钻探技术，既可以在储藏天然气田或碳氢化合物的大陆边缘区进行钻探，也可以在深厚的海底沉积物或者断裂带进行安全作业。

未来海洋钻探的研究重点在于调查全球气候变化、在海底建设地球物理和地球化学观测站，以及探索大陆架和海洋地壳的深层结构。

这一时期蓬勃发展的最大的研究和教育项目之一，是“海王星”（NEPTUNE）计划。作为一个国际性的、多研究机构项目，“海王星”计划在世界范围内进行区域、海岸和全球海洋观测。“海王星”计划将在未来30年内完成，进一步了解见第3章。

19世纪末之前的海洋航行，很大意义上以探险为主。像库克船长那样的探险家和“挑战者”号的科学家，出海航行的目的是探索未知海域。20世纪初，现代海洋科学开始成熟，转向检验各种假设。现在海洋学家的研究方式，通常是基于现有知识提出一个观点，然后精心设计一个实验去验证。近几十年来，海洋学研究中的探险色彩渐渐退到幕后，但人们并没有放弃探索海洋，最典型的例子就是在大洋中脊处发现了深海热泉系统。2001年，美国国家海洋与大气局成立海洋探索办公室（Office of Ocean Exploration，OOE），该机构鼓励和资助了许多海洋探索项目，同时还鼓励并资助研发新技术来支持水下勘探，如载人潜水器、遥控潜水器，以及水下成像系统。

虽然大规模联邦基金项目仍是目前海洋研究的主体，但需要注意的是，科学家的特定研究兴趣才是探索海洋或其他地球科学新方向的根本力量所在。后续章节将陆续介绍一些概念，以帮助我们深入了解地球海洋的动态变化和系统复杂性。

本章小结

海洋学是交叉学科。地质学、地球物理学、化学、物理学、气象学和生物学知识都被用于研究海洋。早期海洋信息主要由探险家与商人，如腓尼基人、波利尼西亚人、阿拉伯人和希腊人收集。埃拉托色尼首次计算出地球的周长，托勒密编制了第一本世界地图集。

中世纪时期，北欧海盗横穿北大西洋并改进了造船与海图绘制技术；15—16世纪，迪亚斯、哥伦布、达·伽马以及中国人进行了探险航行，麦哲伦探险队首次绕地球航行一周；16—17世纪，一些探险者寻找西北航道，另一些人则通过建立贸易路线来发展殖民主义。

到了18世纪，国家与商业利益的驱动使海图绘制更精确，航海技术更加先进。库克船长的三次太平洋航行提供了许多有价值的信息；富兰克林编绘了湾流图；莫里收集了风场及海流信息，制成海流图和航行指南，并出版了第一本关于海洋学的书。

海洋学的形成源于19世纪的人类探险，以及达尔文、福布斯、弥勒等人的研究。“挑战者”号历时三年半的环球航行考察，全面收集了大量的海洋信息，奠定了现代海洋学的基础。20世纪初，南森和阿蒙森开启了人们对极地海洋的探索。

20世纪，个人机构在发展美国海洋学中起到了非常重要的作用，但最大的推力来源于第二次世界大战的军事需要。第二次世界大战后，大规模的政府支持和国际合作，使得海洋研究有了革命性进展。电子设备、深海钻探、深潜器及卫星等的发展，使科学家能够连续获取新的、更详细的信息。目前，海洋学家的研究方向聚焦在全球研究和资源管理，以及海洋化学、物理学、海洋地质与生物之间的相互关系方面。

关键术语

hypothesis　假说

theory　理论

本章中的关键术语可在“词汇表”中检索到。同时，在本书网站www.mhhe.com/sverdrup10e中，读者可学习术语的定义。

思考题

1. 埃拉托色尼估算地球周长约40 250 km。比较该值与托勒密所采用的地球周长，思考在地理大发现航行中，若采用前者而非后者将会产生什么不同的结果？
2. 命名新大陆为“美洲”的人是谁？该名字是为了纪念哪位航海家？
3. 为什么人们热衷于发现和建立西北航道？
4. 谁首先发现了潮汐规律并出版了关于潮汐的著作？
5. 在对海洋的认识方面，库克船长做出了什么贡献？
6. 为什么富兰克林认为制作湾流图非常重要？
7. 马修·莫里是谁？他为什么被认为是海洋学的奠基者？
8. 福布斯推断550m以下的海洋没有生物，你怎么理解呢？
9. 工程师在铺设海底电缆前，需了解哪些方面的海洋知识？
10. 为什么“挑战者”号的调查航行通常被认为是独一无二的？它给海洋学带来了什么意义？
11. 南森试图通过把“前进”号冻在极地海冰上使之随冰漂流来验证什么？
12. 为什么早期海洋探索开始以后海洋数据以前所未有的速度大幅度增长？
13. 下述原因如何影响了20世纪的海洋学：(a) 经济学；(b) 贸易与运输；(c) 军事需要。
14. 计算机是如何改变海洋学的？
15. 海洋学家关注海洋资源的原因是什么？你认为未来有哪些途径可用于海洋资源管理？

学习目标

学习完本章以后，读者可以：

1. 解释宇宙起源“大爆炸理论”并描述其结构。
2. 描述太阳系的起源。
3. 列举海水的两个可能来源。
4. 回顾地球的年龄为45亿～46亿年是如何估算出来的。
5. 按照时间顺序列出各个地质年代（包含“宙”和“代”）。
6. 列出三次主要大规模物种灭绝的时间。
7. 解释经纬线的定义并绘制经纬线。
8. 计算两个已知经度的地点的时间差。
9. 用图表示水循环过程。
10. 利用表2.4中的数据计算海洋的平均深度。

水的星球

第2章

图2.1　从太空看，地球是一颗水的星球。

关于这颗我们称为"地球"的行星，它的起源和年龄与宇宙和太阳系的起源有关。关于这些起源已有很多理论。本章中，我们采用的是广为接受的宇宙和地球起源假说，以及测量和估算地球年龄的方法。

起初地球上没有水，但是由于地球与太阳的距离适中，气候适宜，地球上逐渐形成了水，从而也产生了生命。本章中，我们开始讨论这颗星球上的水（图2.1）——水的循环、分布以及海洋（水的最大载体）。我们将了解科学家和航海者如何认识海洋。研究海洋的学科称为海洋学，我们也将在这里学习一些必备的海洋学基础知识。

2.1　地球起源

宇宙起源

几个世纪以来，我们对宇宙、自然的观念来源于在地面上通过肉眼观测。借助于能够精细捕捉**电磁波谱**（electromagnetic spectrum）信号的观测仪器，例如哈勃空间望远镜（Hubble Space Telescope，HST），当前我们对宇宙历史和结构的认识有了极大的提高。仪器捕捉的范围涵盖了从无线电波到伽马射线的电磁波谱。1990年4月，哈勃空间望远镜在地球上空595 km的低轨道上开始运行，每97分钟绕地球一周。哈勃空间望远镜位于大气层之上，其光学主镜口径为2.4 m（反射望远镜的大小由镜片直径决定），光学分辨率（图像清晰度）相当于地基望远镜所能达到的最佳值的10倍。哈勃空间望远镜能检测到人眼所能感知最小光强的$1/10^9$。

近年来，观测数据不断支持宇宙起源于**大爆炸**（Big Bang）。大爆炸模型认为，宇宙中的所有能量和物质最初都集中于一个比原子还小的、极热的、高密度的奇点。约137亿年前，这个奇点经历了一次大爆炸，导致宇宙快速膨胀，并在膨胀过程中冷却。大爆炸发生1秒之后，宇宙温度约为10^{10} K（相

◀ 从太空中看地球。

当于太阳内部温度的1 000倍）。热力学温度又名绝对温度，单位是开尔文（K，简称开）。0 K为绝对零度，在该温度下，所有的原子和分子都将停止运动。室温大约为300 K。大爆炸初期，宇宙主要由基本粒子、光和其他形式的辐射组成。在这个阶段，基本粒子（质子和电子）能量过高以至于无法组成稳定原子。大爆炸100秒后，温度降至10^9 K（相当于最炙热恒星的中心平均温度）。

此时，宇宙的温度下降到足以使质子和中子形成氢、氘、氦和锂的原子核。然而温度仍然很高，宇宙的能量主要以辐射为主。随着进一步冷却，逐渐形成了物质。最终，温度降至几千开时，粒子和辐射之间的强相互作用终止，电子和原子核开始组成原子。随后，低密度聚集的物质开始产生万有引力，冷却的高密度区域产生更强的万有引力，不断增加物质的密度。图2.2为早期宇宙的图像，该图像根据威尔金森微波各向异性探测器（Wilkinson microwave anisotropy probe，WMAP）在超过一年的时间里收集的数据整理而成。它实际上是大爆炸发生38万年之后（约130亿年前）的宇宙温度分布图。温度的空间差异性体现当时宇宙物质的聚集状态。WAMP是超精细仪器，它能够分辨$1/10^6$ K的温度差异。大爆炸之后约2亿年，在万有引力的作用下，形成了今天我们所看到的宇宙结构，并且诞生了第一颗恒星。

图2.2 大爆炸后约38万年时形成的早期宇宙结构，由威尔金森微波各向异性探测器观测。颜色越红表示温度越高，越蓝表示温度越低。宇宙中弥漫着分散得非常均匀的微波辐射，温差非常小，现在平均温差只有2.73 K。图中温度最高和最低的区域温差只有400 μK（400×10^{-6} K）。

宇宙具有独特的结构。从小尺度上来说，宇宙由一颗颗恒星组成。恒星负责产生比锂更重的元素，氢原子和氦原子在其内部聚合，形成更重的元素，例如碳、氮和氧。恒星的质量越大，温度就越高，可以持续进行核聚变产生重元素，例如铁。那些在许多海洋过程中非常重要的元素是在恒星内部合成的，而并不是在大爆炸期间产生的。有些恒星位于多个行星围绕的中心，就像我们的太阳系一样。探测围绕其他恒星旋转的行星轨道极其困难，因为行星小且暗，通常会被它们所围绕的恒星散发出的光芒遮盖。因此，对太阳系以外的第一颗行星的确认来自间接的观测。大行星与恒星绕着共同的质心旋转，会引起恒星摆动。几年前，通过观测某些恒星的摆动，人类首次发现了太阳系外行星的存在。天文学家也已经直接观测到猎户座的一些灰暗的亮点，他们相信这是比木星还要大的类行星天体。这些天体只有在还很年轻、刚形成不久温度仍然较高，而且没有绕着足以掩盖它们辐射光的恒星转动的时候，才能够被观测到。

星系（galaxy）由成群的恒星组成。我们所在的星系名为银河，由2 000亿颗恒星组成。银河的形状像一个扁平的盘子，厚度约为1 000**光年**（light-year），直径约为10万光年。1光年是光在一年时间里传播的距离，约为9.46×10^{12} km。目前人类能够观测到的宇宙大致包含100亿到1 000亿个星系。星系通常组成**星系团**（cluster），一个星系团可以包含上千个星系，空间大小一般为100万到3 000万光年。多个星系团趋于聚集，形成类似于长线状或者墙状的结构，称为超星系团。超星系团可以包含上万个星系，目前已知最大的超星系团具有5亿光年宽度。在极大尺度上，宇宙看起来就像是一块海绵，无数星系彼此像海绵丝和海绵面一样相互紧密连接，在“海绵”的中空区域内则分布稀疏。

在宇宙中，一些恒星燃尽或者爆炸，另外一些则还在生成之中。这些新生成的恒星融合了大爆炸的原始物质，并且重新利用老一代恒星的物质。一个被广为接受的宇宙模型认为，宇宙能量的绝大部分由不能被光线探测到的暗物质组成。据估算：宇

表2.1 太阳系行星特征

行星	与太阳的平均距离/10^6km	直径/km	与地球质量的比值	自转周期	公转周期/a	表层平均温度/℃	主要大气成分
水星	57.9	4 878	0.055	58.6 d	0.24	夜 -170 昼 430	真空
金星	108.2	12 104	0.815	243 d※	0.62	云 -23 地表 480	CO_2、N_2
地球	149.6	12 756	1.000	23.94 h	1.0	16	N_2、O_2
火星	227.9	6 787	0.107	24.62 h※	1.88	-50	CO_2、N_2、Ar
木星	778.3	142 800	317.800	9.93 h	11.86	-150	H_2、He、CH_4、NH_3
土星	1 429.0	120 000	95.200	10.5 h	29.48	-180	H_2、He、CH_4、NH_3
天王星	2 875.0	50 800	14.500	17.24 h※	84.01	-210	H_2、He、CH_4
海王星	4 504.0	48 600	17.200	16 h	164.8	-220	H_2、He、CH_4

※代表自转方向与地球相反

宙总能量中，30%由不与光发生作用的暗物质组成；65%为更神秘的导致宇宙膨胀加速的暗能量；而我们所熟悉的物质形态，例如恒星和行星，大约只占宇宙能量的5%。

太阳系的起源

当前理论认为太阳系起源于一个包含气体与灰尘的旋转**星云**（nebula）的坍缩。这个星云由早期恒星产生的物质和这些恒星爆炸所释放到太空中的物质组成，大约出现在50亿年前。星云附近的超新星的脉冲波引起星云旋转，通过自身引力产生坍缩。当这个星云坍缩时，旋转速度增加，压缩受热导致温度增加，气体和灰尘越转越快，垂直于旋转轴而变得扁平，形成盘状，在其中心形成了太阳。内部持续发生的核聚变使太阳保持高温，但是太阳外侧区域开始冷却。在旋转圆盘的外侧，气体和灰尘分子开始碰撞、聚集，产生化学反应。颗粒的碰撞和反应产生进一步聚集，大到一定程度时能够产生足够的引力吸引更多的颗粒。于是，太阳系的行星开始形成。几百万年后，太阳被九个行星围绕，按照距离太阳由近及远的顺序，分别是水星（Mercury）、金星（Venus）、地球、火星（Mars）、木星（Jupiter）、土星（Saturn）、天王星（Uranus）、海王星（Neptune）和冥王星（Pluto）。①

相比于木星、土星、天王星和海王星，四颗更靠近太阳的行星（水星、金星、地球和火星）的质量和直径显得非常小（表2.1），这四颗靠近太阳的行星富含金属和岩石物质。另外四颗远离太阳的行星巨大而寒冷，主要由水、氨和甲烷的冰体组成。四颗远离太阳的行星的大气主要由氦气和氢气组成，靠近太阳的行星则没有这些轻的气体，因为较高的温度和太阳的辐射强度导致这些气体远离太阳系中心。此外，这些靠近太阳的小行星质量太小，以至于它们的万有引力没办法阻止这些较轻的气体逃逸。如果将表2.1中每个行星的质量除以它们的体积，很显然，外行星由更轻，或者说密度更小的物质组成。

冥王星的质量大概只是地球的1/500，它的轨道呈椭圆形，这导致它有时在海王星轨道之内。冥王星表面具有反光性，可能主要由冰冻的甲烷组成。

外星海洋

美国国家航空航天局的“旅行者”号（*Voyager*）

① 2006年8月，第26届国际天文联合会通过决议，由于冥王星不符合行星定义，正式将冥王星划为矮行星。太阳系行星数目也因此降为八颗。——编者注

海洋的起源

沉积岩的形成需要地表液态水的参与。地球上发现的最古老的沉积岩年龄约为39亿年，这意味着地球上的海洋大约存在了40亿年。海洋中的水来自哪里？据估计，可能有两种来源：地球内部和宇宙外太空。

传统上认为，海洋中的水和大气源于地球内部的地幔区域（见第3章第3.1节）。水和大气被火山活动带到地表，这个过程现在还在进行。人们认为构成地幔的岩石和陨石成分类似，其中水的含量为0.1%～0.5%。地幔总质量约为 4.5×10^{27} g，地幔中的水质量约为 $4.5\times10^{24}\sim2.25\times10^{25}$ g。这是目前海洋总水量的3～16倍，所以对于海洋来说，地幔是一个充足的水源。那么，是否有足够的水被火山活动带到地表填充海洋呢？火山喷发的岩浆，含有因高压溶解在熔岩中的气体，大多数岩浆中所溶解的气体占其重量的1%～5%，其中大部分是水蒸气。从夏威夷岩浆逃逸的气体，成分约为70%的水蒸气、15%的二氧化碳、5%的氮、5%的二氧化硫，其余主要是氯、氢、氩。据估计，每天火山喷发会产生成千上万吨气体。毫无疑问，地球上火山的喷发速度随时间而变化。在地球形成早期，温度还很高的时候，喷发量可能比现在大得多。然而，如果我们保守地假设火山作用释放水蒸气的速率从过去到现在的40多亿年间保持不变的话，那么火山喷发所产生的水体积将是现在海水体积的100倍。

海水来源于地球内部的传统观点最近被另一个大胆的假说所挑战，这个假说认为有大量的水不断地从宇宙外太空补给到地球表面。这个想法的证据来自“动力探索者1号”（*Dynamics Explorer* 1，*DE*-1）极地轨道卫星收集的数据。DE-1携带的紫外光度计能够拍摄地球的**日辉**（dayglow）。日辉是紫外光，人类肉眼无法看见。地球上层大气吸收和再辐射来自太阳的电磁能量时，氧原子会释放出日辉。在众多卫星拍摄的地球日辉图像中，有明显的暗斑在地球表面移动，直径约48 km。这表明它是由移动的物体造成的。这些暗斑的运动方向与陨石物质靠近地球时的移动方向一致。大气物理学家路易斯·弗兰克（Louis Frank）认为，由于小型冰彗星在地球外层大气蒸发，在很小的区域内产生了可以吸收地球日辉紫外线辐射的水蒸气云团，从而造成了明亮紫外光背景下的暗斑。暗斑的大小表明，这些彗星的平均质量约为10 kg。他估计，平均每分钟进入大气层的彗星为20颗，每年累计下来可达到1000万颗。这个数字大得惊人。假设所有由这些彗星带来的水在地球表面凝聚成一个水层的话，一年的累积厚度约为0.002 5 mm。尽管这个数字看起来微不足道，但是以这个速率积累40亿年的话，水量将达到地球海洋总体积的2～3倍。

关于彗星对地球海洋形成产生了什么作用的争议仍在继续。要深入理解火山活动和太空彗星对于海洋生成的相对重要性，还需要进一步研究，极有可能两者都有助于海洋的形成。

延伸阅读：

Delsemme, A. H. 2001. An Argument for the Cometary Origin of the Biosphere. *American Scientist* 89 (5): 432–442.

Frank, L. A., J. B. Sigwarth, and J. D. Craven. 1986. On the Influx of Small Comets into Earth's Upper Atmosphere. *Observations and Interpretations Geophysical Research Letters* 13 (4): 303–310.

Kasting, J. F. 1998. The Origins of Water on Earth. *Scientific American Presents: The Oceans* 9 (3): 16–21.

Vogel, S. 1996. Living Planet. *Earth* 5 (2): 26–35.

Weisburd, S. 1985. Atmospheric Footprints of Icy Meteors. *Science News* 128: 391.

和“伽利略”号（*Galileo*）太空探测器收集的数据显示，在木星的两个卫星（木卫二和木卫四）的冰表层之下也许存在海洋［图2.3（a）］。并且，木卫二寒冷的表面（-162℃）以下可能存在液态海洋，因为木星强烈的引力导致长期的潮汐摩擦可以产生热量。

这些海洋存在的证据来自“伽利略”号太空探测器的磁场测量。木卫二和木卫四都没有很强的内部磁场，但是“伽利略”号探测到两个卫星周围存在感应磁场，说明它们有些部分由导电性较强的物质组成。

这些卫星上的冰盖不可能产生感应磁场，因为冰是弱电导体，淡水也是相对弱的电导体，但是溶解大量盐离子的高浓度的水却是良导体，例如海水。对于这些已观测到的磁场效应，最合理的解释是，木卫二和木卫四具有液态海洋，它们的表面之下存在着电解盐。和地球海水中富含氯化钠不同，我们推测木卫二海水的主要成分可能是硫酸镁。

假设木卫二表面冰层厚15 km，并且该冰层覆盖在深度近100 km的海洋之上，那么，木卫二海洋的水量将是地球海洋的2倍，海洋最深深度将是地球海洋最深深度的10倍。相比较而言，木卫四的模型表明其表层冰盖厚100 km，并且覆盖在10 km深的海洋之上。如果这些海洋真的存在，它们就有可能为生命提供支撑环境。

2004年1月，“勇气”号（*Spirit*）和“机遇”号（*Opportunity*）火星探测器在火星上两个方向相反的地点着陆。它们的任务是探测火星的岩石，判断火星上是否有迹象表明在过去或当前存在着水。它们已经成功地收集到了化学和物理方面的数据，表明这个星球上曾经存在水。

化学分析结果表明，一些火星岩石含有各种无机盐类。在地球上，含等量盐类的岩石要么在水中形成，要么长期在水的作用下发生改变。与此相似，一些火星岩石的照片也表现出类似的溶洞或凹槽［图2.3（b）］。“机遇”号还在火星上发现赤铁矿。在地球上，要出现像火星上那么大结晶颗粒的赤铁矿，通常需要水的参与。

最有趣的是，“机遇”号发现火星上的沉积岩存在波痕，这是一种由波浪或水流动造成的地质现象。综上所述，火星探测器积累的数据强有力地支持“曾经有大量海水在火星表面存在过”的假说。并且，“机遇”号的着陆地点就在一个古咸海的海岸线上。

(a)

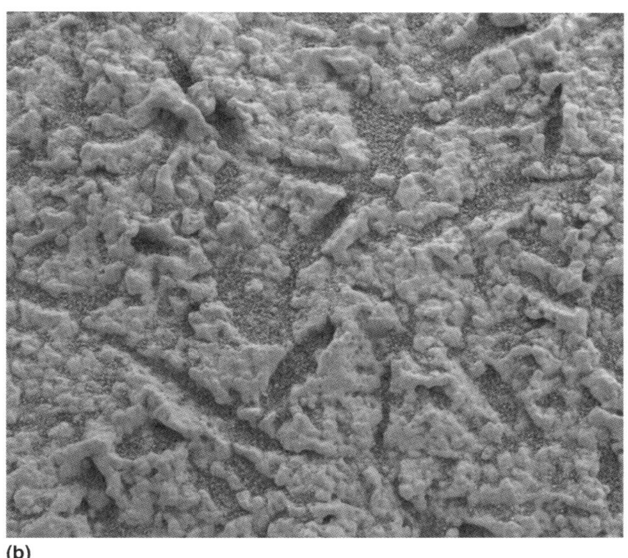

(b)

图2.3 （a）木卫二表面具有裂纹的薄冰盖。图中上方为北。图像覆盖的范围东西向长约70 km，南北向长约30 km。白色和蓝色表示该区域曾经被冰粒粉尘覆盖，这些粉尘是在距离该处南侧约1 000 km的陨石坑形成时喷射出的；从图中还可以看到一些直径小于500 m的凹坑，它们可能由南侧陨石坑形成时产生的大冰块碰撞形成。（b）由“机遇”号携带的显微成像仪在火星子午线高原上一处被称为“船长岩”的岩石露头上拍摄到的小溶洞。有些溶洞呈盘状，中间宽、两端窄。这是岩石基质中的盐类矿物结晶排挤或取代基质颗粒，随后这些结晶体发生水解或风化而形成的。

2007年8月，美国国家航空航天局向火星的北极区域发射了“凤凰”号探测器（*Phoenix*），其任务是采集表层以下的冰样本并探测火星是否有水。这个探测器携带着一个像烤箱一样的热力与释出气体分析仪（thermal and evolved gas analyzer，TEGA），该设备可以烘干土壤和冰的样品，分析样品中释出的气体化学成分。2008年5月，“凤凰”号探测器登陆火星，同年7月确定火星上存在水。这是人类首次在其他行星上直接确认有水。

早期地球

人们认为，地球在诞生之初的10亿年里是硅化合物、铁和镁的氧化物以及其他化学元素组成的混合体。根据这个模型，地球起初由冷的物质组成，但随后温度上升，逐渐丧失早期的性质而演变成今天的形式。早期地球被各种大小的微粒轰击，它们的一部分能量转化为热能。新形成的沉积层不断地覆盖在旧层之上，热量被封存在地球内部。同时，累积增加的重量使地球内部受到压缩，产生的能量转换为热能，导致地球内部温度约升高到1 000 ℃。放射性元素的原子，例如铀和钍，释放的亚原子粒子被周围物质所吸收，也进一步升高了地球的温度。

在最初的几亿年间，地球的内部温度达到铁和镍的熔点，铁和镍熔融并向地球中心迁移，逐渐取代了中心处轻的物质，由此产生摩擦热。通过这种方式，地球的平均温度上升到2 000 ℃左右。部分熔融形成的低密度物质向上运移，在表层展开，遇冷凝固。这种熔融和凝固可能会反复发生，使行星内部轻的低密度物质和重的高密度物质分异，最终形成一个分层结构（详细过程见第3章）。

地球的海洋和大气，至少其中之一是这种加热过程和分异作用的副产物。在地球受热和部分熔融时，封存在矿物中的水、氢气和氧气随着火山爆发和其他气体一起释放到地球表面。当地球表面冷却时，水蒸气冷凝，以降雨的形式落到地面上，累积形成海洋。另一种可能的海水来源是外太空，例如冰状物质组成的彗星或陨石不断地撞击地球。海洋的起源已在知识窗“海洋的起源”中深入讨论。

起初，地球的引力较小，不足以维持大气层。通常认为，在地球分异作用期间，从化学过程活跃的炽热地球内部释放出来的气体形成了最初的大气层。该大气层主要由水蒸气、氢气、氯化氢、一氧化碳、二氧化碳和氮气组成，此时，大气中所有游离的氧与金属结合形成氧化物，例如氧化铁。只有当氧气的生成量超过它在地壳表面化学反应的消耗量时，大气层中的氧气才会开始聚积。而直到生命进化到复杂阶段，光合生物利用太阳光能量将二氧化碳和水转化为有机物和氧气时，氧气的生产量才超过了消耗量。这个过程及其对生命的重要性将在第6章和第15章中讨论。

2.2　地球年龄和地质年代

地球的年龄

几个世纪以来，人们一直追问着这个问题——地球的年龄究竟多大？ 17世纪，爱尔兰大主教厄谢尔（Archbishop Ussher）试图根据《圣经》上的系谱推算地球的年龄。他认为，创世纪的第一天是公元前4004年10月23日，星期日。1897年，英国物理学家开尔文勋爵通过估算地球从炽热冷却至当前温度所需要的时间，得出地球的年龄约为2 000万～4 000万年。1899年，约翰·乔利（见第1章第1.4节）基于从河流中进入海洋的无机盐速率，计算得出地球年龄约为9 000万～1亿年。1896年，安托万·亨利·贝克勒耳（Antoine Henri Becquerel）发现放射性现象，随着该发现和对放射性元素衰变的理解，科学家能够准确地计算出岩石和矿物的年龄。1905年，欧内斯特·卢瑟福（Ernest Rutherford）和伯特伦·博尔特伍德（Bertram Boltwood）利用放射性元素衰变测定了一些岩石和矿物样品，结果表明这些样品的年龄约为5亿年。两年之后（1907年），博尔特伍德通过一个富含铀的矿物样品估算出该矿石的年龄约为16.4亿年。

卢瑟福和博尔特伍德使用的方法被称为**放射性定年法**（radiometric dating），该方法利用了放射性**同位素**（isotope）衰变原理。放射性同位素的原子具有不稳定的原子核，原子核衰变会释放出一个或多个亚原子微粒和能量，例如放射性同位素^{14}C衰变成^{14}N，^{235}U衰变成^{207}Pb，^{40}K衰变成^{40}Ar。单个原子核何时衰

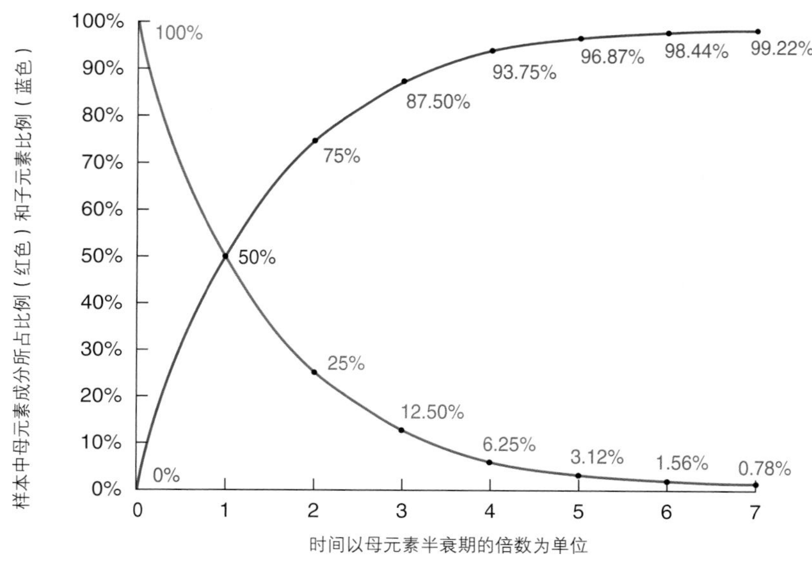

图2.4 放射性同位素的半衰期是指一半的母元素衰变成子元素的时间。放射性衰变曲线是指数函数，显示了原始母元素原子和生成的子元素原子所占百分比随时间的变化（以母元素的半衰期为单位）。

变难以预测，但是大量同种同位素在一段时间内发生衰变的比值则有规律可循。衰变过程中，原子从一种元素（母元素）变成另一种元素（子元素），原子核有半数发生衰变的时间称为放射性同位素的**半衰期**（half-life）(图2.4)。元素不同，其半衰期也不同，例如^{14}C的半衰期为5 730年，^{235}U的半衰期为7.04亿年，^{40}K的半衰期为13亿年。因此，如果一个物质最初完全由^{235}U组成，经过7.04亿年，该物质将会1/2为^{235}U，另1/2为^{207}Pb；再经过7.04亿年，该物质的3/4将变为^{207}Pb，只有1/4为^{235}U。由于每一种放射性同位素系统在自然界有着独特的规律，必须仔细地测定、比较和评价数据。地球年龄的最佳数据是能够利用不同的放射性同位素系统估算出相同的年龄。

最被广泛接受的地球年龄为45亿～46亿，这是在对陨石和铅矿样本中的铅同位素研究的基础上得到的。通常认为，地球形成时产生的热量可能使地球表层为熔融状，而地球冷却时期最早形成的固表层已经在各种地质过程中消亡。目前发现的最古老的矿物年龄约为41亿～42亿年，因此这只能用来限定地球的最小年龄。广泛被接受的地球年龄则是通过测定从太阳系中获取的样本（例如陨石）得到的。人们认为，这些样本与地球同时期形成，但没有受到地质活动的影响（随时间没有显著变化）。科学家对多块陨石样本用多种年龄判断方法进行分析，都估算出地球的年龄大约是45亿年。

地质年代

为了描述地球形成过程中的历史事件，科学家使用地质年代表（表2.2）。地质年代主要分为冥古宙（Hadean，46亿～40亿年前）、太古宙（Archean，40亿～25亿年前）、元古宙（Proterozoic，25亿～5.7亿年前）和显生宙（Phanerozoic，5.7亿年前～今）四个阶段。前三个宙被称为前寒武纪，约占整个地质年代历史的88%。显生宙含有丰富的化石，它又分为三个时期：古老生命的古生代（Paleozoic）时期、中期生命的中生代（Mesozoic）时期（通常被称为爬行动物时代）和近期生命的新生代（Cenozoic）时期（通常被称为哺乳动物时代）。每个代又可分为纪和世，例如，今天我们生活在新生代第四纪全新世。在放射性定年法出现之前，科学家通过化石种类的出现和消失来确定地质年代的边界。由化石确定相对地质年代，以及通过放射性同位素进行的精确定年还在持续进行着，不断有新的数据修正各个地质年代的具体时间。由于缺乏足够久远的海洋沉积物和化石，前寒武纪各地质年代的时间确定起来非常困难。

大多数人对这么漫长的时间跨度感到难以理解。对于超过十年的时间跨度，我们就已经开始感到难

表2.2　地质年代表

宙	代		纪	世	距今时间/Ma	其间生命形态/事件
显生宙	新生代	哺乳动物时代	第四纪	全新世	0.0	现代人类
				更新世	0.01	早期人类
			新近纪	上新世	1.6	
				中新世	5.3	早期人种
			古近纪	渐新世	23.7	开花植物
				始新世	36.6	早期植被 哺乳动物、鸟类、昆虫统治时期
				古新世	57.8	
					65	
白垩纪－古近纪边界：中生代结束时，包含恐龙在内的50%的地球物种灭绝（65 Ma以前）						
	中生代	爬行动物时代	白垩纪			早期开花植物（115） 恐龙统治时期
					144	
			侏罗纪			鸟类出现（155） 恐龙繁荣时期
					208	
三叠纪－侏罗纪边界：超过50%的物种灭绝，包括最后的似哺乳爬行动物，陆地上只剩下了恐龙（208 Ma以前）						
			三叠纪			出现龟（210） 出现哺乳动物（221） 出现恐龙（228） 出现鳄鱼（240）
					245	
二叠纪－三叠纪边界：二叠纪末发生了有史以来最大的物种灭绝事件，96%的物种灭绝（245 Ma前）						
	古生代	两栖动物时代	二叠纪			三叶虫等海洋动物灭绝
					286	
			石炭纪	宾夕法尼亚世		泥炭沼泽森林 出现爬行动物（330）
					320	
				密西西比世		两栖动物繁荣
					360	
		鱼类时代	泥盆纪			出现种子植物（365） 出现鲨鱼（370） 出现昆虫化石（385） 鱼类统治时期
					408	
			志留纪			出现陆生维管植物（430）
					438	
		海洋无脊椎动物时代	奥陶纪			出现类似地衣的陆地植物（470） 出现鱼（505） 早期珊瑚 海洋藻类
					505	
			寒武纪			有壳无脊椎动物繁荣 三叶虫统治时期
					570	
元古宙	这段时期普遍被认为是前寒武纪					出现无脊椎动物（700） 早期贝类生物（约750） 大气中开始积累氧气（1 500） 最早具有细胞核的单细胞生物化石证据：真核生物（1 500）
					2 500	
太古宙						真核生物副产物证据（2 700） 早期原始生命 细菌和藻类：原核生物（3 500—3 800） 未来30亿年，这些生物将会统治世界
					4 000	
冥古宙						最古老的表面岩石（4 030） 最古老的单矿物（约4 200） 最古老的月球岩石（4 440） 最古老的陨石（4 560）
					约4 600	

以想象：您还能记得十年前的今天在做的事情吗？我们更不能用这些时间概念来与46亿年前的地球，或者5亿年前第一种**脊椎动物**（vertebrate）出现的时间长度相比。为了帮助理解，我们以1亿年为单位，这样就可以认为地球目前的年龄是46岁。那么在这46年间，究竟发生了什么呢？

起初的三年没有留下任何记录。最早的历史信息记录在加拿大、非洲和格陵兰岛的岩石中，这些岩石形成于43年前。38～35年前，最早的原始生物（例如细菌）出现。23年前（相当于地球年龄的一半），能够产生氧气的生命细胞出现。起初，大气中没有氧，绝大部分氧元素和金属铁结合，存在于早期的海洋里。大约又花了8年时间——也就是15年前，大气层中终于积聚了足够多的氧气，从而支撑大量复杂的需氧细胞生物生存。11年前，大气中氧气含量达到现在的水平。7年前，最早的无脊椎动物出现。5年前，最早的脊椎动物出现，鱼开始在海洋中游动，珊瑚也开始生长。3年零8个半月前，海洋中出现最早的鲨鱼。3年零3个半月前，陆地上出现爬行动物。2.5年前，地球上发生大规模的物种灭绝，96%的生物灭亡。在这次灾难性事件之后，也就是在2年零3个月又10天之前，恐龙出现了。又过了3个半星期，最早的哺乳动物产生。2年前发生了第二次物种灭绝，这次事件几乎灭绝了地球上一半的物种，陆地上几乎只剩下恐龙。8个半月之前，地球上出现了最早的鸟，它们将在5个月后看到最早的开花植物。237天之前，第三次物种灭绝事件袭击了地球，消灭了所有的恐龙和许多其他物种。211天之前，哺乳动物、鸟和昆虫成为陆地动物的主宰。接近6天之前，人类始祖［最早的人属（*Homo*）成员］出现。半个小时之前，现代人类开始了我们称之为“人类文明”的漫长过程。仅1分钟之前，工业革命开始改变地球和我们的生活方式。

自然时间周期

最早，人们通过地球、太阳和月球的自然运动定义时间；后来，人们将这些自然时间周期分成不同的阶段，方便生活；再后来，人们根据特定用途人为定义时间周期。时间被用来确定一个事件的起点、持续时间以及发展速度。在确定位置和区域时，需要精确的时间测定，这将在第2.4节中讨论。

地球绕太阳旋转一周的时间是一年，为365.25天。为了方便起见，人们将其修改为365天，每4年额外增加1天，但是年份尾数为100却不能被400整除的除外。当地球绕太阳旋转时，生活在温带和极地地区的人能很容易察觉到季节和昼夜时长的变化，原因如图2.5所示。地球公转轨道平面与其自转轴的夹角是23.5°。在一年中，地球的北极点有时靠近太阳，有时则远离太阳。当它倾向太阳的时候，北半球有最大昼长时间，这是北半球的夏季。而此时南极点远离太阳，因此南半球接收到的阳光较少，此时为冬季（需要注意的是，从图2.5可以看出，在地球离太阳最远的时候，北半球为夏季，而南半球则为冬季）。当日地距离最小时，北极点远离太阳，因此北半球为冬季；而此时南极点靠近太阳，因此南半球为夏季。北半球处于夏季时，越靠近北极点的地方，白昼的时间越长；越靠近南极点的地方，白昼时间越短。北半球为冬季时则相反。

生活在自转并绕太阳公转的地球上，我们感受不到地球的自转。我们感知到的是，太阳在天空中每天东升西落，在一年之中缓慢地从南向北、再从北向南移动。太阳直射点向北移动期间，北半球日照时间逐渐增加，直至太阳直射**北回归线**（Tropic of Cancer，北纬23.5°），这一天是**夏至**（summer solstice，约6月22日），此时北半球白昼时间最长，北半球进入夏季，**北极圈**（Arctic Circle，北纬66.5°）以北出现极昼，同时**南极圈**（Antarctic Circle，南纬66.5°）以南出现极夜。夏至过后，太阳开始向南移动，直至直射赤道，这一天是**秋分**（autumnal equinox，约9月23日），地球上大部分地区昼夜均分。太阳直射点继续向南移动，直到直射**南回归线**（Tropic of Capricorn，南纬23.5°），这一天是**冬至**（winter solstice，约12月21日），此时北半球的白昼时间最短，北半球进入冬季，北极圈以北出现极夜，南极圈以南出现极昼。随后太阳直射点开始向北运动，在**春分**（vernal equinox，约3月21日）时太阳再次移动到赤道上空，全球昼夜均分，北半球春季开始。请再次参照图2.5，注意北极的位置，并思考南北半球季节相反的原因。

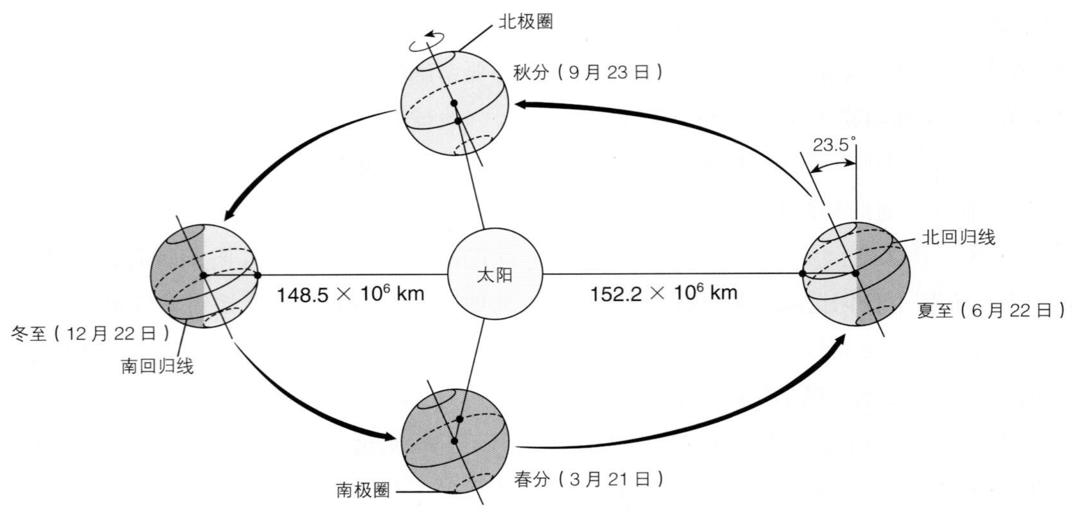

图2.5 地球的四季。在绕太阳公转时，地球自转轴方向固定，导致地球在不同的季节置于阴影中的部分不同。日地平均距离为 149×10^6 km，注意日地距离在一年中的变化。

太阳直射强度的年变化极值发生在温带地区。在极地地区，季节变化主要受长期的日照或黑夜控制。阳光在极地地区总是斜射，因此直接受热的表面积较小。南北回归线之间的地区太阳辐射季节性差异最小，因为太阳几乎总是在中午直射地面。

对自然时间周期稍做修改可得到时间单位月和周。月亮绕地球一周需要27⅓天，但是一个**太阴月**（lunar month）的定义为29.5天。在一个太阴月周期中，月球经历了4个位相：新月、上弦月、满月和下弦月，近似地对应着一个月中的4个星期。一年被划分为12个长度不等的月份。目前通用的公历，是16世纪由罗马教皇格列高利十三世（Pope Gregory XIII）对公元前46年尤利乌斯·凯撒（Julius Caesar）所制定的旧罗马儒略历做了必要的修订而成的。1752年，美国开始采用公历纪年，由于当时公历与旧历差了11天，于是议会决定：在英国和美国，1752年9月2日之后是1752年9月14日。有人愤怒抗议，要求夺回他们失去的11天。同样在1752年，该年的第一天由原来的3月21日（春分）改成现行的1月1日，所以1751年没有1月和2月。

地球自转一周的时间为一日。相对太阳来说，地球平均自转一周的时间为24小时——也叫作**太阳日**（solar day），即时钟转一圈的时间。另一个测量一天时间长度的办法是，以外太空某一点为参照点，测定地球旋转一周所需的时间，称为**恒星日**（sidereal day），它比太阳日约短4分钟。恒星日是地球真正的自转周期，在天文学和航海中都非常实用。

生物适应着这些自然周期。在温带地区，植物随着白昼时间变长和温度的升高，开花并长出新的叶子，再随着夜晚时间变长和温度的降低，花朵凋谢，树叶枯落，进入休眠。在热带地区，雨林植物全年旺盛。有些动物随着季节的变化迁徙，或交替着进入活跃状态和冬眠（或者夏蛰）。有些动物的生物钟为昼夜模式，夜间捕猎、白天睡觉，有些则相反。海洋中的动植物也对这些周期做出响应。同理，扰动大气和海洋环流的物理过程也受这些自然周期影响。理解这些自然周期有助于我们理解发生在海洋表层的现象。后续章节中将讨论以下内容：气候带、风、海流、海水垂直运动、植物，以及动物迁徙。

2.3 地球的形状

当地球冷却并在宇宙中旋转时，它所受到的引力和由旋转产生的力使其形状近似于球体。地球的平均半径可定义为与地球具有相同体积的理想球体的半径，也称为体积半径（V_r），可以通过赤道半径（a）和极地半径（b）计算得到：

$$V_r=\sqrt[3]{a^2b}=6\,371\text{ km}$$

地球不是完美的球体，它的极地半径较短（6 356.8 km）而赤道半径较长（6 378.1 km），二者

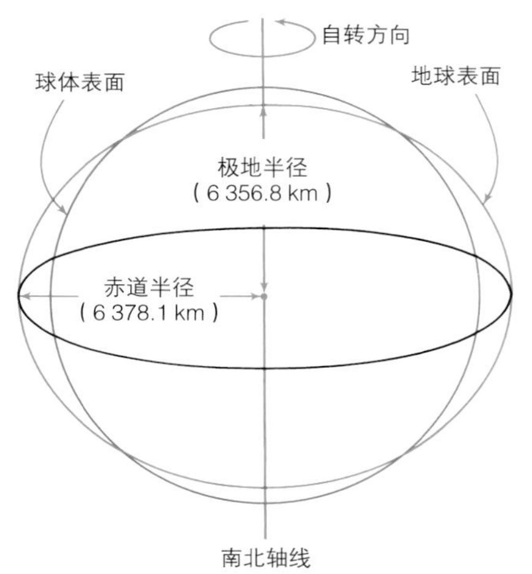

图2.6 地球自转导致赤道稍微隆起。需注意的是赤道半径比极地半径略大。

相差21.3 km。当地球自转时，赤道区域隆起（图2.6）。由于陆地主要集中在北半球的中部和南半球的南极点的中心区域，地球表面在这些区域略微凹陷，在北极点和南半球中部则略微凸起，高地和洼地之间相差约15 m，这种分布导致地球有点像梨形。尽管如此，地球仍非常接近于一个完美的球体。

地球表面也相对平滑。地球上最高山脉的顶峰——喜马拉雅山脉的珠穆朗玛峰，海拔约8 840 m[①]；海洋最深的地方——太平洋马里亚纳海沟的挑战者深渊（Challenger Deep），深约11 km。这些数字除以地球平均半径（6 371 km），得到地球半径与山脉之比为0.001 39，与海沟的比则为0.001 73。如果将地球等比例缩小为半径为50 cm的模型，珠穆朗玛峰的高度约为0.07 cm，挑战者深渊的深度则为0.086 cm。这样的地球模型表面，其粗糙程度更像一个葡萄柚或篮球。相对于地球的大小而言，其表面的高山和深海的地形起伏是较小的。

2.4 定位系统

纬度和经度

要确认我们在地面上的位置，我们需要一个参考系统。每天我们都会用到这样的系统：例如城市名、街道名或号码以及门牌号。手握一张世界地图，我们就有信心找到之前从未到过的地方。但是地球上的绝大部分地方并没有街道号和门牌号，因此我们必须利用其他系统。为了确定地球上的位置，我们采用一种在地球表面垂直交叉的参考线网格，这种代表**纬度**（latitude）和**经度**（longitude）的网格线分别称为纬线和经线。**纬线**（parallel）以赤道为基准。垂直于地球自转轴将地球分为两半的大圆就是**赤道**（equator），这个过程就像沿着橙子的柄端和脐端将橙子切成两半一样。赤道的纬度定义为0°，其他纬线平行于赤道，向北至北极（北纬90°），或者向南至南极（南纬90°）[图2.7（a）]。注意，距离极地越近，这些纬线圈的周长越短。纬线圈分为南纬和北纬，其数值由纬线圈到地心的角度决定[图2.7（b）]。南、北回归线（图2.5）分别对应着南纬23.5°和北纬23.5°，南极圈和北极圈分别对应着南纬66.5°和北纬66.5°。

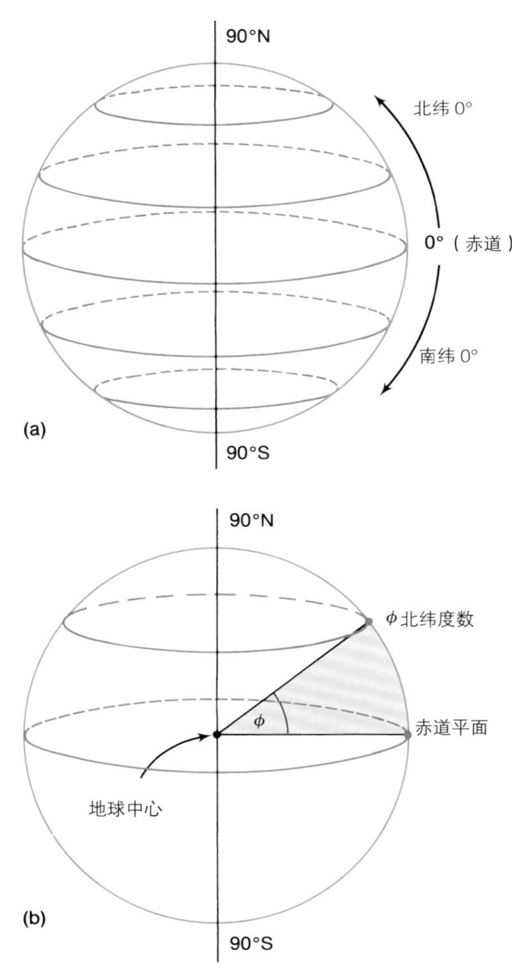

图2.7 （a）纬线圈平行于赤道。（b）地面上某点的纬度值为赤道平面和从地心到纬线圈上该点连线的夹角（ϕ），单位为度（°），用ϕ表示。在表示纬度值时，必须指明位于赤道南部还是北部。

① 2005年，原国家测绘局对珠穆朗玛峰海拔高程进行了测量，精确测定珠穆朗玛峰海拔高程为8 844.43 m。——编者注

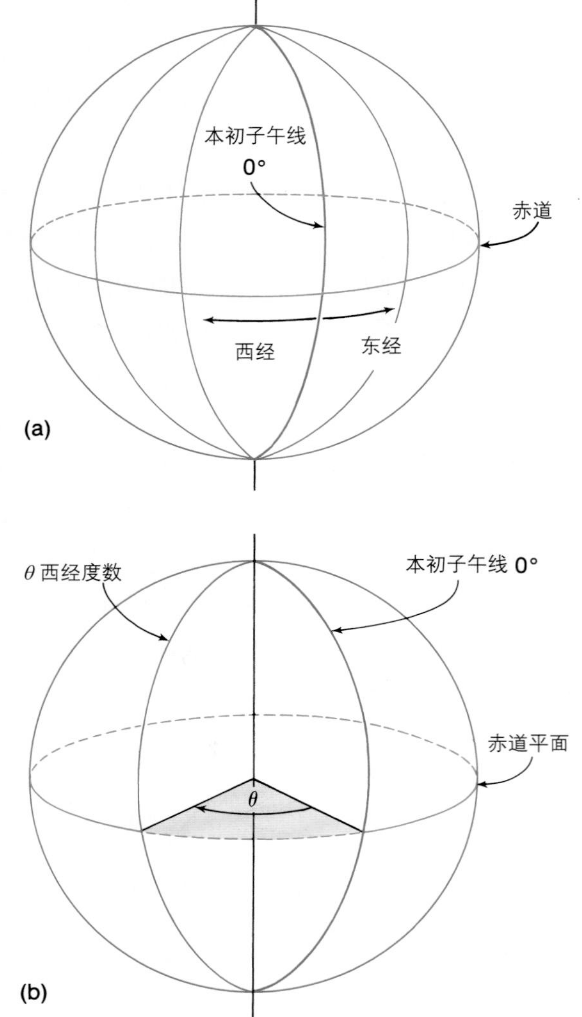

图2.8 （a）以本初子午线为参照线绘制的经线。（b）经度值为本初子午线和经线之间的角度值，单位为度（°），用θ表示。在表示经度值时，必须指明位于本初子午线东侧还是西侧。

经线又称为**子午线**（meridian），与纬线呈直角相交（图2.8）。经度起始于一个给定的地点：0°经线，它是从北极到南极穿过英国伦敦郊外格林尼治皇家天文台的经线。在地球的另一端，与0°经线相对应的是180°经线。0°经线被称为**本初子午线**（prime meridian），180°经线则被定义为**国际日期变更线**（international date line）。如图2.8（b）所示，经度值由它们相对于0°经线向东或向西的位移角度（θ）决定。因此，我们通常用0°到东经180°、0°到西经180°，或者0°到360°表示经度。在这些表述中，–90°，西经90°和270°对应着同一个子午圈。注意图2.8（a）中，子午圈具有相同的长度，就像橘子每瓣之间的分界线具有相同的长度一样。子午线可被视为经过地球自转旋转轴平面与地球表面的交线，任何经过地心的平面与地球表面相交的线都称为**大圆**（great circle）。所有经线都能形成大圆，而纬线中只有赤道为大圆。地球表面任意两点的大圆距离就是大圆上两点之间的最短距离。两点间大圆距离的计算方法见附录。

我们用经线和纬线的交点来确定地球上任何一个地点的位置。例如，夏威夷群岛大约位于西经158°，北纬21°；好望角在非洲最南端，大约位于东经20°，南纬33°。以“度”描述的距离比较大（纬度1°的长度相当于60 n mile），因此1度（1°）可以分为60分（60′），1分可以分为60秒（60″），1秒可以分为10个1/10秒。因此，夏威夷火奴鲁鲁湾的位置为北纬21° 18′ 34″，西经157° 52′ 21″。1**海里**（nautical mile，符号为n mile）相当于纬度或经度大圆1′的弧长，也就是1 852 m。采用这个系统，可以高精度地定位地球上的位置。

海图和地图

海图和地图都通过二维平面来描绘地球的表面特征。地图能够表现地表的特征（或者陆地和海洋之间的关系），而海图则用来描绘海洋和天空的特征。任何海图或者地图展现出来的地球表面都会有不同程度的变形。制图师的任务就是，绘制出精度最高、最实用以及变形最小的图以供使用。

将地球表面的特征以及经纬度投影到一个表面上，称为地图（或海图）**投影**（projection）。想象一个透明球体，其表面绘有陆地和经纬线。在球体中心放一盏灯，光线将穿过球体照射出去。若在球体外面放一张纸，那么光会将陆地的形状和位置，以及经纬线投射到这张纸上。通过改变灯光的位置和投影照射的表面类型，可以获得不同的投影。目前已经构建了多种海图和地图投影，但大多数投影都基于三种基本方式：圆柱投影、圆锥投影和切面投影，如图2.9所示。在这三种投影方式中，圆柱投影是以圆柱面环绕着球体［图2.9（a）］，圆锥投影是以圆锥面环绕着球体［图2.9（b）］，而切面投影是将一个平面（切线）与球体相切［图2.9（c）］。尽管圆柱表面和圆锥表面可能只是被放置在球体的周围

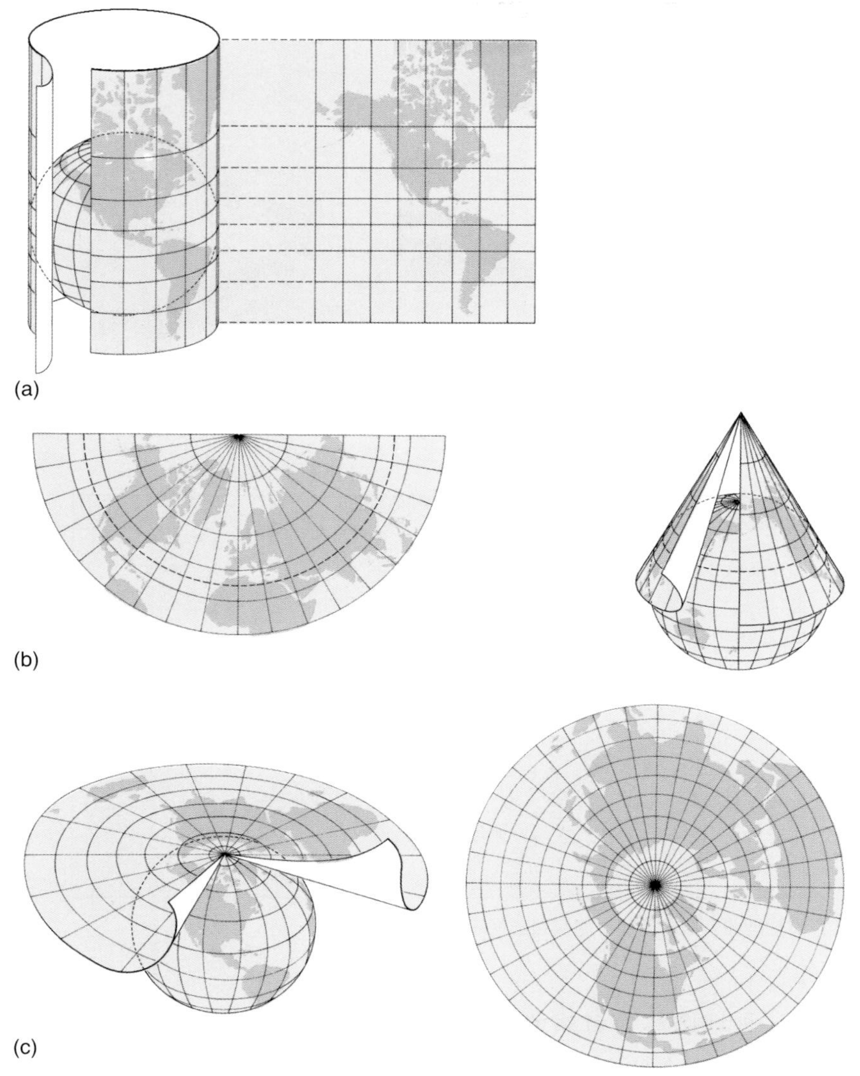

图2.9 地图投影的三种基本类型。（a）赤道圆柱投影；（b）简单的极地圆锥投影；（c）极地切面投影。

或上方，切面投影可以相切于地球的任何地方，但是为了使圆柱与赤道相切或圆锥以极轴为中心，人们还是经常用到圆柱投影和圆锥投影。

对比图2.9的三部分，您将注意到，海图和地图的变形随着与球体上点或线距离的增加而加剧。以格陵兰岛为例，在切面投影中［图2.9（c）］，它的大小和形状都非常接近真实形态。在圆锥投影中［图2.9（b）］，格陵兰岛比真实的形态显得更大一些；而在圆柱投影中［图2.9（a）］，格陵兰岛的大小和形态都发生了很大的变形。在大部分书和学校课堂中，世界地图采用的都是**墨卡托投影**（Mercator projection），如图2.9（a）所示，它是圆柱投影的一种方式。尽管墨卡托投影导致高纬度地区的变形十分明显，甚至不能够投影极地地区，但是与其他的投影方式相比，墨卡托投影有一个优点——在地图上绘制的直线方向就代表真实的方向，或者说是固定的罗航向。因此，墨卡托投影对于航海者来说十分有利。每种类型的海图或者地图都有它们各自的特点，使用者一定要选择对自身用途来说变形最小、属性最好的投影方式。

将地图上高程相等的点用线连起来，就得到**等高线**（contour）。这种线能够表现地球的**地形**（topography），因此，这种图称为地形图。等深线是海面以下深度相同的点的连线，可用来表示此区域的**水深**（bathymetry），这种海图称为水深图（图2.10）。可将色彩、阴影和透视应用于模拟地形、生成可

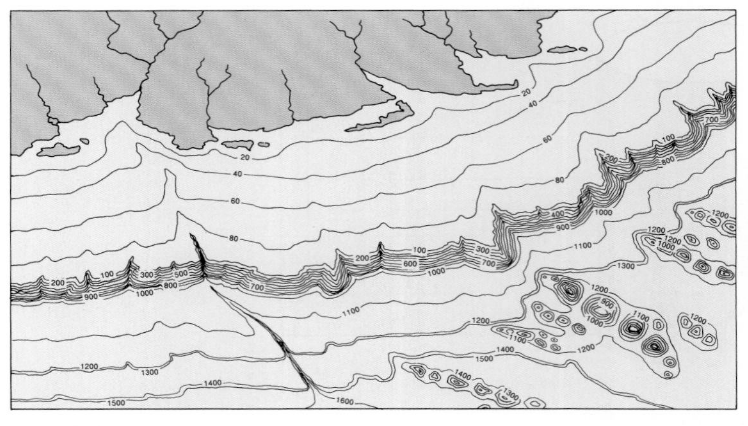

图2.10 常见海岸区域海床的水深或等深线图。等深线形状和间隔的变化表示深度的变化。

图2.11 图2.10所示地区的自然地理图。图中增加了底纹和透视效果。

视化地图或鸟瞰图中，这种地图称为**自然地理图**（physiographic map）。图2.11是一个自然地理图的例子，将其与图2.10的水深图进行对比。

纬度的测量

早期的地图表明，最早的制图者和航海家在精确描绘和定位某些著名地标时遇到了明显的困难。当测量不准确时，制图者无法正确地绘制地图，随之而来的问题便是，早期的航海家很难精确地确定他们的位置。航海技术提高后，海图绘制的准确性也提高了。最早的航海家利用**北极星**（Polaris）导航。北极星位于北极上空而且几乎不移动，在北半球，通过测量北极星和海平面的夹角可以估算出相当精确的纬度值。一旦远离陆地，航海者可以向南或者向北航行到目标纬度，然后再沿着该纬度向东或向西航行直到发现陆地。靠近海岸时，航海者则可以根据可见的陆标进行南北方向的调整。

经度和时间

确定经度则困难得多。因为经线随地球旋转，每24小时转360°，所以确定经度时必须知道一天中的准确时刻和太阳或者恒星对应于某条经线的位置。尽管早在1530年，佛兰芒天文学家赫马・弗里修斯就提出了利用时间来确定经度的理论，但是早期的时钟还达不到这种精度。直到18世纪，随着精密航海钟的出现，精确测量经度才成为可能。关于这段历史过程，请回顾第1章。

以某点为初始地点，当太阳位于**天顶**（zenith）时将时钟设置为正午，随后把这个时钟带到一个新的地点。在新地点，通过太阳到达天空正上方的时刻与初始地点正午时刻的差值，可以推断初始地点和新地点之间的经度差。利用这个规律，相对于参

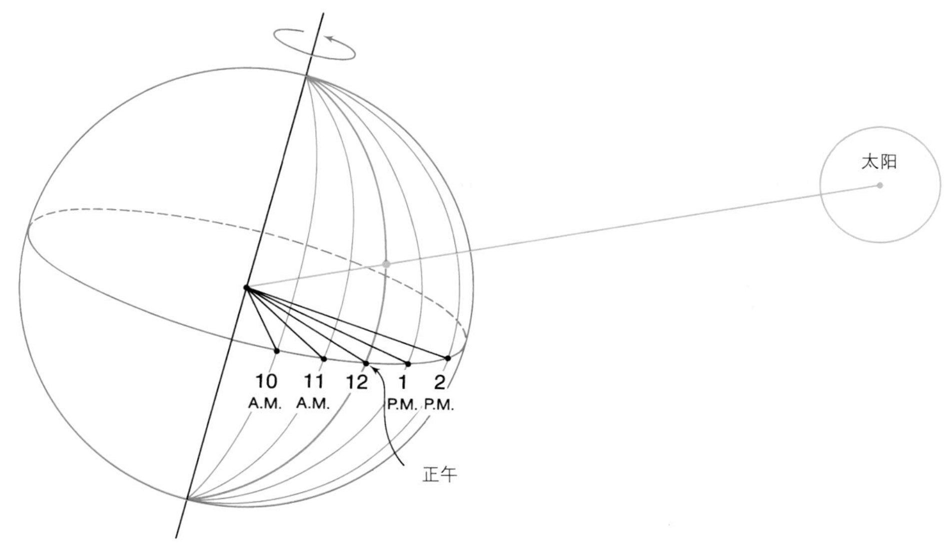

图2.12 子午线上的时间与太阳每小时经过的经度有关，太阳每小时移动15°。

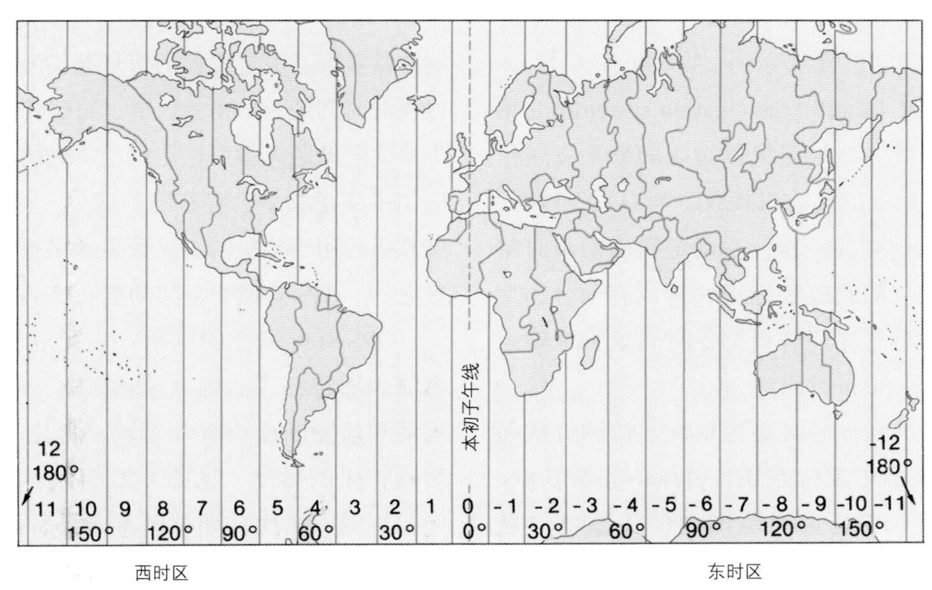

图2.13 世界时区的分布。底部标示了经度值。西时区为正值，东时区为负值。

考经度以西15°的位置，将在1小时后（参考经度位置时间为下午1时）位于太阳下方，这是因为地球每小时向东旋转15°；参考经度以东15°的位置，则在参考经度位置时间为上午11时的时候，正对太阳，这是因为地球还需1小时（旋转15°）才能使太阳位于参考经度位置的天顶（图2.12）。

现今所用的参考经度是本初子午线，也就是0°经线。太阳在本初子午线上空天顶的时刻被设为时钟的正午，这就是**格林尼治标准时**（Greenwich mean time，GMT），也称为世界时（universal time）或祖鲁时间（Zulu time）。因为按照太阳时，地球每旋转15°需1小时，因此地球被分为不同时区，每个时区约为15°。有时为了方便人们的生活，时区并不严格遵循经度线，而是遵循政治边界（图2.13）。

2.5 现代导航技术

现代水手仍然会使用天文钟，并在天空晴朗时使用六分仪来寻找太阳和恒星的位置，从而确定自己在海上的位置。但是进行这类测量通常是为了校验他们的现代电子导航仪器。天文钟通过无线广播信号进行校正或重置。当轮船靠近陆地时，**雷达**（radio detecting and ranging radar，radar）会从远处的目标，例如岸线或另一艘轮船，返回电波信号。雷达屏幕上的图像是由电磁波辐射能量信号形成的，能量通过发射器发射，遇到物体后反射，随后被天线接收并显示在屏幕上。**远距离无线电导航系统**（long-range navigation, Loran）能在远洋使用，该电子计时设备可测量从多个陆地站点到达的电波信号时间差，然后利用这些站点信号的时间差推断出接收船舶的位置。该系统最新改进的接收机，能够根据目的地经度和纬度，利用计算机编程来导航。接收机能够从陆基站点发来的信号中监测航行的轨迹和目的地距离，计算机也能监测这些信号并持续计算船只所在的经度和纬度。由此，船员和科学家能够实时得知自己的位置。

卫星导航系统（satellite navigation system）是精确复杂的导航系统。绕地卫星以精确的频率发送信号，这些信号被船上的接收机接收。当卫星经过时，船载接收机监测信号的频移，并确定精确的即时时间。此时，船航行的轨迹和卫星轨道成直角。利用这些信息，计算机程序能够根据卫星轨道特征确定船的位置，误差在30 m以内。

另一种功能更强大并且更为精确定位的方式是美国的卫星导航**全球定位系统**（global positioning system，GPS）。GPS是世界范围内的无线电导航系统，由24颗导航卫星——21颗处于业务化状态，3颗为备用状态——以及5个地面接收站组成（图2.14）。这些卫星的轨道高度为20 165 km，每24小时内保持相同的轨道和相对排布，几乎覆盖所有区域。在任意时间内，在地球上任一位置都可以看到5～8颗卫星。GPS系统利用这一系列的卫星作为计算地表位置的参考点，其精度在商业和个人用途中可精确到米级，高级模式甚至可精确到厘米级。

GPS以无线电波形式向地面接收机发射特定的数据代码。与此同时，GPS接收机也会生成相同的代码。由于卫星信号输送要经过一段距离，卫星发送信号的时间和接收机接收的时间之间会产生间隔，这个时间差是接收机和卫星之间距离的函数。卫星信号以光速传播，约3×10^5 km/s，因此精确测量信号到达的时间非常重要。卫星发射的信号被正下方的地面接收机接收的时间约为0.06秒。通过精确测量接收机和四个卫星之间的距离就可以定位接收机的具体位置。实际应用中测量结果会存在各种误差，为了提高准确度，接收机与用于测量的卫星数量越多越好。除了确定位置之外，GPS还能测量移动接收机的移动速度。

GPS有着广泛的应用，包括定位和导航、绘制海陆表面特征、监测潮汐和海流、测量构造板块的运动和监测断层位置等领域。它甚至还被用于研究地幔物质的黏性（见第3章），观测三维地壳速度。例如观测在末次冰期被厚重冰盖所覆盖的沉降的区

(a)

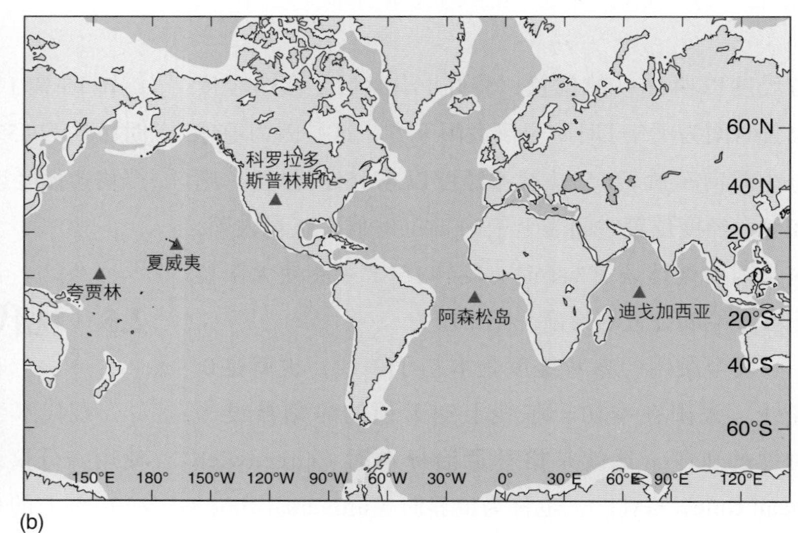

(b)

图2.14 全球定位系统（GPS）由（a）24颗卫星和（b）5个监测站组成，总控制站坐落在科罗拉多斯普林斯市的福尔肯空军基地。

域，那里的陆地在冰融化时持续缓慢上升。海洋学家正在开发一种新的技术——水下GPS应用。GPS信号是无线电波信号，这导致水下GPS应用遇到一个主要问题，即信号会快速被水吸收。目前正在进行的水下GPS测试中，包括为表层浮标装上GPS接收机，利用声能使之与水下目标进行通信。另一个更大的挑战是，GPS电波信号中庞大的信息难以快速有效地通过声学信号传递。如能解决以上问题，水下GPS会给人类研究带来极大的益处。

美国GPS系统类似于苏联建立的全球导航卫星系统（GLONASS）。美国和俄罗斯之间日益增加的合作将有助于开发能同时接收两种系统的接收机，从而提高定位精度，更好地实现全球覆盖以及更好地校正结果。

当前，船载计算机能够存储包括海表和海底地形图在内的电子地图。船舶的位置可以被实时追踪和定位。海洋学调查船使用仪器绘制海图，显示船舶随时间的位置变化，同时进行海底测量、海底调查和水体测量（例如水温和盐度）。今天的海洋学家可以对同一位置进行越来越精确的测量，从而追踪海洋变化过程。科学家通过评估采集到的数据来调整调查站点，从而保证数据满足项目的需求。

2.6 地球：水的星球

地球表面的水

当地球和太阳系其他行星冷却时，为了维持行星表面的温度，太阳的能量逐渐取代行星形成时自身的热量。地球的轨道近似于圆形，与太阳的平均距离约为149×10^6 km。日地距离在6月份为152.2×10^6 km，12月份则为148.5×10^6 km（图2.6）。这样的日地距离使地球轨道全年保持适当的受热和冷却。地球表面平均温度为16 ℃，在此温度下水能够以气态、液态和固态三种形态存在。

地球的自转对于调节温度极值也有重要意义。地球自西向东自转一圈需要24小时，如果地球自转速度减小，朝向太阳的一面由于在太阳下暴晒时间更长将变得更热，而背离太阳的一面则会因失去热量而变得更冷，昼夜温差将加剧。同理，自转速度增加则会导致昼夜温差减小。

地球的公转、自转，以及表面大气层的覆盖使地球的表面温度适合液态水的存在。大气层就像是地球的保护罩，阻挡着来自太阳的紫外线。日地距离、地球自转和公转周期与其他行星的比较见表2.1，注意地球与其他行星的表面温度差异。

地球表面的总水量可以用几种方式表示。例如，海洋面积为3.62×10^8 km^2，但这个数字非常庞大，人们很难形成直觉的感性认识。比较容易形成概念性认识的表达是，地球表面71%被海洋覆盖，只有29%是高出海平面的陆地。

海洋的体积为1.35×10^9 km^3，这也是一个非常庞大的数字。另一个表达海水体积的方式是，把地球想象成一个完全被海水均匀覆盖的平滑球体，海洋的深度为2 646 m。如果加入世界上其他水源，海水深度将增加75 m（达到2 721 m），以上深度称为**球深**（sphere depth）。海洋的球深为2 646 m，地球上总水量的球深为2 721 m。

水循环

地球上的水以液态形式存在于海洋、河流、湖泊和地下水中，也以固态形式存在于冰川、积雪和海冰中，还以小水滴和水蒸气的形式存在于大气层中。承载水体的地方称为**水储库**（reservoir）。将这些水在全球范围内平均分配，使各种类型的水储库都包含一定数量的水。水在这些水储库之间不断地运动、交换和输运，这个过程称为**水循环**（hydrologic cycle），如图2.15所示。

水通过蒸发作用从海洋进入大气层中，绝大部分水蒸气又以降雨的形式回到海洋。但是气流可以携带一些水蒸气穿越大陆，这些水以雨和雪的形式降落到陆地表面，渗透到土壤中被植物利用，汇进河流、小溪和湖泊，或者以雪和冰的形式在某些区域长时间积存。陆地上的水可以通过蒸发、**蒸腾**（transpiration）、**升华**（sublimation）重新回到大气层中。融化的冰雪、河流、地下水和陆地径流将这些水再次带回海洋。像这样完成一次水循环，海水的总体积保持不变。地球中各水储库类型及水量的比较见表2.3和图2.16。

表2.3 地球上的水资源

水储库类型	近似水体积 /km³	/mi³ a	占总水量的分比/%
海洋和海冰	1 349 929 000	323 866 000	97.26
冰盖和冰川	29 289 000	7 000 000	2.11
地下水	8 368 000	2 000 000	0.60
淡水湖泊	125 500	30 000	0.009
咸水湖泊和内陆海	105 000	25 000	0.008
土壤	67 000	16 000	0.005
大气	13 000	3 100	0.000 9
河流	1 250	300	0.000 1
总水量	1 387 897 750	332 940 400	100

a 英制长度单位英里（mi），1 mi=1.66934 km。

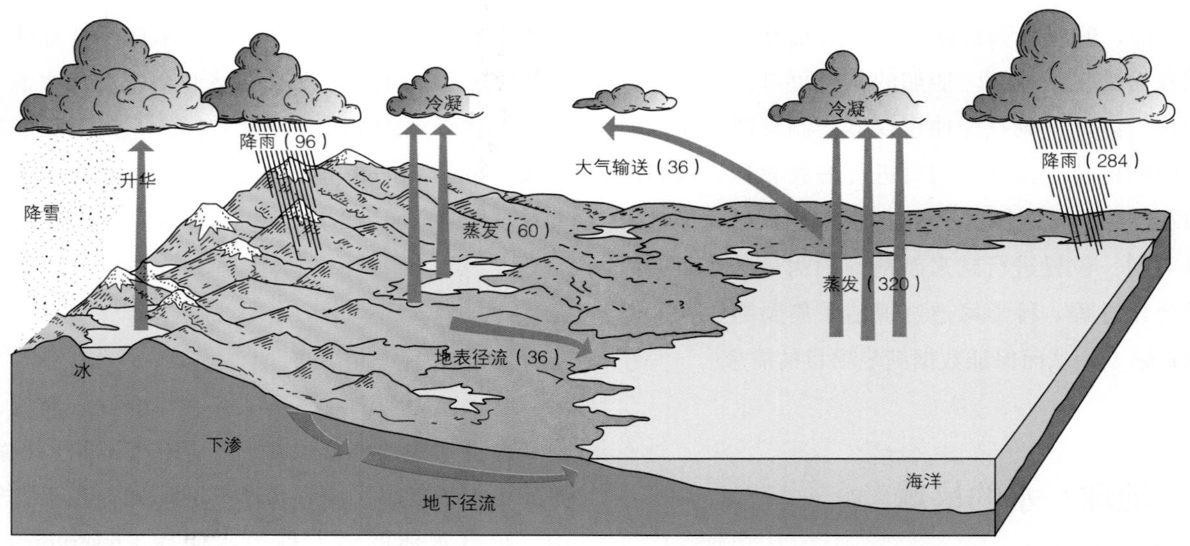

图2.15 水循环和全球年传输速率。降水包括降雪和降雨。内陆的蒸发包括地表水蒸发、蒸腾作用（植物将水释放到大气中）以及升华（冰直接变为水蒸气）。陆地径流包括地表径流和地下径流。年传输速率单位为10^3 km³。

气候带的性质主要决定于它们的表层温度和蒸发、降雨的分布。热带赤道地区潮湿，副热带沙漠地区干燥、炎热，温带地区凉爽、潮湿，极地地区寒冷、干燥。这些不同的性质，加之空气在气候带之间流动，引发了水从一种储库到另一种储库的循环运动。水在大气和海洋之间传输，改变着海洋表层水的盐度，导致表层温度随季节和纬度变化，决定了世界海洋的许多性质。这些特性将在第8章和第10章中讨论。

水储库和停留时间

由于地球上水的总量几乎不变，水在不同水储库之间的传输必须保持平衡。一种水储库得到水的速率必须等于它失去水的速率，否则平衡将被打破，它的水量将以消耗另一种水储库水量的方式增加。水分子在某一种水储库类型中所停留的平均时长称为**停留时间**（residence time），可用水储库的总体积除以水更新的速率得到。水在体积较大的水储库中通常具有较长的停留时间，而在小水储库中则停留时间较小，因为小水储库中的水可以被快速地替代。水储库的大小也决定了它对水量增减的响应速率，微小的变化对于大的水储库影响较小，而对小水储库可能影响很大。假设海水体积减小6.5%，而且这些减少的水转化为陆地冰，结果将会使目前陆地冰

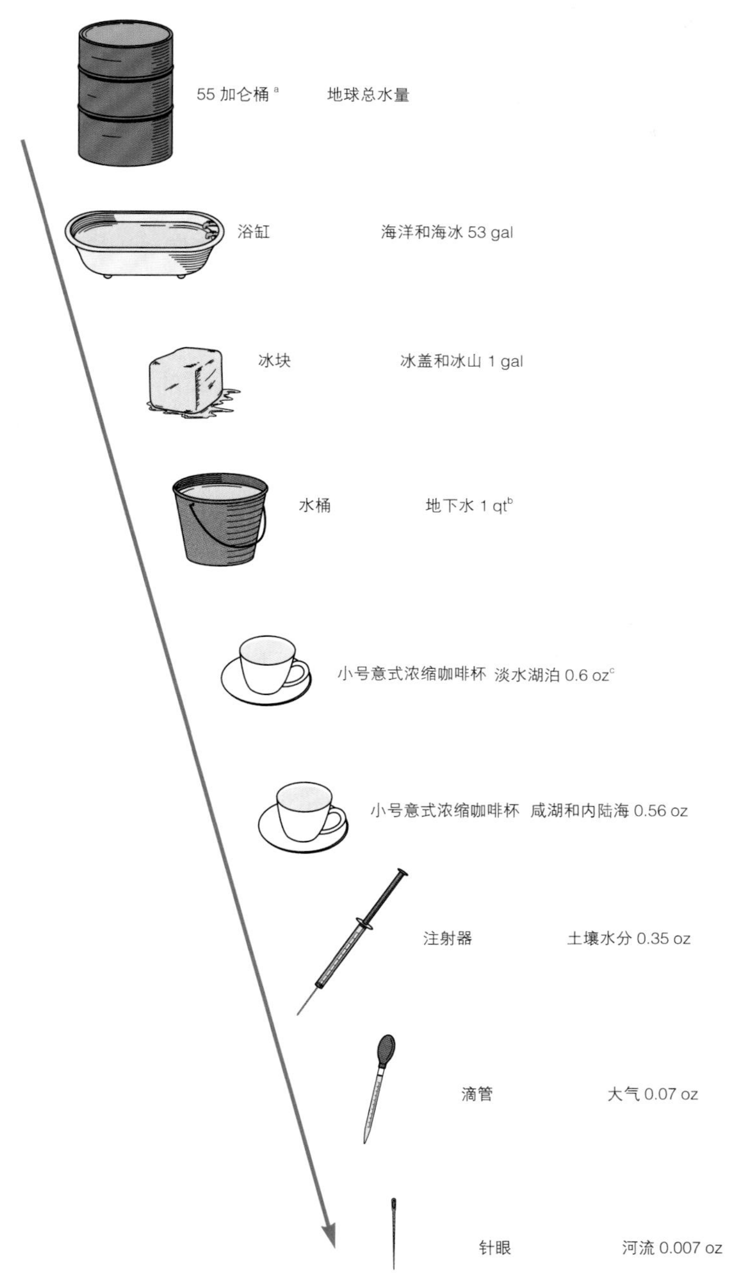

图2.16 地球上各个主要水储库类型水量的比较。为了便于比较，图中以55加仑桶表示地球总水量。

a 石油桶是美国在原油和相关石油产品的计量中最常用的交易单位。历史上它曾经是标准规格［42美制加仑(gal)，1 gal=3.785 L］的油桶的大小，但现在国际上实际使用中的钢制油桶容量是55 gal，故称为“55加仑桶”。——编者注

b qt即夸脱，容量单位，主要在英国、美国及爱尔兰使用。1 qt=1/4 gal，但英国和美国代表容量不同，且美国有两种夸脱：干量夸脱及湿量夸脱。1美制湿量夸脱等于0.946 L。——编者注

c oz即盎司，这里指液体盎司，为英美容量计量单位。英国和美国代表容量不同，美制1 oz=29.57 ml。——编者注

的体积增加3倍，而海平面降低172 m。这个例子所反映的变化就是冰川时期的地球变化，大量的海水转化成陆地冰导致海平面下降。

每年输运到大气中的水大约为380 000 km^3，大气可容纳的液态水约为13 000 km^3。因此，通过简单的计算即可了解，大气中的水一年中可更新29次。水在大气中的停留时间非常短，在其他大水储库中的停留时间则长得多。例如，假设海洋中所有的水都蒸发进入大气，又通过降雨回到陆地，然后经过河流汇入海洋，这个过程需要4 219年。对水循环的进一步研究表明：每年从海洋中蒸发的水为320 000 km^3，从陆地中蒸发的水为60 000 km^3。这些水形成降水后，有284 000 km^3直接返回海表面，而96 000 km^3则回到陆地。在返回陆地的水中，超出陆地容纳的部分（36 000 km^3）以河流、小溪、地下水的形式汇入海洋，如图2.15所示。

陆地和海洋的分布

我们分别通过从北［图2.17（a）］和从南［图2.17（b）］俯瞰地球来理解目前的海陆分布。北半球陆地约占全球总陆地的70%，并且陆地多位于中纬度地区；南半球是水的半球，陆地主要位于热带和极地地区。陆地和海洋的纬度分布如图2.18所示。

海　洋

陆地的分布和形状将全球海洋分为四个独立的海洋（图2.19），也有人认为是五个。海洋学家公认的三个主要的海洋——太平洋、大西洋和印度洋，是围绕着南极洲向北延伸的巨大连续水体；第四个较小的海洋——北冰洋——位于北极。有些人认为北冰洋是大西洋的延伸，但是因为它的面积和它相对独立的特点，大多数人还是将它看作一个独立的洋盆。每个海洋都具有特有的表面积、体积和平均深度特征（表2.4）。2000年，国际海道测量组织把南纬60°和南极洲之间的海水定义为第五个独立大洋，并称之为南大洋。这削去了三个主要大洋的南端部分，改变了它们的面积。

与其他大洋相比，太平洋具有更大的表面积、体积和平均深度。1520年，麦哲伦穿越该大洋，当时天气平静，麦哲伦心情愉悦，因此命名它为“太平洋”。太平洋的面积超过了全球海洋表面积的一半，覆盖了超过1/3的地球表面积。太平洋的最宽处位于北纬5°附近，在那里它从印度尼西亚延伸到哥伦比亚，长约19 800 km。太平洋中散布了近25 000个岛屿，它

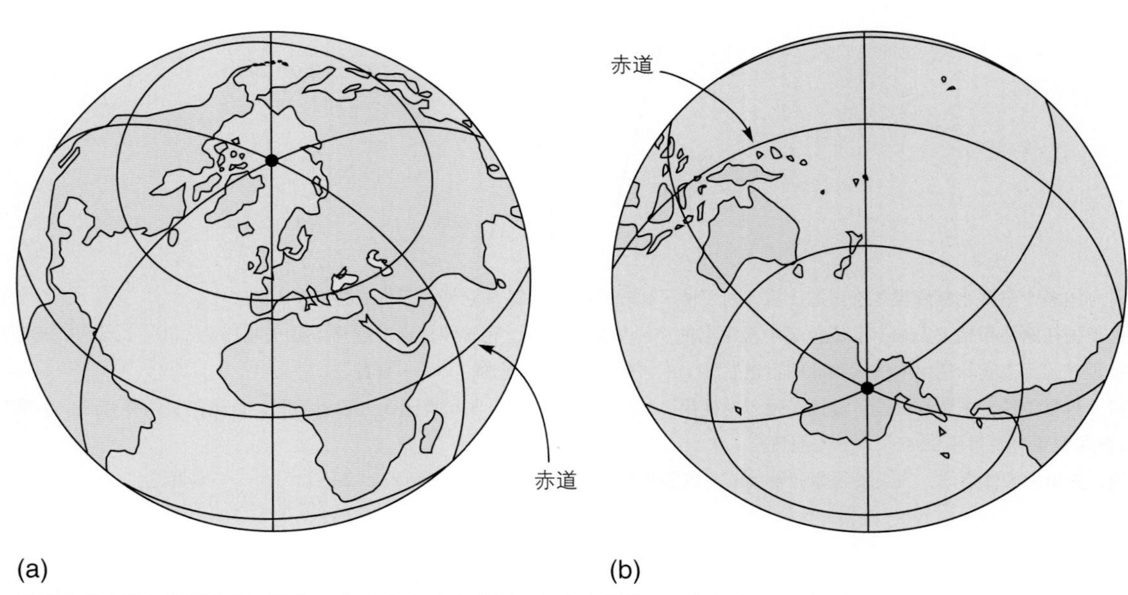

图2.17　地球上的大陆和海洋分布不均匀。北半球（a）包含了大部分的陆地，而南半球（b）主要是水。

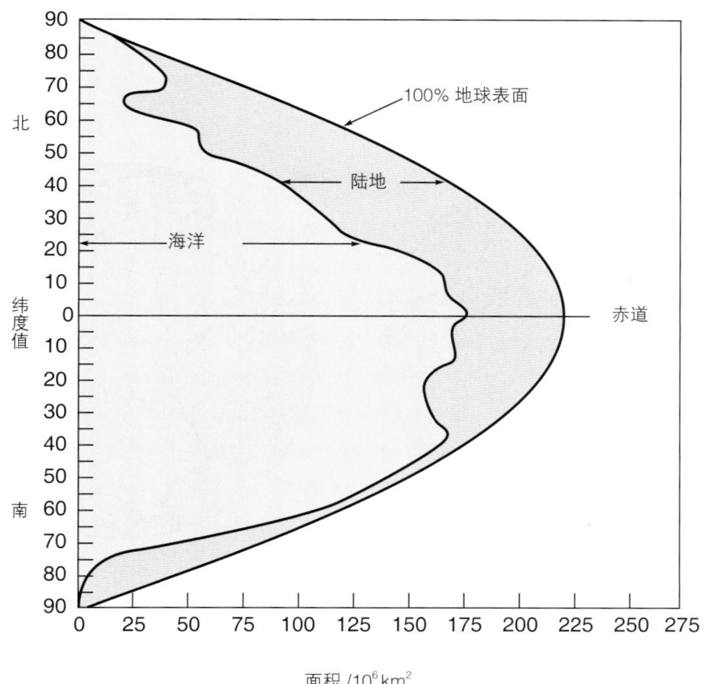

图2.18 不同纬度的陆地和海洋的分布情况。北半球中纬度地区的海洋和陆地分部面积基本相等，但南半球相应的纬度地区几乎没有陆地。面积基于每5° 纬度间隔计算。地球表面约71%被海洋覆盖，剩下的29%为陆地。

们大多位于赤道南部。这些岛屿的数量大于其他所有海洋岛屿的总和。太平洋边缘有一些边缘海，包括西里伯斯海（Celebes Sea）[①]、珊瑚海（Coral Sea）、东海（East China Sea）、日本海（Sea of Japan）、苏禄海（Sulu Sea）和黄海（Yellow Sea）。

大西洋是世界第二大洋，它的英文名字“Atlantic”源于希腊神话，意为“阿特拉斯海”（Sea of Atlas）（阿特拉斯是希腊神话中用肩膀扛着石柱支撑苍天的巨人）。汇入大西洋的河流面积是汇入太平洋或印度洋的河流面积的4倍。考虑到盆地的规模，大西洋上的岛屿相对较少，不规则的海岸线形成了大量海湾[②]和海，包括加勒比海（Caribbean Sea）、墨西哥湾（Gulf of Mexico）、地中海（Mediterranean Sea）、北海（North Sea）和波罗的海（Baltic Sea）。

印度洋主要位于南半球，是世界第三大洋，但是它非常深。印度洋最北端是位于北纬30°的波斯湾（Persian Gulf）。印度洋与大西洋的界线是东经20°，与太平洋的界线是东经147°。非洲最南端和澳大利亚之间的印度洋宽约10 000 km。几个世纪以来，印度洋一直是非洲和亚洲贸易的重要战略地带。

北冰洋在四个大洋中面积最小，它是位于北极的一个近似圆形的盆地。北冰洋通过白令海峡（Bering Strait）与太平洋相连，通过格陵兰海（Greenland Sea）与大西洋相连。北冰洋的海底被一条海岭分为两个深海盆地。北冰洋的水通过北大西洋流入和流出。

陆高海深曲线

另一种海洋学家描述陆地海洋关系的方式如图2.20所示，称为**陆高海深曲线**（hypsographic curve）。图中，横坐标表示地球表面面积，纵坐标表示海洋深度或海拔高度。从图中找出代表海平面的线，并在左侧读出对应的高于海平面的陆地高度（单位为m）；右侧则为低于海平面的深度（单位为m）。图顶端的刻度表示地球的表面面积（单位为10^8 km^2），最底部标尺代表陆地和海洋分别占地球表面积的百分比。注意，曲线与海平面的交界处对应着29%，表示地球表面29%位于海平面之上，

① 苏拉威西海的英文惯用名。——编者注
② 原文是“bays, gulfs, and seas”，其中“bay”和“gulf”均可译为“海湾”。——编者注

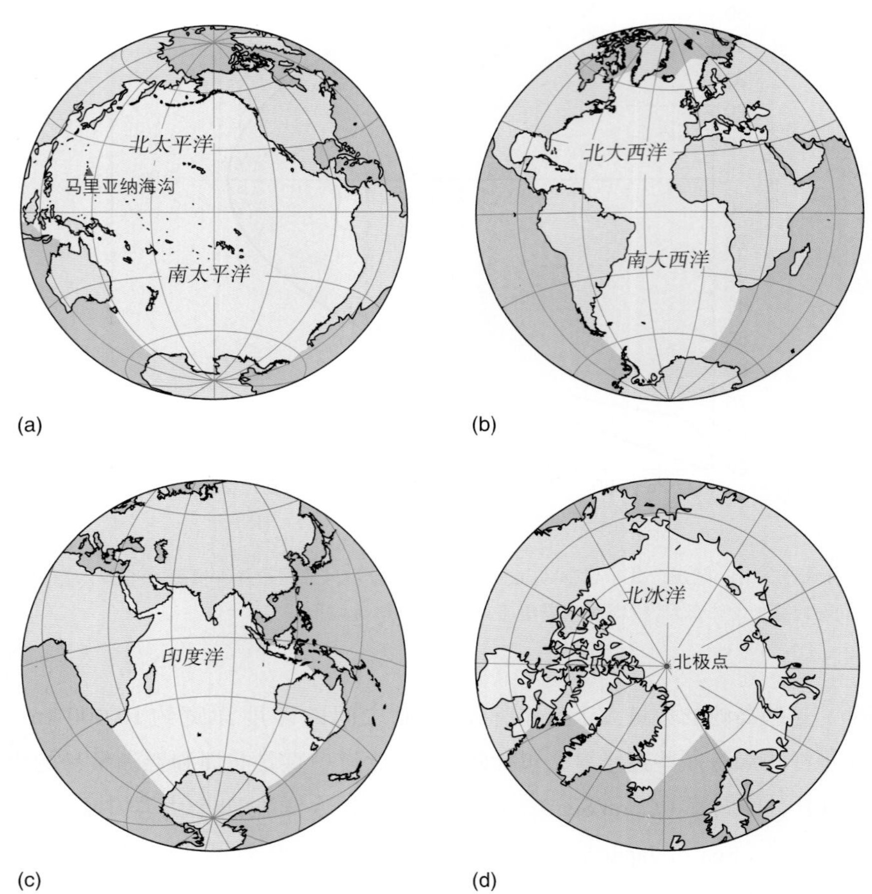

图2.19 世界上主要的四个大洋。按从大到小排列:(a)太平洋(马里亚纳海沟是海洋的最深处);(b)大西洋;(c)印度洋;(d)北冰洋。

表2.4 大洋的深度、面积和体积

大洋名称	平均深度/m	面积/km²	体积/km³	占海洋表面积百分比/%	占地球表面积百分比/%
太平洋	3 940	181.3×10^6	714.4×10^6	50.1	35.6
大西洋	3 575	94.3×10^6	337.2×10^6	26.0	18.5
印度洋	3 840	74.1×10^6	284.6×10^6	20.5	14.5
北冰洋	1 117	12.3×10^6	13.7×10^6	3.4	2.4
所有海洋	3 729	362.0×10^6	$1\,349.9 \times 10^6$	100	71.0

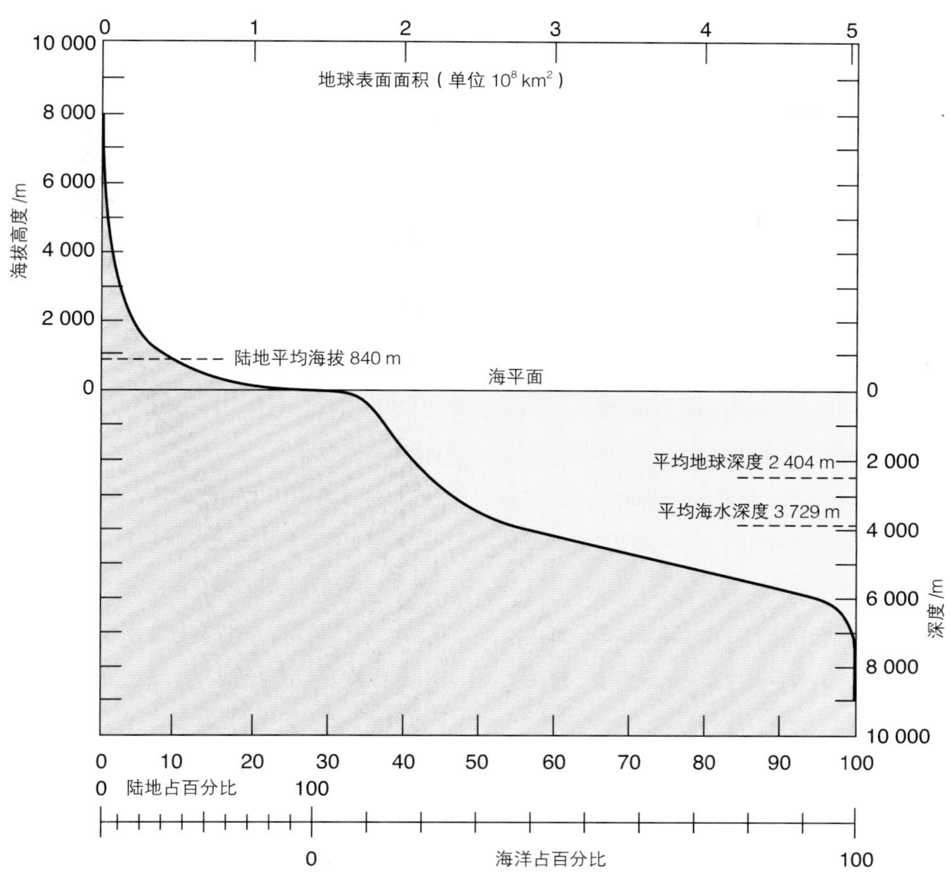

图2.20 陆高海深曲线显示了地球表面陆地的海拔高度、海水深度，以及陆地和海洋所占的面积。

71%位于海平面之下。海拔高于2 km的陆地只占全部陆地面积的20%。海洋面积比例标尺则表明深度超过2 km的海洋约占85%。通过陆高海深曲线图，我们不仅了解到地球71%被海水覆盖，而且还认识到海水深水区要比陆地高山区的面积大得多，海盆面积是山脉面积的4倍。世界最高峰珠穆朗玛峰海拔为8 844.43 m，而海洋中最深的海沟，深度为11.02 km。

陆高海深曲线的横纵坐标轴分别代表了面积与高度，用面积乘以高度，图中区域面积可以表示体积。陆地的平均海拔为840 m，陆地的体积可用29%的地球表面积与海拔840 m所填充的图中区域面积表示。海洋的平均深度可以利用表2.4中各个海洋的平均深度和它们各自占据的面积百分比数据，通过计算得到:（3 940 m × 50.1%）+（3 575 m × 26%）+（3 840 m × 20.5%）+（1 117 m × 3.4%）=3 729 m。

人类主要生活在陆地上，因此我们的参考面是海平面。如果从地球的角度来分析这张曲线图，地球平均高度将更适用于描述地球固体表面的位置，这称为**平均地球球深**（mean Earth sphere depth），其值为（840 m × 29%）+（–3 729 m × 71%）=–2 404 m，由图2.20提供的平均海拔、平均水深和面积数据求得。这个值代表高于此深度的陆地体积和低于此深度的海水体积相同。这个值可以这样得出：想象将陆地填充到海底，直到地球变成完全光滑，此时平均地球球深为2 404 m。这样必然会导致海水上升243 m，此时深度达到2 647 m，这称为**平均海洋球深**（mean ocean sphere depth）。这是在假设海水覆盖整个地球，而不是仅覆盖地球表面积71%时的情况下产生的水深结果。海洋覆盖着陆地，只有相对小的部分露出水面，因此必须强调地球是一个水的星球而不是一个陆地星球。

本章小结

宇宙大爆炸产生第一代恒星、各种元素和上亿个星系。我们的太阳系是银河系的一部分，起源于一个旋转的星云，经历一系列事件之后产生了8颗绕太阳旋转的行星，每个行星都有独特的性质。大约在大爆炸发生后15亿年的时间里，地球受热、冷却、变化，积聚了大气层和液态水。

放射性定年法可以确定地球岩石、陨石和月球样品的可靠年龄。地球的年龄约为46亿年。地质年代用于描述地球历史。

地球和太阳的距离、地球的轨道、自转周期以及大气层都保护着地球，避免产生极大温差和水损失。由于地球自转，它的形状不是完全对称的。地球的外表面相对平滑。自然时间周期（年、月、日）都是根据太阳、月亮、地球之间的运动来定义的。由于地球自转轴与公转轨道面存在倾角，一年中太阳直射点在南北纬23.5°之间移动，从而产生了四季。

纬线和经线形成的网格系统可用于定位地球表面的位置。地图和海图投影具有不同类型，这些平面投影在一定程度上歪曲了地形。水深图和地形图利用高程和深度等值线来描绘地球地形。

为了确定经度位置，我们必须精确地测量时间。这要求设计精确的海上计时器以供天文航海使用。

现代导航技术利用雷达、无线电波信号、计算机和卫星。卫星网络系统能够提供准确的地理位置，还能够绘制风暴、潮汐、海平面等图件以及表现海洋表面的性质。

水是世界上极其重要的化合物，地球表面71%被海水覆盖。地球上总水量基本不变。水通过蒸发和降雨在不同水储库中循环输运。水在不同水储库中的停留时间取决于水储库的体积和更新速度。

北半球集中了大部分陆地，而南半球则主要是海洋。地球上有三个由南极洲向北延伸的大洋。每个大洋都具有独特的表面积、体积和平均深度。陆高海深曲线用来表示随深度变化的陆地-海洋关系、海拔高度、面积和体积，还被用来确定平均陆地高度、平均海洋深度、平均地球球深和平均海洋球深。

关键术语

electromagnetic spectrum　电磁波谱
Big Bang　大爆炸
galaxy　星系
light-year　光年
cluster　星系团
nebula　星云
dayglow　日辉
radiometric dating　放射性定年法
isotope　同位素
half-life　半衰期
vertebrate　脊椎动物
Tropic of Cancer　北回归线
summer solstice　夏至
Arctic Circle　北极圈
Antarctic Circle　南极圈
autumnal equinox　秋分
Tropic of Capricorn　南回归线
winter solstice　冬至
vernal equinox　春分
lunar month　太阴月
solar day　太阳日
sidereal day　恒星日
latitude　纬度
longitude　经度
parallel　纬线
equator　赤道
meridian　子午圈
prime meridian　本初子午圈
international date line　国际日期变更线
great circle　大圆
nautical mile　海里
projection　投影
Mercator projection　墨卡托投影
contour　等高线
topography　地形
bathymetry　水深
physiographic map　自然地理图
Polaris　北极星

zenith　天顶

Greenwich mean time (GMT)　格林尼治标准时

universal time　世界时

Zulu time　祖鲁时间

radar　雷达

Loran　远距离无线电导航系统

satellite navigation system　卫星导航系统

global positioning system（GPS）　全球定位系统

sphere depth　球深

reservoir　水储库

hydrologic cycle　水循环

transpiration　蒸腾

sublimation　升华

residence time　停留时间

hypsographic curve　陆高海深曲线

mean Earth sphere depth　平均地球球深

mean ocean sphere depth　平均海洋球深

本章中的关键术语可在“词汇表”中检索到。同时，在本书网站www.mhhe.com/sverdrup10e中，读者可学习术语的定义。

思考题

1. 过去几百年中，对地球年龄的估算是如何变化的？为什么？你认为地球年龄将来还会改变吗？
2. 描述地球上海洋和陆地的分布。
3. 为什么地球表面平均温度与太阳系内其他行星不同？
4. 为什么低纬度地区经历的日落时间比高纬度地区短？
5. 沿着固定方向的航线在墨卡托投影中是一条直线且以相同的角度切割所有经线圈，这称为恒向线。讨论在以下投影中，这条线会如何出现？
   A. 极地圆锥投影；
   B. 球形投影；
   C. 以极地轴为中心的正切平面投影。
6. 讨论如何用陆高海深曲线确定海洋的平均深度和球深。
7. 为什么北极圈和南极圈分别位于北纬66.5°和南纬66.5°？
8. 利用卫星研究海洋学有什么优势和劣势？
9. 一年之中，以下纬度地区的季节是如何变化的：A. 北纬10°；B. 北纬70°；C. 南纬30°。简单绘图说明为什么会发生这样的季节变化。
10. 解释为什么是地球容纳如此多种类的生命形式，而不是其他行星。
11. 追踪高山湖泊和海洋之间可能存在的水分子的运行轨迹，并思考水分子在哪种水储库中停留时间最长，在哪种停留最短？
12. 在地图上找到以下地点的经度和纬度：
    A. 纽芬兰圣约翰斯，英国伦敦；
    B. 南非开普敦，澳大利亚墨尔本；
    C. 阿拉斯加州安克雷奇，俄罗斯莫斯科；
    D. 直布罗陀海峡，麦哲伦海峡，佛罗里达海峡；
    E. 加拉帕戈斯群岛，特里斯坦-达库尼亚群岛，冰岛雷克雅未克。
13. 尽管人们在很早就开始使用经度和纬度，但是为什么17世纪仍然有很多航海家使用布满方向线的“航海指南”海图？
14. 如果以太阴月作为一个月的长度，那么对应于太阳的公历年将会发生什么变化？

计算题

1. 计算以下两个位置之间的距离：西经110°，南纬38.5°与西经110°，南纬45°。答案分别以海里和千米为单位表示。
2. 假设水深图中相邻等值线间隔为100 m，第一条线和第四条线之间的距离为2.5 km，绘出跨越这四条等值线的海底的坡形。
3. 一架飞机于东京时间6月6日8时飞离日本东京，9个小时后在旧金山着陆。计算它在旧金山着陆时的当地时间和日期。
4. 演示说明全球海洋的年度水分净蒸发损失等价于陆地上的年度净降水。为什么海洋体积不会减少？
5. 利用海洋体积和地球表面积计算海洋的球深。

学习目标

学习完本章以后，读者可以：

1. 绘出地球内部结构并标明各层厚度。
2. 解释地震学如何为地球内部建模提供重要数据。
3. 区分岩石圈、软流圈和中间圈。
4. 用图表示三种板块边界的类型。
5. 总结魏格纳用于支持大陆漂移假说的各种证据，以及板块构造的各种证据。
6. 区分大陆漂移学说和板块构造学说。
7. 描述海底热泉的形成。
8. 描述海底磁条的形成。

第3章 板块构造

地球所展现的许多特征令科学家感到既矛盾又困惑。例如，在不列颠群岛附近海面发现了热带珊瑚礁的遗迹，在阿尔卑斯山和喜马拉雅山发现了海洋生物化石，通常在温暖的热带气候下形成的煤矿床出现在欧洲北部、西伯利亚和北美东北部等地。此外，人们经常在不同的区域发现相似的分布，但其成因未知；巨大的山系分隔海洋；火山呈环状分布在太平洋东西海岸边缘，形成太平洋火圈；深海海沟经常与狭长的岛弧相邻出现。最初，没有统一的理论解释这些现象，直到20世纪50年代到60年代早期，技术和科学发现的结合才再次触发人们对地球历史的认知。

本章中，我们将研究地球内部，回顾板块构造理论的历史，并阐述促使人们接受这个理论的各种证据。我们将回顾地球的过去，理解和珍惜它的现在，并展望它的未来。

3.1 地球内部

探索地球结构

尽管我们不能直接观测地球的内部，但是科学家能够通过间接的方法了解其结构组成、物理状态以及内部过程。利用地球的形状、平均半径和质量数据可以推算出，地球的平均密度约为5.51 g/cm^3。**密度**（density）是单位体积物质的质量，单位为克每立方厘米（g/cm^3）。上述的密度值比地球表面岩石的平均密度（2.7 g/cm^3）大得多，这表明地表以下的物质具有很高的密度。由于地球在自转时只存在轻微的摇摆，并且由重力产生的加速度在地表相对均一，地球的质量必须分布均匀。因此，地球应该是一系列以球心为中心的层状结构。重力、密度和地球的维度数据能帮助我们计算地球内部的压强，以及在这些压强值下地球能达到的温度。由于地球具有磁场，我们推断其中心部分一定含有能够产生磁场的物质。

另一个了解地球结构的线索是研究撞击到地球上的陨石。人们认为陨石是行星的残留物。超过一半的陨石是含硅的石质陨石，其余主要是由铁和镍组成的铁质陨石，还有一些是含金属物质的石铁混合陨石。通过放射性定年法测定陨石的年龄，最大年龄为46亿年，这与太阳系和地球的年龄相同。对这些陨石碎片的分析可以帮助我们了解陨石的镍、铁核和石质壳层的密度、相关的化学性质和矿物学知识。通常认为，陨石的组成和地球类似。

我们对于地球内部最详细的信息认识，来自近一个世纪以来对**地震波**（seismic wave）的记录和研究。

◀ 西太平洋岛链和板块汇聚边界。

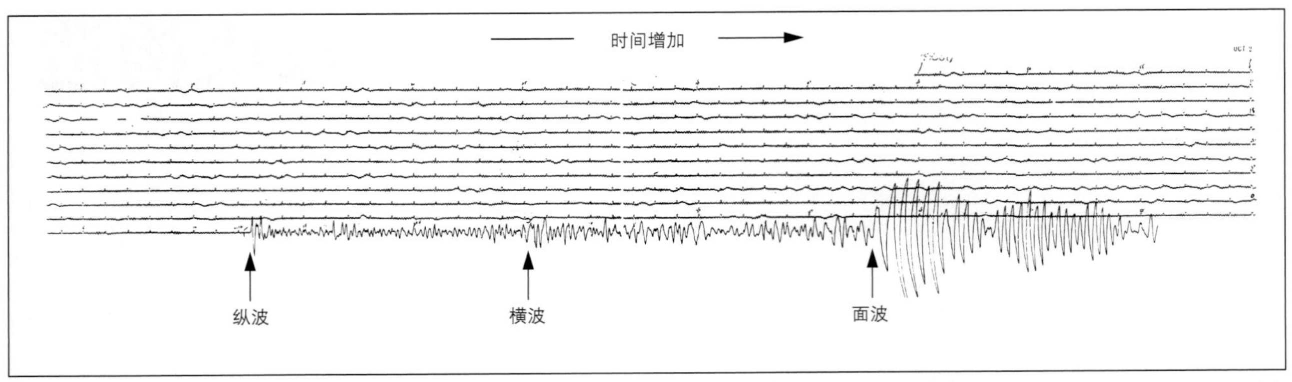

图3.1 加利福尼亚州伯克利记录的一次在台湾发生的地震的地震波波曲线，两地相距10 145 km。速度较快的体波（纵波和横波）比速度较慢的面波更早传播到表面。图中，从上到下，从左到右表示时间的增加。

由地质学家和地球物理学家布设的地震台站覆盖全球表面，用于监测由地震、火山爆发和人工爆破所产生的各种地震波的类型、强度和到达的时间。

地震波有两种形式：沿着地球表面传播较慢的面波和穿越地球内部快速传播的体波（图3.1）。我们得到的几乎所有关于地球内部的信息，都是通过研究体波获得的。体波有两种：**纵波**（P-wave，含义是“primary wave”，纵波比其他地震波传播速度更快，首先被监测站记录）和**横波**（S -wave，含义是“secondary wave”，横波的传播速度比纵波慢，是监测站记录的第二波动）。

纵波和横波在传播时的运动类型不同。纵波也被称为压缩波，经过介质时交替压缩和伸展，振动方向与传播方向相同。纵波可以在三种物质状态中传播：固态、液态和气态（例如声音能在空气和海洋中传播）。横波也称为剪切波，传播时振动方向与传播方向垂直（类似于琴弦）。横波只能在固态物质中传播。图3.2为两种波在介质中的运动方式。

地震波的传播速度和方向取决于物质性质。这些性质包括化学性质、密度以及相态变化（固态、半熔融状态、完全熔融状态）。相态变化由压强和温度变化导致，而深度变化可改变压强和温度。根据地震波路径和传播时间建立的地球模型，可将地球分为四层：内核、外核、地幔和地壳（图3.3）。这些内容将在后续章节中讨论。当地震体波从一个圈层传播到另一个圈层时，速度发生改变，传播路径将发生弯曲，或者说，波发生**折射**（refract），如图3.4所示。穿越地球的纵波和横波的路径可以反映内部圈层的大小、结构和物理性质。地球外核是一个特殊区域，纵波在

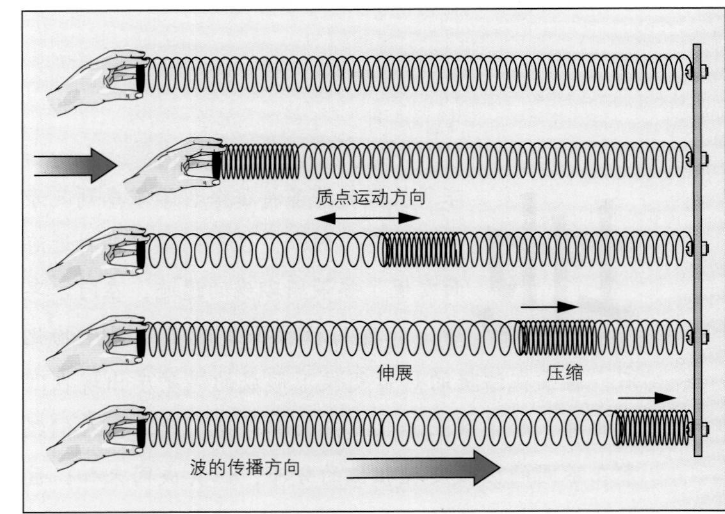

(a)

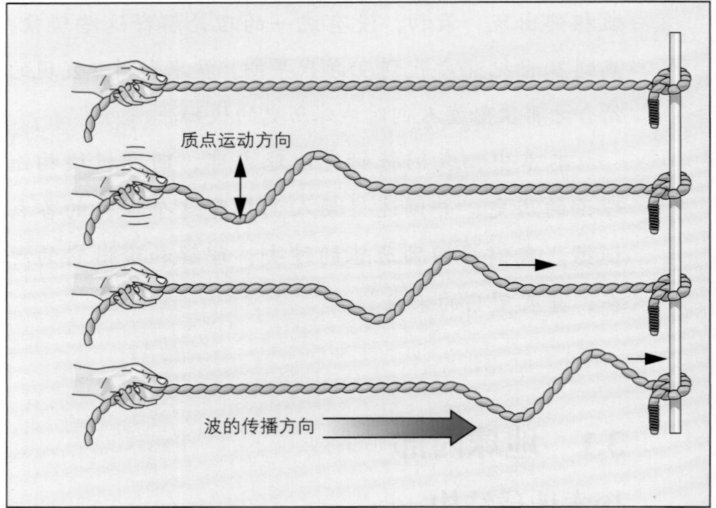

(b)

图3.2 地震波中的质点运动。(a) 纵波可以用突然推动一个拉伸的弹簧演示，质点的振动方向与传播方向平行。(b) 横波运动可以用晃动绳索演示，波沿着绳索传播，质点的振动方向与波的传播方向垂直。

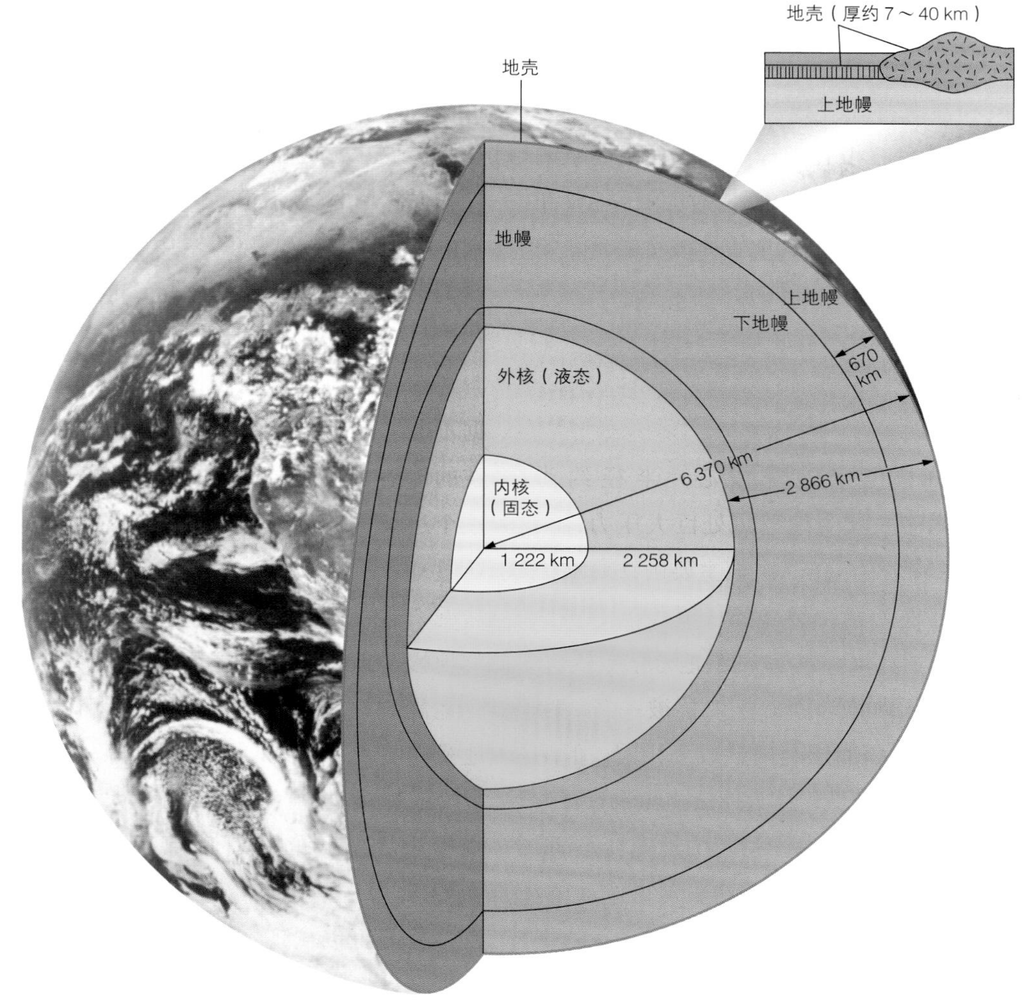

图3.3 地球内部结构。地震波显示地球有三个主要圈层：地壳、地幔和地核。图片来自美国国家航空航天局。

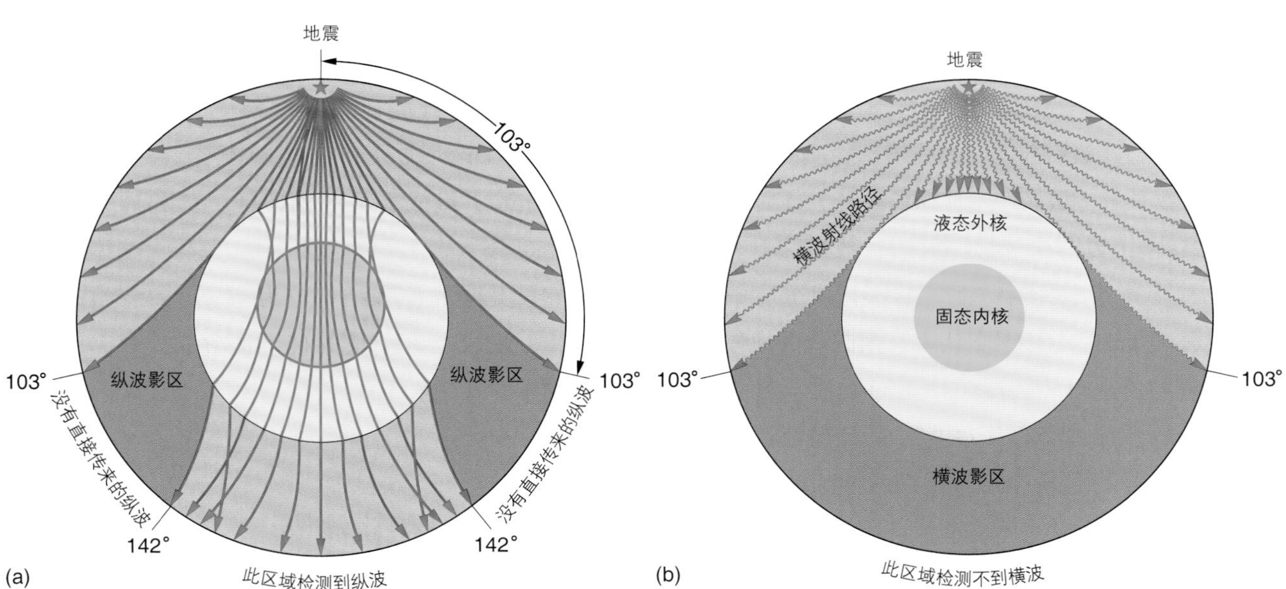

图3.4 地震波在地球中的运动。（a）由于地球内部结构产生的纵波折射和纵波影区。（b）由于横波无法在液态外核中传播，产生了横波折射和横波影区。

其中传播时可以产生很强的折射［图3.4（a）］，而横波不能在其中传播［图3.4（b）］，这也说明外核更接近液态。纵波和横波都在外核产生盲区，称为影区（由地震产生的纵波和横波在地球某些表面不能被测量到的区域）。影区的大小取决于外核的顶部位置和厚度。假设地球内部是均匀的，地震体波将沿直线匀速传播，也不会出现影区。

内部圈层

内核（inner core）位于地球中心，半径约为1 222 km。内核呈固态，承受地球深处巨大压力，其密度相当于地表花岗岩的5倍。内核主要由铁元素构成，还包含少量其他元素，例如镍、硫和氧。内核的温度为4 000～5 500 ℃，远远高于地球表面铁的熔点，但是在高压下内核为固态。内核被一个厚约2 258 km的圈层包围，该圈层与内核成分相同，但是温度（3 200 ℃）和压强较低，称为**外核**（outer core）。

早在1926年，在研究由潮汐引起的地球变形时，人们就发现，地球核心至少有一部分表现得像液体。1936年，地震学家英厄·莱曼（Inge Lehmann）依据地震数据确认，地球固态内核被一层液态外核包围，横波不能穿过。尽管外核表现为类似液态的物质，但仍然没有完全熔融，至少含有30%自液态物质析出的氧化铁和呈悬浮态的硫化铁晶体。最新研究表明，内核的旋转速度每年约比地幔快1°，人们认为这个速度增量是由液态外核引起的。外核液态物质的流动速度约为每年数千米，从而产生地球的磁场。

对核-幔边界的纵波研究表明，地核的上表面不平滑，具有高低起伏的特征。这些起伏可能偏离平均内核面11 km左右。通常认为，凸起处的地幔温度高，地幔物质上升，同时吸引地核物质上升；凹陷处的地幔物质温度低，密度大，更具黏性，因此物质下沉。这些凸起和凹陷持续的时间与热量释放过程有关，有时可能达1亿年之久。

地幔（mantle）约占地球体积的70%，厚度约为2 866 km。与地核相比，地幔密度较小，温度较低（1 100～3 200 ℃），由镁-铁硅酸盐组成（与由金属组成的地核相比，地幔组成主要是岩石）。地震数据表明，在深约670 km处，纵波和横波的传播速度发生显著变化，这是由于压强增大导致某些矿物在向致密矿物转变过程中内部结构发生改变。尽管地幔是固态的，但存在刚性差异。受温度变化影响，地幔物质缓慢流动，这是因为温度导致地幔物质密度发生变化。热的物质具有更大的浮力，向表面上升；冷的物质密度大，因而下沉。这种运动的速率通常每年只有几厘米，相比于液态外核，流动非常缓慢。

现有的地震台网布设密集，地震台站的测量数据不断增加。科学家利用计算机分析了上千个地震波的传播时间数据，模拟出地球内部结构的三维图，这个过程称为**地震层析成像**（seismic tomography）。通过地震层析成像，人们了解了地球内部各圈层的情况，这些圈层比以往设想的分布更不均匀，尤其是地幔。地幔的三维层析成像表明，地幔中多处区域地震波速度或高于或低于平均值，这些区域中的地幔物质或冷或热，分布极不均匀。

地球最外层冷且坚硬的薄层称为**地壳**（crust）。壳幔边界两侧的岩石具有不同的化学成分，由此人们认为壳幔边界是一个化学边界。关于这一点，我们可以从现在出露于地表的、来自地幔的岩石成分得知。这个边界被称为**莫霍洛维奇不连续面**（Mohorovičić discontinuity），以发现者安德里亚·莫霍洛维奇（Andrija Mohorovičić）命名，简称**莫霍面**（Moho）。地壳分为两种类型，大陆型地壳和大洋型地壳。大陆型地壳密度较小，平均厚度约40 km，成分和结构较复杂，主要由**花岗岩**（granite）组成，富含钠、钾、铝和硅；大洋型地壳密度较大，平均厚度约7 km，与大陆型地壳相比，它的化学性质和结构较为均一，主要由**玄武岩**（basalt）组成，含少量的硅，富含铁、镁、钙。地球各圈层性质见表3.1。

3.2 岩石圈和软流圈

圈 层

更多对地壳和上地幔的研究表明：与根据化学突变划分的莫霍面不同，还可以根据岩石的力学性质

表 3.1　地球的圈层						
圈层	深度范围/km	圈层厚度/km	状态	成分	密度/（g/cm³）	温度/℃
地壳						
大陆型地壳	0～65	40（平均值）	固态	富含钠、钾、铝的硅酸盐	2.67	0～1 000
大洋型地壳	0～10	7（平均值）	固态	富含钙、镁、铁的硅酸盐	3.0	0～1 000
地幔	地壳底部～2 891	2 866	固态且缓慢流动	镁－铁硅酸盐	3.2～5.6	1 100～3 200
外核	2 891～5 149	2 258	液态	铁、镍	9.9～12.2	3 200
内核	5 149～6 371	1 222	固态	铁、镍	12.8～13.1	4 000～5 500

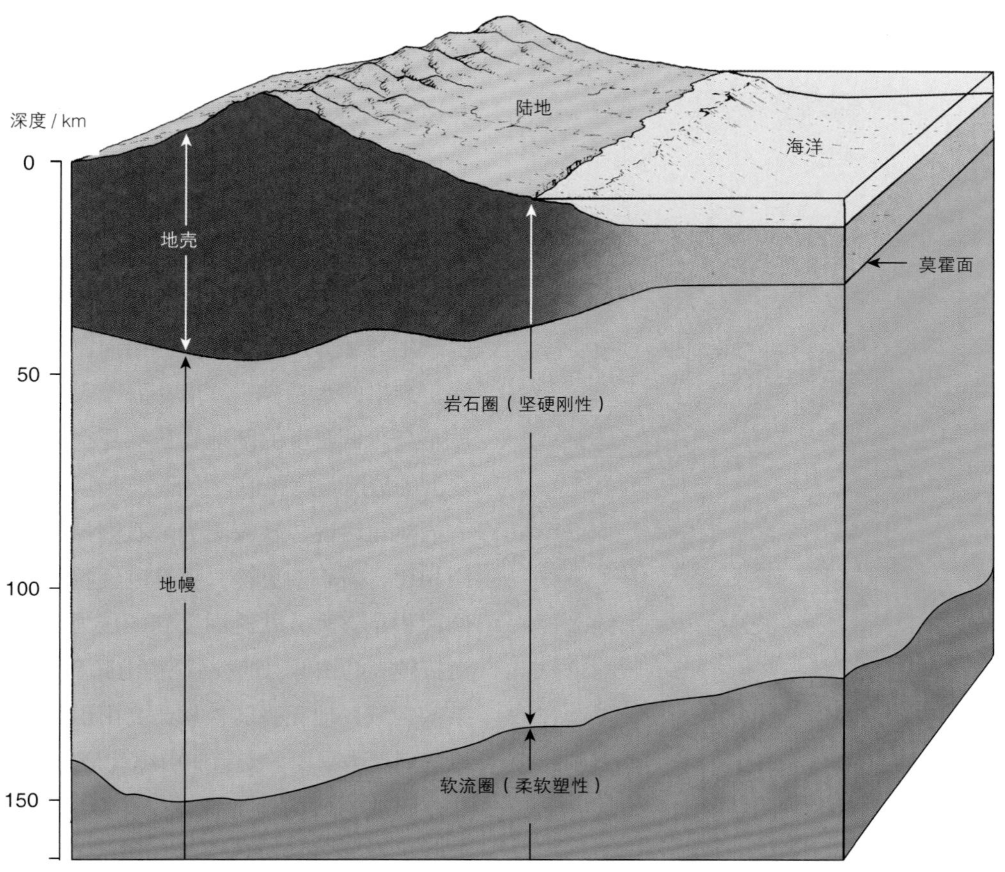

图3.5　岩石圈由地壳和上地幔融合形成。岩石圈厚度不均，在洋盆处较薄，在大陆区域较厚。岩石圈位于柔软的、部分熔融的软流圈之上。注意，相对于厚重的花岗岩大陆型地壳来说，位于玄武岩大洋型地壳之下的莫霍面更接近地球表面。

（从坚硬到柔软）来划分地球圈层。如果刚性岩石受到的外力小于能够使它破碎的程度，刚性岩石不会发生持久形变，而塑性的岩石则可以响应外力产生形变和流动。从而，我们可以将刚性的表层定义为**岩石圈**（lithosphere），它主要由地壳和上地幔顶部组成。岩石圈组成了板块构造中的板块，板块知识将在第3.4节中详细讨论。海洋岩石圈随着海底年龄的增加而变厚，最厚处达100 km，海底年龄为8 000万年。大陆岩石圈的厚度比海洋岩石圈略大，厚度在100 km（地质年龄较年轻的陆地边缘）到150 km（地质年龄较老的大陆型地壳）之间。岩石圈的下部边界通常位于地幔处温度（650 ± 100）℃的区域，处于这个温度范围的深部岩石由于开始熔融而逐渐失去刚性特征。

岩石圈之下柔软可塑变的地幔区域，称为**软流圈**（asthenosphere）。软流圈的温度和压强导致岩石部分熔融而失去刚性。地震波速度在软流圈中变慢，这个区域称为低速区（low velocity zone，LVZ）。据此推断，可能有1%的软流圈物质发生熔融。软流圈具有可塑性，在应力作用下容易发生形变并缓慢流动，类似于被加热的沥青。

表3.2　基于所受应力划分的地球上部圈层

圈层	深度范围/km	圈层厚度/km	状态
岩石圈	0～100（海洋区域） 0～100-150（陆地区域）	0～150	固态 坚硬
软流圈	岩石圈底部～350	200～350	固态，1%熔融，柔软
中间圈	350～2 891（核幔边界）	2 541	固态，可缓慢对流

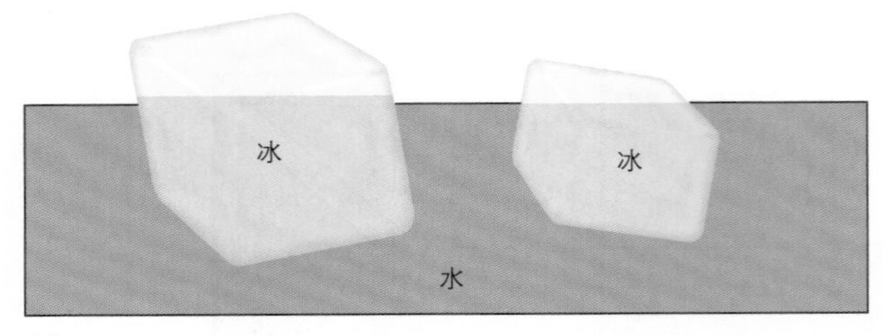

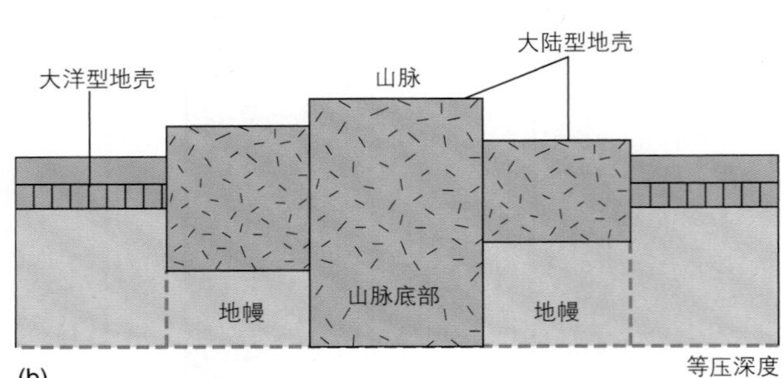

图3.6　地壳均衡说。（a）冰块漂浮在水上时，大部分体积淹没在水中。无论冰块大小如何，冰块浮在水面以上部分的体积（约占10%）与淹没在水下部分的体积（约占90%）之间比例恒定。因此，相较于小冰块，大冰块会下沉得更深。（b）同理，相对较轻的地壳"浮"在高密度地幔上。大陆地壳（或板块）增厚，会导致它在海平面以上的高度更高，同时沉入地幔的部分更深。

下地幔有时也被称为**中间圈**（mesosphere），压强随深度增加而增大。下地幔物质呈固态，但是可以缓慢对流。由于存在温度梯度和密度差异，地幔物质在某些区域向上运动，在其他区域向下运动。软流圈的下部界面深度仍有争议。如果以低速区来判断，从软流圈底部算起，中间圈的厚度约为350 km。还有一些科学家认为中间圈的厚度可能只有200 km，而另一些科学家则认为它能达到700 km。岩石圈和软流圈（图3.5）的对比见表3.2。

地壳均衡

地势高的大陆和地势低的海洋的分布，需要在陆地底部和海洋盆地底部达到内部压力平衡，这就是**地壳均衡**（isostasy）原理。如图3.6所示，低密度的花岗岩地壳在陆地上具有相对较厚的厚度，而海洋地壳厚度相对较薄，这种不平衡就通过海洋地壳下的高密度的地幔物质上升来补偿。这种情况可以用漂浮在海上的冰山来比喻。冰山高出海洋表面的部分是由排出的水产生的浮力所支撑的，冰山向海洋表面下方延伸越深，排出的水越多，冰山在海洋表面上方部分的高度就越高。低密度的陆地物质漂浮在高密度的地幔物质之上的情况与此相似，大部分陆地深陷在海平面之下。

换句话说，软流圈为岩石圈提供了浮力。与软流圈相比，岩石圈更冷，更具刚性特征，如果厚的岩石圈面积足够大，软流圈受到的压力较小，从而就形成海拔较高的山脉，如喜马拉雅山脉和阿尔卑斯山脉。在某些区域，地壳脆弱松软，高山山体必须深陷入地幔以达到浮力平衡。安第斯山脉就是扎根于地幔的山脉。

陆地物质的增加或减少，会导致均衡调整过程。例如，在北美部分地区和斯堪的纳维亚半岛，从1万年前末次冰期结束起，冰就不断地减少，为补偿这些损失的重力，地壳开始向上抬升。新形成的火山经常会由于重力作用而重新沉入海水中。为了响应上部坚固地壳的重力变化，上层地幔也会经常缓慢发生形变。地壳均衡的概念对19世纪中期的地质学研究影响较深，当时的学者认为陆地块体彼此分离，随着地壳上升或下降，在地壳均衡调整下，海洋的边界发生着变化。

3.3　大陆的移动

理论历史：大陆漂移

随着世界地图的完善和精确，许多好奇的人发现，大西洋两侧的大陆形状非常有趣。南美洲的凹进部分，正好对应着非洲的凸出部分。英国学者和哲学家弗朗西斯·培根（Francis Bacon, 1561—1626年）、法国博物学家乔治·布丰（George Buffon, 1707—1788年），以及德国科学家和探险者亚历山大·冯·洪堡等人都注意到此特征。19世纪50年代，有观点认为，在地球形成早期，大陆被某种无法解释的大洪水冲开，从而形成了两块分离的陆地和中间的大西洋。

30年后，有人认为地球陆地的一部分被抛离形成了月球，由此引起的大陆裂缝形成了太平洋，并触发了大西洋的形成。随着科学家对地球地壳研究的不断深入，岩石形成规律、化石分布、山脉的位置等逐渐证实，被大西洋分开的两块陆地具有较大相似性。奥地利地质学家爱德华·修斯（Edward Suess）在1885年—1909年发表的一系列论文认为，南边的陆地是一个古代大陆的一部分。他称这个古代大陆为**冈瓦纳古陆**（Gondwanaland）。他假想地壳均衡过程导致这块大陆的一些区域上升，另一些区域下降，从而产生了大陆之间的海洋。20世纪初期，阿尔弗雷德·L. 魏格纳（Alfred L. Wegener）和弗兰克·B. 泰勒（Frank B. Taylor）分别独立地提出，大陆在地球表面缓慢漂移。泰勒随后对此失去了兴趣，但是身为德国气象学家、天文学家和北极探险家的魏格纳继续坚持这个假说，直到1930年去世。

魏格纳的理论被称为**大陆漂移**（continental drift）。他认为，曾经存在一个超级大陆，称为**泛大陆**（Pangaea）。地球自转的力和潮汐力将泛大陆撕裂，形成南北两块大陆。北部部分包含了北美洲和欧亚大陆，称为**劳亚古陆**（Laurasia）。南部部分由非洲、南美洲、印度、澳大利亚和南极构成，称为冈瓦纳古陆。这些大陆继续移动，经过漫长的岁月，逐渐到达今天各自所在的位置。魏格纳的观点一定程度上基于大陆之间的地理形状相吻合，而且泛大陆相邻区域的岩层非常相似。他还注意到，在不同大陆收集到的1.5亿年以前的化石居然惊人地相似，这说明这些陆地动物曾经能够自由地从一个大陆迁移到另一个大陆。而1.5亿年之后的很多化石则表明，不同大陆之间物种形式截然不同，说明大陆在这段时间内彼此分离，物种各自进化。

魏格纳的理论在20世纪20年代引发了激烈争论。该理论最严重的问题在于，它不能充分解释产生大陆分离和漂移的动力机制。在回答这个问题时，魏格纳主张两种可能的驱动机制，即由地球自转产生的离心力和引起海平面升降的潮汐力。但这两个力很快就被证明太小，不足以引起大陆岩石物质的漂移。由于不能解释大陆漂移的动力机制，科学界大多对大陆漂移说持怀疑态度。在魏格纳去世后，人们对该学说逐渐失去兴趣。

新理论的证据：海底扩张

第二次世界大战期间，精密的仪器和新技术不断问世，到了20世纪50年代，地球科学家们再次聚焦对海底的研究。尽管早在20世纪20年代就出现了探测海底的声学仪器，但直到20世纪50年代这些仪器才得到重大改进，操作更为方便（关于声学仪器和深度记录仪的详细讨论见第4章）。1947年，地质学家布鲁斯·希曾（Bruce Heezen）和哥伦比亚大学拉蒙特-多尔蒂地质实验室的玛丽·撒普（Marie Tharp）开始系统地描绘地球海底地形。在他们开展这项工作之前，绘制海底地图的目的仅仅是为了保障船舶航运，因此绘图主要局限在沿海浅水区。1947—1965年，希曾进行了33次航行以调查和记录海底数据。由于当时不允许女性登船进行科研调查，撒普就在陆上的实验室绘制地图。经过撒普的构建，希曾的调查数据被绘制成地形图。人们认为这张图代表了第一批海底地形综合调查研究成果。直到1965年之后，撒普才被允许和希曾一起出海调查。他们的学术工作在1974年达到巅峰，一年之后（1975年）希曾去世。他们共同出版的地图《世界海底》（*World Ocean Floor*），揭示了一系列贯穿海洋盆地的海底山脉。这些海底山脉长约65 000 km，约高出相邻海底2～3 km，通常宽1 000～3 000 km，这是深海的大洋中脊系统。如果山脉的坡度很陡，宽度很窄，就称为**洋脊**（ridge，又称海岭，例如大西洋中脊和印度洋中脊）；如果坡度平缓，宽度较大，则称为**海隆**（rise，例如东太平洋海隆）。沿大洋中

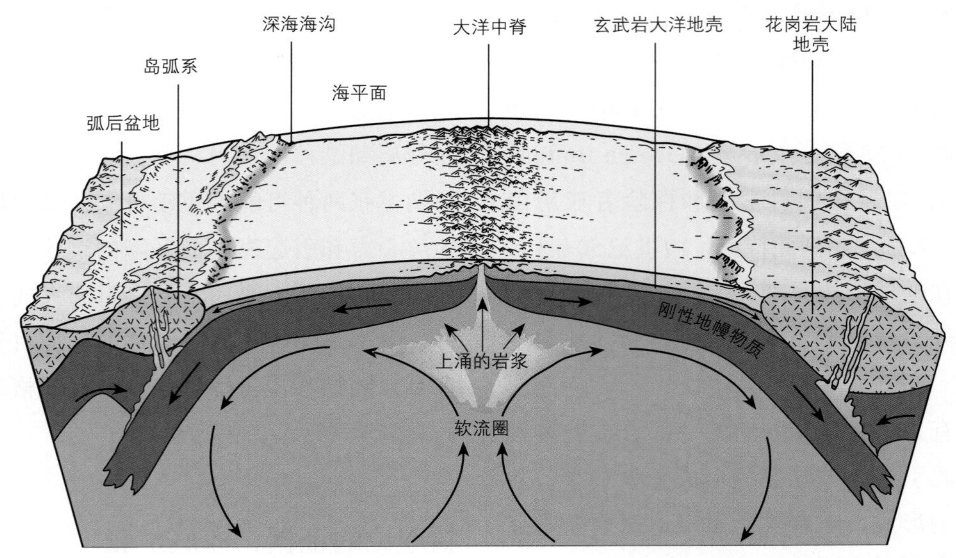

图3.7 赫斯提出的地幔对流和海底扩张模型。海底扩张导致大洋地壳在大洋中脊生成，在深海海沟消亡。这个过程类似于大气中的对流圈，但板块的实际驱动机制比这个简化模型复杂得多（见本章第3.5节）。

脊轴部，通常具有深50～3 000 m，宽20～50 km的凹陷，称为中央**裂谷**（rift valley）。海隆通常没有中央裂谷，它们中轴区域的高度最高（深度最浅）。沿海岭和海隆的轴线约2 km宽的狭长带通常是火山活动活跃的区域。海岭和海隆将在第4章详细讨论，一些特定的海岭和海隆区域将在图4.12中指出。

另一种主要的海底地形是狭长陡峭的**海沟**（trench），深6～11 km，它是太平洋最显著的特征。一些海沟位于火山岛链向海的一侧，日本、印度尼西亚、菲律宾、阿留申群岛都与海沟有关；另一些则沿着中南美洲的边缘分布。旧的理论无法预测并解释这些海沟。然而，在旧的大陆漂移说上生成的新理论，似乎可以给海沟的形成提供一个可以接受的解释。

20世纪60年代初期，普林斯顿大学H. H. 赫斯（H. H. Hess）提出，地幔深处存在着被地球自身放射性作用加热的可流动的低密度熔融物质。当这些地幔物质向上运动到达岩石圈底部时，在岩石圈底部水平伸展变冷，密度增大。赫斯认为，岩石圈就位于这些地幔对流岩石的上部。在某些部位，地幔物质冷却下沉，这种地幔物质运动称为**对流圈**（convection cell）（图3.7）。地幔对流有两种模型。一些科学家认为，对流存在于两个区域，一个位于上地幔约700 km的深度，另一个位于下地幔；而另一些科学家则认为，仅存在一个对流圈，覆盖整个地幔到核幔边界，并称之为全地幔对流。

在赫斯的模型中，向上运动的地幔物质将热量带向表面，这些热量使上层的大洋型地壳和较薄的地幔岩石膨胀，从而产生大洋中脊。火山沿着大洋中脊轴线活动，喷出玄武岩岩浆并在海底冷却变硬，产生新的海底和大洋型地壳。由于地球总表面积并未发生显著变化，如果新的海底是以这种方式产生，那么必然存在消耗老海底的机制。赫斯认为，在庞大深邃的海沟处，相对较老、较冷的高密度大洋型地壳发生俯冲，重新回到地球内部循环中。图3.7表示在对流运动驱动下，新岩石圈在大洋中脊产生和老岩石圈在海沟消亡的过程。

尽管有小部分上升的熔融物质能够突破地壳并凝固，但绝大部分上升物质在坚硬的岩石圈之下，沿着对流圈并携带部分岩石圈物质下沉。海洋岩石圈的水平运动称为**海底扩张**（seafloor spreading）（图3.7），在上升岩浆之上形成新海底海洋岩石圈的区域称为**扩张中心**（spreading center），老的海洋岩石圈俯冲的区域称为**俯冲带**（subduction zone）。海底扩张为岩石圈运动的动力机制提供了解释。陆地不随海底运动，它们更像是在岩石圈之上的载体，类似于传送带上的盒子。

赫斯认为海底扩张发生在大洋中脊处，从大洋

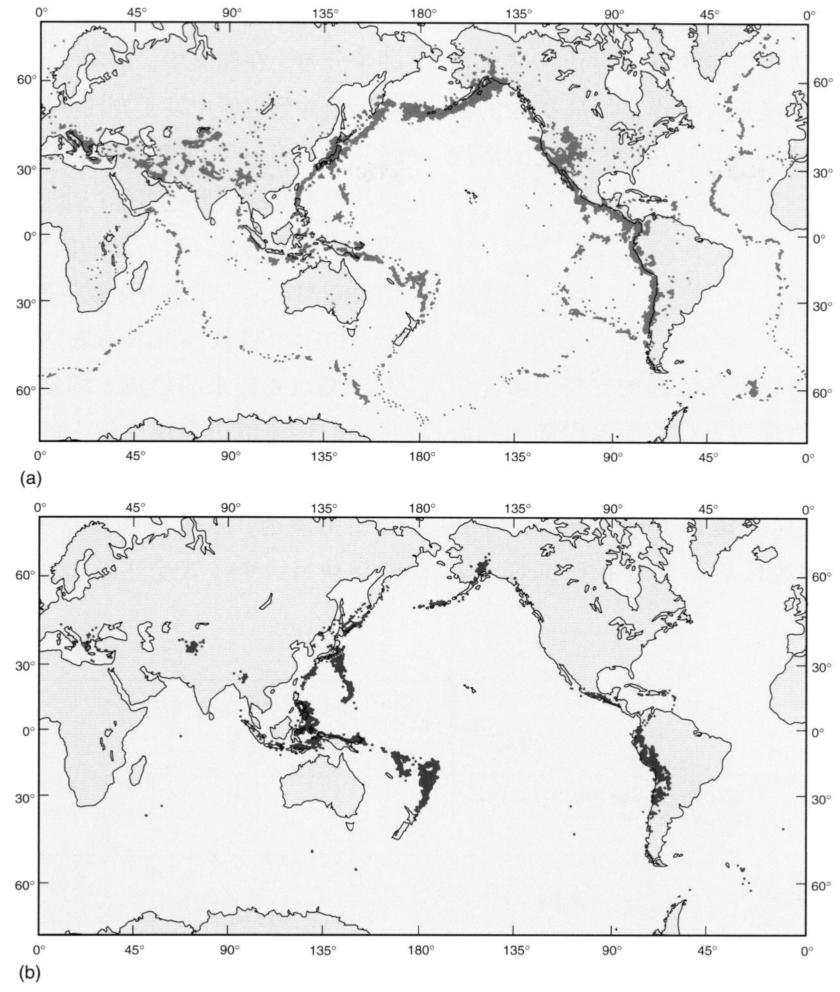

图3.8 1961—1967年的地震震中分布。(a)震源深度小于100 km的地震分布，体现地壳运动的轮廓。(b)震源深度大于100 km的地震分布，体现板块俯冲运动。

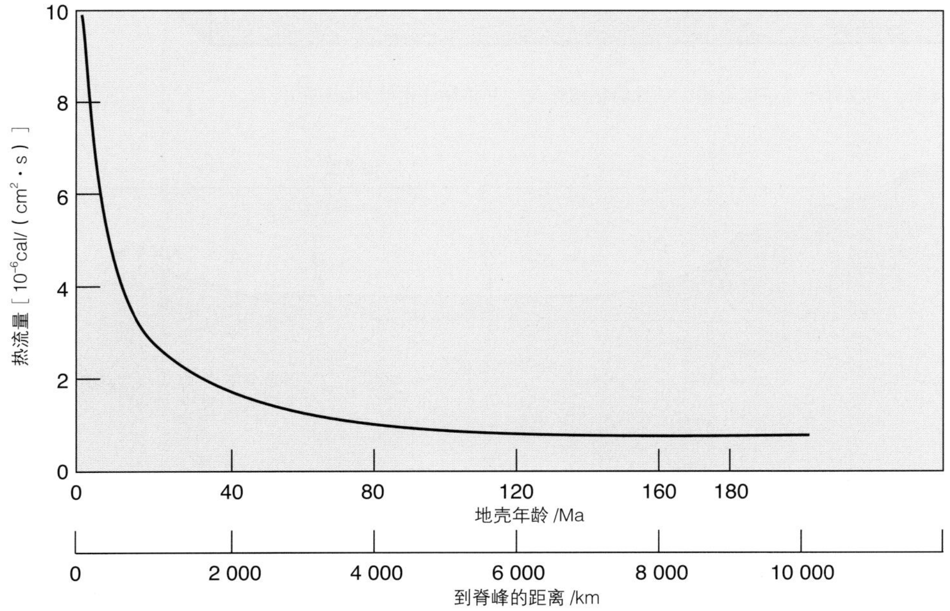

图3.9 穿过太平洋洋底的热流。热流值与地壳年龄和到洋中脊脊峰的距离变化趋势相反。

中脊向两侧运动，最终在海沟处俯冲回到地幔，这个过程是正确的；他认为地幔层存在对流，这也是正确的；然而，他把地幔对流看作是海底扩张的驱动力，这个观点现在被认为是错误的。真正的海底扩张动力将在第3.5节讨论。

地壳运动的证据

海底扩张的观点需要更多证据的支持。海洋学家、地质学家和地球物理学家在不断探索陆地和海底地壳的过程中，逐渐积累了新的证据。

地震发生的位置称为**震源**（hypocenter，亦作focus），震源之上的地表区域称为**震中**（epicenter）。地震的震中通常沿大洋中脊、扩张中心、海沟以及俯冲带分布。在洋盆中，沿着大洋中脊和海隆，以及岩石圈俯冲到地幔中发生弯曲并破裂而形成的海沟等区域，普遍存在着深度浅于100 km的地震，陆地上发生严重形变的区域也可能产生这种地震。深于100 km的地震通常与海洋岩石圈的俯冲有关。震源越深，它们离海沟越远，越靠近岛弧下方或大陆（图3.8）。

科学家将仪器沉入海底，测量由地球内部透过大洋型地壳传来的热流。即使缩小测量间隔，测量得到的热流值仍表现出较大的变化率。造成这种情况的原因一定程度上是海水在这些多孔松散的地壳物质中渗透，从大洋中脊系统中某一个位置渗入，然后从另一个位置受热溢出。其他海底区域，由于

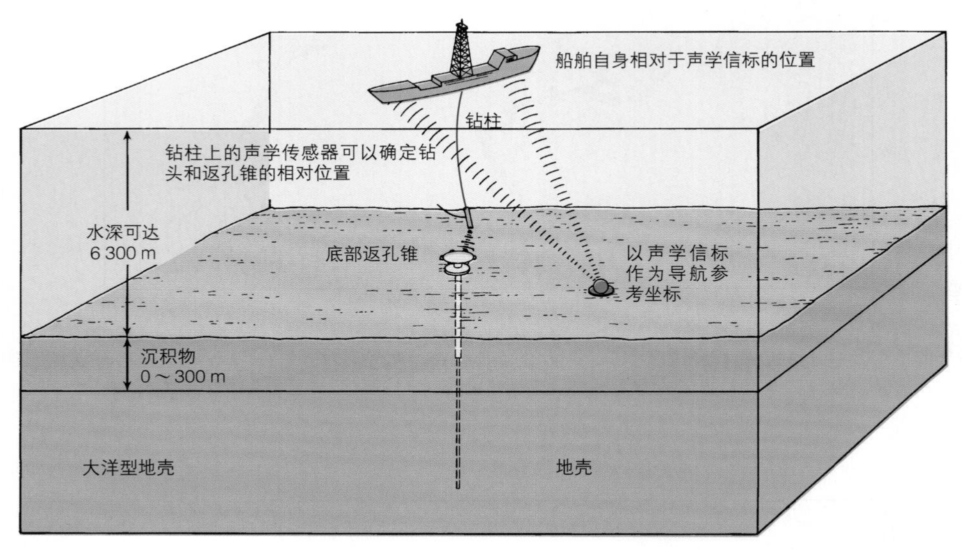

图3.10 深海钻探技术。声学导航系统能够操纵钻探船钻探作业，并将钻柱定位到原钻孔位置。

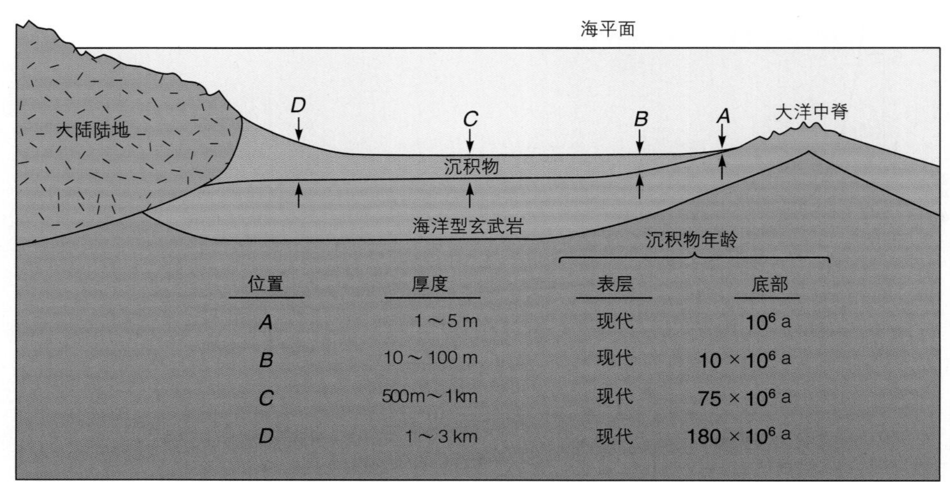

图3.11 随着与大洋中脊的距离不同，海底沉积物的年龄和厚度也不同。

覆盖了一层厚厚的松散**沉积物**（sediment），则不易发生这种流动。热流值的测量结果呈现出规律性的分布，它在地幔对流圈上涌区域附近大洋中脊处最高，因为那里的地壳最新；距离大洋中脊越远则越低，因为地壳年龄的逐渐变老（图3.9）。

放射性定年法测定结果表明，在陆地和海底的岩石中，海洋地壳的年龄最老为2亿年，而陆地岩石的年龄则老得多。由于地幔对流，海底在扩张中心年龄较新，持续时间较短。因为它将在俯冲区消失，重新回到地幔物质循环中。

钻孔穿过覆盖海底的沉积物，进入到海床的岩石中，所获取的垂向圆柱形样品称为**岩芯**（core）（沉积物将在第4章讨论）。为了获取岩芯，通常需要穿透平均500～600 m的沉积物才能钻进海洋地壳岩石中，因此需要发展新技术，建造新型船舶。1968年夏末，专用钻探船“格罗玛·挑战者”号被用于一系列研究。该船长122 m，宽20 m，吃水8 m，排水量10 500 t。它具有特殊的艏艉侧推装置，通过响应布设在海底的声标，自动进行计算机控制定位。这些设备使得船舶可以在相对固定的位置停留很长的时间，从而能够在水下深处持续进行钻孔作业。如图3.10所示，在更换钻头后，钻探船仍然可以通过声学导航系统再次回到6 000 m的深海，继续在原有位置上钻孔。更多关于岩芯及其分析方法的内容将在第4章讨论。

“格罗玛·挑战者”号在1983年退役时，总共完成航行里程6×10^5 km，作业站点624个，钻孔1 092个，累计获取用于科学研究的深海岩芯96 km。1985年，“乔迪斯·决心”号接替了“格罗玛·挑战者”号，科学家开始实施新的深海钻探计划。“乔迪斯·决心”号的钻杆单根长9.5 m，组合起来长达8 200 m。

“格罗玛·挑战者”号获取的岩芯为研究海底扩张过程提供了大量数据。结果表明，样本中海洋地壳的年龄都没有超过1.8亿年，沉积物的年龄和厚度随着远离大洋中脊而增加（图3.11）。中脊系统附近的沉积物很薄，因为位于新的地壳之上，没有足够的时间积累；远离大洋中脊的地壳年龄较老，覆盖的沉积物更多。

尽管有许多证据表明地球地壳在大洋中脊处最新，但关于海底扩张最有说服力的证据，则来自锁定在海底的磁场。

我们所熟悉的地理南极（南纬90°）和北极（北纬90°）代表着地球自转轴的两端。地球磁场就像存在于地球内部的巨大磁棒，它与自转轴的交角约为11.5°（图3.12）。像地球磁场这样具有两个相反磁极的磁场，称为**偶极子**（dipole）。地球磁场可用磁力线表示，磁力线不可见，它们在磁赤道上平行于地球表

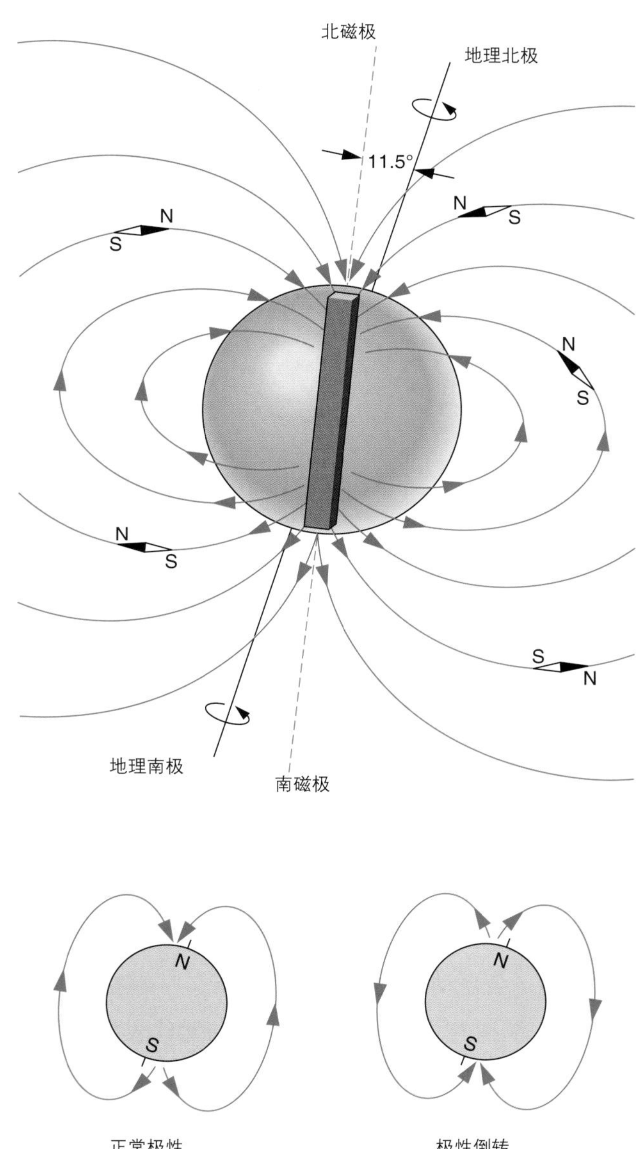

图3.12 环绕地球的磁力线在磁极汇集。自由悬浮的磁铁会沿着这些磁力线的方向旋转，最终磁铁北极指向北磁极，南极指向南磁极。磁铁在地球磁赤道上方时平行于地球表面悬浮，随着靠近磁极，磁铁一端不断下沉。小图中N和S分别表示地理北极和地理南极。

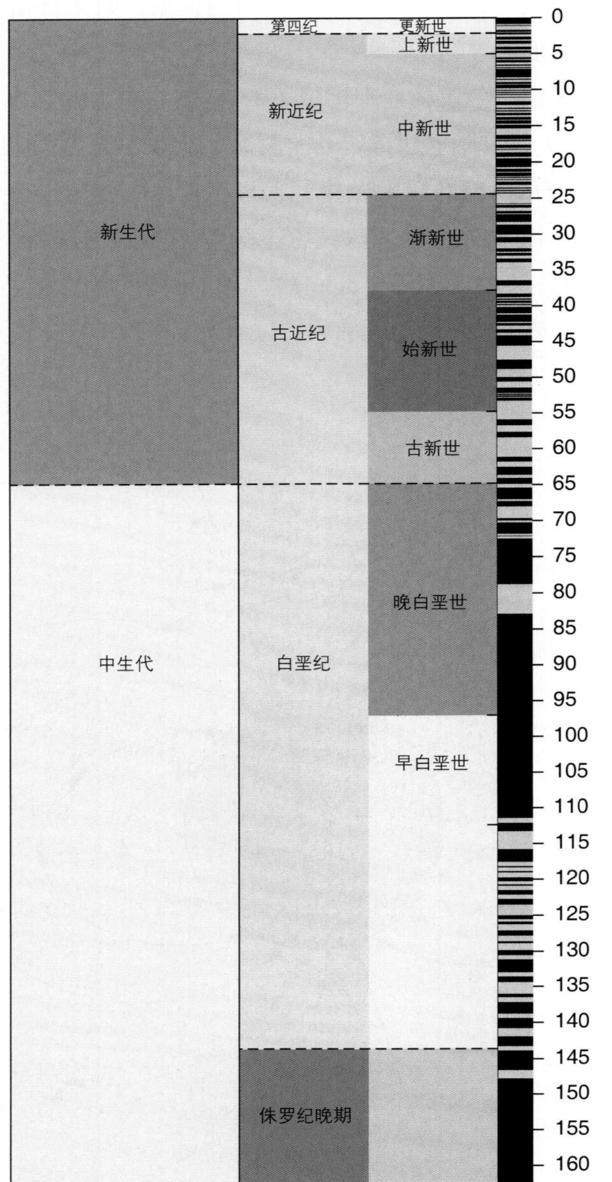

图3.13 新生代和中生代时期，世界范围内地磁极性的时间尺度。黑色表示正异常（正常极性），褐色表示负异常（极性倒转）。

面，在磁极上汇集。一个自由悬浮的小磁铁（例如指南针），会自动与这些磁力线平行，一端指向南磁极，另一端指向北磁极。悬浮磁体与地球表面的交角取决于它到磁赤道的距离。在磁赤道上，悬浮磁体保持水平或平行于地球表面；在磁北半球，磁体向北的一端，会向下倾斜，随着靠近北磁极，逐渐变为垂直向下；在磁南半球，磁体向北的一端会向上倾斜，直到南磁极时，垂直向上。由于以下原因，精确确定磁极的位置非常困难：磁倾角为90°的区域往往很大；由于日变化和磁风暴，磁极可能发生移动；此外，在极地地区展开调查研究也极为困难。加拿大地质调查局在极地进行的重复测量表明，近几年北磁极平均每年向西北移动约40 km。2005年磁场北极的位置约在北纬82.7°，西经114.4°，位于加拿大北极圈以内的斯韦德鲁普群岛以北。2001年磁场南极的位置在南纬64.4°，东经138.3°，靠近南极洲威尔克斯地的海岸。

绝大部分火成岩都包含着天然的磁铁矿物质微粒，这些细小的微粒就像微小的磁铁。在大洋型地壳的主要组成岩石玄武岩中，就包含特别多的磁铁矿微粒。当玄武岩岩浆沿着大洋中脊释放到海底时，冷却后凝固，形成玄武岩。在冷却期间，岩石中的磁铁矿微粒平行于当时的磁场。当岩石的温度下降到大约580℃，即**居里温度**（Curie temperature，也叫作居里点，以两次获得诺贝尔奖的物理学家玛丽·居里命名）后，地球磁场的特征（磁场强度和方向）就被“冰冻”在这些磁铁矿微粒中，产生“磁铁矿化石”。除非岩石被重新加热到居里温度以上，否则磁场将保持不变。通过这样的方式，岩石可以记录它们形成时的地球磁场的强度和方向。研究岩石古磁性的学科，称为**古地磁学**（paleomagnetism）。

对陆地上不同年龄层的火山岩石研究表明，在地质时期里，地球磁场南北极的方向不定期发生倒转。因此在地球历史不同的时期，南极和北极的位置发生过变化。每当火山物质冷却和凝固时，岩层就记录了当时地球磁场的磁极方向。科学家对采自一系列火山层的样品进行了年代和磁场测量，并重构了这些磁极倒转事件（图3.13）。这些**磁极倒转**（polar reversal）事件表明，在几千年的时间里，地球磁场在加速衰减，其衰减速度是过去的10倍。倒转期间的一些证据表明，地球磁场可能不仅仅是一个简单的偶极子。在倒转期间，地球磁场的突变使得许多强烈的宇宙射线穿透地球表面。据最近的研究，这甚至会导致当时生活在地球海洋表层的单细胞生物灭亡。在过去7 600万年里，地球磁场发生了170次倒转。现在的磁场方向已经存在了78万年。磁极翻转的时间间隔并不规律，有时磁极能保持很长时期的稳定状态。白垩纪期间（约12 000万～8 000万年之前）磁场稳定并保持正常磁极；

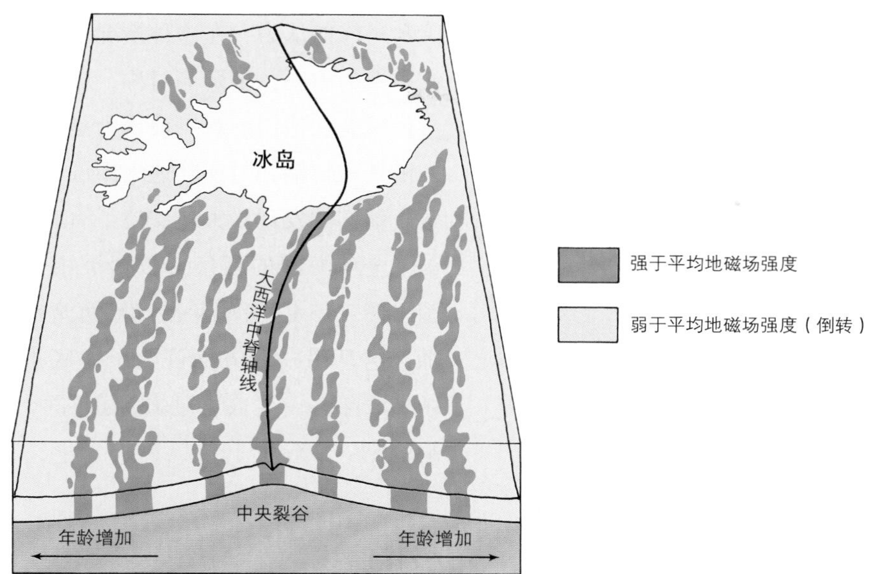

图3.14 **由**地球磁极倒转形成的磁条带以大西洋中脊为中心，呈对称分布。距大洋中脊越远，海底年龄越老。沿大西洋中脊，海底扩张速率为2～4 cm/a。

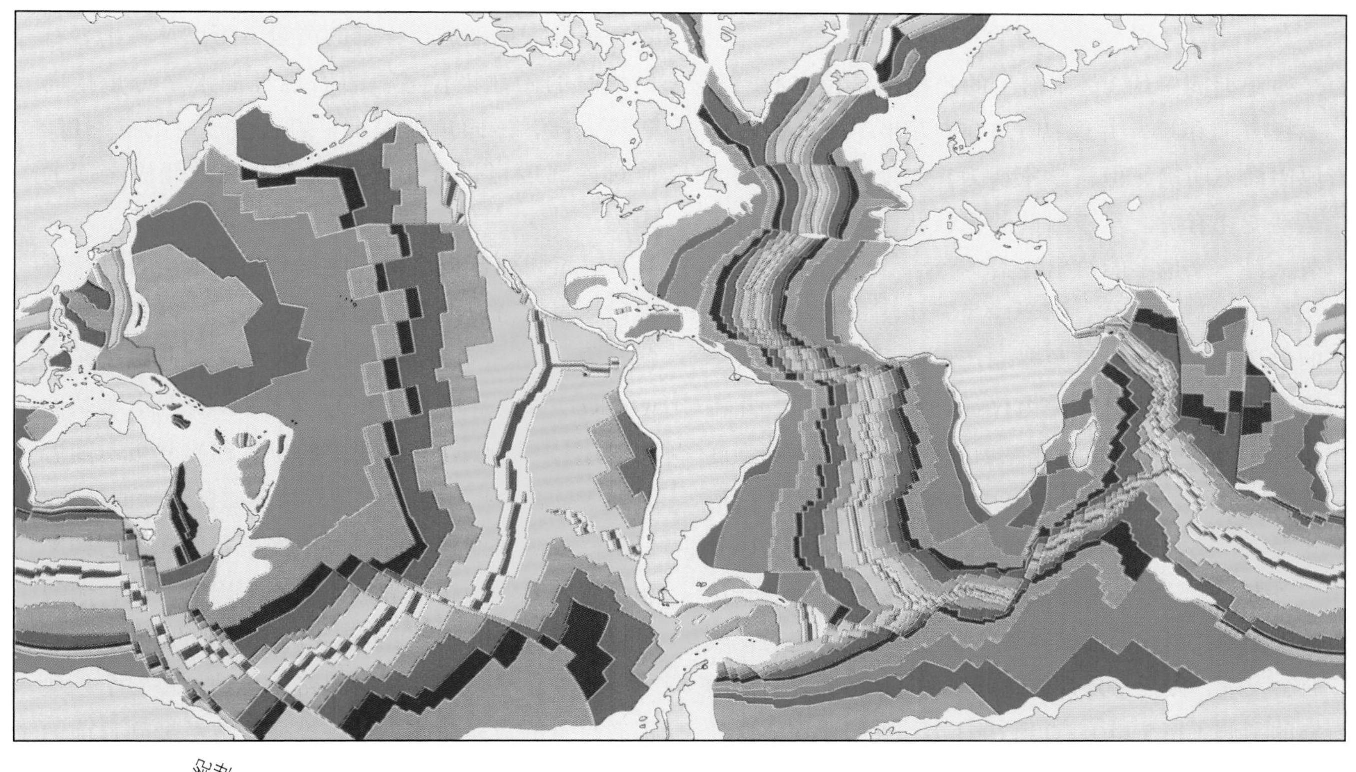

图3.15 用颜色表示的基于海底扩张磁条带模式推算的海洋地壳年龄。海底扩张导致海底的年龄随远离大洋中脊而增加。洋底破裂带使这些洋脊和年龄分布发生偏移。

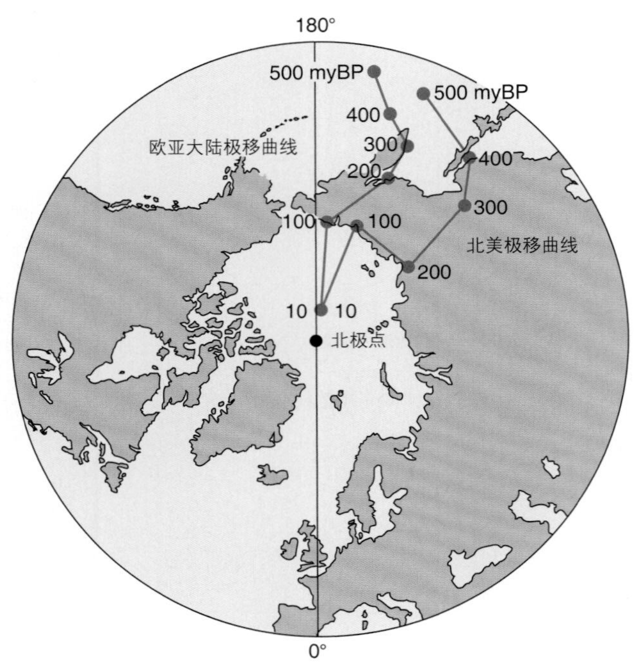

图3.16 由北美和欧亚大陆的岩石年龄和磁性推算出距今数百万年前（myBP）的磁北极位置。两条分支路径表明，随着大西洋的扩张，北美大陆和欧亚大陆彼此远离。

二叠纪期间（约3亿年前）的磁场也是稳定的，但磁极方向相反，并保持了5 000万年。磁极倒转的原因尚不明确，但科学家认为它与地球外核物质的运动变化有关。至于目前的磁极状态还能够维持多久，科学家也不能给出答案。

20世纪50年代，海洋学家开始测量大洋型地壳的磁场强度。为了避免船舶产生的磁场噪声，科学家在测量时，将海洋磁力仪远远地拖在船后，并将1958—1961年的数次海洋磁场测量结果，以磁场强度分布地形图（类似于绘制高山和低谷的地形图）的形式发表。这些磁场强度强弱交替的区域，被称为磁异常条带。磁异常条带通常宽数千米至数十千米，长达数千千米。当我们把磁异常条带与海洋地形进行比较时会发现，磁异常条带彼此近似平行地分布在大洋中脊的两侧（图3.14）。直到1963年，人们才理解这种分布的重要意义。剑桥大学的F. J. 瓦因（F. J. Vine）和D. H. 马修斯（D. H. Matthews）认为，这些保存在海底岩石中的磁异常条带记录着磁极倒转过程中地球磁场垂向分量的变化。熔融的玄武岩沿着中脊系统的裂缝上升并冷却凝固时，当时磁场的方向被记录了下来。海底扩张时，这些物质沿着大洋中脊的轴向两侧移动，原位置被新产生的熔融物质取代。每当地球磁场发生倒转，新生成的地壳就记录下磁场方向。瓦因和马修斯认为，在这种情况下，磁异常条带应以大洋中脊为中心，呈两侧对称，越是远离中脊处，地质年代越老。他们的观点被认为是正确的，这些磁条带的极性和年龄，与在陆地火山层中发现的磁场变化一致。他们的发现极大地支持了海底扩张理论。

全球海洋的磁条带数据被用来绘制海底年龄地图（图3.15）。海底年龄随着远离海洋扩张中心而增加，这从另一个方面证明了海底扩张。目前的洋盆结构较年轻，生成于过去2亿年间，只相当于地球年龄的5%。

极移曲线

对陆地岩石磁性的古地磁学研究，为构造板块和地球磁极随时间的相对运动提供了证据。通过对岩石中的古地磁进行详细的测量，可以计算出岩石形成时的磁北极位置。岩石磁性的水平分量指向磁极方向，磁倾角则揭示了岩石生成时的磁纬度。通过磁纬度可以算出岩石生成地和磁北极之间的距离。

对相同构造板块中不同年龄的陆地岩石进行古地磁测量，可以绘制出磁场北极不同时间的位置变化，像这样绘制得到的曲线称为**极移曲线**（polar wandering curve）（图3.16）。极移曲线表明，板块的相对位置（或大陆在板块中的位置和磁北极）随着时间一直在变化。这可能是板块和磁极运动的结果。但是磁极随时间移动的速度很慢，我们知道它的平均位置一直保持在地理极点附近。因此，极移曲线可以视为板块相对于近似静止的磁北极的运动。

板块并不都沿着相同的路径运动，每一个板块都有自身的极移曲线，这些极移曲线汇聚到目前的磁极上。如果我们看一下欧亚板块和北美板块的极移曲线，会发现它们在距今5亿年前至2亿年前期间非常相似。而在过去的2亿年间，随着美洲板块和欧亚板块彼此分开，它们的极移曲线也逐渐分离。这对应着北大西洋扩张，以及北美板块和欧洲板块的漂离。当这两条极移曲线叠加在一起时，板块运动

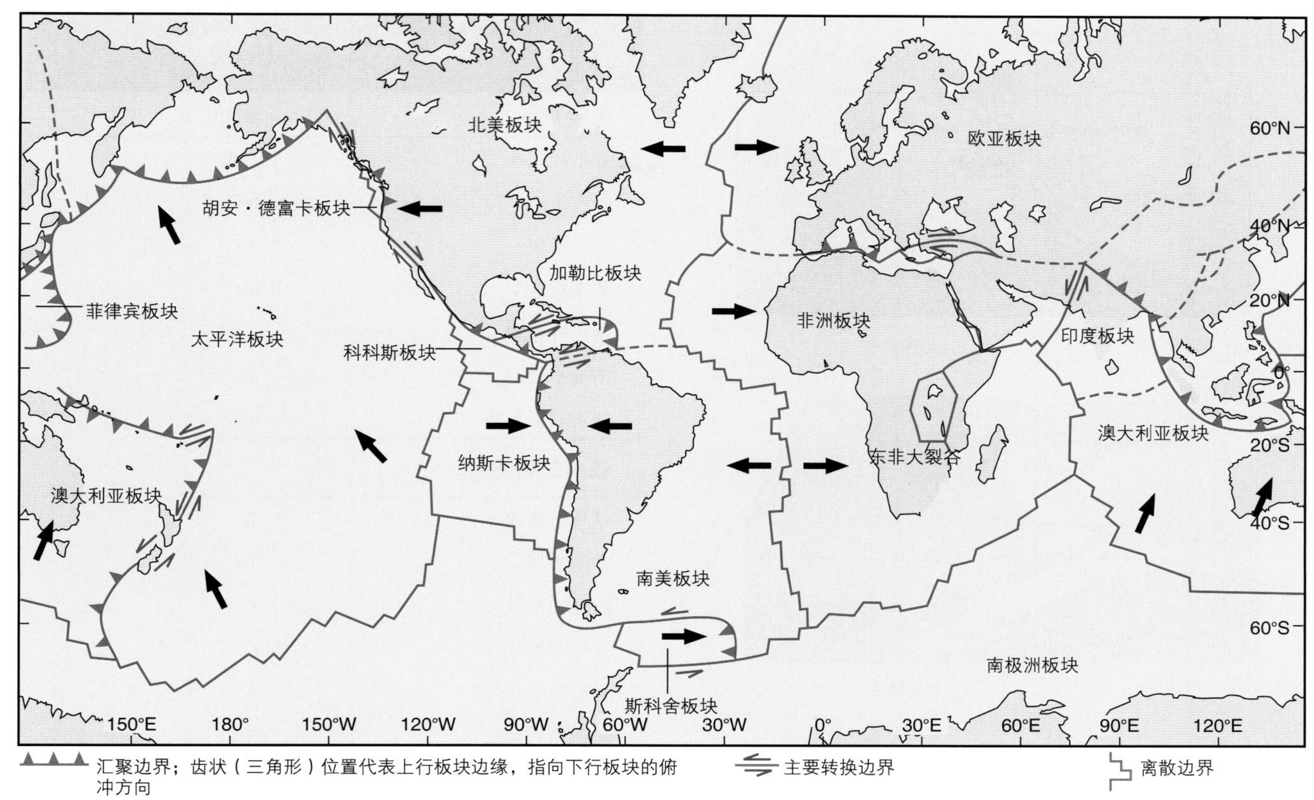

图3.17 地球岩石圈分裂为多个独立的板块，板块的边界分为三类。图中箭头表示板块运动的方向。

重构出早年魏格纳所描述的两片叶子形状的古大陆。北方为劳亚古陆，南方为冈瓦纳古陆，中间为特提斯海。据此，现在的陆地与大陆边缘板块在大陆坡边界处（约为当前海平面以下2 000 m处）显现了良好的吻合性。板块以及它们之上的陆地做相向运动，曾经相连的古代主要山系或断层结构可能被现代大陆隔开，例如，穿过苏格兰加里东山系的断层和从纽芬兰到波士顿的卡伯特断层一致。同样，一些现在位于温带和高纬度地区的西欧国家和大不列颠岛，却曾经位于赤道地区。这就解释了它们具有珊瑚礁化石和沙漠型砂岩的原因。

目前的研究使得科学家相信，假说“地球自转轴不随时间变化”可能是错误的。尽管地球绕自转轴旋转时的**惯性**（inertia）很大，然而，岩石圈板块在地球表面移动时，地球重心会轻微地发生改变，大部分地壳物质将向赤道靠拢。如果地球绕着它的中心旋转的话，地球自转轴以及标志着自转轴的南北极可能发生偏移。

3.4 板块构造

板块构造（plate tectonics）学说将大陆漂移和海底扩张的想法统一到一个模型中。大陆漂移和海底扩张运动都源于地球最外层岩石圈的破裂和运动（见本章第3.2节和图3.5）。岩石圈破裂成七个主要板块和几个相对小的板块（图3.17和表3.3），这些板块形成全世界主要的地震带（图3.8）。1965年，多伦多大学的地球物理学家J. T. 威尔逊（J. T. Wilson）首先提出，它们之间存在关联。

板块和板块边界

每个岩石圈板块都由厚约80～100 km的坚固上地幔岩石及其上覆地壳（洋壳或陆壳）组成。上部为洋壳的岩石圈，称为海洋岩石圈；上部为陆壳的岩石圈，称为大陆岩石圈。一些板块完全由海洋岩石圈组成，例如太平洋板块；但绝大部分板块包含着不同比例的大洋和大陆岩石圈，沿着大陆边缘从

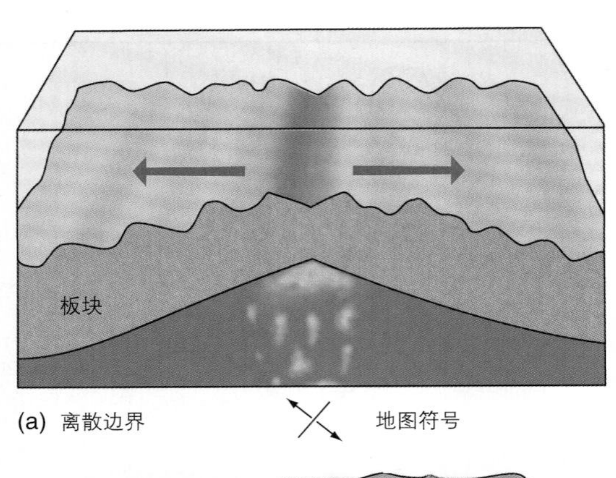

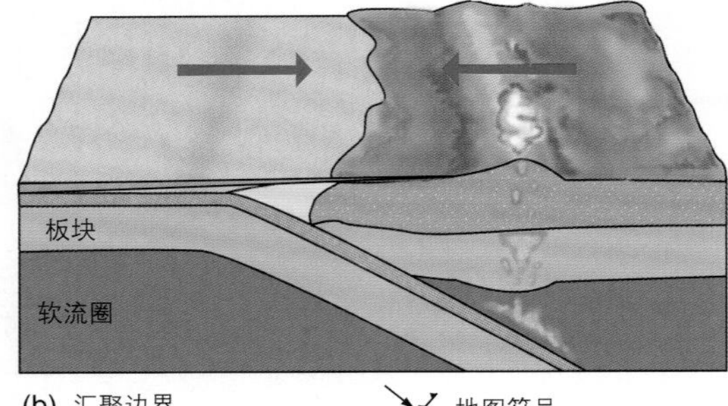

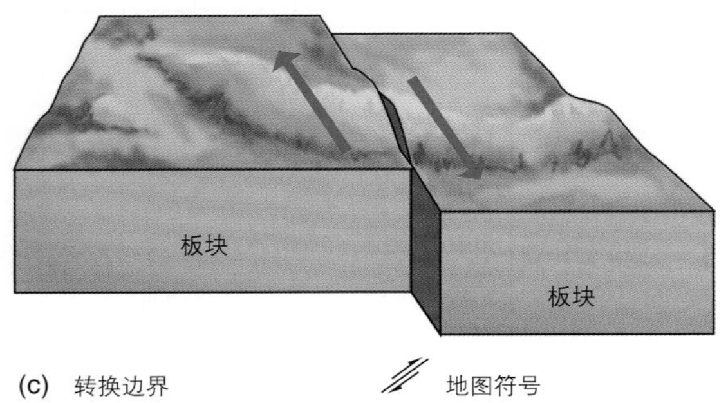

图3.18 板块边界的三种基本类型，包括：（a）相互分离的离散边界；（b）相互碰撞的汇聚边界；（c）相互错动的转换边界。

表3.3 板块的面积/10^6 km^2

主要板块	面积
太平洋板块	105
非洲板块	80
欧亚板块	70
北美板块	60
南极洲板块	60
南美板块	45
澳大利亚板块	45
较小的板块	
纳斯卡板块	15
印度板块	10
阿拉伯板块	8
菲律宾板块	6
加勒比板块	5
科科斯板块	5
斯科舍板块	5
胡安·德富卡板块	2

表3.4 板块边界的类型和特征

板块边界	岩石圈类型	地质过程	地质特征	地震	火山	代表性位置
离散型（离散运动）	海–海	产生新的海底，洋盆打开	大洋中脊	有，浅	有	大西洋中脊、东太平洋海隆
	陆–陆	大陆分裂，洋盆形成	大陆裂谷，浅海	有，浅	有	东非大裂谷、红海、加利福尼亚湾
汇聚型（相向运动）	海–海	旧海床下沉消失	海沟	有，从浅到深	有	阿留申海沟、马里亚纳海沟、汤加海沟（太平洋）
	海–陆	旧海床下沉消失	海沟	有，从浅到深	有	秘鲁–智利海沟、中美洲海沟（东太平洋）
	陆–陆	形成山脉	山脉	有，从浅层到中心	没有	喜马拉雅山脉、阿尔卑斯山脉
转换型（彼此交错）	海洋	保持原海床	转换断层（大洋中脊交错）	有，浅	没有	门多西诺断层和克利珀顿断层（东太平洋）
	陆地	保持原海床	转换断层（山脊交错）	有，浅	没有	圣安德烈斯断层、阿尔卑斯断层（新西兰）、安纳托利亚断层东部和北部（土耳其）

一种岩石圈过渡到另一种，例如南美板块。板块在相对柔软的软流圈上彼此做相对运动。当板块运动时，它们的边界相互作用，造成地球上大部分地震和火山活动。

根据板块之间的相对运动，可以将板块边界分成三种类型，每一种类型都伴随着特定的地质特征和过程（表3.4和图3.18）。彼此做离散运动的板块边界，称为**离散型板块边界**（divergent plate boundary）。在海洋中，离散型边界常表现为大洋中脊和海隆；在陆地上，离散型边界常表现为深的裂谷地带。板块彼此做相向运动，称为**汇聚型板块边界**（convergent plate boundary）。海洋汇聚型边界与深海海沟、海床破坏、海底盆地闭合有关，而大陆汇聚型边界则多形成大型山脉。第三种类型中，两个板块既不离散也不汇聚，而是相互错动，称为**转换边界**（transform boundary）或剪切型板块边界，通常生成大的断层，称为**转换断层**（transform fault）。

离散边界

洋盆沿离散边界形成。离散边界使大陆岩石圈开裂（图3.19）。泛大陆沿着一系列连续的离散边界裂开，形成我们今天所看到的彼此独立的大陆和洋盆。热的地幔物质上升导致大陆岩石圈发生分离，形成离散边界。地幔上升流从底部加热岩石圈，使

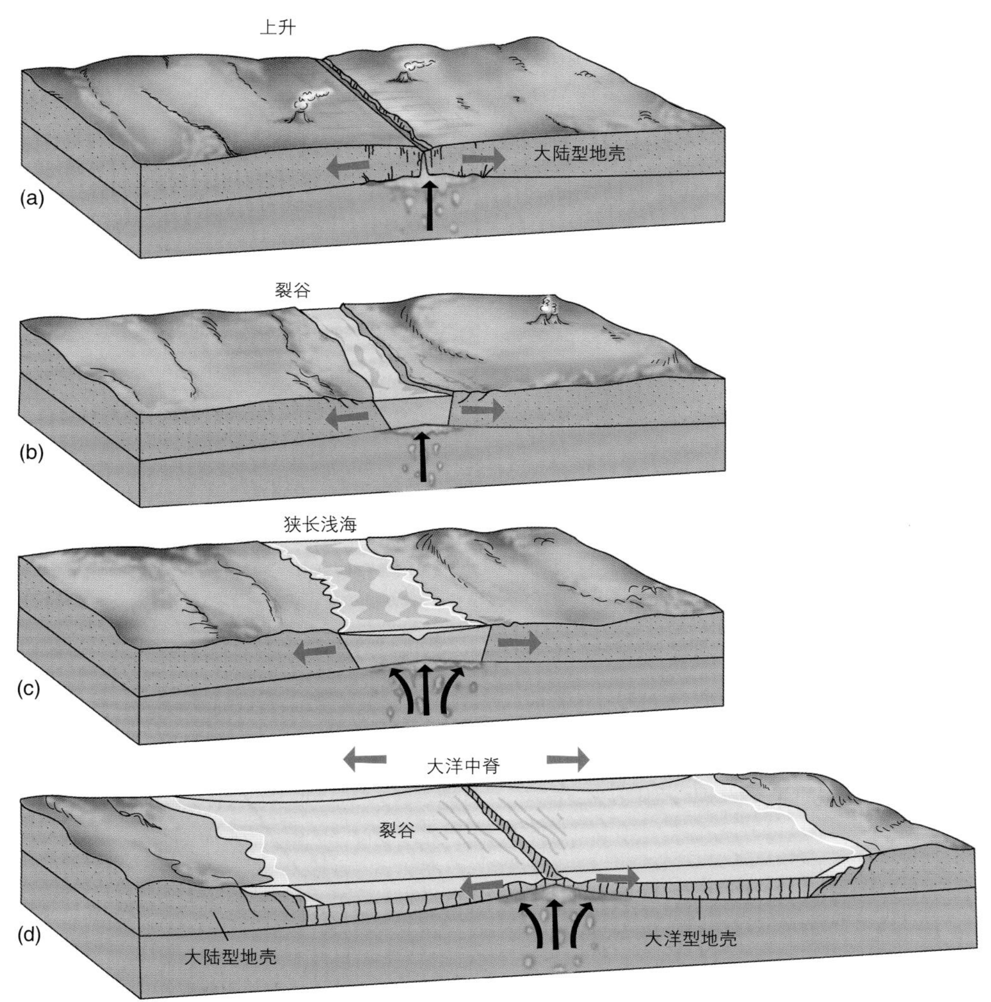

图3.19 （a）上涌岩浆加热大陆地壳底部，使其上升并变薄，在张力作用下伸展；（b）拉伸和拖拽力分离地壳，产生有活跃火山活动的裂谷；（c）沿着边界继续扩张，产生新的洋底和年轻浅海；（d）最终形成成熟的洋盆和大洋中脊系统。

A. 大陆伸展过程，地壳变薄，形成裂谷（东非大裂谷）；

B. 大陆分裂成两块，大陆边缘断裂并抬升，玄武岩岩浆喷发形成海洋地壳（红海）；

C. 沉积物覆盖大陆边缘，形成大陆架和大陆隆，海洋变宽，发育出大洋中脊（大西洋 ）。

其变薄并向上隆起［图3.19（a）］，岩石圈变得脆弱，伴随产生扩张力和拉伸力，导致断层和火山活动［图3.19（b）］。随着断层形成，陆壳产生开裂和下陷，沿边界形成**裂谷带**（rift zone）。不断发育的东非大裂谷就是一个很好的早期裂谷例子。东非大裂谷从莫桑比克一直延伸到埃塞俄比亚（图3.20），裂谷中的火山包括乞力马扎罗山和肯尼亚山。像这样的裂谷带也被称为**地堑**（graben）。在下一发育阶段，大陆裂谷向北延伸，形成红海和亚丁湾［图3.19（c）］。如果这个裂谷系统继续保持活跃，东非剩余陆地将继续分离，伴随着海底扩张和新的洋中脊形成，将生成新的海洋盆地。

绝大多数离散边界位于大洋中脊系统的轴线上（图3.21）。洋中脊之下的地幔物质上涌，使其上方的海洋岩石圈受热并膨胀，产生海底山脉。当边界两侧的板块移动时，沿着中脊高峰形成裂缝，使得熔融岩浆从地幔渗出流向海床。在火山爆发的早期阶段，玄武岩熔浆以相对平展的层流方式迅速地流向海床，从发源地延伸到几千千米之外。玄武岩岩浆温度很高，二氧化硅含量较低，是低黏度液体，可以自由流动。当火山爆发速率降低时，岩浆挤出的速度变得缓慢，形成**枕状玄武岩**（pillow basalt）（图3.22）。凝固的岩浆沿着每个离散边界形成新的海洋地壳。在大洋中脊形成后，海洋地壳保持着相对固定的厚度。然而，当两个板块离散时，地壳下方的地幔岩石迅速冷却，与地壳底部熔合并变得坚硬，因此，海洋型岩石圈的厚度随年龄和远离大洋中脊逐渐增加。板块的离散速度沿着中脊系统各不相同。

地震学研究、钻探岩芯和对大型转换断层的直接观测，使得海洋学家对于裂谷和海洋地壳的形成过程与大洋中脊和海隆的结构，有了相当多的了解。图3.23为典型的大洋中脊断面，体现了组成海洋岩石圈的四层基本结构。

最上层（图3.23中的层1）由沉积物组成。由于大洋中脊海底较年轻，其上方没有足够的松散沉积物，可能根本不存在沉积层。第二层由两种玄武岩组成，其表层部分是由岩浆快速冷却而形成的细颗粒或玻璃质火山岩，深层部分则是一系列垂向玄武岩冷却形成的岩墙。第三层是由缓慢冷却的玄武质岩浆形成的颗粒状深色火成岩，称为**辉长岩**（gabbro）。莫霍面位于该层层底。通常，第二层和第三层厚度共6～7 km，在裂谷地带则更薄一些。第四层较厚，为**橄榄岩**，它形成了坚硬的上层地幔物质和岩石圈板块的底部。岩石圈包含以上各层，地幔软流层位于第四层之下，岩浆呈部分熔融状态。

通过实验可以确定橄榄岩转化成玄武岩和辉长石的机制。实验时，对橄榄岩施以相当于大洋型地壳下100 km深度的高温高压条件，减压时，橄榄岩发生部分熔融，产生与在大洋型地壳上层发现的玄

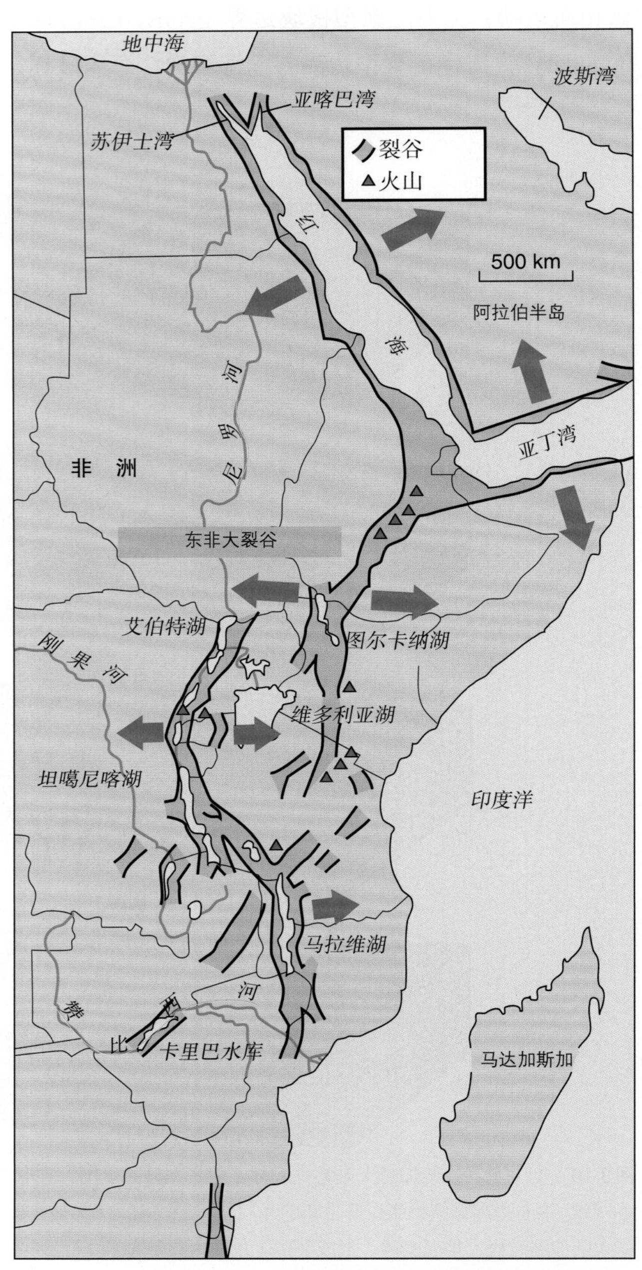

图3.20　东非大裂谷由仍处于发展早期阶段的活跃陆−陆离散边界形成。同样类型的边界在北部充分发育出两个浅海：红海和亚丁湾。

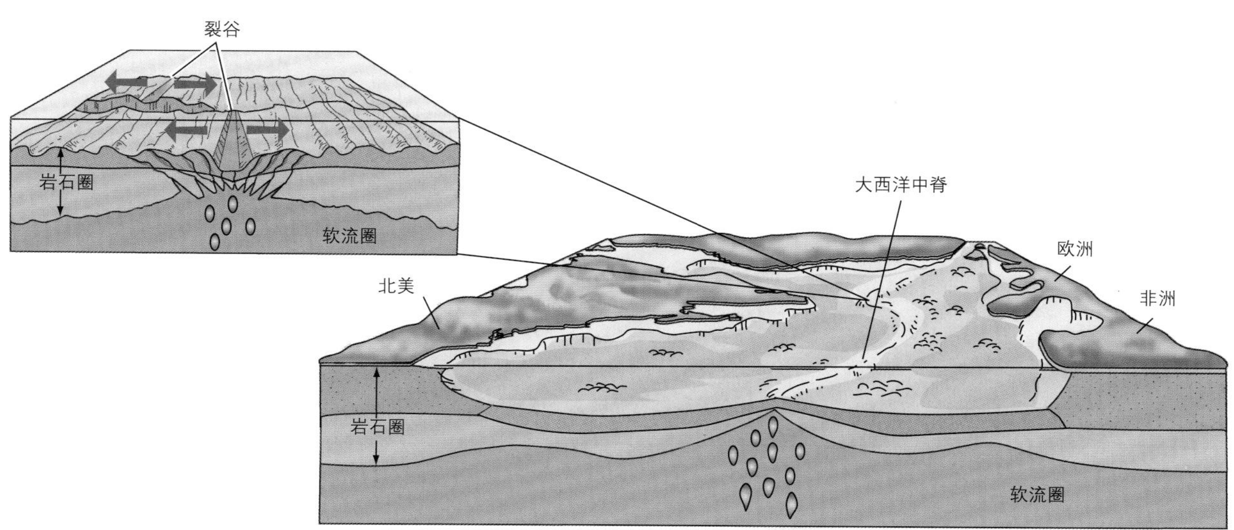

图3.21 多数离散型板块边界的特征为能够产生新洋底的大洋中脊系统，伴随着活跃的火山活动。

图3.22 在海底，成堆的长圆形熔岩“枕头”形成枕状熔岩。枕状熔岩由重复渗出和挤压的玄武岩岩浆形成。首先，沿着新释放的岩浆表面，形成一个具可塑性玻璃质外壳的枕状熔岩；随着压力增大，外壳破裂，新的玄武岩岩浆像挤牙膏一样继续涌出，形成另一个枕状熔岩。

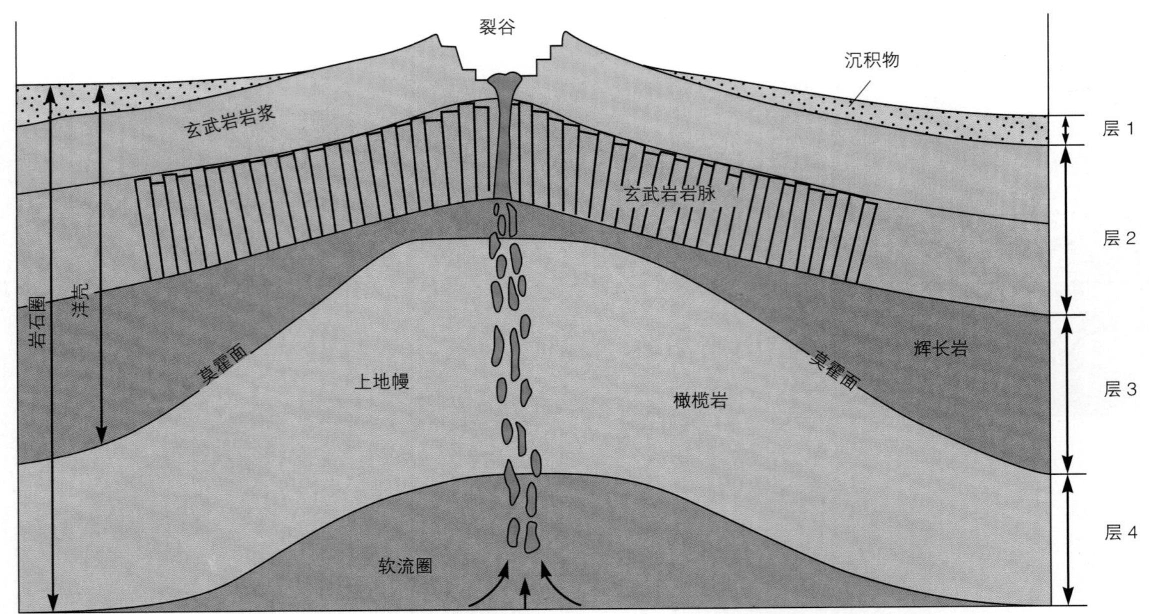

图3.23 大洋中脊剖面，显示了海洋岩石圈的四个分层。

武岩相似的液态产物。

转换边界

洋中脊系统被转换断层分成段状（图3.24），当两个板块从大洋中脊分离时，沿着转换断层彼此发生错动。以这种方式，段状的洋脊和转换断层形成彼此交替的离散边界和转换边界。不同年龄和温度的板块在跨越转换边界时，引起海底高度产生剧烈地变化，称为**陡崖**（escarpment）。这些陡崖的变化随着海底扩张蔓延，被视为转换断层的“化石”。沿着活跃的转换断层，这些断层“化石”在两段洋脊之间形成连续的线性地形，称为**断裂带**（fracture zone）。断裂带最长可达10 000 km，从大洋中脊一侧向板块延伸。尽管这些断裂带可以延伸到板块中，但是它们通常没有地震活动的迹象。然而，在两段洋脊之间，沿着转换断层则存在相对运动和地震现象。断层两侧的板块运动方向取决于每个板块的海底扩张方向。

尽管大多数转换断层连接两个离散边界（两段相邻洋脊），它们也可能会连接其他类型的板块边界。转换断层可以连接两个汇聚边界（海沟），例如加勒比板块和美洲板块之间的边界；或者连接汇聚边界和离散边界，例如斯科舍板块的边界（图3.17）。美国西海岸多种多样的转换断层显示出各种板块边界（图3.25）。北美板块和太平洋板块之间的大部分边界都表现为长的转换断层，其南端是圣安德烈斯断层，从加利福尼亚湾一直延伸到加利福尼亚州门多西诺角。门多西诺角外海的断层是转换断层，它连接着一个扩张中心和一个海沟，形成太平洋板块和胡安·德富卡板块之间的边界。再向北，更多的转换断层取代了胡安·德富卡海岭。

圣安德烈斯断层使其两侧地壳彼此水平错动。太平洋一侧的陆地包括从旧金山到下加利福尼亚尖端的海岸区域，相对于断层东侧的陆地向北运动。这种运动是不均匀的，当积累的压力超过岩石的承受压力时，沿着断层会产生突然的运动和位移，从而导致地震。这个断层系统的运动，导致旧金山湾区著名的1906年地震和1989年（洛马·普列塔）地震。

许多与大洋中脊系统相关的转换断层的形成原因，与板块在球体表面运动时速度和方向发生变化有关。对流位置或强度的变化，以及岩石圈之间的碰撞也可能导致转换断层。

汇聚边界

板块沿着汇聚边界彼此相向运动，一个板块

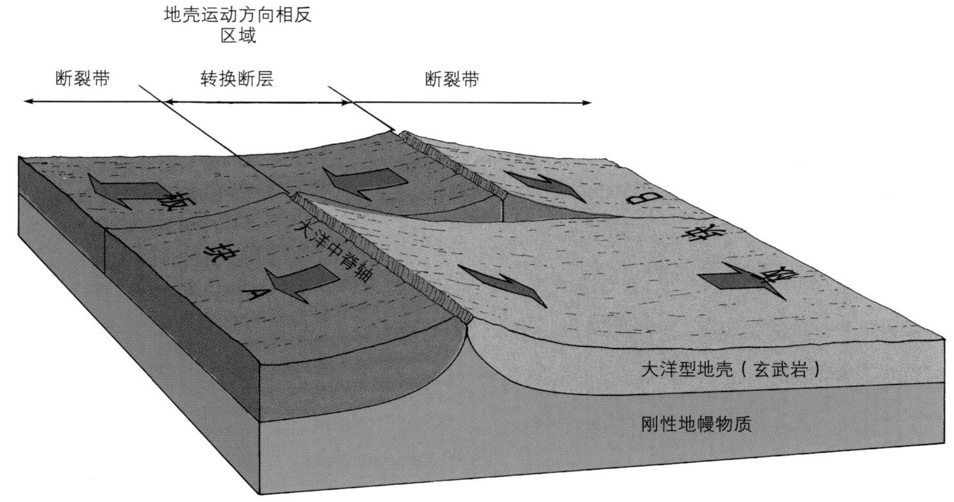

图3.24 转换边界主要为转换断层。转换断层通常会使部分大洋中脊（离散边界）发生偏移。板块沿着转换边界彼此交错，运动方向与大洋中脊位置偏移方向相反。

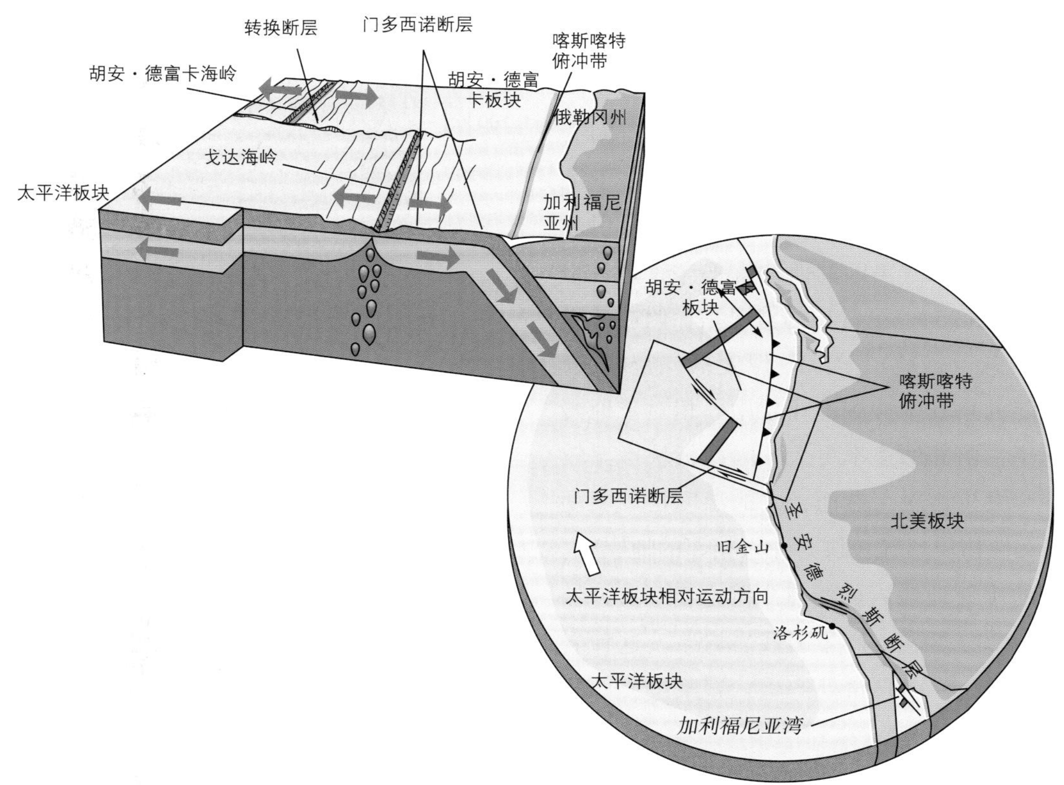

图3.25 转换边界可以在大陆型或大洋型地壳出现。此外，它们可以连接离散或汇聚边界。圣安德烈斯断层切断大陆型地壳，连接加利福尼亚湾的离散边界和加州北部海岸附近的俯冲带区域。太平洋板块和胡安·德富卡板块之间扩张的大洋中脊部分被其他转换断层错断。

（下行板块）俯冲（或下沉）到另一个板块（上行板块）之下的地幔物质中。这个过程通常产生海沟，并且能沿着海沟继续俯冲。俯冲运动也同样常形成火山和地震（参考图3.8的地震分布）。与俯冲相关的地质性质和过程绝大程度上取决于下层岩石圈的类型，海洋岩石圈和大陆岩石圈的密度差异导致三种可能的边界：海-陆汇聚、海-海汇聚、陆-陆汇聚（图3.26）。

大陆岩石圈中，陆地地壳厚度约占20%～40%。相对于地幔来说，陆地地壳密度较低（表3.1），由于浮力作用，不能俯冲到地幔中。海洋岩石圈的密度大于大陆岩石圈，且随着岩石圈年龄的增加而增加。随着海底扩张，地壳逐渐远离大洋中脊，板块冷却并变厚。海洋岩石圈的增厚速度与时间的平方根成正比，如以下方程所示，过程如图3.27所示。

$$\text{厚度(km)} = 10 \times \sqrt{\text{地质年龄（Ma）}}$$

海洋岩石圈厚度随岩石圈中地幔厚度的增加而增加，地壳部分的厚度保持不变。海洋地壳中约有95%由相对较冷密度较大的地幔岩石组成。老的海洋岩石圈密度比软流圈密度大1%左右，因此可以俯冲下沉。俯冲的岩石圈通常总是由海洋岩石圈组成。

如果海洋岩石圈沿着海沟俯冲，上冲板块平行于海沟处会形成火山。火山的岩浆来源取决于俯冲海洋岩石圈的年龄和温度。如果俯冲海洋岩石圈靠近扩张中心，地质年龄小于50 Ma，则相对年轻、温度高且易于漂浮，由于浮力的作用，这种岩石圈会抵制俯冲运动，因此将以较小的角度下沉。在下沉过程中，由于地幔的热传导，板块温度增加，引起部分熔融并产生岩浆。美国的西北太平洋就是一个很好的例子（图3.25）。更常见的情况是，俯冲海洋岩石圈相对较老（超过1亿年）、温度低、密度大，岩石圈以较陡的角度俯冲到地幔层中。相对于地幔热传导的速率，俯冲的速率更大，因此板块增温较慢，板块不会发生熔融。然而，它的温度足以驱动水和其他挥发性物质离开板块并冲入相邻的地幔中。地幔中增加的水使地幔岩的熔点下降至200 ℃，导致地幔岩发生部分熔融，产生玄武岩岩浆。这种岩浆通常在深度100～150 km处产生，岩浆组成取决于上覆板块的岩石圈类型。

沿着海–陆汇聚边界，由俯冲作用产生的岩浆一定会穿透大陆岩石上升。这些岩浆可能会使上面的陆地地壳发生部分熔融，产生花岗岩和玄武岩混合的岩浆，形成**安山岩**（andesite）。最终，上升的岩浆在陆地板块边缘形成活跃火山［图3.26（a）］。这类火山与扩张中心处的火山截然不同，那里的玄武岩岩浆涌出时相对平静。由于含有高浓度的挥发性气体，并且熔岩中含有高浓度的二氧化硅，安山岩火山经常猛烈地爆发。当安山岩火山爆发时，释放的大量岩石、火山灰和气体能上升到高层大气层中。这类活动型大陆火山链，包括南美洲西海岸的安第斯山脉和包含圣海伦火山在内的太平洋西北沿岸的喀斯喀特山脉（图3.28）。

海–海汇聚边界表现为海沟［图3.26（b）］。俯冲板块通常是离扩张中心最远的板块，年龄最老，密度最大。由海–海汇聚形成的岩浆从上方的海洋岩石圈涌出，在上冲板块的海床区域形成一连串的活跃火山。这种火山最终可能出露于海平面之上，形成火山**岛弧**（island arc）。火山岛弧通常喷发玄武岩，比大

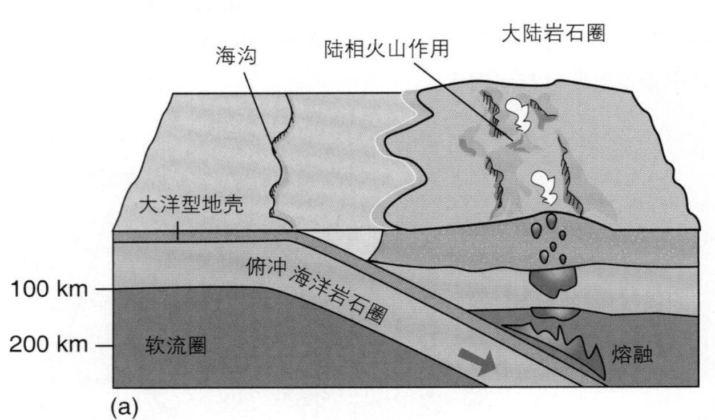

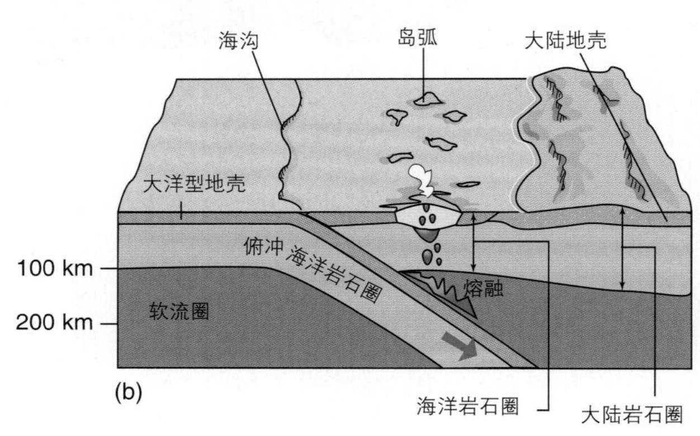

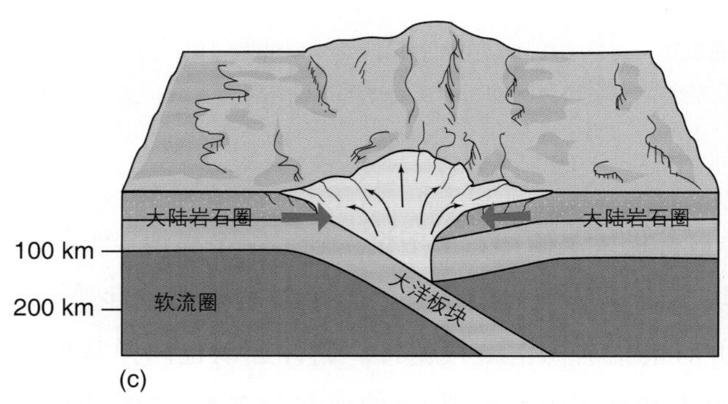

图3.26 三种汇聚型板块边界。（a）海–陆汇聚；（b）海–海汇聚；（c）陆–陆汇聚。

(a) 年龄 =0

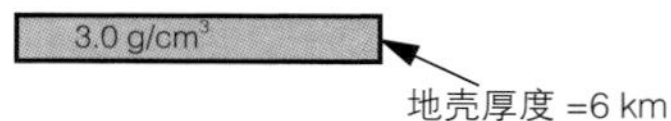

地幔岩石圈厚度 =0 km

地幔岩石圈 = 岩石圈总质量的 0%

$\rho_{岩石圈}$=3.0 g/cm³

$\rho_{岩石圈} < \rho_{软流圈}$

浮性岩石圈；抵制俯冲

(b) 年龄 =10 Ma

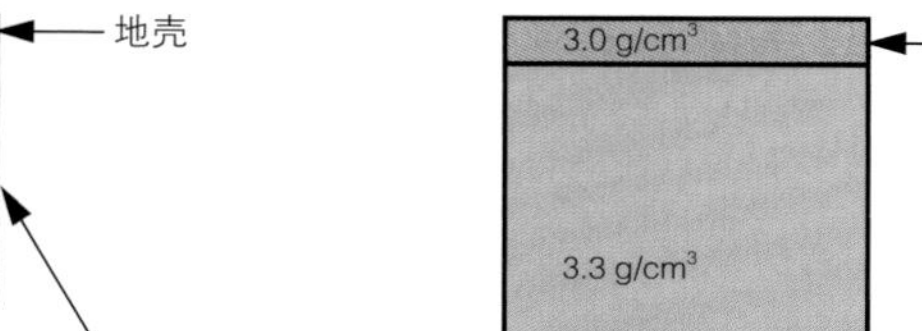

地幔岩石圈厚度 =31.6 km

岩石圈厚度（地壳 + 地幔）=37.6 km

地幔岩石圈厚度 = 岩石圈总厚度的 84%

$\rho_{岩石圈}$=3.25 g/cm³

$\rho_{岩石圈} = \rho_{软流圈}$

浮力平衡

(c) 年龄 =100 Ma

3.0 g/cm³ ←地壳

3.3 g/cm³

地幔岩石圈厚度 =100 km

岩石圈厚度（地壳 + 地幔）=106 km

地幔岩石圈厚度 = 岩石圈总厚度的 94%

$\rho_{岩石圈}$=3.28 g/cm³

$\rho_{岩石圈} > \rho_{软流圈}$

负浮力岩石圈，易于俯冲

常数和注意事项

地壳厚度 =6 km； $\rho_{地壳}$=3.0 g/cm³

$\rho_{软流圈}$=3.25 g/cm³； $\rho_{地幔岩石圈}$=3.3 g/cm³

$\rho_{岩石圈}$ =（$\rho_{地壳}$ + $\rho_{地幔岩石圈}$）的加权平均值

图3.27 图示海洋岩石圈厚度和密度（ρ）随年龄增加而增加。

洋中脊喷发的玄武岩包含更多的挥发性物质。因此岛弧火山作用类型是爆破型。岛弧通常位于太平洋，例如马里亚纳群岛、汤加群岛、阿留申群岛和菲律宾群岛。大西洋中只有两个岛弧，即南大西洋的南桑威奇群岛[①]和加勒比海东部的小安的列斯群岛。与大陆脱离的部分陆地地壳有时也能形成岛弧，例如新西兰和日本。

俯冲海洋岩石圈通常与异常强烈的深源地震活动有关，这种地震带被称为**和达-贝尼奥夫带**（Wadati-Benioff zone），这一名字是为了纪念最早发现和研究它的地球物理学家。它标志着俯冲板块的大概位置。世界上最深的地震就发生在和达-贝尼奥夫带上，位于西太平洋约650 km深处。和达-贝尼奥夫带之外，地震深度通常不超过30 km。

陆-陆汇聚边界可能导致洋盆闭合［图3.26（c）］。随着洋盆闭合，向下运动的大陆岩石圈向海沟靠近。当俯冲海洋岩石圈完全沉没，洋盆闭合，下沉大陆岩石圈与上冲大陆岩石圈相撞会形成缝合带。这种缝合带中可能包含着海洋沉积物，标志着先前的海洋盆地位置。板块继续碰撞，下沉高密度海洋岩石圈继续挤压上冲板块，沿着两个汇聚大陆的边缘，大陆地壳弯曲变形，断裂并增厚，曾经的海沟变成没有明确边界的宽广的强烈变形地带，这将产生宏伟的山脉，在山脉高处出现古老的海洋沉积物和化石，例如阿尔卑斯山脉和喜马拉雅山脉。

印度板块和亚洲板块汇聚碰撞，形成喜马拉雅山脉。印度板块继续以5 cm/a的速度撞击亚洲板块，因此喜马拉雅山脉仍然在不断抬升。其他以这种方式形成的山脉还有阿巴拉契亚山脉、阿尔卑斯山脉和乌拉尔山脉。

大陆边缘

大陆裂开并远离海底扩张中心后所形成的陆地边缘称为**被动大陆边缘**（passive margin 或 trailing margin）。由于这种边缘在大西洋两侧被发现，又被称为大西洋型大陆边缘。南极洲、北冰洋、印度洋也存在这种类型的大陆边缘。大陆岩石圈和海洋岩石圈沿被动大陆边缘呈连续过渡关系，因此在边缘处没有板块边界。当被动边缘远离洋脊时，海洋岩石圈变冷，密度增加，岩石圈变厚并下沉。这导致大陆边缘也随之缓慢下沉。波浪和海流作用，以及珊瑚礁都能改造被动大陆边缘。这种边缘可以逐渐积累由侵蚀产生的沉积物，侵蚀范围从陆地到深3 km的海域。海流将这些沉积物带到海底，在大洋型地壳上形成厚的沉积层。由于远离大洋中脊，老的被动大陆边缘受构造过程影响很小。这些边缘区域通常较宽广、水较浅、沉积物厚度大，例如美国东海岸。虽然被动大陆边缘始于离散型板块边界，

① 原文the Sandwich Islands是夏威夷群岛的旧称。根据文中位置推断，此处应为南桑威奇群岛。——编者注

图3.28 1980年5月18日，圣海伦火山猛烈爆发。曾经对称的峰顶损失4.1 km^3，海拔从2 950 m降低至2 550 m。火山的侧向爆发摧毁了超过594 km^{2}的森林。由冰川融水产生的巨量泥浆和火山灰泥石向山下流动。

但在海底扩张和洋盆开放作用下，被动大陆边缘逐渐移动到板块中间的位置。

板块边界位于大陆边缘时称为**主动大陆边缘**（active margin 或 leading margin），主动大陆边缘通常以海沟为标志，在那里海洋岩石圈俯冲到陆地边缘之下。主动大陆边缘通常狭长陡峭，伴随着火山群，例如南美洲西海岸、俄勒冈州和华盛顿州沿岸。由于陆地沉积物能直接沿坡进入深海、海沟和相邻洋盆中，在主动大陆边缘通常很少能发现厚层沉积物。主动大陆边缘主要分布在太平洋。

3.5 板块运动

运动机制

目前我们还无法完全了解驱使板块运动的动力机制。在大洋中脊处，板块被新生成的地壳所驱动，向两侧移动，然后在海沟处向下俯冲；另一种可能的情况是，厚重的、高密度的海洋地壳和它的沉积物沉入地幔，导致板块的其余部分产生相应的板块拉力。后一种机制可能产生张力，使地幔物质从裂缝中涌出，形成大洋中脊和新的地壳。在这个理论中，向下运动的、高密度的、冷的海洋岩石圈板块的重量拉扯着板块的其余部分。

板块拉力是重要的驱动力。科学家发现岩石圈的俯冲速度沿着板块边缘增加，进一步支持了上述理论。其他因素则可能包括陆地的侵蚀和沉积物的堆积造成的板块重量变化、大洋中脊处岩浆的上涌速率，以及老的岩石圈由于冷却而变厚。

运动速率

与传输带的机制类似，海底在火山活动剧烈的洋脊系统向两侧输运。每个板块相对于洋中脊轴线的运动速率，称为半扩张速率；两个板块相对于彼此的运动速率，称为全扩张速率，简称为**扩张速率**（spreading rate）。扩张速率的范围为1～20 cm/a，但通常为2～10 cm/a。平均扩张速率约为5cm/a，相当于一个人指甲的生长速率。假如一个人的寿命为75年，以平均扩张速率计算，一个板块在人的一生中将扩张3.75 m，这相当于一辆小轿车长度。如果以天为计算单位，这个速率非常缓慢，但在地质时间尺度上，它将产生巨大的效果。例如，如果一个板块仅以1.6 cm/a的速度移动，经过10万年，该板块将移动1.6 km。因此，从古大陆分裂开始到现在的2亿年间，板块移动距离已超过3 200 km，这比非洲

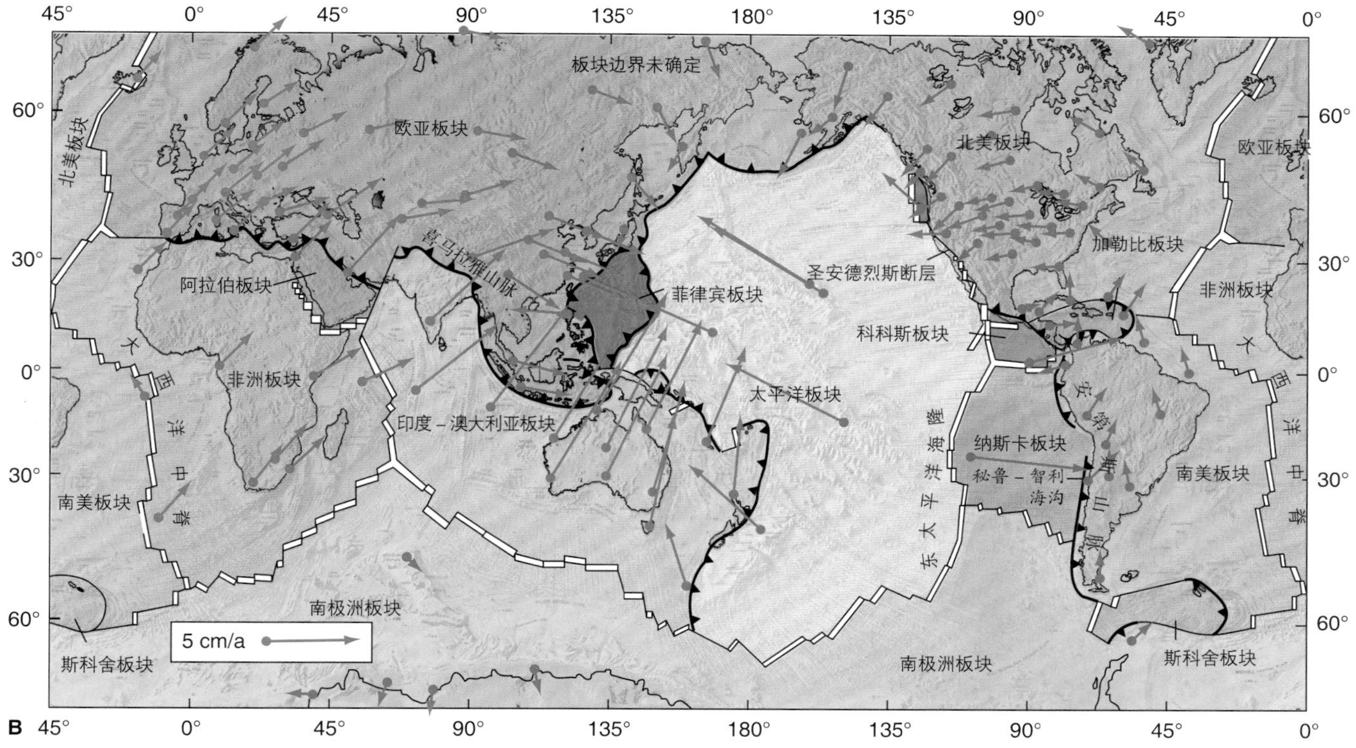

图3.29 世界各地的GPS站点测量的板块年移动矢量。图片源自美国国家航空航天局。

到南美洲距离的一半还要长。扩张速率会影响离散型板块边界的物理结构。在陡峭的大洋中脊区域（如大西洋中脊）和深的中央裂谷地带，扩张速率较慢。快速扩张则会导致大洋中脊平缓（如东太平洋海隆），或者不存在大洋中脊，或伴随中央裂谷。大西洋中脊的扩张速率为2.5～3 cm/a，而东太平洋海隆的扩张速率则为8～13 cm/a。需要注意的是，扩张不是均匀连续的，而是多个突发事件的叠加，各个事件之间的时间间隔存在变化。比较图3.15中东太平洋海隆的年龄段宽度和大西洋中脊的年龄段宽度。年龄段宽度越宽，扩张速率越快。扩张速率也与大洋中脊火山爆发的频率有关。虽然目前对这些爆发的频率了解不多，但是据估算，在快速扩张的大洋中脊区域，爆发频率为每50～100年一次，而在慢速扩张的大洋中脊处，这个频率则变为每5 000～10 000年一次。

从海上直接观测海底扩张非常困难，且观测费用不菲。然而，我们可以从陆地上的一个特定区域观察这些过程。这个区域就是冰岛，它是唯一横跨大洋中脊和裂谷地带的大型岛屿。冰岛的扩张速率与大西洋中脊的扩张速率相似。到1975年一道火山裂缝出现之前，冰岛东北部已平静了约100年。这道缝沿80 km的山脊延伸，在6年的时间内又扩张了5 m。而在过去平静的100年里，扩张速率是5 cm/a。现在，GPS卫星全球定位系统（见第2章第2.5节）可以用来确定构造板块之间的相对运动，GPS能精确测量两个远距离地点之间的距离变化，精度达1 cm（图3.29）。

太古宙花岗岩在西格陵兰地区、拉布拉多东部地区、怀俄明州、澳大利亚西部以及非洲南部等地均有出露。对太古宙花岗岩的研究表明，早在35亿年前，地壳板块就已经存在，并且，花岗岩大陆以1.7 cm/a的平均速率移动。这与今天板块的平均运动速率相似。

热　点

地球上零星分布着近40个孤立的活动火山，称为**热点**（hot spot）（图3.30）。它们分布在陆地和海洋之下、板块中心和大洋中脊上。这些热点将可能来自核幔边界处的热物质从地幔深处带到表层。在这些热点上，地幔物质可能会穿透岩石圈，形成一个火山峰或海底火山。如果热点没有穿透岩石圈，它可能在海底或陆地上形成一个广阔的隆起区域。如果板块移

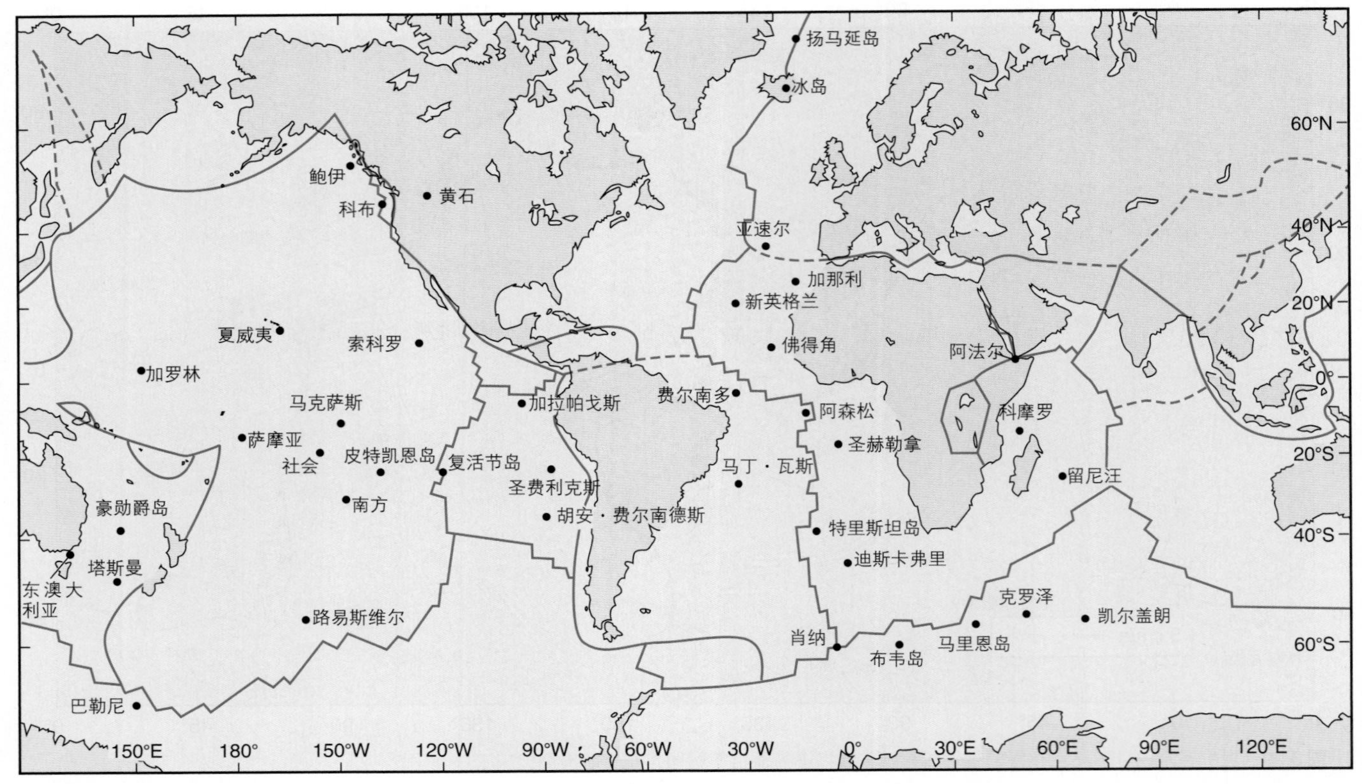

图3.30 主要热点位置。

动离开，或失去岩浆来源时，该区域就会下沉。热点也可以向软流圈补充岩浆，这些岩浆随后冷却，附在岩石圈底部，使板块增厚。一些人认为泛大陆的分裂就是因为当时有成串的热点作用于其下方。

形成热点的地幔柱的化学性质各具不同，表明它们来自不同的地幔深度，这使得它们的释放速率也不同。热点会逐渐消失，也会产生新的热点。一个典型的热点生命周期约为2亿年。虽然热点的位置可能稍有变化，但是相对于移动的板块而言，热点保持在相对稳定的静态中，因此可以用来推演板块运动。

当海洋岩石圈经过一个热点时，连续的爆发作用将产生一系列线状的火山或海山。最年轻的火山位于热点之上，而海山年龄则随着它们与热点的距离增加而增加（图3.31）。例如，夏威夷群岛的一系列海山就由某个热点产生。罗希火山是最新的海底火山，发现于1981年。罗希火山位于夏威夷最南端东部45 km处，高出海底2 450 m，仍然在海平面之下。根据目前的发育速度，它可能在5万到10万年之后变成一个岛屿。

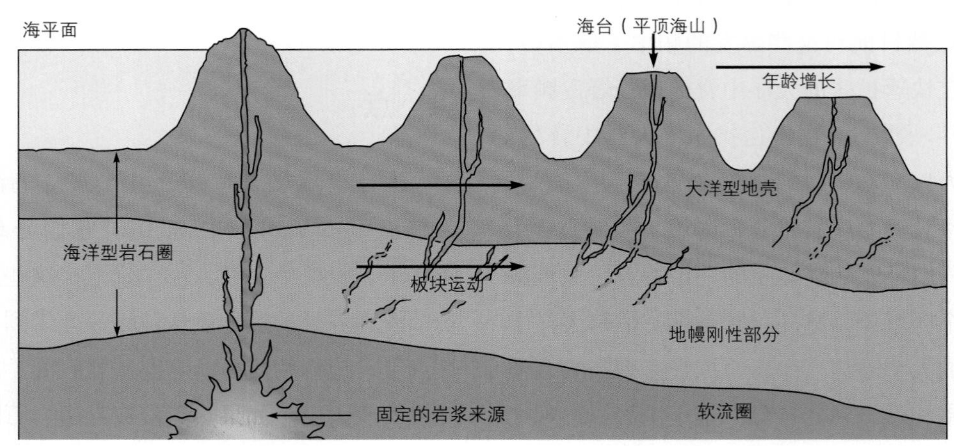

图3.31 海洋岩石圈经过一个静止热点形成岛屿链。

探索海洋的新方法

约翰·德莱尼博士

约翰·德莱尼（John Delaney）博士是美国华盛顿大学海洋学教授，专门从事海洋地质学研究。他的研究方向是西北太平洋胡安·德富卡海岭的深海火山活动。

高温有毒的水及其溶解气体渗透到海底，在岩石的孔隙间流动，微生物却能在这些水体中繁盛起来。对于许多地球生物来说，这里是有毒的“海底之下的海洋”，却能为古菌（*Archaea*）提供生长的养料。由于地震活动或海底火山喷发，岩石产生裂缝或移动，古菌被释放到海底。虽然尚未被具体评估，但古菌可能对地球碳循环具有重要贡献。

20年前，人们并不知道，也没有探索这个地球深处的海底生物圈。直到最近15年内，海洋科学家在调查太平洋海底火山喷发的时候，才发现从海底裂缝中大量释放的形成云状的微生物。对这些热泉现象进行观测和取样之后，科学家得出结论：在洋壳岩石的裂缝和孔洞中存在一个深海热液微生物圈。一些微生物已经适应了高温，甚至只有在温度超过60℃时才开始分裂繁殖。许多这样的微生物不需要阳光作为能量来源，而是利用火山化学物质来提供生命能量，这个过程称为化能合成作用。事实上，越来越多的人认为，地球上的生命可能起源于数十亿年前的海底火山环境。

当今地球科学最引人注目的问题是，确定和量化一系列板块构造过程与海底附近和地壳中的微生物生产力之间的联系。形变和热力学过程在板块边缘最为强烈，而在板块内部较弱，这导致地壳内热液在地壳和海洋间迁移。这些热液活动可能是稳定的，可能是间歇的，也可能两者兼而有之。不管是在海底扩张中心、板块中部、俯冲带，还是沿着转换断层，热液运动将热量和具化学活性的有机物以及无机物转换成营养物质，为这个分布广泛但相关研究尚少的深层微生物圈提供支持。

在光合作用下，海洋生产力集中在海洋上层，依靠海气相互作用带来物质和能量的流动。海洋学家在这个研究领域已经积累了相当丰富的经验。然而，对于流体驱动的重要性，以及与通过海底水–岩界面处物质和能量通量相关的板块调节生产力，海洋学家还没有做好研究准备。不像上层海洋边界处的太阳辐射和海–气交换分布那样容易预测，海底透过地壳输出的化能物质更具有地域性，它们往往集中于不同尺度的断层、各种构造和热泉区域，难以预测。要解决上述问题，必须确定化能物质的输入。没有这方面的研究，就不可能评估海洋上层和海洋底层行星固碳的相对比例。

这种由板块构造驱动的热液喷发或微生物暴发生长的过程代表了一类新的生物地球过程。这个过程受稳定和周期性的板块动力控制。需要采用新的技术方法，才能知道这些携带营养物质的热液是何时何地、如何从地壳进入到海洋中。这是量化这些过程的第一步，今后也可能有助于我们探索太阳系其他星体。聚焦单个板块的过程，我们需要设计新的研究方案来定量板块尺度上的热量、化学和生物通量。测量这些通量可以为后续研究由板块导致的复杂生态效应奠定基础。这些过程对地球以及其他含水行星在局部、区域和全球范围内的重要性和普遍性，将是未来几十年的研究重点。

为了充分发掘和理解这些联系，科学家必须在板块尺度上重新研究整个水体环境，包括海水、海底和海底以下。而且，必须进行长时间的研究来获取年代尺度上的规律和趋势，而不是仅采用传统的方法获取夏季航次在某个月份的数据。

为适应新需求，包括机器人、通信、分布式电力系统、计算、传感器和信息管理在内的许多领域正在发展。事实上，海洋研究和教育正在进入一个全新阶段。今天的海洋科学家正站在一场改革的边缘。

这些新技术的整合，使得科学家可以在海表面之上、海表面和海表面之下三维布置巨量高效的传感器阵列。先进的计算机技术使得许多海洋过程可以用复杂的计算机模型来模拟，并与传感器观测数据进行比较。

一些海洋观测方法还将使用光纤和电缆来提供大功率、高带宽、双向实时通信能力，以建立海底观测网络。岸上的操作人员可以控制海基传感器、设备和水下航行器，对远程恶劣的环境条件变化迅速做出反应。在接下来的10年里，研究人员在陆地上就可以利用高清显示器和自主水下机器人对海底火山爆发进行电子监视。

包括美国、加拿大、日本和欧盟在内的许多国家和组织正在建立和发展海底观测网系统。美国国家科学基金会启动了包括了近海和区域尺度的海洋观测计划（Ocean Observatories Initiative）。区域实验由华盛顿大学及其合作者开发的“海王星”（NEPTUNE）系统执行，覆盖俄勒冈州和华盛顿州沿海。该计划将使用约长1 200 km的光纤电缆来长期实时观测海洋和海底的物理、化学、地质和生物变量，用以研究与胡安·德富卡板块相关的海洋过程。该观测计划的西海岸部分还包括从俄勒冈州纽波特向外铺设海底电缆线。加拿大“海王星”计划与之合作，也在该板块北部区域铺设了约770 km长的电缆。

沿着这些观测网的节点将建立实验站点，从包含时间和空间在内的多维尺度上观测并控制海洋和海底地壳的物理、化学、生物过程。

这些新功能将提供新的、持久的方法来研究海洋。数据将通过互联网在全球范围内近实时发布。学生、教育者、决策者和公众都将参与到探索和发现之中。这些新方法将给人类带来彻底的改变，不仅仅是人类如何看待海洋和地球，而且还有学会如何管理这个星球。2005年9月，VISIONS05调查项目利用海底观测网首次提供并播放了东北太平洋海底火山爆发时的现场高清海底画面。装配在水下机器人上的高清摄像机拍摄了这些图像，并通过光纤电缆将数据传输到船舶。这些数据通过高带宽卫星从船上传输到华盛顿大学，再从大学通过Internet2[①]传输给在美国、澳大利亚、加拿大和东京的观众。

VISIONS05的资金有许多来源，其中包括凯克基金会（W. M. Keck Foundation）。2001年，凯克基金会资助华盛顿大学500万美元，以支持一个为期五年的实验。实验旨在检验一个假说，即岩石发生形变时，富含营养盐的热液是否能够触发相邻地壳和海区的微生物生长暴发。如果没有在海底建立一个长期观测站，连续观测并记录地壳形变、热液流动、化学和微生物活动，对这项假说的验证不可能成功。

凯克基金项目聚焦于西北太平洋三个主要板块的边界，在那里建立设备精良的原始观测站，研究突发形变、热液热泉和微生物生产力。观测站点尽量沿着可能铺设海底观测电缆的区域，从该项目中积累的经验将来可用于最有效地开展全面海底观测网建设。

到五年研究期满结束的时候，该项目已经开发和应用了40种新型海底观测设备。这些成功依赖于多个跨学科团队共同努力，他们设计观测仪器，绘制板块精细地形，并协调设计复杂的系统和仪器安装。

凯克基金也支持原位微生物培养箱的研制，该培养箱用于检查热泉硫化物烟囱壁上的微生物群落在极端条件下的暴发、生存和消亡。更多关于极端条件下微生物的知识可参考网页http://www.visions05.washington.edu/science/investigations/micro_survival.html。在这项实验中，对生物膜的分析表明，温度在150℃以上时，生物也能茁壮成长。

此外，研究人员也在板块边界布置了长期海底地震监测网，用来检测1～3年尺度上的地震特征。这是研究人员第一次为海底地震监测网配备传感器，其数据结果与陆地监测网络相比相差不大。

相关网站：

www.ooi.washington.edu

www.neptune.washington.edu

www.joiscience.org/ocean_observing

www.visions05.washington.edu

---

① Internet2是美国教育和科研团体在1996年成立的先进网络技术联盟，旨在研究和开发先进的网络应用技术。——编者注

夏威夷岛相当年轻，陆地特征表现为受风化作用较少。与其西侧的毛伊岛、瓦胡岛、考爱岛相比，它已经远离了岩浆来源。考爱岛上的峡谷和悬崖都是长期暴露在风雨中风化的结果。除了这4个最为人熟知的岛屿之外，太平洋西部的许多其他岛屿和一些环礁也都是由于热点作用产生的，它们都是海洋岩石圈经过相同热点时生成的火山和海山。板块在热点区域受热膨胀凸起，在下坡处俯冲并远离热点。板块离开热点时冷却收缩，加之其上方海山的重量，使地幔下陷，海山逐渐降至海平面以下。热带海洋区域的海山沉入海面之下后，珊瑚礁向上生长，形成环礁。关于环礁的形成将在第4章具体讨论。

皇帝海山链在中途岛西侧改变方向，向北延伸，表明太平洋板块在4 000万年前改变过方向。皇帝海山链是曾经露出海平面的火山峰群，现在随着时间侵蚀和下沉，形成很多**平顶海山**（guyot），位于海平面1 000 m以下（图3.31）。皇帝海山链约有7 500万年历史，而中途岛形成于2 800万年前。注意图3.31中，由热点形成的海山沿着板块运动方向逐渐变老。目前板块向西运动，中途岛位于夏威夷群岛西北方向，因此属于较老的岛屿。

我们也可以通过测量相邻海山的年龄来推算板块的运动速度。例如，中途岛和夏威夷岛相距2 430 km，2 800万年前中途岛是活跃火山，那时它位于目前夏威夷岛所在的热点上，换句话说，中途岛在2 800万年的时间里移动了2 430 km，速度相当于8.7 cm/a。

另一个热点位于南纬37° 27′，在南大西洋中心的特里斯坦–达库尼亚火山岛（图3.30）。在这个缓慢离散的板块边界处，火山活动形成海山。海山向东或向西移动，具体方向取决于海山形成时相对于扩张中心的位置。由热点导致的一系列距离相近的海山，形成**横向洋脊**（transverse ridge）或**无震海岭**（aseismic ridge），例如位于大西洋中脊和非洲之间的沃尔维斯海岭，以及大西洋中脊和南美之间的里奥格兰德海岭（参见图4.12）。

如果热点位于扩张中心，物质向表层的流动加强，地壳可能会加厚形成平台。冰岛就是一个极具代表性的例子，此处地壳如此之厚，以至于露出海平面。

海山链、海底高原、海隆、热点作用等可以被用来推演板块经过热点时的运动。最近，人们用热点来研究大西洋和印度洋的扩张过程。尽管具体的机制尚未明确，但目前已知，热点可以形成巨大的玄武岩高地，这些高地被称为深海高原。位于南印度洋的凯尔盖朗深海高原形成于1.1亿万年前，位于西太平洋的翁通爪哇深海高原形成于1.22亿万年前。

3.6 大陆的历史[①]

泛大陆的分裂

板块运动造成了我们现今所见的海陆格局。在三叠纪早期，第一批哺乳动物和恐龙出现时，所有的大陆都连在一起，称为泛大陆；地球的其他部分被一个巨大的海洋覆盖，称为泛大洋；还有一个非常小的海——特提斯海（又称古地中海），位于泛大陆的凹陷处，其左右两侧分别为今天的澳大利亚和亚洲。2亿年前，泛大陆开始分裂，形成劳亚古陆和冈瓦纳古陆。大约1.5亿年前，在恐龙盛行的时代，劳亚古陆和冈瓦纳古陆被一道狭海分离，这道狭海发展成了今天的大西洋。与此同时，印度和南极洲开始从南美洲和非洲分离。约1.35亿年前，海水涌入南美洲和非洲之间扩张的峡谷，形成南大西洋。当大西洋海底开始扩张时，泛大洋（今天的太平洋）逐渐变小。与此同时，印度向北移动，特提斯海闭合，南印度洋形成。

在约9 700万年前的白垩纪末期，北大西洋打开，形成加勒比海。印度继续向亚洲移动，随着印度洋的扩张，特提斯海北部逐渐消亡。到白垩纪结束，就在彗星撞击地球造成恐龙和许多物种灭绝之前，大西洋已经发育良好，而马达加斯加则从印度分离出来。在约5 000万年以前的始新世中期，澳大利亚与南极洲分离，印度与亚洲边缘碰撞，地中海形成。约4 000万年前，印度与亚洲碰撞，形成陆–陆汇聚型板块边界，摧毁了特提斯海的剩余部分，形成了喜马拉雅山脉。2 000万年前，阿拉伯板块从非洲分离，形成了亚丁湾和红海。

① 关于海陆格局的古地理重建参见网站：http://www.scotese.com/earth.htm。——编者注

泛大陆之前

地球有46亿年的历史，因此没有理由相信，泛大陆及其分裂是海底扩张和陆地变化的唯一产物。科学家们正在搜寻更新和更广泛的证据来研究泛大陆分离之前的陆地位置。泛大陆之前的记录不会存在于年龄仅2亿的海洋板块中。最古老的岩石存在于陆地上，科学家必须依靠来自陆地的证据。

放射性定年法与地磁和矿物分析表明，早期陆地主要由花岗岩组成，它们在陆地地壳中至少存在了30亿年。今天大陆内部的古老山脉是早期板块碰撞的证据。地震数据表明，乌拉尔山和阿巴拉契亚山脉之下为古老板块边缘。陆地岩石中的磁场和化石证据表明，在泛大陆（3.5亿年前）之前的古生代期间（5.7亿年前），就存在着一系列的板块运动。

古生代期间，地球上六个主要的大陆为冈瓦纳古陆（非洲、南美洲、印度、澳大利亚、南极洲）、波罗的大陆（斯堪的纳维亚）、劳伦古陆（北美洲）、西伯利亚大陆、中国大陆和哈萨克大陆。大约在5.55亿年到5.4亿年前，这些陆地沿着地球赤道分布。那时，地球北纬60°以北和南纬60°以南没有任何陆地，极地区域都是海洋。冈瓦纳古陆和波罗的大陆在5.14亿年前向东南移动。冈瓦纳古陆向南移动，在4.35亿年到4.3亿年前经过南极，然后向北，最终在3.5亿年前形成了泛大陆。这次运动彻底反转了非洲和南美洲的南北方向，它们今天向南的一端，在过去曾指向北方。约3.1亿年前，冈瓦纳古陆和其他陆块之间的海洋开始封闭。西伯利亚大陆从低纬度向高纬度移动并与哈萨克大陆接合，而中国大陆则向西移动。2.6亿年前到2.5亿年前，泛大陆聚合导致一系列陆地碰撞，从而形成了在今天仍然可见的大量高山地带。上述过程并不是大陆之谜的唯一解释，随着时间流逝，新证据的发现可能对这些板块运动做出不同的解释。

构造运动一直持续着，地球可能永远不会静止。现代的格局并不比古生代时更稳定，它们仍处在不断变化的过程中。我们已经了解了这些变化模式：在5.5亿年前，陆地广泛地分布在赤道附近，到2.6亿年前形成一个超级大陆，然后逐渐分离成现在的各个大陆。

有人认为这5亿年间的变化是有序循环的，由地球内部的热量所驱动。尽管热量是连续生成的，但是这个模型表明，热量的释放可能存在与陆地运动相关联的周期。当陆地下方的热量积累到一定程度时，裂谷过程开始分裂大陆；而当陆地分开后冷却下沉，海平面上升覆盖陆地边缘。

通过这个模型我们可以看到，在过去5亿年中，大西洋随着大陆运动开放和闭合。然而同时期内太平洋边界则相对保持稳定，从而产生宽广的古老半球大洋。我们甚至可以预测，地中海会逐渐封闭，并随着非洲向北运动而消亡。而大西洋和印度洋会继续扩张，随着南北美洲向亚洲靠近，太平洋变得狭窄，澳大利亚继续向北运动，最终与欧亚大陆相撞。加利福尼亚州南部以及洛杉矶的海岸在向阿留申海沟运动的过程中将经过旧金山。

地　体

对北美内陆古地壳岩石的研究表明，大陆的核心地带是几块年龄超过30亿年的古老花岗岩地壳在18亿年前汇聚而成。像这样四五块大规模的地壳块体组成的地壳单元称为**克拉通**（craton）。克拉通在1亿年的时间里不断碰撞和接合，来自克拉通边缘和深海底的沉积物混合物，古老岛弧系统的残留物，以及小的陆块，在撞击地壳之间得以保存。放射性年龄测定表明，北美克拉通边界年龄大约为17.8亿～16.5亿年。

对阿拉斯加地区的地质研究表明，某个地区的地质特征不一定与相邻地区的历史、年龄、结构和矿物组成有关。阿拉斯加地区的地壳一部分体现出均匀的高密度大洋型地壳特征，而另一部分则体现出矿物变化多样和低密度的大陆型地壳特征。这些靠近克拉通边缘，以断层为边界，与相邻地壳块体的历史截然不同的小地壳块体称为**地体**（terrane）。图3.32为北美地体分布。

地体通常为长条状。它们或由岛弧系统与克拉通相撞形成，或由断层形成。例如，加利福尼亚州圣安德烈斯断层西侧的陆块，就是由于断层切出一层薄片而形成。阿拉斯加地体从南部来，顺时针旋转，被太平洋和北美板块相对运动撕扯成断层并呈拉伸状。兰格利亚地体起源于赤道南部，向北运动，约7 000万年前与北美大陆西部碰撞，其残片在断层拉伸下贯穿俄勒冈州东部、温哥华岛、夏洛特皇后群岛和阿拉斯加州东南的兰格尔山。

印度在某种程度上可以被认为是一个独立的巨大地体。喜马拉雅山脉以北的地体先于印度地体形成。从蒙大拿州以西，向南到新墨西哥州，向北到加拿大和阿拉斯加州的北美地区，是由断层和火山组成的地体集合。一些俄勒冈州的火山山峰似乎是近海的玄武岩海山移动到了陆地上。旧金山的岩石组成表现为典型的南太平洋岩石。而在弗吉尼亚州和佐治亚州收集到的化石表明，东海岸从南到北很长一段曾经与岛弧系统相邻，化石特征也表现出该地区早期曾与欧洲大陆相连（图3.32）。

3.7 探索离散边界

自20世纪50年代开始，海底调查已连续进行了50年，为海洋学家理解海洋地壳和板块构造的基本特征提供了大量数据。目前运用的科学技术更加专业，着力于理解海底过程。研究手段越来越先进，研究方向不断地细化，特别是针对离散型板块边界，大量科研计划正在进行中。

法摩斯计划

1973年，海洋学家第一次下潜到大洋中脊的裂谷地带。在此之前，超过20艘美国、法国、加拿大和英国海洋考察船的船测数据已被用于绘制大西洋中脊的一小部分。1973年夏天，以北纬36° 50′ 为中心，法国科学家乘坐潜艇“阿基米德”号（*Archimede*）在亚速尔群岛西南部第一次对裂谷进行了可视化调查。第二年夏天，法国潜水器“喜鹊”号（*Cyana*）和美国潜水器“阿尔文”号（*Alvin*）加入了研究计划。这项研究的全称是法美联合大洋中部海底研究计划（Frech–American Mid–Ocean Undersea Study），或称法摩斯（FAMOUS）计划。

潜水器可以下降到近3 km的深处，到达巨大的中央裂谷底部。在多达50次的一系列潜水中，研究人员共获取超过5万张照片和超过100小时的摄像资料，取回150个岩石样和70个水样。平行于裂谷的裂缝表明，在裂谷中央地带存在着不定期的剧烈火山活动。

海底扩张和海底热泉

1972年，科学家对加拉帕戈斯裂谷的海水温度和化学成分进行了测定。这个扩张区域位于东太平洋海隆和南美洲大陆之间，厄瓜多尔西侧964 km处。测量数据表明，海水形成环流，穿过新生的海洋地壳。环流似乎导致了热水沿着裂谷的**海底热泉**（hydrothermal vent）上升。热泉释放的海水温度达17 ℃，而周围海水温度只有2 ℃。热水与冷的底部水混合，形成了闪闪发亮的上升水流，并富含硅、钡、锂、锰、硫化氢和硫化物。热泉周围的岩石常常覆盖着富含矿物质的金属沉淀物。

1979年，墨西哥、法国和美国合作的里维埃拉深潜试验研究项目（Riviera Submersible Experiment, RISE），在下加利福尼亚州最南端附近调查海底热泉。在深度2 km处，“阿尔文”号发现了高达20 m的深海丘陵和烟囱状热泉，释放着炽热的（350℃）“黑烟”，其中包含铅硫化物、钴、锌、银和其他矿物质。

海底热泉活动广泛分布于世界范围的海底扩张中心。冷的高密度海水在海底岩浆房附近形成环流。在那里，海水被加热，然后沿着新生成的上层岩石圈的孔隙释放。一些热泉可以释放清澈的低温海水，温度达30℃；另一些被称为白烟囱，释放奶白色的热液，温度为200～330℃；还有一些被称为黑烟囱，主要以黑色的硫化物热液为主，温度为300～400℃。这些海底热泉常年活动，可能会持续数十年。这些热泉的温度波动难以预测，变化时间从几秒到几天不等，说明热泉周围的环境很不稳定。

在一次对胡安·德富卡海岭的水下考察中，“阿尔文”号携带的照相机捕捉到海底大型硫化结构，其下是热泉（350 ℃）（图3.33）。

1993—1994年冬天，科学家在东太平洋海隆的一段洋脊上发现大量剧烈的火山活动。科学家绘制的海底地图表明，在复活节岛西北方向约21 000 km^{2}的南太平洋中分布着1 200座海山。目前还从未在地球上其他

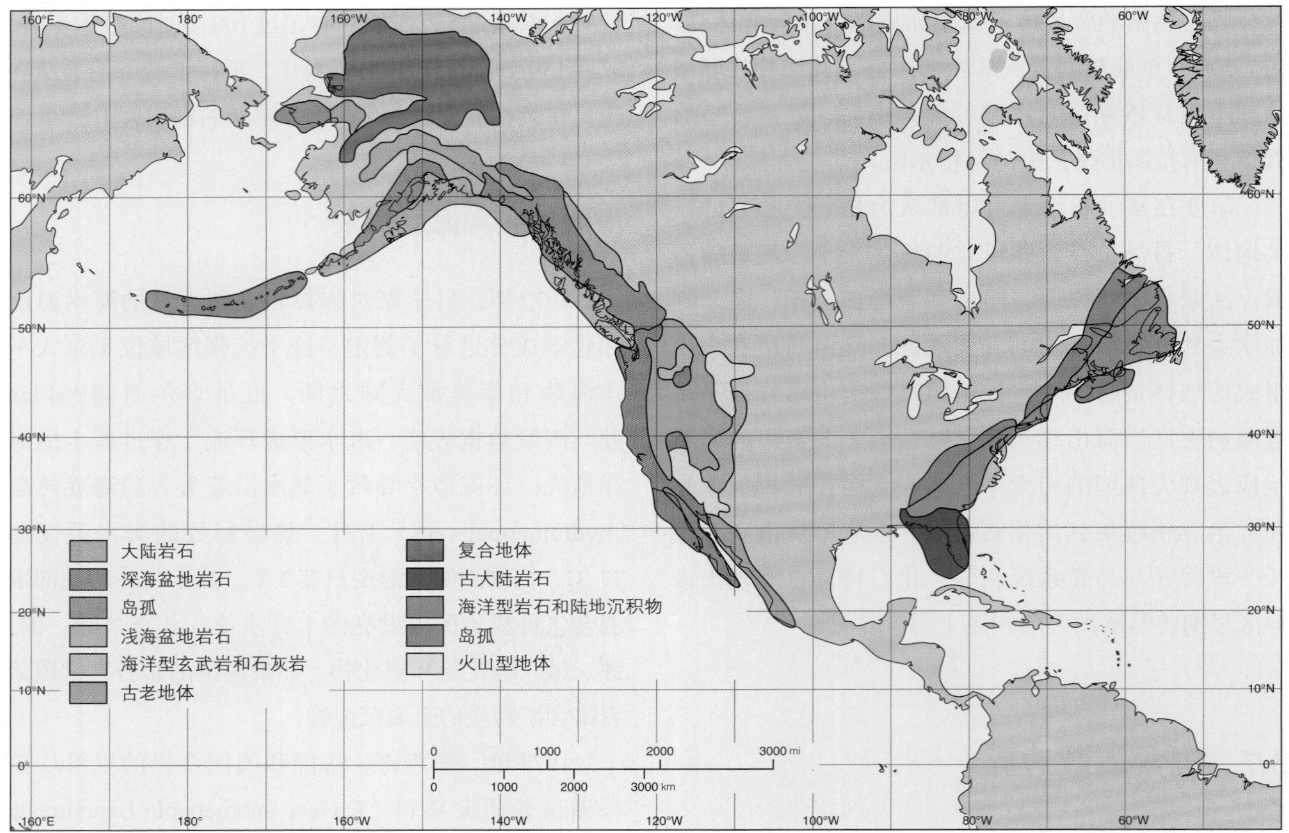

图3.32 北美地体，其历史与相邻的地壳块体不同。

区域发现如此规模巨大的海底火山群。该区域沉积物缺乏，表明近期火山爆发频繁。这里位于太平洋板块和纳斯卡板块的交界，属于快速扩张的区域。1993年，法国潜水器“鹦鹉螺”号（*Nautile*）也探索了这块区域，结果发现许多年龄小于50年的新生火山岩，同时也发现了大量海底热泉，热液从海底的熔岩层中喷发上升。

直到近期，研究者才对几乎所有海底热泉系统都具有的一些基本特征形成共识。几乎所有已知的热泉系统都位于板块边界的新生海底，沿大洋中脊轴线分布。热泉中释放的液体，经过玄武岩时析出富含铁和硫的矿物质，尤其是在大型黑烟囱附近。然而，也有大量证据表明，在年龄较老的海底，沿大洋中脊轴线分布的热液系统比人们想象中的数量更多，这些热液系统具有不同的化学特征，对北纬30°附近大西洋中脊上的一种新型海底热泉的调查就证明了这一点。该热泉被命名为“失落之城”。“失落之城”位于洋中脊轴线外15 km，海底年龄约为1 500万年。大西洋中脊属于慢速扩张的洋脊。在慢速扩张中，热液不仅可以与浅层的玄武岩反应，而且可以通过环流与被化学作用改变的深层岩石发生反应。这在“失落之城”中表现明显。从“失落之城”喷发的热液温度并不高（40～75 ℃），碱度却异常高（pH值为9.0～9.8，而海水的平均pH值只有7.8，关于pH值的讨论见第6章）。在“失落之城”中，低温热液产生了大量的烟囱，其中一个竟高达60 m。这些烟囱由碳和富镁的矿物组成，这使得它们的化学性质与其他被广泛研究的年轻海底热泉系统截然不同。

目前，美国有两个与大洋中脊过程有关的科研计划：美国国家海洋与大气局的海底火山考察计划（VENTS program）和美国国家科学基金会的洋中脊跨学科全球实验计划（Ridge Inter-Disciplinary Global Experiment, RIDJE）。VENTS计划探索热泉喷发的源头和强度，以及喷发的时间间隔。这个计划追踪并监测热泉喷发的矿物质，以发现热液对海水化学性质的影响。

RIDJE计划的任务是在为期10年的项目中，整合观测实验结果并进行相关的理论研究，理解新生

图3.33 一个大型硫化物结构向侧面伸出的凸缘部分的特写。

洋壳生长过程中的地质、地球化学和生物作用。

详细的地图数据表明，东太平洋海隆研究区域内海底具有极其明显的不对称性。与纳斯卡板块东侧相比，太平洋板块西侧的俯冲速度较慢，其下的地幔物质温度较高。此外，太平洋板块的移动速度更快，大洋中脊轴线以外的海山和新近喷发的火山熔岩更多。

科学家在横跨东太平洋海隆延伸长度800 km的范围内布置了两列、共计51台地震仪。这些地震仪用于监测并记录由区域地震和远程地震引起的地震波。地震波的速度随物质密度的减小和温度的增加而降低。这种特征通常体现在由地幔物质生成的岩浆中。第一批地震实验结果表明，在大洋中脊之下的地幔中存在着广泛的熔融区域。岩浆生成区宽数百千米，深度为100～150 km。岩浆生成区不对称，在大洋中脊轴的西侧延伸得更长。这解释了大洋中脊西侧的地幔温度更高、海底较浅的原因。地震数据还表明，在深度300 km处，地幔相对均匀，说明大洋中脊的地理位置不由深层地幔过程决定。一个出人意料的结果是，地震波速度最小处并不直接位于大洋中脊轴线的正下方，而是偏向大洋中脊西侧的太平洋板块下方。这表明岩浆形成的中心和上升流的中心可能在大洋中脊轴线的西侧。

海底热液生物群落

"阿尔文"号深潜器可以乘坐两位科学家和一位导航员，深潜器的内部和外部都装有摄影机，机械手上携带采样篮。它的下潜速度是2 kn[①]，下潜深度

① 节（kn）是航海中表示航速的单位。1 kn = 1.852 km/h。——编者注

打捞黑烟囱

1998年，华盛顿大学和美国自然历史博物馆的科学家与加拿大海岸警卫队合作，在胡安·德富卡海岭“奋进”段的活跃海底热泉系统中打捞海底黑烟囱。“奋进”段距离华盛顿和温哥华岛约300 km，是迄今为止发现的最活跃的海底热泉区域之一。沿“奋进”段至少分布着四个主要的热泉和数百个黑烟囱，其中一些喷口喷发的热液温度高达400 ℃。一个名为“哥斯拉”（Godzilla）的大烟囱，在1996年崩塌之前约有45 m高。这一地区最南端的“摩斯拉”热液区被选为打捞地点，因为这里有大量陡峭的烟囱，是多种大型底栖动物的栖息地。这个地区的硫化物热泉结构可高达24 m，水平延伸超过400 m。1997年，科学家利用水下机器人“贾森”（*Jason*）和“阿尔文”号载人深潜器对该区域黑烟囱顶部进行了初步调查。选定打捞的烟囱相对较小，最大的高约3 m，质量约为6 800 kg。

这次探险使用加拿大海洋科学远程控制平台（Remotely Operated Platform for Ocean Science，ROPOS），在深度约2 250 m处打捞了四个硫化物烟囱。ROPOS被装入可升降的设备笼中，连接设备笼和船之间的光纤线缆用于传输ROPOS上摄像头拍摄的图像和包括导航指令在内的其他数据。当设备笼沉到指定区域后，ROPOS从笼中“游”出，通过另一个系绳与笼子相连。ROPOS有自己的系绳，因此可以不受随船运动的笼子移动的影响。

考察队到达指定地点后，ROPOS从华盛顿大学的科考船“汤姆斯·G. 汤普森”号（*Thomas G. Thompson*）被释放至海底，随后ROPOS移动到第一个目标，一个被称为“庞”（Phang）的不再活跃的黑烟囱。首先要拍摄硫化物结构的照片，用于记录其打捞前后的研究特征；随后用一个特别设计的打捞笼和缆绳将烟囱捆绕起来；接下来，ROPOS将用含金刚石的硬质合金链锯切割烟囱的底部；待切割完成后，ROPOS离开烟囱返回打捞笼；然后，将打捞笼和缆绳连接到ROPOS先前布置的设备笼底部的打捞绳上，打捞绳长达2400 m；此时ROPOS被带回甲板，打捞绳则被缠绕在加拿大海岸警卫队的“约翰·P. 塔利”号（*John P. Tully*）的绞车上；最后，“塔利”号拉紧打捞绳，将黑烟囱从海底带回至海洋表面。打捞上来的黑烟囱将被切割成两块，以分别供地质学和微生物学研究。

整个过程再重复三次，共获取4个硫化物烟囱。选择的依据是它们的多样性。“庞”是不再有热液涌出的死烟囱，而另一个烟囱“芬恩”（Finn）则是涌出热液达304 ℃的活跃烟囱。这两个烟囱上都没有附着很多大型生物。另外两个烟囱“罗恩”（Roane）和“格温尼”（Gwenen），热液温度为20～200 ℃，附着的生活群落多样，包括管虫、帽贝和海螺。这两个烟囱从超过2 km的深度被带至水面，离开水时温度仍然很高，“罗恩”约为90 ℃，而“格温尼”约为60 ℃。这是在甲板上对烟囱内部进行测量而得到的结果。打捞上来的烟囱中，最大的高1.5 m，质量约为1 800 kg，目前在纽约市的美国自然历史博物馆展出。

地质学家、生物学家和化学家研究这些烟囱，试图了解更多极端条件下化学和热梯度环境、硫化物结构的生长演化条件、在这些结构上生长的生物如何获取营养盐等问题。这些研究有助于发现高温、无阳光环境下的新微生物物种。对这些样品的初步研究表明，这些硫化物结构上的微生物生活在90℃的环境中，从热液含碳生物物种和岩石内部的矿物–热液相互作用中获取能量。这些发现令人兴奋！它表明在地球上，微生物可以在无光照、水饱和的火山活动区域中生存，其他具有热液活动的星球可能蕴含着相似的生命形式。

达3 km，在海底可停留4～5小时。1977年和1979年，伍兹霍尔海洋研究所利用“阿尔文”号深潜器探索了加拉帕戈斯裂谷的热泉地带。深潜器携带着水下摄像系统“安格斯”（ANGUS，一种声学操控水下探测系统），在该裂谷区域的海底上方缓慢地拖动，记录热泉区域。“阿尔文”号在该区域总共进行了24次深潜，下潜深度达2 500 m。

这些深潜调查最惊人的发现，莫过于在远离表层食物来源的地方居然发现大型生物群落。科学家观测、记录和收集了蛤蜊、贻贝、帽贝、管虫和蟹等生物，还发现许多新物种，采集了巨型管虫和像牛肉一样血红色的贻贝用于实验室分析。在深海发现如此多的巨型生物，立即带来了一个问题：它们的食物从何而来？像这样的大型生物群落，不可能由上方沉降的有机物提供食物。与依靠阳光产生有机物的植物不同，这些海底生物的食物是细菌。这些细菌依赖由热泉释放的硫化氢和硫化物颗粒生存，细菌浓度高达0.1～1 g/L。这样的化能合成环境不需要阳光，也不需要从表层获得食物，整个群落依靠热泉本身就得以延续。在一些不再活动的热泉区域，生物群落灭亡。从沿加拉帕戈斯裂谷的发现开始，在俄勒冈州和华盛顿州附近戈达板块的胡安·德富卡裂谷，沿大西洋中脊、中美洲附近的东太平洋海隆，还有西太平洋的一些地方都相继发现了海底热泉生物群落。这些生物群落及其所包含的生物，以及这些生物的食物来源，将在第18章进一步讨论。

本章小结

地球由若干同心圈层组成：地壳、地幔、液态外核和固态内核。人们对地球内部结构的认识间接来自对其大小、密度、旋转、重力、磁场和陨石的研究，也可以通过研究地震波速度和方向的变化得到。地震层析成像用来描述地球的内部的圈层。

大陆型地壳由花岗岩组成，相比于大洋型地壳（主要由玄武岩组成）密度较小。地幔的顶部与地壳融合，形成坚硬的岩石圈。岩石圈在柔软可变形的上部地幔（也称为软流圈）上漂浮。隆起的陆地和低洼洋盆通过地壳和地幔之间的垂向调节压力保持平衡，这就是地壳均衡说。

魏格纳的大陆漂移说是基于大陆地理形状的吻合以及不同大陆之间化石的相似性。他的观点起初不被重视，直到人们发现了大洋中脊系统，以及由软流圈对流的观点产生海底扩张的概念时，大陆漂移说才被重新提起。新的岩石圈在大洋中脊或扩张中心生成，老的岩石圈在俯冲带沉入海沟。海底扩张是大陆漂移的动力机制。岩石圈运动的证据包括地震带与扩张中心和俯冲区的吻合、沿着洋脊系统的热流、测定的海底岩石年龄、深海钻探样测量得到的沉积物厚度以及大洋中脊系统两侧海底岩石的磁异常条带。海底扩张的速率通常为1～20 cm/a，平均速率为5 cm/a。板块构造是岩石圈运动的统一概念，板块由大陆岩石圈和海洋岩石圈组成。这些岩石圈以大洋中脊、海沟和断层为边界。彼此做分离运动的相邻板块边界称为离散型板块边界，做相向运动的相邻板块边界称为汇聚型板块边界。

断裂带分离产生洋盆。历史上它们分离大陆产生新的海洋。海洋岩石圈由沉积物层、细颗粒玄武岩、垂直岩墙、火成岩和莫霍面之下的地幔岩石组成。俯冲过程产生岛弧、山脉、地震和火山活动。被动大陆边缘形成于大洋中脊附近，主动大陆边缘形成于俯冲带。热点和极移曲线可以用来推演板块运动。目前尚不明确板块运动的驱动力，但最广泛为人接受的观点是，冷的高密度岩石圈下沉俯冲，拉动板块远离离散型板块边界。

板块运动可追溯到2.25亿年前，泛大陆的分裂。2.25亿年前到古生代之间的板块运动则依据气候证据来推测。地体和克拉通组成了大部分北美大陆。

深潜器被用来探索世界上大部分区域的海底热泉及其生物群落。为了探索和监测新海洋地壳的形成，许多计划正在进行，这些计划在一些区域进行了采样和拍摄。在世界各大洋中都展开了深海钻探项目，这些项目旨在理解海底特征的形成，以及为全球环境变化寻找证据。

关键术语

density 密度

seismic wave 地震波

P-wave 纵波

S-wave 横波

refract 折射

inner core 内核

outer core 外核

mantle 地幔

seismic tomography 地震层析成像

crust 地壳

Mohorovičić discontinuity 莫霍洛维奇不连续面

Moho 莫霍面

granite 花岗岩

basalt 玄武岩

lithosphere 岩石圈

asthenosphere 软流圈

mesosphere 中间圈

isostasy 地壳均衡

Gondwanaland 冈瓦纳古陆

continental drift 大陆漂移

Pangaea 泛大陆

Laurasia 劳亚古陆

ridge 洋脊

rise 海隆

rift valley 裂谷

trench 海沟

convection cell 对流圈

seafloor spreading 海底扩张

spreading center 扩张中心

subduction zone 俯冲带

epicenter 震中

focus 震源

hypocenter 震源

sediment 沉积物

core 岩芯

dipole 偶极子

Curie temperature 居里温度

paleomagnetism 古地磁学

polar reversal 磁极倒转

polar wandering curve 极移曲线

inertia 惯性

plate tectonics 板块构造

divergent plate boundary 离散型板块边界

convergent plate boundary 汇聚型板块边界

transform boundary 转换边界

transform fault 转换断层

rift zone 裂谷带

graben 地堑

pillow basalt 枕状玄武岩

gabbro 辉长岩

escarpment 陡崖

fracture zone 断裂带

andesite 安山岩

island arc 岛弧

Wadati-Benioff zone 和达-贝尼奥夫带

passive/trailing margin 被动大陆边缘

active/leading margin 主动大陆边缘

spreading rate 扩张速率

hot spot 热点

guyot 平顶海山

transverse/aseismic ridge 无震海岭

craton 克拉通

terrane 地体

hydrothermal vent 海底热泉

本章中的关键术语可在“词汇表”中检索到。同时，在本书网站www.mhhe.com/sverdrup10e中，读者可学习术语的定义。

思考题

1．什么是极移？磁极是否真的在漂移？

2．描述三种板块边界。在每种边界板块经历了怎样的地质过程，每种边界处板块的运动方向如何？

3. 板块运动的驱动力是什么？

4. 主动大陆边缘和被动大陆边缘有什么区别？离散型板块边界和汇聚型板块边界有什么区别？

5. 如果大洋型地壳释放热量的能力是均匀的，那么通过海底释放的热流则仅取决于海洋地壳的温度差异。在这种条件下，图3.9的热流测量结果如何表明软流层存在上升对流？

6. 如果北美洲和欧洲的极移曲线相一致，这两个陆地相对于彼此是如何运动的？

7. 利用研究地球内部性质的技术和推理方法，如何确定一个密封盒子的内部结构（例如测量盒子的质量，转动盒子，使之在不同的轴线平衡，从内部取样等）？这些方法分别帮助你获取盒子内部的什么信息？

8. 在接受魏格纳的理论之前，首先需要了解地球哪方面的知识？

9. 为什么一个大洋中新生成的火山岛会逐渐下沉？

10. 解释大洋中脊两侧磁条的形成原因和对称性，它们与地壳年龄有什么关系？

11. 汇聚边界在什么情况下形成山脉或岛弧结构？与在热点和大洋扩张中心产生的火山相比，为什么位于俯冲带的火山爆发得更猛烈？

12. 在世界示意图上画出(a)地震带；(b)大洋中脊；(c)海沟。

13. 从图3.3中可获知，最新的地震波测量改变了我们对地球内部的什么认识？

14. 为什么纵波可以穿过地球外核？

15. 什么是地体？在我们对当今大陆的理解中，地体扮演着什么角色？

计算题

1. 如果一个板块以5 cm/a的速度远离扩张中心，1.8亿万年后，大陆板块的位移量为多少？

2. 大洋中脊两侧分布着方向相同的磁条，西侧的磁条距离大洋中脊11 km，东侧的磁条距离大洋中脊9 km，两侧磁条的年龄均为40万年，计算大洋中脊的平均扩张速率。

学习目标

学习完本章以后，读者可以：

1. 回顾从古希腊到现代水深测量方法的演变。
2. 绘制一个简单的洋盆横断面，包含主动大陆边缘和被动大陆边缘。
3. 讨论环礁的形成。
4. 画出大洋中脊和海沟的位置。
5. 解释沉积物分类的三种方法。
6. 列举能够产生大量钙质沉积物和硅质沉积物的生物。
7. 指出海底哪些区域生源沉积物占主体，哪些区域造礁沉积物占主体。
8. 定义同位素并描述它们是如何被用来记录海洋沉积物历史的。
9. 列举各种海床资源并评价它们目前的开发程度。
10. 写一篇关于海洋法的发展简史。

海底和海底沉积物

第4章

早期航海者和学者们相信，海洋是地球地壳上一个巨大的盆地或洼地，但是他们没有认识到海底也具有各种壮观的特征地形，例如链状海山和深邃的峡谷。随着海洋商业活动不断增加，海图绘制得越来越详细。为了维护航海安全以及满足海洋商业活动的需求，测量海底深度和记录浅海海底地貌变得非常必要。在早期，深海区域仍相对神秘；直到数百年后的20世纪末期，由于技术发展，深海海底采样和海图绘制才变得相对容易。至此，大量调查船积累的充分数据才揭示了这些隐秘深海地带的细节。

关于海底及其上层覆盖的沉积物，我们所掌握的知识几乎全部来自船舶观测。最近，潜水器、机器人设备和卫星也增加了我们对海底的认知。有些海底区域已经被精细测量，而有些区域则仍然观测数据不足。为了更好地描述和解释海底的特征，我们还需要继续加强观测力量。

本章主要探讨海底的地形和地质特点，学习各种沉积物的来源、类型、采样方法，以及海床矿物资源等内容。

◀ 马尔代夫广阔清澈的热带印度洋海水和浅海沉积物。

4.1 水深测量

大约在公元前85年，希腊地理学家波希多尼扬帆出海，他对海洋的深度极为好奇。他指挥船员航行到地中海中央，在那里投放了一块绑着长绳的大石头。石头下沉了近2 km后触底，波西多尼的疑问终于得以解开。尽管这种方式非常粗糙，但在声学仪器出现之前，它作为**水深测量**（sounding）的主要手段延续了近2 000年。

19世纪，人们对调查方法进行了改进，将涂满油脂的铅锤绑在麻绳或缆绳的一端，在绳子上等距离做标记［通常以**英寻**（fathom）为单位，1英寻相当于一个人张开双臂两手之间的距离，等于6 ft，约合1.8 m］。当铅锤碰到海底时，绳子的张力将发生改变，根据绳子的标记长度就可以得到深度。海底的砂砾粘在铅锤表层的油脂上，被带回水面作为底质采样样品。这种方法在浅水域可以达到满意的效果。经验丰富的船长还可以利用底质的特征，在黑夜或浓雾情况下辅助导航。

后来，人们用系着炮弹空壳的钢丝来测量深海区域水深。19世纪，人们开始使用机械测深仪器开展调查，这些机械仪器允许钢丝绳自由坠落。利用时钟，人们可以精确地计算钢丝绳在船舷外下坠的运动速度。自由坠落过程中，钢丝速度保持连续变化，而当重物碰到海底时，速度将突然减小。采用这种方法进行测量时，即使船以某个速度缓慢移动，人们也可以获得准确的深海深度。让重物自由落入海底以及用绞车将它们拉回水面需要很长的时间（8～10小时），以至于在1895年之前，在所有深度超过2 000 m的海域，只进行了约7 000次测量；而在超过9 000 m处，只有550次测量。

直到20世纪20年代，声学测深仪器被发明以后，深海深度测量才变得常规化。从海洋表面处船舶发射的声波脉冲信号经过海底反射再返回到船舶所用的时间，可以通过**回声测深仪**［echo sounder，又称**深度记录仪**（depth recorder）］测量。这种仪器在船舶航行时也可以简便快速地进行连续测量。声波在海水中的性质以及它们在海洋学中的应用，将在第5章中讨论。图4.1为一个回声测深仪的过程曲线（关于声音如何被用来测量水深和深度记录仪如何工作，见图5.15和图5.16）。

1925年，德国海洋调查船“彗星”号（*Meteor*）第一次利用回声测深仪进行了大规模的深海巡航调查，并且第一次观测到大洋中脊。在这次调查后，深度测量数据不断加速累积。随着声学仪器的改进和频繁使用，人们对海底水深的认知迅速扩展并提高，在20世纪50年代达到一个顶峰，人类首次绘制了大洋中脊和海沟系统的详细地图。

今天，已有许多方法可以用来获取从厘米级到上千千米尺度的详细海底地形。技术的选择取决于测量耗时、地形尺度和所需达到的精度。必要情况下，可以使用载人潜水器或携带摄像镜头的遥控潜水器进行小尺度的直接观测，获得的图像可以传输到位于海洋表层的船舶上，或通过卫星实时发布到世界任何一个角落。载人潜水器或遥控潜水器可以提供详细的地形细节，但它们通常只能覆盖很小区域，耗时且昂贵。对于尺度为数十或数百平方千米的区域来说，利用先进的多波束声呐系统可以快速地测量广阔范围地形特征，价格相对较低廉且测量精确。

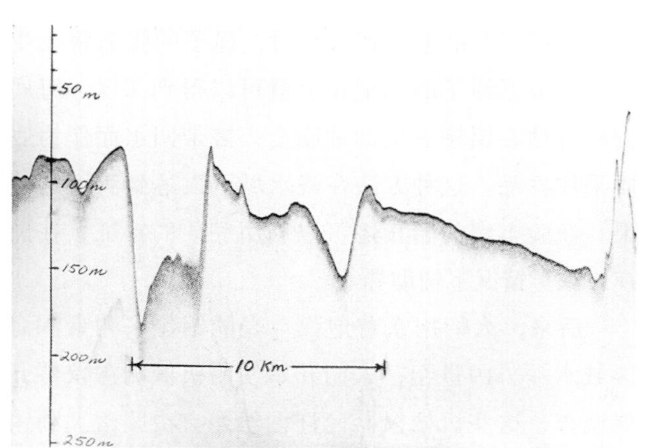

图4.1 回声测深仪过程曲线。当船舶稳定航行时，从海底反射的声波脉冲信号可以用来追溯海底剖面。水平尺度取决于船速。

近岸浅水的水深测量数据可以通过机载激光来收集。将机载激光测深仪（laser airborne depth sounder，LADS）系统安装在小型固定翼飞机上，飞机飞行高度通常距离海表面350～550 m，飞机的精确位置由GPS确定。飞机和海底之间的距离用激光来测量。LADS系统每秒钟可测深900次（相当于每小时324万次）。测深通常以5 m×5 m为采集单位，沿着240 m的测线进行。当对精度要求更高时，采样单位可以缩小为2 m×2 m。由于光在海水中衰减得很快，LADS的实测水深范围为0.5～70 m。实际上，特定区域的最大可测水深取决于水的清澈程度。在原生态的珊瑚礁环境中，测深深度可以超过70 m；在近岸浑浊水体中，有效穿透深度为20～50 m；在非常浑浊的水体中，这套系统的测量深度仅为0～15 m。

大尺度的海底调查可以使用卫星测量。地球重力受到海底地形影响而产生的变化，最终体现为海平面变化。雷达高度计测量卫星和海表面之间的距离，可用于探测海表面的高程变化。即使在非常平静的情况下，海平面也不是平的。海底地形引起的重力变化在海表面形成平缓的山丘和低谷。海山和海岭的额外质量产生引力，拉扯海面，形成隆起区域。同理，深海海沟的质量缺失，削弱了引力作用，从而在海面形成凹陷区域。大型海山之上的海平面通常比周围海面高5 m，洋脊区域的海平面比周围高10 m，而海沟区域的海面则比周围低25～30 m。这些海平面变化区域横跨数十到数百千米，因此坡度非常平坦。海表面总是与当地重力加速度方向垂直，因此，精确测量海面坡度可用于计算海面任意一点的重力场方向和大小。由于重力场的改变与海底地形有关，利用它们可反推

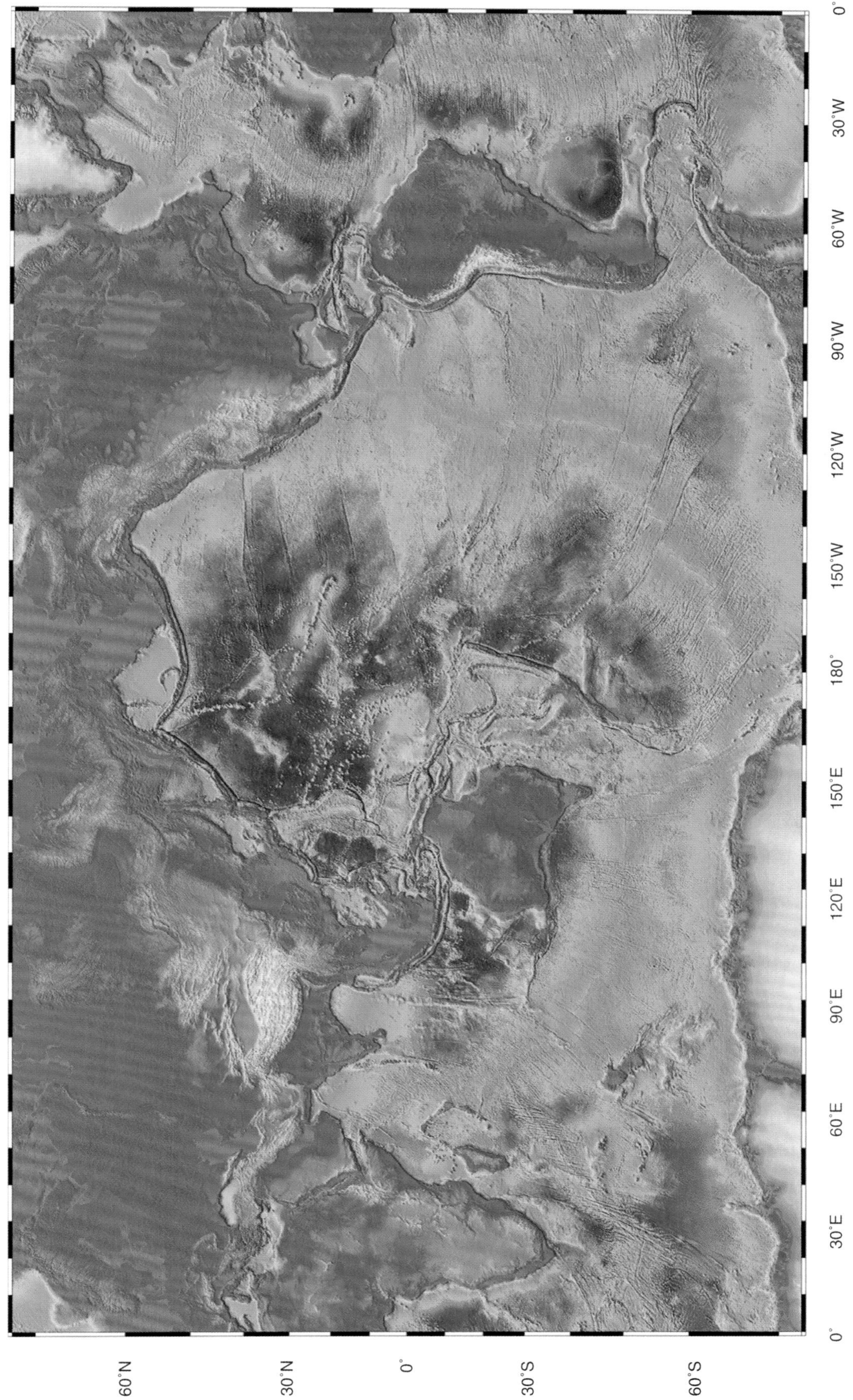

图4.2 世界洋盆水深地形彩图。水深由卫星测高得到的数据进行海洋重力异常建模得到，并利用船舶测深进行了校验。

测 深

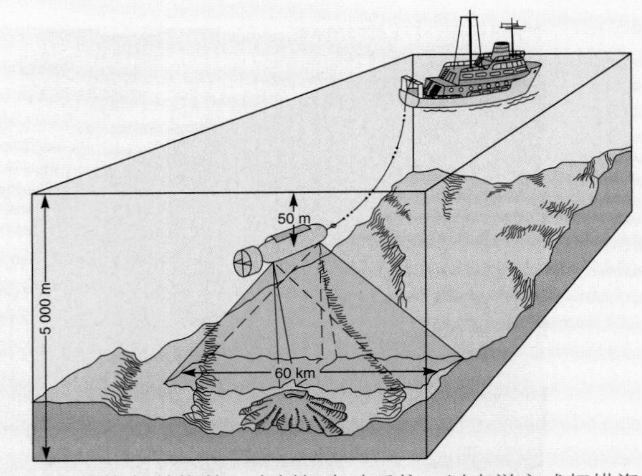

窗图1 海表船舶拖着一个侧扫声呐系统，以声学方式扫描海底。深蓝色三棱柱的底部为声束覆盖的海底范围。为了清晰起见，图片在垂直尺度上进行了压缩。

海底地形可视化，从使用测深绳的单点测量开始，后来逐渐发展到使用简单的回声探测仪，并且采用手工方式绘制等高线图。如果使用测深绳测量，水深10 m的地方1个小时能进行20次测量，水深4 000 m的地方4个小时只能测量1次；而回声测深仪每小时能够在10 m水深进行36 000次测量，在4 000 m水深进行680次测量。如今，多波束声学测深系统能够每小时在10 m水深进行293 000次测量，在4 000 m水深进行20 000次测量。多波束声学测深系统技术的进步和计算机绘图的改进，同时伴随着卫星导航的精确定位，正在为海底观测打开一个巨大崭新的窗口。

单波束设备发出的声波呈圆锥形，当深度增加时，声波反射所对应的海底面积也将增大。所测得的深度是波束覆盖范围内的平均深度。因此，当海底特征小于覆盖范围时就难以进行探测，同时测量精度也减小。当前，生成高分辨率的海底地图使用两种多波束设备的新技术：（1）侧扫声成图像技术；（2）条带测深技术。

侧扫测量能够由在海表的船只或拖在船只后面的水下系统进行。如果船体摆动幅度大，从海表船只发出的声束的路径将偏离预期的方向，导致数据不准确。拖曳系统作业时位于海表波浪和风以下，同时也更接近海底，这使锥形声束的覆盖范围较小，增大了所获图像的细节，但是减少了每个锥形声束的扫描面积。通过在发声设备两侧倾斜地发出多个声波束可增加调查区域，但是不能从侧扫仪器的正下方获得图像。

侧扫声图像是海底物质的反射率和声波束以角度撞击海底的结果。由于海底是不规则的，因此海底的变化特性可反射声波。海山、断层和其他地形特征明显的对象都是良好的反射体。

侧扫声呐系统被称为“拖鱼”，它被放置在像鱼雷一样的设备中，并拖于船后；地质远程倾斜声呐（GLORIA）是最为复杂的拖鱼之一。当拖曳速度为10 kn时，GLORIA的探测能力可深达5 km，双声波束可扫描30 km宽的海底。声波束的声脉冲持续时间为4秒，脉冲间隔为40秒，这允许回声信号返回拖鱼并被记录下来（窗图1）。

侧扫声成像技术也能很好地探测沉船、沉机或其他结构体，这是因为这些物体的表面结构在反射时相对于海底呈一定角度，并且，与海底相比，它们的声学特性非常不同。物体形状会产生一个声学阴影，这提供了清晰的图像并表示高出海底的物体存在。

20世纪80年代，GLORIA调查绘制了第一批美国深海精确地图，但是由于调查速度太慢，所用声束太窄，并没有获取浅陆架细节信息。到了90年代，美国地质调查局（USGS）利用多波束测深（条带测深）系统开始对美国大陆架进行高精度调查。条带测深通过分析发射和返回的声波干涉图案来确定深度并生成图像。该方法沿着船体安装了60～150个独立的声源和接收装置，这些声源和接收器都垂直向下。条带的长度就是返回声波区域的长度，条带的宽度取决于声波的锥角。利用计算机分析反射和返回声波之间的干涉关系。在生成的计算机图像中，用颜色表示深度（图1.13）。船的位置由GPS定位。船速高达15 kn时也可进行测深。

1994—1997年，美国地质调查局利用条带测深对五个区域进行了测绘：马萨诸塞湾、纽约外海的部分大陆架、哈得孙河、圣莫尼卡湾边缘以及旧金山湾的中央部分。1998年，这个项目继续展开，绘制了夏威夷群岛的斜坡，以及加利福尼亚州的圣迭戈和纽波特附近的大陆架区域。

这些多波束系统生成的图像提供了详细精确的海底图像，类似于航拍照片。这些地图提供的基础信息对于海岸地带的地质研究和生物管理非常重要。

延伸阅读：

Gardner, J., P. Butman, and L. Mayer. 1998. Mapping U.S. Continental Shelves. *Sea Technology* 39 (6): 10–17.

Pratson, L. F., and W. F. Haxby. 1997. Panoramas of the Seafloor. *Scientific American* 276 (6): 82–87.

海底地形分布（图4.2）。潮汐、海流和大气压变化也可以导致超过1 m的海面起伏，为了获取海底地形细节，这些效应被滤除了。在卫星信号覆盖区域内，卫星测高数据可处理水平尺度小至10 km的地形。卫星地图对于探索南大洋十分有价值，因为该区域的天气和海况非常恶劣，科学家很难在此进行普遍的测深调查，以定位具有科学意义的区域。

4.2 海底测深

海表面以下的区域就像陆地上一样起伏不平。科罗拉多大峡谷、落基山山脉、西南部的沙漠台地和北美大平原，都有与之相对应的海底地形。事实上，相比于陆地，海底山脉延伸得更长，海底峡谷谷底更深、更宽、更平坦。陆地地貌（例如山脉和峡谷）会由于风、水、温度变化以及岩石中矿物成分的化学反应而不断遭受侵蚀，海洋地形的变化则相对缓慢得多。物理风化过程主要由波浪和海流引起，化学侵蚀则主要表现为矿物质的溶解。快速的侵蚀过程通常局限在大陆架边缘，将在第4.3节讨论。

深海海底最重要的物理变化，来自上方逐渐沉降并堆积的沉积物和大洋中脊、热点、岛弧、活海山以及其他深海丘陵的火山活动。地球地壳的运动可以使海底地形发生位移并使海底发生断裂，一些海底火山的重量可以导致它们下沉，但是洋盆和海底的水深特征，已经保持了近1亿年。图4.3为用计算机绘制的横跨美国和大西洋的地壳高程剖面图。在北纬40°地区，美国西部高出海平面的山脉的高度和宽度与大西洋中脊系统高出海底的高度和宽度相似，我们可以在这张图中比较一下落基山山脉和海底山峰的地形。

大陆边缘

大陆边缘（continental margin）是指低于海平面的陆地边缘及其一直下降到海底的陡峭斜坡部分。大陆边缘主要有两种类型：被动（或大西洋型）大陆边缘和主动（或太平洋型）大陆边缘。被动大陆边缘极少发生地震和火山活动，这里是位于同一岩石圈板块上的大陆型地壳和大洋型地壳的过渡地带。它们形成于大陆裂开后，其间产生新的洋盆之时。被动大陆边缘通常比较宽。主动大陆边缘是构造活跃地带，常伴有地震和火山活动。大多数主动大陆边缘与板块汇聚和海洋岩石圈俯冲到大陆之下有关。主动大陆边缘是板块边界，常为狭长状。大陆边缘包括大陆架、陆架坡折、大陆坡和大陆隆。**大陆架**（continental shelf）位于大陆的边缘，通常较为平坦，坡度平缓地向洋盆延伸。大陆架平均宽度为65 km，但是主动大陆边缘的大陆架比被动大陆边缘要窄得多。大陆架最宽可达1 500 km。大陆架外侧海水深度在20～500 m之间，平均深度约为130 m。

图4.4为世界大陆架的分布。大陆架的宽度通常与相邻陆地的坡度有关。它在低洼陆地区域宽广，在山脉海岸区域狭长。注意南美洲西部沿岸狭窄的

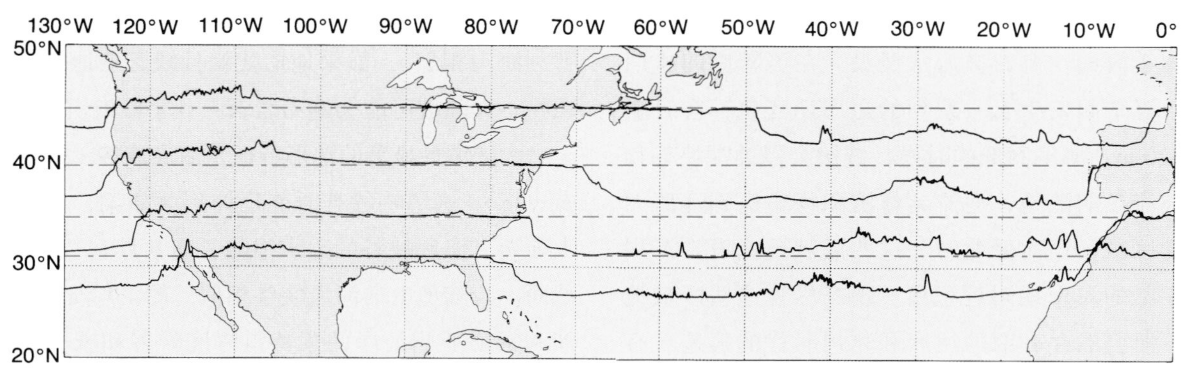

图4.3 由计算机绘制的从欧洲和非洲西海岸延伸到太平洋边缘的地形图。黑线为高程和水深，红色虚线为0 m高程线。例如，北纬40°，西经60° 处，海洋的深度为5 040 m。为了更好地体现地形，垂向比例尺是水平比例尺的100倍。如果垂向比例尺和水平比例尺相同，垂向上高程变化5 000 m，在地图上将仅表现为0.05 mm。

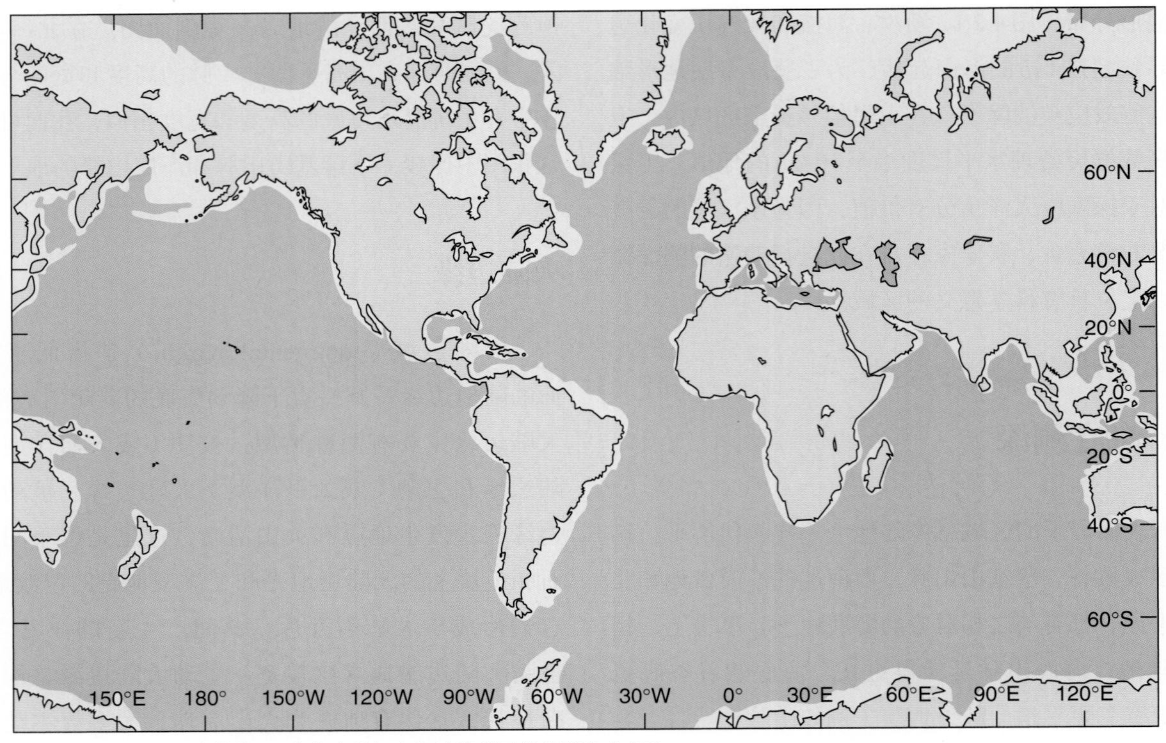

图4.4 世界大陆架分布（浅蓝色）。这些大陆架向海边缘处平均深度约为130 m。

大陆架和北美、西伯利亚、斯堪的纳维亚东部和北部沿岸宽阔的大陆架。大陆架是大陆型地壳的地质部分，是大陆边缘浸没在水中的部分。一些过程有助于形成大陆架，而风暴和波浪可以侵蚀大陆架［图4.5（i）］。在某些区域，天然坝积聚滨外坝和海岸之间的沉积物［图4.5（ii）,图4.5（iii）］。海山、岛弧［图4.5（iv）］和珊瑚礁［图4.5（vi）］也可以积聚沉积物。在墨西哥湾，来自陆地的沉积物积聚在低的海岭和盐丘区域。沿着北美洲的东北海岸，沉积物积聚在大陆架外侧边缘向上斜伸的岩石后方［图4.5（ii）］。

在过去的岁月中，随着海平面波动，大陆架有时出露于海面，有时被海水浸没。在更新世的冰期时代，海平面发生了一系列的短周期变化，有时能超过120 m。海平面低的时候，波浪会侵蚀深峡谷和之前被淹没的陆地，河流会将沉积物输送到远离大陆架的区域。当冰融化时，这些区域被淹没，沉积物会在新的海岸线附近积聚。现今尽管这些区域被淹没，但仍然存有旧的河床和冰川时代的痕迹。有一些大陆架被黏土、砂、厚的沉积物所覆盖，例如密西西比河河口和亚马孙河河口，每年都淤积大量沉积物；有一些大陆架则缺少沉积物来源，例如快速流动的佛罗里达暖流经过佛罗里达南端，沉积物在那里被向北输运带到大西洋的深水区。

大陆架靠海一侧的边界由坡度突变、深度急剧增加的区域决定。这种坡度的突变处被称为**陆架坡折**（continental shelf break），向洋盆底延伸的陡峭斜坡称为**大陆坡**（continental slope）。这些地形如图4.6所示。大陆坡的角度和宽度各处不同。大陆坡可以是短的、陡的（如图4.6所示，深度突然从200 m增加到3 000 m）；或者，沿着主动大陆边缘，可能突然降低8 km，进入到宽广的深海海底或海沟中（例如南美洲西海岸，在那里狭窄的大陆架与秘鲁—智利海沟相邻）。如果地形陡峭且缺乏陆地提供的沉积物，大陆坡可能会遍布岩石，几乎没有沉积物。

大陆坡最显著的地形特征是**海底峡谷**（submarine canyon）。这些峡谷有时能延伸到大陆架，甚至横跨大陆架。海底峡谷的边缘很陡，通常具有“V”形横截面，与陆地上的河流峡谷相似。图4.7（a）为位于加利福尼亚州沿岸的蒙特雷海底峡谷和卡梅尔海底峡谷的等深线图，图4.7（b）比较了蒙特雷海底峡谷和科罗拉多大峡谷的断面结构。图2.10和2.11也体现出海底峡谷的特征。

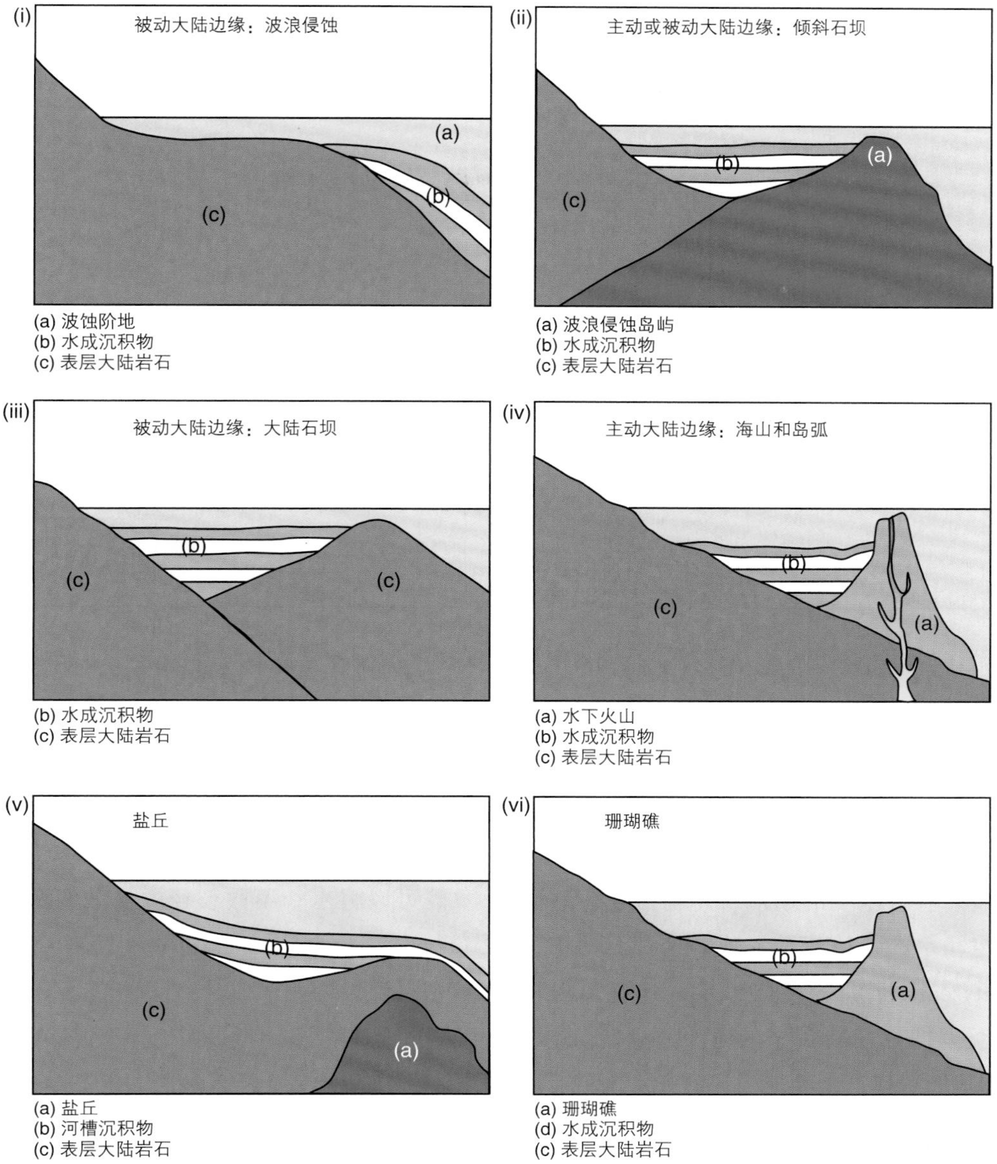

(i)
被动大陆边缘：波浪侵蚀
(a)
(b)
(c)
(a) 波蚀阶地
(b) 水成沉积物
(c) 表层大陆岩石
(ii)
主动或被动大陆边缘：倾斜石坝
(a)
(b)
(c)
(a) 波浪侵蚀岛屿
(b) 水成沉积物
(c) 表层大陆岩石
(iii)
被动大陆边缘：大陆石坝
(b)
(c)
(c)
(b) 水成沉积物
(c) 表层大陆岩石
(iv)
主动大陆边缘：海山和岛弧
(b)
(c)
(a)
(a) 水下火山
(b) 水成沉积物
(c) 表层大陆岩石
(v)
盐丘
(b)
(c)
(a)
(a) 盐丘
(b) 河槽沉积物
(c) 表层大陆岩石
(vi)
珊瑚礁
(b)
(c)
(a)
(a) 珊瑚礁
(d) 水成沉积物
(c) 表层大陆岩石

图4.5 大陆边缘积聚陆源沉积物，形成大陆架的例子。

大陆边缘
海平面
大陆坡折
大陆架
1 km
2 m
1 km
70 m
大陆坡
1 km
9 m
大陆隆
洋底
深度 /km
1
2
3
4
5
6
0
100
200
300
400
500
600
700
800
900
1 000
1 100
1 200
1 300
离岸距离 /km

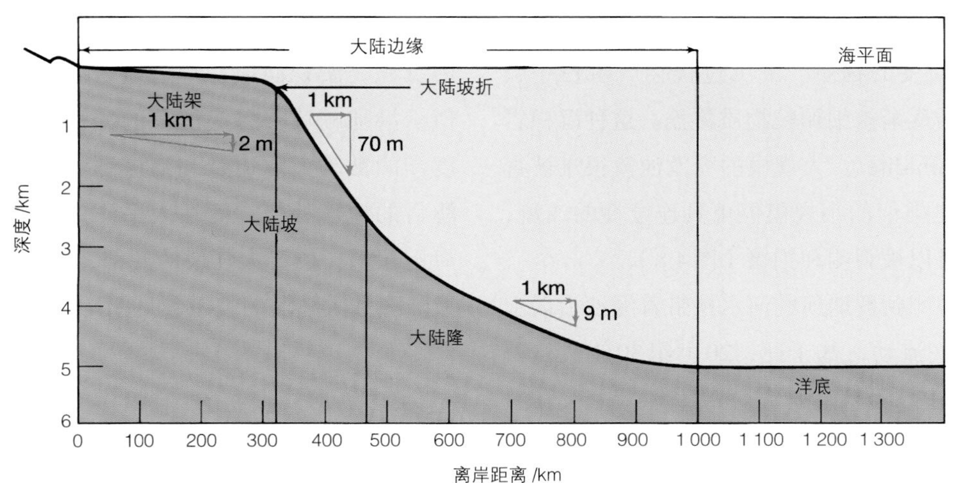

图4.6 典型的被动大陆边缘剖面。注意各个部分的垂向和水平长度。大陆架、大陆坡、大陆隆的坡度如图中红线所示。图中垂向比例尺是水平比例尺的100倍。

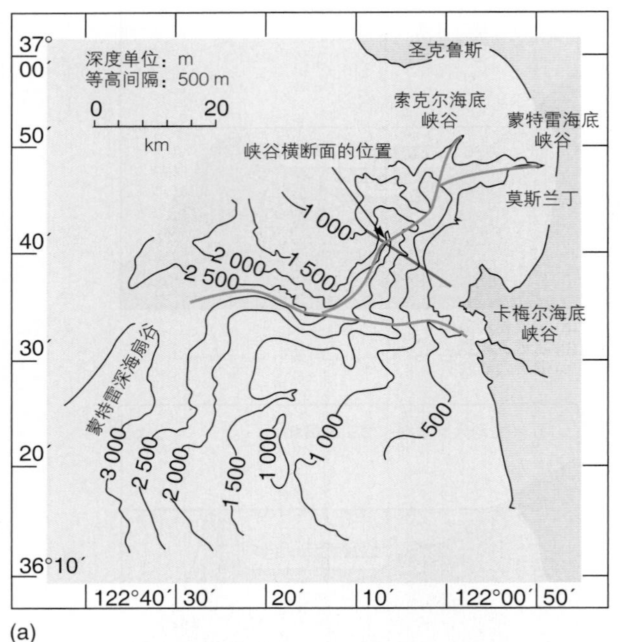

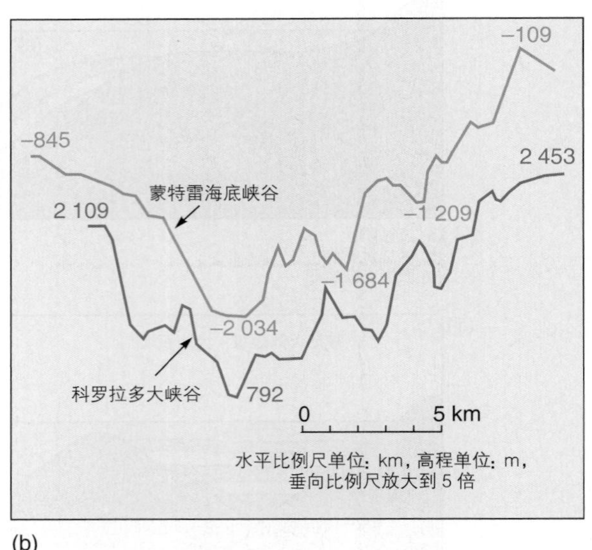

图4.7 （a）加利福尼亚州沿岸附近的三个海底峡谷等深线图。这三个峡谷切入大陆架和大陆坡。蓝线表示峡谷的轴线向海逐渐汇合。（b）峡谷剖面图。蓝线为沿着（a）中红线的蒙特雷峡谷剖面，请与同一比例尺下的科罗拉多大峡谷相比较。

许多海底峡谷与陆地的河流系统有关，在低海平面时期由冰川和河流途经大陆架时切割而形成。海底峡谷的波痕和峡谷末端的扇形沉积体表明，这些地形由沉积物和水的快速流动形成，这种流动称为**浊流**（turbidity current）。这些挟沙流，速度可以达到90 km/h，可以携带300 kg/m^{3}的泥沙。地震或陡坡上的沉积物崩塌时可以产生浊流。泥沙和水像雪崩一样，沿着斜坡向下快速运动，当它们达到一定速度时，可以侵蚀斜坡，运移更多的沉积物。以这样的方式，斜坡被侵蚀并形成海底峡谷。到达海底时，浊流减速并扩散，使沉积物堆积。由于流动湍急，它可以搬运大量不同粒度的物质。下沉过程会产生粒序层理，粗颗粒物质逐渐被细颗粒物质覆盖。这种沉积岩称为**浊积岩**（turbidite）。大规模的突发浊流很难被直接观测到，但是类似的小规模但更具连续性的浊流，例如砂瀑，则可以被观测和拍摄（图4.8）。

早期人们观测到罗讷河的河水挟带着泥沙沿瑞士日内瓦湖的湖底流动，基于此，20世纪30年代，人们开始对浊流进行实验室研究。1929年，一次发生在纽芬兰大浅滩靠近大陆坡处的地震破坏了跨越大西洋的电话和电报电缆。分析表明，全程约800 km线缆被速度为40～55 km/h的浊流冲断。后来从该区域提取的样品表明，在该浊流的末端形成了一系列的粒序沉积。地球上其他区域也发生过类似的电缆损坏。

可以将水和不同粒径的松散的沉积物置于长约1.8 m，直径为5～8 cm的透明塑料管中来演示浊流。将塑料管两端密封，保持直立状态1天。然后，小心地将管子倾斜放平，再缓慢地提高泥沙的一端，并轻轻拍打，沉积物就会沿着坡面向下流动，形成浊流。当这些沉积物堆积在另一端时，就形成了浊流沉积。

有些大陆坡底部会出现一个由沉积物积淀形成的缓坡，称为**大陆隆**（continental rise），它由浊流、水下滑坡，以及其他携带泥沙和黏土下坠过程形成的沉积物淤积而成。与陆地地形相类似，大陆隆类似于沿陡峭峡谷谷底沉积的冲积扇。在大西洋和印度洋的被动大陆边缘和南极洲大陆周边，大陆隆是醒目的地形特征；而在太平洋地区，主动型边界与海沟相邻，位于大陆坡的底部，则较少出现大陆隆。大陆隆和大陆坡的关系参见图4.6。

洋盆底

海底的真正海洋特征出现在大陆边缘之外的深海区域。深海海底指深度位于4 000～6 000 m的海域，

图4.8 圣卢卡斯海底峡谷的砂瀑。海砂沿着大陆坡向下运动，直达洋盆底。

它覆盖了30%的地球面积，比地球上所有陆地面积（29%）还要大。许多地方的洋盆底是从大陆坡底部向海延伸的巨大平原，比陆地上任何平原都平坦，称为**深海平原**（abyssal plain）。深海平原由从海面下沉到海底的沉积物和通过浊流淤积在海洋中的不规则地形的沉积物形成。如果深海平原被大陆边缘、大洋中脊、海隆分离，则称为大洋盆地。有一些盆地可以被大洋中脊和海隆分成次盆地，这些盆地和次盆地的分布如图4.9所示。较低的大洋中脊允许两个相邻盆地之间的深层海水互相交换，但是如果大洋中脊较高，相邻盆地的深海海水和深海海洋生物则会被有效地阻隔。例如，位于非洲西海岸的安哥拉海盆的深海海水，其西侧由于大西洋中脊而与巴西海盆隔断，其南侧由于瓦维斯海脊而与开普海盆隔开。海底地形图可以为观察这些盆地的分布提供另一种视角。

深海丘陵（abyssal hill）和**海山**（seamount）零星地分布在海底。深海丘陵的高度通常低于1 000 m，而海山是陡峭的火山。海山可以迅速崛起，有时能够出露于海洋表面成为岛屿。这些地形的特征如图4.10所示。深海丘陵可能是地球上最普遍的地形。它们覆盖了大西洋海底50%的面积和太平洋海底80%的面积，在印度洋也有较多分布。许多深海丘陵是火山，但也有一些是由其他海底运动形成的。在海表面之下具有平顶的海山，称为**平顶海山**（guyot），它们主要出现在太平洋，如图4.10所示。太平洋的平顶海山通常位于海面之下1 000～1 700 m处，有许多位于深度1 300 m处。许多平顶海山仍然残留着浅海珊瑚礁痕迹以及波浪对它们的顶峰侵蚀的痕迹。这些特征表明，它们曾经位于暖水区域中，平顶是波浪侵蚀的结果。岩石自身负载重量，且随着远离大洋中脊，地壳年龄变老，温度下降，密度增大，因此海底自然沉降，平顶海山不断下沉。在陆地冰川融化时，平顶海山也可能由于海平面上升而沉入水中。

在大西洋、太平洋和印度洋温暖的水域中，珊瑚礁和珊瑚岛伴随着海山而生。造礁珊瑚是一种热带动物，它们需要附着在岩石上，与一种类似植物的单细胞生物紧密生长在一起。造礁珊瑚一般仅局限于阳光充足的热带浅水域。当海山露出海面形成岛屿时，它为珊瑚提供了生长的基岩。珊瑚围绕海岛生长，形成**岸礁**（fringing reef）；如果海山缓慢下沉或俯冲，珊瑚礁继续向上生长且生长速度不超过海水的上升速度，就形成**堡礁**（barrier reef），并在珊瑚礁和岛之间形成潟湖；如果该过程继续，最终海山的火山部分全部消失在海面之下，只剩下珊瑚礁，此时珊瑚礁看上去像一个圆环，称为**环礁**

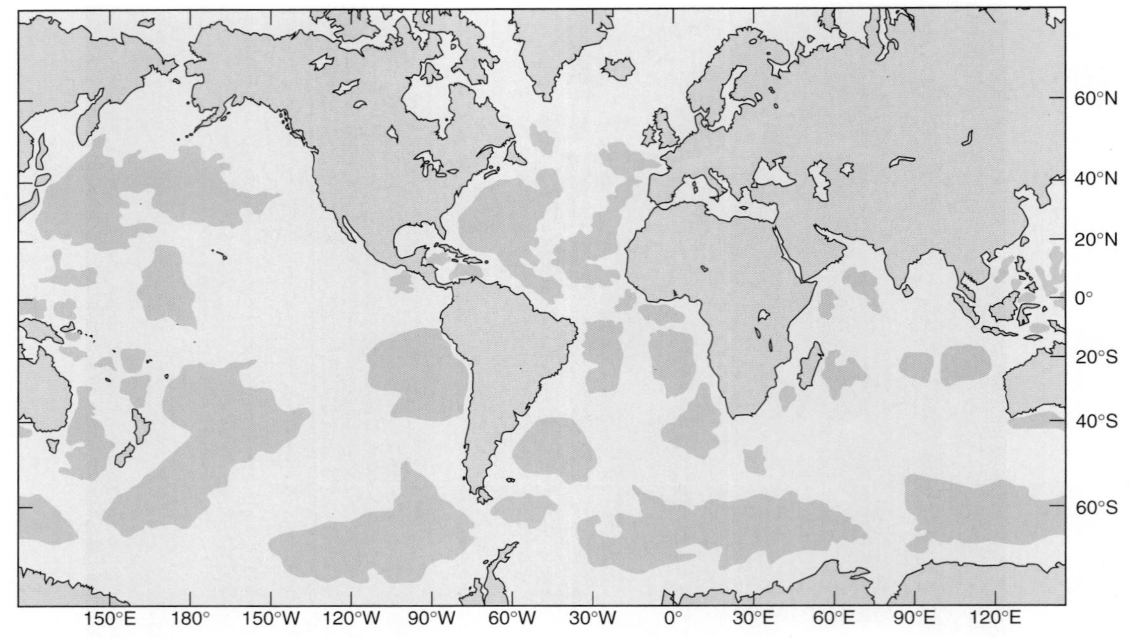

图4.9 世界主要深海盆地（深蓝色）被大洋中脊、海隆和大陆分离开来。

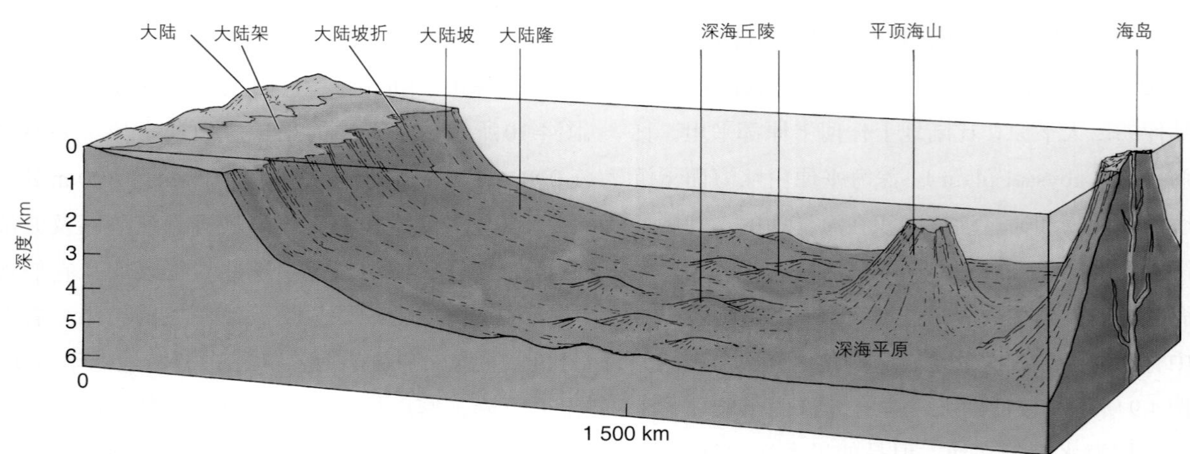

图4.10 一个理想化的大洋盆地，其间分布着深海海山（高度小于1 000 m）、平顶海山（顶部平坦）和深海平原上的海岛。海岛在露出海面之前曾经是海山。海山和平顶海山都源自火山（垂向比例尺放大到100倍）。

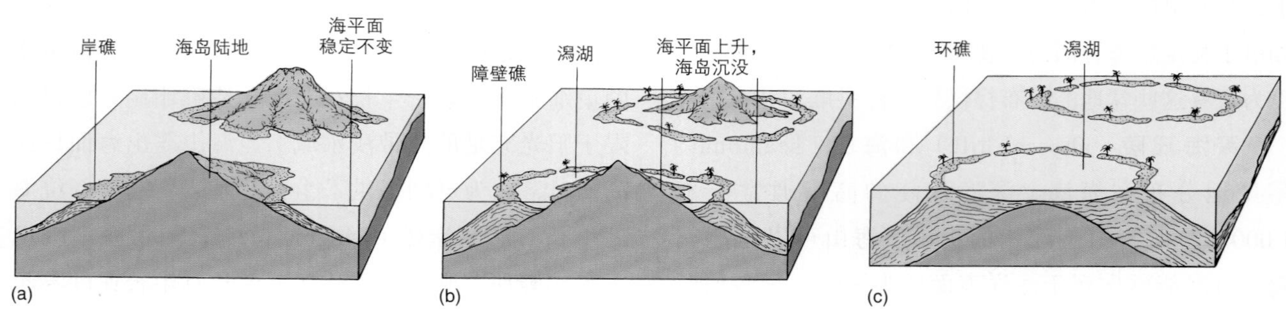

图4.11 珊瑚礁类型和环礁形成过程。

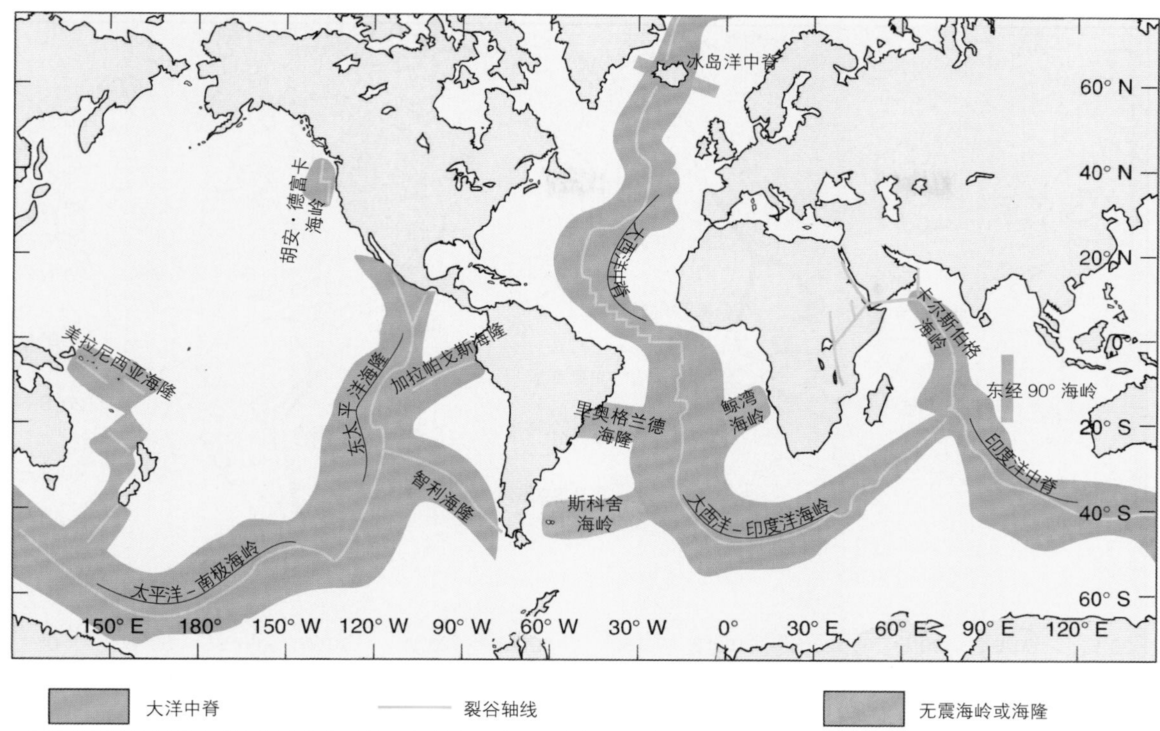

图4.12 离散型板块边界的大洋中脊和海隆系统，包括主要的无震海岭和海隆。无震海岭和海隆被认为是由热点活动形成的。

（atoll）。整个过程如图4.11所示。

基于1831—1836年“贝格尔”号航行的观测结果，达尔文认为上述过程是形成环礁的必要步骤。达尔文的观点被证明是正确的。近期对一个潟湖湖底残留物的钻探表明，该处的玄武岩海山的山峰曾经出露于海平面之上。珊瑚礁生境的生物将在第18章中讨论。

洋脊、海隆和海沟

海底最壮观的地形莫过于绕世界延绵65 000 km，跨越所有海洋的大洋中脊和海隆系统。它们的起源和在板块构造中的角色已在第3章中讨论。现在通过图4.12再次回顾它们的分布，以及裂谷和转换断层在构造板块中的作用。

第3章中讨论过深海海沟与板块构造的关系。在图4.13中可以找到日本千岛海沟、阿留申海沟、菲律宾海沟，以及最深的海沟——马里亚纳海沟。所有这些海沟都与**岛弧系统**（island arc system）有关。挑战者海渊属于马里亚纳海沟的一部分，深11 020 m，它是目前已知的世界上最深的地方。世界上最长的海沟是秘鲁–智利海沟，绵延于南美洲西部边界，长达5 900 km。在其北侧，中美海沟沿着中美洲边界延伸。秘鲁–智利海沟和中美海沟都与陆地火山链有关。巨大的爪哇海沟位于印度洋中，沿着印度尼西亚延伸，长达4 500 km。大西洋底只有两个相对较短的海沟：波多黎各–开曼海沟和南桑威奇海沟，它们的形成都与火山岛链有关。

图4.14中为陆地地形和海底地形分别占地球表面积的百分比。请比较板块构造活跃的海沟和洋脊，以及陆地低洼地带和洋盆区域。

4.3 沉积物

大陆边缘和洋盆底从各种来源获取大量碎屑沉积物。无论这些碎屑源自生物、陆地、大气，还是海洋本身，它们都堆积在海底，被称为沉积物。通常沉积物在大陆边缘厚度最大，在那里它们快速积聚；相比而言，深海海底稳定沉积物稳定而缓慢地积聚，形成的沉积层较薄。沉积层的厚度与大洋型地壳的年龄有关。

海洋学家研究沉积物的沉积速率、分布特征、来源和浓度、化学性质，以及它们年复一年在海底

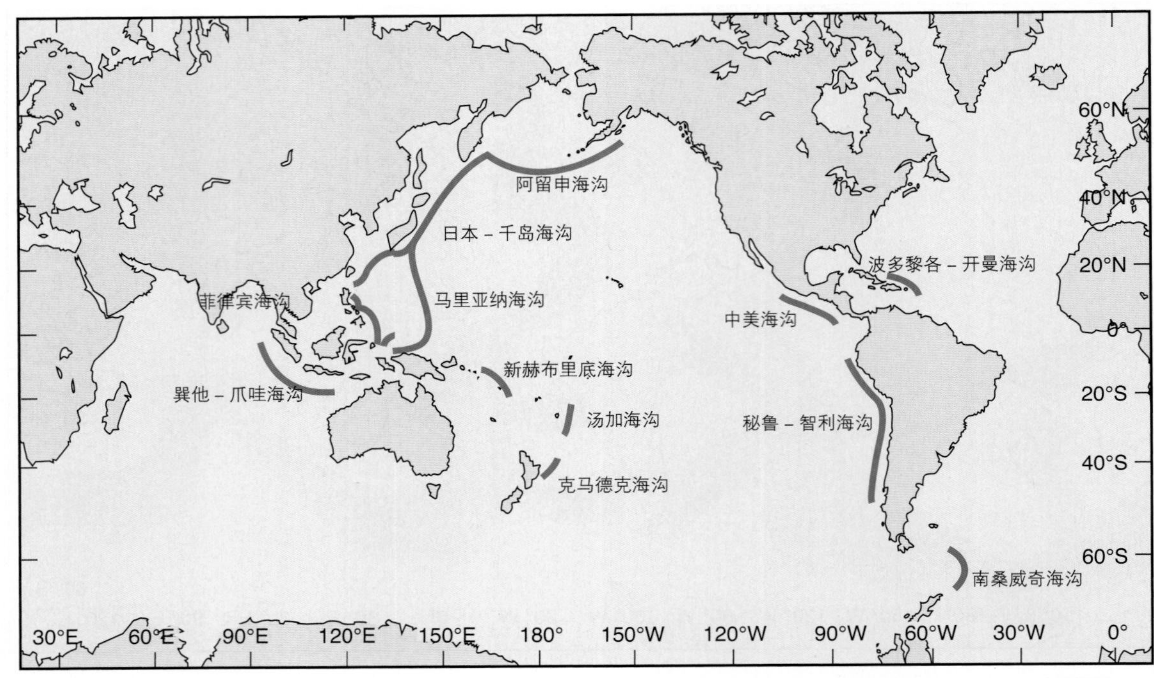

图4.13 世界主要海沟。海洋最深处深11 020 m，位于菲律宾东侧的马里亚纳海沟中，被称作挑战者海渊。

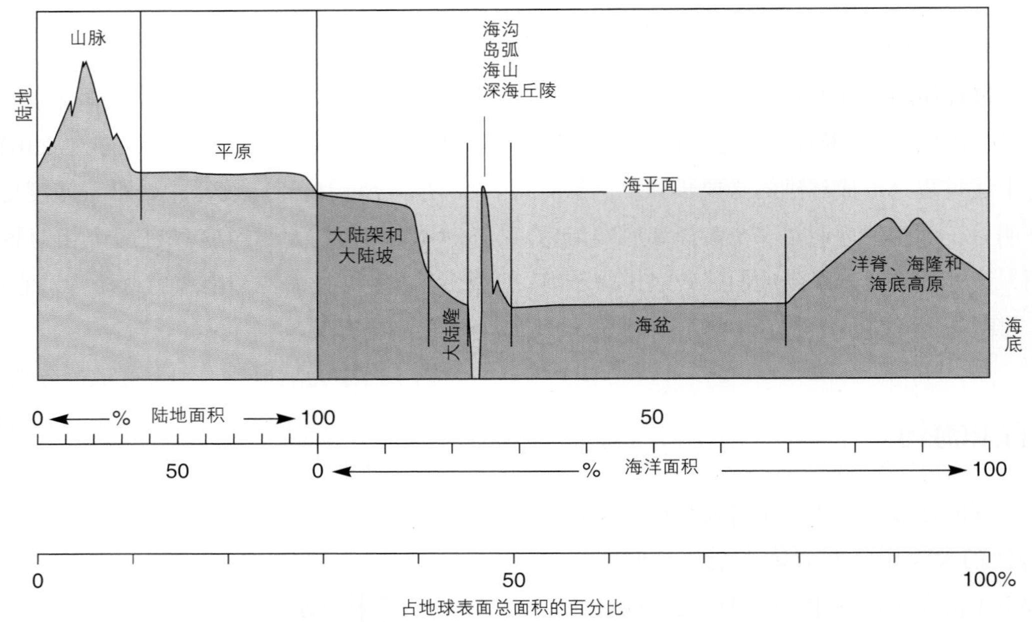

图4.14 地球上各种主要地形，以及陆地和海洋分别占地球表面总面积的百分比。

缓慢堆积形成的历史记录层。为了便于描述和分类，地质海洋学家按照粒度、位置、来源和化学性质划分沉积物类型。

粒　度

沉积物碎屑的大小以粒度分类，如表4.1所示。人们熟悉的术语砾石、砂、泥，分别代表着大、中、小三种粒度。在每个范围内，沉积物还可以进一步细分，大到巨砾，小到只能在显微镜下才能观察清楚的黏土颗粒。

采集沉积物样品后，首先烘干样品，然后通过一系列的分样筛分选出不同的粒度。表4.1列出了能通过一种样筛，但是不能通过下一种样筛的沉积物分离粒度界限。

表4.1　沉积物粒度分级标准		
描述	名称	直径 /mm
砾石	巨砾	> 256
	中砾	64 ~ 256
	砾	4 ~ 64
	砂砾	2 ~ 4
砂	极粗砂	1 ~ 2
	粗砂	0.5 ~ 1
	中砂	0.25 ~ 0.5
	细砂	0.125 ~ 0.25
	极细砂	0.062 5 ~ 0.125
泥	粉砂	0.003 9 ~ 0.062 5
	黏土	< 0.003 9

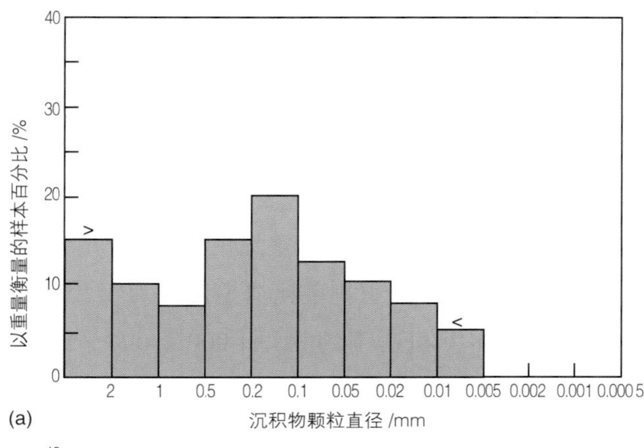

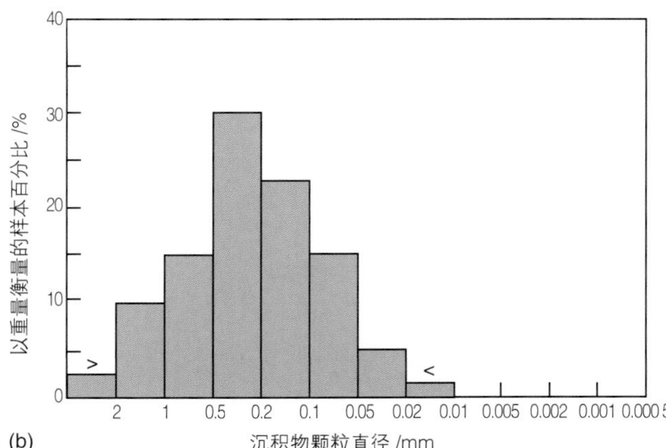

图4.15　（a）分选度差的样本。颗粒物粒度范围广，而且各个范围含量相近。（b）分选度好的样本。只有一种粒度占主要成分，且粒度范围分布窄。

如果沉积物由相同粒度碎屑组成，则为分选度好；如果由许多不同粒度组成，则为分选度差（图4.15）。粒度大小能够影响沉积物碎屑在水中沉积之前的水平搬运距离和沉积速度。通常而言，大颗粒比小颗粒在搬运时需要的能量更多。在沿海环境中，当分选度不好的沉积物被波浪和海流输运时，大颗粒碎屑首先沉降，而较细粒碎屑则可以被输运到很远的地区。在开阔的海域，不同粒度沉积物沉降速度的差异，将对它们在深海沉降区域的分布产生重要影响（表4.2）。细砂粒沉到海底可能需要几天时间，因此它的水平运移距离可能较短；相比较而言，黏土完成沉降则需要125年（参照附录中描述小颗粒沉降速率的斯托克斯定律）。深海中，水平海流非常缓慢，但是即使假设水平运移速度仅为5 cm/s，从理论上讲，黏土沉降到海底之前也将绕地球旅行5周。一些更小的可溶性微粒在缓慢下沉过程中还有足够时间进行溶解。沉降速度也受沉积物形状的影响。在斯托克斯定律中，假设细小沉积物呈球形，计算得出的沉降速度将趋向于最大值。棱角状沉积物会引起小的湍流涡旋，从而使它们的沉降速度降低。与具有相同密度的球状沉积物相比，相对较为扁平的细小沉积物（例如黏土）沉降速度更慢。

表4.2　沉积物的沉降速率和水平位移			
沉积物大小	近似下沉速率 /(m/s)	垂直沉降4 km耗时 /d	沉积物在5 cm/s海流中的水平运移距离 /km
极细砂	9.8×10^{-3}	4.7	20.4
粉砂	9.8×10^{-5}	470	2 040
黏土	9.8×10^{-7}	47 000	204 000

注意：颗粒沉降速率取决于密度、形状、直径。表中假设颗粒为球状，密度接近石英。对深海海流速度的估算有多种数值。为了说明问题，表中选用保守的估计值5 cm/s。细小颗粒物沉降速度公式见附录。

科学家曾经疑惑地发现，表层海水中的细颗粒沉积物类型与其近似正下方海底的细颗粒沉积物类型具有紧密的联系。这个观测结果，似乎与缓慢的沉降速度以及随之带来的长距离水平位移相矛盾。一定存在着某种些机制，能够将小颗粒聚合成大颗粒。科学家们已经观察到，许多小颗粒经常由于彼此之间的电荷而互相吸引，形成了沉积速度较快的大颗粒沉积物。该过程对有丰富沉积物沉积的三角洲的形成非常重要。科学家在海底还发现了微小生物，例如**浮游植物**（phytoplankton）和**浮游动物**（zooplankton）的残余物。浮游植物是**光合**（photosynthetic）生物，能制造有机物；浮游动物是**异养**（heterotrophic）生物，这意味着它们像人类一样，通过消耗有机物来产生能量。浮游植物和浮游动物都非常微小，需要借助显微镜才能看清楚。浮游生物将在第16章详细讨论。当浮游动物和浮游植物被大生物消耗时，它们的无机细胞壁或**介壳**（test）从大生物体的粪便中排出并迅速沉降。据估计，一个粪球中能够包裹多达10万只介壳。这些小颗粒聚集形成大颗粒，大大减少了单个浮游生物残余沉降的时间。单个浮游颗粒沉降到海底需要数年，多个浮游微粒聚集形成粪球仅需10到15天，从而减少了水平运移距离。一旦粪球在海底沉积，其残余的有机部分被分解，而这些微小的无机物则被释放在海底。

位　置

基于海洋沉积物被发现的位置，可以将它们划分为**浅海**（neritic）沉积物和**深海**（pelagic）沉积物（图4.16）。浅海沉积物靠近大陆边缘和岛屿，粒度分布范围较广。绝大多数浅海沉积物由陆地岩石受到侵蚀而形成，通过河流被输运到近海。一旦它们进入海洋，受波浪、海流和浊流等营力作用，在大陆架扩散，然后沿着大陆坡下滑。最大的颗粒留在近岸的沙滩上，而较小的颗粒则被输运到滨外。

深海沉积物是在深海海底缓慢聚集的细颗粒沉积物。深海沉积物的厚度通常与它们积累的时间长短或海底年龄有关。因此，它们的厚度也随着与大洋中脊距离的增加而增加（图3.11）。

沉积速率

产生和输运沉积物的过程存在自然变化，导致海洋沉积物沉积速率范围较宽。浅海沉积物的沉积速率变化极大。在河口地区，沉积速率每1 000年可以超过80万cm，相当于每年8 m。亚洲的河流，例如恒河、长江、黄河、雅鲁藏布江，每年贡献了全世界海洋1/4以上的陆源沉积物。在平静的海湾中，沉积速率可以达到每1 000年500 cm。在大陆架和大陆坡处，沉积速度通常为每1 000年10～40 cm，其中平坦的大陆架沉积的沉积物更多。许多远离河口覆盖在大陆架上的沉积物不再受到原有过程的影响，这种沉积物称为**残留沉积物**（relict sediment），代表着几千年前发生的情况，那时海平面较低，海水都聚集在冰盖和冰川中。

深海沉积物的沉积速率比典型的浅海沉积物缓慢得多。平均沉积速率约为每1 000年0.5～1 cm。尽管深海沉积物沉积得很慢，但地质历史时间足够长，一些较古老的海底区域和大陆隆区域也能形成

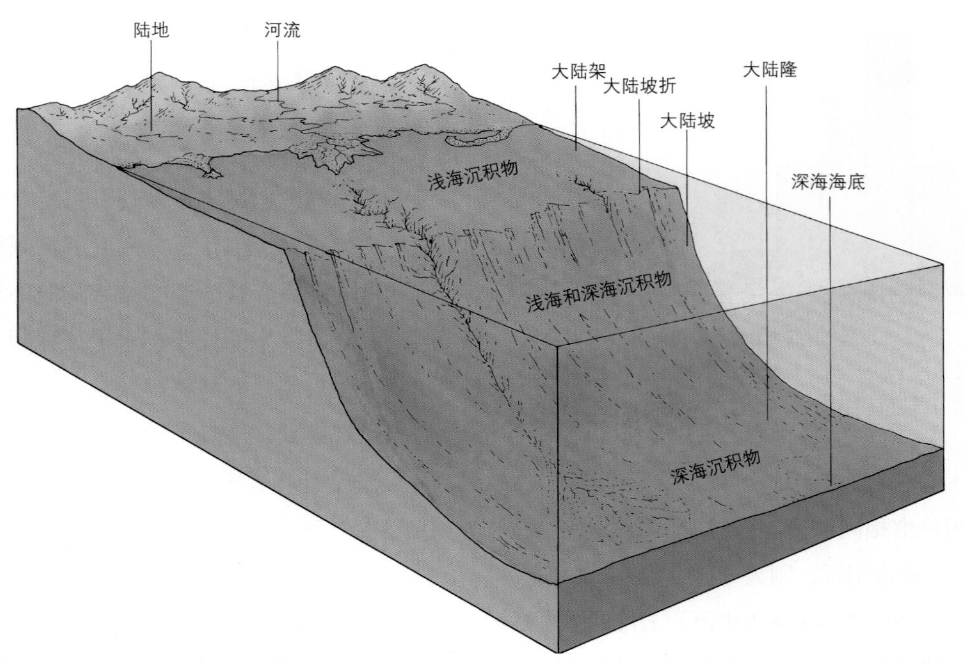

图4.16　以沉降位置划分沉积物。分布形态部分受与源头的距离和供给率控制。

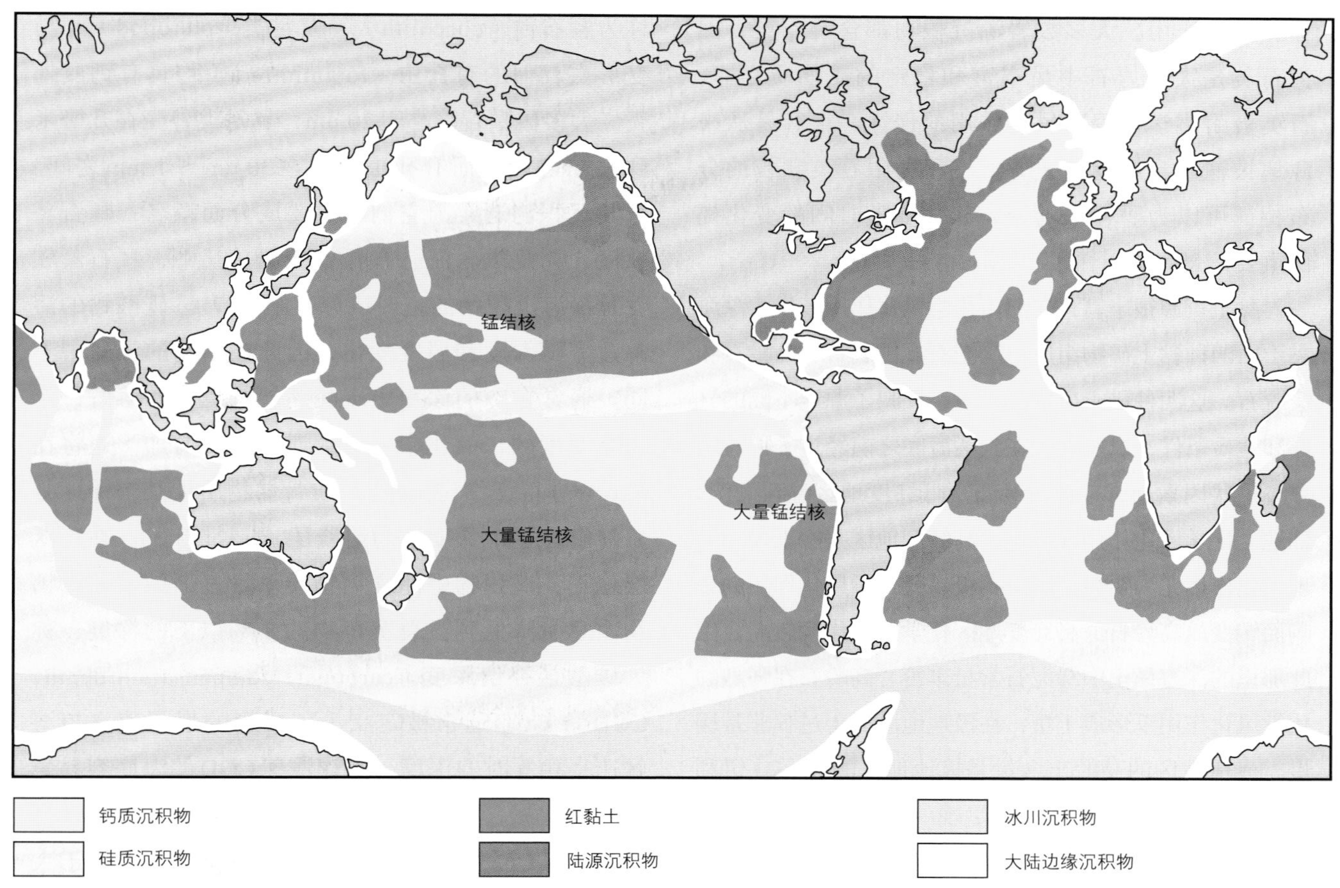

图4.17 深海海底主要沉积物类型的分布。沉积物通常为混合物，以其主要成分命名。

近500～600 m厚的沉积物。如果速率以每1 000年0.5 cm计算，需要1亿年厚度才能达到500 m。而最老的海底年龄约2亿年，是1亿年的两倍。

来源与化学性质

可以根据颗粒组成的来源或者它们的化学性质对海洋沉积物进行分类。沉积物颗粒可能有四种来源：原岩、海洋有机物、海水和宇宙。

岩石生成的沉积物称为**岩源沉积物**（lithogenous sediment），通常也称为**陆源沉积物**（terrigenous sediment）。尽管陆源沉积物包括来自陆地的各种物质，例如，岩石碎屑、木质碎屑、污水污泥，但是最主要的陆源物质是岩石圈的颗粒物质。海洋中的活跃火山岛也是岩源沉积物的重要来源。陆地上的岩石经过风化，被风、水，以及随温度变化呈季节性的结冰和融冰不断地分解，形成的小颗粒在水、风、冰、重力作用下输运到海洋中。陆地上吹来的沙尘、活跃火山的灰屑、嵌在冰山里的岩块都是成岩物质来源。

成岩物质可以在海洋中各个角落发现。它是浅海沉积物的主要成分，比其他类型的物质多得多。深海盆地的远洋岩源沉积物，称为**深海黏土**（abyssal clay），由至少70%的黏土微粒组成。深海黏土沉积速率极慢，每1 000年不到0.1 cm。由于沉积速率如此之慢，以至于形成薄薄的一层沉积物需要相当长的时间。值得注意的是，深海黏土之所以是深海沉积物的主要成分，并不是因为在深海处黏土的供给增加了，而仅仅是因为此处几乎已经没有其他类型的沉积物了。当上层水体几乎没有海洋生命时，就只能形成大量深海黏土。这些细微的岩石粉末被风吹到海中或者通过大气降水落到海中，可能在海水中悬浮多年。这些黏土通常富含铁，在水中氧化变成红棕色，因此经常被称为**红黏土**（red clay）。图4.17为红黏土的全球分布。

岩源沉积物通常由各种黏土和石英组成，它的成分取决于原有岩石的化学性质，所经受的化学过程和风化作用。大多数岩源沉积物都含有石英，因为石英是大陆岩石中最丰富和稳定的矿物质之一。石英极耐化学过程和风化作用的侵蚀，很容易从来源地被输运到遥远的地方。沉积物中石英颗粒的分布特征可以为研究风场分布和强度随时间的变化提供重要信息。

黏土资源很丰富，它们由化学风化作用产生。深海黏土由四种黏土矿物组成：绿泥石、伊利石、高岭石和蒙脱石。这四种黏土矿物的分布，反映了源地不同的气候和地质条件，以及它们在到达海底之前经过了哪些地方。这些因素通常取决于纬度。低纬度地区温暖潮湿，陆地上化学风化作用强大，而高纬度地区寒冷干燥，物理风化作用尤为明显。绿泥石极易受化学风化作用的影响而转变成高岭石。高纬度地区化学风化作用较弱，因此那里的深海黏土中绿泥石含量丰富。高岭石在强烈的化学风化作用下形成土壤，在极地地区成土过程非常缓慢。赤道地区的高岭土含量是极地地区的10倍。伊利石是最普遍的黏土矿物，它呈现一个明确的半球分布模式而不是气候分布模式。在南半球,它占黏土成分的20%～50%；在北半球，它通常占黏土成分总量的50%以上。伊利石的分布不依赖于纬度，所以它在海洋沉积物中的丰富程度取决于其他黏土类型的稀释度。蒙脱石由陆地和海底风化的火山物质产生，它常常出现在火山灰源头附近，沉积作用较弱的区域。它在太平洋和印度洋比大西洋更丰富，这是因为大西洋沿岸附近几乎没有火山活动。

来源于生物的沉积物称为**生源沉积物**（biogenous sediment），包括贝壳和珊瑚碎片，以及生活在海表面的部分单细胞浮游植物和浮游动物的硬骨骼。深海生源沉积物几乎完全由贝壳和浮游生物的外壳组成。这些外壳的化学成分是钙质（碳酸钙：$CaCO_3$，大多数贝壳的成分）或硅质（二氧化硅：SiO_2，纯净且坚硬）。在深海沉积物中，如果生源物质占重量的30%以上，则被称为**软泥**（ooze）。根据介壳的主要化学成分，可分为**钙质软泥**（calcareous ooze）和**硅质软泥**（siliceous ooze）。它们在海底的分布与上层生物的供给、介壳沉降时溶解的速率、海底深度、其他沉积物类型的比例有关（图4.17）。

颗石藻［coccolithophorids,其表面的方解石薄片称为**颗石粒**（coccolith）］、**翼足类**（pteropod）和与变形虫相似的**有孔虫**（foraminifera）均具有钙质外壳。大多数颗石藻小于20 μm，翼足类外壳在几毫米到1 cm之间，而有孔虫外壳在30 μm～1 mm之间。这类沉积物通常因它们的主要成分而得名：颗石藻软泥、翼足类软泥、有孔虫软泥。其中，颗石藻软泥是深海沉积物的主要成分（图4.17）。碳酸钙的溶解速率随深度和温度变化，因此在不同的洋盆中不同。通常在冷的深水中碳酸钙能够更快速溶解，产生高浓度的二氧化碳，导致海水酸度增加（这将在第6章进行详细讨论）。钙质骨骼物质从某个深度开始溶解，这个深度称为**溶跃层**（lysocline）。在溶跃层之下，沉积物中的含钙物质总量逐渐减少。含钙物质总量降低到占总沉积物的20%以下的深度，称为**碳酸盐补偿深度**（carbonate compensation depth，CCD）。CCD通常被定义为碳酸钙的累积速率与溶解速率相等时的深度。水深浅于CCD的海底容易累积钙质软泥，而水深深于CCD的海底则较少出现钙质软泥。CCD平均深度约为4 500 m，大致位于大洋中脊高峰和深海平原最深深度的中间位置。在太平洋中，CCD约为4 200～4 500 m。赤道太平洋是个例外，因为该处生物生产率高，提供了充足的钙质来源，CCD可以达到5 000 m。在北大西洋和部分南大西洋海域，CCD位于深度5 000 m或更深。钙质软泥可以出现在温带和热带的浅水区域海底，例如加勒比海、大洋中脊的隆起区域、近海区域等。

硅质硬壳由一种被称为硅藻的浮游植物和一种被称为放射虫的浮游动物所产生。它们的骨骼残余可以形成硅藻和放射虫软泥。硅质硬壳的溶解规律和钙质硬壳相反。在海洋中，硅含量处于不饱和状态，因此硅在所有深度上都能溶解，但更容易在浅的暖水中溶解。硅质软泥只能出现在生物生产率高的浅水区域（图4.17），即使在这些区域中，也有90%甚至更多的硅质硬壳在水中或者在海底被溶解。

硅藻软泥分布在绕南极洲的寒冷温带纬度地区和北太平洋的一条带状区域上。硅藻是光合作用植物，它们在生长时需要阳光和**营养盐**（nutrient），例如氮、磷、硅。海洋表面阳光充足，海洋有机物降解产生营养盐，伴随着降解，这些有机物在深海海水中被释放。只有在一些特定区域，这些无机盐才会随着深海的大规模上升流回到表面。当上升流发生时，阳光和营养盐条件结合起来，产生大量浮游植物。当光、营养盐、温度等条件适宜时，可以出现大量硅藻。

在赤道暖水域海底可以找到放射虫软泥。放射虫在暖水中繁盛，它的硅质外壳上生长着长刺。

在水中生成的沉积物称为**水生沉积物**（hydrogenous sediment）。水生沉积物在海水中通过化学反应生成。绝大部分水生沉积物由矿物质在海底缓慢沉淀形成，还有一些则由洋脊海底热泉处循环的热液羽状流中的矿物质沉淀形成。水生沉积物包括**碳酸盐**（carbonate）、**磷灰岩**（phosphorite）、各种**盐**（salt）和**锰结核**（manganese nodule）。此外，沿着年轻的海底扩张中心轴线，水热过程可以产生富含铁和其他金属的硫化物，或在扩张中心轴线外侧形成富含碳酸盐和镁的矿物质，如第3章所讨论的那样。

由于海水温度升高或酸性降低，水生碳酸盐可以在某些浅的暖水环境中直接沉淀。在高生物生产力的浅的暖水区域，光合作用生物能够消耗水中溶解的二氧化碳，降低水的酸性，使碳酸钙沉淀。这些碳酸钙沉淀通常以小颗粒形式出现，直径为0.5～1 mm，称为**鲕粒**（oolith，因形似鱼卵而得名）。目前已知，这种过程只发生在当代海洋中相对较少的区域。现代最大的水生碳酸盐岩沉积位于巴哈马浅滩，其他区域还有波斯湾和澳大利亚的大堡礁。

以磷酸盐形式为主的磷灰岩主要分布在大陆架和大陆坡的上缘。它们有时能形成直径约25 cm的结核，或呈砂粒状大小，但更多的时候形成厚壳。在大陆边缘，大多数磷灰岩未表现出活跃的沉积作用。目前磷灰岩沉积物主要形成在非洲和秘鲁西南海岸的高生物生产力区域。

无机盐沉积发生在浅海卤水区域。这里的高蒸发率带走大量水，卤水中发生化学反应，盐分从溶液中沉淀或分离出来并沉降在底部。首先析出的是碳酸盐，随后是硫酸盐，最后是氯化物（包括氯化钠）。对地中海海床沉淀物的研究，为我们研究地中海与大西洋的分离过程提供了很好线索。

锰结核主要由锰、铁的氧化物组成，但也包含一定量的铜、钴、镍。它们首次在1873年“挑战者”号探险时在海底被发现。锰结核可以出现在不同的海洋环境中，包括深海海底、海山、活跃的大洋中脊和大陆边缘处。它们的化学性质与所处的洋盆以及生成区域的特定海洋环境有关（表4.3和4.4）。通常太平洋的锰结核金属含量最高，但铁含量例外。通常大西洋的锰结核中铁的含量最高。锰和铁在结核中的重量比例平均为18%和17%，而镍、钴、铜的平均重量比例则从0.5%下降为0.2%。在大陆边缘形成的锰结核具有非常独特的化学性质，它们具有较高的锰含量和较低的铁含量。锰结核的化学性质也受到它们在海底位置的影响。锰结核可以位于其他沉积物之上，或被浅浅地埋在沉积物中。在沉积物顶部的锰结核可以和海水发生化学反应，从而产生富含铁和钴的类型；而那些被埋在沉积物中的锰结核，则可以和沉积物发生反应，生成富含锰和钴的类型。锰结核的核心层通常具有略微不同的化学性质。这些不同的化学性质是锰结核生长时周围海水发生化学变化作用的结果。

表4.3　三个洋盆中锰结核的平均化学成分/%

元素	大西洋	太平洋	印度洋	三大洋平均值
锰（Mn）	16.8	19.75	18.03	17.99
铁（Fe）	21.2	14.29	16.25	17.25
镍（Ni）	0.927	0.722	0.510	0.509
钴（Co）	0.309	0.381	0.279	0.323
铜（Cu）	0.109	0.366	0.223	0.233

注：表中数据为大西洋、太平洋、印度洋的锰结核中锰、铁、镍、钴、铜的平均丰度。数值为每种金属所占的重量百分比。

表4.4　不同环境下锰结核的平均化学成分/%

元素	海山	活跃中脊	大陆边缘	深渊
锰（Mn）	14.62	15.51	38.69	17.99
铁（Fe）	15.81	19.15	1.34	17.25
镍（Ni）	0.351	0.306	0.121	0.509
钴（Co）	1.15	0.400	0.011	0.323
铜（Cu）	0.058	0.081	0.082	0.233
锰/铁（Mn/Fe）	0.92	0.81	28.9	1.04

注：不同环境下锰结核中锰、铁、镍、钴、铜的平均丰度和锰铁比值。数值为每种金属所占的重量百分比。

表4.5 沉积物总量

类别	来源	主要分布位置	例子
岩源沉积物或陆源沉积物	受侵蚀的岩石、火山、大气浮尘	主要为浅海，低生产率的深海区域	粗糙的海滩和大陆架沉积、浊流、红黏土
生源沉积物	生物体	表面高生产率区域，上升流区域，大部分深海，一些海滩，浅的温暖海水	钙质软泥（CCD以上）、硅质软泥（CCD以下）、珊瑚
水生沉积物	海水化学沉淀	大洋中脊，没有其他类型沉积物的区域，浅海和深海	金属硫化物、锰结核、磷酸盐、部分碳酸盐
宇宙沉积物	太空	任何地方，但浓度低	陨石、太空尘埃

海底锰结核为黑色或棕色，直径1～10 cm，略大于一个高尔夫球或大小相当。大陆边缘的锰铁氧化物矿床有各种不同形式，有的与深海发现的结核相似，有的与地壳相似。大多数锰结核生长缓慢。深海锰结核每100万年增长1～10 mm，是其他类型深海沉积物沉积速率的1/1 000。锰结核通常以一个硬的碎片为核心，例如鲨鱼牙齿、岩石碎屑或鱼的骨头等，类似于珍珠围绕着砂砾，一层一层生长。它们通常形成于其他类型沉积物极少的区域，或底部流速较快以免它们被深埋的区域。大陆边缘的锰结核则具有相对快的生长速度，它们每年能生长0.01～1 mm，相当于深海锰结核生长速度的1 000～100万倍。除北冰洋外，人们在各个海洋中都已经发现了锰结核。它们在中太平洋的生源软泥中含量最丰富，沿着赤道向南北分布（图4.17）。大西洋和印度洋的陆源和生源沉积沉积作用速率较快，较少沉积锰结核。

来自太空的沉积物称为**宇宙沉积物**（cosmogenous sediment）。太空中的微粒持续地轰击地球，绝大部分微粒在穿越大气层时被拦截，仅有约10%能够到达地球表面。宇宙微粒通常很小，因此那些从大气层中侥幸降落到海洋中的宇宙微粒，通常在海水中悬浮很长时间并在它们到达海底之前溶解。这些富含铁的沉积物，通常与其他类型的沉积物混合在一起，在各个海洋都有少量分布。宇宙沉积物的分布可以体现出宇宙微粒补给的分布。这些颗粒在经过地球大气层时，由于摩擦变得非常热，部分熔融使得微粒变成圆形或泪滴形。宇宙物体撞击地球时会发生分解和表层熔融，这些过程产生熔融微粒的飞溅，从而产生飞溅形态的**玻陨石**（tektite）。玻陨石在海底和陆地上均有存在。

海底沉积物的分布

海底沉积物分布可以反映两方面信息：（1）它们和源地的距离；（2）控制它们生成、输运、沉积的过程。75%的海洋沉积物是陆源沉积物，大多数陆源沉积物最初在大陆边缘沉积，随后被波浪、海流、浊流搬运，横跨大陆架，顺着大陆坡下滑并向海输运。近岸区域的陆源沉积物主要是岩源沉积物，由河流和近岸的波浪侵蚀供给。全世界河流输运沉积物每年为12×10^9～15×10^9 t。大部分沉积物进入热带和亚热带海域。

在高能量环境中，粗颗粒沉积物通常聚集在靠近源地的区域。例如，在发生快速流动和波浪破碎的海滩区域，波浪和海流可以在海滨区域携带较大的岩石颗粒，但是这些大颗粒很快就沉降下来，而较细的颗粒悬浮在水中被输运到更远的地方。这种过程导致沉积物分布按粒度分级。粗颗粒靠近源地，而细颗粒和更细的颗粒所占的比例，随着与源地距离的增加而增加。

颗粒较细的沉积物能够在低能量环境中沉积，例如远离急流和波浪的滨外区域和相对平静的海湾或河口。在高纬度地区，由冰川挟带的岩石和砾石可以在近岸环境中沉积。而在低纬度地区，细小沉积物占大多数，主要来自大的河流、充足的降雨和松散的表层土壤。

目前，大多数陆源沉积物积累在河口区域。河口和河口三角洲作为沉积物截获区域，阻止陆源沉积物进入到深海盆地中。这些区域包括北大西洋沿岸的切萨皮克湾和特拉华湾系统，不列颠哥伦比亚省的乔治亚海峡和北太平洋沿岸的加利福尼亚州旧金山湾。如果三角洲获取沉积物的速度比它们能够保留住沉积物的速度快，那么多余的沉积物将穿过大陆架进入深海区域，例如目前的密西西比河的沉积物。许多大陆架外边缘处的厚沉积层形成于冰川时期（例如位于科德角东南侧的乔治浅滩），那时的海平面比现在低。这些大陆架外缘目前没有大量沉积物输入。

被动型大陆架上的沉积物堆积不稳定且形状陡峭，有时会成块滑落，从而沿着大陆坡快速地将陆源沉积物以浊流的方式送入海底（见第4.2节）。浊流将粗颗粒陆源物质输运到海底较远处。这样的话，它们会改变原有深海沉积物分布形态，并且减少深海沉积物的含量。在近岸，河流在春汛与夏秋季枯水期交替出现。洪水携带大量沉积物进入近海水体，而且这些由洪水带来的沉积物可以被保留在沉积层中。有时候也会突发大量沉积物进入水体的情况，例如悬崖崩塌和火山爆发，这种过程通常呈现出特定大量的泥或灰屑沉积物增加的特点。

海洋沉积物可以形成视觉可分辨的不同层理，它们具有不同颜色、粒度、颗粒类型和供给率。我们也可以通过生源物质的性质和厚度，来推断海洋生命的季节性变化和生长季节长短的分布。在相当长的地质时期中，气候变化（例如冰川时期）能够改变沉积物的生物含量，从而在沉积层中留下记录。

在浅近海区域，气候波动导致沉积物生成率变化。沿着被动大陆边缘，生源沉积物也可能被大量陆源沉积物冲淡。在近海区域，海洋生命数量丰富和河流沉积稀少的地方，生源沉积物由破碎的贝壳和珊瑚礁组成。在更为均一的深海环境中，绝大部分深海沉积物是生源沉积物，这里陆源沉积物影响较少，并且几乎没有环境变化可以扰动到海底沉积物，这使得海底沉积物能够在很长的时间内保持不变。钙质软泥经常在生物生产率高的地方被发现，被其他沉积物所冲淡的程度也很少，深度常浅于4 000 m（参见图4.17中大洋中脊部分和南太平洋较暖较浅的区域）。硅质软泥通常位于南北纬50°～60°之间较冷的区域，以及赤道地带深层冷水被垂向环流带到表层的区域。太平洋的深海海盆中广泛分布着红黏土（图4.17）。

通过**筏运作用**（rafting），陆地来源的大石块也可以被搬运到海中。砂粒、砾石、岩石被冰川携带并嵌入其中，当这些冰川到达海洋后，一部分破碎坠入水中形成冰山，这些冰山又携带着嵌入其中的陆源物质被波浪和海流带往深海。当冰融化时，冰中的岩石和砾石沉入海底。此外，在海岸线浅海处形成的海冰可以嵌入海底物质并将它们输运到深海。图4.17为受冰筏影响的陆源沉积物的区域分布。据估计，20%的海底可以找到冰筏物质。有时候一些大的褐藻，例如海带，可以依附海岸区域的岩石生长，被风暴和海浪推动。这些海带有足够大的浮力，可以携带着岩石碎屑漂浮。当这些褐藻死亡和下沉时，岩石沉入海底的位置将与源地有一定距离。这种在漂流过程中所沉积的大型岩石既不常见，也无特定规律。

风也是将陆源物质输运到海中的有效方式。撒哈拉沙漠或其他干燥地区的风将沙砾直接从陆地吹至海洋，有时候能输运到距海岸1 000 km甚至更远的地方（图4.18）。相同的过程也可以发生在沙丘和近海之间。在开阔海域，空气中的尘土为深海红黏土提供大量物质来源。图4.19表明风向海输运尘土和霾状颗粒的频率。火山是空气中微尘的另一个来源。火山灰也出现在海底沉积物中，并且一些特别厚的沉积层与火山历史事件有关。空气微尘每年向海洋提供的沉积物，据估计为100×10^6 t。

岩石的形成

海底松散的沉积物可以转化为**沉积岩**（sedimentary rock），这个过程称为**岩化作用**（lithification）。岩化作用可以通过埋藏、压实、重结晶和胶结作用发生。当一层沉积物被另一层沉积物覆盖时，上层沉积物的重量对下层沉积物产生压力，因此沉积物颗粒被挤压得越来越紧密，颗粒开始彼此黏结，孔隙中的水逐渐从沉积物中逃逸。矿物质就这样在颗粒表面沉淀，随着时间累积，沉积物颗粒逐渐胶结，形成块状沉积岩。沉积岩形成过程中还不断受到埋藏厚度增加和温度升高的影响。海水和孔隙中的水与沉积物颗粒之间的相互化学反应，称为**成岩作用**（diagenesis）。钙质软泥逐渐转变成白垩或石灰岩是成岩作用的一个例子。在这个过程中，沉积物中的方解石颗粒和孔隙水中的方解石沉降胶结。钙质软泥向白垩转换的过程发生在几百米的深度，当埋藏

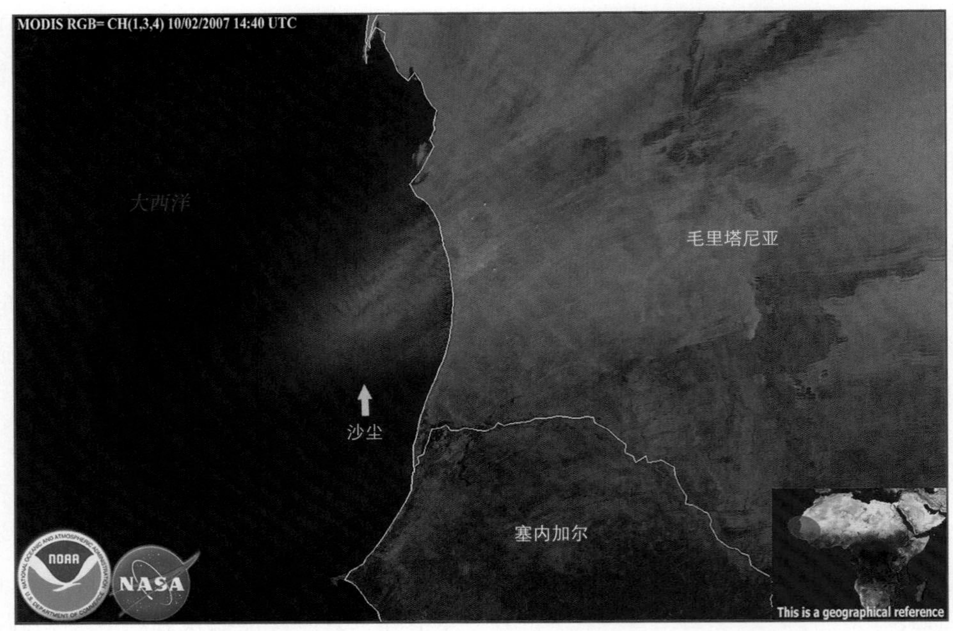

图4.18 2007年10月2日拍摄的卫星图像，显示风沙从西撒哈拉沙漠向大西洋运动。

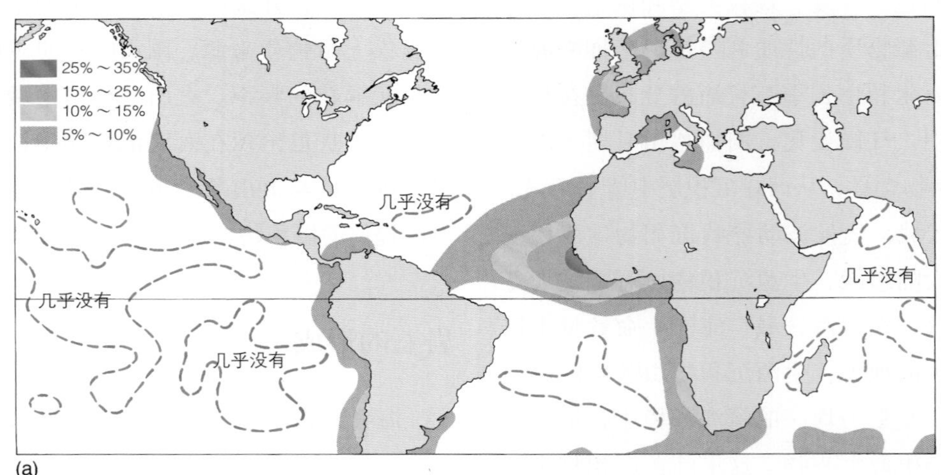

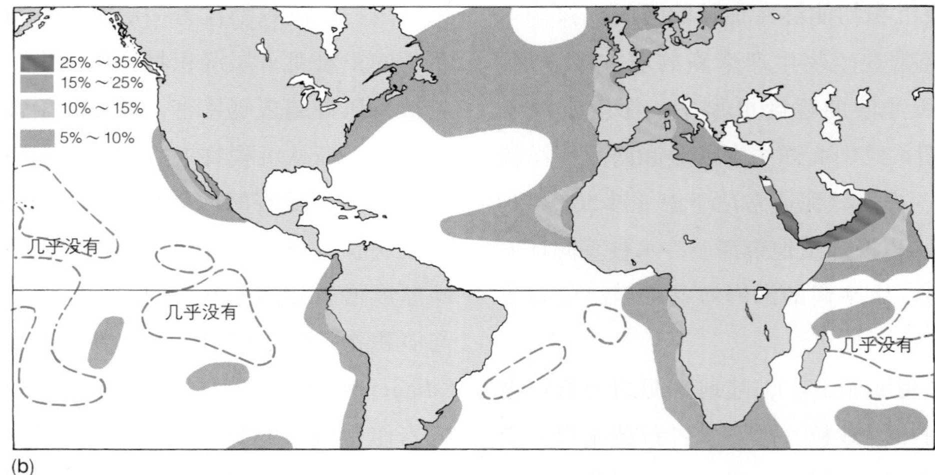

图4.19 西半球冬季（a）和夏季（b）空气沙尘导致的雾霾发生频率。数值为发生次数占所有观测次数的百分比。

深度大于1 000 m时，会进一步向石灰岩转变。硅质软泥可以转变成坚硬的燧石。

沉积岩可以保留在沉积层中，肉眼可分辨，具有明显的层理。由于波浪和潮流运动，有的沉积岩具有波纹和化石。沉积岩可见于深海海底的沉积物下方，沿着被动大陆边缘分布，有时也见于活跃的陆源或古老的内海中。沉积岩常包括砂岩、页岩和石灰岩。

如果沉积物受到较强的温度、压强和化学条件作用，会形成**变质岩**（metamorphic rock）。板岩由页岩变质而成，大理岩通常由石灰岩重结晶变质形成。

采样方法

为了分析沉积物，地质海洋学家必须调查真实的海底样本。科学家研发了一些设备用于海底采样，并将样本带回实验室进行分析。**拖网**（dredge）是利用网或篮子，在拖拽过程中收集海底松散物质、表层岩石和贝壳类碎屑，这种方式具有一定破坏性。**抓斗式采泥器**（grab sampler）是一种铰链设备，它在撞击海底时，通过弹簧和重力装置抓取海底物质。抓斗式采泥器只能采集固定位置的海底样本。

岩芯采样器（corer）是中空的管子，边缘锋利。岩芯采样器通过重力作用深入沉积物中，或者利用水压活塞装置将岩芯采样管打入沉积物中。岩芯采样器设备如图4.20。它获取的样本是圆柱形的底泥，通常长1～20 m，包含未受扰动的沉积层。如果需要采集大面积未受扰动的表层沉积物样品，则采用箱式取样器，这是一个长方形的金属盒。采样时，将其打入沉积物中，在回收前从底部关闭箱口，从而抓取沉积物。如果需要获取较老海底的沉积物，或获取靠近海洋玄武岩的较深的沉积层时，则需要先利用钻井穿过较松散的表层沉积物和岩石。调查船“乔迪斯·决心”号采用的复杂的钻井技术，已在第3章中进行了讨论。

地质海洋学家和地球物理学家也利用高强度的声波来研究沉积物分布和海底结构，这种技术称为**声学剖面测量**（acoustic profiling）。向海底发射的声

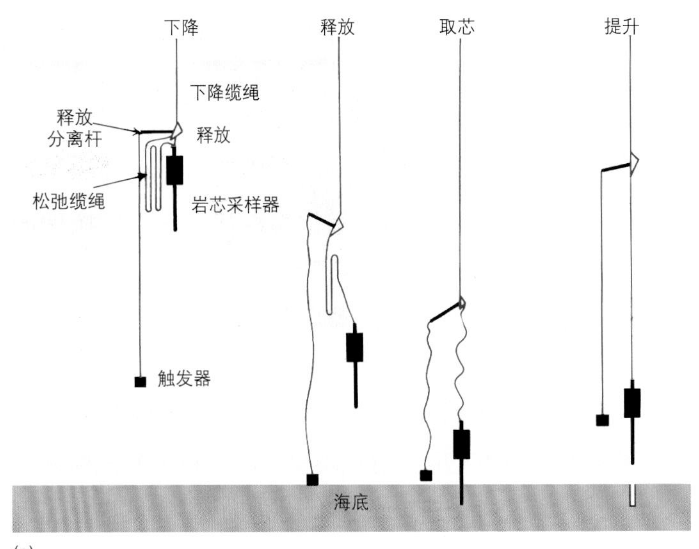

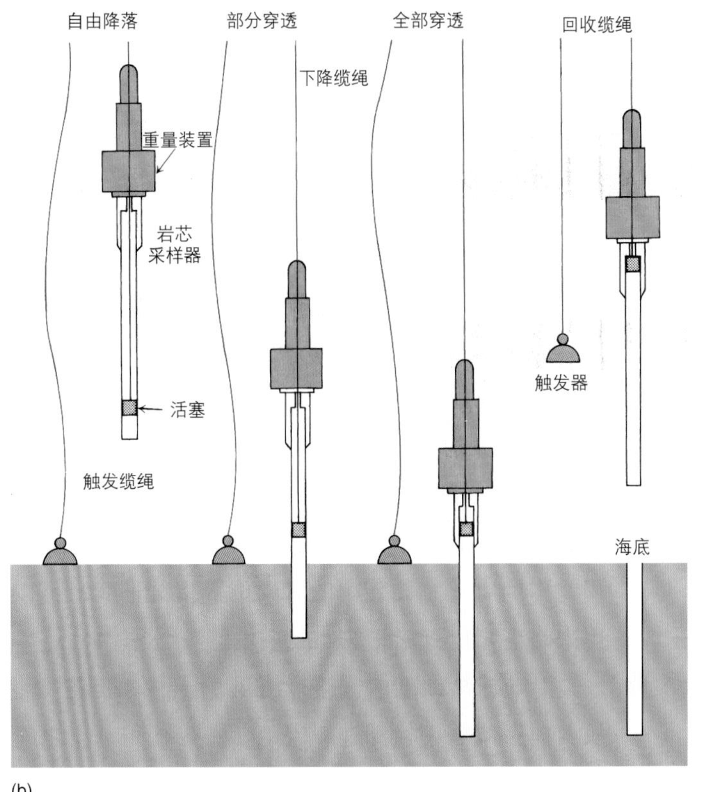

图4.20 （a）Phleger岩芯采样器在重力作用下自由坠落，进入松软的沉积物中。岩芯采样器的内部是一个塑料衬管，这个塑料管可以从采样器上取下，从而获取其中的岩芯样本。（b）活塞采样器操作示意图。采样器自由下降到海底，由于线缆张力，其内部活塞向上运动，迫使水压将采样器进一步打入沉积物中。

波可以发生反射或穿透沉积物，穿透沉积物的声波会发生折射。海表层的船舶可以拖着一组水下麦克风或水听器来接收返回的声波，记录返回声波的能量，生成沉积物结构剖面图。这种技术可以获得大陆边缘的精细结构特征，发现被掩埋的断层、被填充的海底峡谷和油气沉积物。声学剖面测量技术与研究地球内部构造的技术非常相似（见第3章第3.1节）。

今天的海洋科学家正在海底沉积物和岩层中探索地球历史记录。这些层保存着各种重要证据和线索，可以用来理解洋盆和大陆形成、气候变化、火山活动异常时间、各种生命形式的存在和灭亡，以及其他方面。关于地球的信息就保留在那里，但为了理解它们，我们需要将尖端的海上技术和日益精细的实验室研究结合起来。

沉积物：历史的记录者

海洋沉积物和其中的骨骼物质为过去两亿年间地球外形和洋盆的塑造过程提供了重要信息。通过分析沉积物来研究海洋历史的学科称为**古海洋学**（paleoceanography）。以下是两个利用海洋沉积物揭开历史面纱的例子:（1）对海洋有机物骨骼残留分布的研究，可以用来确定南极绕极流（Antarctic Circumpolar Current, ACC）的起始时间;（2）保存在沉积物中的有孔虫硬壳中的氧同位素相对丰度，可以用来确定气候和海水温度的变化。

南半球高纬度地区盛行西风，导致南极绕极流从西向东绕着南极洲连续流动。盛行风和海流之间的相互作用将在第7章中详细讨论，表层流的一般分布模式将在第9章中讨论。南极绕极流非常深，可以延伸到深3 000～4 000 m，由于没有浅海底地形阻挡，它可以无障碍地绕地球流动。然而，这种流场并不是一直存在着的。南方大陆分裂过好几次。1.35亿年前，非洲和印度首次从南极洲、南美洲和澳大利亚分开。8 000万年前，南美洲、南极洲和澳大利亚，仍然是整块陆地。约5 500万年前，澳大利亚和南极洲之间产生了洋底。大约3 500万年前，它们已经明显分开，形成了一条狭长的澳大利亚湾，此时南美洲还没有从南极洲分离。那一时期的海洋沉积物中有一种微小的单细胞浅水种有孔虫*Guembelitria*，生长在古澳大利亚湾的水域中。南半球其他海域没有发现这种有孔虫，说明由于当时的海流，它们未能传播到其他区域。大约3 000万年前，这种有孔虫的骨骼残留物突然出现在绕着南极洲的各个区域。即使在2 000万年前，南美洲和南极洲之间的德雷克海峡还没有完全开放。因此，早在3 000万年前，一定存在着几百米深的浅渠，最早允许南极绕极流绕南极大陆流动，从而将这种有孔虫带到各个海域。

对连续沉积层中的方解石壳体的研究，为气候和海水温度的长期变化提供信息。这种方法需要仔细地检查方解石中的氧同位素的相对丰度。**同位素**（isotope）是具有不同中子数的同一种元素的不同原子，因此它们化学性质相同，但原子质量不同。一些海洋生物从海水的水分子中获取氧以构建其坚硬成分。海水主要包括两种氧同位素：^{16}O和^{18}O。这些同位素是稳定同位素，不会发生放射性衰变，因此一旦它们进入生物骨骼之中，即使生物死亡，其相对比例仍然保持不变。骨屑中的^{16}O和^{18}O的比例，取决于生物形成时周围环境海水的^{16}O和^{18}O的相对比例。因此，含钙的生源物质保留了海水中同位素比例变化，而这与全球温度变化有关。

含^{16}O的水分子比含^{18}O的水分子轻，因此前者更容易蒸发，离开海洋。在冰川时期，从海面蒸发的海水被冻结在冰层中，由于当时海平面较低，^{16}O被从海洋系统中移除。这个过程使海水中的$^{18}O:^{16}O$比例和在那个时期形成的生物骨骼部分的$^{18}O:^{16}O$比例增加。当这些生物死后，它们的骨骼沉到海底进入沉积物中。在相对温暖的间冰期，冰层融化使海平面上升，富含^{16}O的淡水进入海洋。这个过程降低了当时海水中$^{18}O:^{16}O$比例和那个时期生物形成的骨骼部分的$^{18}O:^{16}O$比例。骨骼部分的同位素比例也受到海水温度的影响。当温度降低时，生物倾向于吸收更多的^{18}O。因此，保存在骨骼残余物中的$^{18}O:^{16}O$比例主要取决于全球冰层生长和消亡以及与海平面上升和下降相关的海水成分变化。

4.4 海底资源

很久以前，人们就开始开采海底的矿藏。古希腊人将他们的铅矿和锡矿的开采范围一直延伸到海底。中世纪的苏格兰采矿者，追索煤层直到福斯湾下方。最近，日本、土耳其和加拿大外海海底的煤已经开始被开采。随着科技的发展和对陆上资源储备耗竭的担忧，人们对海底资源及其开发的兴趣不断增长。目前，美国并没有表现出对新海底资源的兴趣，但是国际上对此兴趣浓厚，尤其日本、印度、中国和韩国，正在积极探索开发技术和进行环境方面的研究。值得注意的是，任何潜在的深海资源都面临对应陆地资源的竞争。海底资源是否能被开发，很大程度上取决于两点：一是国际市场对战略资源的需求；二是深海开采费用与陆地开采费用相比是否具有竞争力。

海砂和砾石

海砂和砾石是最大的浅海海底矿产，它们被广泛用于建筑业中。在浅海区域开采海砂和砾石的技术和成本与在陆地上开采差不多。这种巨量低成本材料从经济上主要需考虑产地到市场的交通运输距离。这类矿产每年世界产量约为12亿吨，有报道称储备超过8 000亿吨。英国和日本每年从海底开采的海砂和砾石都占各自全年所需的20%。

海砂和砾石是美国现阶段唯一开采的重要的海底矿产。据估算，美国东北海岸有4 500亿吨海砂矿产储备，大量砾石沉积从新英格兰地区的乔治浅滩延伸到纽约沿岸。沿路易斯安那州、得克萨斯州、佛罗里达州的海岸线，贝壳沉积被开采用于石灰石和水泥工业。它们也可以作为氧化钙的材料来源，被用于从海水中去除去镁，这是镁金属生产中的步骤之一。这些贝壳沉积被粉碎之后，也可以用作砾石替代品铺设马路和高速公路。

在巴哈马地区，人们将海砂作为碳酸钙材料来源，据估计储量约为1 000亿吨。在斐济、夏威夷和美国墨西哥湾沿岸，人们开采珊瑚砂。其他一些海岸的海砂中还包含铁、锡、铀、铂、金和钻石。著名的“锡带”从泰国北部和马来西亚西部一直延伸到印度尼西亚，长约3 000 km，该区域富含锡的沉积物已经被挖掘了上百年，产量占全世界市场的1%。日本开采富含铁的沉积物，其浅海海域中铁的储量据估算达3 600万吨。美国、澳大利亚和南非从海砂中回收铂。阿拉斯加州、俄勒冈州、智利、南非、澳大利亚的河口三角洲沉积物中含有金，非洲和澳大利亚的河流沉积物中含有钻石。1994年，人们开始在非洲西南部海域300 m深处开采钻石。富含铜、锌、铅、银的淤泥常常出现在大陆坡，但是它们所处的位置水深过大，综合考虑现在的市场需求和它们的市场价值，并不适宜开采。

磷钙土

磷钙土可以用于生产磷肥。浅海的磷矿泥和磷矿砂中包含约12%～18%的磷酸盐，磷钙土也可以在大陆架和大陆坡以结核形式分布，结核中磷酸盐约占30%。已知较大的沉积磷矿床位于佛罗里达州、加利福尼亚州、墨西哥、秘鲁、澳大利亚、日本、非洲的西北部和南部外海。最近，在北卡罗来纳州昂斯洛海湾发现了大量的磷钙土，8个矿床中的5个被认为极具商业价值。据预测，这些矿床蕴含了30亿吨磷酸盐。

据估计，全世界的磷矿储量为500亿吨。虽然陆地储量目前并不紧缺，但是世界上绝大部分的陆地储量被相对少数几个国家控制。因此，对某些国家而言，从海洋沉积物中开采磷矿具有政治意义。当前阶段，海洋上尚无磷矿商业开采。

硫

硫是制造硫酸的必需原料，而硫酸广泛应用于许多工业过程中。目前最经济的提取硫的方法是从污染物控制设备中提炼。过去，人们曾在墨西哥湾开采硫，通过向矿井中注射高压水汽使硫融化，然后将它们泵到沿岸的工厂处理。墨西哥湾和地中海

夏威夷巨型滑坡

大卫·克莱格博士

大卫·克莱格（David Clague）博士是蒙特雷湾水族馆研究所的高级研究员，该研究所位于加利福尼亚州莫斯兰丁。作为海洋地质学家，克莱格博士的研究兴趣主要在海洋火山的形成和消亡方面。

1964年，詹姆斯·穆尔（James Moore）博士发表了一篇简短的论文，认为瓦胡岛东北处深海海底一些凹凸不平的地形可能是滑坡造成的。穆尔博士是负责观测夏威夷火山的科学家，他意识到自己的猜测可能会受到争议，因为测量到的最大块体部分长近30 km，宽5 km，高超过2 km，这暗示夏威夷火山侧翼的巨大山体很可能形成巨型山体滑坡。

文章引发的热烈争论持续了7年，其他科学家都普遍同意观测数据的真实性，但认为巨块是一个海底火山。由于缺乏关键的新数据，这个主题逐渐被人们淡忘。1986年，美国专属经济区延伸至200海里，因此，再次对夏威夷群岛周围的海底进行了测绘。而20年前提出争议观点的詹姆斯·穆尔博士，也参加了这次围绕夏威夷进行的调查。

测绘采用的是GLORIA声呐系统，因为由它创建的海底图像，组合起来覆盖宽度达30 km（见本章知识窗“测深”）。船在平行的航线上来回测深，慢慢地收集数据并与之前航线上的探测的数据合并。瓦胡岛东北部图像上出现了很多棱角分明的块体，大的如多年前发现的巨块大小，小的也有一个足球场的面积（这是GLORIA能够分辨的最小尺度）。从瓦胡岛沿岸向海延伸约200 km，海底布满了这种大大小小的块体。

新的数据清晰地表明，海底地形主要由一个巨大的滑坡沉积而成，穆尔在1964年提出的假设被证明是正确的（窗图1）。然而，数据也显示，除了瓦胡岛东北部，这些块状沉积在各地都有存在。我们现在知道这种沉积体沿着整个夏威夷火山链分布，向西直至中途岛。总共有17个独立的大型沉积体（超过20 km）分布在主要岛屿周围（窗图2），另有61个小型块状沉积体分布在岛链西侧。这些滑坡的规模和发生频率（每百万年发生数次）表明，这些巨型滑坡是巨大灾害，有必要进一步了解它们的动力学细节。

滑坡沉积分两大类型：旋转滑坡和岩屑崩落。旋转滑坡

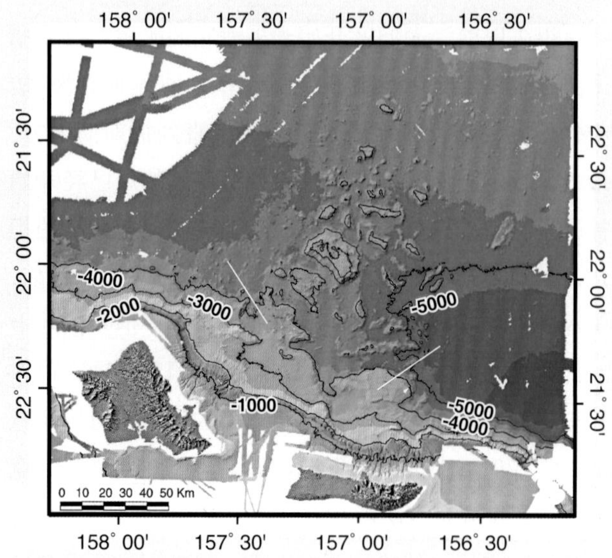

窗图1 瓦胡岛东北部水深图显示分布在海中的努阿努（Nuuanu）和怀罗（Wailau）滑坡块状沉积体。水深图基于现代条带测深技术绘制，所用数据主要由日本海洋科学技术中心于1998年和1999年观测收集。

厚能够达到10 km，宽达110 km，从岸边延伸的距离较短；而岩屑崩落厚小于2 km，范围狭窄，从岸边延伸的距离可达230 km。对一些崩塌沉积的外部边界块体的观察结果表明，此类滑坡发生迅速，坡上的火山碎片高速移动，有足够的动量在块体上爬坡运动。这些特点表明了岩屑崩落是灾难性的，可能给在夏威夷和其他的火山岛带来危险。

许多紧迫问题仍有待解决。其中，最核心的问题是导致滑坡的原因。回答这些问题并不容易，特别是在研究单独的巨型滑坡时，该如何对如此巨大的面积进行测量和取样。科学家们提出的问题非常基础：滑坡的究竟是什么？什么时候发生的滑坡？滑坡是如何发生的？什么原因导致了滑坡？这些问题都引向一个最重要的问题：我们能否确定引起下一次巨型滑坡的条件？

从20世纪90年代开始，研究人员试图用一些不同的方法来回答这些问题。这些方法包括收集高分辨率多波束测深数据，来更好的定义块体的大小和分布；积累深层地震数据来构建次表层结构；采用载人和无人潜水器潜入水下来确定组成滑坡块体的岩石种类。瓦胡岛南侧的海洋钻探计划站点和周围群

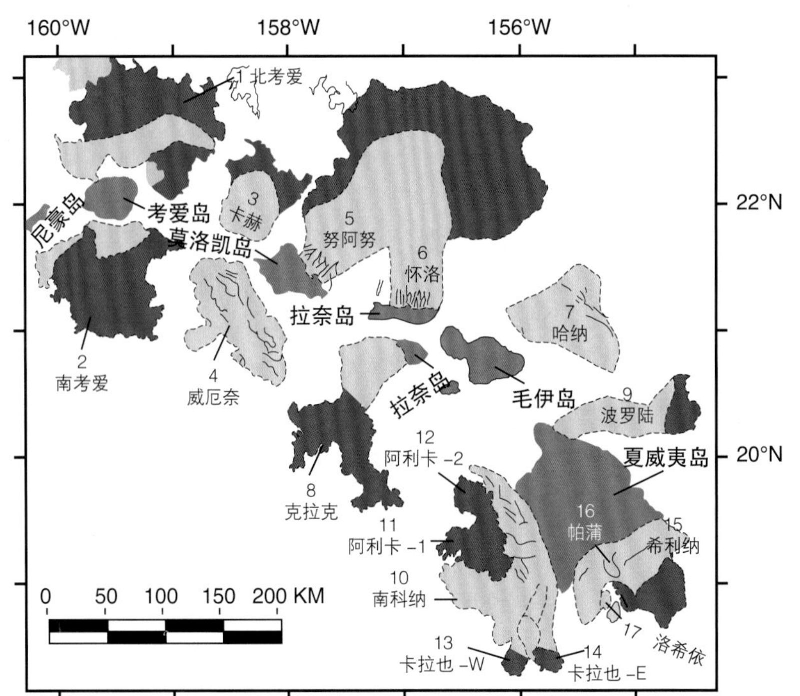

窗图2 基于GLORIA侧扫成像获取的围绕夏威夷群岛的滑坡碎屑分布。岩屑崩落用棕色表示，旋转滑坡用黄色表示。

岛的钻探采样表明，巨型滑坡外缘为浊积岩。从1998年开始，潜水和远程遥控调查的利用频率越来越高。特别是，日本海洋科学技术中心在为期五年的时间内进行了一系列共四次的巡航，主要目标是探索夏威夷群岛附近的最大的几块滑坡块体。蒙特雷湾水族馆研究所在2001年对夏威夷进行的探索中也使用了控制潜水器，观测和收集到的岩石大多为各种类型的火山岩，这些岩石一般在熔岩流进大海处和碎屑累积在火山侧方形成。由于这些巨型滑坡岩块撞击海洋地壳，在一些滑坡块体的底部，撞击处周围的火山沉积物呈现翘起的状态。

我们已经成功确定了引发滑坡的岩石类型，部分确定了滑坡的发生时间。我们正在开始对这些滑坡生成三维的图像。然而，更难的是，这些滑坡是如何发生的、为什么会发生以及将来会怎样。这些问题仍待解决。

参考文献：

Clague, D. A., and J. G. Moore. 2002. The Proximal Part of the Giant Submarine Wailau Landslide, Molokai, Hawaii. *Journal of Volcanology and Geothermal Research* (113): 259–87.

Moore, J. G., D. A. Clague, R. T. Holcomb, P. W. Lipman, W. R. Normark, and M. E. Torresan. 1989. Prodigious Submarine Landslides on the Hawaiian Ridge. *Journal of Geophysical Research* (94): 17465–84.

的硫矿储量高达上百万吨。

煤

煤由大量陆地植物在低氧沼泽环境中被掩埋后变质而形成。植物在高温高压条件下经历一系列变化。最初，部分变质的植物变成泥炭，泥炭再经过一系列变质作用硬度增大，从褐煤转变为烟煤，最终变为无烟煤。地质时期海平面和陆地发生变化，导致许多煤沉积层下沉。当煤炭的数量和质量达一定程度时，它们可被开采利用。在日本，海底煤矿通过从陆地或人工岛伸向海底的矿井开采上来。

石油和天然气

在各种海底资源中，石油和天然气占各种资源价值的95%。石油和天然气几乎都与海相沉积岩有关，人们认为它们是在海洋动植物的有机物向碳氢化合物转化的过程中缓慢产生的。海洋有机物最终转化为石油或天然气必须满足特定的条件。首先，它必须在浅的、平静的低氧环境水体中沉积，在这样的条件下厌氧细菌可以利用有机物产生甲烷或其他轻烃。这些结构简单的碳氢化合物被深埋在沉积层中，经历高压和高温的历练，又经过上百万年的时间，转变成石油或天然气。如果埋藏深度在2 km的范围内，通常转化为石油；如果埋藏深度更深或有机物长期处于在高温下，将产生天然气。通常，石油的沉积深度浅于3 km，天然气的形成深度大于7 km。

由于石油和天然气非常轻，它们会透过多孔的岩石向上迁移，从生成地缓慢地进入上方多孔的岩石中。这种向上迁移一直持续到遇到不透水的岩层为止。此时，石油和天然气会停止向上运动，填充到不透水岩层下方的岩石孔隙中。

富含石油的海洋沉积物常常在海平面特别高的地质时代沉积，那时的洪水会广泛地淹没陆地低洼地带，从而形成很多大规模的浅海区。许多石油和天然气被发现在海相岩石中，这些海相岩石多数在侏罗纪和白垩纪之间较短的时间内沉积而成（大约在8 500万年前到1.8亿年前之间），当时的海平面很高。

2007年，美国大约24%的石油和25%的天然气产自外海区域。1998年，全世界约有32%的石油和24%的天然气生产来自海上钻井。大量的海上油田被发现位于墨西哥湾、波斯湾、北海、澳大利亚北部外海、加州南岸和北冰洋沿岸。目前，许多美国公司发现，在他国海域钻井获取石油和天然气的经济效益更高，因此他们将石油钻机移到北海、非洲西部和巴西等地的海域中。

进行海上石油开采需要建造大型钻井平台，这些钻井平台和专用设备必须能够承受海上的恶劣天气和风暴，并且能够在深海作业。尽管海上钻井设备的费用通常是陆地上相同设备的3～4倍，石油沉积层的巨大储量使得投资海上钻井平台将更为成功。离岸更深处的石油和天然气潜在储量仍然未知，但是开采更深区域意味着更深的钻井和更高的费用。埃克森美孚公司正在进行一项研究计划，试图开发钻探深度达1 400 m的钻井，这个深度相当于目前最深的油井的两倍多。

科学研究中的深海钻井新方法和新设备为新一代深海商业钻井系统开发提供了参考原型。尽管存在着法律限制、环境因素，以及世界范围内的政治不确定性，对外海沉积物的开发利用进展缓慢，但是未来石油无疑仍是海洋矿业开采的主要焦点。

天然气水合物

近几年，海洋沉积物中的天然气水合物不断引起人们的兴趣。天然气水合物是一种天然气，主要成分是甲烷（CH_4）和水，它在高压低温下呈固态冰状。人们已经在海洋沉积物岩芯样品中发现了许多天然气水合物，当样品被取上来之后，天然气逸出，样品融化并产生气泡。正在融化的样品可以被点燃。天然气水合物之所以引起人们强烈的兴趣，主要有以下三个原因：（1）它们是潜在的能源来源；（2）它们可能造成沿大陆边缘物质的滑塌；（3）它们可能在气候变化中扮演着角色。

1 ft^3[①] 天然气水合物融化时，可以释放160 ft^3天然气，因此天然气水合物包含着大量的天然气。对于全世界范围内天然气水合物所包含的天然气总量，目前仍存在争议，预估量为$2.8 \times 10^{15} \sim 8 \times 10^{18}$ m^3。相较之下，美国地质调查局在2000年估算全世界传统天然气的储量约为4.4×10^{14} m^3。尽管对海洋中天然气水合物的储量估算存在着较大争议，但即使是最低的估算量也比陆地上传统天然气储量大得多，因此，天然气水合物将来可能会成为一种重要的能源（表4.6）。需要注意的是，上述评估都没有预测基于目前的技术水平和资源位置，从全世界天然气水合物储量中到底能够真正生产出多少天然气。

天然气水合物之所以重要的第二个理由是它们对于海底稳定性的影响。美国东南沿海存在大量的海底滑坡或滑塌，已被公认为与天然气水合物有关。这些水合物可以抑制沉积物的正常聚积和胶结过程，在沉积层中产生脆弱的区域。此外，末次冰期时的低水位也许会使海床受力减小，一些气体从天然气水合物中逸出后，积聚在沉积物内，降低沉积物的强度。

研究天然气水合物的最后一个理由是它们与气候变化的潜在关系。储存在天然气水合物中的甲烷，

① 即立方英尺。1 ft^3=0.028 316 8 m^3。——编者注

表4.6　天然气水合物的潜在重要性			
天然气水合物估量（简称EVGH，单位：10^{12} m^3）	EVGH：全世界天然气供应量	EVGH：2000年美国天然气消耗量	EVGH：1999年全世界消耗量
低于2 800	6.4 ∶ 1	4 375 ∶ 1	1 175 ∶ 1
高于8 000 000	18 200 ∶ 1	12 500 000 ∶ 1	3 355 700 ∶ 1

是目前大气中含量的3 000倍。甲烷是一种温室气体，从天然气水合物中释放的甲烷将影响全球的气候。

锰结核

锰结核零散地分布于世界深海中，它在东北太平洋的红黏土中含量较高（图4.17）。锰结核的化学成分处处不同，有些区域锰结核含30%的锰，1%的铜，1.25%的镍和0.25%的钴，这些元素的含量比它们在陆地矿物中的含量高得多。钴有着特别的意义，因为在美国它被列为战略金属，对国家安全非常重要。钴是制作硬质合金的重要原料，常被用于生产工具和飞机发动机。锰结核生长非常缓慢，但是它们数量巨大，据估算每年生成的锰结核达1 600万吨。

从20世纪60年代开始，多国合作并花费上百万美元，以寻找锰结核高富集带和发展开采技术，但他们想迅速发展的愿望没有实现。20世纪80年代，一些国家退出了合作，而另一些国家处于观望状态。这项工业发展失败的主要原因在于，目前国际金属市场的普遍低迷，另一个原因则是历史性的，即这些深海锰结核的归属权问题（见本节“法律和条约”）。

20世纪80年代，美国领海内的一些海岭和岛屿的斜坡面浅水域中发现了富含钴的锰结壳。这些锰结壳覆盖在硬质基岩上，钴含量是深海锰结核含量的两倍，是已知陆地著名沉积矿床的1～1.5倍。这些海底表层锰结壳之所以没有被积极开采，原因是目前陆地资源还可连续开采且成本低廉。

海底钴开采的进展在20世纪90年代一直保持迟缓。绝大多数开采位置位于美国以外。12个南太平洋岛屿和国家（库克群岛、密克罗尼西亚联邦、斐济、关岛、基里巴斯、马绍尔群岛、巴布亚新几内亚、所罗门群岛、汤加、图瓦卢、瓦努阿图和印度尼西亚）建立联盟，澳大利亚和新西兰作为准成员，支持了一个超过25次的深海调查计划。库克群岛政府接受了在其沿岸水域开采钴的提议，该海域地层中的钴含量是锰结核中的4～5倍。印度已经向联合国申请开发印度洋地区的锰结核，并致力于改进采矿系统和处理工艺。日本也对海底开发保持着科学研究兴趣。

硫化物矿床

加利福尼亚湾附近的东太平洋海隆的裂谷地带、厄瓜多尔外海的加拉帕戈斯海岭、美国东北部外海的胡安·德富卡海岭的裂谷中都发现了锌、铁、铜、银、锰、铅、铬、金、铂的硫化物。地壳之下的熔融物质沿着裂谷上升，加热并破坏岩石。海水渗入这些破裂的岩石，形成富含金属的热液。当这些热液沿着裂隙上升并冷却时，析出金属硫化物并沉淀在海底，沉积物可以达到十几米厚、上百米长。目前对这些沉积物的了解不多，无法判断它们是否具有经济价值，也没有可行的技术对它们进行采样和提炼。并且，和锰结核一样，这些沉积物位于专属经济区之外，因此它们也存在所有权问题（见本节“法律和条约”）。

20世纪60年代，在红海发现金属硫化物淤泥。在深度为1 900～2 200 m的小盆地里，沉积着厚达100 m的淤泥。人们在这里发现大量的铁、锌、铜和少量的银、金。在这些淤泥上方，卤水的金属含量是正常海水的上百倍。

法律和条约

由于深海矿产特别是锰结核的潜在价值，并且它们通常出现在国际水域，即在沿海国家的200海里专属经济区之外，因此，世界上的发展中国家认为他们和目前具有开发能力的国家一样，对这些财富拥有权益。发展中国家想获取采矿技术并且分享利益。联合国海洋法会议耗费了近十年的时间，致力于制定管理深海开发的条约，包括深海矿业开发。《联合国海洋法公约》于1982年4月完成。该公约认为，深海矿产属于全人类，通过联合国国际海底管理局授权，由私营公司与联合国共同开采。开采的数量必须受到限制，利益必须共享，联合国负责管理和平衡这些海上财富。

美国拒绝签署公约。1984年，美国、比利时、法国、联邦德国、意大利、日本和荷兰签署了一份独立的《关于深海底问题的临时谅解》。在这个临时协议下，美国、联邦德国和英国授权四个国际财团开发海底资源。到1991年，45个国家签署了《联合国海洋法公约》。随后开采冲突逐渐降温，而且联合国意识到，需要美国的支持来确保对海洋资源的探索和开发，因此将美国加入到解决开采冲突的工作组中。

《联合国海洋法公约》在美国不支持的情况下于1994年开始实施，但是关于管理海床矿产问题的后续谈判产生了一些效果。同年，在联合国努力下，各个国家就修改200海里专属经济区之外的深海矿产开采的条款达成协议。新协议和《联合国海洋法公约》一起提交给美国议会征询咨议和同意。2007年10月31日，美国参议院对外关系委员会将公约送至美国参议院进行投票决议。但是不管怎样，在21世纪前都不可能进行任何深海矿产开采。深海开采费用高，金属价格低廉，以及还有陆地资源亟待开发，使得任何管理系统都不会实现深海开采快速商业化。

南极大陆和周边海域可能存在丰富的矿物和石油，许多国家和私营企业都有意向在未来对该区域进行矿产和钻探调查。20个国家于1959年签署了《南极条约》，条约禁止在南极洲进行任何军事活动，只允许进行科学研究。1988年6月，一个多国会议达成一项关于管理南极洲及其相邻海域矿产开发的条约，这项条约需要20个《南极条约》签署国中的16个国家批准才能生效。根据1988年公约，任何导致南极大气、陆地和海洋环境剧烈变化的活动都不允许进行。由于没有人真正了解南极洲的冰雪之下到底蕴藏着多少矿产和石油财富，未来可开采的程度仍不明朗。

在美国，除一些沿海州在国有水域进行海砂和砾石开采外，没有任何其他滨海矿产开发。美国国内法律规定，可以在美国水域进行锰结核、钴结壳、金属硫化物和磷矿的开采。在这些法律下，美国内政部负责出租大陆架用于海上矿产的开采和开发。目前，联邦和州政府正致力于在夏威夷群岛开发富钴结壳、在俄勒冈外海的戈达海岭开发金属硫化物，以及在北卡罗来纳州开发磷矿。

本章小结

人们最初使用绳索进行水深测量，后来改为用钢丝，从20世纪20年代开始使用回声测深仪，现在则使用精密深度记录仪。通过测量海表面到卫星的距离，可以探测海底地形。

海底就像陆地表面一样凹凸不平，但是遭受侵蚀的速度要缓慢得多。大陆边缘包括大陆架、大陆坡和大陆隆。大陆架坡折位于大陆架和大陆坡坡度发生突变的地带。海底峡谷是大陆坡的主要地形特征，有时候也出现在大陆架上。一些海底峡谷与河流有关，其余则由浊流切割而成。浊积岩由浊流沉积作用形成，分选性较好。

洋盆是平坦的深海平原，其间零星镶嵌着深海丘陵、海底火山和平顶海山。在温暖的浅海区域，珊瑚礁绕着海山向上生长，形成裙礁；当海山下沉时，珊瑚礁继续生长，形成障壁礁；当海山峰顶完全沉入水中后，形成环礁。大洋中脊贯穿整个海洋，海沟和岛弧主要分布在太平洋中。

沉积物划分主要基于它们的粒度、位置、起源和化学性质。根据颗粒大小，依次划分为砾石、砂和淤泥，在此基础上还可以进一步细分。沉积物在水体中的沉降速度和位移与沉积物的粒度、形状和海流有关。小颗粒比大颗粒沉降得慢。小颗粒有粉砂和黏土，它们的下降速度极慢，以至于在沉到海底之前可以运移相当长距离。小颗粒在沉降时可以通过絮凝或与粪球结合的方式使沉降速度增加。

大陆边缘和海岛斜坡的沉积物称为浅海沉积物，深海海底的沉积物称为深海沉积物。通常而言，深海沉积物积累速度慢，而浅海沉积物积累速度快。

由岩石微粒形成的沉积物称为岩源沉积物，也称为陆源沉积物。陆源沉积物通常来自陆地。海洋中的陆源沉积物通常为红黏土。红黏土只在没有其他沉积物来源的区域占主要成分。沉积物中的生源沉积物来自海洋生命，当生源沉积物超过30%时称为软泥，这些物质通常在高生物生产区累积。含硅沉积物在海洋任意位置都会被溶解，而含钙沉积物在碳酸钙补偿深度以下的寒冷海域才快速溶解。在水中直接沉淀生成的沉积物称为水生沉积物。这些沉积物包括深海海底的锰结核和大洋中脊的金属硫化物。来自外太空的沉积物称为宇宙沉积物。

沉积物分布取决于与源头的距离、生物量、径流季节性变化、波浪和潮流、浊流、陆地来源的变化、盛行风以及冰筏等因素。

粗颗粒沉积物主要聚集在近岸区域，细颗粒沉积物可以输运到外海。陆源沉积物主要沿着海岸边缘分布。大多数深海沉积物主要源于生物。沉积物的粒度分布可以揭示沉积的过程，沉积层可以为研究古代气候变化提供线索。

通常，沉积速率在深海最小，在靠近陆地时最大。在某些区域，残留沉积物的沉积环境不会再现。加快颗粒沉降的机制包括絮凝和与粪球结合。松散沉积物可以转化为沉积岩，保存在沉积物分层中。

沉积物可以通过拖网、抓斗和钻探来采样；深海钻井可以穿过沉积物，在海底岩石中采样。

含钙的生源沉积物保存着海水成分中的氧同位素变化，这些变化直接与水温有关，因此可以用来研究全球气候变化。同理，在含钙的骨骼残留物中，$^{18}O:^{16}O$可以记录全球冰盖和海平面的升降波动。

海底资源包括建筑行业和填埋场用的海砂和砾石。人们开采富含矿物质的砂和淤泥。磷结核可以被用作肥料的原材料。在所有海床资源中，石油和天然气价值最高。锰结核富含铜、镍和钴，大量分布在海底。由于国际法存在争议、采矿费用高昂以及市场价格低廉，海底金属矿床资源开发进展缓慢。硫化物矿产被发现于裂谷地带，它们的经济地位尚不明确。

目前人们正在研究天然气水合物，以确定它们是否是具有经济意义的甲烷来源。这些沉积物位于海底，是水和天然气在低温高压条件下形成的冰状聚合体。科学家也在研究它们在水下滑坡和全球气候变化中所扮演的角色。

关键术语

sounding　水深测量

echo sounder　回声测深仪

fathom　英寻

depth recorder　深度记录仪

continental margin　大陆边缘

continental shelf　大陆架

continental shelf break　陆架坡折

continental slope　大陆坡

submarine canyon　海底峡谷

turbidity current　浊流

turbidite　浊积岩

continental rise　大陆隆

abyssal plain　深海平原

abyssal hill　深海丘陵

seamount　海山

guyot　平顶海山

fringing reef　岸礁

barrier reef　堡礁

atoll　环礁

island arc system　岛弧系统

phytoplankton　浮游植物

zooplankton　浮游动物

photosynthetic　光合的

heterotrophic　异养的

test　介壳

neritic　浅海的

pelagic　深海的

relict sediment　残留沉积物

lithogenous sediment　岩源沉积物

terrigenous sediment　陆源沉积物

abyssal clay　深海黏土

red clay　红黏土

biogenous sediment　生源沉积物

ooze　软泥

calcareous ooze　钙质软泥

siliceous ooze　硅质软泥

coccolithophorids　颗石藻

coccolith　颗石粒

pteropod　翼足类

foraminifera　有孔虫

lysocline　溶跃层

carbonate compensation depth (CCD)　碳酸盐补偿深度

nutrient　营养盐

hydrogenous sediment　水生沉积物

carbonate　碳酸盐

phosphorite　磷灰岩

salt　盐

manganese nodule　锰结核

oolith　鲕粒

cosmogenous sediment　宇宙沉积物

tektite　玻陨石

rafting　筏运作用

sedimentary rock　沉积岩

lithificaiton　岩化作用

diagenesis　成岩作用

metamorphic rock　变质岩

dredge　拖网

grab sampler　抓斗式采泥器

corer　岩芯采样器

acoustic profiling　声学剖面测量

paleoceanography　古海洋学

isotope　同位素

本章中的关键术语可在“词汇表”中检索到。同时，在本书网站www.mhhe.com/sverdrup10e中，读者可学习术语的定义。

思考题

1. 钙质软泥在南太平洋是否比在北太平洋存在更普遍？为什么？
2. 什么是浊流？在哪里可能会发生浊流？浊流产生的沉积物和浅海近岸泥沙沉积物有何不同？
3. 列出4种沉积物来源类型。每种类型最可能的分布区域是哪里？
4. 讨论深海矿产资源未来的商业发展和开采情况。
5. 假想你正在海底的深海潜水器中，你离开纽约横穿北大西洋去西班牙。简要的画出海底剖面图，标出当你穿越大西洋时看到的每种主要海底地形及其名称。用同样方法绘制从智利海岸到澳大利亚西海岸的南太平洋剖面图。比较两张剖面图。你所采用的深度比例尺和水平比例尺是否不同？它们之间的差异为多少？

6. 什么过程作用产生了海底峡谷？
7. 什么是大陆边缘？与之相关你将看到什么样的沉积物分布规律？形成这些分布规律的过程有哪些？
8. 哪些因素组合在一起才能形成环礁？
9. 什么是残留沉积物？在哪里最有可能发现这种沉积物？为什么在那里能发现这种沉积物？
10. 描述大陆架形成的几种方式。
11. 描述海底沉积物的采样方法，并讨论每种方法的优缺点。
12. 海洋的平均深度为多少？分别以米和英寻为单位回答。
13. 如何通过粒度来理解海底沉积物的分布。

计算题

1. 假设水下电缆每段长14 km。如果监控设备显示，从浅水域到深水域每隔15分钟依次损坏一段，你能判定是什么事件导致了电缆的损坏吗？
2. 如果水中悬浮沉积物的平均浓度为1 g/m^3，海湾的体积为158 km^3，假设平均每天补给的沉积物量为1×10^7 kg，这个海湾中沉积物的平均停留时间为多少？如果海湾平均深度为15.8 m，海湾的表面积是多少？假设海湾为正方形，边长为多少？
3. 如果海水深4 km，下表中列出的各种颗粒经过多少天才能够从表层到达海底？假设所有细小颗粒都来源于陆地岩石，密度均为2.8 g/cm^3。下沉速度通过斯托克斯公式计算：

$$V(\text{cm/s})=2.62\times10^4\ r^2$$

上式中，r是半径，单位为厘米（2.62×10^4为包括重力、水黏度、颗粒和水的密度差异，以及颗粒形状在内的综合作用下的参数）。如果沉积物颗粒的直径不变，但是密度发生变化，下沉速率会如何变化？

颗粒类型	颗粒直径/mm	沉降速度（V）/（cm/s）
极细沙	0.1	6.6×10^{-1}
淤泥	0.06	2.4×10^{-1}
黏土	0.004	1.05×10^{-3}

4. 假设沉积速率为0.4cm/ka，如果地壳的年龄为1.3亿年，那么地壳上方沉积物的厚度为多少？

学习目标

学习完本章以后，读者可以：

1. 回顾表 5.1 中水的各种物理性质。
2. 区分温度和热量。
3. 分别以温度和热量为坐标轴，绘制 1g 水从 –10℃上升到 110℃时获取热量的变化图。
4. 分别以温度和密度为坐标轴，绘制纯水从 –2℃上升到 10℃时的密度变化图。
5. 比较纯水和平均盐度海水从 10℃降低到 –2℃的密度变化。
6. 用图表示光分别在开阔大洋和近岸海域的衰减情况。
7. 从理论上解释，为什么潜水艇可以躲避水面船舶声学设备的探测。

第5章

海水的物理性质

水是地球上最普通的物质之一，但是它的许多性质很特殊。水是一种独一无二的液体，它使得生物的出现成为可能，它的性质很大程度上决定了海洋、大气和陆地的特征。为了理解海洋，人们必须了解水的物理和化学性质。本章我们将学习水分子的结构，探究水的特性。我们也将学习三种有趣而又具有潜在危害性的水形态：海冰、冰山和海雾。

5.1 水分子

在超过2 000年的历史中，水的特性一直令科学家着迷。古希腊哲学家（公元前500年）认为构成世界的四种基本元素分别是：火、土、气和水。又过了2 200多年，英国科学家亨利·卡文迪什（Henry Cavendish）在1783年确定，水不是一种简单的元素，而是由氢和氧组成的一种物质。这之后不久，另一位英国人汉弗莱·戴维爵士（Sir Humphrey Davey）发现水的分子式，即两个氢原子和一个氧原子（H_2O）。

水的化学性质使得水成为一种特殊的重要物质，而这些化学性质源于水的分子结构。表5.1列出了这些性质。

水分子看上去很简单，由三个原子构成：两个氢原子和一个氧原子。原子是保持元素性质的最小物质单位。我们可以把一个原子想象成位于两个不同区域的三种不同类型粒子。原子的中心是原子核，原子核包含质子和中子，质子带正电荷，中子与质子紧密结合且呈电中性。一种元素的原子核中，质子数目固定。例如，氢元素的原子核有一个质子，氧元素的原子核有八个质子。电子带负电荷，存在于围绕原子核的一系列能级轨道中。不同的能级可容纳不同数目的电子。原子呈电中性，电子数目与质子数目相等。例如，氢原子第一能级有一个电子（这一能级最多容纳两个电子）；氧原子第一能级有两个电子，第二能级有六个电子（这一能级最多可容纳八个电子）。因此，一个氢原子外层能级最多可获得一个电子，一个氧原子外层能级最多可获得两个电子。当两个氢原子和一个氧原子结合，形成水分子时，每一个氢原子提供一个电子与氧原子共用，氧原子也给每个氢原子各提供一个电子共用。共用的电子对形成**共价键**（covalent bond）。共价键的形成使得水分子中三个原子的外层能级全部被填满［图5.1（a）］。

水分子中，两个氢原子的夹角约为105°［图5.1（b）］。虽然水分子呈电中性，但是带负电荷的电子在分子中分布不均匀。这些共用电子更多时候围绕着氧原子核而不是氢

◀ 加利福尼亚州大瑟尔（Big Sur）沿岸弥漫的海雾。

表5.1　水的性质

定义	与其他物质比较	作用
物理状态		
气态、液态、固态 吸热或放热会破坏或促进水分子的结合，使水的物理状态发生改变	地球表面唯一以三种自然状态存在的物质	对海洋与大气之间的水循环和热循环非常重要
比热容		
每克水温度变化1℃所需的热量	常见固体液体中最高	避免海洋与大气间表层水温发生巨大变化
表面张力		
水表面的弹性特性	常见液体中最高	对于细胞生物学、水表面过程和液滴形成很重要
融化潜热		
温度不变，单位质量的固体转变为液体所需的热量	常见液体中最高，高于大多数固体	结冰过程释放热量，融冰过程吸收热量。可缓和极地海域温度
蒸发潜热		
温度不变，单位质量的液体转变为气体所需的热量	常见物质中最高	凝结过程释放热量，蒸发过程吸收热量。在控制表层水温、大气热量传输方面很重要
压缩性		
全部海洋平均压强为200个大气压，这使海洋深度减少37 m	海水只具有轻微的压缩性。每增加一个大气压，比容改变（4～4.6）$\times 10^{-5}$ cm^3/g	水的密度随压强变化很小。下沉水由于其压缩性而轻微变暖
密度		
单位体积物质的质量，单位为g/cm^3	海水的密度由温度、盐度和压力决定	控制海洋垂向环流和水平分层，影响海洋温度分布
黏性		
液体抵抗流动的性质，液体内部的摩擦力	温度升高，黏性系数降低。盐度和压力对其影响很小。水具有很低的黏性	一些海水运动忽略摩擦力。阻碍运动的摩擦力很小，但可阻碍单细胞生物下沉速率
溶解能力		
溶解固体、气体、液体	与其他溶剂相比可溶解更多物质	决定海水的物理和化学性质以及生命形态的生物过程
热传递		
通过传导、对流、辐射传递热量	分子热传导慢，热对流显著。透光性使辐射热量穿透海水	可影响密度；与垂向环流和水平分层有关
透光性		
传输光能	能透过一定的可见光	使植物可以在海水上层存活
透声性		
传播声波	比其他液体气体透声能力强	用于测定水深和定位目标
折射		
由密度改变引起的光和声波弯折，进而影响光速和声速	折射随盐度增加而增加，随温度增加而降低	当视线沿光和声音的传播路线观测时，物体出现偏移

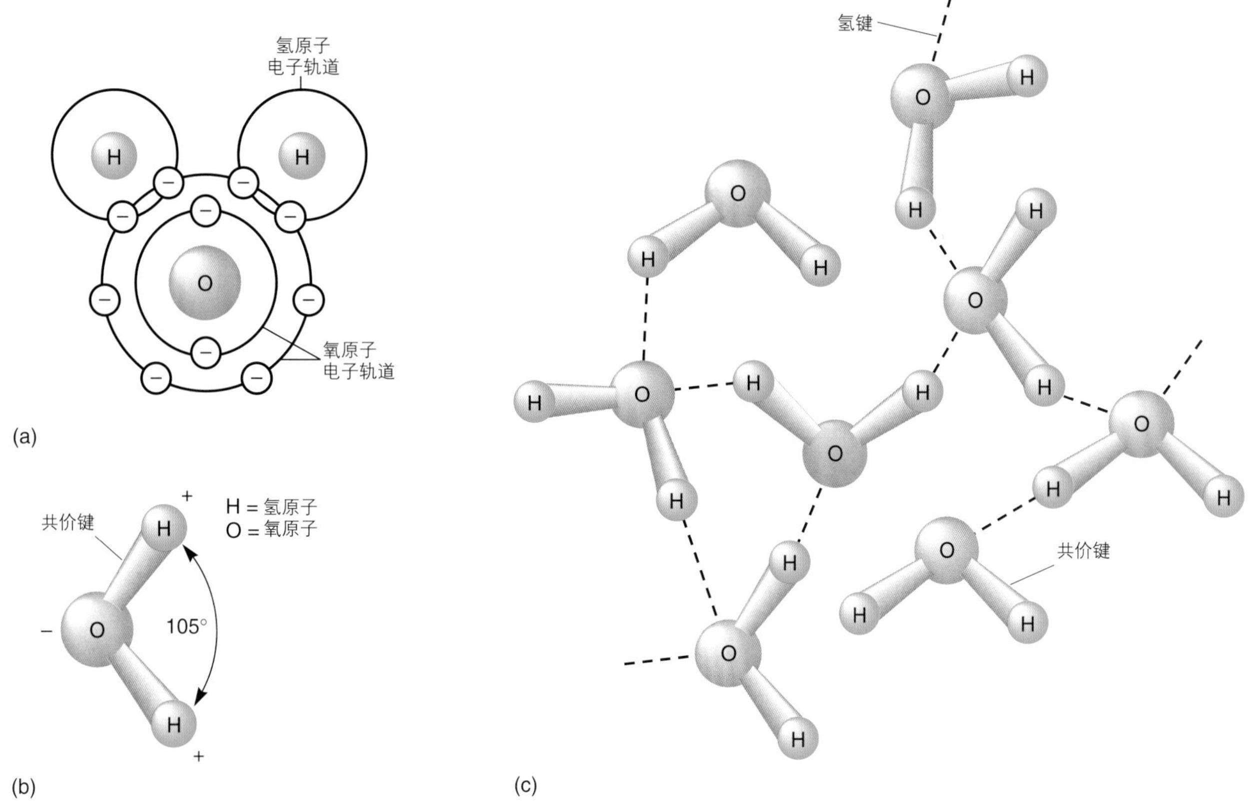

图5.1 水分子。(a)氢原子与氧原子外层能级共用电子。(b)氧原子和氢原子共价键之间的夹角导致分子呈极性。(c)正负电荷使每个水分子与其他水分子形成氢键。

原子核，从而使得氧原子一端带少量负电荷，氢原子一端带少量正电荷。因此，水分子两端带有不同的电荷。电荷在分子中分布不均匀，称为**极性分子**（polar molecule）。

当一个水分子的一端接近另一个水分子带相反电荷的一端时，在正负电荷两端会产生分子相互作用［图5.1（c）］，这一分子相互作用称为**氢键**（hydrogen bond）。每个水分子都可以和相邻水分子建立氢键。单个氢键相当脆弱（强度不到氢氧原子共价键力的1/10），但是当一个氢键破裂时，另一个已经形成了。因此，氢键分子的三维形态不断变化，使水具有广泛的特性。这种具有特殊性质的非典型液体，即为本章的主题。

5.2 温度和热量

任何气体、液体或固体的分子和原子都在不停地运动。因此，每个原子和分子都具有一定的动能，数值等于其自身质量与运动速度平方乘积的1/2（动能 $=1/2mv^2$）。固体的原子和分子之间空间紧密，尽管不能像气体或液体那样任意流动或延展，但其分子和原子仍在平衡位置附近振动，它们也具有动能。**温度**（temperature）是度量物质分子和原子平均动能的一种方法。对于均一物质，我们认为它们所含的分子和原子相同时具有相同的质量，这样温度就只与分子和原子的平均速度有关。物质越冷，其分子和原子运动得越慢。相反，物质越热，其分子和原子运动得越快。温度的单位为**度**（degree），有三种表示方法。最常用的两种是华氏温度（℉）和摄氏温度（℃），第三种是开尔文（K）。开尔文可用作表示极热或极冷情况，0K称为绝对零度，该温度下所有分子和原子停止运动。0K等于–273.2℃或–459.7℉，现实中无法达到。**热量**（heat）用于度量物质分子和原子的总动能。物质的热量与物质中每个分子和原子质量的一半和其速度的平方有关。热量的单位是**卡路里**（calorie）。[①]1cal指1 g水升高1℃（例如从14.5℃升至15.5℃）所需的热量。一千卡路里简称1千卡（kcal），这也是表示食

① 热量的国际单位是焦耳（J）。1cal=4.186 J。——编者注

物中所含能量的常用单位。

可以通过一个简单的例子来理解热量和温度的区别。想象炉子上一锅煮沸的水和温暖天气下游泳池里的水。锅里煮沸的水明显比游泳池里的水温度更高，即前者的水分子平均动能或速度远大于后者。然而，即使游泳池中水分子平均动能或速度相对较小，但是由于水分子数量大，它所含热量更高，即总动能更大。

5.3 水的相变

地球上的水有三种物理形态：固态、液态和气态（图5.2）。我们称它的固态为冰，气态为水蒸气。标准大气压下，纯水在0℃时结冰，在100℃时沸腾。纯水的定义是没有悬浮微粒，没有溶解物质和气体的淡水。标准大气压等同于气压计上76 cm汞柱产生的压强，将在第7章中讨论。

由于水分子之间存在氢键，将水分子彼此分开需要能量（热量）。换言之，即液态水蒸发或冰融化需要吸热。在自然环境中热量来源为太阳。

当纯水在液态、固态和气态之间变化，我们称它发生了相变。发生相变是由于吸收或释放了热量。当固态水或冰吸收足够的热量时，氢键断裂，冰融化成水。当液态水吸收足够的热量时，水的温度升高，一些水分子从液体中逃离或蒸发形成水蒸气。热量从水蒸气中释放出来，温度下降到**露点**（dew point）或水蒸气饱和温度之下时，水蒸气冷凝成液态。当液态水释放热量，温度低于冰点时，水分子形成晶格，将形成冰。

0℃时，纯水从固态（冰）变为液态，每1 g冰需要吸收80 cal的热量。这一过程中温度没有变化，只是氢键断裂，改变了水的物理形态。它的逆过程，即水变为冰，在0℃下，每1 g水需要释放80 cal的热量。单位质量的水由固相转为液相时所吸收的热量称为**融解潜热**（latent heat of fusion）。在自然界中，物质吸收或释放热量需要时间。即使表层水温为0℃，一个湖也不会立刻结冰，同理，在第一个气温回升的日子里，冰也不会立即融化。吸收和释放热量导致相变需要时间。

1 g水升高1℃所需要的热量为1 cal。因此，将1 g水从0℃加热到100℃需要100 cal的热量。相比较而言，在0℃时每克冰转化成水所吸收的80 cal热量并没有引起温度大的改变。所以冰是较为稳定的水形态；冰融化需要大量吸热，同样水结冰也需要大量放热。

在100℃时，每克水从液态变为气态需要540 cal热量，1 g水蒸气凝结为液态水时将释放540 cal热量。同样，这一过程中温度不发生改变，仅仅是水的物理形态发生了变化。单位质量的水由液相转变为气相时所吸收的热量称为**汽化潜热**（latent heat of

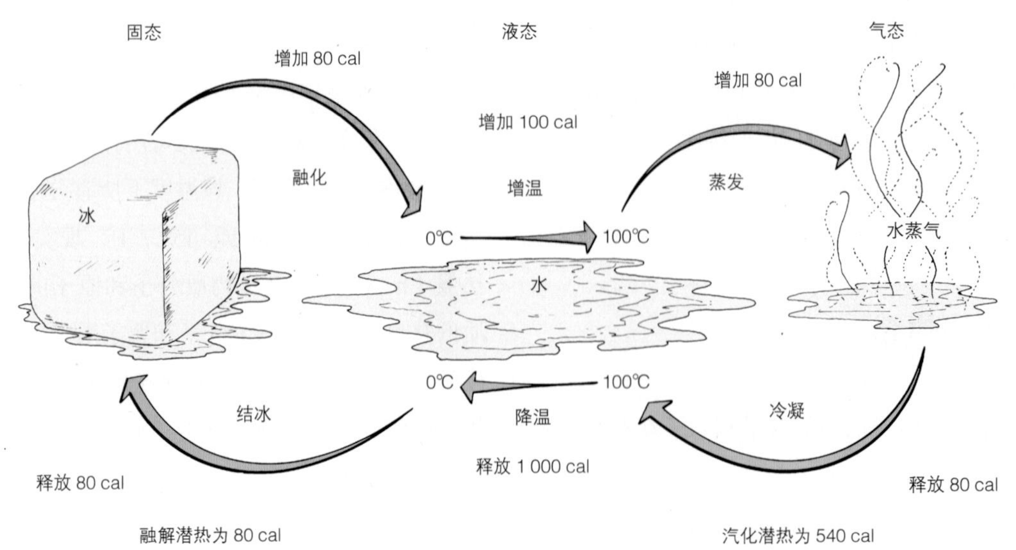

图5.2 1 g冰转化成液态，以及由液态转化成气态的过程中都必须吸收热量。其逆过程必须释放相同数值的热量。

vaporization）。

水从固态到液态，再到气态所需的能量如图5.2所示。图中呈现了融解潜热和汽化潜热，也列出各种相态转变时所需的热量和温度条件。水从液态转化为气态不只在100℃时发生，例如小水池中的雨水蒸发和晾衣绳上的衣服变干，都发生在较低的温度条件下，只需要少量热量就将液态水转化为气态。当气压大于一个大气压时，水在温度超过100℃时仍呈液态。1个标准大气压（1atm）① 相当于76 cm汞柱产生的压强。在温度超过100℃时，水从液态转化为气态所需的热量，远少于在低温环境中所需的热量（图5.3）。

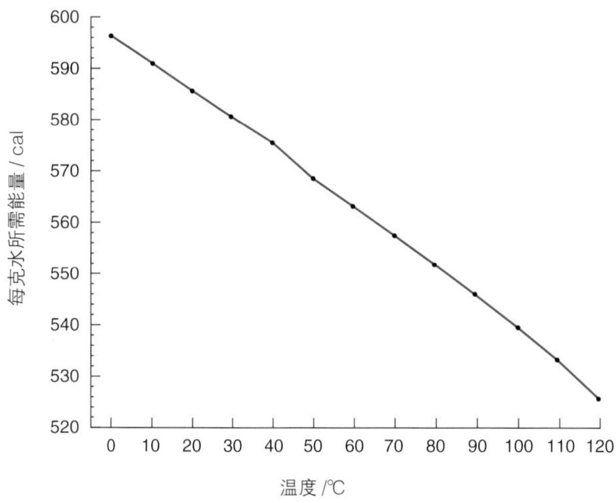

图5.3 液态水转化为水蒸气时所需的能量是温度的函数（汽化潜热）。

水从湖泊、河流和海洋中蒸发，然后通过降水返回地面，热量在地球表面输运并释放到大气中，在那里水蒸气凝结成云。这些热量是驱动地球天气系统的主要能量来源（见第7章）。

在一定条件下可能发生以下现象：（1）低于0℃的液态水没有结冰；（2）冰直接变为气态，即**升华**（sublimation）；（3）沸水温度低于100℃。一些云层中的水可低于0℃，在实验室中，通过冷却纯水可获得超冷水。自然界中，雪或冰在非常寒冷干燥的环境中会直接升华，变成气体。生活在高海拔地区的人都知道，把土豆煮熟需要更久的时间，咖啡煮沸时的温度低于在海平面处煮沸的温度，这是因为大气压降低导致水的沸点降低。

① 1 atm=101 325 Pa。——编者注

我们可以通过水分子的运动过程来解释上述各种相变。在分子水平上，吸收热量使分子的运动速度加快，释放热量则使运动速度降低。水分子之间氢键的断裂需要吸收热量，氢键形成时释放热量。给水体增加热量造成的温度变化相对较小，因为大量的热量被用于破坏氢键。在水分子运动加快之前，这些氢键必须断裂。当热量从水中释放时，分子运动变缓，形成大量氢键，大量能量以热量的形式散失，这一过程可防止水的温度迅速下降。

水分子是极性分子，彼此紧密结合。如果分子运动足够快，它们将克服彼此之间的引力而离开液体表面，成为气体进入到大气中。水蒸发需要相对较多的热量，因为必须先使氢键断裂。吸收的热量越多，氢键断裂得就越多，分子平均动能也就越大。在这种情况下，更多的水分子以更快的速度离开液体表面。同理，当水结成冰时，大量的热量需要从水中释放，形成氢键。在地球上，自然温度条件下的沸腾现象是罕见的，但是冰冻现象在某些区域普遍存在。地球平均温度约为16℃，这保证了液态水的广泛存在。

水中的溶解盐会使沸点升高而冰点降低，改变的程度由溶解盐的量决定。沸点上升在海洋学上影响很小，因为在自然条件下海水通常不会达到如此高的温度；但是冰点的降低对于海冰形成很重要，海水通常在–2℃时结冰。

5.4 水的比热容

在地球所有自然物质中，水由于吸热或放热而产生的温度变化最小。物质吸收或释放一定热量所造成的温度变化情况由物质的**比热容**（specific heat）决定。水的比热容与土壤、岩石、空气相比大得多（表5.2）。例如，夏季时利比亚沙漠的温度可高达50℃，而南极的温度只有–50℃，陆地的全球温度跨度为100℃。海水的温度在赤道地区基本恒定，约为28℃，在南极地区约为–2℃，海水全球温度跨度仅为30℃。湖水从中午到午夜温度变化很小，但是陆地表层空气的温度在相同时段内变化很大。水的高比热容和水体垂向重新分配热量的能力，导致世界上的湖泊和海洋

温度变化缓慢，从而使地球表面温度保持稳定。

物质的比热容是单位质量物质改变单位温度所需的热量。水的比热容是1 cal/（g·℃），比大多数液体的比热高很多，因为水中广泛分布着氢键。在其他液体中直接用来增加分子动能和温度的热量，在水中被用来破坏水分子之间的氢键。水的高比热容使水吸收或释放大量热量时只引起很小的温度变化。当向纯水中加入盐时，比热容、融解潜热和汽化潜热会发生很小的变化。

物质的**热容**（heat capacity）是物质改变单位温度所需的热量。物质的热容取决于物质的比热容和质量。例如，1 kg水的热容是1 000 cal/℃，1 kg砂土的热容是240 cal/℃（表5.2）。物质的比热容在数值上等于1 g物质的热容。

表5.2　地球上物质的比热容

物质	比热容/［cal/（g·℃）］
水	1.00
空气	0.25
砂岩	0.47
页岩	0.39
砂土	0.24
玄武岩	0.20
石灰岩	0.17

5.5　水的内聚力、表面张力和黏性

在液体水分子中，键的形成、断裂和重新形成非常频繁，每个键只持续万亿分之几秒。然而，任何时刻水体中绝大部分水分子都与相邻水分子相连接。因此，水比其他液体具有更多的结构。总体上来说，氢键把水分子连在一起，这种特性称为**内聚力**（cohesion）。

内聚力与**表面张力**（surface tension）有关，表面张力体现为液体表面被拉伸或穿透的难易程度。在大气和海水的交界处，水分子有序排列，氢键连接着侧方和下方的水分子。这样的排列形成了一个较弱的弹性薄膜，这个弹性薄膜可以用一个装满水的玻璃容器来演示。当容器装满水后，水面略高于容器但不会溢出。一根钢针浮在水面上，昆虫（比如水黾）在湖泊和溪流的表面滑行，这些现象之所以发生，是由于水具有较高的表面张力。这一特性对波浪形成之初也很重要。温和的微风拉扯平静的水面，会因表面张力产生波纹，从而风能够向海表面输入更多能量（见第10章第10.1节）。

向纯水中加入盐可增加水的表面张力。降低水的温度也可增加水的表面张力，升高温度则使之下降。

倾倒和搅拌液态水很容易。它在运动时几乎不受阻力或内部摩擦力。这一特性称为**黏性**（viscosity）。与机油、油漆和糖浆相比，水的黏性很小。黏性受温度的影响。例如，把糖浆储存在冰箱中，它将变得更黏稠，流动更缓慢，更具黏性；当把糖浆重新放回室温环境中或加热时，它的流动速度加快，黏性降低。水也是一样的，只是水的黏性改变量很小，在平常的温度变化范围内，表现并不明显。赤道处的表层海水很温暖，与北极区域相比，具有更小的黏性。极地水体黏性更高，有利于微小生物漂浮；热带水域海水黏性较低，微小生物则生长出突刺和褶状物来帮助它们漂浮。向水中加入盐可使水的黏性增加，但作用很微小。

5.6　水的密度

密度的定义为单位体积的物质的质量。水的密度通常用g/cm^{3}表示。纯水的密度通常取3.98℃（约4℃）时的密度，因为此时水的密度最大，为1 g/cm^3。因此，边长为1 cm的纯水立方体质量为1 g，即密度为1 g/cm^3。相同温度下，海水的密度略大于纯水的密度，因为海水中溶解了盐类物质。在4℃时，平均盐度的海水的密度为1.027 8 g/cm^3。同样的方式也可用于理解其他物质的密度（表5.3）。低密度的物质可漂浮于高密度的液体上（例如，油漂浮于水上，干松木漂浮于水上，酒精漂浮于油上）。海水的密度大于纯水，因此纯水可漂浮于海水之上。

压强的影响

纯水近似于不可压缩，海水也是如此。随着深度的增加，海水的压强增加。深度每增加10 m，压

强约增加1 atm。海沟最深处深度达11 000 m，压强约为1 100 atm。由于海水的压缩性十分微弱，如此巨大的压力对海洋体积的影响仍然很微弱。假设1 cm^3海水从表层下降至4 000 m深处，尽管压强为400 atm，但是其体积仅减少1.7%。平均压力作用于整个海洋体积，造成海洋深度大约减少了37 m。换句话说，如果海水完全不可压缩，海平面将比现在高37 m。在大多数情况下，压强的影响小到可以忽略，但在需要十分精确地确定海水密度时除外。

表5.3 常见物质的密度

物质	密度/（g/cm^3）
0℃的冰	0.917
0℃的纯水	0.999 87
3.98℃的纯水	1.000 0
20℃的纯水	0.998 23
白松木	0.35～0.50
15℃的橄榄油	0.918
0℃的乙醇	0.791
4℃的海水（盐度为35 g/kg）	1.027 8
铁	7.60～7.80
铅	11.347
汞	13.6

温度的影响

温度变化对水密度的影响较大。加热水时，水的能量增加，水分子运动速度增加并彼此分离。由于单位立方厘米的分子数减少，单位体积的质量变小。因此，热水的密度小于冷水的密度，热水漂浮于冷水之上。水遇冷失去热量，水分子运动变慢，彼此间距离减小，单位立方厘米所含的水分子数量变多，单位体积的质量变大。因此，冷水密度大于热水，冷水下沉到热水之下。为了观察这一变化，我们可以进行如下实验。在冰箱里冷冻少量水，并在其中混入一些染色剂（例如墨水或食用色素）来帮助显示效果。从水龙头接半杯热水，然后小心缓慢地将染色的冷水倒入热水中，仔细观察其变化。染色的水下沉至热水下方，产生分层：高密度的冷水沉到瓶底，低密度的热水浮在上面。

纯水在4℃时分子运动最缓慢，彼此结合最紧密，水分子与其他四个分子形成氢键。与其他液体变冷时密度持续增加不同，水在约4℃（3.98℃）时达到最大密度，为1 g/cm^3。当水的温度低于4℃时，水分子会稍稍分开，在0℃时形成结构稳定的冰晶。水成为固体时所占空间比液体时更大，每立方厘米含的水分子更少，因此冰的密度小于水，冰浮在水面上（图5.4和图5.5）。水结冰时体积剧烈增加，并且经常引发灾难，冬天时水管结冰爆裂就是该现象的表现。然而，如果水持续降温直至结冰，冰将会下沉，湖冰将自下而上堆积。

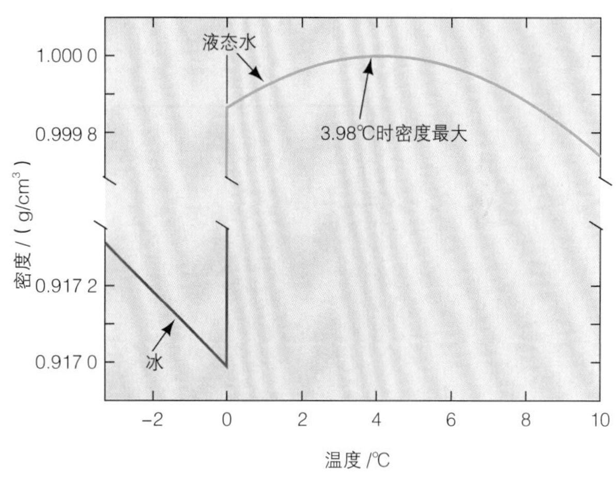

图5.4 纯水在3.98℃时达到密度最大值。纯水不含溶解气体。

当冰吸收足够的热量时，分子间的氢键断裂，晶格开始瓦解，水分子变得紧密。在4℃以上时，分子因为运动加快而彼此分开（图5.5）。如果增加的热量足以使分子能级增加，它们将会克服水的吸引力，蒸发进入空气中成为水蒸气。水蒸气的密度小于形成大气的混合气体密度，因此在相同的温度压力条件下，水蒸气和干空气的混合气体密度小于干空气本身的密度。

盐度的影响

当水中含有溶解盐时，水的密度将增加，这是因为盐的密度大于水的密度。换句话说，每立方厘米的水具有更大的质量。4℃时，海水的平均密度是1.027 8 g/cm^3，纯水为1 g/cm^3，所以纯水会漂浮于盐水之上。为了观察这一现象，取两小份纯水，向其中一份加入墨水，另一份加入一些盐。小心地将盐水缓慢倒入

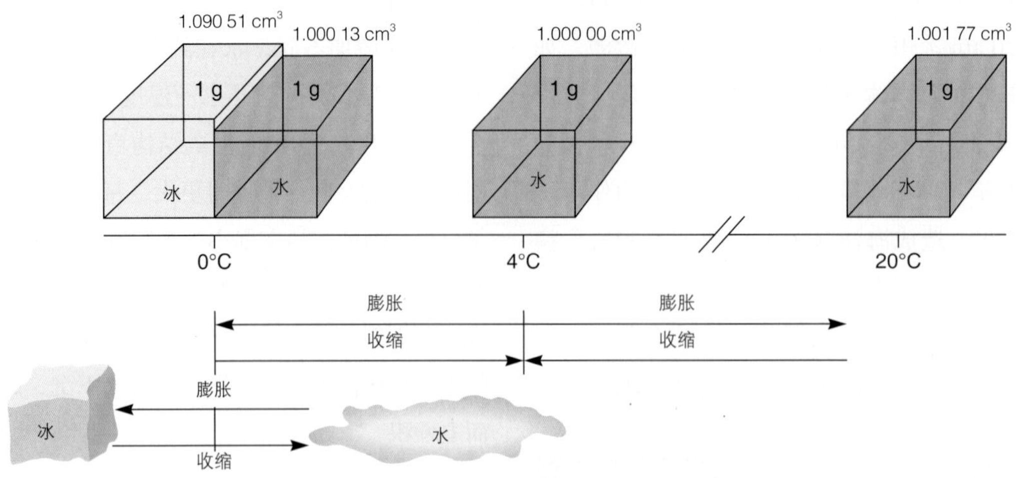

图5.5 1 g水随温度变化而膨胀和收缩，即体积发生变化。0℃时，水向冰转化，体积膨胀。0℃～4℃时，温度升高，体积收缩；温度降低，体积膨胀。4℃以上时，温度升高，体积膨胀；温度降低，体积收缩。

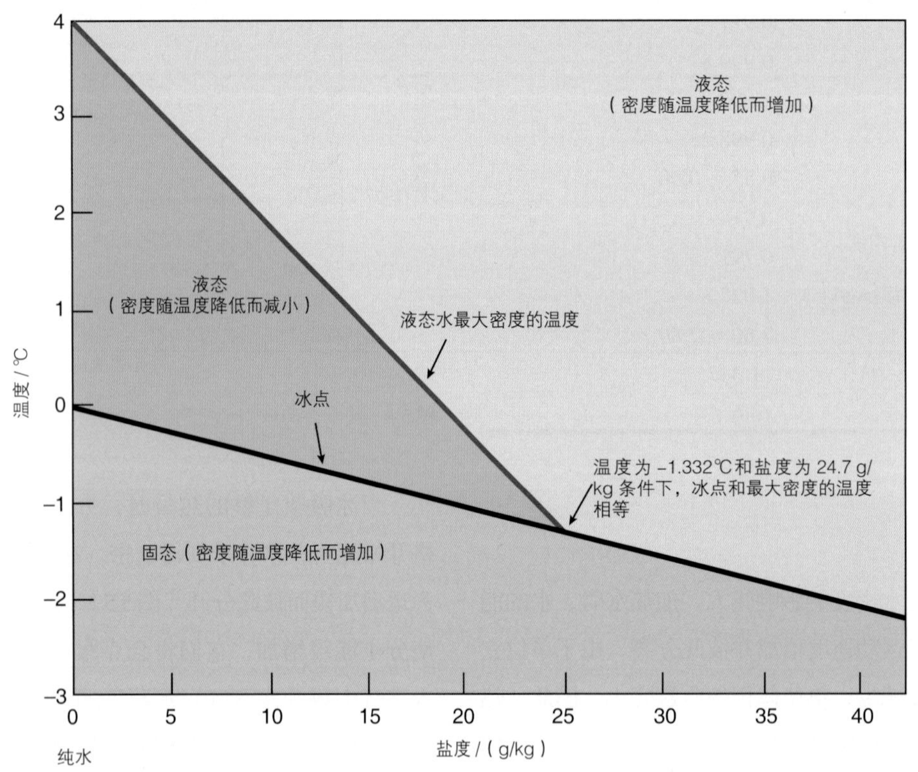

图5.6 盐度增加导致水的冰点与最大密度的温度降低。

有墨水的纯水中，你将会观察到，盐水下沉至有墨水的纯水下方，产生分层：低密度的纯水浮在上面，高密度的盐水沉到瓶底。

如果海水含盐量小于24.7 g/kg，即使海水的密度增大，其特性仍然近似于纯水。当温度低于0℃时，在温度到达冰点之前海水密度便已达到最大值。当盐度低于24.7 g/kg时，冷却会造成海水密度增加并下沉，这一过程持续到温度达到最大密度温度时停止。进一步冷却会导致这层低盐度的表面水密度降低，并保持在表层。

当盐度等于24.7 g/kg时，海水的冰点和最大密度温度相同，为-1.332℃。如果盐度大于24.7 g/kg，冰点将高于最大密度时的温度。图5.6显示出这一关系。通常在开阔海域，平均盐度为36 g/kg，因此持续变冷导致海水密度增加，海水下沉，直至温度达到冰点为止。图5.7显示出温度和盐度对水的密度的影响。注意图中：（1）如果温度保持不变，密度将随盐度的增加而增加；（2）如果盐度保持不变，且大于24.7 g/kg（参照图5.6），密度将随温度降低而增加。

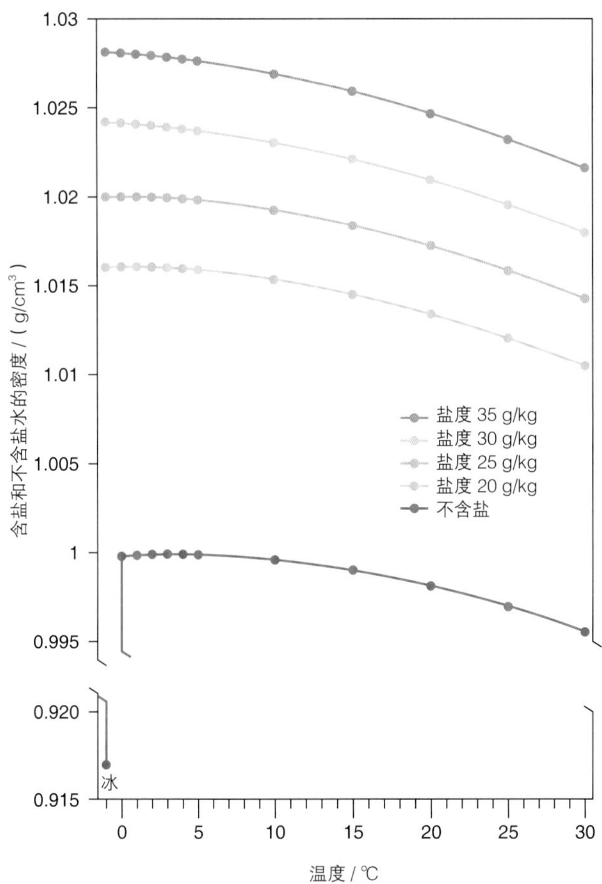

图5.7 温度不变，海水密度随盐度增加而增加；盐度不变，海水密度随温度降低而增加，至冰点为止。纯水的密度随温度降低而增加，直至达到最大密度，温度约为4℃，随后密度随温度降低而降低，直至冰点。

5.7 水的溶解能力

大多数物质——固体、液体、气体——在水中的溶解度大于在任何其他常见液体中。水能极好地溶解各种物质，因此被称为万能溶剂。

水分子具有极性，这使它成为良好的溶剂。例如，普通食盐的化学成分为氯化钠（NaCl），可溶解在水中。每个盐分子由一个带正电荷的钠原子和一个带负电荷的氯原子组成。这些带电原子称为**离子**（ion）。在氯化钠晶体的晶格中，带相反电荷的钠离子和氯离子通过引力紧密结合。为了溶解于水中，钠离子和氯离子必须克服彼此的吸引力，并与水分子结合。由于具有极性，水分子可以形成球状包围这两种离子。图5.8（a）显示，水分子聚集在钠离子（Na^+）周围，其负极（氧）指向钠离子。聚集在氯离子（Cl^-）附近的水分子方向则相反［图5.8（b）］，分子的正极（氢）指向氯离子。盐离子被水分子包围并分开。更多关于海水中溶解盐的讨论将在第6章展开。

数百万年以来，陆地上的火山作用和雨水冲刷作用为海洋提供了溶解盐。一旦到达海底盆地，大多数溶解盐将留在海洋中。海水通过蒸发作用返回陆地，但盐分仍残留在海洋和海底沉积物中。地质抬升过程导致海底沉积出露于海平面之上，形成一些陆地盐矿床；其他陆地盐矿床则由孤立残留的远古浅海洋蒸发而形成。海水和海洋沉积物中的盐循环是俯冲运动及随后的火山活动的结果，如第3章中所讨论。

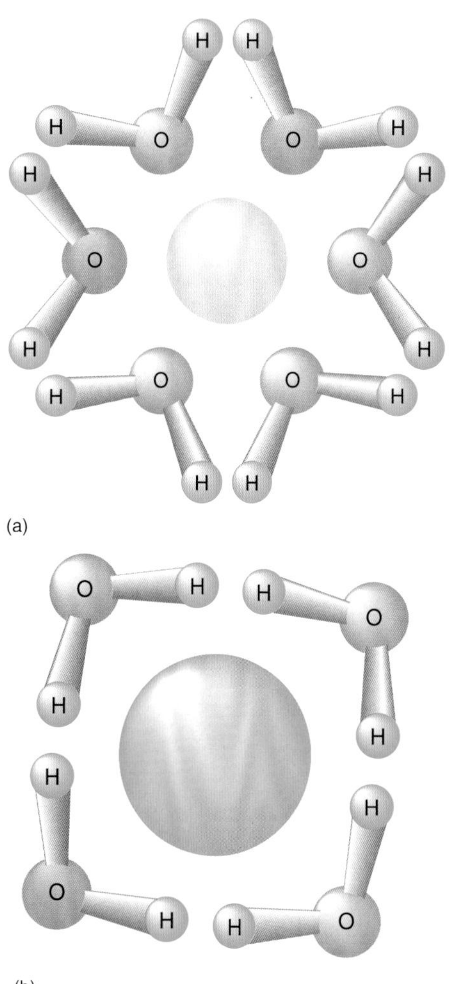

图5.8 盐在水中溶解，由于水是极性分子，正离子与负离子分开。（a）钠离子被水分子的负电荷端包围，因为水分子的负电荷部分吸引正离子。（b）氯离子被水分子的正电荷端包围，因为水分子的正电荷部分吸引负离子。

5.8 能量的传输

淡水和盐水都能够传输能量。能量可以表现为热、光或声等不同的形式。能量在淡水和盐水中的传输原理相同，在此我们将重点讨论海洋中的能量传输。

热

热传递有三种方式：**传导**（conduction）、**对流**（convection）和**辐射**（radiation）。传导是分子过程。当对物体的某一位置进行加热时，分子获得能量，运动加快；渐渐地，这些快速运动的分子将运动传递到邻近的分子，使运动扩散。例如，把一个金属勺浸入热的液体中，勺子的手柄不久也会变热。热量从勺子接触热源的部分传导到手柄处。金属是热的良好导体，水是热的不良导体，热量在水中传输很慢。

对流是由密度驱动的过程，受热的流体携带着能量运动到新的位置。在旧式房屋的供暖系统中，暖空气通过地板上的通风口输入，由于其密度低于上层冷空气而上升，上升的暖空气带来热量。当这些暖空气变冷后，又由于密度变大而下沉。在注意节能的现代，在天花板安装吊扇可驱动低密度的热空气下降，保持房间整体温暖，避免热量积累在天花板处。水也表现为相同规律：加热时由于密度减小而上升，冷却时由于密度增大而下降。对流系统在第3章中已讨论过。

辐射是能量源直接辐射热量。打开一盏灯，30 cm以外即可感觉到热量释放，这就是能量辐射。太阳辐射能够穿过地球并加热表层海水。传导和对流传输热量需要媒介，而辐射能透过真空和透光材料。

假设分别加热两个装有水的容器。第一个容器通过太阳辐射从表面来加热，一些太阳辐射被表面水反射，不能用于加热水；而另一些辐射被表面水吸收，使水的温度升高。由于温暖的水密度小，它将保持在表面，少部分热量会慢慢地通过分子传导向下传输。除非有其他来源的机械搅拌作用，否则热量主要保持在水体表层。第二个容器从下方加热，容器底部的水吸收热量后密度减小，携带着热量上升，进而在整个水体上分配热量。当暖水上升时，它将会代替表面的冷水，使冷水依次轮流受热。对流比辐射和传导更迅速，是更有效的分配水体热量方法。

表层海水吸收太阳辐射使海水升温。海水表面获得的热量通过由风和海流引起的湍流缓慢地向下传输。此外，海洋表层海水还可以通过以下两种过程将热量释放到大气中：（1）通过传导和对流过程直接将暖水的热量向寒冷空气传输；（2）通过蒸发和冷凝，海水转化为水蒸气散布到大气中。大气层底部受热产生的热量输运导致大气对流，大气对流又增强了热量输运。这些过程在海洋和大气环流中所起的作用将在第7章和第8章讨论。

光

海表面的入射光是地球接受的多种太阳**电磁辐射**（electromagnetic radiation）方式中的一种。辐射的完整范围见**电磁波谱**（electromagnetic spectrum）（图5.9）。可见光在光谱中只占非常窄的一部分，波长在390～760 nm（390×10^{-7}～760×10^{-7} cm）。

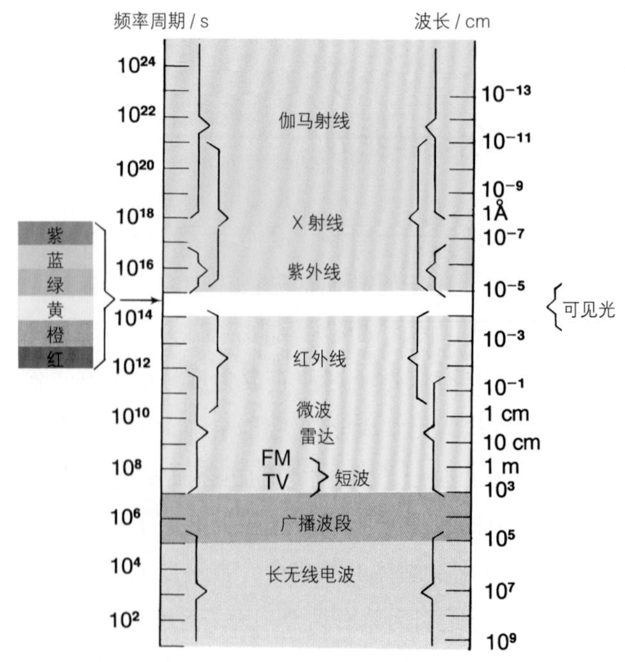

图5.9 电磁波谱。

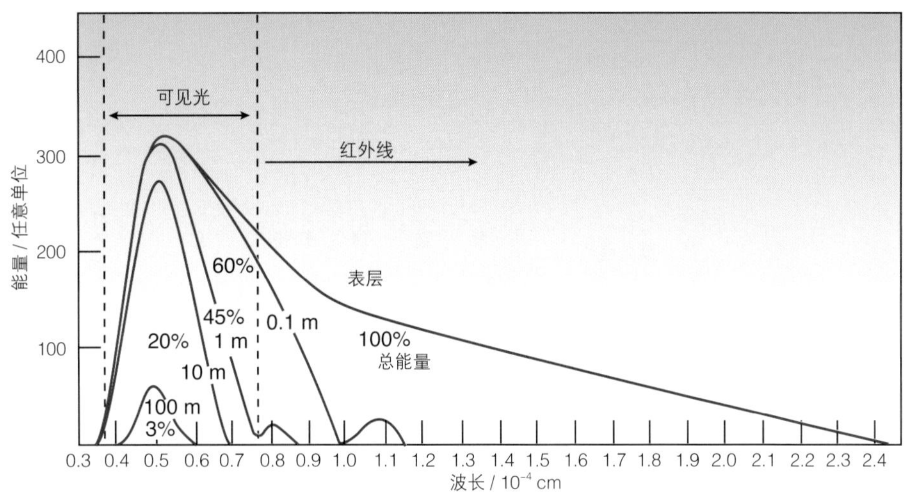

图5.10 总太阳能在海水中随深度衰减的百分比。波长较长的红光首先被吸收，色峰向波长较短的蓝光移动。

紫外线、X射线、伽马射线的波长比可见光短；红外线、微波、电视波段及调频和调幅波段的波长比可见光长。可见光可被分解成人们熟悉的彩虹光谱：红、橙、黄、绿、蓝、紫。每种颜色代表一定的波长范围，波长最长的排在光谱的红色端，最短的排在蓝-紫色端。这些波段的光组合起来可产生白光。

当光穿过水体时，水分子、离子和悬浮微粒（包括泥沙和微生物）都会对光进行**吸收**（absorption）和**散射**（scattering）。生物在进行光合作用时也会吸收光用于其生命过程。光的强度随着距离的增加而减弱，称为**衰减**（attenuation）。

电磁波谱上只有很少部分的光能透过海水，且主要分布在可见光波段（图5.10）。随海水深度增加，光的能量衰减得很快，尤其是波长较长的红外线。光的强度可用以下公式计算（比尔定律）：

$$I_z=I_0e^{-kz}$$

其中，I_0是表面光强，I_z是深度，z处光强，k是衰减系数。通过比尔定律反推，已知水下的光强比（I_z/I_0）时可计算水深：

$$z=-\ln(I_z/I_0)/k$$

衰减系数k随水体的清洁程度变化。越清澈的水衰减系数越小，透光性越强（图5.11和表5.4）。在典型开阔海域，约50%的入射光在表层以下10 m处衰减（I_z/I_0 = 0.5），几乎所有光都在海面至100 m以内衰减（I_z/I_0 = 0.001）。在近海水域，水体相对浑浊，约96%的光在表层以下10 m处衰减，几乎所有的光都在海表面以下20 m之内衰减。

光的波长很大程度上也决定了光的衰减率（表5.5）。短波紫外线区域和长波红色区域以及波长更长的光衰减迅速（图5.12）。蓝绿区域至蓝紫区域的光衰减较缓，穿透深度最大（图5.13）。

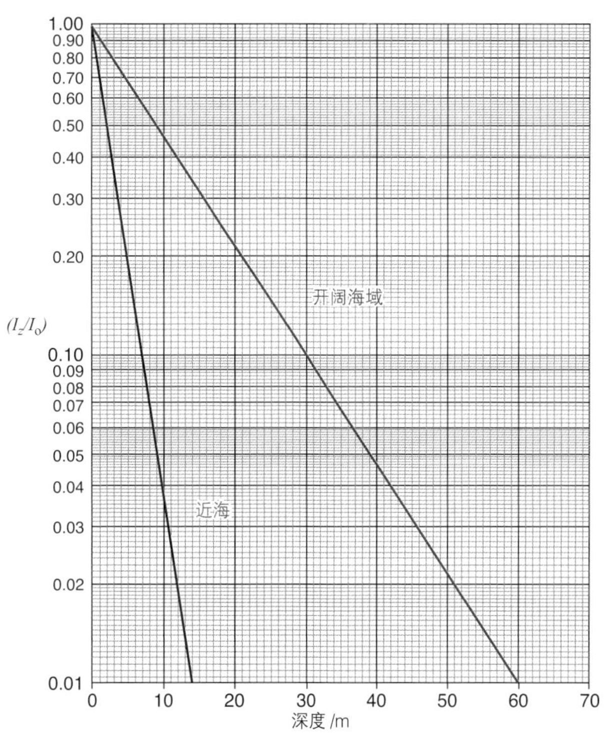

图5.11 开阔海域（红）和近海水域（蓝）深度z（单位为m）处可见光强度（I_z）与表面处强度（I_0）的比值。每条线的斜率等于蓝光衰减系数的负值（见表5.4）。

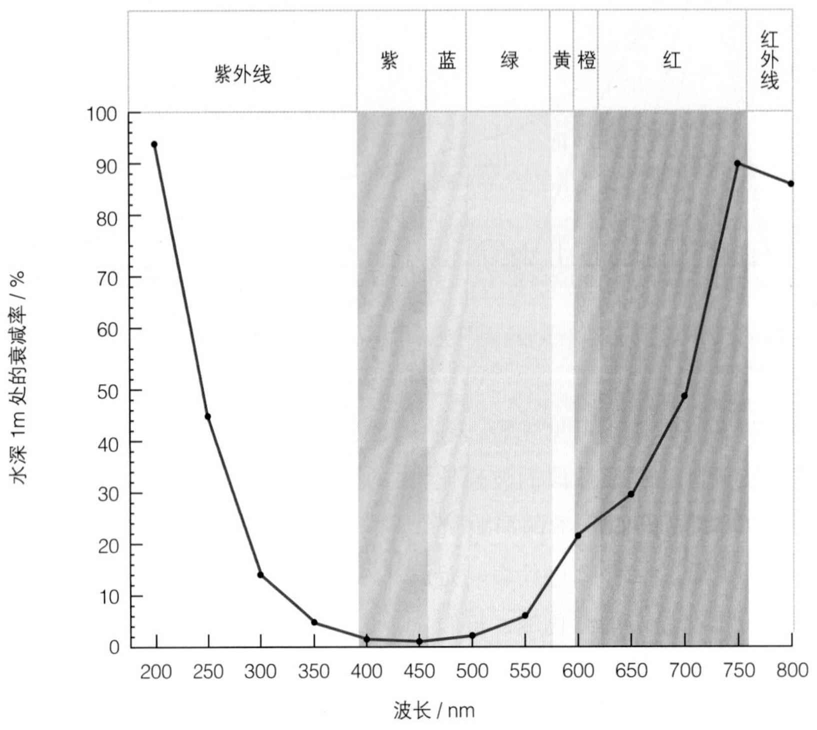

图5.12 清澈开阔海域水深1 m处的光衰减率。可见光之外的光迅速衰减。在可见光波长范围内，蓝光和紫光衰减程度最小。

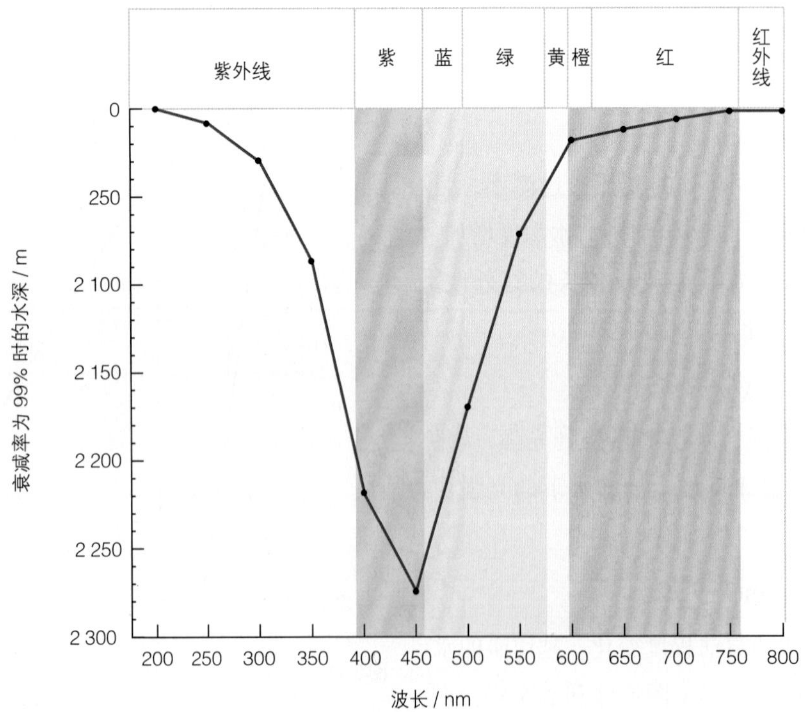

图5.13 清澈开阔海域表层入射光衰减率99%时的水深，单位为m。蓝光和蓝紫光波段穿透的深度最大。

表 5.4　可见光在开阔海域和近海水域的衰减率※		
深度 /m	开阔海域光的衰减百分比 / %	近海水域光的衰减百分比 / %
0	0	0
0.1	0.8	3.3
1	7.3	28.4
10	53.2	96.5
20	78.1	99.9
30	89.8	~100
40	95.2	~100
50	97.8	~100
100	99.9	~100
150	~100	~100

※衰减系数（k）采用的是蓝光（480 nm）的平均值。在开阔海域 $k = 0.076\ m^{-1}$，在近海水域 $k = 0.334\ m^{-1}$。

人眼所感知到的颜色是由反射到眼睛的特定波长的颜色所决定的。因为所有波长或颜色的光都可以在浅水区照亮物体，所以在表层水之下的物体会呈现其自然色彩；而在深一些的水域，物体呈现深色，是因为它们主要被蓝光照射。海水通常呈现蓝绿色，是由于蓝绿光的波长衰减最小，最可能反射和散射回观察者的眼中。近海水域颜色变化较多，呈现绿色、黄色、棕色或红色，这些水体中通常包含来自河流的泥沙以及大量的微生物和有机物，这些物质可通过从深水处反射的光而被观察到。开阔大洋的颜色基本不受陆地及微小悬浮物质的影响，因其所含微粒较少，光穿透较深。因此，开阔水域比沿海水域的颜色更蓝。

当光线穿过空气进入水中时会发生弯曲，称为**折射**（refraction），这是因为与水相比，空气的密度较小，光在其中的传播速度比在水中大。由于光的折射，透过水面所看到的物体位置并不是它的实际位置（图 5.14）。水的盐度、温度、压强变化时，对折射有轻微影响。

测定表层海水光衰减最简单的方法是使用**海水透明度盘**（Secchi disk）。这是一个直径大约 30 cm 的圆盘，将其下降至刚好看不到的深度，由此可估算平均衰减系数：

$$k = (1.44/z)$$

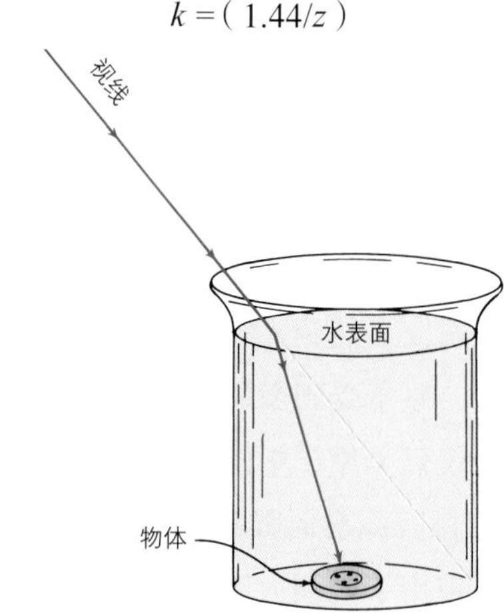

图 5.14　由于光的折射，与观察者视线不在同一直线上的物体也可以被看到。造成折射的原因是光在水中的传播速度减小。

表 5.5　不同波长光的衰减※

颜色	波长 /nm	衰减系数 k/m^{-1}	1m 水深吸收率 /%	衰减率为 99% 时的水深 /m
	200	3.14	95.7	1
	250	0.588	44.5	8
紫外线（10～390 nm）	300	0.154	14.3	30
	350	0.053 0	5.2	87
	400	0.020 9	2.1	220
紫光（390～455 nm）	450	0.016 8	1.7	274
蓝光（455～492 nm）	500	0.027 1	2.7	170
绿光（492～577 nm）	550	0.064 8	6.3	71
黄光（577～597 nm）	600	0.245	21.7	19
橙光（597～622 nm）	650	0.350	29.5	13
	700	0.650	47.8	7
红光（622～760 nm）	750	2.47	91.5	2
红外线（760 nm～1 mm）	800	2.07	87.4	2

※衰减系数（k）取清澈开阔海域处的值。

其中，k是平均衰减系数；z是刚好看不到圆盘的深度，单位为m。海水透明度盘并不都是白色的，也有一些盘面是黑白色四象限相间的。在富含生物和悬浮泥沙的水域，海水透明度盘在视线以下1～3 m处消失；在开阔海域，通常可延伸至20～30 m。1986年，在南极威德尔海，用海水透明度盘甚至记录读数达到79 m。尽管这个方法较为粗略，但具有成本较低的优势。海水透明度盘不需要调试，不会耗损，也不需要更换电子元器件。但是这项技术不能解释海水是如何影响光线的。

光衰减的变化程度可以由一种特定仪器来测量，该仪器一端能够发射光束，光束在海中传播一定距离后，通过另一端的电子感光器接收。这一仪器可以在海水中逐米下降并进行测量。利用这一仪器可以计算任一深度的累积光衰减。不同波长范围的光可以被用来分离无机物和有机物吸收和散射效应，以及分离有机物质和浮游植物的光吸收效应。人们也正在研究自然荧光物质的作用。大多数光产生的原因是，原子受到激发以光和热的形式辐射能量，而荧光仅仅是原子中的电子受激，它们发光但不释放热量，因此有时候被称为“冷光”。多通道颜色传感器被用于观测太阳辐射穿透海洋时的变化和溶解在水中的化合物的荧光辐射。光传输数据可被用来校正水下照片和视频的颜色质量和清晰度。

图5.15 海洋光学浮标下降到海中。它在三种不同深度测量入射和反射的海表面辐射能量。所得数据用来校正海洋水色卫星图像。

海洋光学浮标（marine optical buoy，MOBY）在1997年投放（图5.15），它装载着在海洋表面以及三个不同深度测量入射光和水色的仪器。测量数据通过光纤从浮标传输给船舶上的仪器。这些测量数据用于提高卫星遥感的海洋表层水色数据精度。海洋表层水色可用来确定海表层浮游植物的丰度，而浮游植物丰度是海洋生物生产力的标志。

声

大海是一个嘈杂的地方，充满了波浪破碎的声音，鱼发出的呼噜声和吐气泡的声音，螃蟹自断大螯的声音，以及鲸鱼的歌声，等等。声音在海水中比在空气中传播得更远更快，声音在海水中的平均传播速度为1 500 m/s，而在20℃的干燥空气中仅为334 m/s。

声音在海水中的传播速度可由海水轴向模量和密度决定：

$$声速=\sqrt{\frac{轴向模量}{海水密度}}$$

轴向模量用于表征物体受压缩的难易程度。轴向模量高的物体比轴向模量低的物体难压缩，高尔夫球的轴向模量就高于网球。海水的轴向模量和密度均取决于温度、盐度和压强（或深度）等变量。声音在海水中的传播速度随着温度、盐度或深度增大而增大，同理，也随它们的减小而减小。当海水变暖时，密度减小的程度大于轴向模量，所以声速随着温度的升高而增大。声速随着盐度和深度的增大而增大，尽管事实上，这两者的变化使海水的密度增大，但是海水轴向模量增大的程度高于密度增加的程度。

在水中，高频声波的能量比低频声波衰减得快。因此，高频声波的传播距离小于低频声波。

声波碰到物体后会反射，因此可用声波来寻找物体，感知物体形状并确定其与声源的距离。向水中发射一个声波信号，如果能准确测量回声返回的时间，这个间隔时间就可用来确定物体与声源的距离。例如，如果声脉冲从发射到返回用时6秒，声波用3秒到达物体，又用3秒返回。因为声音在水中的平均传播速度为1 500 m/s，所以物体距离声源4 500 m，如图5.16所示。

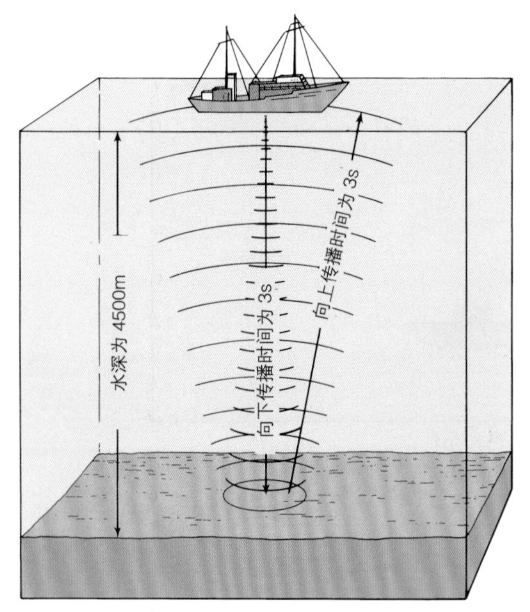

图5.16 声音平均传播速度为1 500 m/s，从船上发射一个声脉冲，声音向下传播触到底部后返回。水深为4 500 m时，声音到达底部需要3秒，再经3秒时间返回。

可以通过垂直向海底发射窄声束来测量水深。声束穿过近乎水平的各个水层，每个水层的含盐量、温度和压强都不同。这一过程中声速持续变化，直到到达海底再反射回船舶上的仪器。声束几乎不发生折射或弯曲，因为它的路径与水层垂直。所有现代船舶都利用回声测深仪来测量水深。海洋调查船在沿着航线移动时，能获取水深深度的连续剖面并记录在海图上。海洋调研船上的精密深度记录仪（precision depth recorder，PDR）利用非常窄的声束，可获得连续的海底细节变化数据。

地质学家能够通过研究回声图来研究海底的性质，因为一些海底物质反射的信号强于其他物质。通常，玄武岩的反射信号强于沉积物。声波频率也决定了声波能量和穿透海底的深度。PDR通常采用的声音频率为5～30 kHz（1 kHz= 1 000周期/秒）。高频信号穿透海底的能力弱，可用于简单测量水深；低频率声音可以穿透海底沉积物，反映沉积层之间的边界，可用于研究沉积物厚度和分层。如图4.1所示，PDR记录了沉积层的厚度和分层。

深度记录仪还可以探测到包括鱼类在内的大量小型生物，它们在夜间上浮到海表面，在白天下沉到深处。这些生物聚集形成**深海散射层**（deep scattering layer, DSL）。DSL能够部分反射声束能量，使深度记录仪记录一个虚假的海底图像。

其他从中层深度反射的回声可能是因为遇到鱼群或个体很大的鱼。回声探测仪也可作为“鱼群探测仪”，进行专门设计并向市场推广。经常捕鱼的人能够掌握鱼群的声波反射。这些回声信号可以用于定位鱼群、决定撒网的深度，甚至根据回声类型来辨别鱼群的种类信息。

和蝙蝠在空中利用声波定位一样，海豚和鲸在水中利用声波定位。这些动物发射的声波向外传播，遇到物体时发生反射并返回，动物们从返回的声波判断物体的方向、距离和属性（见第17章）。人们以同样的方式，运用声波发明了水下定位技术，称为**声呐**（sonar，声音导航与测距）。声呐技术人员向水中发送定向脉冲，寻找能够返回声波的目标，然后确定目标的距离和方向。声脉冲相对于船舶的方向通过一块电子屏幕显示。一旦发现反射目标，通过发射脉冲和反射回声之间的时间间隔来计算与目标的距离，并显示在屏幕上。经过大量训练和实践，技术人员能够区分鲸、鱼群和潜艇产生的回声，甚至可以仅仅通过螺旋桨和引擎产生的声音来判断船舶的类型。（见第4章知识窗“测深”，其中讨论了多个声呐设备在海底测绘中的应用）。

然而，真实目标可能并不位于探测信号所显示的深度、距离和角度上，因为声束在通过不同密度水层时速度可能发生变化［图5.17（a）和（c）］。图5.17（b）和（d）展示了声束的折射和**声影区**（sound shadow zone），声影区是声波进入海洋后不能辐射到的区域。声束向声速减小的区域弯曲，远离声速增加的区域。

为了解释反射信号并正确地判断距离和深度，声呐操作人员必须掌握一些声波传播所经水体的性质。政府和海军在水下声学领域做了大量研究。水面舰船的安全取决于其准确定位潜水艇位置的能力，而潜水艇则必须与声呐探测器保持适当的深度和距离，躲避在声影区内以免被声呐探测到。

在海洋中深约1 000 m处，盐度、温度和压强的综合效应形成一个声速最小区域，称为**深海声道**（sofar channel）［图5.18（a）］。深海声道中的声波被

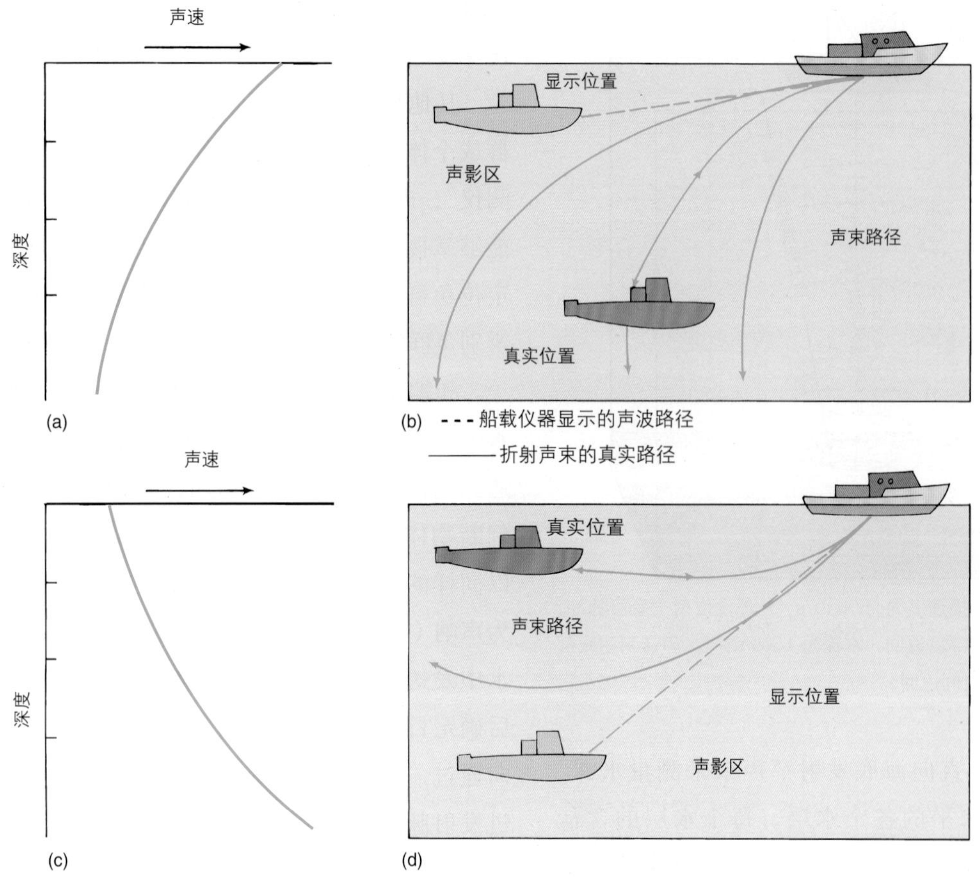

图5.17 当声音以一个角度穿过不同密度海水层时，声波速度变化，发生折射［（a）和（c）］。声束离开船时的角度表示目标的显示位置［（b）和（d）］。

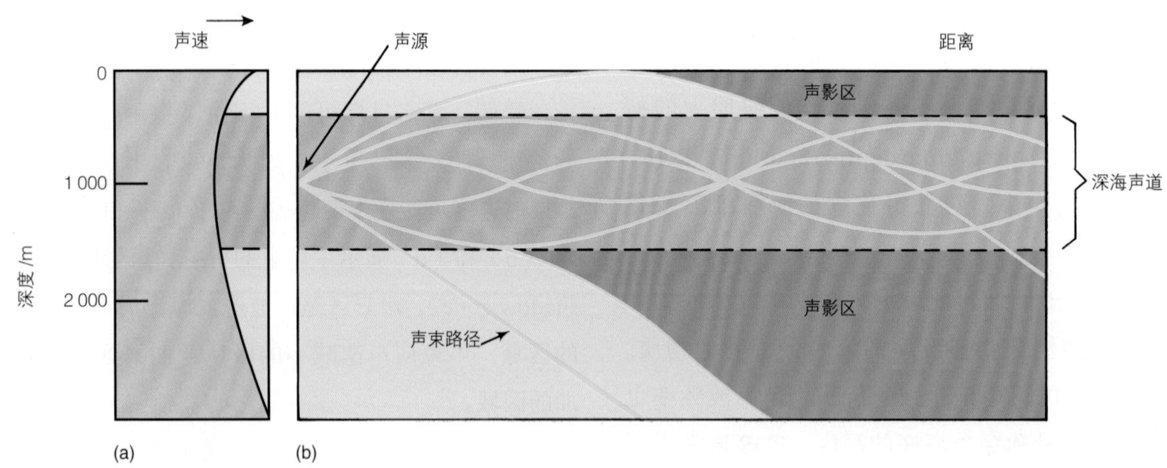

图5.18 （a）温度、盐度、压强随深度的变化综合起来，在1 000 m左右产生最小声速区。（b）这个深度的声音被限制在深海声道内。

困在通道中很难传播出去，除非直接以锐角向外发射。因而，声波在通道内多次折射，声音沿着通道将传播很远［图5.18（b）］。在澳大利亚附近海域深海声道中进行的爆炸实验产生的声响，在遥远的百慕大也能监测到。海洋气候声学测温计划（Acoustic Thermometry of Ocean Climate, ATOC）曾利用这一声道，通过长距离传送声脉冲来分析海水温度的长期变化（见知识窗“海洋气候声学测温计划”）。

19世纪五六十年代，美国海军在外国潜水艇可能的航行路线下方海底安装了大量水听器。这些声学网称为声学监测系统（sound surveillance system, SOSUS），用来跟踪和定位海表及海表以下的船艇。

海洋气候声学测温计划

基于声速在海水中主要取决于海水温度这一原则，麻省理工学院海洋学家卡尔·温施（Carl Wunsch）和加州斯克里普斯海洋研究所沃尔特·芒克（Walter Munk）设计了一个越洋实验，用于研究海洋温度如何响应全球变暖。因为声波在温暖的水中传播速度更快，如果海洋变暖，声音从一个地方传播到另一个地方所需的时间将减少。

1991年，他们从南印度洋赫德岛附近的一个站点发射低频声波脉冲，声波通过深海声道传播，其传播时间被世界各地的监听站点反复测定。从声源到接收站点，在1 000 km的路径上，对声音传播时间的测量可精确到1 ms，所以可以检测出1/1 000℃的温度变化。测试结果表明，这一实验手段具有应用前景。从1995年开始，科学家在太平洋上进行了一系列新的测试，即海洋气候声学测温计划。

海洋气候声学测温计划的声源靠近旧金山和夏威夷，从水下发射的声波被远在圣诞岛和新西兰的高灵敏水听器捕获（窗图1）。经过8个月的测试，人们发现从太平洋上读取的温度数据甚至比预测的更精确。科学家可以检测到的脉冲传播时间每小时变化低至20 ms。这个精度使研究人员能够沿着声波脉冲路径计算平均海水温度，精度在0.006℃以内。在找到其他推导方法之前，通过海洋气候声学测温计划进行重复测量可以获得中层海洋的长期温度变化。

从赫德岛测试一开始，人们便担忧声波信号会对海洋哺乳动物造成影响，并由此推迟启动海洋气候声学测温计划实验。海洋哺乳动物学家观察了位于加利福尼亚州的声源附近的鲸种群和象海豹种群的行为。结果表明，没有观测到动物运动或分布的变化。哺乳动物研究人员还向远海释放了擅长深潜的象海豹，用卫星标签追踪这些动物返回海岸的路径。海豹没有试图躲避声源。声波对鲸行为的影响观察试验也在进行中。

类似的实验还用于测量北冰洋的水温。1994年春天，

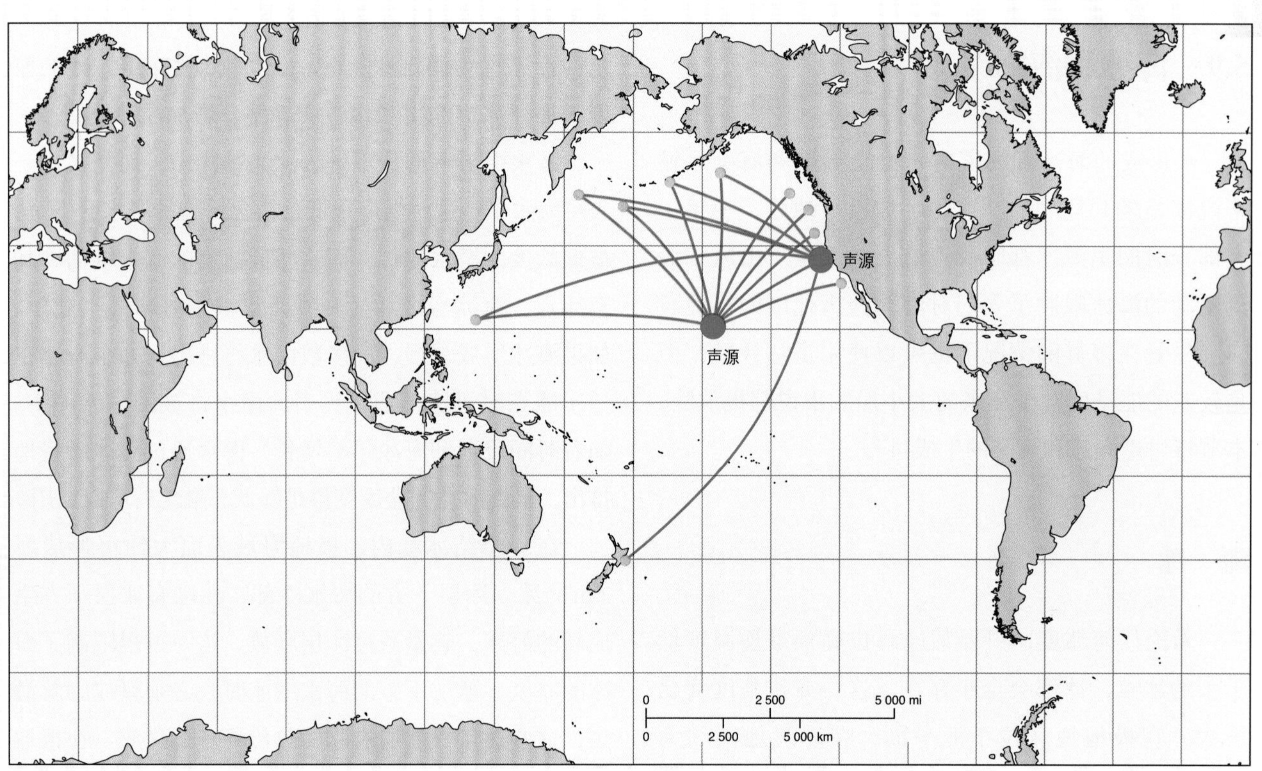

窗图1 海洋气候声学测温计划利用2个声源（分别位于加利福尼亚和夏威夷）和12个接收站测量太平洋水温。

美国-俄罗斯-加拿大合作进行了贯穿极地的声波传播实验，声音信号从斯匹次卑尔根岛北部一个冰营地发出，分别到达相距900 km位于林肯海的营地和另一个相距2 600 km位于波弗特海营地。实验前，先利用历史水温数据预测了声波传播时间，但实际测量到的传播时间更短，这说明自19世纪80年代中期以来，中层深度的大西洋水渗透到北冰洋后，水温升高了0.2～0.4℃。美国-加拿大北冰洋巡航也观察到这种变暖趋势。但是科学家们强调，现在下结论说这些变化是由于全球变暖或是其他自然循环的一部分都为时过早。

延伸阅读：

Forbes, A. 1994. Acoustic Monitoring of Global Ocean Climate. *Sea Technology* 35 (5): 65–67.

Georges, T. M. 1992. Taking the Ocean's Temperature with Sound. *The World & I* (July): 282–89.

The Heard Island Experiment. 1991. *Oceanus* 34 (1): 6–8.

Mikhalevsky, P., A. Braggeroer, A. Gavrilov, and M. Slavinsky. 1995. Experiment Tests Use of Acoustics to Monitor Temperature and Ice in Arctic Ocean. *EOS* 76 (27): 265, 268–69.

这是冷战的遗产，现今海洋学家和其他科学家有机会利用它来监测海洋哺乳动物和海底地震事件。

法国海洋学家团队近期研究了在法属波利尼西亚海底地震台站长期接收到低频纯音，SOSUS历史资料也提供了相似数据。声源追踪结果显示，声音来自深度较浅的海山区域。喷发的海山产生泡沫云，这些泡沫云起到了共鸣室的作用，使声波在火山和海表面之间垂直震荡，产生低频声波。

5.9 海冰和海雾

水形成的海冰和海雾对于海上导航和海上运输来说都是极其危险的。在北半球极地地区，一年中大部分时间里海冰都阻碍着航线的安全。由风和海流驱动的海冰限制了人们对南北两极地区的极地研究。尽管在多雾的情况下也可以使用雷达导航，但是较差的能见度对于往来的大小船舶来说都很危险。本节将讨论海冰和海雾的生成过程。

海　冰

无论任何纬度，只要某地海拔高到平均温度低于水的冰点，冰都会全年存在。这一海拔高度变化很大，在极地地区位于海平面，在赤道地区约为5 000 m。在陆地上，冰雪是低温和降水的结果。在海洋或湖泊中，降水不是必要条件，当空气的温度低于水的冰点时，就会形成冰。

在极地地区，海冰的形成是由于那里空气和海水的温度相当低。当海水开始结冰时，水变得浑浊，同时生成冰晶；随着冰晶数量的增加，形成薄层雪泥；新生的海冰层被波浪和风打破形成“圆饼”；冰冻继续，圆饼四处移动并融合，形成浮冰；浮冰随着风和海流漂移并相互碰撞，形成冰脊、冰丘，或低矮的小冰山。一些浮冰随着风和水不断地运动，彼此破碎或冻结，其他的则固结在大陆上。这些固定的浮冰称为**固定冰**（fast ice）。继续冻结，冰的厚度增加。冰上的雪和水也会冻结，增加浮冰质量。

海水中溶解的盐不进入冰晶结构中，而是被排到表层海水中。这些温度很低且盐含量高的海水会下沉，被低盐度的海水取代，而这些低盐度的海水继而冷却至冰点。海冰形成后，一些卤水被困海冰的空隙中。如果海冰形成缓慢，大多数卤水将逃出；如果海冰在低于冰点时迅速形成，更多的卤水将被困在冰隙中。随着时间流逝和海冰年龄增长，卤水透过海冰缓慢地排出，最终海冰的盐度变得足够低，融化后可以饮用。

在一个结冰季内，极地海域表面大约可形成厚2 m的冰。冰层下方的海水冷却，使已有冰层下方生成新的海冰，热量透过冰层释放，这一过程限制了海冰的厚度。冰层下方的海水结冰时，必须释放融解潜热，这些热量只能通过冰的热传导进行释放。在极地温度下，这本身是一个缓慢过程。而冰表面的积雪起到绝缘体的作用，使得这一个放热过程更为缓慢。

在美国东北部、加拿大、俄罗斯、斯堪的纳维亚地区和美国阿拉斯加州的部分海湾和海岸处，海冰季节性存在；在北极中心区域和南极洲周围，海冰全年存在。在北半球冬季，海冰覆盖着整个北冰洋；在南半球冬季，海冰则围绕南极洲并向海推进（图5.19）。波浪、海流、风和潮汐使冰的边缘断裂，浮冰碰撞，堆积成不规则的冰堆，形成冰脊。冰脊形成于浮冰的碰撞边缘，厚度约10 m。海冰在夏季沿着表面边缘融化（图5.20），一年中冰完全没有融化的区域，将在冬季形成新的冰，厚度累积可达3～5 m。

需要注意的是，海冰是海水的产物，不应把海冰与覆盖格陵兰岛和南极大陆的淡水冰川混淆。当陆地冰川断裂坠入海中，这些漂浮的淡水冰称为**冰**

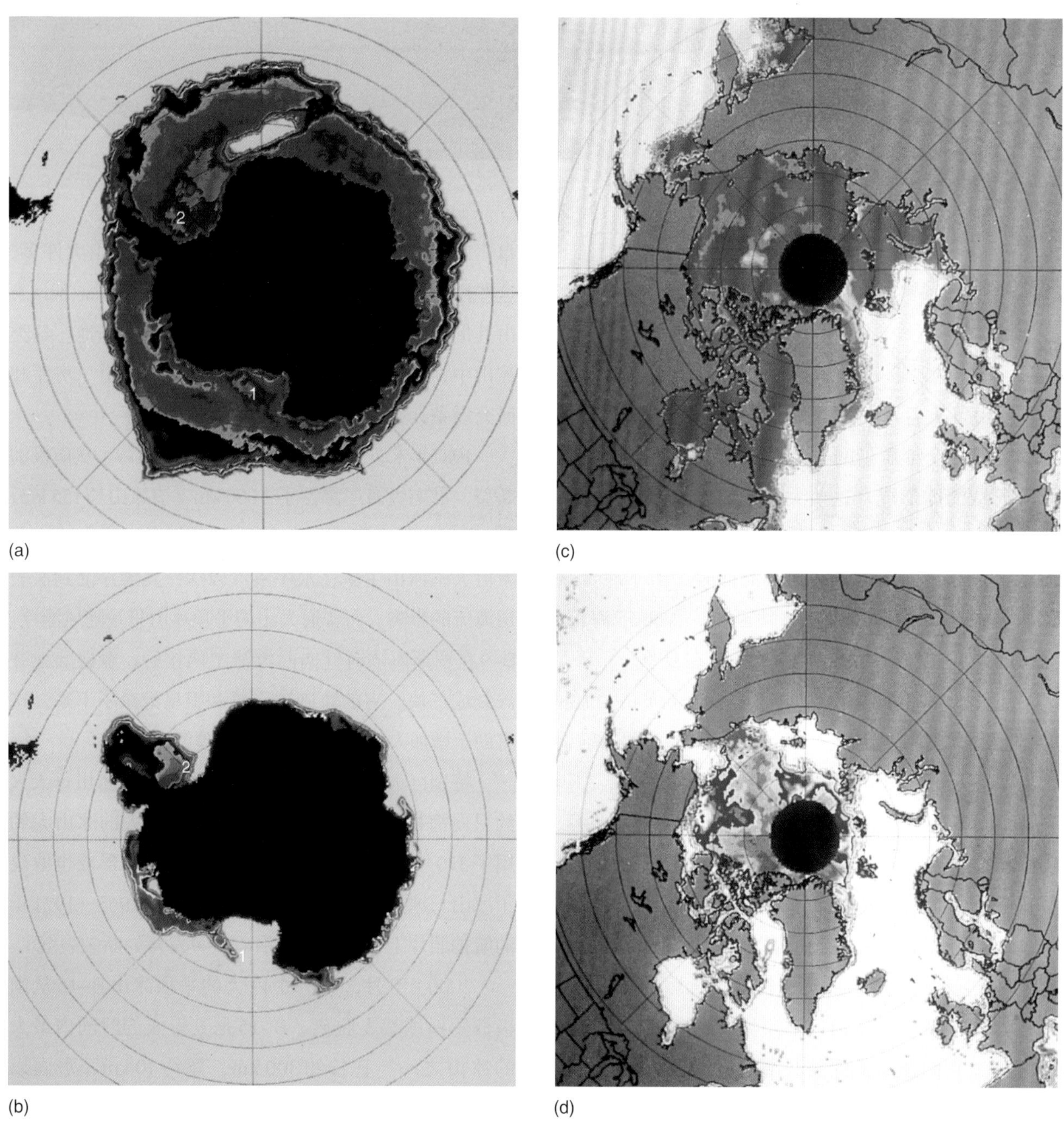

图5.19 围绕南极和北极的海冰。图为根据NASA“雨云5号”卫星（*NIMBUS*-5）的测量数据建立的季节性高纬度地区海冰覆盖区域地图。这些信息有助于人们更好地理解全球气候。冬季南极的冰自陆地向罗斯海（1）和威德尔海（2）延伸超过100 km（a），夏季冰将会大幅度减少（b）。冬季北冰洋布满了冰（c），但第二年秋天冰覆盖区域减少了许多（d）。海冰边界的短期变化可以通过重复拍摄的卫星图像计算。这些图像显示出浮冰每天移动50 km。紫色代表海冰高度集中区域，（a）和（b）中蓝色代表开阔海域，（c）和（d）中黄色是开阔海域。

图5.20 海冰。夏季北极海冰融化形成融池。

山（iceberg）。

冰　山

冰山巨大且形状不规则，它们漂浮于海面之上的部分仅占全部质量的12%（图5.21）。它们由冰川或大河结的冰形成。这些大河起始于内陆，包括格陵兰岛中部、南极洲和阿拉斯加，沿着河道缓慢流向海洋。冰川向前运动，遇到海洋时，由于底部融化以及波浪和潮汐运动，冰块断裂，漂浮于海上。冰山的形成过程称为冰裂，主要发生在夏季。

北极冰山随海流向南漂移，能漂流至新英格兰地区和北大西洋繁忙的航线上。1912年，泰坦尼克号首航就因为冰山而沉没，该冰山最可能形成于格陵兰岛，冰川在那里断裂后，它向南漂浮。那次著名的沉船事件后，美国开始巡查冰山并向船舶警示冰山的位置，这项工作一直持续至今，目前还加上了卫星监测。

尽管已知南极洲的冰山可以漂流到南纬40°～50°地区，但它们主要受绕极环流控制，通常漂浮在大陆附近。阿拉斯加的冰山通常漂流到狭窄水道和半封闭海湾，它们不经常漂到开阔海域。与危害海上运输的冰山相比，阿拉斯加冰山更多是作为一种景观，冰川湾和威廉王子湾就是观赏冰川的胜地。

狭窄山谷的冰川所形成的冰山形状不规则，像塔或城垛一样，它们被称为城堡冰山（castle berg）。源自广阔平整大陆冰盖的冰山通常比城堡冰山大许多，这些巨大平整的冰山被称为平顶冰山（tabular berg），由其形成的冰山岛可作为极地研究人员的基地。这类冰山中，有一些大到可以足够容纳飞机跑道、房屋和研究设备，在其最终断裂之前能使用多年。

1987年末，一个巨大的平顶冰山（B–9）从南极洲断裂，沿南极海岸漂浮了2 000 km。该冰山长155 km，厚230 m，其表面面积与纽约长岛相当。这个冰山非常巨大，冰山主体在水中浸没较深，其漂浮受到次表层海流的影响，而普通大小的平顶冰山只是随风漂浮。B–9在罗斯海顺时针向西漂浮了两年后，触碰陆地并碎裂成三块。它的轨迹被飞机和卫星记录了下来，这有助于增加人们对罗斯海海流的理解。

特别巨大的平顶冰山冰裂并不常见，冰川每天大约只向海推进1 m，像B–9这样体积巨大的冰山大约用了370年才漂到海中。这种规模冰山的形成也取决于冰山与冰川分离处的裂缝的位置。在1965—1971年的航拍照片上，就发现了沿着B–9发育的断裂裂缝。

2000年3月，另一个巨大的平顶冰山B–15从南极洲罗斯冰架上脱离。B–15是其形成的时间内最大的冰山之一。它长约300 km，宽约40 km，水面以下厚400 m，水面以上高30 m。自形成后，B–15先破裂为两座主要的冰山，然后又破裂成包括B–17和B–18在内的其他小一些的冰山，B–15的崩解导致了罗斯冰架的边缘后退到大约五十年以前的位置。

本章小结

水分子由两个带正电荷的氢原子和一个带负电荷的氧原子组成，其结构使两端具相反的电荷，因此是极性分子。由于这样的电荷分布，水分子之间通过分子间氢键发生相互作用。水分子非常稳固，其结构决定了其性质。

水以固态、液态和气态的形式存在。从一种状态变为另一种状态需要吸收或释放热量。水的热容很高，它在吸收或释放大量热量时，温度改变很小。水的表面张力很大，表面张力与表面水分子之间的内聚力有关。水的黏性主要受温度的影响，是内摩擦的体现。水可近似认为是不可压缩流体。海洋中，深度每增加10 m，压强增加1 atm。

密度是物质单位体积的质量。水的密度随温度的降低和盐度的增加而增加。压强对密度的影响很小。低密度的水漂浮于高密度的水之上。纯水在4℃时密度最大。开阔海域的海水在结冰前不会达到最大密度。水蒸气密度比空气小，水蒸气和空气的混合气体的密度比干燥空气小。

水的溶解能力非常强。河流溶解来自陆地的盐类物质，并携带着盐类物质流入海洋。

海水以热、光和声的形式传输能量。海洋表层由太阳辐射获得热量，热量通过传导向下传输。与对流相比，这并不是一个高效的能量传输过程。

波长较长的红光在海面10 m以内即被海水吸收，只有短波较短的蓝-绿光到蓝-紫光能穿透到150 m甚至更深的深度。光在水中发生折射。光的衰减，或由距离增加导致光线减弱，都是由于水和水中悬浮微粒的吸收和散射造成的。光的衰减可由海水透明度盘和光感受器测定。

声音在水中比在空气中传播得更远且速度更快，在水中声速受水的温度、压强和盐度影响。回声探测器用于测定水的深度，声呐用于定位物体。当声音呈一个角度穿过密度不同的海水时会发生折射，并形成声影区。声音可以在深海声道内传播很长距离，这是由海洋的盐度、温度和压强决定的。深海散射层由在晚上向海表面、白天反向移动的小动物组成。深海散射层可以反射一部分声音脉冲，在深度记录仪轨迹上形成一个假海底。

海冰形成于极冷的极地纬度地区，海冰具有自我隔离作用，所以不是每个冬季都会形成厚冰。冰山是冰川断裂后落入海中形成的。

雾是水蒸气遇冷凝结成的液态小水滴。雾有三种类型：平流雾是温暖、水分饱和的空气穿过寒冷水面时形成的，海面蒸汽雾是干燥、寒冷的空气穿过温暖水面时形成的，辐射雾是温暖潮湿的空气在夜间冷却时形成的。

关键术语

covalent bond　共价键
polar molecule　极性分子
hydrogen bond　氢键
temperature　温度
degree　度
heat　热量
calorie　卡路里
dew point　露点
latent heat of fusion　融解潜热
latent heat of vaporization　汽化潜热
sublimation　升华
specific heat　比热容
heat capacity　热容
cohesion　内聚力
surface tension　表面张力
viscosity　黏性
ion　离子
conduction　传导
convection　对流
radiation　辐射
electromagnetic radiation　电磁辐射
electromagnetic spectrum　电磁波谱
absorption　吸收
scattering　散射
attenuation　衰减
refraction　折射
Secchi disk　海水透明度盘
deep scattering layer（DSL）　深海散射层

图5.21 漂浮在大西洋大浅滩以北的一座城堡冰山。

正在南极进行的研究表明，这些延伸到海洋中绕南极洲形成永久冰架的冰川正在消退。同时，冰架断裂，大型冰山的形成速率正在增加。这可能是由于全球变暖加快了冰川的融化速度。

储存在冰帽和冰川中的水约占地球全部水量的2.11%（见表2.3）。如果这些冰全部融化，海平面将上升约79 m，表2.4中所列出的海洋平均深度3 729 m也会增加2.11%。在末次冰盛期内，世界上冰帽和冰川的覆盖面积比今天多3.5%，海平面约比现在低130 m。对过去120年里由全球变暖导致海平面上升的讨论见第13章。

雾

水蒸气含量是温度的函数。温暖空气比寒冷空气能容纳更多水分，当空气变冷时，水蒸气会凝结在空气中各种小微核上，形成液态小水滴。大量聚集的水滴形成云，靠近地面的云称为**雾**（fog）。雾会危害船舶在海面上的航行安全，但是由于雾在海洋表面和大气之间的水汽和热量传输中的作用，海洋学家对雾和预测雾的形成很感兴趣。

雾有三种基本类型，形成过程各不相同。平流雾在海面上最为常见，它是当温度较高而又富含水蒸气的空气水平输运至较冷的海水之上时形成的。平流雾像毯子一样覆盖在海面上。例如，墨西哥湾暖流上空温暖潮湿的空气流向拉布拉多寒流，在纽芬兰大浅滩形成的著名海雾。在加利福尼亚州北部、俄勒冈州和华盛顿州，当海上温暖潮湿的空气移动到寒冷的近海水域时，尤其是在夏季，会在沿海形成海雾，给红树林和峭壁上生长的草提供更多的水分，使旧金山变得凉爽。

在寒冷的冬天，**海面蒸汽雾**（sea smoke）是一种壮观的景象。陆地或者极地的干冷空气流动至温度较高的海水之上，受海水加热的影响，底部的空气携带水蒸气上升，上升的水蒸气冷却至露点，从而形成条带状的雾。当海面蒸汽雾形成后，由于垂向对流引起高蒸发率，海水表面迅速变冷，平流雾冷凝变回水，热量返回地球表面。

辐射雾是白天温暖和夜晚寒冷的结果。地球表面变暖或变冷，其上方的空气也是如此。如果空气在白天保持足够多的水分，当夜晚空气冷却时，水蒸气冷凝，就使贴近地面的空气形成厚层白雾。辐射雾多发生在河谷地区，偶尔发生在海湾和沿岸入口处。这些雾通常在早晨消失，这是因为太阳使气温逐渐升高，小液滴变成了水蒸气。

无论是以液态的形式填充湖泊、河流和海洋，还是以固态的形式形成冰川、雪峰和海冰，或是以气态的形式存在于大气中，地球上的水都是值得关注的物质。正是水的这些特性和丰富储备造就了地球适宜生存的特征，使它成为太阳系中独一无二的星球。

snoar　声呐

sound shadow zone　声影区

sofar channel　深海声道

fast ice　固定冰

iceberg　冰山

fog　雾

sea smoke　海面蒸汽雾

本章中的关键术语可在“词汇表”中检索到。同时，在本书网站www.mhhe.com/sverdrup10e中，读者可学习术语的定义。

思考题

1. 讨论水分子的结构。
2. 当水结冰时，水分子排列发生什么变化？
3. 假设海洋面积不发生变化，海水温度相同，如果所有的海冰融化，海平面将发生什么变化？
4. 比较海洋、陆地和大气的热容。比较美国东西海岸、中部和中西部地区的气候。气候与热容、太阳的冷暖变化、盛行风方向有什么关系？
5. 水分子的特性是如何影响水的表面张力和溶解能力的。
6. 解释为什么从下方加热大气是大气中最有效的分配热量的方法，反之，为什么从上方加热海洋是海洋中效率最差的分配热量的方法。
7. 如果海水只吸收光却不发生散射，那么海洋将会呈现什么颜色？为什么？
8. 平流雾和海面蒸汽雾都可以在大气和海洋之间传输热量。两者的传输速率和方向有何不同？为什么？
9. 当水由于氢键和水分子运动而发生相变时，是如何得到或者失去热量的？
10. 如果失去相同的热量，那么表5.2中哪一种物质的温度将下降到最低？
11. 解释升高或降低海水的盐度、温度和压强，对海水密度将产生什么影响。
12. 水密度的改变如何影响水中的光线和声音的传播？
13. 冰山起源于哪里？它们是如何形成的？
14. 解释声呐（sonar）和深海声道（sofar）的区别。
15. 为什么海水中可能溶解着每一种已知的物质？

计算题

1. 如果深水湖表面以冷却和蒸发的形式散发热量，热量散失速度为800×10^{3} cal/h，湖表面温度是0℃。要避免湖结冰，深层的水运送到表面的速度必须为多少？
2. 利用图5.7中的数据，计算盐度为32 g/kg的海水的冰点。
3. 如果回声测深仪测得水深为3 500 m，仪器显示整个测量过程中时间误差为±0.001 s，那么测量深度的误差是多少？
4. 观察图5.3，如果20℃时一个给定水域每天表面的蒸发量为1 t，那么从此表面区域向大气传输热量的速度是多少？
5. 如果1 kg的水以恒定的速度散发热量，其温度在30分钟内从25℃冷却至0℃，那么使0℃的水转化为冰需要多长时间？

学习目标

学习完本章以后，读者可以：

1. 在世界海洋地图上勾画出海表面的盐度分布。
2. 解释海洋表面盐度与蒸发、降雨和陆地径流的关系。
3. 回顾海水中主要离子成分的来源。
4. 按浓度大小顺序列出海水中的六种主要离子。
5. 计算给定浓度和输入通量的某离子的停留时间。
6. 绘出氧气和二氧化碳随海水深度的分布图。
7. 叙述pH值定义，并解释二氧化碳在控制海水pH值中所起的缓冲作用。
8. 指出海水营养盐中的三种主要离子。
9. 比较并对照两种不同的海水淡化方法。

海水的化学性质

第6章

海水是含盐的水，历史上海水因其所含的盐而具有价值。即使在近代，盐仍然被广泛用于防止食物变质，并曾经一度是主要商业贸易的基础。尽管现在人们依然从海水中提取盐，但在世界上许多地方却是海水中的水变得越来越有价值。海水不仅仅只是盐水，它是一种复杂的溶剂，除含盐外，还溶解气体、营养物质和各种有机分子。

本章中，我们将研究海水，并探讨决定其成分的各种物理、化学和生物过程。我们也将了解从海水中商业化开采盐的方法和通过海水淡化提供更多淡水的可能性。

6.1 盐

浓度单位

化合物可以分解为带相反电荷的原子或原子团。带电荷的原子或原子团称为离子。带正电荷的离子称为**阳离子**（cation），带负电荷的离子称为**阴离子**（anion）。盐类以阳离子和阴离子的形式溶解在海水中。例如，在一杯海水中，钠离子（Na^+）和氯离子（Cl^-）各自独立存在，如果将这杯海水放置在太阳下蒸干，这些离子会聚合形成固体沉淀，即氯化钠（NaCl）。

海水中溶解物质的浓度可以用质量、体积或摩尔形式来表示。不同物质的浓度可能相差几个量级。如果用质量表示，浓度单位可以是g/kg、mg/kg或μg/kg。1 g/kg=10^3 mg/kg=10^6 μg/kg，反之，1 μg/kg =10^{-3} mg/kg=10^{-6} g/kg。浓度也可以以单位体积所含溶质的质量表示，单位为g/L、mg/L或μg/L。1 L海水的质量近似为1 kg（约1.027 kg），因此，用单位质量和单位体积表示的浓度值近似相等（海水中氯离子的浓度近似为19.35 g/kg或19.87 g/L）。

在某些情况下，可以用摩尔数来表示海水中所含物质的浓度。1摩尔物质的质量相当于该物质的相对原子（分子）质量。1摩尔钠离子（Na^+）含23 g钠；1摩尔硫酸根离子（SO_4^{2-}）的质量为32+（16×4）=96 g；1摩尔碳酸氢根离子（HCO_3^-）的质量为1+12+（16×3）=61 g。再次强调，由于1 L海水的质量约1 kg，因此以单位质量表示的摩尔浓度（mol/kg）和以单位体积表示的摩尔浓度（mol/L）数值接近。

海水盐度

主要洋盆中，溶解盐约占海水总质量的3.5%，水

◀ 蒸发盐池。

约占96.5%。因此，1 kg海水样品中含有965 g水和35 g盐。海洋学家用每千克海水中含盐的克数（g/kg）或用千分数（‰）来表示海水的盐度。**盐度**(salinity)的定义是单位质量海水中含溶解盐的总量，海水的平均盐度约为35‰。海水的总体积约为1.34×10^9 km^3, 平均密度约为1.03 g/cm^3(1.03×10^{12} kg/km^3)(见表2.4和表5.3)。海水总质量约为1.4×10^{21} kg，其中溶解盐约占3.5%，换算成质量，约为4.8×10^{19} kg。如果全部海水蒸发，溶解盐沉淀下来并均匀覆盖在地球表面上，厚度可达45.5 m。

表层海水的盐度与其所处的纬度有关。随着纬度的变化，蒸发、降水、结冰、融冰和径流淡水都会影响海水中盐的含量。图6.1为蒸发、降水及海水盐度随纬度的变化。注意，在凉爽多雨的南北纬40°～50°海域，海洋表面盐度较低；而在南北纬25°的沙漠带，对应海域的蒸发率和盐度均较高；在温暖多雨的赤道地区，海洋表面盐度又再次降低，在北纬5°降至最低。图6.2为北半球夏季海洋表面盐度。

在有入海河流和降雨量大的沿海地区，海洋表面盐度低于平均值。例如，在丰水期，哥伦比亚河的流入导致太平洋距离陆地35 km以内的海域表层盐度低于25‰；距亚马孙河河口85 km的表层海水盐度淡到可以供水手直接饮用。在高蒸发量低淡水输入的副热带地区，内陆海近表层的盐度远远高于平

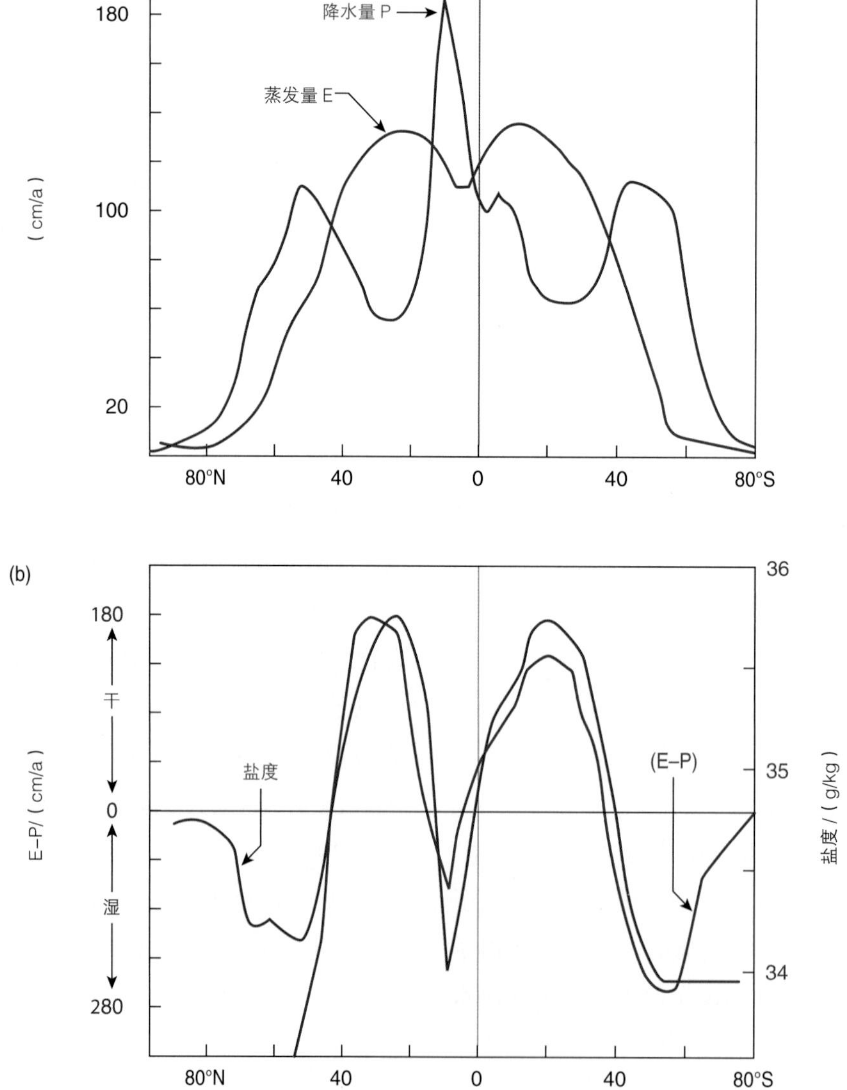

图6.1 （a）大洋中部降水（红线）和蒸发（蓝线）随纬度的变化。（b）大洋中部表层平均盐度值（红线）与随纬度的平均变化（蒸发量减去降水量）。

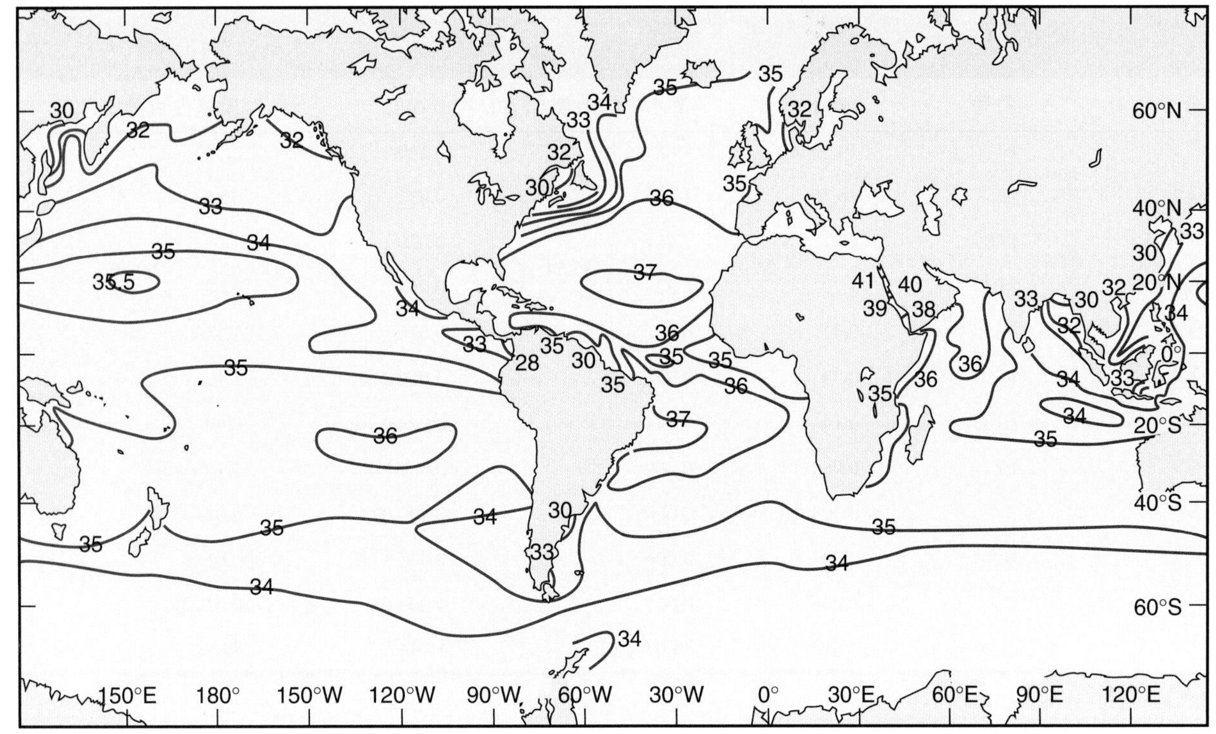

图6.2　北半球夏季表层海水平均盐度（‰）。（蒸发量大的地区盐度高，近海和降水量大的地区盐度普遍较低。）

均值：红海和波斯湾的盐度为40‰～42‰，地中海的盐度为38‰～39‰。同纬度开阔海域的盐度也可达到36.5‰。极地地区的海水盐度存在明显的季节变化。冬季海水结冰，盐分被排到海水中，导致海冰之下的海水盐度升高；夏季海冰融解，导致海洋表层盐度降低。采自中纬度地区的深层水样品的盐度，通常比表层水样品的盐度高，部分是由于中纬度海域的深层海水源于高纬度、降水量较多海域的表层海水。这些深层水的形成将在第8章详细讨论。

溶解盐

原子或者原子团之间通过不同的化学键组成化合物。水分子中，两个氢原子和一个氧原子通过共价键结合，原子之间共用电子（见第5章第5.4节）。其他化合物，例如氯化钠（NaCl），则通过**离子键**（ionic bond）结合。离子键由电子从金属原子转移到非金属原子（在这个例子中，钠原子的电子转移到氯原子）形成，从而使两种原子带电相反，相互吸引。如前所述，带正电荷的离子称为阳离子，带负电荷的离子称为阴离子。由于水分子的极性特征，离子键在水中很容易被破坏。因此，当盐被加到水中，盐溶解（或称为离解），由化合物变成离子。海水中绝大多数溶解盐以离子形式存在（见第5章第5.7节）。

当氯化钠固体被加到水中时，离子之间的化学键被破坏，带正电荷的钠离子和带负电荷的氯离子被释放到水中。这个反应可以表示为

氯化钠→钠离子＋氯离子

或以化学符号的形式表示为

$$NaCl \rightarrow Na^+ + Cl^-$$

海水中超过99%的溶解盐由6种离子组成，其中4种为阳离子：钠离子（Na^+），镁离子（Mg^{2+}），钙离子（Ca^{2+}），和钾离子（K^+）；2种是阴离子：氯离子（Cl^-）和硫酸根离子（SO_4^{2-}）。表6.1根据在海水中的含量由高到低列出这6种离子以及另外5种离子，这些离子也被认为是海水的**主要成分**（major constituent）。其中，钠离子和氯离子总共占海水中离子的86%。

海水中浓度小于1×10^{-6}的元素称为**微量元素**（trace element），见表6.2。多数微量元素浓度很低，通常数量级为10^{-6}。其中一些元素对于生物非常重要。例如，在碘被确认为是海水微量元素之前，人

表6.1 海水主要成分[a]

成分		符号	g/kg		海水中的浓度/(g/L)		mol/L		质量占百分比/%	
氯离子	6种含量最高的离子	Cl^-	19.35		19.87		0.560		55.07	
钠离子		Na^+	10.76		11.05		0.481		30.62	
硫酸根离子		SO_4^{2-}	2.71		2.78		0.029		7.72	
镁离子		Mg^{2+}	1.29	34.91	1.32	35.84	0.054	1.145	3.68	99.36
钙离子		Ca^{2+}	0.41		0.42		0.010 5		1.17	
钾离子		K^+	0.39		0.40		0.010 2		1.10	
碳酸氢根离子		HCO_3^-	0.14		0.144		0.002 4		0.40	
溴离子		Br^-	0.067		0.069		0.000 86		0.19	
锶离子		Sr^{2+}	0.008		0.008		0.000 09		0.02	
硼离子		B^{3+}	0.004		0.004		0.000 37		0.01	
氟离子		F^-	0.001		0.001		0.000 05		0.02	
总计			35.13		36.07		1.148 5		99.99	

a营养盐和溶解气体不包括在内。

表6.2 海水中微量元素的浓度[a]

元素	符号	浓度/(μg/kg)	元素	符号	浓度/(μg/kg)
铝	Al	5.4×10^{-1}	锰	Mn	3×10^{-2}
锑	Sb	1.5×10^{-1}	汞	Hg	1×10^{-3}
砷	As	1.7	钼	Mo	1.1×10^{1}
钡	Ba	1.37×10^{1}	镍	Ni	5×10^{-1}
铋	Bi	$\leq 4.2 \times 10^{-5}$	铌	Nb	$\leq (4.6 \times 10^{-3})$
镉	Cd	8×10^{-2}	镤	Pa	5×10^{-8}
铈	Ce	2.8×10^{-3}	镭	Ra	7×10^{-8}
铯	Cs	2.9×10^{-1}	铷	Rb	1.2×10^{2}
铬	Cr	2×10^{-1}	钪	Sc	6.7×10^{-4}
钴	Co	1×10^{-3}	硒	Se	1.3×10^{-1}
铜	Cu	2.5×10^{-1}	银	Ag	2.7×10^{-3}
钙	Ca	2×10^{-2}	铊	Tl	1.2×10^{-2}
锗	Ge	5.1×10^{-3}	钍	Th	1×10^{-2}
金	Au	4.9×10^{-3}	锡	Sn	5×10^{-4}
铟	In	1×10^{-4}	钛	Ti	$< (9.6 \times 10^{-1})$
碘	I	5×10^{1}	钨	W	9×10^{-2}
铁	Fe	6×10^{-2}	铀	U	3.2
镧	La	4.2×10^{-3}	钒	V	1.58
铅	Pb	2.1×10^{-3}	钇	Y	1.3×10^{-2}
锂	Li	1.7×10^{2}	锌	Zn	4×10^{-1}
			稀土元素		$(0.5 \sim 3.0) \times 10^{-3}$

a 营养盐和溶解气体不包括在内。

注意：括号内数值表示浓度不能确定。

们便熟知贝类动物和海藻中含丰富的碘元素，经常用藻类植物进行工业提取碘。

由于海水中主要成分的比例不随盐的总量变化而变化，也不随生物摄食或排泄而变化，因此主要成分被称为**保守成分**（conservative constituent）；而一些微量元素、溶解气体、有机分子和配合物容易受到生物和化学过程影响，通常被称为**非保守成分**（nonconservative constituent）。

盐的来源

海盐最初源于地壳和地球内部。地壳岩石中的一些化学成分可以解释海水中大多数阳离子出现的原因。火山活动喷出的炽热岩浆结晶形成岩石，这些岩石中存在着大量的阳离子。在长期的物理风化和化学风化作用下，岩石破碎成小块，其中的离子在雨水冲刷下溶蚀出来并被河流带入海洋中。阴离子存在于地球内部，但可能在地球早期大气中就已存在。有些阴离子可能是通过长期降雨从大气中冲刷下来的，但是更有信服力的说法是，大多数的阴离子早已存在于地幔中。在地球形成之初，地幔中的气体很可能就携带着阴离子进入正在形成的海洋中。

火山喷发释放酸性气体，例如硫化氢（H_2S），二氧化硫（SO_2）和氯气（Cl_2）。这些气体溶解到雨水或河水中，并以氯化物（Cl^-）和硫酸盐（SO_4^{2-}）的形式进入海洋。

研究表明，当前在河水中含量最高的离子（表6.3）在海水中却含量最低。这是由于河水携带的是难溶的盐，最易溶解的地表盐在这之前就已经迁移出。这种模式有一个例外，就是河水灌溉区。河流流经含盐量高、干旱的土壤，这些灌溉用水经常被多次利用，使得河水盐度越来越高，以至于到达下游时不能被用于灌溉。美国和墨西哥在这方面就常年存在冲突。美国利用科罗拉多河和里奥格兰德河的河水进行农业灌溉，在河水抵达墨西哥的农田之前，已经浇灌过很多美国西南部沙漠地区的农田，水的盐度变高，河水也就变得不再适宜灌溉处于下游的墨西哥农田了。

除此之外，我们都知道，海底热液会向海水中释放并运移化学物质。在大洋中脊处发现的水热活动对稳固海洋盐分组成起很大的作用，而热泉活动又跟热点和大洋中脊的形成有关。当炽热的岩浆涌出，冰冷的地壳就会裂开，形成裂缝。海底上方的海水压强很高（深度每增加10 m，压强增加1 atm），这就迫使海水渗入裂缝，并被加热到极高的温度。在世界范围内，进入热泉系统的海水盐度相对恒定，然而从深海热泉喷出的海水，盐度是原先的两倍多。到目前为止，人们还不清楚导致盐度增加的过程，以及这些过程在全球海洋总盐收支平衡中扮演的角色。

表6.3　河水中的溶解盐

成分	符号	重量百分比 / %
碳酸氢根离子	HCO_3^-	48.7
钙离子	Ca^{2+}	12.5
二氧化硅（非离子态）	SiO_2	10.9
硫酸根离子	SO_4^{2-}	9.3
氯离子	Cl^-	6.5
钠离子	Na^+	5.2
镁离子	Mg^{2+}	3.4
钾离子	K^+	1.9
氧化物（非离子态）	$(Fe,Al)_2O_3$	0.8
硝酸根离子	NO_3^-	0.8
总计		100.00

注：河水中盐的平均浓度为0.120‰。

盐平衡的调节

从年代久远的海洋沉积岩可以得知，海洋已经存在了大约35亿年。研究人员根据岩石和盐类矿床的化学与地质学证据推断，海洋中的盐类组成在过去15亿年内都没有改变过。据计算，全球海洋中溶解物质的总质量为5×10^{22} g，海水盐度为36‰。每年地表径流都会溶解2.5×10^{15} g物质，海洋总盐量就会相应增加0.000 005%。假设35亿年中，河水流向大海的速度恒定，那么溶解物质的补给量就会比目前推算的更多。由于海洋盐度未发生变化，因此河水补给溶解盐的速度必须与海洋溶解盐损失的速度平衡，也就是说，输入量与输出量相等。

一些盐离子从海水中流失的途径如图6.3所示。由波浪破碎形成的海洋飞沫被风吹到陆地上，结成一层盐，这些盐后来又被地表径流带回海洋中。在地质历史时期，海中的浅湾被隔离，海水被蒸干，盐类物质结晶，这些结晶产物称为**蒸发岩**（evaporite）。盐离子之间也可以相互反应，形成不溶物并沉淀到海床上。生物过程也会聚集盐分，如果生物体被捕捞或者生物体成为沉积物的一部分，盐就可以从海水中转移出来。生物体的排泄物也可以吸附离子，转变成沉积物或者返回到海水中。在一些生物过程中，钙离子通过进入贝壳来迁移，而二氧化硅则构成硅藻和放射虫的坚硬外壳。当生物体死亡后，钙离子和二氧化硅就会积聚到沉积物中。通过生物过程产生沉积物的内容见第4章。

吸附（adsorption）是化学过程，海水中的离子和分子一旦吸附到颗粒物表面，就能够迁移出海水。在这个过程中，由于风化作用从岩石上剥落的黏土矿物颗粒被风和河水带到海水中，其表面吸附离子（例如K^+）和痕量金属。伴随着土壤颗粒沉降，这些离子最终进入沉积物中。吸附能力较强的离子取代吸附能力较弱的离子的过程，叫作**离子交换**(ion exchange)。如果土壤颗粒和沉积物吸附和交换某种离子比另一种更容易，那么更容易被吸附的离子在海水中的浓度就会较低。例如，钾离子比钠离子更容易被吸附，因此，海水中钾离子的浓度比钠离子低。镍、钴、锌、铜被吸附在海底的结核中。微小生物体的粪便颗粒和骨骼残骸也可以充当吸附表面。有机体残骸在沉降时将金属离子运输到沉积物中，结核又吸附这些沉积物。在这些情况中，离子都从海水中迁移出来，并且最终都转移到沉积物中。

深海海底（见第3章）的大洋中脊系统形成新地壳的过程，也与海水中离子的输入与输出有关。熔岩从地幔上升至地壳中形成岩浆房，这些岩浆房大都沿着板块边界分布，有些也分布在板块中央的火山热点上方。扩张中心处的冷海水会顺着断裂的地壳向下渗透数千米，在沿着岩浆房流动时被加热。通过对流，热水上升，在穿过地壳时与岩石发生化学反应，水中的镁离子发生迁移，在地壳中形成矿物。同时，氢离子（H^+）被释放，海水酸性变强。化学反应使得硫酸根离子转变成硫，然后变成硫化氢。热的海水溶解地壳中的金属（铜、铁、锰、锌等），释放出钾和钙。据估计，每一千万年中，穿过大洋中脊处地壳的循环海水的体积，相当于整个海洋的体积。

元素从海水中迁移，最重要的过程仍然是细小微粒吸附离子并转移到沉积物的过程。离子经沉淀保存在沉积物中，再溶解到海水中需要经历很长的时间。然而，地质抬升作用会使得一些海洋沉积物

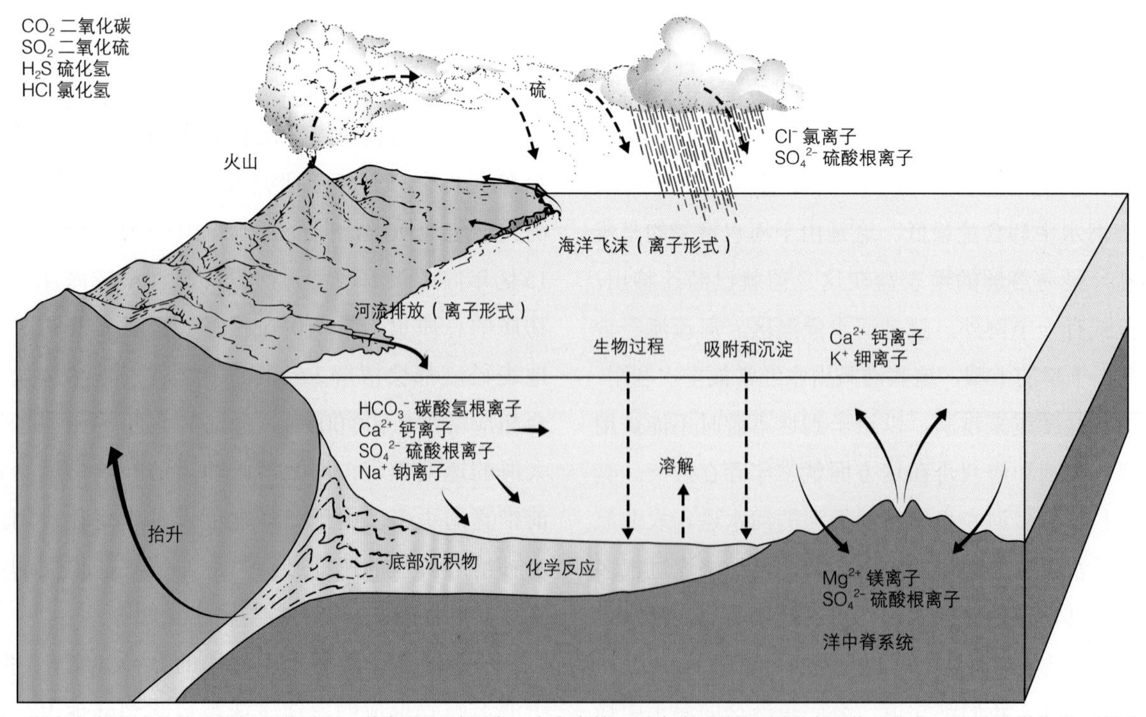

图6.3 海水中主要成分的分配和调节过程。盐离子通过河流、火山事件、洋中脊系统和分解过程进入海水，通过吸附作用、离子交换、海洋飞沫、化学沉淀、生物摄食以及洋中脊处地壳增厚等作用从海水中迁移出。

出露到海平面以上。这些沉积物在侵蚀作用下溶解，并再度返回大海中。

停留时间

海水中的盐类相对丰富，部分是由于它们容易从地壳进入海洋中，部分是由于它们从海水中输出的速率。钠在淡水中仅适度溶解，但在海水中却能够大量溶解，因此，海洋中存在大量钠离子。钙离子迅速地从海水中沉淀出来，形成石灰岩和海洋生物的外壳，但是河流和洋脊上的热泉也会快速补充这些钙离子（图6.3）。

某种物质在海中停留的平均时间称为**停留时间**（residence time）（表6.4）。铝离子、铁离子和铬离子的停留时间很短，这些离子在数百年之内迅速地与其他物质发生反应，形成不可溶的固体矿物而沉积。钠离子、钾离子、镁离子的溶解度较高，它们的停留时间较长，可达上百万年。如果某种离子在数万年间保持浓度不变，那么，其输入与输出的速率相等。一种离子的停留时间等于目前该离子在海水中的总量除以它的输入速率或输出速率。例如，海水中的钙离子约为5.74×10^{20} g，据估算以5.55×10^{14} g/a的速率向海中输入，那么

$$停留时间\ (Ca^{2+}) = \left(\frac{5.74\times10^{20}\ g}{5.55\times10^{14}\ g/a}\right)$$
$$=1.06\times10^{6}\ a$$

表6.4　海洋离子的近似停留时间

离子	时间/Ma
氯	100～∞
钠	210
镁	22
钾	11
硫酸根	11
钙	1
锰	0.001 4
铁	0.000 14
铝	0.000 10

恒比关系

海水是一种均匀混合的溶液。在整个地质年代尺度上，表层和深海的海流和涡旋、垂向混合过程、波浪和潮汐作用都有助于海洋混合。经过彻底混合，开阔海域中每一处的海水离子组成都相同，也就是说一种主要离子与另一种离子的比率是相同的。因此，不管盐度是40‰还是28‰，海水中主要离子所占的比例是相同的。这一概念最早由化学家亚历山大·马塞特（Alexander Marcet）在1819年提出。1865年，另一位化学家乔治·福希哈默尔（Georg Forchhammer）分析了数百个海水样品发现，海水主要成分确实存在恒比关系。1872—1876年，“挑战者”号进行了世界巡航考察，收集了77份来自不同深度、不同地区的海水样品。化学家威廉·迪特马尔（William Dittmar）分析了这些样品，证实了福希哈默尔的发现与马塞特的提议。所有这些分析都揭示了**海水组成恒定性原理**(principle of constant proportion)。这一原理表明，不管盐度如何改变，开阔海域中海水主要离子的比率保持恒定。注意，这一原理只适用于开阔海域的主要保守离子，而并不适用于近海水域，因为河水会带来大量可溶物质，或将盐度降到非常低的程度。主要非保守成分的比率并不相同，因为有些成分之间的比率和生物的生活周期密切相关。在生物种群生长和繁殖时期，离子被从海水中移除，浓度减小。随后，生物种群衰落，离子又随着分解过程返回海水中。

盐度的测定

海水中存在着可溶性离子盐，因此海水可用于输电或导电，溶液中离子越多，传输能力就越强。因此，盐度可以用一种称为**盐度计**（salinometer）的仪器测量。测量时，通过电探针测量液体的电导率，就能在仪器上快速地读出海水样品的盐度（用S‰表示）。由于海水的电导率受盐度和温度影响，所以如果仪器直接显示盐度结果，该仪器必须进行温度校正；如果仪器以电导率为输出结果，也必须进行温度校正；如果仪器分别测量了电导率和温度，那么可通

过计算机程序计算出盐度。其他测量技术将在第8章讨论。

为保证所有测得的盐度结果可以进行比较，世界各地的海洋学实验室采用同一种标准分析方法并使用标准海水作为参考。现今，位于沃姆利的英国海洋服务研究所负责生产氯含量和电导率恒定的标准海水，用于校正实验室仪器。

一直以来，人们通过测量海水样品的中氯离子含量来测量样品的盐度。为测定盐度，需要加入硝酸银，因为银离子可以与氯离子结合形成沉淀。如果已知与所有氯离子反应的银的量，那么就可以确定氯离子的量。用这种方法测出的氯浓度叫作**氯度**（Cl‰），以千分数或每千克海水中所含氯的克数来表示。如果一个样品的氯度已知，那么就可以利用海水组成恒定性原理计算其他任何一种主要成分的浓度。

氯度和盐度的关系如下：

盐度（‰）=1.806 55 × 氯度（‰）

或

$$S‰ = 1.806\ 55 \times Cl‰$$

6.2 海洋中的溶解气体

海洋表面的气体在海洋和大气之间流动。大气中的气体溶解在海水中，通过混合过程和海流分散到各个深度。大气和海洋中，含量最丰富的气体是氮气、氧气和二氧化碳，这些气体在大气和海洋中所占的百分比见表6.5。氧气和二氧化碳在海洋中有着举足轻重的地位，它们对所有的生命来说都是必不可少的，它们的浓度由大洋各层深度上的生物活动调节。尽管只有细菌才能直接利用氮气，但它在海洋过程中的作用也很重要。氩、氦、氖等惰性气体的含量很少，且不与海水或海洋生物发生相互作用。

溶液中能够溶解气体的最大值称为**饱和浓度**（saturation concentration）。饱和浓度受温度、盐度和压强影响。如果温度降低或盐度减小，那么气体的饱和浓度就会增加；如果压强减小，饱和浓度就会减小。换句话说，冷水比热水能溶解更多气体，低盐度水比高盐度水能溶解更多气体，高压水比低压水能溶解更多气体。

气体随深度的分布

光合作用（photosynthesis）过程中，植物、海藻和浮游植物利用二氧化碳、阳光和无机营养盐（见本章第6.4节）合成有机物。在这一过程中，产物是氧气。海洋表层阳光充足，浮游植物可在此处大量生长。海洋中有光线透过的部分称为**真光层**（euphotic zone，euphotic在希腊语中是明亮的意思）。在沿海水域，真光层相对比较浅，仅能向下延伸至15～20 m；而在开阔海域，悬浮颗粒较少，真光层可向下延伸150～200 m。光合生物在海洋表层吸收二氧化碳并释放氧气；与之相反，异养生物以有机化合物为食，通过呼吸作用从有机物中获得能量。在呼吸作用过程中，有机物被**氧化**（oxidized），吸收氧气并释放二氧化碳。所有生物体，不管是光合生物还是异养生物，都能进行呼吸作用。因此，呼吸作用在海洋的各个深度都存在。光合作用和呼吸作用将在第15章详细讨论。细菌也能进行呼吸作用

表6.5 大气和海水中气体的丰度

气体	符号	在大气中所占体积百分比/%	在表层海水中所占体积百分比[a]/%	在全体海洋中所占体积百分比/%
氮气	N_2	78.03	48	11
氧气	O_2	20.99	36	6
二氧化碳	CO_2	0.03	15	83
氩、氦、氖等	Ar,He,Ne	0.95	1	
总计		100.00	100	100

a 盐度=36‰，温度=20℃。

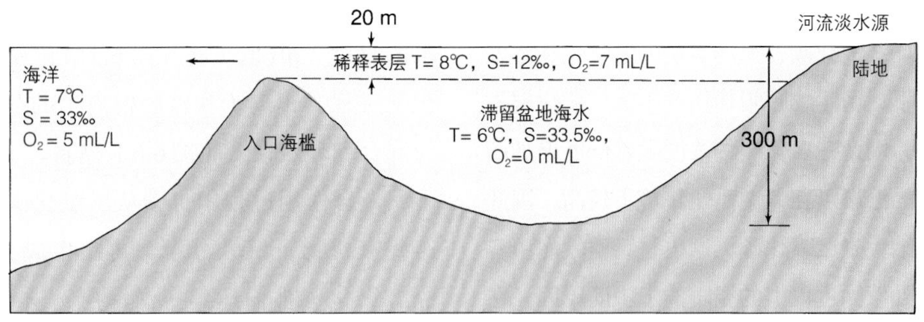

图6.4 高密度的海水被困在海槛后面，在持续的呼吸作用和分解作用下，深处滞留海水缺氧。阳光使海洋表面光合作用增强，提高了氧气产量。

（尽管它们的呼吸方式与人类不同），它们是深海中数量最多的生物，因此深海中最重要的耗氧因素就是细菌的呼吸作用。

光合作用速率和呼吸作用速率达到平衡的深度称为**补偿深度**(compensation depth)。在补偿深度以上，光合生物消耗二氧化碳，释放氧气，补偿深度以下则相反。氧气只能从海水表层进入海洋，或通过与大气交换，或作为光合作用的产物。二氧化碳也可经海洋表层由大气进入海洋，但与氧气不同的是，它在任何深度都可由呼吸作用产生。

海水中的溶解氧浓度为0～10 mL/L。孤立深海盆的底层水中，溶解氧浓度可能极低，甚至为零，因为这里的海水几乎不能与表层水发生混合。这样的地方通常位于海沟的底部，在一个浅海槛之后的深盆地（例如在黑海中），或深峡湾（300～400 m）的底部。如果深层水流速缓慢，呼吸作用消耗氧气的速度就会大于环流输送氧气的速度，底层水将**缺氧**（anoxic），或者说溶解氧被剥夺。**厌氧**（anaerobic）细菌就生存在这样的水里，如图6.4所示。相比于暖水，氧气更容易溶解在冷水中，所以相比于低纬度地区，高纬度地区的海洋表面含有更多的氧气。如果海洋表面风平浪静，营养和阳光均充足，就会出现大量的光合生物，海洋表面的氧气量将是平衡（饱和）值的150%或更多，水中的氧气就会达到**过饱和**（supersaturated）。在波浪作用下，部分氧气进入大气，使海水回到100%的饱和状态。

图6.5表明，海水中氧气和二氧化碳的浓度随深度变化，浓度受生物分布影响。光合作用使得海洋表面处氧气浓度高，而二氧化碳浓度低。真光层以下，氧气随着呼吸作用的消耗而减少，最低浓度值出现在深度800 m处。在这个深度以下，动物种群密度降低和有机物减少，氧气消耗的速率随之降低。由于表层水向深层缓慢下沉，氧气浓度缓慢回升。

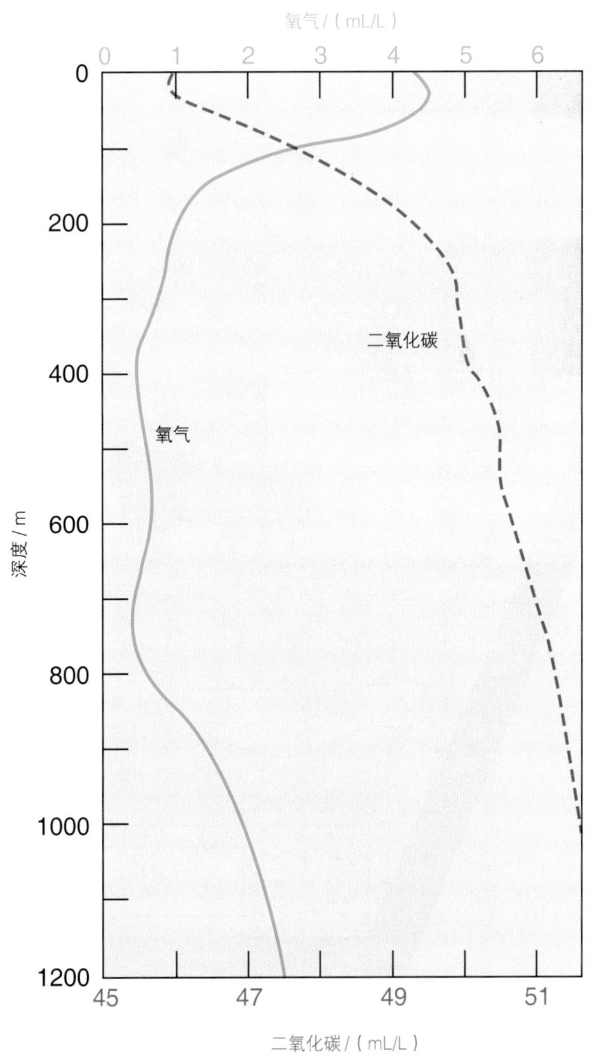

图6.5 氧气和二氧化碳随深度的分布。从海表到深海，氧气浓度的改变超过400%，然而二氧化碳浓度的改变却低于15%。

在整个海洋中，二氧化碳的浓度为45～54 mL/L。由于光合作用消耗二氧化碳，海洋表层的二氧化碳浓度比较低。表层以下，由生物呼吸作用产生的二氧化碳不断地向水中输送，因此二氧化碳的浓度随着深度增加而增加。二氧化碳的溶解度在低温高压环境下较高，因此深层海水能够容纳大量二氧化碳。这也是钙质软泥更容易出现在碳酸盐补偿深度以上的温暖浅水中的原因。在碳酸盐补偿深度以下，由于二氧化碳的存在，钙质软泥将溶解（回顾第4章相关内容）。浅水域二氧化碳浓度相对较低的原因，部分是由于此处的光合作用较强，部分是由于暖水的饱和溶解度较低。

二氧化碳循环

据估计，目前每年海洋从大气中吸收的二氧化碳为20亿～30亿吨。海洋吸收二氧化碳的速率由海水的温度、pH值（将在第6.3节讨论）、盐度、离子化学过程（钙离子和碳酸根离子的存在）、生物过程与混合和环流模式（图6.6）控制。

光合作用过程中，碳从二氧化碳转换为有机物，这些有机物下沉并分解，再次生成二氧化碳，一部分二氧化碳被输运到海洋深层，这一过程称为**生物泵**（biological pump）。地球上由浮游植物（见第15章）光合作用产生的有机物约占总量的40%。这些生物生长在阳光充足的表层海洋，以便于进行光合作用（见第5.8节和第15.2节）。大约90%的浮游植物在消耗过程及呼吸作用中从真光层再度进入循环；其余10%中的大部分（70%～90%）在到达海床之前就已经再度循环；剩余的或被底栖生物消耗，或被细菌降解，或沉降到沉积物中。在生物泵和之前讨论过的化

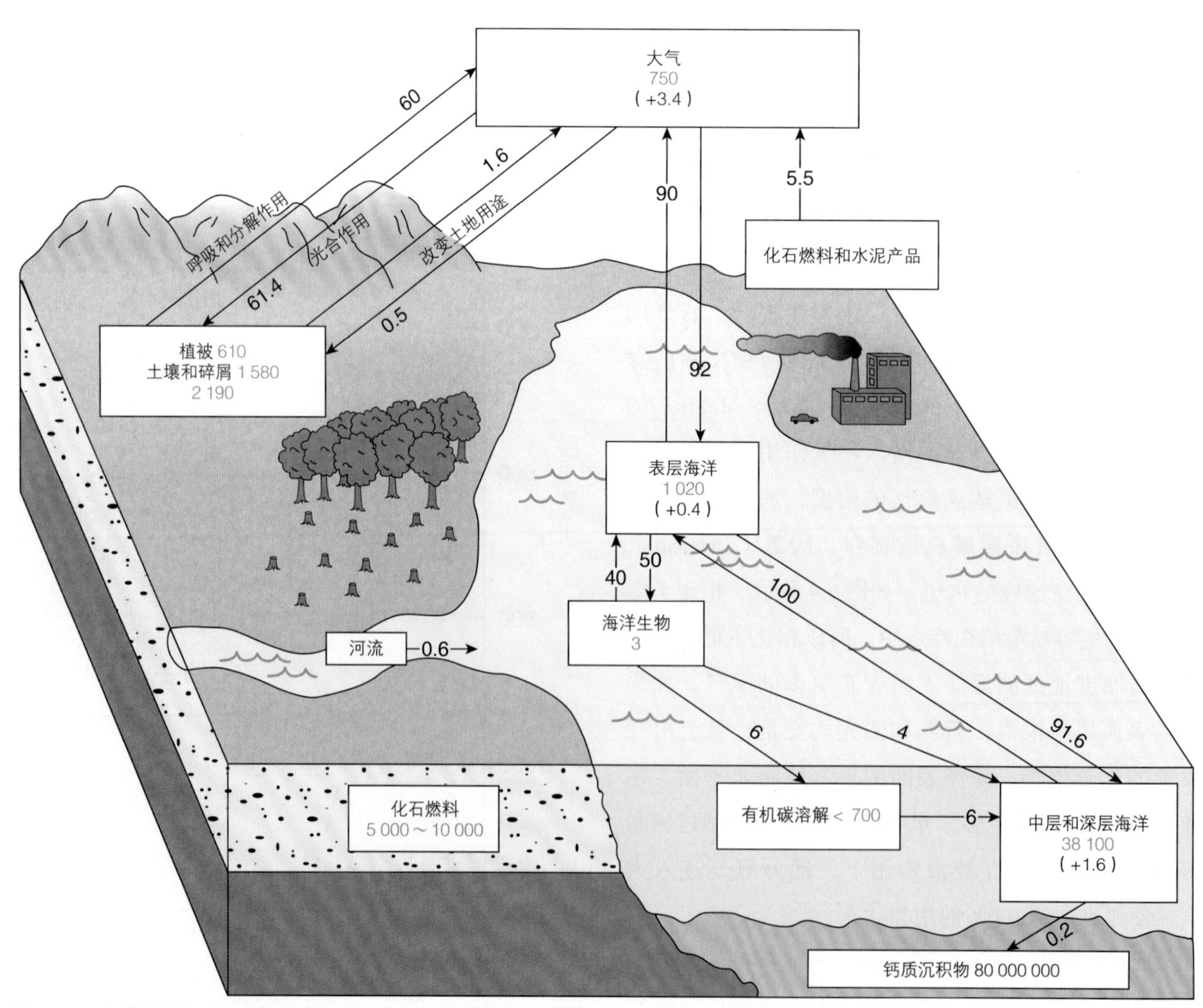

图6.6 二氧化碳在地球环境中的主要循环途径。碳数据单位10亿吨（1 t=10^6 g，10亿吨=10^{15} g）。黑色数字是各载体之间每年的交换速率，绿色数字是各载体的储存总量，括号中数字是储存总量每年的净改变量。

极地冰中包含的信息

过去20万年的地球气候化学历史在极地冰盖中都有迹可循。科学家通过在格陵兰岛和南极洲钻探冰芯，发现了气候和大气化学之间的关系，以及人类活动对气候和大气成分的影响。累积并保存在冰层中的化学成分，包含可溶物质（钠、氯化物、硫酸和硝酸盐）和重金属（铅、镉和锌）。正如灰尘可以告诉我们火山爆发时大气的狂暴程度一样，极地冰的气泡中封存的气体可以告诉我们大气中二氧化碳以及其他气体组成随时间的变化信息。

欧洲合作项目格陵兰冰芯计划（GRIP）始于1989年，结束于1995年。1992年，GRIP钻探深度达3 029 m，该深度上的冰生成于20万年前甚至更久远。丹麦人在GRIP以北进行了另一项新的钻探计划，北格陵兰冰芯计划（NGRIP）。而距离GRIP站点35 km处，美国格陵兰冰盖计划（GISP2）花费了五年时间，终于在1993年7月穿透整个冰层，钻进了基岩，获取长达3 053 m的冰芯。目前钻探工作已经结束，但站点处的研究工作还在继续。

科学家通过分析这些冰芯来研究历史事件，GISP2冰芯的高硫化物层记录了一些世界上主要的火山爆发事件：公元前6955年意大利维苏威火山爆发；公元前5676年俄勒冈州的梅扎马火山爆发，这次爆发也形成了火山口湖；公元前2310年冰岛海克拉火山爆发，以及公元前1629年和公元前1623年的阿拉斯加州阿尼亚查克火山爆发。

GRIP的部分冰芯也用来研究人类生产铅的历史。研究人员采取了冰芯形成年代为7760年以前的样品（深1 286 m处），并与冰芯年代为希腊文明兴起时期、罗马帝国时期和中世纪文艺复兴时期的样品进行比较。在这些时期里，由铅熔炼造成的大面积污染甚至扩散到了北极，这也是关于人类污染最古老的记录。

对形成年代分别为工业革命前后的冰层沉积物的比较表明，20世纪硫酸盐的浓度是工业革命之前的3倍，而硝酸盐的浓度是工业革命之前的2倍。铅依然是重大污染物，而且随着社会发展对于汽油的依赖，含铅汽油的使用也使得铅污染变得更加严重。

这些冰芯研究给我们传递了这样一个消息，环境的变化越发迅速和频繁，远远超过了科学家的预期。至末次冰期结束，也就是大约1.5万年之前，每隔数千年，气候就发生一次突发。这些变化都被记录在冰层中。在冰期结束后的2000年里，气候持续回暖，随后经历一段短期降温，格陵兰岛的温度降低了7℃；又经历一段急剧变暖的时期（可能只有三年时间），来到适宜我们生存的间冰期阶段。近期这些快速的气候变化被认为与大气和海洋环流的耦合变化有关。

GISP2冰芯样本显示，气溶胶中的灰尘和海盐含量在冰期初期发生了很大的变化。在海洋冰盖面积扩张的时期，这些灰尘和海盐源自更南的纬度地区，说明同期存在大尺度的大气环流，将这些微粒输运到北极。这些事件可能会阻挡来自太阳的辐射，也许可以部分地解释冰期持续的原因。

1957年，苏联科学家在南极建立了沃斯托克南极研究站（东方站），于1972年开始钻探冰芯。1984年，法国的研究团队也加入其中，他们共同钻探冰层深度超过2 000 m，得到了记录信息为16万年前的冰芯样本。1998年2月，俄罗斯人关闭了站点，该站点钻取冰芯深度达3 623 m，这是目前最深的钻取深度。冰芯底端记录的信息可追溯至45万年以前。俄罗斯人在即将钻掘到沃斯托克湖面的时候停止了，沃斯托克湖是处于冰层和底部岩层之间的冰下湖，大小是安大略湖的两倍。

他们的发现表明，二氧化碳含量在末次冰期将要结束前（大约14万年前）有明显的升高，然后在10万年以前（也就是上一个冰期）又快速下降。一万年以前，二氧化碳含量再次升高（几乎提高了40%），这也许对末次冰期的结束发挥了作用。东方站冰芯表明，二氧化碳含量在过去的2000年里有了一定升高。科学家通过比较同一时期的格陵兰岛与北极的冰芯发现，相比于南半球，北半球的气候更容易发生变化，北半球冰期的起止触发了南半球的气候变化。

美国在南极洲西部的赛普尔冰穹开始了新的冰芯钻探计划（使用在格陵兰岛GISP2计划中所使用的钻机），欧盟也在冰穹C开始了新的冰芯计划。这些站点处的降雪量比东方站更大，因此更详细地记录了过去10万年内的气候。这些新钻孔的冰芯将有助于解释东方站的冰芯数据。

延伸阅读：

Fiedel, S., J. Southon, and T. Brown. 1995. The GISP Ice Core Record of Volcanism Since 7000 B.C. *Science* 267 (5195): 256–58.

Hong, S., P. Candelone, C. Patterson, and C. Boutron. 1994. Greenland Ice Evidence of Hemispheric Lead Pollution Two Millennia Ago by Greek and Roman Civilizations. *Science* 265(5180): 1841–43.

Mayewski, P. A., et al. 1994. Changes in Atmospheric Circulation and Ocean Ice Cover over the North Atlantic During the Last 41,000 Years. *Science* 263 (5154): 1747–51.

Mayewski, P. A., et al. 1994. Record Drilling Depth Struck in Greenland. *EOS* 75 (10): 113, 119, 124.

Petit, J. R., et al. 1999. Climate and Atmospheric History of the Past 420,000 Years from the Vostok Ice Core, Antarctica. *Nature* 399: 429–36.

Stauffer, B. 1993. The Greenland Ice Core Project. *Science* 260 (5115): 1766–67.

Stone, R. 1998. Russian Outpost Readies for Otherworldly Quest. *Science* 279 (5351): 658–61.

Weiner, J. 1989. Glacier Bubbles Are Telling Us What Was in Ice Age Air. *Smithsonian* 20 (2): 78–87.

学溶解度差异的共同作用下，碳在深海中聚集。地球上二氧化碳的存储以及由于化石燃料燃烧引起二氧化碳排放增加所产生的影响将在第7章讨论。

氧平衡

海洋对地球大气中的氧起到重要的平衡调节作用，海洋植物通过光合作用释放氧气，继而又通过呼吸作用消耗氧气，其分解过程与陆地上的分解过程相同。然而，有些有机物会并入海底沉积物中，不发生腐烂或分解。所以，氧气的消耗与光合作用产生的氧并不平衡，并且，每年会额外产生3亿吨氧。由于海洋沉积物在地质作用下形成岩石，这些额外的氧气并没有释放到大气中。有些岩石受抬升作用而出露地表，然后受风化作用以及氧化作用而消耗氧，这一过程使大气中氧收支达到平衡。这一过程的控制及相关原理目前尚不清楚。

气体测量

海水样品中的溶解氧量可以在实验室中用传统化学技术测量，也可以利用特制的探针直接在海上测量。用探针测量时，数据可传回至船上或者储存在实验装置中。海水中二氧化碳的浓度很小，这是因为几乎海水中所有的二氧化碳都会与水反应，形成碳酸及其离解产物（见第6.3节）。因此，二氧化碳的浓度既可以直接测量，也可以通过测量水的pH值来推算。

6.3　海水的pH值

水分子可解离（分解）形成氢离子和氢氧根离子，因此，任何水溶液中都是含有水分子、氢离子、氢氧根离子的混合体，并且水分子的浓度远远超过两种离子的浓度。在25℃的纯水（仅含水分子）中，仅有一小部分水分子（约10^{-7}）自然地解离成氢离子和氢氧根离子。换句话说，也就是氢离子和氢氧根离子的浓度都是10^{-7}，每10^{7}个水分子中有一个分子分解成离子。氢离子和氢氧根离子浓度相等的溶液称为中性溶液。

在非纯水溶液中，化学反应会使氢离子减少或增加，使得氢离子和氢氧根离子浓度不相等。水中的氢离子和氢氧根离子浓度成反比，即一种离子浓度增加到原来的10倍，就会使得另一种离子浓度减少至原来的1/10。这些离子相对浓度的不平衡就会使溶液呈酸性（溶液中氢离子多于氢氧根离子）或碱性（溶液中氢氧根离子多于氢离子）。

溶液的酸碱度用pH值衡量，pH值的范围为0～14（图6.7）。pH值等于溶液中氢离子浓度的对数。pH值的定义为

$$pH = -\log_{10}\left[H^{+}\right]$$

纯水中，氢离子和氢氧根离子的浓度都是10^{-7}，PH值等于7，即

$$pH = -\log_{10}\left[10^{-7}\right] = -(-7) = 7$$

溶液呈中性。如果氢离子的浓度增加到原来的10倍，即10^{-6}，pH值降为6，溶液具有轻微酸性。pH值低于7的溶液（氢离子浓度较高）呈酸性，pH值高于7的溶液（氢离子浓度较低）呈碱性。

pH值低的溶液比pH值高的溶液酸性强。以下三种描述都表达了相同的意思：

pH=1的溶液比pH=3的溶液酸性更强；

$[H^{+}]=10^{-1}$的溶液酸性比$[H^{+}]=10^{-3}$的溶液酸性更强；

$[H^{+}]=0.1$的溶液酸性比$[H^{+}]=0.001$的溶液酸性更强。

相应地，pH值高的溶液比pH值低的溶液碱更强。

氢离子十分活跃，呈酸性的水（溶液中氢离子浓度相对较高，pH值低于7）是高效的化学风化剂，能够分解并溶解岩石。雨水的pH值通常为5.0～5.6（呈弱酸性），但在一些重工业区，工业排放物与水滴结合形成酸雨，导致雨水pH值变得更低。美国东部雨水的pH值普遍为4.3，这大约是通常情况下雨水酸度的10倍；有时雨水的pH值甚至可以降到3，这是通常情况下雨水酸度的100倍。

海水呈弱碱性，它的pH值为7.5～8.5。全球海水平均pH值约为7.8，表层海水的平均pH值目前大约为8.2。海水中二氧化碳的缓冲作用使得海水pH值保持相对稳定。**缓冲剂**（buffer）可防止溶液酸度或碱度突然发生急剧改变。如果海水中氢离子的浓度在某些作用下发生改变，使得pH值高于或低于它的平均值，缓冲剂就会参与化学反应，释放或者消耗氢离子，让pH回归正常值。二氧化碳在海水中溶解时，与水结合形成碳酸（H_2CO_3），碳酸迅速分解成碳酸氢根离子（HCO_3^-）和氢离子，或碳酸根离子和两个氢离子。二氧化碳、碳酸、碳酸氢根离子和碳酸根离子各自相互平衡，也和氢离子相互平衡，如以下方程式所示。双箭头表明反应可以朝着两个方向（氢离子增加或减少的方向）进行，因为必须

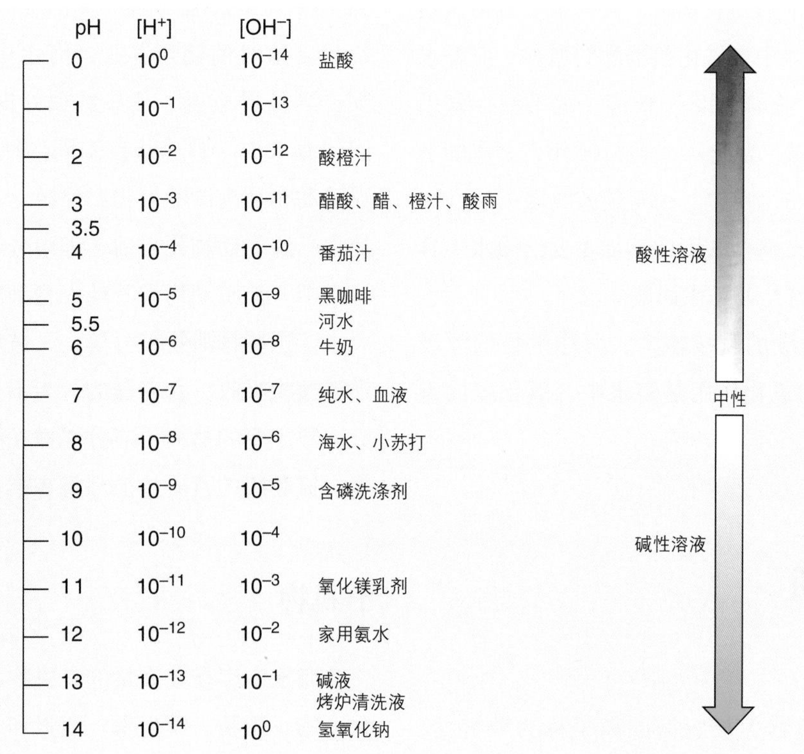

图6.7 pH值用来衡量溶液中的氢离子浓度。pH值等于7时，溶液呈中性；pH值小于7时，溶液呈酸性；pH值大于7时，溶液呈碱性。

要维持一个相对稳定的pH值。

$$CO_2+H_2O \Leftrightarrow H_2CO_3 \Leftrightarrow HCO_3^-+H^+ 或$$

$$CO_2+H_2O \Leftrightarrow H_2CO_3 \Leftrightarrow CO_3^{2-}+2H^+$$

如果海水呈强碱性，等式中的反应就会向右进行，释放氢离子，pH值降低；如果海水呈强酸性，那么反应就会向左进行，消耗水中多余的氢离子，pH值增加。海洋中二氧化碳的缓冲能力对生物体和海水的化学过程来说很重要，因为生物体需要相对恒定的pH值维持生命活动，而海水的化学过程部分受pH值控制。

从上面的描述可以看出，海水pH值很大程度上依赖于二氧化碳的浓度。二氧化碳浓度越高，海水pH值越低，酸性越强。尽管海水的平均pH值趋于稳定，但正如第6.2节中所讨论，pH值随着水中二氧化碳浓度的改变而改变。

海水的pH值与二氧化碳的浓度成反比，因此表层海水的pH值偏高（平均值8.2），呈碱性（回顾图6.5）。如果海洋表层海水温暖并且初级生产速率或光合作用效率高，pH值可以达到8.5。pH值升高，海水将释放出碳酸根离子，它与溶液中大量的钙离子结合，生成碳酸钙（$CaCO_3$）。在冰冷的深水区，二氧化碳浓度高，pH值降低，导致水酸性变强，生物的碳酸钙质外壳被溶解。

海水吸收大气中的二氧化碳，大气中二氧化碳的增加会相应引起海洋中二氧化碳浓度的增加，使海水pH值下降，产生“海洋酸化”效应。据推测，如果以当前速率持续排放二氧化碳，到2100年，海水的平均pH值就会下降0.5个单位。由于碳酸钙在强酸性水中将迅速溶解，因此海洋酸度的增加主要给浅水中具碳酸钙质外壳的海洋生物带来影响。

大气中二氧化碳的直接输入、海洋生物的呼吸作用以及有机物的氧化作用是海水中二氧化碳的重要来源。

6.4 其他物质

营养盐

植物或浮游植物生长所需的离子称为营养盐，它们是海洋的肥料。与陆地上的植物一样，浮游植物生长也需要吸收氮和磷，这些元素以硝酸根离子（NO_3^-）和磷酸根离子（PO_4^{3-}）的形式存在。硅酸根离子（SiO_4^{4-}）占海洋中营养盐的1/3，它可以形成二氧化硅（SiO_2），而二氧化硅是单细胞硅藻的坚硬外壳和一些原生动物骨骼的主要成分。这三种营养盐是河流和地表径流带入海洋的溶解物质中的一部分。尽管它们很重要，但浓度却很低（表6.6）。

表6.6　海水中的营养盐

元素	浓度/（ug/kg）[a]	相对摩尔丰度
氮（N）	500	16
磷（P）	70	1
硅（Si）	3000	40

a 十亿分之一（1×10^{-9}）

营养盐离子浓度各不相同，因为有些离子和生物体的生命周期息息相关。海洋浮游植物中碳、氮、磷的相对摩尔丰度比例为C：N：P=106：16：1，称为**雷德菲尔德比率**(Redfield ratio)。对含硅的海洋生物成分进行计算，得出包含硅的雷德菲尔德比率为C：Si：N：P=106：40：16：1。当有机物穿过水体下沉时，由于消耗、分解和再循环，营养盐被释放到水中，导致碳与营养盐的比率增加。植物种群生长与繁殖时消耗营养盐，海水中的营养盐将暂时减少；当种群衰退、死亡或腐烂时，营养盐就会重新回到海水中。营养盐在不同的捕食者间循环。例如，浮游动物捕食浮游植物，浮游动物又会被其他捕食者捕食。这些动物死亡后，细菌分解会使营养盐返还到海水中。浮游动物和其他大型动物的排泄物也会进入海水，这些排泄物被分解，又被新一代的浮游动物和浮游植物吸收。营养盐的行为不具保守性，它们不像大多数主要的盐离子成分那样在海水中保持恒定的比率。氮和磷的营养盐循环将在第15章讨论。

有机物

海水中存在着大量的有机物，例如蛋白质、碳水化合物、脂肪、维生素、激素和它们的分解产物。有些最终被氧化或分解成小分子，其他的则被生物直接利用，进入生物系统中。还有一部分有机物聚集在沉积物中，在地质时间尺度上，缓慢地转化为碳氢化合物分子，并最终形成石油和天然气。在植物茂盛以及动物生命活动旺盛的海域，有机物分解的产物使海洋表层呈现出黄绿色。南极冰架的冰川中出现绿色的冰，就是由可溶有机物进入其中形成的。

6.5 实际应用：盐与水

化学资源

世界上30%的食用盐是从海水中提取的。为降低提取成本，工业生产所需要的能耗都被控制在最低的水平上。在气候温暖干燥的地区，人们将海水引入浅水池中，蒸发得到浓缩盐水溶液，然后加入更多海水，重复上述过程数次，直到盐水变得浓稠。继续蒸发,直到水池底部出现一层厚厚的白色盐沉淀。这层盐沉淀中有多种不同的盐类，见表6.7。收集盐沉淀，再精炼，析出的氯化钠即为食用盐。法国南部、波多黎各以及加利福尼亚州均使用这种技术制盐（图6.8）。

表6.7 海水蒸发形成盐类的顺序

沉淀次序	固体	占全部固体的百分比/%
1	$CaCO_3$+$MgCO_3$	1
2	$CaSO_4$(石膏)	3
3	NaCl(石盐)	70
4	Na-Mg-K-SO_4和KCl、$MgCl_2$	26

在气候寒冷的地区，人们通过在与蒸发池类似的浅水池中冻结海水以获得盐。在这种状态下，冰已经近乎淡水冰，盐聚集在冰下面的高盐水中。取出高盐水并加热，蒸干水分就能得到盐。

地球上60%的镁和70%的溴都来自海洋。全球海水中溶解了大量物质，包括1 000万吨金和40亿吨铀，但是它们的浓度却很低（百万分之一或更低）。例如金，目前还没有使提取成本不超过产品自身价值的方法。日本、德国和美国都曾对提取铀有极大的兴趣。1986年，日本建立了一个陆基实验工厂，每年从海水中提取出10 kg铀，但是最终证实运行成本太高。

图6.8 旧金山湾南端曾被围垦成浅池，用来蒸发海水以获得盐。目前大部分浅池已经恢复到“自然”状态。

海水淡化

海水淡化（desalination）是从海水中获取淡水，有三种海水淡化方法：

1. 利用相变——将液态水转变为固态水或将液态水转换为水蒸气；
2. 利用离子交换柱；
3. 利用半透膜——电渗析法和反渗透法。

最简单的使水发生相变的办法是使用太阳能蒸发器（图6.9）。在这个过程中，在海水池上方低低地覆盖一个塑料圆顶，太阳辐射透过塑料圆顶蒸发海水，蒸发得到的水分在塑料圆顶的底面处冷凝，向下滴流，汇聚到水槽中并流入淡水池。这种方法的生产效率很低，即使一个小社区的用水也需要一个大型系统来支撑。

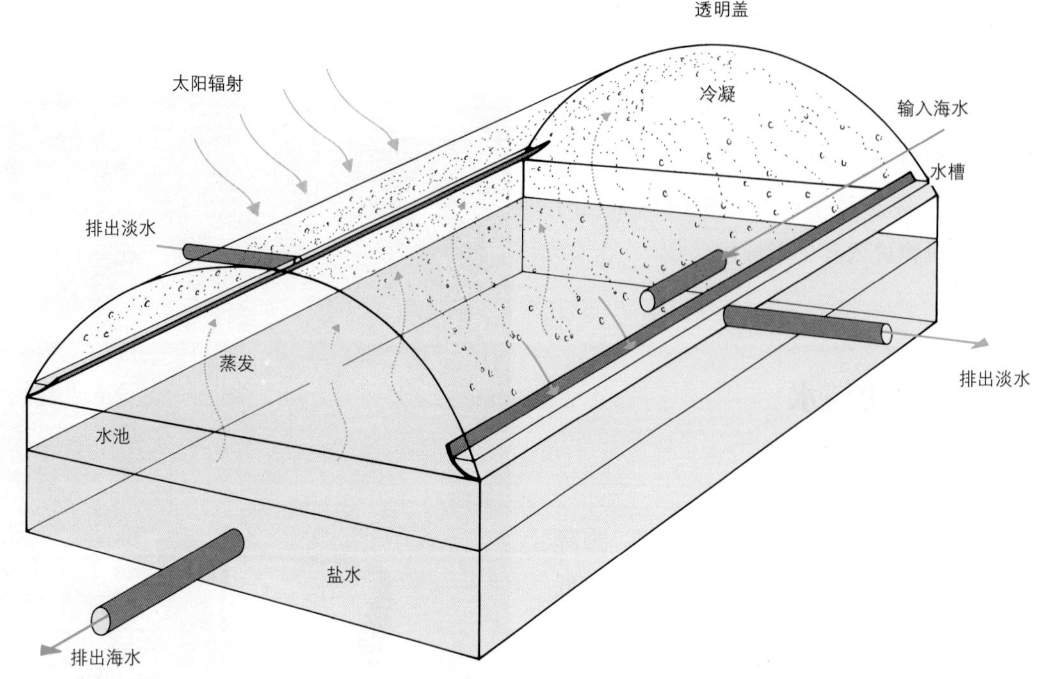

图6.9 利用太阳能来蒸发海水，获得淡水。太阳辐射透过海水池上方的透明盖。

当水沸腾时，水分被蒸馏出，利用这种方法可以快速生产出大量的淡水，但能量消耗很高。把水引流到一个低压的封闭室中，可降低沸腾温度，能量消耗也随之减少。还可以通过冻结海水，改变水的状态来获取淡水，所需能量大约仅为蒸发所需能量的1/6，但从盐水中分离出淡水冰仍较困难。

装有离子交换树脂材料的离子交换柱可以从盐水中提取离子，它在盐度较低时工作效率较高，但是需要定期更换树脂[图6.10（b）]。现今，已经制造出小型离子交换装置供家庭日常使用，以改善饮用水水质。

电渗析（electrodialysis）是在电场作用下，利用**半透膜**（semipermeable membrane）从溶液中分离离子，这项技术在低盐度水（或苦咸水）中效果最好。

渗透(osmosis)就是水穿过半透膜的运动过程。水从水分子浓度较高（低盐度）的一侧向浓度较低（高盐度）的一侧运动，这就给水浓度低（高盐度）的一侧施加了更大的压力[图6.11（a）]。**反渗透**(reverse osmosis)是通过向海水施加压力，迫使水分子透过半透膜，除去盐离子和其他杂质，从而获得淡水[图6.11（b）]。给海水施加的压力，压强必须超过24.5 atm或25.84×10^6 dyn/cm^{2}①。若要以一个合理的速率生产淡水，压强需要达到101.5 atm或103×10^6 dyn/cm^2。利用这种方法，能耗大约仅为蒸发法的1/2。

反渗透法是最受欢迎和发展迅速的海水淡化方法。随着旧的蒸发装置的老化，反渗透装置正在取代它们。反渗透法的优点在于无须加热水，排放没有热污染，还可以去除污染物——农药、细菌和一些化合物。反渗透的缺点是会向沿岸环境中排放高盐度的废水。驱动高压泵需要能量，这使得淡化水的成本很高。在加利福尼亚州南部，淡化水的价格是当地地下水价格的15倍之多，是从该州北部引进水价格的5倍之多。

由于成本很高，所以只有在水库和地下水水位都很低的干旱期，加利福尼亚州南部地区才会运行海水淡化装置。在降雨量正常以及降雨量较多的年份，由于降雨提供了充足的淡水，就会关闭这些装置。但为保证装置的正常运行，维护工作并不能停止。

在一些国家和地区，例如科威特、沙特阿拉伯、摩洛哥、马耳他、以色列、西印度群岛、加利福尼亚州和佛罗里达群岛，水资源是影响当地人口和工业发展的一个限制性因素。依托海水生产淡水最大的缺点就是所需花费甚高。波斯湾地区国家的燃料价格低，那里的淡水生产成本也很低。

① 达因/平方厘米。达因（dyn）为旧制力单位，1 dyn=10^{-5} N。——编者注

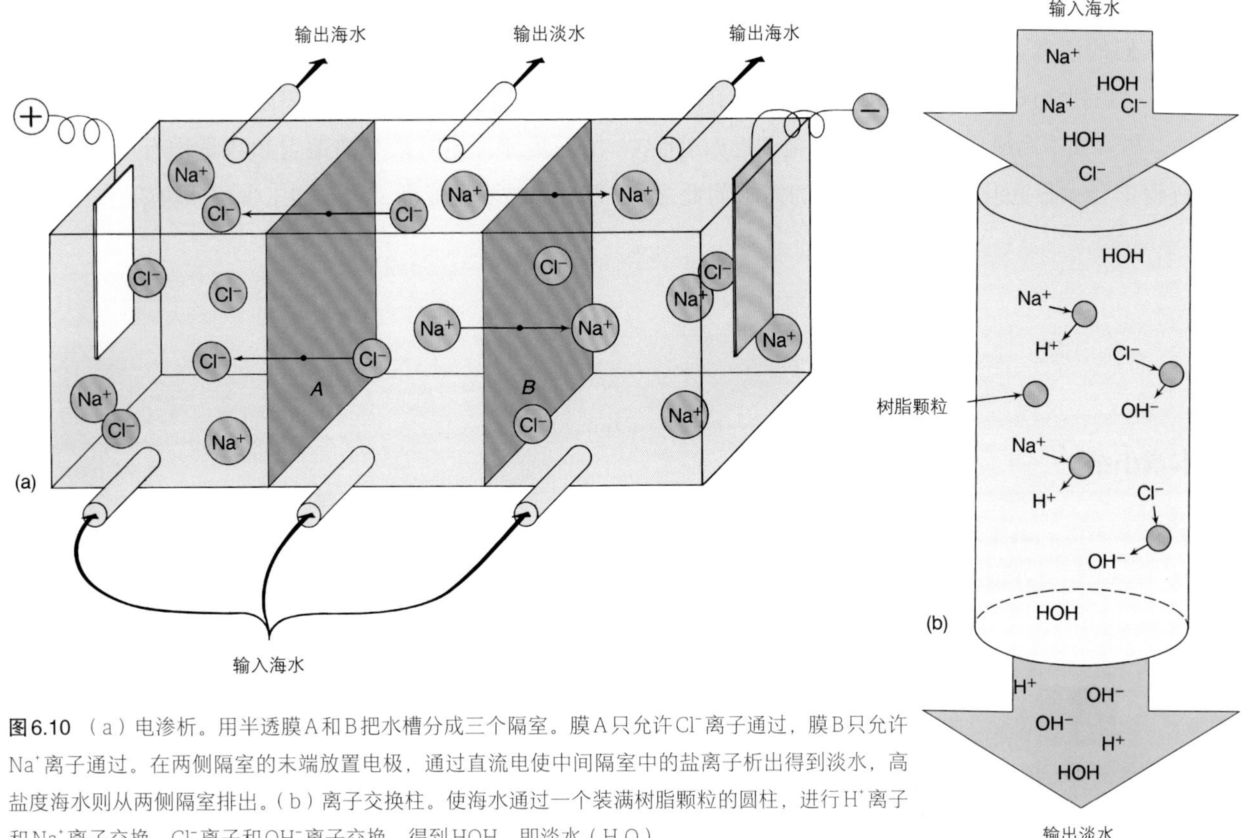

图6.10 （a）电渗析。用半透膜A和B把水槽分成三个隔室。膜A只允许Cl^-离子通过，膜B只允许Na^+离子通过。在两侧隔室的末端放置电极，通过直流电使中间隔室中的盐离子析出得到淡水，高盐度海水则从两侧隔室排出。（b）离子交换柱。使海水通过一个装满树脂颗粒的圆柱，进行H^+离子和Na^+离子交换，Cl^-离子和OH^-离子交换，得到HOH，即淡水（H_2O）。

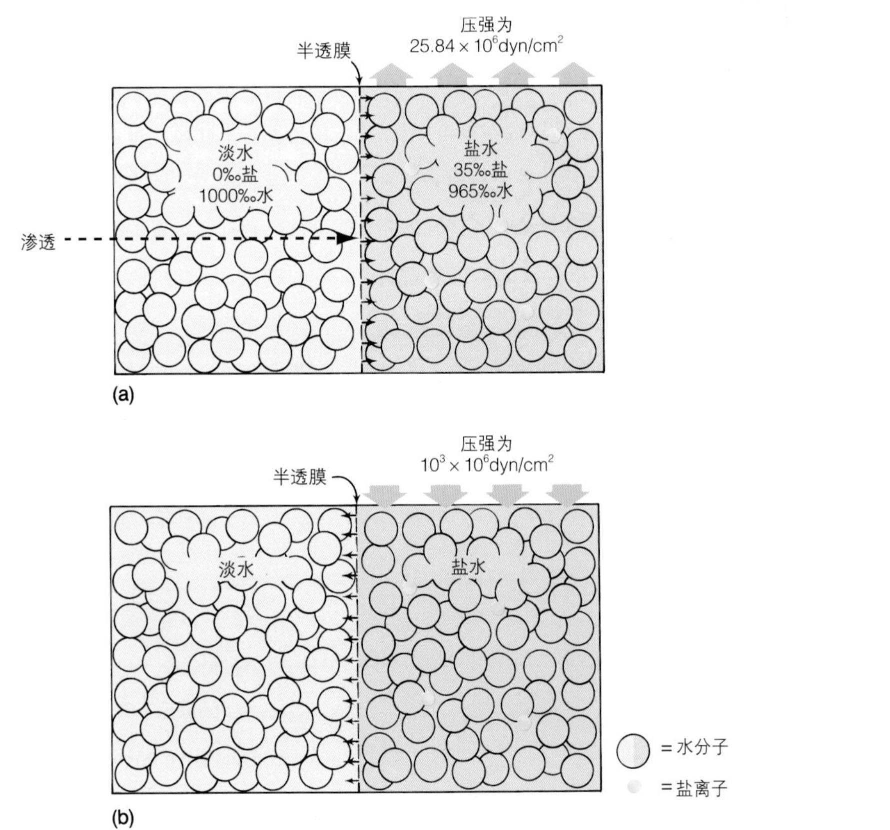

图6.11 （a）渗透。水分子从淡水的一侧透过半透膜，到达盐水一侧。（b）反渗透。向盐水施加压力，当压强超过25.84×10^6 dyn/cm^{2}时，水分子就会从盐水一侧透过半透膜，到达淡水一侧。

大量漂浮的天然淡水冰可以作为淡水资源，因此吸引了人们的注意力。1978年，一些阿拉伯国家最早举行了一系列会议，讨论将冰山从南极运到红海的可行性。尽管成本高昂，而且冰山在被拖到近赤道地区的过程中会大量融化，但人们对水的需求如此之大，以至于人们认为在这段旅途之后，冰山依然会有足够多的冰。凭这一点，就使得这个计划值得一试。

阿拉斯加州自然资源部已经允许从阿拉斯加冰川采集冰，但对采集的地点和数量均有所限制。大部分冰被卖到亚洲，用于加工食用冰块。

本章小结

海水呈弱碱性，pH值为7.5～8.5，全球海洋的平均pH值为7.8。海水中二氧化碳具有缓冲作用，使得海水的pH值保持相对不变。

海水的平均盐度是35‰。海水的盐度随纬度变化而变化，也受蒸发、降雨、结冰和融冰的影响。海水中可溶盐以离子形式存在，阳离子带正电，阴离子带负电。海洋中99%的盐由6种主要离子组成。海水中的微量元素含量非常少，但对生物体来说非常重要。

大多数带正电的离子由地壳岩石受风化和侵蚀产生，由河流带入海洋。火山爆发产生的气体溶解在海中，产生阴离子。由于海洋的平均盐度保持稳定，海洋中的盐必须收支平衡，输入与输出相等。海洋飞沫、蒸发后形成不可溶沉淀、生物反应、吸附作用、化学反应以及地质抬升过程都会消耗盐类。地壳岩浆房处的海水环流溶解金属元素，并向海水中释放其他化学产物。盐类存在于溶液中的时间称为停留时间，取决于它们的化学反应活性。

在开阔海域，海水中主要离子间的比例恒定；在沿岸地区，这个比例可能有所不同，并且与生物过程有关。

测量海水样品的电导率可推断该样品的盐度。过去人们通过化学方法测出样品中氯离子的量得到盐度。

海水中溶解气体的饱和值随盐度、温度和压强的不同而不同。大气向海水中输送二氧化碳，各个深度上的呼吸作用以及分解过程产生二氧化碳，海洋表层的光合作用消耗二氧化碳。氧气仅通过海洋表层向下输送，光合作用也会产生氧气，所有深度上的呼吸作用和分解过程则消耗氧气。海洋中既可能存在氧气过饱和状态，也可能存在缺氧状态。海洋中二氧化碳的量会随着深度的改变而改变。二氧化碳有缓冲海水pH值的作用，使pH值保持在7.5～8.5。海洋容纳了大量的二氧化碳。生物过程将碳以二氧化碳的形式输入到深水中，最终形成碳酸钙沉积物。大气中氧气含量由海洋过程调控，海水中的氧气量可以通过化学和电学方法测量，海水pH值控制二氧化碳含量。

营养盐包括植物生长所需的硝酸盐、磷酸盐和硅酸盐，海水中存在着大量的有机产物。

商业上已经可以从海水中提取盐、镁和溴。目前，从海水中直接提取其他化学物质既不经济，也不具可行性。淡水是海水的一个重要产品。海水淡化可通过相变、使离子透过半透膜和离子交换等方法。海水淡化的实际意义由成本和需求决定。反渗透法是目前最流行的海水淡化方法，它无污染，但由于消耗能源而导致成本高。

关键术语

cation　阳离子

anion　阴离子

salinity　盐度

ionic bond　离子键

major constituent　主要成分

trace element　微量元素

conservative constituent　保守成分

nonconservative constituent　非保守成分

evaporide　蒸发岩

adsorption　吸附

ion exchange　离子交换

residence time　停留时间

principle of constant proportion　海水组成恒定性原理

salinometer　盐度计

Cl‰　氯度

saturation concentration　饱和浓度

photosynthesis　光合作用

euphotic zone　真光层

compensation depth　补偿深度

oxidized　氧化

anoxic　缺氧

anaerobic　厌氧

supersaturation　过饱和

biological pump　生物泵

pH　酸碱度

buffer　缓冲剂

Redfield ratio　雷德菲尔德比率

desalination　海水淡化

electrodialysis　电渗析

semipermeable membrane　半透膜

osmosis　渗透

reverse osmosis　反渗透

本章中的关键术语可在“词汇表”中检索到。同时，在本书网站www.mhhe.com/sverdrup10e中，读者可学习术语的定义。

思考题

1. 如何调控海洋的盐度平衡？请绘图表示盐分的输入与输出。
2. 解释海水组成恒定性原理。
3. 哪种海水淡化方法的成本最低？它最有可能被应用到哪里？
4. 大洋表层盐度如何随纬度变化？导致这种情况的大气过程是什么？
5. 列出已知的海洋盐类的来源，它们的输入是如何调控的？
6. 硅酸盐是海水中的非保守成分，解释它不遵循海水组成恒定性原理的原因。
7. 比较氧气和二氧化碳在海洋各个深度的分布情况，并解释每种气体分布情况的形成过程。
8. 解释二氧化碳和海水pH值之间的关系，为什么二氧化碳的缓冲作用对海水很重要？
9. 列出二氧化碳从大气转移到海底沉积物几种可能的路径。
10. 雨水和河水汇入到大海中，为什么没有降低海洋的总体盐度？
11. 为什么海水中不同的盐类物质停留时间不同？
12. 什么是反渗透？如何通过反渗透从海水中生产淡水？
13. 补偿深度对光合生物有什么重要意义？
14. 为什么同一种物质在海水中和河水中的浓度不同？
15. 为什么营养盐是非保守成分？

计算题

1. 若海水的质量为1.4×10^{21} kg，利用表6.1中的数据计算海水中氯化钠的质量。
2. 如果一份海水样品中氯离子的含量为18.5‰，那么同一样品中镁离子的浓度（单位为g/kg）是多少？
3. 根据以下信息计算钙的停留时间：

    海水中，钙离子浓度为0.41 g/kg；

    海洋中，海水质量为1.4×10^{21} kg；

    河水中，钙离子占溶解物质平均重量的12.5%；

    河水中，盐类的平均浓度为0.12‰；

    河流的年径流量为3.6×10^{16} kg。
4. 利用表6.2中的数据，计算提取1 kg金所需要的海水质量。

学习目标

学习完本章以后，读者可以：

1. 理解并讨论地球热量收支的基本情况。
2. 区分比热容和热容量的概念。
3. 从地表向上，依次列出各层大气的名称，并绘制各层大气温度随高度的变化图。
4. 说明温室气体（例如二氧化碳）如何加剧全球变暖。
5. 解释南极臭氧洞的特征，以及其大小对地球上云的形成及温度的影响。
6. 解释科里奥利效应，描述其随纬度和方向的变化情况。
7. 绘图表示地球上风带的主要分布以及大气垂直运动。
8. 列出主要的三个低气压系统。
9. 解释恩索与全球天气以及海表温度变化的关系。
10. 回顾卡特里娜飓风的主要过程及其物理特征。

第7章 大气结构与运动

大气层是包裹在地球上方的一层薄壳，由混合气体组成，我们称这些混合气体为空气。太阳能量透过大气层到达地球表面。大气和海洋的交界面约占地球表面的71%，它们之间的相互作用是连续动态的过程。二者相互关联，产生了各种天气和气候。云、风、风暴、降雨、雾等现象都是太阳、大气、海洋相互作用的产物。这些复杂的过程形成了地球的平均气候和每日的天气，有时候晴朗稳定，有时候恶劣多变。在这些相互作用和过程中，有些比较容易预测，有些已经被人们充分地认识。要理解海洋，必须理解大气对它们的影响。本章阐述了大气和海洋各自的自我调节关系，并结合具体实例说明二者的综合相互作用。

7.1 地球表面的受热和冷却

地球表面的受热和冷却是通过能量交换来实现的。这些能量交换改变了地球表面大气和海洋的流体密度。能量的初始来源是太阳辐射，其强度随时间和位置变化。初始能量被吸收、反射、再辐射，转换成其他形式，在地球上重新分布。这不仅形成了大气和海洋的现有结构，也导致了二者的动力过程。

◀ 一场肆虐美洲中部和北部的飓风。

太阳辐射的分布

地球上每单位面积接收的瞬时太阳辐射强度，在赤道处最大，中纬度地区中等，极地最小。如果地球没有大气层，垂直照射到地表的太阳辐射强度将是2 cal/（cm^2 · min），这个数值称为**太阳常数**（solar constant）。该常数适用于南北回归线（南北纬23.5°）之间，因为这个范围内太阳光可以直射。由于地球呈球体，地球表面其他纬度和太阳光线的交角不是90°。比较图7.1中太阳光的入射角度。由于太阳距离地球非常遥远，太阳光到达地表时彼此平行。当太阳光垂直照射地表时，地表单位面积接收的辐射能量相等。但是随着入射角减小，太阳光和地球表面逐渐趋于平行，地表单位面积接收到的能量减少，如图7.1所示。

太阳在春分点或秋分点直射赤道，辐射强度约为1.6cal /（cm^2 · min）。由于地表和太阳之间的大气层吸收和反射了部分太阳能量，这个数值比太阳常数小。随着纬度增加，大气干扰也会导致单位面积接收的太阳辐射逐步减少，纬度越高，太阳光穿过大气层所经过的距离越长（图7.1）。在不同长度的太阳辐射路径和地球自转轴倾斜的综合作用下，地球在赤道处接收更多热量，中纬度地区次之，极地则最少。太阳辐射强度也与昼夜变化以及日地距离的季节性变化有关。

热量收支

为了使地球表面平均温度维持在16℃，地球必须释放与吸收相匹配的热量。为了维持平均温度稳定，地球和大气在吸收太阳能量的同时，也向外太空再辐射大量热量。这些热量的吸收和释放用**热量收支**（heat budget）来表示。如果向地外空间释放的热量小于吸收的热量，地球将变得越来越热；如果向地外空间释放的热量大于吸收的热量，地球则会变得越来越冷。两种情况都将导致地球发生剧烈的变化。

为了理解地球长期的平均热量收支情况，假设到达地球大气层表面的太阳能量为100单位，结合图7.2，31单位的能量被大气层直接反射回外太空，4单位被地表反射后经过大气层回到外太空，它们不参与地球或者大气受热过程。在剩下的65单位中，47.5单位被地表吸收，17.5单位被大气层吸收。为了平衡热量收支，这65单位必须以长波辐射的形式被**再辐射**（reradiation）到外太空中，其中5.5单位由地表辐射，59.5单位由大气辐射。至此，整个热量收支达到平衡，进入地球的辐射能量等于向外的辐射地球能量。

虽然地表吸收了47.5单位的入射能量，但它只释放5.5单位到外太空中，因此获得了42单位的净能量。

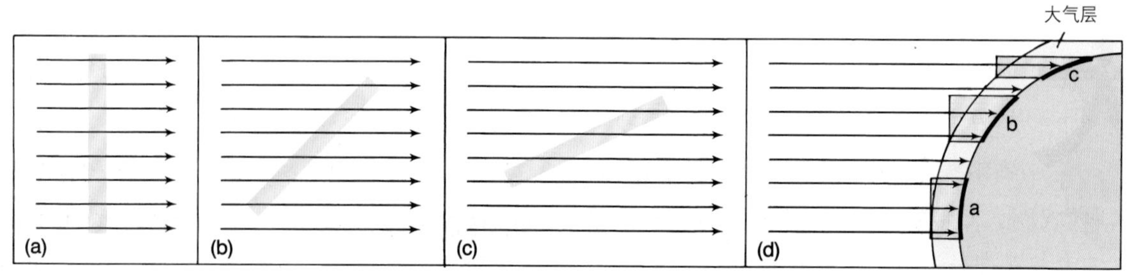

图7.1 由于入射光在地球表面不同位置的入射角不同，等面积地球表面接收的太阳辐射能量水平不同［图（a）、（b）和（c）］。随着纬度增加，太阳光逐渐平行于地球表面，并且在大气层中的传播路径长度也有所增加，因此等面积地球表面接收的太阳辐射量逐渐减小［图（d）］。

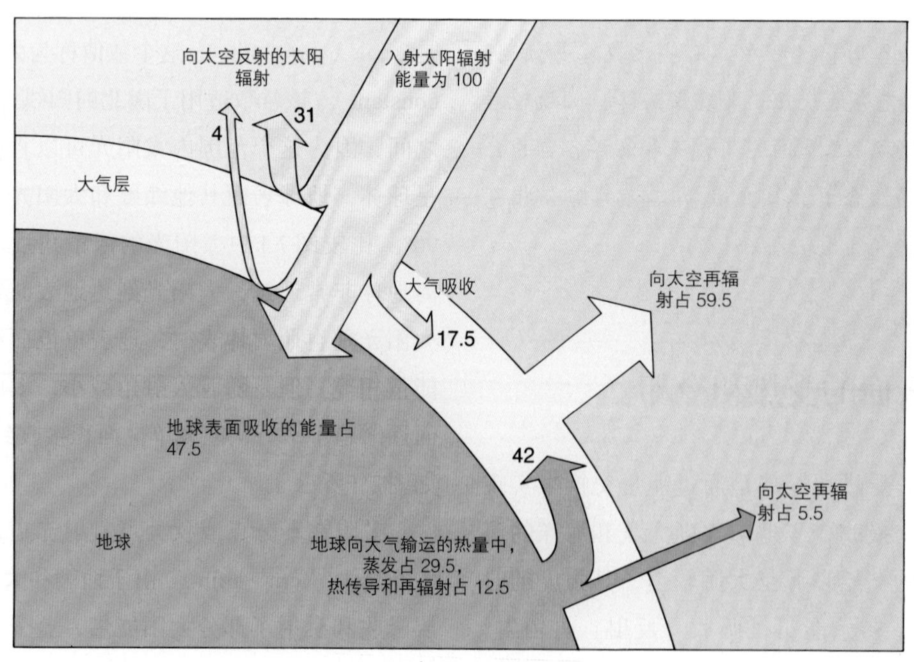

图7.2 地球热量收支。入射太阳辐射能量与反射和再辐射的能量相平衡。热量通过蒸发、热传导和再辐射从地球输送到大气中，大气热量损失由此平衡。图中假设入射太阳辐射能量为100单位。

相反，大气吸收了17.5单位的入射能量，但是释放59.5单位能量到外太空，因此损失了42单位的能量。在这样的背景下，很显然地表受热而大气放热。为了维持常年平均温度，地表获取的42单位能量必须传递给大气。首先，29.5单位能量通过蒸发过程传递，水蒸气在大气中凝结降雨，这个过程冷却了地表，加热了大气；其次，剩下的12.5单位能量通过热传导和再辐射从海洋传输。从全球平均而言，大气主要从其下方的地表获得热量，这意味着大气处于对流运动状态之中。

地球表面（包括海洋）则是从上方获得热量。如果仅考虑海洋中某一小部分水体的短期热量收支，必须考虑以下过程：海表面吸收的总能量、蒸发损失的能量、该区域海流流入或流出的热量、垂向再分布、海表面热量引起的上方大气的升温或冷却、海表面的热量再辐射。这些过程随时间表现出日变化和季节变化。

对地球表层的观测表明，就全年平均而言，赤道吸收的热量大于释放的热量，而高纬度地区释放的热量则大于吸收的热量（图7.3）。风和海流可以将赤道处的多余热量带入高纬度地区，从而维持地球目前的表面温度分布。图7.4为北半球夏季海洋表面温度分布。等温线向南北偏移说明海流将低纬度地区的温暖海水带入高纬度地区，同时将高纬度地区的寒冷海水带入低纬度地区，在地球表面重新分布了热量。

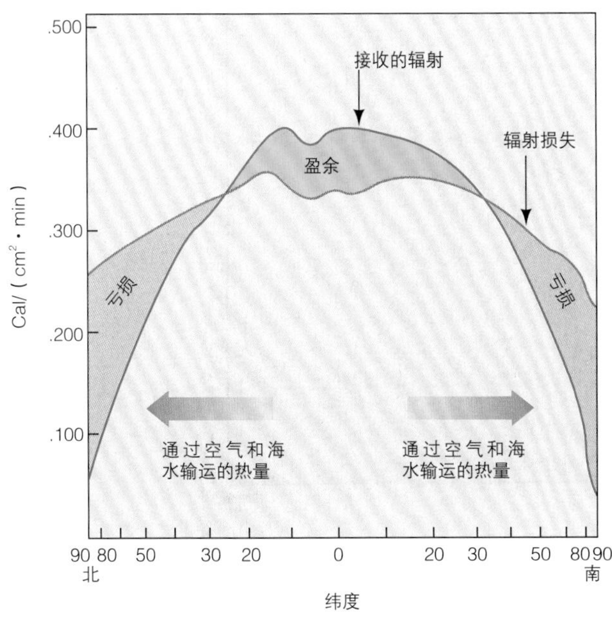

图7.3 不同纬度下入射的太阳辐射和向外的长波辐射的对比。为维持热量平衡，热量存在输运。

太阳辐射的年变化

地球长期热量总收支和随纬度变化的太阳能量平均分布，没有包括太阳位置随季节南北移动产生的辐射年变化。当考虑这些过程的时候，日平均太阳辐射季节变化的年周期在中高纬度地区较大。从夏季到冬季，太阳高度角和白昼长度均有显著变化，如图7.5所示。

由于热量的获取和损失，陆地和海洋表面的温度因入射太阳辐射的变化而产生季节性变化。在热带地区（南北纬23.5°之间），太阳辐射强度全年基本保持不变，这是由于这里正午太阳高度角几乎总是为90°，并且白昼长度基本不变。当太阳在南北纬23.5°之间来回移动时，太阳光线会垂直入射这个区域两次，这就产生一个周期为半年的小振幅太阳辐射变化。如图7.5所示，这种效应在赤道最为显著。对南（北）纬90°到南（北）纬23.5°之间的地区来说，正午太阳射线总是斜射地球表面。在极地地区，夏季出现极昼，日照时间长，接受的辐射也较高。但是，单位时间作用在单位面积的辐射能量和全年平均辐射能量则低于低纬度地区（图7.1）。回顾第2章可进一步理解地球、太阳和地球季节变化之间的关系。

比热容和热容量

由于陆地物质和水的比热容不同，陆地和海洋对于太阳辐射的响应不同（见表5.2）。岩石和土壤的比热容较低，因此，陆地的热容量相对较低。由于得失热量，陆地在昼夜交替或冬夏换季时温差较大。而水的比热容较高，海洋有较高的热容量。因此,仅仅微小的温度变化，海水就吸收或释放大量的热。

图7.6为陆地和海洋年平均表面温度变化范围。从图中可看出，高纬度地区陆地温差大于海洋，中纬度地区海表面温度的全年变化范围最大。由陆地在两个半球的分布不均匀，对中纬度地区来说，由季节转换导致的陆地温度变化，在北半球要比南半球大得多。这是因为南半球的陆地较少，具有较大比热容的海水调控着南半球中纬度地区的温度变化。图7.7为陆地和海洋表面温度的季节性差异。请比较，

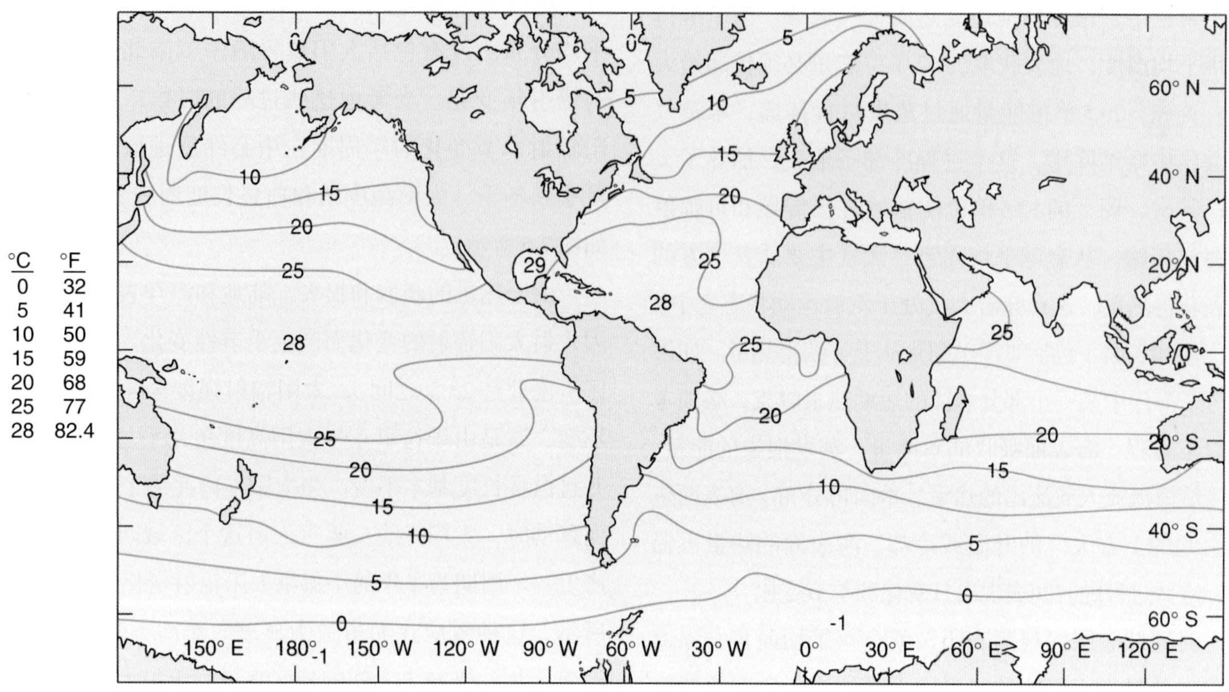

图7.4 北半球夏季海洋表面温度，单位为℃。

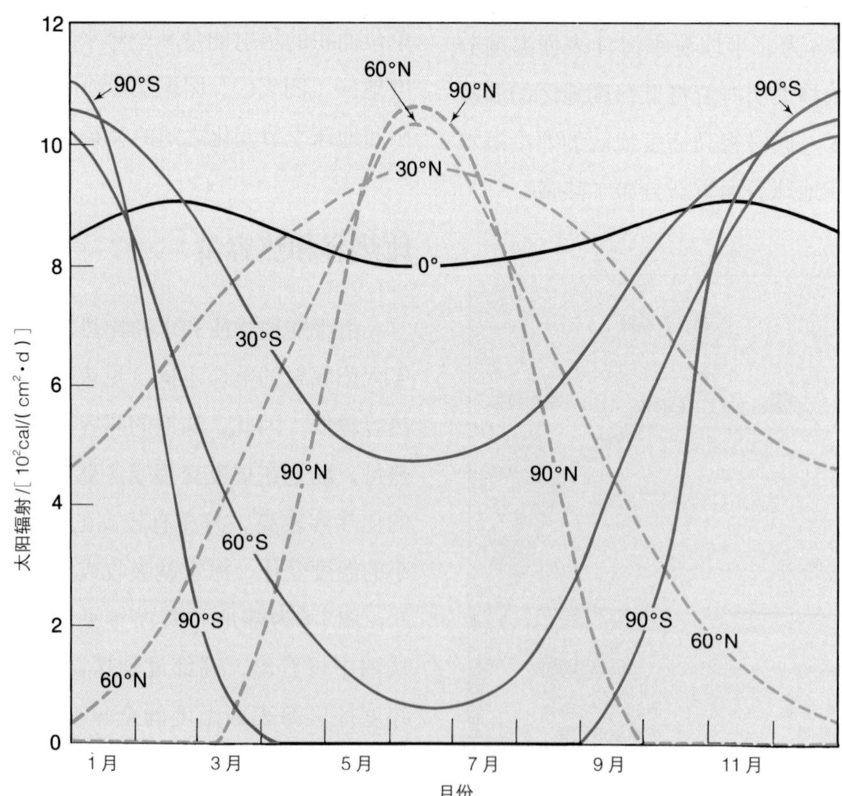

图7.5 不同纬度全年日平均太阳辐射。当北半球处于夏季时，南半球处于冬季，因此，北半球高辐射值时期对应着南半球低辐射值时期。夏季日照时间较长，因此在高纬度地区，太阳辐射峰值均发生在所处半球的夏季期间。

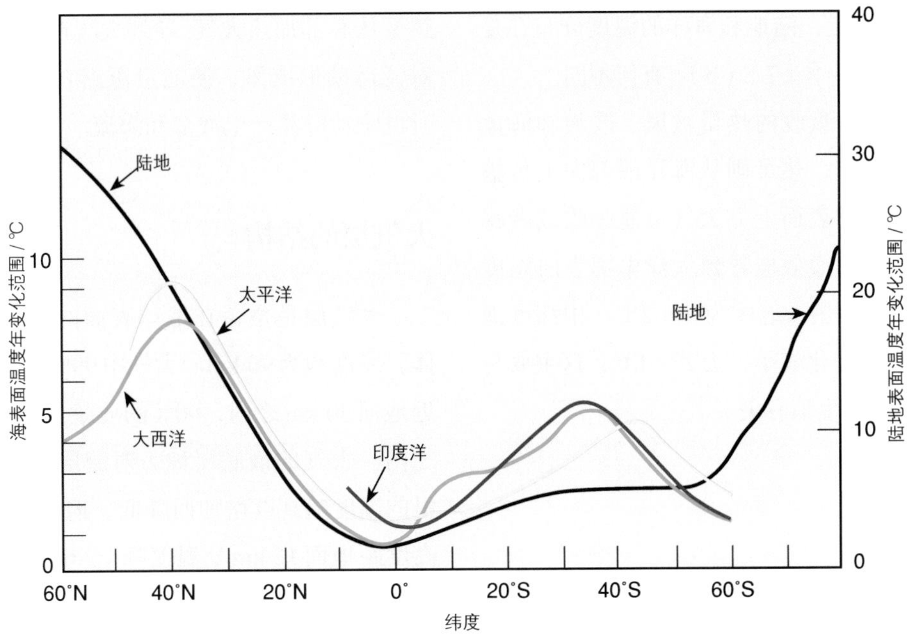

图7.6 高纬度地区大洋中部表面温度年变化范围明显比陆地表面温度的年变化范围小，中纬度地区海洋表面温度的年变化范围最大。

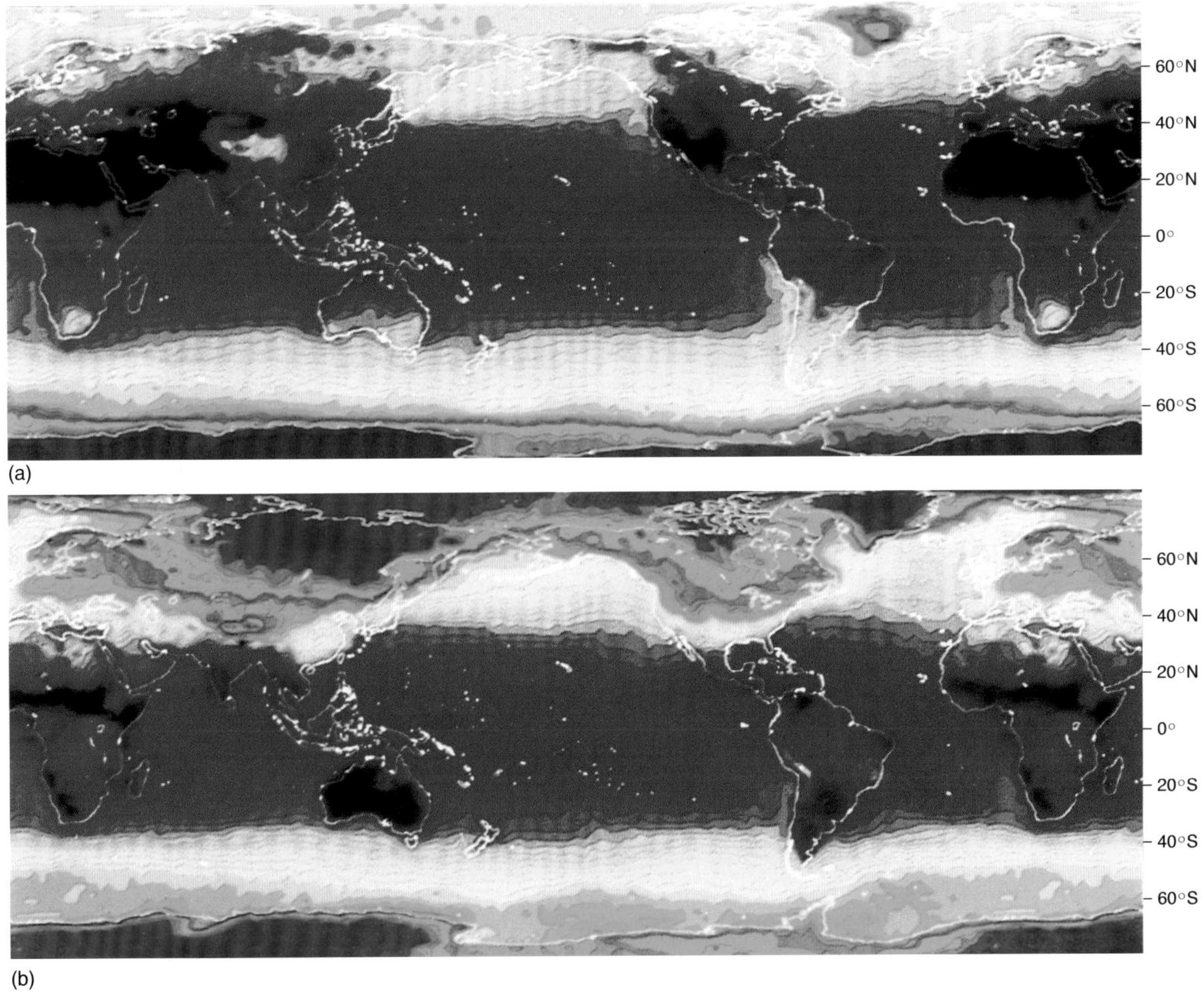

(a)

(b)

图7.7 气象卫星，例如美国国家海洋与大气局的泰罗斯卫星（*TIROS*），携带着高分辨率红外传感器，测量地球表面和大气的长波辐射。这些辐射与地球表面的温度有关。图中，绿色和蓝色表示温度低于0℃，红色和黑色表示温度较高。（a）7月份的数据表明北半球陆地温度相对较高，海水温度从冬季到夏季没有显著变化。海表温度分布随季节变化南北移动，从温度分布也能看出海流沿海岸南北流动。（b）1月份西伯利亚和加拿大的表面温度接近-30℃，而同一时期南纬30°~ 50° 地区显示为温暖的夏季温度。

同样位于北纬60°附近，陆地和海洋的温度分布在夏季［图7.7（a）］和冬季［7.7（b）］有何不同。

夏季，海洋表面吸收的热量被风、波浪和海流带到下行方向；冬季，热量则从海洋深部向上传输到寒冷的表面。海洋表面上方大气也能吸收或者释放热量。这些过程的净效应导致大洋中部表层温度年变化的微小差异：热带地区为0～2℃；中纬度地区为5～8℃；极地变化较小，为2～4℃，这主要与局地热量输送和海冰生消有关。

7.2 大气层

大气层中太阳能量的吸收、反射和传播取决于大气中的气体成分、悬浮颗粒物和云的类型。地表热量从底部加热大气，导致大气产生对流运动。这些对流运动形成风，使能量重新在地球表面分布，同时也驱动海洋产生波浪和海流。

大气层的结构

大气层是覆盖在地球表面的近似均匀的混合气体，厚度约为90 km。大气中99%的气体质量集中在近地面30 km之内，90%的质量集中在近地面15 km之内。大气的最底层称为**对流层**（troposphere），这里的温度随高度增加而降低。地表平均温度为16℃，高度距地面12 km处温度降至-60℃。温度最小值位于对流层和**平流层**(stratosphere)的交界处。平流层的温度随高度的增加而升高，直到距地面50 km处的平流层层顶为止（图7.8）。

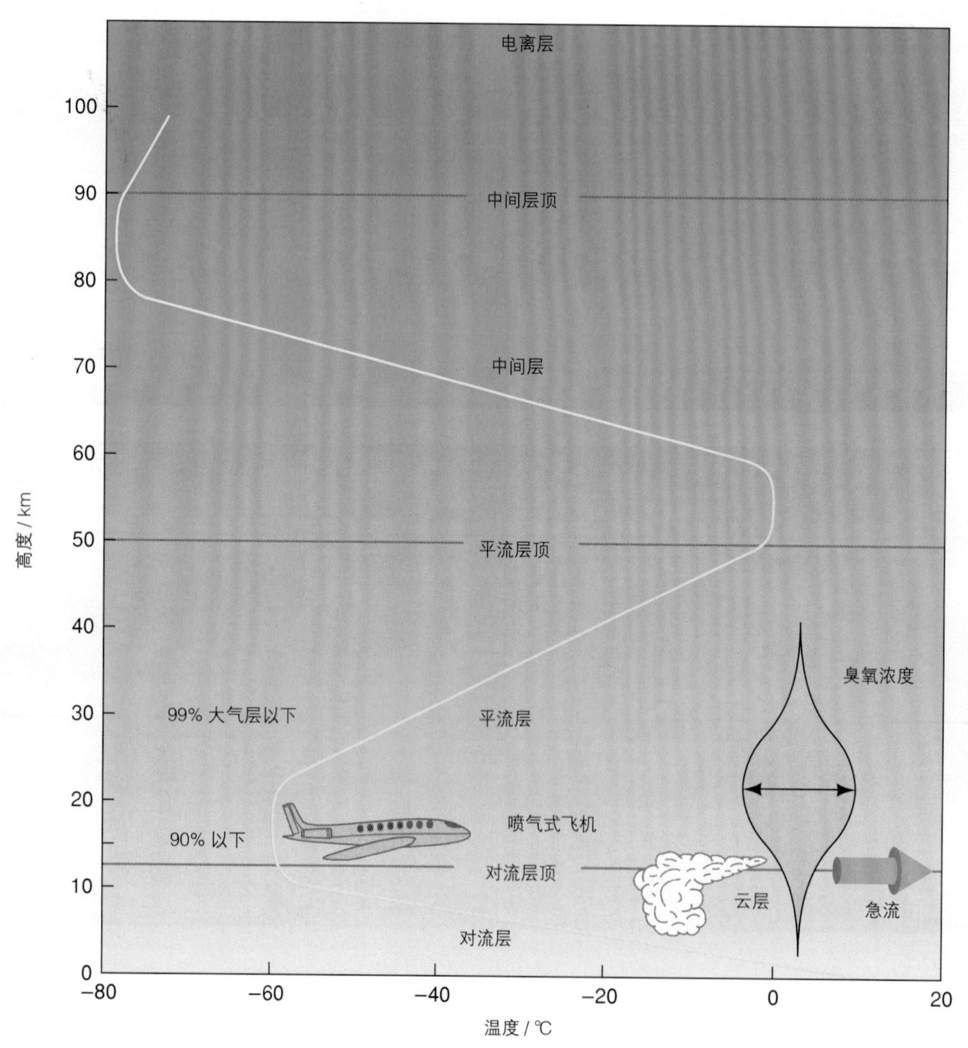

图7.8 大气结构。黄线表示空气温度随高度的变化。

对流层从底部受热，主要方式为地球表面的再辐射、热传导以及上部对流层的水蒸气冷凝（图7.2）。对流层中可以出现降雨、蒸发、对流、风场和各种各样的云。**臭氧**(ozone)是氧元素的一种活泼形式，主要出现在平流层。与由两个氧原子组成的氧分子不同，每个臭氧分子（O_3）由3个氧原子组成。臭氧吸收阳光中的紫外线，导致平流层温度上升。同时，臭氧层也降低了到达地球表面的紫外线强度，避免生物受到高强度紫外线的伤害。

在高度距地面50 km以上时，大气吸收的太阳辐射很少，大气温度随高度增加而降低，这一层称为**中间层**(mesosphere)。在中间层中，每立方厘米的分子数降低到1 000个，压强仅为地表大气压的1/1 000。中间层向上延伸，可至高度90 km。中间层之上称为**电离层**(thermosphere)，电离层延伸到太空中（图7.8）。

这里特别要强调的是对流层。由于热量和水在地表和大气之间运动，产生风、天气现象、海浪以及海洋表层海流。对流层顶的高空风称为急流，它在风场和风暴路径中扮演着重要角色。

大气组成

大气由气体、悬浮细小颗粒物和小水滴组成，通常也被称为空气。大气成分可分为两类：定常成分和可变成分。定常成分在整个大气体积中的比例保持不变，而可变成分的浓度随着时间和地点的改变而发生变化（表7.1）。

空气密度取决于三个变量：温度、高度、空气中水蒸气含量。空气密度随温度升高而减小，随温度降低而增大。换句话说，暖空气通常要比冷空气轻。空气密度随湿度增加而减小，或者说，随水蒸气浓度增加而减小，反之亦然。因此，通常情况下，湿空气比干空气轻。当水蒸气进入大气后，相对分子质量低的水分子取代了原有相对分子质量高的定常气体（请根据表7.1比较水和定常气体的相对分子质量）。因此，干冷空气比暖湿空气密度大。最后，空气密度随高度增加而减小。任意高度的空气都因其上部空气的重力而产生压缩，所受压力越大，其密度越大。密度变化导致空气垂向运动，从而产生大气对流。

表7.1 大气层的组成

气体	化学式	体积百分比/%	相对分子质量
永久成分			
氮	N_2	78.08	28.01
氧	O_2	20.95	32.00
氩	Ar	0.93	39.95
氖	Ne	1.8×10^{-3}	20.18
氦	He	5.0×10^{-4}	4.00
氢	H_2	5.0×10^{-5}	2.02
氙	Xe	9.0×10^{-6}	131.30
可变成分			
气体	**化学式**	**体积百分比/%**	**相对分子质量**
水蒸气	H_2O	0～4	18.02
二氧化碳	CO_2	3.5×10^{-2}	44.01
甲烷	CH_4	1.7×10^{-4}	16.04
一氧化二氮	N_2O	3.0×10^{-5}	44.01
臭氧	O_3	4.0×10^{-6}	48.00

大气压

大气压(atmospheric pressure)是指作用于地球表面单位面积上的空气压力。海平面平均大气压为1 013.25 mbar①，也等同于760 mmHg②所产生的压强。气压计以毫巴或者毫米汞柱为单位。气压也可以用托（Torr）③做单位，1 Torr相当于1mmHg产生的压强。大气压分布可以在天气图上用**等压线**（isobar）表示（图7.9）。在空气密度低于平均值的区域，大气压低于平均值，通常生成上升气流，形成**低压区**(low-pressure zone)。空气密度高的区域则称为**高压区**(high-pressure zones)，产生下沉气流。

7.3 温室气体

大气层控制着全球的气候。越来越多证据表明，地球大气层中的气体平衡在过去50年中发生了变化。对此，人类活动似乎扮演着重要角色。我们特别关心一些主要的温室气体的浓度变化，包括水蒸气、二氧化碳以及一氧化二氮和其他气体。

① 1 mbar=100 Pa。——编者注
② 1 mmHg=133.322 4 Pa。——编者注
③ 1 Torr=133.322 4 Pa。——编者注

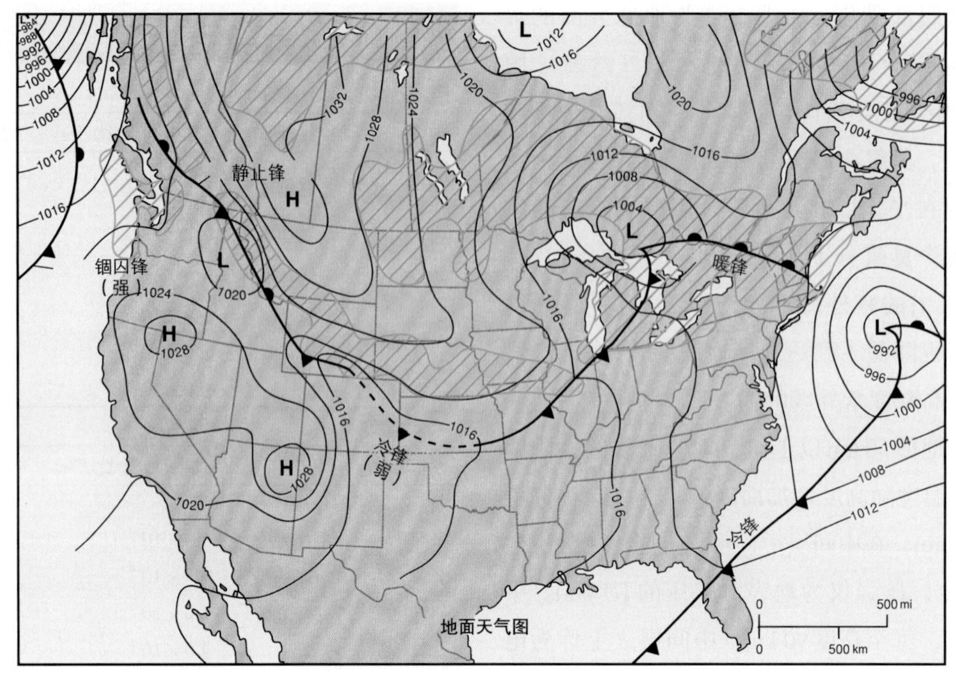

图7.9 等压线，单位为mbar。等压线越密集，表示风力越大。图中，H是高气压，L是低气压，交叉阴影部分代表雨区。重冷空气从轻暖空气底部楔入推进，形成冷锋；轻暖空气越过重冷空气上方推进，形成暖锋。

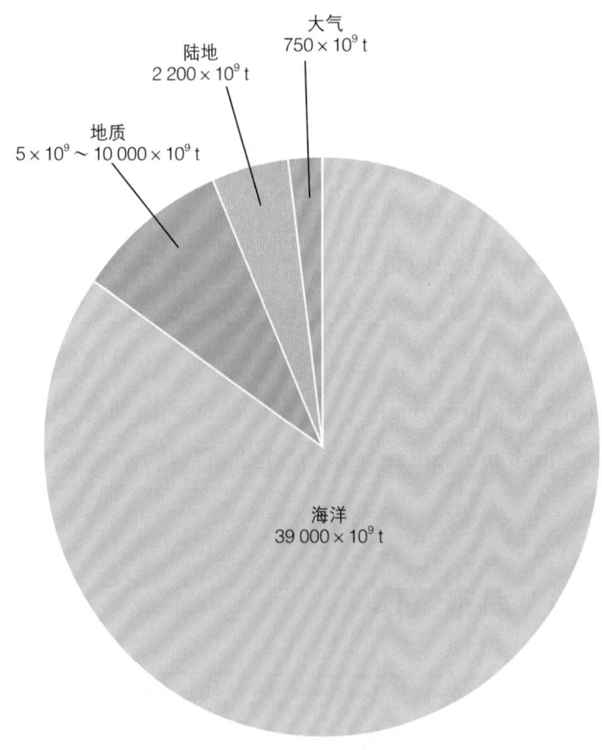

图7.10 世界二氧化碳分布。

二氧化碳和温室效应

二氧化碳有三个活跃储库：大气、海洋和陆地系统。此外,从地质角度考虑，地壳也是一个重要的二氧化碳储库。海洋中的二氧化碳储量在海洋中最大，在大气中最小（图7.10）。大气将各种二氧化碳储库联系起来，而海洋的物理、化学和生物等过程对大气中二氧化碳浓度具有重要作用(见第6章第6.3小节)。

大气二氧化碳允许太阳短波辐射透过，但同时也吸收地球大量向外发射的长波辐射。这就使地球和大气层不断被加热，形成了广为人知的**温室效应**(greenhouse effect)。北半球的二氧化碳年变化表明，大气层中的二氧化碳浓度在春末和夏季降低［图7.11（a）］。在这段时间内，与植物的呼吸作用和衰亡相比，植物的光合作用增强，吸收了更多的二氧化碳。秋季和冬季光合作用减弱，植物落叶且衰亡，释放二氧化碳，导致空气中的二氧化碳浓度增加。在这个自然周期上，还叠加了砍伐森林、垦林开荒、燃烧化石燃料以及人口增长作用。工业化以前，人类活动对温室气体季节变化的影响很小，并且碳循环处于平衡状态。

自1850年工业革命以来，大气层中二氧化碳浓度从原来的280×10^{-6}升高到380×10^{-6}。基于测量东方站冰芯气泡中的二氧化碳浓度得知，目前的二氧化碳浓度达到过去42万年以来的最高水平。近年来的年

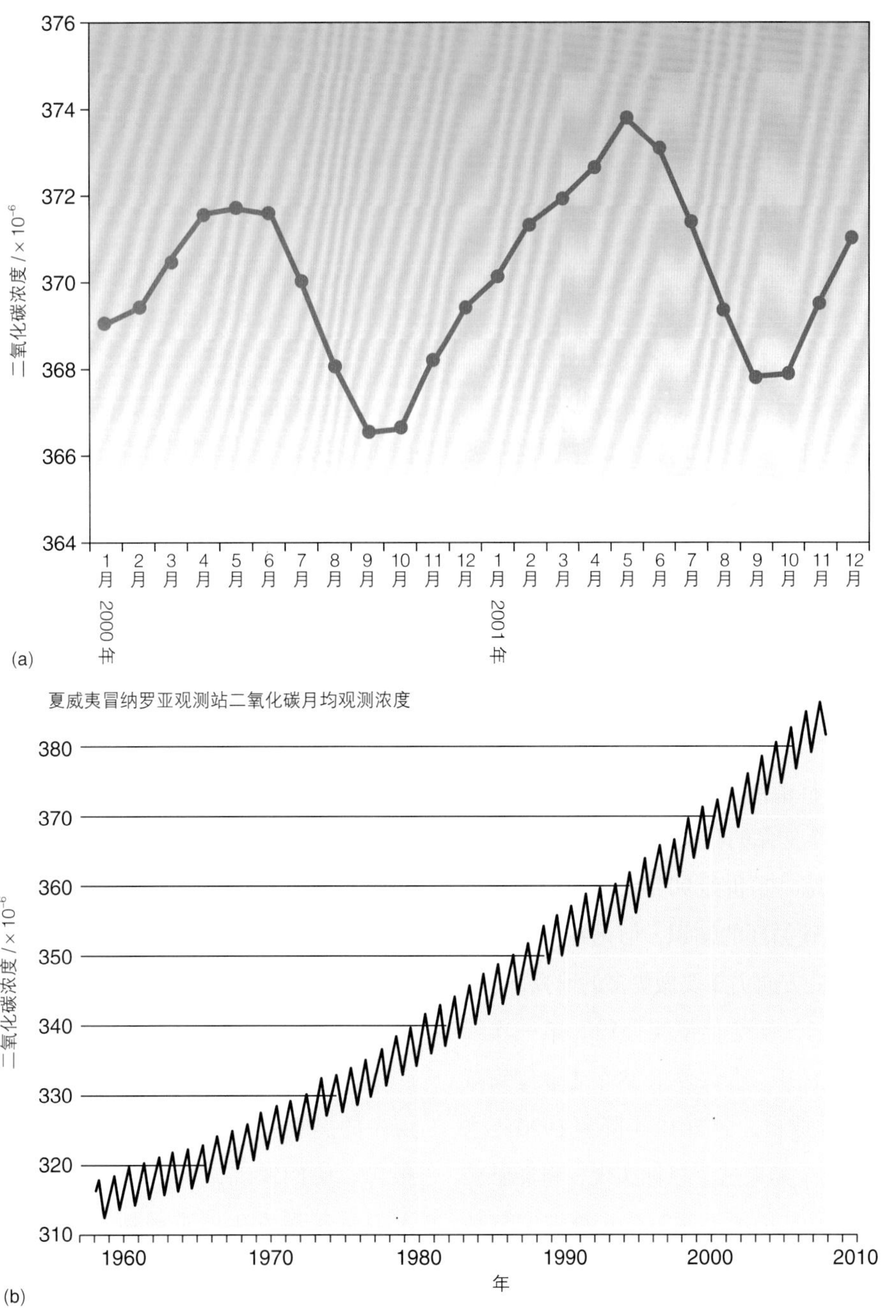

图7.11 夏威夷冒纳罗亚观测站观测的干燥空气中二氧化碳浓度随时间变化。（a）两年内的月观测记录显示，由于光合作用、呼吸作用和腐败过程，北半球二氧化碳浓度呈现出季节性变化。（b）连续50年的月观测记录显示，年平均二氧化碳浓度逐年增加。

平均增长速度达到了$1.5 \times 10^{-6} \sim 2 \times 10^{-6}$，科学家在近50年里观测到二氧化碳浓度持续稳定增长，这是由燃烧煤炭、石油和其他化石燃料所致［图7.11（b）］。如果这个趋势继续下去，到本世纪末二氧化碳浓度将是1850年的2倍。这将减少因长波辐射损失的热量，改变平均热收支，促使全球变暖。大气层将吸收更多的长波辐射，大气温度升高，从而向太空释放更多的长波辐射，以维持地球和大气热收支平衡。

基于二氧化碳的增长趋势，气候学家预计，在未来100年内全球温度将升高2～4℃。地球增温期直到近期才被精确地估算出来，从1920年开始，发生了一次20年的增温过程，1977年到20世纪80年代又发生了一次增温过程。按照目前的二氧化碳浓度估计，气温每10年增加0.25℃，然而这两次增温过程都没有达到该速率。

对于地球温度各种影响因素的重要程度，不同研究人员的认识不同，因此研究方式多样，且对全球变暖的起因和速率存在着激烈分歧。一些研究者认为主要影响因素是太阳黑子活动周期的变化；一些研究者则将原因归咎于人类活动和自然形成的气溶胶以及灰尘，因为这些物质决定了云的形成。自然事件能够引发全球冷暖变化。例如，1991年菲律宾皮纳图博火山爆发，释放了大量的碎屑和气体，导致气温降低了0.5℃，使1992年成为自1986年以来最冷的一年。随后而来的是地球持续增温，一年比一年热。最终，可靠的全球模型可能会告诉我们，二氧化碳浓度的增加将导致地球和大气温度以何种方式升高多少度。

据估算，每年全世界由化石燃料和热带雨林的燃烧释放的二氧化碳约为70亿吨。大气中每年增加的二氧化碳为30亿吨，然而该速度并非恒定，而是会随着事件变化，例如厄尔尼诺现象（见本章第7.8节）。据最新研究表明，每年约有20亿吨的二氧化碳进入到海洋或者海洋沉积物中（参照第4章关于含碳沉积物的讨论和第6章对海水溶解二氧化碳的讨论）。至少有10亿吨二氧化碳被温带森林植被或热带雨林吸收。二氧化碳从一个储库到另一个储库的精确传输速率难以测量，传输的途径也难以跟踪。20世纪90年代，我们增长了很多关于全球二氧化碳循环的知识，但是在预测地球对温室气体增加的响应方面仍需要做更多的研究。

1997年，《联合国气候变化框架公约》第三次缔约方会议在日本京都召开。会议要求38个工业国家减少它们的温室气体排放量，到2012年降至1990年水平，再平均削减5.2%。如果这个目标实现，将能够减少近2/3的排放量，但是仍然无法阻止全球温室气体排放量的继续增加，因为发展中国家不受条约限制，这些发展中国家到2012年将会排放出占全球绝大部分的温室气体。[①]与减少排放量方法不同，美国支持一个计划，允许发达国家考虑二氧化碳被森林吸收的能力（碳汇）。欧盟则担心，有些国家以所有的温室气体都被碳汇吸收为由，从而不对车辆和其他来源排放的二氧化碳做任何实际限制。2000年秋季在荷兰海牙召开的会议上，与会方就此未能达成一致。2001年，在德国波恩召开的会议有178个国家参加，美国未出席。美国认为，限制二氧化碳排放量将会严重影响经济。就排放量限制的方案，这次会议最终也没有达成一致。在多年的反对之后，俄罗斯终于在2004年批准了该条约。俄罗斯的批准极为关键，这是使条约实际生效的最小必要条件。2005年初，条约正式生效。条约规定，欧盟承诺在1990年排放量基础上继续减少8%，日本和加拿大则承诺减少6%，而俄罗斯承诺减少到1990年排放量。澳大利亚和美国仍没有加入该条约。

全球变暖可能引发以下几种情景。变暖导致高纬度地区极地冰融化，到2100年海平面将上升1 m左右。海冰的减少会增加开阔海域的面积，海洋浮游植物光合作用增加，由此导致海洋的碳储量增多。另一种可能的情景则和云、海洋、地球表面之间的相互作用有关。海洋表面温度变化将会导致全球海流变化（见第8章和第9章）和地面风场系统变化（见本章“大气运动”）。海流模式变化影响热量和水蒸气从低纬度向高纬度输送，从而改变气候模式。并且，大气层中可用二氧化碳的增加可能会促进陆地和海洋中的光合作用，其效应尚不清楚。

臭氧问题

1985年，英国南极调查局首次发布了关于平流层中的臭氧层损耗，导致地球受到太阳紫外线威胁的报告。他们发现，自20世纪70年代末期开始，南极上空臭氧层发生严重损耗。当臭氧层的温度降低至能形成云时，南极上空臭氧层大规模被破坏的结果，称为“臭氧洞”。这些云层在平流层中形成，高度约10～30 km，温度低于-80℃。只有在冬季，南极大气层才能够寒冷到形成规模较大的云。在这些云层中发生的化学反应导致臭氧层损耗。若没有这些云层，臭氧层很少或几乎不发生损耗。南极臭氧洞通常发生在9月初（南半球的春季），当南极冬季臭氧被严重消耗后，臭氧洞在9月末和10月初的时候最为严重（图7.12）。由于平流层温度的自然变化，臭氧洞的大小和形状每年不同（图7.13）。臭氧洞中的“洞”，用词不很贴切，臭氧洞实际上是在南极洲上空发现的臭氧浓度显著降低的区域。携带臭氧总量测绘光谱仪的卫星从1978年开始监测臭氧情况，并且监测精度

① 1997年制定的公约又称为《京都议定书》。它有两个承诺期，第一承诺期从2008年到2012年，第二承诺期从2012年到2020年。目前，《京都议定书》处于第二承诺期。——编者注

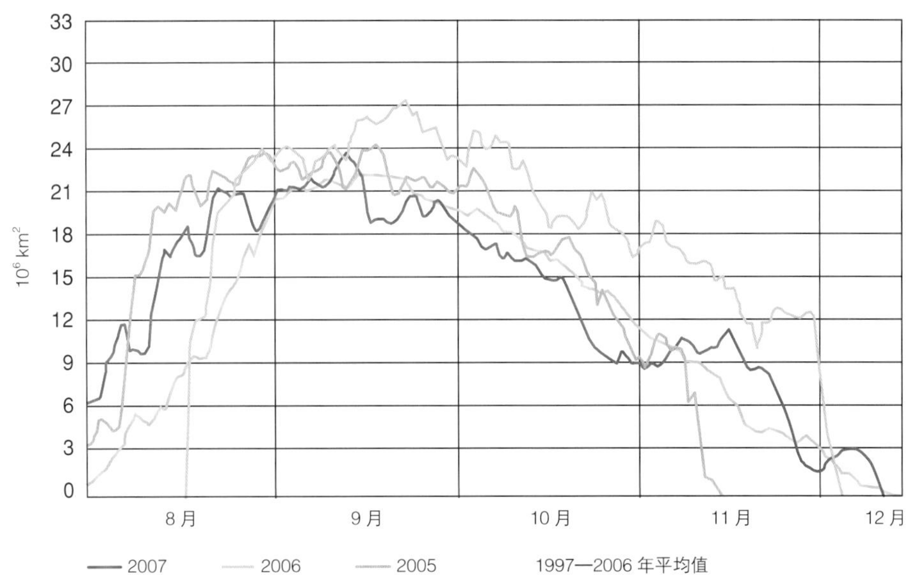

图7.12 南半球南极臭氧洞面积从冬末到初春的变化，面积单位为10^6 km²。图中红色、蓝色、绿色、黄色线条分别代表2007年、2006年、2005年，以及1997—2006年平均的臭氧洞面积。（更多信息见*http://www.cpc.ncep.noaa.gov/products/stratosphere/sbuv2to/ozone_hole.shtml*）。

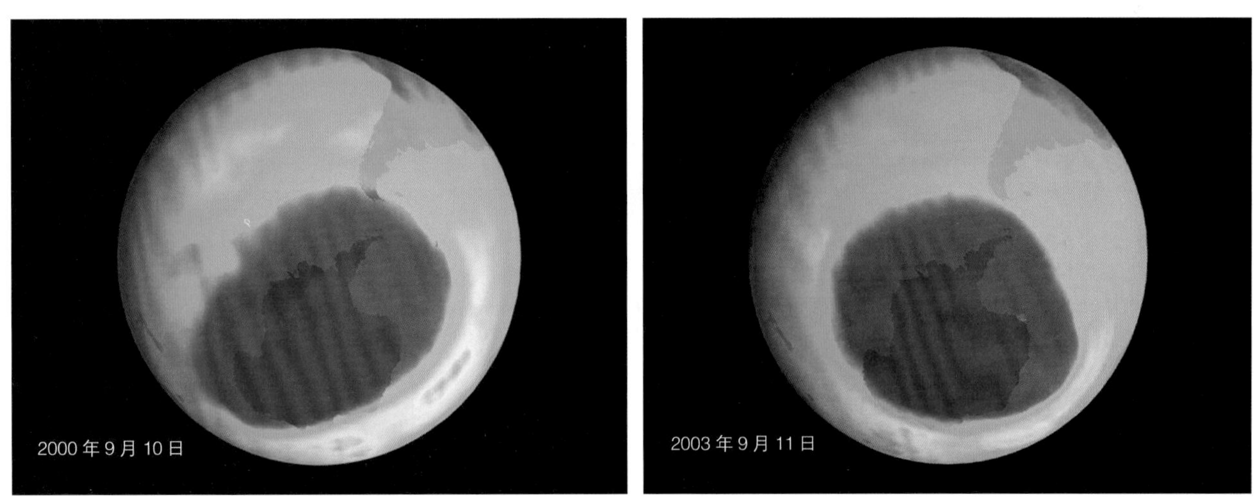

图7.13 比较2000年9月10日和2003年9月11日的南极臭氧洞。2000年的最大面积为29.8×10^6 km²，2003年为28.3×10^6 km²。

在不断提高。目前，NASA的地球探测卫星（*Earth Probe*）正在监测南极和北极臭氧洞。

南北半球臭氧层的温度不同。北极臭氧层的温度通常比南极高10℃左右，这意味着在北极平流层中较难形成云，但是在某些情况下，当温度低于平均值时也能形成云。在这种情况下，北极也能发生臭氧层损耗，但是持续的时间和覆盖面积相对于南极都较小。1997年3月，北极臭氧洞的覆盖面积大约为6×10^6 km²。1996—1997年的冬季是北极上空平流层连续第5年特别寒冷。2000年初的测量表明，北极累积的臭氧损耗超过了60%。对1992—1997年的北极平流层寒冷期有三种可能解释。第一，在臭氧不断减少的情况下，平流层吸收太阳辐射的能力减弱，这导致北极平流层不断变冷和臭氧层浓度降低；第二，温室气体的增加使热量保留在较低的大气层中，由于热量无法上升，平流层越来越冷；最后，全球气候变化或天气变化也可能在起作用。

最广为人们接受的臭氧层损耗理论与氯化物向大气层的排放有关。氯化物通常以氯氟烃（chlorofluorocarbons，CFCs）的形式排放。CFCs被用作冰箱和空调的冷却剂，也被用作生产绝缘泡沫材料的溶剂。CFCs被风吹到对流层，并逐渐渗透到平流层，在那里被紫外线分解。大气层中的大气与氯反应，在平流层的云中形成一种惰性分子，这一过程尤其会发生在极地的冬季。在阳光照射下，氯变成自由基，与臭氧分子发生反应。

CFCs在对流层中达到最大值，如果减少排放，它们的产生会逐渐减少。因为CFCs需要很多年才能进入到平流层，它们还会在未来的许多年继续破坏臭氧。

最近，甲基溴（methyl bromide）被确认是一种对臭氧层更具破坏性的物质，它造成了至少20%的南极臭氧损耗和5%～10%的全球臭氧损失。据估计，每年被排放到大气中的甲基溴大约为137 Gg（gigagrams），其中有86 Gg直接参与破坏臭氧层。甲基溴的来源包括生活在海洋表面的单细胞生物、杀虫剂、工业，以及植被焚烧。

在地面附近，臭氧是一种污染物并且会危害健康；在平流层，它吸收大部分来自太阳的紫外线，保护陆地和海洋表面的生命形态。臭氧损耗是一个重要的问题。据估计，减少50%的臭氧可造成到达地球表面的紫外线增加350%，而紫外线会导致皮肤癌发病率增加并影响一些生物体的生长和繁殖。第15章中将讨论紫外线辐射增加对南大洋表层光合生物的影响。

7.4 硫化物的角色

据估计，目前每年以二甲基硫（dimethyl sulfide，DMS）的形式被排放到大气中的硫为2 000万～4 000万吨。DMS是海表浮游植物或直接或间接产生的一种气体，是造成海洋特殊海腥味的来源之一。一旦进入大气层后，DMS能迅速发生变化，其主要产物之一与大气相结合，形成硫酸，再通过降

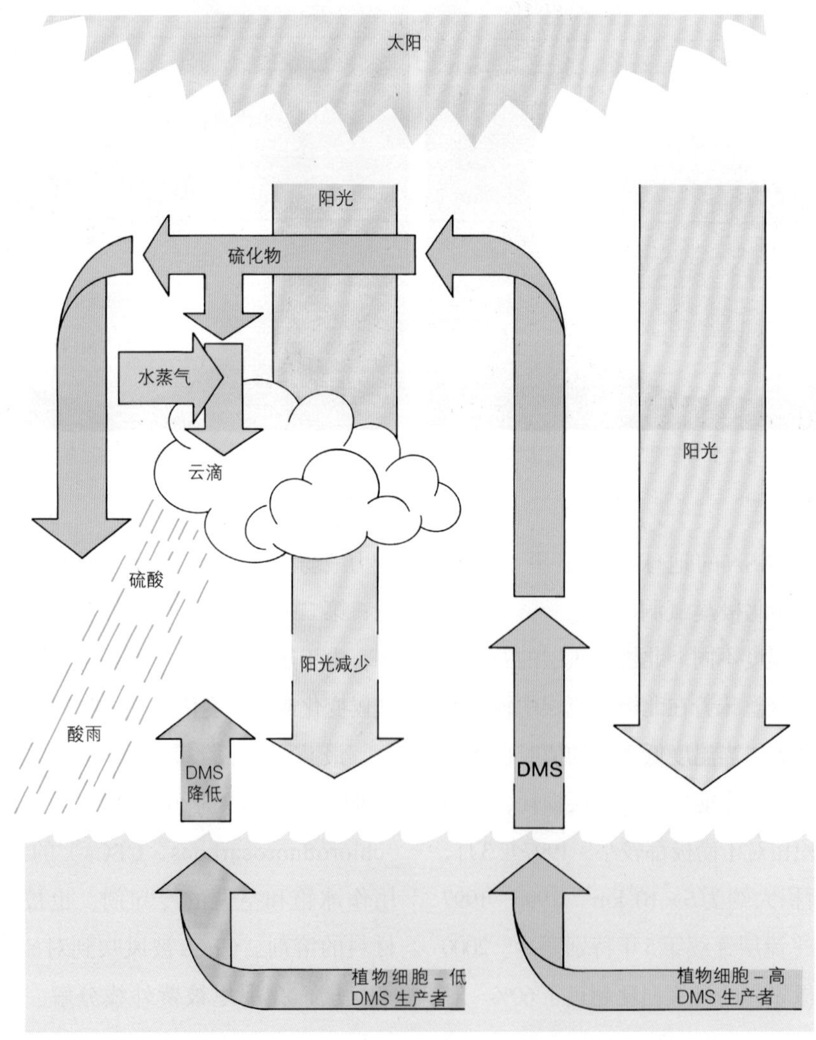

图7.14 一个连接二甲基硫（DMS）、海洋表面和大气的自热控制系统，这是一个在植物、太阳和云之间的循环系统。酸雨（pH=3.5）对海水的影响不大，因为海水中的二氧化碳起到缓冲作用。

雨返回地球表面（图7.14）。通过这种形式返回到地球的硫酸浓度，远小于由酸雨造成的影响。DMS产生的大气悬浮颗粒在控制形成云层密度方面有重要作用。DMS改变了云的反射特性，减少了入射辐射，因此减少了海洋表层的受热。如果云中的DMS不断累积，进入海洋表面的光将会减少，海洋表面温度降低，浮游植物产生的DMS相应减少，则云的生成量和反射光也将减少。DMS作为一个反馈机制或自调节恒温器，能控制海洋表面的温度，在海洋和大气的复杂相互作用中发挥着联系作用。

在北半球的工业区，燃烧化石燃料是硫化物的另一来源。如同DMS一样，这些工业产生能导致酸雨，也有助于形成阻挡太阳辐射的云，使地球表面变冷。

和对陆地的危害不同，酸雨对海洋的影响没那么严重。当酸雨降落到海洋表面时，海水的缓冲能力能够中和酸雨带来的影响（见第6.3节）。

7.5 大气运动

一地较小密度的空气上升，另一地较大密度的空气下沉，从而产生了空气的运动。在这两地之间，空气沿着地球表面水平运动产生风。这个过程如图7.15所示。注意，事实上存在两种水平大气运动，即风的高度不同，它们的方向相反：一种位于近地表，一种位于高空。以这种方式形成的空气对流，是一种基于空气密度变化的垂直空气运动，低密度的温暖空气上升，高密度的寒冷空气则下降。

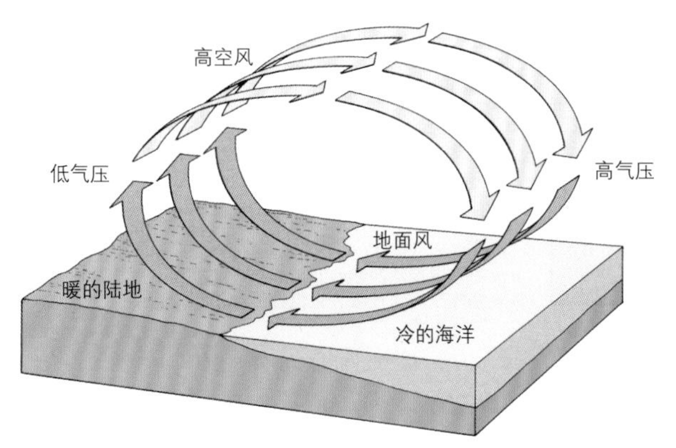

图7.15 当空气在一地受热，在另一地遇冷时，大气中会形成空气对流圈。

不考虑地球自转时的风

空气的受热和冷却、水蒸气的增减与以下因素有关：地球表面太阳能量分布不均匀、是否有水的参与、地表物质对热的响应不同而产生的温度变化。这些因素都影响着空气的密度。假想一个不存在陆地和自转，但是同样接受太阳热量的地球模型。在这个覆盖着均匀的水层和大气层的静态模型中，风的分布非常简单。赤道处的空气从底部受热上升，高处的空气向极地流动，在那里冷却下沉并回流到赤道。由于这个假想地球表面受热不均匀，大量热量和水蒸气在赤道处被输送到大气中。这些轻空气在上升过程中冷凝，形成云和降雨。众所周知，赤道地区温暖潮湿。高空的冷干空气向极地流动，在那里下沉，产生蒸发强的重空气，形成高气压区域，如图7.16所示。注意，每个半球都有两个大的对流环流圈，从极地向赤道延伸。在这个模型中，北半球的地面风从北向南吹，高空风从南向北吹；南半球则相反，地面风从南向北吹，高空风从北向南吹。

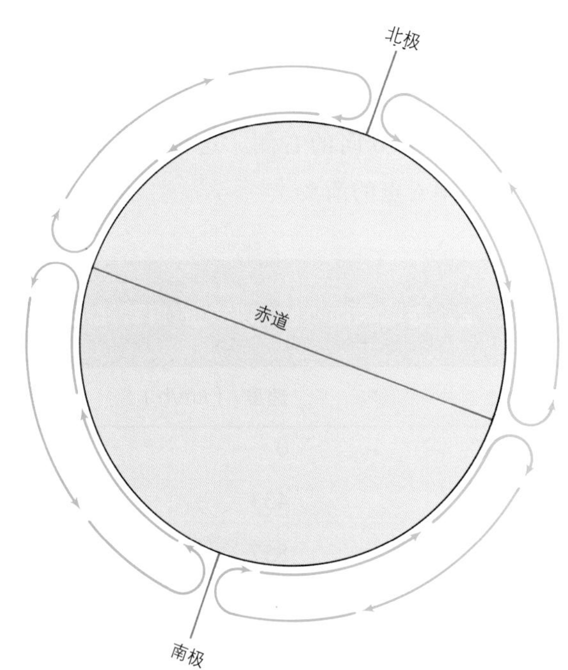

图7.16 在一个不考虑自转，表面被水均匀覆盖的地球模型上，由于赤道受热，极地失热，每个半球都形成单独的大气环流圈。

特别需要注意的是，风向以吹来的方向命名。从北向南吹的风称为北风，从南向北吹的风称为南风。在上面的模型中，北半球的地面风是北风，南半球的地面风是南风。

地球自转的影响

接下来考虑的地球模型与上述基本相同，但是增加了地球自转。在这种情况下，对气团运动的观测是基于固定的随地球一起自转的经纬度，在这个旋转坐标系下，相对运动会产生一个看上去使物体做偏转运动的惯性力。重力捕捉地球大气，但是大气并不是像固体一般牢固地附着在地球表面。地球表面和大气层之间的摩擦力极小，因此可以视大气运动独立于地球表面。例如，静止在赤道上空某点的一团空气实际上是以1 674 km/h的速度随地球自西向东运动。当南风向北吹动，这团空气移动到另一个纬度上，这个纬度具有较小的圆周周长。在这个较高的纬度上，地球表面向东运动的速度减慢（表7.2）。在北纬60°，地球表面某点向东运动的速度仅为赤道处的1/2。因此，当这团从赤道相对于地球向北运动的空气到达高纬度时，会比高纬度的地球表面具有更大的向东速度。因此，当这团空气从低纬度向高纬度流动时，相对于地球表面向东偏转，在北半球，偏转方向是空气运动方向的右侧。这种关系如图7.17所示，见图中A点的箭头。

表7.2　地球表面不同纬度处的自转速度

纬度	速度/（km/h）
南北纬90°	0
南北纬75°	433
南北纬60°	837
南北纬45°	1 184
南北纬30°	1 450
南北纬15°	1 617
0°	1 674

如果相同的情形发生在南半球，假设这团空气由于北风从赤道向南运动，运动偏转方向相对于地球表面向东。因此，在南半球偏转方向是向运动方向的左侧，如图7.17所示，见图中B点的箭头。

在北半球，如果一团空气向南朝赤道运动，那么它是从一个具有较小向东速度的纬度向具有较高向东速度的纬度运动。当空气从高纬度向低纬度运动时，位于空气下方的地面位置相对于空气向东运动。这导致空气落在地球位置的后面，相对于地球，空气表现为向西运动，该过程如图7.18所示。在北半球运动仍然向运动方向的右侧偏转。同理可以推断，在南半球向运动方向左侧偏转。

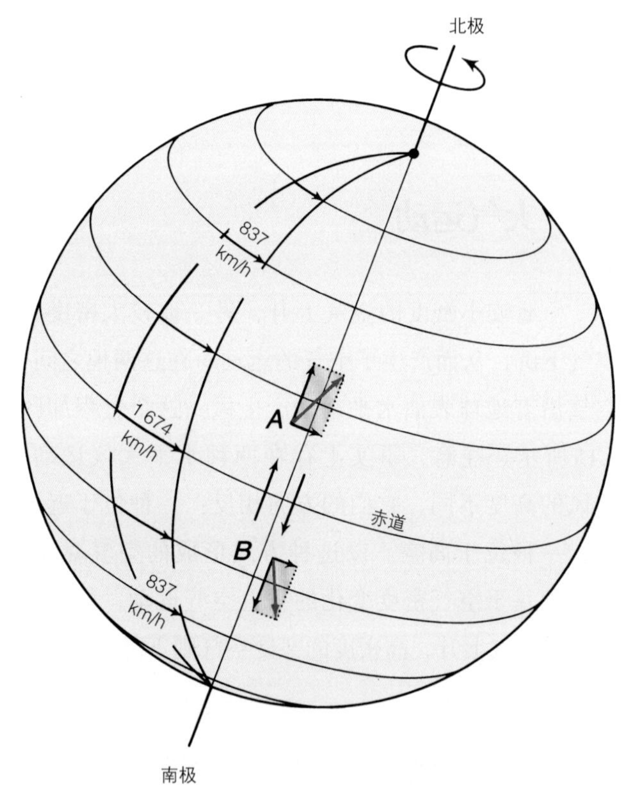

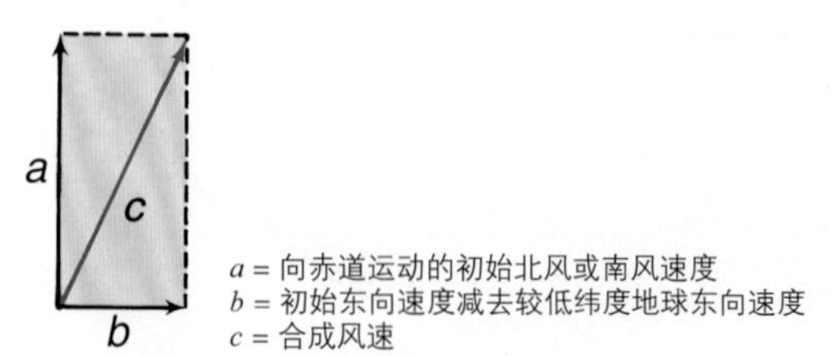

图7.17　在北半球，由于从赤道向北运动到A点的空气携带更大的向东速度，运动过程中空气会向右侧偏转。在南半球，向南运动到B点的空气会向它的左侧偏转。

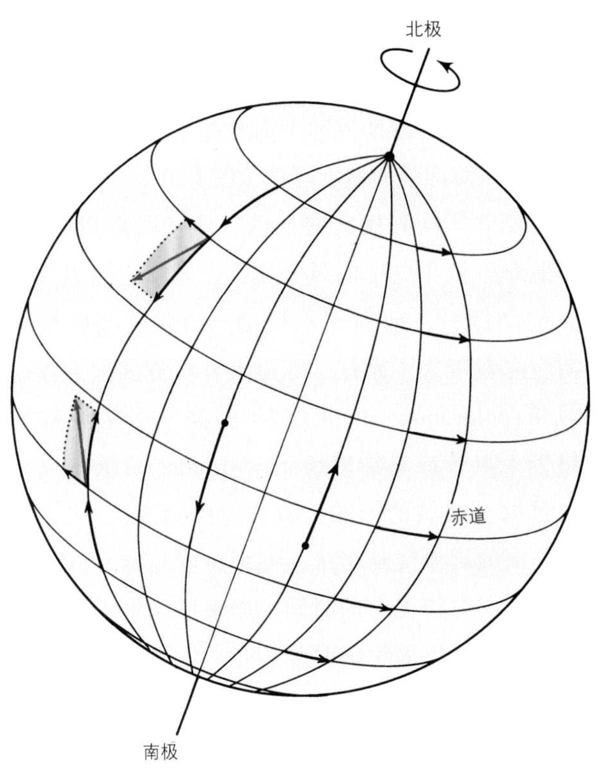

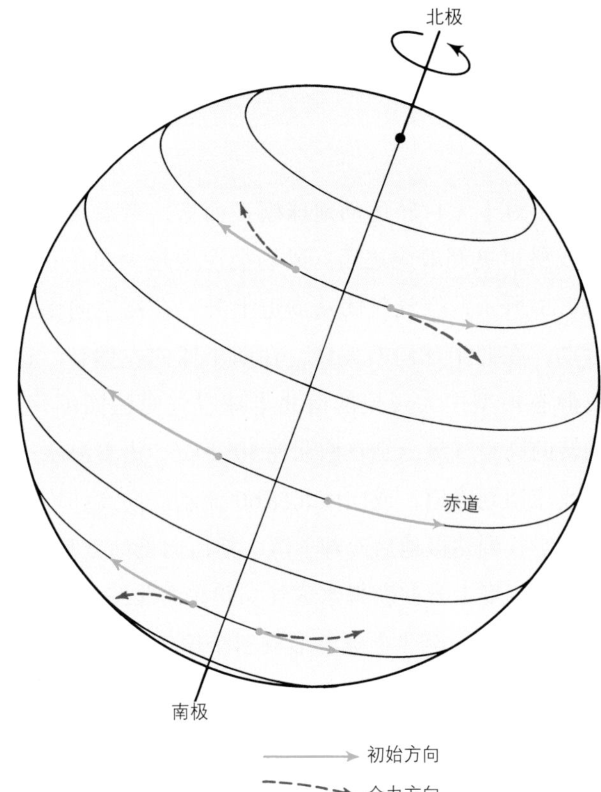

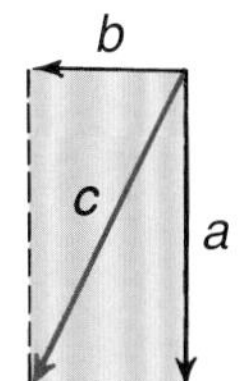

a = 向赤道运动的初始北风或南风速度
b = 初始向东速度减去较低纬度地球向东速度
c = 合成风速

图7.18 空气向赤道运动，即从一个具有较小向东速度的纬度到具有较大向东的速度的纬度运动。结果是，空气会落后于地球表面的向东的位移，相对于初始风向，在北半球向右偏转，在南半球向左偏转。在赤道无偏转。

图7.19 向东移动和向西移动的空气发生的偏转。在赤道无偏转。

空气向东或向西运动时的方向偏转如图7.19所示。以地球自转轴为参照物，空气向东运动时，它的速度比地球表面更快，它所受的离心力大于作用在地球表面上的离心力。这个额外的力，垂向部分与地球重力抵消，水平部分向低纬度偏转。与地球重力方向抵消的离心力分量很小，其影响微乎其微。与地面平行的离心力分量没有其他力相互抵消，从而会产生一个向低纬度偏转的运动，在北半球表现为运动方向的右侧。向西运动的空气则比地面的速度慢。这个气团受到的向外离心力要弱于地球表面受到的向外离心力，因此会产生一个弱的、朝向地球旋转轴心的力。这个力部分分量指向重力方向，部分分量指向高纬度方向。注意这个偏转仍然是在北半球风运动方向的右侧。在南半球，向东移动的空气朝低纬度偏转，向西移动的空气朝高纬度偏转，都是在运动方向的左侧。

如果我们从太空观察地球和大气的运动，我们能够看到大气的相对独立运动和大气运动之下地球的自转。但是我们实际上是生活在转动的地球表面，我们通过固定在这个表面上的坐标系统来观测空气的运动。因此，从地球表面，我们看到移动的空气气团偏离了它们的运动方向——在北半球向右偏转，在南半球向左偏转。

这种相对于地球表面的运动气团惯性偏转称为**科里奥利效应**（Coriolis effect），因科里奥利（Gaspard Gustave de Coriolis，1792—1843年）而得名，他从数学角度解释了旋转物体以及在其坐标系下无摩擦运动的偏转。物理运动定理告诉我们：在惯性下沿直线运动的物体，除非有外力作用，运动状态才会发生改变，因此科里奥利效应通常被称为科里奥利力。如果采用术语科里奥利力，请记住，这是在旋转坐标系下不受摩擦力或在摩擦力极小的情况下，运动物体产生的偏转运动，是一种惯性力。科里奥利力的大小随纬度和气团运动速度的增加而增加，并与地球自转速度有关。

风 带

相对于无自转运动地球模型而言，考虑自转运动或科里奥利效应之后，风场会发生较大变化。如图7.20所示，空气气团从赤道上升，在高空向南北运动，在北半球向右偏转，在南半球向左偏转。这使静态模型中大规模的南北半球空气对流圈缩短。偏转的高空气流分别在南北纬30°下沉，沿着海水表层或流回到赤道，或向南北纬60°流动。向高纬度流动的空气到达极地后冷却下沉，然后向低纬度移动，在途中温度上升并获得水蒸气，并在南北纬60°再次上升。从而，南北半球各形成三个覆盖在旋转地球表面之上的对流圈。

现在，我们来考虑三圈环流的表层空气流动。在0°和南北纬30°之间，地面风相对于地球发生偏转，在北半球从东北向、在南半球从东南向吹向赤道，这种风向发生偏转而形成的风称为**信风**（trade wind），东北信风带位于赤道以北，东南信风带位于赤道以南。在北纬30°～60°之间为西南风，南纬30°～60°之间为西北风，在南北半球各形成一个**西风带**(westerlies)。北纬60°和北极之间为东北风，南纬60°和南极之间为东南风，在南北半球各形成一个**极地东风带**(polar easterlies)。上述6个地表风带如图7.20所示。

在0°和南北纬60°附近，潮湿的低密度空气在低气压区上升，形成云和降雨。高密度气流则分别在南北纬30°和南北纬90°附近下沉，这些区域通常为高气压区，天空晴朗，降雨少且空气干燥。

大洋中部表层海水的盐度受蒸发和降雨分布控制（图6.1和图6.2）。海水的盐度以每千克海水所含盐的克数计算，通常用千分数（‰）表示。海水平均盐度约为35‰。在热带地区，陆地和海洋的降雨均较多，陆地上形成热带雨林，海洋表层海水盐度低，约34.5‰；南北纬30°附近地区，水的蒸发速率较高，这两个纬度地区是世界上的沙漠地带，也是表层海水盐度较高的区域，约为36.7‰；从上述纬度继续向南或向北，在南北纬50°～60°地区，降雨量再次增加，表层海水寒冷，盐度较低，约34‰，北半球陆地上形成葱郁的森林地带。在极地地区，冬季形成海冰，结冰期内冰下海水盐度增加；夏季海冰融化导致海洋表面盐度降低（图7.20）。

地表空气从高压区向低压区流动时形成风带。早期航海者依靠稳定的风来航行。风带之间为气流垂直运动区域，地面风不稳定，因此这些区域给早期航海者带来了麻烦。赤道上升气流区称为**赤道无风带**(doldrums)，南北纬30°的高气压区域称为副热带无风带或**马纬度**(horse latitudes)。依赖风力行驶至以上区域的船舶，将被迫停泊多天。“无风带”一词的起源无从考证，原意可能是指一段令人无精打采、失望无力的时间，用来描述水手们对于船在这个区域停滞不前时的感觉。术语**热带辐合带**（intertropical convergence zone，ITCZ）用来描述赤道附近低气压上升气流区域，南北半球的风系在此辐聚，导致该区域盛行上升流、低气压和强降雨。至于“马纬度”名称的由来，源自早期运送马匹的船航行至此时停滞不前，食物和淡水无论对人还是对动物来说均供应不足，因此人们不得不将马匹扔进海里。

数十年来，每天可从陆地、船舶、气象观测站和浮标中获取大气压强、风速、风向等上千个测量数据。这些数据转换为用于全球天气预报的大气风场和气压图。另一种测量地球表面风速的方式是通过卫星观测。卫星发射微波信号，被海洋表面的海浪反射并传回到卫星中，这些返回信号可以用于解释地面风场的速度和方向。

散射计用于发射和接收雷达信号，通常搭载在卫星上。第一个散射计搭载在20世纪70年代后期发射的海洋卫星（SEASAT）上。NASA散射计（NSCAT）是当时最新型的散射计，它搭载在1996年8月发射的日本先进地球观测卫星（Advanced Environmental Orbiting Satellite, ADEOS）上，但该卫星仅正常工作到1997年6月。在这八个半月的时间里，NSCAT测量了大量的地面风数据，并根据船舶和浮标观测数据进行了校正。这些数据不仅可用于气象预报，还可用于大气海洋耦合计算机模型，使气候学家和海洋学家更好地研究和理解海洋–大气

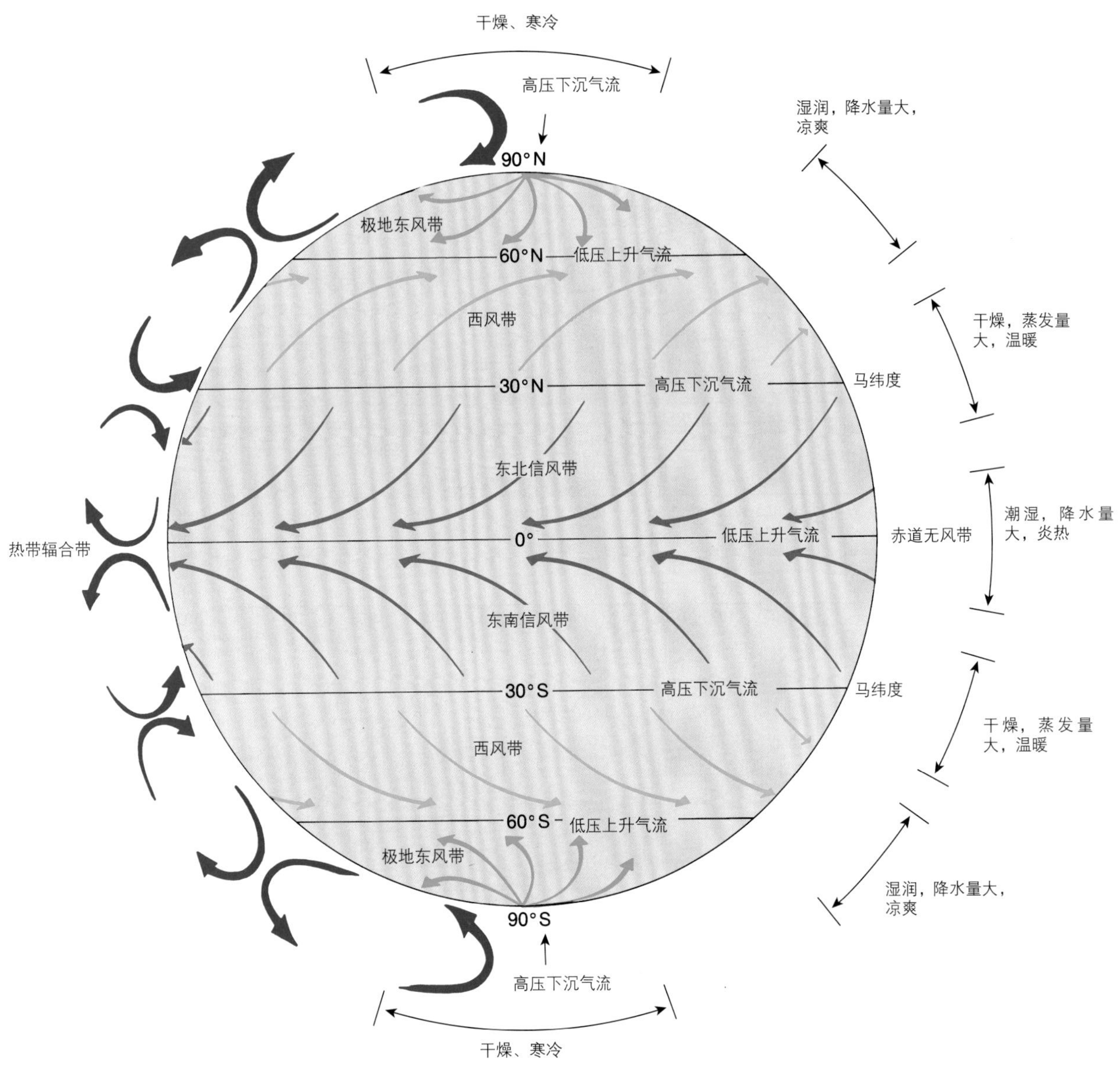

图7.20 地球大气环流导致地球表面形成六个风带。

耦合系统。

7.6 风带的变化

从海水覆盖全球的理想自转模型到真实地球，还需要进一步考虑以下三个要素：（1）由于太阳加热产生的地表温度季节性变化；（2）大块陆地的效应；（3）陆地和海水不同的比热容。陆地和海洋表面在赤道地区全年温暖，在极地地区全年寒冷，但在中纬度地区温度具有季节性变化，夏季温暖，冬季寒冷。注意，陆地表面气温比海洋表面气温季节波动大，因为海水的比热容大于陆地的比热容，并且海洋能将热量在夏季从表层输运到深层，在冬季从深层输运到表层，而陆地没有这种输运热量的能力。

季节变化

在北半球的中纬度地区，陆地和海洋所占比例近乎相同，产生了大气压平均季节模态。在温暖的夏季，陆地比海洋温度高（图7.7）。陆地上方的空气从底部受热上升，产生低压区，而海洋上方的空气冷却下降，产生高压区。在夏季，低压区位于北

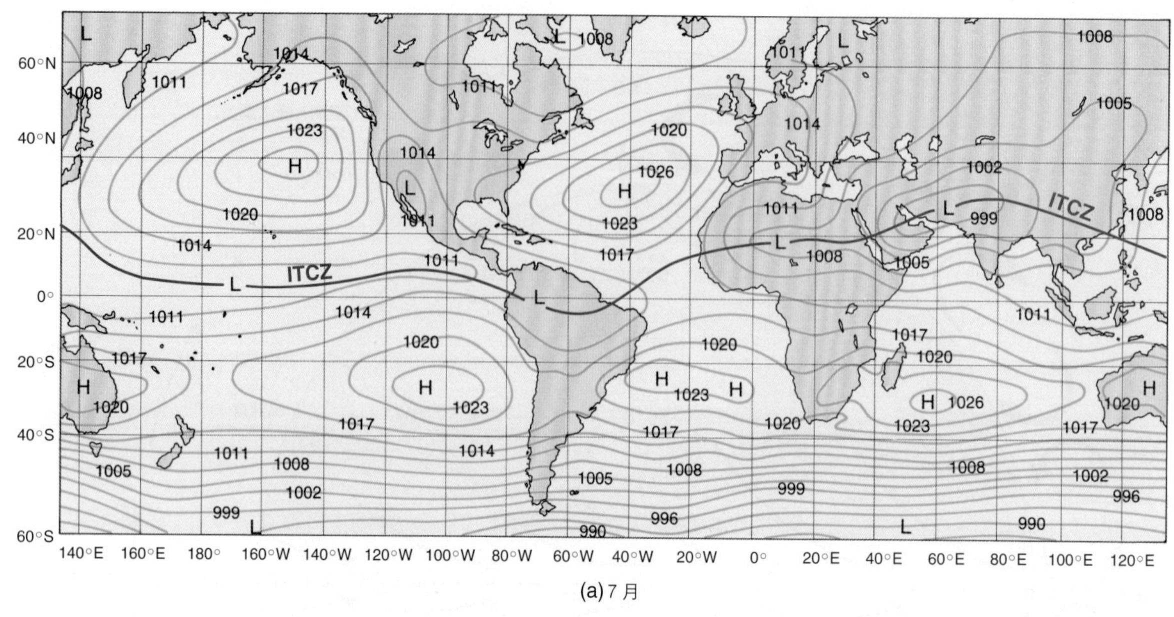

(a) 7月

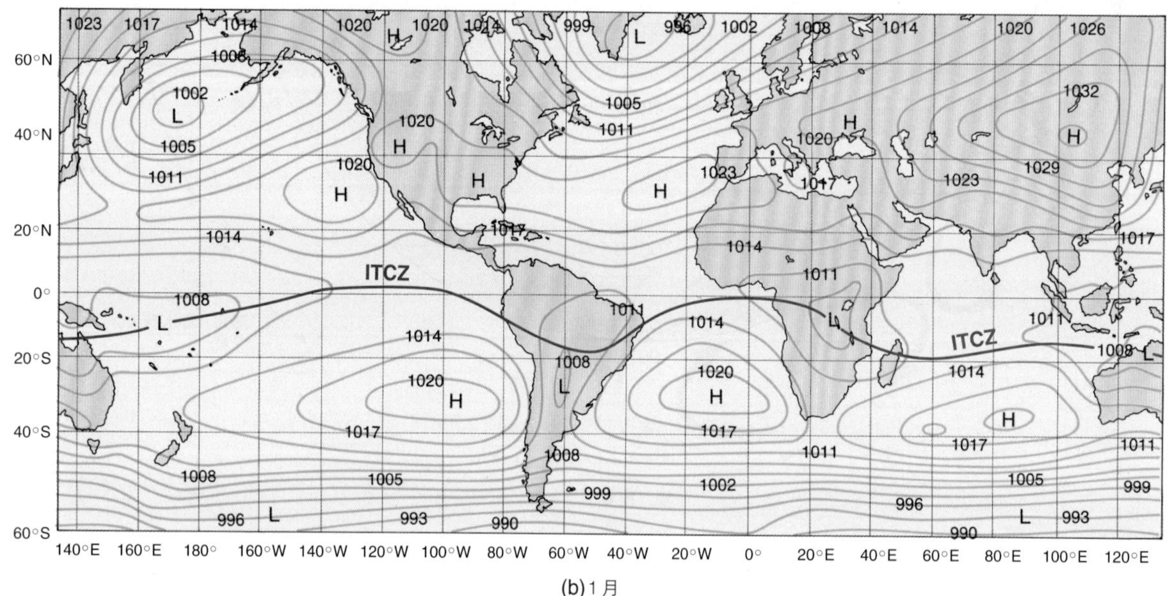

(b) 1月

图7.21 7月（a）和1月（b）的海平面平均大气压，单位为mbar。在北半球，中纬度地区的大陆造成高低气压，位置随着季节变化。在南半球，中纬度地区不存在大面积陆地，平均气压分布随着季节变化不大。ITCZ的位置也随着季节迁移。

纬60°和0°处，高压区位于北纬30°。海洋上的高压带由于陆地的阻断被分割成几个高压区。冬季中纬度地区的情况则相反，陆地比海洋冷，陆地上空的空气温度下降，密度增加，产生下沉气流，形成高压区。海洋则相对较温暖，其上方空气从底部受热，密度减小，产生上升气流，形成低压系统。

在陆地上，极地高压区向北纬30°高气压区延伸，将以北纬60°为中心的低气压带分离成离散的、以温暖海水为中心的单个低气压系统。这些中纬度地区随季节变化的高低压系统切断了理想地球模型中沿纬度分布气压系统和风带，产生了大气压分布，如图7.21所示。

在北半球的夏季，以北大西洋和北太平洋为中心的高压系统下沉气流向陆地低压系统流动。当下沉气流向外辐散运动时，向右偏转并绕着高气压产生螺旋状顺时针风场。在北半球高压区，风总是顺时针旋转。高气压北端为西风带，其南端为东北风，东端为北风，西端为南风。在冬季，空气绕低气压中心在海洋上方逆时针旋转，盛行风方向与夏季相反。北半球低压系统的环流风场

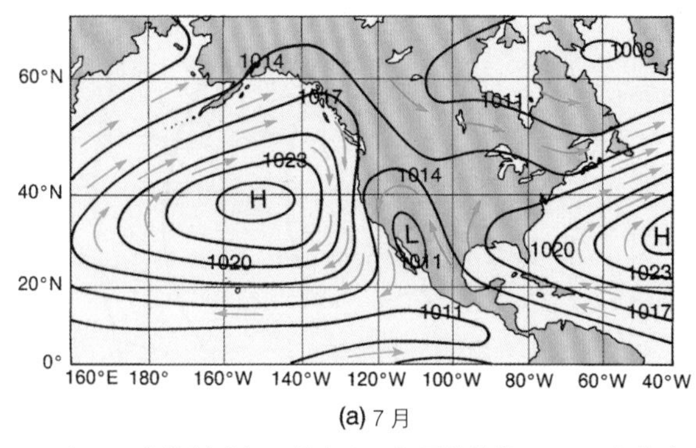

(a) 7月

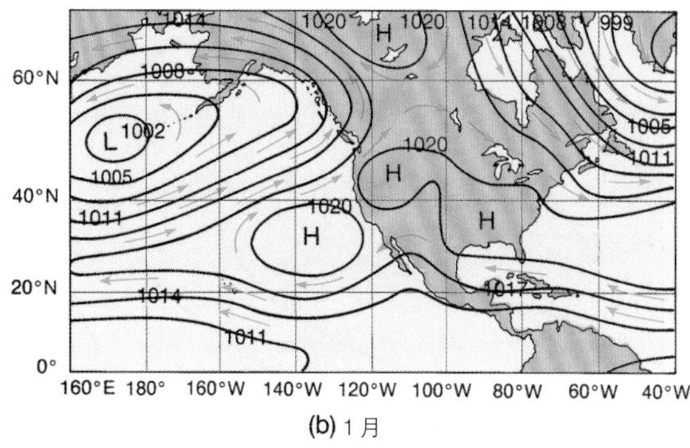

(b) 1月

图7.22 气压系统控制盛行风的方向。气压单位为mbar。在北半球，高压空气顺时针旋转向外辐散，低压空气逆时针旋转向内辐聚。(a)夏季风平均状况。(b)冬季风平均状况。

总是逆时针旋转。图7.22为这些气压系统的风场方向。在美国太平洋沿岸地区，北风导致夏季近岸区降温，南风导致冬季近岸区变暖。美国东部则在夏季获得来自低纬度的湿热空气，在冬季获得来自高纬度的冷空气。尽管这些季节变化改变了理想水覆盖地球模型所模拟的风场和气压带形态，但是在计算北半球大气压的年平均值之后，大致的风场和气压带形态仍有所体现。

因为科里奥利效应在南北半球方向相反，绕高低气压的气流旋转方向在南北半球方向相反。南半球中纬度地区几乎没有陆地，海水温度决定风场，这里几乎没有季节效应。由表层温度产生的大气压和风场全年变化极小，与被水覆盖的地球模型相似(图7.20和图7.21)。

陆地和海洋表面温度的季节变化也影响ITCZ的位置，它的实际位置通常与表面最高气温区域相关。在北半球夏季，陆地受热比海水快，ITCZ在陆地上向赤道以北偏移。ITCZ可偏移到北纬10°～20°区域，出现在非洲和亚洲南部。在南半球的夏季，ITCZ偏移到南纬10°～20°区域，出现在非洲和南美洲。ITCZ所处的纬度是世界上降雨最多的地带，许多区域每年降雨天数能超过200天。赤道许多地区的天气全年受ITCZ影响，几乎没有旱季，ITCZ南北边缘处则会在ITCZ季节性移动时经历旱季。例如，秘鲁伊基托斯(南纬3°)靠近赤道，所以总是受到ITCZ的影响，而随着ITCZ向南移动，哥斯达黎加的圣何塞(北纬10°)从1月到3月则相对为旱季。

季风效应

陆地和海洋之间的温度差会在近岸处产生大尺度和小尺度效应。沿印度和东南亚西岸，夏季陆地上的热空气上升形成低气压系统[图7.23(a)]，上升空气由从印度洋上吹来的西南风所携带的暖湿空气补充。这些向岸气流经过陆地时温度降低并冷凝，形成云和降雨，这就是潮湿的夏季**季风**(monsoon)。冬季时陆地形成高气压系统，东北风携带着干冷空气从东亚经过印度洋上空向南吹动[图7.23(b)]。这个运动在陆地上空形成干冷天气，称为冬季季风。在印度洋海域，依靠风帆船从事贸易的商人长年累月地利用季风变化，制定出发地和目的地之间的航线。

在更小的局地尺度上，大湖沿岸或沿海地带也可出现季风效应。白天，陆地上比水中升温快，陆地上空的空气上升，水面上空的空气向陆地流动，从而产生**向岸**(onshore)风。夜晚，陆地温度迅速下降，水中比陆地温暖，水面上空的空气上升，被陆地来的空气所取代，这个时段则产生**离岸**(offshore)风。这种局地日变化风场通常称为陆海风(图7.24)。向岸风在下午达到最大值，此时陆地和海洋温差最大。离岸风在深夜和凌晨时刻最强。有时候人们在海上可以闻到30 km以外的陆地上的气味，这些气味就是由离岸风携带而来的。这种日周期风帮助风帆渔船在凌晨离开海湾，在下午或傍晚返回。这种效应给加利福尼亚州旧金山带来了夏季海雾。白天，旧金山湾东部区域受热，陆地上的温暖空气上升。当温暖海洋空气遇到寒冷的近岸水时，会产生浓雾，

L
29.60
29.70
29.80
29.90
30.00
印度
H
(a)
H
H
29.95
29.85
印度
29.75
29.70
29.60
L
(b)

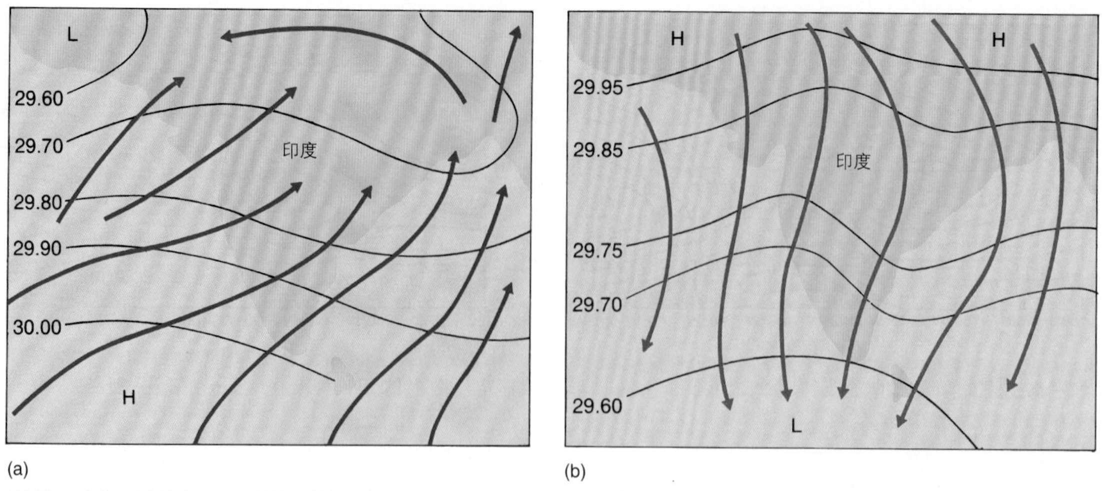

图7.23 风模态的季节转换与（a）夏季（湿）季风和（b）冬季（干）季风有关。等压线单位为inHg（编者注：inHg即英寸汞柱。1 inHg =3 386.388 2 Pa。）。大陆地形增加了风和陆地之间的摩擦，减小科里奥利效应，风从而更直接地从高气压区域向低气压区域穿越等压线流动。

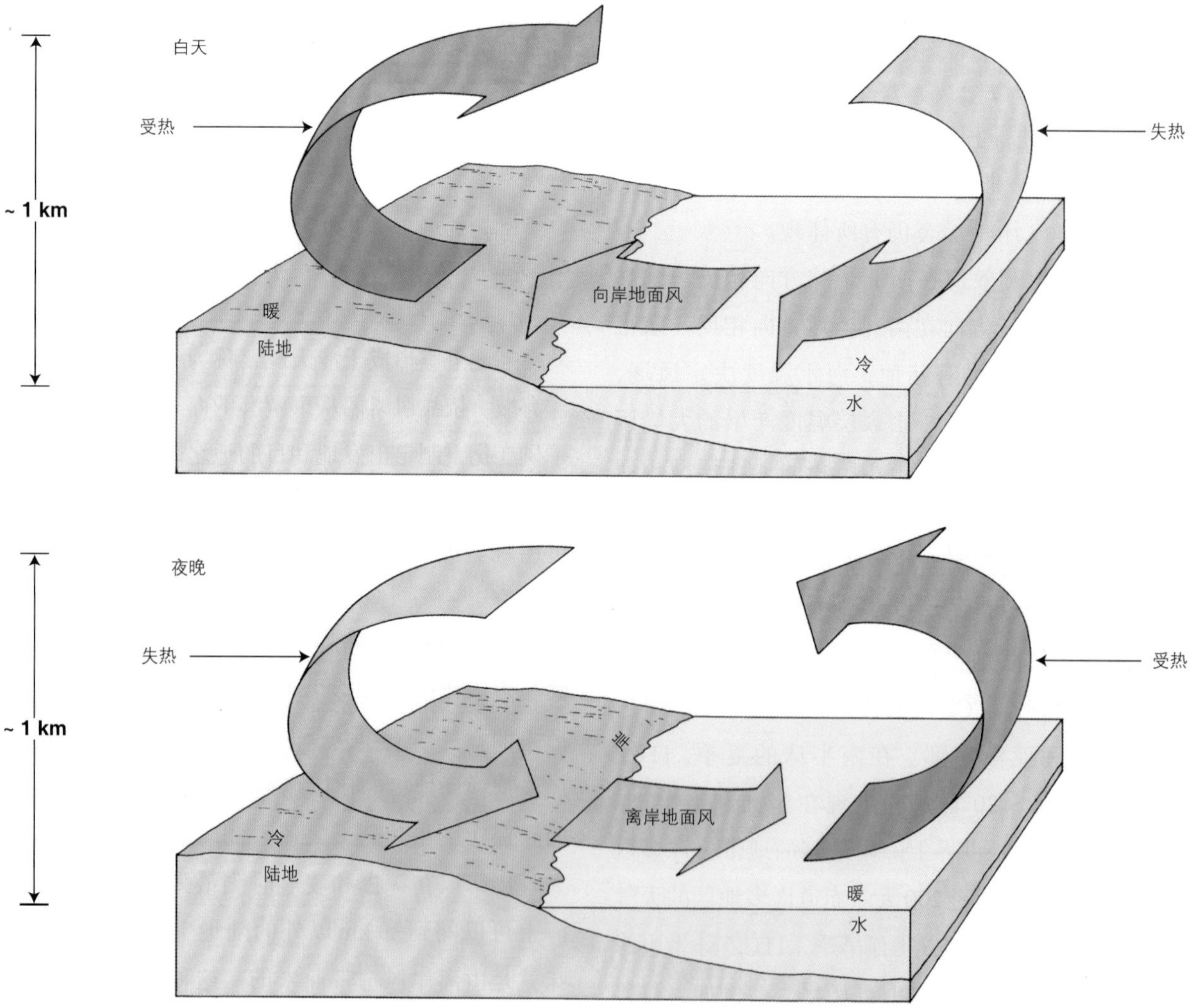

白天
受热
失热
~ 1 km
暖
陆地
向岸地面风
冷
水
夜晚
失热
受热
~ 1 km
冷
陆地
离岸地面风
暖
水

图7.24 由于陆地和海洋温差，白天产生向岸海风，夜晚产生离岸海风。

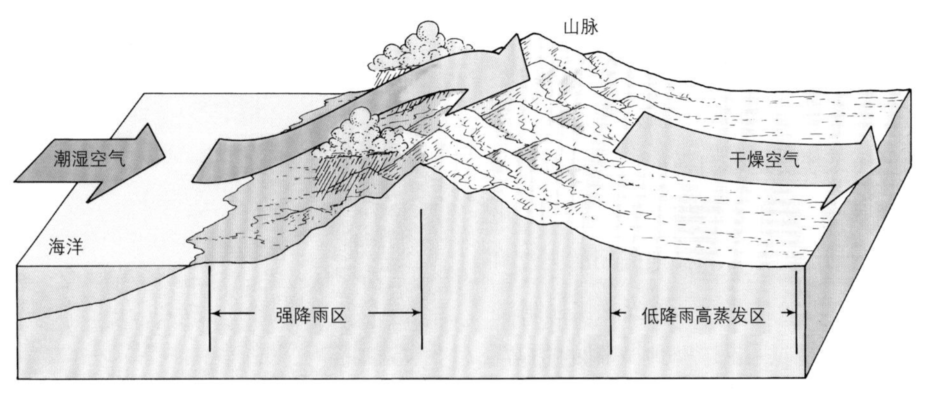

图7.25 从陆地表面上升的潮湿空气膨胀、降温，在迎风面失去水分。下沉的空气压缩、变暖、变干，在背风面形成雨影区。

涌入金门大桥，先是笼罩大桥，随后弥散到整个城市。当气团到达海湾东侧时，气团受热，海雾消散。夜间，气流方向相反，城市可能不会起雾。有时旧金山的浓雾会整夜弥漫，一直到早上太阳升起后才会消失，这种情况发生在陆地和海洋空气温度相近时。

地形效应

陆地高于海平面，以另外的方式影响风场。风扫过海面时，遇到陆地并被迫上抬，如图7.25所示。在此过程中，空气温度降低，导致岛屿或山脉的迎风面产生降雨；而背风面则是低降雨区，有时也称为**雨影区**（rain shadow）。例如，夏威夷山脉的迎风面降雨强且植被茂盛，而背风面则干燥，需要人工灌溉。在华盛顿西岸，穿越北太平洋的西风爬越奥林匹克山脉，从而形成了奥林匹克雨林。在奥林匹克山脉的西侧，降雨量能够达到每年5 m；在100 km之外的背风面雨影区，每年降雨量只有40～50 cm。位于不列颠哥伦比亚省温哥华岛的山脉，其西侧降雨量大，而其东侧则以阳光和风景巡航著名。东南信风吹过南美洲东岸，穿越洼地，然后爬升，越过安第斯山脉，在其东侧形成降雨、大的河流系统和茂盛植被，而在其西侧则形成沙漠。在印度次大陆地区，夏季空气在靠近喜马拉雅山脉时上升，增强了夏季季风；冬季，季风从山脉向下吹过。这种由高程变化引起的降雨分布，称为**地形效应**（orographic effect）。

急　流

急流（jet stream）出现在北纬50°～60°和南北纬30°附近的上升和下沉气流的中心，它是位于对流层上部的高速风场。极地急流（南北纬50°～60°）是西风，位于极地东风和西风带的交界上方；副热带急流（南北纬30°）是东风，位于信风和西风交界上方（图7.26）。在接下来的例子中我们将讨论北半球极地急流。

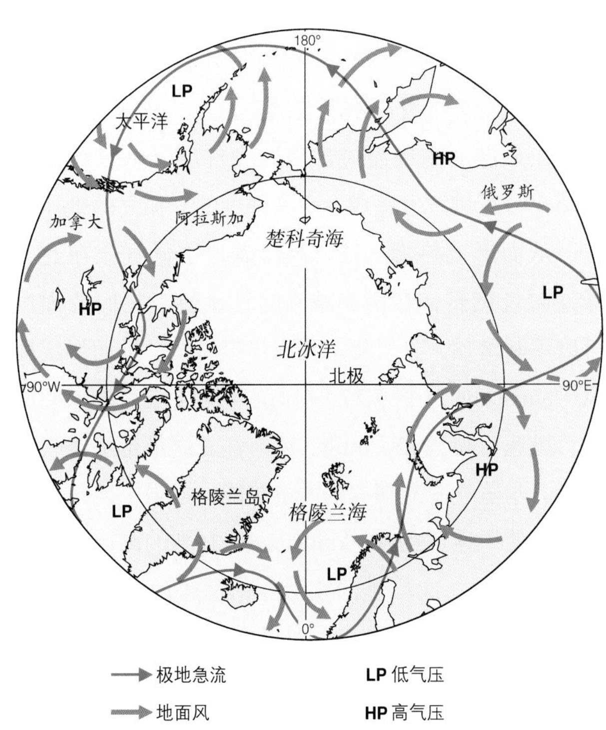

图7.26 在北半球，极地急流环绕地球，位于极地东风和西风带的边界上方。它通过北半球温带的气压系统变换方向，向北或向南偏转。

冬季，极地急流快速流动，速度能达到250 km/h，从北向南振荡迁移，距离可以超过2 000 km。夏季，风速和迁移距离均减小，西风急流的形态以及和它相关的高压和低压系统绕地球自西向东移动。急流波动由向南的高气压系统和向北的低气压系统触发。极地急流的位置和运动受副热带和极地气团的强度和边界位置，以及中纬度地区高低气压系统变化控制。

极地急流的位置和副热带与极地气团的边界，对于决定温带地区的天气极为重要。这些气压系统的空气环流将温暖的副热带空气向高纬度输运，将寒冷的极地空气向低纬度输运，相关内容可回顾本章的“地球表面受热和冷却”及图7.2。在这个系统中最重要的热量来源由在副热带地区蒸发形成的水蒸气在高纬度降温时冷凝释放提供。在赤道地区，赤道无风带的上升气流形成大量积云，在副热带急流的驱动下向西运动。

7.7 飓 风

尽管热带地区的信风稳定，当风经过温度发生变化的海水上空时，也可能会发生速度和方向的变化。这些变化导致空气运动，发生辐聚、振荡、辐散，由此产生的气压扰动称为东风波。有时从热带海洋等压线上可看出剧烈波动。

如果海面温度超过27℃，大气压降低，蒸发速率加快，东风波发育成一个高强度的、孤立的低压系统，从而形成热带低压。风绕着这个低气压在北半球逆时针旋转，在南半球顺时针旋转。它们的强度可以不断增加，天气扰动变成热带风暴，进而形成**飓风**（hurricane）（图7.27）。风绕着低气压系统中心旋转，风速可超过130 km/h，从海洋表面带走水蒸气和热量。水蒸气冷凝释放的大量热能，增强了风暴的破坏力，使风速可达300 km/h。一个猛烈的飓风所包含的能量超过一次严重的核爆炸，幸运的是，这些能量释放的速度要慢得多。飓风产生的能量约为每天3×10^{12} W·h，相当于100 t三硝基甲苯（TNT）的能量。这些风暴经过较冷的海洋或陆地上方时，由于能量来源减少而衰弱。这些风暴会带来强风和强降雨，这与上升暖湿空气快速冷凝的速率有关。

图7.27 1980年加勒比海西部的飓风艾伦，由诺阿卫星（NOAA satellite）拍摄。飓风中心（台风眼）清晰而平静。台风围绕台风眼逆时针旋转。

由于赤道处的科里奥利效应为零，飓风不会在赤道处形成，而是形成于赤道两侧。同类型风暴在西太平洋生成时，称为**台风**（typhoon）或**气旋**（cyclone）。飓风和台风的生成地和它们的典型轨迹如图7.28所示。由这些风暴引起的水位暴涨，称为风暴潮，将在第7.9节讨论。

对飓风路径、强度和着陆点的预报极其重要。预报模型融合了卫星数据、天气观测和大气数据。地球同步运转环境卫星（GOES）是一颗相对较新的卫星，被用于连续监测这些强风暴的位置、速度和轨迹。陆基多普勒雷达可以在风暴靠近陆地时观测飓风，并能详细测量飓风的速度和分布。

结合这些数据，科学家试图建立模型来预测全球变暖对飓风频率或破坏性的可能影响。早期结果表明，太平洋表面温度的增加会增强风暴强度。然而，研究者在研究大西洋风暴的历史记录时发现，强风暴发生的频率正在减少，也没有数据指出气候变暖导致飓风情况恶化。由飓风引起的灾害增加的原因，是飓风多发区的人口增加和经济增长。

7.8 厄尔尼诺-南方涛动

厄尔尼诺是以热带太平洋为中心的气候异常现

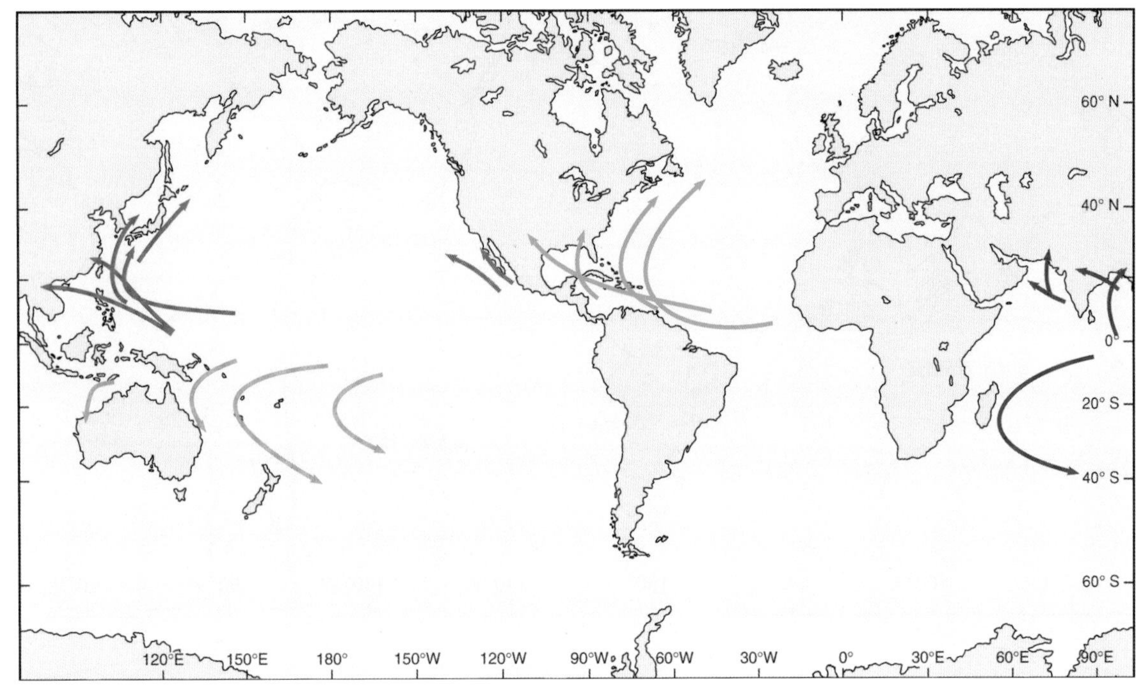

图7.28 飓风、台风和气旋在热带海域赤道两侧形成。这些风暴在不同海域有各自的路径特征。

象。厄尔尼诺事件约每3至7年发生一次。厄尔尼诺事件一旦发生，倾向于持续1年左右，有时能持续18个月甚至更长。厄尔尼诺事件是海洋–大气系统的扰动。我们还不清楚扰动是始于大气还是海洋，我们假设它先发生于大气，然后考虑海洋的响应。

在正常气候下，印度尼西亚低压位于澳大利亚北部、赤道西太平洋的印度尼西亚上空，而相应的南太平洋高压位于塔希提岛和复活节岛之间的东南太平洋上空［图7.29（a）］。赤道太平洋上空的盛行地面风是从南太平洋高压吹向印度尼西亚低压的东南信风。信风的强度取决于在塔希提岛测量的南太平洋高压和在澳大利亚达尔文测量的印度尼西亚低压之间的大气压之差。上空大气则存在着从印度尼西亚低压到南太平洋高压的补偿流，称为沃克环流［图7.29（b）］。信风将海水运离中南美洲西海岸，在赤道西太平洋产生暖水堆积和高水位。西太平洋海水温度比东太平洋高8℃左右，海平面高50 cm左右。当海水被运离中南美洲西海岸时，由上升流带至表面的的深层冷海水沿着秘鲁西海岸流动，导致赤道东太平洋海洋表面温度较低。

在一次厄尔尼诺事件中，印度尼西亚低压地面气压异常高，而南太平洋高压的地面气压异常低。这导致的结果是，印度尼西亚低压向东运动，进入到热带太平洋中部。高压取代原本为低压的区域，从而产生与正常年海表压强梯度相反的情况，信风减弱甚至反向。这种在赤道太平洋两端高低气压的反向称为**南方涛动**(Southern Oscillation)。当印度尼西亚低压进入太平洋中部时，ITCZ也改变位置，向南和向东运动，信风突然发生变化。南方涛动的结果是，原本占据赤道西太平洋的深厚暖水向赤道东太平洋运动，在2至3个月后在美洲海岸堆积［图7.30（b）］。这个过程极其有效地制止了秘鲁沿岸的深海上升流，并使海表面温度升高几度。从西侧流入的海水也使海表高度提升30 cm左右（如图7.30所示，1997年1月到1997年7月，海洋表面大约升高34 cm）。这个过程称**厄尔尼诺**（El Niño）或圣婴现象，源于它经常发生在圣诞节期间。最终，正常年的大气压分布被重新建立，信风再次向西吹动，而赤道太平洋西部再次堆积暖水，东部为冷水，意味着厄尔尼诺事件结束。图7.30（c）表示气候由1997—1998年厄尔尼诺事件结束向正常状态过渡的阶段。由于厄尔尼诺和南方涛动相互关联，二者合起来称为**恩索**（ENSO）。

厄尔尼诺气候效应多样，取决于暖池的区域和温度。对同一区域来说，一次事件中降雨和洪水高于气候正常的年份，而下一次事件中则可能发生干

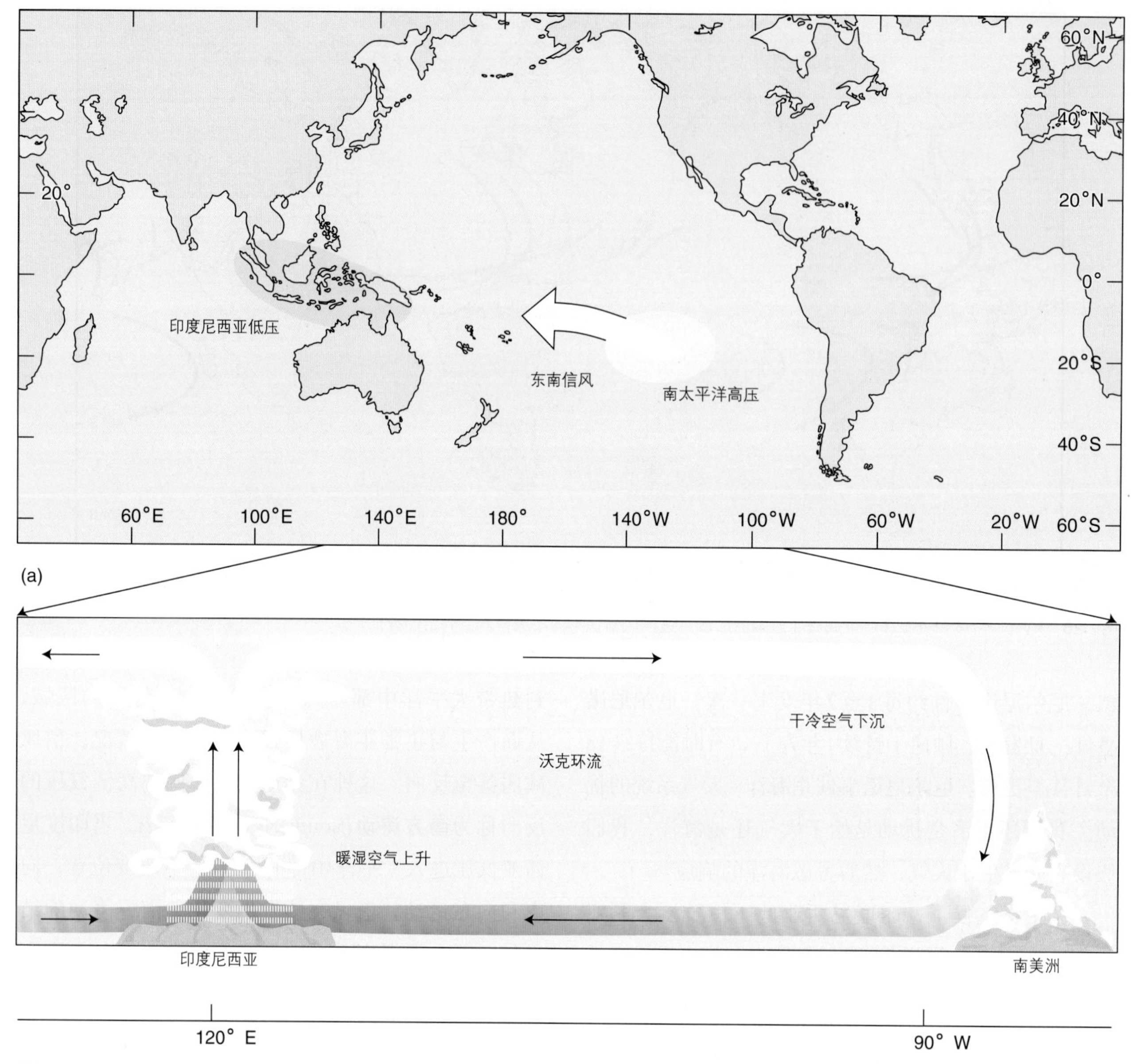

图7.29 （a）热带太平洋正常年份（非厄尔尼诺事件）大气示意图。（b）南太平洋高压区和印度洋低压区之间的沃克环流。地面风是东南信风。

旱。然而，厄尔尼诺还是具有一些相同规律。美国北部和加拿大的气候通常在厄尔尼诺年比正常的年份温暖。在厄尔尼诺年，美国东部以及秘鲁和厄瓜多尔干旱区域降雨更多，而印度尼西亚、澳大利亚和菲律宾则发生干旱。此外，大西洋飓风季不活跃时，也与厄尔尼诺有关。

在1982—1983年强厄尔尼诺事件期间，秘鲁海域的海面温度上升约7℃，导致有些热带物种向北迁徙，甚至到了阿拉斯加湾。1982—1983年，极地急流向南偏移，越过太平洋，给夏威夷带来极干燥天气，但是给美国西海岸带来大风和强降雨，同时给美国东部则带去25年以来最温暖的一个冬季。厄瓜多尔、秘鲁和波利尼西亚发生严重降雨，而美洲中部、非洲、印度尼西亚、澳大利亚、印度和中国则发生干旱。同时，北大西洋的海表温度降低，使得该年的飓风季在50年内最为平静。据估计，这次厄尔尼诺事件造成的经济损失在世界范围内达到80亿美元，美国经济损失达20亿美元。这次厄尔尼诺的严重程度及其在全球范围内的影响，导致1985年启动了长达数十年的热带海洋与全球大气计划（Tropical Ocean Global Atmosphere, TOGA）。TOGA以预报厄尔尼诺事件为目标，监测赤道南太平洋的海洋和大

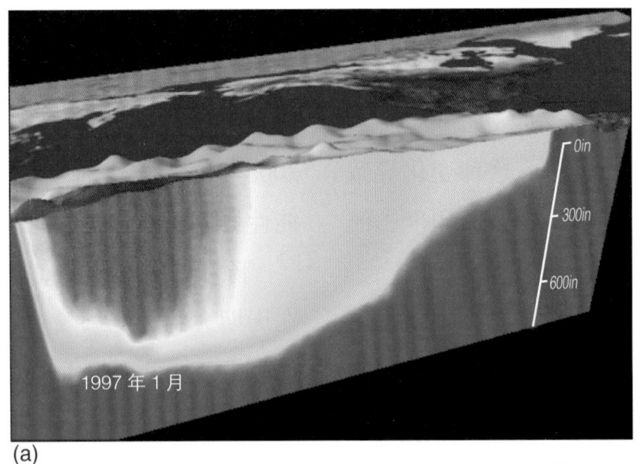

(a)

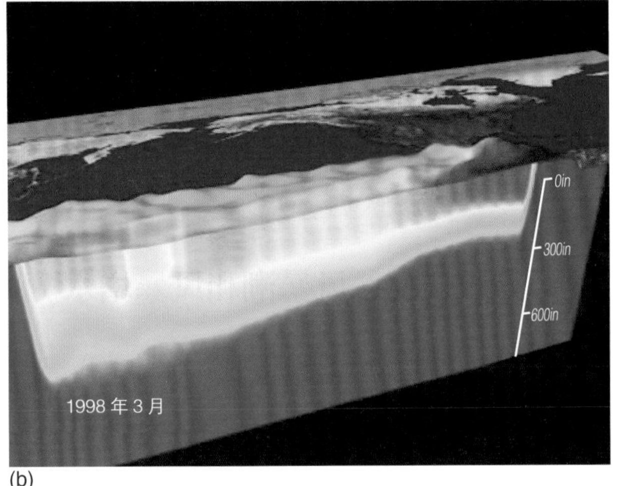

(b)

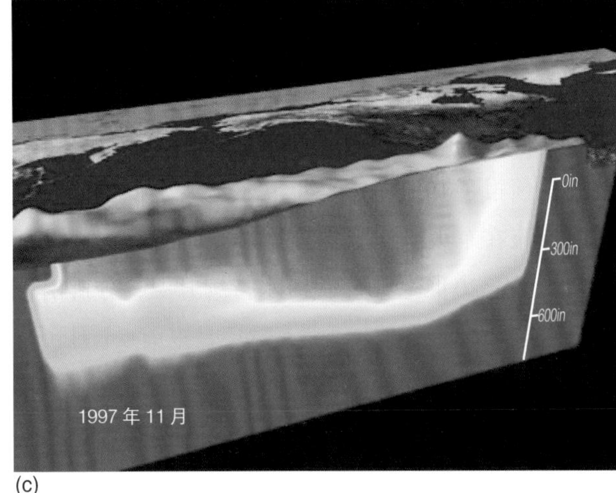

(c)

图7.30 图像显示了赤道太平洋地区，由美国国家航空航天局的托帕克斯卫星探测的海表面地形，由诺阿卫星携带的先进甚高分辨率辐射仪（AVHRR）传感器探测的海表面温度，以及由美国国家海洋与大气局的热带大气海洋浮标网络测量的海表面以下海水温度。红色代表30℃，蓝色代表8℃。（a）正常年份的情况如1997年1月；（b）1997年11月的厄尔尼诺事件；（c）厄尔尼诺事件结束，1998年3月开始回到正常情况。

气情况。预报此类事件对全球渔业管理、预报农业干旱和应对严重灾害天气方面具有重大经济和商业意义。热带大气海洋计划（Trapical Atmosphere and Ocean project, TAO）使用70个固定浮标做连续观测。TOGA和TAO计划研究期间所收集的数据被用于改进海-气模型，模型成功地预报了数次厄尔尼诺事件，但准确预报厄尔尼诺的严重程度和持续时间的能力仍需提高。

1991—1992年期间，太平洋上空极地急流向南偏移，给加州南部和墨西哥湾沿岸地区带来严重的冬季降雨，给俄勒冈州和华盛顿州近岸区域带来温和的低降雨。急流极其振荡，向北经过美国中部，向南经过美国东部，给美国新英格兰地区和加拿大沿海地区带来极寒天气和严重降雪。

有记录以来最强的厄尔尼诺事件发生在1997—1998年，温度升高最大的区域是热带东太平洋，加拉帕戈斯岛和秘鲁附近海域海表温度比正常年高8℃。干旱地区，如厄瓜多尔和秘鲁，降雨量高达350 cm，而正常年份仅为10～13 cm。西太平洋区域遭遇了严重干旱，例如菲律宾、印度尼西亚和澳大利亚。因为厄尔尼诺趋向于使亚洲季风区的降雨减少，可以预计会有一个弱的雨季，但是印度的降雨比正常年份高2%。一系列强风暴导致加州沿岸发生严重的海岸侵蚀、洪水和滑坡。同时，太平洋西北部和中西部的冬季天气温和，美国南部则经历了比正常年份更潮湿的天气。急流转向南方经过北美，抑制了大西洋飓风生成。1998年春季，太平洋表面温度回到正常值，标志着这次厄尔尼诺结束。

在两个厄尔尼诺事件之间，有些时候秘鲁附近海域的海表温度可能低于正常情况，这类事件称为

拉尼娜（La Niña）或“圣女”事件。拉尼娜事件期间，天气比正常情况更冷，也能产生广泛的天气效应。信风增强，热带东太平洋的表层水温度更冷，而西太平洋西部则比正常年份更暖。这种变化导致秘鲁和智利近岸区域的天气更加干燥，而印度、缅甸和泰国则发生降雨和洪水。

ENSO数值模型通过ENSO指数来预报厄尔尼诺事件（图7.31）。ENSO指数由海表温度、海平面气压、表层空气温度、信风东西方向和南北方向上的速度分量、云的总量来计算。ENSO指数为正代表ENSO暖相位，与厄尔尼诺事件的发生相关；ENSO指数为负代表ENSO冷相位，与拉尼娜事件的发生有关。正常的年份ENSO指数接近或等于0。计算机模型成功预报了1991—1992年厄尔尼诺事件，但由于极地急流在东太平洋上空分流，并非所有的预报都成功。尽管20世纪90年代海水持续升温，分辨出厄尔尼诺信号非常困难，研究人员还是提前6个月预测出了1997—1998年的事件。据估算，事件的成功预报为美国损失挽回经济损失10亿～20亿美元。

厄尔尼诺和拉尼娜事件的交替循环在过去数百年中有一定规律，但1880—1900年拉尼娜的盛行期和1975—1997年厄尔尼诺的盛行期不包括在内。2000—2001年的拉尼娜事件导致西北太平洋降雨减少，加利福尼亚州降雨增加。华盛顿州降雨和积雪的减少，给当地灌溉和发电带来了问题。2002年冬季厄尔尼诺事件重返，并持续到2007年夏季，中间2006年还发生一个短暂的拉尼娜事件。2007年8月开始，发生一个长期的拉尼娜事件，赤道太平洋中部和东部海表面温度远低于平均水平，并且信风增强。据气候模型预报，拉尼娜事件将至少持续到2008年春天才逐渐减弱，在2008年中期有50%的可能性会返回到ENSO中性状态。

除了ENSO事件，太平洋大气和海洋系统间存在周期大约为17～26年的自然振荡，称为**太平洋年代际振荡**（pacific decadal oscillation, PDO），它对海表面温度有直接的影响。卫星数据表明，太平洋在1977—1999年为PDO暖相位，而现在进入了冷相位。1975—1997年期间，厄尔尼诺事件占多数，表明厄尔尼诺事件可能在PDO暖相位期间发生更频繁，而在PDO冷相位期间则被抑制。

7.9 实际问题：风暴潮和风暴增水

大气压和强风作用于海表面使沿岸水位剧增，称为**风暴增水**(storm surge)或**风暴潮**(storm tide)。它与正常高潮水位的叠加，会给低洼沿海地区带来灾害。

海上的强风暴，例如飓风和台风，以强烈的低压系统为中心。在风暴中心低气压区域的下方，海面上升，形成小丘状，远离中心的高气压处，海表面则降低。飓风中心和外侧的气压差可以达到75 mmHg。因为汞的密度是水的13.6倍，由此导致风暴外缘和风暴中心的水位相差97 cm。此外，螺线

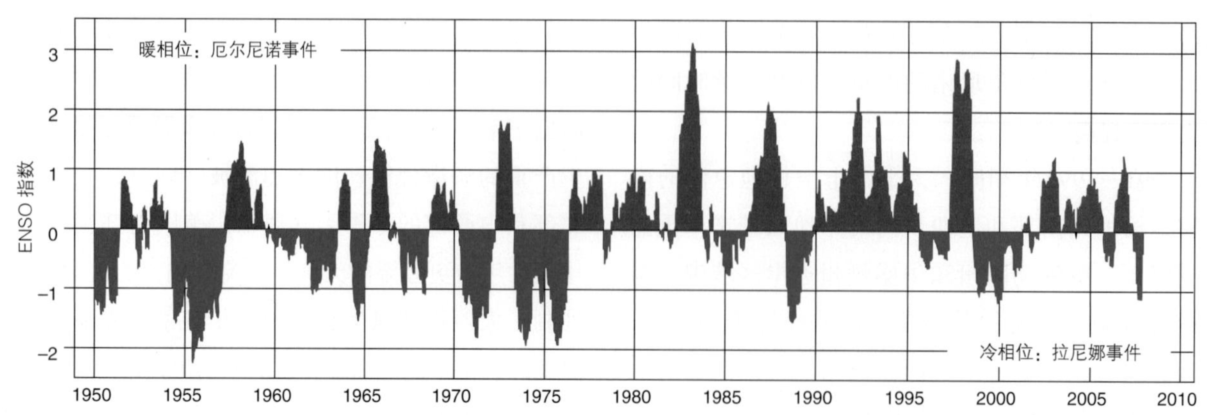

图7.31 从1950年到2007年的ENSO指数。ENSO暖相位（红）与厄尔尼诺事件有关，冷相位（蓝）与拉尼娜事件有关。正指数值越大，厄尔尼诺事件越强；而负指数值越大，拉尼娜事件越强。

形的地面风不断向风暴中心辐聚，可使风暴中心下方的水位增高。

风暴穿越海洋到达海岸时，沿岸水位升高。在风暴期间，海表面的风应力以近似风向的方向推动海水。在风暴向岸风一侧，海水向海滨方向移动并在海岸堆积，海面升高形成风暴潮。海水持续在海岸堆积，不断加大海面坡度，直到海水沿坡面流回海洋的趋势和风向岸推动海水的作用达到平衡。如果海岸海水较深，部分海水会向岸运动，然后以下沉流的方式返回到深海中，这个过程会降低向岸堆积的海水高度。如果海岸较浅，向岸海水运动从海表扩展到海底，此时几乎没有下沉流和向海的回流，因此沿岸的水位非常高。一次风暴潮中，高水位可以维持很长时间，直到风暴消退。人们经常将风暴潮与海啸混淆在一起。第10章中将讨论海啸。

风暴潮已经给美国东海岸和墨西哥湾沿岸地区造成相当规模的灾害。1900年，一次风暴潮导致“加尔维斯顿洪水”，这次洪水使得克萨斯州加尔维斯顿岛上水位高达4 m，摧毁了该城市，致使5 000人遇难。1969年的卡米尔飓风是袭击墨西哥湾沿岸地区的最强风暴之一，高水位造成严重的财产损失，数百人在风暴中丧生。1989年，南卡罗来纳州雨果飓风带来5 m高的风暴潮，破坏了沿岸和查尔斯顿城多数房屋，由于事先发布了预警并大规模撤离了沿海低洼地区居民，此次灾难没有带来大的生命损失。1992年8月，安德鲁飓风袭击了佛罗里达，强度和袭击南、北卡罗来纳州海岸的雨果飓风相同，但是佛罗里达海岸受到的损失要小得多，尽管风速很大（220 km/h），但风暴潮仅高2.4 m。风暴以极快的速度扫过巴哈马和佛罗里达州之间，因此没有足够的时间在岸边堆积海水。此外，安德鲁飓风的一些能量被近海珊瑚礁和近岸红树林沼泽地所吸收。然而，飓风在陆地上造成的破坏十分严重。

美国历史上损失最惨重、破坏性最大的自然灾害是卡特里娜飓风，造成逾2 000亿美元的损失，数百万人被迫迁移，500万人失去电力供应，超过1 200人死亡。2005年8月25日，卡特里娜飓风首先在佛罗里达州迈阿密北部登陆。它穿越佛罗里达时开始变弱，但是在进入墨西哥湾的暖水区上空时风速增大（图7.32）。暖水流经过尤卡坦海峡，作为尤卡坦海流进入墨西哥湾，随后顺时针闭合流动，以佛罗里达暖流形式离开墨西哥湾。环流有时挤压形成顺时针旋转暖涡，暖涡能够以每天2～5 km的速度向西缓慢漂流（涡旋形成过程见第9章）。卡特里娜飓风进入墨西哥湾后，经过暖涡，风速迅速增到280 km/h，阵风速度能达到344 km/h（图7.33）。卡特里娜飓风于8月29日从路易斯安那州新奥尔良市登陆墨西哥湾中部海岸登陆，风速达235 km/h。随后沿着路易斯安那州的海岸线向东，几小时后在路易斯安那州和密西西比州边界第三次登陆。由于卡特里娜飓风的规模和强度都很大，风暴潮淹没了整个密西西比湾沿岸，联邦灾区约233 000 km^2，相当于一个英国的面积。

飓风在登陆前开始减弱，新奥尔良未遭遇卡特里娜飓风的最大风速。然而暴雨和风暴潮使庞恰特雷恩湖的水位升高，8月30日凌晨1时30分，17街运河堤坝被冲毁。据估计，2 240亿加仑的洪水淹没了近80%的新奥尔良市（图7.34）。

卡特里娜飓风在从路易斯安那州东南部到佛罗里达州狭长地带绵延近200英里的海岸线引发了

图7.32 卡特里娜飓风经过墨西哥湾的暖湿空气获得能量。这幅图描绘了2005年8月25日至27日三日内的加勒比海和大西洋平均实际海面水温。黄色、橙色或红色区域代表水温为27.8℃或以上。海表水温等于或高于27.8℃时，飓风强度增加。

海洋和气候变化

路安妮·汤普森博士

路安妮·汤普森（LuAnne Thompson）博士是华盛顿大学海洋学副教授，大气科学兼职副教授，气候变化项目临时负责人。她的研究兴趣是利用海洋环流、地球生物化学循环和大气环流的数值模型来研究海洋在气候变化中的作用。

海洋就像是气候系统的“内存”，存储着热量、淡水和化学物质，时间尺度从几十年到几千年。这种存储是由海水的化学特性和物理特性所决定的。首先，水比空气重。一个10 m高的水柱比一个从地表延伸到大气层顶部的空气柱还要重。其次，水的比热容是空气的4倍，土壤的5倍。因为使海洋升温需要更多热量，海洋的温度比空气和陆地的温度更稳定。尽管海洋表层水温随纬度变化而不同，但海洋深层水却都接近于冰点温度。最后，海水能够溶解大量气体，它是地球上最大的二氧化碳储库。事实上，海洋中储存的二氧化碳是大气中的50倍以上。如果没有海洋对二氧化碳的吸收，大气中的这种温室气体浓度还要更高。因此，海洋提供了一个缓冲作用，维持着地球气候的相对稳定性及良性。

过去的五十年里，已经有大量的研究项目很好地说明这个海洋缓冲器是如何工作的。1957 — 1958年，在国际地球物理年调查活动中，获取了大西洋的温度、盐度详细资料。这些调查使海洋学家更清晰地认识到，世界海洋深层水（1 500 m以下）和中层水（500～1 500 m）来源于地理上隔离的不同区域，深层水源于北大西洋北边和南极洲附近，中层水起源于边缘海和高纬度海域。

20世纪70年代，地球化学海洋剖面研究计划(Geosecs)加强了我们对海洋在全球营养盐和气体循环（例如二氧化碳和氧气）方面所扮角色的了解。当时的科学家已经开发了较为完整的海水性质三维结构图像，并且当时人们普遍认为，现代海洋系统相对来说较为稳定。20世纪80年代，一个被称为大洋传送带的全球海洋环流示意图风靡一时。这个示意图表明，北大西洋高纬度地区的冷水下沉到深层海洋后，缓慢地移动到北太平洋和印度洋，在那里上升到海面受热，海水温度升高，然后通过表层洋流返回到北欧海[①]，最终汇入墨西哥湾流。

20世纪80年代中期到90年代，世界海洋环流试验（WOCE）做了广泛细致的海洋调查。这些研究对海洋环流进行了最综合的观测分析，结论认为大洋传送带理论是一个过度简化的模式。WOCE的数据结果清晰地表明，南极附近深层水的形成非常重要，大量深层水在南大洋上升，南大洋是各个海盆之间水交换的多重通道。

海洋在气候变化中扮演的角色越来越清晰。地球化学示踪研究表明，海洋深层水循环的周期为几个世纪，而温跃层以上的水循环周期则快得多，为几十年。卫星数据分析表明，在赤道地区，海洋携带大量冗余热量向其他区域传输。然而，在高纬度地区，由海洋输运的热量不多，从南北纬40° 分别向两极，热量大部分由大气携带。这引发了一个问题，即在维持欧洲气候稳定方面，输送带环流的重要性如何，以及在未来是否会发生气候突变，例如，由于格陵兰岛的冰迅速融化，是否会有大量淡水涌入北大西洋高纬度地区。

在对海洋进行更全面观测的同时，研究人员也建立了第一个海洋和气候系统环流模型。20世纪70年代初，第一个海洋环流模型定性地展现了主要的海洋环流。不久之后，研究人员将该模型与大气模型耦合，用于模拟海气界面的热交换和水交换。这些模型是现在所运用的模型的前身。该模型将海洋分割成多个箱式模块，每个模块长约200～300 km，深度为100～500 m。模型由Fortran语言编写，原始的代码写在纸质的计算机卡片上。尽管对模型的特征分辨率以及海洋和大气的物理过程做了必要的限制，但是每次运行时，计算时间仍然需要数周甚至更多。

近期发展的综合气候模型已经可以检验气候系统如何响应温室效应和其他气候扰动的假说。例如，这些模型可以模拟格陵兰岛冰川大量融化后是否会导致欧洲快速变冷。模拟结果表明，北大西洋会被大量淡水覆盖，斯堪的纳维亚地

---

① 格陵兰海（Greenland Sea）、冰岛海（Iceland Sea）和挪威海（Norwegian Sea）的统称。——编者注

区会发生大幅度降温，但是欧洲南部不会，即洋流热量输运对于北大西洋区域气候的影响可能没有想象中的严重。事实上，最可能发生的情况是，受全球变暖的影响，斯堪的纳维亚不会经历快速降温或极寒的过程。与电影《后天》（*The Day After Tomorrow*）中的情景不同，模拟结果表明，空间尺度相对小的洋流在控制全球淡水和热量分布方面扮演着重要角色，简化的大空间尺度上的大洋环流概念，不足以使人们理解海洋在气候改变方面所扮演的角色。此外，从冰期时代数据中获取的气候系统知识，不一定是预测未来气候变化的最好办法。

海洋对气候变暖的响应之一是海平面上升。随着人类活动排放入大气中的温室气体增加（例如二氧化碳），地球存储的热量增大。这些热量中，80%～90%传输到海洋，导致海水受热膨胀。在过去几十年间，全球变暖已经导致海平面上升，其中有一半原因是海水的热膨胀（热胀冷缩），另一半原因是极地区域以外的陆地冰川融化。2007年，北极夏季海冰大幅度消退，但并没有导致海平面上升。因为海冰漂浮在海洋上，融化之后整个海平面变化不大。由于大气和海洋达到平衡需要很长时间，即使我们将人为温室气体排放保持在2007年的水平，到21世纪末，气候系统将仅升温0.5℃，海平面将由于热膨胀约上升10 cm。

模型表明，上层海洋变暖，加剧了海洋层化，表层海水与深层海水的交换减少。这将减少表层营养盐的供给，从而使初级生产力和生物泵作用降低。大多数气候模型在预测未来气候的时候，没有考虑这些效应。

随着气候变化，海洋化学过程也会发生改变。2007年，人类向大气排放碳的速率约为每年70亿吨。从历史上看，人类排放的（或源于人类活动的）碳大约有1/3～2/3被海洋吸收，并且大部分都发生在高纬度海域而不是低纬度海域，因为冷水能够溶解更多二氧化碳（比较一下温暖的苏打水和冰冷的苏打水）。海洋表层的二氧化碳浓度和大气二氧化碳浓度达到平衡所需的时间小于一个世纪，这说明，如果我们从现在开始停止向大气中排放二氧化碳，仍然需要一个世纪的时间，大气中的二氧化碳浓度才能回到19世纪的水平。而这些二氧化碳被海底沉积物吸收，则需要数千年时间。

水中二氧化碳的增加会带来危害。二氧化碳溶于海水中形成碳酸，使原本呈弱碱性的海水pH值降低。上覆大气中二氧化碳的浓度增加，导致海水酸性增加，海水化学性质发生转变，不利于具有碳酸钙外壳的海洋生物生长。特别是，当“海洋酸化”与其他环境压力相结合时，将导致珊瑚濒于灭绝。海洋酸化程度随地理位置变化，高纬度地区（较冷的海水）更容易受到影响。翼足类是食物网的重要组成部分，而到21世纪末，南大洋中的这种生物的外壳将严重受到酸化的影响。

有几个工具有助于人们理解海洋在气候和气候变化中的作用。气候系统数值模型在不断地提高，一方面是由于人们对气候基础过程的理解不断提高，一方面是计算机的计算能力不断提高。例如，仅是计算能力的增加，就能够提高对海洋主要环流的模拟，这些环流对于海洋中热量、盐、化学物质的输运极其重要。科学家也在进行改进，将海洋生物地球化学过程纳入模型中。

持续进行的海洋观测在推进我们对气候系统的理解方面也非常重要。正在进行的全球海洋观测系统（Global Ocean Observing System），已经能够洞察海洋变化。测量海洋高度变化的卫星提供了海平面和表层海流的监测数据。卫星获取的海表温度、海表盐度、地表风场为气候系统提供了全球实况数据。此外，超过3 000个自动浮标在深度1 000 m处自由悬浮，测量海洋的温度和盐度（最近还增加了溶解氧和其他化学参数），这些浮标每10天下沉到深度2 000 m处，然后上浮到表层，向卫星发送数据，随后又再次下沉至1 000 m处。海洋最深处也进行了重复的水质和海流观测，这些测量多为船测，测量频率较少。所有这些观测结果表明，深海中到处发生着显著变暖的现象。

对人类改变气候的途径的理解才刚刚起步。科学家们利用现有技术对全球海洋变量的准确测量才刚开始，这些技术包括卫星、自动化平台，以及对气候系统非常重要的海洋模拟。海洋中偏远地带的变化非常显著，包括高纬度海域的海冰融化和深海海底变暖现象。这些观测结果证明，人类活动对地球气候的影响非常大。

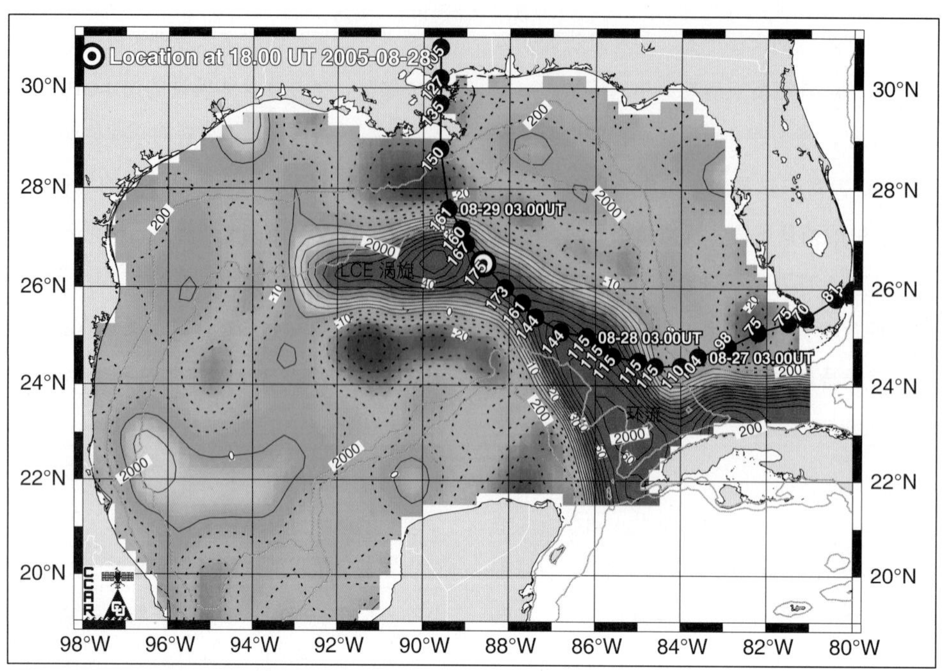

图7.33 2005年8月28日的卡特里娜飓风轨迹、最大持续风速（单位为mi/h）和海平面高度（SSH）图。SSH的单位是动态厘米，等值线间隔5 cm。SSH图近似于与墨西哥湾海洋环流有关的全部海面高度。采用假彩色填充冷（亮蓝色）和暖（红色）环流特征，色彩范围为（−30～+30）cm。卡特里娜飓风经过时，环流向墨西哥湾西部和北部扩展，分离出一个环流暖涡（LCE），称为“涡旋”。与环流和暖涡相关的暖水显著提高了卡特里娜飓风的规模和强度。

图7.34 9月4日（星期日），得克萨斯州国民警卫队一架黑鹰直升机投下一袋6 000磅的砂和砾石，用于填补17街运河的一个缺口。照片由美国陆军工程兵团艾伦·杜利（Alan Dooley）拍摄。

3～10 m的风暴潮。密西西比州帕斯克里斯琴的风暴潮高达11.3 m，是美国历史上最高的风暴潮记录（图7.35和图7.36）。在过去150年中，整个密西西比海岸从未发生过如此高的风暴潮。

丽塔飓风紧随卡特里娜飓风的破坏，作为有史以来观测到的进入墨西哥湾最强飓风接踵而来。它在移动到海湾北部时，途经较寒冷的海水，于2005年9月24日在得克萨斯州和路易斯安那州边界登陆时，能量已经损耗，持续风速为190 km/h。丽塔飓风没有卡特里娜飓风那么严重，所引发的风暴潮多低于3 m，在路易斯安那州西南部某些地方达到4.5～6 m，超过200万人失去电力供应，财产损失估计为80亿～110亿美元。

1970年，袭击孟加拉湾浅海的数个恶劣风暴引发风暴潮，夺去了30万人的生命；1985年的风暴潮则夺去了10 000人的生命；1991年一场风暴潮又一次袭击了孟加拉国这个地区，夺去了将近13.9万人的生命。该地区的人口不断增长需要土地以建造家园和农场。恒河三角洲不断延伸，产生新陆地，人口朝着海的方向不断迁移。尽管我们预报飓风路径和强度的能力有所提高，其他因素仍制约着抢救生命的效果。当风暴侵袭人口众多的低洼海岸带时，沿岸水位迅速上涨并覆盖上百平方海里，在这种情况下，要疏散数以千计的人口非常困难。

荷兰通过建造堤坝以防御北海的风暴潮，英国则在泰晤士河建立了水闸以防止因风暴潮引起的水位上升。在人口稠密的工业区，耗巨资建造这些工程设施也许是正确的，但是风暴潮难以预防，而且沿岸许多地方都缺少防御。纳税人和政府用于紧急救援和修复风暴潮造成的损失而承担的费用十分巨大。让人们搬离这些容易被风暴潮袭击地的区，并以非永久的方式利用这些土地，是不是更明智的做法呢？

图7.35 卡特里娜飓风过后，密西西比州帕斯克里斯琴中学被破坏后的景象。照片由美国联邦应急管理署马克·沃尔夫（Mark Wolfe）在2005年9月19日拍摄。

图7.36 密西西比湾沿岸I–90高速公路被卡特里娜飓风的强风和风暴潮摧毁后的航拍照片。照片中是连接帕斯克里斯琴和贝圣路易斯的桥靠近格尔夫波特的部分。照片由美国联邦应急管理署约翰·弗莱克（John Fleck）在2005年10月4日拍摄。

本章小结

地球表面接收的太阳辐射强度随纬度的变化而变化。地球随时间吸收和释放的辐射应该相等。入射太阳辐射与反射、再辐射、蒸发、热传导、吸收的太阳辐射保持热收支平衡。任何海洋区域都存在日变化和季节变化。风和海流将热量从一个海域输运到另一个海域，以维持海洋表面温度分布。

海洋吸收和释放大量热量，但温度改变很小。相比于陆地和大气，海洋的热容量很高。混合作用和蒸发减小了海洋表面和深海的温差。

云和各种天气现象发生在温度随高度增加而降低的对流层。由于臭氧能够吸收紫外线，平流层温度随高度增加而增加。中间层和电离层的温度随高度增加而降低。

大气是一种包含水蒸气在内的混合气体。大气压是空气对地球表面的压力。高密度空气形成高压区，低密度空气形成低压区。

地球气候的变化可能与大气中气体平衡有关。由于二氧化碳可以通过温室效应限制向外的长波辐射，燃烧和利用化石燃料使二氧化碳浓度增加，限制了地球向外的长波辐射，导致全球变暖。由于氯化物被排放入大气中，臭氧层遭受极大的破坏。

海洋表面植物细胞所生成的二甲基硫醚在云的形成中起到自动调节的作用。工业排放和火山喷发的含硫气体也与云的形成和气候变化有关。

空气密度取决于空气的温度、压强和水蒸气含量。风是由大气底部受热对流产生的水平运动。风向以风吹来的方向命名。

由于科里奥利效应，风在北半球向右偏，南半球向左偏。这使每个半球都产生了三圈环流系统，依次形成信风带、西风带和极地东风带。上升气流发生在0°和南北纬60°，这些区域也是多云和多降雨的低气压区域；下沉气流发生在南北纬30°和90°，这些区域是高气压地带，天空晴朗且少降雨。在上升气流和下降气流之间，地面风不稳定不可靠，形成无风带和马纬度。无风带由地球赤道向北偏移。

季节性大气压变化改变了风带分布，并导致北半球近岸风向季节性变化。海陆之间的温差导致季风效应。风场的季节反转导致印度洋的夏季季风和冬季季风，日反转导致沿岸区域的向岸风和离岸风。海风登陆后能生成暴雨。急流是高空中快速移动的风带，在南北半球都可发生。急流位置发生大的偏移时，产生异常天气。飓风由热带低气压系统发育而成，它携带着巨大的能量。

在一些年份，温暖的热带表层海水穿越太平洋向东移动，在美国西海岸堆积，抑制了正常的上升流，这个现象称为厄尔尼诺。厄尔尼诺事件与大气压和风向的变化有关。秘鲁海岸附近的表层海水温度比正常年份冷时，与之相关的天气现象称为拉尼娜。拉尼娜事件与厄尔尼诺事件交替出现。

风暴潮或风暴增水是由风暴引起的高水位。当风暴到达海岸时，可能会发生严重的近岸洪水和灾害。

关键术语

solar constant　太阳常数
heat budget　热量收支
reradiation　再辐射
troposphere　对流层
stratosphere　平流层
ozone　臭氧
mesosphere　中间层
thermosphere　电离层
atmospheric pressure　大气压
isobar　等压线
low-pressure zone　低压区
high-pressure zone　高压区
greenhouse effect　温室效应
Coriolis effect　科里奥利效应
trade wind　信风
westerlies　西风带
polar easterlies　极地东风带
doldrums　赤道无风带
horse latitudes　马纬度
intertropical convergence zone（ITCZ）　热带辐合带
monsoon　季风
onshore　向岸

offshore　离岸

rain shadow　雨影区

orographic effect　地形效应

jet stream　急流

hurricane　飓风

typhoon　台风

cyclone　气旋

Southern Oscillation　南方涛动

El Niño　厄尔尼诺

La Nina　拉尼娜

storm surge　风暴增水

storm tide　风暴潮

本章中的关键术语可在“词汇表”中检索到。同时，在本书网站www.mhhe.com/sverdrup10e中，读者可学习术语的定义。

思考题

1. 写出全球热收支平衡公式，包含吸收和释放能量的各种因素。
2. 对流层和平流层有何不同？
3. 空气密度由什么决定？为什么潮湿空气比干燥空气的密度小？
4. 为什么大气层中的二氧化碳和臭氧浓度在变化？人们对这些变化有何担忧？
5. 空气中的硫化物是如何影响云的覆盖和酸雨问题的？这些化合物分别有哪些自然和工业来源？
6. 考虑地球表面积随纬度的分布和受热与失热随纬度的变化，解释为什么大气在全球运动。
7. 为什么低压区和上升气流能产生显著的降雨？
8. 假设从北极发射一枚导弹，飞行过程中无摩擦力，飞行路径沿本初子午线，飞行时间为3小时，着陆点为距赤道一半处，请问它实际在何处着陆？（答案要求写出具体的经度和纬度）如果从南极发射同样的导弹，其他条件相同，它又将在何处着陆？
9. 为什么大气环流取决于其对太阳辐射的透明度？如果上层大气吸收了全部太阳辐射，大气环流会发生什么情况？
10. 在世界地图上画出六个主要风带，并标记上升气流、下沉气流、无风带和马纬度。
11. 解释为什么东北信风和东南信风全年的和方向全年都很稳定，但是沿着美国西海岸，北半球西风带却随着夏季和冬季的变化在西北和西南方向交替变化。
12. 为什么南半球的西风带比北半球西风带稳定？
13. 厄尔尼诺事件的早期预警信号是什么？
14. 极地急流以何种方式影响热量从低纬度到高纬度的输运？
15. 飓风如何形成风暴潮？为什么宽阔的浅海陆架比狭窄的陆架沿岸更容易发生严重的风暴潮？
16. 为什么夏威夷群岛迎风面比背风面降雨量大？

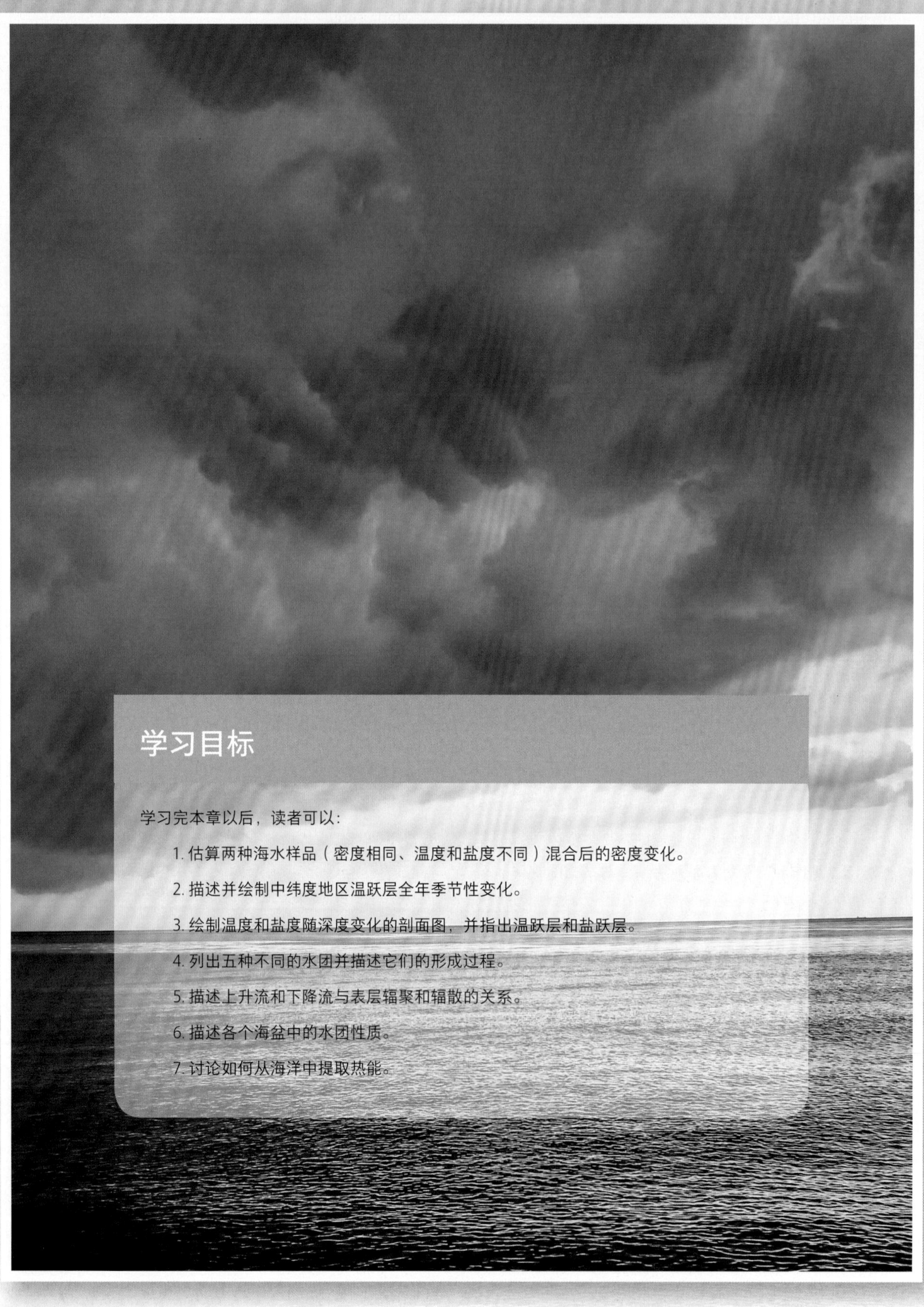

学习目标

学习完本章以后，读者可以：

1. 估算两种海水样品（密度相同、温度和盐度不同）混合后的密度变化。
2. 描述并绘制中纬度地区温跃层全年季节性变化。
3. 绘制温度和盐度随深度变化的剖面图，并指出温跃层和盐跃层。
4. 列出五种不同的水团并描述它们的形成过程。
5. 描述上升流和下降流与表层辐聚和辐散的关系。
6. 描述各个海盆中的水团性质。
7. 讨论如何从海洋中提取热能。

第8章

环流与海洋结构

海洋的结构隐藏在海洋表面之下。如果像切蛋糕一样将海水切开，我们将发现，海洋和蛋糕一样也是层状结构。这些分层不能直接被看到，但是可以通过测量温度和盐度的变化，计算从海表到海底的海水密度来识别。层状结构是海洋对发生在表层的各种过程的动态响应：热量得失、海水增加和蒸发、海冰生消、海水运动对风的响应等。这些表面过程产生一系列的水平运动水层以及局地的垂向运动。在本章中，为了理解海洋是如何形成并维持这种结构的，我们将学习发生在海洋表面的过程以及这些过程在表层以下产生的结果，探索海洋学家获取这些层化系统数据的方式，还将讨论从海洋中提取有用能量的可行性。

8.1 密度结构

表层过程

海洋表层吸收的太阳能和与大气的热交换决定了海表温度以及蒸发和降雨的区域，而这些区域则决定了海洋表层的盐度分布。温度和盐度的变化结合起来可决定可海洋表层水体的密度，不同的盐度和温度组合可以产生相同的密度。图8.1为温-盐图解，或称为T-S关系图，图中的曲线即等密度线，其值与第5章中图5.7的密度值有关。

◀ 风暴来临的海洋天空。

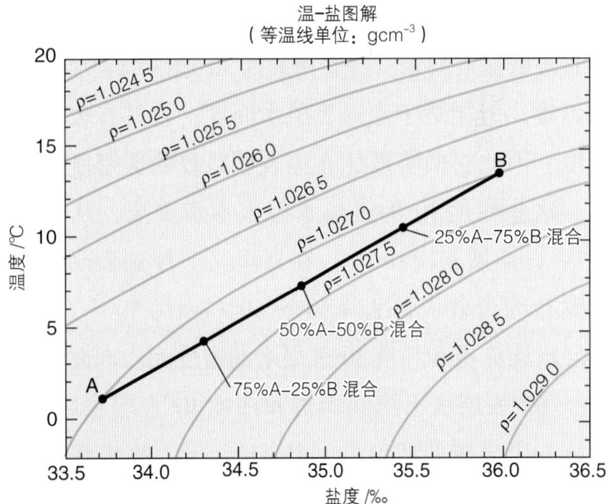

图8.1 海水密度ρ（单位为g/cm^3）随温度和盐度的变化。密度相同的海水可以有多种不同盐度和温度组合。图中，低密度值位于左上方，高密度值位于右下方，直线表示密度相同的水团A和水团B的混合线。混合线上的水体密度比A或B的密度都大。

当盐度增加时，密度增加；当温度增加时，密度减小。海水蒸发和海冰的形成都能使盐度增加。降雨、径流输入、海冰融化或这些因素的综合作用都能使盐度降低。气压的变化能够影响密度，气压

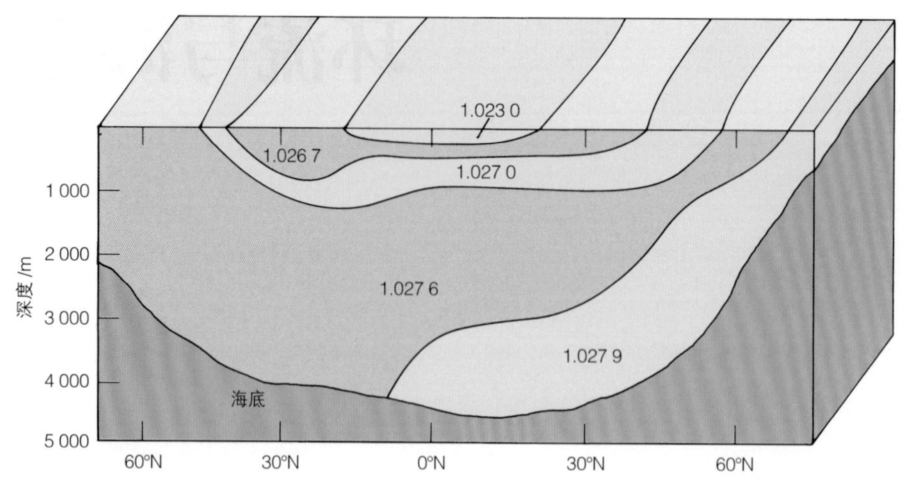

图8.2 不同密度的海水形成了层化的海洋。各层的密度由其生成地表层纬度的气候决定。图中，密度单位为g/cm³。

增大时密度增加，然而气压并不是决定海洋表层水体密度的主要因素，因此在这里忽略它的作用。

注意，图8.1中的等密度线是曲线。两种温度和盐度不同的水体位于同一条混合线上时，具有相同的密度。当两者混合时，水体密度将大于混合前的两种水体，因此它会下沉。这个下沉过程称为**混合增密**（caballing）。各个大洋中，表层水混合时都将发生混合增密。

低密度海水浮在表层，例如位于赤道纬度附近的温暖低盐表层水。尽管南北纬30°地区的表层海水较温暖，但相对于赤道表层水而言，它具有较高的盐度，因此它的密度比赤道表层温暖的低密度盐水大。这些纬度30°的表层水沉入赤道表层，从北纬30°一直伸展到南纬30°，在那里又上浮到表层。由于温盐综合效应，北纬50°～60°和南纬50°～60°的表层水比赤道和纬度30°表层水的密度大。因此纬度50°～60°表层水下沉到赤道和纬度30°表层水之下，并从一个半球伸展到另一个半球上浮。副极地地区冬季温度下降，表层海水结冰，海水盐度增加，导致在副极地纬度形成密度较大的表层水。这些表层水的性质和密度的变化导致海洋产生密度分层。这个层化系统如图8.2所示，每层的厚度和水平方向上的扩展程度取决于该层水形成的速率以及其上方表层区域的面积。

风海流也会影响上层海洋的密度结构，并且不断将表层水体从一个区域带到另一个区域。潮汐运动以及风生表层流引起的湍流能使各密度层水体混合。海水在整个海洋中循环流动，携带着盐离子、溶解气体、营养盐、热量和悬浮物质。这些流动永不停息，并且具有极大惯性，但它们并不是持久不变的。在整个地质时期中，洋盆的形状变化（板块构造学）和气候变化（冰期-间冰期旋回，全球变暖）都能够改变海洋环流和结构。

随深度的变化

海面向下是均匀混合层，厚约100 m；混合层之下到约1 000 m处，海水密度不断增大；深度1 000 m以下的深海水体密度接近均匀。位于100～1 000 m的水体密度随深度快速变化，称为**密度跃层**（pycnocline）（图8.3）。

表层以下，深度位于100～1 000 m的水层，温度随深度的增加迅速降低。温度随深度快速变化的区域称为**温跃层**（thermocline）。温跃层以下，温度接近均一，仅在海底处有小幅度降低。盐度也具有同样的情形：在中纬度地区，表层海水以下至深度1 000 m左右，盐度迅速降低。盐度随深度快速变化的区域称为**盐跃层**（halocline）。盐跃层以下，盐度相对均一。温跃层和盐跃层如图8.4所示。

如果海水的密度随深度增加，表明水体从表层到该深度**稳定**（stable）。如果密度大的水体位于密度小的水体之上，则表明水体**不稳定**（unstable）。密度大的表层水会下沉，密度小的水会上升并取代表层水，引起垂直对流**翻转**（overturn）。如果水体

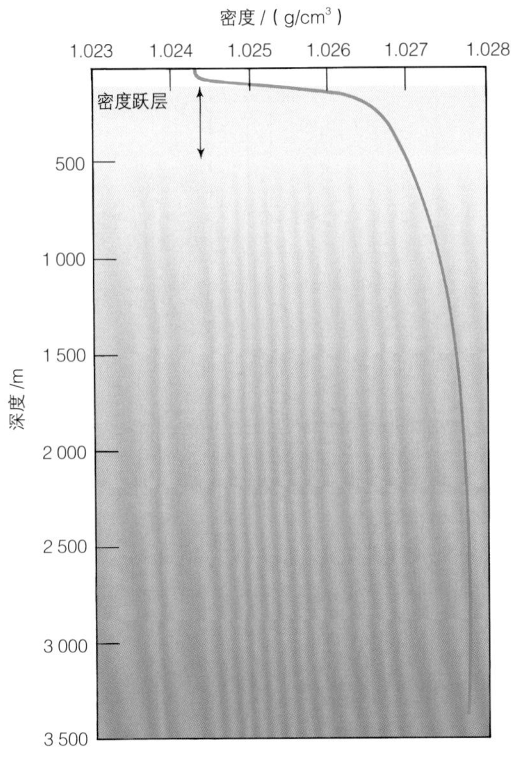

图8.3 海水密度随深度增加而增加。密度跃层是指密度随深度迅速变化的区域。(数据来自太平洋东北部)

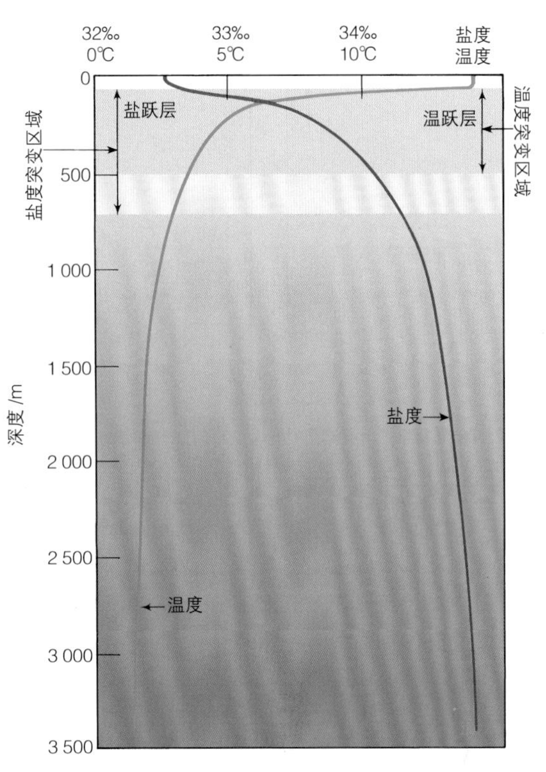

图8.4 海水的温度和盐度随深度增加的变化。温度和盐度随着深度剧烈变化的区域分别称为温跃层和盐跃层。

随深度的增加而密度不变，那么它呈中性稳定，称为**等密度**（isopycnal）。中性稳定的水体很容易在风、波浪运动和海流的作用下引起垂向混合。如果水温不随深度变化，那么称水体为**等温度**（isothermal）。如果盐度不随深度变化，则称为**等盐度**（isohaline）。

密度驱动的环流

表层海水密度增大的过程会产生由密度驱动的**垂直环流**（vertical circulation）。这种对流可以发生在浅的水体中，也可以延伸到深海底部，产生自上而下的水体交换。因为密度通常由表层温度和盐度的变化决定，这种垂向环流通常被称为**热盐环流**（thermohaline circulation）。热盐环流的典型例子是南极洲的威德尔海。在该海域，由于冬季寒冷结冰，产生密度大、盐度高的表层水。这些表层水沿着南极海岸下沉，是目前开阔大洋中发现的密度最大的海水（见图8.2）。

在中纬度开阔海域，表层水体温度随着季节变化。这个过程如图8.5所示。夏季，表层海水受热且水体稳定；秋季，表层水温度下降，密度增加，水体发生对流翻转，导致水体混合；冬季，风暴和降温使水体继续混合，夏季形成的浅温跃层已经消失，水体上部垂向混合，深部形成等温层；春季海水回暖，浅温跃层再次形成，水体保持稳定并贯穿整个夏季。

在副极地和中高纬度地区，温度的季节变化比密度变化更重要。例如大西洋南北纬30°的海水虽然盐度较高，但是全年温暖的气候让表层海水停留在表层。与之相反，北纬50°～60°的北大西洋海水虽然盐度较低，但是由于温度很低，特别是在冬季，这些冷水将下沉，在表层温暖高盐水之下流动。

而靠近海岸时，盐度往往比温度更能对海水密度起决定作用。在一些接纳大量淡水径流的海域，例如半封闭海湾、海港和峡湾，盐度特别重要。在这类地方，冰融化后形成的极冷的淡水（0～1℃）进入海洋中，稀释了海水，使其盐度降低甚至有时无法下沉，只能停留在表层，就像是一个随海水飘荡的**淡水盖**（freshwater lid）。在极地区域，当海冰

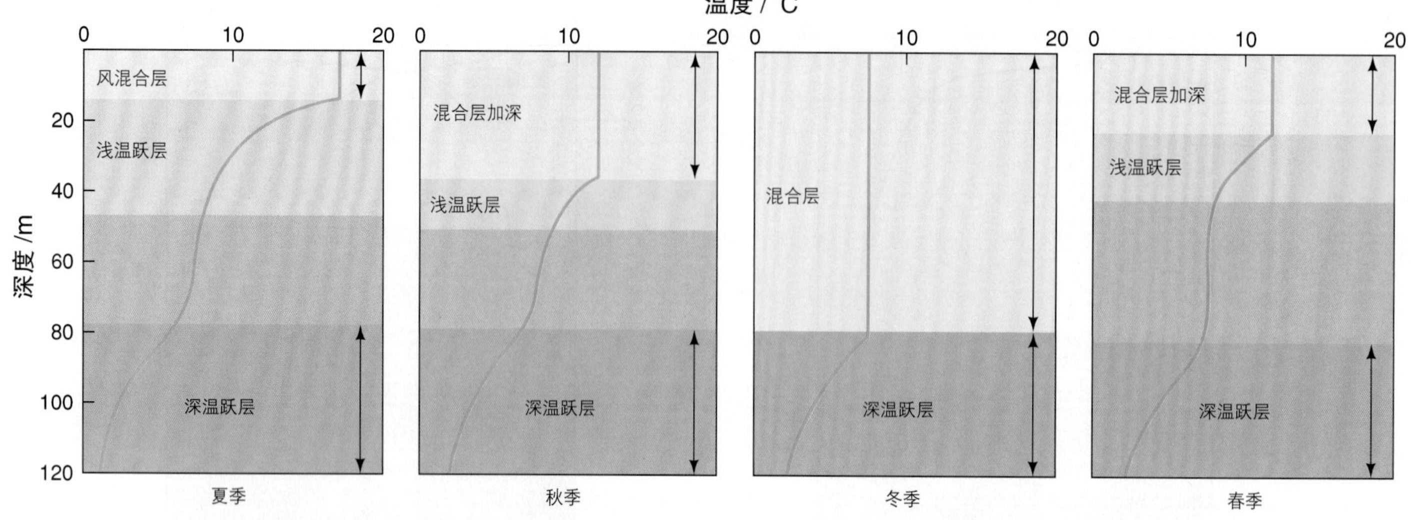

图8.5 全年表层海水温度变化。夏季海洋表面无强风和大浪，在太阳辐射的加热下形成浅温跃层；秋冬季，海洋表面变冷，风暴使水体混合，水体垂直对流翻转，浅温跃层消失，形成深的风混合层；春季，温跃层再次形成。深温跃层不受表层季节变化影响，全年保持不变。

融化时，表面就会形成一层淡水，缓慢地与下层海水混合。

8.2 上升流和下降流

当密度大的表层水下沉，并沉到水体密度比上层大，比下层小的深度后，随着更多的表层水下沉，它会在水平方向铺开。表层海水沿水平方向向会聚位置流动并下沉。密度大的下降水体取代了上升的深层海水，完成整个循环。因为海水的总量不变，海水只有在运动的情况下才能发生会聚，这称为**流动连续性**（continuity of flow）。海水辐聚下降的热盐环流区域称为**下降流区**（downwelling zone）。辐散上升区域称为**上升流区**（upwelling zone）。下降流将富含氧气的表层水带到深处，这给许多深海生物带去氧气。上升流则将低氧水和溶解营养盐带到表层，这些营养盐可以作为肥料促进光合作用，使阳光照射表层水时生成更多的氧气。

上升流和下降流对应着海水向上和向下的垂直运动，它们由热盐环流引起，有时也由风海流引起。当表层水体在风驱动下聚集或向岸堆积时，就会产生**辐聚**（convergence）现象。水体在表层辐聚区下沉，称为下降流。当风将表层水运离某个区域或海岸时，表层发生**辐散**（divergence），海水将从深海处上升（图8.6）。由风海流引起的表层辐聚和辐散现象将在第9章讨论。

上升流和下降流的速度为0.1～1.5 m/d。相比较而言，海洋表层海流的速度可以达1.5 m/s，而由热盐环流引起的大洋深层水平运动速度仅为0.01 cm/s左右。在这种缓慢但永不停息的流动中，深部海水可能需要1 000年的时间才能再次回到表层。

8.3 海洋分层

多年以来，海洋学家在不同海域和不同深度测量温度和盐度。他们逐渐积累了充足的数据，用于判定各个大洋的分层结构以及这些水层中水的来源。海洋的结构由这些水层的温度、盐度和密度特征决定。每层表面都具有独特的盐度、温度、密度特征，海水密度决定海水的下沉深度，水团形成的速率和源区面积则决定水层的厚度和水平扩展范围。从表层下沉的水在某个深度水平展开，逐渐和周边的水层缓慢混合，直到在另一个区域上升。在任何情况下，下沉海水都会被相同体积的上升海水取代，大洋垂向环流由此得以保持连续。

上述各层可根据深度分别描述为表层水、中层

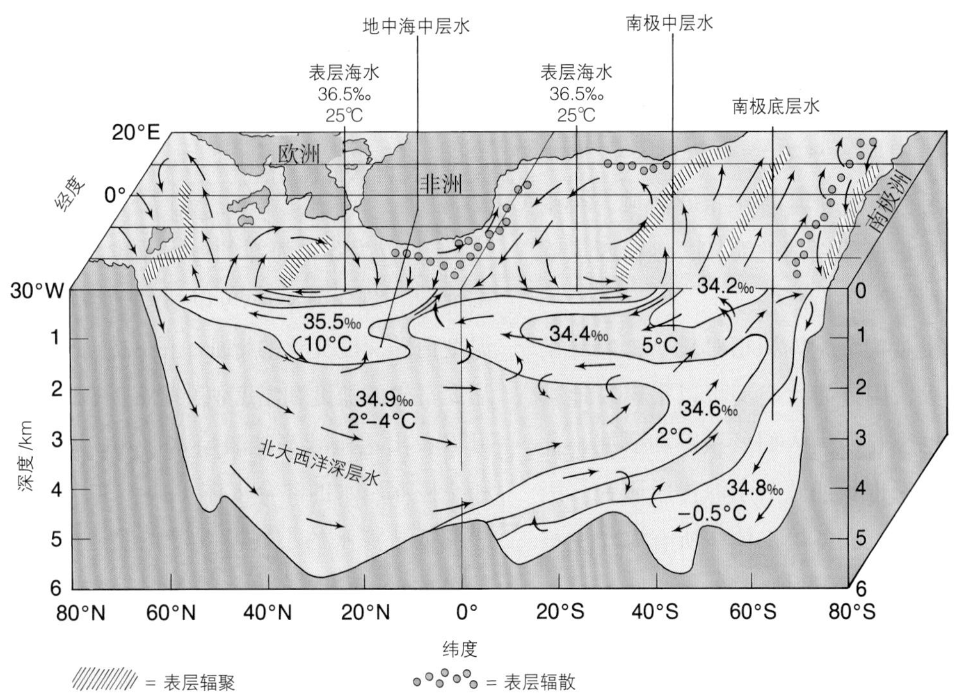

图8.6 大西洋剖面图。表层环流和次表层环流相关。表层海流辐聚下沉，海水下沉到与其密度相等的面水平流动。深层海水由表层辐散而上升流动。

水、深层水和底层水。表层水通常从表层向下至深度200 m，中层水则位于300～2 000 m，深层水通常位于2 000～4 000 m，底层水通常在4 000 m以下。

大西洋

大西洋各层海水特性如图8.6所示。北大西洋表层海水在高纬度从北向南运动，在低纬度沿着北美海岸线向北运动，随后向东横贯北大西洋。这些海水的辐聚区在温度低、多降雨的北纬50°～60°附近，分布于挪威海、墨西哥湾流边界，以及格陵兰岛、拉布拉多洋流附近。由此产生的混合海水盐度约为34.9‰，温度为2～4℃，下沉后向南流动，被称为**北大西洋深层水**（North Atlantic deep water，NADW）。源自挪威海的北大西洋深层水沿着大西洋东侧向南流动；同时，拉布拉多洋流和墨西哥暖流交汇处的海水沿着西侧流动。在北纬30°，海水受表层环流的影响，形成透镜状的、低密度高盐度（36.5‰）的，但又非常温暖（25℃）的表层水。在表层水和北大西洋深层水之间是一层中等温度（10℃）和盐度（35.5‰）的水，这层水由表层水和源自副热带区域更寒冷、盐度更高的海水上升混合而成。它向北运动，在北大西洋辐聚区的南侧重新回到表层。

在赤道附近，北大西洋深层水的上层由南纬40°的水辐聚构成，被称为**南极中间水**(Antarctic intermediate water，AAIW)。与北大西洋深层水相比，南极中间水的温度较高（5℃），盐度较低（34.4‰），密度较小，因此漂浮于北大西洋深层水之上。在南半球的冬季，南极洲沿岸由于海冰形成而使表层水寒冷（–5℃）、盐度高（34.8‰）、密度大。这也是海洋中密度最大的水体，称为**南极底层水**(Antarctic bottom water，AABW)。它可以一直下沉到深海海底，在北大西洋深层水之下向北运动，然后沿着位于大西洋中脊西侧的南大西洋深海盆地向北前进。南极底层水的厚度不够，不足以溢越大洋中脊系统进入非洲一侧的海盆中。因此，它被困在南大西洋西侧的深海盆中，向北延伸到赤道附近。

与此同时，在南纬60°的辐散区域，位于北大西洋深层水与南极底层水之间的海水上升到表层，当它到达表层后开始分流，一部分随南极中层水一起向北运动，称为**南大西洋表层水**(South Atlantic surface water)；另一部分则向南极运动，受冷变成为南极底层水。北大西洋深层水和南极底层水混合形成南大洋中的绕极水。南极绕极水是印度洋和太平洋深层水的来源。这样，大西洋及其环流结构影响了全球的海洋结构和环流。

南大西洋表层温暖（25℃）、盐度高（36.5‰）的海水也进入环流系统，聚集在南纬30°海域。在南美洲和非洲大陆的最南端以南的海域，盛行西风吹动这些表层水向东绕南极洲流动。

尽管大西洋相对狭窄、体积相对较小，但其南北方向上跨度较大，因此海水类型可以很容易地被识别，水层运动也很容易为人们所跟踪和研究。此外，大西洋沿岸国家也长期致力于海洋学研究。因此，大西洋的垂直环流和各层水体在所有海洋中被最为广泛地研究，被最为透彻地理解。

太平洋

在广阔的太平洋中，相对较小区域表层辐聚形成的下沉水团会迅速失去它们自身的特性，从而使分层不明显。南极洲太平洋沿岸形成少量的南极深层水，但它们在太平洋浩瀚的海水中迅速失去了原有特性。南太平洋深层水是绕极深层水。由于北太平洋与北冰洋隔离开来，只能形成少量类似于北大西洋深层水的水体。在北太平洋最西端，由白令海和鄂霍次克海向南流动的冷水和由低纬度向北流动的暖水辐聚后，产生的少量水体仅能下沉到中等深度。北太平洋没有像北大西洋那样能够产生大规模深层水的源地。在南北半球纬度30°的副热带区域都会产生温暖的高盐表层水，也会产生少量的南极中层水，但影响很小。太平洋深层水流动极其缓慢，并且2 000 m以下的深海非常均匀。太平洋缓慢的流动速度意味着它的深层海水年龄最为古老。这里海水年龄是指海水从表层下沉到深层所经历的时间。太平洋深层水的停留时间相当于大西洋深层水的两倍。

印度洋

印度洋主要位于南半球，它没有与北大西洋深层水类似的成分。少量南极底层水和深层水快速混合，形成相对均匀的绕极深层水，并被南极绕极流带入印度洋中。印度洋中还有少量南极中层水，以及在副热带海域呈透镜状出现的温暖高盐表层水。

主要大洋对比

图8.7为各个海洋的海水温度和盐度与深度关系剖面图。结合图8.6，可以清楚地看出大西洋盐度和温度值随深度变化的特征［图8.7（a）和图8.7（b）］。从太平洋的盐度和温度值［图8.7（c）和图8.7（d）］可以看出透镜状高盐表层水区域，以及南极底层水和绕极深层水的混合水体（盐度34.7‰，温度1℃）。北部低盐海水的小规模入侵是遥远的西北太平洋表层水辐聚的结果。注意，体积巨大的太平洋深层水盐度近乎均一。相对于大西洋，太平洋的温度也体现出变化较小的特点，这再次突出太平洋深层水均匀的特点。印度洋［图8.7（e），图8.7（f）］则和南大西洋类似，未表现出与北大西洋深层水类似的水体。北冰洋是北大西洋的延伸，见图8.8和后续讨论。

北冰洋

有些海洋学家认为北冰洋是北大西洋的延伸，但是北冰洋在许多方面和大西洋不同。北冰洋的面积为8×10^6 km^2，它是大陆架最宽广的大洋，其海底面积的1/3为大陆架。罗蒙诺索夫海岭一直延伸到格陵兰岛北岸，将北冰洋分为两部分，其东侧为欧亚海盆，西侧为加拿大海盆（图8.8）。欧亚海盆深约5 000 m，通过斯匹次卑尔根岛和格陵兰岛之间的大陆架裂缝与北大西洋连接；加拿大海盆大且浅，深约3 800 m。两个海盆都有扩张中心构造，它们是大西洋中脊系统北部的延伸。

与温度相比，盐度对北冰洋海水密度的影响更大。北冰洋表层海水由白令海峡流入的低盐水、西伯利亚和加拿大的河流带入的淡水，以及季节性融化海冰形成，厚约80 m，温度（−1.5℃）和盐度（32.5‰）均较低。盐跃层位于表层海水之下，厚约200 m，盐度在盐跃层中不断增大，在盐跃层底部达34.5‰。盐跃层的低温高盐水由每年大陆架上的海冰析盐形成。这些水下沉并横贯大陆架向海盆中心

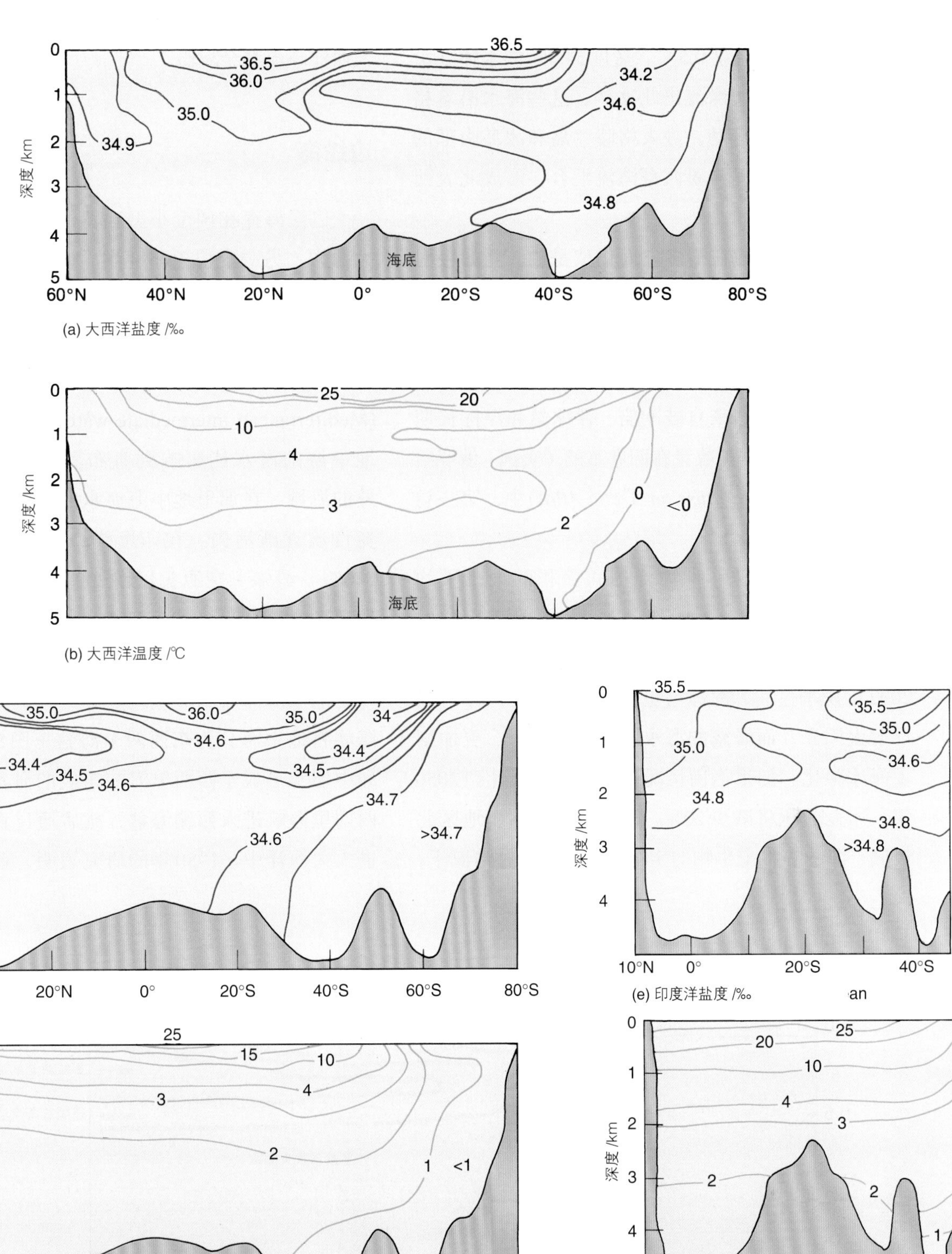

(a) 大西洋盐度 /‰

(b) 大西洋温度 /℃

(c) 太平洋盐度 /‰

(d) 太平洋温度 /℃

(e) 印度洋盐度 /‰

(f) 印度洋温度 /℃

图8.7 大西洋、太平洋和印度洋的温度和盐度剖面图。温度和盐度分别为深度和纬度的函数。

伸展。在斯匹次卑尔根岛西侧，北大西洋水（2℃，35‰）注入北冰洋，在温跃层之下流动并冷却。这些水沿着大陆架的边缘上升，与结冰期形成的海水混合，然后形成温度0.5℃、盐度34.9‰的水体并沿着格陵兰岛陆架边缘流出北冰洋。这些海水沿着格陵兰岛海岸向南运动，进入格陵兰岛和冰岛南部的大西洋中，在那里与墨西哥湾流汇合，形成北大西洋深层水。

北冰洋的结构在很多方面仍然是谜。到如今对北冰洋进行的观测中，约有70%由苏联完成。随着冷战结束，这些详细的海底地形和水层数据被解密用于北冰洋研究。数据集包含将近130万个盐度温度观测值，这些数据来自破冰船、浮冰站和浮标长期的观测。这些数据被收录在四卷本的《美国–俄罗斯北极地图集》(*U.S.–Russian Arctic Atlas*)中，第一卷于1997年1月出版。

从1978年以来，北冰洋冰盖面积的最小平均值为6.22×10^6 km^2。2002年，对北冰洋冰盖面积的观测表明，夏季最小值已经减小到5.18×10^6 km^2。2002年夏季过后，海冰层也比以往更薄。海冰可以反射太阳光，而暴露的海水吸收太阳辐射，更加剧了海冰融化。如果当前情况持续下去，预计到2050年，冰盖面积将减少20%。这将导致高纬度地区北极熊、海豹等本土生物的生存问题。在这种情况下，格陵兰岛的冰川也会融化，释放的大量淡水将进入北大西洋。这些水会导致北大西洋表层水温度降低、密度减小。到那个时候，北大西洋深层水的生成和大西洋环流都会减弱。

边缘海

边缘海存在两个小型独特的水体，一个位于北大西洋，另一个位于印度洋。地中海海水流出直布罗陀海峡时，温度约为13℃，盐度为37.3‰。这些海水与大西洋海水混合形成中等密度的水，并下沉到北大西洋深度约1 000 m处，称为**地中海中层水**(Mediterranean intermediate water，MIW)（图8.6）。地中海的海水能影响到直布罗陀海峡2 500 km以外的海域，在那里地中海海水的性质通过混合和改变性质逐渐消失。在印度洋，源自红海的高盐水（40‰～41‰）在源头以南200 km的印度洋海域被发现，深度位于3 000 m以下。

20世纪80年代和1995年，海洋学家分别进行了确定地中海深层水形成地点和方式的研究。西西里海峡将地中海分为东西两个海盆（图8.9），深层水和中层水形成于西西里海峡东侧的海盆中，并穿越西西里海峡进入西侧海盆，然后通过直布罗陀海峡进入大西洋中。1980年的研究表明，亚得里亚海南

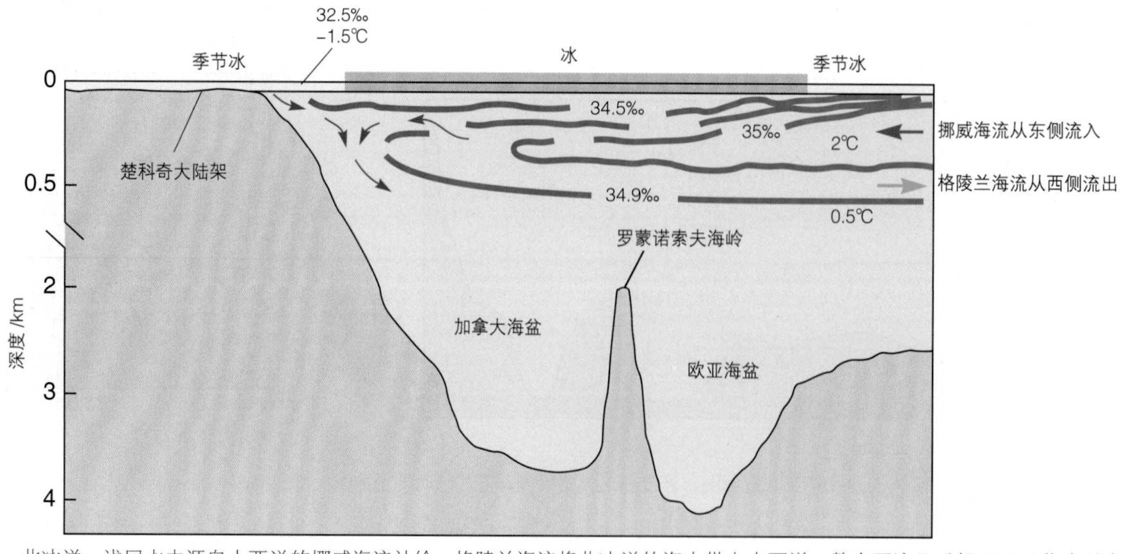

图8.8 北冰洋。浅层水由源自大西洋的挪威海流补给。格陵兰海流将北冰洋的海水带入大西洋。整个环流几乎都局限于北冰洋表面以下至深500 m的范围内。

部的高蒸发率和冬季降温导致表层水下沉，海水在向大西洋行进的过程中，先进入东部盆地，然后进入西部盆地。1995年的研究则表明：东部盆地中海水的来源不是亚得里亚海而是爱琴海。爱琴海的海水比亚得里亚海的海水盐度更高，密度更大。爱琴海海水正在取代老的亚得里亚海海水，向上和向西运动，进入大西洋。地中海东部的小气候变化影响冬季降温和蒸发率，从而在地中海深层水的形成强度和位置方面扮演重要角色。近期对表层海流的研究表明：流入地中海的大西洋海水取代了深层流出地中海的海水（图8.9）。

海洋学家之所以对地中海的海水过程研究感兴趣，是因为这些驱动地中海系统的作用力与开阔海域的大尺度过程相类似，因此，地中海可以视为一个大尺度海洋系统的缩小模型。

内部混合

大洋海水混合最强烈时，通常为在动能和湍流搅拌下其性质融合的时候。在海洋表面，风生波浪和海流为水体混合提供了能量，而潮汐可以在任何深度上产生海流。在海流的边缘处形成的大型涡旋也可以使不同的海水混合，使之性质均匀。当表层海水辐聚时，海流边界的混合可以导致混合增密。当海流及它们相关的湍流较弱时，混合减弱。在分子级别上，由扩散导致的混合持续发生，但是相对湍流过程而言，由扩散引起的混合则要弱得多。

如果一个水体由于湍流而发生垂向位移，这个水体将在浮力驱动下回到原密度层，因此，海洋内部各分层水型之间的垂向混合很微弱。由于水平混合需要的能量较垂向混合少，因此水平混合更强烈。水体沿着等密度面发生水平位移之后，就停留在新的位置上，并与周围的水分享它们的性质。

当低盐低温水位于高盐高温水的下方时，即使水体密度保持稳定，仍然会发生内部垂向混合。这种过程能生成直径约3 cm的垂向柱状下沉，称为盐指（salt finger）。它们在海水中不断进行垂向混合，使盐度和温度随深度呈阶梯状变化。这个现象形成的原因是，由于海水得失热过程中的热量传导速率大于盐的扩散速率，使得水体在垂向运动过程中的密度相对于周围水体发生改变，从而产生向上或向下的压力。盐指混合水体的能力有限，通常生成约30 m的均匀水层。在适当条件下，这种水层通常位

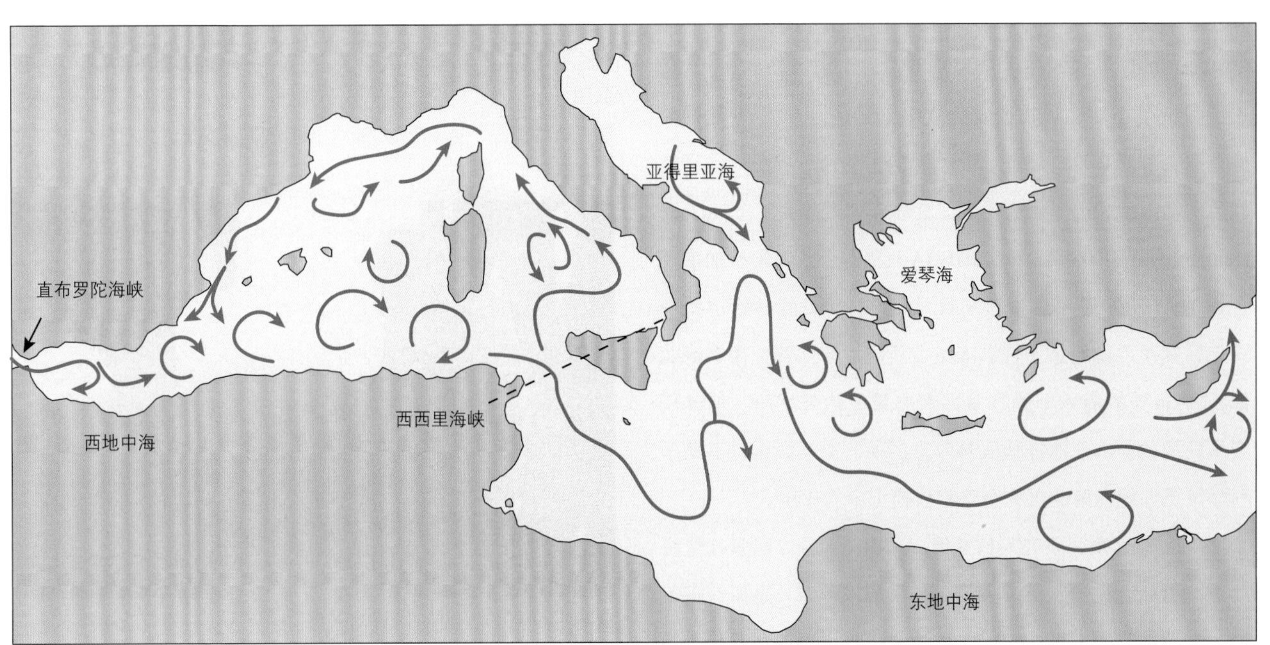

图8.9 地中海表层海流。穿过西西里海峡的线把地中海分为西地中海盆地和东地中海盆地。深层水和中层水形成于东部盆地，穿过西西里海峡进入西部盆地，并继续向西从直布罗陀海峡流出，进入大西洋。在1987年之前，大部分低温高盐的深层水在亚得里亚海形成；到了1995年冬季，这些海水的来源变成了爱琴海。

北冰洋研究

并非所有的海洋学研究都仅限于船测或温暖的热带海域。人们对这个位于地球最北端，却知之甚少的大洋——北冰洋的研究兴趣与日俱增。为了理解北半球的气候变化以及对北欧和北美地区的长期天气情况作出预报，我们需要理解海冰增加的周期效应以及从北冰洋进入北大西洋的大量冰雪融水。海冰覆盖率的变化直接影响地球热量收支平衡。当北冰洋被冰覆盖时，表面的冰对太阳光具有较高的反射率，降低了对太阳能的吸收；当冰量较少时，情况则相反。人们已经意识到，北冰洋的环流可能将持久性有机污染物从相邻的大陆扩散至北冰洋，污染海洋生物，并使倚赖这些生物生存的原住民的生活面临风险。同样的，我们需要了解更多的北冰洋环流信息来评估这个问题。

1994年，一个由加拿大和美国合作的科研团队乘破冰船从白令海出发，穿越1 600 n mile抵达北极点。这个研究队伍的主要目标是确定北极在全球气候变化中所扮演的角色，研究人员对水、海冰、海底、海洋生物、污染物分布以及北极熊种群都做了调查（窗图1和窗图2），研究的主题覆盖大气、海洋海冰和海底各个方面。

窗图1 在1994年的北冰洋科考中，科学家从美国海岸警卫队破冰船“极地海洋”号（*Polar Sea*）上卸载调查设备。

窗图2 在1994年的北冰洋科考中，研究人员对一只北极熊实施麻醉后，对其进行污染物检查。

1994年1月1日，北极气候系统研究（Arctic Climate System Study，ACSYS）项目启动。这个项目持续了十年，主要目的是了解北极在全球气候中的角色。ACSYS鼓励并协调有关海洋环流、冰盖、北冰洋的水交换、长期气候研究和监测等国家和国际研究活动。北冰洋地表热收支（Surface Heat Budget of the Arctic, SHEBA）是一个由美国和加拿大合作的ACSYS子项目，该项目从1997年10月开始，持续一年，其项目基地是一艘被冻结在距阿拉斯加普拉德霍湾北部248 km处的海冰中的加拿大海岸警卫队破冰船。从该研究中获取的影响北冰洋地表热收支的海气交换数据，有助于科学家更好地理解北极在全球气候模型中的作用。

2000年春季，研究人员开始一项由美国国家科学基金资助的北极环境观测项目。为了更多了解极地海洋是如何调节全球气候，研究人员在极地冰中放置了随冰漂浮的浮标。这些浮标都装备了贯穿冰层的传感器，用来收集冰层的厚度变化和上层海洋性质数据，采集的数据通过卫星传送。还有一批漂流浮标于2001年春季完成安装，其中一个由日本人研发的浮标用于测量海水温度和盐度、海流分布、大气温度和大气压，以及风速。其他浮标包括一个记录风速、温度和大气压的气象浮标，两个用于测量太阳辐射和冰层反射辐射的辐射计浮标，以及两个用于记录冰的温度和积雪厚度的海冰物质平衡浮标。

2001年，研究人员在海冰之下安装了潜标，重达4 000 kg，线缆长达4 250 m。潜标上装载了用于监测盐度和温度变化的电导率–温度记录仪，用于记录海流的速度和方向的流速仪，用于记录海冰漂移和垂向海流结构的海流剖面仪，以及用于测量冰层厚度的声呐。由于卫星无法接收冰面以下设备发送的数据信号，每个仪器都必须自动存储测量数据。研究人员将在第二年回收潜标时获得这些数据。该项目的另一部分是借助冰上专用飞机在从极点到阿拉斯加485 km的路线上建设了5个营地。每个营地都有研究队成员钻探冰层进行测量和收集样品以进行后续化学测定。这些数据是2000年研究成果的延续，并在极点距加拿大565 km的路线上获取了与之相似的数据。这些数据将与卫星、气象数据结合，一并用于研究北冰洋的变化，以及确定这些变化发生的速度。

于深度150～700 m处，且在大部分海域都有可能出现。

8.4 测量技术

原位测量海水的盐度、温度、溶解气体、营养盐、悬浮物质和其他性质，需要海洋学家设计特殊的观测和采样仪器，以及能够使用或安装这些仪器的平台。海洋调查船是传统的采样观测平台，配备有绞车和能够使仪器下水、下降和回收的线缆，海上实验室和一系列测量设备，包括深度记录仪、声呐、速度和方向传感器、大气和太阳辐射传感器等。然而，在海上进行研究非常昂贵，维持调查船运行需要燃料供给和保证专业船员、海洋学家工作和生活的各种设施。不包括科学家方面和仪器设备的费用，单是维持调查船运行和船员生活的总费用就很高，每个作业日达25 000美元甚至更多。因此，研究者需要在最短时间内收集准确的信息。

20世纪前50年，海洋学家研究海洋主要依靠笨重的机械设备。将设备沉入海中，在指定深度采样后，再将样品取回船上做后续分析。但是，这种方法的使用率在迅速降低。

尽管早期瓶装水样数据非常稀有，但是足以体现海水的深度结构。深海环流的速度可以通过结合溶解氧测量和平均耗氧量来估算。通过这些数据，研究者可以计算水质点离开海洋表面到达某个深度的时间，进而推算出水体的传输速率。

后来，可通过在运动海水中投放悬浮的中性浮标直接测量传输速率。研究人员通过浮标发射出的周期性声脉冲信号来确定它们在水流中的位置。海流则可利用同位素示踪剂随时间的变化规律进行间接测量。氚是20世纪50年代和60年代期间核试验所释放的放射性同位素，半衰期为12.45年，被用于研究大尺度海洋环流，特别是深层海水的短期运动。海洋的长期环流变化则通过^{14}C同位素来研究，^{14}C的半衰期非常长，为5 570年。

温盐深仪（conductivity-temperature-depth, CTD）是目前确定海水性质和测量海水盐度剖面的主要仪器。它通过测量海水电导率来测量海水盐度值，通过电阻温度计测量温度，通过压强传感器测量深度。将CTD投放到水中时，通常将其放置在保护罩中，同时也可以搭载一系列的采样瓶和传感器，如pH传感器、叶绿素传感器、光学扫描仪和溶解氧传感器。CTD进入水中后，会持续测量电导率和温度，数据通过电缆传送到船上并导入船上的计算机，最终用图表显示或者转换成数值。通过这种方式，研究者能够获取连续几千米的剖面数据，而传统的采样瓶只能在每个深度获得一个样品用于后续分析。

在CTD下沉、测量和收回工作进行时，CTD系统需要调查船停留在站点。然而，CTD也可以随调查船或浮标一起漂浮，收集的数据可以存在CTD中，待在其他时间回收后再读取。

Seasoar是一种改进的CTD装置，在船舶行驶时也能够采样。它是一种带翼的拖曳式采样系统。潜水飞机可以控制Seasoar在水中的深度，就像是控制一个在水下上下颠倒的风筝。Seasoar的工作垂直深度可从海洋表面达350 m深处。CTD从开始到工作停止需要大约40分钟，但对Seasoar来说则只需10分钟。Seasoar搭载传感器潜水时，可在记录水平方向和垂直方向上连续记录数据。

如何采样才能获取海洋的结构和环流特征并同时发现它们的变化呢？在20世纪80年代，多数海洋学家的答案可能是更多的时间、更努力地工作、更多的设备和更多的资金。在20世纪90年代，人们为此执行了一项规模庞大、非常成功的计划，即世界海洋环流实验（World Ocean Circulation Experiment, WOCE）。这是一个由多个机构参与的多层次计划，包含了卫星数据、浮标、海流和海水性质的直接观测，以及全球定位系统的应用。这个项目收集的数据极大地提高了海洋学家模拟海洋和理解海气相互作用的能力。

2003年春天，美国国家海洋与大气局资助了一项从冰岛到大西洋马德拉群岛再到巴西福塔莱萨的调查。这个为期两个月的调查项目重新测量了WOCE计划的其中一条剖面，使得研究者可以观察WOCE航次之后海洋结构与环流发生的变化，还可以通过在该项目中所发现的自然规律来指导他们设计下一次调查。

有时候单艘调查船不足以应对大尺度海域采样，有时候需要长时间的连续采样，因此研究人员将装有仪器的大型浮标放置在海上，通过它们测得连续的数据，再通过卫星或电波，将数据传输到调查船上或在实验室中进行分析。表层浮标系统可以随着海流漂浮，在不同位置上测量海水属性，并通过卫星将结果报告给船舶或岸上。一些小浮标则可以随着表层海流漂浮或下沉到指定深度然后回到表层继续漂浮，在它们上升过程中探测海水性质，待上升到表层后再向调查船或卫星发送数据。

不断进步的电子、计算机和传感器技术使海洋学家可以设计出价格相对低廉的独立设备。这些设备能够下沉到指定深度，在回升过程中进行测量。这些数据收集设备通常装载大量传感器，被称为剖面仪。这些设备的出现为研究海洋的长期和短期变化趋势提供了大量数据。

有一种剖面仪像有翼滑翔机一样工作（见知识窗"海洋水下滑翔机"），当这种剖面仪下降或上升时，它能以一定角度下潜或上浮，在某个测量深度上沿斜线测量海水性质。这种飞行能力让剖面仪不受海流影响。阿尔戈浮标不能滑翔，仅能垂直上升或下降，它的横向位移由在垂直运动中遇到的海流引起。这两种类型仪器一旦上浮到海洋表面，都会将记录的数据传送给卫星，然后再次下降，开始新一轮测量。

专用卫星能够测量各种海洋表面和大气情况，海洋地形、风速、浮游生物、气温、水温、波浪等等。卫星是非常昂贵的监测设备，但是它们具有重复调查全球海洋和海量收集数据的能力，这是其他观测方式无法比拟的。

并非所有海洋研究都需要大型调查船和昂贵复杂的仪器，在近海浅水域进行研究时，通常使用小船和简易设备。采样瓶、温度计等可用电力甚至手动驱动的简易小绞车被投放到所需深度，轻量化的电子设备还用于测量电导率、温度、溶解氧、pH值、光学性质、叶绿素荧光等。

8.5 实际应用：海水温差发电

人们在海洋中发现一种间接形式的太阳能，可作为化石燃料的能量替代品——温差。海水的透明性和热容量使得大量太阳能被存储在海洋中。从海洋中提取这种热能不需要考虑太阳辐射的昼夜和季节性变化。

海水温差发电（ocean thermal energy conversion, OTEC）取决于表层海水和深600～1 000 m海水的温度差异。有两种OTEC系统：（1）闭式循环［图8.10

(a)]，通常利用低沸点的工作流体，例如氨；(2)开式循环［图8.10(b)］，直接将海水转化为蒸汽。

在闭式系统中，温暖的表层海水经过含氨的蒸发室，氨受热变成高压蒸气，驱动涡轮产生电力。之后，氨气经过一个冷凝器，在冷凝器中被抽取的深层海水冷却，变回液态，然后进入下一个工作循环。

在开式系统中，大量温暖海水在低压真空室中转化为蒸汽。这些蒸汽就是工作液体。由于输入海水中只有不到0.5%能够转化为蒸汽，因此需要大量暖水。蒸汽经过涡轮后进入冷凝器，被深层海水冷却，成为淡水。

不管采用哪种系统，OTEC发电厂都可以建造于近岸或海上，或随船移动。OTEC要求海表和深层有20℃温差才能生产有用的电能，电厂可以建造在大约位于南北纬25°的海域，那些海域的表层暖水和深海冷水的温度差异平均为22℃(图8.11)。W. H.埃弗里(W. H. Avery)和吴治合著的《来自海洋的可再生能源——OTEC指导手册》(*Renewable Energy from the Ocean, a Guide to OTEC*，牛津大学出版社1994年出版)中估计全球可用于OTEC的海洋表面积为60×10^6 km^2，这些区域产生的总电能可达10×10^6 MW，而全美国

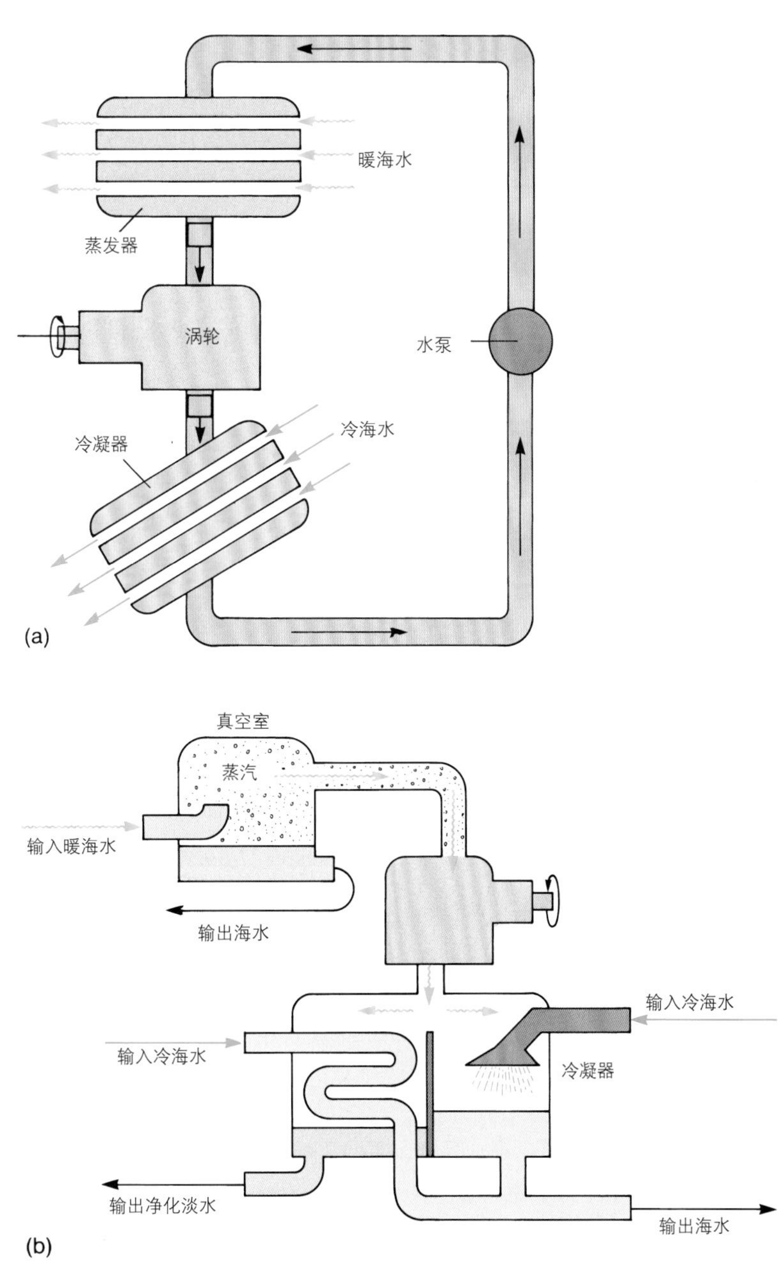

图8.10 (a)简化的闭式循环海水温差发电工作系统。(b)简化的开式循环海水温差发电工作系统。

海洋水下滑翔机

在任何一次出航中，一艘海洋调查船只能监测海洋的一小部分，并且花费高昂。为了扩大调查范围并尽量降低成本，海洋学家正在试验独立的无人水下设备。水下滑翔机就是这样一种新型调查仪器，就像传统滑翔机在空中运动一样，水下滑翔机能够在水中运动。空中滑翔机需要利用动力拖到高处并最终落在地上，水下滑翔机与之不同，它通过改变自身浮力来上下滑翔。

与空中滑翔机一样，水下滑翔机也没有螺旋桨，但是它能够通过浮力获得动力。通过调节体积，水下滑翔机可上浮或下沉。它的机翼将垂向浮力转化为倾斜滑行的动力。机载电池电量有限，用于控制浮力、采样传感器、导航仪和通信系统。高效的能量利用使得水下滑翔机的运行时间长达一年，收集并汇报大量数据。

目前，斯克里普斯海洋研究所、伍兹霍尔海洋研究所、韦伯研究公司以及华盛顿大学的研究小组在美国海军、美国国家科学基金会、国家海洋与大气局的支持下都在研发水下滑翔机。不同的水下滑翔机被用来满足不同海洋采样的要求。例如，有的用于进行长距离大洋断面监测，有的用于在进行垂直剖析时保持地理位置不变，有的用于在浅海中操作。韦伯研究公司研发的斯洛克姆滑翔机（SLOCUM glider），能够从海洋热力分层中吸收能量来改变浮力，其他的滑翔机则使用电池作为推动力。

华盛顿大学正在研制小型水下滑翔机（Seaglider），体型小（长度为1.8 m），质量轻（52 kg），由电池提供能源，能够从小型船艇上投放和回收，不需要用专业科考船。这种滑翔机通过在内外油囊之间传输油来进行上浮和下潜。当Seaglider被投放到海洋表层时，它的密度比海水密度稍小。此时，从外油囊向内油囊输入一小部分油，外油囊体积减小，水下滑翔机密度增加，开始下潜。开始下潜后，机翼将提供托力，水下滑翔机在下沉的同时开始向前滑行。当仪器达到预定深度时，电子泵将油从内油囊输运到外油囊，滑翔机密度减小。当Seaglider向海表面上浮时，机翼进行调整，Seaglider向前滑行，滑行速度大约为0.25 m/s，但是由于拖曳力随速度的平方增加，水下滑翔机比传统的螺旋桨推进器驱动的无人水下航行器具有更远的航程。

Seaglider携带着测量温度、盐度、溶解氧、荧光、光学反射的传感器和记录器，还配备了GPS导航和远程通信设备，通信天线位于其尾端。在海洋表面，它利用GPS确定自身位置，并通过全球卫星电话进行数据传输。研究人员能够与水下滑翔机进行通讯并完成远程控制。

为了测量表层海流，通过GPS可确定水下滑翔机的位置。当滑翔机从潜水状态浮出水面时，滑翔机的实际位置和预计位置会发生不同，这是因为在上升和下降过程中都受到平均海流的影响。

Seaglider设计下潜深度可至1 000 m，一次潜水周期中水平航行距离可达10 km。在一次为期6个月的任务中，它可以在海洋中航行5 000 km。

尽管建造一部水下滑翔机的成本与购买一艘昂贵的无人潜水器差不多，但是水下滑翔机的运行费用要低得多。水下滑翔机一年的运行费用相当于科考船一天的费用。一旦投入量产，水下滑翔机的生产和运行成本会下降。尽管还在研发阶段，水下滑翔机已经能够进行一些观测。这些观测如果在科考船上进行，花费将十分巨大。

延伸阅读：

Eriksen, C. C., T. J. Osse, R. D. Light, T. Wen, T. W. Lehman, P. L. Sabin, J. W. Ballard, and A. M. Chiodi. 2001. Seaglider: A Long Range Autonomous Underwater Vehicle for Oceanographic Research. *I.E.E.E. Journal of Oceanic Engineering*, 2001 26(4):421–23.

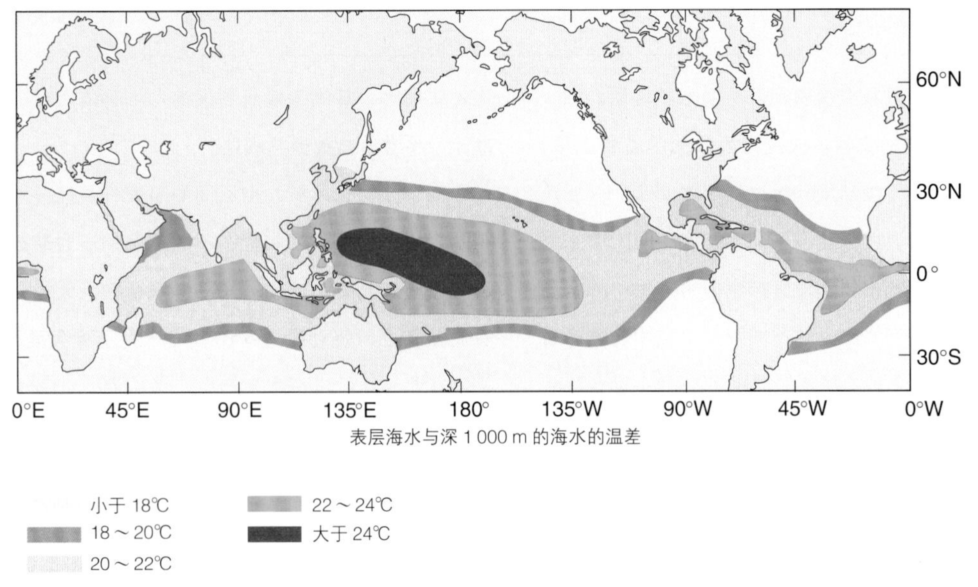

图8.11 OTEC电厂适合建造在海洋表层与深层温差大（至少20℃）的区域，通常为热带和赤道地区。该图来自美国国家可再生能源实验室。

电力生产能力约为1.7×10^6 MW。

工程师在研究了OTEC的潜在可能性后估计，每平方千米热带海洋表面可以提取可用能量0.2 MW，这相当于平均吸收太阳能的0.07%。这个过程被认为是安全且环保的。然而，在将冷水从深层抽取到海表面的同时，也会将深层营养盐释放到营养盐缺乏的热带表层水中，从而改变表层海水的生产力。

位于凯阿霍莱角的夏威夷自然能源实验室，在1993—1998年期间运行了六年陆基开式系统OTEC电厂。利用表层和深度800 m的海水的温差，这个项目每天生产100 kW净电能，同时也能生成2.6×10^4 L淡水。这些从深层抽上来的富含营养的水可以用于养殖牡蛎、虾、鱼、黑珍珠和各种海藻。

OTEC的研究工作在20世纪90年代后期进展缓慢，因为与相对便宜的石化能源相比，OTEC成本过高。近年来石油价格急剧上升，使得人们重拾对OTEC的关注。2006年有消息称，将在夏威夷建造世界上最大的两个OTEC电厂，其中之一由夏威夷自然能源实验室负责，计划2008年在科纳运行。这个电厂将生产1.2 MW电力，其中1/3用于水泵和系统的运转，剩下800 kW则是净产量。第二个电厂计划供军方使用，建造位置未公开。这个电厂每天将生产8.2 MW电力和4 732 m^3淡水。

另一个利用深层海水（deep-ocean water，DOW）的想法包含了空调和工业冷却系统，从深度630 m处抽取海水。深层海水在输送管道能够冷凝生成淡水，生成速率约为水流速率的5%。每分钟76 000 L的水流可以生产接近3 800 L淡水。龙虾、比目鱼、虾、鲍鱼、牡蛎和其他有机体，可在热带利用DOW进行养殖。热带农业实验也通过埋在土壤中的管道进行深海海水抽取，这个系统可以使土壤温度降低到10℃，并在管道和土壤中生成淡水。

本章小结

海洋表面能量的吸收和交换决定表层海水的性质。海表面热量、辐射能量和水的交换，改变海表面的温度和盐度，从而影响海水的密度。不同盐度和温度的海水混合，可以产生相同密度的海水。当温度和盐度不同但密度相同的海水混合时，会产生密度更大的水体，随之产生由密度驱动的垂向环流，称为混合增密。海面产生的不同密度水域和随之产生的垂向环流，形成了一个基本稳定的层化海洋。

表层海水盐度的地理分布与地球纬度、季节性蒸发、降水、海冰的形成有关。温度降低、蒸发和结冰导致表层海水的密度增加；温度升高、降水和融冰降低海水的密度。表层海水温度和盐度主要随纬度变化，并导致密度的变化。深层海水的密度则较为均匀。海洋中温度和盐度随深度快速变化的区域分别称为温跃层和盐跃层。如果水体密度随深度增加，则水体是稳定的；不稳定的水体会发生垂直对流翻转，从而回到稳定状态；中性稳定的水体则容易受风和波浪影响产生垂向混合。

由表层密度变化导致的垂向环流称为热盐环流。在开阔海域，温度通常比盐度更能影响表层海水的密度。在近岸和季节性融冰显著的区域，盐度则是更为重要的因素。

海水沿下降流下沉，沿上升流上升。下降流发生在表层海流辐聚处，将氧气输运到深海；上升流发生在表层海流辐散处，将营养盐输运到表层。

海洋是层化系统，用不同的温度和盐度范围划分各个层（或水型）。大西洋的水型在不同纬度的表面形成，它们下沉后缓慢向南北方向流动；太平洋水型在巨大的海洋中丧失原有温盐特性，流动缓慢；印度洋水型不像大西洋那么明显，并且在北纬地区没有水型产生。地中海和红海进入大西洋和印度洋的深层海水各具特性，并且能够扩散很长距离。进出北冰洋的海水来自北大西洋。相对于温度而言，北冰洋的海水密度受盐度的影响更大。

温盐深仪可以通过测量海水电导率来获得盐度剖面性质，温度由电阻计测量，深度由压力传感器测量。Seasoar是一种拖拽式温盐深仪，可以在船舶航行时进行采样。在大范围海域采样可以运用系泊浮标、随着海流漂浮的浮标和其他仪器。阿尔戈浮标可以下沉到指定深度，并在上升时进行测量，到达海洋表面时将位置数据发送给卫星。卫星也直接监测海洋动态。在浅海区域进行测量时可用采样瓶和温度计。

海水温差发电利用表层海水和深层海水的温差进行发电。美国在夏威夷建造了一个陆基开式OTEC电厂。

关键术语

caballing　混合增密
pycnocline　密度跃层
thermocline　温跃层
halocline　盐跃层
stable water column　稳定水体
unstable water column　不稳定水体
overturn　翻转
isopycnal　等密度
isothermal　等温度
isohaline　等盐度
vertical circulation　垂直环流
thermohaline circulation　热盐环流
freshwater lid　淡水盖
continuity of flow　流动连续性
downwelling zone　下降流区
upwelling zone　上升流区
convergence　辐聚
divergence　辐散
North Atlantic deep water（NADW）　北大西洋深层水
Antarctic intermediate water（AAIW）　南极中间水
Antarctic bottom water（AABW）　南极底层水
South Atlantic surface water　南大西洋表层水
Mediterranean intermediate water（MIW）　地中海中层水
ocean thermal energy conversion（OTEC）　海水温差发电

本章中的关键术语可在“词汇表”中检索到。同时，在本书网站www.mhhe.com/sverdrup10e中，读者可学习术语的定义。

思考题

1. 为什么海洋表面两种水型混合后会下沉到深层？
2. 改变海洋表层盐度的自然过程有哪些，这些过程随纬度有何变化？
3. 描述热带、极地、温带区域上层海水密度的年变化，并指出上层水体状态稳定和不稳定的时期。
4. 与太平洋相比，为什么大西洋的水体分层更明显？
5. 盐指是如何形成的，它们对于垂直混合有什么帮助？
6. 海洋中，热量是如何在不同区域间传递的？为什么考虑全球热量收支平衡时未将这些热传递包含在内？
7. 如果海表层盐度均匀，解释盐跃层和密度跃层深度一致的原因。
8. 地中海海水如何改变北大西洋海水的盐度和温度？通过图8.6和8.7（a）、（b）解释这种改变发生的深度。
9. 一个采自大西洋深4 000 m处的水样，其盐度为34.8‰，温度为3℃，此水样所在水团最近一次出现在表层是在哪个纬度？
10. 下列样品数据来自北纬79°，西经145°的取样站：

深度/m	温度/℃	盐度/‰	密度/(g/cm^3)
0	1.28	33.29	1.026 59
50	1.29	33.30	1.026 59
100	1.36	33.35	1.026 69
150	1.39	33.55	1.026 94
200	2.73	33.76	1.027 01
300	3.07	33.87	1.027 08
400	3.12	34.03	1.027 13
500	3.14	34.13	1.027 21

   a. 这个站点位于哪个海洋？
   b. 这个区域的水体是否稳定？
   c. 控制密度的因素是温度还是盐度？
   d. 风生混合层的深度约为多少？
   e. 这是一年中哪个季节的数据？

11. 为什么海表接受的太阳辐射不均匀？
12. 什么是CTD测量？为什么CTD测量是海洋学中常规的测量手段？
13. 大西洋底层海水的来源是哪里？
14. 辨析以下术语：
   a. 盐跃层—温跃层
   b. 上升流—下降流
   c. 水团—水型
15. 为什么海洋上层对流翻转更容易发生在温带和高纬度地区，而不是低纬度地区？

学习目标

学习完本章以后，读者可以：

1. 描述并绘制埃克曼层中洋流的运动特征。
2. 图解表层海流的环流成因。
3. 在地图上指出主要表层海流的位置。
4. 描述西向强化的过程。
5. 将表层海水的辐聚及辐散模式与上升流及下降流相关联。
6. 绘出大洋中由风生环流与热盐环流所构成的大致结构。

第9章 表层海流

形象地说，地球被两种巨大的“洋”所包裹：一种是由空气组成的“洋”，另一种则是由水构成的“洋”。受太阳能量与地球重力的影响，两种“洋”运动不息，且彼此关联。例如，风为表层海水输送能量，从而形成海流。而海流将热量从一个区域转移到另一个区域，从而导致了地球表面温度模式的变化，进而改变了海面上方的气流。大气与海洋之间呈动态交互作用，当一个系统驱动另一个系统时，被驱动的系统亦能改变驱动系统的特性。

在本章中，我们将深入探讨大洋表层海流的形成机制；分析海流之间的流动、辐聚及辐散方式；从水平方向及垂直方向上理解环流模式；研究海流运动的耦合关系，以及其在大气与海洋相互作用中所扮演的角色。

9.1 表层海流

风会引发表层海水的运动，从而形成沿固定模式进行大规模运动的表层海流。海水的密度约为空气密度的1 000倍，因此，一旦海水得以流动，在巨大的质量之下，惯性会持续推动海流运动。相比于日常天气与短期的气候变化，海流更易受到平均大气环流的影响。然而，由于季风的影响，主要的海流运动仍然会发生较小的变化。海流之间的相互作用以及辐聚区与辐散区也会影响海流的运动。主要的表层海流被称为“海里的河流”，虽然没有岸堤来限制这些海流，但它们却能够按照固定的路线运动。

由于海水与地球表面之间的摩擦耦合效应较小，因此，海流同气流一样，运动轨迹会受到科里奥利效应的影响而发生偏转（详见第7章）。但由于水体流速远比空气流速慢，因此，在相同的距离下，海流运动所需的时间要多于气流，因而在此期间，地球自转经过的距离更多。所以，相对于运动速度较快的气流而言，其下方的表层海流更易受到地转偏向力的影响。受科里奥利效应的影响，北半球的表层海流沿风向向右偏转，而南半球的表层海流则向左偏转。在开阔海域，表层海流与风向之间的偏转角为45°，如图9.1所示。

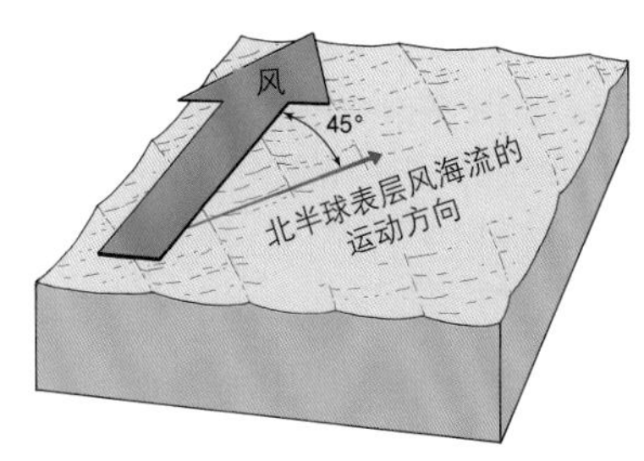

图9.1 表层风海流的运动方向与风向的夹角为45°；风海流在北半球向右偏转，在南半球向左偏转。

◀ 也门和索马里之间，亚丁湾海水卷入地形限制的方形涡流中，这个过程可以通过浮游植物叶绿素SeaWIFS遥感图像看出。图像摄于2003年11月1日。

埃克曼螺旋和埃克曼输送

表层风海流会立刻引发下层海水的运动，但由于海水间摩擦力较小，因此相邻的下层海水相对于表层海水移动得更为缓慢，则在北半球会相对表层海水向右偏转，而南半球会向左偏转。同理，位于下层海水之下的深层海水则偏转得更多。这样就会形成一个螺旋结构，每一层海水都比上一层海水运动得更加缓慢且偏转的角度更大，从而各层海流构成了一个螺旋结构，即**埃克曼螺旋**（Ekman spiral），以推导出该螺旋数学关系式的物理学家V. 瓦尔弗里德·埃克曼（V. Walfrid Ekman）命名。埃克曼螺旋可延伸至海面下方100～150 m深，在那里海流受风生成因的影响已被大大地削弱，其运动方向可以与表层海流完全相反。在埃克曼螺旋之下，风海流体积输送的均值或净输送量（**埃克曼输送，Ekman transport**）方向与海水表层风向呈90°夹角，在北半球向右偏转，南半球向左偏转（图9.2）。相比之下，表层风海流与风向的夹角为45°。

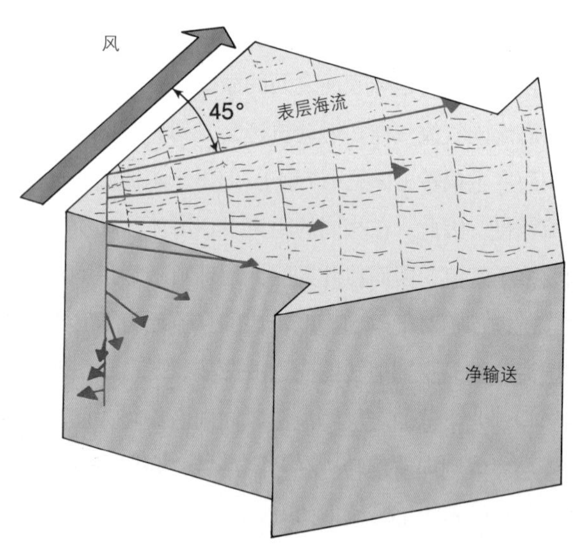

图9.2 风力驱动形成的海流。风海流的速度与方向随水深增加而发生变化，形成埃克曼螺旋。埃克曼螺旋的成因与地球自转和水体的摩擦阻力有关。由于水体间摩擦耦合效应较小，使得上层水体的驱动力无法100%地向下层水体传输。北半球中，风力驱动下的水体净输运在北半球向风向右侧偏转90°，南半球则向左侧偏转90°。

大洋环流

图9.3显示了主要大洋的表层海流运动。在北半球，由西风带驱动的埃克曼输送沿着风向向右偏转90°，远离大洋西海岸或边界，并且在其抵达东部海岸或边界之前，沿北纬40°～50°的方向运动；而由信风驱动的埃克曼输送向信风方向右侧偏转90°，远离大洋东部边界，并且沿着北纬10°～20°的方向运动，直到其抵达大洋西部边界。在北半球，信风引起的海水输运将水体堆积在大洋西部边界，随后水体向北纬西风带流动，再向东穿越整个大洋；而堆积在北半球大洋东部边界的水体则会向南流动，随后在信风的影响下继续向西运动。在南半球，受东西向风力驱动形成的埃克曼输送则会向信风和西风带左侧偏转90°。聚集在南半球大洋东部边界的水体向北流动，随后堆积在大洋西部边界，继续向南流动。

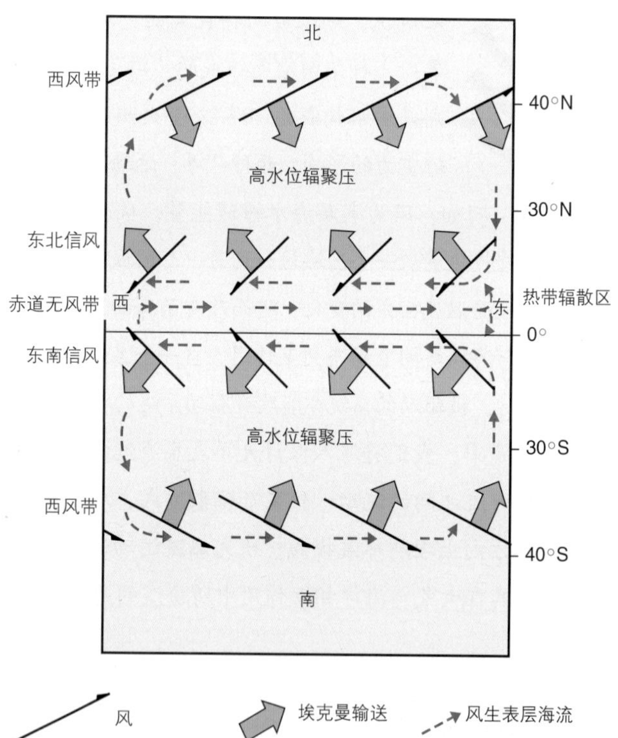

图9.3 风生输运以及由此形成的大洋表层海流。受大洋东西边界的限制，表层海流会进一步形成大洋环流。大洋环流在北半球呈顺时针方向旋转，在南半球则呈逆时针方向旋转。

埃克曼输送会使水体聚集在大洋环流流场的中部，从而形成一个高水位辐聚区。随着高水位辐聚区的形成，风生表层海流的运动方向将逐渐与风向平行，同时，表层海流会呈环形围绕在辐聚区周围。这种模式形成了一系列内部相互关联且以纬度30°为流场中心的大洋表层海流循环。在北半球，表层海流的运动方向为顺时针，南半球呈逆时针。这种大规模的风生环流系统被称为**流涡**（gyre）。而在南半球高纬度地区，由于大西洋、太平洋和印度洋之间未发育陆地，因此在西风带的影响下，大洋表层海流会持续围绕地球南极洲运动，形成南极绕极流。

地转流

对于存在东西边界的大洋，如果我们考虑埃克曼输送的影响，那么如前文所述（图9.3），一部分风生表层海水会向大洋环流的流场中心汇聚。汇聚区中心的海面会高出平均海平面1 m左右，表层水体呈透镜状，覆盖于下层密度较大的水体之上。

透镜状水体高出平均海平面的部分仅为其整体厚度的1/1 000。这是因为表层海水与下伏海水之间的密度差只有空气与表层海水之间密度差的1/1 000。随着表层海水向流场中心汇聚，透镜状水体表面的坡度会逐渐增加，直至透镜状水体向外的水平压强梯度力与引发表层海水偏转的科里奥利效应达到平衡为止。在这种平衡状态下形成的稳定海流被称为**地转流**（geostrophic flow）。此时，海流不再发生偏转，相反，其平缓地沿着平行于环形流场等高线的轨迹运动，如图9.4所示。利用次表层水体的密度分布可以描述深层海水的凹陷程度，海洋学家也可以据此计算出透镜状水体表面的高度及坡度，并得出其附近地转流的流速、输运体积与深度。同时，还可以通过卫星图像来测量海面地形，从而计算出海面地形对应的地转流的相关参数。北大西洋的马尾藻海（Sargasso Sea）就是典型的地转平衡例子，具体内容将会在第9.2节中进行讨论。

9.2 风海流

组成大洋环流系统的海流与其他主要海流均以其所在的地理位置而命名，本节将按照大洋的顺序（图9.5）依次介绍这些海流。在查看海流路径的时候，请注意其与大洋环流系统的关系，以及驱动其流动的风带特征。

太平洋海流

在北太平洋地区，东北信风推动海水向西及西北方向流动，形成**北赤道流**（North Equatorial Current）。**北太平洋流**（North Pacific Current）或者称为**北太平洋漂流**（North Pacific Drift）由西风带驱动，流向自西向东。信风将海水运离中南美洲，堆积在亚洲地区；而西风带则将海水运离亚洲，堆积在北美洲西海岸。由于汇聚于某个区域的海水必须向其他流失海水的区域运动，因而形成了两种海流：一种是**加利福尼亚海流**（California Current），沿着北美洲西海岸自北向南流动；另一种则是**黑潮**（Kuroshio Current），沿着日本东海岸自南向北流动。黑潮与加利福尼亚流不属于风海流，而是由流体的连续性形成的。海流间首尾相接，以北纬30°为中心做顺时针的圆周运动，组成**北太平洋环流**。北太平洋流还包括**亲潮**（Oyashio Current），由极地东风带

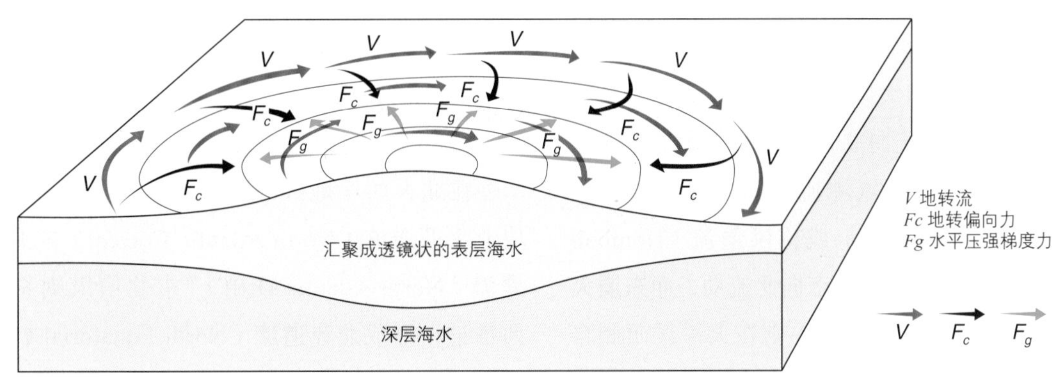

图9.4 当科里奥利效应引发的向内的地转偏向力Fc与水体抬升和重力导致的向外的水平压强梯度力Fg平衡时，围绕大洋环流的流场中心形成地转流（V）。此图为北半球发育的顺时针环流。

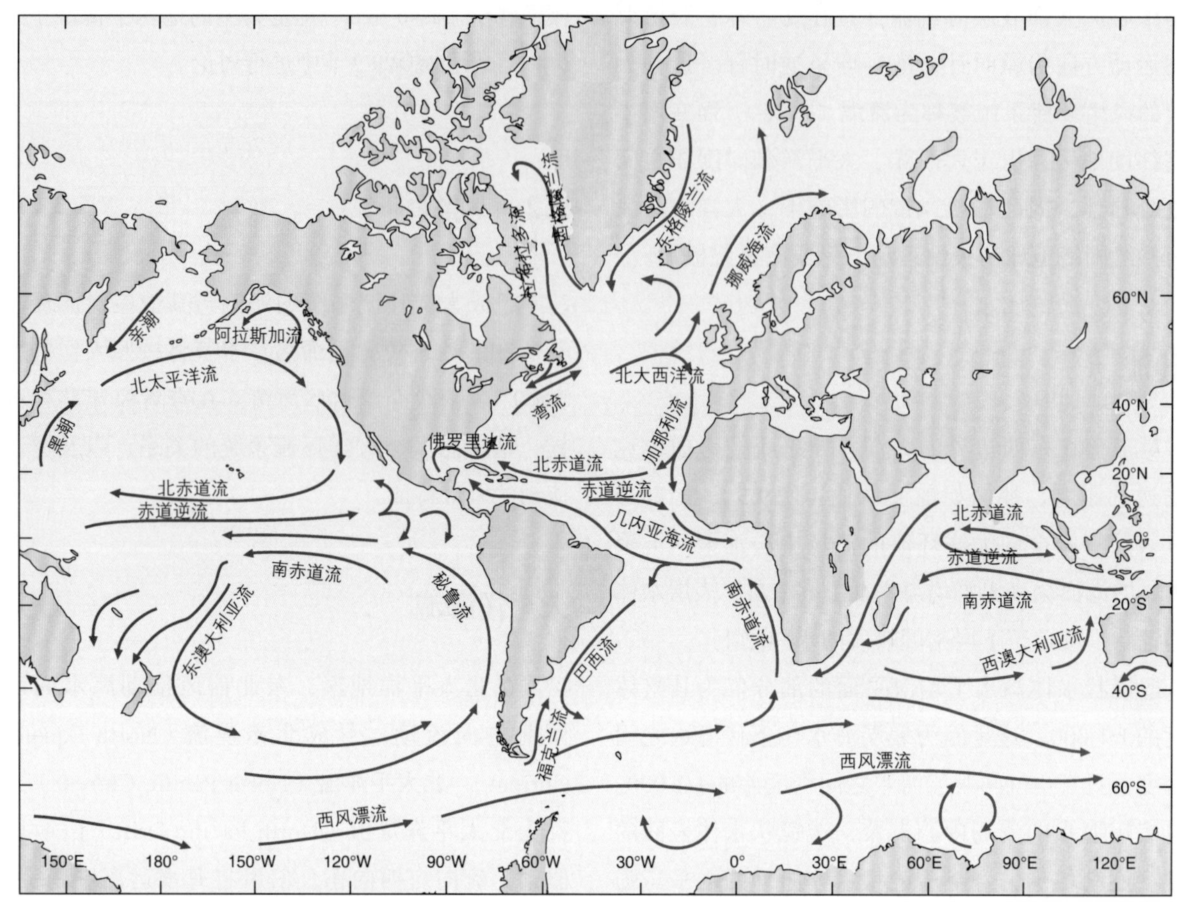

图9.5 大洋主要表层海流的长期平均环流场。

驱动，以及**阿拉斯加流**（Alaska Current），海水来自北太平洋漂流，环阿拉斯加湾呈逆时针流动。虽然北太平洋与大西洋之间由白令海峡相连通，但实际上两大洋的水体交换很少。大西洋的挪威海流会将温度较高的海水输入北冰洋。

在南太平洋地区，海水偏转至东南信风的左侧向西流动，形成**南赤道流**（South Equatorial Current）。西风带则推动海水向东流动。在南半球纬度较高的地区，由于没有陆地的阻碍，表层海流能够连续绕地球流动，从而形成**西风漂流**（West Wind Drift）。南美洲和非洲大陆使得南太平洋与南大西洋东侧的部分西风漂流向北偏转。同北太平洋地区一样，在南赤道流与西风漂流之间存在连续的海流。**秘鲁流**（Peru Current）或称**洪堡流**（Humbolt Current），沿南美洲海岸线自南向北流动，而**东澳大利亚流**（East Australia Current）则在太平洋西侧自北向南运动，流速较低。以上四支主要海流组成了逆时针运动的南太平洋环流。

北太平洋环流和南太平洋环流以北纬5°为界，这是因为南北半球受热不均，导致了气象赤道或赤道无风带实际位于地理赤道0°的北部。在南赤道流与北赤道流之间的无风带区域还发育一支自西向东运动的海流，称为**赤道逆流**（Equatorial Countercurrent），它有助于将堆积在太平洋海域的表层海水向东输运；在南赤道流下方存在一支自西向东运动的潜流，为**克伦威尔流**（Cromwell Current），它将堆积于太平洋西部的海水输运到大洋其他区域。

大西洋海流

在北大西洋地区，西风驱动海水向东流动，形成**北大西洋流**（North Atlantic Current）或**北大西洋漂流**（North Atlantic Drift）。东北信风则将海水向西推进，形成**北赤道流**（North Equatorial Current）。**湾流**（Gulf Stream）为南北向的连续性海流，沿着北美洲海岸向北流动，水体由**佛罗里达流**（Florida

Current）和北赤道流补给。而对应的，**加那利流**（Canary Current）沿着北大西洋东侧向南流动。北大西洋环流呈顺时针运动。在极地东风带的驱动下，**拉布拉多流**（Labrador Current）和**东格陵兰流**（East Greenland Currents）得以与流入北冰洋的**挪威流**（Norwegian Current）的水体相平衡。

在南大西洋地区，西风带源源不断地为西风漂流提供动力。东南信风驱动海水向西流动，但巴西凸出的大陆地形使得部分**南赤道流**（South Equatorial Current）向北折入加勒比海，最终流入墨西哥湾，作为佛罗里达流继续运动，并汇入湾流。另一部分南赤道流则向南沿着南大西洋的西部边界流动，形成**巴西流**（Brazil Current）。**本格拉流**（Benguela Current）沿着非洲海岸向北流动。以上海流组成了完整的呈逆时针运动的南大西洋环流。

由于大部分的南赤道流相对于赤道发生偏转，因此大西洋中部地区的赤道逆流较弱。南大西洋表层海水跨越赤道向北流动，导致南半球向北半球净输运表层海水。为了与该部分水体相平衡，大洋中某个深度上必须发育自北半球向南半球输运的海流。如第8章所述，北大西洋深层海水中确实存在这种回流。此外，大西洋赤道海流亦相对地理赤道0°向北偏移，只是不如太平洋地区偏移得明显。

马尾藻海位于北大西洋中部，西侧以湾流为界，以北为北大西洋流，东部边界是加那利流，南侧以北赤道流为界。同时，马尾藻海是北大西洋环流的中心地带。大洋环流运动形成了一个相对独立、清澈、温暖，以下降流为主的透镜状水体，深度约为1 000 m。该海区以漂浮的马尾藻（Sargassum）而闻名。马尾藻是一种棕色的海藻，能够在海水表层铺展、生长。起初，水手们非常畏惧这种延展的藻席，相传，过往船只会被海草缠住，而等待他们的，是潜伏在海面下方的海怪。然而实际上，这片清澈的海域除了发育茂盛且独特的马尾藻生态系统之外，几乎是一片生物学意义上的“沙漠”。

印度洋海流

印度洋主要位于南半球。东南信风驱动海水向西流动，形成了**南赤道流**（South Equatorial Current）。南半球西风带将海水向东推入西风漂流。南赤道流与向北运动的**西澳大利亚流**（West Australia Current），以及沿着非洲东岸向南运动的**阿加勒斯流**（Agulhas Current）组成了完整的印度洋环流。在地转偏向力的影响下，南半球的海流向风向左侧偏转，大洋环流呈逆时针运动。冬季，东北信风驱动**北赤道流**（North Equatorial Current）向西流动，而**赤道逆流**（Equatorial Counter currnt）则将海水向东输运回澳大利亚。这些赤道海流位于北纬5°附近，原理如前文所述。当潮湿的季风季节到来时，相伴而至的西风会削弱赤道流，控制北半球地区印度洋表层海水的流动。到了夏季，风驱动表层海水向东运动，而冬季反之。在大西洋和太平洋中，这种强烈的季节转换对海流的影响并不明显。

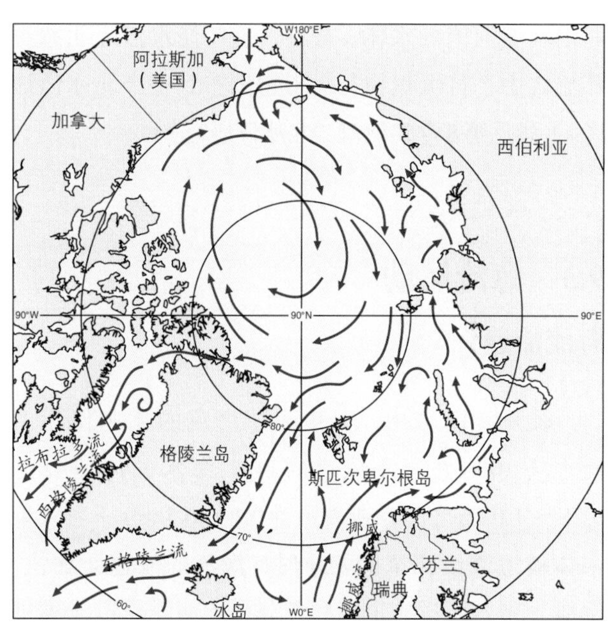

图9.6 受极地东风驱动形成的北冰洋顺时针大型环流。海水随挪威流由北大西洋流入北冰洋，并通过东格陵兰流与拉布拉多流再次进入大西洋。

北冰洋海流

在极地东风的驱动下，北冰洋的海水与海冰不停歇地漂流，形成了一个顺时针运动的大型环流。最开始，探险家们设想该环流的中心位置为北极，然而事实上该环流中心偏移到加拿大盆地，西经150°，北纬180°附近（图9.6）。尽管在海流与风的驱动下，海冰的移动速度非常缓慢，仅为3.2 km/d，但前往北极的极地探险家们却发现，船随海冰和海水向南漂移的速度是如此之慢，几乎与他们艰难地向北极行进的速度相同。

通过挪威流，北冰洋的海水得以由北大西洋补给；除了部分挪威流会进入斯匹次卑尔根岛西部海域之外，绝大部分的挪威流会沿着挪威海岸流动，并向东流经西伯利亚海岸，进入楚科奇海。少量白令海的水体通过白令海峡进入北冰洋，沿西伯利亚海岸加入向东运动的海流及北冰洋大型环流之中。环流西侧穿过北冰洋的中心地带，在格陵兰岛北部分为两路。其中，流量较大的海流称为东格陵兰流，它将北冰洋的海水向南输入北大西洋；而流量较小的海流经格陵兰岛西部汇入拉布拉多流，随后沿加拿大海岸向南流动。

沿西伯利亚向东流动的海水与海冰中也混入了西伯利亚河流的水体。最终，这些淡水汇入北冰洋环流之中，将沉积物与污染物散布到整个北冰洋地区。（详见第8章知识窗“北冰洋研究”）。

9.3 海流运动

海流流速

在开阔海域中，风生表层海流的流速仅为海面上方10 m处所测风速的1%。海水的流速介于0.25～1.0 kn之间，或表示为0.1～0.5 m/s。当大量水体被迫流经狭窄的峡口时，海流的流速会加快。例如，北大西洋赤道流和部分南大西洋赤道流先进入加勒比海，随后流入墨西哥湾，最终以佛罗里达流的形式流回北大西洋，而当其流经佛罗里达与古巴之间狭长的峡口时，流速可超过3 kn，约合为1.5 m/s。在进入大西洋后，佛罗里达流即刻转向向北流去，形成湾流。

海流中不同宽度与深度上的水体都在流动。当海流横截面的面积增大时，海流的流速会降低；而当其横截面的面积减小时，流速会加快。因此，海流的流速并不仅仅与海水表层风速相关联，也取决于海流的深度及宽度，即流速会受到陆地地形、其他海流以及地球自转的影响，具体讨论请见本章中“西向强化”一节。

海流体积输运

地球上发育的主要海流能够输运巨大体积的海水。用以描述海水输运量的单位是**斯维尔德鲁普**（Sv），因哈拉尔德·斯韦尔德鲁普（Harald Sverdrup）命名，他是20世纪著名的海洋学家，曾担任斯克里普斯海洋研究所所长。1 Sv相当于$1\times10^6\ m^3/s$。来自全世界所有河流的淡水流入海洋的输运速率约为1 Sv。海流的水体输运速率随地点与时间的变化而改变，难以精确测量。湾流以佛罗里达流流经佛罗里达海峡时，输运速率约为30 Sv。随着湾流沿海岸向北运动，输运速率不断增加，在哈特勒斯角附近可达80 Sv。至哈特勒斯角下游，湾流的输运速率以8 Sv/100 km的速度持续增长，在西经55°地区达到最大值，约为150 Sv，此阶段中湾流流量的增加可能与其深层水体流速变大有关。从整体来看，海流的输运速率在秋季最大，在春季最小。

西向强化

在北大西洋及北太平洋海域，相对于大洋东部边界，大洋西部边界的海流流势更强，发育深度更大，且水体横截面更窄，这个现象被称为海流的**西向强化**（western intensification）。尽管从大洋环流的形成机制来看，大洋东西边界输运的海水量相同，但湾流与黑潮确实比加那利流及加利福尼亚流的流速更快，水体横截面更窄。洋流的西向强化从低纬度到高纬度均有分布，主要与以下四个方面有关：（1）地球的自转运动；（2）随着纬度增加而增大的科里奥利效应；（3）强度及方向随纬度变化而改变的东西向风场（信风及西风带）；（4）陆地与海流之间的摩擦力。在以上因素的综合影响下，海流汇聚于大洋西部边界，其流速增加以输运环流周边的水体，海水从低纬度向高纬度地区流动。在大洋环流的东侧，海水则由高纬度流向低纬度地区。在东西方向上，海流被拉宽，流速相应降低，但仍然输运着维持大洋环流运作的大量海水。同时，大洋环流附近海流流速的变化使得科里奥利效应发生改变。当海流的流速快时，其对应的科里奥利效应大，为了达到地转平衡，海面会形成一个陡峭的斜坡。

流速较大的西边界流将温暖的赤道表层水输运到高纬度地区。黑潮将赤道地区的热量带到日本及亚洲北部，进而影响这两个地区的气候。同理，湾流通过北大西洋与挪威流将赤道地区的热量输送到不列颠群岛及欧洲北部，改变了当地的气候。在南太平洋及南大西洋地区，西向强化有所减弱，因为非洲与南美洲的大陆地形使西风漂流发生了偏转，从而产生了流势较强的东边界流。大西洋中南赤道流的部分水体向北偏转后进入北半球，增强了北半球中的湾流，同时削弱了南大西洋环流；而源自太平洋，随后穿越印度尼西亚群岛进入印度洋的表层海水，也有助于削弱南半球地区的西边界流。

9.4 涡 旋

当流体横截面较窄、流速大的海流进入到一个流速相对较小的水体中时，海流与水体之间相互作用，使得海流发生振荡，并沿流体边界形成蜿蜒的波纹。这些弯曲、迂回的波纹可破碎形成**涡旋**（eddy），或做圆周运动。涡旋从主体海流中获取能量，并逐渐通过摩擦作用来耗散这些能量。同时，涡旋也会同周边水体发生混合。

当湾流离开北美洲海岸后，其流动路径易发生弯曲。湾流的西缘会产生振荡，水体凹陷的部分会被来自拉布拉多流的冷水所填充。这些凹陷逐渐闭合，形成了逆时针旋转的冷涡，冷涡向东运动，穿过湾流进入到大洋环流的暖水区域。而当水体凸出的部分被截平的时候，其形成了顺时针旋转的暖涡，随后暖涡会漂流到湾流的西部及北部的冷水区域，过程如图9.7所示。当涡旋在大洋中漫游时，可保持自身的物理性质长达数星期之久。在马尾藻海北部海域，涡旋发育的数量尤其多。海流的蜿蜒与涡旋的形成会使表层海流的运动模式与我们在海流图上所观察到的常规洋流运动极为不同。海流图显示的是平均海流运动状态，并不包括日或周时间尺度内的洋流变化。

水平方向上的海流形成不同尺度的涡旋，分布于大洋的各个角落。涡旋的直径从10 km至数百千米不等。每一个涡旋都具有独特的化学和物理性质，并能够在大洋中漫游时维持自己的特性及旋转惯性。涡旋既可以形成于海水表面，也可以发育于大洋中的任意深度处。

涡旋会以顺时针或逆时针的形式旋转。它们不断地搅动海水，直至摩擦力将其化学性质、热力学特征以及动能全部耗散殆尽。通过测定涡旋中海水的特性，海洋学家能够判定涡旋的源头。例如，距北大西洋的哈特勒斯角东南方向800 km处的一个小尺度表层涡旋，与大西洋东部直布罗陀海峡附近的海水性质相同，而这两者相距约4 000 km。直布罗陀海峡附近的涡旋由地中海地区的高盐水形成，因此该类涡旋在英文中又被称为“Meddies”[①]。高盐水下沉并扩散至大西洋中500～1 000 m的深度处。哈特勒斯角附近的深海涡旋可能来自大西洋的东部和西部、加勒比海或冰岛地区。海洋学家根据涡旋的漂移速度、与源头的距离以及海水中生物的耗氧量，对涡旋的年龄进行了估测，认为该类涡旋已发育数年。

位于湾流西部边界处的大尺度涡旋的旋转速度有时可以达到0.51 m/s，考虑到海水的密度，若要形成该流速的海流，则需要风速约为18 m/s的风力来驱动。涡旋的直径可达325 km，而且其威力可直达海底。涡旋的旋转速率在海底处为0，因此，在临近海底时，涡旋的旋转速度急剧降低，且涡旋散失的能量催生了大型的湍流。涡旋与大气压形成的气旋存在诸多相似之处，因此，涡旋又被称为“深海风暴”。当涡旋在海洋中漫游时，它们会搅动海底沉积物，在身后形成波纹与沙波，同时，涡旋能够混合海水，在大范围的海域内产生均质的海水。最终，涡旋将能量传递给湍流，并融入周围水体中。

在大洋中的不同深度处，涡旋不断地形成、迁

① Med取自地中海Mediterranean一词。——译者注

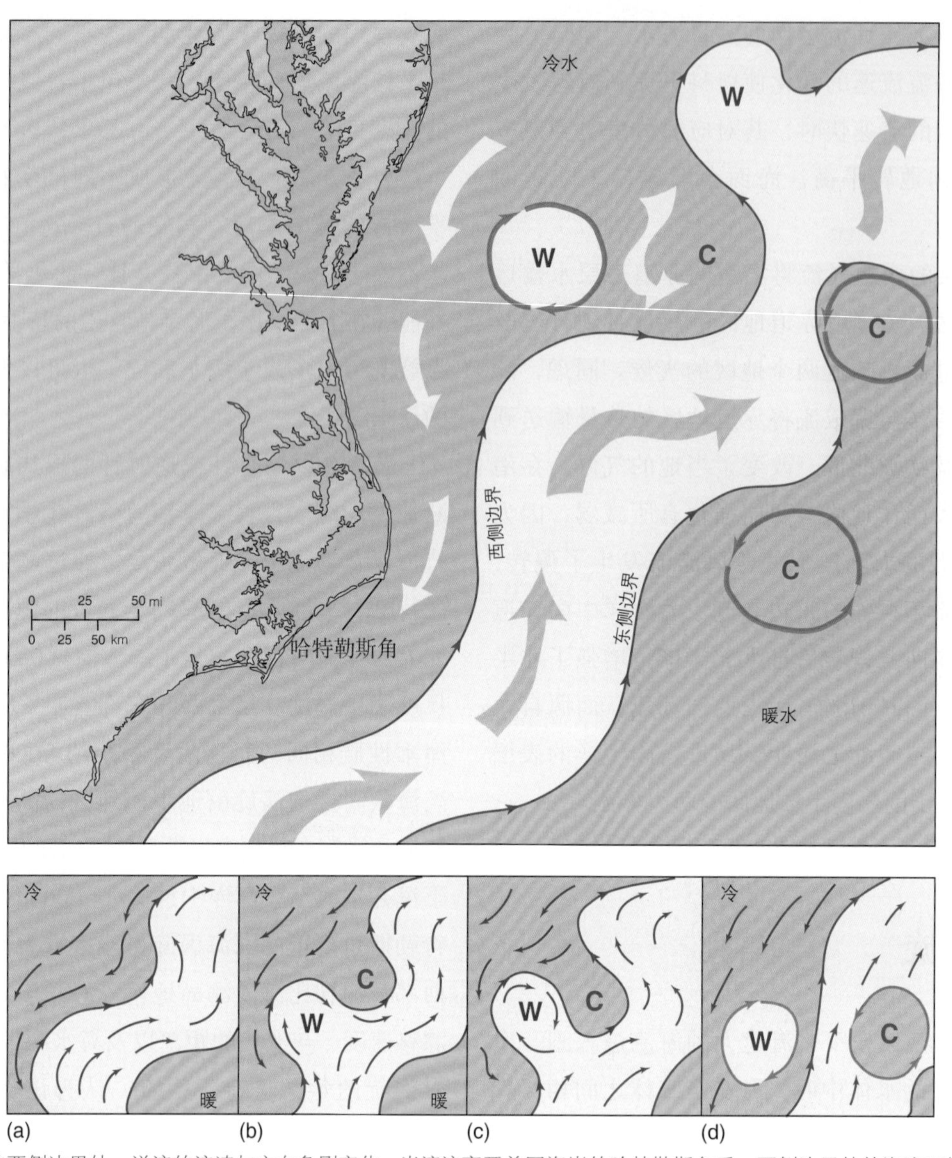

图9.7 在湾流的西侧边界处，洋流的流速与方向急剧变化。当湾流离开美国海岸的哈特勒斯角后，西侧边界处的海流开始变得弯曲、迂回。沿着下游［（a）和（b）］方向，海流摆动不断增大。经过一段时间后，冷水区域的海流将弯曲的部分（c）截断，海流的边界重新形成。脱离主体海流的暖涡（W）漂移到冷水区域，做顺时针运动；而冷涡（C）则穿过湾流进入到暖水区域（d），做逆时针运动。

移和耗散。涡旋的运动叠加在海流平均运动之上。为了更好地理解涡旋在混合海水时所扮演的角色，我们需要追踪涡旋，掌握更多的数据，以此来获取涡旋的大小、位置及耗散速率。卫星是探测表面涡旋的重要工具，因为其能够精确地测量海面的温度、高度以及光反射（图9.8）。深海涡旋可通过专门的仪器进行监测。经设计，仪器能够悬浮在指定深度，被涡旋捕获之后随其一起运动，并向外界释放声频信号。海洋学家可以通过声道接收声频信号，进而监测深海涡旋的形成速度、数量、运动方式及生命周期。

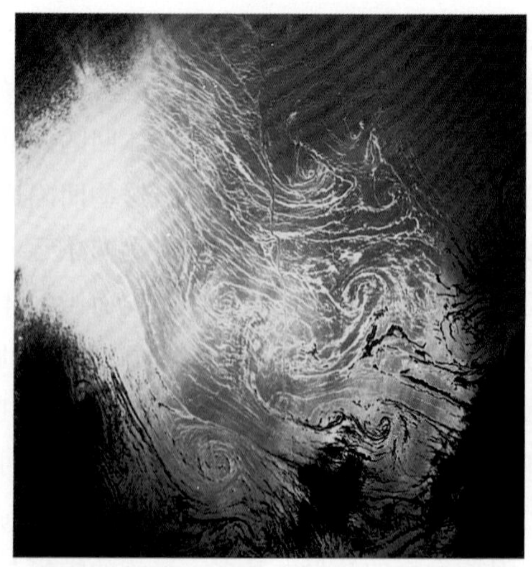

图9.8 由航天飞机拍摄的图像，尺寸为500 km × 500 km。地中海反射的日光显示出了螺旋形的涡旋。涡旋对气候的影响正在监测中。

9.5 辐聚与辐散

在本书第8章第2节中，我们已介绍过海流密度变化及其伴生的上升流、下降流、辐聚、辐散及流动连续性的概念。本章所讨论的辐聚区与辐散区是指由风生表层海流在海面上形成的大尺度的辐聚及辐散区域。例如，辐聚区分布于大洋环流的中心地带，当风生表层海流与陆地发生碰撞时，海流便会辐聚。当表层海流彼此离散或是远离陆地时，海流将会形成表层辐散。此种成因的上升流与下降流几乎常年存在，但也会受到地球表层风场季节性变化的影响。

朗缪尔环流

吹拂过海水表层的强风通常使海面形成条纹状的泡沫或是碎屑条带，沿风向呈拖曳状分布。这些条带被称为风积丘，长约100 m。风积丘通常由浅层环流辐聚产生，而这类浅层环流被称为**朗缪尔环流**（Langmuir cell）。朗缪尔环流由成对的右手螺旋和左手螺旋组成（图9.9）。风积丘之间相距5～50 m，若温跃层发育的深度较浅，则条带间的距离会缩短；当海面上方风速变大时，条带之间的距离会增加。朗缪尔环流的垂向深度为4～10 m之间。虽然朗缪尔环流维持的时间较短，但其有助于表层海水间的混合，并能够重新分配辐聚区及辐散区中悬浮的有机质。下沉颗粒和有机质多聚集于上升流的底部，而当海水发生辐聚或辐散时，漂浮颗粒和有机物则会聚集在海水表层。

持久性作用区域

全球大洋中辐聚区与辐散区的分布如图8.6和图9.10所示。五个主要辐聚区域包括：位于赤道

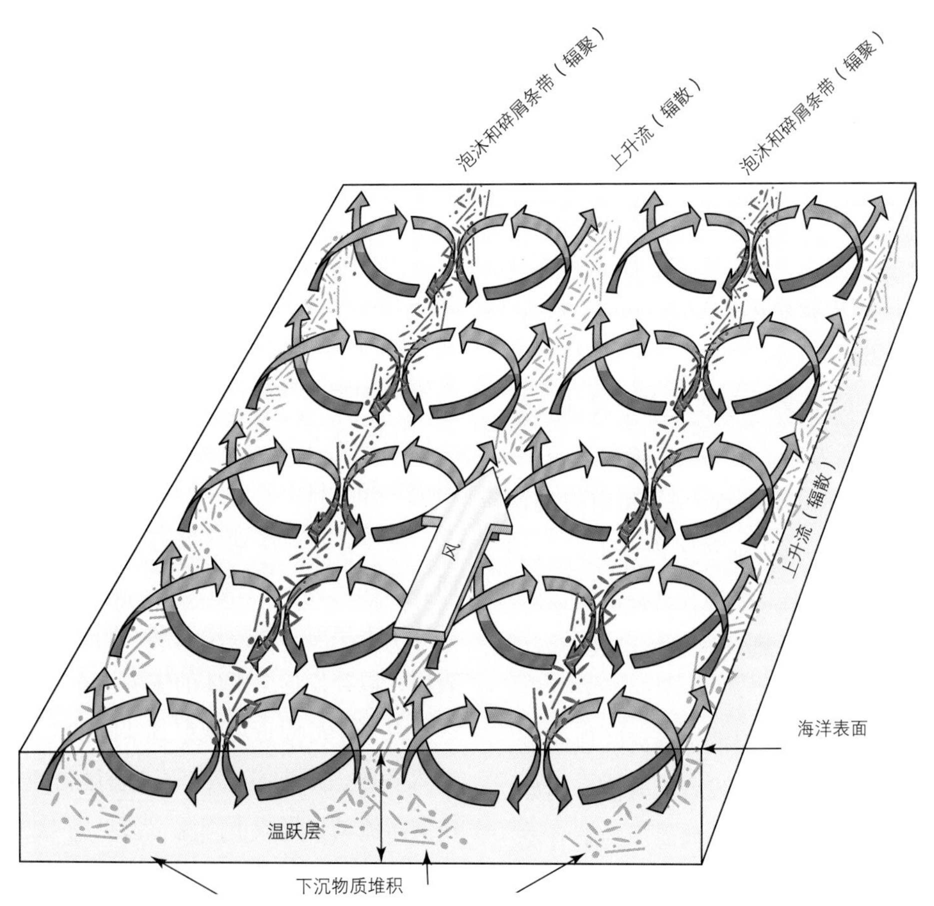

图9.9 朗缪尔环流是风力驱动下的海水浅层螺旋形的水体运动。环流顺风向延伸，在辐聚区海水表面形成碎屑条带，亦称“风积丘”。同时，下沉物质会被卷入上升海水之中。

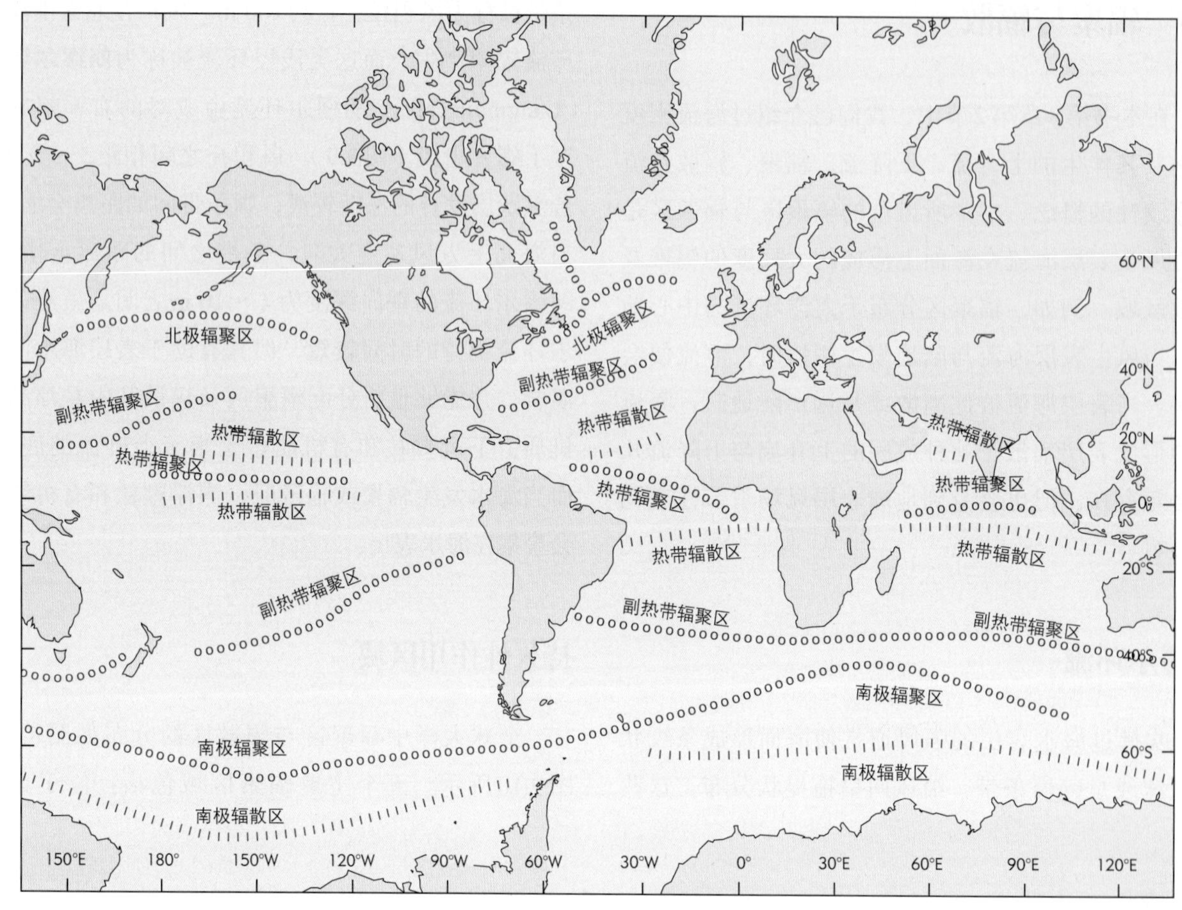

图9.10 开阔海域表层水体中，与风生环流和热盐环流相关的主要辐聚区与辐散区。

附近的**热带辐聚区**（tropical convergence），位于北纬30°～40°、南纬30°～40°的两个**副热带辐聚区**（subtropical convergence），以上辐聚区标志着大洋环流的中心位置；**北极辐聚区**（Artic convergence）与**南极辐聚区**（Antractic convergence）分别位于北纬50°和南纬50°。表层辐聚区通常发育下降流，缺乏营养物质，生物生产力低。三个主要辐散区包括：两个**热带辐散区**（tropical divergence）和**南极辐散区**（Antractic divergence）。在辐散区内，上升流将营养物质携带到表层海水中，维持着食物链的运转，保证了鳀鱼的产量，支撑着热带渔业与南极洲海洋产业的发展。

在沿海地区，信风推动表层海水远离陆地西侧，在这种持久性的作用下，全年均发育上升流。例如，信风持续驱动非洲西海岸与南美洲西海岸的上升流，进而衍生了繁荣的渔业。

季节性作用区域

在北美洲西海岸地区，上升流和下降流会受到季节更替的影响。北半球温带地区冬季盛行南风，夏季则变为北风。由于埃克曼输送由风力驱动，且会沿风向偏转90°，因此，风向的变化导致埃克曼输送的方向发生改变，进而影响了上升流或下降流的形成（图9.11）。

夏季，近海岸地区盛行北风，海流净输运方向为西，或向风向右侧偏转90°。海流净输运方向的改变导致了表层海水的离岸运动，同时，深层海水上升到表层，以补偿近岸水体的流失。在加利福尼亚中部地区及温哥华岛附近可观察到清晰的上升流（图9.12）。进入冬季，风向变南，驱动表层海流向东运动，水体向岸流动，形成下降流（参见图7.22）。到了夏季，上升流致使旧金山近岸水温降低，进而催生了频繁出现的夏季海雾（见第5章）。由于南半球中纬度地区缺少陆地，因此，该种季节性上升流不常发育。

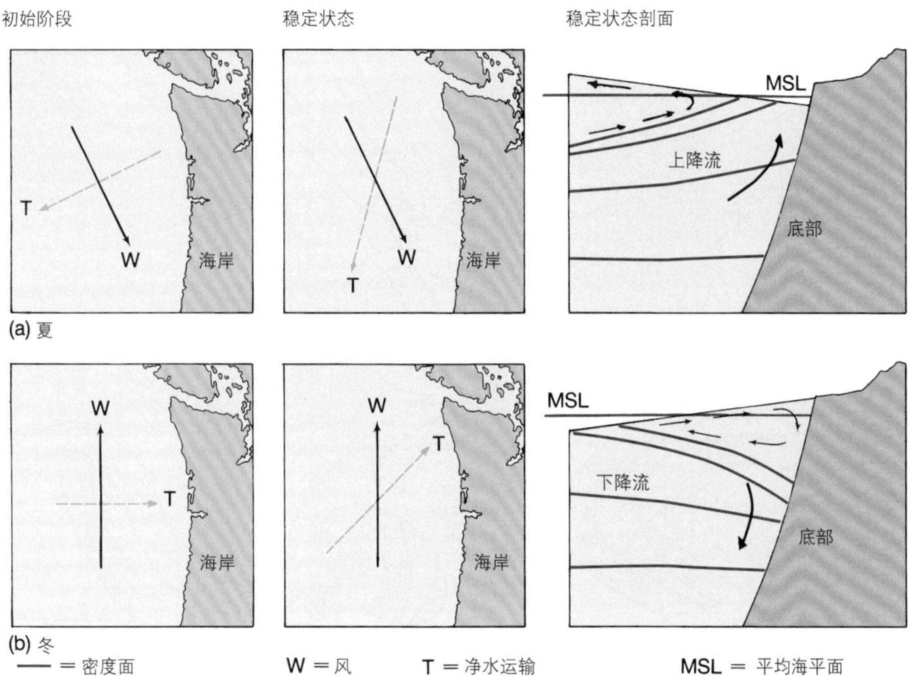

图9.11 初始阶段，沿北美洲西北海岸，埃克曼输送顺风向向右偏转90°。而当夏季海水离岸（a）或冬季海水向岸（b）输运时，海水表面会发生倾斜。而为了保持地转平衡，海面倾斜产生的重力作用会改变埃克曼输送的方向，从而形成新的稳定状态。

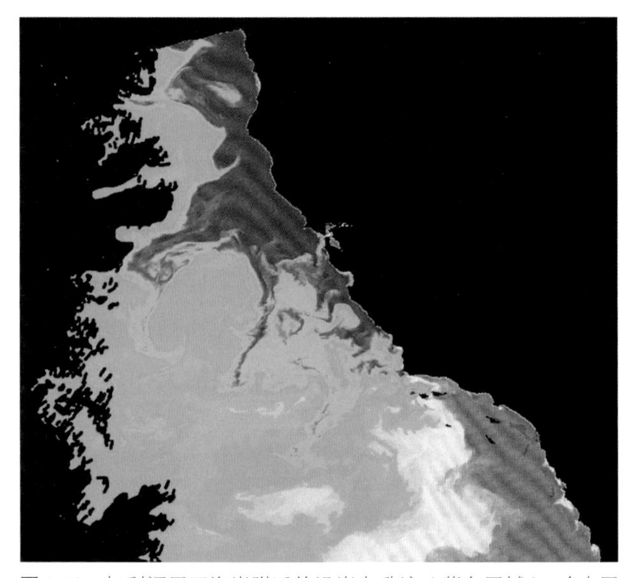

图9.12 加利福尼亚海岸附近的沿岸上升流（紫色区域），冷水区呈碎片状向外延伸。

表层海水的辐聚与辐散不仅形成了上升流与下降流，同时也混合了不同地区的水体。这些水体在海水的混合过程中融为一体，形成具有特定温度及盐度范围的混合流体，并下沉到相应的密度面上。随后，流体在水平方向上运动，不断与周边海水混合，流体性质亦随之变化。最终，混合流体重新涌升回海水表层，但位置已发生改变。以上过程被称为**混合增密**（caballing），已作为热盐环流在第8章的密度驱动环流一节中介绍过。**热盐环流**（Thermohaline circulation）与**风生环流**（wind-driven surface currents）紧密相连，这两者在水体混合、上升流与下降流及辐聚与辐散成因上的主次关系难以分辨。这些海流的变化所导致的结果将在第9.6小节中进一步讨论。

9.6 环流模式的变化

全球海流

不同大洋之间以及同一大洋不同深度处的水体的内部变化，能够重新分配水体的热量、盐度和溶解气体。通过图9.13，追踪全球海洋的表层和深层海流运动，是否存在某些现象，可以改变海水的运动模式，触发水体内部的变化，从而导致明显的气候变化？

通过对北大西洋沉积物岩心中的海洋有机物化石进行分析，发现冰期与间冰期期间，北大西洋的海水温度与米兰科维奇旋回有关。地球公转轨道的

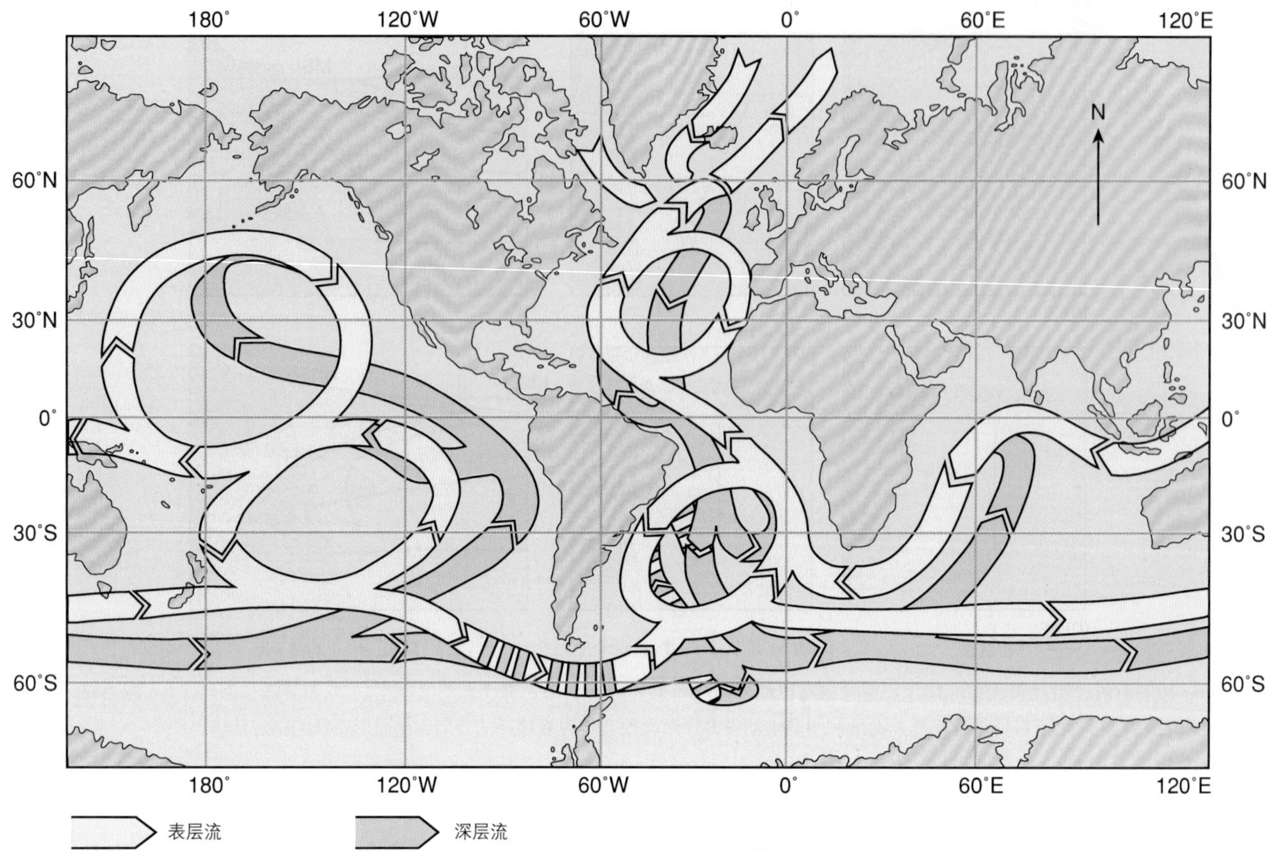

图9.13 全球的表层（黄色箭头）和深层（绿色箭头）风生环流与热盐环流。寒冷的表层海水在北大西洋下沉至海底，随后向南流动，进一步被威德尔的南极底层水冷却。而后，该深层水体向东绕南极洲流动，进入印度洋的表层海水则与太平洋深海盆地之中。而太平洋与印度洋的表层海水回流到大西洋中，向北移动，逐渐取代北大西洋的表层海水。

长期变化与地球自转轴和太阳之间相对位置的变化会导致地球表层接收的太阳能的总量及分配发生变化，形成米兰科维奇旋回。2.3万年前，地球处于太阳辐射量最低时期，约6 000年后，地球上的海洋温度降至最低值，同时陆冰量达到最大值。需要注意的是，地球降温的时间相对于太阳辐射量减少的时间存在滞后。但对北大西洋沉积物岩心的分析显示，约1.2万年前，随着地球再次接收大量的太阳辐射，海水温度迅速回升至现今的温度。海水变暖过程与变冷的过程均与米兰科维奇旋回有关，受地球与太阳间相对位置变化的影响。

与海水不同，冰不能够充分吸收太阳能，但却可以有效地反射太阳辐射。因此，相较于海水的迅速升温，陆冰融化很缓慢。1.1万年前，北大西洋表层海水的温度与欧洲北部的空气温度骤然降低，而该事件与地球公转的长期变化无关。在随后的700年间（相当于一个微冰期），海水始终处于低温状态。格陵兰冰芯内气泡中的气体表明，在此期间，大气中（约占20%）的二氧化碳发生了变化，全球大气发生了变化。与此同时欧洲和北大西洋出现局部低温，这指示了运输热量及二氧化碳的大洋环流发生了较大的改变。

微冰期中全球性大气变化与大洋环流之间的必然联系，使得来自拉蒙特-多尔蒂地球物理观测站的华莱士·布勒克（Wallace Broecker）认为，北大西洋环流的突然中止是受某种事件的触发。该事件阻止了温暖的表层海水向北输运，从而影响了北大西洋深层海水的形成，进一步阻碍了深层海水向南流动。因此，全球范围内的大洋环流模式发生了变化，导致海洋运输和存储二氧化碳的能力改变，而大气中二氧化碳的含量亦会随之变化。

布勒克推测这一事件是北美冰盖融化后进入大西洋，触发了北大西洋环流的突然中止。大量低密度、低盐度的冰冷海水流入北大西洋后，改变了表层海水的盐度与密度。地质学方面的研究支持了布勒克的观点。在北美洲地区冰川后退的早期阶段，冰川融化后形成的淡水主要汇集在密西西比河排水系统中，随后流入墨西哥湾，而非直接流入大西洋之中。但随着冰缘逐渐后退，淡水汇集到了北美地区的哈得孙河水系、五大湖及圣劳伦斯河流域，而后再进入北大西洋，导致其表层海水密度变小、温度降低。

与此同时，由于低盐度的表层海水难以下沉，因此，北大西洋深层海水的生成速率减慢，从而减少了向北输运的温暖的涡流水量，最终影响到了全球范围内的大洋环流。该事件发生得快，结束得也很快。随着冰川融化变缓，其形成的淡水量也随之减少。海水表层变暖，蒸发作用使得表层海水的密度上升。因此，北大西洋深层海水的生成得以恢复，进而，北大西洋环流开始迅速复原。

通过大洋钻探计划所获取的沉积物岩心可以用于测定海水中的氧同位素（可指示海水温度），以及不同时期沉积物孔隙水中的无机盐成分。研究表明，在末次的盛冰期（LGM）中，太平洋、南大洋与大西洋的深层海水温度近乎相同，但各大洋之间的海水盐度截然不同。这表明在LGM期间，深层海水的密度层化受海水的盐度控制，而非温度，现今也是如此。在LGM期间，南大洋海域形成了盐度最高的深层海水，而受到深层海水盐度的影响，极地的淡水收支亦不同。因此，我们假设，是否存在一个“盐开关”，能够在大洋中突然增加大量淡水，或失去大量淡水时（高纬度地区），骤然改变深层环流的运动模式？综上所述，掌握深层环流变化的触发机制，是理解气候变化与大洋环流之间联系的关键。

北太平洋涛动

W. 小詹姆斯·英格拉哈姆（W. James Ingraham Jr.）是NOAA西雅图实验室的一名海洋学家，他所建立的北太平洋海流模型，可用以模拟北太平洋表层海流的运动方式。在英格拉哈姆利用该模型模拟1902—1997年之间北太平洋表层海水的流场变化时，南北向海流表现为与大气压和气候变化相关的振荡模态。其中，寒冷、潮湿的气候条件对应向南运动的海流；温暖、干旱气候条件则对应向北运动的海流（图9.14）。而俄勒冈州东部地区的北美西部圆柏的树轮数据也证实了以上观点。由于树木的年轮对气候敏感，因此树轮数据可同北太平洋海流模型的模拟结果进行对比。其树轮数据显示，在海流向北运动期间，树轮发育较宽（快速生长）；而在海流向南运动期间，树轮发育较窄（慢速生长）。树轮记录的时间跨度较大，其包含的信息比海洋学和气象学信息更为丰富。树轮数据显示，从哥伦布时代开始，

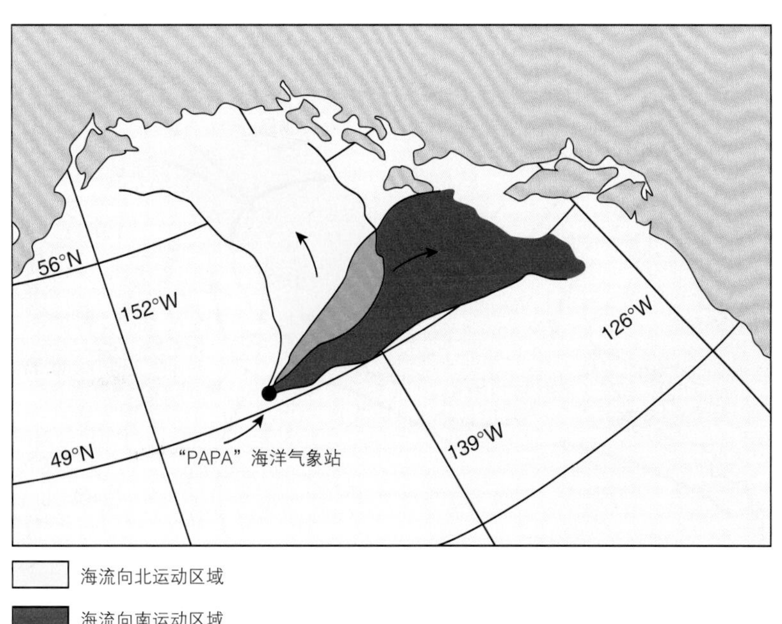

图9.14 东北太平洋南北向海流流向的转变与大气压强、风向、降雨和水温的变化有关。这种现象被称为太平洋年代际振荡。

北太平洋地区共发生过34次南北向海流振荡。树轮的快速生长期与慢速生长期之间普遍间隔17年，其次为23年或26年。经对比可知，树轮数据与模拟出的海流振荡相符合。

自1967年起，在温暖、干旱的气候条件下，海流表现为南北向振荡运动，且其维持时间在过去500年内最长。其中，1998—1999年冬季及受拉尼娜影响的1999—2000年，气候较为潮湿；2000—2001年冬季，太平洋西北部为异常的温暖、干旱气候；而2002年冬天，在厄尔尼诺现象的影响下，气候再次变得潮湿。海流流向的改变与大气压强、风向、降雨及水温的变化有关，这种现象被称为太平洋年代际振荡。太平洋十年际振荡会影响加利福尼亚到阿拉斯加沿岸的海表温度，进而影响该海域鱼类资源的生存（鲑鱼尤为明显）。在本书第17章中，我们将详细讨论渔业。

北大西洋涛动

1968年，在冰岛北侧格陵兰岛附近出现了一大团寒冷的低盐度表层水体。该水体比正常海水的盐度0.5‰，温度低1～2℃。在随后的2年内，该冷水团向西运动，流入加拿大东部附近的拉布拉多海，而后横跨大西洋，于20世纪70年代中期，向北流入挪威海。1980年的年初，冷水团流回发源地，其流动路径如图9.15所示。在此期间，冬季寒冷天气席卷了欧洲，整个北半球的气温低于往年平均温度，并持续了10年之久。

为了提高气候预测的能力，近年来，已有学者对北大西洋进行了深入研究。新的研究结果表明，冷水团与暖水团环北大西洋分布，且两者交替发生。水团的生命周期约为4～10年。这种与气候变化紧密相关的现象，被称为**北大西洋涛动**（NAO）。学者们试图解开北大西洋涛动的相关谜团，但目前尚未明确其成因机制。在正常气候条件下，以冰岛为中心，发育一支逆时针运动的大气环流；而在亚速尔群岛附近，存在一支高压顺时针大气环流。如果这两个区域的大气压强差异较大，则会形成强劲的西风，从而通过北大西洋海流将热量输运到欧洲地区；如果两个区域之间的气压差值减小，西风的风

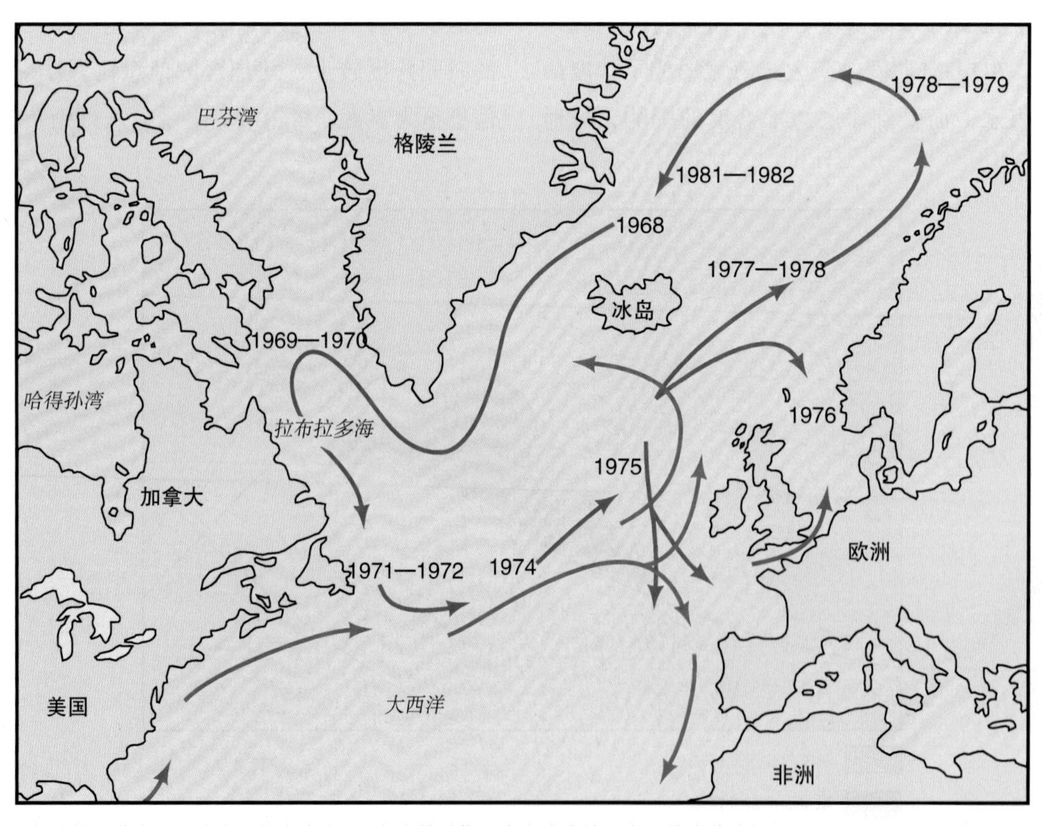

图 9.15　紫色箭头指示北大西洋冷水团的流动路径；红色箭头指示来自湾流的暖水团的流动路径。

海洋漂浮物

1990年5月，一场剧烈的风暴席卷了北太平洋，导致从韩国驶往美国的集装箱船“汉萨船运”号（Hansa Carrier）上21个长约12 m的货物集装箱落水。在这些遗失物品中，共有39 466双耐克牌（NIKE）运动鞋落水后沿着美国的华盛顿州、俄勒冈州和加拿大的不列颠哥伦比亚省的海滩漂流了6个月至1年。尽管这些运动鞋已经在大海中漂流了近1年的时间，但在清除了其表面的藤壶和油渍之后，鞋子依旧可穿。然而，由于运输运动鞋并未成双系在一起，因此，漂到岸上的鞋子往往不成对。海边的居民会修复拾到的运动鞋（成双的运动鞋的零售价可高达100美元），并在沿海社区举办旧货交换活动，来为运动鞋配对。

1991年5月的一天，在我与母亲吉恩和父亲保罗吃午饭时，母亲谈到了耐克运动鞋漂流的新闻。这激起了我的兴趣。同时，我意识到，与1956—1959年期间为了研究北太平洋环流所使用的33 869个漂流瓶相比，78 932只鞋是数量巨大的漂浮物。我随即联系了俄勒冈州的一名艺术家，同时也是耐克运动鞋漂浮物的收集者——史蒂夫·麦克劳德，他掌握了1 600只这种鞋子的拾获时间及地点的信息，拾获地点分布于美国加利福尼亚州的北部及加拿大不列颠哥伦比亚省的夏洛特皇后群岛之间。此外，我还联系了许多海滩拾荒者，绘制了一张标有100多只鞋子被拾获的时间及地点的地图（窗图1）。随后，我拜访了位于西雅图市的美国国家海洋和大气管理局下属的国家海洋渔业服务办公室的吉姆·英格拉哈姆，研究了他所建立的太平洋环流和北纬30°以北风场系统的计算机模型。根据耐克运动鞋落水的时间（1990年5月27日）、地点（西经161°，北纬48°），以及分别登陆温哥华岛与华盛顿海滩的第一只运动鞋的时间（介于感恩节和圣诞节之间），我发现，运动鞋的漂流速度与计算机预测的洋流模态相吻合。

俄勒冈州的一名新闻工作者得知了吉姆与我对漂浮鞋的“研究”，将这段趣事发表在了当地的报纸上。随后，我们的故事被美联社选中，并迅速在全国范围内得到了传播。读者们发来信件，描述了他们各自拾获漂浮运动鞋的细节。由于每只运动鞋的内部都有一个能够帮助我们追溯到特定货物集装箱的订单号，因此，单只鞋也极具价值。我们通过分析这些号码得出，在落水的5个装耐克运动鞋的集装箱中，只有4个遭到了损坏，因此，仅有61 820只运动鞋漂到了海面上。

计算机模型与之前利用卫星定位的漂浮物实验都表明，自落水点起（距海岸约2 500 km），海流会携带运动鞋向东运动，而期间仅有少量的鞋子会脱离“大部队”。但是在从加利福尼亚州到不列颠哥伦比亚省北部的沿海地区，发现了散乱的运动鞋。这种运动鞋呈南北向分散的现象与沿岸流有关。冬季，沿岸流将运动鞋向北输送至夏洛特皇后群岛；而春夏季，沿岸流则将运动鞋向南运至俄勒冈州和加利福尼亚州海岸。

我想知道，若是运动鞋在同一时间落水，但落水状况却不同，那么这些鞋子会漂浮到哪里。计算机可以模拟出1946—1991年间，每一年5月27日投放漂浮物所对应的漂流轨迹。窗图2显示，计算机模拟的漂流路线变化较大。如果运动鞋于1951年落水，它们将会在阿拉斯加环流路径中漂流；若是运动鞋投放于1982年，那么它们将会被1982—1983年间的强厄尔尼诺现象带向北方；而如果鞋子在1973年掉落，它们则会从哥伦比亚河处登陆。

另一起货物“落水事件”发生于1992年1月。一艘货轮在北太平洋（西经180°，北纬45°）掉落了12个货物集装箱，其中1个集装箱装着29 000只可漂浮的塑料浴缸小玩具。1992年11月，“蓝乌龟”“小黄鸭”“红海狸”和“绿青蛙”开始登陆阿拉斯加州锡特卡湾附近的海滩。当地报纸和加拿大灯塔看守者的内部通讯都刊登了有关这些玩具搁浅的新闻。随后，海滩拾荒者上报此类玩具约400个。

由于并未在北纬55°以南发现漂浮的玩具，因此，我们推测，玩具在到达锡特卡附近后，就开始向北漂浮。计算机模拟结果显示，如果玩具继续随着阿拉斯加流漂浮，那么它们会随着阿拉斯加流通过阿留申群岛，进入白令海。其中，部分玩具会继续横跨白令海，进入北冰洋，到达巴罗角附近，并会随着北极浮冰漂流到西伯利亚的北部。最终，部分塑料乌龟、鸭子、海狸或青蛙可能会在欧洲西部海岸搁浅。但如果玩具转而向南运动，那么它们可能会汇入黑潮之中，并流经当初落水的区域。

1994年12月，一艘货船在北太平洋遭遇火灾后，从船上掉落了2 500箱冰球手套（34 300只）。1995年8月，一艘渔船在距俄勒冈海岸以西约1 300 km处发现了7只冰球手套。到了1996年1月，表面布满了藤壶的冰球手套开始登陆华盛顿海滩。拾获地点最靠北的冰球手套位于阿拉斯加州的威廉王子湾，发现于1996年8月。这些手套可能遵循前述的塑料玩具漂浮路线，沿阿拉斯加海岸漂浮，进入北极。1997年，400多万块的乐高积木在英吉利海岸处落水。预计到2020年，这些乐高积木将遍布北半球的海岸。

无独有偶，诚如谚语所说，“风水轮流转”。2002年12月15日，一艘装载着集装箱的货船由加利福尼亚州的洛杉矶市驶向华盛顿州的塔科马市。在距离加利福尼亚北部门多西诺角8 m左右的海域时，货船摇晃，导致几个集装箱落入海中，其中一个集装箱内装有33 000只耐克运动鞋。2003年1月中旬，这些运动鞋沿着华盛顿海岸漂浮到了岸边。借助戴维森流，运动鞋向北漂浮了约833 km。同样的，每对运动鞋并没有系在一起，因此，也有人张贴通知，来搜寻鞋子的“另一半”。

柯蒂斯·C. 埃贝斯迈尔博士（Curtis C. Ebbesmeyer）

华盛顿州西雅图市

延伸阅读：

Krajick, K. 2001. Message in a Bottle.*Smithsonian*, 32 (4): 36–47.

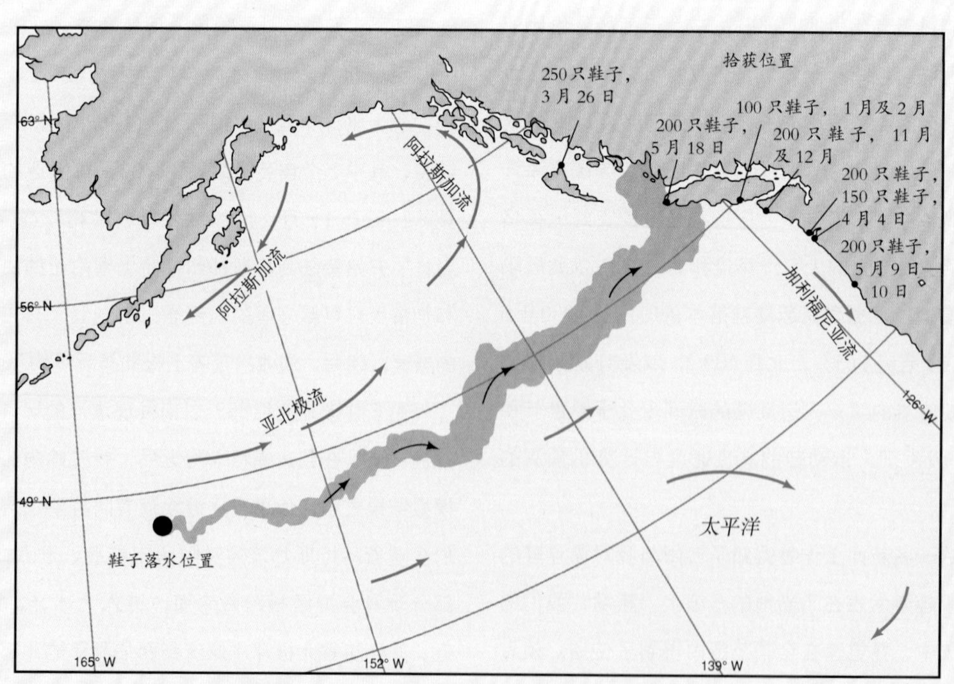

窗图1　图中标示了1990年5月27日80 000只耐克运动鞋的落水地点，以及1 300只运动鞋的拾获时间和地点（图片中上方所示的黑点）。运动鞋的漂流路径由计算机模型模拟而得（深色阴影区域）。

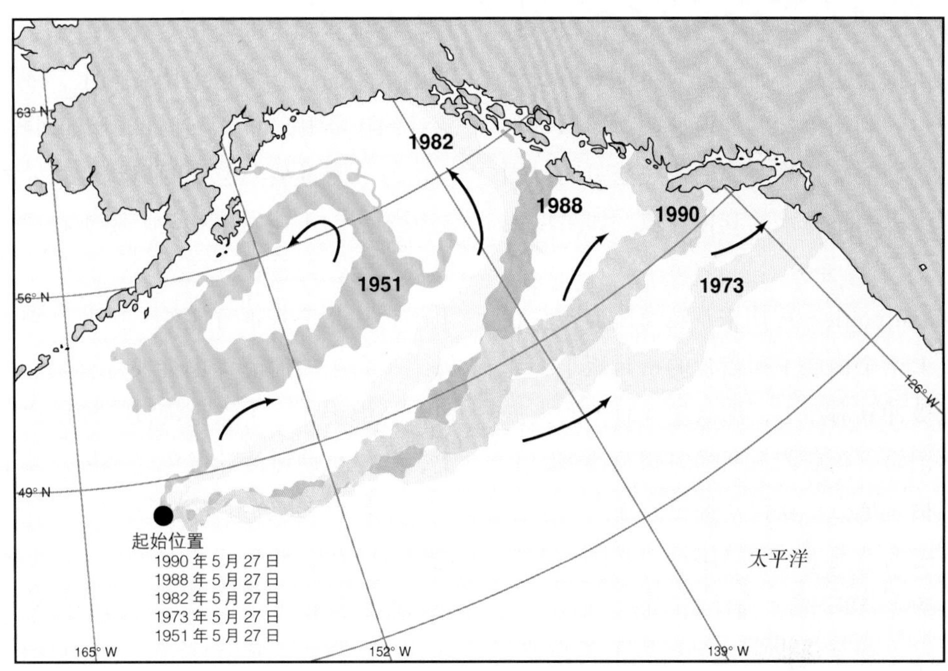

窗图2 基于计算机模拟的海流和天气状况，分别恢复了运动鞋在1951年、1973年、1982年、1988年及1990年同一天（5月27日）落水后的漂流路径。

力将小于以往，只能将少量暖水注入挪威流之中，因此，输运到欧洲的热量也将减少。1950—1971年和1976—1980年就被认为是欧洲地区历时较长的两个寒冷期。西风也可能驱动北冰洋寒冷的低盐度水体进入北大西洋深层海水生成区域，进而可能导致北大西洋深层海水小规模的减少，使得向北输运的温暖表层水体减少。若想改变大洋环流，需要多少淡水？这个问题还未得到圆满的解答。但随着目前北冰洋海冰的不断融化，我们可能会获取越来越多的信息。

自然循环在不同的时间尺度及量级上运行，我们并不能完全掌握各种事件之间的作用机制及反应方式。海洋学家和气象学家们意识到，若想进一步研究这些庞杂的作用机理，必须将海洋-大气系统与全球洋流系统联系起来。学者们利用数学公式构建模型，以此来模拟海洋与大气之间的相互作用。为了使用模型预测出给定时间内的环境变化，需要使用超级计算机进行上百万次运算。为了使模拟预测的效果尽可能接近历史观测数据，需要调整计算公式，以检验和改善模型。模型是科学与艺术的结合。有时模型预测的结果准确，有时则不然。这取决于模型的完善程度、有效数据的多寡，以及计算机处理数据的能力。通过构建模型，我们可以近似地模拟整个海洋-大气系统，或者仅用以研究地球上的某些局部区域。或许终有一天，我们能够预测海洋及大气的相关变化。但是，我们该如何利用这些信息？这些信息是否对勘探或开发海洋资源有所帮助？以上问题，仍需探索。

9.7 海流观测

直接观测海流的流速及流向的方法主要包括两类：浮标漂移测流法及定点测量法。

通过在预定水层安放浮标，追踪海流的流向，进而测定其流速。利用浮标发出的声学信号，调查船或近岸海上平台能够定位浮标，记录它们随海流运移的路径、速度与位移。自动传感器也可用于观测海流，如阿尔戈浮标。用航空摄影染色剂与浮标均可对表层海水进行定位。而通过卫星也可以对浮标进行GPS定位。利用浮标的漂流速率，影像资料及定位数据，我们能够计算海流的流速与流向。同时，浮标也可用以测量海水的其他性质，如温度或盐度。

漂流瓶（drift bottle）可用来观测海流变化。在已知地点投放上千个内装了明信片的密封瓶子，如果这些漂流瓶被冲到海岸上，那么发现瓶子的人需要在明信片上记录下拾获漂流瓶的时间及地点，并将明信片寄到指定地点。在仅掌握投放地点、拾获地点及漂流历时的情况下，漂移路径主要依靠人为猜测。详细内容见“知识窗：海洋漂浮物”。

在固定位置上测量海水流速和流向的传感器，称为**海流计**（current meter）。在过去二十年中，海洋学家使用的海流计包含一个测量流速的旋桨，以及一个测量流向的叶片。如果海流计被放置在锚定的船体下方，测量数据可以通过电缆传输到调查船上，或是记录在海流计中以便日后读取。如果海流计被绑置在锚定的浮标系统中，那么数据能够以无线电信号的形式发送到调查船上，或是被记录在海流计的磁带中，可在海流计或浮标回收时被读取。

为了测量某个位置的海流变化，海流计的位置必须固定，不能发生移动。尽管在浅水中，船体可以被锚定，但是在开阔海域，想要锚定船只或是海上平台，几乎是不可能的。因此，绑置在船体或是海上平台上的海流计也会发生移动。解决办法是将海流计绑定在一个完全浸没于海水之中的潜标系统上，这样可使海流计避免受到风与波浪的影响。图9.16为张紧绳定位系统的示意图。锚绳、海流计、钢丝绳和浮标会预先安装在甲板上。船慢慢行驶，首先从船尾投放可浮于海水表面的浮标，当调查船行驶一段距离后，将潜标、海流计和钢丝绳平铺在海面上。当到达采样点时，工作人员会将锚抛入海中，钢丝绳及潜标得以沉入水下进行测量。测量结束后，可以通过从海面上勾住接地绳来拉回潜标和海流计［图9.16（a）］，或是利用声波信号，断开潜标与锚之间的连接，使潜标上浮到海面［图9.16（b）］，而

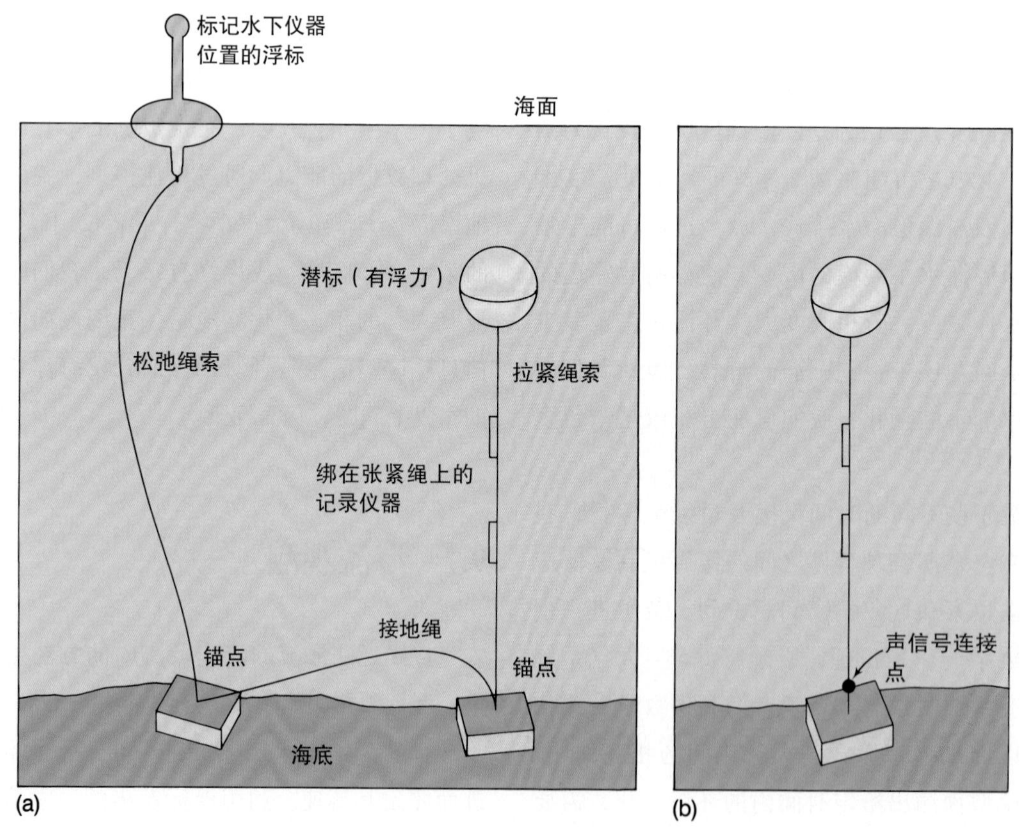

图9.16 张紧绳定位系统。（a）海表浮标拉拽钢丝绳所绑定的观测仪器。如果在海面表层观察不到标志浮标，可能是因为浮标钩住了底链。（b）在该系统中，利用声信号断开潜标与底锚，潜标设备上浮至海面。

锚会被弃之海底。尽管这种方法的原理很简单，但是在波涛汹涌的海中投放、寻找，以及取回这些设备时，仍然存在诸多风险。每一次，当海洋学家们把精密仪器投入大海时，他们都会忐忑不已，期待着仪器能够顺利返回。

现在有一种的新观测海流技术，其不需要海水的能量来转动测流计的叶片，而是主要利用声脉冲和频率的变化，以及流动海水中颗粒悬浮物反射的声波频率，对海流的流速及流向进行测量。当颗粒悬浮物反射的声波向海流计运动时，声波频率增加；而颗粒悬浮物反射的声波远离海流计运动时，声波频率减小，这就是**多普勒效应**（Doppler effect）。交通工具靠近车站时鸣笛声变得尖锐，远离车站时鸣笛声变得低沉也是多普勒效用的结果。在利用多普勒效应观测海流时，声源可以固定在船身或者浮标系统上，也可安置在海底。

利用卫星高度计测得的数据，科学家能够绘制全球尺度范围内的海面地形图。利用地形图中的海面地形起伏数据可研究重力、周期性潮汐运动、大气压和地转流。若要对海流进行分类，并研究海流之间的相互作用，需要大量数据，而只有在卫星出现之后，这种大尺度的测量才变得可行。

9.8 实际应用：海流能

全球的大洋表层海流是尚未开发的巨型能源宝库，经估算，其总能量通量可高达2.8×10^{14} W·h。由于海流与风力作用以及海水表层的热力学过程有关，因此海流能被认为是一种间接的太阳能。如果海流的能量全部转换为电能，那么海流将停止运动。但考虑到海流规模是如此之大，所以我们利用其小部分的能量是可行的。在开阔海域中开发海流能时，需要将涡轮发电机固定在海流中，流动的水体推动大型涡轮叶片运转，工作原理与风车相似。随后，涡轮叶片驱动发电机，将海流能有效地转化为电能。在第11章中，我们会详细讨论潮流能的开发。

佛罗里达流和湾流的流速非常快，奔腾不息，而且紧邻这两支洋流流场的海岸急需能源供应。如果能够将海流发展为一种新能源，那么这两支洋流是最具潜力的能源库。但是，绝大多数的风海流流速过慢，且离能源需求区域较远。此外，也要考虑其他需要占用海洋资源的因素，例如交通、渔业及娱乐等。同时，在开阔海域建造、安置及维护发电设备的成本较高，也使得当前海流能与其他能源相比不具备竞争力。

本章小结

风力驱动海流在北半球沿风向向右偏转45°流动，在南半球沿风向向左偏转45°流动。风力驱动下的多层海流受到科里奥利效应的影响，形成埃克曼螺旋。海流的净输运方向与风向呈90°夹角。当重力与科里奥利力处于平衡状态时，可形成地转流。各大洋均发育大型表层环流。北半球的洋流呈顺时针运动，南半球的洋流呈逆时针运动。印度洋北部的洋流会随季节变化而变化。

大型海流系统往往以其所在的平均地理位置命名。海水的输运以及海流的流速会受到海流横截面积、其他海流、西向强化作用以及风速的影响。当快速运动的海流沿其边界产生波动后，部分水体会脱离主流，生成涡旋。涡旋可以形成于海水中的任意深度处，但随着漫游距离的增加，涡旋会逐渐消耗殆尽。

下降流由表层海流辐聚产生，而上升流由表层海流辐散形成。一方面，上升流和下降流可形成于浅水区域，并且维持时间较短，如朗缪尔环流；另一方面，上升流和下降流也可能发育于大范围的海域之中。在大陆西侧的信风带处，上升流几乎常年发育，而该区域的表层海流则离岸运动，呈辐散状态。在沿海地区，风向的季节性变化导致了向岸和离岸埃克曼输送的交替发生，进而在近岸地区形成了季节性发育的上升流和下降流。

全球大洋环流的周期变化属于地球动力系统运作的一部分。全球海流的突发性变化可能会导致重大的气候变化，其触发机理可能与北大西洋局部事件有关。北太平洋和北大西洋地区都能够观察到年代际振荡现象，主要体现在海流及气候状态上。

观测海流的技术有很多种，包括浮标漂流测量法、定位测量法及声波测量法，分别通过追踪水体运动。在固定位置观测，以及利用声波频率的变化，来测量海流的流速及流向。

当前，海流能的开发条件尚不成熟。

关键术语

Ekman spiral　埃克曼螺旋
Ekman transport　埃克曼输送
gyre　流涡
geostrophic flow　地转流
western intensification　西向强化
eddy　涡旋
Langmuir cell　朗缪尔环流
tropical convergence　热带辐聚区
subtropical convergence　副热带辐聚区
Arctic convergence　北极辐聚区
Antarctic convergence　南极辐聚区
tropical divergence　热带辐散区
Antarctic divergence　南极辐散区
drift bottle　漂流瓶
current meter　海流计
Doppler effect　多普勒效应

备注：本章中的关键术语可在“词汇表”中检索到。同时，在本书提供的网站www.mhhe.com/sverdrup10e中，读者可学习术语的定义。

思考题

1. 根据埃克曼螺旋的净输运原理，风会驱动海水直接流向大洋环流的中心。但为何在北半球地区，此类成因的海流不向大洋中心流动，而是形成一个顺时针运动的环流呢？
2. 风生埃克曼输送与近岸上升流和下降流的关系是怎样的？
3. 请在世界地图上绘出海洋学意义上的赤道、6个主要风带、各大洋的洋流系统，以及海水表层主要辐聚和辐散区域的位置。
4. 为什么单位时间内输运体积恒定的水体经过狭窄通道时，

速度会增大?

5. 如何确定风向及其相关的海流流向?

6. 什么是涡旋?它们是如何形成的?发育区域是哪里?

7. 请解释,为什么在北半球高纬度地区风力驱动海流向东运动,而低纬度地区风力驱动海流向西运动的环境下,北半球大洋环流仍呈环形路径流动。

8. 请解释,为什么在南北半球的太平洋和大西洋海域,海水表层辐聚均发生在亚热带大洋环流的中心区域。

9. 请解释,为什么在亚热带纬度地区,大陆边缘常年发育上升流,而北美洲西侧的上升流却受季节变化的影响。

10. 为什么大西洋净表层海水会跨越赤道向北流动,而太平洋则未出现该种现象?

11. 如何利用树轮数据解释北太平洋气候和海洋环境的波动?

12. 为什么海流的横截面积与平均流速可被用来计算海水输运的体积?

13. 为什么由太平洋途经印度洋,最后进入大西洋的海水存在净表层输送?

14. 如果北大西洋深层水的生成量急剧减少,以下三种情况将会发生何种变化?

    A. 湾流

    B. 太平洋上升流

    C. 全球海表温度

15. 如何利用声波及多普勒效应测量海流?

学习目标

学习完本章以后，读者可以：

1. 描述波浪的生成过程，包括生成力和回复力。
2. 标注波浪的一些基本特征，例如：波峰、波谷、波高和波长。
3. 解释波长、波周期、波频率和波陡的定义。
4. 分别用图表示深水波和浅水波中波浪运动随深度的变化情况。
5. 描述深水波和浅水波的特征。
6. 已知波浪的周期、频率和水的深度，分别在深水波和浅水波的情况下计算波速。
7. 描述最大可能波高的控制因素。
8. 用图表示波浪的折射、绕射和反射过程。
9. 讨论海啸形成的原因，并描述2004年印度洋海啸的经过和特征。
10. 分别描述内波和驻波的形成原因及特征。

第10章

波　浪

我们都见过水波。我们所说的波浪、涟波、涌浪、碎浪、白浪、激浪等现象，就是大洋、近海、湖泊、池塘表面水的上下起伏运动。波浪可由风引起，也可由航行的船引起，有时候甚至由向水中扔的石头引起。波浪可以掀翻小船，巨大的波浪甚至可能击断超级油轮的船头或使之扭曲。冬季风暴引起的海浪吞噬并破坏岸边的建筑，例如码头和防波堤。恶劣的海浪天气迫使商船放慢速度，延长港口之间的货运时间，从而增加运输成本。地震引发的海啸可夺去成千上万人的生命，并严重摧毁人们生活的城镇。冲浪者则在海边寻觅完美的波浪，而古代的人们利用海浪规律来指引航行。

本章将描述不同类型的波浪，我们将学习并认识它们产生的原因和主要特征。这里只介绍一些波浪的初步知识，实际上，波浪是海洋中最复杂的现象之一，世界上没有两个完全相同的波浪。因此，有许多书籍介绍波浪，许多数学模型解释波浪，许多造波水池用于研究波浪。然而，通过追随波浪从海上生成，到在遥远的岸线破碎结束，我们也能学到大量与波浪有关的知识。

◀ 风浪靠近岸边时破碎。

10.1　波浪如何产生

波浪的产生需要扰动力。想象以下场景：你正站在海滩上眺望一望无际而又平静的海面。此时，假如向海中扔一块小石头，或附近山体发生大规模滑坡而进入海中，在这些过程中都引入了能量，海水由此产生波动。这个产生扰动作用的力称为**生成力**（generating force）。由生成力产生的波浪从扰动中心向外传播。当然，在上述两个例子中，由于干扰强度不同，形成的波浪规模也截然不同。

在扔石头的例子中，石头击中海面，向外推开海水。当石头下沉后，周围的海水从各个方向回流填充，中心的海水受到力的作用向上运动，产生高水位。随后，高水位到达一定程度后下降，在表层又形成凹陷，随后凹陷又被涌来的海水填满，开始了新一轮的循环，这个过程产生了一系列波浪，或称为振荡。波浪发生在空气和海水的交界处，从扰动地点向外传播，在水分子之间的摩擦作用下逐渐停止。

在这个例子中，当石头击打海面时，激发波浪的力来自石头，而导致海水回到未扰动之前水位的力，则称为**回复力**(restoring force)。如果石头比较小，波浪也较细微，那么海水的表面张力（由于水分子内聚效应而产生的表面弹性性质，在第5章已详细介绍）即是回复力。细微水波的形成主要是由于表面张力的作用。

在山体滑坡的例子中，重力是使海面回到未扰动之前状态的回复力。当波浪大到以地球重力为回复力的时候，称为**重力波**(gravity wave)。

空气运动（海风）是最常见的海面波浪生成力。当风吹过海面时，空气和水之间的摩擦力拉扯海面产生波纹，表面张力则作用在这些波纹上，试图使海面恢复平静。由风和表面张力形成的细小波浪称为**涟波**（ripple），或称为**毛细波**（capillary wave），这种细小波浪形成时呈斑块状，然后扩散并消失。当阵风吹来时，这些斑块使得海面颜色加深，并迅速移动，方向与阵风方向一致，这被水手们俗称为**“猫掌风”**(cat’s-paw)。伴随着阵风持续产生的新涟波，已有的涟波迅速消失。

当风吹动海面时，能量传输到海水中的时间和速率各不相同。在波浪的作用下，海面变得非常粗糙，这有利于能量传输，海表面进而变得更为粗糙。如果风速增加或持续的时间足够长，波浪可以变得非常巨大，回复力也就从表面张力转变为重力。

10.2　波浪要素

我们经常用一些术语来描述波浪，如图10.1所示。波浪高于未扰动海面的最高点称为**波峰**(crest)，波浪低于未扰动海面的最低点称为**波谷**(trough)。相邻两个波峰（或波谷）之间的水平距离称为**波长**（wavelength），从波峰到波谷的垂直距离称为**波高**(wave height)，它的一半为**振幅**(amplitude)，即波谷（或波峰）到未扰动海面的距离。未扰动海面称为**平衡水面**(equilibrium surface)。除以上要素外，海洋学家还通常用**周期**（period）来描述波浪的主要特性。周期是指相邻的两个波峰（或波谷）经过某个固定点所经历的时间。如果你在一个波峰经过时启动秒表，在下一个波峰经过时停止，测量到的时间间隔就是波浪的周期。

波浪的尺度和特征变化多样，但可通过对海面起伏规律以及波长和周期的相互关系做数学近似处理，来理解波浪的行为和特征。为此，需要把实际的波浪简化成波浪模型。图10.1（a）是真实的波浪形状，与波峰相比，波谷较平坦；相比之下，图10.1（b）是对自然界波浪的近似模拟，具有规则、对称的正弦波形，经常被物理海洋学家和数学家用来研究和解释波的运动形式。接下来第10.3节到第10.7节中所探讨的各种波浪关系，就是基于这种规则的正弦波形。

10.3　波浪运动

波浪经过海表面时引起海水各个质点运动。在远离破碎波带的海域，海面较为平静，海水不发生向岸运动，这时海浪并不产生海水的质量净输运，但能够产生能量流动，将能量从起源地带至海洋中部或陆地边缘并最终消亡。让我们跟随波浪经过时海水各质点的运动，来理解波浪在水中的传播过程。

当波峰经过时，水表面质点上升并向前运动。与此同时，波峰处的水质点停止上升，并以波峰的速度向前运动。当波峰经过后，质点开始下降，前

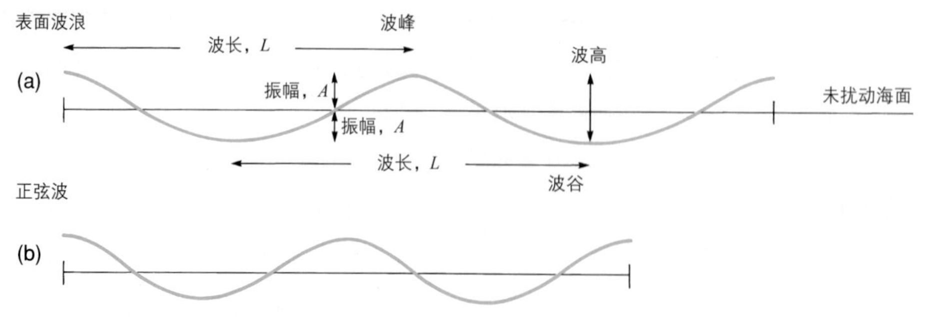

图10.1　理想的海面波浪剖面（a）与正弦波（b）的对比。

进速度也开始减小。当达到波峰和波谷的中点时，质点的下降速度达到最大，前进速度为零。在向波谷运动过程中，质点的下降速度减小，并开始向后运动，直到到达波谷。此时，下降速度为零，并达到最大向后运动速度。经过波谷时，质点向后的速度减小，上升速度增加，直到经过波峰和波谷的中点，此时将再次产生向前的上升运动。像这样（上升、向前、下降、反向、再上升）形成圆周运动，或称为**轨迹**（orbit）。当波浪经过时，水质点的运动形式如图10.2所示。

正是表层水质点的圆周运动导致在海面漂浮的物体上下起伏运动。波浪经过时会影响渔船、游泳者、水面上的海鸥，以及其他一切漂浮在海面上的物体。海面质点的轨迹直径等于波高。海面以下，海水质点也遵循圆周运动，但是能量逐渐减弱，轨迹直径随着深度增加也变得越来越小。当深度为半个波长时，圆周运动近乎停止，如图10.2所示（圆直径逐渐减小）。即使天气恶劣，潜水器也能下沉到深处并平稳安静地行驶，就是因为波浪运动难以延伸到海面以下较深的海域。

上述对水质点运动轨迹的描述是基于正弦波（图10.1b），而非真实的海浪。在真实海浪的水质点运动轨迹中，质点处于波峰时的前进速度略大于在波谷时的前进速度。因此，每一次圆周运动都能使海水质点沿着波浪的传播方向前进一小段距离，这是因为真实海浪的波峰比波谷陡峭，如图10.1（a）所示。这意味着自然界中沿波浪的传播方向能够产生缓慢地水体输运，而简化的波浪模型则忽略了这种运动。

10.4 波浪速度

波速与波长和周期有关，波速（C）等于波长（L）除以周期（T）:

$$\text{波速}=\frac{\text{波长}}{\text{周期}}\ \text{或}\ C=\frac{L}{T}$$

波浪生成之后，波浪传播的速度可能发生改变，但是**周期保持不变**（周期由生成力决定）。

在研究波浪时，通常用C（celerity）代表波速，这是为了与波的群速度区别开来，波的群速度通常用V表示（见第10.5节）。

10.5 深水波

从事波浪研究的海洋学家对“深水”有明确的定义。**深水波**（deep-water wave）特指在水深超过波长1/2的区域中传播的水波。在这种情况下，表面波海水质点运的动轨迹对海底无影响。例如，波长为15 m的波浪必须发生在水深超过7.5 m的地方，才能被认为是深水波。深水波的波长（L）可以由波周期（T）推导出，因为波长是波周期的函数。同样的，波速（C）也可以由波周期推导得出。海洋学家通过在海上直接观测得到波周期，然后通过波速与重力加速度（g）和波周期的关系，计算

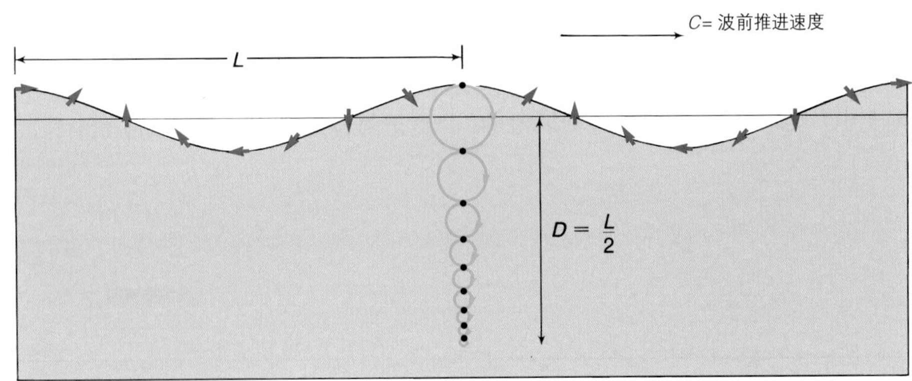

图10.2 波浪运动引起水质点运动。红色箭头代表波浪向右传播时海面水质点的运动方向（在波峰处与传播方向一致，在波谷处与传播方向相反）。水质点运动轨迹的直径取决于波高。轨迹的直径随深度增加而逐渐减小，在半波长（$D=\frac{L}{2}$）深度处近乎为零。

出波长。在深水波中，波长等于重力加速度除以2π再乘以波周期的平方，重力加速度的取值为9.81 m/s²，即

$$L=\frac{g}{2\pi}T^2 \text{ 或 } L=1.56\ m/s^2T^2$$

将上述深水方程与波速方程（$C=\frac{L}{T}$）联立，可以通过波长或者波周期来计算波速：

$$C=\frac{L}{T}=\frac{g}{2\pi}T \text{ 或 } C^2=\frac{L^2}{T^2}=\frac{g}{2\pi}L$$

$$C=1.56\ T \text{ 或 } C^2=1.56\ L$$

更完整的波浪方程及确定深水波波长和波速的方法见附录。

风暴中心

大多数海上观测到的波浪是**前进风浪**（progressive wind wave），它们由风激发，受重力作用而回落，并且沿着特定的方向前进。这些波浪往往由某个局地风暴中心或稳定的信风带和西风带产生。风暴的活跃区域往往覆盖上千平方千米，在此范围内风况不稳定，风的强度和方向都发生着变化。风在风暴区内沿着低气压**风暴中心**（storm center）做圆周运动，从各个方向上产生向外传播的波浪，并远离风暴中心。如果风暴中心的移动方向与波浪传播方向一致，由风暴提供的能量作用时间将更长，传播距离将更远，波浪的波高会持续增加。关于风暴的大小和移动速度，读者可以试着回想一下在电视天气预报中经常出现的卫星云图。

在风暴区内，各种波高、波长和周期的波浪交集在海洋表面，没有固定模式。毛细波骑在小重力波的上方，而小重力波可以叠加在波高更高、波长更长的重力波之上。英文中“sea”有时也特指这种风浪的海况，水手们经常用俚语“There is a sea building（天气不好要起浪了）”来表示风暴天气下波浪的到来。波浪产生之后，由于能量不断输入，波浪的大小和速度不断增加，形成**强制波**（forced wave）。风在风暴区内变化多端，把不同强度的能量以不同的冲击频率输入到海洋表面，从而产生了各种不同周期和波高的海浪。需要注意的是，波浪周期取决于生成力，波浪在离开风暴中心之后的传播过程中，速度可能会发生变化，但**周期总是保持不变**。

弥　散

波浪远离风暴中心后，由风成波逐渐变成**自由波**（free wave），**波速由周期和波长决定**。周期和波长较大的波浪速度较快，反之则速度较慢。因此，长波波浪通常会传播到短波波浪前面，这个过程称为**弥散**(sorting或dispersion)，传播速度较快的一组波以**波列**(wave train)的形式前进，波列即周期和速度均相似的一组波浪。由于弥散，任何由单个风暴产生的波浪会随着时间变化。在风暴中心区域附近，波浪还没有发生弥散，但是在波浪传播的过程中，速度快、周期长的波浪较速度慢、周期短的波浪先传播到远处。这个过程如图10.3所示。

远离风暴中心处，速度较快、周期较长的波浪在沿海洋表面移动时形成规则的波峰和波谷模式，这种排列整齐的自由波称为**涌浪**（swell），它们携带着巨大的能量，而且在传播时能量损耗非常缓慢（图10.4）。根据特定风暴产生的波浪的分布和特定周期波浪的能量随时间的变化，海洋学家可以追踪波列从源地向外传播的路径。由太平洋南纬40°～50°海域的风暴产生的长周期波，可跨越整个太平洋，直至阿拉斯加的海岸和浅滩才消亡。

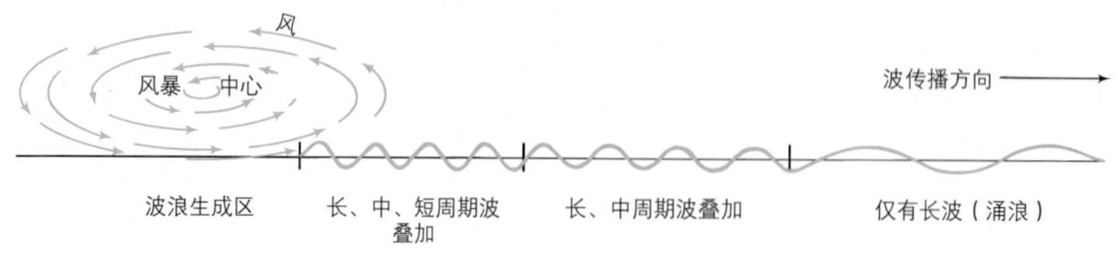

图10.3　弥散现象。长波的传播速度比短波快。图中波的传播方向相同。

图10.4　具均一波长和周期的涌浪抵达华盛顿格雷斯港沿岸。

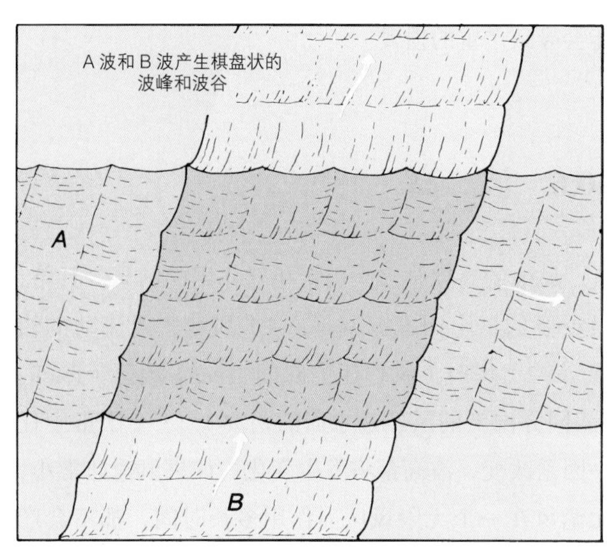

图10.5　两列波以直角相交，干涉结果呈棋盘状分布。

群速度

请再次回想把石头扔到海里时所形成的波浪。当多个波浪组成的圆环从扰动中心向外传播时，可以观测到波群或者波列。仔细观察可以发现，波浪在海面上传播时，新的圆环不断在内侧产生，旧的圆环则不断在外侧消失。每当一个新的波形从圆环内侧加入到波列时，外部就丧失一个波形，圆环的总数保持不变，外圈波形在向未扰动水域推进的过程中，耗散并传递能量。因此，单个波动的速度（C）大于波列的前进速度，波列的前进速度相当于每个单独波动速度的一半，称为**群速度**（group speed）。深海中波能的传播速度即为群速度。

群速=1/2波速=能量传播速度

$$\text{或}\ V=\frac{C}{2}$$

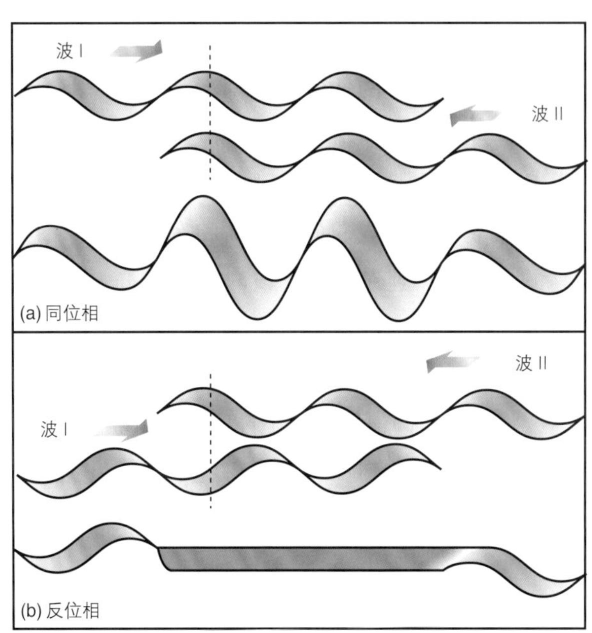

图10.6　波浪彼此相遇。(a)如果两列波的波峰重合或者波谷重合，它们的叠加使波高增大，两列波相位相同，称为相长干涉。(b)如果一列波的波峰和另一列波的波谷重合，波浪彼此抵消，两列波相位相反，称为相消干涉。

波浪相互作用

离开风暴区域后，波浪失去了能量输入，逐渐变得平静，波峰弧度变得光滑。这些波在大洋中以涌浪的形式传播，经常可能遇到其他风暴中心产生的涌浪波列。当两个波列相遇后，它们经过彼此，继续向前传播。波列可能以某个角度相交，这就导致各式各样的干涉条纹。如果两个波列以直角相交，干涉结果将呈棋盘状（图10.5）。

如果两列具有相同波长和波高的波浪相向传播[图10.6（a）]，且相交时一列波的波峰恰好和另一列波的波峰叠加，那么通过相长干涉波列彼此增强；如果一列波的波峰恰好遇到另一列波的波谷，那么彼此因相消干涉而相互抵消[图10.6（b）]。像这样，两个或多个相似波列沿着相同或者相反方向传播，经过彼此时能够相结合，就能产生与当地风暴天气情况完全不相关的突发大振幅巨浪。如果这些波浪非常高，还有可能因丧失能量而破碎，从而生成一些新的、更小的波浪。如果船舶遭遇这些巨浪，可能会导致严重的损毁。

10.6 波　高

风浪的高度是多个因素相互作用的结果。其中，最重要的三个因素分别是:(1)风速(风流动的快慢);(2)风时(风作用的时间);(3)**风区**(fetch)(相同方向上的风经过水面的距离)。三个因素中任一因素改变，波高都将发生变化。如果风速非常小，无论风在一个无限风区上作用多长时间，都不会产生很高的海浪；如果风速很大，但作用时间很短，也不会产生很高的海浪。同样的，如果风速很大，风时很长，但风区长度较小，也不会产生高的海浪。只有这三个因素中的任何一个都不受限，才能在海上形成巨大的风浪。

表10.1列出了当风时和风区不受限制时，不同平均风速下可能形成的最大波高和有效波高。有效波高的定义为：连续记录一段时间的波高，将波高值从大到小依次排列，计算前1/3波高的平均值。例如，假设记录了某个风暴期间连续的1 200个波浪的波高，将这些波高值从大到小排序，前400个数据的平均值就是有效波高。有效波高可以通过风况数据来预测。根据有效波高，通过计算可近似求得最大波高。

在南纬40°～50°的海域，风暴的强度较大且风时较长(海员们戏称这里为“咆哮的40°，狂暴的50°”)，极有利于形成大的波浪。这里没有陆地的阻断或风区长度的限制，西风源源不断地向海洋表面输送能量，产生的波浪运动方向与风向一致。此外，在适宜的风暴条件下，任一开阔大洋都能形成巨浪。

由海洋局地风暴形成的风浪，其典型最大风区可达920 km。由于风暴中的强风围绕着低气压做圆周运动，风在风暴边缘连续追随着波浪，波浪和风向相同，这样就增加了风区和风时，能量不断从风向波浪传播。如果波速足够快，它们甚至可以超过风暴中心的移动速度，此时波浪就脱离了产生它们的风场，变成了自由波并且不再增强。在恶劣的天气下，风暴经常产生高达10～15 m的巨浪，这些波浪的波长通常为100～200 m。这与现代船舶的长度相接近，船舶在这种波浪下航行非常危险。这是因为船体可能会处于两个波峰或两个波谷之间，非常容易被折断。

波高超过30.5 m的巨浪较为罕见。1933年，美国海军军舰“拉马波”号(USS *Ramapo*)在从马尼拉开往圣迭戈的途中遭遇了强台风，船在顺风行驶以躲避风浪时，被一个巨浪抛起。据值班驾驶员估测，以船的上层建筑为参照，浪高约34.2 m，周期约为14.8 s。经计算，当时波浪的速度为27 m/s，波长约为329 m。类似的巨浪也曾经被报道过，但是缺乏详细的记录。更为可能的情况是，遭遇这么大巨浪的船大多没能幸存，因此也就无从谈起记录了。

突发巨浪

突发巨浪(esipodic wave)，是突然发生的、与局地海况无关的异常大浪。突发巨浪由不同的波群交汇、水深变化以及海流变化综合产生。目前我们对

表10.1 风速和波高的关系

平均风速		有效波高	有效波周期	有效波速	最大波高	最小风区	最小风时
/kn	/(m/s)	/m	/s	/(m/s)	/m	/km	/h
10	5.1	1.22	5.5	8.58	2.19	16	2.4
20	10.2	2.44	7.3	11.39	4.39	110	10
30	15.3	5.79	12.5	19.50	10.43	450	23
40	20.4	14.33	18.0	28.00	25.79	1136	42
50	25.5	16.77	21.0	32.76	30.19	2272	69

注：最小风区和最小风时指风速为唯一限定条件下的距离和时间。

它知之甚少，因其发生时间短暂。它能够吞没船舶，通常无人能幸免。突发巨浪多出现在大陆架边缘水深约200 m处，在一些特定的盛行风、波浪和海流区域也频繁出现。

厄加勒斯流沿南非东岸向南流动，遇到南大洋上的暴风浪时，二者叠加的区域就以这种巨浪而闻名。多个风暴形成的波浪在叠加之后，卷入厄加勒斯流之中，遇到大陆架就会产生这种巨浪。产生巨浪的区域恰恰位于全球最繁忙的海上航线上，巨型油轮装载着中东的石油随着厄加勒斯流向南，绕过好望角，航向欧洲和美洲。巨浪让这段航线充满了危险，巨型油轮经常在这里被毁坏，甚至沉没（图10.7）。在北大西洋靠近大陆架边缘的区域，强劲的东北阵风使由强风暴产生的波浪与湾流北支末端相遇，导致巨浪的发生。在恶劣的冬季风暴天气下，水深较浅的北海也容易产生非常高的突发巨浪。

研究突发巨浪的人员称，这些巨浪约有7～8层楼高（相当于20～30 m），移动的速度能够达到50 kn，波长将近0.9 km。如果船被这种巨浪顶起，船头再掉入行进的波谷当中，那么毫无疑问，成千上万吨的海水将涌入甲板。在欧洲北海，突发巨浪的波高最高可达33.8 m，但目前最大观测值仅为22.9 m。在厄加勒斯流途经之地，研究人员根据近20年内的风暴数据计算，巨浪的波高最大值有可能达到57.9 m。

人们普遍认为，突发巨浪导致了许多的海上船舶消失事件。这些船舶多为油轮或散货船，这些船之所以有巨大的遇难可能性，不仅仅由于它们航行频繁，更由于它们的船体设计。大型船的船头和船尾多为发动机和船员居住区域，中间为一系列平底货舱或储油罐，这就大大增加了船体的长度，通常整船长度能达到300 m。因此，当船位于两个巨浪的波峰之间时，船体很容易受到巨大的扭力而折断。相比而言，传统小货船在巨浪中更坚固，更容易避免遭到破坏。

图10.7 厄加勒斯海流的巨浪击中了向南行驶的“埃索尼德兰”号（ESSO *Nederland*）油轮的船头。这艘超级油轮船头约高出海平面25 m。

波浪能

波浪能包含**动能**(kinetic energy)和**势能**(potential energy)。势能由海平面的高度变化产生，动能由海水质点运动产生。波浪越高，海水质点的运动圆轨迹直径和速度越大，动能和势能也就越大。深水波的动能和势能几乎相等。波浪的总能量为一个波长范围内，从海洋表面到$L/2$处的深度内单位波峰宽度上的能量，与波高的平方成正比，如图10.8所示。波浪能密度是通过单位面积的能量，波浪能密度也与波高的平方成正比。

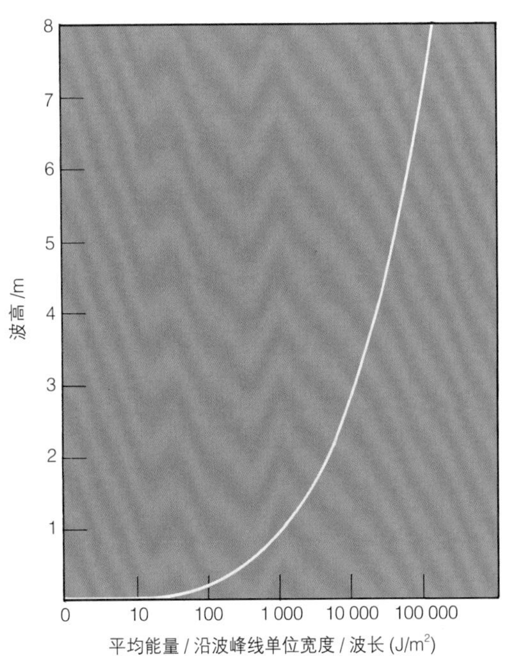

图10.8 波浪能随波高的平方迅速增加。平均波浪能是当波长为L时，沿波峰线单位宽度、深$L/2$处的平均能量。

波 陡

任一波长的波浪都有最大可能波高，它由波高和波长的比值决定，这个比值称为**波陡**（steepness）。

$$\text{波陡} = \frac{\text{波高}}{\text{波长}} \text{ 或 } S = \frac{H}{L}$$

如果波高和波长的比值超过1:7，波浪就会因过于陡峭而崩塌。例如，假设波长为70 m，波高超过10 m时波浪便会破碎。当波峰角接近120°时，波浪倾向于不稳定状态，由于无法维持波形而崩塌破碎（图10.9）。

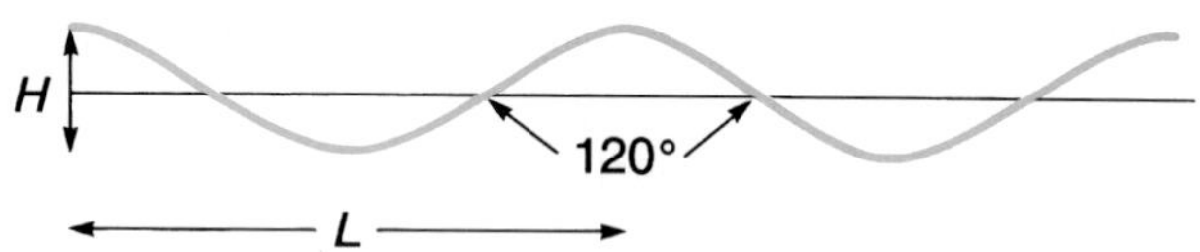

图10.9 波陡。当H/L达到1:7，波峰角度接近120°时，波浪破碎。

当风速达到8～9 m/s时，海面上经常出现小型不稳定的破碎波，称为白浪。这些波浪的波长较短（约2 m），并且，在风的作用下波高迅速增大。每当这样的小波浪达到它们的临界波陡和波峰角度时，便会发生破碎，并被风引起的另一个波浪取代。

在海洋中，长波的波高比波长短得多，在风的作用下很少能达最大波高。如果一个长波达到它的最大波高并且在深海破碎，成吨的海水将涌向海洋表面，这些波的能量将以湍流的形式消耗，其结果就是产生许多小波浪。与波浪破碎不同，这种情况可被视为大波浪的顶部被风削平，顶部的海水沿着波面倾流而下。这个过程并没有完全地破坏波形，因此不能认为波崩塌或破碎。

此外，有时候波群相遇，它们的相位正好叠加，产生的波高甚至超过波陡阈值，波浪也会发生破碎和耗散；有时候波浪迎面遇到逆向强劲海流，导致波速被迫减小。波速等于波长除以周期（$C=L/T$），波周期保持不变。如果一个波浪的速度由于逆向海流而减小，它的波长变短，在这种情况下，波浪能量被束缚在变短的波长之中。考虑到能量与波高的平方成正比，因此波浪的波高会增加，波陡也增加。一旦波陡超过临界值，波浪就会破碎。船穿过沙洲进入港口或河口时，如果正值落潮期间，航行就会比较危险。因为此时从远海越过沙洲传播而来的海浪，遇到逆向的落潮海流，会变得陡峭甚至破碎。进入港口或者河口的最佳时间应当是这种潮流变向或涨潮期间，此时潮水顺着波浪流动，波浪的波长增加，波高降低。

海况等级

在陆地上，可以通过烟的漂浮状态、树叶的哗哗声、旗帜的飘动、屋顶瓦片的掀动，以及树顶的摇摆等来推断风速。1806年，英国海军上将弗朗西斯·蒲福（Francis Beaufort）将陆地上的风速推断系统应用于海上，将海况状态与风速联系起来，从而制定了一套0～12级的风速系统，每级风速都对应着典型的海况。美国海军于1838年采纳了蒲福风级，并将系统从0～12级拓展到0～17级。当前，基于蒲福风级，海况被分为0～9级，具体描述见表10.2。

表10.2 海况等级

海况等级	海面描述	平均波高
0级	海面光滑如镜，海风风速小于1 kn	0
1级	微浪；有波纹无泡沫；软风，风速1～3 kn，脸部感觉不到风	0～0.3 m
2级	小浪；小波浪产生；由软风转变为微风，脸部能够感觉到柔和的风，风速4～6 kn；旗帜轻微飘动	0.3～0.6 m
3级	轻浪；中等波浪产生，波峰开始破碎；由微风转变为和风，风速7～10 kn；旗帜飘扬	0.6～1.2 m
4级	中浪；许多中浪破碎，产生白浪；由和风变为强风，风速11～27 kn；开始出现风的呼啸声	1.2～2.4 m
5级	大浪；海浪开始堆积，形成条带状泡沫和飞沫；由疾风变为大风，风速28～40 kn；行走困难	2.4～4.0 m
6级	巨浪；海浪开始翻滚，形成明显的带状泡沫和可观的飞沫；烈风，风速41～47 kn；吹散设备或打坏船帆	4.0～6.1m
7级	狂浪；海面颠簸，风生波峰翻滚；白沫密集分布；狂风，风速48～55 kn	6.1～9.1 m
8级	狂涛；海面继续陡峭破碎；波浪斜面布满稠密浪花，可见度极低；暴风，风速56～63 kn	9.1～13.7 m
9级	空气中充满了白色的泡沫；海洋表面布满飞沫；风速达64 kn甚至更高	＞13.7 m

10.7 浅水波

当深水波靠近岸边进入浅水域时，由于水深变浅，海水质点的运动轨迹逐渐呈扁平圆或椭圆形（图10.10）。波浪开始能够“感受”到海底，由于摩擦作用和海水运动轨迹变化，波浪前进的速度降低。

需要牢记:（1）波速等于波长除以周期;（2）波的周期不变。因此，当波浪受海底影响开始减速时，波速和波长随之减小，从而导致波高和波陡增加，波浪能量聚集在一个小的水体范围之中。

当波浪进入到水深小于波长1/20（即$D<L/20$）的区域时，称为**浅水波**（Shallow-water wave）（图10.11），浅水波的群速度（V）等于波速（C）。深水波的波长和波速取决于波浪周期，而浅水波的波长和波速仅受水深的影响。浅水波的波速等于重力加速度（g=9.81 m/s^2）和水深（D）乘积的平方根。

$$C=\sqrt{gD} \text{ 或 } C=3.13\sqrt{D}$$

$$\text{或 } L=3.13T\sqrt{D}$$

当波浪满足浅水波条件时，海水质点的运动轨迹为椭圆形。随着水深变化，运动轨迹逐渐变得扁平，到达海底时变成往复的振荡运动（图10.11）。注意运动轨迹的水平方向分量保持不变。完整的波浪运动方程和计算浅水波波长和波速的近似方法见附录。

波速在水深$L/2 \sim L/20$的范围内也会减慢，在此水深范围内的波浪称为半深水波。这些位于过渡水深区域中的波浪的速度难以用简单的代数方程来描述，附录中包含了利用公式求解这些半深水域波速的方法。

折　射

波浪从深水向浅水过渡时，由于受到海底影响，波长和波速发生改变，从而使波浪发生折射。当波浪从遥远的风暴中心到达海岸时，它们可能以某个角度倾斜进入海滩，由此导致波峰的一侧靠近浅水，而另一侧可能还在深水区中。浅水区的波受到海底影响，速度减慢，而另一侧的深水波却不是这样，这样就导致波峰线发生弯转，即波浪发生折射。波峰逐渐向海岸线偏转的过程如图10.12所示。图中，**波向线**（wave ray）垂直于波峰线，代表波浪的前进方向。需要注意的是，波浪折射和第5章中所描述的光和声波的折射类似。

有些海岸线不规则，存在着向海突出的岬角或者是向岸凹进的海湾，当波浪靠近时，波浪在岬角处辐聚，在海湾处辐散。由于受到海底影响，波浪在岬角处会减速，而在其他区域保持不变，如图10.13所示。波峰聚集在岬角处，由于折射作用，波浪的波长变短，波高增加，总能量汇聚集在更小水体之中，这样就增加了海表面单位面积能量。因此，

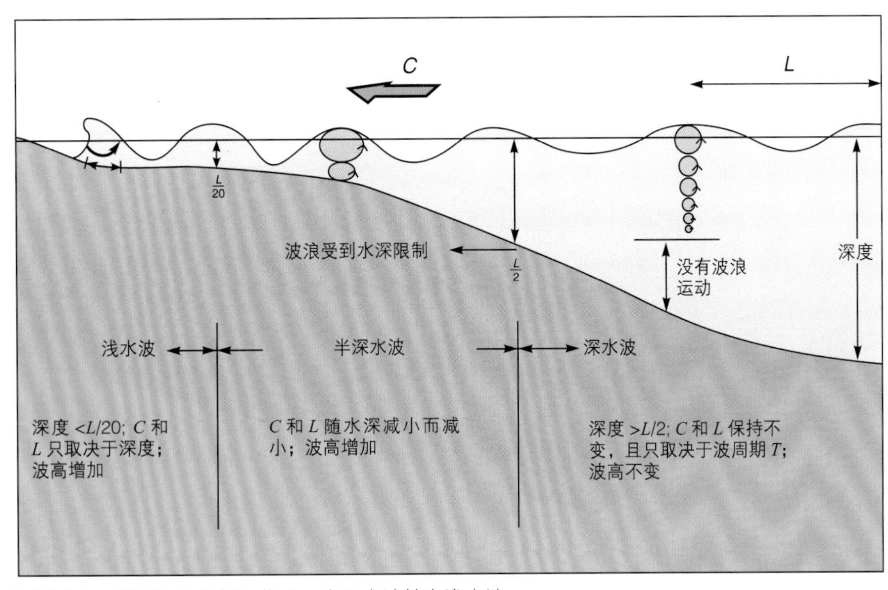

图10.10 随着海水深度减小，波浪与海底相互作用，由深水波转为浅水波。

每单位长度海岸线耗散的能量在岬角处更大。

海湾口的中央区域往往比周围深，因此波浪的波长在中心区域较长，而在周边区域缩短，所以周边区域的波浪速度比中央区域的波浪速度慢。波峰线向海湾中央凸起，中央处的波浪波长没有被缩短，因此在单位海岸线上波浪的波高和能量均较低（图10.14），在海湾内部形成了避风港。通常，这种沿海岸线的波能分布不均匀，会导致岬角不断后退和海湾不断填充。总的说来，由于泥沙会沉降在相对平静的水体中，如果沿岸物质对于波浪侵蚀具有同等的抵抗力，那么最终会导致海岸线较平直，但是由于许多坚硬的岩石能够抵挡波浪的侵蚀，因此形成了具许多岬角悬崖的海岸。

反　射

波浪在破碎之前如果遇到直立、平滑的障碍物就会发生反射，例如悬崖、陡峭的海滩、防波堤、堤岸或其他建筑物。反射波和入射波彼此交错，经常会产生波形陡峭、波涛汹涌的海况。如果波浪按原路返回，会形成在某些区域静止不动，某些区域依次上升和下降的波浪。波浪遇到曲面时，反射取决于曲面的类型。如果曲面凸起，那么反射波将分散波浪的能量；如果曲面凹进，那么反射波将汇集入射的能量。这与光在曲面镜中的反射类似。因此，在设计防波堤和障壁时，要特别注意避免反射波能量聚集，从而避免对沿岸造成新的破坏。

绕　射

波浪绕过海岸线或障碍物继续传播的现象称为**绕射**（diffraction），绕射由波浪能量的传播方向偏离波浪传播的方向而产生。假设防波堤有一个小缺口［图10.15（a）］，一些波浪能量能够通过这个小缺口传播到防波堤另一侧，这导致波高降低，并且波浪从这个缺口以辐射状向远处传播，部分波能偏离原传输方向，从而发生绕射。如果有多个缺口，通过这些缺口的波浪会相互交叉，从而发生干涉［图10.15（b）］。

即使防波堤没有缺口，波浪在传播时也能发生绕射。在防波堤的末端，能量传播的方向与波峰线呈直角（图10.16），注意与图10.15（a）的半边模式相似，能量被传播到防波堤（或背风处）的后方。

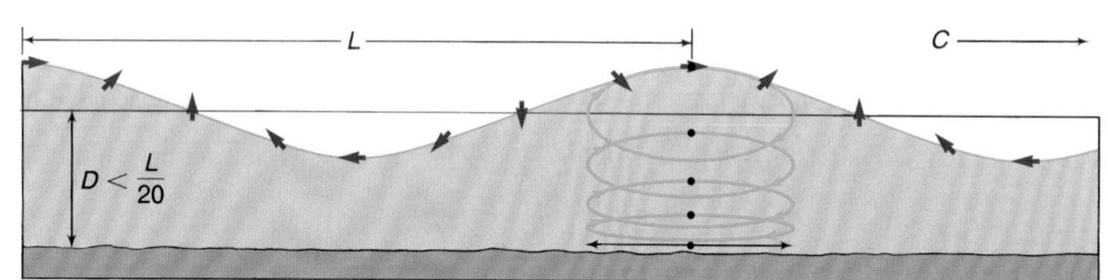

图10.11　浅水波的质点运动轨迹为椭圆。由于受到海底的影响，这些椭圆形轨迹逐渐变得扁平。红色箭头代表波浪向右传播时，海洋表面水质点的运动方向（在波峰处与波浪传播方向一致，在波谷处则相反）。

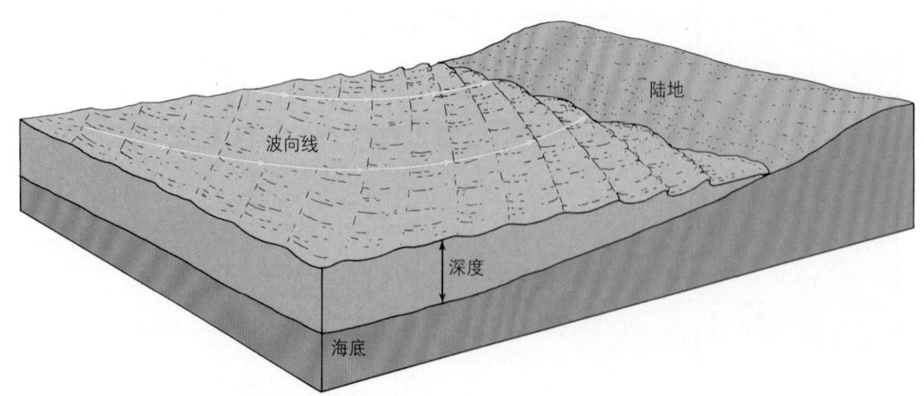

图10.12　波浪与等深线成一定角度向海岸传播。波浪一端到达L/2或更浅的区域时，速度变慢；另一端仍位于深水区，速度保持不变。波向线与波峰线垂直，表示波浪传播方向和波峰的弯曲。

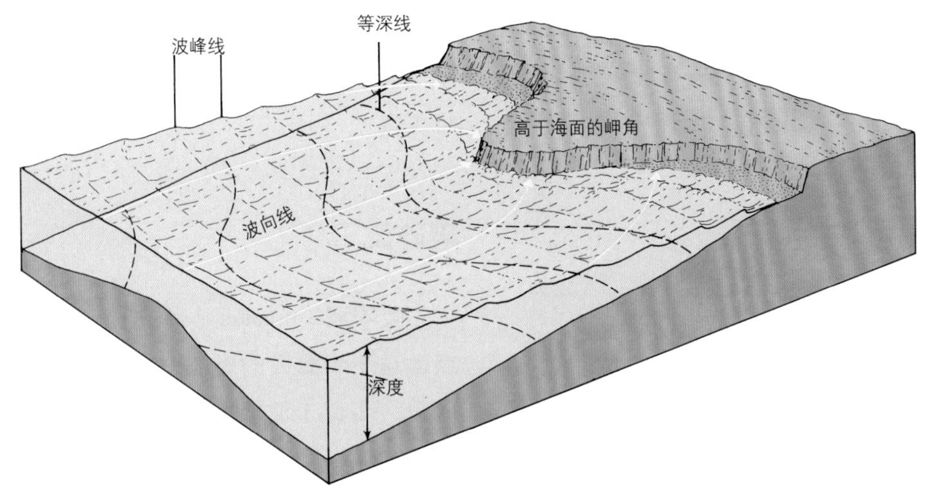

图10.13 波浪越过浅水地带，经折射后汇集在岬角处。波向线的辐聚表示能量被集中在小水体中，单位长度波峰线上的能量随波高增加而增大。

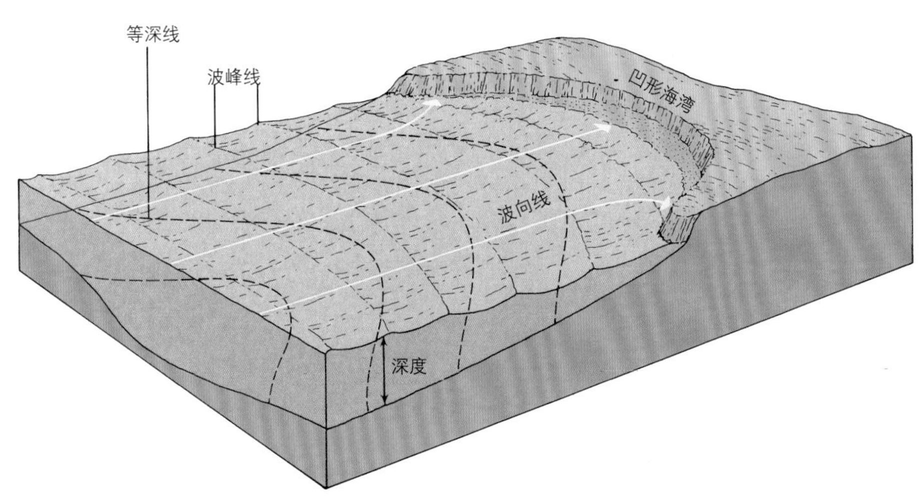

图10.14 海湾两侧的浅水导致波浪折射并降低了海湾内的能量等级。波向线辐散表示能量在大范围的水体中分散，随着波高降低，单位长度波峰线上的能量减小。

为了保护港口的船舶不受波浪和其他可能危害的影响，在设计和建造防波堤以及其他海岸防护设施的时候要充分考虑到这种效应。

利用波浪导航

世界上一些地方的风接近定常状态，风向基本固定。例如，波浪在信风带上运动方向非常规律，而借助这些规律，能使船在固定的航道上航行。由于波浪的波速、形状和波高随着水深变化而发生改变，以及折射、绕射、反射改变波浪的方向和波形，因此，行船时可以通过波形的改变，推测附近浅滩、沙洲、岛屿和海岸的存在。

通过直接细致地观察，或是乘小船感受波形的变化，即使在黑夜中我们也能察觉出波浪和风向夹角的变化。尽管这些变化十分细微，但是它们在距离岛屿下风向数千米之外仍能体现。即使在目力所及范围之内看不到海岸，也可以通过这些细微变化使小船靠岸。

过去，波利尼西亚人与大海相伴为生。他们以大海为家，因此能够敏锐地感觉波浪变化。他们乘坐着自己设计的小小独木舟出海远航，尽管不懂得用理论来解释波浪分布的规律，但是他们理解波浪与风、海岸、岛屿之间的关系，并加以利用。波利尼西亚人将波浪知识与天空中的星座位置、岛屿和海洋上空云的形态，以及鸟的飞行规律相结合，跨越宽阔的大洋，航行到千里之外或万里之遥的目的地。他们不需要其他工具，仅仅用由树枝和贝壳组成的海图就足够了。这些海图显示了岛屿相对于恒星、风向、涌浪的位置。第1章中就有这样的航海图例子。波利尼西亚人与海洋朝夕相伴，通过观察自然运行的规律，掌握了这些航海知识。

10.8 碎波带

碎波带是指沿岸浅水区域，在这里波浪的速度迅速减小，波形变得陡峭、破碎，随后化为飞沫消失在湍流中。碎波带的宽度是变化的，它与到达波的波长、波高以及海水的深度变化有关。波长较长、波高较大的波浪比短波更早受到海底的影响，因此这些长波在较深海域就变得不稳定并破碎。相较于水深突然变陡的海岸，坡度较缓的海岸具有的碎波带更宽。

破碎波

破碎波（breaker）形成于碎波带。海底处水质点运动受到海底的影响，速度减慢并在垂直方向上压缩，而位于波峰的水质点运动速度并没有减慢。因此，位于波峰的水质点要比其他处的水质点运动得更快，导致波峰扭曲，最终形成破碎波。**卷波**(plunger)和**溢波**(spiller)是最常见两种破碎波类型。

卷波通常形成于狭窄陡峭的岸坡上。由于波峰

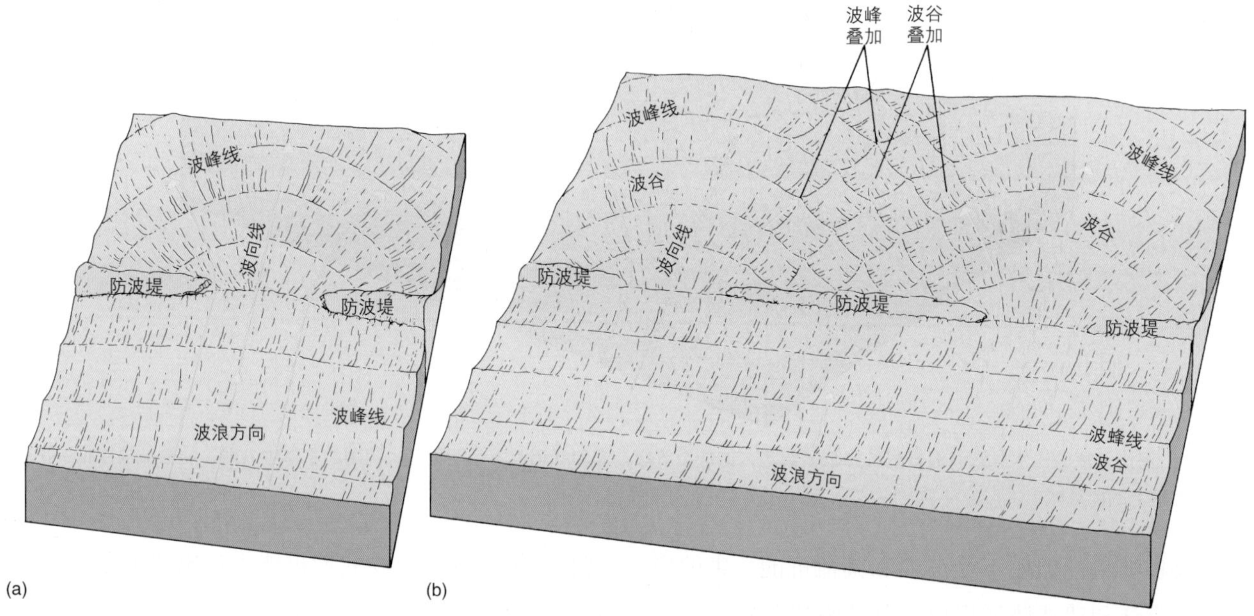

图10.15 波浪穿过狭小开口［(a)和(b)］后形成绕射图案。注意，(b)中还表示了波浪彼此相交产生的干涉图案。

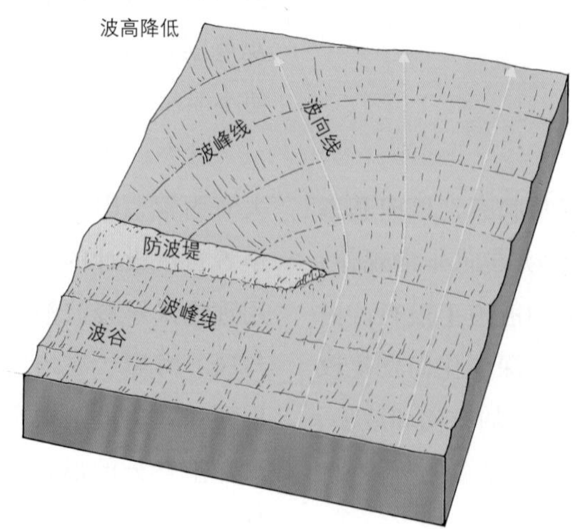

图10.16 波浪在防波堤后方发生绕射。

的扭曲程度超过了波浪其他区域，甚至将空气卷入其中，伴随着能量的突然丧失和海水的飞溅，从而波浪破碎，形成卷波。更为常见的是溢波，它通常发生于宽阔平坦的海滨。在这里，当波浪向浅底运动时，能量释放得更平缓。波浪由湍流和沿着坍塌波面流动的水沫形成，波形较为平缓。由于能量释放得更缓慢，溢波比卷波维持的时间更长。对冲浪者来说，在溢波中能够滑行更长的距离，然而在卷波中能够体验更刺激、更兴奋的感觉。

某些破碎波的波峰卷曲是从波峰的某个点开始的，沿着波峰线移动，然后崩塌。当波峰靠近岸线时，这种波峰卷曲运动是由于波浪和海岸线不平行所导致的。波峰线和海岸线之间存在着夹角，波浪的破碎可以从波峰线在水最浅的地方开始，随着波浪向海岸线移动，波浪的破碎点也随之移动，从而产生了冲浪者梦寐以求的“管浪”，这是一种当波浪的强度和地形条件都满足时形成的管状波浪，如果“管”的空间足够大，冲浪者可在此空间内冲浪。

如果靠近海滩的波浪的波长、波高和周期较为一致，那么它们可能是从遥远的风暴区传来的涌浪，这些涌浪在传播过程中形成了均匀分布的波群。例如，冲浪者们夏季在加利福尼亚海滩冲浪，那些波浪是在南太平洋和南极海域的冬季风暴中产生的。相反，如果波浪具有不同的波长、波高和周期，并且在距离海滩远近不同的地方破碎，那么这些不规则的波浪往往由附近局地风暴形成，并叠加在涌浪上传播。

水体输运

水质点在波峰处的向岸运动速度比在波谷的离岸运动速度大，沿着波浪传播方向较小的净水体输运在碎波带被增强（参照第10.3节关于真实波浪水质点运动轨迹的描述）。波峰到达海岸时通常与海岸呈一定角度，因此在碎波带上水体输运具有两个分量：沿着海岸线的水体输运和向岸方向的水体输运。这些水体在海岸堆积，直至回流到碎波带之外的海域，这些回流区域往往位于波高较小的平静海域，例如海槽或海底的凹陷区域。

由于回流的区域可能很狭窄，并且彼此相隔一定距离，因此这些区域的流速一定较快，这样才能将足够多的海水带回到深海中，以平衡那些虽然流速较缓但是范围宽广的向岸流。这些快速向海流动的水流称为**裂流**（rip current）[1]，裂流是危害海边游泳者安全的主要原因。1994年春季，佛罗里达州一个海滩发生了由裂流造成的溺水事故，导致5位游泳者溺亡和6位游泳者受伤。1995年，由菲利克斯飓风引发的风暴产生猛烈的裂流，导致3位游泳者溺亡。

不了解裂流危险性的游泳者，会发现他们被卷向深海，而且毫无能力逆流游回海岸。正确的做法是：沿着与海岸平行的方向先游离裂流，再游回岸边。裂流十分危险，游泳者应当警惕它们出现时的一些特征，包括：（1）海水浑浊，海面漂浮垃圾穿过碎波带向海的方向流动；（2）碎波带某些波高降低的区域；（3）海滩上垂直于海岸线的沙丘缺口地带。

波浪运动将海滩的泥沙卷入海中，平行于海岸线搬运，直到裂流将这些悬浮颗粒带入深海。从空中（例如从陡峭的悬崖或低空飞行的飞机上）俯瞰，裂流呈浑浊带状向海延伸，一直到碎波带之外的清澈海水中。

能量释放

在有利位置观看破浪惊涛拍岸是激动人心的经历，但首先要确保观看地点是安全的。在狭窄的破波带中，波浪能量在短距离内被快速损耗。在这种情况下，波浪的波高和水体质点向前的运动结合起来，使海水涌上海滩，瞬间释放出巨大的能量，以至于抛起海边的一些岩石和废弃物。迈诺特灯塔位于马萨诸塞湾南端，虽然高达30 m，但经常被波浪破碎后的水沫击打。蒂拉穆克灯塔位于俄勒冈州海岸附近，不得不装上钢制的护栏，以保护高出海平面40 m的海灯，因为塔灯外面的玻璃罩多次被波浪抛掷的石块打坏。在冬季风暴期间，世界各地沿岸被波浪卷起的防波堤石块，大的重达数吨。

[1] 又称为离岸流。——译者注

波浪并不只是在海岸处释放能量。当沙洲存在的时候，特别是当这些沙洲在河口处堆积时，一些波浪能够在沙洲向海一端较远的海域破碎。哥伦比亚河河口的沙洲经常给渔船和商船带来严重威胁，在冬季经常引起伤亡事故。落潮时，波浪拍打沙洲，波高有时候能够达到20 m。美国海岸警卫队就在哥伦比亚河河口进行船只倾覆时的救生设备操作训练，以应对风暴和极端波浪条件。

搁浅在海滩上的大量浮木，在冬季恶劣风暴和高潮水位期间重新浮起，一旦被波浪抛起，就像攻城槌一样对人有致命的危险。即使波浪平静，海边的漂浮木仍具有潜在的危险性。一些旅游者的警惕性不高，在这样的浮木旁边玩耍，如果此时偶然过来的高浪卷起浮木，这些旅游者很有可能就被压在浮木下面，或被浮木打倒，甚至有可能在接连的波浪中溺亡。对于毫无风险意识的人来说，漂流木也有巨大危险性。哪里才是安全地带？你必须多加留心做出判断。

10.9 海　啸

地壳的突然错动能够引发**海啸**（seismic sea wave或tsunami）。这种波动经常被误认为是潮波（tidal wave），实际上海啸与潮汐无关。海洋学家采用日语词汇“tsunami”（源自日语“津波”，意为“港口的波浪”）来用作表示海啸的术语，以替代之前具误导性的术语“潮波”。

如果一个大面积区域（例如几百平方千米）的地壳突然移动，其上方的海洋表面会突然上升或者下降。上升的海水在重力作用下要回落到平衡面上，而下陷海水则需要周围海水来补充。这两种情况下，波浪的波长极长（100～200 km），周期极大（12 min）。海洋的平均深度（约为4 km）小于波长的1/20，因此，海啸波是浅水波。海啸从地震中心向海洋的传播速度（ $C=\sqrt{gD}$ ）约为200 m/s。因为是浅水波，由海底地形变化和洋中岛屿可导致海啸的折射、绕射以及反射。

海啸的波高可高达数米。但是由于海啸波长长达数千米，再综合其他海水运动，海啸很难被察觉。因此，当海啸经过时，在开阔海域上行驶的船舶几乎没有任何危险，只有不幸位于地震震中附近的船舶才可能遭遇危险。

海啸的能量分布在整个波长上，从海洋表面一直贯穿到海底，其传播路径遇到海岸或岛屿阻挡时，波浪的行为和浅水波相同，波浪速度减小（约为80 km/h），波长变短。当水深度迅速减小时，能量被压缩在较小的体积内急剧聚集，导致波高迅速增加，波浪破碎时能量快速损失。巨量海水涌上陆地，淹没整个海岸，5～10分钟后方才回流到海中。因此，海啸能够广泛影响沿海区域。海啸摧毁建筑物和码头，将船抛到陆地上很远的地方。回流的海水裹挟着巨大的波浪，摧毁和破坏沿途的一切。在海湾里，海面的升降也许并没有危险性和破坏力，但是在湾的进出口处，大量的海水的涌进涌出会诱发水流激增，极具危险性和破坏力。如果这种海流振荡周期和海湾处波浪的自然周期相同，将导致水位的极大变化（见第10.11节）。

海啸波群的前缘可以是波峰，也可以是波谷。在地壳受到扰动时，如果先是向上运动，那么波峰先到达；如果先是向下运动，那么就是波谷先到达。如果波谷首先到达海岸，水位将在2～3分钟内降低3～4 m，许多海洋生物随之暴露在海滩上，并被随即而来的海水吞没。在接下来的4～5分钟内，海水将上涨6～8 m，它们几乎没有机会逃离即将到来的水墙。在随后的4～5分钟内，另一个波谷到达，海面将降低6～8 m，冲上海滩的水将裹挟着残骸流回大海。

海啸极易发生在板块构造活动剧烈的海盆区域。太平洋被断层环绕，火山活动频繁，是海啸的高发区；像印度洋、加勒比海等这些被活跃火山、岛弧系统所包围的区域，也是海啸的高发区；地中海也可能发生海啸。以上地区由海啸带来的规模巨大的浩劫，在历史上有很多的记录。1883年8月，印尼群岛的喀拉喀托火山突然爆发，几乎完全摧毁了整个岛，随后引发了一系列的海啸。这些海啸波具有非常罕见的长周期，达1～2小时之久。浪高超过30.5 m的海啸吞没了默拉克镇，而该镇距离喀拉喀托火山53 km之外，并且位于另一个岛上。一艘巨大的轮船被抛至距岸边约3km的陆地上，而此处比海平面高出9.2 m。超过35 000人在这些严重的海啸中失去生命。并且，这些海啸能够穿越大洋，传播到遥远的合恩角（12 500 km以外）和巴拿马(18 200 km以外)。经计算，这些海啸波以200 km/s的速度传播。

1946年4月1日，阿留申海沟靠近阿拉斯加的海域发生地震，引发了一系列海啸。这些海啸波重创了夏威夷希洛岛，超过150人被夺去了生命。不仅仅是面对着海啸波而来方向的岛屿受到了损坏，由于绕射和折射作用，海啸绕过岛屿，在岛屿的背面也形成较强烈的海啸波。1946年地震海啸最大波高出现在震源地阿留申群岛。在那里，海啸波摧毁了高达10 m的斯科奇帽灯塔，致使灯塔的工作人员死亡，同一区域内一个高出海平面33 m的信号发射塔也被毁坏了。1957年，夏威夷再次受到海啸袭击，海啸高度甚至超过了1946年记录，但是由于预警系统及时地提醒民众安全撤离，所以这次海啸没有造成生命损失。1964年，阿拉斯加发生地震，严重摧毁了安克雷奇和阿拉斯加沿海城镇，同时引发了海啸。海啸对温哥华岛西海岸和加利福尼亚北部沿岸地区也造成了破坏。

1992年9月1日，距尼加拉瓜海岸100 km处发生7.0级地震，由地震引发的海啸致使170人死亡，500人受伤，1 500座住宅被毁。据目击者回忆，起初一个大浪打过来，使港口的水位降低了7 m，巨大的海啸波紧随其后。在整个事件中，海啸最高达10 m，平均浪高为2～6 m。触发海啸的原因是科科斯板块俯冲到加勒比板块之下引发了地震。

1992年12月12日，巽他-班达岛弧带上的弗洛勒斯岛发生了7.5级地震，震中位于毛梅雷市西北方向仅50 km处。地震5分钟后，第一波海啸袭击了该市。地震和海啸造成2 080人死亡，2 144人受伤。海啸的平均浪高为5 m,最大浪高达19.8 m，位于岛的东北角。

1993年7月12日晚10点过后，在日本海欧亚板块和北美板块的交界处发生了7.8级地震，地震位置靠近北海道西南部的奥尻岛。地震发生6分钟后，高达5 m的海啸摧毁了奥尻岛南端青苗岬的建筑物，席卷了当地一个储存丙烷的仓库，并引发火灾。在这场海啸中，浪高最高接近30 m，典型高值为10～15 m。海啸造成185人死亡，财产损失高达6亿美元。

1998年7月17日，一次大型海啸袭击了巴布亚新几内亚的东北海岸，高达7～15 m的海啸横扫了锡萨诺潟湖沿岸的海滩，摧毁了4个渔村。3个巨浪把残垣和人们卷入潟湖及其相邻的红树林中，超过2 000人死亡或失踪。这次海啸由近岸水下地震引起（里氏震级为7级）。地震使长40 km的海底断层产生了2 m的垂直下陷，随后发生了海底滑坡。尽管在第一波海啸来临之前岛屿已震动了30分钟，但这并没有在海岸区域引起重视。

发生在2004年12月26日的苏门答腊海啸是历史上最具摧毁性的一次海啸。这次海啸摧毁了印度洋沿岸许多地区。在当日清晨8点钟之前，苏门答腊岛东北部发生了强烈地震，引起地面高达10 m的垂向位移。这次地震由印度板块俯冲到欧亚板块之下造成。根据一个研究苏门答腊海啸的国际科学组织的记录，该岛东北端的海啸波高达20～30 m，并且有证据表明沿东北海岸长达100 km的区域内，波高可能达15～30 m。遭受海啸破坏最严重的地区是亚齐特别自治区，该区距震中约100 km（图10.17），首府班达亚齐的32万居民中，约有1/3在这次海啸事故中遇难。

苏门答腊海啸造成惨烈生命损失的原因是印度洋盆地地区缺乏海啸探测仪和区域协调海啸预警机制。1946年4月1日，在海啸袭击夏威夷之后，美国在夏威夷和阿拉斯加建立了海啸预警中心。目前，太平洋盆地的海啸监测由美国国家海洋与大气局的深海海啸评估及预警系统（Deep-Ocean Assessment and Reporting of Tsunamis，DART）负责。DART在开阔海域运行了40多个海啸监测仪器（图10.18）。此外，澳大利亚、智利、印度尼西亚和泰国政府也纷纷安装了海啸监测仪［图10.19（a）］。该仪器由浮标和锚定在海底的压力记录仪组成，浮标用于实时信号传输［图10.19（b）］。每个仪器都可以在6 km深处连续工作24个月。这些仪器能够测量振幅小于1cm的深海

(a)

(b)

(c)

图10.17 （a）苏门答腊岛班达亚齐的一座清真寺挺立在废墟中。一些清真寺的底楼被设计成开放式，这也许是它们没有被海啸摧毁的原因。海啸波高高达二楼中部。（b）轮船被海啸卷上陆地。（c）一次海啸在班达亚齐造成的典型灾害。（照片来自美国地质调查局）

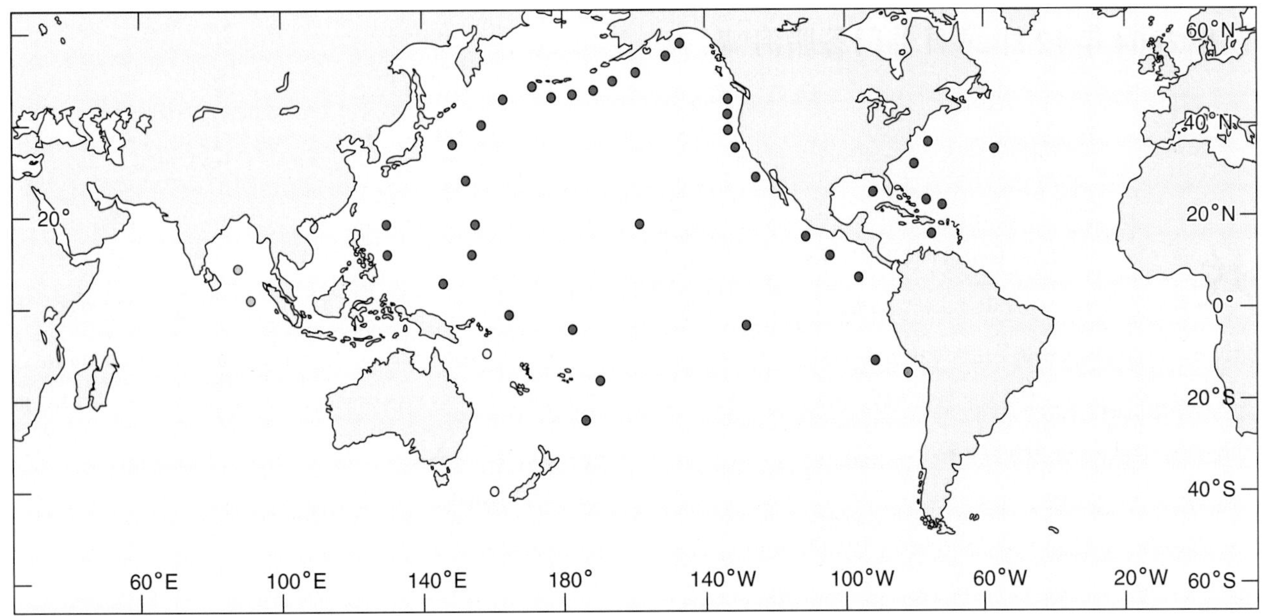

站点所属者
- NOAA DART
- 澳大利亚
- 智利
- 泰国
- 印度尼西亚

图10.18 美国国家海洋与大气局的深海海啸评估及预警系统。海啸监测仪被部署在历史上海啸高发的区域，以确保海啸波浪向近岸传播时能被观测到，并为实时预报提供关键数据。图中标示了由39个海啸监测仪组成的观测网络（红点），还标示了澳大利亚、智利、印度尼西亚、泰国政府部署的海啸监测仪位置。

(a)

(b)

图10.19 （a）DART海面浮标。（b）海底压力记录仪，它通过测量海水压力变化监测海面高度变化，所获得的数据将发送给浮标，再通过卫星发送到海啸预警中心。

模拟2004年12月26日苏门答腊海啸

埃迪·伯纳德（Eddie Bernard）博士是美国国家海洋与大气局太平洋海洋环境实验室主任，该实验室位于华盛顿州西雅图市。伯纳德博士领导了包括海洋气候动力学、渔业海洋学、厄尔尼诺预测、海啸以及海底扩张在内的一系列广泛的海洋科学研究计划，他还是研究海啸的专家。

2004年11月26日，当地时间07:59（协调世界时00:59），距苏门答腊岛以西100 km，位于东印度洋安达曼和尼科巴群岛海域长达1300 km的大洋俯冲带上发生了9.3级大型逆冲型地震（megathrust earthquake）。相邻板块突发水平移动（超过20 m）使海底产生高达10 m的垂向位移，引发破坏力极大的海啸。尽管确切的数字未知，但是这次灾难造成了约237 000人死亡，经济损失超过13亿美元。一些经济学家估计，这场海啸将造成一百万人终身贫困。海啸袭击苏门答腊岛海岸时高达30 m，这是目前世界范围内最高的海啸记录。这次海啸过程被全球范围内分布的高精度验潮站观测，并且开阔海域的海啸波高被多个卫星观测，像这样广泛的观测记录实属首次。这些近岸和开阔海域的海啸波高数据被用于改进MOST模型（Method of Splitting Tsunami），该模型用于预报全球范围内的海啸传播和水位高度，其目标是快速可靠地预报袭击近岸区域的海啸。通过对比实际观测的海啸波高与MOST模型模拟结果，可以揭示海啸传播上千千米而能量衰减很小的控制因素。

地震发生3个小时后，距震源南侧1 700 km处，位于科科斯群岛（窗图1）的实时验潮站首先监测到了海啸。数据显示第一波海啸的波高约为30 cm，随之而来的是一系列长时间的水位振荡，最大峰谷范围为53 cm。位于印度和斯里兰卡的监测站与震源的距离相同，它们获得的观测值是科科斯群岛观测数据强度的10倍。这些强度不同的有效波高分布与数值模型结果相符，模型也清楚地表明了苏门答腊海啸的传播方向（窗图1）。

海啸波振幅数据由“贾森1号”和托帕克斯卫星的高度

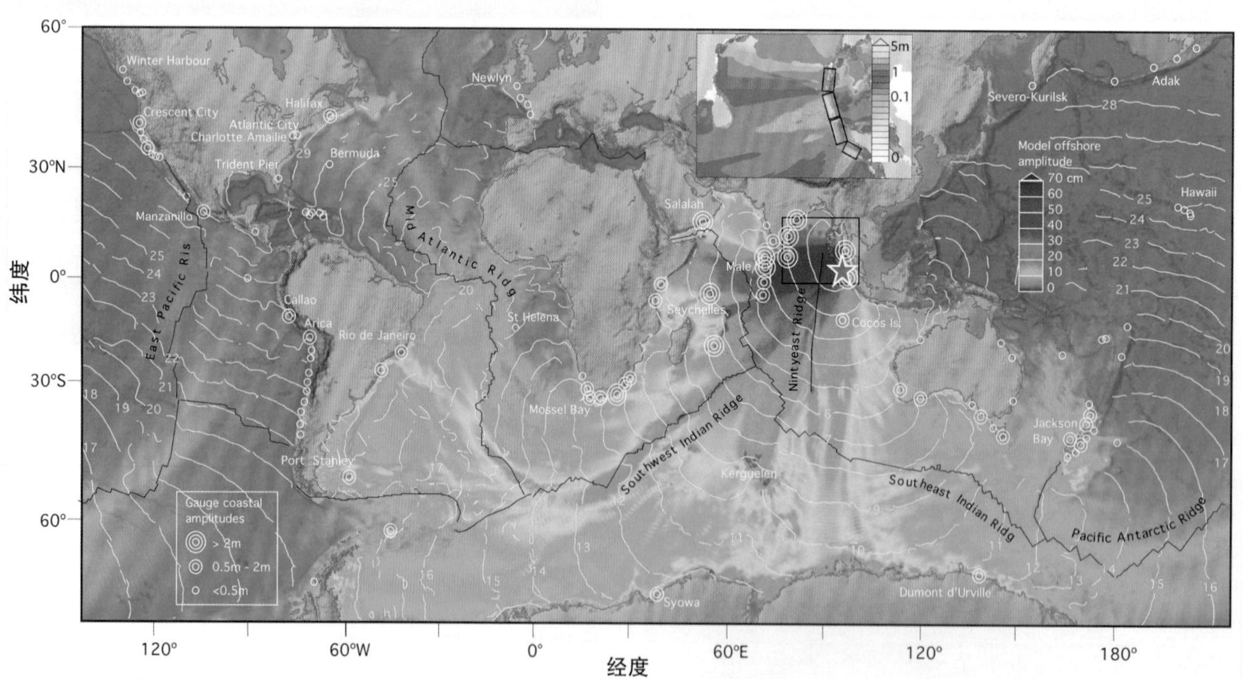

窗图1 MOST模型计算得到的2004年苏门答腊海啸全球能量传播图。图中，星形表示震中位置，填充颜色表示计算得到的模拟海啸在44小时的传播过程中的最大波高，等值线表示计算得到的海啸波到达时间，圆形表示指定验潮站的位置及其测得的海啸波振幅（结果分为3个等级）。上方小图显示模型模拟的断层位置和孟加拉湾内的海啸波高情况，4个次断层的滑动情况（从南向北依次为21 m、13 m、17 m和2 m）与卫星高度计测量数据高度吻合，与地震和大地测量数据反演相关性好（据Titov, et al., 2005）。

计测量。在地震发生两个小时后，这两颗卫星经过印度洋上空，二者相隔150 km。卫星轨道经过了孟加拉湾的海啸波的波前，并从斯里兰卡向南，延伸约1 200 km。测量显示，印度洋的海啸波振幅约为50～70 cm。

窗图1总结了MOST模型模拟海啸的结果。通过约束震源条件得到了与开阔海域卫星水位观测和特征相符的结果。模型结果表明，主要有两个因素影响了海啸的方向和波高：震源的方位和大洋中脊的波导效应。

对于远离地震震中的海啸波浪，海底地形是决定能量传播方向的主要因素。对海啸进行全球范围内的模型的分析，结果表明大洋中脊是主导海啸传播的因素（窗图1）。对于进入大西洋的海啸能量，西南印度洋海岭和大西洋海岭起到了波导的作用；对于进入太平洋的海啸能量，东南印度洋海岭、太平洋－南极洲海岭和东太平洋海隆起到了波导作用。模拟结果还表明，在海啸波路径上，只有当海岭曲率超过一定阈值时，才能产生波导。例如，南大西洋中脊的急转弯导致海啸波在南纬40°离开波导区，以相当强烈的振幅袭击了南美大西洋沿岸。模型预测了在巴西里约热内卢（窗图1）观测到的高波峰（约1 m）波浪。东经90°海岭使得波浪能量聚集，导致海啸波高增加，向南至南极洲海岸。这个区域中沿能量传播方向没有验潮站，因此仅在相邻区域的法国杜蒙特·迪维尔站和日本昭和站观测到海啸波的中等幅度的峰间值（60～70 cm）。

印度洋中部和西部沿岸的大多数记录表明，最大波高发生在第一波海啸中（异常波高维持达12个小时），随后波浪快速衰减。模型结果表明，这些记录源自沿着震源主要传播方向的站点。印度洋西部和其他区域的验潮站的数据表明，最大波高发生在第一批波群中较后到达的波浪中。这说明，这些区域的波浪受到浅水地形的影响，在海岸处发生散射和反射。

长期以来的大西洋海啸监测记录表明，海啸能量沿着大洋中脊传播。在太平洋，苏门答腊海啸的波群往往包含两个或两个以上的“波包”，这些“波包”具有不同的波高和频率特性。由于太平洋很广阔，大多数沿岸区域可以有两种不同的传播方式。

尽管在2004年的海啸事件中，印度洋盆地之外的区域没有直接的伤亡损失报道，但是模型研究表明，海啸能量在全世界海洋范围内传播。这说明，不同海域的海啸可以通过震源和地形波导作用将波能传播到遥远的海岸区域，危害性极大。

延伸阅读：

Smith, W. H. F., R. Scharroo, V. V. Titov, D. Arcas, and B. K. Arbic. 2005. Satellite Altimeters Measure Tsunami, Early Model Estimates Confirmed, *Oceanography*, 18 (2), p. 10–12.

Titov, V. V., A. B. Rabinovich, H. O. Mofjeld, R. E. Thomson, and F. I. González. 2005. The global reach of the 26 December 2004 Sumatra Tsunami, *Science*, 309 (5743), pp. 2045–2048.

网络资源：

http://www.pmel.noaa.gov/tsunami/

http://www.noaa.gov/tsunamis.html

http://www.tsunami.noaa.gov/

http://www.geophys.washington.edu/tsunami/general/warning/warning.html

海啸波。测量数据由海底的压力记录仪传送给表层浮标，然后通过卫星传送到地面接收站。

海啸仪有两种运行模式：标准模式和事件模式。在标准模式中，仪器根据水柱的高度测量海水的压力，每15秒测量一次，每隔15分钟计算一次平均值，在这种模式下，每小时将获得4个测量数据。当仪器探测到一个可能的海啸迹象时，就进入事件模式。在事件模式中，起初的几分钟内每15秒发送一次测量值，随后每分钟发送一次平均值，如果4小时之后确定没有发生海啸，仪器会自动恢复到标准模式。

10.10 内　波

本节之前讨论的波动都发生在大气和海洋的交界处，这是两种不同密度流体之间的边界，界面两侧分别是空气和海水。密跃层为另一种界面，它位于海表面以下，将表层混合层和下层密度较大的海水隔开，边界之间的密度差较小。沿着这种边界的波动称为**内波**（internal wave）（图10.20），这些内波导致不同水层之间边界处产生波浪式振荡传播。

内波的传播速度比表面波慢，它们的波长通常达上百米到数十千米，周期从十几分钟到数个小时不等，波高通常超过50 m，但受限于海洋表层厚度。内波水质点运动轨迹如图10.20（a）所示，质点的圆周运动半径在密度界面处最大，向上和向下则衰减。当波高很大时，内波的波峰可以在海表面形成条纹。如果内波的振幅接近海水表层厚度，有时深水的波

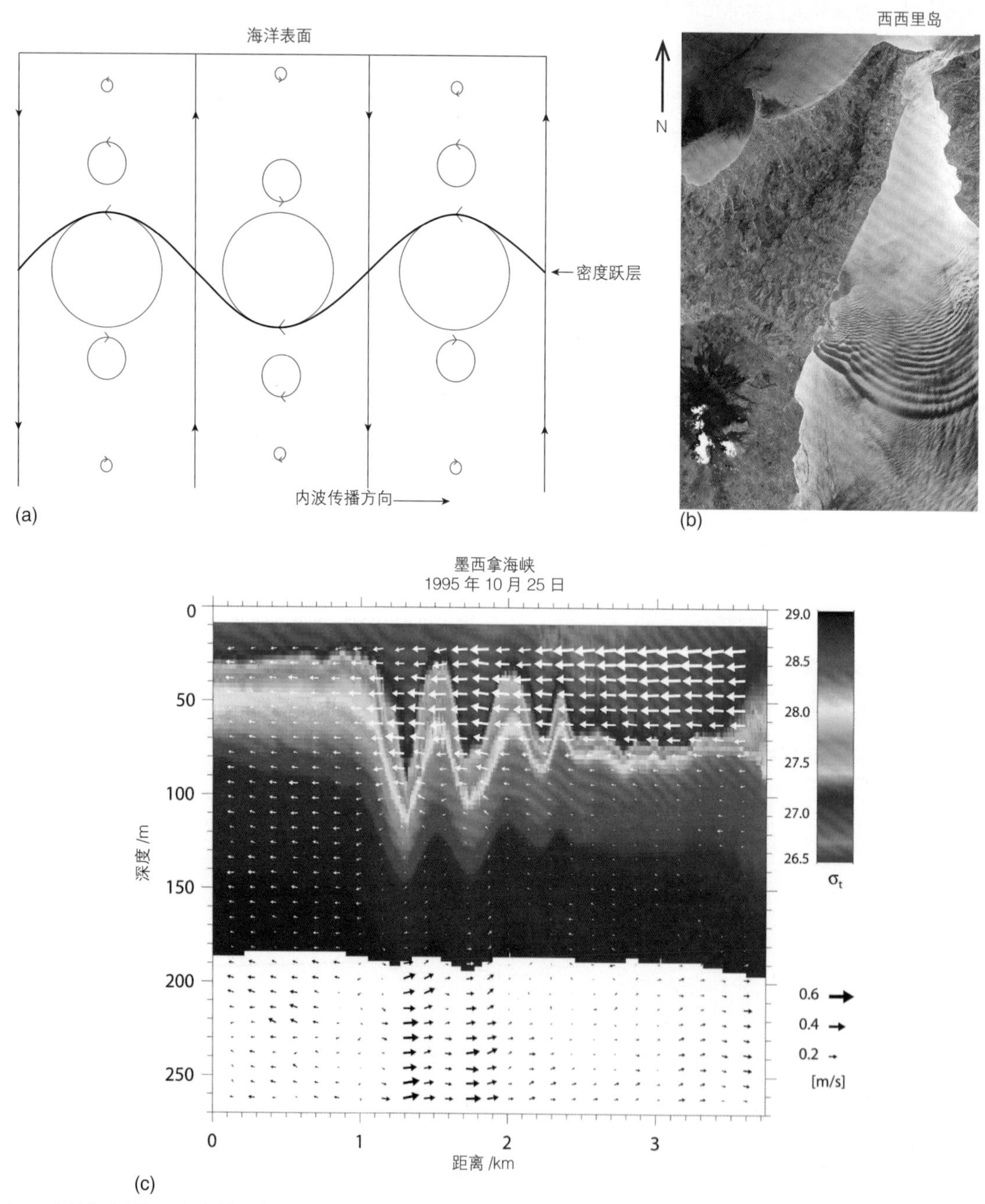

图10.20（a）内波沿密跃层（粗实线）底部传播示意图。水质点的运动轨迹如红色线所示。（b）卫星照片（覆盖范围为58 km × 90 km）显示位于意大利半岛和西西里岛之间的墨西拿海峡的内波。（c）用颜色标记海水密度随深度的变化（通过CTD测量），显示了墨西拿海峡的内波运动。箭头表示波速（单位为m/s）。

动也能在海表面观测到。内波波谷相对较为平滑。有时候，内波经过时海表面会高低起伏（图10.20）。

许多过程可以形成内波。低气压风暴系统可以使海表面水位上涨，从而使密跃层发生下陷。当风暴离开后，下陷的密跃层在回到平衡位置时会产生振荡，如果此时表层流变化剧烈，可能会促使内波形成。海流经过海底地形起伏处也能产生内波。如果表层低密度海水的厚度非常薄，以至于轮船的螺旋桨处于密跃层中，螺旋桨释放的能量就会产生一系列内波。这导致轮船的螺旋桨效率降低，因为内波会消耗一部分螺旋桨的能量，从而使得用于推进轮船向前运动的能量损失，这被水手称为死水效应(dead water effect)。

内波波速与波长、深度的关系与表面波相似，参见第10.5节。当内波波长小于水深深度时，内波方程中必须包含两个水层的密度。波速的平方（C^2）等于重力加速度（g）除以2π，乘以波长（L），再乘以密度比，如下公式所示

$$C^2 = \frac{g}{2\pi} L \left[\frac{\rho - \rho'}{\rho + \rho'}\right]$$

其中，g为重力加速度，L为波长，ρ为底层密度，ρ'为表层密度。

当内波波长相对于水深较长时，则必须考虑其他关系，详见附录。

10.11 驻 波

深水波、浅水波和内波都是前进波，具有方向和速度。**驻波**（standing wave）由前进波及其反射波叠加而成，它并不向前推进，仅在固定位置出现波峰和波谷。驻波发生在大洋盆地、半封闭的海湾、近海以及河口区域。我们可以用一个容器演示驻波。将一个部分装有水的容器一端提高，然后迅速放回原位，这样水从高向低流动，产生振荡，水表面在容器中心往复振荡，这个点称为**波节**(node)，水位变化最大的位置称为**波腹**（antinode）[图10.21（a）]。驻波由前进波及其反射波叠加形成，反射波与前进波相抵消，如果我们用不同容积的容器做实验，会发现振荡的周期会随着容器长度的增加而增加，随着容器深度的增加而减小。

注意，单个波节的驻波只包含了半个波形［图10.21（a）]，波峰在容器的一端，波谷在容器的另一端。当波形往复振荡时，对同一端来说，波峰与波谷交替出现。相邻两个波峰（或波谷）的距离是容器长度的两倍。如果我们快速倾斜容器底部，可以产生超过一个波节的波浪［图10.21（b）]。在具有两个波节的情况下，容器的两端可以出现波峰，而中心出现波谷；但也可能两端出现波谷，中心出现波峰。两个波节位于距容器两端1/4长度的位置。在

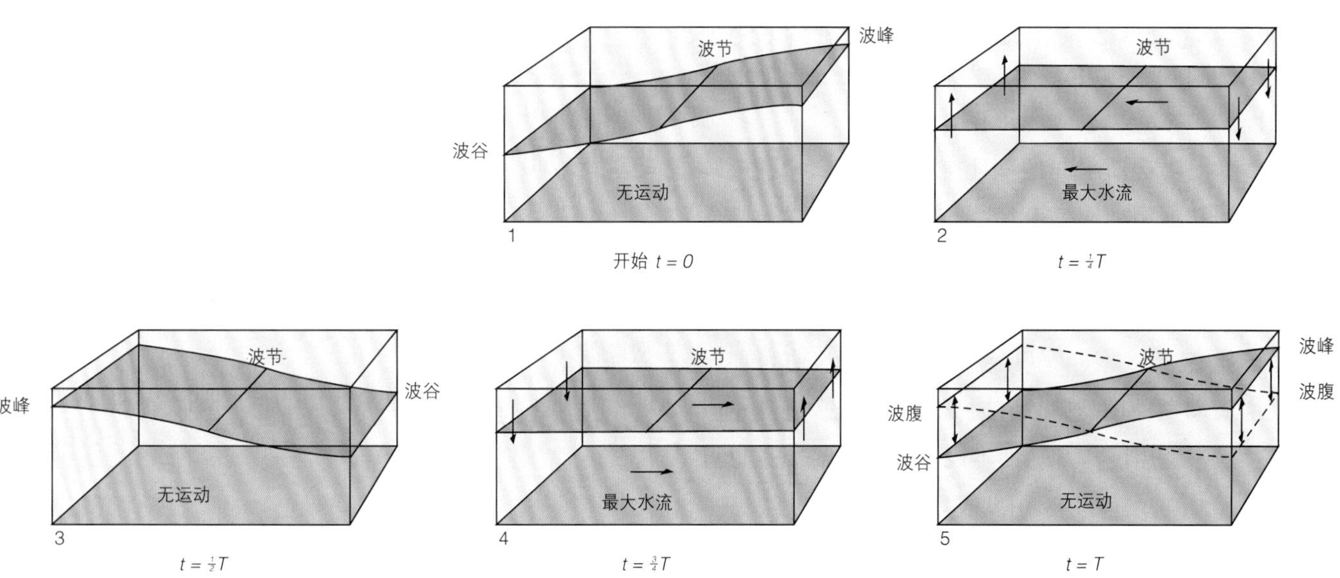

图10.21a　盆地中，只有一个波节的驻波振荡。振荡一次的时间为波周期T。

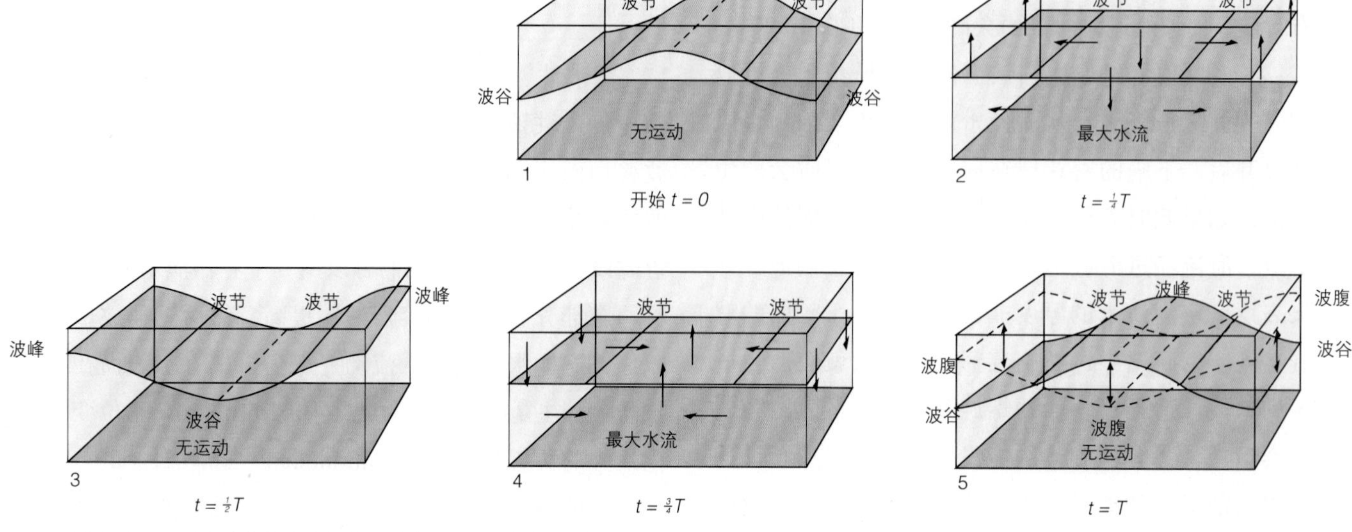

图10.21b 两个波节的驻波振荡。振荡一次的时间为波周期。

这种情况下，波长等于容器的长度，具两个波节的驻波，周期是具一个波节驻波周期的1/2。

一端开放的港湾或小水湾发生的驻波与封闭盆地中的驻波不同。在这些开放海湾中，波节往往位于海湾的进出口处，因此在海湾进出口，海水表面几乎没有或仅很小的上升和下降，但是海湾的尽头则具有较大程度的上升和下降（图10.22），这种地形容易产生多个波节的驻波。

在自然盆地中发生的驻波被称为**假潮**（seiche），水表面的振荡称为假潮振荡。自然盆地的宽度往往大于深度，因此具有一个波节的驻波可被视为浅水波，其波长由盆地的宽度决定。在密度显著分层的水体中，驻波可以沿不同水体密度边界发生，就如在空气和海洋的边界一样。内驻波要比表面波的波动慢。

由板块运动引起的盆地突发震动可触发驻波，水体的特征周期取决于盆地规模。例如，在地震发生过程中，泳池中的水体前后振荡。暴风引起海平面发生风暴潮，风暴停止后，海水回到正常水位时也可能会产生驻波。气压变化扰动湖面，有可能导致水面周期性的变化，有时候水位变化高达1 m以上。当密跃层陡峭且地形不规则时，潮流经过也可能产生内波，有时候会引发假潮。

如果扰动力的周期是盆地自然振荡周期的整数倍，驻波的高度将大幅增加。以小孩荡秋千为例，

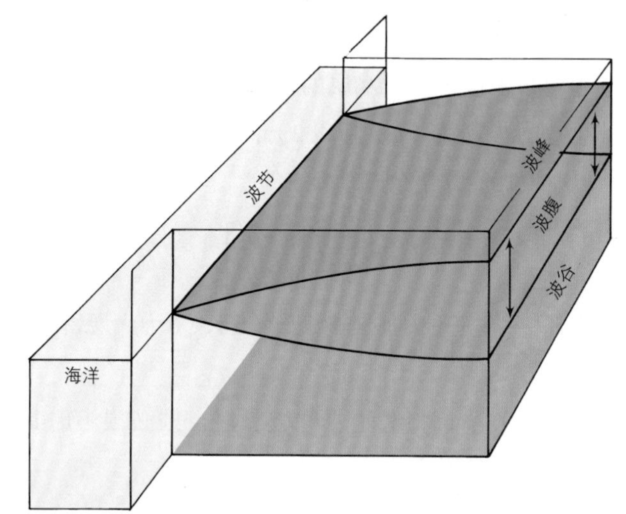

图10.22 波节位于盆地开口处的驻波振荡。在盆地的封闭端波腹处海水上升和下降。这种类型的振荡由水的流进和流出产生，其周期与盆地的自然周期相等。

如果每次用力间隔得当（为秋千摇摆周期的整数倍）即使推力很小，秋千也能越荡越高。第11章中我们将学习在海湾入口处反复发生的潮汐力，它能够使自然振荡周期与潮周期相似的海湾产生驻波。开阔海域大洋盆地的自然振荡周期有时就可能触发驻波型潮波。

盆地中的驻波就像是钟摆，自然振荡周期如下所示

$$T=\left(\frac{1}{n}\right)\left(\frac{L}{\sqrt{gD}}\right)$$

其中，n为波节数，D为盆地中水体的深度，g为重

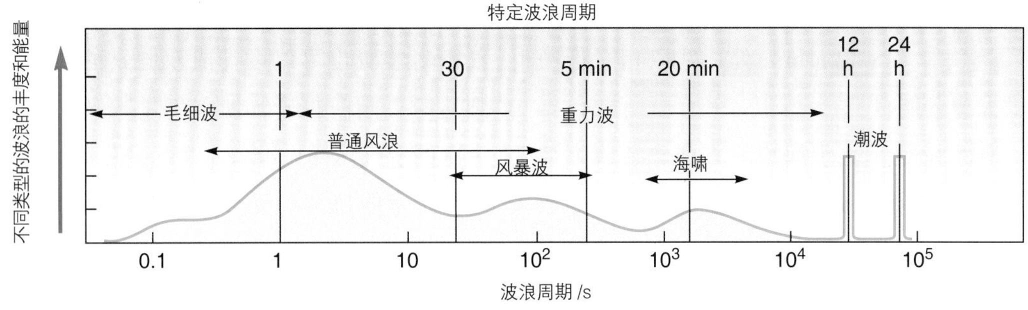

图10.23 波浪能随波浪周期的分布。

力加速度，L为波长。在封闭盆地中，L为盆地长度的2倍；在一端开口的盆地中，L为盆地长度的4倍。当波节数等于1时，上述方程和浅水方程的关系如下：

$$\frac{L}{T}=n\sqrt{gD}$$

前进波与其反射波的速度大小相同，方向相反，叠加形成驻波。两列相似的波以不同角度相遇时也能够产生棋盘状的驻波，波峰和波谷在固定位置交替出现（图10.5）。

图10.23显示海洋中不同周期波浪的总能量。常见的风浪能量最高，因其在海洋中无处不在。风暴产生的波浪大，携带的能量多，但是因其在海洋中发生的频率不高，因此总能量低于风浪。海啸虽然具有巨大的能量，但是它们发生的频率低，且局限于少数海洋区域。如果把潮波也认作是海洋中的一种波动，那么它的能量主要分布在一条窄带上，周期分别为1天2次或1天1次。第11章将讨论潮波。

10.12 实际应用：波浪能

海浪中蕴藏着巨大的能量。据估计，海洋中波浪能的功率为2.7×10^{12} W，相当于胡佛水坝发电能力的3 000倍。但从人类需求的角度出发，这些能量过于分散，并且，波浪能是一种不稳定的能源，因此很难大规模利用。

可通过以下三种方法利用波能：（1）利用水位变化提升物体，通过势能做功；（2）利用海水质点的运动或海面的倾斜，推动某个物体往复运动；（3）利用上升的海水压缩封闭空间中的水和空气。以上三种方法可同时联用。如果这些波浪的运动能够直接或间接驱动发电机，那么就可以产生电能。

假设一个大浮标，其下部为空心圆柱体并一直延伸到深海（图10.24）。圆柱体内部装有一个活塞，活塞可以跟随表面浮标上下运动，但受底部圆盘的限制。当表面浮标随着波峰上升时，系统吸入海水；当表面浮标下降时，系统排出海水。这些进出的海水可用来驱动涡轮，但波动能量分布在整个波浪体积内，因此这种装置只能在波浪经过时利用少部分能量。这种装置也可以被改造，使其压缩空气，而不是水。英国研发并测试了一个被称为“希望男孩”（*Sperboy*）的空气压缩系统工程，被压缩的空气经

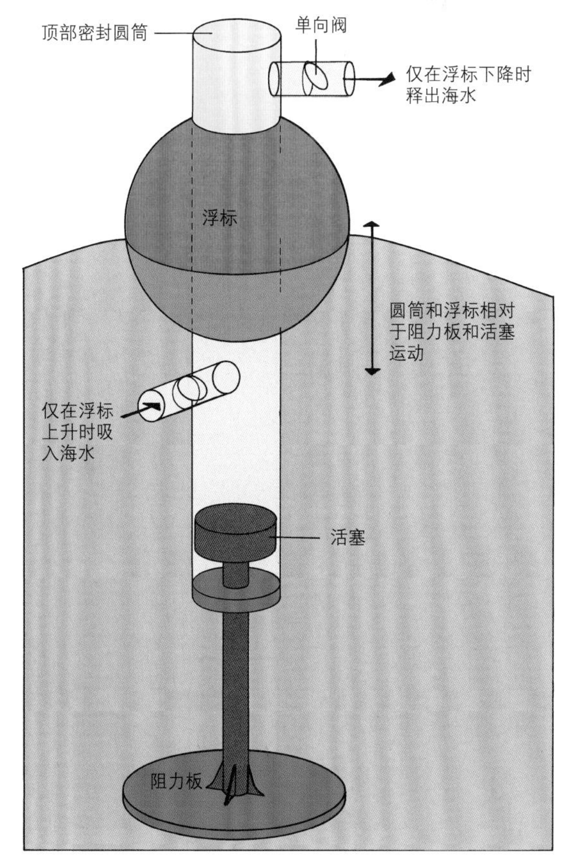

图10.24 波浪的垂直涨落可用来驱动泵。

过涡轮发动机时产生电能。“希望男孩”以阵列形式被部署在距离海岸8～12 n mile处，并以相对低廉的成本提供大型电能。

另外一种系统是垂直于海岸线方向建造收缩波道装置，流入的波浪在逐渐变窄的河道末端形成2～3 m高水位并流入高水位的储水库中，随后经涡轮机释放。苏格兰爱莱岛的75 kW电站和挪威托夫铁斯塔伦（Toftestalen）的350 kW电站，以及两个分别位于爪哇和澳大利亚的1500 kW电站都采用了这种方法。表面浮标和收缩波道都是利用势能的例子。

英国正研究利用波浪中水质点往复运动产生能量的系统，在波浪丰富的地方布置了一长串这种发电装置。每当波浪经过时，这些发电装置彼此相对运动，从而在一个封闭系统中通过挤压油路来驱动涡轮运动。在西澳大利亚州、亚速尔群岛以及日本，其他利用波能压缩空气的装置也正在研究（图10.25）。沿海岸布设空气密封装置，当波峰移动到密封室时压缩空气，则可以通过单向阀驱动涡轮。空气密封装置也可以设计成双向式的，当波浪的波谷到达时，阀门打开，使空气进入到封闭室中，为下一次的空气压缩做准备。

海岸线持续经受大振幅波浪拍打，是最有希望利用波能的地方。英国海岸线具有较高的波能，沿岸平均功率达到5.5×10^4 W/m。如果沿1 000 km海岸线的波浪能被充分利用，那么它将满足目前英国能量需求的50%。据估计，加利福尼亚州北部海岸线的波浪能每年能达到23×10^6 kW，通常认为其中的20%，也就是4.6×10^6 kW可被用来发电。位于加利福尼亚州北部的太平洋天然气和电力公司（the Pacific Gas & Electric Company）已经考虑为加利福尼亚布州拉格堡的防波堤安装发电设备。

当我们建造海洋波浪能系统的时候，除了考虑成本之外，还要考虑其他因素。例如，如果一个海岸附近所有的波浪能都被用来发电的话，那么会对海岸造成什么影响呢？如果近岸区域每隔5～10 m

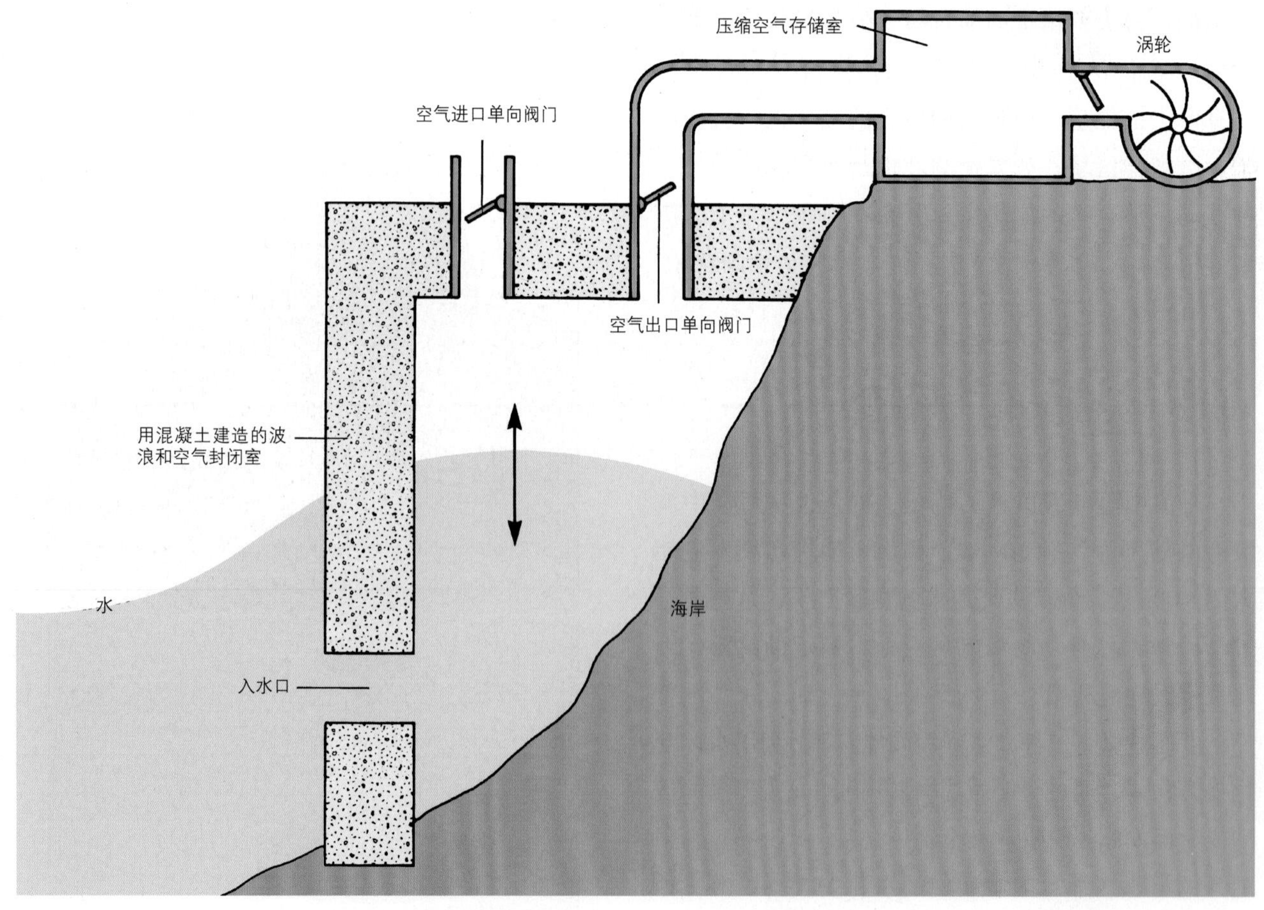

图10.25 利用波浪起伏压缩空气并将其储存在储存室中。空气从储存室中流出时形成稳定的气流，驱动涡轮以产生电能。

就布置一台波浪发电装置的话，那么对其他海洋利用方式带来何种影响呢？单个发电装置收集到的能量有限，那么在仪器有效工作时间范围内用于建造和维护它们的费用是否合算呢？这些问题的答案将有助于我们了解利用波浪能量是否对环境带来影响、是否成本过高或者发电效率太低，以及目标建设区域是否存在着安装、维护、交通和电力输送等各种问题。

本章小结

海水表面被扰动时，生成力和回复力产生波动。风吹动海面形成毛细波，当波浪增强时，毛细波转化为重力波。波形的最高点称为波峰，最低点称为波谷。波长是相邻两个波峰（或波谷）之间的距离，波高是波峰到波谷的垂直距离，波周期是两个相邻波峰（或波谷）经过某一固定点所需的时间间隔。前进波的水体质点运动呈圆形，波速与波长和周期有关。

深水波发生在水深超过1/2波长的区域，在风暴中心产生的风浪是深水波；波的周期是生成力的函数，并且不随时间变化。长周期波浪离开风暴中心之后，形成周期长、规则的波浪，称为涌浪。快速行进的波可以穿过慢速行进的波，形成波群或波列，长波往往在短波之前，这个过程称为弥散。在深水波中，群速度等于单个波形速度的1/2。不同风暴形成的涌浪在海洋中相遇时，可以彼此交叉、抵消和组合。

波高由风速、风时和风区决定。与局地海况不相关的单个巨大波浪称为突发巨浪。波浪的能量与波高有关。当波高与波长之比超过1∶7时，波浪会发生破碎。风速和海面状况通过海况等级联系起来。

浅水波发生在水深小于1/20波长处，浅水波的波速取决于水深。波浪向海岸线行进时水深减小，因此波速降低，波长变短，波高变高。波浪在海岸处会发生折射、反射和绕射，这些波浪现象可以帮助人们在岛屿之间航行。

波浪在碎波带会产生向岸的净水体输运。破碎波分为卷波和溢波。在海滩上，海水既向着海滩输运，也沿海滩输运，这些水体在碎波带通过裂流回流到深海中。

海啸是地震波，是浅水波的一种，能够严重破坏沿岸地区并造成洪水。

内波发生在不同密度的水层之间。驻波或假潮发生在盆地中；水表面在波节之间振荡，波峰和波谷则在波腹处交替出现。

通过水位变化或者水面倾角变化可利用波浪能，但成本因素、位置的选择、对环境的影响以及波浪自身的不规律性，使得利用该能源时存在一定困难。

关键术语

generating force　生成力
restoring force　回复力
gravity wave　重力波
ripple　涟波
capillary wave　毛细波
cat's-paw　猫掌风
crest　波峰
trough　波谷
wavel ength　波长
wave height　波高
amplitude　振幅
equilibrium surface　平衡水面
period　周期
orbit　轨迹
deep-water wave　深水波
progressive wind wave　前进风浪

storm center　风暴中心

forced wave　强制波

free wave　自由波

sorting/dispersion　弥散

wave train　波列

swell　涌浪

group speed　群速度

fetch　风区

episodic wave　突发巨浪

potential energy　势能

kinetic energy　动能

wave steepness　波陡

shallow-water wave　浅水波

wave ray　波向线

diffraction　绕射

breaker　破碎波

plunger　卷波破碎

spiller　溢波

rip current　裂流

seismic sea wave　海啸

tsunami　海啸

internal wave　内波

standing wave　驻波

node　波节

antinode　波腹

seiche　假潮

本章中的关键术语可在“词汇表”中检索到。同时，在本书网站www.mhhe.com/sverdrup10e中，读者可学习术语的定义。

思考题

1. 冲浪板沿着波面向下运动。波面的波陡由波长减小的程度和波高增加的程度决定。当波浪遇到浅水，速度降低时，请问冲浪板上的冲浪者应当怎样调整姿势才能保持在波面上？
2. 向小池塘或游泳池里面扔一块石头，分别描述单个波浪和波群发生时的现象，并试着确定群速度和单个波的速度。
3. 朝一个水池中扔两块石头，且落水点相隔较近，描述由此产生的波浪在彼此交错时发生什么情况？当它们相遇时，波高是否增加？两组波列是否会经过彼此后继续前进？
4. 列举在平静海表面生成深水波的作用力。
5. 如果你夜间在信风带上航行，如何利用波浪来保证你的航线为直线？
6. 绘出深水中的理想前进风浪，并标注每个重点部分。
7. 当一个深水前进波行进至逐渐变陡的海滩时，会发生什么情况？
8. 比较海啸波和风暴潮，它们有什么相同之处和不同之处？
9. 区分以下概念：风浪和涌浪、波高和波陡、波高和振幅、溢波和卷波、波腹和波节。
10. 何为波浪离开风暴中心之后产生的弥散效应？
11. 折射、反射、绕射是如何影响波浪的？
12. 驻波和前进波有什么关系？
13. 描述两种利用波浪能的方式，并描述它们的优点和缺点。
14. 如果在一个突发风暴中生成一组混合浪，为什么这组波浪穿越远离风暴中心的岛屿比穿越风暴中心附近岛屿所需的时间长？
15. 为什么地形垂直于海岸线凹陷时，容易产生裂流？

计算题

1. 利用方程$C=L/T$和$L=(g/2\pi)T^2$，说明波速：(a)只与波周期有关；(b)波长有关。
2. 深海中，假设波速为10 m/s、波长为64 m时，波浪的周期是多少？当它进入浅水中，波速、波长、波高和周期会发生什么变化？波高要达到多少才能导致波浪破碎？

3. 一次海底地震导致了阿拉斯加海啸，对平均水深为3.8 km、距离在4 600 km以外的夏威夷来说，海啸需要多长时间到达？

4. 解释波浪弥散关系。在12小时内，周期分别为12 s、9 s和6 s的三种不同波浪分别能传播多远？从同一出发地出发的周期为6 s和12 s的波浪，前者在后者到达10小时之后到达，请问发生地距离海岸有多远？

5. 在一个长方形鱼缸中装入1/3的水，并测量水的深度（D），小心地提起鱼缸的一端，然后迅速而平缓地放下。测量相邻两次高水位出现的间隔时间，即波的周期（T）；波长（L）是鱼缸长度的两倍，请证明波速（C）既可由L/T，也可由$n\sqrt{gD}$推导得出。

学习目标

学习完本章以后，读者可以：

1. 比较全日潮、半日潮和混合潮。
2. 列出上述三种类型潮汐的基本特征。
3. 解释为什么相对于太阳而言，月球的质量和万有引力都很小，但是月球引潮力却比太阳大。
4. 用图表示出大潮和小潮时，月球、地球、太阳之间的关系。
5. 给定上一次高潮时间，推算下一次全日潮和半日潮的高潮时间。
6. 用图表示赤纬潮发生时的地月关系。
7. 解释潮差与无潮点距离的关系。
8. 描述旋转驻潮波在海洋表面的运动方式。
9. 讨论潮流能的利用前景。

潮 汐

第11章

众所周知，沿海地区海水呈周期性的涨落，这种现象称为潮汐，由地球和天体（太阳和月球）之间的万有引力产生。潮汐的变化在远洋非常微弱，但在沿岸地区和海滩处，几乎决定着各种与水有关的商业或娱乐活动。地中海无明显潮汐，每天潮差小于1 m。因此，早期来自地中海的水手在航行到大西洋英格兰群岛北侧时，惊奇地发现潮差居然超过10 m。海湾和港口的潮汐能够帮助水手泊船靠岸，也能够帮助食物采集者在海滩上寻找各种可食用的动植物；但航海者们也熟知潮汐能带来危险，特别是在一些狭长的海峡中，潮水涨落能形成宏伟壮观的场面。

在本章中，我们将探讨全世界的潮汐类型，并通过两种方式理解潮汐：一种是假设地球上全部被海水覆盖的理想情况，另一种则是自然界的实际情况。我们也将学习如何利用已有的潮汐数据来预测海洋表面水位变化和预报沿岸潮流。

11.1 潮汐类型

人们通过在全世界范围内观测潮汐了解到，不同地区的潮汐类型各不相同。在某些沿海地区，潮汐每天有规律性地出现一次高潮和一次低潮，称为**全日潮**（diurnal tide）；在其他地区，一天中出现两次高潮和两次低潮，称为**半日潮**（semidiurnal tide）。半日潮的两次高潮位潮高相同，两次低潮位潮高也相同。如果两次高（低）潮位潮高不同，称为**不正规半日潮混合潮**（semidiurnal mixed tide）。这种类型的潮汐具有日不等现象，是全日潮和半日潮的叠加。图11.1显示了以上各种潮汐类型。美国一些沿海城市的典型潮汐特征如图11.2所示。

◀ 加拿大新斯科舍省芬迪湾退潮时的霍普韦尔石柱。

11.2 潮 位

在一个规则的全日潮或半日潮系统中，一天之内最高潮位称为**高潮**（high water），最低潮位称为**低潮**（low water）。在混合潮系统中则存在**高高潮**（higher high water）、**低高潮**（lower high water）、**高低潮**（higher low water）和**低低潮**（lower low water）四种现象，如图11.1所示。

根据多年潮位观测数据可计算**平均潮位**（average tide 或mean tide），即计算出多年潮位平均值。用同样的方法也可以计算平均高潮位和平均低潮位。对于混合潮而言，则可以计算平均高高潮位、平均

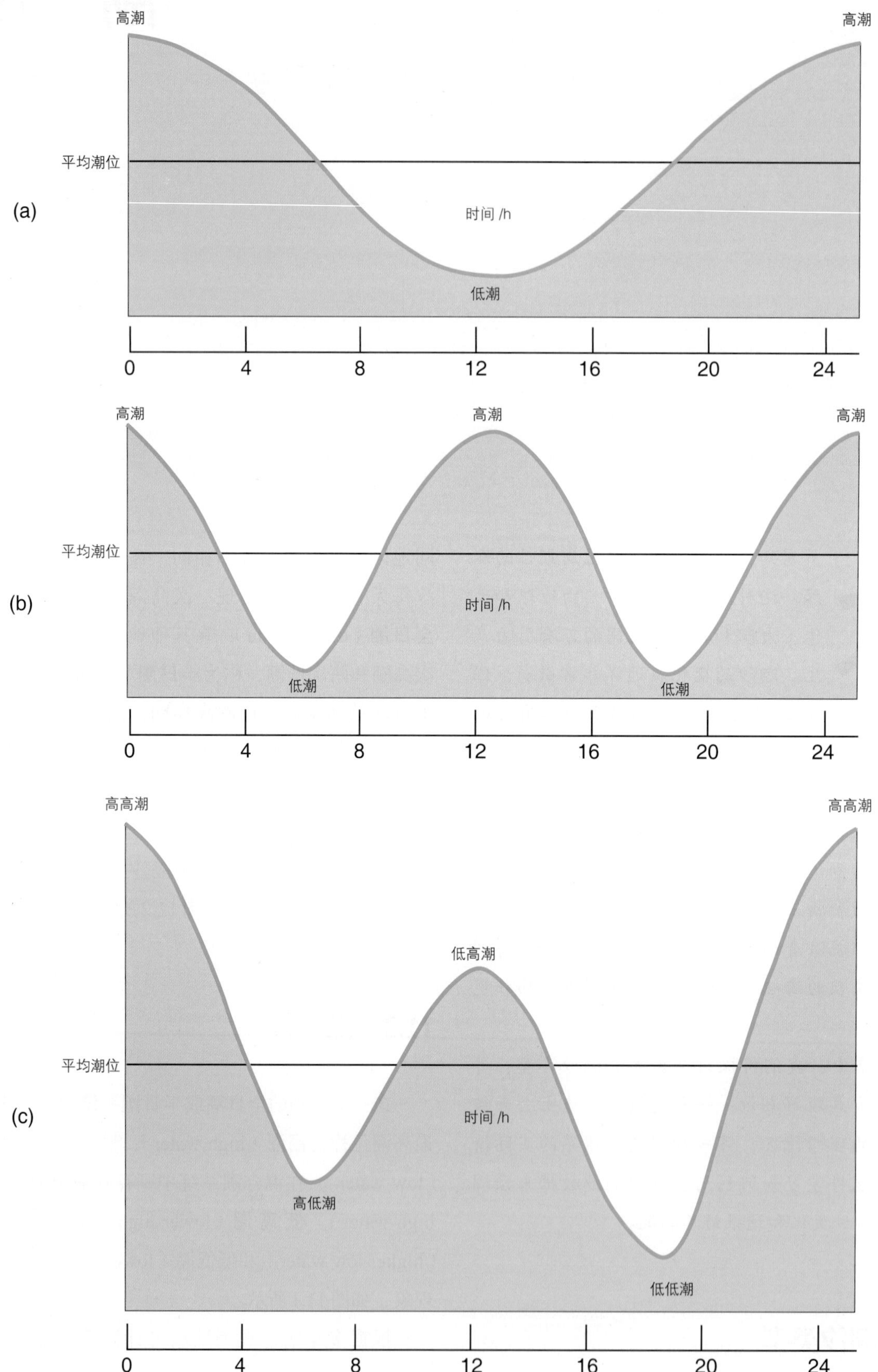

图11.1 潮汐主要有三种类型:(a)全日潮,1天涨落1次;(b)半日潮,1天涨落2次;(c)不正规半日潮混合潮,有日不等现象。

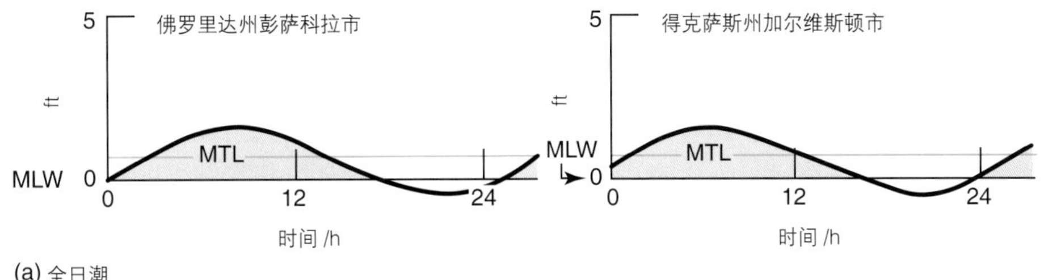

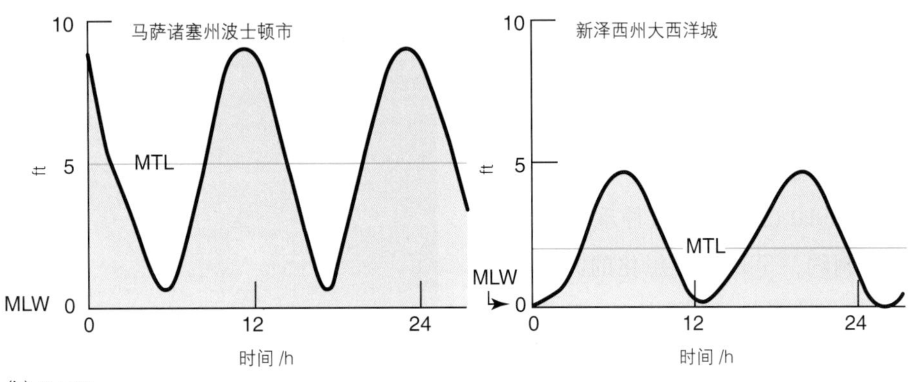

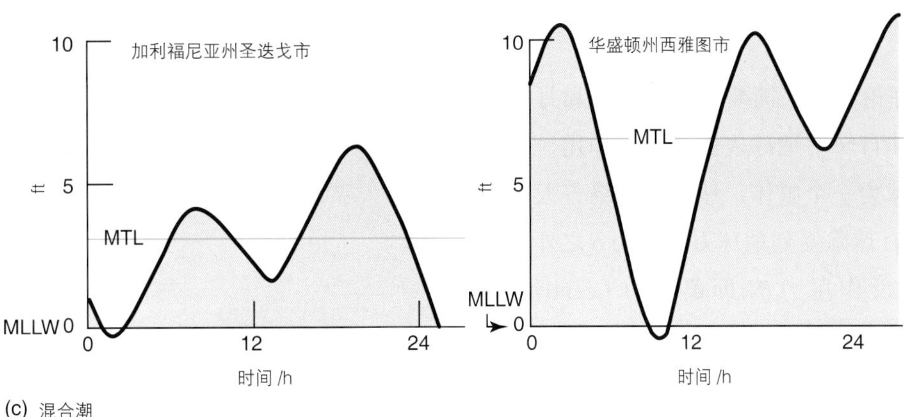

图11.2 不同沿海地区具有不同的潮汐类型和潮汐周期。图中，潮汐基准面为平均低潮位（MLW）或平均低低潮位（MLLW）。平均潮位用MTL表示。图中潮位曲线数据均来自同一天。这些潮位曲线是为了说明不同潮汐类型的特征，并不代表这些地区只存在一种潮汐类型。

低高潮位、平均高低潮位和平均低低潮位。

由于近岸海域的水深对于船舶航行十分重要，我们需要建立一个平均低潮位参考面，基于此参考面测量的深度可用来制作航海图。对于任一特定时间，将海图标记深度加上潮汐的潮位高度就能得到真实的水深。在规则全日潮和半日潮地区，**潮汐基准面**（tidal datum）通常就是平均低潮位。平均低潮位可确保船舶航行的真实水深大于海图所示水深，避免船舶搁浅。在混合潮地区，潮汐基准面通常为平均低低潮位，有时低潮位降至潮汐基准面之下，产生**负潮**（minus tide），这种情况对船舶航行极为不利，但对挖蛤蜊的人和学习海洋生物学的学生来说非常宝贵,因为通常被海水覆盖的部分此时暴露出来。

沿岸海水的水位增高称为**涨潮**（flood tide），水位下降称为**落潮**（ebb tide）。

11.3 潮　流

近岸水流与潮汐的涨落密切相关。潮水涨落期间，**潮流**（tidal current）快速运动，给人们的生活带来危险。当潮流转向或从涨潮过渡到落潮时（反之亦然），会发生**平潮**（slack water）。在此期间，潮流变弱后转向。一些狭窄的海峡潮流汹涌，有时候流速能够达到甚至超过5 m/s。轮船在这种海峡航行时，只有在平潮的时候才能安全通过。本章中，我们还将讨论潮流和驻波、前进潮波以及潮流预报的关系。

11.4 潮汐静力理论

海洋学家通过两种理论研究潮汐。一种是**潮汐静力理论**（equilibrium tidal theory），这种理论假定潮汐受基本物理定律制约，呈现为理想化的波形；并且，假设地球表面均匀地覆盖了一层海水，这简化了海洋和月球、太阳之间的关系。另一种是**潮汐动力理论**（dynamic tidal analysis），这种研究方法更接近自然实际情况，考虑了陆地分布、海洋地貌和地球自转对潮汐的影响。

潮汐静力理论可用来简要地解释太阳和月球的引力，以及地球自转对地球表面海水的作用。该理论视地球和月球为一个整体，地月系统绕着太阳旋转（图11.3）。月球除受到地球万有引力B之外，同时还受到一个反作用力B'，即**离心力**（centrifugal force）。离心力是物体在旋转参照系下运动时产生的惯性力。为了保证月球的运行轨道，力B和B'必须大小相等，方向相反。同样的，月球对地球的引力C也必须和离心力C'相平衡。B'和C'产生的原因是地月系统绕地球和月球的共同质心旋转。这个共同质心位于地月连线上，距地球质心4 640 km处。地月系统在太阳的万有引力A的作用下，绕太阳运行。同样，如图11.3（c）所示，为了维持地月系统的公转轨道，引力A和离心力A'也必须互相平衡。

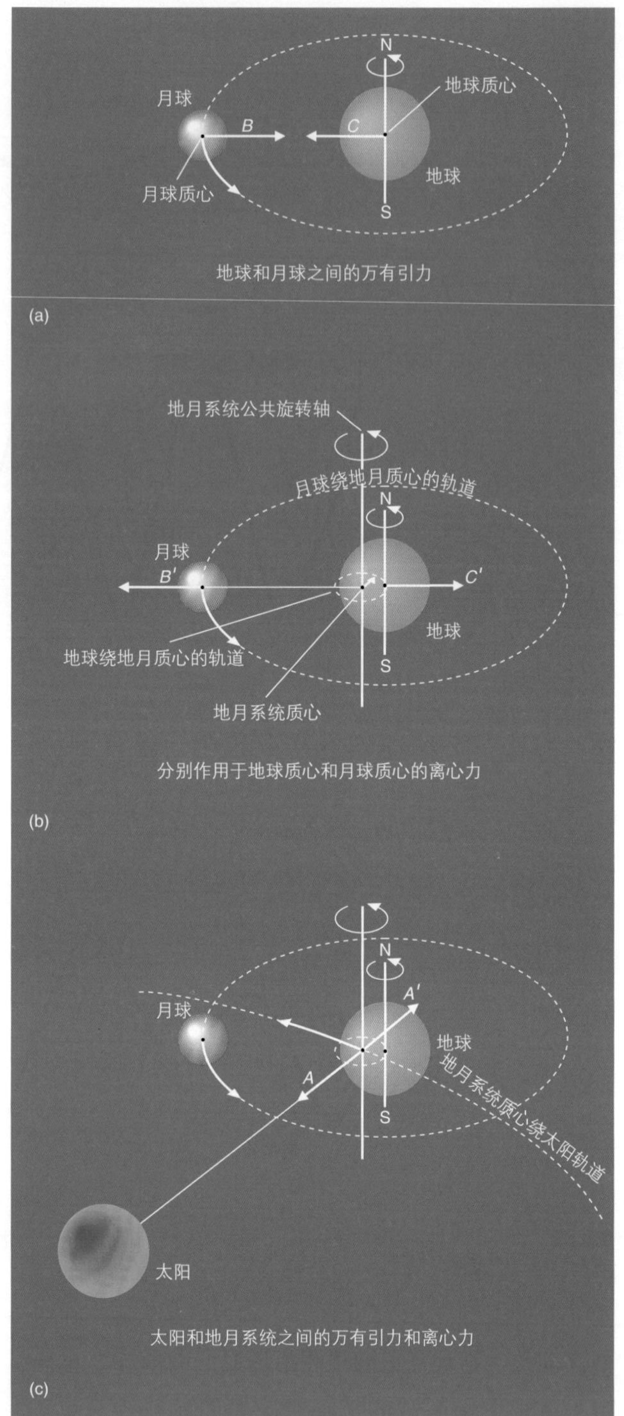

图11.3 地月系统在万有引力和离心力共同作用下保持平衡。

由牛顿万有引力公式可知，两个物体之间的万有引力与两者质量的乘积成正比，与距离的平方成反比，即

$$F = G\left(\frac{m_1 m_2}{R^2}\right)$$

式中，G为万有引力常数，其值为$6.67\times10^{-8}\ \mathrm{cm^3/(g\cdot s^2)}$；$m_1$和$m_2$为两个物体的质量，单位为g；$R$为两个物体质心之间的距离，单位为cm。

地球表面各处与太阳质心或月球质心的距离并不相同，通过计算可知，作用于地球表面任一单位质量物体的万有引力随着位置不同而发生改变；而作用于地球上任一位置的离心力则是恒定的，其值与作用在地球质心处的万有引力大小相等，方向相反。

像这样，太阳或月球作用于地球表面单位质量的万有引力和作用于地球表面任一位置的离心力之差，正比于GM/R^3。其中，G为万有引力常数，M为月球或太阳的质量，R为地球质心到月球质心或太阳质心的距离。

月球作用于地球表面的万有引力大于月球作用于地球质心的万有引力。这是因为地球朝向月球的一面到月球距离为$R-r$（r为地球半径），引力的差值将单位质量海水向月球拉动，从而形成引潮力。在地球背离月球的一面，万有引力则小于离心力，这是因为距离变为$R+r$。这两个力的差值也将单位质量海水拉离地球中心，也形成一个引潮力。关于如何计算引潮力见附录。

还可以通过另一种途径来解释引潮力。想象太阳和月球持续吸引着地球。在万有引力——此处为**向心力**（centripetal force）——的作用下，地球运行轨道被锁定。此时，向心力恒定且等于太阳和月球作用在地球上的平均万有引力。平均万有引力和地球上各个质点所受到的万有引力之差形成了引潮力。地球表面的向心力和地球质心的向心力之差与GM/R^3成正比。以上两种解释，思路不同但结果相同。对GM/R^3的推导见附录。

在地月日系统中，尽管太阳的质量非常巨大，但日地距离非常遥远；相较之下，尽管月球质量很小，但地月距离较近。计算表明，月球引潮力比太阳引潮力大。接下来将分别讨论太阳和月球的引潮力作用。

月球潮汐

地球朝向月球一面的水质点受到的月球引力更大。水具流动性且容易发生形变，在引力的驱动下，地球表层水质点向月球正下方聚集，使水体表面隆起。同时，在地球背离月球的那面，在地月系统的离心力作用下，水体表面产生反方向隆起。离心力与引潮力大小相等，与$-GM/R^3$（负号代表着离心力方向与月球引潮力方向相反）成正比。假设月球处于地球赤道正上方，并在空间和时间上与地球相对静止，地球表面水体隆起分布将如图11.4所示。需要注意的是，在我们的假想模型中，地球被均匀海水覆盖，因此当两侧水体隆起时，隆起之间的水面也相应产生了下陷，即绕赤道产生两个隆起高水位和两个下陷低水位。

地球自转一周为24小时。地球水体隆起位置趋向于在月球正下方，因此地球某处原本是波峰的水位会随着地球自转而变成波谷，然后又回到原位，如此往复循环。该过程如图11.5所示。从太空中俯瞰，地球自西向东旋转，如果从地球上某个固定点观测，将发现水体隆起区域向西移动。

潮汐日

地球自西向东自转，月球也自西向东绕地球公转。地球上正对月球的某点在经过24小时自转后再次回到原位置，但月球由于公转，此时已经离开原

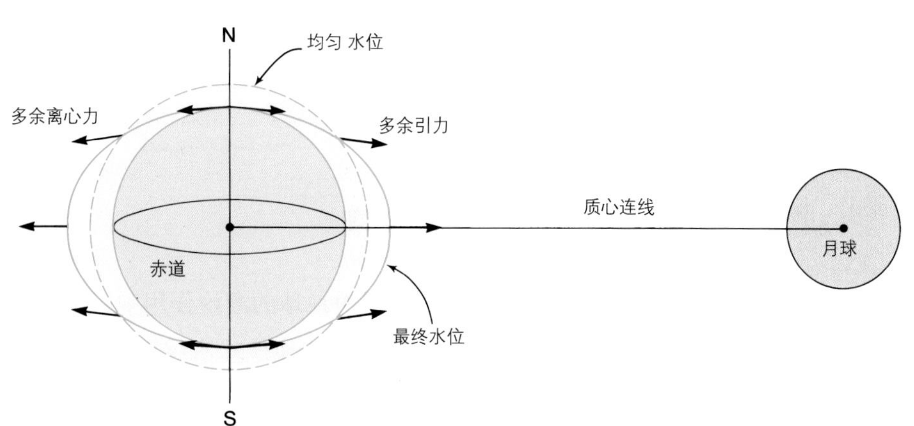

图11.4 地球上的引潮力分布。月球引力和离心力之差使地球模型上的水体形成水位隆起和下陷。本图视角约在地球赤道面上。

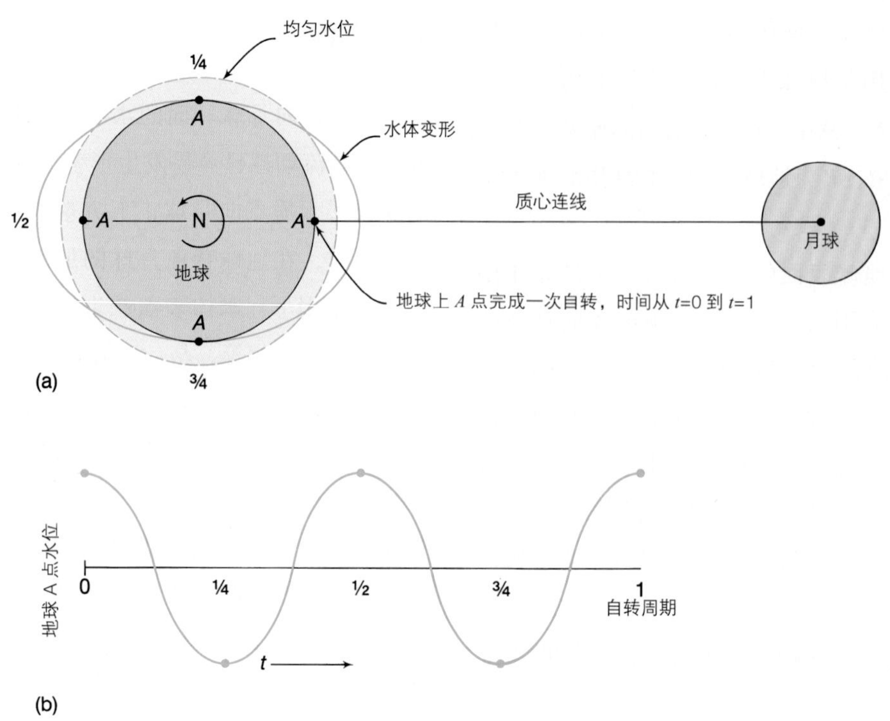

图11.5 地球表面A点在自转一周过程中，由体变形（图11.4）导致水位发生变化。分数表示A点经过该位置时占自转一周的比例。本图视角为从北极点向下俯视，视线垂直于地球赤道面。

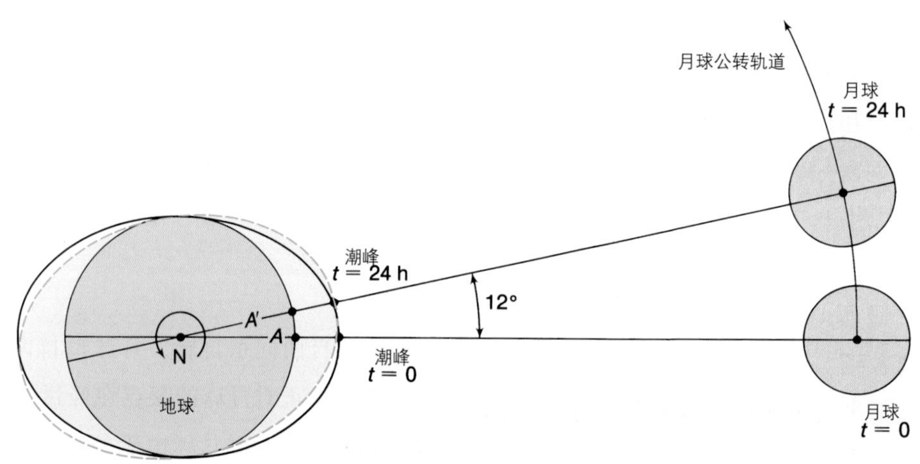

图11.6 地表A点自转一周需要24小时。在此期间，月球沿公转轨道向东移动12°，同时引起对应潮峰移动。对一个潮汐周期来说，还需要额外加上从A点移动到A'所需要的50分钟才能完成一个潮汐日周期。本图视角为从北极点向下俯视，视线垂直于地球赤道面。

来位置。地球必须继续转动50分钟（约12°），该点才能再次位于月球正下方。因此，一个**潮汐日**（tidal day，也称太阴日）的周期并不是24小时，而是24小时50分钟。这就解释了潮汐涨落时刻每天向后推迟约一个小时的原因。该关系如图11.6所示。

潮　波

上述潮汐为半日潮，一天中有两次高潮和两次低潮。海水在潮汐作用下发生波动的现象，称为**潮波**（tidal wave）。潮波高潮位称为潮峰，低潮位称为潮谷。上述潮波的波长为地球周长的1/2，周期为12小时25分。

太阳潮

在对地球的潮汐作用中，尽管月球的贡献较大，但太阳也能使地球水体产生潮波。尽管太阳质量巨大，但由于远离地球，它的引潮力只有月球引潮力的46%。相对于太阳来说，地球自转周期平均为24

小时，而不是24小时50分钟。基于此，由月球形成的潮波不仅振幅相对较大，而且还不断地向东前进。由于月球引潮力大于太阳引潮力，月球潮汐的周期对地球的作用更为重要。因此，人们通常认为一个潮汐日为24小时50分钟。

大潮和小潮

以地球上某点为参考点，月球绕地球公转一周的时间为29.5天。在这段时间内，地球、月球和太阳三者之间的相对位置发生着变化。新月时，月球和太阳位于地球同一侧（图11.7），太阳和月球产生的引潮力方向相同。在两种潮波的叠加作用下，此时地球上水体出现高潮最高，低潮最低，产生最大**潮差**（range），称为**大潮**（spring tide）。潮差是相邻高潮位和低潮位之差，潮差的1/2为潮汐振幅。

月球沿公转轨道每天向东大约移动12°，经过一个星期后完成月相循环的1/4，运行到上弦月的位置。此时月球位于日地连线90°方向，地球上由月球引起的水位隆起位置与由太阳引起的水位隆起位置呈直角。月球潮汐的波峰位置恰好是太阳潮汐的波谷位置，而月球潮汐的波谷位置则相应为太阳潮汐的波峰位置（图11.7），它们彼此抵消，潮差小，形成振幅小的**小潮**（neap tide）。

月球再运行一个星期，到达满月位置，此时太阳、地球、月球位于同一条直线上，地球上水体再次形成大潮；随后，下弦月时，月球再度处于日地连线90°方向（图11.7），地球水体又迎来一波小潮。像这样，一个潮汐周期约为4个星期。通常大潮每两周发生一次，小潮则发生于相邻两个大潮之间，过程如图11.8所示。一个完整的大潮和小潮周期为一个朔望月，它是月球潮波和太阳潮波相互作用的结果。

赤纬潮

如果月球或太阳位于地球赤道以北或以南，高潮将出现在北半球或南半球，地球的南北半球将各出现一个水位隆起（图11.9）。在这种情况下，某些中纬度地区每天只有一次高潮（波峰）和一次低

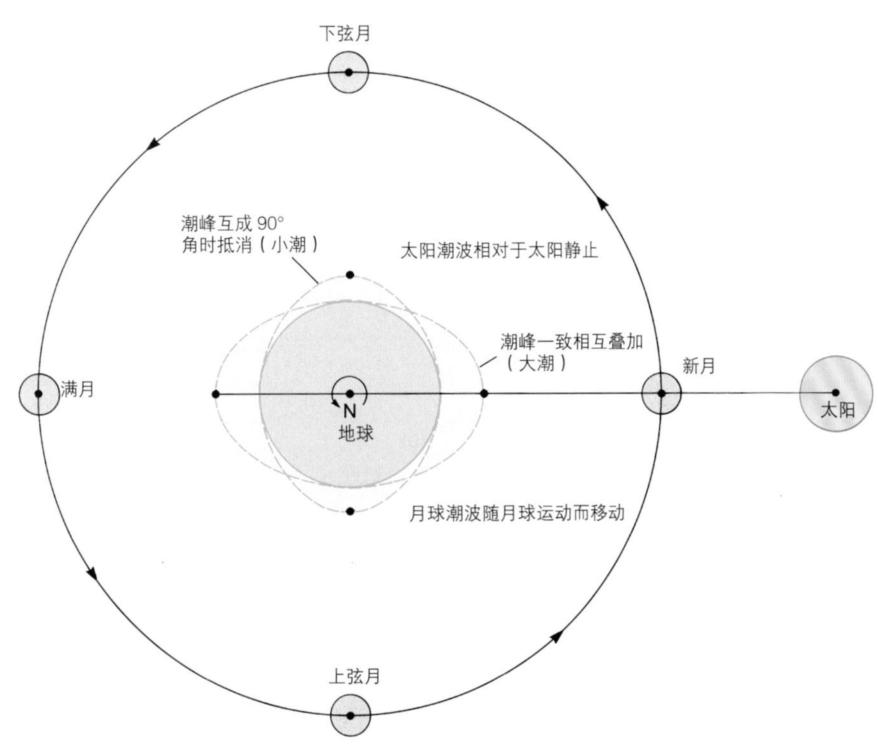

图11.7 新月或满月时，太阳、地球、月球三者连成一线，地球上出现大潮；上弦月或下弦月时地球上出现小潮。小潮期间，潮差减小。图中视角为由北极点向下俯视，视线垂直于地球赤道面。

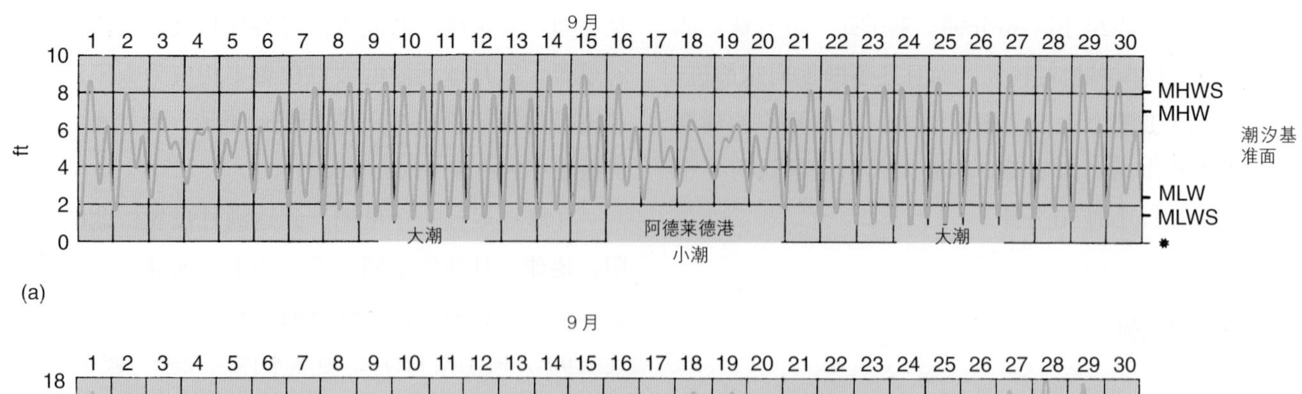

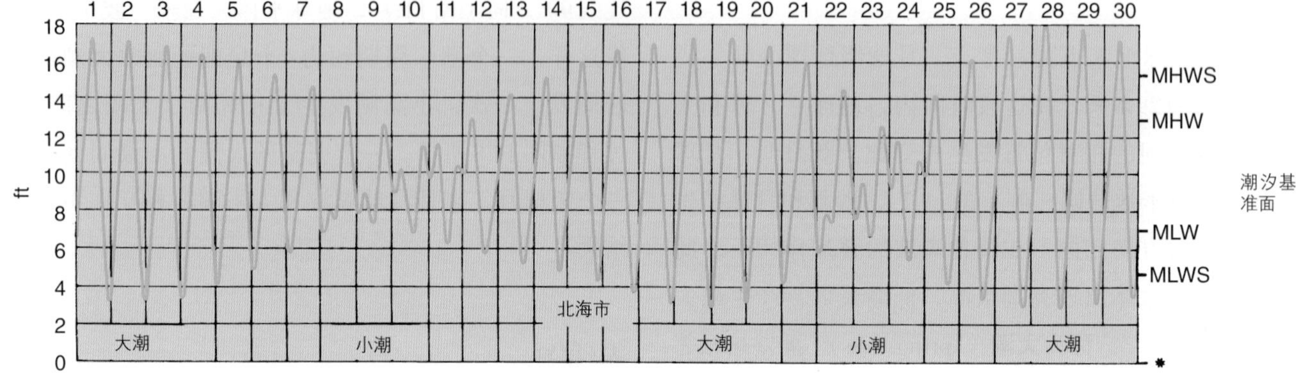

图11.8 大潮和小潮在一个月内的交替过程。MHWS代表平均大潮高潮面，MLWS代表平均大潮低潮面。（a）澳大利亚阿德莱德港的半日潮。（b）中国广西壮族自治区北海市的全日潮。

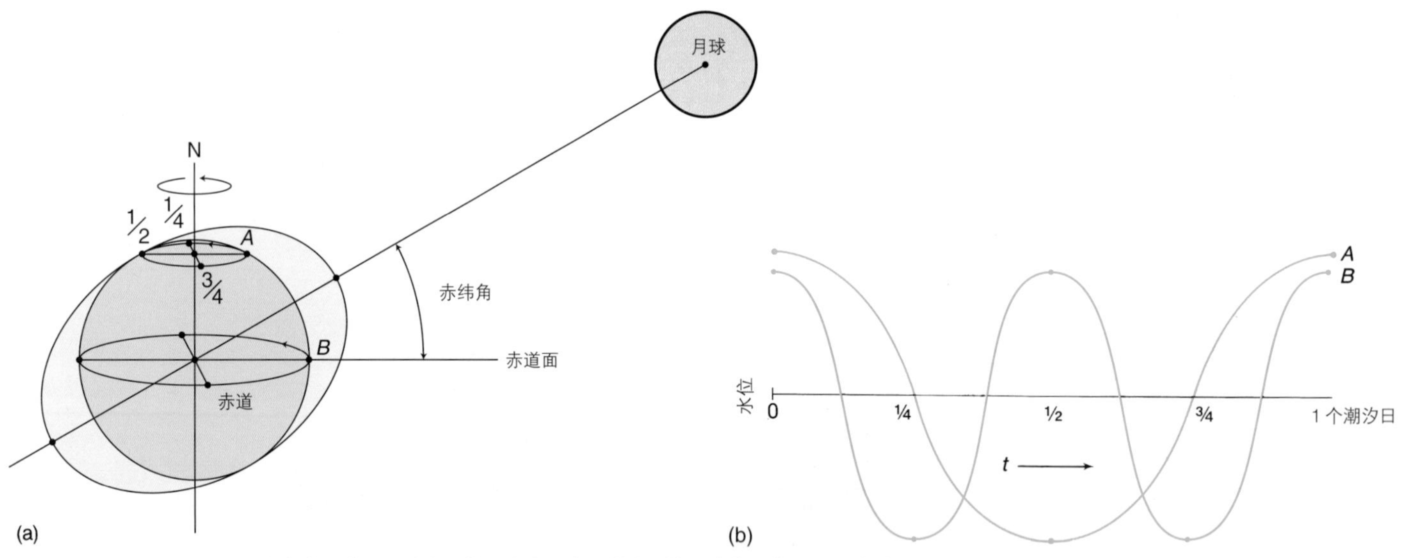

图11.9 （a）在月球赤纬影响下，纬度*A*处形成全日潮，纬度*B*处形成半日潮。（b）潮汐在1个潮汐日内随时间的变化。视角大约在地球赤道面上。

潮（波谷）。这种全日潮出现的原因是月球或太阳与地球之间存在赤纬角，因此通常被称为**赤纬潮**（declinational tide）。

赤纬潮同时受月球和太阳的影响。对北半球来说，夏至时太阳位于北纬23.5°上方，冬至时则位于南纬23.5°上方。这导致由太阳产生的水位隆起在赤道南北两侧振荡。每年全日潮的天数，在冬季和夏季比春季和秋季更多。月球赤纬角在南北纬28.5°之间变化，这是因为月球轨道面与地球公转轨道面之间的夹角为5°。月球赤纬角变化周期通常为18.6年。当太阳与月球的赤纬角相同时，二者的潮波都会更加接近全日潮。在每个朔望月中，月球在地球公转轨道面上下移动，夹角为5°。

椭圆轨道

月球绕地球公转的轨道并不是完美的圆形，地球也不是以恒定距离绕太阳公转。二者轨道都接近于椭圆形。因此，地球与这些天体之间的距离发生着变化。在北半球的冬季，地球更靠近太阳，因此太阳的潮汐作用比在夏季时更强。

11.5 潮汐动力理论

潮汐静力理论有助于人们理解水位的变化和引潮力，但是不能完全解释地球上实际观测到的潮汐。我们从图11.2中注意到，同一天中，不同地区的潮差和潮周期各不相同。图11.8也显示出相同时间内不同地区的潮汐各异。日-月-地系统的运行规律对两图中所有位置来说都相同，因此潮汐静力理论不足以解释自然界的实际潮汐。研究自然界的潮汐要通过动力学方法，即对潮波进行数学分析。

潮　波

自然界的潮波与理想水球模型的潮波有较大的区别。陆地分隔了海洋，因此潮波并不是连续的。潮波从某个海岸开始，穿越大洋到达另一侧的海岸并消失。只有在南大洋区域，潮波才可以绕南极连续地传播。与海洋的深度相比，潮波的波长非常长，因此是一种浅水波，传播速度只与海水深度有关。由于潮波局限于在海盆中，它可以在盆地中以驻波形式振荡，遇到陆地时发生反射，水深变化时发生折射，或经过大陆间的开口时发生绕射。此外，潮汐运动的维持时间和空间尺度是如此之大，以至于科里奥利效应在海水运动中扮演着重要的角色。以上因素的叠加，形成了实际的潮汐。这些作用之间的关系非常复杂，在理解时不能只是简单的将它们堆叠在一起，而需要逐个进行分析。

海水表面的潮波为**自由波**（free wave），速度由海水深度决定。据此可计算得知，在深度为4 000 m时，潮波的移动速度为200 m/s。但是，地球赤道处向东的自转速度为463 m/s，这是潮波速度的2倍。在这种情况下，潮波是**强制波**（forced wave），由月球引力和地球自转引起。因为地球向东自转的速度比潮波自由向西传播的速度大得多，在摩擦力作用下，潮波波峰不断地向东移动，直到摩擦力和月球引力达到平衡为止。这导致高潮位于月球正下方的东侧而非正下方，该过程如图11.10所示。

在北纬60°以北和南纬60°以南，纬度圈周长小于1/2赤道周长，潮波自由传播的速度与地球旋转速

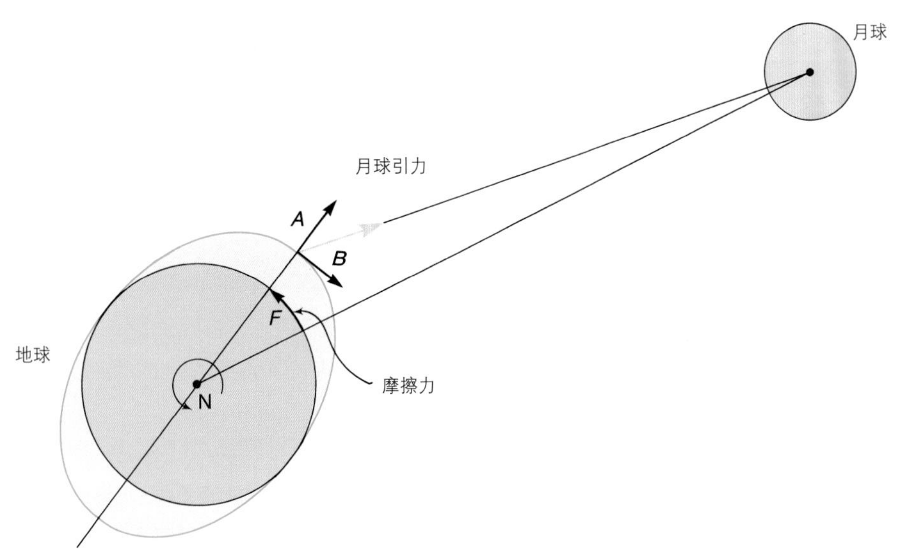

图11.10　潮峰向东移动，直到月球万有引力的分量B与地球和潮波之间的摩擦力F达到平衡。月球万有引力的分量A是引潮力，分量B使潮波变成强迫波。本图视角由北极点向下俯视，视线垂直于地球赤道面。

度相同。在该条件下，潮波的波峰位于月球正下方，旋转的地球和运动的潮波之间的摩擦力变小。潮波和地球之间的摩擦力可导致地球自转速度变慢，每100年地球日长增加1.5毫秒。

潮汐运动贯穿于整个海洋中，沿海洋表层和底层的密度边界产生内波。内波不稳定并容易破碎，变成更小的波动和湍流，导致水体混合和能量耗散。这个过程将营养物质重新输运到海洋表层，对深部大洋来说非常重要。

前进潮波

在较大的洋盆中，潮波像浅水波一样向前推进，称为**前进潮波**（progressive tide）。在西北太平洋、东南太平洋和南大西洋中都存在前进潮波。**同潮时线**（cotidal line）是绘制在同潮图上的波峰发生在同一时刻的位置连线，通常以小时为时间间隔。图11.11为全球海洋的同潮图。

由于潮波是浅水波，水质点运动轨迹呈椭圆形。水体运动一直延伸到海底，且水平运动远大于垂直运动。水体沿单一方向运动的时间如此之长，相当于半个潮周期，因此科里奥利效应变得重要。水质点在北半球向运动方向右侧偏转，在南半球向左侧偏转，结果导致潮流北半球呈顺时针旋转，在南半球呈逆时针旋转。这将在“驻潮波”结尾部分进行讨论。

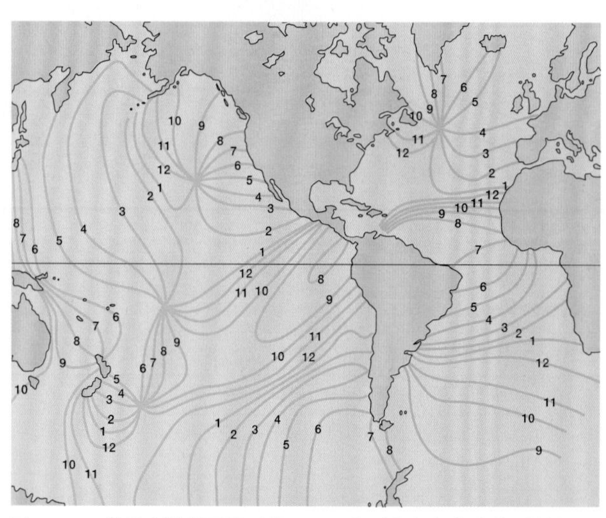

图11.11 世界大洋的同潮时线。同一潮时上高潮发生的时刻相同。在周期为12小时的半日潮中，每小时记录一次高潮位置。

驻潮波

在洋盆或洋盆的某些区域，潮波遇到大陆边缘而发生反射，从而形成**驻潮波**（standing wave tide）（见第10章）。试回想一下，来回振荡容器形成高低水位，高水位一端向低水位一端流动，来回往复。这个运动产生波动，波长相当于容器长度的两倍，波腹位于两端，波节位于中间。大洋潮汐也有类似的振荡过程，但是具有重要的区别。

洋盆中高低潮位的交替耗时很长，必须考虑科里奥利效应的影响。运动水体在北半球向右偏转，因此海水不会直接流至低潮位，而是向初始高潮位的右侧偏转。这导致潮波呈逆时针旋转，绕盆地振荡；但是潮流呈顺时针旋转，因为潮流在北半球向右偏转（图11.13）。上述运动方向在南半球相反。

在一个**旋转驻潮波**（rotary standing tide wave）系统中，波节成为一个中心点，潮波波峰则绕着盆地边缘前进（图11.11）。中心点或波节称为**无潮点**（amphidromic point）。高潮位和低潮位的水位差（或称为潮差）在图中以一系列等值线表示，从岸边向无潮点逐渐减小，称为**同潮差线**（corange line）（图11.12）。无潮点附近的潮差很小，离无潮点越远，潮差越大。由于无潮点位于洋盆的中心区域，因此潮差在许多大洋中心区域很小，但在洋盆边缘靠近陆地处很大。对大洋中部同潮差线的位置和大小的研究没有近岸区域透彻。

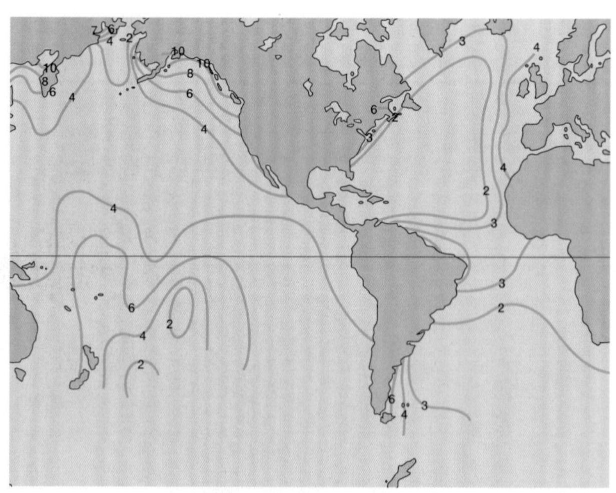

图11.12 世界大洋的同潮差线。同潮差线是大潮中潮差相等的等值位置的连线。人们对开阔大洋潮差的了解不像对近岸海域那样清楚，因为在近岸海域更容易布设潮位仪。现在，可利用卫星测量大洋中部地区的水位变化，见本章知识窗“从太空测量潮汐”。

正如图11.13所示，在驻潮波中，海水从高潮位向低潮位流动时会旋转。在前进潮波中，水质点的轨迹运动也会产生旋转潮流。对全日潮来说，水质点在一个潮汐日内完成一次圆周运动；对于半日潮来说，则完成两次圆周运动；对于混合潮来说，也是完成两次圆周运动，但两次轨迹不同。图11.14为哥伦比亚灯船（Columbia River Lightship）记录的北大西洋的混合旋转潮流。

旋转驻潮波也在自然振荡周期接近于潮周期的海盆中发生。如果潮周期和盆地自然振荡周期相同，潮汐振幅增加。表11.1列出了自然振荡周期接近于潮周期的盆地的深度、长度和宽度。从第10章中已

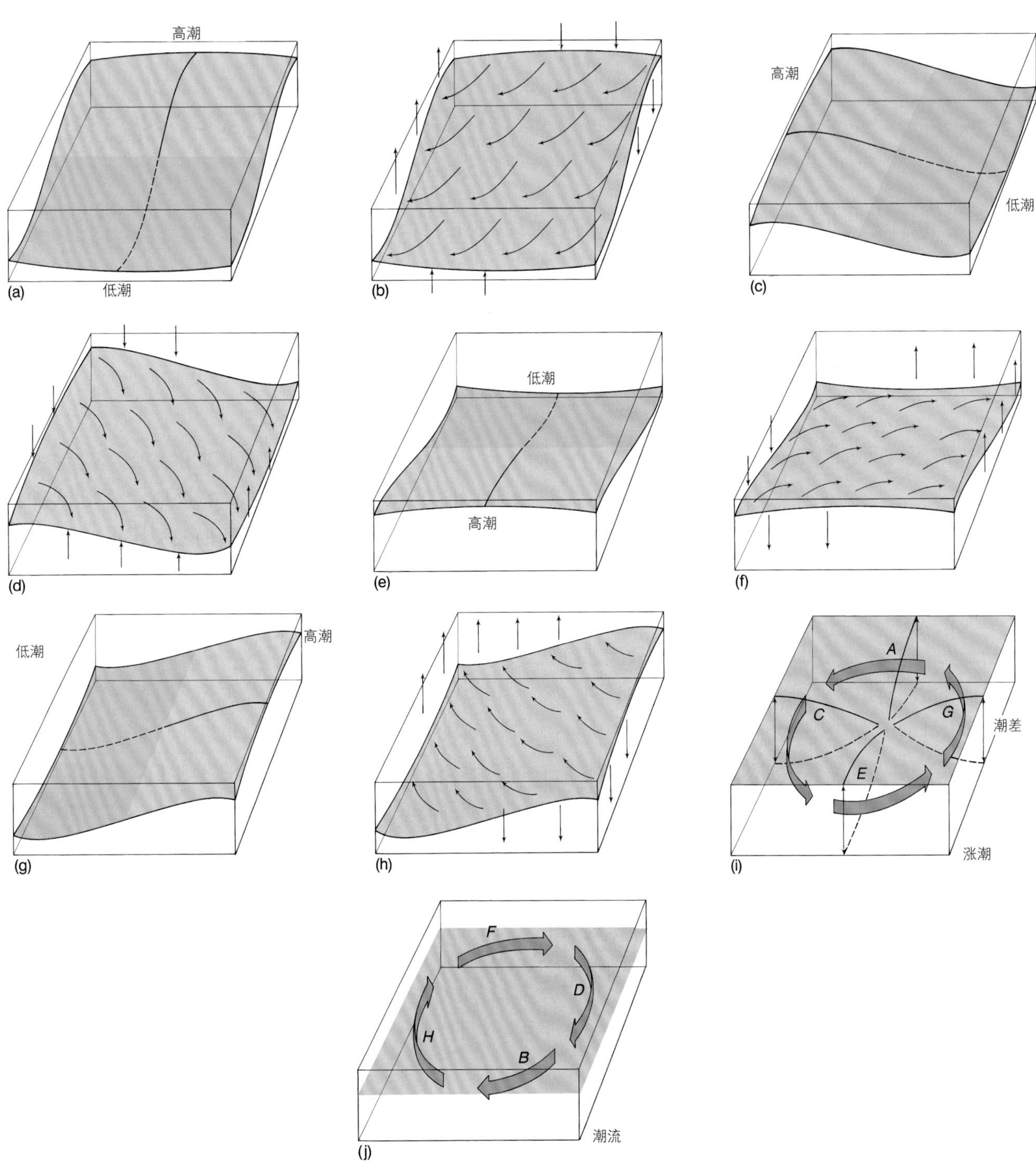

图11.13 旋转驻潮波。在洋盆一侧形成高潮（a）时，水向低潮一侧运动，形成潮流（b），且在北半球向右偏转。潮流的高潮位置从（a）经（b）到（c），呈逆时针旋转。这个过程继续，潮位从（c）经（d）到（e），再从（e）经（f）到（g），然后从（g）经（h）回到（a）。整个过程导致绕着无潮点（i）的逆时针旋转潮波和顺时针潮流（j）。

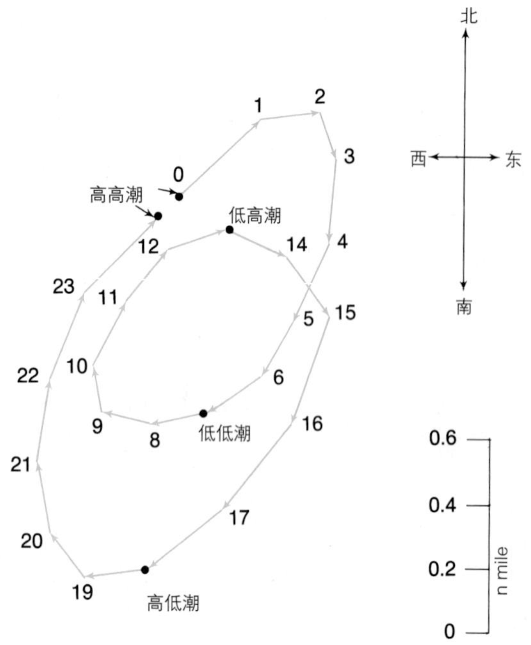

图11.14 海洋潮流为旋转潮流。箭头表示潮波的水质点在一个混合潮周期中的运动轨迹。如图所示，存在两个不等的潮汐周期。数字表示每个潮位在一个潮周期内依次发生的时间。科里奥利效应使水质点运动轨迹的水平分量发生偏转，最终运动轨迹呈圆形。

知，盆地中驻波的自然振荡周期为

$$T=\left(\frac{1}{n}\right)\left(\frac{L}{\sqrt{gD}}\right)$$

其中，L为波长，相当于封闭盆地长度的2倍，或开放盆地长度的4倍。表11.1中列出的一系列数据表明，要满足发生驻波的条件，深海盆的长度要较大，而浅海盆的长度相对短得多。绝大多数潮汐是半日潮，但是有些盆地的大小更容易形成全日潮，参见佛罗里达州彭萨科拉和得克萨斯州加尔维斯顿的潮位曲线图（图11.2）。在一些有混合潮的开放海盆中，潮汐的半日潮分量可能会与海盆产生共振，在入口处形成一个节点，在海盆内部形成另一个节点。而潮汐的全日潮分量则可能导致在入口处有一个单独的节点，最终在海盆内的第二个半日潮的波节处只体现全日潮水位变化过程，而海盆其他区域为混合潮过程。加拿大不列颠哥伦比亚省维多利亚港就位于半日潮的波节处，尽管该海港的潮汐位于混合潮区域，但呈现全日潮特征。

海洋潮汐是前进波和驻波的叠加，兼具全日潮和半日潮的特征。不同类型的潮汐在交界处彼此相互作用，因此海洋潮汐极其复杂。

表11.1 自然周期接近潮周期的封闭海盆规模

潮周期	深度/m	长度或宽度/km
半日潮	4 000	4 428
12.42小时	3 000	3 835
44 712秒	2 000	3 131
	1 000	2 214
	500	1 566
	100	700
	50	495
全日潮	4 000	8 853
24.83小时	3 000	7 667
89 388秒	2 000	6 260
	1 000	4 427
	500	3 130
	100	1 399
	50	989

狭长盆地中的潮波

与开阔洋盆不同，近岸海湾和海峡通常为狭长状，长度远大于宽度。这些狭长盆地一端入海，因此潮波的反射仅仅发生在盆地的源头。其长度只要达到表11.1所列封闭海湾长度的一半就能和潮汐发生共振。在这种类型的盆地中，波节位于入口处，波腹位于湾顶，只能体现1/4的潮波（见第10章图10.20）。如果开放盆地非常狭长，则振荡仅仅沿着盆地狭长方向发生，因为盆地过于狭长而不存在旋转运动。例如加拿大东北部的芬迪湾，入口波节处潮差为2 m，然而在湾顶则达到11.7 m。这个典型海湾具有的自然振荡周期与潮周期十分接近，因此每一次潮水进出都会在湾顶产生大的振荡（图11.15）。在其他区域，类似形状盆地的潮差也许会减弱而不是增强。从这个角度来看，每一处天然地形都是独特的。

11.6 涌 潮

在世界上一些地区，大振幅潮汐导致浅海海湾或者河口发生大规模、剧烈的水体体积变化。在这种

图11.15 加拿大新不伦瑞克省霍普韦尔角省立岩石公园（the Rocks Provincial Park）的低潮（a）和高潮（b）。湾顶的潮差超过10 m。

情况下，潮水涌向陆地的速度（取决于海水深度和河流流速）远大于浅水波。潮波破碎后形成溢波，进入浅海或河流，这些波的波前呈现为汹涌的水墙，称为**涌潮**（tidal bore）。它在传播时能使水位产生剧烈的变化。涌潮可以单独出现，也可以多个同时传播，它的高度通常小于1 m，但有时也能达到8 m，例如中国的钱塘江大潮。

亚马孙河、特伦特河和塞纳河都有涌潮。法国圣米歇尔山周围的沙坪在涌潮时被淹没，阿拉斯加库克湾附近的特纳盖恩湾的入口处也有涌潮。人工修建堤道使芬迪湾的涌潮减弱。在容易发生涌潮的地区，城镇通常会张贴涌潮警告，因为突如其来的涌潮能形成湍流，在几分钟之内淹没近岸区域，给城镇居民带来巨大的危险。

11.7 预报潮汐和潮流

由于前进潮波和驻潮波叠加在一起，加之各种因素对它们的影响，仅凭太阳和月球引潮力知识和潮汐静力理论难以预报潮汐。精确、可靠的潮汐预报需结合当地实际的水位测量数据和天文数据。

为了能够涵盖周期为18.6年的月球赤纬变化，许多潮汐站需要至少连续19年测量水位，以计算平均潮位。海洋学家利用**调和分析**（harmonic analysis）方法，将这些潮汐历史数据按不同周期和振幅划分，以分别对应太阳和月球的引潮力，并从中分离出由当地地理特征导致的**局地效应**（local effect）。任何地区的潮汐都可以通过天文数据和局地修正值预报获得。从前预报潮汐使用的机械计算机和潮汐机非常复杂而笨重，今天计算机可以非常迅速方便地组织数据，预报每次高潮位和低潮位的水位、时间和日期。

潮汐表

直到1996年，美国国家海洋与大气局下属的国家海洋局（National Ocean Surey, NOS）才发布了北美潮汐和潮流表。这些表可以从互联网获取，一些使用美国国家海洋与大气局数据的私人公司也发布这些信息。潮汐表列出了主验潮站高潮和低潮的日期、时间和水位（表11.2）。美国共有196个主验潮站，但还有更多辅站，准确地预报潮汐。这些辅站的数据通过校正附近主站的时间和高度数据来确定。

表11.2 美国加州圣迭戈（北纬32.713 3°，西经117.173 3°）2006年6月6—9日的高潮和低潮时间和水位预报

日期	时间/（h：min）[a]	高度/ft
6日	01:26	0.8低
	07:42	3.19高
	11:47	2.46低
	18:35	5.84高
7日	02:09	0.15低
	08:39	3.43高
	12:42	2.55低
	19:17	6.26高
8日	02:49	−0.94低
	09:23	3.66高
	13:31	2.54低
	19:59	6.69高
9日	03:27	−0.94低
	10:02	3.87高
	14:18	2.44低
	20:42	7.05高

a 表中数据时区以时子午线西经120°为准，00:00是午夜，12:00是太平洋夏令时中午。高度以平均低低潮为参考面，即海图水深基准面。

潮流表

开阔海域的潮流受科里奥利效应影响而表现为旋转潮流。海洋学家对深海中潮流感兴趣，主要是想从潮流观测数据中消除这些圆周运动的影响，从而得到海水的净流动。商船和游船船主对海湾和近海区域的潮流感兴趣，原因是这些区域潮流通常都很强，航行时必须考虑到潮流的影响。

像潮汐一样，潮流起先也只在一些主要地点进行测量，例如重要的航道和海峡。这些潮流数据用于研究潮流速度和方向与潮位变化的关系。如上所述，确定局地效应，并在潮流表的基础上将其用于潮流预报。

一旦某地预测将出现潮流，可绘制潮位随时间变化图，并与该地区的潮高曲线作比较。如果最大流速与高潮（或低潮）的时间一致，则是前进波型潮波；如果最大潮流发生在高（或低）潮前（或后），则是驻波型潮波。

潮流数据（表11.3）的发布格式与潮汐表类似，列出了主要潮流监测站的平潮、最大涨潮流和最大落潮流的时刻以及潮流的速度和方向。辅助潮流监测站用来校正主要潮流监测站点的潮流速度、时间和方向数据，这些信息非常重要，有助于船长做出正确的判断：确定到达某个特定航道的时间，以使潮流方向与航向一致；或等待平潮时刻到来，以避免在水流湍急时通过航道。

表11.3 加拿大不列颠哥伦比亚省西摩海峡（北纬50.133 3°，西经125.350 0°）2006年8月1—4日潮流预报

日期	平潮停潮时刻/（h：min）[a]	最大潮流时刻/（h：min）[a]	速度/kn[b]
1日		01:38	−8.15
	04:59 涨潮开始	08:01	6.74
	11:25 落潮开始	14:14	−4.85
	17:07 涨潮开始	19:57	4.81
	22:42 落潮开始	02:21	−7.46
2日	05:46 涨潮开始	08:59	6.83
	12:35 落潮开始	15:23	−4.21
	18:19 涨潮开始	20:55	3.56
	23:23 落潮开始	03:14	−6.99
3日	06:39 涨潮开始	10:02	7.33
	13:49 落潮开始	16:43	−4.29
	19:46 涨潮开始	22:03	2.82
4日	00:16 落潮开始	04:17	−6.91
	07:36 涨潮开始	11:04	8.3
	14:57 落潮开始	17:57	−5.20
	21:06 涨潮开始	23:13	2.79

a 表中时间数据以时子午线西经120°为标准，00:00是午夜，12:00是太平洋夏令时中午。

b 正值为涨潮时的速度，负值为退潮时的速度。

11.8 实际应用：潮流能

19世纪，在欧洲北部的一些沿海小镇上，人们利用潮流能推动磨坊里的水车。一些潮差大、水流湍急的狭窄海峡中，蕴藏着丰富的潮流能资源。目

从太空测量潮汐

直到不久前，科学家还仅仅是通过近岸站点、大洋中的群岛，以及少数安装在海底的压力计来监测和记录开阔大洋的潮汐。现代卫星——从最初的海洋卫星，到大地测量卫星，再到当前一系列的地球资源卫星（*ERS*）和托帕克斯卫星——能通过雷达高度计测量海表面的绝对高度。利用雷达波束测量卫星到海表面的距离，并与卫星到地球中心的距离进行比较，可以推算出海洋表面到地球中心的距离。与之前的卫星相比，托帕克斯卫星能更精确地观测海表面高度数据，它每秒钟测量10次，每10天为一个地面径迹重复周期，覆盖地球南北纬65°之间的海域。

卫星记录的海洋表面高度变化受气候变化、由温度变化引起的海水密度变化、风和大气压强扰动、海流蜿蜒、潮波等因素影响。

由于潮汐具有固定的周期，潮汐水位可以从其他水位变化中分离出来，使基于卫星数据的海洋潮汐分布图更精确。

托帕克斯卫星的测量数据已用于生成特定分潮的海洋潮汐分布图。影响最大的是太阴主要半日分潮（M_2），窗图1是将托帕克斯卫星一年的海表高度测量数据代入计算机，再利用模型拟合而成的全球M_2分潮同潮图。随着数据的长期累积，这些数据将更清晰地分离分潮、改进计算机模型，用于预报全球潮汐。

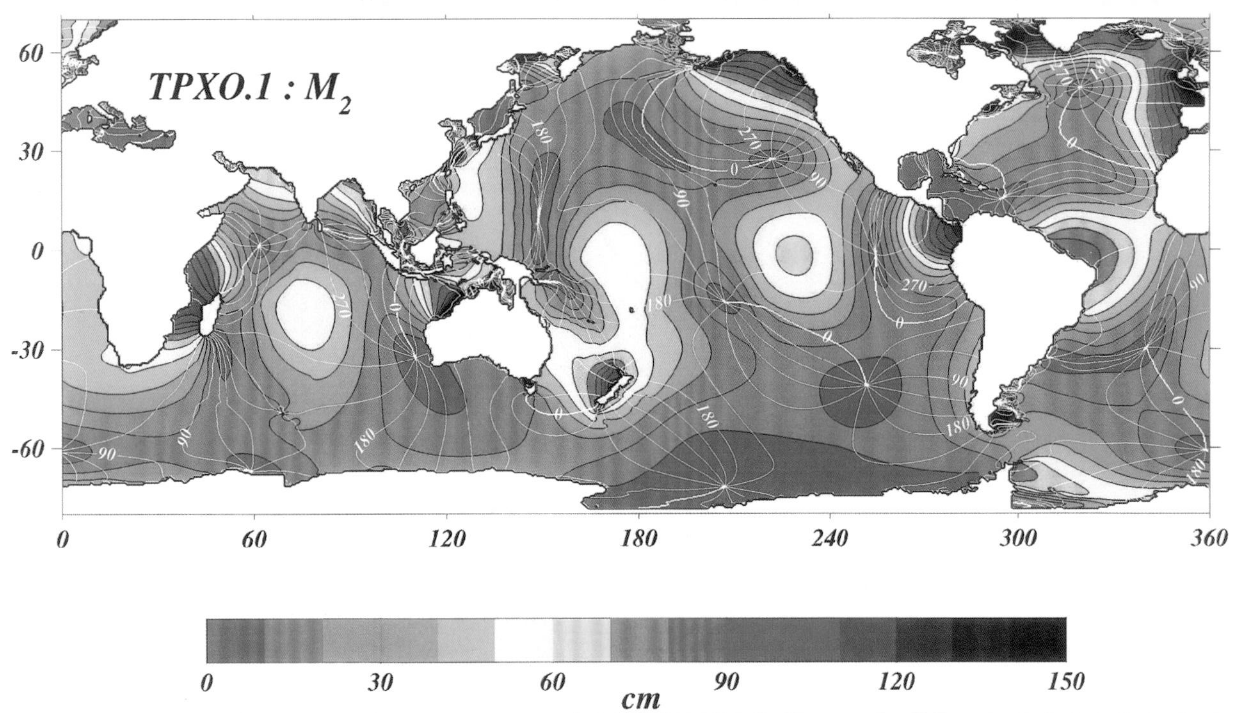

窗图1 由托帕克斯卫星数据生成的太阴主要半日分潮（M_2）同潮图。图中分别显示了绕无潮点旋转的潮波和前进潮波。等潮时线表示每隔1小时潮波波峰的位置测量，起始时间为格林尼治时间0时（白色粗线）；数字表示波峰线绕无潮点旋转的角度。同潮振幅随着与无潮点距离的增加而增加。颜色标尺单位为厘米。

前有两种潮流能发电系统，它们都需要在海湾或者河口处建造大坝，在高潮时蓄水。退潮时，在大坝两侧形成水位差，当水位差达到一定程度时，就可通过涡轮机释放大坝后方蓄水库的海水来发电。下一次涨潮时再开启水闸，大坝后方的蓄水库将再次被储满。这是一种单向系统，只在每次落潮时发电［图11.16（a）］，并且所在位置的潮差至少为7 m。

同样的技术也适用于双向系统。通过控制流经大坝的水面高度并使用双向涡轮机，在落潮和涨潮期间均可发电［图11.16（b）］。

以上发电系统都比较简单且成本较低，但是世界上既满足潮差又适合在海湾或河口处建坝的海域寥寥可数。此外，还有一些自然条件和潮汐都合适的海湾未必靠近具有能源需求的人口中心地区。在这种情况下，建造和能量传输的费用，加上由于潮汐振幅在月周期内的变化，导致周期性出现电能产量低的时段，使这种能源与其他类型的能源相比，成本更高。

法国朗斯发电站建成于1966年，电站的大坝位于朗斯河河口处。该发电站装机容量为240 MW，年发电能力为5.4×10^{10} W·h。据估计，要使全球范围内的能量需求达到满足，还需建造25万座同样装机容量的发电站。但是，全世界范围内仅255处海域被认为具有发展潮流能的潜力。

早在1930年，人们就曾考虑在芬迪湾建造潮汐发电站，但由于工程所需花费巨大，加拿大和美国对此都兴趣索然。随着化石燃料成本不断升高，人们不得不寻求替代能源。1984年，加拿大在新斯科舍省安纳波利斯河河口建造了一座发电站，这是世界上最大的单向全贯流式水轮发电机组。安纳波利斯河的潮差，大潮时为8.7 m，小潮时为4.4 m。退

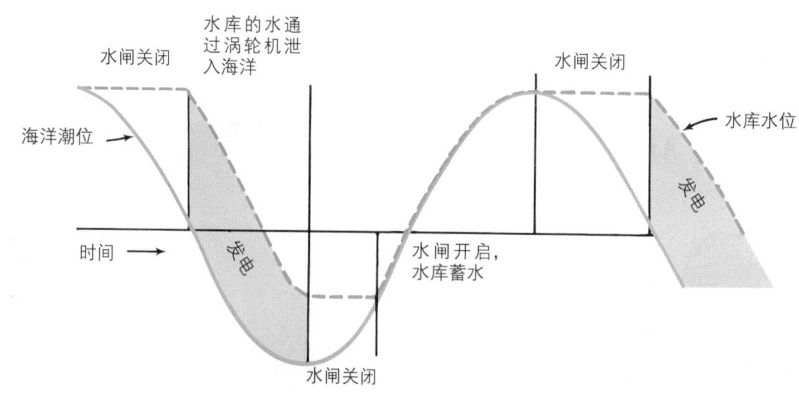

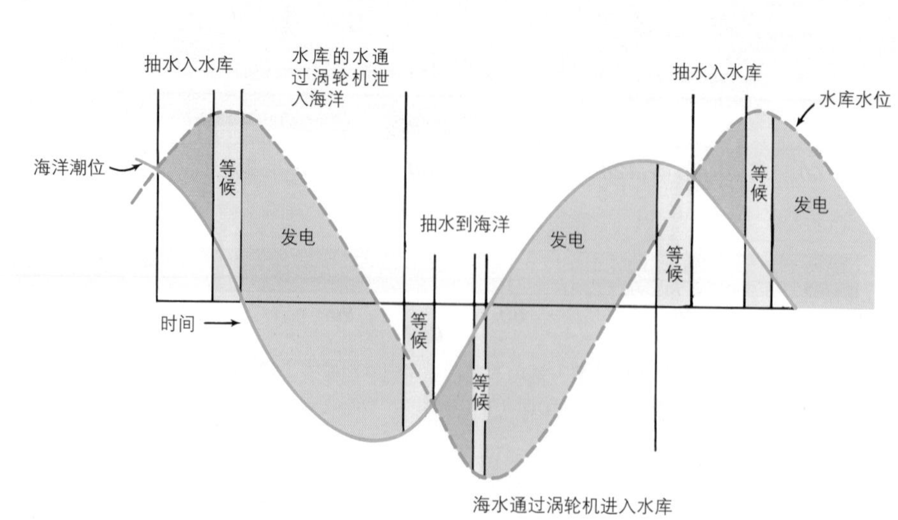

图11.16 发电周期与潮位和水库水位的关系。（a）单向潮汐发电系统，仅在落潮期间发电。（b）双向潮汐发电系统，在涨潮和落潮期间均能发电。

潮时，上游流域和下游海平面之间的落差可以产生20 MW电能。起初这是个试点项目，用于展示大型全贯流式水轮发电机利用潮汐能的可行性，现在这个发电站已经成为该省主要的水轮发电供给系统，年发电量达$3\times10^{10}\sim4\times10^{10}$ W·h，能源利用率超过95%。中国和俄罗斯也建造了潮汐发电站。

尽管潮汐能无污染，但仍会带来一些不良的环境后果。大坝截流使海湾与曾与相连的河流在河口处分离。目前，芬迪湾的自然振荡周期比潮汐周期长30分钟，这些周期如此接近，足以引起潮汐共振。建造大坝缩短了海湾长度，也缩短了振荡周期。以芬迪湾为例，建造大坝将使缅因州沿岸的潮差增加0.5 m，潮流增加5%。

在海湾或河口处建造大坝将对通航能力和港口设施造成影响。大坝还将阻碍物种迁移并改变海湾内的环流模式。人们越来越意识到，修建大坝将对环境造成影响，逐渐淘汰了这种能源利用方式。

近岸水道的快速潮流是另外一种潮流能来源。几个世纪以来，人们利用流水来推动水车。由于潮流和潮汐的往复运动，无论潮流向哪个方向涌动，都能使这些水车运转。

风车所产生的能量取决于空气密度、风车叶片直径和风速的立方。同理，水车所产生的能量取决于水密度、叶片直径和水流速度的立方（表11.4）。在叶片直径相同的情况下，风车在风速为20 Kn时产生的能量，与水车在速度为2 Kn时的潮流中产生的能量相等，因为水的密度是空气密度的1 000倍：

$$0.01\ \mathrm{g/cm^3}\times(20\ \mathrm{kn})^3=1\ \mathrm{g/cm^3}\times(2\ \mathrm{kn})^3$$

空气密度 × 速度的立方 = 水密度 × 速度的立方

表 11.4　不同流速下水车的预计发电能力 /kW

叶片直径 /m	流速		
	5 kn（2.5 m/s）	4.5 kn（2.25 m/s）	3.5 kn（1.75 m/s）
2	8.5	5.5	3.7
5	53	35	23
10	210	140	90
15	480	310	205
20	850	550	370
30	1 910	1 250	820

潮流的往复流动有规律可循。潮流能是可再生自然资源，相较于波浪能更容易被利用。英国和挪威的工程师正在寻找利用潮流能发电的方法。2002年9月，一个由挪威科技工业研究所（SINTEF），ABB公司和哈默菲斯特斯特罗姆公司（Hammerfest Strom）共同参与的能源研究组织，在挪威克瓦尔松海峡（Kvalsundet）底部安装了一个原型机组。这是一个海上风力发电平台，其风力涡轮机单个叶片直径约20 m，可根据潮流调节叶片迎角，以达到最优发电效果，在潮流变向时涡轮机可旋转180°，产生的电力通过电缆传输到岸上。英国洋流涡轮机公司（Marine Current Turbines）也设计了一台潮汐涡轮发电机。在这种潮汐发电系统中，两个涡轮机被安装在固定在海底的钢板桩的两侧。

本章小结

全日潮在一个潮汐日内有一次高潮和一次低潮；半日潮有两次高潮和两次低潮；混合潮有两次高潮和两次低潮，但两次高潮的高度不同，低潮亦然。全日潮和半日潮中，最高水位称为高潮，最低水位称为低潮；混合潮则具有高高潮、低高潮、高低潮和低低潮。通常采用平均低潮位或者平均低低潮位作为海图上的零水位，比零水位更低的潮位称为负潮。潮位上升称为涨潮，潮位下降称为落潮。

潮汐静力理论认为潮汐是万有引力和离心力平衡的结果。赤道潮是半日潮，每个潮波具有两个波峰和波谷。由于月球的公转轨道和地球的自转轨道方向相同，一个全日潮周期是24小时50分钟，相应的，半日潮周期则为12小时25分钟。

太阳对地球潮汐的影响力不足月球的1/2，由太阳作用形成的潮汐日周期为24小时。由于月球对地球的引潮力大于太阳，因此一个潮汐日周期仍然被认为是24小时50分钟。

大潮时潮差具最大值，发生在新月和满月期间，此时太阳、地球和月球质心位于同一直线上；小潮时潮差具最小值，发生在上弦月和下弦月期间，此时位于地球和太阳质心连线的90°方向上。

当月球或太阳未正对地球赤道时，赤道潮变得接近于全日潮，这种全日潮被称为赤纬潮。地球和月球的轨道运动呈椭圆形，也对潮汐造成影响。

研究洋盆中实际发生的潮汐需要运用动力学方法。除南大洋之外，地球上潮波都是不连续的。潮波是一种浅水波，在一些海盆中呈驻波形式，运动时间较长，因此受到科里奥利效应的影响。潮波在传播过程中可发生折射、反射和衍射。地球上某位置向东运动的速度远大于潮波自由传播的速度，因此潮波是强迫波，它的波峰位于引潮力天体的东侧。在南北纬60°的地区，地球的自转速度接近于自由潮波的速度，波峰基本位于地月连线上。

大洋盆地中的潮波更近似于前进波，但同时受到科里奥利效应而旋转。驻潮波可以在洋盆中生成，它们振荡时绕着无潮点旋转。同潮时线表明潮波波峰前进的方向，潮差相等区域的连线，称为同潮差线。随着与无潮点距离的增加，潮差较大在狭长的开放海盆中，潮波发生驻波振荡，波节位于海盆或海湾的入口处，波腹则在海湾尽头，例如芬迪湾。当海湾过于狭长时，潮波不能发生旋转运动。

大振幅潮波行进至浅海海湾或河口时，可导致涌潮。

利用天文潮汐数据和局地实际测量可预报潮高和潮流。美国国家海洋大气局提供全年的潮汐表和潮流数据。

通过单向或双向大坝和涡轮发电系统可从潮汐中提取能量。法国、俄罗斯和加拿大都有潮汐发电站。地球上潮差足够大并适合建造潮汐大坝的海域很少。利用潮汐能对环境有影响且开发成本高。潮流能是另一种可利用到的能源方式，但是设备安装和维护的费用很高。

关键术语

diurnal tide　全日潮

semidiurnal tide　半日潮

semidiurnal mixed tide　不正规半日潮混合潮

high water　高潮

low water　低潮

higher high water　高高潮

lower high water　低高潮

higher low water　高低潮

lower low water　低低潮

average tide/mean tide　平均潮位

tidal datum　潮汐基准面

minus tide　负潮

flood tide　涨潮

ebb tide　落潮

tidal current　潮流

slack water　平潮

equilibrium tidal theory　潮汐静力理论

dynamic tidal analysis　潮汐动力理论

centrifugal force　离心力

centripetal force　向心力

tidal day　潮汐日

tide wave　潮波

range　潮差

spring tide　大潮

neap tide　小潮

declinational tide　赤纬潮

free wave　自由波

forced wave　强制波

progressive tide　前进潮波

cotidal line　同潮时线

standing wave tide　驻潮波

rotary standing tide wave　旋转驻潮波

amphidromic point　无潮点

corange line　同潮差线

tidal bore　涌潮

harmonic analysis　调和分析

local effect　局地效应

本章中的关键术语可在“词汇表”中检索到。同时，在本书网站www.mhhe.com/sverdrup10e中，读者可学习术语的定义。

思考题

1. 辨析以下术语：

   a. 全日潮—半日潮；

   b. 潮汐日—潮汐周期；

   c. 大潮—小潮；

   d. 涨潮—落潮；

   e. 同潮时线—同潮差线。

2. 图11.14中，如果潮流以速度1 kn向南流动，图中水质点路径将发生什么变化？
3. 为什么通过建造大坝发电比使用潮流推动水车的效率高？
4. 运用表11.1中的数据，回答驻潮波既能在沿岸盆地又能在大洋盆地发生的原因。
5. 解释在利用潮汐能时，为什么潮差需达一定程度且大坝后面的蓄水库体积相对较大。
6. 绘图表示大潮和小潮期间三种不同类型的潮汐过程，并标示大潮期间的潮位。
7. 解释潮汐为什么是一种波。
8. 解释潮汐和潮流之间的关系。
9. 为什么潮汐在洋盆中是浅水强迫波？
10. 前进潮波和驻潮波有何不同？
11. 涌潮是如何产生的？
12. 如果没有与太阳对地月系统共同质心的引力相抵消的力，会发生什么情况？
13. 对北半球中纬度地区来说，为什么高潮潮位在冬季比在夏季高？
14. 为什么对某地的潮汐预测需基于近19年的观测数据？
15. 为什么全球范围内的精确卫星海面高度测量对于海洋学来说非常重要？

计算题

1. 两次高潮在同一时刻出现的时间间隔为多少天？
2. 利用表11.2中的数据，绘图表示加利福尼亚州圣迭戈市2006年7月8—9日的水位曲线。指出圣迭戈的潮汐类型，并在曲线上标出各种潮位的位置。
3. 在上题所绘制的曲线上，标出平均低低潮的潮位位置。
4. 利用表11.2中的数据，指出2006年7月6—9日之间，加利福尼亚州圣迭戈市的最大潮差和最小潮差分别是多少？
5. 利用表11.3中的数据，指出2006年8月4日何时，你能够驾船到达西摩海峡，并在午餐和晚餐之间的平潮时穿越它？

学习目标

学习完本章以后，读者可以：

1. 在看到海岸的图片时，能够辨别它的类型。
2. 描述次生海岸的形成过程。
3. 在一幅典型的海滩剖面图上，标出海滩的各种特征。
4. 描述海滩泥沙的季节性往复运动。
5. 绘图表示并解释海岸带环流中的泥沙运动。
6. 列举不同的海滩类型。
7. 辨别海岸工程建筑的类型，并理解它们的用途。
8. 指出美国国家海洋保护区的位置。
9. 描述不同类型河口的特征。
10. 绘制过去15年的平均海平面趋势图并标注坐标轴。

海岸、海滩和河口

第12章

大多数人最熟悉的海洋区域是海岸和海滩，就连漫不经心的游客也能发现这些地方的变化。人们造访海滩时可能发现，潮水或涨或落，漂浮物和上一次看到时的位置不同，沙丘和沙坝也不在去年的位置了。沿海滩走远一些，或沿着不同的海岸，就能看到不同的景色，如沙子的颜色不同，或根本就看不到沙子；波浪或高或低拍打在海滩上并破碎；有的海滩陡峭，有的海滩平坦，等等。没有海滩可以保持静态，也没有完全相同的两个海滩。

当我们在海边游玩时，可能会驻足观赏迤逦的海湾，拍摄静美的海港，或参观某个河口。这些都是海洋盐水和陆地淡水交汇的地方。这些区域某种程度上具有共同的特征，但由于频繁的淡水输入，每个区域又各具特点。正如海滩和海滩不同，河口与河口也彼此不同。

在本章中，我们将学习海岸和海滩的类型，以及塑造和维持它们的自然过程。我们也将探索河口和半封闭海域，以及它们独特的环流结构。以上地带都是海洋系统中的复杂敏感区域，为了保护它们，我们必须先要了解它们。

◀ 加利福尼亚大瑟尔太平洋沿岸的基岩海岸。

12.1 主要分带

海岸（coast）指海陆交接的区域。人们用术语海岸、沿海地区（coastal area）和海岸带（coastal zone）来描述与海洋接壤的陆地边缘地带，这个地带包括陡崖、砂丘、海滩、大大小小的海湾[①]和河口。图12.1和图12.2展示了各种海岸类型。海岸的宽度，或者说海岸向陆地伸展的距离，由局地自然地理、气候、植被决定，也受当地社会习俗和文化的影响。然而，海岸通常指受到海洋过程影响的陆地区域，这些过程包括潮汐、风和波浪，尽管这些过程的直接影响有时候只有在极端风暴条件下才能显示出来。海岸向海一侧的边界通常是海滩或海滨，有时也包括一些近海岛屿。

海岸带包括开阔海岸、半封闭型避风港和河口，它既包含陆地也包含水域。海岸带已成为美国立法及法律文件中使用的标准术语。本章所采用的海岸带向陆一侧的边界，位于选定参考线（通常是高潮位）向陆地方向延伸一定距离处（通常约60 m）；而向海一侧的边界，则根据联邦和各州的法律规定的界限。

海水作用改变着海岸带区域陆地的形态和结构。

① 原文是bay和cove，都用来形容海湾。——编者注

(a)

(b)

图12.1 （a）俄勒冈海岸以陡峭的基岩岬角和介于其间的袋状海滩而闻名。（b）冰川海湾和峡湾沿阿拉斯加南部的冰川湾形成崎岖的地貌。

(a)

(b)

(c)

图12.2 （a）南非好望角、印度洋与大西洋的交汇处。（b）海蚀柱是澳大利亚南岸的常见地貌，它们大小不一，形状各异。（c）英国多赛特海岸沿岸的白垩质陡崖由微小的单细胞有孔虫类遗骸构成，其中大部分为抱球虫。

有些变化快速且猛烈（例如由飓风带来的危害），而有些变化则细微而缓慢。这种细微变化甚至连终生生活在沿海地带的人都无所察觉，但其长期作用则非常显著（例如密西西比河三角洲的形成或海水缓慢地侵蚀着北卡罗来纳州哈特拉斯角）。通常而言，由松软物质（例如泥沙）组成的海岸比由基岩组成的海岸在海水作用下变化更快。从地质年代尺度来说，伴随着板块运动、气候变化以及海平面的变化，海岸发生着剧烈的变化，不断地出现和消失。有些现代海岸区域依然能见到这些变迁遗迹。

海滨（shore）是海岸的一部分，其向海边界为波浪能够影响海底的区域（最低潮位），向陆边界为波浪直接击打的陆地区域。

海滨的向陆边界可能是波浪无法触及的陡崖或高出海面的高地，这种地形往往成为随波浪漂浮的圆木、海草和其他漂浮物的障壁。**海滩**（beach）是海滨的一部分，由沉积物累积形成。海滩是动态的，近岸波浪和潮流不断地搬运海滩的沉积物，搬运方向可以是向海、向陆或与岸平行。在高潮位和海滨的上部界限之间，可能有沙丘或禾草滩，其间散布着被特大潮水或者风暴带来的浮木（图12.3）。

图12.3 在树木充足的地区，浮木在高潮线区域堆积。

12.2 海岸类型

任何陆地的形状都是长期演变的产物，研究陆地形成及塑造过程的学科称为**地貌学**（geomorphology）。研究海岸地貌学时，需要考虑构造过程，波浪、风和海流的作用，潮差和潮流，沉积物补给和近岸输送，气候以及气候变化的影响。

气候变化可以导致**全球海平面变化**（eustatic change），淹没先前的海岸，或使海底出露出来。末次冰期期间，水以冰川的形式存储在陆地上，加上天气寒冷使得海盆中的水不断减少，海平面至少降低了100 m。末次冰期结束后，伴随着全球变暖，海冰融化和海水温度升高导致洋盆中水体增加，海平面相应地上升。目前，海平面仍在全球变暖影响下不断增加（见第7章关于温室气体的讨论）。

根据描述和研究的目的不同，可采用不同的方式来划分海岸。根据海岸得失沉积物的情况，可将其划分为侵蚀型和堆积型，这往往又取决于海岸是位于主动大陆边缘还是被动大陆边缘（见第3章第3.4节关于主动大陆边缘和被动大陆边缘的描述）。美国东海岸是被动大陆边缘的一部分，因此通常为堆积型；西海岸则沿主动大陆边缘延伸，因此通常为侵蚀型。按这种方式划分海岸时，须注意避免与在东西海岸都广泛存在的海岸侵蚀现象相混淆。

两种类型的海岸都受全球海平面变化影响。一些海岸（包括侵蚀型和堆积型）遭受侵蚀作用，剥蚀部分被搬运并沉积至其他区域，而一些海岸则能从河流和沿岸流中获得沉积物。有些海岸在季节性风暴的影响下发生着变化，而另一些海岸则气候宜人。在极地地区，海岸通常和海冰相互作用；而在赤道区域，海岸则被造礁珊瑚改造着。海岸各具特色，人们可通过这些特点来划分海岸类型。

斯克里普斯海洋研究所已故科学家弗朗西斯·P. 谢泼德（Francis P. Shepard），提议将海岸过程分为两种类型：（1）发生在陆地大气交界面的营力过程；（2）以海洋为主导的营力过程。还可根据海岸是否受构造、堆积、侵蚀、火山以及生物过程影响进行进一步划分。

在第一个类型中，海岸形成过程有以下四种：（1）在表层水、风和陆地冰的侵蚀下，陆地下沉或海面上升；（2）河流、冰川或风携带的沉积物堆积；（3）包括熔岩流在内的火山活动；（4）地震或地壳运动引发的陆地升降运动。由以上过程形成的海岸称为**原生海岸**（primary coast），因为这些海岸在形成之后并未显著受到海洋影响。第二种类型则由以下三种过程形成：(1)波浪、海流和海水溶解作用产生的侵蚀；(2)沉积物在波浪、潮汐和海流作用下堆积；(3)被海洋动植物改造。这种海岸称为**次生海岸**(secondary coast)，尽管它们可能因陆地营力而形成，但明显地受到了海洋营力的影响。

形成年代相对较晚的海岸可能被海洋营力迅速地改变，而形成年代较早的海岸也可能长期保存着由地壳运动和陆地营力所塑造形成的特征。需要注意的是，由于对海岸类型的划分是基于其由陆地营力还是海洋营力塑造，因此海岸的绝对年龄并不重要，并且同一海岸很可能兼具两种类型的特征。

原生海岸

由陆上侵蚀作用、陆地下沉或海平面上升形成的海岸包含在冰期时被冰川所覆盖的区域。在冰川时代，由于大量的水被保存在陆地冰中，海平面比现在低。冰川缓慢地运动，穿过陆地，沿途冲刷出峡谷，并向海延伸。冰川的重量导致陆地下沉，并且当冰川开始融化后，有时海平面上升的速度比陆地回弹到原高度的速度快。在另一些情况下，冰川槽谷低于海平面，冰川退去后这些槽谷为海水填充。挪威、格陵兰岛、新西兰、智利和阿拉斯加东南部的**峡湾**(fjord)就是这种过程作用的结果(图12.4)。峡湾是狭长的深水道，剖面通常呈"U"形。岩屑常常堆积在冰川和海洋的交汇处，从而形成较浅的入海口，称为**海槛**(sill)。

图12.4 新西兰米尔福德桑德峡湾狭长的水道。

冰川停止前进并消融后，所携带的岩屑通常沿其最大延伸边界堆积，称为**冰碛**(moraine)。如果冰川延伸至陆地边缘，冰碛将变成沿海地区的一部分。纽约长岛、康涅狄格州沿岸地区以及马萨诸塞州的科德角都为冰碛地带。冰碛是大陆沿岸地区的保护屏障。在有些在末次冰期期间曾被厚厚的冰层覆盖的地区，目前陆地仍然在缓慢地上升。例如斯堪的纳维亚地区，陆地每年上升1～5 cm。在其他海岸，导致陆地上升的原因不是由于冰川减少，而是构造力的作用。南美洲和北美洲沿岸西侧的海蚀阶地，如今已经在构造抬升作用下出露海平面。

海平面在冰期时代较低，河流穿过裸露的海滨地区，流入海洋。河流切割这些区域，形成"V"形水道，并多数情况下产生多条支流。当海平面上升时，这些水道被海水淹溺，形成的海岸类似于美国东海岸的切萨皮克湾和特拉华湾。这种海岸被称为**溺谷**(drowned river valley)或**里亚型海岸**(ria coast)。

河流携带着大量泥沙在大陆架上沉积，形成**三角洲**(delta)。三角洲是河流泥沙在河口区沉积后，形成的平坦肥沃的沿岸区域。密西西比河、恒河、尼罗河和亚马孙河的河口都有由这种沉积而形成的三角洲。这种类型的海岸，类似于山地剥蚀物质通过河流的搬运汇集形成**冲积平原**(alluvial plain)，例如美国东海岸哈特勒斯角以南的海岸。

据估算，由全世界河流携带并流入海洋的沉积物每秒为530 t。这相当于世界陆地每1 000年被剥蚀6 cm。这些沉积物有助于形成海滩，绝大部分最终将沉积到海底。所有沉积物都经过海岸带，并参与海岸带过程。陆源物质的来源见第4章。

沙丘海岸(dune coast)是容易受风作用影响的沉积海岸。在非洲，西撒哈拉逐渐向西朝大西洋推进，这是因为盛行风将沙从内陆沙漠向沿海地带搬运。沿其他的沙丘海岸，例如俄勒冈州中北部沿岸(图12.5)，在风的作用下，从内陆搬运而来的沙形成沙丘。还有些地区，沙丘在风的作用下沿着海滨移动。

图12.5 俄勒冈州佛罗伦萨附近的海岸沙丘。

夏威夷群岛是大型海山的顶部，也是由火山活动形成海岸的绝佳例子。当熔岩流流入海水时，形成黑沙滩或**熔岩海岸**（lava coast）。由于火山爆发，火山口向海一侧的边缘消失，形成凹形海湾，这种海岸被称为**火山口型海岸**（cratered coast）（图12.6）。

图12.6 夏威夷的哈诺马湾海岸是火山口型海岸。在向海一侧，火山口的边缘已经消失。现今这里是公园和海洋保护区。

当构造活动导致地壳发生断裂和位移时，海岸也将发生某种形式的变化。加利福尼亚州圣安德烈斯断层系统位于地壳板块沿转换断层平行移动的交界处（对板块运动和转换断层的描述见第3章）。这些断层长期被海水填充。这个断层系统的南端是位于墨西哥本土和下加利福尼亚州之间的加利福尼亚湾（又称科特斯海），北端是旧金山和托马利斯湾，断层在这里伸入太平洋。托马利斯湾是一个极好的**断层海湾**（fault bay）的例子；在世界其他地区，红海和苏格兰的海岸是**断层海岸**（fault coast）的例子。

次生海岸

海洋营力过程塑造了次生海岸。在波浪拍打下，海滨连续不断地被侵蚀和研磨，巨石和陡崖被波浪从底部剥蚀，最终掉落海中，形成细砂。由均一物质形成的海岸带，最初海岸线的形状也可能是不规则的，具有岬角和海湾。但在波浪能量的聚集下，波浪迅速地磨蚀岬角，最终形成规律性的海岸线。加利福尼亚州南部、澳大利亚南部和新西兰的海岸（图12.7），以及英国多佛尔的陡崖都是这样的例子。如果原始海岸线的物质组成多样，且各组分抵抗波浪侵蚀的能力不同，由坚硬岩石组成的岬角将被沙湾分隔开来，最终形成极不规则的海岸线。加利福尼亚州北部、俄勒冈州、华盛顿州、澳大利亚和新西兰沿岸，岬角和岩石嶙峋而立。其中，细高像尖塔一样的岩石，称为**海蚀柱**（sea stack）[图12.2（b）和图12.8]。有些岬角的上部仍与陆地相连，但底部已被冲蚀成海蚀穴，或被蚀穿，形成海蚀拱桥或海蚀窗。

图12.7 新西兰一个被侵蚀而成的有韵律的陡崖海岸。

在一些情况下，侵蚀物质被波浪和潮流搬运到近岸海域。大量泥沙平行于海滩堆积时，将形成**沙坝**（bar）；泥沙继续堆积，沙坝可露出水面形成**障壁岛**（barrier island）。美国东南沿岸的障壁岛形成于海平面上升期间，海水淹没沿岸低洼地带，将沿岸沙丘高地与陆地分隔开来，使原生海岸演化为次生海岸。一旦形成障壁岛，植物将开始生长。植被可起到固沙作用，还可以截留沉积物和积累有机质，从而增加障壁岛的高度。

图12.8 海蚀柱是加利福尼亚州北部、俄勒冈州以及华盛顿州沿岸常见地貌特征。它们形状百态、大小各异。

一系列沿海岸分布的障壁岛能够保护后方的海岸带，使其免遭风暴波浪侵蚀，但是这些障壁岛本身将遭受严重破坏。1900年9月8日，一场飓风袭击了美国加尔维斯顿。加尔维斯顿市位于加尔维斯顿岛，这是墨西哥湾中的一个障壁岛，沿得克萨斯州的海岸线绵延分布。这个城市当时的人口为3.7万，岛屿最高海拔为2.7 m。就在遭受飓风袭击前，人们还在海滩上玩耍，欣赏着异乎寻常的大海浪，没有人意识到这是一场极其危险的风暴。当市民们意识到飓风所带来的威胁时，为时已晚。飓风以225 km/h的速度横扫了该岛，所经之处只剩废墟。岛屿遭遇大浪，形成了高达4.8 m风暴潮（见第7章第7.9节）并席卷全岛，所摧毁的城中建筑物超过3 600幢。据估计，6 000～8 000名市民在这次灾难中丧生。为避免未来再遭飓风袭击，加尔维斯顿市在风暴过后修建了新海堤，并填高了海岛高度。1989年，飓风“雨果”(Hugo)袭击了南卡罗来纳州沿岸，富丽岛（Folly Island）遭受大范围风暴灾害，290栋沿海建筑物中的86栋，损毁程度超过50%，另有50幢成为废墟。为此，美国国家洪水保险计划（National Flood Insurance Program）赔付富丽岛上的房产拥有者的灾害补偿款接近300万。1997年，热带风暴“约瑟芬”（Josephine）向东移动，途经墨西哥湾，到达佛罗里达州。“约瑟芬”发展成飓风，给加尔维斯顿岛附近的得克萨斯州沿岸地区带来大范围灾害。“约瑟芬”在距海岸482 km处逗留，向岸风速度约12 m/s，持续时间超过100小时。风暴使加尔维斯顿岛的水位比正常的高水位高80 cm，沿岸波浪平均波高达3.5 m。在大风和波浪的持续作用下，这场风暴导致了严重的海岸侵蚀、房屋损毁和沙滩流失。为了阻止由风暴产生的海岸侵蚀，人们曾试图建造海堤和各种沙滩防护措施，但有些设施并不成功。尽管初衷很好，但是这些建筑物经常加剧障壁岛的泥沙流失。

沙嘴（sand spit）和**钩状沙嘴**（hook）指一端与海岸相连的沙坝。风暴可能导致沙嘴继续发育、移动、被冲垮，或者在条件适宜时再次形成。开阔海域的波浪不能抵达沙嘴和陆地之间的区域，这里通常形成由泥沙或黏土组成的滩涂。如果沙嘴足够发育，并封闭了水道出口，就形成浅潟湖。海水透过泥沙渗透到潟湖中，因此潟湖中的水也随着潮汐涨落。

在热带海域，海洋生物活动可形成**礁海岸**（reef coast）。在温暖的浅水域，珊瑚生长围绕着陆地生长，直接与陆地相连的珊瑚礁称为岸礁。有些地方在堡礁和陆地之间存在着潟湖。少数情况下，珊瑚围绕着水下的海山生长，形成环礁。对以上珊瑚礁类型形成原因的讨论见第4章，对造礁生物的讨论见第18章。

大堡礁沿着澳大利亚东北海岸向新几内亚岛延伸，是世界上最大、最著名的珊瑚礁群。太平洋上的环礁有塔拉瓦环礁、夸贾林环礁、埃内韦塔克环礁和比基尼环礁。硫黄岛和冲绳岛被珊瑚礁环绕，二者都因是第二次世界大战中太平洋地区重要的战场而闻名。

其他海洋动物也能生成类似于珊瑚礁的结构，它们的外壳沉积在海底，层层累积逐渐变得坚硬。在路易斯安那州和得克萨斯州海岸附近的墨西哥湾中，牡蛎壳形成了大型礁沉积。这些礁石是如此巨大，以至于其中的牡蛎壳可用于商业上生产石灰。佛罗里达州东侧沿岸滨海地带散布着大量贝类动物的壳，贝壳碎屑构成了沙滩。

与动物一样，植物也可以改造沿海地区。红树林生长在温暖的低洼浅海沿岸水域，它们发达的根系几乎坚不可摧，为其他许多植物和动物提供了独特的生境（图12.9）。在佛罗里达州沿岸、澳大利亚北部、孟加拉湾和西印度群岛沿岸都分布着红树林沼泽。在更温和的气候条件下，茂盛的植被常覆盖并保护着地势低洼、由泥沙组成的海岸，形成另一种依赖植物维持的生境，即**盐沼**（salt marsh）。如果陆地足够平坦，并周期性地被潮汐淹没，这些盐沼可以向岸延伸很长的距离。盐沼也可以在潮汐落差大的海湾[①]中形成。盐沼富含有机物质，具有极大的生产力，且可以通过拦截沉积物使海岸线向海的方向推进。人类活动对红树林沼泽和盐沼的影响见第13章。

图12.9 佛罗里达湾沿岸生长的红树林。

12.3 海滩结构

海滩既包括沿海滨沉积分布的泥沙，也包括被近岸波浪和海流携带而来的泥沙。首先我们来认识经常去散步、晒太阳和休闲娱乐的海滩。对海滩的广泛研究，已经形成了一系列描述海滩和海滩特征的术语，人们在运用这些术语时，可以全面地描述每个海滩，并避免在比较海滩时产生混淆。图12.10是垂直于海岸切出的一个海滩剖面，用来显示海滩的主要特征。阅读过程中，请结合该图理解本节内容。注意，每个海滩都是特定环境下的产物，有些海滩可能不具备图中所示的全部特征。

后滨（backshore）通常是海滩中的干燥区域，仅在最高潮或者异常风暴的时候被海水淹没；**前滨**（foreshore）延伸至低潮线；**外滨**（offshore）是从低潮阶地向海延伸至波浪能够作用于海底的浅水区域。

出现在后滨的低阶状地貌，称为**滩肩**（berm）。滩肩由物质在波浪作用下沉积堆积而成。滩肩可通过滩肩斜坡或阶地高度来识别。有些滩肩的外沿线轻微隆起，与海滩平行，称为**滩肩脊**（berm crest）。有些海滩同时具有两个滩肩（图12.10），靠近海岸线的滩肩高度更高，称为**冬季滩肩**或**风暴滩肩**（winter berm或 storm berm）。它通常形成于猛烈地冬季风暴期间，由泥沙物质被波浪推向岸边，在后滨堆积而成。向海一侧的滩肩称为**夏季滩肩**（summer berm），通常在较为平静的春季和夏季波浪作用下形成。冬季滩肩一旦形成，一年之中其他较弱的风暴不能对它造成影响。冬季滩肩也可能抹去夏季滩肩，但是当风暴季节结束后，伴随着波浪活动减弱，将再次生成夏季滩肩。

位于滩肩和海水之间，由高潮位时被波浪作用切割而成的小陡坎，称为**滩坎**（scarp），它是正常高潮位时由波浪作用导致海滩斜坡高度发生突变。滩肩和滩坎不会在前滨形成，因为那里始终存在波浪作用和海水涨落。从低潮线向海一侧的前滨区域通常很平坦，称为**低潮阶地**（low-tide terrace），其上较陡的斜坡部分，称为**滩面**（beach face）。滩面的坡度与沙滩上松散堆积物的粒度和波浪能量的强度有关。

从低潮阶地向海一侧的部分是外滨，通常发育与海滩平行的**沿岸槽**（trough）和沿岸沙坝。它们随着季节发生变化，在冬季风暴期间，海滩沉积物向

① 原文是bays and coves，bay译作湾，cove译作小海湾。——编者注

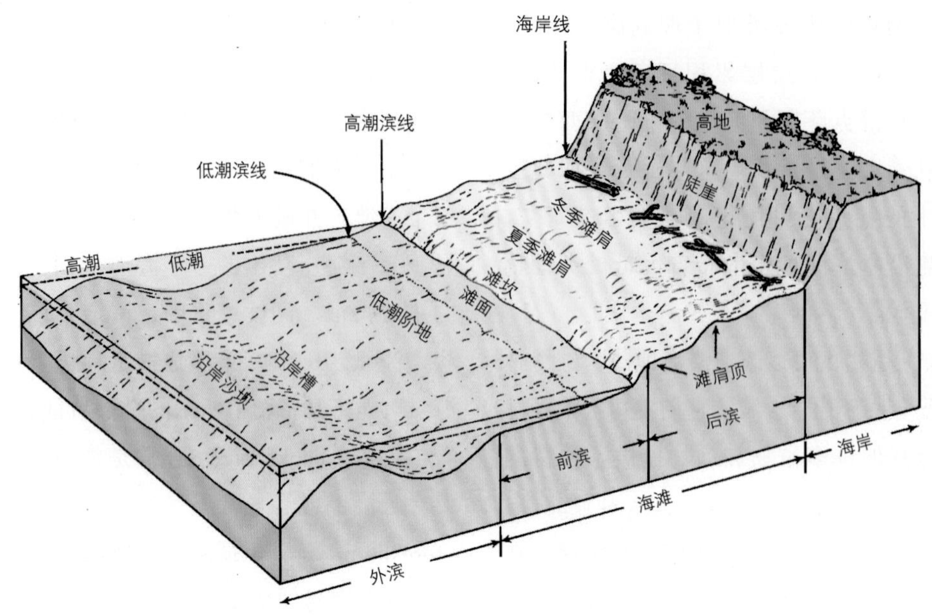

图12.10 典型的海滩剖面及其相关地形。

海堆积，沿岸沙坝规模增大；夏季期间，海滩沉积物向岸堆积，沿岸沙坝被削弱。当沉积物堆积到一定程度，沿岸沙坝露出水面时，所覆盖的植被对其有固定作用，沿岸沙坝转变成障壁岛。

并非所有的海岸都具有海滩，有些海岸高低潮间的地带出露为基岩陡崖，没有海滩。然而，也可能在这些岩石岬角之间出露小块的海滩。

12.4 海滩动力学

沙滩存在的原因是由于泥沙补给和损耗平衡。看似静止的沙滩实际上处于**动态均衡**（dynamic equilibrium）中，泥沙的耗损量和堆积量近似相等。沙滩时刻变化着，但看上去似静止一般，并且保持着平衡状态。

自然过程

夏季，平缓的波浪将沙子推向岸边并在那里堆积，一直持续到冬天；冬季，猛烈的风暴浪将海滩的泥沙推向外滨，形成沙坝。这个过程在冬、夏两季交替发生，使得沙滩冬季多乱石，而夏季则多为细砂所覆盖（如图12.11）。这种季节性变化可视为沙滩在一年中围绕平衡状态的波动。其他形式的变化也呈现类似地循环方式，例如河流在冬季末期和春季泛滥，河水携带的泥沙在沙滩上堆积。如果海滩的年获得泥沙量与其流失量相等，那么这个海滩处于平衡状态，年复一年，变化不明显。

独立的剧烈事件可能会使沙滩发生改变。强风暴的方向可能与海流的方向相反；山体滑坡中崩坍的砾石可能滚入海滩，甚至海水中，妨碍泥沙的输运。无论发生哪一种情况，沙滩都将因泥沙的补给、输运和损失改变而发生变化。

波浪涌向沙滩，在碎波带处带动水体形成**向岸流**（onshore current）和**沿岸流**（longshore current）。向岸流向海岸输运沉积物，称为**向岸输运**（onshore transport）。沿岸流的形成是由于波浪通常与海滩成一定角度向岸传播，沿着海滩运动。沿岸流和向岸流如图12.12所示。波浪在碎波带处破碎，形成的湍流卷起海滩上的泥沙物质，这些悬浮泥沙被沿岸流携带并输运，方向与海滩平行，形成**沿岸输运**（longshore transport）。对于北美大陆东西海岸来说，沿岸输运方向均向南。

波浪破碎上涌的水体，也称为**冲流**（swash），携带着泥沙向上腾越并沿着沿岸流的方向运动。水体向下回流至碎波带时，大量海水渗入沙中，因此回流较进流弱。在进流与回流综合作用下，作为沿

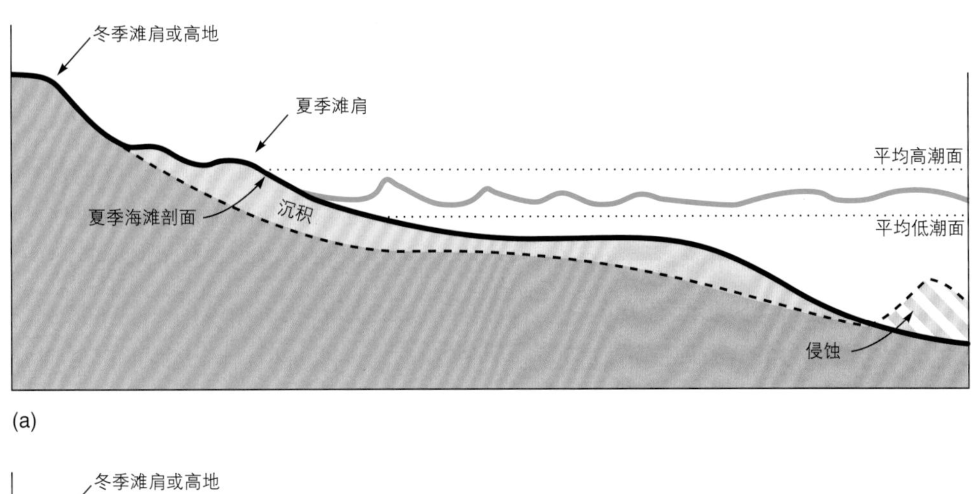

(a)

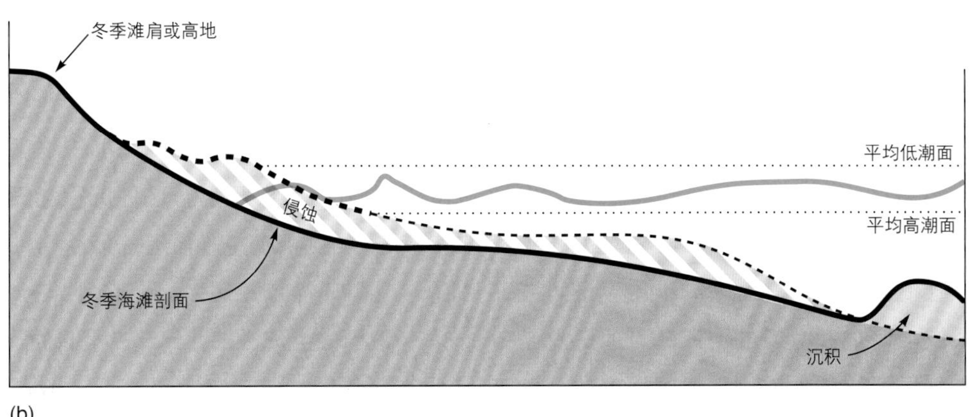

(b)

图12.11 沙滩的季节性变化。(a)夏季的平缓波浪和潮水将沙子从外滨推向沙滩，形成夏季滩肩。(b)冬季猛烈的海浪和风暴使泥沙遭受侵蚀并向外滨输运。在这种情况下，夏季滩肩被侵蚀殆尽，只留下冬季滩肩。

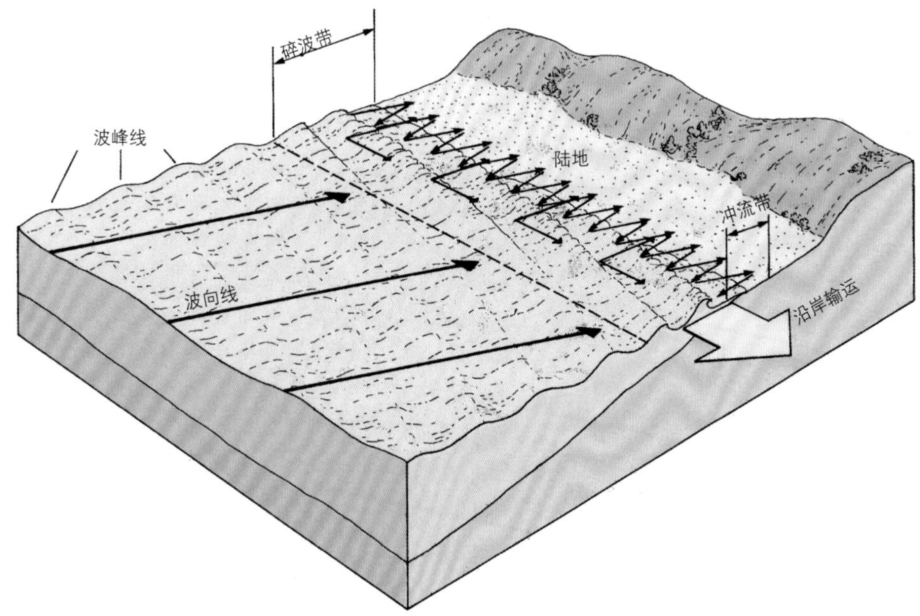

图12.12 波浪在碎波带形成沿岸流，并沿着海滩输运沉积物。图中箭头分别指示水体向岸运动和沿岸运动的方向。

岸输运的一部分，沉积物输运沿冲流带呈锯齿状。

均匀分布的新月状向海凹入的浅槽称为**滩角**（cusp），滩角有时在平静小海湾，或沿着长直海岸线的砂、砾质海滩上形成。人们尚不清楚滩角形成的原因。它们通常在小潮期间形成，此时潮差最小；在大潮期间被破坏，此时潮差最大。滩角的规模似乎与海滩上的波浪能量直接相关，在波能高的位置形成大滩角，波能低的位置形成小滩角。滩角的形成可能与波浪迫近海滩时波的干涉形式有关。

研究海洋沿岸、航道中和沿海建筑物周围的沉积物运动可以为土地所有者和工程师设计和建造沿岸设施——码头、防波堤和海堤——提供重要的信息。它对军队在沿海地区部署部队和运输物资也非常重要。

泥沙被沿岸流搬运，从源地到沉积地点之间的途经地区称为**漂移区**（drift sector）。位于漂移区内的海滩，通常情况下保持动态平衡，在外观上较少发生变化。尽管沿漂移区中心区域的物质流量可能很大，但该区域内增加和减少的泥沙总量通常总是相等。位于漂移区两端的沙滩则随时间而变化。沉积物的源地是漂移区的侵蚀端，自身损耗沉积物；而漂移区的另一端为沉积端，沉积物不断地**淤积**（accretion），如图12.13所示。通常说来，沿岸流是漂流区内主要的传输机制，但在某些地方，潮流和与大尺度洋流有关的近岸海流也能影响沉积物的输运。

近岸环流

向岸输运不仅造成沿岸泥沙堆积，也输送海水。但这些海水最终将以某种方式流回海中。沿岸流在经过岬角时可能向海的方向偏转；又或者，海水沿着岸边返回碎波带之外的平静水域中，例如海底凹槽和洼地。水流回流到大海的区域通常狭窄且水流湍急，此间的水流能够携带沉积物穿过碎波带，称为裂流（图12.14）。对裂流的讨论见第10章。

裂流在碎波带向海耗散，融入涡旋之中。一些沉积物在这种相对更平静、更深的水中沉积，从海滩下面流失。然而，仍有一些沉积物通过裂流任一侧的向岸流回到海滩上。这种沉积物返回沙滩，经过沿岸输运被裂流向海输运，最后再回到海滩的过程，发生在一个漂流区内。

一系列的漂流区彼此连结，沿着海岸可以形成一个**近岸环流圈**（coastal circulation cell）。在一个主要的近岸环流圈中，沉积物的向海输运可至遥远的外滨地带，泥沙难以再次返回海滩。在近岸环流圈的末端，沿岸输运方向偏离海滩，泥沙被携带着穿过大陆架，沉积在海底峡谷中，再沉积到大洋底。这些泥沙

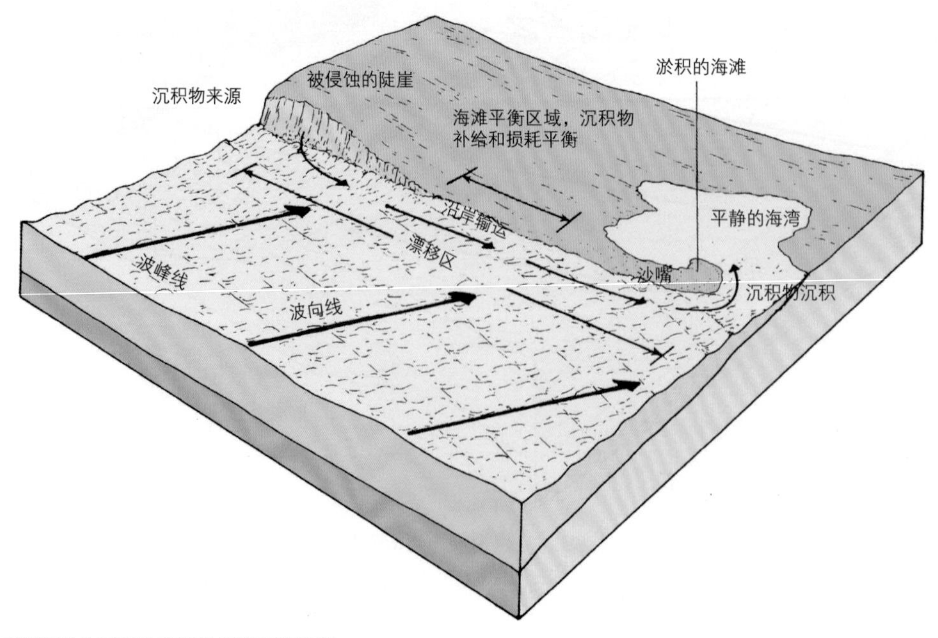

图12.13 漂移区沿海岸从沉积物的源地延伸至沉积地。

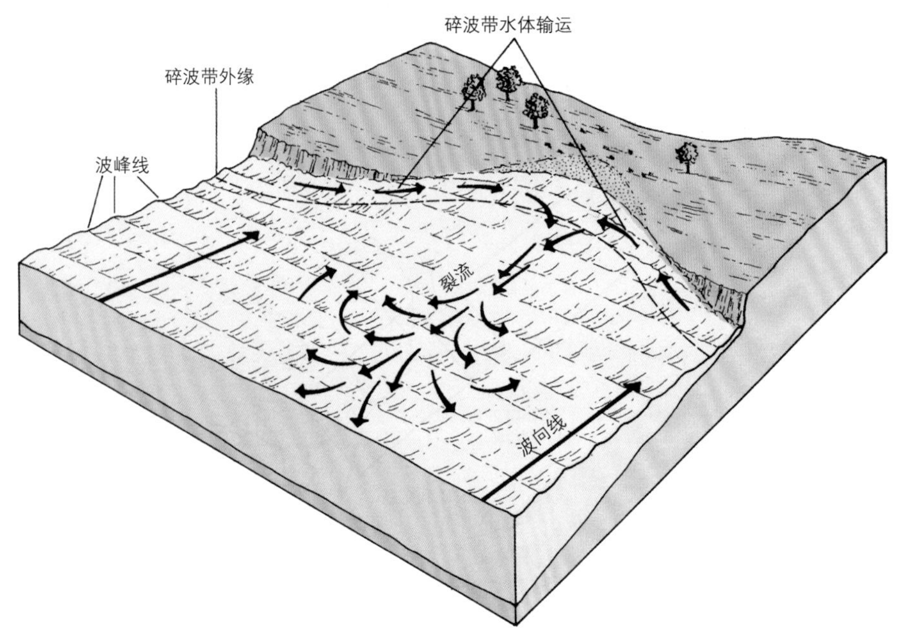

图12.14 裂流在波浪平缓的区域沿海岸形成，使向岸流减弱，沿岸流增强。

将被从海岸系统中移除，超过一定限度时，这个海滩将消失。除非有新的泥沙来源补给，才能形成下一个近岸环流圈。

在加利福尼亚州南部的康塞普申角南端，海洋学家识别出四个明显的近岸环流圈（图12.15）。每一个环流圈都在海滩稀少的基岩岬角区域开始和结束，并都发现了近岸海底峡谷。河流的泥沙通过沿岸流输运，使海滩加宽。在每一个环流圈中，沿岸流将沉积物带至海底峡谷中，再沉积到大洋底。海底峡谷以南海滩稀少，形成新的环流圈。对海底峡谷的讨论见第4章。

泥沙输运的速率可以通过估算某个障碍物上游处泥沙沉积速率，或观察某个沙嘴的移动速度估算。每年沿岸输沙量从零到几百立方米不等，平均值为 $1.5\times10^5\sim1.5\times10^6$ m^3，这比30 000辆自卸车的载沙量还要多。一旦认识到自然界的输沙量是如此之巨大，就能理解一些海港淤积速度之快、海滩消失和沙嘴在一年内长距离迁移的原因，因为那些海港未被正确地设计。显然，及时清理泥沙淤积的疏浚费用非常高，甚至在很多情况下不可能实现。

海滩物质运动的能量主要来自波浪和波浪产生的水流。吹向海洋表面的地面风，功率为 10^{14} W，这使海洋产生了波浪和海流。全球海岸线长440 000 km，其中约1/2直接受到海洋波浪的影响。海浪平均波高为1 m，相当于沿海岸线每米功率为 10^4 W。在风暴条件下，平均波高可达3 m，沿海岸线每米功率达 10^5 W。这些能量导致海滩遭受侵蚀，泥沙沿着狭长的海岸带输运。

12.5 海滩类型

可从以下几个方面来描述海滩：（1）形状和结构；（2）物质的组成；（3）物质的颗粒大小；（4）颜色。在第一个方面中，海滩可被描述为宽海滩或窄海滩，陡海滩或平海滩，以及长海滩或不连续海滩（袋状滩）。从主海滩向外延伸并弯曲，末端与海岸平行的海滩区域称为沙嘴。在波浪、海流和风暴的作用下，沙嘴的形状很容易发生变化。在波浪平缓的环境中，沙嘴能够从海滨一直延伸到近海岛屿。如果沙嘴将岛屿和海滨连接起来，就称为**连岛坝**（tombolo）。向海延伸并向盛行流方向弯曲的沙嘴，称为钩状沙嘴。泥沙向钩状沙堆末端运移，沉积在平静水域中，形成宽阔的圆弧钩状区域。

构成海滩的物质包括贝类、珊瑚、矿物、岩石颗粒和熔岩。卵石是扁平、光滑的圆形石头，由层状岩体在倾斜沙滩和波浪作用下，持续被水打磨而形成。如果岩石在打磨过程中来回滚动，则将形成

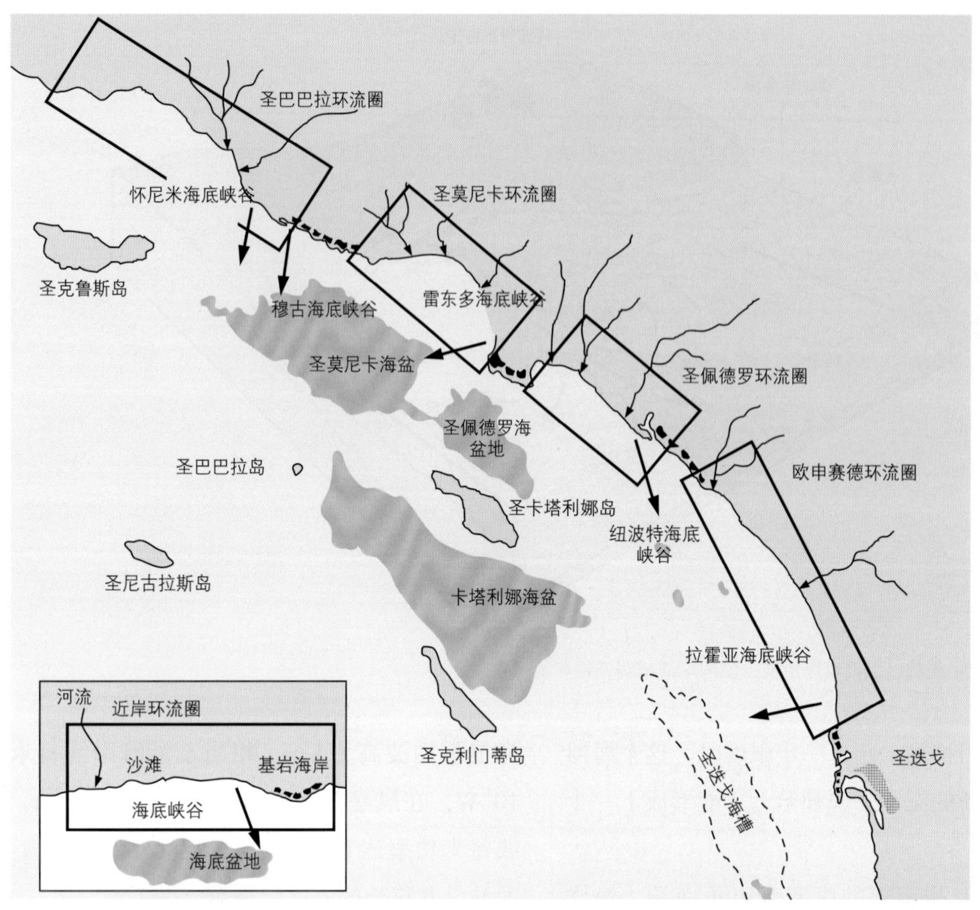

图12.15 加利福尼亚州沿岸主要的近岸沉积物环流圈。每一个环流圈都由一个沉积物源地开始，到海滩物质被输运至海底峡谷结束。

鹅卵石。描述海滩沉积物粒度的术语有砂、泥、中砾、粗砾、巨砾（见第4章）。

海滩物质的组成和粒度与物质来源和海滩所受的作用力有关。陆地物质或被河流带至海岸，或因受到波浪侵蚀作用从悬崖峭壁上剥落下来。许多沙滩物质是陆地物质经打磨和侵蚀后的产物，富含多种矿物，例如石英和长石。细小颗粒，如粉砂、淤泥和黏土之类，容易被波浪和水流搬运并再次沉积；大块的岩石则通常沉积在它们的源地附近，由于体积巨大，它们不能被远距离搬运。细颗粒被水流带走，大石块则散布在海滩上。沿着新西兰南岛东海岸分布的莫埃拉基大圆石（图12.16），是世界上最大的方解石型泥球群。有些圆石直径达2 m，由岸边悬崖侵蚀而成。通常说来，散布着大块岩石的海滩属于侵蚀型海滩，而这些较粗的砾石被称为**滞留沉积物**（lag deposit）。滞留沉积物达一定程度，就能起到保护海滩的作用，避免其进一步遭受波浪和水的侵蚀，海滩也转变为**耐蚀型海滩**（armored beach）。

图12.16 许多海滩有从陆崖冲蚀下来的泥球。莫埃拉基大圆石由沉积的方解石胶结而成。其中，最大的圆石直径达2 m，是世界上最大的大圆石。这些大圆石并不是在波浪作用下形成的。它们常见于新西兰南岛东部沿岸。

一些海滩物质则来自外滨地带。在波浪的作用下，珊瑚和贝壳等碰撞并破碎，被流水和波浪带至海滩。由颗粒均匀细小的泥沙或淤泥组成的海滩称为淤泥质海滩。

世界上有些海滩具有奇特的颜色。在夏威夷，分布着由珊瑚碎砾组成的白沙滩和由玄武质熔岩形成的黑沙滩。绿色沙滩的沙子由特定矿物堆积而成，例如橄榄石或海绿石；而粉色沙滩存在于贝类物质丰富的地区。

12.6 改造海滩

人们热爱海滩，并渴望沿着这条脆弱的地带拥有产权。世界上约38亿人口（约占世界总人口的60%）生活在距海岸线100 km以内的地方。据人口学家估算，在未来50年内，在沿海地区生活的人数将达到63亿。如今，超过1/2的美国人生活在沿岸80 km以内（包括五大湖）的区域。到2010年，预计美国沿海地区的人口将增至1.27亿①。大量人口涌入这个脆弱的区域并定居下来，或直接或间接地将给海岸带造成影响。

沿岸工程

为了防洪和发电而在河流上筑坝，这种做法会改变沙滩。大坝建成后，其后方通常形成一个湖。如此一来，原本应当沿河而下在海岸带淤积的黏土、泥沙和砾石就沉积在湖中，使海滩沉积物失去重要的来源。尽管沉积物减少了，但沿岸水流不停，带走泥沙，最终海滩上泥沙净流失，海滩被侵蚀 。

沿岸工程项目，如**防波堤**（breakwater）和**导堤**（jetty），通常用来保护港口和沿岸地带免遭波浪侵蚀。通常，防波堤平行于海岸建造；而导堤则向海延伸，用于保护或部分封闭水域，或加固潮汐汊道。被导堤和防波堤保护的水域相对平静，波浪和沿岸流携带的沉积物在此沉积，导致沿岸流输运的沉积物减少，下游海滩也受到侵蚀。**丁坝**（groin）是这种过程的小规模实例，这是一种用岩石或木材建造的建筑物，垂直于海滩向海延伸，拦截沿岸流中的泥沙。泥沙在丁坝的上游一侧淤积，在丁坝的下游一侧被冲走。

为了避免财产蒙受损失，私人业主们常沿着他们的海滩建造海堤。这些建筑物造价昂贵，通常由木材、混凝土或巨石建成。建造这些保护措施的初衷是为了防止风暴潮、潮水高涨和船行波所造成的侵蚀。但多数情况下，由于波能被束缚在更狭窄的区域内，这些建筑物使侵蚀问题变得更严重。如果仅部分海岸线被保护起来，波浪能将集中在防波堤的边缘并进入后方，或侵蚀防波堤的底部，导致防波堤崩塌。波浪遇到防波堤将发生反射，反射波与入射波叠加，在防波堤或其他位置形成更高、更具破坏力的波浪。

波浪沿着天然的海岸线，将能量释放在宽广的海岸带上。尽管波浪侵蚀陆地，但是海滩一直存在，这些都是自然过程中得失的一部分。历史一次又一次地告诫我们，为满足人类的需求而建造的海岸设施，只会导致一系列连锁反应，引发新问题。

尽管我们已努力保护海滩，但由于海平面上升和海岸遭受侵蚀，海滩仍然在不断地消失（见本章知识窗“海平面上升”）。海平面上升导致全球范围内沿海陆地损失。世界上超过70%的沙滩遭受着侵蚀，其中90%的海滩已被精确地监测。沿着美国的东海岸，据估计从纽约州到南卡罗来纳州大约86%的海滩正在遭受侵蚀。海岸线后退的速度是海平面上升速度的100倍，即海平面每上升1 mm，将导致海岸线后退10 cm。

由海平面上升引起的海滩侵蚀，主要有以下几个原因：水深增加降低了波浪折射（见第10章第10.7节），使沿岸流强度增加；水位增高使波浪破碎时更靠近海岸线，在海滩上消耗的能量更多。此外，当海平面上升时，波浪和海流能够影响的海滩位置越远，导致海滩轮廓朝陆地方向重新调整。

据美国陆军工程兵团研究，超过40%的美国大陆海岸线正在面临沉积物损失（图12.17）。在长达24 000 km的海岸线上，4 300 km的海岸线被认定为关键区，亟须公共保护。其中绝大部分位于大西洋和墨西哥湾沿岸，并且许多是障壁岛。马里兰州

① 根据2013年NOAA发布的《美国沿海地区人口趋势报告：1970—2020年》（*National Coastal Population Report: Population Trends from 1970 to 2020*），到2020年，美国沿海人口预计增至近1.34亿。——编者注

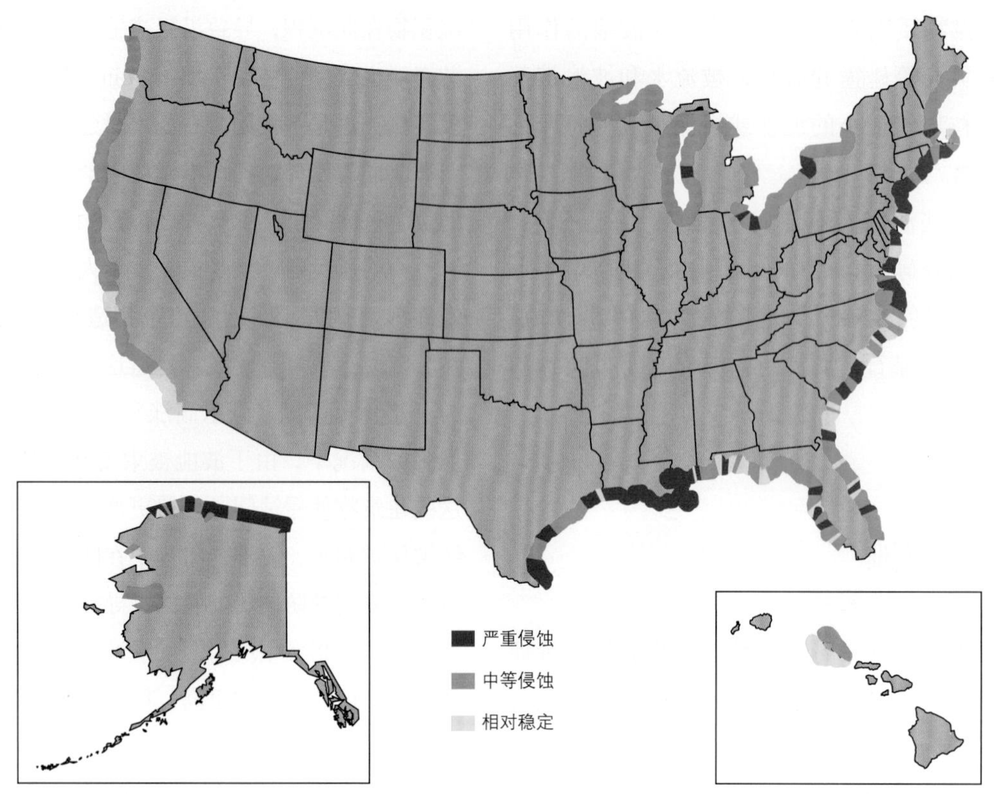

图12.17 美国32处沿海地带及五大湖区域的海岸侵蚀情况。

大洋城的海滩在近几年内损失了25%。路易斯安那州德尼尔斯群岛的障壁岛海滩每年消失近20 m，导致陆地遭受着不断增长的洪水和风暴潮的危害。

如何正确地设计沿岸工程，而不是引入新麻烦，是一门科学，更是一门艺术，仅测量和计算是远远不够的。在工程开始之前，我们必须彻底地了解各种自然过程，预测工程建造的后果。按比例设计工作模型，有助于人们理解海岸带的现状和未来变化。我们可以先利用模型模拟自然过程，例如潮汐、波浪和海流，然后再将沿岸工程引入模型中。建造的后果可通过观察模型获知，并在建造前就能对设计进行改进。这类模型非常昂贵，但是与那些对自然环境带来不良后果、需要不断修正的沿岸工程相比，成本要低得多。

圣巴巴拉的故事

加利福尼亚州圣巴巴拉港口工程是干扰海岸带的典型例子。为了形成一个船港，人们在圣巴巴拉建造了码头和防波堤。港口西侧的码头伸向海中，再折向东南方，形成平行于海岸线的防波堤。沿岸的沿岸流与泥沙输运方向，从西北偏西转向了东南偏东（图12.15）。在这个码头-防波堤系统北侧和东侧，形成了波浪防护区，拦截沿岸流，导致泥沙在西侧淤积，形成沙滩。而东南侧由于失去泥沙补给，海滩开始消失。

西侧的海滩不断扩大，一直到码头向海一端的尽头，沿岸流沿防波堤再次向东南方向沿输运泥沙。当沿岸流和泥沙到达防波堤的东部末端和港口入口时，沿岸流形成涡旋，盘旋着进入平静的海港中。泥沙被沿岸流携带着进入并充填海港，在防波堤的末端形成沙嘴，这使泥沙无法向更远的东南部堆积，并且还需要人力和物力清除整块沙滩上淤积的泥沙。

现在，一艘疏浚船通过管道从海港中抽取泥沙，并将它们排放回沿岸流中。通过这种方式，港口可以保持通畅，东南侧的海滩也可以得到泥沙补给。干扰自然过程需要以大量的时间、精力和昂贵的花费为代价。

爱迪兹钩状沙嘴的历史

距圣巴巴拉港以北2 400 km处，另一个海港也被人类活动所影响，泥沙补给发生了变化。安杰利斯港位于华盛顿州胡安·德富卡海峡，在一个天然形成的长5.6 km的弯形沙嘴的保护下，避免了风暴及波浪的侵蚀（图12.18）。这个钩状沙嘴被称为爱迪兹钩状沙嘴（Ediz Hook），主要由泥沙和砾石组成，在它的保护下，这片海湾的范围和深度足以容纳最大型的现代商业船只。然而近几年，钩状沙嘴受到严重的侵蚀，与陆地相连的部分已面临被波浪冲开的危险。

为了理解钩状沙嘴是如何形成的，以及如何变成了现在的模样，我们将时间拉回124 000年前，那时该地区末次冰期的冰川正在消退，海平面比现在低，安杰利斯港西部的艾尔瓦河（Elwha River）携带着冰川沉积物进入海洋，形成一个三角洲。在局地海流和波浪的作用下，三角洲向东拓展。随着海平面上升，河流、海流和波浪继续向东搬运泥沙，并且波浪开始侵蚀海岸悬崖，使沿岸流中泥沙增加，最终海岸线与海峡之间的角度突变，形成了弯钩型的沙嘴。爱迪兹沙钩逐渐形成，并从悬崖侵蚀和河流中持续获得泥沙和砾石补给。

艾尔瓦大坝（Elwha Dam）修建于1911年，用于提供电力和淡水；1925年，第二个大坝——格林斯峡谷大坝（Glines Canyon Dam）在河流的更上游被建造。从前流向沙嘴的泥沙现在则淤积在大坝的后面（据估计每年约为30 000 cm^3）。1930年，人们沿着海边陡崖建设了一条从艾尔瓦水库至安杰利斯港的淡水供应管道，继而又修建了防洪堤。这就切断了由陡崖侵蚀而带来的沉积物，据估计每年约为38 000 cm^3。

除了保护海港之外，钩状沙嘴上还有一个大型造纸厂、一个美国海岸警卫队站点和几个小型海港设施，他们通过一条沿钩状沙嘴狭长方向延伸的马路相连通。20世纪50年代，政府开始通过堆积大的圆石

图12.18 狭长的爱迪兹钩状沙嘴在华盛顿安杰利斯港形成一个天然的防波堤。在沙嘴后方，被沙嘴保护的港湾的深度足以停泊最大型的超级油轮（红外线假彩色图片）。

和钢制堤岸来保护钩状沙嘴向海一侧的底部。爆破陡崖产生崩裂物质，人们希望以此可补充钩状沙嘴所需的泥沙。人类与海洋之间的斗争持续着。几乎与补充泥沙的速度相同，波浪冲毁了保护障壁，并冲走泥沙。目前只有1/7的泥沙补给未被沿岸流带走，据美国陆军工程兵团研究表明，从沙嘴外部损失的泥沙每年可达270 000 m^3。钩状沙嘴目前急需补沙。

1973—1974年的冬季，严重的风暴再次摧毁了钩状沙嘴，陆军工程兵团开始加强对钩状沙嘴的保护。在接下来的五十年间，每年用于维护的费用高达3 000万美元，而港口收入为4.25亿美元，效益费用比为14∶1。目前从经济方面来说，这个项目是可行的。为了维持爱迪兹沙嘴，2002年夏季工兵部队沿钩状沙嘴充填了近50 000 t石块。

自20世纪初期在艾尔瓦河上游修建了这两座大坝之后，到90年代年度鲑鱼数量从380 000条剧减至不足3 000条。1992年，为了恢复鲑鱼栖息地，美国国会通过了拆除大坝的法案。大坝拆除后，泥沙将顺流而下，泥沙供给得以恢复，爱迪兹沙钩再也不会出现沉积物严重缺乏的现象了。

12.7 河　口

河口湾、峡湾、断层湾以及其他半封闭的咸水体都是海岸带的组成部分。像这样与海洋连通，在淡水稀释作用下平均盐度低于相邻海域的水体，称为**河口**（estuary）。河口既可以通过它们形成时的地质过程来划分，也可以通过淡水和海水的环流动力特征来划分。从地貌学角度来说，可以按照划分海岸类型的方法来划分，但是这种方法未能考虑淡水和咸水交汇时的复杂动力过程。本章中，我们主要通过水体交换和盐度变化特征来描述河口。潮汐、河流以及入海口的几何特征也是需要探讨的因素。据此，我们划分了四种基本河口类型。

河口的类型

盐水楔河口（salt wedge estuary）是最简单的河口类型，是河流直接流入海洋的河口类型。淡水从表面迅速进入海洋中，而密度大的海水则从河底随潮水上溯。海水被河流阻挡，形成突变交界面，使入侵的盐水楔与向下游流动的淡水分离。典型的盐水楔河口如图12.19所示。由于淡水位于盐水楔之上，从表层向下流动，表层向海净流动几乎完全由快速流动的河水组成。在涨潮或河流枯水期期间，盐水楔向上游移动；在落潮或河流丰水期期间，盐水楔向下游移动。由于河水流动迅猛，咸水与其上覆淡水之间界面分明。淡水从盐水楔上面流动时侵蚀咸水。不同盐度的水混合并向上游移动，使向海流动的淡水盐度不断升高。这种单向混合过程称为“**卷吸**”（entrainment）。在卷吸作用下，只有极少量的河水能进入盐水楔以下。海洋则不断地向盐水楔补充被卷吸的海水。在一个盐水楔河口中，环流和混合由河流的流量控制，且潮流作用通常比径流作用小得多。典型的盐水楔河口有哥伦比亚河河口、哈得孙河河口以及密西西比河河口。在哥伦比亚河河口，在高潮和枯水期时，盐水楔可以向上游移动25 km，在此期间咸淡水之间的界面明显。其他类型的河口中也可以有盐水楔，例如旧金山湾的萨克拉门托河河口。

根据净环流和盐度垂向分布特征，可将非盐水楔河口分为三种类型：强混合型河口、部分混合河口以及峡湾型河口（通常为弱混合型）。

强混合型河口（well-mixed estuary）潮流强而径流弱，各个深度上都存在缓慢地向海净流动（图12.20）。注意，由于咸淡水混合强烈，海水盐度在垂直方向上分布均匀，从海洋向河口方向盐度逐渐降低。不同深度的海水之间几乎没有运动，而是通过混合、扩散的方式输运。盐度等值线近乎垂直，在落潮或径流增加时向海移动，在涨潮或径流减少时向陆地方向移动。许多浅河口是强混合型河口，如切萨皮克湾河口和特拉华湾河口。

部分混合河口（partially mixed estuary）表层淡水向海净流动和深层海水入流均强（图12.21）。海水向上混合，通过潮汐、湍流和卷吸汇入河水，形成向海流动的表层流。该表层流大于河流本身的径流。这种双层环流使得水体在河口和海洋之间快速地交换。

盐分可通过扩散作用进入河口，但更重要的通道是**平流**（advection），即深层海水入流。部分混合河口常见于较深的河口，例如皮吉特湾、旧金山湾和加拿大不列颠哥伦比亚省的乔治亚海峡。

峡湾型河口（fjord-type estuary）较深、表面面积较小，通常径流强而潮流弱（图12.22）。这种类型的河口主要分布于加拿大不列颠哥伦比亚省、美国阿拉斯加州、斯堪的纳维亚地区、格陵兰岛、新西兰、智利等地的峡湾及其他冰蚀海岸。这些地区河口的河水从表层流向海中，并不与下层的咸水发生强烈混合。绝大部分净流动发生在表层，深层海水入流极小。盐分通过平流缓慢地输送给表层低盐度水。深层的海水由于入口处海槛的存在而流动不通畅（图6.4）。表层以下的入流极小。

盐水楔河口是高度分层河口。除了向海流动淡水和盐水楔的交界面处，这种河口几乎不会产生强烈的垂向混合。其他类型的河口都有不同程度的垂向分层，介于强分层弱混合和弱分层强混合之间。决定垂向混合和分层强度的因素包括：潮流强度、淡水径流速率、河口地形起伏程度以及河口的平均深度。随着潮汐涨落，潮流方向变化为咸淡水混合提供了能量，它通常不会导致水体的净输运，因此，应将其与向海或向岸的净流动区分开来。

并非所有河口都严格地与这四种河口类型相吻合。有些河口的类型介于某两种之间，有些河口的类型则可能随径流季节性变化或大、小潮周期性变化而变化。海洋学家通过对比不同类型的河口来研究河口与海洋的水交换过程。

环流特征

本节所讨论的河口环境，是基于部分混合型河

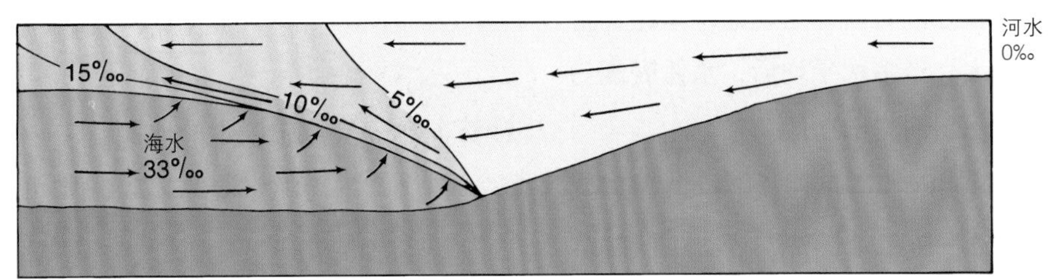

图12.19 盐水楔河口。河流径流强，抑制了咸水入侵，并将其向上卷入到快速流动的河流中。图中盐度以千分数（‰）表示。

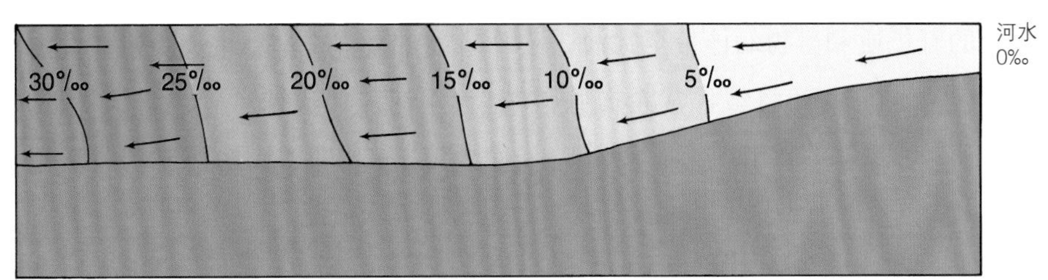

图12.20 强混合型河口。潮流强，并与风生环流一起作用，在整个浅河口区范围内混合海水。径流作用弱，并且在各个深度上都向海流动。图中盐度以千分数（‰）表示。

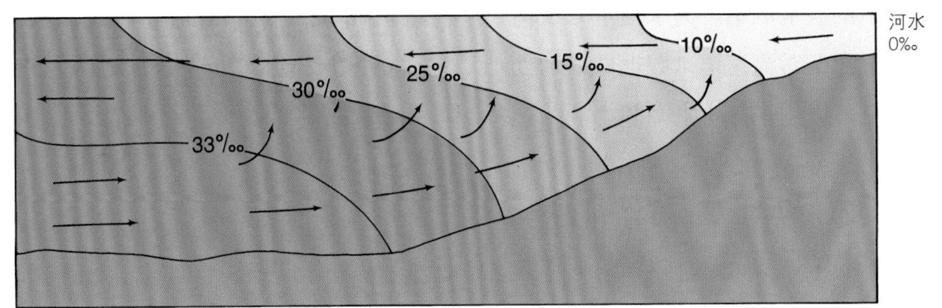

图12.21 部分混合河口。下层海水从下方与表层淡水混合，并从表层流出河口。表层向海净流动比仅由河流径流形成的向海流动强。图中盐度以千分数（‰）表示。

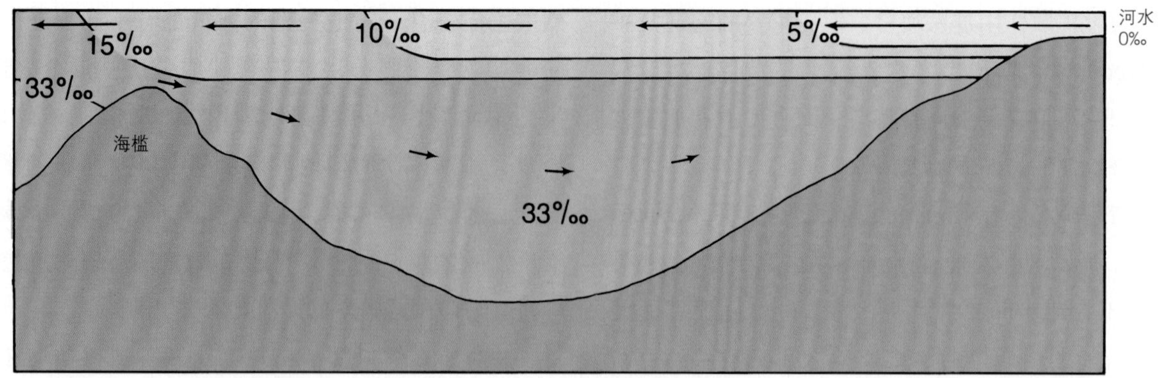

图12.22 峡湾型河口。河水在深层海水上方向海流动，并缓慢地获得盐分。深层海水由于入流缓慢可能流动不通畅。图中盐度以千分数（‰）表示。

口的河口环流。河口底层为从海洋入流的海水，表层为向海流动的咸淡混合水。水体在涨潮时流入，退潮时流出，在河口形成潮流。水体随潮流在河口往复运动，并不立即离开环流，进入开阔大洋中。然而，表层水落潮时向海运动的距离比涨潮时向岸运动的距离大，因此在一个潮周期范围内，表层水表现为向海运动。同理，深层海水在涨潮时向海运动的距离比在落潮时向岸运动的距离大。经多次平均后，水体表现为表层向海的净运动和深层向岸的净运动。

河口的**净环流**（net circulation）具有重要意义。净环流表现为表层水体向海流、深层水体向岸流，这使表层环流携带着大量的废弃物向海流动，并进一步将废弃物散布到更大的海洋环流系统中。

环流也将河口处的有机质和生物幼体带至大海，并使河口湿地向海推进。同时，还将富含营养物质的水体带入深层，以补充河口处的咸水。

理解河口的净环流以及对向海表层流和向岸底层流的评估需要长时间的过程。为了直接理解这一过程，海洋学家在不同深度以及一些交叉河道安装了自记测流仪，记录多次潮周期，包括大潮和小潮以及低、中、高径流条件下的淡水流量。为了便于分析指定河口剖面的净流速分布，对流速记录数据做平均处理。一周内的平均数据可以用来分析大潮和小潮的影响，数月的平均数据可以分析河流季节变化和气候扰动带来的影响，而数年的平均数据可以分析年度环流分布特征。考虑到安装和维护设备以及数据处理的费用，这种直接测量的方法花费昂贵。

以下是一种较为便宜、间接的方法。假设**水体收支**（water budget）平衡，即水体的流入量和流出量相等，河口体积不变；考虑所有水体增加和减少的过程。同理，假定总**盐收支**（salt budget）恒定，即盐分的增加量与流失量相等。在河口入口处，测量水的盐度随时间的变化，计算表层流出水的平均盐度（$\overline{S_o}$）和深层流入海水的平均盐度（$\overline{S_i}$）。可根据

$$\frac{\overline{S_i}-\overline{S_o}}{\overline{S_i}}$$

计算向海表层水中淡水的比例。

如已知平均河水流速（R），则可根据

$$\frac{\overline{S_i}-\overline{S_o}}{\overline{S_i}}(T_o)=R \text{ 或 } T_o=\frac{\overline{S_i}}{\overline{S_i}-\overline{S_o}}(R)$$

计算向海流动的表层河水流速（T_0）。

对部分混合河口来说，水体向海净流动（T_0）总是大于河流的流速（R），且河流的流量加上咸水的净入流（T_i）即得到向海流动（T_0）。水体保持平衡，即入流等于出流。

$$T_o=T_i+R$$

如图12.23所示，通过蒸发（E）和降水（P）也可使表层水体增加或减少。如果E和P值很大，那么在上述公式中，R则变为（R–E+P）。

这种方法假设在计算时间区间内，水的平均体积和河口内的总盐分含量保持不变。更多关于方程的信息见附录。

温带河口

在北美洲中纬度地区，大多数河口的淡水通过

河流补给，河口表面蒸发量小，或蒸发量与降水量接近平衡。$\overline{S_i}$ 约为33‰，而 $\overline{S_o}$ 约为30‰。运用上述公式并以图12.24为例，T_0大约是R的11倍，T_i是R的10倍。深层海水进入河口时速度降低，而表层流由于不断从底部混合和增加水体，向海流速增大。当这种混合发生时，表层向海流的平均盐度也会增加，当10单位体积的海水与1单位体积的河水混合时，T_0是R的11倍，说明理解净流动是理解河口区域淡水与海水交换过程的关键所在。

在一些类似峡湾的河口，表层水深度仅达浅海槛，由于混合作用弱，表层平均盐度非常低。在这种情况下，T_0与R近似相等，T_i可以忽略不计，峡湾深处海水处于近停滞状态。

12.8 高蒸发率

许多南北纬30°附近的海湾，降水量低而蒸发率高。尽管可能有河流注入海湾，但如果对海湾起到净稀释作用，那么这些海湾将不能称为河口。与蒸发作用带走的水分相比，由河流补给带来的水分几乎可以忽略不计。红海和地中海就是例子。高蒸发率使表层海水的盐度和密度增加，表层海水下沉并在深部积聚，随后流向大洋。由于大洋水的密度低于这些高盐度海水，因此大洋水从表层流入这些海域。这个过程如图12.25所示。图中，T_0和T_i方向相反，T_0位于深处，T_i位于表层。由于这种相反的环流模式，这种海湾有时也被称为**逆向河口**（inverse estuary）。

比较图12.24和图12.25。图12.25中，蒸发性海湾表现出典型的$\overline{S_i}$ 值（36‰），这种情况常出现在南北纬30°的海洋表面。在蒸发作用下，每单位时间损失1单位体积表层水分，可导致20单位体积的T_i流入和19单位体积的T_0为流出，$\overline{S_o}$ 值为37.9‰。图12.24中，河流入流为1单位体积，T_0和T_i分别为11单位体积和10单位体积。总的说来，在温带河口中，

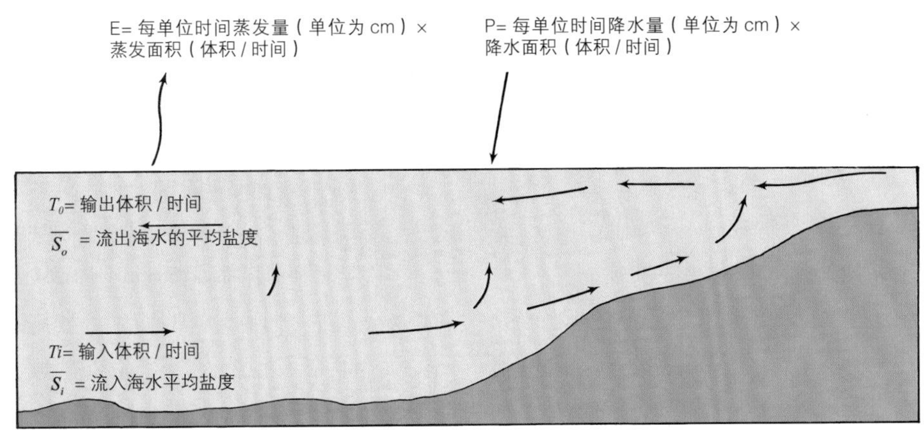

图12.23 部分混合河口咸淡水的输入与输出。

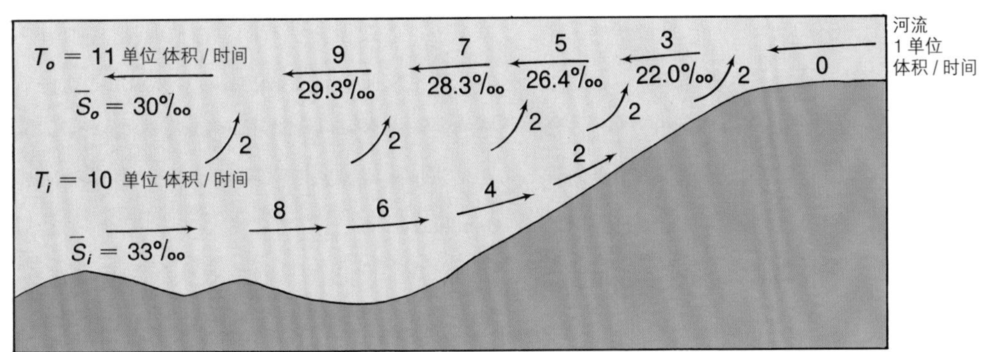

图12.24 当入流海水（偶数箭头）向上混合增加，表层水（奇数箭头）向海运动的流量增加。向上混合由垂向箭头表示。每2单位海水向上混合，入流和出流就分别减少和增加2单位。图示盐度用千分数（‰）表示。

美国国家海洋保护区

窗图1 美国的国家海洋保护区。

在美国第一个国家公园——黄石公园建立100年后，美国国会于1972年通过了《海洋保护、研究和自然保护区法》。1975年，莫尼特海洋保护区（Monitor National Marine Sanctuary）成为首个保护区，它位于美国内战期间著名装甲舰“莫尼特”号（*Monitor*）的沉没地，北卡罗来纳州哈特勒斯角附近水深70 m处。目前，美国有13个国家海洋保护区。其中，5个位于西海岸，4个位于东海岸（包括佛罗里达群岛），2个位于夏威夷，还有2个分别位于墨西哥湾和美属萨摩亚（窗图1）。[①]这13个保护区的覆盖面积为46 000 km^2。目前，还有多个地区也被提议建立海洋保护区，如皮吉特湾、华盛顿州等。

帕帕哈瑙莫夸基亚国家海洋保护区（Papahānaumokuākea Marine National Monument）建于2006年6月，是最新的国家海洋保护区。它是美国单个覆盖面积最大的保护区，也是世界上最大的海洋保护区。它的覆盖面积为357 800 km^2，超过美国所有国家公园面积的总和。这里是超过7 000种海洋生物的栖息地，其中1/4的生物为该地区独有。保护区内的海岛也是数百万海鸟和濒危动物的繁殖地，其中包括夏威夷僧海豹（世界珍稀海洋哺乳动物之一）和夏威夷绿蠵龟。随着尼华岛和内克岛上重要文化遗址的发现，帕帕哈瑙莫夸基亚海洋国家海洋保护区也对夏威夷原住民文化具有重要意义。

蒙特雷湾国家海洋保护区（Monterey Bay National Marine Sanctuary）是一块沿太平洋海岸绵延580 km，向海洋方向延伸达90 km的区域。保护区为种类丰富的海洋生物提供了多样化的栖息地，其中包括一条深超过3.3 km的海底峡谷。海峡群岛国家海洋保护区（Channel Islands National Marine Sanctuary）位于蒙特雷湾国家海洋保护区以南，是多种动物的栖息地，包括多种海鸟、超过20种鲨鱼、数以千计的海狮、北海狗、象海豹，以及十分稀有的、在19世纪曾被猎杀得近乎绝迹的北美毛皮海狮。茂盛的海藻森林包围着这些岛屿，并为大量的海洋生物提供食物和栖息地。

法拉隆湾国家海洋保护区（Farallones National Marine Sanctuary）位于蒙特雷湾以北，距金门海峡以西50 km处。该保护区内的岛屿生活着26种海洋生物，这里也是美洲大陆上最密集的海鸟繁殖地，每年有超过25万只海燕、海鹦、燕鸥、小海雀、海鸦以及其他一些物种迁徙到这里。位于该保护区以北的奥林匹克海岸国家海洋保

① 此处系原文有误，当前美国有14个国家海洋保护区，从图中亦可看出。除文中所述外，还有一个位于五大湖区附近的保护区。——编者注

护区（Olympic Coast National Marine Sanctuary）如从前一样，基岩海岸和潮池中生活着丰富的海洋生物。

夏威夷群岛座头鲸国家海洋保护区（Hawaiian Islands Humpback Whale National Marine Sanctuary）是北太平洋2/3的座头鲸的繁衍、产仔、哺育地，这里还有非常珍贵的夏威夷僧海豹。斯特尔威根海岸国家海洋保护区（Stellwagen Bank National Marine Sanctuary）位于美国大西洋沿岸，是马萨诸塞湾的一部分。马萨诸塞湾位于波士顿以东、科德角以北。这片海域在一片由冰川消融而形成的砾石沉积物上，生产力极高，是座头鲸、长须鲸和露脊鲸的觅食场。

北美洲最北侧的珊瑚礁分布在距得克萨斯州—路易斯安那州海岸线60 km之外的墨西哥湾中，其下埋藏着一对盐丘。这里是花园海岸国家海洋保护区（Flower Garden Banks National Marine Sanctuary），也是蝠鲼、双髻鲨和蠵龟的栖息地。佛罗里达州南端有一道长370 km弧状珊瑚礁，它与海草床、红树林一起构成了佛罗里达群岛国家海洋保护区（Florida Keys National Marine Sanctuary）。

这些保护区是海洋综合利用区域，由美国国家海洋与大气局管理，它隶属于美国商务部。保护区内允许商业性捕鱼、休闲钓鱼和渔猎行为，也允许乘船游览，进行浮潜、潜水以及其他休闲娱乐活动。保护区内并未禁止航运，但是活动范围仅限于特定水道和区域内。通常情况下，禁止在保护区内进行钻探、采矿、挖掘、倾倒垃圾和打捞文物等活动。

不是所有的当地人都欢迎建立保护区。由于过度捕捞，斯特尔威根海岸附近海湾的渔获量已经持续减少，即便这样，人们还是反对进行整治。并且，驶往波士顿的船穿过保护区水域，有可能干扰鲸的迁徙。佛罗里达群岛常住人口超过80 000，其中许多人靠海为生。每年来这里浮潜、潜水和钓鱼的游客达250万，因此当地人强烈抵制美国国家海洋与大气局的参与。在海峡群岛，一项鱿鱼捕捞产业正在兴起，但是人们已经开始担忧捕捞的数量、对食物链的影响，以及鱿鱼捕捞网误捕其他生物的数量。一方面是追求最大渔获量的渔业，一方面是保护整个保护区系统，两者怎样才能协调好呢？

延伸阅读：

Chadwick, D. 1998. Blue Refuges. *National Geographic* 193 (3): 2–13.

Monterey Bay Aquarium

National Marine Sanctuaries—NOAA

如果蒸发带走的水分近似等于河流带入的水分，那么逆向河口或蒸发性海湾与海洋之间的水交换将会更充分 。由于表层海水下沉并向海流动，蒸发性海湾的水体不断翻转，不仅T_0将变大，而且水体交换也更加完全。

12.9　冲刷时间

用河口平均体积除以T_0，就可以得到河口水体交换所需的时间，称为**冲刷时间**（flushing time）。如果净环流的速度快，且河口的总体积小，那么水体交换很快，冲刷时间则短。像这样的河口具有较大的污水承载力，因为污水可以快速地被带入海中并扩散；而冲刷时间长的河口则可能会堆积污水，形成陆源污染物富集区。河口地带通常人口较集中，因为除了获取渔业资源外，这些区域还被用作港口、休闲度假区和工业码头。理解河口系统的环流对于维持河口的水体健康、生产力，以及蓄水功能非常重要。

海平面上升

全球海平面正在上升。从1992年8月开始，卫星高度计以前所未有的精度测量全球海平面。托帕克斯卫星（见第1章第1.10节）提供了自1992年到2005年的海平面变化观测数据。2001年末，作为托帕克斯卫星的继任者，“贾森-1号”卫星发射升空并每10天提供一次全球平均海平面数据，误差为3～4 mm。在过去的一个世纪里，海平面约上升了25 cm，且上升速率正在加快，当前上升速率约为3.4 mm/a（窗图1）。预测未来海平面上升速率较为困难，当前普遍的看法是，未来100年内海平面上升速率是20世纪的2～3倍。预计到2100年，海平面将比当前高出31～110 cm，最佳估计值为66 cm。

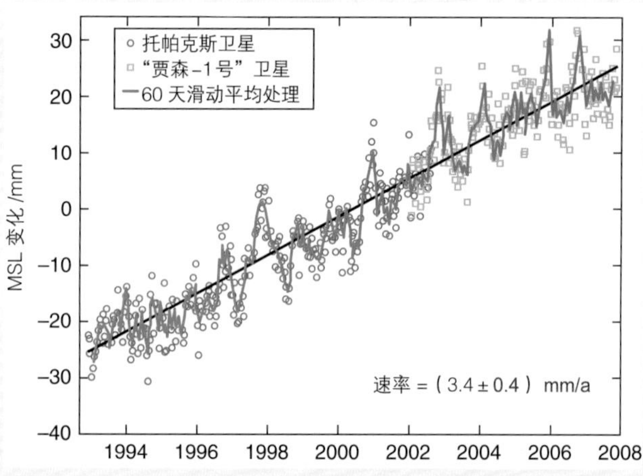

窗图1 根据托帕克斯卫星和“贾森-1号”卫星的测量数据计算得出的全球平均海平面（MSL）随时间的变化。数据点表示每10天的全球平均海平面与1992—2007年多年平均海平面的差值。

海平面上升是全球性现象，但世界各地海平面上升的程度各不相同。例如，被海水包围的热带小环礁，海拔仅1～2 m，海平面上升将给它们带来严重的威胁。与岸坡陡峭的基岩海岸相比，海平面上升对低洼沿海湿地的影响更大。路易斯安那州密西西比河湿地每年有100～130 km^{2}的面积消失在墨西哥湾中（窗图2）。1.2万年以前，路易斯安那州的海岸线比现在的墨西哥湾多向海延伸200 km。19世纪80年代中期，培黎（Bailize）还是一个繁华的河畔小镇，位于三角洲的尖端位置；如今它已被海水淹没，位于水面以下4.5 m处。

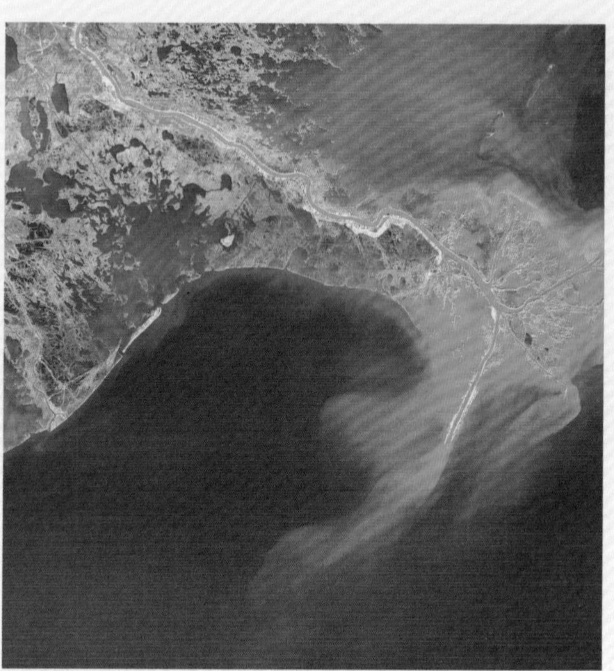

窗图2 密西西比河三角洲。1.2万年前，路易斯安那州的海岸线位置位于现在的墨西哥湾内伸进200 km处。现在，密西西比河依靠堤坝维持水道，泥沙沉积物仍然向河口输运。只是，沉积物不再用于充填三角洲，而是被带至海洋深处。

几百年到几千年尺度的海平面显著变化取决于全球水储量的变化情况。海水在冰期时结冰，在间冰期又融化成水，这可导致海平面改变100～200 m。

洋盆中的沉积物累积也能导致海平面发生变化。假设全球海水温度提升1 ℃，由于海水热膨胀，海平面将上升60 cm。在地壳均衡作用下，海岸也可发生相对于海平面的升降运动。

任一特定位置观测到的海平面渐变情况不能代表全球平均海平面变化。在热带地区，海水温度近乎恒定，由热膨胀导致的海平面变化很小。气象赤道（即热带辐合带）在0°和北纬10°之间季节性振荡，大气压变化导致海平面发生变化。由厄尔尼诺（见第7章）引起的海洋表面温度变化影响海平面变化。在北大西洋和北太平洋地区，海洋上空的高压环流和低压环流的季节变化相应引起海平面的升降（低压时上升，高压时下降）。沿岸水位在向岸风作用下上升，在离岸风作用下下降。受科里奥利效应影响，海流运动形成海面地形，水位高差可达1 m。任何由气候引起的风速或风位置变化都会导致海平面变化。与大气变暖相关的气候变化有可能导致风、海流、大气压分布和海水热膨胀的变化。由大气变化引起的海平面水位变化可达1～2 m。

延伸阅读：

ATOC Consortium. 1998. Ocean Climate Change: Comparison of Acoustic Tomography, Satellite Altimetry and Modeling. *Science* 281 (5381): 1327–1332.

Nerem, R. S. 1995. Global Mean Sea Level Variations from TOPEX/Poseidon Altimeter Data. *Science* 268: 708–710.

Nerem, R. S., D. P. Chambers, E. W. Leuliette, G. T. Mitchum, and B. S. Giese, 1999. Variations in Global Mean Sea Level Associated with the 1997–1998 ENSO Event: Implications for Measuring Long-Term Sea-Level Change. *Geophysical Research Letters* 26 (19): 3005–3008.

Schneider, D. 1998. The Rising Seas. *Oceans, Scientific American Quarterly* 9 (3): 28–35.

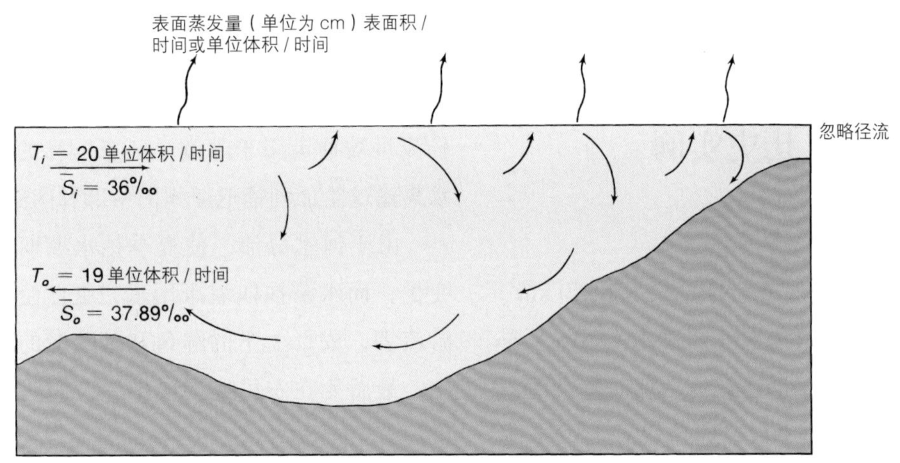

图12.25 蒸发海或逆向河口。表层蒸发带走水分（1单位），河流入流可忽略不计。海水从表层流入（T_i=20单位），从深层向海流出（T_0=19单位）。盐度用千分数（‰）表示。

如果污染物仅与进入河口的淡水有关，那么计算这些淡水携带污水的能力时就不需要考虑整个河口的作用。为了便于计算，需要知道任意时刻内河口中的淡水量，淡水体积可以通过河口的平均盐度估算。例如，一个河口的平均盐度为20‰，如果相邻海洋的盐度为30‰，那么河口的淡水量为1/3。用淡水体积除以进入河口的河水速度，就可以得到淡水和污染物的冲刷时间。

有些海湾和港口不是河口型，没有淡水来源，只能通过潮汐作用来冲刷。在每一次潮汐变化中，进出海湾的水体积相当于海湾的面积乘以高低潮位之差，称为**纳潮量**（intertidal volume），这些潮水也可以被沿着海岸的盛行的沿岸流带走。在下一次涨潮时，相同体积的不同海水再次进入海湾。在这种情况下，冲刷时间可以通过海湾内海水更新所经历的潮周期次数来计算，次数可以用海湾平均体积除以纳潮量得到。然而，这样估算的冲刷时间通常不准确，因为沿岸海流不可能将所有退潮的水体带走，其中总有一部分水体又回到海湾中。因此，真实的冲刷时间比用这种方法计算得到的结果长。

在两层流动的河口中也存在这种情况，部分表层水溢出，混合进入到深层水中。这种混合导致T_0

部分再循环、T_i变化以及河口深层增氧。

有时海洋条件可改变河口的净环流。例如，在近岸发生上升流时，河口入流变冷、密度增大，促进河口环流，导致出流增加；而当下降流发生时，河口入流减少、密度降低，甚至河口环流会暂时反转，深层高密度海水回流至大海，而表层低密度海水则向岸回流。

尽管河口各具特色，但依旧可以通过研究单个河口来理解其他类似的河口系统。理解河口的环流特征以及控制这些特征的过程，可使我们推断河口的变化范围，并在合理利用的情况下维护其环境和经济价值。人类生活在陆地上，而河口位于海陆交界处，因此这些区域不可避免地会受到人类活动的影响，并且这种影响在将来也不能避免。我们及我们的后代应当合理利用这些区域。若利用得当，这些区域能持续为人类提供大量的自然资源。

12.10 实际应用：历史实例

旧金山湾的发展

旧金山湾河口（图12.26）的面积为1 240 km^2，它的河流系统排水占加利福尼亚州排水的40%。早期西班牙传教士于1769年抵达此地，那时整个海湾被湿地围绕，10 000～15 000名原住民在此以采集为生。这里发展缓慢，直到1848年人们在这里发现了黄金。1850年，旧金山的人口从接近400人激增至25 000人。仅在淘金盛行的最初50年内，这里的沼泽就近乎完全消失，海湾变浅，淡水被抽走用于灌溉，外来物种被引入并且取代了本地物种。

在海湾发展早期，快速膨胀的人口致使渔业资源（鲑鱼、鲟鱼、沙丁鱼、比目鱼、蟹和虾）被过度开发。到1900年，大多数鱼类、贝类以及水禽类资源被耗尽。蟹类资源早在19世纪80年代就被捕捞殆尽，渔业只能向远洋扩展，直到20世纪60年代完全崩溃。1869年,美国横贯大陆铁路完工通车后，人们不断地从东海岸运送牡蛎，放养在旧金山湾的滩涂内，直至成熟。这些牡蛎并没有成功实现自我繁殖，但是随牡蛎而来的许多其他小型海洋动物却适应了新环境，包括东部的砂海螂、菲律宾蛤仔、海洋有害生物、荔枝螺以及船蛆。甚至海湾中最广为人知的海钓鱼种——条纹鲈，也是在1879年从东海岸引入的。唯一留存在湾内的商业捕捞鱼种是鲱鱼和鳀鱼。第13章中将介绍更多的破坏性入侵物种。

1884年以前，人们用水力采矿的方式开采黄金，流域内的大量黏土和泥沙被带入溪流中，破坏了鲑鱼产卵场。更多的黏土和砂砾被带入海湾，使海湾变浅，扩大了沼泽面积，改变了潮流特性。来自贫瘠陆地的径流淹没了河道，造成的冬季和春季洪水泛滥，改变了河口地区。

海湾附近的沼泽地尤其是萨克拉门托河和圣华金河三角洲被围垦，最初被用于增加农业土地，之后被用于建造房屋和开展工业活动。该区域经历了从湿地到陆地的转变，潮沼面积从2 200 km^{2}减少到125 km^2。农业用地的增加使灌溉量需求增大，因此，州政府建立了一系列水坝、水库和运河。水储量达20 km^3。如今，萨克拉门托河和圣华金河40%的流量被抽走用于灌溉，还有24%的流量则通过引水渠输送给加利福尼亚州的中部和南部。

由于河水分流，使夏季枯水期期间的河水水势变少；而水泵抽取灌溉用水，更促使水从海湾向上游流去，成百上千的鲑鱼和条纹鲈的稚鱼被卷入泵中，最后死在农田或沟渠中。人们认为这导致了20世纪60年代以来条纹鲈数量的大规模降低。淡水输入的减少也改变了小型浮游生物的分布和数量，而它们是稚鱼的主要食物来源。

集约农业生产中施用大量的化肥和杀虫剂，再加上从灌溉农田上渗出的径流含盐量很高，使进入海湾的淡水性质发生改变。为了降低这种效应，人们将农田径流水排放到水库中，其中一些水库也是野生动物保护区。1982年，人们发现凯斯特森水库（Kesterson Reservoir）出现了变异的野生生物，且鸟的繁殖力降低。水库中动植物组织中的硒元素水平是标准值的130倍。硒元素在农业灌溉过程中从土壤浸出，再富集在水库中。凯斯特森水库于1986年被关闭。人们最近发现，海湾南部的一些野鸭体内的硒元素含量也较高。

城市生活废水和工业废水也被排入海湾中。水

图12.26 旧金山湾系统。旧金山市位于图中底部中间位置。图上巨大、浅色的区域为圣巴勃罗湾，位于旧金山湾系统北部。图上中间上方Y形位置为圣华金河与萨克拉门托河的交汇处。

在旧金山湾北湾的停留时间，在冬季河流洪峰期时为1天，在夏季河流枯水期时可达2个月。在冬季，淡水进入南湾，与中湾的水交换增加，使其在南湾的停留时间从数月缩短到数星期。圣何塞市位于南湾，随着人口增加，污水的排放量也不断增加。从20世纪80年代开始，淡水的增加将上百英亩的盐沼泽变成了淡水咸水沼泽，导致本地鸟类和小动物的栖息地减少。圣何塞市被责令建造新的栖息地以替代这个被破坏的栖息地，并且回收其排放的污水以减少淡水流量。如果这些措施失败，将会对该市的总排放量施加限制，这就要求控制人口增长。

旧金山湾被认为是美国被人类改造最大的大型河口湾。从一个城市成长为一个大都市区，旧金山的人口从77.5万增长到约700万。尽管人口拥挤，但与其他主要河口相比，旧金山湾的水质污染程度似乎较轻微。水质得到了保护，部分原因是最主要的城市化区域靠近湾口，水体通过金门海峡快速进入海中。自20世纪60年代起污水处理能力的改进，也有助于保护环境。海湾仍受来自多氯联苯、石油和化学泄露等小范围的污染，但是较少受海洋植物过度生长或氧气过度消耗的影响。近来，在禁止了数十年之后，该区域开始允许采集贝类。人口增长的压力、近年来的干旱以及由于灌溉导致的淡水流失持续影响着海湾的动植物种群，湿地消失，咸水系统发生变化，原生物种被取代。与之前相比，三角洲胡瓜鱼的数量下降了90%；成年条纹鲈的数量先前为300万条，到1991年，仅剩50万条。1969年，有11.8万条冬季大鳞大麻哈鱼通过萨克拉门托河，而据1992年的统计，仅为191条。从1993年起，加利福尼亚州北部的降雨量和河水径流升高。1995年夏天，一大群大鳞大麻哈鱼又出现在了旧金山湾。

经过5年的努力，旧金山湾保护与发展委员会（Bay Conservation and Development Commission，BCDC）于1965年成立。在该委员会的努力下，长达444 km的海岸线中，公众准入的海岸线长度从6 km增加到了177 km，海湾表面积增加了3 km^2，淤积面积从每年9 km^{2}减少到几乎为0。委员会永久保护着400 km^{2}的海湾湿地，并且在北湾购买了40 km^{2}土地用作野生动物栖息地。

切萨皮克湾的情况

切萨皮克湾河口（图12.27）是一个浅的、溺谷型河口，面积为11 500 km^2，平均深度为6.5 m。切萨皮克湾冲刷速度缓慢，水体平均停留时间为1.16年。切萨皮克湾作为牡蛎、蓝蟹、水禽、岩鱼、美洲鲥鱼的主要产地历史悠久。从殖民时代开始，这个河口也经历着人口不断增加的压力，并且华盛顿特区、巴尔的摩、诺福克以及马里兰州、弗吉尼亚州和特拉华州的一些小镇的污水越来越多地排放到这里。20世纪50年代的牡蛎大丰收之后，1960—1983年的牡蛎产量下降了2/3。湾内牡蛎曾一度泛滥，滤食相当于整个海湾体积的微藻只需要两周，而以现存的牡蛎数量，过滤等体积的水则需要一年。1960—1983年之间，岩鱼的年捕获量也从约2 700 t降至约270 t。在切萨皮克湾上游地区，作为经济鱼类的鲥鱼几乎绝迹，水禽的数量也急剧下滑。

尽管与早年相比，当前的产量有所降低，但1992年蓝蟹的产量有所增加，一些区域的牡蛎产量也增加了。目前，切萨皮克湾的海产品产量每年为4.5万吨，价值近10亿美元。据估计，从马里兰州到弗吉尼亚州的海湾资源价值约为6 780亿美元。

部分处理或完全未经处理的污水被认为是20世纪初期伤寒症爆发的主要原因，人们饮用了这种水或者食用了生长在这种水体环境里的贝类，就会感染这种疾病。那时，未处理的污水消耗水中的氧气；现在，从污水处理厂排放的富营养化废水以及农田径流促进了植物生长，也消耗了水中的溶解氧。植物过度生长降低了水体的清澈程度，遮挡了透向底部的光线。由于光照的减少，导致海底生命数量和种类都有所减少，从而改变了海底栖息地的环境。此外，超过5 000家工厂的废水从宾夕法尼亚州、马里兰州、弗吉尼亚州和纽约州南部的军事基地和废水处理厂被排入切萨皮克湾，增加了湾中常规污染物和有毒化合物的含量，并滞留在湾底的沉积物中。

自20世纪70年代开始，为了提高切萨皮克湾的水质，共进行了近4 000多项研究。1972年，联邦

图12.27 切萨皮克湾是浅河口，位于人口高度密集的美国东海岸。图中右下方为河口的入海口。

《清洁水法》(Clean Water Act)制定执行标准，系统地规定了单个排放者的污染物排放总量。工业和城市污水排放逐渐得到控制，污水中磷的排放量自1981年起降低了75%。但与此同时，切萨皮克湾地区的人口持续增加，工业持续扩张，导致污水排放速率也加快。

据估算，目前马里兰州和弗吉尼亚州沿岸的工厂和污水处理厂每年排放处理后的污水近151亿 m^3，这相当于整个海湾体积的20%。一个环境保护机构从1983年起，耗时7年，花费2 700万美元，发起了“拯救海湾”计划。参与该计划的科学家报告称，每年马里兰州向海湾排放的工业废水中，重金属的含量超过2 700 t，同时间段内弗吉尼亚州排放的重金属也达到400 t。用于治理海湾周边的土壤和化肥残留方面的花费甚高。切萨皮克湾流域的农田面积约为17万 km^2，从事耕种劳作的人口不足流域总人口的3%。农业活动中，大约每年使用32万吨商品肥料，这导致海湾中氮磷的比例升高。许多研究者认为，这是被称为“来自地狱的细胞(the cell from hell)”的有毒藻——杀鱼费氏藻(*Pfiesteria piscicida*)爆发的主要原因(见第16章)。

评论家指责“拯救海湾”计划忽略了一个事实，即工业及市政废水的排放超标。联邦许可证制度是一项自律制度，排放者根据现有的技术和成本设定自己的排放限值。许可证制度没有针对新技术和执行情况的限制，直到最近才开始独立监管。许多行业试图避开许可证制度，直接将废水排放到主要连接家庭和有机废水的市政污水系统中。切萨皮克湾水浅，表面积大，因此流域面积与水体积的比值大。污染物随河网系统从海湾流向纽约州、宾夕法尼亚州、特拉华州、马里兰州、华盛顿特区、弗吉尼亚州以及西弗吉尼亚州的海域。要解决切萨皮克湾的问题，需要各州高度合作。

在研究人类活动对切萨皮克湾水质恶化影响的过程中，研究者发现，降水和温度等自然变化也对水质造成较大的影响，突发热带风暴和飓风导致的洪水对水质和生物也有重要的影响。东部牡蛎和条纹鲈的生存周期性变化与这些天气变化有关。在1972、1975和1979年，年度淡水径流量是平均值的两倍。以1972年为例，热带风暴“阿格尼丝”在短时间内就带来降雨25.5 cm，突如其来的淡水使海湾中海水盐度降至正常最低水平的1/4，并将许多生物赖以为生的小型浮游生物冲至外海。切萨皮克湾每隔6～8年就遭遇一次严冬，冰层增厚使冰面以下氧含量减少。这些事件偶然但是影响重大，加之人类的影响，使得科学家难以准确地判断究竟哪一种因素对应着切萨皮克湾的哪一种变化。

本章小结

海岸是陆地受到海洋影响的区域。海滨从低潮位延伸到波浪带的顶部。海滩由沿着海滨的沉积物堆积而成。

原生海岸由非海洋营力形成（例如陆地侵蚀，河流、冰川和风的沉积作用，火山活动和断层）。原生海岸包括峡湾、溺谷、三角洲、冲积平原、砂丘海滩、熔岩和火山口型海岸以及断层海岸。次生海岸受海洋营力所改变（例如海洋侵蚀，波浪、潮汐和海流的泥沙沉积，海洋植物和动物的改造）。由侵蚀产生规则和不规则的海岸线，被侵蚀物质淤积产生沙坝、沙嘴和障壁岛。障壁岛保护大陆海岸线避免受到风暴的危害，承受风暴的能量和破坏力。

海滩处于动态均衡状态，海滩物质的补给与损失相互平衡。平缓的夏季波浪通过向岸输运将泥沙向岸推进。在冬季，高能量的风暴波浪将泥沙冲离海滩，通过离岸输运在外海形成沙坝。破碎的波浪在碎波带产生沿岸流。沿岸流以沿岸输运的形式携带沉积物。海滩获得的物质与其流失的物质平衡。裂流将水和沉积物从破波带向海输运。

一系列漂移区形成了近岸环流，从而可以定义沉积物“从源到汇”的路径。泥沙运动的能量来自波浪和波浪产生的流。

一个典型的海滩具有沿岸槽和沿岸沙坝，包含低潮阶地、滩面、滩坎和滩肩。波浪运动的季节性变化形成冬季或风暴滩肩以及夏季滩肩。可以从以下方面描述沙滩：形状、大小、颜色和沙滩物质组成，以及类型是侵蚀型还是淤积型。

大坝、防波堤、丁坝和导堤干扰海滩动力过程。当海滩变得不稳定时，它们会被侵蚀。现在，美国40%的大陆海岸线存在泥沙净损失。圣巴巴拉海港和爱迪兹钩状沙嘴就是人类破坏自然的例子。

河口是被淡水稀释的半封闭的海洋部分。在盐水楔河口，盐水形成陡峭的楔状水体，从淡水底部随着潮流运动。环流和混合流由河流的径流速率控制。在浅的强混合河口，由于强混合与低径流，在各深度都存在净的向海流。盐度在垂向深度上均匀分布，但是沿着河口纵向变化。部分混合河口具有较好的混合，表层淡水和盐水混合流向海流动，深层为海水的入流。盐在这种系统中以平流和混合方式输运。峡湾型河口是深河口，淡水从表层流出，深层几乎没有混合或入流。

在部分混合型河口中，表层向海前进运动和深层向岸运动在每一个潮周期中都会发生。河口环流可以直接通过海流计测量，但是所需时间长且费用高。它也可以通过水和盐的守恒性质来估算。

在温带地区，河口和海洋之间的水体输运比淡水的输入大得多；在峡湾，入流较小且深层几乎为死水；在高蒸发率的半封闭海区，淡水净损耗，深层为高盐向海流，而外海海水从表层流入。

冲刷速度快的河口有较高的污水承载力。在只受潮汐影响的海湾和港口，污水可能会循环进出。在两层流动的河口也能发生水循环现象，即流出的表层水和流进的底层水混合。

本章还列举了旧金山湾和切萨皮克湾两个河口的历史实例。

关键术语

coast　海岸

shore　海滨

beach　海滩

geomorphology　地貌学

eustatic change　全球海平面变化

primary coast　原生海岸

secondary coast　次生海岸

fjord　峡湾

sill　海槛

moraine　冰碛

drowned river valley　溺谷

ria coast　里亚型海岸

delta　三角洲

alluvial plain　冲积平原

dune coast　沙丘海岸

lava coast　熔岩海岸

cratered coast 火山口型海岸

fault bay 断层海湾

fault coast 断层海岸

sea stack 海蚀柱

bar 沙坝

barrier island 障壁岛

sand spit 沙嘴

hook 钩状沙嘴

reef coast 礁海岸

salt marsh 盐沼

backshore 后滨

foreshore 前滨

offshore 滨外

berm 滩肩

berm crest 滩肩顶

winter berm 冬季滩肩

storm berm 风暴滩肩

summer berm 夏季滩肩

scarp 滩坎

low-tide terrace 低潮阶地

beach face 滩面

trough 沿岸槽

dynamic equilibrium 动态均衡

onshore current 向岸流

onshore transport 向岸输运

longshore current 沿岸流

longshore transport 沿岸输运

swash 冲流

cusp 滩角

drift sector 漂移区

accretion 淤积

coastal circulation cell 近岸环流圈

tombolo 连岛坝

lag deposit 滞留沉积物

armored beach 耐蚀型海滩

breakwater 防波堤

jetty 导堤

groin 丁坝

estuary 河口

salt wedge estuary 盐水楔河口

well-mixed estuary 强混合型河口

partially mixed estuary 部分混合河口

advection 平流

fjord-type estuary 峡湾型河口

net circulation 净环流

water budget 水体收支

salt budget 盐收支

inverse estuary 逆向河口

flushing time 冲刷时间

intertidal volume 纳潮量

本章中的关键术语可在“词汇表”中检索到。同时，在本书网站www.mhhe.com/sverdrup10e中，读者可学习术语的定义。

思考题

1. 均匀平坦海岸的形成取决于陆地的上升还是下沉？分别讨论平坦海岸在这两种条件下的形成过程。
2. 为什么在3月至8月之间比在9月至2月之间更容易看到多重滩肩？
3. 峡湾海岸和溺谷型海岸都是原生海岸，解释它们地貌特征不同的原因，并分别举例。
4. 描述连岛坝的形成过程，考虑并讨论波能的分布和沿岸输运。
5. 分别在静态环境和动态环境下，讨论使海滩外形和组成保持不变的条件。
6. 为什么具有陡崖或旧冰川沉积物补给的侵蚀海滩能够形成耐蚀型海滩？而由河流沉积物补给的侵蚀型海滩则不耐蚀？
7. 在季节性的风暴波浪和柔和小波浪的交替作用下，沙滩剖面发生什么变化？
8. 假设海滩沉积物的供给和消耗稳定，绘制一个海滩的剖面，标示出沉积物的来源和最终淤积地点。如果垂直于海滩的障碍物改变了沿岸流或波能分布，会发生怎样的变化？

9. 促使全球海平面上升的原因是什么？不同位置的海平面上升的程度都相同吗？

10. 近岸环流系统中海滩沉积物是如何迁移的？

11. 比较北纬30°的半封闭盆地和北纬60°的河口的环流结构，哪一种在深处堆积污染物的可能性较小？为什么？

12. 本章中依据净环流和盐度分布对河口类型进行了划分，还有其他哪些特征可以用来描述和划分河口？

13. 为什么冲刷时间短的河口不容易产生水质恶化？

14. 比较旧金山湾和切萨皮克湾的环流特征和历史，两个河口的相同点和异同点分别是什么？你认为未来它们会如何变化？

15. 为了避免私人海滩受到侵蚀，你的邻居想建造一道丁坝，这可能会给他的海滩带来什么影响？假设你的私人海滩位于该海滩上游或下游，分别描述该工程将对你的私人海滩造成什么影响？

计算题

1. 假设一个河口的流量每天为 $T_o=9\times10^7\ m^3$，水体积为 $30\times10^8\ m^3$。计算河口的冲刷时间。

2. 假设一个河口体积为 $50\times10^9\ m^3$。其中5%为淡水，且以 $6\times10^7\ m^3/d$ 的速率增加。解释为什么从河口到海洋的淡水排放速率等于从陆地到河口的淡水排放速率？假设河口的平均盐度为常值，计算淡水的停留时间。

3. 海水从深层进入河口时盐度为34.5‰，离开河口时盐度为29‰，河流的流量每天为 $20\times10^5\ m^3$。计算向海的输运 T_o。

4. 一个海湾没有淡水输入，仅依靠潮汐作用便水交换并更新。如果一个潮周期内，10%的海湾水体积与外海水发生交换，在4个潮周期之后，有多少原有水保留在海湾中？考虑以下两种情况：(1) 海湾水和外海水无混合；(2) 海湾水和外海水完全混合。

5. 第4题中，两种情况下的冲刷时间各为多少？哪一种情况更接近自然状况？

学习目标

学习完本章以后，读者可以：

1. 讨论向海洋倾倒固体废弃物、污水和其他有毒物质所带来的问题。
2. 描述引起墨西哥湾“死亡带”形成的原因及其规模逐年不同的控制因素。
3. 评估海洋中塑料垃圾的危害。
4. 回顾过去40年以来，海洋平均溢油量（以每10年为单位）的变化趋势。
5. 解释海洋湿地的重要性。
6. 讨论海洋入侵物种问题。
7. 讨论捕捞过度问题。

环境问题与关注

第13章

对沿海居民来说，海洋具有深远的意义。它为人类提供衣食的材料来源，还可作为人类倾倒垃圾的场所。一代又一代的艺术家、作家、诗人和音乐家都为之着迷并从中攫取灵感；冒险家和探索者的想象力在海洋上激荡，科学家为之好奇。由于人类人口及科技水平在数百年里处于较低水平，海洋一直免于遭受人类干扰，但这种情况已一去不返。本章中，我们将反思人类影响海洋的几种行为：水污染、无节制地捕捞和外来物种的引入。

科学能记录海洋环境的变化及其成因，但科学无法独立对环境问题做出修正。一旦问题得到确认，就可能需要改变现行的政策，而这有可能需要付出巨大的代价，并且往往不受欢迎。面对这些环境问题，要达成共识十分困难，且政治压力常常使其复杂化。但是，无论你是否住在海边，海洋都是你所生活的世界的一部分，你需要考虑本章中所讨论的一些海洋形势。

13.1 水和沉积物环境质量

人口不断地增长，以及随之而来的工业、发电厂、废弃物处理厂等给沿海区域带来了沉重负担。过去人们认为，地球搬运和吸纳废弃物的能力是无限的，但是，太多废弃物被高速排放到如此小的区域内，所造成的问题已无法忽视。这些废物的排放已超过了自然系统自我更新和将其扩散到深海的能力。

◀ 海上石油平台。

固体废弃物倾倒

向大海倾倒垃圾和废弃物已然是世界各国普遍的做法。其中，大约25%以上为港口和航道的疏浚物。海洋倾废是处理工业废弃物的主要方法之一。每一次现代战争过后，被淘汰的军事装备就被沉入海中。第二次世界大战结束后，北大西洋成了从德国缴获的毒气武器的排放地，而许多吉普、坦克、炸弹等其他军事装备则倾倒在南太平洋诸多海湾和潟湖中。美军撤离越南后，在东南亚水域倾倒了运输车和爆炸物。如今，在俄罗斯西北部的北极沿岸，核废料和废弃的核潜艇动力装置正给俄罗斯人的生活带来健康与环境问题。

利用海洋处置废弃物及随之而来的海洋环境污染必须受到国际监管。一旦污染物进入海洋，就可能散布到海洋的任何角落。从20世纪70年代开始，这一事实促成了一系列治理海洋污染问题的区域性条约与公约，以及更全面的国际公约，建立统一的标准来控制全球海洋污染。1972年，美国国会通过《海洋保护、研究和禁猎法》(Marine Protection, Research, and Sanctuaries Act, MPRSA)，也被称为《海洋倾倒法》(Ocean Dumping Act)，其目的是管理废弃物海上处理，并对与海洋污染相关的研究授权。MPRSA规定，未经美国国家环境保护局(Environmental Protection Agency, EPA)的批准，禁止一切美国船只或从美国港口离港的船舶在任何美国管辖下的海域内倾倒废弃物。同时，MPRSA还禁止向海洋中倾倒任何放射性、化学和生物战剂，高放射性废物以及医疗废物。MPRSA还对建立海洋保护区授权（见第12章知识窗“美国国家海洋保护区”）。

纽约湾位于纽约州和新泽西州之间、哈得孙河河口附近，是美国最大的海洋倾倒地点之一。自19世纪90年代起，这片海域就成为街道垃圾、废物、疏浚土、开挖地下室产生的泥土及化学废物的倾倒地，其中的漂浮物不断地被冲回海滩并堆积在海滩上。直到1934年，政府出台了禁止倾倒“漂浮物”的法律。建筑和地铁工程垃圾，由工业产生的有毒废物、酸性物质和排水污泥仍允许在此倾倒。

有毒废弃物和耗氧废弃物的排放使海水和沉积物环境质量下降。当这种被污染的水体涌上岸边时，经常导致浅海的生物死亡。

表13.1　2006年美国城市固体废物（MSW）的生成与回收再利用量/10^6 t

类型	生成量	生成量占总MSW的百分比/%	回收量	回收量占生成量的百分比/%
纸张	85.3	33.9	44.0	51.6
庭院废弃物	32.4	12.9	20.1	62.0
食物残渣	31.3	12.5	0.7	2.2
塑料	29.5	11.7	2.0	6.9
金属	13.1	7.6	7.0	36.3
玻璃	13.2	5.3	2.9	21.8
木材	13.9	5.5	1.3	9.4
纺织物	11.8	4.7	1.8	15.3
橡胶/皮革	6.5	2.6	0.9	13.3
其他	8.3	3.3	1.1	13.6
合计	251.3	100.0	81.8	32.5

表格数据来自美国国家环境保护局。

美国城市固体废物(municipal solid waste, MSW)的生成量估计值见表13.1。2006年，美国MSW生成量约为2.513亿吨，这相当于每人每天制造2 kg垃圾。将一些用作堆肥化处理的固体废物也包含在内，共计0.818亿吨MSW得到回收再利用（占总MSW的32.5%），剩余的1.695亿吨MSW则需要被处理。

1986年，MPRSA修正案指出，禁止向纽约湾倾倒任何废弃物，倾倒区被迁至距岸边171 km、水深约2 500 m处，一个被称为“106-英里倾倒点”(106-Mile Dumpsite)的地方。科学家研究了1986—992年间向“106-英里倾倒点”倾倒的0.42亿吨污水污泥所造成的影响，这是目前关于海洋倾倒环境影响所进行的最详尽的研究。针对该海域的一项海洋生物调查结果显示，该海域动物多样性的程度令人难以置信，达798种，涵盖了14门171科，其中绝大多数物种首次被发现。倾倒至此的污泥使当地生物的新陈代谢、食物结构和多样性发生了显著变化。在过去6年中，倾倒地的海胆、海星和海参数量为原来的10倍。研究者观察到，海胆以污泥衍生的有机物为食，这表明长期在食物网中的同一固定位置倾倒污泥将改变该位置的生物多样性，有利于以污水污泥中的有机物为食物来源的物种生存。此外，污染物能够向下渗透至5 cm的深度，沉积物中的生物可在其间钻洞生存。1992年7月，“106-英里倾倒点”被关闭。

由于银在摄影中的应用，银在污水污泥中的含量通常是深海沉积物的150倍。因此，通过测定沉积物中银的含量，可以追溯海洋沉积物中是否存在污水污泥。自1992年关闭“106-英里倾倒点”后，该地沉积物样品中银的含量开始降低。1993年，倾倒点的生物数量下降，以污泥衍生有机物为食的生物也有所减少。据观察，偶发海底强流引起污染沉积物悬浮并向南输运。在距倾倒点以南50 n mile处，研究者发现沉积物样品中银的含量及底栖生物的密度均较高，证实受污染的沉积物随海流向南扩散。

全球人口从2008年中期的67亿，到2200年前预计将达到100亿，随之而来的是，这些垃圾的生成和处置问题也将越来越严重。

污　水

美国大多数城市的下水道系统建于19世纪末20世纪初，这些系统将未处理的污水就近排入附近的河流、湖泊或大海中。此后，通过将新建管道接入旧系统或合并旧系统、建造新系统，以及开设污水处理厂等方式，这些系统不断发展扩大。在1972年以前，法律允许一切水体排放行为，直至水体被“污染”，而“污染”的标准则由各州自行定义。1972年联邦通过《清洁水法》，目标是使美国水域水质达到“可钓鱼和游泳”的程度，并强制要求到1977年之前所有废水处理须提高到二级处理水平。

多年以来，波士顿港接收来自城区不同处理程度的污水，港口已被严重污染。由于从波士顿港流出的污水排入了海洋而非淡水中，按《清洁水法》的规定，波士顿可以申请一系列水处理豁免。因此，波士顿连续申请了豁免。直至1985年，美国国家环境保护局驳回了它的豁免申请，自此，马萨诸塞州也开始遵循《清洁水法》。

从1989年开始,政府耗资38亿美元，建造了新的污水收集系统和污水处理厂。新的迪尔岛污水处理厂的主体部分自1995年1月起已开始运行，该处理厂从污水中去除由人类、家庭、商业和工业所产生的各种污染物。这些污水来自43个不同的家庭社区和商业社区，覆盖大波士顿地区人口约250万。迪尔岛污水处理厂是美国第二大污水处理厂，该厂污水日处理能力最高可达480万m^3，平均日流量约为148万m^3。处理后的污水，经过一条长15.3 km、直径为7 m的海底排污隧道，然后通过扩散器排放。扩散器垂直布置，约有50多根管道，垂直排列在距排污隧道最尾端2 000 m处。每根管道连接着一个扩散器盖，起分流作用。设计扩散器的目的是确保污水以最大程度分散与稀释。为了评估污水对排污口附近及其随海流向南沿岸输运时所带来的影响，已建立了广泛的监测计划。

从洛杉矶到圣迭戈的加利福尼亚南部沿海地区被称为南加州湾（Southern California Bight, SCB）。2006年，居住在该区域的人口约为2 000万，当地与海洋相关的旅游业创造的年产值约为90亿美元。尽管旅游业对这个地区很重要，它还是被用于其他各种看似不相容的用途，其中许多用途向沿海水域排放污染物。污染源包括城市污水处理厂和发电厂、石油平台、工业废水和疏浚等。19个城镇污水处理站直接向南加州湾排放经过处理的污水，其中4个日排放量达38万m^3。从历史角度来说，这四家污水处理厂一直是南加州湾点源污染的主要来源。在过去的30年里，其累计排放量增加了16%，但其中的固体悬浮物、耗氧组分（也称为“生化需氧量”，缩写为BOD）、石油以及油脂的含量急剧减少（图13.1）。这很大程度上归功于水污染处理技术方法的提高和改进，从源头更好地控制了污染物，并且对有些固体废物进行了陆地处置（land disposal）。在控制污染方面最大的进步则要属1998年12月亥伯龙污水处理厂（Hyperion Treatment Plant）的升级。该厂由洛杉矶市管理，升级后将对所有污水进行二级处理。此次升级耗资10亿美元以上，工时长达10年。排放入南加州湾的有毒物质（对环境和生物有害的物质，如重金属、化合物和过剩营养盐）也在急剧下降，相关讨论见下文“有毒物质”部分。

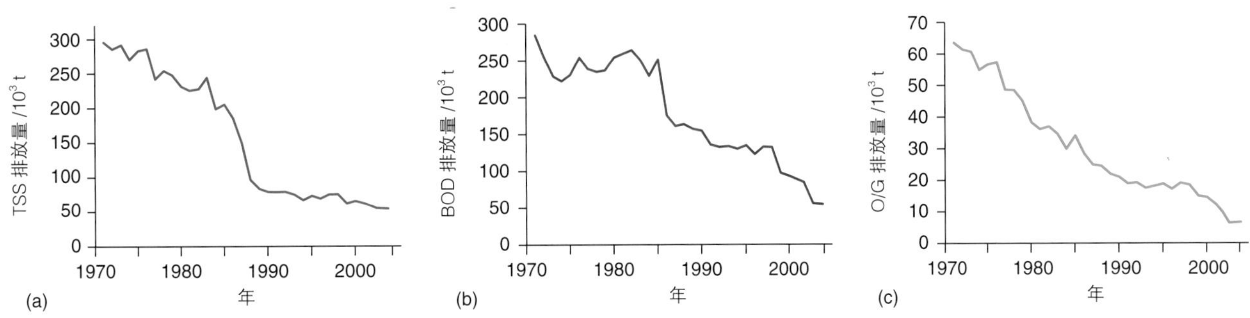

图13.1　1971—2004年，大型城镇污水处理厂向南加州湾排放各类物质的年排放量估算：（a）总悬浮物（TSS）；（b）生物需氧量（BOD）；（c）石油与油脂（O/G）（单位为10^3 t）。

有毒物质

沿海地区的地表径流通过雨水管道直接进入海洋环境中。雨水管道携带着各种物质，包括淤泥、石油烃、工业残渣、生活区的农药和化肥以及动物粪便中的大肠菌群等。即使将氯作为杀菌剂加入饮用水中和用于污水处理，也有可能在水中形成复杂的有机化合物，产生对海洋环境有害的氯代烃。

农田径流通过湖泊、小溪和河流汇入大海。这些径流含有农药和营养盐，导致水体具有毒性或富营养化。过剩的营养盐对水体具有破坏性，促进植物生长。在植物死亡后，腐败过程消耗大量氧气，导致其他生物缺氧而死亡，这些死亡的生物在腐败过程中还要继续消耗水体中的氧气。动物的排泄物和运行情况较差的化粪池系统也会加剧径流污染。

多数有毒物质进入海水后并不停留，而是被水中的小颗粒悬浮物所吸附，这些小颗粒凝聚后下沉，导致有毒物质在沉积物中富集。通过分析岩心样本可知海底沉积物中有毒物质的浓度随时间的变化情况。

1845—1970年，南加州湾海洋沉积物中重金属的浓度逐年升高，直至达到自然水平的2～4倍。1970—1990年，废水处理技术得以改进，向南加州湾排放的重金属量骤减，排放水中的重金属含量较低，且趋于稳定［图13.2（a）～（d）］。

此外，杀虫剂双对氯苯基三氯乙烷（dichloro-diphenyl-trichloro-ethane，DDT）和多氯联苯（polychlorinated biphenyls, PCB）是两种对环境造成巨大影响的有毒物质。20世纪40年代末，DDT开始广泛应用于美国农业与商业中。在接下来的25年中，美国国内使用量约为675 000 t。其中，1959年使用量达到最高，接近40 000 t，随后使用量稳定下降，到1971年使用量下降至6 500 t。之后，DDT被美国国家环境保护局禁止使用。PCB是超过200多种合成化合物的统称，其中一些具致突变性（诱导有机体发生突变）

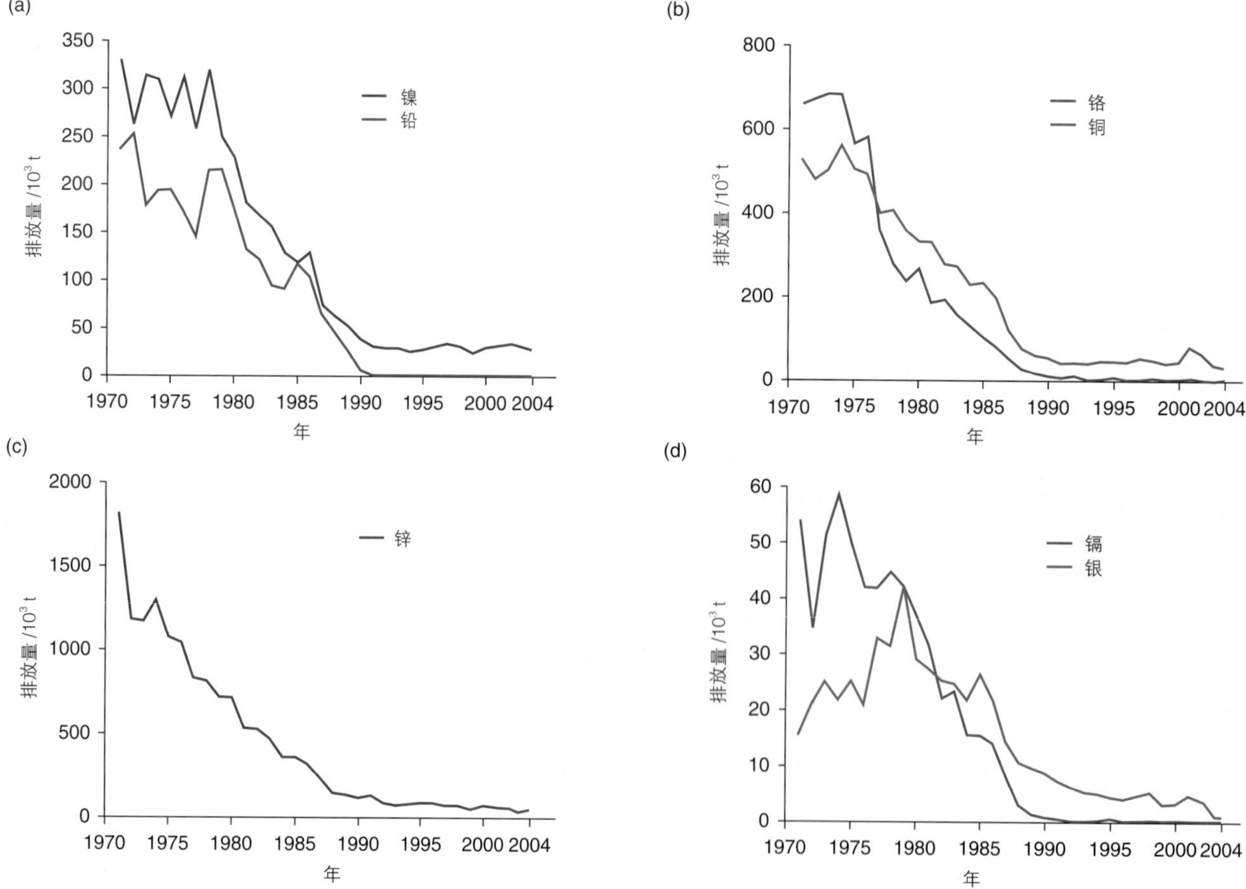

图13.2 1971—2004年，大型城镇污水处理厂向南加州湾排放痕量金属的年排放量估算（单位为10^3 t）：（a）镍和铅；（b）铬和铜；（c）锌；（d）镉和银。

和致癌性（促癌）。PCB是目前已知的最稳定的有机化合物。1976年，美国国会通过了《有毒物质控制法》(Toxic Substances Control Act)，这导致了1979年的禁令，该禁令禁止生产和使用浓度高于50×10^{-6}的PCB。1984年，禁令进一步扩大范围，大部分浓度低于50×10^{-6}的PCB也受到限制。图13.3为1890—1990年皮吉特湾的沉积物中DDT和PCB浓度。沉积物中DDT和PCB浓度在1960年达到峰值，之后至1990年持续骤降。但1986年样本中，DDT含量有小规模上涨。更多关于皮吉特湾PCB总浓度数据的近期趋势，可参考美国国家海洋与大气局的贻贝监测计划（Mussel Watch Project）。该项目始于1968年，目的是监测美国境内250个监测点贻贝体内的污染物浓度。贻贝监测数据表明，皮吉特湾中心地带的PCB输入在20世纪90年代初期有所下降，1998年经历小幅上升，但在2000年再次降低。

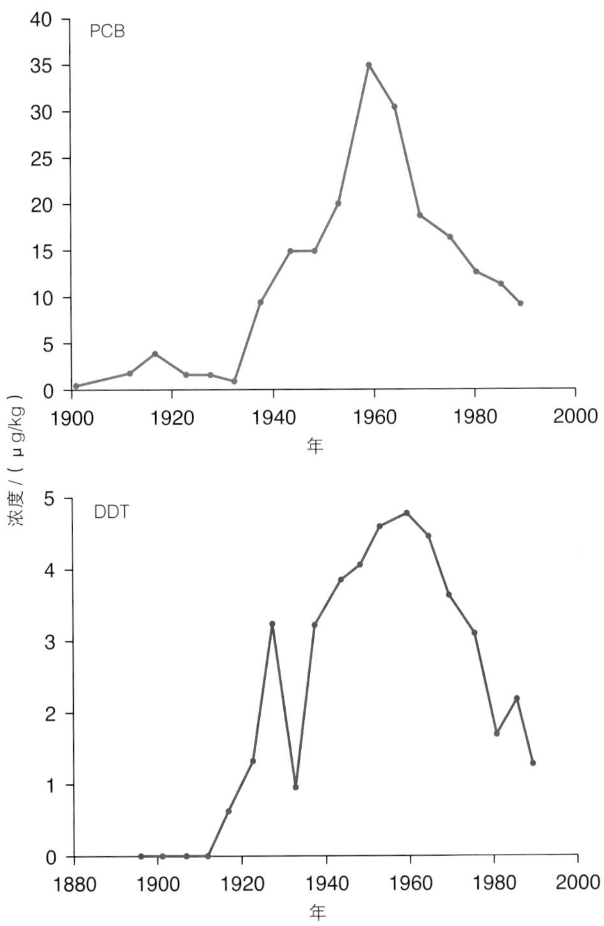

图13.3 沉积物岩芯中DDT和PCB的浓度，样本采自一个位于西雅图正西方向的皮吉特湾深水站点。DDT和PCB浓度在1960年达到峰值，之后由于使用受到法律限制，浓度有所下降。

1998年，美国和其他28个国家发起一份全球公约（持久性有机污染物协定），公约要求大多数中欧、西欧、北美国家和原苏联加盟共和国禁止生产DDT和PCB等化合物。俄罗斯得到特别豁免，在2005年之前可继续生产PCB，并将全部销毁库存PCB的时间推迟至2020年。但在此期间，俄罗斯电力设备变压器中的绝缘液须改用其他绝缘液体。

有些颗粒富含有机成分，在吸附有毒物质后又被一些海洋生物食用。因此，重金属和有机毒物随这些颗粒在生物体的组织中富集并传递给捕食者。由于重金属和有机毒物大量聚集，这些颗粒经常沉积在海底。因此，整个美国境内河口区底栖鱼类体内都能发现毒性残留物。贝类体内的重金属浓度是周围环境水体的数千倍，扇贝体内镉的含量是环境水体中镉含量的200万倍，牡蛎体内的DDT含量则是周围海水含量的9万倍。在长岛湿地喷洒DDT以控制蚊子的数量之后，1967年进行的一项经典研究，记录了这种长期毒素在食物链中的富集情况（表13.2）。

表13.2 食物链中的DDT浓度

	DDT残留物/10^{-6}
水	0.000 05
浮游生物	0.04
银汉鱼	0.23
杂色鳉	0.92
小梭鱼（捕食者）	1.33
颌针鱼（捕食者）	2.07
苍鹭（小型动物捕食者）	3.57
燕鸥（小型动物捕食者）	3.91
银鸥（食腐动物）	6.00
鹗蛋	13.8
秋沙鸭（食鱼动物）	22.8
鸬鹚（食鱼动物）	26.4

资料来源：Reprinted with permission from George M. Woodwell, et al., *DDT Residues in an East Coast Estuary, Science* 156（1967）: 821–24. Copyright 1967 American Association for the Advancement of Science.

1952—1968年日本水俣市发生的悲剧，其原因就是人类食用了体内富集有毒物质的生物。一家工厂向其附近的海湾排放了200～600 t汞，而该海湾是村民捕捞贝类的场所。汞形成有机化合物并被海洋生物摄食，人类食用体内富集汞的贝类将导致严重的汞中毒与死亡。孕妇如大量食用被污染的贝类，婴儿的身体和神经发育将遭到严重破坏。这就是水俣病（Minamata disease）。

美国国家海洋与大气局的贻贝监测计划，通过监测污染物在成年贻贝和牡蛎的富集程度，来监测美国河口和沿岸水体。潜水员自1986年开始收集贻贝样本，在第一批样本采集10年之后，结果显示，诸如DDT、PCB、锡和镉等污染物的含量，在全美国范围内均有降低的趋势。贻贝监测计划每年在250多个沿岸地带和河口处采样，其中近一半的采样点位于城市附近的水域，距离人口超过10万的中心区域20 km以内。还有3个采样点位于夏威夷州，2个位于阿拉斯加州。英国和法国也设立了国家贻贝监测项目，北欧多国也共同合作进行此类项目。贻贝监测项目在亚洲环太平洋地区也有所发展。

鉴于各种途径、来源和物质类别都可造成中毒和污染，治理并最终从海洋环境中除去这些有毒物质和污染物显得尤为困难和复杂。如上所述，尽管当前减少有毒物质排放已初见成效，但让海洋和陆地变得更洁净，还需要科学家、公众和政府持续不断地努力。

13.2 墨西哥湾“死亡带”

在密西西比河河口附近的墨西哥湾北部地区中，每年都会形成一个低氧或**缺氧的**（hypoxic）的区域。从2月份开始出现，到夏季水中的含氧量达到最低，以秋季在风暴的作用下海水混合加剧而结束。在这段时间里，由于水中含氧量过低，大部分海洋生物都无法生存，故称其为“死亡带”（Dead Zone）。富氧的水体中通常溶解氧高达12×10^{-6}mg/L，一旦溶解氧低于5×10^{-6}mg/L，鱼和其他水生生物将面临呼吸困难。随着“死亡带”的面积扩大，含氧量降低，鱼虾等行动迅速的生物会逃离该地带；而行动迟缓的底栖生物，如蟹、海蜗牛、蛤蜊和蠕虫等则因缺氧而窒息。当溶解氧低于2×10^{-6}mg/L时，缺氧区内的沉积物生物就开始死亡。在“死亡带”的一些地方，溶解氧数月维持在0.5×10^{-6}mg/L的水平甚至更低。低含氧量的海水不仅仅在海底附近出现，还会向上延伸至海面以下仅数米的位置，影响80%的浅海水体。

“死亡带”的形成原因是水中输入了大量氮元素（如硝酸盐）。它们大多来源于化肥，经密西西比河和阿查法拉亚河进入墨西哥湾。每年仅密西西比河就向墨西哥湾输送淡水580 km^3，其流域覆盖美国31个州（占美国本土面积的41%）和一半的农场。历史记录表明，从20世纪50年代以来，上述区域化肥使用量激增。从1960年到20世纪90年代末，流入海湾的硝酸盐量增加了2倍，磷酸盐肥料则增加了1倍。据估计，进入海湾的氮元素中，约30%来自农业肥料，另30%来自自然土壤分解，其余则来自动物粪便、污水处理厂、由化石燃料燃烧产生的一氧化二氮以及工业排放等。

硝酸盐进入水中后，刺激微藻类迅速生长，这就是人们通常所说的藻华（bloom）现象（见第16章）。大规模藻华会产生生物连锁反应：以藻类为食的小型生物相应增加，超出了鱼和其他捕食者所能食用的范围。数以亿计的微小生物死亡后沉入海底，腐败并被细菌分解。这一过程中，细菌将耗尽水中的氧气。

早在1972年，人们就注意到呈季节性出现的“死亡带”现象，但直到20年后，科学家才开始系统地勘测这个区域。“死亡带”在墨西哥湾北部出现的区域年年不同，导致其难以被精确预测（图13.4）。“死亡带”的规模似乎与密西西比河流域农药化肥的使用量和全年的降雨变化有关，降雨变化导致排入海湾的径流变化。记录显示，“死亡带”面积最小的年份是1988年，当年一场干旱导致进入墨西哥湾的淡水径流很少，缺氧区只维持了很短的时间。20世纪90年代，“死亡带”面积大多在15 000～20 000 km^2（图13.5）。1993年，密西西比河洪水泛滥，“死亡带”面积增至17 500 km^2，这相当于切萨皮克湾面积的两倍。1999年，“死亡带”覆盖了近20 000 km^{2}的水域，相当于一个新泽西州的面积。2000年，由于干旱，密西西比河河水径流

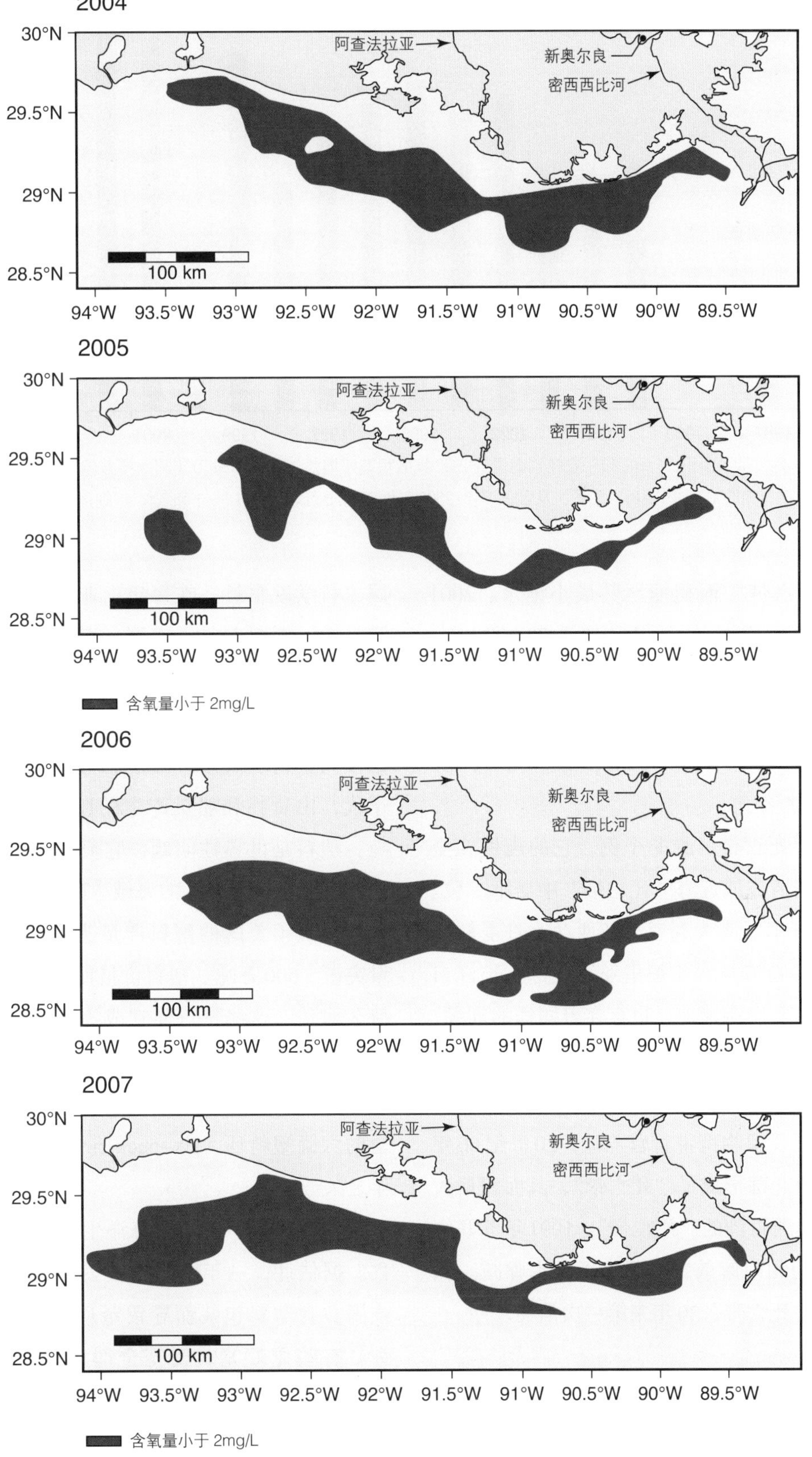

图13.4 分别在2004—2007年的7月份测量的墨西哥湾北部“死亡带”（棕色）面积大小和形状，“死亡带”的位置与面积逐年变化。控制缺氧水分布特征的原因仍在研究中。资料来源：*N. Rabalais, LUMCON.*

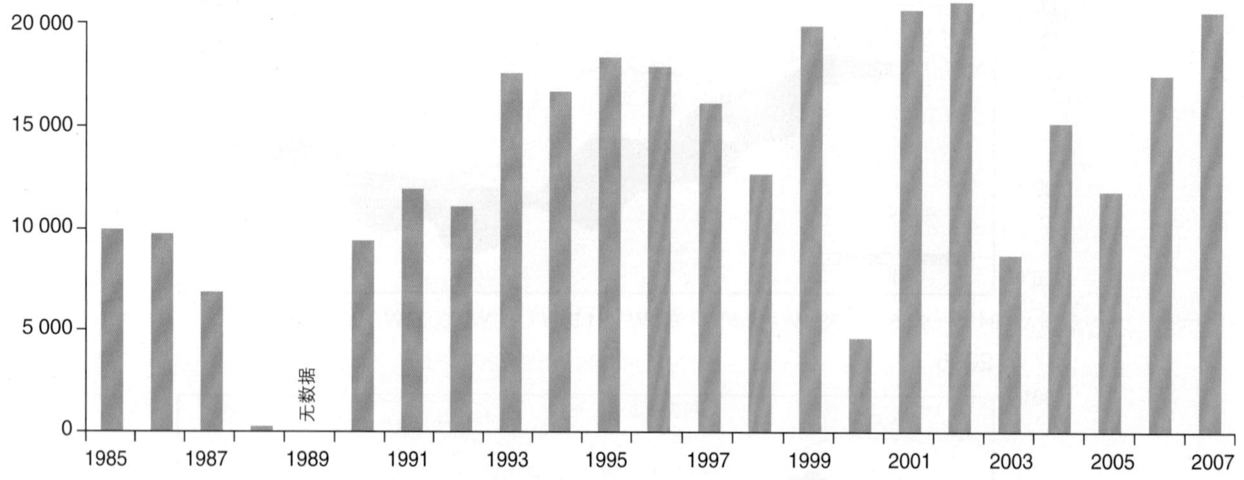

图13.5 墨西哥湾“死亡带”面积。“死亡带”在特别潮湿的1993年面积有所增长，在接下来10年间保持着较高水平，然后在干旱的2000年开始急剧减小。2001年和2002年面积再次增长，从2003年到2005年面积有所回落，在2006年和2007年则再次增长。

水位很低，“死亡带”面积缩至其最小记录。2001年和2002年，“死亡带”面积又增至22 000 km^2，2003年再次收缩至7 000 km^2。之后几年中“死亡带”面积再次增长，分别为15 500 km^2（2004年），11 000 km^2（2005年），17 280 km^2（2006年）和20 500 km^2（2007年）。

墨西哥湾“死亡带”绝非个例，它的规模在全世界由人为原因造成的近海“死亡带”中居第二位。切萨皮克湾、日本、澳大利亚、新西兰、丹麦和瑞典之间的卡特加特海峡、亚德里亚海北部、长江口外东海海域，以及黑海等地，也存在着同样的问题。近期丹麦和瑞典限制使用化肥，并努力恢复湿地，排入卡特加特海峡的营养盐量降低，使海水含氧量增加。由于化肥残留物携带着营养盐，20世纪60年代黑海大陆架西北部形成了“死亡带”，其面积最大时甚至超过了墨西哥湾的“死亡带”。1991年苏联解体，其农业部门相应解散，化肥的用量也骤减。到1996年，黑海“死亡带”30年来第一次消失。

13.3 塑料垃圾

在任何河口漫步或沿着开阔的海岸行走时，都能看到“塑料潮”涌向岸边。据估计，每年从军舰、商船和渔船上倾倒的塑料垃圾近135 000 t。据美国国家科学院估计，在每年商业捕鱼业损失或抛弃的渔具中，塑料制品（渔网、渔绳、渔笼和浮标）约为149 000 t；另外，人类还倾倒了26 000 t塑料包装材料。游艇和商业船舶、石油和天然气钻井平台也在倾倒塑料垃圾方面占据了一部分份额。20世纪80年代，由货物和船员产生的废弃物每年增加700万吨。塑料是世界性问题，它们不仅来源广泛，还能顺着海流遍及最偏远的海域[图13.6（a）]。

1960年美国的塑料产量为300万吨，40年后产量突破5 000万吨。塑料价格便宜、质地结实，并且持久耐用，这些特点使它成为应用最广泛的制造材料，也造成了重大的环境问题。目前人们对塑料在海洋环境里究竟能存在多长时间还一无所知，但普通的六罐塑料环（six-pack ring）能持续存在达450年之久。

每年有成千上万的海洋生物因塑料而受伤或死亡。据估计，一年中卷入被丢弃或破损的塑料渔网或因吞食塑料包装而导致窒息死亡的海豹多达3万头。有些龙虾笼或蟹笼全部或部分由塑料制作而成，即使丢失后也仍能继续捕捞动物。每年放置在佛罗里达州西海岸的9.6万个捕捞笼中，丢失率达25%。塑料鱼线或六罐塑料环可能缠住海鸟并导致其死亡，且塑料容易被海鸟和海洋哺乳类动物误食。塑料袋或塑料薄膜会令鼠海豚和鲸窒息而死，塑料薄膜紧贴珊瑚或基岩海滩时抑制动植物生长。破损

(a)

(b)

(c)

(d)

图13.6 塑料对海洋环境的影响。(a)持久性垃圾包括塑料网、漂浮物和塑料容器。(b)一只崖海鸦被六罐塑料环缠住。(c)一头幼年灰海豹被困在拖网里。(d)海龟误食塑料袋。照片(a)(b)(c)拍摄于距加拿大新斯科舍省约240 km的北大西洋塞布尔岛。

的渔网将使鱼受困其中，误食塑料的海龟会死亡。与海上溢油、有毒废弃物以及重金属污染一样，塑料也是一种严重导致海洋生物死亡的原因［图13.6（b）～（d）］。

1987年，美国制定《海洋塑料污染研究和控制法》(Marine Plastic Pollution and Control Act)。这是一项国际公约，禁止从船舶排放污染物。该法禁止在任何海域倾倒塑料垃圾，其他形式的垃圾可倾倒在远离海岸的指定区域，各港口必须提供处理废弃物的设施。在美国水域，美国海岸警卫队必须执行这项法律，不存在国际执行的情况。

一些生产商通过向塑料中添加可吸收光的分子，制造出生物降解塑料，经过几个月的太阳暴晒后塑料即分解。但没有证据表明，这种材料可以解决海洋塑料问题。即使漂浮在海面上，海水也会使塑料保持在低温的状态下，且塑料表面会形成一层生物层来遮蔽阳光。也许，只有教育人们学会对自己的行为负责，才能减少日益增长的全球海洋塑料污染问题。

13.4 海洋废弃物管理建议

人口膨胀、工业化和经济发展增加了垃圾数量，并改变了它们的特征。垃圾填埋厂不堪重负，人们逐渐意识到，大量垃圾给地球的土壤与淡水资源带来了威胁。铝和塑料取代了传统材料，如纸张、钢铁和玻璃。家用清洁剂、洗涤剂和杀虫剂也都对环境造成一定的危害。表13.3和图13.7是1991年估算的世界废弃物年生成量。

1991年，伍兹霍尔海洋研究所的一个科学小组召开研讨会，评估深海作为废弃物处理地点的可能性。科学家们认为，当前采用的陆地填埋和垃圾焚烧等处理方式会分别污染地下水和大气，而在海洋环境中进行有控制的垃圾处理则对生命造成的危害较小。大洋中部一些深海平原只有少数海洋生物能生存，其上方海水运动缓慢，底层水体须经历上千年才能浮出海面。科学家建议，远离海岸的深海海底比沿海垃圾填埋场更适合作为垃圾倾倒区，因为后者将污染近岸海水并且使海滩遭到破坏。科学家们还计划在大西洋底的哈特勒斯深海平原进行为期10年的大规模实验，每年向该深海平原投放100万吨废水污泥，用于评估其对环境的影响。但实施这一计划须对《海洋倾倒法》(Ocean Dumping Act)做出修改，因此目前不太可能实现。有些人认为，任何向海洋倾倒的实验都必须与其他国家联合进行，且必须遵守联合国有关规定。

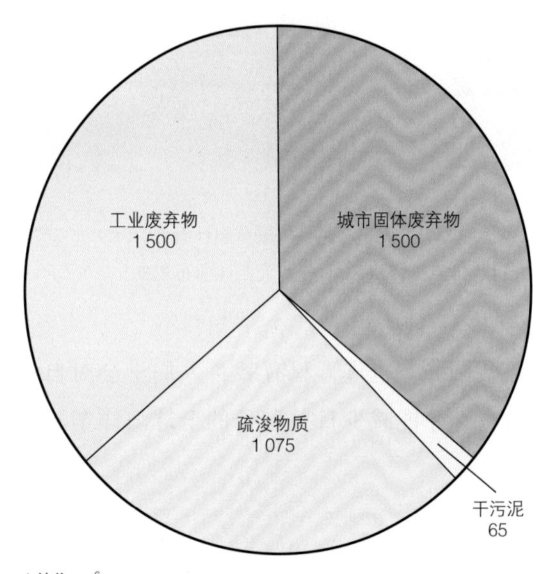

图13.7 世界废弃物的年生成量估算。

表13.3 世界废弃物的年生成量估算

类型	10^6 t	占总废弃物百分比/%
城市固体废弃物	1 500	36.2
干污泥	65	1.6
疏浚物质	1 075	26.0
工业废弃物	1 500	36.2
总体	4 140	100.0

另一个建议是将长期高放射性核废料投放到远离大陆的深海淤泥中或俯冲带处，在那里，这些核废料将逐渐进入地幔物质循环。1986年，一艘苏联核潜艇在大西洋深处沉没，潜艇上携带了两个核反应堆和34枚核弹头。有人建议对其残骸进行检测，以判断深海淤泥是否对放射性物质具有填埋作用。以上建议试图解决陆地上长期高放射性核废料的存放问题，同时避免陆地和淡水供给发生污染的可能性。但目前并没有任何与此类废弃物相关的实验在实施。

是否应该把海洋倾倒视作一种与其他资源一样具有人类价值和经济价值的海洋资源？如果是这样，那么上述建议是否还有必要讨论？伴随着世界人口和垃圾的持续增长，以及可倾倒地点的减少，我们将不可避免地需要考虑这些问题。

13.5 溢 油

21世纪，人类活动极度依赖石油，这需要从海上将大量原油运到陆地上的炼油厂和使用中心。在运输过程中、发生船舶事故时或原油装卸过程中，可能发生漏油事件，污染海洋并使河口和沿岸地区受到影响。近海石油钻井平台可能存在井喷、溢油和泄漏的危险。由于工业、农业、私人和商业运输中都需要用到石油和石油产品，石油不断地被排放到环境中，或直接或间接地进入海洋里。

图13.8（a）为1970—2001年间，每年溢油在700 t以上的油轮事故次数统计。20世纪70年代平均每年发生24起以上，90年代则只发生7起，这表明大型油轮的溢油事故明显有所降低。该时间段内的年溢油量如图13.8（b）所示。一些独立溢油事件的溢油量在年度总溢油量中所占的百分比很高。例如，从1990年至1999年共发生346起7 t以上的溢油事故，共计泄漏原油10万吨，但其中仅10次事故的溢油量就达到83万吨（占总溢油量的75%）。因此，任一年中发生的独立大型溢油事故都对当年的溢油总量有影响，如图13.8（b）所示。表13.4列出了部分油轮事故的溢油量。

当溢油事故发生在远离海岸的海洋时，所造成的损失难以评价。因其未对近岸海域造成直接可见的影

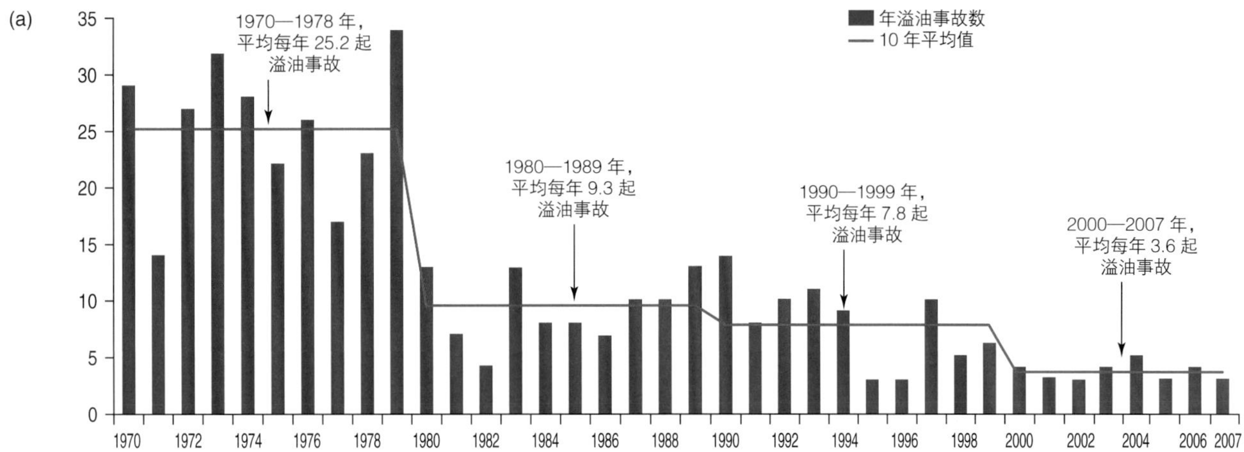

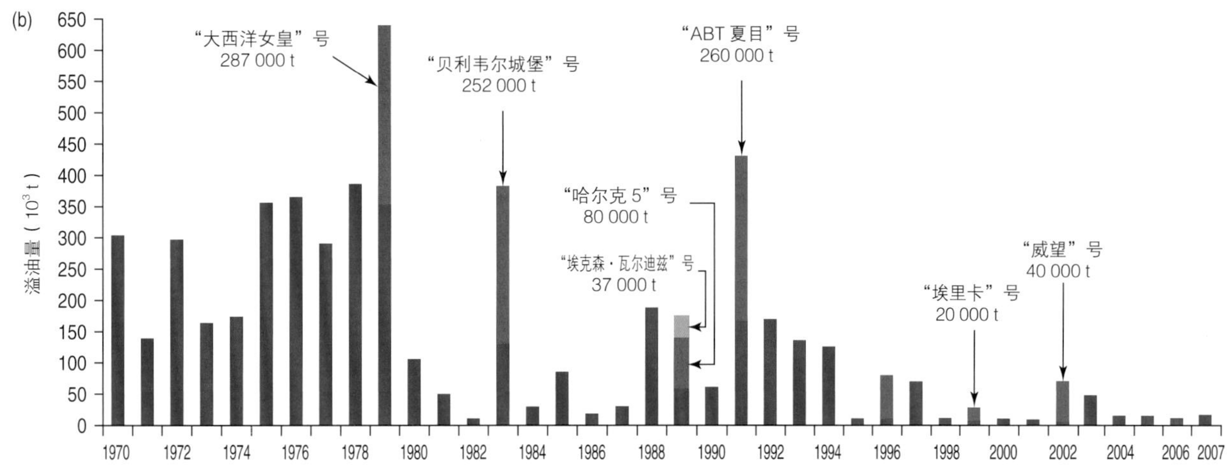

图13.8 （a）每年溢油超过700 t的事件次数。（b）从1970到2007年间油轮事故中的溢油量（单位10^3 t）。

响或经济损失，对海洋生物的危害也难以准确评估。船舶搁浅或在运输和装卸作业中，在近岸水域造成的溢油事故对环境的破坏和海洋生物的影响可被观测到。河口或沿岸地带具有复杂的海洋学特征，是生态敏感区域，有重要的经济地位，在这些地区发生溢油事故往往造成较为严重的影响。1978—1991年发生的三次溢油事故，已成为生态学上的标志性事件。它们分别是“阿莫科·卡迪兹”号（*Amoco Cadiz*）沉没事件、“埃克森·瓦尔迪兹”号（*Exxon Valdez*）搁浅事件，以及海湾战争中波斯湾原油泄漏事件。

1978年3月，“阿莫科·卡迪兹”号在英吉利海峡行驶时失控，在法国布列塔尼附近海域触礁［图13.9（a）和（b）］。石油在烈风和潮水的作用下遍布法国沿岸海域沿海岸线延伸长达300 km以上，海鸟死亡数目超过3 000只，牡蛎养殖业和渔业均遭重创。据估计，约210 000 t原油泄漏。其中，30%由于蒸发作用飘散至法国境内；20%被军队和志愿者清理；20%渗透到沙滩以下，直到冬季被风暴吹走；10%（轻质、具毒性成分）溶解于海水中；剩余20%则下沉到海底，不能确定污染还要持续多长时间。

1989年3月，美国经历一次大型溢油事故。装载有170 000 t原油的“埃克森·瓦尔迪兹”号在距阿拉斯加州瓦尔迪兹40 km处触礁，船体被撞开巨大的裂口，35 000 t原油泄漏，进入威廉王子湾。地方应急计划体系不具备清除如此高等级溢油量的能力。救援行动迟缓，部分设备故障和人力物力不足，加上海岸线崎岖、天气因素和溢油区域的潮流等影响，大大加剧了事故的严重程度。石油迅速扩散，覆盖面积超过2 300 km^2，分布程度不均一。海鸟、海洋哺乳动物、鱼和其他海洋生物伤亡惨重。扩散的石油流出威廉王子湾，随近岸流沿海岸带向西移动，并在接下来的几个星期中不断地冲刷着基岩荒野海滩［图13.9（c）和（d）］。威廉王子湾位于亚北极地区，原油在这种条件下的光化学降解和微生物降解比在温带地区缓

表13.4 主要油轮溢油事件

油轮	年份	地点	溢油量	
			t	10^6 gal
“大西洋女皇”号（*Atlantic Princess*）	1979	西印度群岛多巴哥岛附近	287 000	84.4
“ABT夏日”号（*ABT Summer*）	1991	距安哥拉700n mile处	260 000	76.4
“贝利韦尔城堡”号（*Castillo de Beliver*）	1983	南非萨尔达尼亚湾附近	252 000	74.1
“阿莫科·卡迪兹”号（*Amoco Cadiz*）	1978	法国布列塔尼附近	223 000	65.6
“天堂”号（*Haven*）	1991	意大利热那亚	144 000	42.3
“奥德赛”号（*Odyssey*）	1988	距加拿大新斯科舍700n mile处	132 000	38.8
“托利卡尼翁”号（*Torrey Canyon*）	1967	英国锡利群岛	119 000	35.0
“海星”号（*Sea Star*）	1972	阿曼湾	115 000	33.8
“乌尔基奥拉”号（*Urquiola*）	1976	西班牙阿科鲁尼亚	100 000	29.4
“艾琳斯旋律”号（*Irenes Serenade*）	1980	希腊纳瓦里诺湾	100 000	29.4
“夏威夷爱国者”号（*Hawaiian Patriot*）	1977	距夏威夷火奴鲁鲁300n mile处	95 000	27.9
“独立”号（*Independenta*）	1979	土耳其博斯普鲁斯海峡	95 000	27.9
“雅各布·马士基”号（*Jakob Maersk*）	1975	葡萄牙波尔图	88 000	25.9
“布莱尔”号（*Braer*）	1993	英国设得兰群岛	85 000	25.0
“哈尔克5”号（*Khark 5*）	1989	距摩洛哥大西洋海岸120 n mile处	80 000	23.5
“威望”号（*Prestige*）	2002	距西班牙大西洋海岸150n mile处	77 000	22.6
“爱琴海”号（*Aegean Sea*）	1992	西班牙阿科鲁尼亚	74 000	21.8
“海皇”号（*Sea Empress*）	1996	英国米尔福德港	72 000	21.2
“卡蒂娜P.”号（*Katina P.*）	1992	莫桑比克马普托附近	72 000	21.2
“诺瓦”号（*Nova*）	1985	伊朗哈尔克岛附近	70 000	20.6
“阿斯米”号（*Assimi*）	1983	距阿曼马斯喀特55 n mile处	53 000	15.6
“米图拉”号（*Metula*）	1974	智利麦哲伦海峡	53 000	15.6
“沃夫拉”号（*Wafra*）	1971	南非厄加勒斯角附近	40 000	11.8
“埃克森·瓦尔迪兹”号（*Exxon Valdez*）	1989	美国阿拉斯加威廉王子湾	37 000	10.9

慢。动植物种群在冷水中恢复速度缓慢，生物生存时间长，繁殖放缓。1992年，即事故发生3年以后，研究人员对该地区进行了调查。结果表明：随着石油的老化与分解，该地区在恢复当中，当地的生物数量也在增加。研究人员还发现，石油清理强度最大的区域反而比石油自然分解的区域恢复得慢，生物种群也更不平衡。在1992年的调查中，研究人员还对溢油分布情况进行了估算，结果如下：13%沉积于沉积物中，2%散布在海滩上，50%在水中自然降解，20%在大气中降解，还有14%被回收转移。

世界上大部分原油来自波斯湾的油井。要将这些原油运向世界各地的石油精炼厂，必须通过海运。通常，每年泄漏到海湾浅水域的原油达25万桶，这使该区域成为世界上污染最严重的水体之一。然而，这里又是一个植物生长茂盛的地带，支撑着虾类、鲭鱼、鲻鱼、鲷鱼和石斑鱼等渔业。

在长达8年的两伊战争中，对石油设施的轰炸导致石油大量泄漏，其中一个钻井平台在长达近3个月的时间里每天喷涌石油172 t。但最大的灾难事件发生于1991年海湾战争期间，据估计有800 000 t原油涌入波斯湾。这是迄今世界上最大的溢油事件。其中，一部分为人为故意漏油，一部分来自战区的炼油厂，剩下的则来自轰炸造成的泄漏。这次溢油事件的溢油量远远高于此前的最高记录，即1979年墨西哥附近海域伊克斯托克1号（Ixtoc 1）钻井平台的井喷事件。据估计，在那次事件中原油泄漏达475 000 t。

图13.9 （a）1978年3月，"阿莫科·卡迪兹"号油轮在法国海岸附近搁浅并裂成两半。（b）法国沿岸的一个海湾中布满了石油。（c）1989年"埃克森·瓦尔迪兹"号溢油事故后，人们用高压热水清洗威廉王子湾的海滩。（d）围油栅用于收集并回收从海滩上冲洗下来的石油。（e）1991年海湾战争结束后的很长一段时间内，石油仍沿波斯湾漂浮。（f）1994年，人们在坦帕湾沿岸再次对1993年溢油事故造成的石油泄漏进行清理。

波斯湾的平均深度为40 m，海水盐度高，环流缓慢。在溢油发生数周后，由于风向改变，石油并没有遍及整个海湾，但仍沿沙特阿拉伯海岸延绵了570 km。美国、英国、荷兰、德国、澳大利亚、日本的溢油清理专家前去协助清理工作，他们设法保护了海水淡化厂和炼油厂的进水管道，但其他清理工作则没那么成功［图13.9（e）］。因蒸发损失的石油约占一半，最终回收原油量为300 000 t。许多油轮在此地沉没，大量石油可能仍在从中渗出并沉在海湾底部。

这些灾难性的溢油事件告诉我们，目前应对大型溢油事故还没有完善的技术，特别是当事故发生在天气和海况恶劣、海岸线不规则以及远离陆地等情况下。平均而言，能够回收的石油只占到8%～15%，而且由于回收的石油海水含量高，这个估计的范围也被夸大了。海上石油清理技术包括围油栅和撇油器。这些手段仅对在受保护的水域中发生的小规模溢油事件的回收效果明显。当在开阔海域或风浪汹涌的海上作业时，回收效果则受到影响。

与溢油一样，岸上清理也具有破坏性，特别是对于野外环境来说。人员数量、设备和随之而来的废弃物将进一步加重环境负担。风化后的原油毒性较低，因此，许多溢油清理专家认为清理工作不应关注于如何从海滩上清除原油，而应思考如何将原油转移至大海上，并防止它们重返海滩。后续研究表明，与让原油自然降解相比，大部分在沿岸清理的方式将在短期和长期时间范围内造成生态破坏。海滩被高压热水清理过后，生境恢复所需的时间比未清理的区域耗时长。反铲挖掘和高压冲洗使沙砾沙滩堆积松散，杀死生物，并使石油渗入沉积物［图13.9（c）］。为了防止原油进入海滩，有人主张使用最新研发的低毒性的分散剂，被分散的原油进入深水中，在稀释作用下毒性逐渐减弱。

向海滩投加营养盐可增加石油降解微生物的数量，以此来加快石油的自然降解速度。对这种做法有效性的评估还需收集更多数据。经测试表明，向沙滩投放其他品系的石油降解细菌，降解效果不明显，这些外来生物可能竞争不过当地的自然生物。

即使已经从海滩上清除了石油，也不一定就能一劳永逸。佛罗里达州东海岸的坦帕湾沿岸布满了度假村和公寓，当地经济极度依赖这些旅游海滩。1993年8月，一艘货船与两艘油驳船相撞。其中装载着柴油和汽油的驳船起火燃烧，另一艘装载着重质燃料油的驳船下沉，石油从船中泄漏并与湾底的沉积物混合。每当强风吹过海湾时，受污染的沉积物向岸移动，就会导致新的石油污染问题。图13.9（f）为1994年1月，沿圣彼得斯堡海滩进行的昂贵的清理工作结束。

2002年11月19日，“威望”号（*Prestige*）油轮在距西班牙西北海岸150 n mile处破裂。和许多仍在海上航行的老油轮一样，具有26年船龄的“威望”号未建造双壳船壳来增加其安全性。当单层船体在风暴中破裂后，它难以幸免，最终沉入深度约3 600 m的海底。在沉没的一个月内，石油持续不断地从破裂的船体中溢出，大约每天泄漏125 t。法国“鹦鹉螺”号潜艇被派往海底修补沉船的裂缝和破洞。沉船事故发生两个月后，溢油减少至每天80 t。深海处的温度较低，也能使溢油速率下降。据估计，该油轮载运的77 000 t燃料油货物中，泄漏达63 000 t。

在“埃克森·瓦尔迪兹”号溢油事故后，美国国会通过了《1990年油污法》（Oil Pollution Act of 1990）。在该法及后续的国际海事法规要求下，到2020年，几乎所有石油运输船都须采用双层船壳以防止溢油事故发生。

大型溢油事件的直接损失显而易见且代价惨重，相比之下，在港口和码头发生的缓慢石油泄漏累积所造成的影响则难以评估，因为这种泄漏对环境的危害是慢性过程，且不可修复。例如汽油和柴油之类的石油炼制品，对海洋生命而言，毒性比原油更大，但也更容易挥发和扩散。原油在水、阳光和细菌的作用下缓慢分解，但是向下沉到海底并进入沉积物的原油，造成的污染可持续数年。

大量原油也可通过自然过程渗出，进入海洋环境中。每年全球石油自然渗出量在20万～200万吨不等，据估计当前年渗出量达60万吨。自然渗出被认为是海洋环境中石油的最大单一来源。

13.6　海洋湿地

海滨和河口区作为近岸海洋环境的繁殖和哺育中心，其价值为海洋学家和生物学家所充分认识。含海水或咸水的沼泽和湿地称为海洋**湿地**（wetland），通常位于河口边缘，为许多海洋物种提供营养盐、食物、生存和产卵的场所，其中包括许多具重要商业价值的生物，如蟹类、虾类、牡蛎、蛤蜊和一些鱼类。然而，伴随着人口增长，对农田、港口设施和工业用地的需求也不断地增加。一些沿海国家具有悠久的填海造地历史。荷兰以及第12章提及的旧金山湾，就是关于这一历史趋势的例子。荷兰有着近千年的填海历史，如今荷兰近1/3的国土都是由填充北海而得来。尽管荷兰仍在继续拓展沿岸土地，但意识到维护堤坝和围海抽水的成本高昂，加之担忧湿地栖息地减少及其对荷兰的国家象征——鹳——造成影响，荷兰计划在25年内将15%的人造陆地退田还海。

在热带和亚热带的潟湖和河口地带，沿泥质海岸生长着各种红树林品种，这种类型的湿地也正遭受着破坏。这些耐盐树种可以防止波浪和风暴对海岸的侵蚀和破坏，并且盘根错节的红树林树根可以为鱼类、甲壳类和贝类动物提供独特栖息地。近年来，红树林遭到砍伐，被加工成木材、木片和燃料；红树林湿地遭到清除和填埋，被用来作为耕地、虾塘或建造度假村。菲律宾80%的红树林、孟加拉国73%的红树林以及非洲沿海超过50%的红树林已消失。世界范围内已有超过50%的红树林消失。

居住在沿岸区域的美国人超过1.39亿（约占全美国人口的53%），预计此人数平均每天以3 600人的数量增长，到2015年将达到1.65亿①。这一增长率超过了美国人口增长率。

湿地被改造成休闲和养老场所，这些滨海住宅都建有私人游艇泊位。从20世纪50年代中期到80年代中期，美国本土海岸湿地每年约损失80 km^2。路易斯安那州、佛罗里达州、得克萨斯州、新泽西州、纽约州和加利福尼亚州的河口湿地退化最为严重。对路易斯安那州来说，大部分的湿地损失源于海岸侵蚀加剧和沿海湿地下陷（见第12章知识窗“海平面上升”）。

1972年，美国国会在《清洁水法》第404条中制定了全国范围内的湿地监管计划，并颁布了针对沿海湿地的《海岸带管理法》（Coastal Zone Management Act）。20世纪70—80年代，公众的关切使沿海各州相继通过潮滩湿地保护相关法律，也促使了联邦法律更严格地执行。和与之相邻的河口一样，每片海洋湿地都各具特色。由于法律上对湿地保护的定义难以统一，各湿地的独特性质反而导致在湿地保护方面存在困难。在不同的法律中，一些湿地可能未被包括在保护范围内，而另一些较干旱的地区则被保护起来。在这种情况下，单一标准或定义不适用于所有湿地。

13.7 生物入侵者

物理和生物上的屏障综合起来使生物物种产生地理隔离。随着气候模式的改变以及由板块运动引起的海陆分布变化，这些地理限制也相应发生变化。例如，亚洲和北美洲之间的白令海峡打开，使得北太平洋和北极盆地的海洋生物物种产生交换；而南美洲和南极大陆的分离，使得物种随南大洋西风漂流从一个冷水大洋迁移至另一个冷水大洋。

自从人类开启了横穿大洋的历史，就有意无意地在航行中携带了多种动植物。三个半多世纪以前，大量种类繁多的生物同殖民者和商人一起，登陆了北美大陆。这些生物早在船从港口或海湾启程时就依附在木制的船体上，有的甚至就筑巢于船中。在跨洋“偷渡”的旅程中，有些生物被海流和海浪冲走，但仍有些抵达了目的地并生存了下来。几百年过去了，人们已经无从得知欧洲的藤壶和玉黍螺最早登陆美国和加拿大东海岸的具体时间，现在它们已成为当地的典型物种。

现代船舶的船体为钢材质，表层涂有防污漆，船体表面不能再附着生物，船舶的航行速度也足以将许多生物冲走。然而，为了在装卸货物时使船体保持稳定，现代船舶都携带着压载水，船体压载舱容积从数百到数千加仑不等。成千上万的船舶在大洋间穿梭，使压载水及其中的小型浮游生物能够快速跨越自然界的海洋屏障。当这些携带着小型浮游生物的压载水在几天或几周之后被排放时，已距离起点千里之外了。

J. T. 卡尔顿（J. T. Carlton）和J. B. 盖勒（J. B. Geller）对159艘从日本不同港口出发、抵达俄勒冈州库斯湾的货船压载水采样并进行了分析。②结果表明，压载水中含有所有主要的浮游生物：小型似虾状桡足类动物、海洋蠕虫、藤壶、扁虫、水母和贝类。据估计，每立方米压载水中含有桡足类动物1 500只以上，稚体或幼体形态的海洋蠕虫、藤壶、贝类200只以上。无论这些生物是伴随着压载水而来，还是进入商业捕捞鱼类和贝类的包装中，或是依附在水上飞机的浮筒上，甚至是被从家庭水族箱中排放出来，总之它们脱离了原有自然环境中的天敌和捕食者的制约。如果这些入侵者被引入适宜的新环境中，它们就会大量繁殖，严重干扰当地的生

① 根据2013年NOAA发布的《美国沿海地区人口趋势报告:1970—2020年》（*National Coastal Population Report:Population Trends from 1970 to 2020*），到2020年，美国沿岸区域人口预计增至近1.79亿。——编者注

② J. T. Carlton & J. B. Geller, 1993. Ecological Roulette: The Global Transport of Nonindigenous Marine Organisms. *Science:* 261(5117):78 - 82——原注

互花米草：兼具价值和生产力，还是兼具入侵性与破坏性？

互花米草(*Spartina alterniflora*)原产于美国大西洋和墨西哥湾沿岸地带，是一种多年生落叶植物。它是从纽芬兰到佛罗里达州大西洋沿岸、从佛罗里达州到得克萨斯州东部墨西哥湾沿岸的低洼盐沼中的优势种。它生长于潮间带，从平均高高潮面到其下方1.8 m之间。

天然盐沼是海洋环境中最具有生产力的栖息地。每当涨潮时，营养丰富的海水被带至湿地，为高生产力提供可能条件。当海草和湿地植物枯死时，这些植物被细菌分解。昆虫、小型类虾生物、招潮蟹和沼泽蜗牛食用并消化腐烂的植物组织后，排泄物中的营养含量很高。无数的昆虫占据着湿地，以植物组织为食；同时，红翅黑鹂、麻雀、啮齿类动物、兔和鹿都直接以互花米草植物为食。每次潮汐过程都有一些植物被卷入近岸水域，并被潮下带的生物食用。

互花米草是一种竞争力非常强的植物，主要通过地下根系传播。当互花米草的根或整株植物漂至某处并扎根下来，或者当它的种子漂到适宜的环境里发芽，就能形成互花米草群落。互花米草在从泥沙、黏土到砾石，以及卵石的底质上都能生长，并且在从近乎淡水到盐度达35‰范围内的水中都能存活。互花米草能够耐受高盐的原因是其叶片表面的盐腺可以排出植物汁液中的盐分，因而叶片表面常见白色盐结晶。由于缺氧，沼泽沉积物中硫化物含量很高，而硫化物对大多数植物有害。互花米草能够吸收硫化物并将其转化为植物可以利用的硫酸盐，这种能力使它迅速占领沼泽生境。互花米草的另一个适应优势是它的生物化学光合作用途径，其利用二氧化碳的效率大大高于大多数其他植物。

这些特性使得互花米草成为河口区的重要组成部分。这种植物具有固堤护岸的作用，也是河口带鱼类和贝类的哺育场。一旦互花米草开始生长，这些互花米草就开始拦截泥沙，改变基底高度，并使那里最终演变为较高的湿地系统，随后互花米草被高海拔半咸水种取代。随着高度增加，原先窄而深的潮汐水道又逐渐转成了湿地。由于具有防止水土流失和湿地退化的能力，互花米草在美国东海岸沿岸被认为是重要的植物。互花米草还被用于海岸恢复工程以及建造新的湿地。

互花米草早已被引入华盛顿州、俄勒冈州、加利福尼亚州及英国、法国、新西兰和中国，并已在上述地区和国家本土化。1894年，互花米草通过运送牡蛎的包装材料从东海岸被带入华盛顿。远离了其昆虫天敌，互花米草沿着华盛顿潮汐河口缓慢而稳定地蔓延，取代本地植物，截留沉积物并彻底改变了当地地形。互花米草改变了滩涂，使其转变为较高的湿地，导致许多鱼类和滩涂水鸟难以栖息。1945年，在华盛顿州威拉帕湾，互花米草仅占0.018 km^2，1982年扩展到了1.7 km^2，1992年达到9.7 km^2，1995年超过了13.7 km^2。据华盛顿州政府官员当时的预测，如果任由其生长，到2010年，它将占领323 km^{2}海湾中的121 km^2（窗图1）。互花米草已经影响了当地牡蛎产量和珍宝蟹产业，并且对人们在海滩和海滨地带进行的休闲活动也造成了一定的干扰。

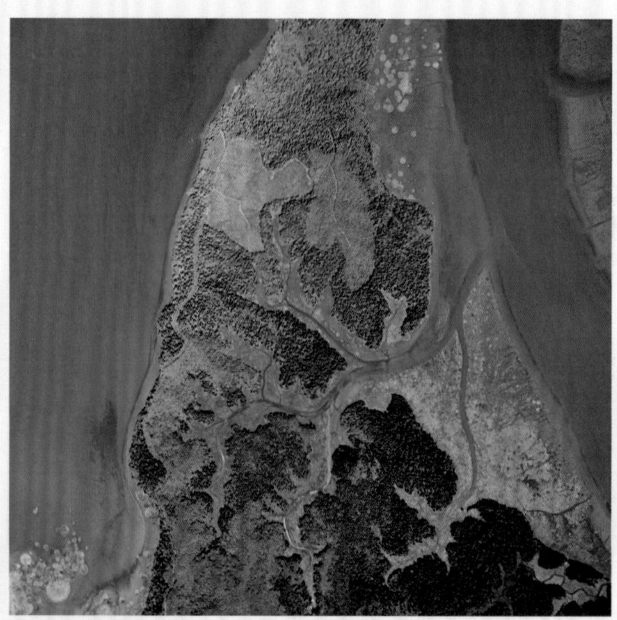

窗图1 圆形斑块表示了互花米草沿华盛顿州威拉帕湾的滩涂滩扩散，位于左下角的大圆斑块被认为是其最初的生长区域。本图为假彩色红外胶片图像。

互花米草先后被引入英国和新西兰，用来促淤造陆和稳固海岸。这种植物在新西兰迅速扩张，将沼泽化边缘的滩涂转变为广阔的盐生草甸，降低了湿地中鸟和其他动物的种类和数量。欧洲米草（*S. maritima*）是欧洲和非洲沿岸湿地中的本地种。约1800年时，互花米草被从北非东部引入英国。

它在英国扩散并形成庞大的种群，起初它与本地种和平共处，直到1870年出现了一种通过地下茎繁殖的不育杂交种。大约在1890年，这种杂交种又自然衍生出生长力强的种子形态，并沿着英国和法国西北部海岸迅速蔓延。

在自然环境之外，控制互花米草的方法包括火烧、水淹、用黑色的帆布和塑料遮盖、用疏浚物质或黏土掩埋、使用除草剂和反复刈割等方式。这些方法在新西兰和英国都未见成效。华盛顿州在多方尝试之后，目前正使用除草剂草甘膦来控制其扩散。用昆虫进行生物控制的试验工作也已经开始，但是要研究出有效方法还需要10年的时间。尽管付出了巨大的努力，人们还是怀疑从非原产地彻底清除互花米草的可能性，因为在过去100～200年里，它已成为海滨和河口区的重要部分。

态关系，取代当地物种甚至使当地某些物种灭绝。

有些生物入侵者可以多年默默无闻，而有些生物入侵者则迅速且严重地破坏当地生态。1985年，在旧金山湾北部的狭长水域中发现了一种亚洲蛤蜊——黑龙江河蓝蛤（*Potamocorbula amurensis*）（图13.10）。该地区之前从未出现过这种蛤蜊，它们的幼虫或稚贝可能是通过中国货船的压载水到达此地的。在接下来的6年中，它们向南扩散，进入海湾并形成密集的“殖民地”，每平方米高达10 000只。这些亚洲蛤蜊以似植物的单细胞硅藻和甲壳类动物幼虫为食。如此巨大的种群数量抢夺了当地物种的食物，给系统的物种平衡和食物链带来了压力。1990年，旧金山湾南部出现了第二种入侵生物——普通滨蟹（*Carcinus maenas*），俗称欧洲绿蟹。这种螃蟹源自欧洲，于19世纪20年代入侵美国东海岸，20世纪50年代入侵澳大利亚。普通滨蟹身宽小于6.5 cm，习性贪婪且好斗，它们以蛤蜊和贻贝为食，一次交配能多次产卵。它们嗜食亚洲蛤蜊，但也捕食本地物种，并且觅食能力超过本地物种。普通滨蟹现在正沿美国西海岸向北迁移，1997年到达俄勒冈州库斯湾，1998年出现在华盛顿州威拉帕湾和格雷斯港中，1998年到达加拿大不列颠哥伦比亚省温哥华岛西海岸。

1982年，一艘从美国海岸驶离的船进入黑海。船舶压载水中携带着一种称为淡海栉水母（*Mnemiopsis leidyi*）的生物。这种水母从黑海扩散到亚速海，最近又进入地中海。淡海栉水母在上述海域内没有天敌，它们吞食了大量浮游生物、小螃蟹、虾、鱼卵和仔鱼。

图13.10 亚洲蛤蜊（黑龙江河蓝蛤）。

20世纪80年代，澳大利亚塔斯马尼亚及南部海域的天然和养殖贝类捕捞业被迫关闭，其罪魁祸首是一种伴随压载水而来的日本生物的休眠期细胞，这种细胞诱发了赤潮。赤潮将在第16章中讨论。鱼类也可以通过这种方式进行扩散。例如，在1982—1983年间日本花鲈被引入澳大利亚悉尼港域；1988年，在新泽西州发现了一种在日本海域常见的小螃蟹——肉球近方蟹（*Hemigrapsus sanguineus*），随后，南至切萨皮克湾、北至科德角都发现了这种小螃蟹；1979年，在德国发现一种被称为大西洋刀蛏（*Ensis directus*）的北美大竹蛏，它们之后还扩散到了法国、丹麦、荷兰和比利时。

并非所有的入侵者都是动物。20世纪80年代，欧洲的水族馆引进了杉叶蕨藻（*Caulerpa taxifolia*），这是一种具有观赏价值且生长迅速的鲜绿色热带海藻。1985年，有几株杉叶蕨藻在摩纳哥水族馆的例行水族箱清洁过程中“逃”入了地中海。这些水藻迅速生长。截至1997年，杉叶蕨藻在地中海北部海岸的覆盖面积达44.5 km^2，最近它又被报道出现在非洲北部海域中。2000年6月，杉叶蕨藻在加利福尼亚州圣迭戈市北部的一个沿海潟湖中被发现，之后在其以北125 km处的加利福尼亚州奥兰治县的亨廷顿港中也出现了。一旦杉叶蕨藻在一地开始生长，就能大量繁殖，并且以此清除本地的海藻、海草、珊瑚礁和其他生物，给当地生态和经济带来严重的破坏。在地中海地区，杉叶蕨藻已对旅游业、游艇产业和潜水运动造成负面影响；同时，它还改变了该海域的鱼种分布，妨碍张网作业，给商业捕捞行业带来损失。目前尚未发现有效清除杉叶蕨藻的方法。

随着越来越多的外来物种被确认，生物海洋学家和海洋生物学家意识到世界范围内的河口地带、海湾和基岩海岸带正在发生一场生物革命。许多生物学家指出，外来物种是一种“生物污染”，其他人也越来越担忧自然屏障被打破，及其可能引发的全球范围内的“生物同质化”。

在压载水的案例中，斑马贻贝先是被引入五大湖区，随后又入侵了美国中部河流和溪流。这给美国的淡水环境拉响了警报。1990年，美国国会颁布了《外来有害水生生物防治与控制法案》(Nonindigenous Aquatic Nuisance Prevention and Control Act，NANPCA)。在该法案要求下，美国对前往五大湖的船舶在公海上更换压载水实行自主管理。1993年，这部法案升级为法律。

据估算，“搭乘”跨洋轮船的压载水周游世界的生物时刻都超过3 000种。①尽管联合国和国际海洋考察理事会（International Council for the Exploration of the Sea）呼吁加强压载水的管理，但目前在管理海洋压载水方面，尚无法律能与NANPCA相比。如果对船舶和船员不会造成危险，在海上更换压载水的方法值得一试，但是这种方法并不能冲走所有生物，也无法清除压载舱底部的所有沉积物。一些提案建议对压载水采取加入有毒化学物质、加热、过滤或采用紫外线消毒等处理方法，但世界上没有一艘货船会专门针对压载舱进行设计，而且上述方法都需要对船舶重新进行设计或改造。

通过管理压载水并不能彻底消除外来海洋物种的入侵，并且代价高昂。但是，这是一种能够降低外来入侵者的方式。请记住：“一旦外来海洋入侵生物定居下来，还没有一种入侵生物可以被成功地清除或遏制，其扩张速度也不能被有效地减缓。”[威廉姆斯学院海事研究项目詹姆斯·T. 卡尔顿（Jams T. Carlton）]。

13.8 捕捞过度和副渔获物

放眼全世界，太多渔船正在以过快的速度进行过量捕捞。无节制地捕捞和管理中忽视鱼类数量下降，代价将是鱼类种群消失。表13.5是全球渔获量峰值年份和1992年对比的变化情况。渔业捕捞的速度已经超过了种群的恢复速度。1995年，一份由联合国粮食及农业组织（Food and Agriculture Organization, FAO）发布的报告称，预计全球70%的渔业资源面临过度捕捞和衰竭，指出全球渔业已无法保持现有水平。据美国渔业养护与管理办公室称，美国水域中41%的物种已经遭受捕捞过度。加拿大在1992年关闭了具有200年历史的纽芬兰鳕鱼渔场，美国国家海洋渔业局（National Marine Fisheries Service）也在1993年关闭了美国大部分鳕鱼渔场。鳕鱼渔业的衰败将在第17章进一步讨论。1980—1990年，美国的北大西洋剑鱼产量降低了70%，剑鱼的平均体重也从52 kg降至27 kg。1991年，一些国家致力于减少捕捞大西洋剑鱼，西班牙和美国一致降低了15%。然而，日本的捕捞量上升了70%，葡萄牙上升了120%，加拿大上升了300%。1970—1993年，大西洋蓝鳍金枪鱼数量下降了80%。自1975年以来，在墨西哥湾产卵的蓝鳍金枪鱼数量减少了90%，在地中海产卵的数量也减少了50%。许多渔业观察员认为，蓝鳍金枪鱼注定将灭绝，因为这是世界上最昂贵的鱼，在日本的鱼专卖店中每千克售价高达200美元。

除了渔业资源蒙受损失之外，其他海洋生物和海鸟也因食物减少而受到影响。20世纪80年代从中后期，

① J. T. Carlton & J. B. Geller, 1993. Ecological Roulette: The Global Transport of Nonindigenous Marine Organisms. *Science:* 261(5117):78–82——原注

在设得兰群岛筑巢的海鸟出现难以繁衍的状况，这显然是该岛的沙鳗被捕捞过度造成了海鸟的食物缺乏。在肯尼亚，由于过度捕捞生活在珊瑚礁中的扳机鱼，导致海胆数量激增，破坏了珊瑚礁生态系统。阿拉斯加的北海狮数量也在骤降，1970年估计尚有17万头，截至1990年数量降为6万头，到了2000年仅剩4.5万头。对阿拉斯加湾和白令海的研究表明，50%以上的北海狮以狭鳕为食，在白令海的过度捕捞导致狭鳕数量从1988年约1 220万条降至1995年约650万条。这对北海狮来说，捕捉数量相同的鱼需要花费更长的时间和更多的精力。1990年北海狮被列入受胁物种，1997年北海狮西部系群被列入濒危物种。北海狮受《海洋哺乳动物保护法》(Marine Mammal Protection Act)的保护，该法禁止杀害、伤害或骚扰任何海洋哺乳动物。北海狮也在《濒危物种法》(Endangered Species Act)保护范围之内。在联邦的保护下，北海狮数量有望得到恢复。

全球约2亿人从事渔业捕捞、加工和经营行业，另有数百万人以鱼类为主要的蛋白质来源。东南亚地区有超过500万渔民，为区域经济贡献达66亿美元；渔业为智利北部提供18 000个岗位并占到国民收入的40%；对冰岛来说，17%的国家收入和12%～13%的就业机会都依靠渔业来提供。

1977年，美国将渔业控制区向外延伸到200海里专属经济区(exclusive economic zone，EEZ)，此范围内只允许美国渔船进行捕鱼活动。现在，超过122个其他国家也声明了其专属经济区，并且，大多数情况下声明专属经济区是由于捕捞能力的提高。现在，全球捕捞能力是年捕捞需求的两倍。从1970年到1999年，全世界捕捞船队的数量翻了一番，大型渔船数量从58.5万艘上涨到120万艘。中国捕捞船队的规模为世界之最，约有渔船45万艘，占世界总数的1/3。据估计，欧盟国家的船队数量超出其需求的40%。经济和政治的双重压力迫使政府支持渔船现代化，为渔船提供燃料和高级渔具，并采取措施防止产业崩溃，致使渔业捕捞能力过度膨胀。但实际上，这些政策往往削弱了政府的管理计划并鼓励了捕捞过度。

在一项联邦贷款计划的支持下，美国捕捞船队通过建造新渔船而迅速崛起。新船捕鱼效率极高，配备了声呐、测深仪和计算机。计算机能记录已作业地点，并为人们日后返回这些作业点导航。飞机、直升机，甚至卫星数据都可用于探测鱼群。此外，渔船本身、渔具、船员收入和燃料需求都增加了商业捕鱼的成本。渔民为了维持收入水平竭力捕捞作业，给日益缩减的渔业资源带来了巨大的压力。

面对这种情况，一些国家和地区的反应是加强捕捞船队的作业能力。中国台湾地区不再为千吨级以下的渔船颁发许可证，并回购服役15年以上的渔船。马来西亚削减了40%的渔业从业人员，但投入更多大容量的现代化渔船。冰岛计划降低40%的捕捞能力，这一计划可能会减少捕捞船的数量，但如果剩下的渔船更大且捕捞效率更高，则实质上不会减少捕获量。

20世纪80年代，海上流刺网作业成为严重的问题，每晚布的渔网加起来长达65 km。这些几乎看不见尼龙刺网像悬在水中的墙，能够围困并杀死一切游入其中的生物。据美国海洋哺乳动物委员会估计，1990年这些网总长度约为40 000 km，连起来可以绕

表13.5 渔获量高峰年和1992年对比的变化情况

大西洋			太平洋			印度洋[a]	
区域[b]	峰值年份	变化率/%	区域	峰值年份	变化率/%	区域	变化率/%
NW	1973	−42	NW	1988	−10	西部	+6
NE	1976	−16	NE	1987	−9	东部	+5
WC	1984	−36	WC	1991	−2		
EC	1990	−20	EC	1981	−31		
SW	1987	−11	SW	1991	−2		
SE	1973	−53	SE	1989	−9		

a 印度洋上渔获量增加是由于采用了更先进的捕渔技术。渔获量平均年增长发生在1988—1992年期间。

b NW:西北部；NE：东北部；WC：中西部；SW:西南部；SE：东南部。

切萨皮克湾的水母生态预报

克里斯托弗·布朗博士

克里斯托弗·布朗（Christopher Brown）博士是美国国家海洋与大气局国家环境卫星、数据和信息服务中心研究与应用办公室的海洋学家。他的研究兴趣包括生物模式及其在海洋中所造成的生物地球化学作用结果，对海洋生物和种群的远程监测、表征和预测方面。

生物海洋学的目标之一就是当环境条件改变时，理解并预测水生生物的丰度和分布变化。随着实时观测和数值模拟技术的进步，实现这个目标变得触手可及。

某些特定物理、化学和生物条件的综合作用会导致生物事件的发展和持续。例如，当有足够多的“种子”，并且光照和养分浓度适宜时，就可以形成藻华。只要知道某个物种茂盛生长的条件，我们就能预报该物种爆发的潜在可能性。

先进的技术与通信方式可以用于快速测量、分析，甚至预测各种环境因素。例如，对从卫星上获取的数据进行数字模型模拟处理。通过检索、评价和模拟环境条件数据，我们能迅速、实时地预报某些生物出现的可能性，特别是在该物种的生境已确定的情况下。

运用这一生态学进展，我的同事与我预测了在切萨皮克湾遭遇五卷须金黄刺水母（*Chrysaora quinquecirrha*）的可能性，这是一种金黄水母。在切萨皮克湾，每到夏天水母就繁盛起来。它们的生活史包含数个阶段（窗图1），受精卵发育成幼虫，附于坚硬的表面（如牡蛎壳）之上，变态成具有触手的螅状幼体。冬季，螅状幼体附于海底处于休眠状态。从4月到初夏，在温度和盐度条件适宜的情况下，螅状幼体就会发育成尚未成熟的水母，直径约0.1 cm，称为碟状幼体。碟状幼体很快生长发育成水母成体。

水母对切萨皮克湾的生态十分重要，同时也干扰了人们的休闲活动，它们的分布情况对公众与科学家都很有价值。五卷须金黄刺水母影响游泳者和人们进行其他水上活动，就像它们的名字那样，人们接触到水母的触手会被蜇伤。它们也是贪婪的捕食者，以桡足类、鱼卵、仔鱼和栉水母为食。这种捕食习性影响了食物网动力学和能量在营养级之间的流动，并可能影响湾内有鳍鱼的产量。因此，五卷须金黄刺水母的分布可以用于生态模型中，以研究它们如何影响营养级的能量流动和湾内仔鱼的存活情况，以及向游泳者发出警告。

我们利用五卷须金黄刺水母的温盐喜好来预报切萨皮克湾水母的分布情况。我们能够快速获取这两项环境变量数据，并利用这些数据生成地图，以展现在湾内各区域遭遇水母的可能性。这种可能性与表面海水温度和盐度的估值，通

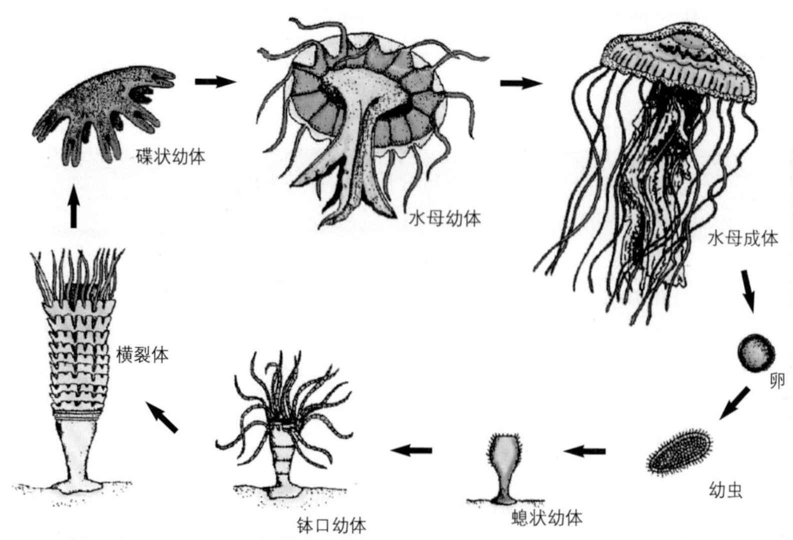

窗图1　五卷须金黄刺水母生活史。

过栖息地模型建立联系。人们可在线查看我们制作的每周预报、水母信息和制图步骤①。

对表面海水温度和盐度估值的获取源于一个研究湾内水质的动力学计算机模型。该模型通过输近实时数据（例如河水径流量和空气温度）来模拟海湾当前的温度和盐度。未来我们计划通过卫星测量来获取更精确的表面海水温度数据。

通过分析1987—2000年间每年春、夏和秋三个季节湾内及选取支流的表层水（深度0～10 m）中五卷须金黄刺水母的数量、盐度和温度数据，建立了栖息地模型。原位水母种群密度通过网孔相对较细的拖网测得。如窗图2所示，五卷须金黄刺水母的分布限定在一个相对狭窄、界限分明的温度和盐度范围内。窗图3为栖息地模型。

将实际观测和之前的水母预报结果做比较［窗图4（a）～（d）］，结果表明在海湾尺度下模型模拟效果较好。1996年和1999年夏季，湾内水母的相对上－下游分布位置大致正确。1996年极其湿润，模型预测水母主要出现在海湾下游；1999年降雨量更为典型，模型预测水母出现在湾内更上游的位置和几个支流河道中。然而在更小的尺度下，对湾内水母分布横向变化的实时预测失败，表明水母分布还受其他条件的影响。未来我们将增加关注已知对水母浓度有影响的其他环境变量，例如水深和风速。同样的，如果已知天气变化对盐度和温度的影响，我们就能够预测水母分布对气候变化的响应。

我们对水母分布的实时预报方法可推而广之，适用于任何生物。当然，还有许多挑战尚待解决。例如，目标生物的栖息地不会像水母那样容易确定。对许多物种来说，我们还不能定期获取其栖息地的关键环境指标。尽管如此，我们仍然相信，通过上述方法，加之新技术的发展，就有希望实现生物海洋学多年以来的目标——预测海洋生物的分布格局。

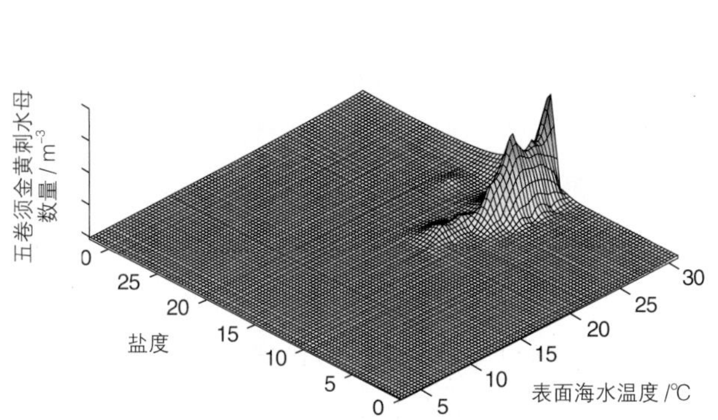

窗图2 切萨皮克湾表层水体中，95%水母（五卷须金黄刺水母）所在区域的水体盐度和表面海水温度范围。五卷须金黄刺水母最大密度为15只/m^3。

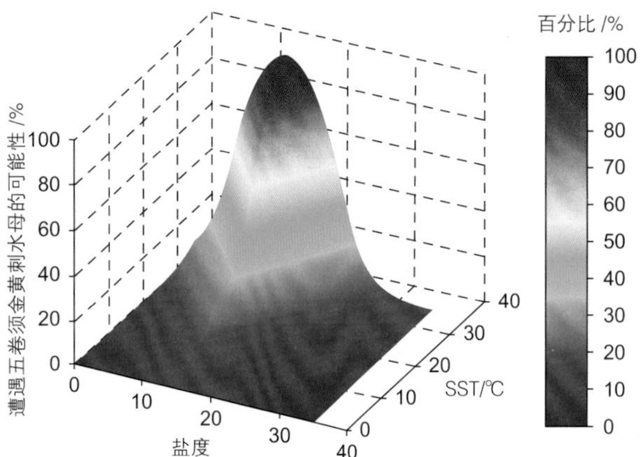

窗图3 在切萨皮克湾表层水体中遭遇水母（五卷须金黄刺水母）的可能性是盐度和表面海水温度（SST）的函数。

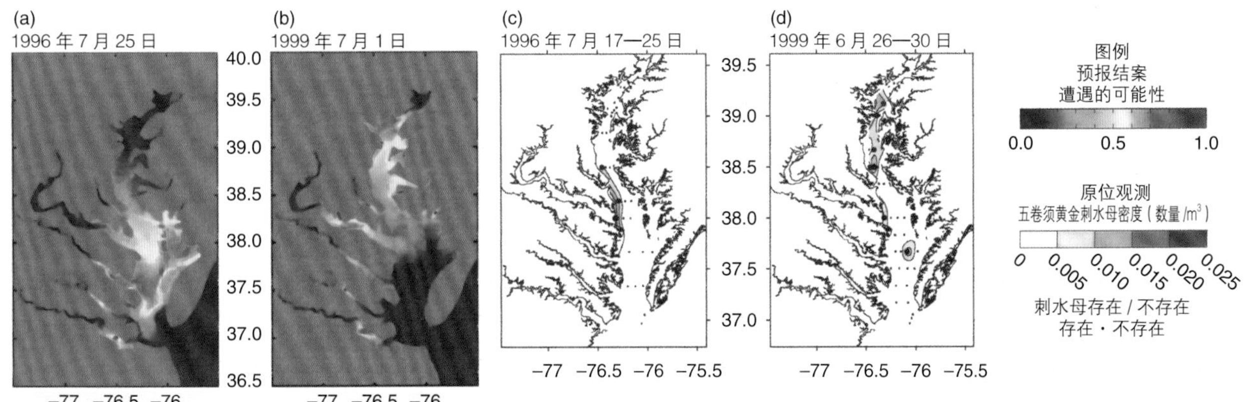

窗图4 切萨皮克湾表面水体中遭遇水母（五卷须金黄刺水母）的可能性。（a）1996年7月25日，（b）1999年7月1日，（c）和（d）分别为上述两个时间所在的时间段内水母种群密度观测结果，数据来源为河口生态系统中营养级相互作用研究计划，研究经费由美国国家科学基金资助。

① 网址：http://chesapeakebay.noaa.gov/products/identify-jellyfish。——编者注

地球一周。在太平洋和印度洋海域，日本、中国台湾地区和韩国用流刺网捕捞鱿鱼和其他鱼类；在大西洋海域，一些欧洲国家主要用流刺网捕捞长鳍金枪鱼。这些尼龙网不易腐坏，被风暴撕裂的部分可以在海洋里漂荡数月甚至数年，如鬼影般捕捉沿途的一切。目前还没有由流刺网造成的动物死亡估算数据。日本、中国台湾地区和韩国遵照联合国决议，于1992年年底前停止在太平洋海域使用流刺网。在四年的讨论之后，欧盟各国渔业部长对自2002年起禁止在大西洋东北部绝大部分海域进行流刺网捕捞进行了投票表决，仅爱尔兰和在欧盟国家中流刺网船队数量居第二位的法国投了反对票，流刺网船队数量最多的意大利弃权，其余12个成员国都投了赞成票。该禁令在除波罗的海（该海域没有海豚）之外的任何海域有效。对波罗的海的豁免是为了赢得丹麦、芬兰、瑞典对禁令的支持，因为波罗的海海域的渔民用流刺网来捕捞海鳟鱼和鲑鱼。这项决议还结束了环保人士长期以来的抗议活动，其中包括绿色和平（Greenpeace），该组织在长达15年的时间里一直试图说服欧盟采取行动，禁止流刺网的使用。

每年有大量海洋生物被专门捕捞某种特定目标物种的渔网捕获并死亡，这种附带捕获物称为副渔获物（incidental catch或by-catch），通常也被叫作“杂鱼”，它造成海洋资源的极大浪费。据联合国粮食及农业组织估计，每年被丢弃的副渔获物高达3 000万吨，占商业捕捞上市量的25%。每年的全球捕虾量约180万吨，而丢弃的副渔获物就高达950万吨。虾拖网渔船每年约误捕海龟45 000只以上，其中超过12 000只死亡。阿拉斯加拖网船主要捕捞狭鳕和鳕鱼，但捕捞的大比目鱼副渔获物重达1.1万吨，价值3 000万美元，同时还有鲑鱼和帝王蟹，这三种生物都要被扔回大海，因为它们被禁止养殖或贩卖。为了留出空间放置大型高价值的鱼类，另外还有大约25万吨捕捞上来的底栖鱼也会被丢回阿拉斯加海域。表13.6为全球范围内对渔业影响最大的副渔获物所占的百分比。

世界各地的副渔获物抛弃率各不相同。如果副渔获物无法带来很高的利润，或是不具备加工条件或市场，这些“杂鱼”会被扔回海里，通常都会死亡。在墨西哥湾，每捕捞0.5 kg虾，就会有约4.5 kg的副渔获物被丢回海中。通常在东南亚地区或是其他有当地渔业和鲜鱼市场的地方，副渔获物才被利用。

表13.6　全球副渔获物

鱼的种类	抛弃渔获占上岸渔获的重量百分比/%	上岸渔获重量/10^6 t
虾类、对虾	520	1.83
蟹类	249	1.12
比目鱼、拟庸鲽、鳎	75	1.26
红鲑、鲈鱼、海鳗	63	5.74
龙虾、大螯虾	55	0.21

13.9　补　记

地球及其环境一直在演变中。自诞生之日起，地球就在不断地运转和自我调整，地球上的生命和环境相互作用、变化并达到新的平衡。但是，人类的能力使自然变化加速，为了达到目的对环境进行了根本性的改造。没有任何一种生物可与人类竞争，也没有任何一种环境可与人类抗衡。人类绝非零影响因子，但我们可以挑战自我去理解和考虑选择的意义。科学可以帮助我们理解选择的后果，但是我们每个人都必须仔细定义并保护做出“最佳”选择的过程。

必须牢记这句话：我们无法置身事外。丢弃在这颗星球上的东西只会留在这颗星球上，对它们视而不见并不意味着它们会从自然界自动消失。1995年6月，经过三年的审议，壳牌石油公司计划将一个废弃的重达14 500 t的海上浮动储油设施沉入大西洋水下2 000 m的北费尼海岭。壳牌公司声称，在海上处理这个约含有100 t重金属污泥的储油罐，比弃置在陆地上产生的危害性小。计划因各种负面宣传和公众的强烈抗议而终止。最后，-储油罐被埋藏在陆地上的某处地方。这是最佳选择吗？公众是否应该像关心海洋倾废那样，也应思考在陆地上的埋藏后果？

我们越是了解地球系统，就越能更好地决策。通过不断地自我教育（课堂内外）、参与政策活动和相互合作，人人都能为保护这颗星球的健康和活力做出睿智的决定。

本章小结

向沿岸和滨外水域倾倒固体废弃物和液体污染物将影响水质。陆地径流携带着有毒物质混合物、石油和汽油残留物、工业废水、杀虫剂和化肥流入河口和近海区域。墨西哥湾内低氧区的扩张与从密西西比河注入的硝酸盐和磷酸盐的增加有关。有毒物质可被黏土颗粒吸附并富集在近岸沉积物中。生物体进一步富集有毒物质，并将其传递给食物网中的其他成员。减少有毒物质排放的措施已见成效，铅、DDT和PCBs的含量在降低。

塑料制品正在严重威胁着海洋生命，每年导致成千上万的鱼类、鸟类、哺乳动物和海龟死亡。法律禁止向海洋倾倒塑料垃圾，但目前尚未形成国际执行力。

由于固体废弃物的数量不断增加，有些科学家提议将深海平原作为废弃物处理地点。也有人建议将长寿命的核废料丢入深海海沟，让它最终进入地幔循环。

对近岸水域来说，溢油是一个特殊的问题。“阿莫科·卡迪兹”号沉没、“埃克森·瓦尔迪兹”号搁浅和1991年波斯湾原油泄漏事件是三大标志性溢油事故，它们都造成了灾难性的生态影响，并持续表明:对于溢油，当前没有完全有效的清理技术。

湿地濒临河口和近岸海域。对于许多海洋生物物种来说，湿地是重要的营养盐供应、觅食和栖息场所。在人类填埋、疏浚和开发下，许多海洋湿地都已消失。

各种生物存在于船舶压载水中，随船漂洋过海抵达距离出发点千里之外的新环境中。旧金山湾、黑海、亚速海、澳大利亚沿岸和欧洲沿海地区的生态都已被严重地破坏。许多科学家把外来物种的引入称为生态污染（biological pollution）。

全球各海域都由于捕捞过度面临渔业资源枯竭。鱼类数量减少导致渔民失业和以鱼类为食的海洋物种衰退。经济专属区的建立加速了捕捞船队的过度膨胀。副渔获物对渔业和野生动物资源来说都是巨大的损失。

关键术语

hypoxic　缺氧的

Wetland　湿地

Incidental catch/by-catch　副渔获物

本章中的关键术语可在“词汇表”中检索到。同时，在本书网站www.mhhe.com/sverdrup10e中，读者可学习术语的定义。

思考题

1. 如果挖掘某个海湾海底的污染沉积物以供垃圾填埋场使用，在疏浚、运输和存储这些沉积物时，需要考虑哪些对环境的危害？
2. 造成近岸水体营养盐浓度不断上升的原因是什么？这会导致怎样的结果？
3. 为什么沉积物中有毒物质的浓度高于其上方的水体？环境污染是怎样影响生物的？
4. 为什么说塑料是一个严重的海洋问题？
5. 为什么有些科学家认为向海洋倾废比在陆地掩埋安全？
6. 从以下方面比较1991年海湾战争中的溢油事件和“埃克森·瓦尔迪兹”号溢油事故：区域地理位置和气候，石油扩散，石油对海滩、生物和渔民的影响以及清理效果。
7. 石油泄漏到海洋和近岸水体中分别会发生什么后果？
8. 为什么海洋湿地具有很高的生态价值？为什么世界范围内滨海地区的湿地都在减少？
9. 解释压载水运输海洋生物的结果。
10. 专属经济区的建立如何影响沿海渔业？
11. 什么是副渔获物？它对海洋渔业有什么影响？
12. 为什么像杉叶蕨藻这样的入侵物种在新环境下能快速扩散？
13. 如何有效利用全球渔业中的副渔获物？
14. 为了有效利用副渔获物，我们应采取什么政策或经济措施？

学习目标

学习完本章以后，读者可以：

1. 描述黏性力和惯性力如何影响水中不同大小生物的游动。
2. 解释光合作用与化能合成的异同。
3. 描述生物泵是如何增加从大气到海洋的二氧化碳流量的。
4. 解释不同种类生物如何调节自身温度以及这个过程如何影响它们生态分布。

生机盎然的海洋

第14章

在之前的章节中，我们结合物理和化学的基本原理解释了海洋过程。本章及后续几章中，我们将用同样的原理描述生物如何在海洋里生活和它们的栖息地，它们是生活在水中还是冰上，是在海底还是沿岸地带。尽管海洋生物与陆地生物有许多共同点，但海洋环境也呈现出独特的挑战和生存问题。研究海洋生物的科学家通常被称为生物海洋学家或海洋生物学家。这两个称呼的区别十分微妙，并没有明显的界线。生物海洋学家倾向于研究海洋中小型生物和海洋之间的相互作用，而海洋生物学家则倾向于研究海洋中大型生物的生物特征及其之间的相互作用。海洋生态系统中的生物，大小各不相同，其多样性十分令人惊叹。因此，研究海洋生物的科学家最终还是要落到理解不同大小、类型生物之间的相互作用上。无论是生物海洋学家还是海洋生物学家，都要研究海洋生物的丰度、分布以及生物与环境之间的关系。

14.1 环境带

生物赖以生存的海洋环境广阔而多变，主要由两大部分组成：**远洋带**（pelagic zone），又称为水体环境；**底栖带**（benthic zone），又称为海底环境。远洋带可以进一步划分为**浅海带**（neritic zone）（位于大陆架之上）和**大洋区**（oceanic zone）（远离陆地的开阔海域）。随着深度的增加，远洋带和底栖带还可再细分成若干区域，如图14.1所示。不同的底栖区域及在这些区域中生活的生物类型将在第14.5节中详细讨论。

◀ 潜水员在珊瑚礁上方潜水。

14.2 生物的体型大小

我们从讨论海洋生物的大小开始认识世界海洋生物。微生物（术语“microbes”“microorganisms”可以互换）是海洋中最丰富的生物，这些单细胞生物的各种生命过程可带来全球性的影响，其中一些生物我们将在第15章和第16章详细讨论。大部分微生物只有几微米大小，比人类头发丝的直径还要小得多。人们轻易可见的海洋生物，例如无脊椎动物、鱼类和鲸，体型差异巨大。一条小型海生蠕虫的长度可能不足3 cm，但一头蓝鲸的体长则能达到33 m。这些生物全部由多细胞构成，细胞之间相互协作，发育成组织、器官和肢体等各种结构。通常，组成多细胞生物的每个细胞个体大小差不多（神经细胞

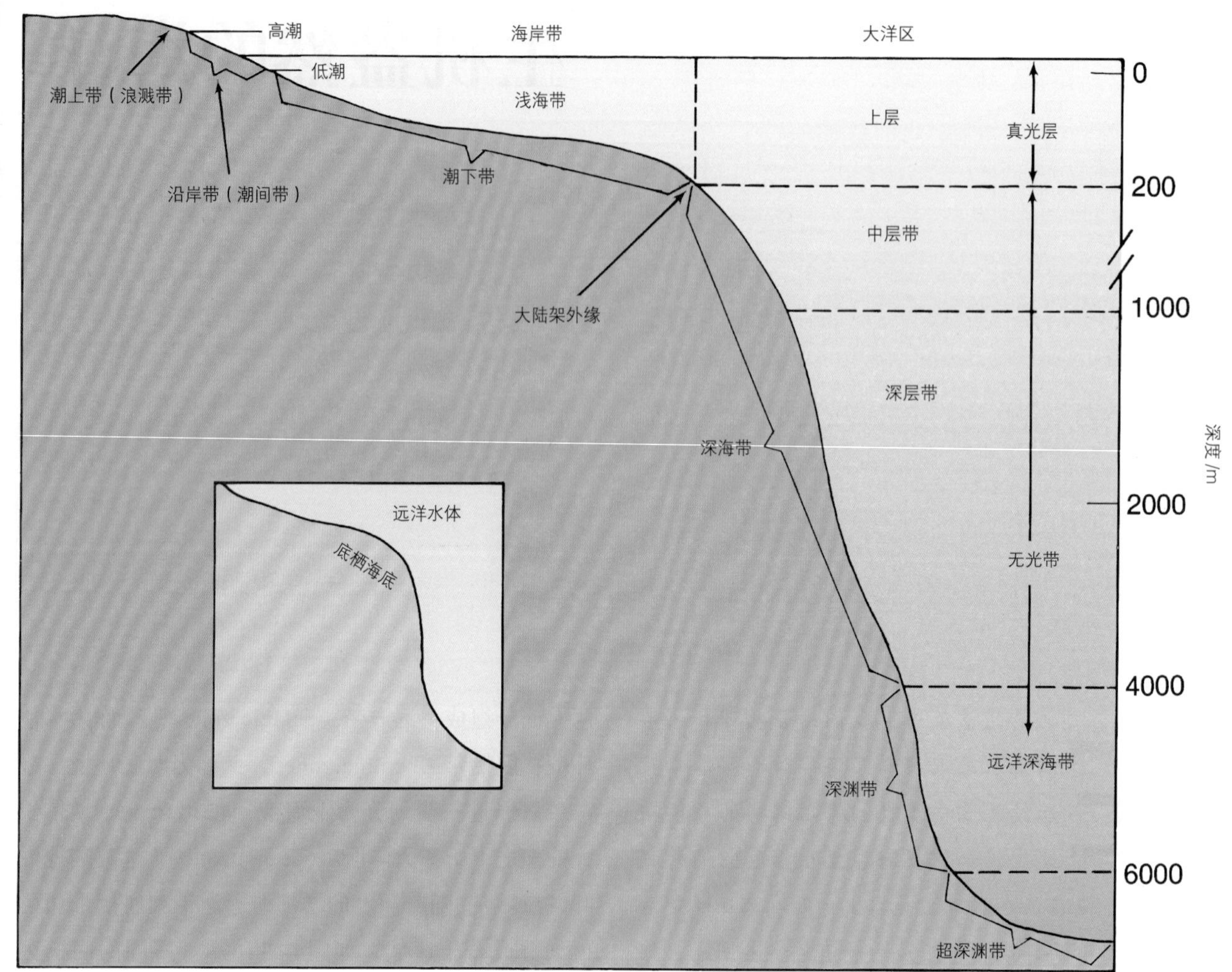

图14.1 海洋环境分区。

例外），与大多数微生物大小相当。从最细小的微生物（0.5 μm）到体型最大的蓝鲸（33 m），生物依据体长大小大约可分为10个等级。与之相比，从微生物（0.5 μm）到细胞（100 μm），依据大小仅分为3个等级。为什么是这样？为什么巨大的生物不全是由巨大的细胞组成？是什么因素决定了生物能够承受的体形？体形和生物的生活方式又有什么联系？为什么有些生物外形复杂，而另一些生物外形则相对简单？如下所述，物理和化学的基本原理，例如前面章节所提及的质量和能量守恒定律，是这些问题的答案：生物体必须完成传递和维持质量和能量的活动，而体长大小和外形等因素会影响这些过程的效率。对这一领域的研究，即寻求物理和化学对生物基本特征（例如生物大小和外形）的影响的答案，人们称之为**生物力学**（Biomechanics）。我们将以此作为学习海洋生物的起点。

生物的热含量、化学成分和质量，因其生存环境的不同而存在差异。在细胞水平上，这种差异主要由分子输运机制维持。分子的传递称为**扩散**（diffusive），热量的传递表现为**传导**（conductive），动量的传递则表现为**黏性**（viscous）。这些传递机制都在表面进行。并且，这些传递作用在距离较短时较强，距离较远时则较弱。想象你坐在一个寒冷的房间里，通过穿毛衣、增加衣服厚度的方式来降低你的热量损失速率。微尺度生物仅能够通过热传导来散热，但对由大量细胞紧密结合而成的大型生物来说，这不是唯一的散热方式。同理，对普通细胞大小的生物来说扩散作用能够作为生物吸收营养和排泄废物的唯一方式，但那些像鲸般大小的生物却不行。

大型生物和小型生物的一个根本性不同在于生物体的表面积与体积之比。想象一个正在收缩的球体，当球体半径从1 000单位缩小到1个单位时，表面积的缩小程度是半径缩小倍数的平方（$S=4\pi r^2$），而体积的缩小程度是半径缩小倍数的立方（$V=4/3\pi r^3$）。因此当半径减小时，表面积与体积的比值［$4\pi r^2/(4/3\pi r^3)=3/r$］将增大。小球体的表面积与体积之比比大球体大（表14.1）。生物也遵循同样的原理：与体形庞大的鲸比起来，微小浮游生物的表面积与体积之比要大得多。作用于细胞表面的力与作用于细胞体积的力不同。小于1 mm的生物更易受到黏性的影响，而大生物更易受到重力和惯性的影响。对这些作用不同的响应结果就是小生物在海洋中运动时以黏性力为主，基本不存在动力。微生物在水中运动时，表面粘着一层流体，一旦停止运动就不再滑行；大生物在海洋中运动时以惯性为主，它们在水中游动时向后划水，当停止游动时仍然存在向前运动的趋势，因此能够继续持续一段运动时间。在动力下滑行和流线型身体对大型生物在海水中的运动非常重要。

表14.1　生物大小和表面积与体积之比的关系

半径（r）	表面积（$4\pi r^2$）	体积（$4/3\pi r^3$）	表面积/体积（$r/3$）
1	12.56	4.188	3
10	1 256	4 188	0.3
100	125 600	4 188 000	0.03
1 000	12 560 000	4 188 000 000	0.003

与分子输运相关的物理限制、黏性力与惯性力的相对影响极大地影响着生物的行为、在环境中的运动方式、对周围环境的感知以及捕食与逃生手段。细胞非常小的原因是受到分子传递的限制，因为对于巨大细胞来说，仅靠扩散过程无法吸收足够的养分。小型海洋生物的外形与大型海洋生物的外形相差甚远，这是由于作用于它们身体上的外力不同，从而约束了它们的外形。因此，并没有太多的生物力学“方法”来解决海洋生物们面临的一些“问题”。例如双壳类、海绵和微小的纤毛虫在生物学上并不相关，但它们都依靠纤毛滤食（图14.2）。双壳类和海绵有纤毛细胞，而微小的纤毛虫只是一个单细胞生物。生物与环境、生物与生物之间的物理和化学相互作用，最终决定了生态系统的结构。

图14.2　火焰贝用纤毛滤食海水中的浮游生物。

14.3　生物分类

海洋生态系统由多个相互作用的海洋生物群落组成。我们刚刚学习了细胞的大小以及环境的物理和化学制约对生物间相互作用的影响。基于生物之间的亲缘关系和功能对生物进行分类，有助于我们进一步理解生态系统中发生的复杂相互作用。分类系统是250年前由瑞典生物学家卡尔·林奈（Carolus Linneas）创建的，这种方法基于生物之间的亲缘关系对生物种群进行命名和分类，并沿用至今。分类学（taxonomy）主要基于形态学。例如，所有国家的人们都接受“智人”（*Homo sapiens*）作为人类的属种名，并且所有人类具有显著的、相似的形态特征。表14.2列出了本章中所讨论的一些常见海洋生物的分类阶元。近些年来，DNA序列信息也帮助我们揭开了一些仅依靠形态学难以区分的生物的进化关系。对始祖生物及其后代之间进化纽带的研究，称为**系统发育学**（phylogeny）。有一点非常重要，即基于亲缘关系的分类与基于功能的分类，结果并不完全一致。相互没有紧密亲缘关系或者体型差距巨大的生物，可能在生态系统中具有相似的功能。如前文所述，纤毛虫和双壳类并不相关，但它们都能够滤食水中的微生物，从而影响微生物的数量。

依据亲缘关系对不同物种最广泛的分类原则是建立在细胞形态和结构以及DNA序列的组合应用基础上的。这种分类方法将生物主要分为三个域：细菌域（Bacteria）、古生菌域（Archaea）和真核生物域（Eukarya）（图14.3）（注意：在英文中，当这些单词指示域名时，首字母需要大写；当指示普通的细菌、古生菌和真核生物时，首字母则无需大写）。细菌域和古生菌域都属于最古老的生物，即**原核生物**（prokaryote）。原核生物的化石可追溯到35亿年前。原核生物都是单细胞生物，细胞结构简单，缺少包括细胞核在内的以膜结合的内部结构。细菌域和古生菌域的外形相似，但通过DNA测序技术很容易区分。据最新统计，在深度超过500 m的海洋中，40%的原核生物是古生菌。**真核生物**（eukaryote）出现的较晚，化石可追溯至21亿年前。真核生物的细胞结构复杂，所有真核生物都具有**细胞核**（nucleus），其中含有大部分DNA物质；大多数真核生物都具有**线粒体**（mitochondria），将食物转化成能量；一些真核生物还有**叶绿体**（Chloroplast），可以吸收阳光进行光合作用。

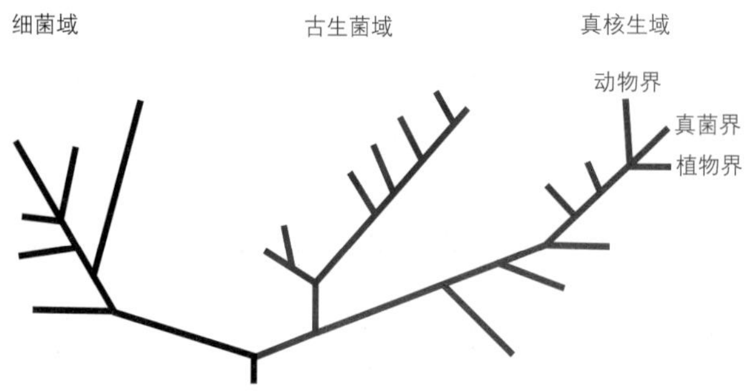

图14.3 生物树状图。生物分为3个域：细菌域、古生菌域、真核生物域。细菌域和古生菌域的生物都是无核单细胞生物；真核生物域的生物既包括许多有核单细胞生物，也包括动物、植物和真菌。

依据功能特征对不同物种最广泛的分类原则是基于生物获取生长所需的能量和碳的方式（图14.4）。这种分类方法将生物分为两类：自养生物（autotroph）和异养生物（heterotroph）。自养生物通过摄取无机化合物，例如硝酸盐、铵盐、磷酸盐和二氧化碳，产生生长所需的糖和蛋白质等有机物。生成有机物的能量来自太阳光和化学能，碳则来自二氧化碳。利用阳光产生有机物的生物称为光**自养生物**（photoautotroph），这一过程称为**光合作用**（photosynthesis）。光合作用的一个重要副产品就是氧气。利用化学能产生有机物的生物叫作化能**自养生物**（chemoautotroph），这一过程称为**化能合成**（chemosynthesis）。人们曾经认为能够进行化能合成作用的生物数量相对有限，这一观点直到最近才发生转变。目前发现，深海中很大一部分古生菌都能进行化学合成。自养生物位于食物网的底部，因为它们具有将无机非生物物质转化为有机物的本领，并为需要以有机物质为食的生物生长提供食物来源。异养生物消耗自养生物产生的有机物，并以此作为能量和碳的来源。大多数异养生物利用氧使有机物氧化并转化成能量，二氧化碳是这一过程中的副产品。

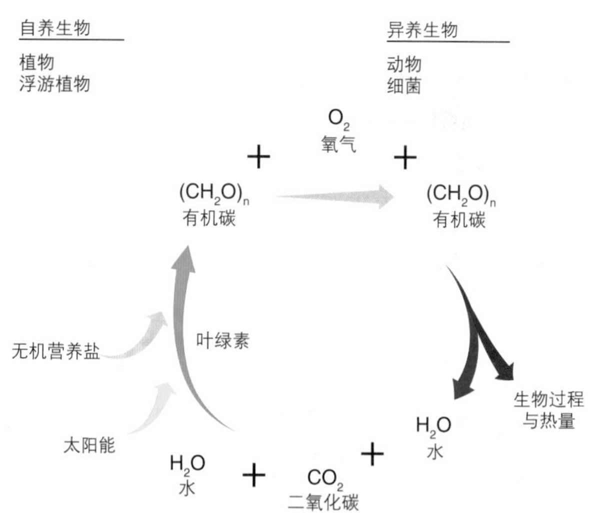

图14.4 自养生物和异养生物关系简图。光合自养生物利用阳光将二氧化碳转化成有机碳，并生成副产品氧气。异养生物消耗有机物，通过吸入氧气来驱动生物过程，并生成副产品二氧化碳。

表14.2 常见海洋生物的分类阶元

	抹香鲸	皇帝企鹅	王鲑	海湾扇贝	巨藻
门	脊索动物门	脊索动物门	脊索动物门	软体动物门	褐藻门
纲	哺乳纲	鸟纲	硬骨鱼纲	双壳纲	褐藻纲
目	鲸目	企鹅目	鲑形目	牡蛎目	海带目
科	小抹香鲸科	企鹅科	鲑科	扇贝科	巨藻科
属	小抹香鲸属	王企鹅属	太平洋鲑属	海湾扇贝属	巨藻属
种	小抹香鲸	皇帝企鹅	王鲑	海湾扇贝	巨藻

依据功能不同而划分的自养生物和异养生物，与依靠亲缘关系划分的原核生物和真核生物存在交叉。原核生物可以是光合自养生物（蓝细菌），也可以是化能自养生物（例如生活在热泉附近蠕虫体内、通过氧化硫化氢来获得能量的细菌），或者是异养生物（例如我们肠道中的大肠杆菌，以我们的消化剩余物为食）。真核生物可以是光合自养生物（如植物、藻类）或异养生物（如人类、鲸类和鱼类）。目前尚未发现能进行化能合成的真核生物。但有一些真核生物能够仅仅依靠与之共生的化能自养细菌制造的有机物而存活，例如巨型管虫（*Riftia pachyptila*）。

我们还可以通过栖息地来划分海洋生物。**浮游生物**（plankton）一般很小（小于几毫米），它们的运动速度比潮流速度慢，因此只能随波逐流。一些如马尾藻和水母之类的大型生物也随波逐流地漂浮，因此也被视作浮游生物。**浮游植物**（phytoplankton）能够进行光合作用，因此是光合自养生物。它们可以是原核或真核生物，但几乎都是单细胞生物，只有少量种类的细胞能连接成链状结构。**浮游动物**（zooplankton）消耗有机物，是异养生物。所有浮游动物都是真核生物，但它们有些是单细胞生物，有些是多细胞生物。异养原核生物是**浮游细菌**（bacterioplankton）的一员。一些浮游植物既能进行光合作用，又能根据环境条件和消耗有机物，它们被称为**混合营养型浮游生物**（mixotrophic plankton）。体型比浮游生物大，游泳速度比水流快的生物被称为**游泳生物**（nekton）（图14.5）。浮游生物和游泳生物生活在远洋带或水体环境中，它们在浅海带和大洋区都存在（图14.1）。生活在海底、海底内，或寄附于其表面的生物叫作**底栖生物**（benthos）（图14.6）。它们生活在底栖带，范围从**潮上带**（supralittoral zone）或浪溅带一直延伸到位于海底最深处的**超深渊带**（hadal zone）（图14.1）。在一个完整的生物生活史中，许多生物的栖息地会随着个体的发育成熟而发生改变。例如，稚蟹属于浮游动物，成年蟹则属于底栖生物。

图14.5 所有鱼类都是游泳生物。图中一位潜水员在瓦努阿图的桑托岛观察七带豆娘鱼。

图14.6 生活在深海底的太阳海星（*Solaster*），通常长有10条腕，直径达25 cm。

14.4 影响海洋生命的因子

海洋环境的方方面面为居住于其中的生物提出了挑战。在后面几章中可以看到，尽管海洋生物丰富多样，但如第14.2节所述，为了适应这些海洋环境挑战，它们能采取的生物力学措施有限。本节接下来将讨论影响海洋生物丰度和分布的大尺度物理和化学环境条件。在考虑这些不同的环境条件时，要牢记物质和能量必须守恒。也就是说，一些分子

（例如碳和氮）可以以各种不同形式的化合物存在，但最终它们遵循质量守恒。同样的，生物可以从不同化合物中获得能量，但生物不能创造能量。在我们思考生物在海洋中发生的各种转变时，这些原理至关重要。

光

阳光是海洋中最丰富的能量来源。阳光能够加热海水，并为光合作用提供所需的能量。**真光带**（euphotic zone）是指海洋中能够为光自养生物生长提供充足阳光的区域。**无光带**（aphotic zone）是指海洋中光无法透射的区域（图14.1）。光的穿透深度取决于以下多种因素，包括：（1）太阳光线照射地球的角度；（2）海水本身对不同波长的光的吸收能力；（3）水体中颗粒物质的含量（见第5章关于光在海洋中传播的讨论）。阳光照射海面的角度取决于纬度、季节和一天中的时间。水分子对光的吸收导致光强随着水深增加呈指数衰减［图14.7（a）］。表层海水吸收红光，深层海水吸收蓝光［图14.7（b）］。近岸海域的真光带比开阔海域的真光带浅，因为靠近陆地的水体含有更多吸收阳光的颗粒物质（有生命或无生命的）。真光带在开阔海域可向下延伸至深度200 m，而在近岸海域仅几十米。阳光在清澈海水中的透射能力远大于在浑浊海水中［图14.9（a）］。

陆地上的光合生物以植物为主。陆地上的植物在其整个生命周期中固定生长在一个地方，只有种子会扩散到新的区域。尽管植物具有向阳性，但它们不能移动到山丘的阳面。浮游植物是海洋中进行光合作用最多的生物。即使是会游动的浮游植物，它们的速度也比潮流的速度慢。在海水混合的作用下，浮游植物有可能被卷向深处，进入更黑暗更冰冷的海水中，但仅在一天之后，又会被送回温暖舒适、阳光明媚的海面。所以，浮游植物必须能在相对短暂的时间里适应物理环境的剧烈变化。

介于真光带和无光带之间的区域，有时被称为**弱光层**（twilight zone）。白天，弱光层的阳光足够让海洋生物在不同程度上识别物体，在弱光层较浅的区域还可以看清物体特征，但在较深的区域则只能看到阴影。二战期间随着声呐的出现，海军的声呐研究人员发现了深海散射层（声呐信号被强烈反射的水层）似乎随着水体上下迁移。白天，深海散射层位于中间海水深度，但到了夜晚，该“深”层则移动到海水表面。深海散射层是由一些身体能反射声呐信号的浮游动物、鱼类或鱿鱼类高度聚集形成的。这些生物白天下潜入深海中以躲避捕食者，到了晚上又迁移到海表面进行捕食。

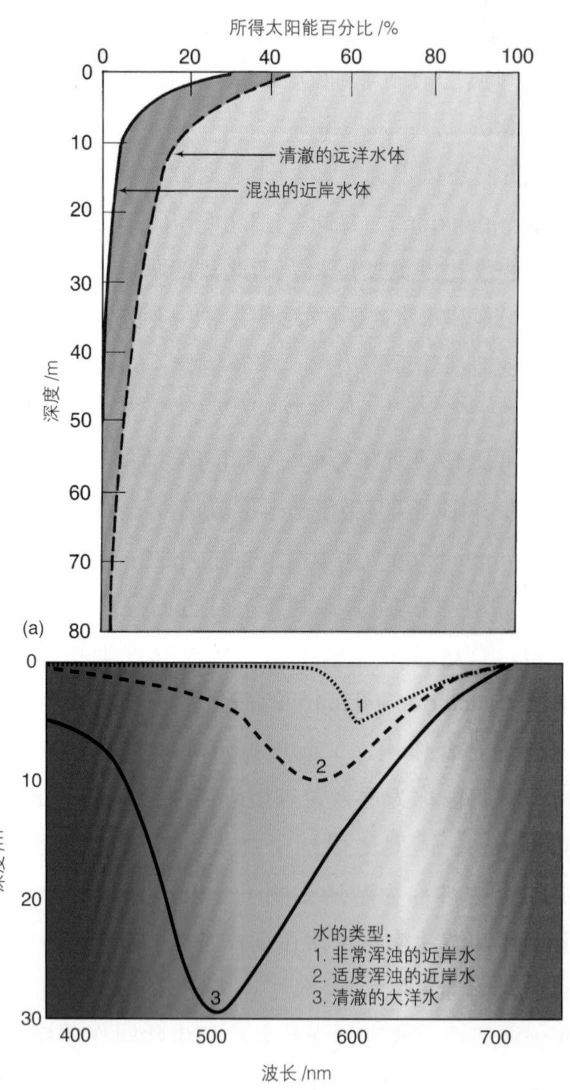

图14.7 （a）不同深度的清水与浑水中利用太阳能的百分比。（b）不同波长的光在不同水体中的穿透深度。注意，波长越短的光在清水中的穿透深度越深。

海洋中另一种光的来源是**生物发光**（bioluminescence）。生物自身发光主要是为了防止被捕食者捕食。在深夜，船行驶时的尾迹、游动的鱼，甚至是划过水面的船桨都会引发特定生物的发光。这些发光生物主要是一类被称为甲藻的浮游植物，也有一些水母、虾和鱿鱼。生物发光是细胞中的荧光素酶作用在底物荧光素上产生的发光现象。通常当海洋生物身体受到刺激时，就会激发生物发光。这就是当有物体划过水面时，我们能看到生物发光的原因。（这种现象经常被误认为是磷光现象，但实际磷光现象与此无关，磷光是指单个分子受激时发射的光。）陆地上也有生物有发光现象（例如萤火虫利用发出荧光来定位并吸引异性），但海洋中更为常见。

海洋中，生物发光最普遍的作用是逃避捕食者。猎物发出的光可能使正在进攻的捕食者受到惊吓或干扰，猎物从而趁机逃脱。例如，海蛇尾（海星的近亲）在受到攻击时，它的腕就会不停地闪光。如果持续受到攻击，它就会自断靠近袭击者一端的腕，被丢弃的腕继续闪光以吸引攻击者的注意力，而损失了一条腕的海蛇尾主体则停止闪光并趁机逃脱。“防盗警报（burglar alarm）”假说是一种用于解释一些海洋生物的发光现象而发展的假说。捕食者在靠近过程中引发海水流动，这激发潜在猎物发光，这种重复闪光就起到了一种类似防盗警报的作用，因为它将引起捕食者的注意。在这种情况下，触发“防盗警报”的猎物不会被捕食者捕获，反而是捕食者可能被更大捕食者所捕食，因为更大的捕食者将看到被照亮的捕食者！

除了躲避捕食者之外，生物发光还有一些其他功能。寄生在海雪（穿过水体沉降的大量有机碎屑颗粒）中的细菌通常能够发光。假如鱼类被光吸引，并吃掉这团发光的海雪，细菌就会再一次来到对其来说“食物”充足的环境——鱼的肠道。人们使用潜水器下潜和中层拖网捕捞时发现，大部分生活在深海中的鱼类和无脊椎动物都能发光。鮟鱇鱼嘴部上方的“钓竿”中充满了发光细菌，像诱饵一样可引诱猎物前来。闪光鱼眼睛下方的袋状物内充满了发光细菌，用于照亮猎物。许多生活在弱光层的中层海洋鱼类，其下腹部会发光，这是为了避免产生阴影从而可以隐身。为了有效地发挥这一功能，这些鱼必须探测周围的入射光并与之相匹配。

与生物发光不同，有一些生物利用颜色（或无色）来逃避被捕食的命运。许多浮游动物（包括水母）几乎通体透明，这使它们很好地与周围水体环境融为一体。许多鱼利用身体的颜色而不是透明来融入周围水体环境。在相对清澈的热带水域，身体颜色鲜艳的鱼在色彩斑斓的珊瑚礁映衬下几乎隐身；有些鱼利用明亮的彩色条纹与斑块，使自身轮廓从视觉上被破坏，从而隐藏自己，并有可能将捕食者的注意力从要害部位引开。在繁殖期，明亮的颜色通常用于区分性别。在温带近岸水域中，阳光较少能透射到海洋深处，生物用褐色或灰色的身体颜色将自身隐藏在岩床或藻床中。底栖鱼类的身体颜色通常与海床相近，有时也带有中性色的斑点。比目鱼可以通过拉伸或收缩皮肤细胞来产生颜色变化，并几乎能与其生活的所有海底区域类型相融合。栖息在海洋表层的鱼类，例如鲱鱼、金枪鱼、鲭鱼等，通常鱼背呈暗色、鱼腹呈亮色。这种颜色分布模式通常被称为“反荫蔽”，这使得从上面看时，鱼与其下方水体相融合；从下面看时，鱼与其上方水体相融合（图14.8）。深海鱼通常很小（长度很少超过10 cm），通常呈黑色。一些深水虾在海表面时呈红色，而在红光无法抵达的深海则呈黑色，从而难以被察觉。

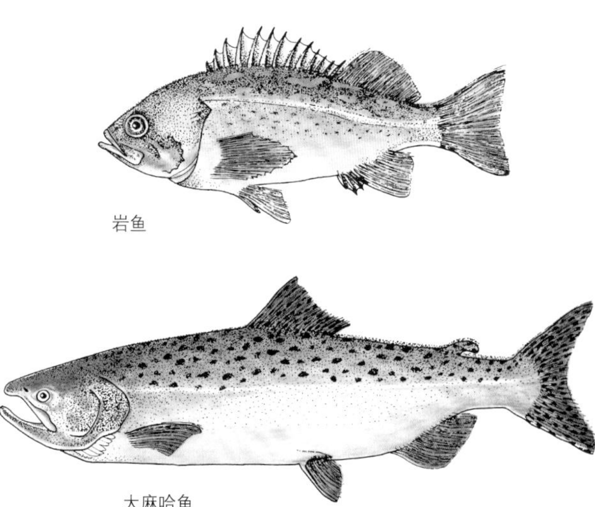

图14.8 从上方往下看，鱼背的黑色侧面可以与海床环境相融合；从下方往上看，白亮的鱼腹部与海表面的水体颜色相融合。这种配色方式称为反荫蔽。

碳

地球上所有的生物都以碳为基础。自养生物（光自养生物和化能自养生物）利用无机的二氧化碳

（CO_2）作为碳来源，来产生生长所需的有机碳。异养生物将有机碳作为碳来源。如第6章所述，二氧化碳是一种能溶于海水的气体，在海洋中储量丰富。二氧化碳同时也具有缓冲剂的作用，使海水pH值维持在适合生物生长的范围内（见第6章对海水pH值的讨论）。

在海洋中，光自养生物的生长环境限制在真光带。浮游植物和海藻从周围水体吸收二氧化碳，进行光合作用产生有机物。这个过程会形成浓度梯度，导致更多二氧化碳从大气扩散到表面水体中，以补偿光合作用中消耗的二氧化碳。光合作用所产生的绝大部分有机物被生活在真光带的异养生物消耗，只有一小部分有机物离开表层水体并向下沉降，成为其他生物的食物。这意味着，像近岸水域这类能供养较多自养生物的海域同样也能供养较多的异养生物，无论这些异养生物是浮游细菌、浮游动物、游泳生物，还是底栖生物。在含碳化合物沉降到深海的过程中，它们被许多不同的生物消耗，并且自身也经历了许多转变。

当深海中的异养生物消耗有机物时，它们吸收氧并产生二氧化碳。在表层水体光合作用和有机物向深海沉降产生的净效应下，大气中的二氧化碳不断地向海洋沉降并储存于深海中，直到海洋环流将深层海水带回表面并与大气平衡。这种通过生物过程将二氧化碳从大气吸收到海洋的过程被叫作**生物泵**（biological pump）。生物泵在调节大气中二氧化碳含量中扮演了重要角色。据估算，如果这个生物泵突然被“关闭”，大气中二氧化碳含量将增加200×10^{-6}，这几乎是工业化之前的大气二氧化碳含量的两倍。我们将在后面几章中更详细地讨论不同生物如何影响生物泵的有效性。

无机营养盐

如同你的花园中的植物需要肥料一样，自养生物的生长同样也需要无机营养盐。所有浮游植物和海藻都需要的常量营养物质是磷酸盐（PO_4^{3-}）和氮，通常氮以硝酸盐（NO_3^-）和铵盐（NH_4^+）的形式存在。当NO_3^-和NH_4^+浓度低于细胞的最小需求时，一小部分细菌，包括一些被称为蓝细菌的原核浮游植物，将氮气作为氮的来源。真核浮游植物种的硅藻（将在第16章详细讨论），在其生长过程中还需要硅酸。另外，自养生物生长过程中还需要各种微量营养物质，如维生素、铁、锌和锰。术语“常量营养物质”和“微量营养物质”主要是指自养生物所需营养物质的相对浓度。与微量营养物质相比，常量营养物质的浓度更高。

真光带中的浮游植物迅速吸收无机营养盐，并生成含氮和磷的有机物。当这些有机物随着水体沉降时，它们会被其他生物吸收，并再次分解成无机物。表层水体中无机营养盐的浓度最低，这是由于浮游植物在生长过程中耗尽了这些营养盐（图14.9）。因此，无机营养盐深的分布特征与光照相反，这对浮游植物在水体中的分布有重要影响。营养盐浓度最大值通常出现在深海中光线较暗处。营养盐主要通过两种途径进入表层水域:（1）陆地径流;（2）富含盐元素的深层水上涌。与二氧化碳一样，氮气也可以从大气扩散到海水中，但正如前文所述，利用氮气作为氮来源的细菌种类相对较少，尽管该过程对于全球氮循环具有重要意义。从地理学的角度出发，浮游植物丰度最高的区域即营养盐供给最丰富的区域，通常位于近岸水域或上升流发育的地区，例如秘鲁沿岸。需要注意的是，有些过程，例如上升流，导致表层水体的营养盐浓度很高；但是在浮游植物的快速消耗下，又使得同一区域海水中的营养盐浓度测量值变低。如果某一种营养盐的浓度低于浮游植物生长所需的最低阈值，即使其他营养盐的浓度满足其生长需求，其生长将放缓，有些种类甚至完全停止生长。在过去10年里进行的一些开创性研究表明，尽管广大海洋区域（南大洋、副极地太平洋、赤道太平洋）中的常量营养物质硝酸盐和磷酸盐的浓度足以支持这些区域的浮游植物生长，但极低的铁元素含量导致这些区域浮游植物的生长受限。当向这些区域的表层水体中加入铁元素时，将暴发藻华。这些缺铁的海域被称为**高营养盐低叶绿素**（high nitrate low chlorophyll, HNLC）海域。我们将在第15章详细讨论。

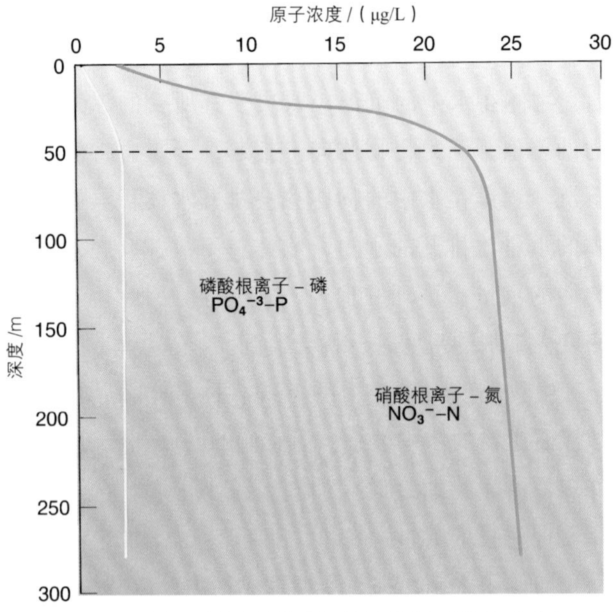

图14.9 夏末时皮吉特湾主要海盆区域的硝酸盐和磷酸盐分布，它们的浓度在表层水域较低，原因是浮游植物吸收了营养盐。图中虚线为真光带的深度。

氧

氧通过两种方式进入海洋：一种是作为海洋光自养生物的光合作用副产物，一种是通过表层水体与大气之间的溶解平衡。氧在表层海水中的含量最高，饱和浓度值可达12 mg/L。海水中氧的消耗途径主要是通过生物的呼吸作用，所有生物都进行呼吸作用。**呼吸作用**（respiration）是指有机物经氧化分解产生二氧化碳与能量的过程。氧是最常见的氧化剂（图14.4）。生物对氧与二氧化碳的调节机制产生两种相反的深度分布：光合作用产生氧，消耗二氧化碳；呼吸作用产生二氧化碳，消耗氧。微生物和体长小于几毫米的生物幼体通过扩散过程消耗氧，并释放二氧化碳。蠕虫、贝类和鱼类等大型生物则不仅仅通过扩散，而主要用鳃从海水中吸收氧气，并通过血液循环经鳃与其他组织交换氧与二氧化碳。海洋哺乳类动物用肺呼吸，从海面上方的空气中吸收氧气。与海绵、藤壶等固着生物相比，鱼类、哺乳动物等活动生物所需的氧气更多。

氧浓度在表层海水中最高，随着深度的增加而降低。氧在深层海水中通过垂直环流补充。由于真光带所带来的有机碳含量不断减少，最低含氧带（深约800 m）处，氧的消耗速率也最低。在最低含氧带以下，由于垂直环流作用，氧浓度增加。与生物呼吸作用消耗氧的速率相比，如果深海环流运动缓慢，深层海水的氧含量浓度将降低到不利于生物生存的程度。当高浓度的营养物质被带入分层的水体时，深层水体中生物的呼吸作用可能会增加，美国东海岸和墨西哥湾沿岸的很多河口地带就是如此（见第13.2节）。营养物质进入表层水体后，生物通过光合作用产生更多有机物。当新增的有机物沉降到流动缓慢的深层水体中时，由生物呼吸作用消耗氧的速度比由于环流补充氧的速率更快。鱼类需要生存在含氧量至少5 mg/L的水中。当含氧量低于3 mg/L时，许多海洋生物将无法生存。含氧量低于2 mg/L时将导致**缺氧**（hypoxia），底层海水低氧将导致鱼类死亡。氧含量低至0时，称为**无氧**（anoxia）。无氧的海洋环境相对来说较少。只有**厌氧微生物**（anaerobe）才能在无氧条件下生存，因为它们不是依靠氧气氧化有机物来获得能量，而是利用水中的其他氧化剂，如NO_3^-和SO_4^{2-}。

盐　度

不同区域的表层海水盐度取决于气候、与淡水源的距离、季节、温度和环流模式。河口地带通常盐度变化最大，深层水体的盐度相对稳定。生物必须保持体内盐分平衡。为了维持体内盐度与外界水体不同，生物必须主动增加或排出盐分。细胞外围的细胞膜只对特定分子具有渗透性。**渗透**（osmosis）是一种特殊的扩散作用，指水从低盐度区域（相对于盐浓度来说，水浓度高）穿过细胞膜进入高盐度区域（相对于盐浓度来说，水浓度低）。

不同生物体内的盐浓度不同。像海参、海绵等底栖动物，体液的盐度与海水盐度相同（图14.10）。由于这些生物和海水之间没有浓度梯度，故流入和流出细胞膜的水相等，细胞膜两侧盐度相同。相比之下，大多数鱼类的体液盐度低于海水盐度，因此海洋鱼类容易从组织细胞中失去水分。脱水将导致体内盐浓度增加，为了防止脱水，鱼类必须消耗相当多的能量。为了维持体液平衡，海洋鱼类通过大量吞饮海水以排出盐分。水不能完全渗过鱼类的外层皮肤，因此盐分主要通过鳃排出（图14.10）。鲨鱼和鳐鱼的组织中尿素浓度高，这些尿素与盐的作用相当，能削弱渗透作用，防止细胞脱水。

物种分布受盐度条件的制约。适宜生长在淡水的生物，在海水中就几乎无法生存；反之，适宜生长在海水的生物，在淡水中也几乎无法生存。略微例外的情况是，有些鱼类和甲壳类动物将盐度较低的近海海湾和河口地带作为繁殖和育幼下一代的场所。当幼体成年后，这些成体则向盐度较高的外海迁移。与大部分其他动物大相径庭的是，鲑鱼与鳗鱼在海水和淡水中都能够生存，所处环境与它们所处的生长周期阶段有关。鲑鱼属于**溯河**（anadromous）鱼类。它们在淡水中产卵，在1到2年后（取决于鲑鱼的种类），稚鱼顺流而下，在开阔海域发育成熟。数年后，成年鲑鱼洄游至出生地的溪流产卵。就这样，鲑鱼的生命周期再次循环。美洲鳗和欧洲鳗则属于**降海**（catadromous）鱼类，呈现相反的洄游特征。它们在开阔的马尾藻海海域产卵，在淡水中发育成熟。鳗鱼仔鱼属于浮游生物，它们随着湾流向北和向东漂移，返回河口地带和河流。在那里生活长达10年之后，再次返回马尾藻海产卵。

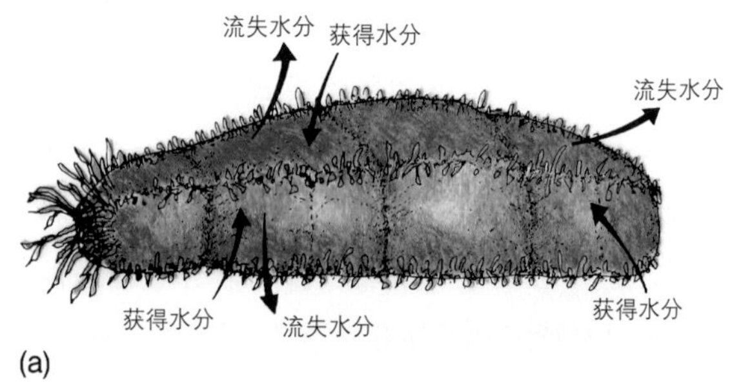

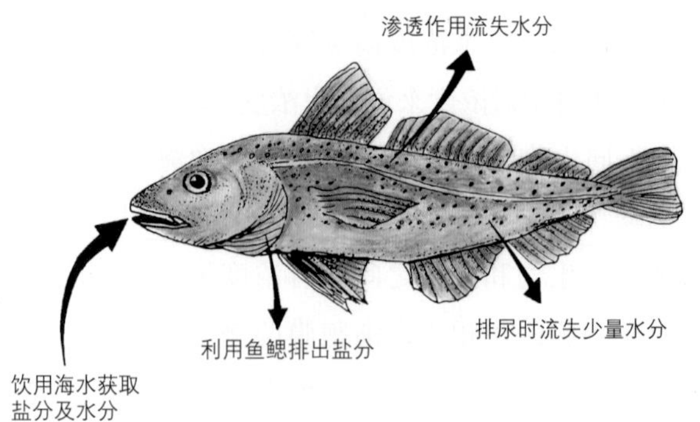

图14.10 （a）海水的盐度与海参体液中的盐度相等（35‰）。渗入与渗出海参的海水相平衡。（b）鱼类组织器官中的盐浓度（18‰）远低于海水的盐度（35‰）。为了使由渗透作用导致的水分流失平衡，鱼类必须不断地吞饮海水，以排出盐分。

浮 力

物体在水中的沉浮，取决于其所受的浮力与重力的差值，浮力将物体向上托起，而重力将使物体下沉。浸没在水中的物体总会排开水体积。如果物体的重量比排开的水重，物体将下沉；反之，如果物体的重量比排开的水轻，则上浮。因此，当物体密度大于水的密度时，就会下沉。

生物调节自身浮力的方式多种多样。尽管大多数浮游生物的体积很小，但它们的密度却比海水大。许多浮游生物通过储存油滴来减小密度。它们还依靠发育附肢（例如体刺和“羽毛”）来增加它们的表面积与体积之比，进一步增加黏性力，以减缓下沉。较大的生物能够通过贮存气体来增加浮力。例如，僧帽水母的钟状气囊能充满气体，许多海藻能通过叶状体来贮存气体。许多鱼类通过鱼鳔在水中保持中性浮力。一些鱼类通过从海面吸入空气来充入鱼鳔；其他则通过气腺将血液中的气体充入鱼鳔中。当鱼改变深度时，它可以通过调节鱼鳔内的气压来抵消水压的变化。你也许已见过深海鱼被快速带到海表面时的情形：由于鱼鳔不受控制地迅速膨胀，导致鱼眼突出，鱼的身体膨胀。鲸和海豹通过储存大量脂肪以降低身体的密度来增加浮力，鲨鱼和其他鱼类在肝脏和肌肉中储存鱼油，巨型鱿鱼（giant squid）可以将细胞内的重离子置换成轻离子来增加浮力，海鸟通过储存脂肪、轻的骨骼和发育出适应飞行的肺泡来漂浮。海鸟的羽毛具有防水性。它们用喙啄取自身分泌的一种油脂，并将其涂抹到羽毛上，以此来隔绝羽毛与皮肤之间的空气。这还可以帮助鸟类保暖以及在水上漂浮。

温 度

海洋中温度最高的地方位于深海热泉的黑烟囱处（见第3章中对海底热泉的讨论）。热泉中的流体，温度高达350℃。没有生物可以在350℃的水中存活，但由于热泉周围的水温大约只有2℃，因此这种极热的水会快速冷却下来。冷海水从热泉附近的海底裂缝中渗出，冷却海底。尽管温度还很高，但对于生物来说已能够接受了。真核生物域的生物耐热性最低，适宜真核生物生存的最高温度为60～62℃。细菌域和古生菌域的一些生物，被称为**超嗜热微生物**（hyperthermophile），在温度超过90℃时也能生存。目前已知最耐热的生命是一种古生菌，这种被称为“菌株121”的原核生物属于地杆菌，被提取自一个热泉附近，可在温度高达121℃，压强200 atm的水中生存。这个压强相当于原核生物起源的深海环境。在这样的环境中，只有维持住一定的压强值才能阻止水沸腾。在如此高的温度下，超嗜热微生物还能够保持自身的细胞膜和DNA不被破坏，维持蛋白质活性。想象一下煮鸡蛋时发生的现象——蛋白质展开，蛋白和蛋黄将凝固。而超嗜热微生物的蛋白质在这种高温下却不会失去活性。很多生物技术专家想要进一步了解阻止超嗜热微生物失活的分子基础。

90%的海水温度相对稳定，波动范围为-1～4℃。表层海水温度变化较大，在南北两极区域可低至-1℃，到了热带地区则可高达30℃。一些浅潮池中，水的温度甚至可以更高。表层海水温度受季节和纬度的影响较大。对开阔海域来说，其年表面温度变化在高纬度和低纬度地区较小，在中纬度地区则大得多。近岸水域水体较浅且受到陆地温度变化影响，因此表面海水温度变化强烈。北半球沿岸地区的北风和南半球沿岸地区的南风使深层冷海水上涌，导致沿岸的表层海水即使在温暖晴朗的天气里也极为冰冷（见第7章）。

将北极地区和南大洋的海冰包含在内，地球表面约20%处于冰冻状态。海洋中最低温度出现在冬季的海冰卤道。海冰结晶过程中，盐分被排出，形成卤道。有的卤道温度可令人难以置信地低至-35℃，因为这些卤道中盐水的盐度是海水盐度的6倍。能够在低温环境中生存的生物被称为**嗜冷微生物**（psychrophile），它们已经进化出特别的能力，以适应这种恶劣的环境。许多嗜冷微生物会产生**冷冻保护剂**（cryoprotectant）来降低体内体液的冰点，例如二甲基巯基丙酸内盐（dimethylsulfoniopropionate，DMSP）。许多生物具有冰结合蛋白，可在冬季结冰、夏季融冰的周期中提高的细胞生存率。在海水极冷、盐度极高的环境中，这些生物还能利用各种脂肪酸来保持细胞膜的弹性。

无脊椎动物以及大部分鱼类都是**变温动物**（poikilotherm）。它们仅依靠热传导来调节自身体温，而不通过新陈代谢。它们的自身温度随周围水体温度的变化作出响应，因此它们的生理特征由水温调节。相比于冷水中，变温动物的新陈代谢在热水中更快。通常说来，冷水种生长得较为缓慢，寿命更久，成体的体型较大。生活在极地地区的鱼类必须防止血液结冰。如果没有经过特殊变异，当温度低至-0.8℃时，鱼的血液就会结冰。极地水体的温度约-2℃，这就意味着它们的血液将会结冰。南极鱼类体内拥有抗冻蛋白，通过降低血液的冰点，鱼类就能生存下来。对某些变温动物来说，水温的变化会刺激其产卵或冬眠。变温动物的地理分布极大地受限于水温，这在发生大规模气候改变时表现得特别明显，例如厄尔尼诺年（第7章）期间。在1983年厄尔尼诺事件中，东太平洋的表面水温比往年高出许多，暖水位置也比往年北移，阿拉斯加海域出现了通常被认为是暖水种的鱼类。

海鸟和哺乳动物是**恒温动物**（homeotherm）。它们的体温近乎恒定，通常高于周围海水的温度。例如，生活在南极海冰区域的威德尔海豹，尽管生活环境中空气和水的温度通常远低于0℃，它们的体温却维持在温和的36℃（记住，我们的体温约为37℃）。它们有一层厚厚的脂肪，以减少热量损失。帝企鹅用来孵蛋的育儿袋，内外温差可高达80℃。恒温动物的生理能力不受水温控制，因此它们的地理分布通常更宽广。例如，鲸每年在极地和热带海域之间迁徙；一些属于**内温动物**（endotherm）的鱼类，尤其金枪鱼和鼠鲨科鱼类（例如大白鲨），它们的体温高于周围海水的温度，但控制温度的能力和恒温动物级别不同。内温动物的血管具有特殊的排列形式，当血液循环流经鱼鳃时，也能防止肌肉中产生的热量流失。

压　强

海洋表面的气压为一个大气压。在海水内部，压强随水深增加迅速增加，这是由于水比空气重得多。水深每增加10 m，压强将增加1 atm。因此，水深6 km时，压强约为600 atm。然而，生物已经适应了周围的环境，因此感觉不到压强。你可能都没意识到，你的皮肤承受的压强为9.8 N/cm^2。还需记住，海水并不容易被压缩，压强每增加1 000 atm，海水体积仅减少4%。

如同温度一样，压强也影响着一系列的细胞活动。所有依靠体积变化的生物学过程都将受到压强影响，在高压下生活的生物都拥有特别的适应能力。需要高压条件才能生长的细菌和古生菌被称为**嗜压微生物**（piezophile）。任何需要体积膨胀的生物过程在压力作用下将会变得困难，例如往鱼鳔增加空气来增加浮力；相反，需要压缩体积的过程，在压力作用下则会变得简单。高压和低温都容易使细胞膜僵化，细胞膜的功能包括调节离子浓度、输运营养盐、控制多细胞生物神经冲动的传导等。许多深海生物通过改变细胞膜组成来维持细胞膜的最佳活性和功能。

深海蠕虫、甲壳类动物、双壳类动物以及海参不具有充气的腔体器官或肺，因此在高压下也不会被压碎。深海鱼类利用充满油脂而非空气的鱼鳔来调节浮力。海洋哺乳动物和鸟类都呼吸空气，它们能够下潜到很深的地方——抹香鲸的下潜深度可达2 000 m以下，帝企鹅可达500 m以下。这些深潜哺乳动物和鸟类在必要时利用高浓度肌红蛋白从血液中释放出氧气。肌红蛋白是一种特殊的氧结合血红蛋白。

环　流

海水不间断地运动，通过海流（第9章）、波浪（第10章）和潮汐（第11章）输运和混合。海洋环流是到现在为止所讨论的海洋生物学中的物理和化学驱动力的基础。环流输运食物和氧气，补充营养盐，扩散浮游生物，分散处于繁殖阶段的游泳生物和附着生物。

在海洋中，浮游生物随着海流进行水平和垂向迁移。在开阔海域，不同类型浮游生物的分布取决于大尺度环流的形态，例如大洋环流。海洋在垂向上的运动小于水平方向上的运动。由淡水和海水的相互作用或表层水体受热引起的垂向运动，使得水体密度分布稳定。许多浮游生物通过游泳或调节浮力来控制其在水体中的垂向分布。一些浮游动物可在一天之中迁移数十米，夜间到表层摄食，白天则潜入深水，以躲避视觉型捕食者。一些浮游植物，例如甲藻，也可在水体中进行垂向迁移。它们夜间游到海洋深处，那里的营养盐浓度更高；白天则上浮到表层，进行光合作用。为了避免被向外的潮流带走，许多生活在河口地区的浮游幼体根据潮周期在水体中迁徙。

海水运动对于锋面和内波处的生物和颗粒的聚集非常重要。受向上浮力的颗粒或喜欢向上游的生物，由于下降流而聚集在两种水体的边界处。受中性浮力的颗粒则不会聚集。以浮游动物为食的生物会利用锋面的聚集作用进行捕食。

14.5　底层环境

到目前为止，我们的讨论都集中在生物所处的流体环境上，现在将注意力转到海底表面。如第14.1节所述，海底可被分为不同的区域（图14.1）。潮上带（或称浪溅带），只有在最大高潮时才被水淹没。在这一区域生活的生物必须面对环境的极端变化：冷热干湿的转变，被海浪击打，暴露在空气中，咸淡雨水交替覆盖等。**沿岸带**（littoral zone）相当于潮间带，位于水位高低潮之间，每天分别被淹没和出露两次。不同地区的沿岸带各不相同，从基岩到沙质，从巨浪到平波，潮汐振幅也从大到小。沿岸带的气候多种多样，取决于纬度和季节。**潮下带**（sublittoral zone）是指低潮位以下向外延伸到大陆架的地带。**深海带**（bathyal zone）和**深渊带**（abyssal zone）完全黑暗，这些地带没有季节变化。超深渊带位于6 000 m以下，通常与海沟有关。深海的底栖生物依赖从真光层沉降下来的有机物质生存。经常去海滩的人最熟悉那些在潮上带或沿岸带生活的生物。

除深度外，**底质**（substrate）也是非常重要的海底环境。生物生活在底质中或底质表面。基岩、淤泥、沙质和砾石分别提供不同类型的食物和庇护所，吸引不同类型的生物附着于其上。浅海海底底质变化最大，同一片狭长的海岸区域经常可见沙坝、滩涂、礁石、砾石和鹅卵石共存。随着海底深度增加，底质将变得更均匀，沉积物粒度也变小。

底栖生物生活在海底表面或海底内部。生活在海底表面的动物称为**底表动物**（epifauna），生活在海底内部的动物称为**底内动物**（infauna）。底表动物还可被分为两大类：固着型和漫游型。贻贝、藤壶和一些蠕虫等滤食动物固着在坚硬的海底表面，通过过滤海水来摄食其中的颗粒食物。由于过滤水体获得的食物数量有限，滤食动物需要在过滤最大量水体的同时，消耗最小的能量。正如前面所提到的那样，滤食动物利用纤毛来获取水和食物。底表动物还包括在坚硬表面上漫游的生物，例如螃蟹、海螺和海星。这些生物通常猎食其他生物（例如生长在海底的藻类和微生物），或以沉降到海底的有机物碎屑或死亡动物为食。

底表植物是底栖藻类。海藻系附在基岩上，向上生长，进行光合作用。海藻不能系附在沙质的海底。许多海藻利用藻体中的气囊结构来漂浮。海藻既要系附于海底，又要在海面附近生长，因此它们生长的水深范围有限。

底内动物在海底内部掘穴居住。底质类型决定了底内动物的居住地。例如，来自滩涂的穴居蠕虫和来自沙滩的虾都无法在基岩礁石上生活。许多底内动物摄食沉积物。它们居住在混合沉积物中，这种沉积物包含有机和无机颗粒状物质、有机和无机溶质，以及微生物。不同底内动物摄食沉积物的方式不同：有些吞咽沉积物；有些利用触手收集沉积物颗粒；还有些能挑出食物中的无机物，摄食剩余部分。

系附于海底的生物通常能够极大地调整自身生境。这些生物被认为是生态系统的工程师，因为它们为其他生物提供庇护所和系附表面，并且它们通常还能影响泥沙运动。想一想海带森林、鳗草海草床，以及它们为其他生物提供的不同生境。一些螃蟹在横穿海底时，系附在其背甲上的海绵和藤壶随其一起移动。珊瑚礁是底质生物改变环境最显著的例子。在这里，微小生物在其他生物的钙质骨骼上创造了一个特殊环境。

14.6 不同物种的紧密协作

共 生

生物通过多种方式相互影响。**共生**（symbiosis）是指两个不同物种生物之间的紧密关系。共生关系又分三种。**共栖**（commensalism）指一方从中获利，而另一方不受影响。例如，藤壶附着在鲸身上，通过鲸在水中的游动获利，而鲸似乎不受影响。**互利**（mutalism）指双方都能够从中获利。许多海葵附着在螃蟹的壳上。螃蟹为海葵提供固着基底和食物碎屑，而海葵则用带刺的触手保护螃蟹；小丑鱼为海葵提供保护，而海葵也用带刺触手保护小丑鱼（图14.11）。**寄生**（parasitism）指一方依赖另一方的损失而获取食物和庇护所。寄生者对宿主造成破坏，但不会杀死宿主。例如，许多鱼类身上都有寄生虫。

共生关系十分普遍，是海洋生态系统正常运转不可分割的一部分。本章中，我们已经见到不同类型的共生例子：生活在海底热泉附近的管状蠕虫（Riftia）和为其提供有机物的化能合成细菌，鮟鱇鱼和发光细菌等。也许，最好的共生关系的例子是热带珊瑚礁。珊瑚虫是一种与海葵和水母相近的生物，珊瑚礁则由珊瑚虫和单细胞藻类共生形成。海藻的光合作用为珊瑚虫提供了生长所必需的有机物，珊瑚虫则为海藻提供保护、阳光和营养盐。珊瑚虫自身形成的巨大结构为许多生物提供了家园，这也是共生关系的一部分。珊瑚礁的健康由鱼类维持。鱼类近乎不间断的捕食，防止了藻类在珊瑚礁上的定殖和过度繁殖。

14.7 实际应用：人类对海洋环境的影响

人类已经给海洋环境带来巨大变化，对海洋生物造成了严重影响（第13章）。首先，自工业革命以来，燃烧石化燃料产生的大量二氧化碳已经进入海洋，降低了表层海水的pH值。如果进入海洋的二氧化碳增

图14.11 小丑鱼和海葵的共生互利。

量维持当前速率，许多生物的能力将会受到影响，例如珊瑚虫沉降碳酸钙来建造珊瑚礁的能力。其次，沿海人口不断增加。随着人口的增加，排放到近海的无机营养盐也相应增加。过量的营养盐输入会导致海水缺氧区范围扩大，从而改变生态系统结构。第三，人类过度捕捞和海水中大量大型捕食物种灭绝，可能已经造成了海洋生态系统的巨大变化。当顶级捕食者从生态系统中消失，根据“沿食物网向下捕捞”，人类会捕捉第二丰富的鱼。第四，自工业革命以来，表层海水的平均温度已经上升了0.6℃，珊瑚虫对海洋表面温度特别敏感。第五，入侵物种被引入近海的速率不断提高，给生态结构带来了后续破坏。最后，水温上升导致海平面上升，加上人类活动的综合影响，导致近岸湿地不断损失。湿地不仅为多种生物提供栖息地，也是抵御风暴潮的缓冲地带和屏障。2005年夏季卡特里娜飓风带来的生命财产损失，强烈而悲剧性地展示了人类失去湿地的后果。

世界海洋的化学和物理变化深刻地影响着海洋生物。在后续章节中，我们将进一步深入探讨组成海洋食物网的各种生物，理解这些生物如何相互作用，形成稳定的生态系统，以及这些生物如何应对环境变化。

海洋生物多样性

生物多样性指在特定范围内物种的数量繁多或生命形式多样。海洋占地球已知生物圈（能够发现生物的环境）90%的体积。因此，理解地球生物多样性的重要性以及维持这种多样性，需要了解海洋中的物种。在现今已知的180万种物种中，大约有21.5万种为海洋动物。据估算，地球上物种种类总共约有360万～1亿。人们广为接受的地球物种种类大约有1 000万。生物越小，人们对其所知的越少。地球上仍然有很多生命物种不为人所知。

国际海洋生物普查计划（Census of Marie Life, CoML）是为期10年的项目，用于确定海洋生物的丰度、多样性和分布情况。在计划实施的第六年，已经包含调查项目17个，涉及国家8个，研究人员超过2 000名。普查计划将创建首个海洋生命综合列表，第一个版本将以在线百科的形式发布在网页上。普查还将建立各个物种及其丰度的地理分布图。这些生命形成了我们赖以生存的交织的生态系统。

物理环境越是复杂多样，适宜生物生长环境的变化就越大，物种多样性就越高。以海洋为例，珊瑚礁、近岸区域、河口、开阔海水、深海海底和热泉是截然不同的生态系统。90%的海水位于100 m以下的深海，那里寒冷、黑暗，是世界上最均一的环境之一。然而，我们现在知道这些深海环境实际上在空间和时间上呈现出一定的斑块分布。浮游植物藻华下沉后形成的营养盐斑块、鱼和海洋生物的尸体，以及其他类型的有机物质为上百种鱼、类虾生物和鱿鱼提供食物。此外，由均匀深海环境的微小差异产生的生物多样性比我们预期的更大。对食物和空间的竞争、被其他物种捕食、自然扰动等因素有助于控制某个区域的生物多样性。

地理阻隔将海洋分成一系列环境。大陆和海洋的分布，加上纬度、地形、气候带等因子，把海洋分成了一系列具有不同环流和性质的水域。这些水域在垂向或水平方向上形成边界，包括水团的边界，温度、盐度、光线密度的变化，形成孤立的海流等。提供了大量微生境的珊瑚礁，只出现在热带海域。海洋与陆地相似，从极地向赤道，随着纬度减小，物种多样性逐渐增加。与大西洋相比，太平洋的珊瑚礁更多，生物物种也更丰富。太平洋珊瑚礁的生物多样性，从各个方向上向菲律宾和印度尼西亚呈增加趋势。

在过去几十年里，对物种减少的担忧和保护地球物种多样性的重要性不断增加。科学家E. O. 威尔逊（E. O. Wilson）提出名词“HIPPO”来描述生物多样性正在遭受损失的原因。字母H代表生境地破坏(habitat destruction)，字母I代表入侵物种（invasive species），两个字母P分别代表污染和人类社会人口（pollution and population）增长，字母O代表过度捕捞（overharvesting）。有人估计，到21世纪末，一半的地球植物和动物种类将面临灭绝。

然而，人类自身的存活也依赖于对生物多样性的维护。生命形式越丰富，我们从其中发现有价值的药物和其他海洋产品的可能性越大。有这样一个说法，保护生物多样性是我们给我们自身上保险。此外，生物多样性提醒我们生命的连续性，通过对物种的认识，我们可以更好地理解生物遗传现象。然而，我们对物种知识认识不足和缺乏精确测量仍然是主要难题。到底有多少物种？物种多样性损失的速度有多快？采取什么行动能够减缓或者阻止物种多样性的损失？

几个世纪以来，人们曾经认为人类不会导致任何海洋动物灭绝。海洋如此广阔深邃，栖息地如此众多、丰富，分布广泛。尽管在过去200年中，仅有一种海洋哺乳动物（斯特拉海牛）和四种海洋贝类动物灭绝，但据估计，近岸和珊瑚礁区域的小型生物有100～1 000种已经灭绝。人类需要思考海洋物种灭绝的可能性，并考虑海洋食物网的多样性。记住，如果食物网损失一部分，也许就会扰乱整个生态系统，食物网的其他组成部分也会受到损害。阅读第15～18章时请思考，如果损失了食物网的某一条食物链，将发生什么情况。

本章小结

生物海洋学家或海洋生物学家研究生物与环境之间的关系。海洋环境被细分为不同区域，主要的海洋环境为水层带和底栖带，根据深度还能进行进一步细分。

海洋生物的种类惊人的丰富。尽管世界上最大的生物生活在海里，但海洋中总体积最大的生物是微生物。极小生物和较大生物主要的受力类型不同，进而影响生物的形态。

生物可以根据碳元素和能量的来源和（或）它们之间的关系进行分类。在生态系统中，没有亲缘关系的生物也可能具有相似功能。海洋生物通常被分成浮游生物、游泳生物和底栖生物。

影响海洋生物分布的重要物理和化学因子包括：光、温度、压强、盐度和无机营养盐。光和无机营养盐限制了浮游植物的生长。阳光和生物所需无机营养盐随深度的分布呈现相反模态。光强在海面最高，而无机营养盐浓度在深海浓度最高。浮游植物是其他生物的氧气和食物有机物质来源。海洋营养盐供给较多的区域能支撑更多浮游植物，进而支撑大量消耗有机物质的异养生物。

绝大部分海洋相对较冰冷黑暗，盐度近乎不变，压强大。在较深的底层环境中，沉积物通常由细小颗粒组成。海洋中最低温度发生在海冰中，最高温度出现在海底热泉。生活在极端温度或高压下的生物，进化出特殊的能力，以在恶劣的环境下生存。许多海洋生物进化出自我发光的能力，称为生物发光。海洋中，生物发光最常见的作用是引诱猎物或逃避捕食者。

近海环境极具变化。海水的温度和盐度取决于水层深度和与淡水源的距离。近海底栖地的底质在相对小的区域可以变化巨大。在任意给定环境，底质类型决定了底栖生物种类。

人类活动影响海洋的物理和化学条件，进而影响生活在这些环境中的生物。温度影响海洋物种分布。近岸水体的营养盐排放变化会影响浮游植物丰度，再加上海洋环流形态，会导致低氧的发生。此外，捕捞过度和外来物种入侵会通过生态系统产生连锁反应。

关键术语

pelagic zone　水层带

benthic zone　底栖带

neritic zone　近海区

oceanic zone　远洋区

Biomechanics　生物力学

diffusive　扩散

conductive　传导

viscous　黏性

taxonomy　分类学

Phylogeny　系统发育学

prokaryote　原核生物

eukaryote　真核生物

nucleus　细胞核

mitochondria　线粒体

chloroplast　叶绿体

autotroph　自养生物

heterotroph　异养生物

photoautotroph　光合自养生物

photosynthesis　光合作用

chemoautotroph　化能自养生物

chemosynthesis　化学合成

plankton　浮游生物

phytoplankton　浮游植物

zooplankton　浮游动物

bacterioplankton　浮游细菌

mixotrophic plankton　混合营养型浮游生物

nekton　游泳生物

benthos　底栖生物

supralittoral zone　潮上带

hadal zone　超深渊带

euphotic zone　真光层

aphotic zone　无光层

twilight zone　弱光层

bioluminescence　生物发光

biological pump　生物泵

respiration　呼吸作用

hypoxia　缺氧

anoxia　无氧

anaerobe　厌氧生物

osmosis　渗透作用

anadromous　溯河的

catadromous　降海的

hyperthermophile　超嗜热微生物

psychrophile　嗜冷微生物

cryoprotectant　冷冻保护剂

poikilotherm　变温动物

homeotherm　恒温动物

endotherm　内温动物

piezophile　嗜压微生物

littoral zone　沿岸带

sublittoral zone　潮下带

bathyal zone　深海带

abyssal zone　深渊带

substrate　底质

epifauna　底表动物

infauna　底内动物

symbiosis　共生

commensalism　共栖

mutalism　互利

parasitism　寄生

本章中的关键术语可在“词汇表”中检索到。同时，在本书网站www.mhhe.com/sverdrup10e中，读者可学习术语的定义。

思考题

1. 描述并比较两种不同的底栖环境。
2. 描述不相关的两种生物如何在生态系统中扮演相同功能。
3. 比较海洋中氧与二氧化碳的深度分布。它们为何不同?
4. 光和无机营养盐都是浮游植物生长所必需的物质。解释它们为何呈现不同的深度分布。
5. 解释营养盐供给与营养盐浓度的区别，以及它们对浮游植物丰度的影响。
6. 自养型生物是食物网的基础，这句话意味着什么?
7. 解释为什么小型生物受黏性力影响大，而大型生物受惯性力影响大。
8. 描述呼吸作用的意义。哪些生物进行呼吸作用?
9. 为什么近海生境比深海生境更多变?
10. 解释鱼和海参如何控制体内的盐浓度。
11. 共栖与互利有哪些相同之处? 又有哪些不同之处?
12. 描述为什么近岸人口增加会导致底层水体缺氧。在什么情况下会发生这一现象?

学习目标

学习完本章以后，读者可以：

1. 描述自养生物与异养生物之间的关系。
2. 解释种群上行与下行控制因子的不同。
3. 解释温带、热带、极地水域中浮游植物种群数量的季节变化。
4. 解释非生物因子（光、营养盐、温度）、浮游植物生产力和渔业之间的关系。
5. 比较开阔大洋与近岸海域的食物网动力学。

生产与生命

第15章

本章主要介绍光合自养生物。这些生物利用阳光将无机化合物合成有机物，为其他海洋生物提供食物。绝大多数的自养生物是浮游植物，它们小到无法被肉眼看见。这些微生物构成了食物网的基础。如果没有浮游植物，海洋中的景象将会截然不同，我们常见的大型海洋生物将非常稀有甚至不存在。理解浮游植物的丰度变化及其有机物质生产率，对于理解海洋中的生命至关重要。

15.1 初级生产量

总生产量与净生产量

浮游植物是能进行光合作用的单细胞微小生物。浮游植物光合作用产生的氧气与有机碳，对大多数海洋生物来说至关重要。浮游植物生长的必要条件十分简单：阳光、无机营养盐和二氧化碳。其中，营养盐和二氧化碳都溶解于水中。浮游植物的生长可能会由于温度、营养盐或阳光不充足而受到限制，但在世界海洋中很少受到二氧化碳的限制。

浮游植物利用**色素**（pigment）从阳光中吸收能量。无论是在陆地上还是在海洋中，能制造氧气的光合生物都含有**叶绿素a**（chlorophyll a），叶绿素a主要吸收的波段位于光谱中的红光区和蓝光区。在光合作用过程中的一系列显著化学反应中，光能被吸收，转化为化学能，驱动化学反应。例如，水分子分解产生氧气以及利用二氧化碳产生有机碳的过程。从二氧化碳中产生有机碳的过程，通常被称为**固碳**（carbon fixation）。

$$6CO_2+12H_2O\xrightarrow[\text{叶绿素a}]{\text{太阳能}}C_6H_{12}O_6+6O_2+6H_2O$$

正如第14章中图14.7所示，不同波长的光在水体中的透射深度不同。浮游植物已进化出不同类型的色素，与仅含叶绿素a相比，吸收的光谱大大拓宽。一些浮游植物（如硅藻）除含叶绿素a之外还含岩藻黄质，其他浮游植物（如蓝细菌）除含叶绿素a之外还包含藻红蛋白（图15.1）。这些额外的色素扩展了浮游植物可吸收的光谱范围，同时也扩展了不同浮游植物的生长深度。值得一提的是，并非所有被浮游植物色素所吸收的太阳能都能转化为化学能，即该过程的效率并非100%。一些太阳能被用于加热，另一些则以**荧光**（fluorescence）的形式释放。单个浮游植物细胞发射的叶绿素a荧光可通过荧光检测显微镜观测。

◀ 巨藻森林向上生长获取阳光，鱼群在其间穿梭。

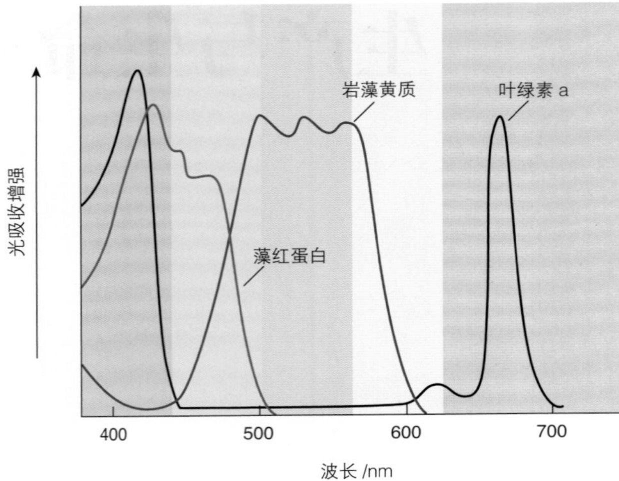

图 15.1 三种光合作用色素的光吸收波段：叶绿素 a、岩藻黄质、藻红蛋白。注意，岩藻黄质或藻红蛋白加上叶绿素 a，扩展了可吸收光的光谱范围。

利用光能和无机营养盐生产的有机物量，被定义为**初级生产量**（primary production）。通过光合作用产生的有机物质总量被称为**总初级生产量**（gross primary production）。然而，浮游植物所固定的碳并没有被其他生物全部消耗，浮游植物自身的呼吸作用也会消耗一些有机物质。无论是否有能力呼吸，所有生物都能进行呼吸作用。如下面的反应式所示，呼吸作用是将有机物质转化为化学能和二氧化碳的过程。自养生物在进行呼吸作用时，消耗由二氧化碳固化定所产生的有机碳；异养生物在进行呼吸作用时，消耗有机物质中的有机碳。呼吸作用普遍存在于所有生物中（回顾第 14.2 节）。呼吸作用过程用如下化学方程式表示：

$$C_6H_{12}O_6 + 6O_2 \rightarrow 6CO_2 + 6H_2O + \text{化学能}$$

净初级生产量（net primary production）是浮游植物光合作用产生的有机物量减去浮游植物呼吸作用消耗的有机物量之后剩余的量。净初级生产量反映可供异养生物消耗的浮游植物的生物量。在海洋生态系统中，净初级生产量决定大型生物所能获得的食物量，例如鱼。初级生产力通常以碳为单位，因为碳是有机物的基础。它指单位时间内的有机物量，因为生产力指的是浮游植物光合作用所产生的生物量的效率。它还可以指单位面积（每平方米）或单位体积（每立方米）的内的有机生物量。近岸水体净初级生产力可达到 10 gC/（$m^2 \cdot d$）；以北太平洋为例，开阔大洋的表层水体的净初级生产力通常低于 1 gC/（$m^2 \cdot d$）。注意，尽管术语“初级生产力”和“初级生产量”相似，它们并不相同。“初级生产力”指的是速率，而“初级生产量”则指数量。

初级生产力的测定

回顾上一部分中的光合作用的总方程式，你会注意到，氧气的生产量与二氧化碳的消耗量存在直接关系。因此，可通过测量氧气的生产率或二氧化碳的消耗率来估算初级生产力。通常，通过测量同位素 ^{14}C 的消耗估算二氧化碳的消耗率。^{14}C 可作为二氧化碳消耗的示踪元素。为了测量某一给定地点的初级生产力，通常在不同深度采集水样。每个水样都会被分成若干个子水样，即平行水样。取三个平行水样（用于决定分析结果重复性），放置到透明瓶子或“白瓶”中；再取三个平行水样，放置到不透光瓶子或“黑瓶”。所有瓶子都加入 ^{14}C。将所有瓶子悬挂在水中，或放在船上的流水培育箱中培养 24 小时。如果在水中悬挂瓶子，那么瓶子必须与取样处位于同一深度；如果在船上培育，用遮光板部分遮挡白瓶以使入射光线减少到与采样处相同水平。培养结束后，过滤黑白瓶中的浮游植物，测量滤纸上浮游植物细胞的放射性碳的含量。黑瓶作为对放射性元素消耗的本底值。通过计算 24 小时后不同深度黑白瓶中 ^{14}C 的吸收量，可以得到这段时间内的有机碳净生产总量。

这些数据可用来比较不同生态系统和不同深度的初级生产力。黑白瓶水样培养方式及初级生产力的垂向分布如图 15.2 所示。本例中需要注意的是，表层水体的初级生产力低于中层水体。这意味着营养盐浓度低等因素限制了表层水体中的初级生产力。浮游植物种群对应的初级生产力在次表层达到最大值，反映水体中阳光与营养盐之间的平衡。注意，用 ^{14}C 方法测量的是净初级生产力。由于浮游植物的呼吸作用，总初级生产力总是大于测量得到的净初级生产力（图 15.2）。在深层水体中，光强弱，净初级生产力为零。总初级生产力与呼吸作用速率相等的深度被称为补偿深度（见第 6.3 节）。在补偿深度，净初级生产力为零。

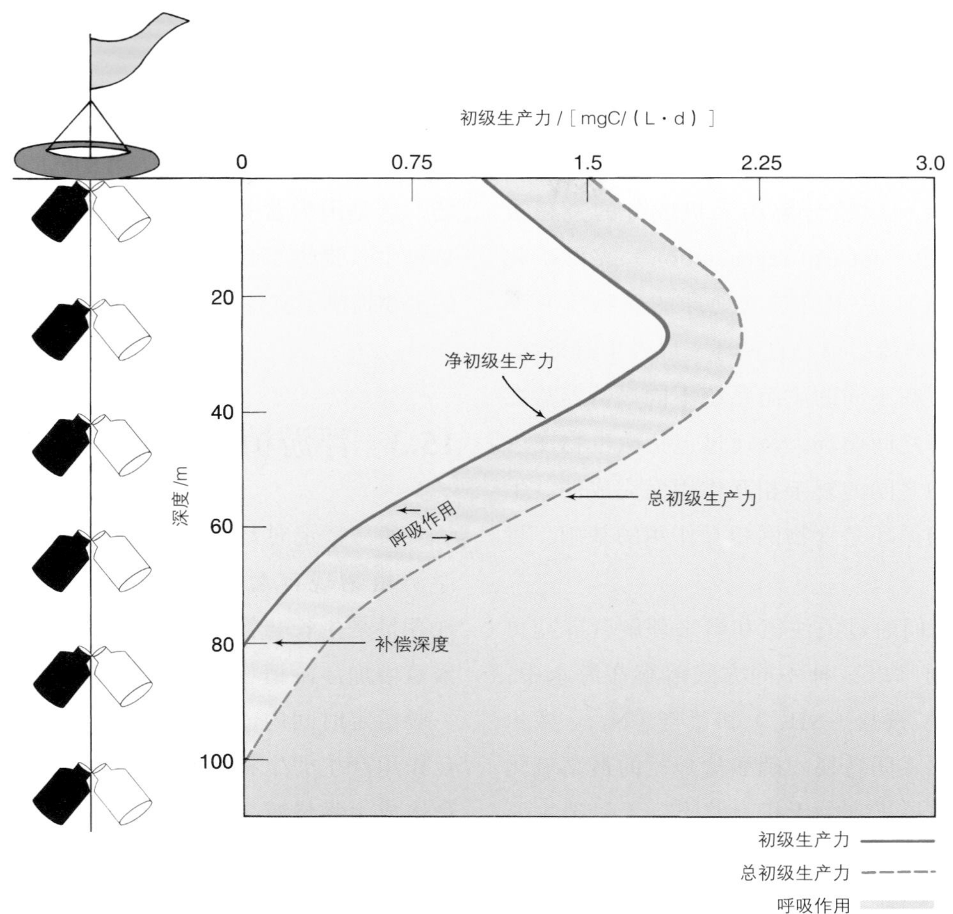

图15.2 ^{14}C培育实验的结果。该试验用于测量不同深度的净初级生产力。本例中，初级生产力单位为mgC/(L・d)。补偿深度的净初级生产力为零。光强、营养盐和水体稳定度综合条件下，初级生产力最大值位于水深30 m处。

还可以基于氧气生产率来测量净初级生产力，这种方法不需要用到放射性化合物。非放射性方法通常不如放射性方法精确，但对学生和研究人员来说更容易操作。可以通过加入随氧浓度变色的化合物来估算样本瓶中的氧气产量。在24小时的培育期结束时，将这些指示剂加入瓶中。通过计算黑白瓶24小时培育期前后的氧浓度之差，计算氧气生产量。在样品准备阶段，为了防止氧气被误带入瓶中，操作中必须非常小心。

在光合作用中，二氧化碳的消耗量与氧气的生成量反映初始物质（二氧化碳）与生成物质（氧气）之间的化学平衡。海水中氮和磷的消耗量以及有机物质的生成量也存在着相似的关系。当浮游植物所需的所有营养盐都很丰富且浮游植物生长情况最优时，按重量计，各元素之比为固定值：

$$O_2:C:N:P=109:41:7.2:1$$

通过测量浮游植物的营养盐消耗率或氧气的生成率可估算初级生产力。例如，在一定时间段内，某水体中的浮游植物消耗10 mg溶解磷（P），将会有410 mg碳（C）作为浮游植物生物量生成。对某一区域来说，如果已知上升流与环流的氮和磷的输入率，以及其他海流对于这些化合物的消耗率，就可以计算营养盐进入浮游植物生物总量的速率，也就能确定初级生产力。海洋学家利用这一方法估算大面积海区的初级生产力，并将其与大尺度的海水运动与化学循环联系起来。

15.2 营养盐循环

海水中的浮游植物所含营养盐的比例反映其生物需求。在最优生长条件下，生物的C∶N∶P的摩尔比（不同于前面提到的相对分子质量比）为106∶16∶1。当生物体死亡和腐烂后，营养盐就以相同比例被释放回海水中。该比例被称为**雷德菲尔德比率**（Redfield ratio），以第一个发现这一现象的科学家命名。有机物质分解为无机成分的过程被称为**营养盐再生**（nutrient regeneration）或**再矿化**（remineralization）。从太空进入地球的新物质并不多，因此无机营养盐必须一直循环，以产生有机物。营养盐循环程度在不同的生态系统不同。营养盐在有机与无机状态之间循环，是通过包括微生物在内的不同类型生物之间的复杂相互作用而完成的。生产与消费之间的循环是食物网相互作用的基础，将在第15.5节讨论。

在这里，我们通过关注氮和磷来理解营养盐再循环。无机氮通常以三种不同方式溶解在海水中：硝酸盐（NO_3^-）、铵盐（NH_4^+）和氮气（N_2）。微生物使氮在不同形式间转换。硝酸盐是氮的最高氧化态，也是深海中最丰富的无机氮状态。无机磷主要以磷酸盐（PO_4^{3-}）的形式溶解，其在深水中的含量比在浅水含量高。所有生物都需要氮和磷来创造生长所需的基本化合物，如氨基酸、蛋白质和核酸。

氮和磷不断地在有机态与无机态间循环转换。以浮游植物的循环为例，它们在生长过程中吸收海水中的无机营养盐。大多数浮游植物吸收氮元素的形式为硝酸盐和铵盐两种。相对较少的一部分蓝细菌（原核浮游植物）可以利用氮气。这些蓝细菌利用氮气生产含氮有机物的过程，通常称为**固氮**（nitrogen fixation）。尽管海水中溶解了充足的氮气，但这些蓝细菌如果想要利用这一氮源，将会消耗过多的能量。只有当其他形式的无机氮处于需求浓度以下的时候，蓝细菌才会利用氮气。通过光合作用，无机营养盐被转化为有机物质，组成了浮游植物生物量。这一生物量可被浮游动物消耗，进而又被其他生物消费。在每一轮消耗过程中，都有一些氮、磷和碳被作为排泄物而被浪费掉。在不同生物消耗有机物质的同时，有一些会以硝酸盐的形式释放再生无机氮，另一些则会以铵盐形式释放。最终，当浮游植物生成的有机物沉降或被卷入水体更深处时，它会通过微生物活动转化为无机成分。深层水体可供消化的有机物很少，那里充满了硝酸盐和磷酸盐。当环流将这些含丰富无机营养盐的深层水体带回表层时，浮游植物将无机营养盐转化为有机物的循环将再次开始。上升流区域（第8章）通常形成大型渔场，这是因为营养丰富的海水上升至表面，为浮游植物生长提供了养料，继而为其他以浮游植物为食的生物提供了支持。

15.3　浮游植物生物量

某一特定时刻浮游植物群落的总生物量，称为浮游植物**现存量**（standing stock或standing crop）。现存量是生长与繁殖两个主要过程的产物。生长与繁殖增加浮游植物数量，并依赖净初级生产力。在一段给定时间内，净初级生产的效率越高，通过光合作用产生的生物量就越大。浮游植物死亡与被摄食造成生物量减少。浮游植物生物量的生产与消亡之间的平衡决定现存量。

有多种技术可用于测定某一给定水样的浮游植物生物量。其中一种方法是，数出水样中所有的浮游植物细胞数量，再乘以每个细胞的平均碳量。自动计数技术使得该方法可被用于一些较小浮游植物。还有一种方法是，利用所有浮游植物都含有叶绿素a这一原理。水样中叶绿素a的浓度，可作为水样中光合作用生物量的估算依据。但须注意，叶绿素a浓度无法估计水样中现存的浮游植物的数量，因为不同种类的浮游植物单个细胞中，叶绿素a含量各不相同。例如，细胞较大的物种所含的叶绿素a通常都多于细胞较小的物种。通常用两种方法测量水体中不同深度的叶绿素a浓度。最直接也是工作量最大的方法是，从水样中过滤出浮游植物细胞，从滤纸上的细胞中提取叶绿素a，再测定提取物的叶绿素a浓度；间接但相对较快速的方法是，利用叶绿素a吸收强蓝光，一些被吸收的能量会以荧光形式释放的原理。在水体中，高浓度的叶绿素a导致高强度的叶绿素a荧光。除了用显微镜检测外，也可以通过荧光计来电子化测量叶绿素a荧光。可将荧光计沿船舷下沉到水中，也可装在类似水下机器人之类的机械化装置上（见第8章）。以上两种测量叶绿素a的方法都估算了水体中不同深度的浮游植物生物量。受限于海洋科考船的航期和机械传感器的范围，只能在数量相对有限的地点获得叶绿素a随深度的分布。

表层水体叶绿素a浓度的全球分布可通过卫星测量确定。与荧光计测量叶绿素a浓度的方法不同，卫星测量的是“离水辐亮度”。要理解卫星是如何工作的，我们可以想一想，为何树上的叶子看上去是绿色的。如前所述，叶子中的叶绿素a主要吸收光谱中的蓝光和红光。也就是说，我们之所以看到树叶是绿色的，是因为这个波长的光没有被树叶吸收，而是被反射进我们的眼睛。就像我们的眼睛所看到的的那样，卫星测量的是离开表层水体的光的波长。换句话说，卫星测量**水色**（ocean color），主要是近表层水体的水色。SeaWiFS和其他卫星可以每48小时观察一次每平方千米的无云海面，提供惊人的水色精细观测。SeaWiFS图像中的深蓝色（冷色）海域，表示叶绿素a浓度低的区域，这些区域与大洋环流等特征有关（见第9章）。这些广阔的海域不容易发生上升流，营养盐浓度小，导致浮游植物浓度极低。海洋中的高叶绿素a含量（由暖色表示，最红的区域表示浓度最高）与高营养盐浓度有关，主要位于陆地边缘或上升流区域。注意，图像中的颜色通常被称为“假彩色”。它们并非卫星所测的真正颜色，只是简单地表示叶绿素a浓度高（暖色海洋）和叶绿素a浓度低（冷色海洋）的一种普遍做法。

浮游植物生物量的增长速度大于摄食者（主要是浮游动物）的消费速度时，浮游植物就发生**藻华**（bloom）。藻华通常出现在生长条件有利（例如阳光和营养盐充足）但浮游动物数量很低时。在特定站点或深度，藻华暴发时，可观测到叶绿素a浓度显著增加。我们通过假设两个站点来理解藻华。一处站点动物的摄食量处于最小值，因此现存量快速增加［图15.3（a）］；另一处站点捕食者消费浮游植物的速度与浮游植物生物量增长一样快，因此现存量保持在相对较低的水平。在该站点叶绿素a浓度始终处于相对较低的水平，不随时间变化［图15.3（b）］。尽管这两个站点的净初级生产力（即新生物量增加）相等，但一个站点的现存量或叶绿素a浓度很高［图15.3（a）］，而另外一个站点的现存量则很低［图15.3（b）］。

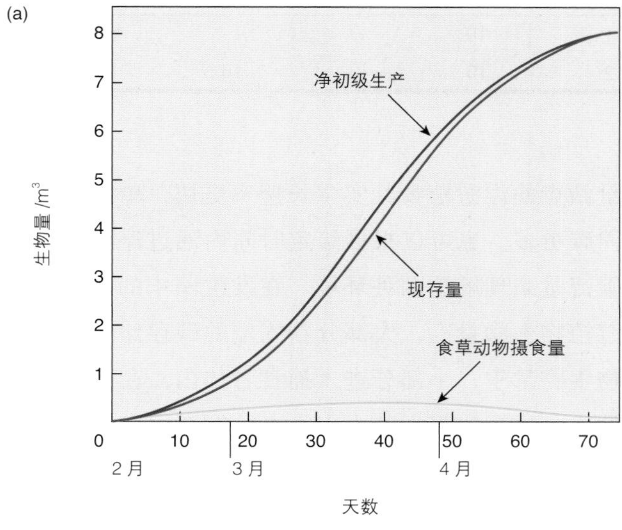

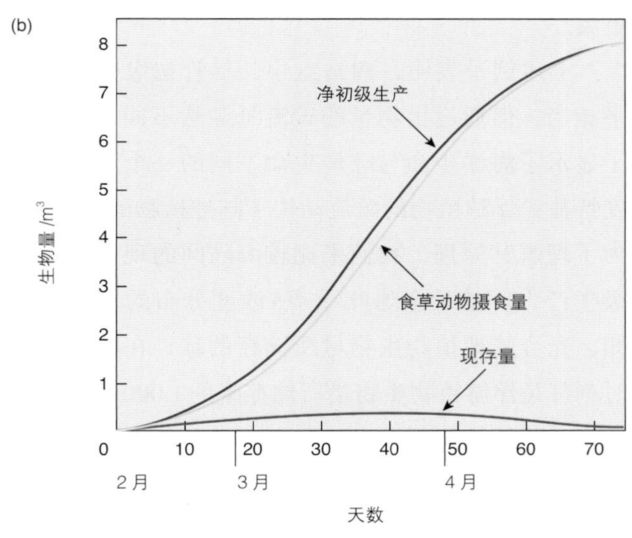

图15.3 春季的浮游植物生物量、浮游动物生物量、净初级生产量。两图中净初级生产量都随季节时间增加。图（a）中，摄食量低，现存量增加；图（b）中，摄食量高，现存量保持较低。

初级生产力与浮游植物生物量之间的关系，可以通过初级生产力除以生物量来检验。经生物量标准化后的初级生产力单位为$mg_{碳}/(mg_{浮游植物生物量}\cdot d)$。再次以上述两个站点为例，两个站点的初级生产力相似，但一个站点由于摄食量影响有限，浮游植物现存量高［图15.3（a）］；而另一个站点由于摄食量高，浮游植物现存量很低。将初级生产力按生物量标准化后，这两个站点的区别也变得更为清晰（表15.1）。与高生物量站点的浮游植物相比，低生物

表 15.1　两个站点初级生产力与浮游植物生物量之间的关系			
站点	初级生产力［mgC /（m^3· d）］	浮游植物生物量（$mg_{浮游植物生物量}/m^3$）	经生物量标准化后的初级生产力［mgC/（$mg_{浮游植物生物量}$ · d）］
1	10	1	10
2	10	10	1

量站点的浮游植物其实生长速率更快，单位时间内固碳更多。也可以根据给定时间内通过浮游植物的碳流量来理解这两种环境。在发生藻华的站点，浮游植物生物量高，大部分新固定的碳存储在浮游植物生物量中，小部分进入捕食者体内。在低生物量站点，尽管初级生产力水平高，但新固定的碳快速通过浮游植物，流动到捕食者和其他生物中。相比于高生物量站点，低生物量站点浮游植物的碳流量更大。

上述例子表明，两站点中，尽管初级生产力水平相当，但通过生物量的碳流量截然不同。这些例子显示了海洋生命与陆地生命不同的一个重要大尺度特征：浮游植物的碳流动快于陆地植物的碳流动。为了理解其原理，我们来比较海陆间的现存量与初级生产力。基于全球叶绿素a浓度分布的卫星图可知，光合陆地植物生物量所储存的碳，在任意给定时刻都是浮游植物生物量所储存碳的1 000倍。换句话说，陆地植物现存量比海洋浮游植物现存量大得多，然而，海洋的年净初级生产力与陆地的年净初级生产力相当。在大尺度下，海洋的平均情况与上述现存量低的站点相近。陆地的平均情况与上述现存量高的站点相近。总而言之，海洋中新固定的碳，快速地从浮游植物转移到异养消费者。相反，陆地上新固定的碳在陆地植物中保留的时间更长，从陆地植物到异养消费者的碳流动慢。海洋生命的一个本质特征是能将二氧化碳快速地转变为有机食物。

15.4　初级生产量与生物量的控制因子

浮游植物的初级生产力由温度、光强、无机营养盐浓度控制。这些因子综合起来，决定某海域的生产力最大值。这些因子对浮游植物生物量的影响，通常称为上行控制。这些因子决定浮游植物生长繁殖的速度。除温度、营养盐和光强外，异养消费者的摄食也能决定某海域的生物量最大值。摄食对浮游植物生物量的影响，称为下行控制。上行控制与下行控制相互作用，决定浮游植物的现存量。借助图15.3可以复习这些概念。为了展示营养盐、光强和摄食如何影响浮游植物生物量与初级生产力，我们将以世界海洋中的三个区域为例说明，即极地、温带和热带地区。

在极地地区，夏季白天时间长。然而相较于低纬度地区，这里的阳光强度较低，穿透海水的深度也较浅。在高纬度地区，相当一部分时间没有阳光照射。冬季北冰洋绝大部分时间都处于冰冻状态，直到春季才开始融冰。在极地严酷的环境下，科学家必须勇于奉献。在夏季，日照与光强达到最大值。冰雪融化，营养盐也被释放进水中。在这段时间内阳光和营养盐都很充足，浮游植物藻华产生高生物量。浮游动物的生长滞后于浮游植物的生长［图15.4（a）］。在夏末秋初，温度与光强快速衰减，浮游动物丰度达到最大值，开阔大洋上逐渐开始结冰。此时，浮游植物丰度骤减。生物量随时间变化图表明，浮游植物生物量的积累仅限于夏季月份［图15.4（a）］。由于生长季节如此之短，营养盐成分很少会降低到限制生长的水平。日照的变化决定了这些纬度地区的浮游植物生长。尽管浮游植物藻华所带来的初级生产力暴发只是短暂的昙花一现，但这段时间所产生的大量有机物质，支撑了包括海豹、鲸和北极熊在内的许多大型生物的生存。

热带和副热带地区的情况［图15.4（b）］与极地截然不同。热带地区一年四季日光强度高且充足，但营养盐浓度很低，不足以支撑高生物量的浮游植

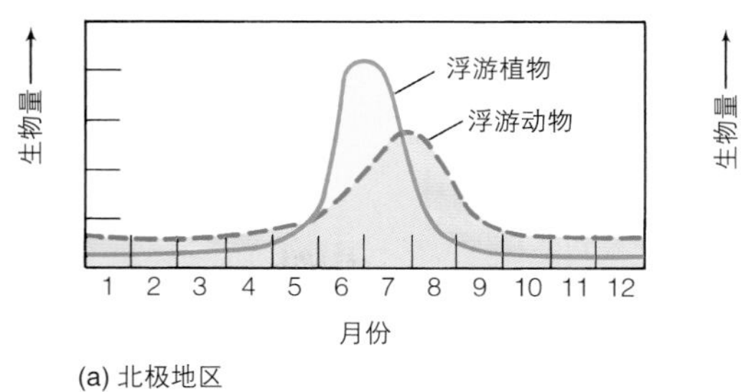

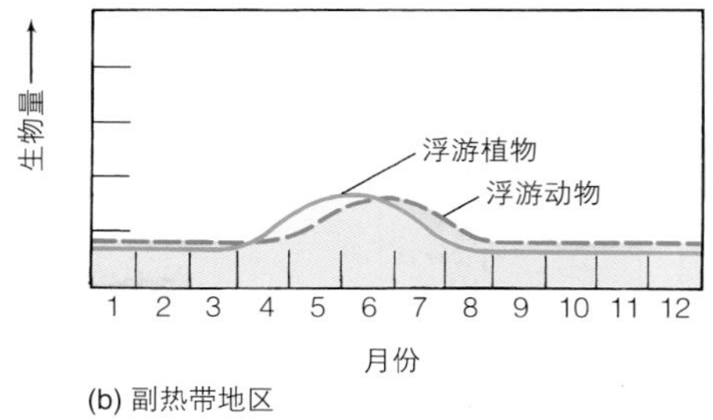

图15.4 （a）北极地区与（b）副热带地区的浮游动物与浮游植物生物量。

物。表面加热导致了热带区域水体密度层化。浮游植物通常只停留在层化水体的表层，不会轻易被卷入下方较重的水层中。密度层化将浮游植物维持在表层水体，也意味着向表层水体更新营养盐的上升和混合过程的水域有限且微弱。尽管光照充足，但真光层的营养盐浓度低，这限制了热带和副热带地区的浮游植物生产量。任何浮游植物生物量的增加都会被浮游动物快速地消耗。请比较生物量在极地地区的变化［图15.4（a）］与在副热带地区的变化［图15.4（b）］。

与极地或热带地区相比，温带地区的情况就更为复杂。在温带地区，日照的强度与持续时间以及营养盐浓度都随季节变化而变化。在冬季，太阳辐照度低，风暴相对频繁，水体通常强烈混合。冬季温带表层水体的特点是无机营养盐浓度高，太阳辐射强度低。由于浮游植物的生长需要光照和营养盐，温带浮游植物生物量在整个冬季都较低（图15.5）。在春季，太阳辐射增强，表层水体变暖，水体的密度稳定性增加。与上述热带水体一样，温带水体的密度层化也有助于浮游植物留在表层水体。到了春季，海水为表层水体的光合作用提供了丰富营养盐和充足阳光。在这些条件下，浮游植物发生藻华，生物量剧增。在春季，温带水体中的浮游植物生长快于那些水体中消费它们的浮游动物摄食者，故能发生藻华。春季之后的几个月生物量急转直下，这有两个原因：一是由于浮游植物的生长需要吸收营养盐，表面水层营养盐浓度下降；二是密度分层也使返回表层水体的营养盐达到最小，营养盐不足减缓了浮游植物的生长。伴随着浮游植物生长减缓，浮游动物数量却开始“向上追赶”，它们的摄食导致浮游植物生物量下降。到了夏末，太阳辐射降低，表层水体冷却，密度分层逐渐被打破，营养盐也重回表层水体。在秋季将发生一次小规模的藻华。最终，伴随着冬季的来临和光照减弱，秋季的藻华也走向衰亡。此外，冬季混合作用增强，意味着浮游植物被卷入深层水体，在那里，它们无法获得光合作用所需的充足光照。

通过对季节、营养盐补给与太阳辐照度之间关系的理解，可以比较温带水体（图15.5）与热带水体的情况。在热带海域，表层水体的混合与翻转程度较低，这意味着四季营养盐浓度都保持在相对较低的水平。由于太阳辐照度全年都保持在高水平，任何营养盐增加都会带来小型浮游植物藻华，随后被浮游动物快速消耗（图15.6）。

全球初级生产力

基于科学家多年在各个分布站点测量的初级生产力，以及对不同海域初级生产约束因子的理解，可以估算全球初级生产力的年平均分布（图15.7）。在营养盐输入较高的地区，日照充足时呈现出较高水平的初级生产力。近岸海域通常比开阔大洋生产力更高，河流与陆地径流补充了近岸水体与河口的营养盐。河流中的淡水产生一层低密度（低盐度）的表面水层，该低密度水层有助于稳定水体，进而有助于将浮游植物保留在光线充足的表层。

少数生产力极高的区域位于主要上升流的地带，例如沿北美与南美的西海岸、非洲西海岸及印度洋西部（回顾第9章的上升流）。上涌的深层水将富营养盐水带到表层，当日照充足时，浮游植物藻华发生。在这些区域中，丰富的浮游植物种群组成了食物网的基础，支撑着大量经济价值高的鱼。

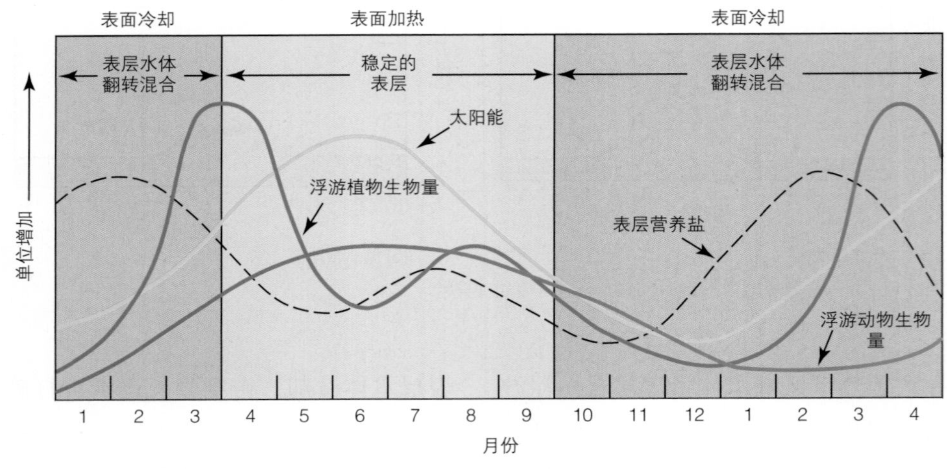

图15.5 北半球温带水体全年浮游植物与浮游动物的生物量、营养盐补充、太阳能和水体稳定度。

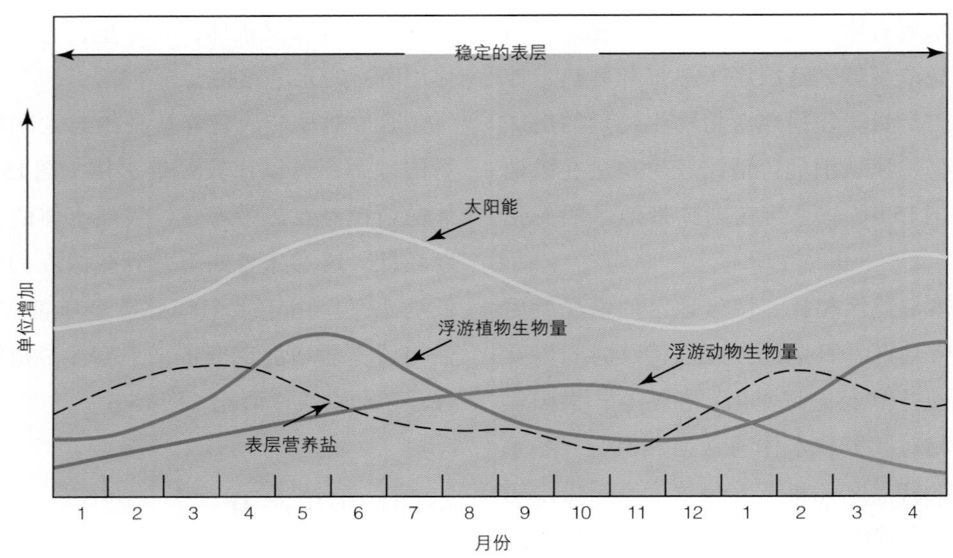

图15.6 热带水体中缺乏表面混合与翻转对流，导致全年浮游植物和浮游动物的低生物量。

赤道太平洋则展示了上升流对初级生产力的影响。上升流发生在赤道辐散带，将富营养盐水带向表层。赤道辐散带比其他没有持久上升流的开阔大洋的浮游植物丰度高得多。南极洲周围的表面辐散带也同样如此。相反，下降流带来的表面辐聚区会导致大面积低营养盐，例如大洋环流区域。大洋环流区域对应着低叶绿素a生物量区域，而赤道太平洋对应着较高叶绿素a生物量。浮游植物生物量较高的区域初级生产力也较高。

平均而言，上升流区域生产力几乎是近岸区域的两倍，是开阔大洋的6倍（表15.2）。开阔大洋总面积是上升流区域的100倍，是近岸区域的10倍（表15.2）。如果我们综合两个参数（生产力和面积），可以很明显地看出，世界上大部分海洋的特点是生产力相对较低（表15.2）。尽管单位面积生产力水平低，但海洋面积是如此广阔（海洋占地球表面约70%）以至于整个地球每年近一半的初级生产力来自微小的浮游植物。

陆地和海洋上都有高生产力区域与低生产力区域（表15.3）。开阔大洋上每平方米初级生产力与陆地上的沙漠地区相近；上升流区域与牧草地或浓密森林相当；一些特定河口的生产力最高，与农耕地相当。

在海洋中，氮元素通常是净初级生产力的制约因子，尽管如第15.6节中所讨论，铁元素也限制了某些地区的生产力。在许多陆地湖泊中，磷元素是

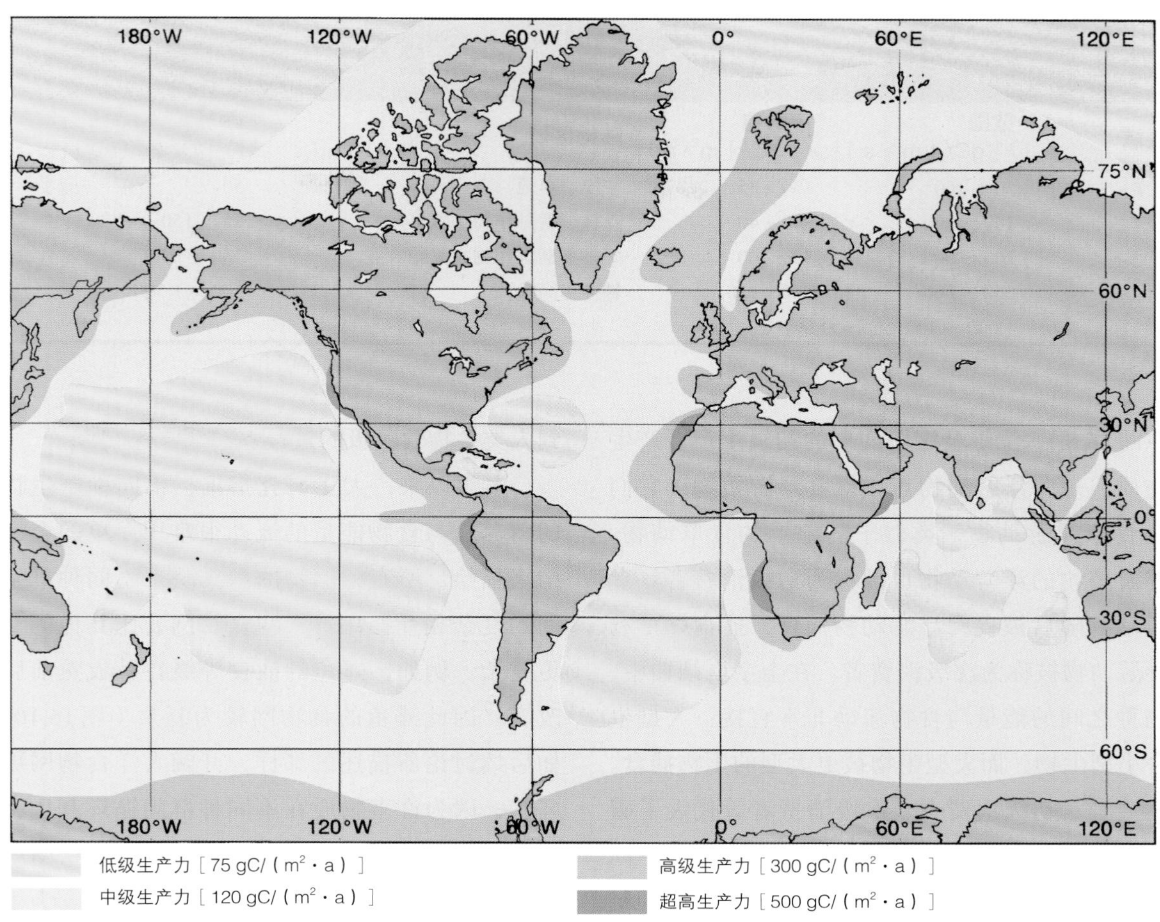

图15.7 基于多年海洋监测的全球海洋的年均初级生产力分布。

表15.2 世界海洋初级生产力

海域类型	单位面积初级生产力 /［gC/（m^2·a）］	世界海洋面积 km^2	世界海洋面积 %	总初级生产力 /（tC/a）
上升流海域	500	3.62×10^6	1.0	1.8×10^9
近岸海域	300	36.2×10^6	10.0	10.8×10^9
开阔大洋	130	322×10^6	89.0	40.3×10^9
所有海域	150	362×10^6	100.0	54.1×10^9

初级生产力的制约因子。因此，一定要小心控制近岸水体的氮输入与湖泊的磷输入。额外增加营养盐会造成浮游植物藻华。回顾第13.2节与第14.3节，可知营养盐的富集会导致大量有机物质生成。有机物质数量增多导致呼吸作用相应加强，在水循环最弱的区域将出现低氧的危险。

15.5 食物网与生物泵

食物网（food web）描述不同种群的生物之间营养与食物的传递。食物网中大多数生物的体长都小于几厘米（表15.4）。光合浮游植物能够合成可被其他生物消耗的有机物质，因此是食物网的基础。金字塔图是将生物间的有机物质传递形象化的最简便

表 15.3　海陆总初级生产力

海洋区域	范围 /［gC/（m^2·a）］	平均值 /［gC/（m^2·a）］	陆地区域	数量 /［gC/（m^2·a）］
开阔大洋	50～160	130±35	沙漠、草地	50
近岸海域	100～500	300±40	森林、常见作物、牧草	25～150
河口处	200～500	30±400	雨林、潮湿作物、集约农业	150～500
上升流区域	300～800	640±150	甘蔗与高粱	500～1 500
盐沼	1 000～400	2 471		

方法（图 15.8）。位于金字塔底层的初级生产者产生有机物质。一些浮游动物直接摄食浮游植物，它们被称为食草浮游动物，类似于陆地上的食草动物。摄食浮游植物的浮游动物也被称为初级消费者。食草浮游动物随后被食肉浮游动物捕食，捕食食草动物的浮游动物被称为次级消费者。在金字塔结构中，不同物种之间的能量与食物流动非常直接：大型生物捕食小型生物，而大型生物被更大型的生物捕食。初级生产者、初级消费者、次级消费者等代表了碳与营养盐转移的不同阶段。每一阶都代表一个不同**营养级**（trophic level）。物质在不同营养级之间的每一次转移，都会带来有机碳与能量的损失。因此各营养级的总生物量越来越小。

表 15.4　海洋生物的相对丰度与体长

生命形态	体长范围	相对丰度
鱼	10～100 cm	0.01
浮游动物	1 mm～10 cm	1.0
浮游植物	0.001～0.02 mm	10.0

如果尽可能地捕捞位于最低营养级的海洋物种，那么人类的海洋食物资源将达到最大。海洋中三个不同区域的浮游植物生产量与理论渔业产量的关系见表 15.5。表中第三列为不同营养级之间的能量传递效率，第四列为通常作为人类食物所在的营养级。上升流区域和近岸区域营养盐丰富，能够支撑层级短、效率高的食物网［图 15.9（a）和图 15.9（b）］。这些区域的初级生产力较高，意味着食草动物能够轻易获得食物，能量也较为充分地传递到下一营养级。相反，开阔大洋的食物网层级较长，能量传递到人类食物营养级的过程效率低（图 15.9c）。

多年以来，大量研究指出，不同种群生物之间的营养盐与食物能量的流动很难用简单的金字塔结构来描绘。所有的食物网都反映了不同种群生物之间的复杂相互作用。有些食物网要比其他的食物网更复杂。例如，鲱鱼的捕食等级在其成熟前后发生改变，因此鲱鱼的食物网较为复杂（图 15.10）。正如后续讨论所描述的那样，开阔大洋食物网更像是环状，因为许多物质在不同种群间循环利用，进入生态系统的新营养盐输入很少。这些食物网由微生物过程所主宰，无法支持更高的营养级。为了阐释对食物网的不同影响，我们将世界海洋分为两大类：沿海高营养盐输入表层水域和开阔大洋环流低营养盐输入表层水域。

近岸环境与上升流区域的主要氮输入形式为硝酸盐，这些区域是海洋中初级生产力最高的一些区域。这些环境中的硝酸盐要么来自上升流，要么来自陆地径流。高营养盐地区是最大体型的浮游植物的家园。通常，近岸与上升流食物网反映传统的营养金字塔结构，大型浮游动物消费大型浮游植物，大型浮游动物继而被更大型生物捕食，例如幼鱼。然而，即使在这些高营养盐地区，同样存在许多不同营养级之间发生“短路”的例子。例如，一些浮游动物可以摄食比自己大许多倍的浮游植物，这显然打破了大物吃小物的传统。其次，浮游植物可以直接向海水释放有机物质，细菌的呼吸作用消耗这种溶解有机物质（dissolved organic matter, DOM），再次“短路”了传统营养金字塔。尽管存在这些例外情况，始于大型浮游植物的近岸与上升流食物网通常被称为能效食物网或短食物网，因为从自养生

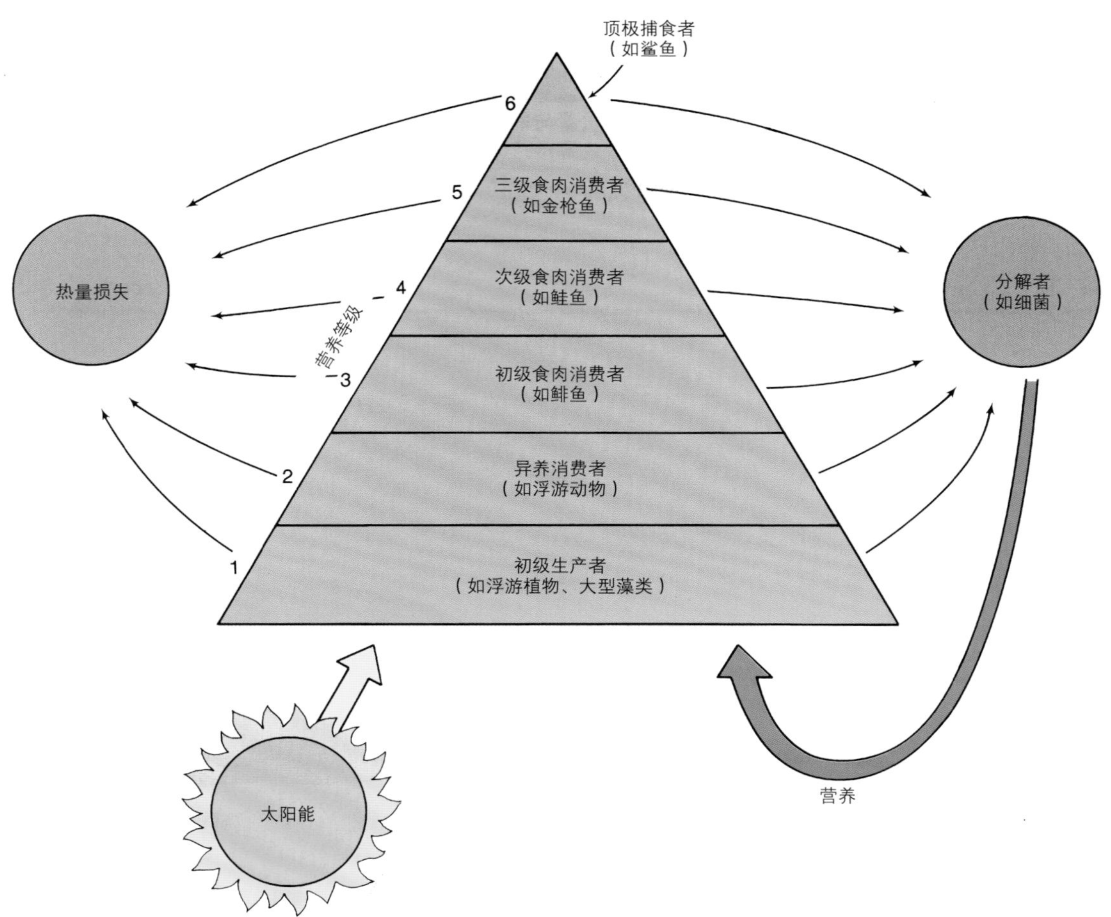

图15.8 营养级金字塔。营养级从底到顶依次排列。第一营养级需要营养盐与能量。营养盐逐级传递，能量逐级损失。热量流失来自海洋对较冷大气的辐射。

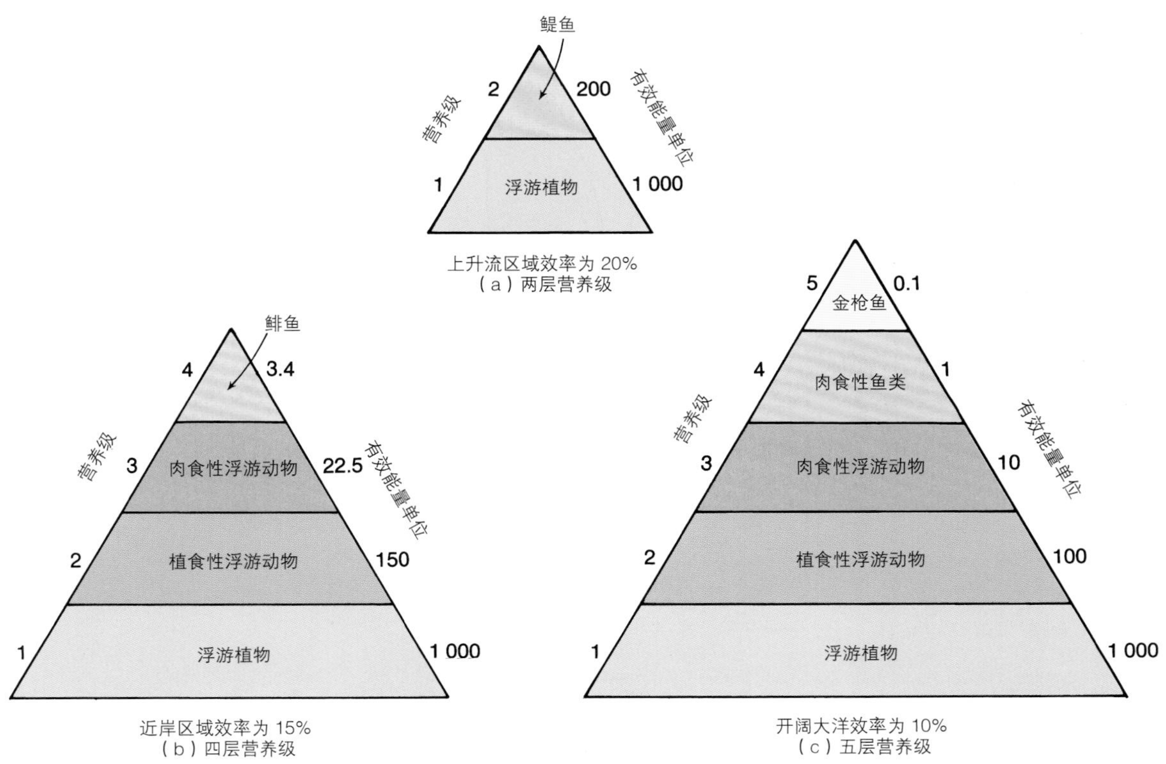

图15.9 营养级效率在（a）上升流区域、（b）近岸区域、（c）开阔大洋之间的变化。营养级的数量与人类所捕捞的营养级随地区变化。

表 15.5 海洋食物生产				
海域类型	浮游植物生产 / (tC/a)	营养级间质量与能量的逐级转移效率 /%	捕获营养级	鱼类产量估算 / (tC/a)
开阔大洋	40.3×10^9	10	5	4.0×10^6
近岸海域	10.8×10^9	15	3	243×10^6
上升流海域	1.8×10^9	20	2	360×10^6

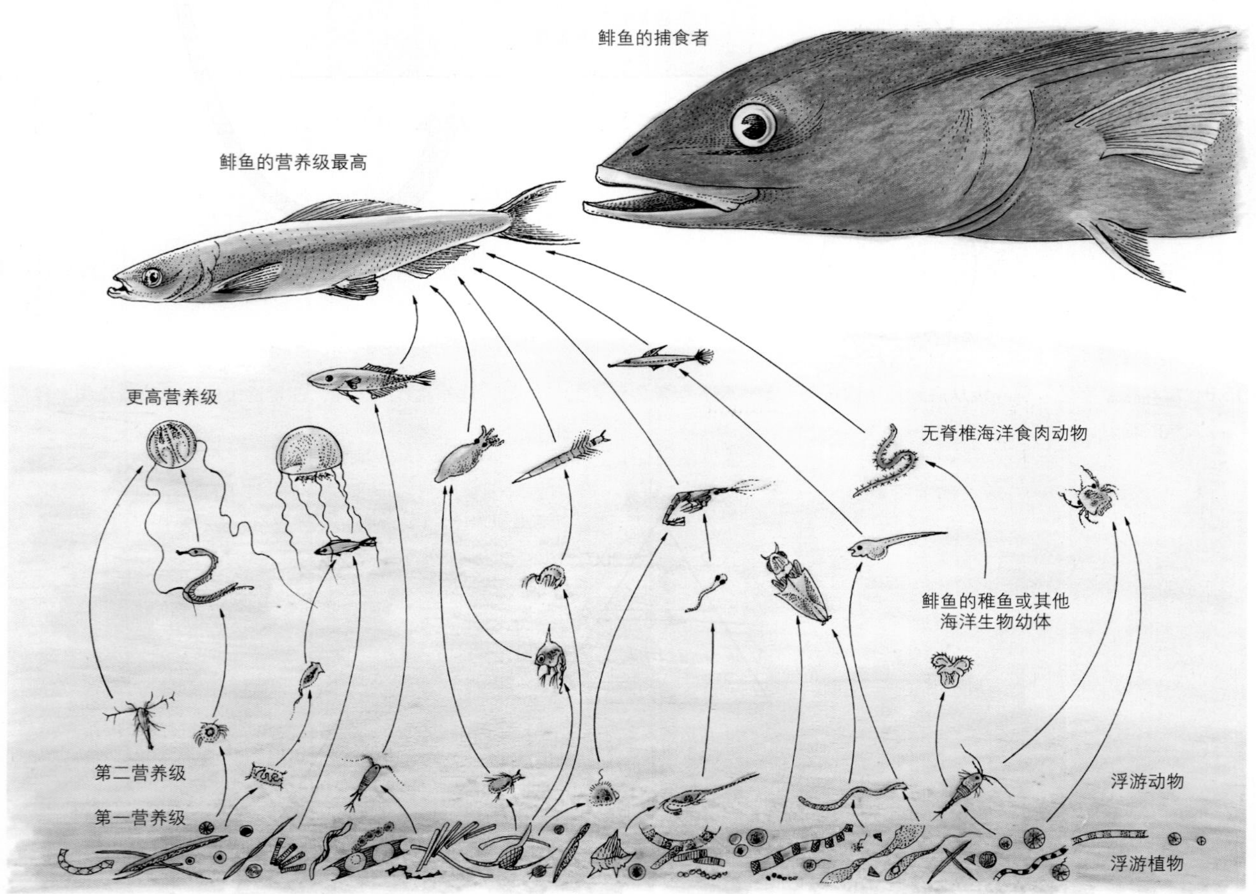

图 15.10 海洋食物网的复杂性简图。该食物网展示了鲱鱼一生中各个阶段中在食物网中的不同位置。

物到最大的异养生物之间有机物质传递次数较少（表15.5）。另一种说法是，短的能效食物网中，能量传递次数较少。世界上最大的渔场位于高营养盐区域，食物网的能量传递效率高。

世界海洋的主体，例如开阔大洋，是低营养盐、低初级生产力地区。该区域通过上升流进入水体的硝酸盐很少，氮的主要形式是铵盐。大多数铵盐在生物间循环利用。例如，当浮游动物摄食浮游植物时，一些分解产物会以铵盐形式释放，这些被释放的铵盐又成为浮游植物的无机营养盐来源。这些低营养盐地区的浮游植物通常体型很小。在开阔大洋中，普通浮游植物的体长约为1 μm，而近岸浮游植物的体长可达500 μm。回顾表14.1，普通小型浮游植物的表面积与体积的比值是普通大型浮游植物比值的500倍。在开阔大洋低营养盐的环境下，小体型对浮游植物有利，这是因为对小型浮游植物而言，单位细胞体积拥有更大的表面积，从而能够吸收更多营养盐。较小的浮游植物通常被较小的浮游动物摄食，这些较小的浮游动物继而被稍大一点的浮游动物捕食。开阔大洋中，大型异养生物需要大量的营养级传递以及碳和营养盐的逐级流失来支撑（表15.5）。许多有机物与无机物反复在不同种群的生物间循环。开阔大洋的环境特点是由微生物主宰的营养再生与循环利用。这种食物网类型被称为**微生物环**（microbial loop）。低生产、传递多的食物网无法支撑大型渔场。

“生物泵”指食物网内各种过程的综合，这个过程导致浮游植物通过光合作用，从大气到海洋的吸收或转移二氧化碳，并在表层水域生成有机碳，来支撑海洋生物生长所需。它的工作原理是，浮游植物利用溶解的二氧化碳进行光合作用，这导致更多二氧化碳从大气溶解进水中。浮游植物生产的有机物质通过食物网传递，一部分有机物质在水体中沉降，成为其他生物的食物。当有机物质随深度沉降时，本用于生产有机物质的二氧化碳也随之沉降。与低效的生物泵相比，一个高效的生物泵能向深层水体提供更多有机化合物。富含营养盐的水体更易支撑高效的生物泵，原因如前文所述，这种水域的优势种是大型浮游植物，这些大型浮游植物被更大动物所消耗。大型浮游植物产生的有机物质大部分可向更深水体输出。开阔大洋的低营养盐水体更倾向于支持较小浮游植物，形成低效生物泵。大部分有机物质与营养盐在表层水体多次循环，开阔大洋中浮游植物所产生的有机物只有一小部分被传输到深层水体中。

15.6　实际应用：海洋施肥

对冰芯的最新研究表明，在工业革命之前的65万年里，大气中的二氧化碳浓度大约在180×10^{-6}～280×10^{-6}间浮动。现在大气中二氧化碳浓度约为380×10^{-6}，并且预计将持续增加，在本世纪中期将达到前工业化时期的两倍，在世纪末将达到800×10^{-6}。大气中的二氧化碳水平的骤增与随之发生的气候突变有关。这促使一些人考虑给海洋中的浮游植物施肥，这是加强生物泵的一种手段，目的是减缓大气中二氧化碳含量上升。多年来，研究人员已开展多个实验测试施肥对于开阔大洋生物泵的影响。通过综合考虑初级生产力的控制因子和生物泵工作原理，可以预估施肥实验的结果。理解现有的实验结果，可以为制定利用海洋施肥作为将大气中二氧化碳含量上升趋势最小化的方法决策的可行性提供参考。

世界海洋的三个主要区域——南大洋、赤道太平洋和北太平洋——的特点是，氮和磷浓度相对较高，而浮游植物丰度相对较低。这些硝酸盐浓度高、叶绿素a浓度低的区域称为**高营养盐低叶绿素**（High Nitrate Low Chlorophyll a, HNLC）地区，浮游植物生长不受光照或主要营养元素的限制，反而受限于低浓度的微量营养元素铁。铁在地球上含量最丰富的元素中排第四位，但海水中含铁的化学成分也意味着海水中大多数铁无法被浮游植物利用。高营养盐低叶绿素地区的表层水体中铁的输入主要来自被风吹来的尘土或微弱的上升流。高营养盐低叶绿素地区成为通过施铁肥增加浮游植物生长的目标区域，这是因为人工施加铁肥会比硝酸盐施肥的成本低很多，在这些地区铁元素是浮游植物生长所需。回顾第15.2节中描述的雷德菲尔德比率可以发

加利福尼亚海洋渔业合作调查——50年的近海海洋数据

20世纪20年代和30年代，沿加利福尼亚州南部特雷和圣迭戈之间的海域是丰产的沙丁鱼渔场。在此期间，北美洲加利福尼亚州海岸捕获的沙丁鱼比任何其他种类的鱼都多。该地区也是为因约翰·斯坦贝克(John Steinbeck)的小说《罐头厂街》(*Cannery Row*)而出名的蒙特雷海景大道(Ocean View Avenue)上24家罐头厂供货的渔场。但到了20世纪40年代，渔业下滑并崩溃。1945年渔获量超过55万吨，在1947年下降到仅10万吨。为了应对渔业的衰败，美国建立了加利福尼亚海洋渔业合作调查(California Cooperative Fisheries Investigations，CalCOFI)，并于1949年开始展开了一系列海洋调查。从1949年至1984年的35年中，在下加利福尼亚半岛的南部海域、加利福尼亚州—俄勒冈州边界和近海数百千米处超过23 000个站点进行采样。自1984年以来，又在圣迭戈与康塞普申角之间的另外7 000个站点进行定期采样。

尽管该计划的初衷是为了了解沙丁鱼的分布和数量，但随着认识加深，人们越来越发现要理解沙丁鱼数量的波动，必须要研究海洋、海流、大气之间的关联，特别是厄尔尼诺、拉尼娜和对北太平洋造成影响的更长周期环流。

1958—1960年间的加利福尼亚洋流变暖与赤道厄尔尼诺活动有关，浮游动物和仔鱼的数量下降，沿海渔获量从1956年的114 000 t下降至1960年的79 000 t。圣迭戈附近的近岸海藻林在这个时期内也处于减少状态。20世纪70年代末，加利福尼亚洋流再次变暖、海水盐度降低，经济鱼类的捕获量加速下降。同时，海鸟数量减少，海藻林数量下降，原为南方物种的潮间带底栖生物和鸟类成为当地优势种。目前认为，东北太平洋的环境条件在1977年发生了难以解释的转变，在1977年之后又相继发生了厄尔尼诺和拉尼娜事件。

1983—1984年厄尔尼诺现象期间，浮游动物、海藻林和鱼类再次减少。1983年，许多鱼类和无脊椎动物的生存范围向北移动，俄勒冈州沿岸地区的海鸟繁殖情况糟糕；而加利福尼亚海狮和北部海豹的幼崽数量也下降了。

1985年，沙丁鱼的产卵量达3万吨；1995年，沙丁鱼生物量达到30万吨；而在1999年，沙丁鱼数量自20世纪40年代中期以来首次超过100万吨。沙丁鱼资源已经重建并向北扩展，并于1998年扩展到温哥华岛。

在1998年和1999年，该地区开始由暖变冷，进入拉尼娜周期，且在1999—2000年到达顶峰。浮游植物的数量增加，1999年4月叶绿素测量值达到自1984年以来的最高值，这标志着1977年开始的变暖趋势终止。目前加利福尼亚海洋渔业合作调查数据库已含有超过50年的洋流、大气条件、浮游生物、鱼类、海洋哺乳动物、海鸟和其他海洋生物的沿海数据。

在加利福尼亚洋流系统中，持续一到两年的变暖事件能够影响洋流强度且降低海水盐度——这些都与赤道厄尔尼诺现象有关。从圣巴巴拉盆地采集的沉积物岩芯积累了2 000年的数据记录，研究人员调查了岩芯中的鱼鳞，结果显示，沙丁鱼和凤尾鱼种群数量丰富性的交替周期不是2年而是约30年。研究人员认为这个周期与1977年开始的东北太平洋长期变化趋势有关。沙丁鱼喜欢生活在温暖的水域中，而凤尾鱼更喜欢较凉的海水，这表明某种长期气候周期在影响水温、生产力和鱼类数量。有迹象表明，目前加利福尼亚洋流区的沙丁鱼数量在增加而凤尾鱼数量在下降。

加利福尼亚海洋渔业合作调查数据的另一个重要用途是，用于解释浮游植物的卫星数据。SeaWiFS卫星测量浮游植物对光的吸收和再辐射，离开水面的光的变化反映了溶解与悬浮物质的浓度，以及光合色素如叶绿素的荧光性。这些数据称为生物光学数据，可用于测量浮游植物种群数量。然而，为了校准卫星数据，必须对海洋的生物种群进行直接测量。自1993年起，加利福尼亚海洋渔业合作调查一直收集300个站点以上的生物光学数据，这些数据是解析SeaWiFS卫星数据的关键。

现，碳与氮的摩尔比为6.6∶1，而碳与铁的摩尔比为100 000∶1！这意味着在浮游植物生长受铁限制的区域，增加相对少量的铁会造成有机碳数量剧增并有可能向深层水体沉降。

在过去10年内，大型科学家团队开展了许多大规模实验来测试增加铁对高营养盐低叶绿素地区的影响。每个实验中，可溶性铁被加入面积数十平方千米的大面积海域中，监测随时间（至多25天）的变化结果。这些实验主要提出了三个研究问题：（1）铁的增加是否会导致施过肥的HNLC区域浮游植物生物量增加？（2）食物网的不同成员是如何受到、增铁的影响？（3）在HNLC区域增加的浮游植物丰度是否会带来有机碳在表层水体沉降和大气中二氧化碳增量的下降？

第一个问题的答案显而易见。施加铁肥几天之后，叶绿素a浓度大大提高，一些实验结果甚至提高到原来的20倍，施肥海域的面积扩大到1 000 km^2，一些施肥海域面积很大以至于在卫星图像上可看出浮游植物叶绿素a的暴发。第二个问题的答案也很明显，伴随着叶绿素a增加的是食物网向大型浮游植物（如硅藻等）的转变，而不是施肥开始时生长的较小浮游植物。记住，营养盐受限的开阔大洋环境更易被1 μm长左右的小型浮游植物统治。施过铁肥后，长度约100 μm长的针形硅藻更易大量繁殖。

尽管科学家们已努力了近10年，第三个问题的答案仍然尚未揭晓。在所有的施肥实验中，浮游植物生物量与初级生产力增加，然而相应增加的有机碳却低于预计量，而且从表层水体向深处沉降的为深层生物生长提供原料的有机碳数量更少。换句话说，尽管施过肥，高营养盐低叶绿素地区的生物泵效率似乎仍不高。生物泵效率远低于预期的原因尚未完全弄清楚。这些实验指出了预测海洋食物网对于物理和化学环境变化响应的难度。这些实验也表明，为了显著降低大气中的二氧化碳浓度，对海洋施肥的面积要远远大于最初设想，这可能会给海洋食物网带来大规模变化。

本章小结

浮游植物是海洋中主要的光合自养生物。这些微生物利用阳光与无机化合物产生作为海洋生命食物的有机物质。利用二氧化碳产生有机碳的过程，通常被称为固碳。所有光合生物利用色素叶绿素a来吸收阳光。氧气的生成是光合作用的副产物。有机物质通过呼吸作用分解，生成化学能、水和二氧化碳。

总初级生产力指的是单位体积海水单位时间内通过光合作用生成的有机物质总量。浮游植物光合作用生成的有机物质减去浮游植物呼吸作用消耗的有机物质，可以得到净初级生产量。净初级生产力可由测量二氧化碳的消耗率或氧气的生成率来判断。

浮游植物从海水中吸收所需营养盐的比例反映了它们的生理需求。当生物死亡腐烂时，营养盐会以相同比例被释放回海水。营养盐以有机与无机化合物形式在海陆间循环。无机营养盐浓度、阳光和温度影响着初级生产力。当浮游植物的繁殖远快于浮游动物及其他异养生物对它的消耗时，浮游植物发生藻华。现存量是在给定时刻给定地点的浮游植物总生物量，与叶绿素a浓度有关。

初级生产力取决于温度、光照、无机营养盐。在极地地区，光照强度决定了浮游植物生产力，营养盐则不是限制因素。在热带地区，阳光全年普照，稳定的水体使表层水体的营养盐补给达到最小化。热带地区的浮游植物通常受营养盐控制。在温带地区，光照、营养盐和水体稳定随季节变化。温带地区的浮游植物藻华通常发生在春秋季。

在近岸与上升流区域，由于高浓度的生物所需无机营养盐被输入到表层水体，如果阳光充足，这些区域将比开阔大洋更多产。上升流区域的生产力几乎是近岸区域的两倍，约是开阔大洋的6倍。开阔大洋总面积大约是近岸区域的9倍，而近岸区域是上升流区域面积的10倍。多数海域具低营养盐和低初级生产力的特征。然而，世界海洋如此广阔，以至于海洋浮游植物和陆地植物的有机碳年产量相近。

食物网描述了生态系统中不同类型生物之间的相互联系。浮游植物是初级生产者。在营养盐浓度低的开阔大洋上，处于优势地位的浮游植物体型较小。在富营养盐的水体中，处于优势地位的浮游植物体型较大。消费浮游植物的生物初级消费者，消费初级消费者的生物是次级消费者，依此类推。营养金字塔可用有机物质与营养盐的形式来表示生产者与消费者之间的关系。食物网相互作用影响深处水体生物所能获得的有机物质数量。生物泵是指从大气中吸收二氧化碳生产有机碳并向深处沉降的过程。生物泵的效率影响了表层水体的碳吸收量。开阔大洋的水体特点为生物泵效率相对不足。高营养盐水体的特点为相对高效的生物泵和向深处排放更多有机碳。

历时10年的大规模实验的表明，大部分世界海洋地区的初级生产力受限于铁，向这些区域施铁肥会带来浮游植物丰度的剧增，食物网将向较大浮游植物物种转变。然而，生物泵的效率并没有提升到预期水平。这些实验表明，食物网的复杂性和海洋环境变化对于食物网的影响难以预测。

关键术语

pigments　色素

chlorophyll a　叶绿素a

carbon fixed　固碳

fluorescence　荧光

primary production　初级生产量

gross primary production　总初级生产量

net primary production　净初级生产量

redfield ratio　雷德菲尔德比率

nutrient regeneration/remineralization　营养盐再循环/再矿化

nitrogen fixation 固氮

standing stock/standing crop　现存量

ocean color　水色

bloom　藻华/水华

food webs　食物网

trophic level　营养级

microbial loop　微生物环

high nitrate low chlorophyll a (HNLC)　高营养盐低叶绿素

本章中的关键术语可在“词汇表”中检索到。同时，在本书网站www.mhhe.com/sverdrup10e中，读者可学习术语的定义。

思考题

1. 解释表15.4中生物的丰度与体长的总体关系。
2. 辨析下列六对术语
   a.现存量—生物量
   b.光合作用—呼吸作用
   c.自养—异养
   d.生产者—消费者
   e.净初级生产力—总初级生产力
   f.初级生产量—初级生产力
3. 比较极地地区、温带地区和热带地区的初级生产力。限制每个地区生产力的主要因子是什么？
4. 在图15.10的食物网中选择一条生物链，描述生物链都包含哪些生物及其所代表的营养级。
5. 世界上哪片海域最丰产？为什么？
6. 解释海洋中浮游植物生物量的碳流动与陆地上植物生物量的碳流动的区别。
7. 解释热带水体的补偿深度更深而生产力低下而温带水体更浅而生产力较高的原因。
8. 解释初级生产力与按生物量标准化后的初级生产力有什么不同。
9. 解释开阔大洋食物网与近岸食物网之间的三个不同之处。
10. 解释生物泵在开阔大洋比上升流海域或近岸的更低效的原因。
11. 图15.2中，为什么浮游植物呼吸作用几乎不随时间变化？

12. 解释三种确定初级生产力的方法。

13. 解释为什么科学家最初对大部分海域具有“高氮磷，低浮游植物”的特点感到十分惊讶。

14. 解释为什么人们认为向海洋中施铁肥可减少大气中的二氧化碳浓度。

15. 分别计算在以下地区捕获1t鱼所需的面积:（a）上升流区域;（b）近岸;（c）开阔大洋。

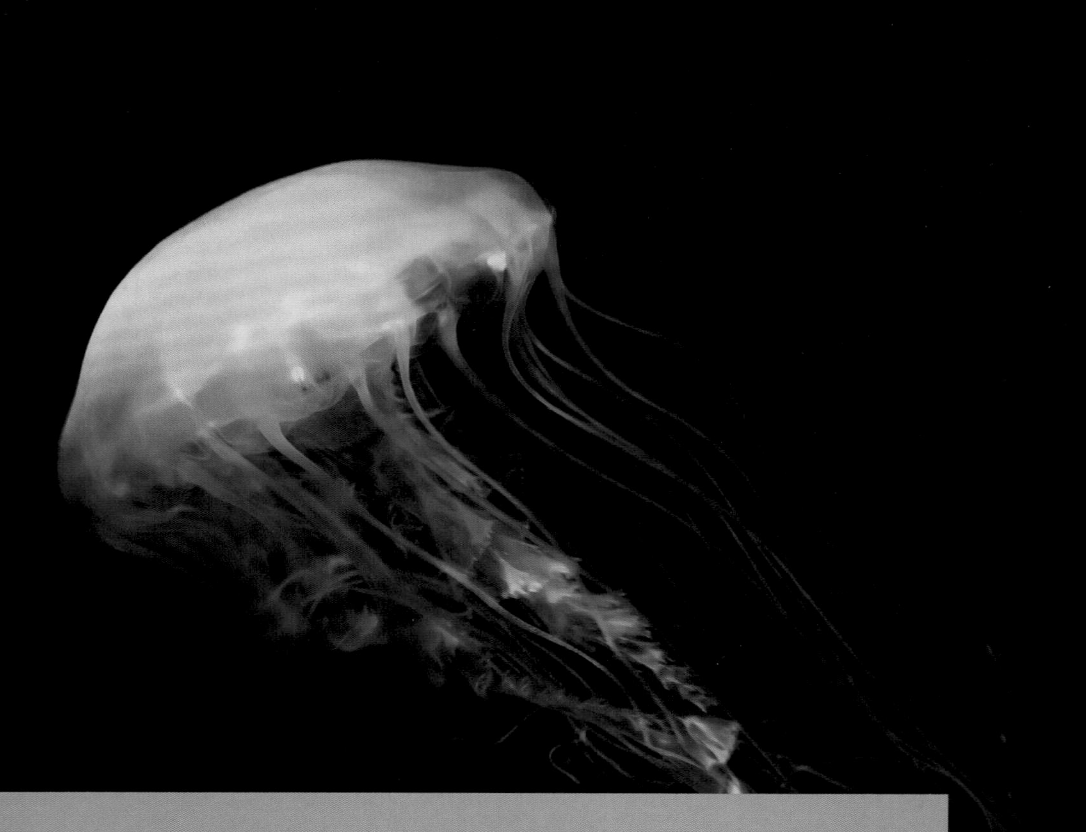

学习目标

学习完本章以后，读者可以：

1. 解释在什么情况下可能发现以下不同浮游植物类型，例如蓝细菌、硅藻、甲藻。
2. 理解阶段性浮游生物和终生浮游生物的区别。
3. 解释微生物食物环的概念。
4. 描述什么是有害藻华（HABs）及为什么它们会引起关注。

浮游生物：海洋中的漂流者

第16章

浮游生物一词来源于希腊语“planktos”，意思是漂泊。受限于运动能力，浮游生物常随着水流迁移。浮游植物、浮游动物以及浮游细菌是海洋中的流浪者和漂流者。这些生物具有非常惊人的多样性，但是由于绝大多数浮游生物太微小以致于肉眼不可见，所以它们大多不为人所知。浮游生物在海洋中广泛分布，它们同时也是所有海洋生态系统运转的核心。通常有两种作用控制浮游生物的生物量：上行控制和下行控制。上行控制是指浮游植物生物量受到非生物因子的控制，例如营养盐、光强和温度；下行控制是指生物通过摄食消费对生物量进行控制。在阅读过程中，当你看到不同的浮游生物以及它们被发现的位置时，请牢记这些概念。接下来将讨论浮游植物、浮游动物和浮游细菌的重要代表物种。

16.1 浮游生物的种类

总体而言，浮游生物非常微小，通常小于几厘米。体型小意味着它们倾向于悬浮在海水中，随着水流从一个地方漂到另一个地方。**浮游植物**（phytoplankton）能利用太阳能产生氧气和有机物质，这些有机物质成为海洋中其他生物的食物。浮游植物构成了大部分食物网的基础。蓝细菌是浮游植物中的细菌成员，其他浮游植物都是真核生物（回顾第14.3节）。**浮游动物**（zooplankton）可以是单细胞动物，也可以是多细胞动物，通常情况下它们以其他生物为食。许多在成熟阶段不是浮游生物的生物，其幼体也可以归类为浮游动物。细菌不是浮游动物。浮游动物包含最大型的浮游生物。例如一些体型巨大的水母，触手可长达15 m。**浮游细菌**（bacterioplankton）由细菌和古生菌组成。浮游细菌主要依赖海水中溶解的有机和无机化合物生存。浮游细菌在海洋生态中所扮演的角色多到难以置信。

许多浮游生物是如此之小，以至于人们只有在显微镜下才能看到它们。浮游生物通常以自身个体大小来分类。**超微型浮游生物**（picoplankton）通常小于2～3 μm。为了便于理解超微型浮游生物到底有多小，这里举例说明。人头发丝的平均直径为100 μm，一个大小为2 μm的超微型浮游生物比一根头发丝还要细小得多。超微型浮游生物主要由浮游植物、单细胞浮游动物和浮游细菌组成。这种生物群的多样性才刚刚开始被发现。世界海洋中，丰度最高的浮游植物是一种名为原绿球藻（*prochlorococcus*）的蓝细菌。这种生物小于1 μm，直到20多年前（1988年）才被海洋学家发现（见专业笔记“发现超微型

◀ 水母。

浮游生物的作用”）。由于现在能够利用DNA辨识物种，过去几年里，关于超微型浮游生物多样性的信息呈爆炸式增长。目前，只有很少一部分超微型浮游生物能在实验室里培育。**微型浮游生物**（nanoplankton）在2～20 μm之间。微型浮游生物和超微型浮游生物是开阔海域环境的优势种。**小型浮游生物**（microplankton）又称**网采浮游生物**（net plankton），通常在20～200 μm之间。过去，人们对小型浮游生物进行了广泛的研究，因为它们很容易被细眼拖网捕获（见第16.6节）。**大型浮游生物**（macroplankton）在200 μm到2 mm之间，同样能用浮游生物网捕捉到它们。较大的小型浮游生物和大型浮游生物在近岸和上升流区域可用肉眼识别。它们的生物量在一些区域是如此之大，以至于用声学测深仪能检测到它们的垂向运动。这些生物形成的生物层，称为深海散射层（见第5章）。

16.2 浮游植物

微小的浮游植物通常被称为“海洋中的小草”。正如没有草生长的土地不能支撑昆虫、小型啮齿动物、鸟类以及捕食它们的大型动物一样，没有浮游植物生活的海洋同样不能支撑浮游动物和其他大型生物。英国生物海洋学家阿利斯特·哈迪爵士（Sir Alister Hardy）有言：“一切生物都基于草。”

根据定义，浮游植物能进行光合作用，可被归为海藻类。绝大部分浮游植物是单细胞生物。一些浮游植物的细胞可以连接起来，形成链状结构，但是这些细胞的功能仍然彼此独立。马尾藻是大型多细胞浮游藻。大片马尾藻成团地在海面上漂浮，为一些特定生物提供居所和食物，包括一些鱼类和蟹类。马尾藻海是北大西洋中部的一片水域，以大量漂浮的马尾藻而著称。这些漂浮的马尾藻吓坏了许多早期的航海家，并被写进了许多海洋故事中。世界上其他温暖海域都没有这么多的马尾藻。

常见的海洋浮游植物有**硅藻**（diatom）、**甲藻**（dinoflagellate）、**颗石藻**（coccolithophorid）、**蓝细菌**（cyanobacteria）和**绿藻**（green algae）。它们可以通过形态学（例如细胞壁的外形）以及所含色素类型来辨别。硅藻、甲藻和颗石藻是较大的浮游生物（微型和小型浮游生物）的重要组成部分。通常，大的浮游植物会在海洋生态系统中形成效率相对较高的营养传递（回顾图15.9）。绿藻和蓝细菌是超微型浮游生物的重要组成部分，它们通常是开阔大洋浮游植物的优势种。除此之外，还有其他海洋浮游植物种类，例如隐藻、硅鞭毛藻和金胞藻等，但是这里我们只讨论优势种。

据估计，有成千上万种硅藻。硅藻在远洋和底栖环境中的咸淡水中都能生存。它们的大小和形状各不相同。一些硅藻属于最小型的微型浮游生物，另一些则可达到大型浮游生物的中等大小。尽管在开阔海域也能找到它们，但它们主要是近岸生态系统的重要组成部分。一些区域藻华暴发的时候，由硅藻产生的有机物质超过90%。硅藻适宜生活在高营养盐和强烈混合的水体中，这些水域往往也是大渔业区（见表15.5）。据估算，硅藻占海洋初级生产力的40%。

硅藻除含有叶绿素a以外，还拥有墨角藻黄素和叶绿素c。硅藻细胞的外壳称为**硅藻壳**（frustule），主要由硅元素组成，还含有相对少量的有机物质，这是它们的重要特征。硅藻壳的结构尺度微小但复杂精妙，这些结构特征常被用于鉴定种类。事实上，硅藻壳的结构是如此复杂，以至于人们在很长时间内用它们来检验显微镜的光学分辨率。这些细胞壳被有机基质包裹，这是为了防止海水溶解其中的硅。尽管海洋中有些生物也能利用硅，例如海绵类动物和硅鞭毛藻，但世界海洋生源硅循环过程仍然主要受硅藻控制。

硅藻有两种主要形态，**辐射对称型**（radial symmetry）和**左右对称型**（bilateral symmetry）。辐射对称型像培养皿或帽子盒，主要为**中心类**（centric）硅藻种类；左右对称型主要呈扁长形，像雪茄盒，主要为**羽纹类**（pennate）硅藻种类。图16.1为这两种硅藻代表物种的手绘图。中心硅藻和羽纹硅藻的硅藻壳都由两个半片组成，它们由一系列以硅为主要成分的环带相连（图16.2）。当细胞生长时，随着新环带增加，两个半片逐渐分开，形

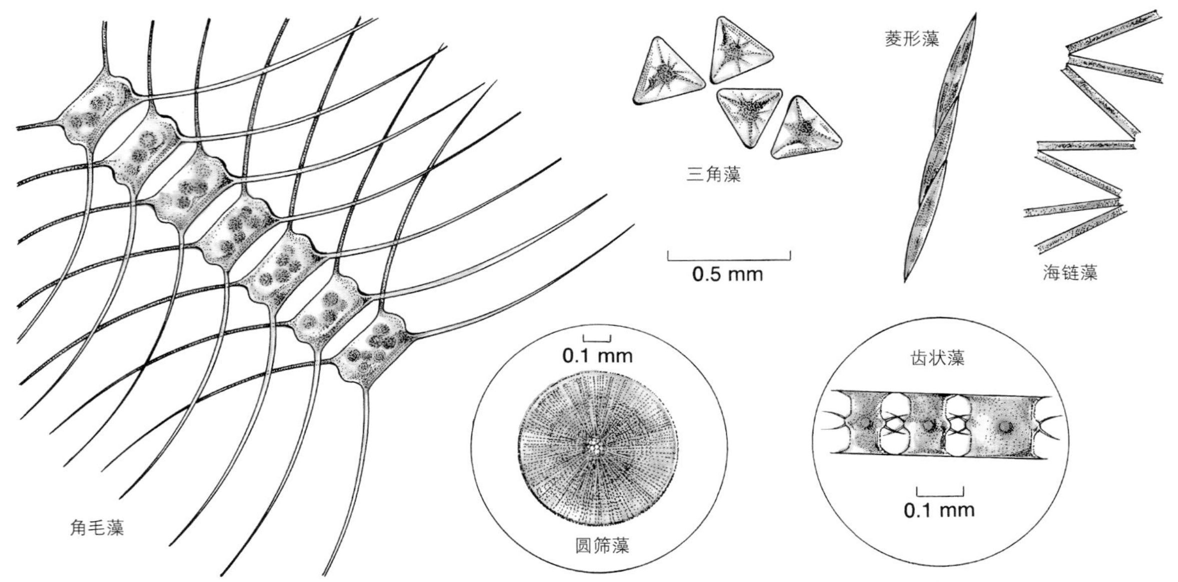

图16.1 中心硅藻和羽纹硅藻示意图。

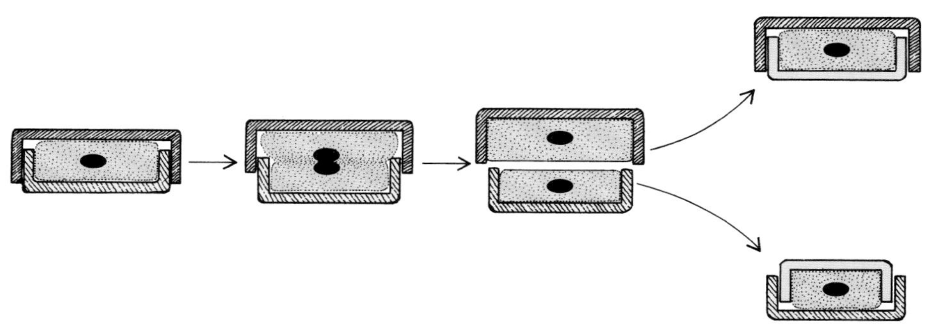

图16.2 硅藻母细胞分裂成两个硅藻子细胞。盒状细胞分裂成两瓣，细胞遗传物质也分成两瓣，每个盒都会在内部形成一个新的半盒。一个子细胞与母细胞一样大，另一个子细胞则略小于母细胞。

成壳面，壳面的直径将不再增加。绝大部分浮游植物主要通过细胞分裂繁殖，当一个硅藻细胞生长到一定程度时，从内部分裂，成为两个子细胞。两个子细胞中，一个与母细胞大小相当，而另一个略小（图16.2）。在连续进行分裂之后，整个种群的平均个体就会越来越小，当个体小到最低程度后，细胞将停止分裂，之后则通过有性生殖进行繁殖。当硅藻缩小到原有尺寸的40%之后会形成配子，配子成功结合后变成孢子，有时也被称为**复大孢子**（auxospore）。最终，孢子从亲本中脱离出来，形成更大的完整硅藻细胞。因为以大细胞为食的浮游动物和以小细胞为食的浮游动物不同，所以硅藻这种从大细胞到小细胞的循环会影响食物网的动力学。

硅藻的硅质壳比海水重，因此，硅藻必须主动控制自身浮力，否则就会下沉。为此，硅藻形成各种突出物，通过增加表面积与体积比，以减缓下沉并悬浮在表层水中。然而，这些硅藻最终将被吃掉，或者从真光层下沉到深层海水中。捕食硅藻的浮游动物产生的粪便颗粒中含有重的硅藻细胞壳，有助于这些富含有机质的颗粒下沉。如第15章所述，硅藻产生的各种有机物质从表层下沉，给深水域带去了食物资源。一小部分硅藻有机物质一直下沉到海底，并嵌入沉积物中。经过漫长的时间，这些有机物质形成石油沉积层。硅质细胞壳累积形成的海底沉积物，称为硅藻土。在一些地质过程中，这些富含硅的沉积物出露水面，形成硅藻土矿。硅藻土可用在游泳池的过滤系统中，也可以用作牙膏摩擦剂，还可用来抛光银器。

甲藻是另一种重要的微型浮游植物和小型浮游植物。甲藻更适宜生活在相对平静、分层良好的水体中。甲藻具有一些与其他浮游植物截然不同的特征。它们的色素通常包括叶绿素a、叶绿素c和藻黄素；细胞壳由纤维素组成，有些种类的细胞壳呈板片状。甲藻有各种各样的形状。有趣的是，一些甲藻是自养生物，具有能够进行光合作用的色素；一些是异养生物，不能进行光合作用；还有一些既是自养生物又是异养生物，根据营养条件不同，可同时以两种方式生存。进化生物学家猜测，甲藻的祖先是光合作用型生物，然而在演化过程中，一些种类丧失了光合作用能力，变成了仅具有异养能力或作为光合作用能力补充的异养能力。这些特征使得甲藻能够在包括开阔大洋在内的营养盐较低的环境中生存。

甲藻有两条鞭毛，一条呈带状环绕细胞，另一条则垂直于第一条。摆动鞭毛可以使细胞运动，使它们像陀螺一样在水中旋转。鞭毛非常细小，只有在手绘的鞭藻示意图中才容易看出（图16.3）。大部分种类的甲藻白天游到海面上进行光合作用，夜间游到营养盐更多的深水区。尽管它们能垂向游动，但是它们的游泳能力不足以对抗海流，所以仍是浮游生物。

出于两个原因，甲藻可能是浮游植物中最为大众所知的种类。第一，一些甲藻能够生物发光。夏季的夜晚，如果你在温带水域游泳，就会看到随着你身体的游动引起的海水发光。这是甲藻的生物发光现象，它们由甲藻体内的荧光酶产生。第二,一些甲藻会产生毒素。这些毒素会在食物网中富集。误食这些毒素可能会影响海洋哺乳动物和人类的健康。为了保护人类的健康，应仔细检测食用贝类的毒素。如果在贝类养殖区检测到毒素，应关闭这些养殖区并禁止捕捞。甲藻毒素的种类将在第16.5节中进一步讨论。

颗石藻是较大型的浮游植物的第三个重要成员。它们的细胞壁中嵌着许多细小的碳酸钙圆粒，称为颗石（如图16.4）。在细胞生长或分裂时，颗石从中脱落并缓慢地沿着水体下沉。颗石能够反射光线，从而可以被卫星监测，这个特征极大地增进了我们对这种生物的藻华动力学的认知。例如，在1997年夏末秋初之际，白令海东部绝大部分陆架区域都被大规模颗石藻藻华覆盖。这次藻华规模非常巨大，以至于在太空中的海洋宽视场遥感器都探测到了。这种大规模的藻华现象在该区域以前从未有过记录，说明是受异常气候条件影响所致。

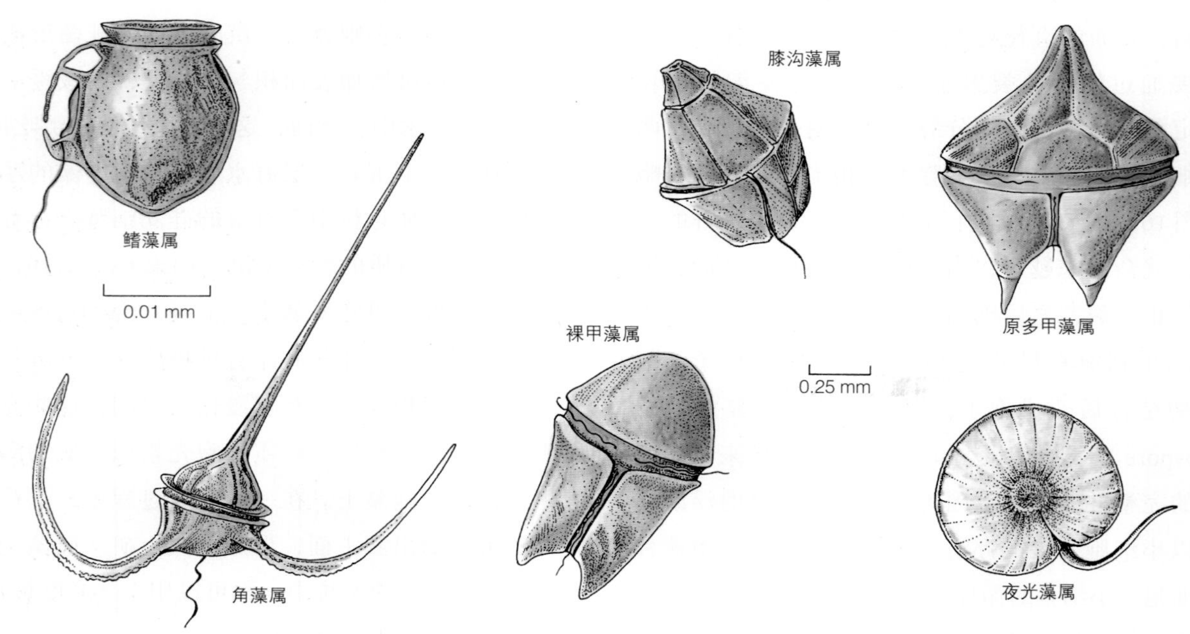

图16.3 几种典型的近岸甲藻。

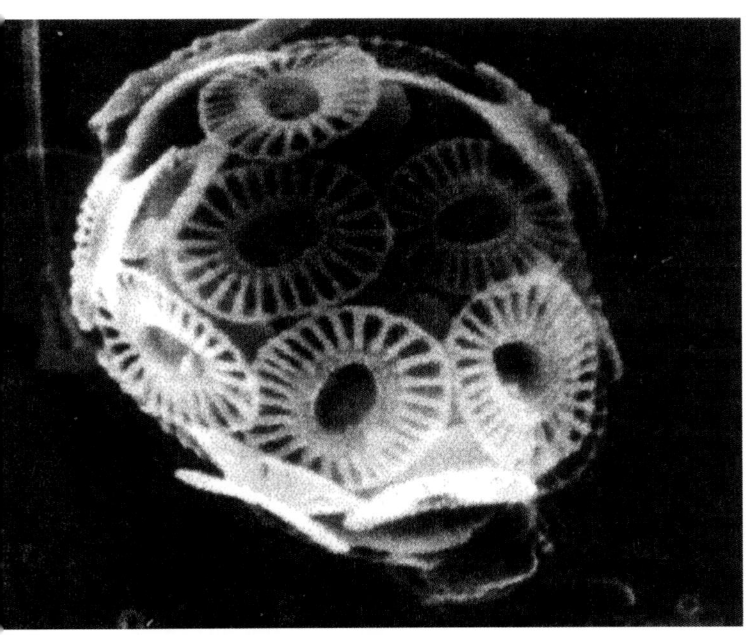

图16.4 颗石藻的电子扫描显微照片。细胞壁由许多碳酸钙圆粒组成，这些碳酸钙圆粒被称为颗石。

蓝细菌是开阔大洋低营养盐环境中最丰富的植物。它们也是最古老的能够进行光合作用来产生氧气的生物。目前有观点认为，早期地球的氧气就是通过蓝细菌光合作用产生的（回顾第2章）。当前开阔大洋上的蓝细菌主要有两种，分别是原绿球藻（*Prochlorococcus*）和聚球藻（*Synechococcus*）。这些藻类的粒径为1 μm，属于超微型浮游生物。原绿球藻包含叶绿素a和叶绿素b。聚球藻包含叶绿素a和藻红素。原绿球藻广泛分布于南北纬40°之间的热带和副热带水域，是开阔海域真光层中的优势种，特别是那些表层水高度层化，无机营养盐（例如硝酸盐）被耗尽的区域。事实上，与其他浮游植物不同，原绿球藻的无机氮主要来源于铵盐而不是硝酸盐。据估算，原绿球藻占开阔海域初级生产力的10%～50%，所占比例随季节变化。这个简单的生物种群在全球碳循环中扮演着非常重要的角色。由于将硝酸盐作为氮元素的来源，聚球藻的分布比原绿球藻更为广泛。在冬季风暴的搅拌混合下，水体中的硝酸盐的浓度变高，聚球藻会大量生长，产生藻华。

蓝细菌在固氮过程中也扮演着重要的角色。它能利用氮气产生含氮有机物。开阔海域的生产力面积受氮的限制。相对于那些只能利用硝酸盐和铵盐的浮游植物而言，能够利用氮气作为氮来源的浮游植物具有更好的生存优势。然而，正如之前章节所提及，只有相当少的原核生物才能利用氮气，真核生物不具备这种能力。当其他无机氮来源浓度低的时候，固氮生物可利用氮气。在过去十年中，研究人员进行了大量研究，以判定哪些浮游植物能利用氮气，而原绿球藻和聚球藻都不能。现在已经发现三种可以利用氮气固氮的蓝细菌。第一种是与其他生物共生的种类，例如蓝细菌中的植生藻（*Richelia*）和开阔海域硅藻中的根管藻（*Rhizoselenia*）共生；第二种是开阔大洋上的丝状蓝细菌中的束毛藻（*Trichodesmium*），有时从船上的甲板就能看到这些藻类，含这些藻类的水样曾被用来检测固氮的速率；最近，科学家们使用DNA和细胞分离技术发现了第三种能够固氮的蓝细菌——鳄球藻（*Crocosphaera*），这种微型蓝细菌在热带海洋的固氮过程中可能扮演了重要的角色。

青绿藻是绿藻的一种，属于超微型浮游生物。最小的浮游生物优势种几乎都属于蓝细菌和青绿藻。青绿藻是真核浮游植物，与陆地植物非常相似。它能够存储淀粉，具有叶绿素a和叶绿素b。目前已知的最小真核单细胞微藻（*Ostreococcus*）就是青绿藻的成员之一；另一种单细胞微藻重要成员是微单胞藻（*Micromonas*）。这些生物多被发现于开阔海域和近岸环境。这些由大量浮游植物如蓝细菌或青绿藻组成的生态系统，通常具有向最高营养级传递的多层次营养级（参见图15.9）。

16.3 浮游动物

浮游动物是异养型生物，捕食其他生物。浮游动物主要分为两种：**终生浮游生物**（holoplankton）和**阶段性浮游生物**（meroplankton）。终生浮游生物一生都处于浮游状态，阶段性浮游生物只在它们生命的某阶段浮游。许多生物的卵，以及许多生物在幼虫期、稚期阶段都是阶段性浮游生物，这些生物的其他时间是自由游泳者（鱼类）或者底栖生物（例如蟹和海星）。植食性浮游动物仅以浮游植物为食，肉食性浮游动物仅以其他浮游动物为食，杂食性浮游动物两者均可为食。许多浮游动物会游泳，有的甚至能在短距离内向猎物快速扑去，或者在掠食者猎食时逃脱。尽管这些浮游动物可以上下游动，但是它们的运动仍然以随水流迁移为主，因此隶属于浮游生物。当提到浮游生物时，要考虑到不同的类型可能在不同的食物网中扮演着的不同角色。本节中，我们从终生浮游生物的代表物种开始讨论。

浮游动物的类型不同，其生活史也不同。在繁殖速率高、生命周期短的情况下，生存策略也极不相同。单核浮游动物或原生动物生长迅速，有时甚至达到浮游植物的速度，因为它们也是通过细胞分裂来繁殖的。与之相反，多细胞浮游动物进行有性繁殖，而且只有在成熟后才能繁殖后代。暖水区域食物供给丰富，一些种类在一年内能够繁殖3～5代；而高纬度寒冷区域浮游植物生长季节短暂，一年中只能繁殖一代。浮游动物胃口贪婪，生长速率快，生命周期短暂，能够将营养盐快速地释放到水体中，从而被浮游植物循环利用。

浮游动物呈斑块状高度聚集，而块状聚集区之间的海域，浮游动物数量则相对较低。高密度块状聚集区会吸引捕食者，而低密度浮游动物区则维持着种群资源，因为这些地方的捕食者较少，从而避免了浮游动物灭绝。湍流和涡旋可以将块状聚集区中的浮游动物分散到块状之间的区域。不同水团的汇聚区域和边界处也能聚集大量浮游动物种群，从而吸引捕食者。

由于水的分层，浮游生物聚集在密度边界层处；此外，还受到光线随水深的变化和昼夜的影响。一些浮游动物夜间上升到表层水体进行捕食，白天则下沉。下沉的目的是为了躲避捕食者的摄食或追随它们的食物。这种昼夜迁移的距离可能小于10 m，也可以大于500 m。

沿着密跃层或者某个特定光强深度，生物可以形成水平伸展的薄层，这种薄层可以被回声测深仪检测到。测深数据显示，有时浮游动物层会形成“假底”或深海散射层（DSL，见第5章和第14章）。可用回声测深仪来研究这些浮游生物层的垂向迁移过程，并通过测量这些层的水平和垂向厚度来估算生物总量。

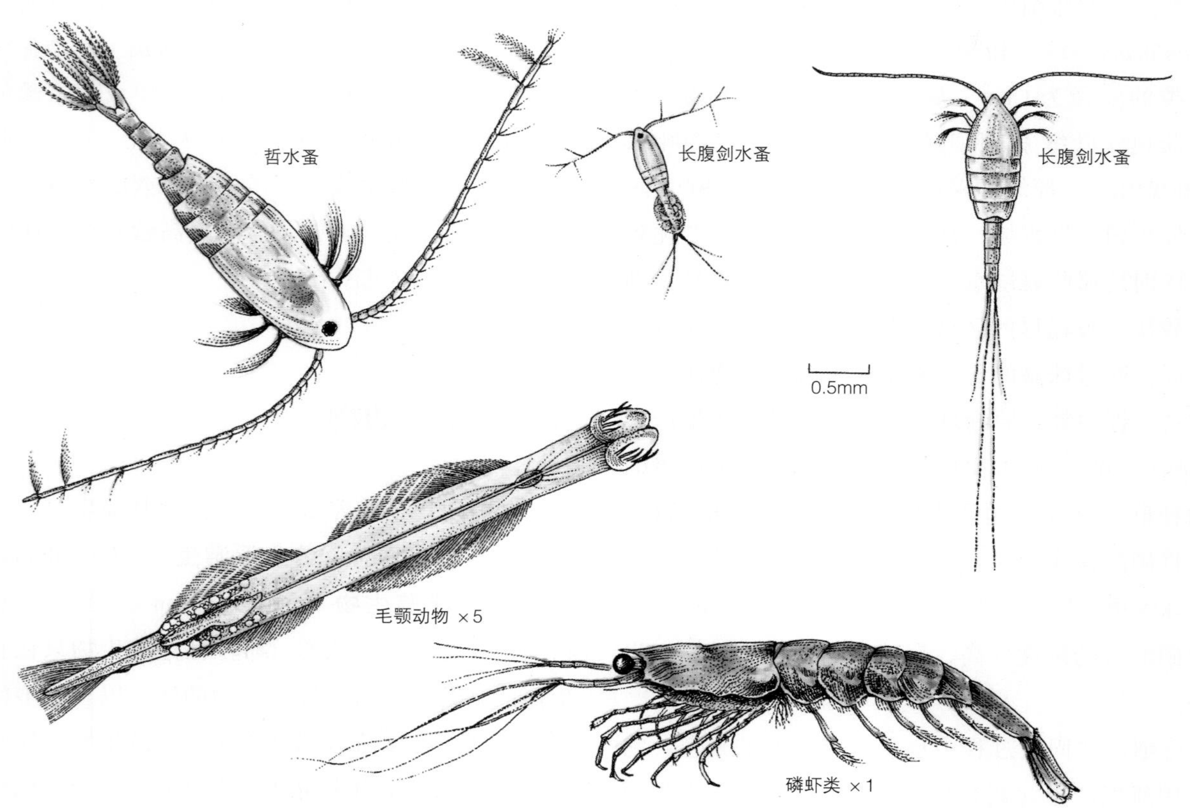

图16.5 甲壳类浮游动物成员和箭虫（又称毛颚动物），哲水蚤和长腹剑水蚤都属于桡足类，磷虾类统称为磷虾。

发现超微型浮游生物的作用

E. 弗吉尼亚·安布拉斯特博士

E. 弗吉尼亚·安布拉斯特（E. Virginia Armbrust）博士是华盛顿大学海洋学教授。她的研究兴趣集中在微生物群落的生物多样性，特别是浮游生物群落方面。

事实上，尽管浮游植物的生物量只相当于陆地植物的0.2%，但是全球大约一半的初级生产力都归功于海洋浮游植物的光合作用。在20世纪的大部分时期中，人们认为相对大型的浮游植物（约10 μm或更大）在海洋初级生产力中起着主要作用，因为它们很容易在传统的光学显微镜下被观察到。科学家目前已知的浮游植物种群中最丰富的物种都非常小，100个细胞连接在一起，也仅刚好到人类头发粗细。此外，在大多数开阔海域中，超微型浮游生物或小于2 μm的浮游植物约占总浮游植物生物量的50%。这些微小的生物每年怎么可能产生同树木、庄稼和草地的总和一样多的有机碳呢？无论多微小的浮游植物都是食物网的一部分，它们在食物网中的生产速度和被捕食速度近乎相同，不断地把新固定的有机碳传输到更高营养级的生物成员中。只有在藻华暴发期间，浮游植物的生物量才会达到相对较高的水平，最终被食草动物食用。

浮游植物的初级生产力不仅可支撑海洋食物网，也对减轻地球大气二氧化碳水平起着至关重要的作用。如果没有浮游植物，并且它们所产生的有机碳也没有转移到整个水体中的不同营养级，那么，大气中的二氧化碳浓度可能会上升一倍以上。随着对全球二氧化碳浓度的关注增加，更多的研究聚焦在理解浮游植物种群中不同物种如何响应环境条件变化方面。全球气候变化、初级生产力，以及大气中二氧化碳水平间的相互作用是复杂的。确定各种响应的关键在于辨明有哪些浮游植物，以及它们在海洋生态系统中起到的不同作用。以下是利用新技术如何发现全新浮游植物群体的简要历史，而这个全新群体的发现，反过来又有助于理解海洋生态系统的复杂相互作用。

超微型浮游生物是浮游植物中最小的物种，在20世纪70年代末被首次发现并确认。当时两位科学家（分别是伍兹霍尔海洋研究所约翰·沃特伯里和罗得岛大学约翰·希伯斯）发现了和细菌大小相似的光合生物，即现在为人所知的海洋单细胞蓝细菌聚球藻（*Synechococcus*）。在当时，最常用的海洋细菌计数手段是先用吖啶橙（一种结合DNA使细胞染色的荧光分子）使细菌染色，然后在荧光显微镜下检测并对染色的细菌细胞进行计数。沃特伯里注意到，即使显微镜没有污点，镜下仍然可见大小约为1 μm的荧光细胞。他意识到这些荧光由藻胆色素产生。这些色素是大多数蓝细菌的特征，能够吸收蓝光（开阔海域深海中主要透过的光）。随后十年里，原核生物蓝细菌被认为是世界上最多的浮游植物，因为其在全球范围内都有分布，并且在开阔海域中广大的低营养盐水体中占主体。

这一认识在20世纪80年代末发生了改变。伍兹霍尔海洋研究所罗布·奥尔森（Rod Olson）和麻省理工学院彭妮·奇泽姆（Penny Chisholm）发现了一种更小且更多的蓝细菌，这种藻现在被称为原绿球藻。这个发现得益于流式细胞仪在海上研究的应用。流式细胞仪已被发展用于生物医学研究快速检测细胞，如检测用吖啶橙等荧光化合物染色后的DNA。与荧光显微镜不同，利用流式细胞仪，液体中数以千计的细胞大小和荧光性质可以在几秒钟内被分析出来。20世纪80年代初，浮游植物生态学家开始使用海上流式细胞仪，并用它记录聚球藻的分布。个体微小、细胞浓度高且光合色素独特的聚球藻，非常适合用流式细胞仪检测。在此期间，科学家努力优化海上流式细胞仪的应用，使它能检测较暗的荧光细胞，尤其是那些在表层水中发现的荧光细胞。在一个北大西洋调查研究项目中，奥尔森对流式细胞仪做了最终改进，使得流式细胞仪第一次用于检测比聚球藻还小的黯淡荧光细胞，这些细胞没有显示出与藻胆素相关的荧光特性。这一新发现的蓝细菌属原绿球藻，它含有叶绿素b，像藻胆素一样能使细胞有效吸收光合作用中所需要的蓝光。原绿球藻相较于聚球藻可以出现在更深的水体中，这有助于我们改变真光层的基础概念。通常原绿球藻所在水层的光照强度仅是表层的0.1%，这几乎是人类所能感知光照强度的极限。原绿球藻主要分布于温带和热带海洋，例如副热带太平洋。尽管大小仅0.6～0.8 μm，原绿球藻却占据了50%的浮游植物生物量。在北大西洋，原绿球藻和聚球藻的细胞浓度呈相反关系：当原绿球藻细胞浓度最低时，聚球藻大量出现；当聚球藻细胞浓度最低时，原绿球藻大量出现。在低营养的开阔大洋，原绿球藻和聚球藻共占到总初级生产力的30%～80%。

原绿球藻和聚球藻的发现都依赖于这些生物包含可以使它们被荧光显微镜或流式细胞仪检测到的独特的光合色素组合，但是否存在不具有特殊易识别色素的超微型浮游生物呢？答案很简单：如果你不能看见它，你怎么知道你错过了什么？下一次突破发生在20世纪90年代中期，海洋学家开始使用DNA技术来确定海洋中未知的浮游生物。这种技术不需要培养细胞，也不需要看见它们，取而代之的是，将DNA从整个特定大小的浮游生物群落中分离出来。聚合酶链反应（polymerase chain reaction，PCR）用于从混合的种群中放大特定基因。基于DNA的相似性，可通过这些目标基因的基因序列来识别不同群体的生物，这个巨大的DNA数据库被称为DNA序列数据库(Gen–Bank，http://www.ncbi.nlm.nih.gov。)。从现在对这个方法的利用来看，原核生物仅由不同的聚球藻和原绿球藻种群组成，没有其他类型。相反，在不同的环境水样中，科学家几乎每次都发现新的真核生物。最近发现的真核生物中有一种有趣的绿藻（*Ostreococcus*）。这种生物在法国的潟湖中首次被发现，大小只有0.8 μm，被认为是迄今已知的最小的真核生物。绿藻在包括沿海水域和开阔大洋在内的各种环境中都能生存。

21世纪，对浮游植物群落的研究又一次经历新的技术改革——全基因组测序。在美国能源部微生物基因组计划(http://www.jgi.doe.gov)的支持下，人们已获得完整的DNA序列，并且已经开始用于破译原绿球藻、聚球藻、能固定大气中氮的蓝细菌和多种硅藻。这些生物体的基因序列将有助于确定它们所携带基因在环境中的功能。例如，根据原绿球藻和聚球藻特定基因组的存在或缺失，能够推断这些藻类在北大西洋上的波动情况。原绿球藻具有能利用氨的基因，但缺少能利用硝酸盐的必要基因。相反，这些基因聚球藻都拥有。在北大西洋的春季，深处混合将高浓度的硝酸盐带到真光层，这些硝酸盐只有聚球藻能够利用，使得这些藻类细胞呈暴发式生长。当这些高浓度的硝酸盐缺失时，则暴发绿藻。随着对海洋生物的种类以及对储存在这些生物基因中的各种功能越来越多的了解，对浮游植物生态学的深入研究将不断涌现。

以上所讨论的每一个发现都使我们得以更深入了解海洋生态系统的功能。当前的目标是预测这些生物群落适应未来环境变化的能力。因为，如果没有浮游植物，地球上的生命将呈现非常不同的景象。

甲壳类（crustacean）、**桡足类**（copepod）和**磷虾类**（euphausiid）浮游动物（图16.5）是被广泛研究的浮游动物类型，这些动物基本上是植食性的，每天摄食的食物量大于它们体重的1/2。它们分布于世界各个角落，桡足类浮游动物联结了浮游植物、生产者和初级肉食消费者；磷虾类浮游动物个头更大，移动更缓慢，相对于桡足类寿命更长。因为体型较大，磷虾类动物有时也能以较小的浮游动物为食，但它们主要的食物来源仍然是浮游植物。桡足类和磷虾类的繁殖速度都比硅藻慢得多，一年内生物量仅能翻3～4倍。在北极和南极，磷虾类动物以**磷虾**（krill）为主，数量十分巨大，它们是**须鲸**（baleen whale）的主要食物来源。须鲸没有牙齿，它们口腔上部长有网状的具有过滤功能的鲸须。当须鲸大口吞食海水和浮游生物时，海水透过鲸须排出，而小的磷虾则留在口内。须鲸包括蓝鲸、露脊鲸、座头鲸、大须鲸、小须鲸和长须鲸。第17章中将对鲸进行详细介绍。巨大的鲸竟然以如此小的磷虾为食，实在令人惊叹。

在85种已知磷虾种类中，南极磷虾是生物量最多的一种，它们聚集的区域呈块状，面积可达36×10^6 km²，这大约相当于美国国土面积的4倍。南极磷虾绕南极呈不均匀分布，夏季时它们更靠近南极，因为那时浮游植物的密度最高。在夏季，磷虾在海水表层生活，上十亿磷虾个体组成巨大的磷虾群；在冰冷的、黑暗的冬季，它们生活在海冰的下方，有时甚至潜到海底。目前，磷虾在自然情况下至少能存活5年，在实验室中则能存活达9年之久。雌性磷虾在夏季一次可产卵10 000只，并可多次产卵。

早些时候，人们估计南极磷虾总生物量高达60亿吨，当前估计数字为1.35亿～13.5亿吨。由于早期估算的生物量较高，人们曾认为南大洋磷虾在国际渔业中具有潜在价值。1960年，苏联开始捕捞南极磷虾，之后日本、韩国、波兰、智利纷纷加入了捕捞队伍。最大渔获量发生在1980年至1981年的南极洲夏季，日本、韩国、波兰和智利共捕获52.9万吨磷虾。在接下来的十五年内，捕虾船减少，捕获量也随之下降。1998年的捕获量为8.1万吨，但1999年又上升为10.3万吨，2000年为10.4万吨。近期数字表明，全世界磷虾捕获量继续上升，2005年达到了12.7万吨。

磷虾肉的碘含量较高，这限制了其作为人类食品的市场，人们对磷虾渔业的未来经济前景还存在疑问。磷虾可以以整只、脱壳虾尾肉、磷虾粉以及加工成磷虾酱的形式出售。它在东欧一些国家被作为家畜和家禽的饲料，在日本被作为鱼饲料。由于磷虾的变质速度很快，用于食用的磷虾必须在捕捞后3个小时内处理，这限制了每天的捕获量。磷虾渔场位于远洋地带，捕捞船的耗损和燃料成本也相当高。

1981年，《南极海洋生物资源养护公约》(the Convention for the Conservation of Antarctic Marine Living Resources)生效，公约旨在控制包括磷虾在内的所有南极渔业资源的渔获量，将捕获量维持在较低水平上，以保证生物种群的持续。

毛颚动物(chaetognath)又称为箭虫，它们遍布海洋各个深度的水域。这些身体接近透明的大型浮游动物，是一种贪婪的肉食动物，以其他浮游动物为食。它们处于营养级中初级消费者的地位。海水中的箭虫可分为几种，但某些情况下，某一特定水团内只存在某一特定种类。水团和生物物种之间的关系是如此紧密，以至于根据某些物种可以判断水团的来源。在北大西洋中，毛箭虫(*sagitta setosa*)只生活在北海水团区域，而另一种秀箭虫(*sagitta elegans*)仅生活在大洋水团中。

有孔虫(foraminifera)和**放射虫**(radiolaria)是微型单细胞动物。它们是类似于变形虫的原核生物，如图16.6所示。它们主要以浮游植物为食，但有些也食用小型浮游动物。最常见的有孔虫为抱球虫(Globigerina)，其外壳由多层钙质组成。放射虫由硅质外壳包围，它们往往外壳精美，常有漂亮的针棘。外壳与虫体之间的空隙能够让内部原生质和外部原生质流动。它们有从细胞向外伸出的伪足，伪足多具有类骨结构。放射虫利用伪足捕食硅藻和小的原生动物。有孔虫和放射虫都出现在温暖水域中。在深水中，它们的壳积累在海洋的底部，形成沉积物。钙质有孔虫外壳常出现于浅海沉积物中，硅质放射虫外壳能够抵抗海水的溶解作用，在深海沉积物中更为广泛，通常深于4 km(见第4章)。**砂壳纤毛虫**(tintininnid)可以使用像毛发一样的**纤毛**(cilia)进行移动，它是一种微小的原生动物。这些砂壳纤毛虫外形像铃铛，在近海和开阔海域出现。

翼足类(pteropod)(图16.7)动物是软体动物，它们与海螺、海蛞蝓相近，它们的脚通常变形为透明可以优雅摆动的“翅膀”。翼足类动物包括有壳类和无壳类。有壳类动物通常是肉食动物，在捕食时通过分泌的黏液来捕获浮游生物；无壳类动物通常以软体动物为食，它们身体中硬的钙质部分是热带浅海海域底部沉积物的一部分来源。有些翼足类动物是植食性的，有些是肉食性的。

海水表层经常漂浮着一些透明的、凝胶状的、能够产生生物发光现象的**栉水母**(ctenophore)(图16.8)。一些栉水母有着蜿蜒的触手，它们通过八行不停摆动的纤毛缓慢移动。人们把一些较为熟悉的、小的、圆形栉水母戏称为“海醋栗”或“海胡桃”；把另外一种栉水母戏称为“维纳斯的腰带”，这种优美狭长的栉水母生活在热带海洋中，呈丝带状，长度可达30 cm，甚至更长。当一群“维纳斯的腰带”漂浮在海洋表面时，阳光照射在它们摆动的纤毛上，从甲板上望过去简直美不胜收。所有的栉水母都是肉食性动物，以其他浮游生物为食。

另一种透明的浮游动物是被囊类动物，它们往往与高级脊椎动物蝌蚪状的幼虫体态有关。**樽海鞘**(salps)是远洋型被囊类动物，通常为圆柱状，通体透明，它们常大量聚集，呈斑块状，覆盖面积达数平方千米。樽海鞘以浮游植物和颗粒物为食。

尽管栉水母和远洋被囊类动物通体透明，看上去与水母一样，但实际上它们并不是水母。如图16.9所

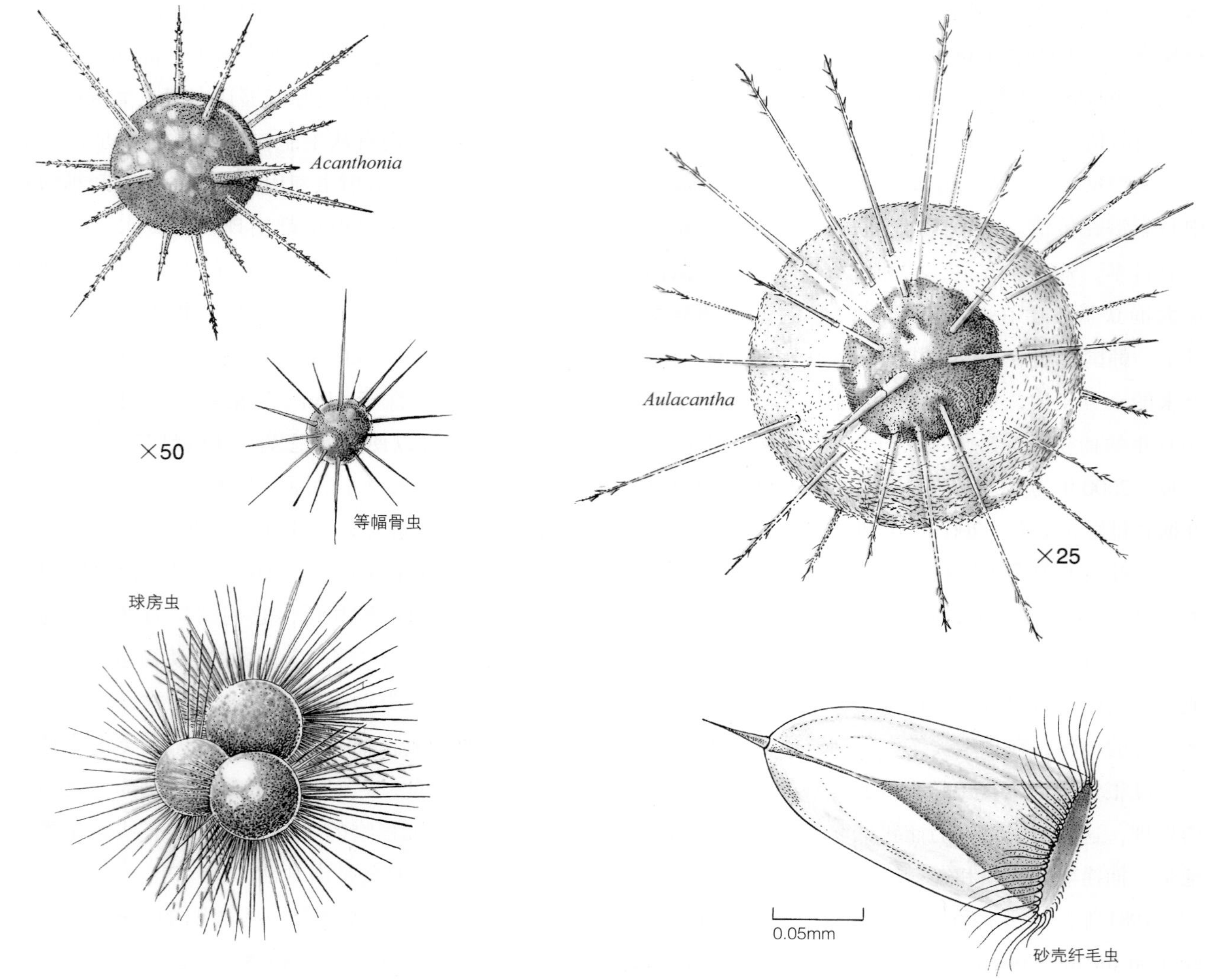

图 16.6 几种典型的放射虫。学名分别为*Acanthonia*、等辐骨虫（*Acanthometron*）、*Aulacantha*。图中左下角是一种名为球房虫（*Globigerina*）的有孔虫，右下角为砂壳纤毛虫。

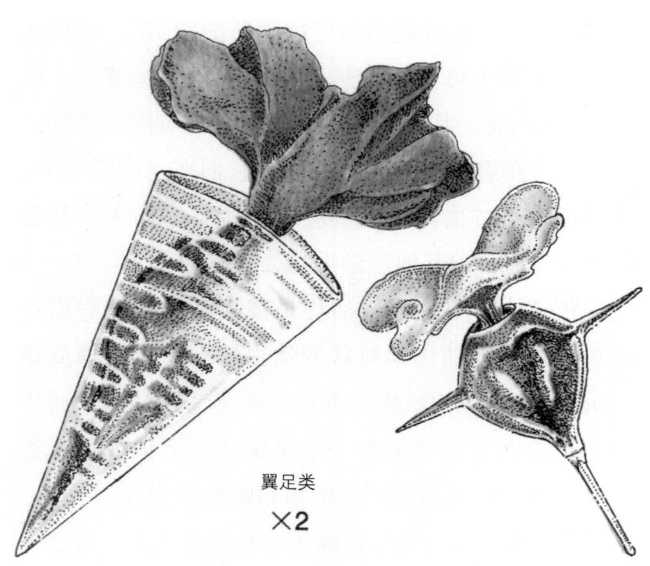

图 16.7 翼足类是浮游软体动物。

示，真正的水母属于另一不相关的种类，**腔肠动物门**（Coelenterta）[①]，又称**刺胞动物门**（Cnidaria）。有些水母利用它们蜿蜒带刺的触手捕食浮游植物并终生漂浮，例如常见的海月水母（*Aurelia*）和霞水母（*Cyanea*）；其他种类则只在生活史的一部分阶段内以浮游生物形式存在，例如钩手水母（*Gonionemus*）（一种生活在大西洋和太平洋中的小水母）和多管水母（*Aequorea*）（一种长年生活在温带海域的水母），它们最终会固着下来变成底栖生物，像海葵一样；还有一些不寻常的水母是**群体生物**（colonial organism），这一类包括僧帽水母（*Physalia*）和帆水母（*Velella*），它们以独特的群

① 在旧的分类系统中，刺胞动物门和栉水母门合称腔肠动物门。现该名称已废弃不用。——编者注

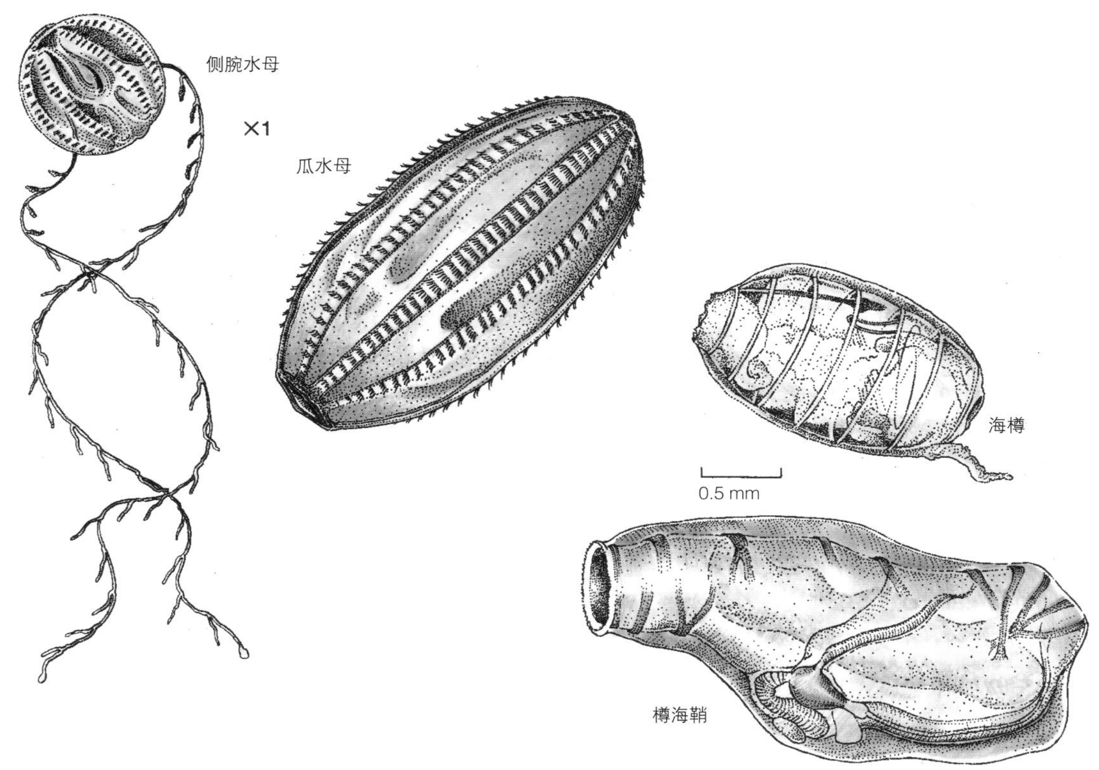

图 16.8 栉水母（栉水母门动物）中的侧腕水母（*Pleurobrachia*）和瓜水母（*Beroe*），侧腕栉水母通常被称为“海醋栗”。海樽（*Doliolum*）和樽海鞘（*Salpa*）都是被囊类。

落组合的形式聚集，每个组成个体有明确的分工：一些负责采集食物，一些负责繁殖，一些负责利用带刺的细胞保护群体，还有一些则负责漂浮。

美国太平洋海岸滨外的小型水母渔场，1999 年的总渔获量为 578 t。在佐治亚州沿岸附近，人们捕捞沙海蜇（*Stomolophus melagris*，外形酷似加农炮弹或卷心菜），将其放入盐水中脱水，再切成丝状，包装好后卖往亚洲市场。沙海蜇具有固体结构，没有刺细胞，直径通常为 20 cm。

与终生浮游生物不同，阶段性浮游生物通常只在生命中的部分阶段以浮游生物形式存在。牡蛎、蛤蜊、藤壶、蠕虫、螃蟹、海螺、海星以及很多其他动物，它们的**幼体**（larva）以浮游动物的形式存在，这一阶段将持续数周。在海流的作用下，这些幼体漂至新的区域，并在那里寻觅食物和居所。通过这种形式，一些物种衰败的区域将重新生成大量生物，而那些生物过度集中的区域则可以减少生物量。海洋中的动物通常繁殖大量的幼体，这些阶段性浮游生物是其他浮游动物重要的食物来源。母体可能会产下上百万粒卵，但仅少数雄性和雌性能活到成年，从而保障了生物资源的持续。

通常，这些生物幼体在发育过程中的形态看上去与成年后的形态完全不同（图 16.10）。早期科学家发现这些幼体后，给每个幼体都取了学名，认为它们是不同的物种。今天，我们仍然保留使用这些名称。例如，蠕虫的幼体称为担轮幼虫，海螺的幼体称为面盘幼虫，螃蟹的幼体称为蚤状幼体，而藤壶的幼体称为无节幼体。

阶段性浮游生物的其他成员包括鱼卵、仔鱼和稚鱼。有些幼鱼会以这些阶段性浮游鱼类为食，直到长到一定个体后，才以其他食物为食。一些大型海草释放的**孢子**（spore）或繁殖细胞也以浮游生物的形式漂浮，直到它们被摄食消费或沉降到海底开始生长。

16.4 浮游细菌

浮游细菌包含两种古老的生命形式：细菌和古

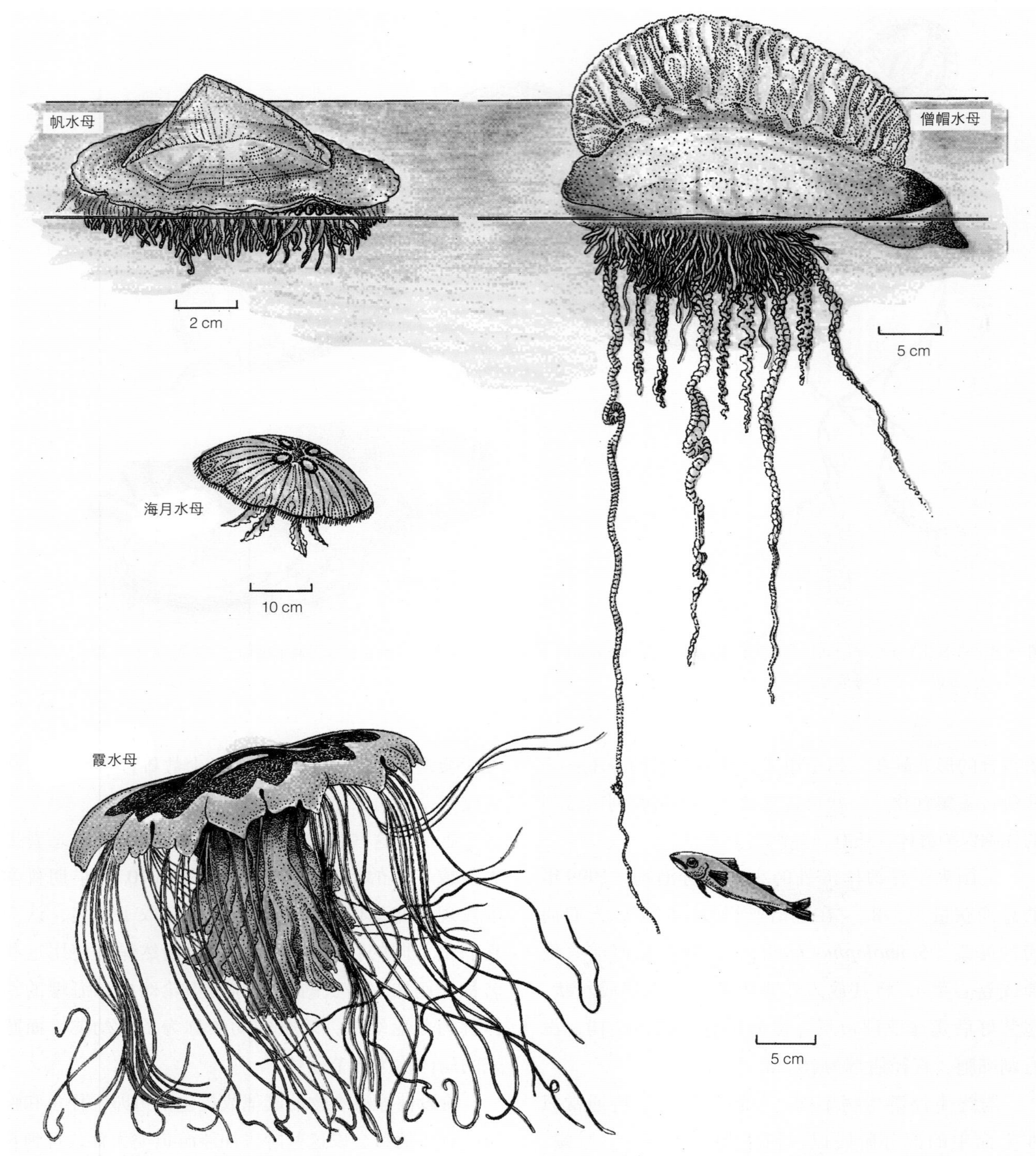

图16.9 水母属于刺细胞动物门。顺水漂流的帆水母（*Velella*）（左上角）和僧帽水母（*Physalia*）（右上角）都是群体形式。

生菌。浮游细菌具相似的形态，它们都是单细胞生物，体长通常为1～2 μm，细胞结构中没有内膜。细菌和古生菌的种类可以通过DNA序列判别。据估计，海洋环境中存在着1×10^{29}个浮游细菌。

浮游细菌对地球的生物地球化学循环影响巨大，它们直接参与营养盐的再循环，有一些浮游细菌能够利用氮气，因此能影响氮循环。它们在全球碳循环中扮演着重要角色，具有光合作用和固氮能力的蓝细菌已在第16.2节讨论，这里我们将讨论异养型和化能合成型浮游细菌。

绝大多数海洋浮游细菌以单细胞的形式自由地漂浮，或以群体形式聚集在下沉颗粒中。海洋浮游细菌

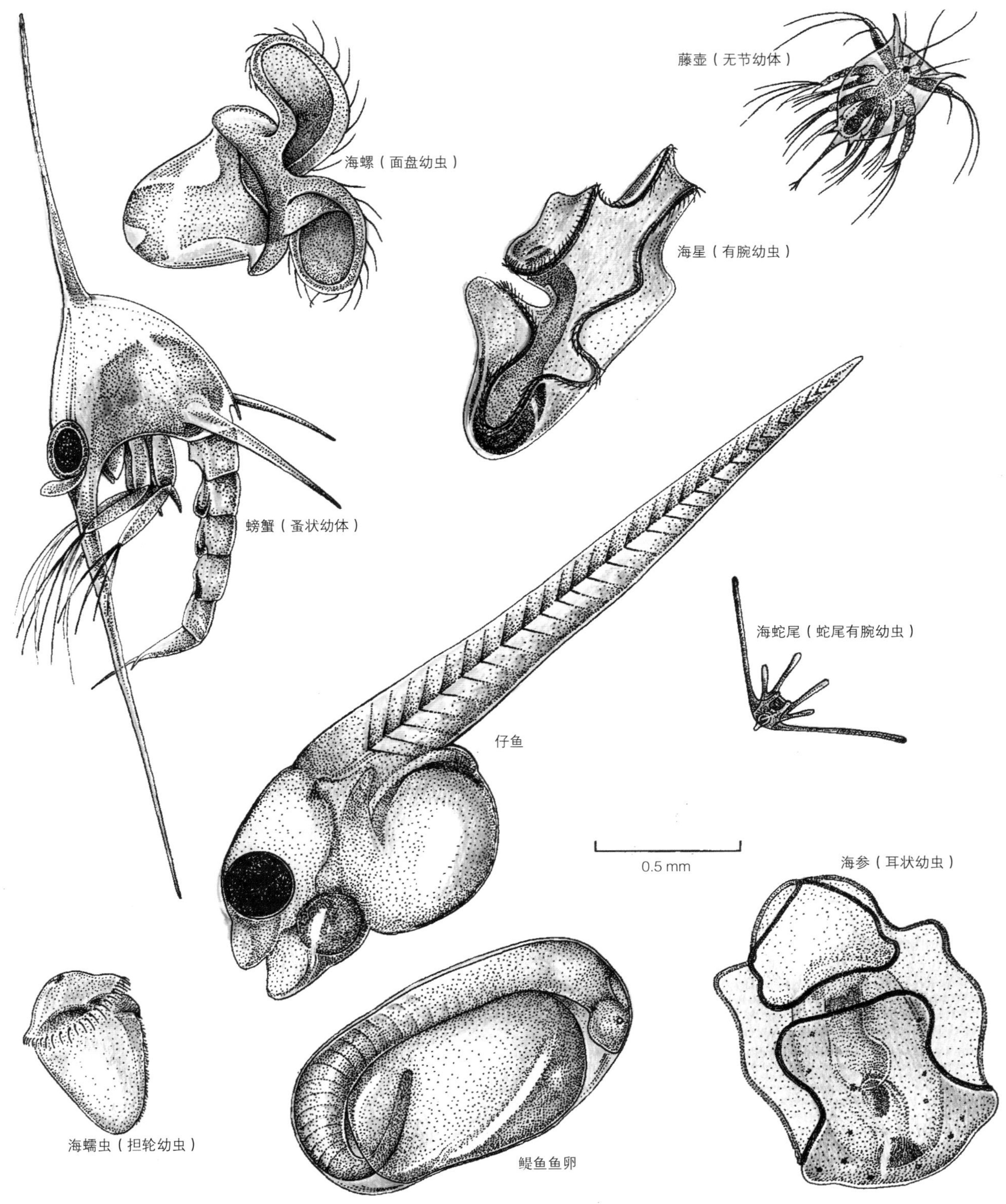

图16.10 阶段性浮游生物。图中动物成年后都是非浮游动物，图中所示为它们的幼虫阶段。

是浮游幼体、单细胞浮游动物以及混合营养型海藻的重要食物来源。漂浮的有机物颗粒经常裹着一层薄薄的细菌层，其上寄附的细菌有助于有机物分解，产生无机营养盐。由于颗粒的粒径很小，寄附在上面的微生物就成为了小型浮游动物的理想食物来源。浮游细菌也可利用由浮游植物释放或浮游动物摄食和分泌产生的溶解有机质（dissolved organic matter, DOM）。平均而言，浮游植物产生的有机物质约一半以溶解有机质的形式被浮游细菌所摄食。“微生物环”指的是将溶解有机质转化为生物质，从而能被其他生物所消耗的过程（图16.11）。

我们对浮游细菌组成的观点在迅速变化。研究浮游细菌的传统方法是，首先从富含营养物质的海水中分离出海洋细菌，然后在实验室中测定它们的性质。目前已经很清楚，世界海洋中的大部分浮游细菌在很大程度上很难在实验室中分离及进行后续培养。基于DNA的鉴定技术的到来，关于浮游细菌多样性的知识呈指数增长，然而，海洋中细菌和古生菌的成分仍然只能由一小片段DNA序列辨知，目前人们尚缺乏在实验室中研究这些微生物的能力，想要精确了解它们在世界海洋中的运行过程还非常困难。这就产生了一个问题，科学家能够根据DNA序列了解某一种特定的细菌存在于水体或沉积物样品中，但是不了解它们运转的过程。为了解决这个难题，海洋微生物学家已经研究了一套新的技术，能够分离出适应于大部分世界海洋低营养环境特征的漂浮细菌，生活在这种环境中的细菌称为寡营养细菌。它们在近岸高营养浓度的环境下不生长，而早期主要从这些高营养浓度海水中提取细菌。利用这些新的低营养培育技术，人们最近成功培育了一种海洋中最常见的细菌——远洋杆菌（*Pelagibacter ubique*）。这种细菌可在开阔海域中营养盐不增加的情况下缓慢生长，而增加有机碳也不会导致其生长速度加快。研究人员已提取了这种细菌的完整DNA序列，这有助于进一步了解这些细胞的功能。

另一个重大突破是，人们对古生菌的认识不断增加。人们曾认为古生菌只在极端环境下存在，例如呈酸性且温度极高的海底热泉中。DNA技术表明，古生菌的分布要比科学家想象中的广泛。Ⅰ类泉古菌（marine groupn Ⅰ）是地球上数量最多的微生物种群之一，占海洋浮游细菌的40%。科学家已经分离出一种Ⅰ类泉古菌，并在实验室中进行了研究。这种生物并不依靠阳光来合成有机碳，而是利用海水中溶解化合物的化学能。它把二氧化碳转换成有机物，把氨气氧化成硝酸盐。人们认为这些生物在碳循环和氮循环中扮演了重要角色。

海底热泉中的许多浮游植物也能进行化能反应生成有机物，它们能够氧化热泉水中高浓度的硫化氢。海底热泉附近的某些蠕虫没有肠道和口腔，但是它们能够利用这些化能微生物产生的有机物，不需要依赖阳光或是表层海水中的食物存活。

16.5 病　毒

病毒（virus）是由包裹着蛋白质外壳的遗传物质所组成的非细胞型微粒。它是一种寄生物，只能

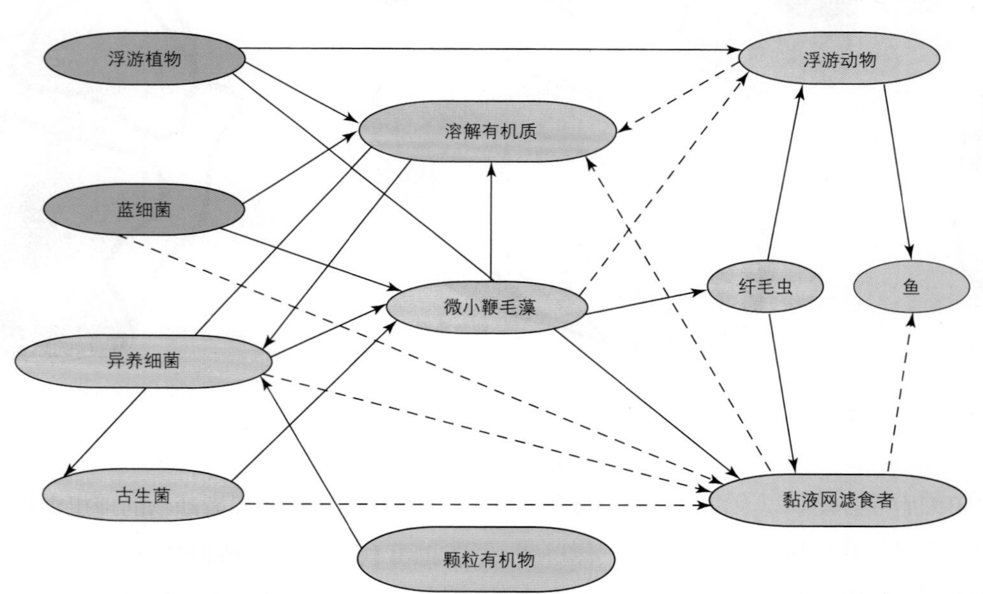

图16.11　海洋食物网的简化示意图强调了微生物环的重要性。光合作用微生物（绿框）和异养型微生物（黄框）转化溶解有机物和腐烂的有机质颗粒（棕色框），从而能被更大的生物所消耗（蓝框）。实线箭头表示主要途径，虚线箭头表示次要途径。

嗜极微生物

嗜极微生物（extremophile）是指在普通生物无法生长的极端环境中生存的微生物。这些极端环境包括极端温度（极高温和极低温）、高酸、高盐、无氧、无阳光。嗜极微生物不仅要在这些严苛的环境中生存下来，还要繁衍。尽管人们对嗜极微生物的研究已超过40年，但在那些曾被人们认为生命无法存活的环境中，科学家还是发现了越来越多的嗜极微生物。

和细菌一样，这些嗜极微生物都是单细胞生物，没有被细胞膜包裹的细胞核。然而，在进行基因比对时，科学家发现二者的差别极大。实际上，极端微生物、真核生物，以及像人类细胞一样具有由细胞膜包裹的细胞核和细胞功能单元或细胞器之类的生物，具有共同的祖先。这些发现，使人们对生物的基本分类有了新的认识，同时诞生了新的生物分类方式，即把生物划分为三个域：细菌域、古菌域（或极端微生物）和真核域（所有具有核膜结构的生物）（图14.3）。这种分类由伊利诺伊大学的卡尔·乌斯（Carl Woese）教授提出，它颠覆了我们对微生物界和地球上生命组成的认知方式。

在海洋中，属于古菌域的嗜热菌的最适生长温度为80℃以上。延胡索酸火叶菌（*Pyrolobus fumarii*）就是一个极端的例子。它被发现于亚速尔群岛西南、深度为3 650 m的大西洋中脊的热泉上。这种古菌名字的含义为“烟囱的火焰碎片”，命名源自它的古菌外形和发现地的黑烟囱。延胡索酸火叶菌在温度低于90℃时停止生长，高于113℃时又重新繁殖。它的能量来源是氢硫化合物和氮气，它在有氧和无氧环境下均能生存。其他古菌常见于羽状热液中，这些热液是海底火山喷发的结果。人们还不清楚这些微生物生长的地壳深度极限。

另一项惊人的发现是，在北美两岸冰冷的含氧海水中，不少浮游动物成员普遍是热泉古菌的近缘生物。这些浮游动物被发现于各个纬度地区水深超过100 m处、深海海参的肠道和海洋沉积物中。在北冰洋海冰中也发现了一种微生物，其最适生长温度是4℃，温度超过12℃时停止繁殖。还有一些极端微生物生长在由于海水蒸发而形成的高盐度海域。

美国、日本、德国以及其他国家的科学家对嗜极微生物体内的酶很感兴趣。酶是所有生物细胞内必不可少的物质，它可加速化学反应，但自身并不发生化学结构变化。正常的酶在高温和其他极端环境中会失活。因此，在研究和工业过程中，酶在反应过程中或储存时都会被保护起来。嗜热菌的酶在生物和基因研究、法医DNA鉴定、医学诊断和基因易感性筛选过程中都有一定的应用。在工业中，酶能提高并稳固食品香味，以及削弱特殊药物组分的异味。低温环境的酶在食品处理中大有作为，因为食品要低温保存以免腐败。在对嗜极微生物的酶研究中，最重要的问题是如何重构普通的酶，使其在严酷的环境中依旧有效果。

这些曾经被人们认为不存在的嗜极微生物的发现，以及对生命分类的重新认知确实令人震惊。科学家很可能还会发现更多的嗜极微生物。基于此，更多的新发现和新技术也将随之而来。

在寄主体内进行新陈代谢活动和复制。海水中的病毒影响着从细菌到鲸的所有生物。海洋环境也是某些致病病毒潜在的储备库。例如，有一些病毒就被认为在海洋和陆地的哺乳动物中循环。一般来说，病毒数量与海洋中的浮游生物量有很强的相关性。在细菌和浮游植物数量丰富的区域，病毒数量也丰富；随着水深和离岸距离的增加，病毒减少。据估算，1 mL深海海水中存在病毒3×10^6个，而在1 mL近岸水体中则存在病毒1×10^8个。如果假设所有海洋都为深水区域，那么1L海水中的平均病毒数为3×10^9个；如果假设海洋体积为1.3×10^{21} L，那么全世界的海洋中则有病毒4×10^{30}个。事实上，病毒的数量是如此之多，以至于科学家估算，如果将它们依次排列的话，在空间上将跨越60个银河系！病毒是海水中数量最丰富的浮游生物。

病毒是海洋微生物的主要病原体。一些人估计病毒对微生物群落的影响与浮游动物摄食相当，还有一些人认为病毒每天能杀死40%的海洋细菌。由病毒导致的微生物死亡可能随环境的变化而变化，但非常清楚的一点是，病毒对微生物群落有重大影响。当病毒杀死一个微生物后，微生物的细胞将溶解，细胞中的有机物质以溶解有机物的形式被释放出来，这些溶解有机物可以被异养型细菌所消费。病毒加快了营养物质的再循环，因此极有可能对图16.11所描述的微生物食物链有重要影响。

在寄主细胞体内进行复制时，病毒可以获取一些寄主的基因。当寄主的细胞溶解，病毒被再次释放，这些病毒获取的这些新基因可能在下一轮感染过程中传给其他生物细胞。这可能导致基因物质在生物体之间交换。海洋中的高含量病毒和显而易见的微生物常规感染，表明这种生物之间的基因物质交换或许在自然界中已经进行了相当长的时间。

16.6 采集浮游生物样品

生物海洋学家需要获知某给定地理区域浮游生物的物种组成、丰度以及它们所处的水体深度的相关信息。传统的采样方法是用一种细孔眼圆锥状的网，将这种网放在船舶后面，使其随船拖动。当网被回收到甲板上后，首先进行细致的清洗，然后再收集捕获的生物。通过系在网口处的流量计测量水流量，乘以网的横截面积，就得到采样的总体积。采样网既可以水平移动，也可以垂直移动，这样可得到水平和垂直方向上的平均采样距离。如果要对某一特定深度进行采样，可在下降至指定深度的过程中使采样网保持关闭状态，采样后再次关闭直至提出水面。

一个采样框架上可以安装多网系统，研究人员从船上发出指令，控制拖网打开或关闭。采样框架上配备电子传感器以测量盐度、温度、水流、光强、深度、拖网线角度等数据，并将这些数据传回船上的计算机中。

浮游生物拖网采样对船只的航速有严格要求，船速必须维持在既能捕捉生物，又能够让水穿过拖网的速度之间。如果速度过快，水在网口处被推开，滤过的水体积会小于预计值；网眼大小影响着对样品捕获数量，网眼过细容易被快速堵塞，而网眼过粗则容易丢失生物。浮游生物样品还可以通过样品瓶或过滤水泵提取水样采集。

无论用何种方法采集浮游生物样品，第二步都是确定样品中浮游生物的数量和种类。可以通过多种方法确定浮游生物。部分样品可以通过显微镜检查，清点样品中的所有生物工作量巨大，因此通常只统计若干目标种；部分样品则可以通过流式细胞仪（见“专业笔记：发现超微型浮游生物的作用”）来检查。利用浮游植物的叶绿素或者对细胞染色可检测单个细胞发出的荧光。通过这些方法，可以估算病毒、浮游细菌、超微型浮游生物、微型浮游生物的丰度。还可以通过过滤的方式收集浮游生物，从细胞中提取DNA序列。基于这些DNA序列，通过特别技术鉴定滤纸上的浮游生物种类。一项在马尾藻海进行的实验是这种方法应用最引人注目的例子。为了捕获尽量多的浮游细菌，科学家过滤了200 L海水，提取了过滤微生物的DNA，获取了超过100万个新基因序列。基于这个工作，在这次实验中鉴定了将近1 800个新物种。

浮游动物的数量可通过声呐直接测量。返回到船上的回声信号与浮游动物的密度有关，但是不能被用于判定种类。浮游植物的生物量可通过溶解样品中的叶绿素a并测量其浓度来测定。利用专门设计的新光学仪器，可测量浮游植物中叶绿素a发出的自然荧光信号。这些仪器可以在海上各个深度实时地进行直接测量，然后根据测量结果换算出浮游植物生物量。

以上方法都不能告诉人们浮游生物的种类。伍兹霍尔海洋研究所设计了一种浮游生物录像仪，该仪器通过拍照的方式来获取浮游生物图像，安装了闪光灯（每秒闪烁6次）和四个摄像头（分别放大到不同倍数）。研究人员希望能够利用它来研究浮游生物游泳、摄食和繁殖的过程。最终，研究人员希望能设计一个可以辨识不同类型的浮游生物的系统程序，使他们在海上作业时能够获知浮游生物物种和种群的相关信息。

16.7 实际问题：海洋毒素

有害藻华

术语**有害藻华**（harmful algal bloom，HAB）包括含毒性的浮游植物藻华和大量滋生的浮游植物藻华。由于**赤潮**（red tide）与潮汐无关，而且发生时水面也不一定呈红色，故“有害藻华”取代了赤潮成为首选科学术语。在一次有毒藻华期间，一些特定种类的浮游植物产生的毒素能在食物网中被生物放大。通常这种毒素只有在人类食用的一些生物（例如贝类和海洋哺乳动物）体内积累到可测量的程度时，才能被检测到。有些藻华不产生有毒物质，但是可能会导致以下几种情况：一些浮游植物在生长过程中产生大量黏液状物质，堵塞渔网；硅藻类的角毛藻（*Chaetoceros*）具有细长的角毛，这种角毛可刺激养殖鲑鱼的鳃，鲑鱼在刺激之下产生黏液，导致窒息而亡；浮游植物藻华常常由富营养化造成，这些藻华可能会妨碍水上娱乐活动。超微型浮游生物抑食金球藻（*Aureococcus anophagefferens*）和*Aureoumbra lagunensis*也不产生毒素，但是当它们密度很高时，一些贝类动物会停止摄食。一些浮游植物能够产生藻华并使水体变成红色，但是对人类和其他生物无害。红海的名字源于该区域发生的大规模非毒性蓝细菌的藻华现象，这种蓝细菌具有大量红色色素。加利福尼亚湾被称为“朱红色的大海”（Vermillion Sea），也是出于相同的原因。接下来将重点讨论有毒的浮游植物藻华。

只有几种浮游植物能产生有毒毒素。有害藻华（表16.1）产生的毒素通常是强烈的神经毒素，严重时可以导致麻痹、记忆丧失甚至死亡。例如，有一种贝类毒素的致命性是番木鳖碱的50倍。目前仍不清楚导致一些浮游植物产生毒素的原因。人类与食用含毒素食物相关的中毒综合征有：麻痹性贝毒（paralytic shellfish poisoning，PSP），神经性贝毒（neurotoxic shellfish poisoning，NSP），腹泻性贝毒（diarrhetic shellfish poisoning，DSP），西加鱼毒中毒和记忆丧失性贝毒（amnesiac shellfish poisoning，ASP）。如下所描述，前四种症状是由甲藻产生的毒素造成的，记忆丧失性贝毒则是由硅藻产生的毒素造成的。这些病症名称中含有“贝”或“鱼”，是因为食用含这些毒素的贝类或鱼类是人体感染这些毒素最常见的方式。例如，贝类动物摄食含有毒素的浮游植物，毒素将在它们的组织中富集起来。人类通常一次食用多个贝类，导致这些毒素进一步富集。加热不会对这些毒素造成影响，因此毒素并不能通过煮食的方式去除。除了影响人类健康外，这些毒素还能导致鱼类、贝类、海洋哺乳动物、鸟类以及其他摄食含毒素海洋食物的消费者死亡。近年来，人们成立一些相关研究中心来研究海洋过程所带来的影响，例如有害藻

表 16.1　浮游植物毒素

毒素	造成情况	相关的浮游植物	特征
短裸甲藻毒素	神经性贝毒（NSP）	短凯伦藻（*Karenia brevis*）；甲藻	影响神经系统；鱼类和哺乳动物的呼吸衰竭；人类的食物中毒症状
西加鱼毒	西加鱼毒中毒	具毒冈比毒甲藻（*Gambierdiscus toxicus*）；甲藻	影响神经系统；不同人体症状
软骨藻酸	记忆丧失性贝毒（ASP）	拟菱形藻（*Pseudo-nitzschia*）；硅藻	作用于脊椎动物神经系统
冈田酸	腹泻性贝毒(DSP)	鳍藻（Dinophysis）和原甲藻（Prorocentrum）；甲藻	影响新陈代谢，跨膜运输，细胞分裂
外毒素		杀鱼费氏藻（*Pfiesteria piscicida*）；甲藻	作用方式尚不清楚；可引起鱼的死亡和人类的神经症状
石房蛤毒素	麻痹性贝毒(PSP)	亚历山大藻（Alexandrium），膝沟藻（Gonyaulax），裸甲藻（Gymnodinium）；甲藻	造成人的肌肉瘫痪和呼吸衰竭

华对人类健康的影响。这些研究中心将公共健康研究专家和海洋学家召集到一起，共同探讨这些问题。

最近几十年中，有害藻华事件频有发生，地理分布范围广泛。这部分是由于监测系统功能得到了提高，在当前监测方式较好的情况下，许多中毒事件得以报道。然而，一些中毒事件发生在以前没有被感染过的区域，目前研究人员正试图判断人类活动是否对有毒藻华的增加有影响。有些人认为有害或有毒藻华的增加，说明海洋生态环境发生大规模扰动。以下几种情况可能是有害藻华事件增加的原因。船的压载水和贝类的迁移，导致有毒物种在受影响和未受影响区域之间迁移；近岸污水、农业、养殖池塘等富营养盐水体的连续输入，可能激发某些有害藻华种类；由厄尔尼诺等现象引起的大尺度气候变化，将改变环流结构，并导致有害藻华被传播到未曾受过感染的区域。例如过去120多年中，尽管近岸水体中营养盐浓度持续增加，但佛罗里达西海岸频繁持续暴发的神经性贝毒藻华并没有表现出变化，这些藻华事件与异常气候事件有关。

麻痹性贝毒

三种甲藻——亚历山大藻属（*Alexandrium*）、裸甲藻属（*Gymnodinium*）和膝沟藻属（*Pyrodinium*），能够产生麻痹性贝毒的毒素。麻痹性贝毒在美国东海岸和西海岸呈季节性发生。在20世纪70年代以前，只在北美洲、欧洲和日本有过麻痹性贝毒事件的发生记录。目前，南美洲、澳大利亚、东南亚地区和印度也有麻痹性贝毒中毒事件的报道。在美国水域，麻痹性贝毒主要与亚历山大藻有关。亚历山大藻的生命周期中，一部分为休眠孢囊细胞，这些孢囊的作用是使亚历山大藻度过冬季。当环境因素适宜时，这些休眠孢囊就开始分裂生长。休眠孢囊的形成意味着某个海湾一旦经历过亚历山大藻事件，之后就不可避免地重复发生毒素事件。座头鲸捕食食用了亚历山大藻的马鲛鱼后会导致中毒。北美洲最早关于麻痹性贝毒的记录是1973年乔治·温哥华（George Vancouver）船长的船员中毒事件。在食用了采自不列颠哥伦比亚省沿岸附近的贻贝后，五个船员生病，一位船员死亡。

近期的一项研究检测了这些毒素对于贝类动物的影响。这些毒素可以与一些控制神经和肌肉活动的分子（钠离子通道）结合，导致神经肌肉瘫痪。科学家给一种被称为砂海螂（*Mya arenaria*）的蛤蜊连续喂食亚历山大藻，24小时后一些蛤蜊显示出不适症状，而另一些则没有明显受到影响。研究人员在那些未受到影响、且明显具有抵抗力的蛤蜊体内发现了高浓度的毒素。对毒素敏感的蛤蜊来自没有暴发过麻痹性贝毒事件的海域，而对毒素具有抵抗力的蛤蜊来自频繁发生麻痹性贝毒事件的区域。研究人员发现，蛤蜊的钠离子通道变异可以抵抗这些毒素。自然界中不具有这些变异的敏感蛤蜊更容易被毒素杀死，而那些变异的蛤蜊能够抵抗毒素存活并繁殖。这项研究的结果说明，那些变异的蛤蜊能在频繁出现毒素事件的区域生存下来。这也说明这些变异的蛤蜊毒性更大，人类食用后将会更加危险。

神经性贝毒

一种被称为短凯伦藻（*Karenia brevis*）的甲藻能够产生双鞭甲藻毒素，导致神经性贝毒中毒。短凯伦藻在历史上曾仅出现在佛罗里达州沿岸以西，而当前在墨西哥湾也有出现。这种浮游植物被佛罗里达海流和湾流从墨西哥湾带入大西洋中。据报道，1987年北卡罗来纳州沿岸附近曾经发生过一次毒素事件，很可能就是湾流中的短凯伦藻向岸入侵造成的。短凯伦藻在湍流的水中容易发生溶解，使毒素直接被释放到海水中。人们通过波浪飞沫吸入这些毒素，将产生呼吸问题和眼睛刺痛。短凯伦藻进入鱼鳃后能发生溶解，直接将毒素传递到鱼鳃组织中，导致鱼迅速死亡。1996年，至少有149头海牛因短凯伦藻而死亡。

腹泻性贝毒

甲藻中的鳍藻（*Dinophysis*）和利玛原甲藻（*Prorocentrum lima*）能够产生有毒性的冈田酸，这种毒素可导致胃肠道症状，在本节描述的毒素中毒性最弱。根据已有的报道事件统计，腹泻性贝毒中毒广泛分布于欧洲、日本、北美洲、南美洲、南非、新西兰、澳大利亚和泰国。

西加鱼毒

最早的**西加鱼毒**（ciguatera）中毒记录出现在16世纪早期，但它在热带地区出现的时间可能要早得多。据估计，热带地区每年约有1万～5万人因食用鱼类而感染西加鱼毒。超过400种鱼被发现已受到感染。目前没有安全食用受感染的鱼的方法。美国每年有超过2 000个西加鱼毒中毒案例，集中发生在佛罗里达州、夏威夷州、维尔京群岛和波多黎各。感染西加鱼毒后，症状表现多样，包括头痛、恶心、脉搏不规则以及血压降低，情况严重时甚至导致抽搐、肌肉瘫痪、幻觉和死亡。

有几种甲藻与西加鱼毒中毒有关，其中冈比毒甲藻（*Gambierdiscus toxicus*）是最主要的元凶，这种甲藻在1976年首次被日本和法属波利尼西亚科学家分离出来。夏威夷大学将分离出毒素命名为西加鱼毒，随后相继鉴定出更多的有毒化合物。西加鱼毒甲藻通常在多种海藻上寄附生长，似乎依靠海藻分泌的营养盐生存。植食性的鱼类食用这些海藻导致西加鱼毒在鱼肝中富集。最初毒素仅富集在少数几类鱼体中；在暴发峰期几乎所有的珊瑚礁鱼类都存在毒性；最后阶段，毒素只在大型鳗鱼、一些鲷鱼和石斑鱼中存在。通常情况下，这种循环至少需要8年，有时长达30年。遗憾的是，尚无简单的方法能对海洋食物中的西加鱼毒素含量进行常规检测。西加鱼毒中毒事件的暴发似乎与珊瑚礁系统受到扰动有关，这些扰动既包括自然的扰动（例如季风和地震），也包括人类的活动（例如建造码头和导堤），但是并非所有的珊瑚礁受到扰动都导致鱼类毒素增加。

记忆丧失性贝毒

1987年，加拿大爱德华王子岛发生了因食用受软骨藻酸污染的贝类而中毒的事件，造成3人死亡，超过100人因中毒而生病。利用先进的化学检测手段，科学家检测到毒素的来源为拟菱形藻（*Pseudo-nitzschia*）藻华，拟菱形藻不是甲藻，而是一种硅藻。这次事件暴发之后，人们才第一次认识到硅藻也能够产生毒素。软骨藻酸，或称记忆丧失性贝毒，可以导致人短期失忆，其他症状还包括恶心、肌肉无力、产生幻觉和器官衰竭。第二次记忆丧失性贝毒事件发生在1991年9月，加利福尼亚州蒙特雷湾的鳀鱼食用了拟菱形藻，导致超过100只褐鹈鹕和鸬鹚在捕食这些鳀鱼后，或死亡，或出现神经异常症状。同年及第二年，俄勒冈州和华盛顿州沿岸的竹蛏和蟹类渔场因软骨藻酸含量高而被封闭。1998年，加利福尼亚海岸有超过100头海狮由于捕食了食用该硅藻的沙丁鱼和鳀鱼而死亡。目前尚不清楚这种软骨藻酸毒性突然暴发的原因。

有害费氏藻

1993年，一种被称为杀鱼费氏藻（*Pfiesteria piscicida*）的甲藻首次在北卡罗来纳州被识别。从那以后，杀鱼费氏藻及其他与之相似的生物，被认为是中大西洋地区和美国东南河口和沿岸水域鱼类大量死亡的原因。这些藻类可以生成类似于变形虫和具鞭毛的游动细胞，毒害鱼类。有害费氏藻贪婪地掠食海洋中的其他微生物。它也能导致人类中毒，症状包括酸痛、严重的记忆丧失、恶心、呼吸困难和头晕。鱼类死亡的原因究竟是有害费氏藻向海洋释放的毒素，还是有害费氏藻本身，关于这一点目前人们尚不清楚。

霍　乱

霍乱弧菌（*vibrio cholerae*）是一种细菌，但在海洋水体中它与浮游植物藻华有关。这些水域环境成为寄附在浮游植物和浮游动物上的霍乱病菌变异体的贮主。1991年，秘鲁沿岸暴发了一场由霍乱的新变异体引发的流行病。在15个月的时间内，19个拉丁美洲国家死亡人数接近5 000人，超过50万人染病。这些霍乱弧菌是从秘鲁沿岸的上升流中的浮游植物中被分离出来的，它们源自孟加拉国，被船舶压载水携带着跨越太平洋而来。从1960年开始，孟加拉国国内季节性暴发的霍乱就被认为与沿岸浮游植物藻华有关。这种细菌与蓝细菌、硅藻、甲藻、海草有关，且在浮游动物卵囊中数量众多。

本章小结

浮游生物是漂浮的生物。微小的浮游生物可以按照体长进行分类。浮游植物是单细胞或丝状自养生物，它们的生物量由营养盐、光强和温度控制，这些非生物因子代表着上行控制；生物量还受其他生物的摄食消费过程控制，称为下行控制。

马尾藻是唯一的大型浮游类海草。硅藻通常被发现于冷的上升流水域中，它们呈棕黄色，具有坚硬、透明的细胞壳。硅藻能够通过储存油脂来增加自身的浮力。中心类硅藻呈圆形，而羽纹状硅藻呈扁长型。硅藻通过细胞分裂快速生长，在海洋生态系统中处于第一营养级。

甲藻是单细胞植物，既包含自养型，又包含异养型。它们的细胞壁或光滑，或被大量纤维素保护，它们也通过细胞分裂进行繁殖。这些生物是引起海洋生物发光现象的主要原因。颗石藻和硅鞭藻是小型自养浮游植物，蓝细菌和绿藻则是超微型浮游植物群落的重要成员。一些蓝细菌可以利用氮气作为无机氮的来源。

有些植食性浮游动物一年繁殖多次，其他种类则只繁殖一次，它们的繁殖能力取决于水温和浮游植物的供给。肉食性浮游动物对浮游植物的营养盐循环很重要。浮游动物高度聚集在辐聚区和密度边界附近。浮游动物在夜间向海面迁移，在白天向深水区迁移，形成深海散射层。

终生以浮游生物形式存在的浮游动物称为终生浮游生物。桡足类和磷虾类是最常见的终生浮游生物。磷虾类也被称为磷虾，它们是须鲸的基本食物来源。磷虾是南极食物网的浮游动物基础。人们最近开始捕捞磷虾，并取得了部分成功。

其他小型终生浮游生物有肉食性箭虫、具有钙质外壳的有孔虫、具有硅质外壳的精美的放射虫、砂壳纤毛虫、游泳的海螺或翼足类等。大的浮游动物包括水母、樽海鞘，这些动物几乎都是透明的，但是分属于不同的动物门类。

有些非浮游类动物在稚期（或幼期）为阶段性浮游生物，包括鱼卵、仔鱼，以及藤壶、海螺、螃蟹、海星和许多其他非浮游类动物的幼体。海草的孢子也是浮游生物。

海水中存在着大量的浮游细菌，包裹着各式各样颗粒的表层。它们是重要的食物来源以及重要的有机物分解者。溶解有机物从食物环中被转化成颗粒有机物，随后被浮游动物消耗。海水中存在大量病毒，它们没有细胞结构，依靠寄生存活。病毒能够感染细菌和其他各种海洋生物。

浮游生物采样通常使用浮游生物网或采水瓶。水样中的生物种类可以通过显微镜辨认。生物的数量可以通过流式细胞仪计算。生物体也可以通过DNA序列来鉴定。

甲藻藻华和其他类型的浮游植物藻华会产生有害藻华。有些有害藻华具毒性，有些无毒。这些毒素富集在贝类动物中，对人类造成麻痹及其他毒害，有时候也危害动物。有害藻华由包括近岸营养盐不断增加在内的环境因子综合作用触发。与费氏藻有关的甲藻生活史复杂，能导致鱼类死亡，并对人类造成影响。软骨藻酸由硅藻产生，它的出现导致世界各地的渔场关闭，也影响鸟类、海洋哺乳动物和人类。西加鱼毒由一种甲藻分泌产生，它影响人类并阻碍世界范围的渔业发展。霍乱病菌新变种的暴发与温暖富含营养盐的近岸水体有关。

关键术语

phytoplankton　浮游植物

zooplankton　浮游动物

bacterioplankton　浮游细菌

picoplankton　超微型浮游生物

nanoplankton　微型浮游生物

microplankton/net plankton　小型浮游生物

macroplankton　大型浮游生物

diatom　硅藻

dinoflagellate　甲藻

coccolithophorid　颗石藻

cyanobacteria　蓝细菌

green algae　绿藻

frustule　硅藻壳

radial symmetry　辐射对称型

bilateral symmetry　左右对称型

centric　中心类

pennate　羽纹类

auxospore　复大孢子

holoplankton　终生浮游生物

meroplankton　阶段性浮游生物

crustacean　甲壳类

copepod　桡足类

euphausiid　磷虾类

krill　磷虾

baleen whale　须鲸

chaetognath　毛颚动物

foraminifera　有孔虫

radiolarian　放射虫

tintinnid　砂壳纤毛虫

cilia　纤毛

pteropod　翼足类

ctenophore　栉水母

salp　樽海鞘

Coelenterata/Cnidaria　腔肠动物门/刺胞动物门

colonial organism　群体生物

larva 幼体

spore　孢子

extremophile　极端微生物

virus　病毒

harmful algal bloom（HAB）　有害藻华

red tide　赤潮

ciguatera　西加鱼毒

本章中的关键术语可在“词汇表”中检索到。同时，在本书网站www.mhhe.com/sverdrup10e中，读者可学习术语的定义。

思考题

1. 为什么位于补偿深度之上的密跃层能够触发浮游植物藻华?
2. 为什么阶段性浮游生物每次都大量产卵?
3. 解释即使在有毒浮游植物消失后，食用受污染区域的贝类仍然不安全的原因。
4. 高生物密度的浮游动物块状聚集区通常被低生物密度块所分离。这种模式对在有捕食者的压力下维持生存有什么优势?
5. 解释过度捕捞南大洋磷虾对该地区的其他生物带来什么后果。
6. 描述划分浮游生物的四种方法。
7. 在温带近岸水体中，为什么春季常发生硅藻藻华，而夏季则发生甲藻藻华?
8. 讨论如果不存在复大孢子，硅藻种群会发生什么变化。
9. 为什么对于成体为非浮游形式的生物，其生活史中的浮游阶段非常重要?
10. 指定某一海域，且海域中有海流经过，讨论浮游生物如何在该海域维持其数量。
11. 当利用浮游生物网进行浮游生物采样时，如何确定一定体积水体中的浮游生物数量?假设已知（a）网的横截面积，（b）拖网的时间和速度；或已知(a) 网的横截面积，（b）拖网的距离。
12. 辨析以下术语：
    a. 硅藻—甲藻
    b. 磷虾类动物—桡足类动物
    c. 自养型—异养型。
13. 什么是微生物食物环，它为什么重要?
14. 有毒浮游植物藻华现象似乎在全球海岸地带不断增长。(a) 列出导致增长的可能原因;（b）区分麻痹性贝毒、神经性贝毒、腹泻性贝毒和西加鱼毒。
15. 石油之类的有毒物质可以在海表面形成一层薄层，这些区域同时也聚集着大量浮游生物。这可能会给游泳动物和底栖动物的种群和数量带来什么影响?

学习目标

学习完本章以后，读者可以：

1. 解释关键捕食者的概念以及它们如何在生态系统内影响物种多样性。
2. 解释上行控制和下行控制对海洋哺乳动物的影响。
3. 对照和比较在过去一个世纪内海洋哺乳动物和渔业所面临的威胁发生了怎样的变化。
4. 解释气候模态（厄尔尼诺和太平洋十年振荡）与渔业的关系。

第17章

游泳生物：海洋中的自由游泳者

游泳动物是海洋中的自由游泳者。成千上万种游泳动物生活在远洋和近海区域，包括鱼类、海洋哺乳动物、海洋爬行动物和鱿鱼类。游泳动物能够向食物游动或者从捕食者那里逃离。许多游泳动物位于海洋食物网营养级的顶端。从生活在赤道热带珊瑚礁中最小的鱼类到地球上最大的哺乳动物蓝鲸，游泳动物的体型差异巨大。本章将学习沿岸水域和开阔大洋中典型的游泳生物以及相关的渔业信息，包括渔获数量、方式和当前资源现状。

17.1 哺乳动物

海洋**哺乳动物**（mammal）是恒温动物，这意味着它们能保持相对恒定的体温。在多数情况下，它们的体温高于海水温度。海洋哺乳动物呼吸空气，但它们可以长时间地潜水，并能下潜到非常深的地方。一些海洋哺乳动物和人类的下潜深度记录见表17.1。擅长潜水的哺乳动物体型是流线型的，这样在游泳时能减少阻力并降低体力消耗，从而减少耗氧量。与陆地哺乳动物相比，海洋中最优秀的潜水者体内肌红蛋白的浓度和分布极为不同。肌红蛋白主要存在于肌肉组织中，其作用是调节氧气浓度。哺乳动物（还有鸟类）依靠肌红蛋白所携带的氧气潜水，在潜水期间肌红蛋白还能调节这些氧气的流动。海洋哺乳动物的肌红蛋白含量是陆地哺乳动物的3～10倍。

◀ 鱼群。

表17.1 哺乳动物潜水深度记录

种类	m	ft
人类（*Homo sapiens*）	105	347
加州海狮（*Zalophus californianus*）	250	825
短吻真海豚（*Delphinu sdelphis*）	260	858
虎鲸（*Orcinus orca*）	260	858
宽吻海豚（*Tursiops truncatus*）	535	1 766
领航鲸（*Globicephala melanena*）	610	2 013
白鲸（*Delphinopterus leucas*）	650	2 145
威德尔海豹（*Leptonychotes wedellii*）	>700	>2 310
象海豹（*Mirounga angustiorostris*）	>1 500	>4 950
抹香鲸（*Physeter catodon*）	>2 000	>6 600

一些海洋哺乳动物终生生活在海里，而另一些则会返回陆地进行交配和繁殖。它们的幼崽是胎生的，由母亲哺乳长大。海洋哺乳动物主要包括大大小小的鲸类、海豹、海狮、海獭和海牛。

鲸

鲸是一种哺乳动物，属于**鲸类动物**（cetaceans）。主要代表性鲸见表17.2。一些鲸（齿鲸）拥有锋利的牙齿和用于捕食猎物的强有力的下颚（例如虎鲸、抹香鲸以及海豚、鼠海豚所属的小型鲸类）；另一些鲸类动物口部拥有**鲸须**（baleen）构成的过滤器官，通过这些鲸须，它们可以滤食海水中的磷虾和其他浮游生物。蓝鲸、长须鲸、露脊鲸、大须鲸、灰鲸和座头鲸都属于须鲸。齿鲸和须鲸的口腔结构如图17.1所示。蓝鲸、长须鲸和露脊鲸拥有鲸须，在游动时须张开大嘴吸入海水和浮游生物，然后顶起舌头将海水从鲸须间排出，海水中的磷虾则被挡住，留在口中。塞鲸则在游泳时半张开嘴，利用它的舌头吐掉困在鲸须中的生物。座头鲸在捕食时绕着富含磷虾的区域围成一圈，不断地游动并向上喷气，形成一张气泡网，磷虾则不断地被迫聚集到网中央，然后座头鲸迅速张开大口，将密集的磷虾群一吞而光。灰鲸主要以小型底

表17.2　一些鲸的主要特征

中文学名	拉丁学名	分布	体重/t	长度/m	食物
齿鲸					
抹香鲸	*Physeter catadon*	全球	35	18	鱿鱼、章鱼、深海鱼
独角鲸	*Monodon monoceros*	北极圈	2	5	鱼类、章鱼、小虾
虎鲸	*Orcinus orca*	全球	11	10	哺乳类动物、鱼类、鱿鱼
须鲸					
蓝鲸	*Balaenoptera musculus*	全球；南北洄游	80～150	33	磷虾
长须鲸	*Balaenoptera physalus*	北纬20°～70°,南纬20°～75°;南北洄游	50～70	24～27	磷虾、鱼类
座头鲸	*Megaptera novaeangliae*	全球；沿海岸南北洄游	35	11～17	磷虾、桡足类、鱼类、鱿鱼
南露脊鲸	*Eubalaena australis*	南半球，南纬20° ～55°	80	17	桡足类、磷虾
大须鲸	*Balaenoptera borealis*	中纬度；季节性洄游	30	15～18	桡足类、其他浮游生物
灰鲸	*Eschrichtius robustus*	北太平洋；近岸几千米处	35	11～15	海底无脊椎动物：端足类、多毛纲蠕虫
弓头鲸	*Balaena mysticetus*	北极和亚北极	100	18～20	磷虾、桡足类
南极小须鲸	*Balaenoptera Bonaerensis*	南半球，南纬10°　浮冰	14	9～11	磷虾

(a)

(b)

(c)

图17.1　（a）虎鲸是齿鲸。（b）座头鲸是须鲸。这两头座头鲸张大嘴巴，可以看到它们的鲸须位置。（c）弓头鲸拥有所有鲸类中最长的鲸须，这可以在图中清楚地观察到。这头死亡的座头鲸在冰上被拖拽，背部向下。

栖甲壳动物和蠕虫为食。

一些鲸类随季节变化往返洄游上千海里；一些则停留在冰冷海水中，只迁徙相当短的距离。生活在加利福尼亚州附近海域的灰鲸和座头鲸有长距离迁徙习性。灰鲸出现在北太平洋和相邻海域，它是大型鲸类中生活区域最靠近近海的种类之一。灰鲸主要由两个种群组成——一个较大的东太平洋种群和一个较小的西太平洋种群（表17.3）。当夏季到来，加利福尼亚州附近的灰鲸出现在白令海的浅海以及相邻的北冰洋中，在那里它们整个夏季都捕食以积累体内脂肪。10月份海水开始结冰时，它们开始向南移动。12月份第一批灰鲸群将到达加利福尼亚湾的西海岸，并在这里平静温暖的潟湖中度过冬季。灰鲸将在这里进行繁殖，但是此处食物较少。到二三月份它们再次向北迁徙时，通常体重已经下降了20%～30%。这些灰鲸沿着美国阿拉斯加和加拿大西海岸向北迁徙，少则两三头，多则达10～12头。它们昼夜移动速度约为5 kn，全年总迁徙距离约为18 000 km。它们途经的区域食物丰富，这保障了它们顺利地繁殖［图17.2（a）］。对加利福尼亚湾中灰鲸繁殖海域的保护有助于增加这个种群的数量。1994年，灰鲸成为第一个从美国濒危动物名单上删除的海洋哺乳动物物种。

座头鲸也具有较为明确的洄游模式。按地域和繁殖不同，座头鲸主要分为三个种群，分别为北太平洋种群、南大西洋种群和南大洋以及生活在阿拉

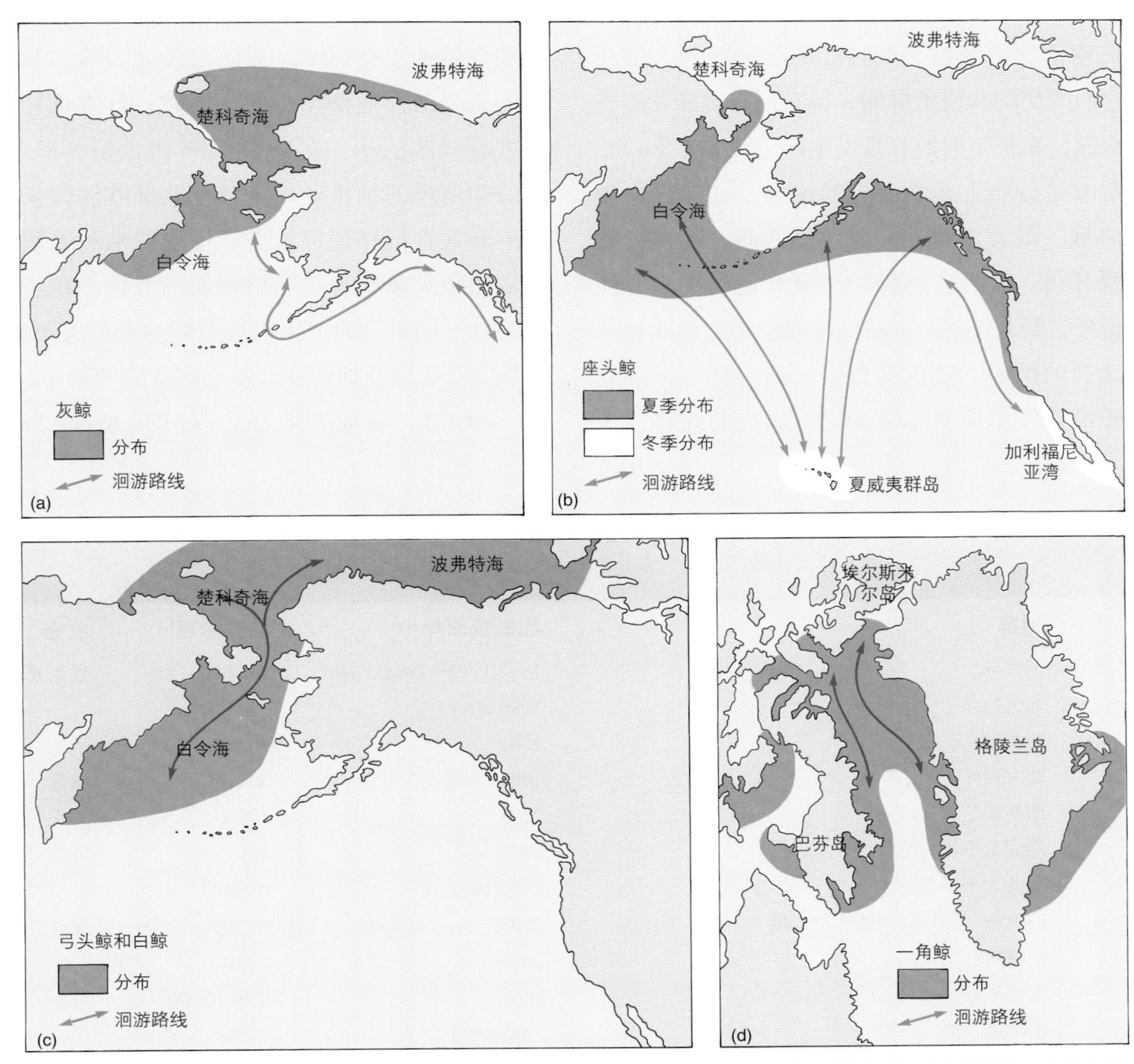

图17.2 鲸类的洄游路线和季节性分布。加利福尼亚灰鲸（a）和座头鲸（b）在寒冷水域觅食，在温暖水域交配繁殖。它们在两个区域间进行长距离洄游。弓头鲸、白鲸（c）和一角鲸（d）则生活在寒冷水域中，只进行短距离洄游。

伯海上的一个被研究得较少的种群。北太平洋座头鲸夏季在阿拉斯加湾、日本北部岛屿沿海和白令海捕食，到了冬季迁徙到西太平洋的马里亚纳群岛、中太平洋的夏威夷群岛以及东太平洋的加利福尼亚湾沿岸。它们在这些较为温暖的纬度区域交配和繁殖［图17.2（b）］。全球大约有4万头座头鲸（表17.3）。这些种群在过度捕捞后呈现出恢复的迹象。

弓头鲸、白鲸和长有一颗獠牙的一角鲸常年生活在冷水中，但是每年仍然会作较短距离的洄游。白鲸和一角鲸是齿鲸，弓头鲸是须鲸［图17.1（c）］。最大的弓头鲸种群生活在白令海、楚科奇海和波弗特海域。这些鲸几乎一生都生活在北极大片浮冰的边缘。弓头鲸通常单独或成对出现，他们常与白鲸做伴，在春季海冰衰退期间从白令海向北洄游到波弗特海和楚科奇海捕食；到冬季当海冰开始覆盖时，弓头鲸则成群结队向南返回白令海，有时可多达50头。人们还不清楚它们的交配和繁殖周期，但它们有可能在春季洄游时交配，在来年的四五月份生产［图17.2（c）］。

一角鲸是分布上最靠北方的鲸类，通常只出现在北极海域，最常出现在格陵兰岛两侧。这种齿鲸只有两颗牙齿。雄性一角鲸的一颗牙齿向头前方伸出变成獠牙，最长能达到3 m。这种獠牙的形成被认为是性选择的结果，就像孔雀羽毛的进化一样。夏季这些鲸沿着埃尔斯米尔岛和巴芬岛向北迁移，在秋季则沿着格陵兰岛返回南部［图17.2（d）］。

文学和艺术作品中出现的鲸通常是大型鲸类，例如蓝鲸、抹香鲸、座头鲸、长须鲸、大须鲸和露脊鲸（图17.3）。它们同时也是捕鲸业的捕猎对象。

捕鲸业

已知欧洲最早的捕鲸始于公元800 — 1000年的挪威。最初法国和西班牙的巴斯克人在比斯开湾捕鲸，在16世纪初期巴斯克捕鲸者穿越大西洋来到拉布拉多。他们沿着拉布拉多海设立了多个捕鲸点，将座头鲸和露脊鲸的鲸脂加工成鲸油，然后穿越大西洋运回欧洲。在拉布拉多的雷德贝，捕鲸作业在16世纪60年代和70年代达到顶峰，当时有约1 000人在此季节性聚集捕猎鲸类，每年大约能够生产50万加仑鲸油。在那时，捕鲸已经成为荷兰和英国之间的重要的商业活动。与此同时，日本也开始独立地进行捕鲸活动。在18世纪和19世纪，来自美国、英国和斯堪的纳维亚以及其他北部欧洲国家的捕鲸者不断地在远洋追捕鲸类，攫取鲸油和鲸须。它们通常用鱼叉杀死鲸，然后再切割成块，在陆地上或船上进行加工。那个年代捕鲸的特点是远距离航行、高强度作业以及捕鲸者和鲸之间危险的战斗。

1868年，挪威人斯文德·佛恩（Svend Føyn）发

表17.3　代表性鲸类的估测数目（数据来自IWC）

	种群	数据获取年份	估测数目	状态
小须鲸	南半球	1982/1983—1988/1989	761 000	数量充裕
	北大西洋	1996/2001	174 000	
	西格陵兰	2005	10 800	
长须鲸	北大西洋	1996/2001	30 000	濒危
	西格陵兰	2005	3 200	
灰鲸	西北太平洋	2007	121	濒危
	东北太平洋	1997/1998	26 300	
弓头鲸	白令海-楚科奇海-波弗特海域	2001	10 500	濒危
	西格陵兰	2006	1 230	
座头鲸	北太平洋	2007	至少10 000	濒危
	南半球	1997/1998	42 000	
露脊鲸	西北大西洋	2001	300	濒危
	南半球	1997	7 500	

图17.3 须鲸和齿鲸的相对体长。

明了捕鲸炮。这个在标枪内填充炸药的发明成为捕鲸业的转折点。轮船也不断地机械化，在1925年出现了许多大型加工船。小型快速的捕鲸船将捕到的鲸类运到这些大型加工船上处理，使捕获量大大增加。这套系统使海上船舶，特别是在北冰洋中心区域作业的船舶作业时更加灵活，因为它们不再需要回到港内的加工站点。这些捕鲸方法延续到20世纪，极大地提高了捕鲸效率，也极快地耗竭了鲸类资源。

20世纪30年代，连年的捕猎使蓝鲸数目降低到仅原有数量的4%以下，整个物种面临着灭绝的危险。1946年，澳大利亚、英国、加拿大、丹麦、法国、冰岛、日本、墨西哥、新西兰、挪威、巴拿马、南非以及苏联在美国华盛顿成立了国际捕鲸委员会（International Whaling Commission，IWC），达成《国际捕鲸管制公约》。公约旨在保护鲸类资源，使捕鲸业可持续性发展。公约规定禁止捕杀蓝鲸、灰鲸、座头鲸和露脊鲸以及哺乳期内的母鲸。对所有捕捞种类规定开放或关闭捕鲸的时间点，并确定最小捕获体长。每艘加工船上都配备有观察员，观察员的职责是报告违规事件和对违规行为提出建议。加工船注册国的政府负责有关的违约赔偿。在国际捕鲸委员会及其管理制度的监管下，1951年共有31 072头鲸被捕杀。1960年捕杀量超过50 000头，1962年超过66 000头。由国际捕鲸委员会提供的鲸类资源评估见表17.3。注意，1989年国际捕鲸委员会决定只公布被详细评估了的鲸类数目。

随着20世纪70年代接近尾声，商业捕鲸的时代也似乎画上句号。1979年，国际捕鲸委员会暂停在印度洋上的所有捕鲸活动并禁止使用加工船作为移动基地进行捕鲸，但是捕鲸活动仍然在南极洲的基地继续进行。1982年春天，为了调查鲸类种群数目及其恢复能力，国际捕鲸委员会投票决定停止商业捕鲸活动。捕鲸活动在1985—1986年开始暂停。

1992年，捕鲸国家提醒国际捕鲸委员会，委员会的最初宗旨是“保护”鲸类作为可持续捕捞的自然资源。考虑到北大西洋小须鲸数量巨大，挪威给自己设定了最小捕鲸量，从1993年开始继续捕鲸。2000年它的捕获量为487头小须鲸。1994年在一些国家缺席的情况下，国际捕鲸委员会以23票赞成比1票反对（日本投反对票），通过了在南极洲水域南纬55°以南建立鲸类保护区的提议。1999年，冰岛脱离国际捕鲸委员会重新开始捕鲸。近年来，国际社会的关注点集中在那些以科研名义进行捕鲸的国家。2006年和2007年，日本和冰岛利用“科研捕鲸”特殊许可证捕获了505头南极小须鲸、253头普通小须鲸、105头大须鲸、50头布氏鲸和6头抹香鲸。特殊捕鲸许可证的问题仍然在国际捕鲸委员会内部存在争议。

为了平衡一些土著居民的文化生存需求与鲸类保护，国际捕鲸委员会允许一些地区的土著居民进行捕鲸（阿拉斯加、格陵兰岛和前苏联的一些区域）。1997年，华盛顿州的玛卡印第安部落（该部落1895年和美国签订协议）每年允许捕获5头灰鲸（北太平洋区域共允许捕获140头灰鲸，以满足传统土著生存需求）。玛卡印第安人1999年捕获了一头鲸，在2001年初夏捕获了第二头。

尽管加利福尼亚的灰鲸数量已经恢复，其他一些鲸类的数量也正在缓慢回升，但是绝大部分种类仍然低于最初的种群数目。东太平洋露脊鲸在经历20世纪40年代到60年代的高强度捕鲸后几乎绝种。它们被视为是最受威胁的大型鲸类。一些研究人员认为，鲸类种群恢复失败的一个原因在于从如此少的剩余数量中难以找到交配对象，另一种可能的原因是轮船的增加导致更多噪音干扰了鲸类之间的交流，还有一些研究人员担心磷虾捕捞和全球鱼类的衰竭会影响鲸类数量，环境污染也是一个重要的原因。

鲸和人类交织的历史还没有结束。赫尔曼·梅尔维尔（Herman melville）在《白鲸》中写道：

> 在这种情形之下，值得深思的问题是：鲸鱼是否经受得住如此无所不至的追猎，如此绝情的摧残；它们是否最终会受到种族灭绝的荼毒而从此在海洋中绝迹；最后一头鲸鱼是否会像最后一个人一样，抽完最后一口烟，然后他自身也随着最后一阵轻烟而消失得无影无踪。①

① 此处引文摘自《白鲸》，成时译，人民文学出版社2011年出版。——编者注

海豚和鼠海豚

海豚和鼠海豚都属于小型齿鲸［图17.4（e）］。在所有鲸类动物中，人们最熟知的是宽吻海豚（*Tursipos truncates*），在动物园和水族馆都能看见它们。宽吻海豚在温带和热带近海水域活动，生活习性和社会系统具多样性。在开阔海域中，海豚和鼠海豚通常成群结伴地快速游动。鼠海豚的游速能够达到30 kn，这引起科研人员的兴趣。海豚的母子关系紧密，能否留在母亲身边游动是海豚幼崽成活的关键。海豚幼崽通常在母豚背脊上游动。从水力学角度解释，它们从那里可以借力，在母豚身边游动时可以用较小的力量获得较大的游速。在游动过程中，海豚幼崽有1/3的时间是在滑行，而如果脱离了母豚，它们不可能滑

(a)

(b)

(c)

(d)

(e)

图17.4 哺乳动物（a）斑海豹（*Phoca vitulina*）是一种能和人类和睦相处、友善并且充满好奇心的动物。（b）一群北海狗（*Callorhinus ursinus*）。（c）一只海獭（*Enhydra lutris*）。（d）海象（*Odobenus rosmarus*）捕食后浮上海面，在北极浮冰上休息。（e）太平洋短吻海豚（*lagenorhynchus obliguidens*）。

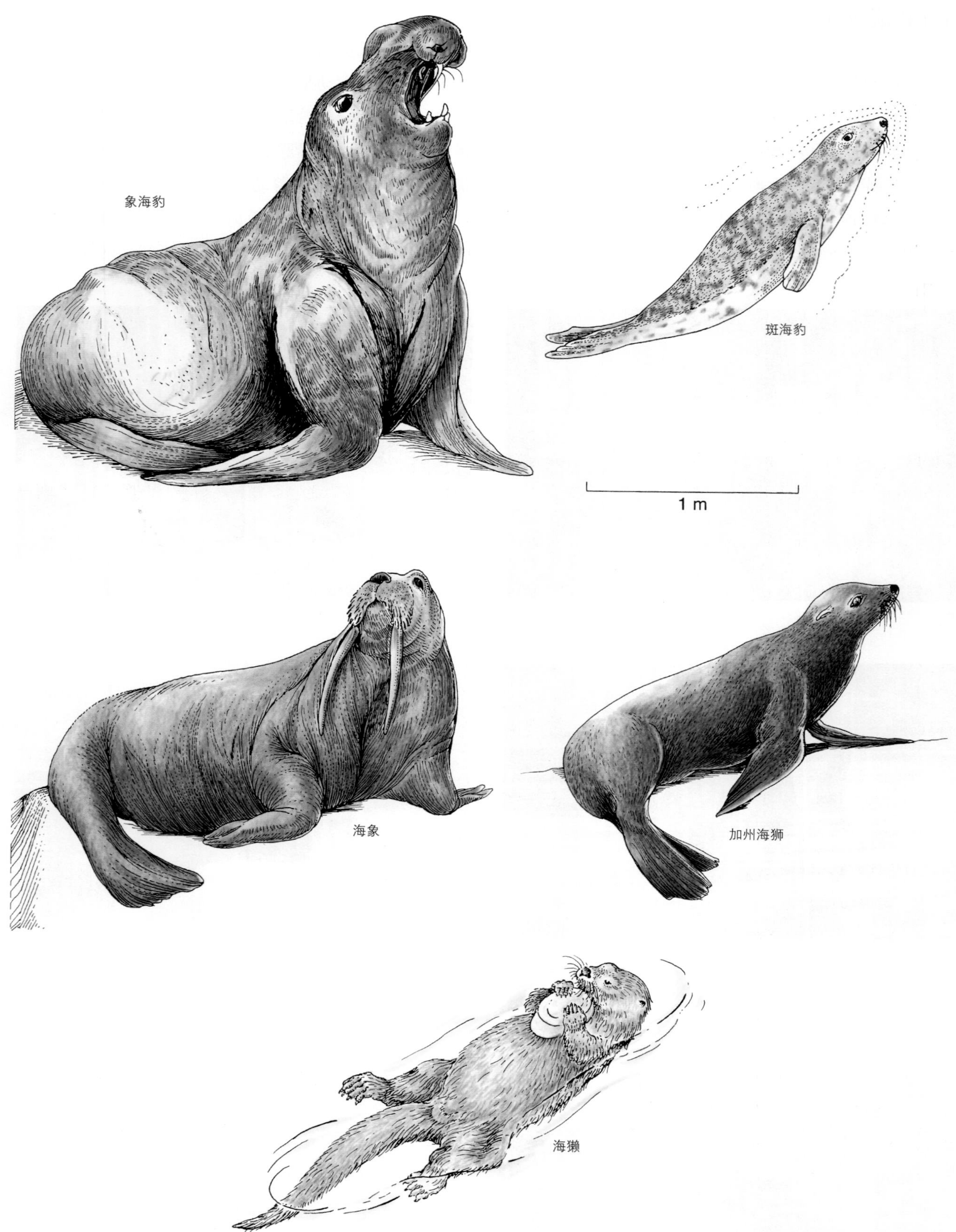

图17.5 海洋哺乳动物。象海豹、斑海豹、海象和加州海狮属于鳍足类。水獭的近亲——海獭，仰面漂浮着享用蛤蜊和海胆。

行如此长的时间。它们的学习和智力所展示出来的交流能力和记忆力正在研究当中。它们已经被训练用来帮助潜水者，并作为深水潜水者与表层船舶之间的信使。它们也被美国海军训练寻找水雷。

这些小型鲸类动物出现在热带和温带海域。尽管属于海洋动物，但它们能够游至河流以及半咸水浅水中，人们在密西西比三角洲地带的浅湖和运河中都曾发现过它们。那些区域的水深刚刚能够支持它们快速地游动。

20世纪最后20年，海豚和鼠海豚面临巨大压力。1990年，联合国发起的研究称，每年有超过100万头哺乳动物死于渔网，而且通常是作为渔业的副渔获物死亡。两种较小的种类，墨西哥鼠海豚和智利黑海豚正面临濒危，目前加州湾只存留几百只墨西哥海豚。

海豹和海狮

海豹和海狮属于**鳍足类**（pinniped）动物，它们因四肢呈脚蹼状而得名。典型的鳍足类动物如图17.4和17.5所示。海豹和海狮绝大部分时间都生活在海水中捕食鱼类和鱿鱼，但也需要上岸休息和繁殖。它们的毛皮和脂肪是为了保持体温，但是它们的脂肪不像鲸类那样厚。它们也是表面积与体积之比较小的大型动物。海豹类动物可以分为真海豹（海豹）和有耳海豹（海狮）。真海豹只有小的耳洞，它们的后脚蹼不能支持向前的运动，因此，它们在陆地上活动不便，但在海水中游动迅速。常见的真海豹有斑海豹（*Phoca vitulina*）、格陵兰海豹（*Pagophilus groenlandicus*）、威德尔海豹（*Leptonychotes weddellii*）、南极洲的豹形海豹（*Hydrurga leptonyx*）和北方象海豹（*Mirounga angustirostris*）。雄性象海豹体重可以达3 t。常见的有耳海豹则包括加利福尼亚海狮（*Zalophus californianus*）和北海狗（*Callorhinus ursinus*）。人们为了获得北海狗的皮毛，险些将它们猎杀殆尽。有耳海豹具有外耳并且后脚蹼能向前移动，因此，它们在陆地上行动迅速，并在一定程度上能够直立。

鳍足类动物具有相似的交配习性，它们一些在冰上繁殖，一些在陆地繁殖。它们频繁地长距离迁徙抵达繁殖地点，通常最大的雄性首先到达海岸线建立领地，在那里它们为保护领地殊死搏斗。雌性和从属的雄性随后到达。强有力的雄性可以拥有一雄多雌，一只雄性可和多达50只雌性交配。雌性在海岸边生育幼崽，这些幼崽还不会游泳，必须被哺育。母亲有时候会离开它们到外海捕食。它们的繁殖地通常被称为海豹群栖地。

相较于被疯狂捕杀的19世纪和20世纪初期，目前这些鳍足类动物正享受着相对和平的时期。从1870年到1880年，疯狂的猎杀使北方象海豹的数目减少到仅50只左右，由于这些动物大多数时间都生活在海水中，它们没有整体完全灭绝。据最新估计，该种群数目达到15万只，它们在墨西哥和美国的群栖地受到全面的保护。北美毛皮海狮（*Arctocephalus townsendi*）也几乎被捕猎到绝迹，到1892年仅幸存7只。目前这个种群的规模已经恢复到1万只，然而它们所有的幼崽都是在一个靠近发达区域的小岛上被哺育的。这些高强度的捕猎活动，可以被认为是生物下行控制的一个例子（第15、16章所讨论）。在这些例子中，人类是顶级捕猎者。

在过去的年份中，海狗的数目同时受到上行和下行过程的控制。在白令海南部的普里比洛夫群岛，1910年海狗数目约为20万～30万只。1950年，海狗数目则达到250万只。但是随后严重的猎杀使该区域的种群数目减小，今天该区域的种群数目据估计为150万只，而且仍呈下滑趋势。这种下滑也可能是由食物的减少造成的，海狗的主要食物来源是黄线狭鳕，而鳕鱼是世界最大经济鱼种之一。食物供给的减少可以视为海狗种群数目的上行控制。

海　獭

海獭是水獭的近亲，但它们生活在海中。海獭栖息在近岸水域，以浅海贝类动物和其他食物为食。与海豹类和鲸类动物不同，它们没有厚厚的皮脂肪层。海獭几乎一生都生活在水中，它们在水中交配和产仔。海獭生活在海藻床周围，它们会利用石块砸开海胆、鲍鱼、贻贝和螃蟹，以便吃到里面的肉。在进食时，它们通常仰面漂浮，用自己的身体（腹部）作为“餐桌”。一只普通的雄性海獭重量为

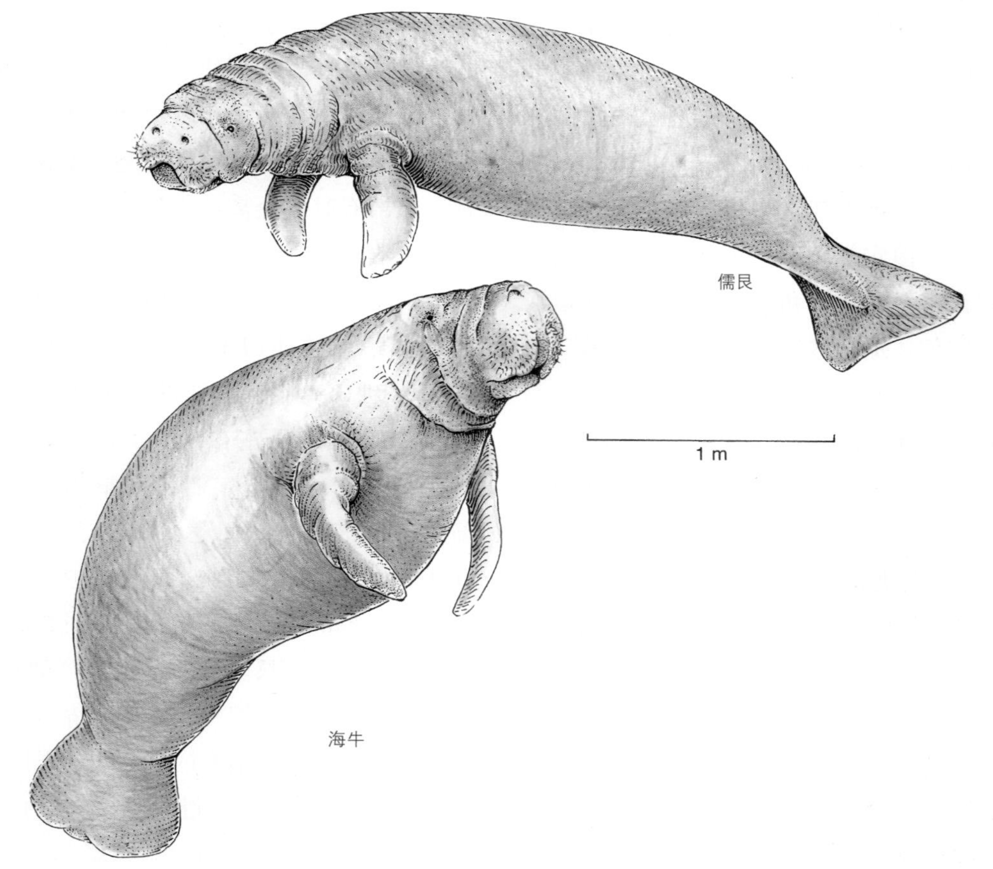

图17.6 加勒比海牛和东南亚儒艮属于海洋食草动物。

40 kg，每天能够消化10 kg食物，占它们身体重量的20%～25%。这相当于一个体重55 kg的人每天消耗13 kg的食物，但并没有发生肥胖。海獭是最小的海洋哺乳动物，它们厚厚的皮毛可以保留空气，从而保持体温，这种柔软的厚皮毛也是海獭被捕杀至几乎绝种的原因。1911年，海獭被人类保护起来，当时许多科学家怀疑这个物种是否能够延续下去，今天该物种的数目已经达到了10.8万头左右。

海獭被认为是海藻林中的关键捕食者。关键捕食者是指维持生态系统中生物多样性的种类。海獭的主要食物是海胆，海胆以海藻为食。如果海獭的数量减少，海胆的数量会增加，增加的海胆会影响海藻林场的生长能力。海藻林场可以作为小型鱼类和一些动物的育幼地。海藻密度减小会导致这些鱼类育幼地减少。这个关键捕食者的例子表明了食物网的复杂相互作用。

海　象

海象属于一个单独的子类［图17.4（d）和图17.5］。它没有外耳，后鳍能够旋转，因此能够在坚硬的表面上行走。无论雄性还是雌性都有着独特、结实的犬牙。这些犬牙可以帮助海象插入冰块中以浮出水面，也可以像雪橇一样帮助它们觅食蛤蜊。

太平洋海象（*Odobenus rosmarus*）生活在白令海和楚科奇海的近岸地区。通常认为，18世纪前该物种数目为20万～25万，1950年的数目为5万～15万。1979—1990年，美国和俄罗斯每隔五年就联合进行一次海象航空调查。但这种调查方法并不可靠，因此于1990年结束。1990年进行的最后一次调查估计，海象个体数目约为20.1万。目前海象种群数目未知。

海　牛

海牛（manatee）和**儒艮**（dugong）常被称为

海牛类动物（sea cow）（图 17.6）。它们属于**海牛目**（Sirenia），并被认为是美人鱼传说的起源，是世界上唯一的食草类海洋哺乳动物。海牛主要生活在南大西洋海岸和加勒比区域的咸水近岸海湾和水道中，而儒艮则生活在东南亚、非洲和澳大利亚的海洋中。和鲸类一样，它们从不离开海水。

由于生境地恶化，儒艮已经从印度洋、南海的大部分地区消失。这种长约 3 m的动物体重能够达到 360 kg。它们的生存取决于海草场的食物供给，然而陆地的侵蚀、过度放牧和森林砍伐，产生了大量淤泥和黏土使海草场被覆盖。儒艮也因其獠牙而被猎杀，这些獠牙曾被认为可以提升情欲，被用来制成护身符。许多海牛还被船舶的螺旋桨伤害或致死。

生活在加勒比和南大西洋近岸区域的海牛常被船的螺旋桨伤害或致死。1979—1992 年期间，已知约有 1 700 头海牛由于各种原因死亡，其中 26% 与船只的碰撞有关。1996 年有 600 头海牛死亡，其中至少 158 头由一种称为腰鞭毛藻（*Karenia brevis*）的浮游植物产生的神经性毒素导致。2006 年共有 416 只海牛死亡。由于盐沼、海草场和红树林区域不断干涸、被占用或者由于其他原因被破坏，位于佛罗里达州的海牛栖息地破坏加剧。

早已灭绝的斯特勒海牛曾经生活在白令海的科曼多尔群岛周围的浅海区域。这些海牛行动缓慢，性格温顺，完全不惧怕人类，并且数目稀少。这些原因加上相对低的繁殖速率，导致它们完全不能抵抗人类的捕猎压力。1768 年，世界上最后一头斯特勒海牛被作为食物而猎杀。

北极熊

北极熊（*Ursus maritimus*）是北冰洋的顶级掠食者（图 17.7）。它们是肉食动物，寿命长（可高达 25 年），厚厚的皮毛和脂肪可起到保暖作用。它们只生活在北半球的寒冷地带，冬天这里的温度有时能降低到 -45 ℃，而北极熊的体温能保持在 37 ℃。事实上，北极熊出现问题经常因为体温过高，而不是过低。雄性成年熊体重达到 250～800 kg，雌性为 100～300 kg。它们主要以围猎海豹为食。它们捕食海豹的办法是，在冰窟窿处等待海豹浮上水面呼吸或爬上岸休息，为此北极熊可能要等上好几个小时。通常，北极熊只食用海豹的皮肤和脂肪。它们将剩余的海豹肉留给其他北极动物，例如北极狐。北极熊也会食用鲸和海象的尸体。

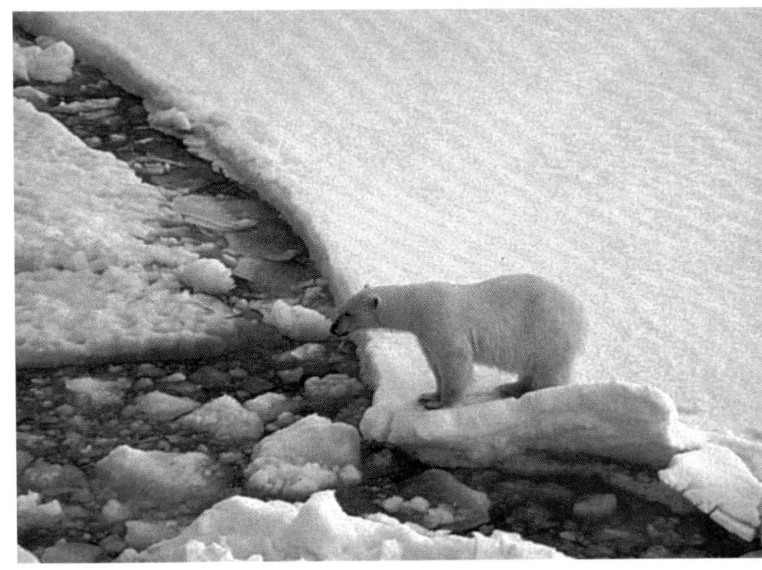
图 17.7 一只北极熊站在北冰洋中心地带的海冰上。

北极熊能在冰上行走很长距离，每天约 30 km或更多。它们也是游泳健将，能够连续游 100 km。北极熊通常在 4 月份交配。雄性在浮冰上度过冬天，而怀孕的雌性会在海冰或陆地上挖洞。它们通常在 12 月或 1 月产两仔。春天，母熊和北极熊幼崽迁移到靠近开阔海域的海岸带。幼崽待在母熊身边的时间至少为两年。

世界上北极熊的总数目约为 2 万～2.5 万头，主要分布在美国、加拿大、格陵兰岛、挪威和俄罗斯。阿拉斯加约有 4 700 头北极熊。2007 年 1 月 9 日，美国鱼类和野生动物管理局建议把北极熊加入到国家濒危动物名单中。2008 年 5 月，北极熊正式被列入濒危物种的行列。北极熊生存的主要威胁来自海冰正在持续减少，因为这些北极熊生活的各方面完全依赖海冰。

俄罗斯和挪威禁止一切捕猎北极熊的行为。1972 年出台的《美国海洋哺乳动物保护法》规定，除出于生存目的的土著居民外，其他任何人禁止捕杀包括北极熊在内的任何海洋哺乳动物。

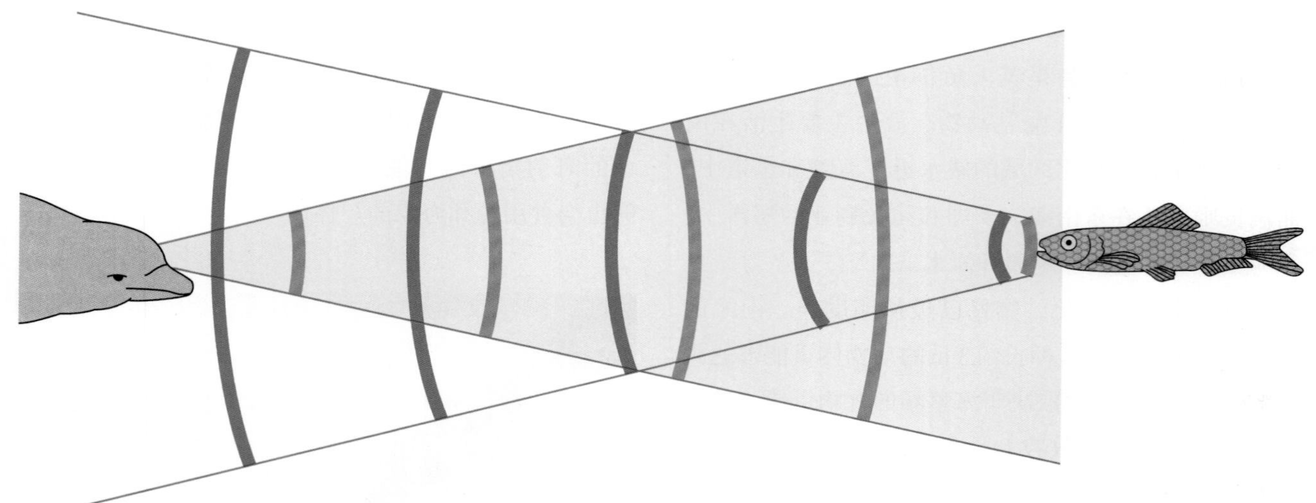

图17.8 橙色表示海豚发出的用于回声定位的声波，绿色表示反射波。海豚利用反射波来确定目标物体的速度、距离和方向。

海洋哺乳动物保护法

1972年，美国国会通过《海洋哺乳动物保护法》（美国公法92–522）。该法规定，禁止获取或进口任何海洋哺乳动物以及相关产品。"获取"的定义为收获、捕猎、捕捉和杀死任何海洋哺乳动物的行为和任何试图尝试上述行为的企图。该法适用于所有美国领水和渔业区域。同时也规定"任何美国管辖内的个人、船舶或船队不得在公海获取任何海洋哺乳动物"，除非已有国际公约的允许。

该法有效地消除了美国海洋哺乳动物及其产品的商业贸易。只有在严格的许可申请和海洋哺乳动物委员会的批准下，才能出于科学研究和公众展览的目的，捕捉少量海洋哺乳动物个体。

1994年，该法进行了修订，将捕获许可证的范围扩展到出于生存目的的土著居民、科学研究目的、类似渔业配额的海洋哺乳动物获取项目、美国海域所有哺乳动物资源评估目的、研究渔业和鳍足类动物相互影响等几个方面。

该法一个重要的目的在于保持哺乳动物作为"生态系统中具有重要功能的一个部分"。该法极大地减少了海洋哺乳动物的死亡和伤残。美国科学院最近的报告表明，现今海洋哺乳动物面临的最大威胁是生境退化以及各种干扰因素的累积效应，人类活动对海洋哺乳动物的许多影响可以发生在极为不同的时间尺度上：个体动物所受的影响可能在数年内就显现出来，种群可能在几代后受到影响，而生态系统受到的影响则可能在好几代甚至几个世纪后才能表现出来。上述章节提出的种群规模趋势难以预测，因为许多动物大部分时间生活在水下或者在人类容易看到的区域之外。

交流方法

许多海洋哺乳动物利用声音彼此进行交流，它们也利用声音而不是视力来探测水体环境。海洋哺乳动物的交流方式中，最广为人知的是雄性座头鲸的"歌声"。不同的座头鲸种群具有不同的歌声。这些歌声在种群中可以从一个个体传给另一个个体。歌声可以长达30分钟，在每一个交配季节都有变化和修改。尽管有一些科学家认为，这些歌唱仅仅是雄性鲸类在交配季节的第二性征，但这些歌声多被认为是宣告个体和领地。雌性灰鲸可以通过一系列咕噜声和它们的幼崽交流，而威德尔海豹则利用短促的尖叫声交流。

利用声音探测周围环境被称为**回声定位**（echolocation）。有些海洋哺乳动物发出尖锐的声音，再根据回声来定位方向和探测物体。人们猜测所有的齿鲸和一些鳍足类动物（威德尔海豹、加利福尼亚海狮）以及海象可能拥有这种能力。一些须鲸也具有这种能力，如灰鲸、蓝鲸和小须鲸。尽管这些动物发出的声音在一个较宽的频率范围内，但可用于回声定位的最有用的声音是以单脉冲或一系列脉冲形式发出的短促音节。宽吻海豚发出的音节频率在人类听觉范围内或

鲸落

鲸类的死亡会给海底突然带来一个巨大的局地食物来源。1987年，夏威夷大学的克雷格·史密斯（Craig Smith）和同事在加利福尼亚州外海圣卡特琳娜盆地意外地发现了一具蓝鲸的尸体。他们的研究表明，鲸类的尸体或残骸能够支撑一个大的生物群落。首先，食腐动物，例如盲鳗类、蟹类和鲨鱼，会在短短4个月内将鲸的尸体变成骨架，随后细菌占据骨架。鲸类尸骨中富含油脂，这些物质最初是为了给鲸类自身提供浮力，在鲸死之后，它们为厌氧细菌提供营养。这些细菌分解脂肪物质，产生硫化氢和其他化合物在骨骼中扩散。化能细菌通过硫化物进行新陈代谢，在这些骨骼周围形成菌藻膜。这些菌藻继而被蠕虫、软体动物、甲壳类动物和其他生物体所摄食。其他动物也可能被吸引而来，它们可以通过硫化物、菌藻席、骨骼中的脂肪物质以及现场的其他生物获取营养。

一具鲸类骨骼中能够发现的物种数目是惊人的，有研究者曾经从一具鲸骨架的五个脊椎骨中分离出178种、共5 098个动物。包括蠕虫和帽贝在内，大约10个物种的生存被发现与鲸类骨骼有关。相比较而言，最富饶的深海热泉区域也仅能支撑121个物种，所渗出的碳氢化合物仅为36种。

这些鲸类余骸的数量是否丰富？目前还很难回答这个问题，因为它们可能出现在海底的任何地方并难以确定。1993年，美国海军为了寻找一枚丢失的导弹，在加利福尼亚州太平洋导弹范围之外区域利用侧扫声呐搜查了20 km^2的区域。在此过程中，录像机拍摄到8具鲸类残骸，史密斯和他的科研队伍利用潜水器研究了其中的一具。日本、新西兰和冰岛的科学家也在寻找鲸类残骸位置。在美国国家海洋渔业局的许可下，史密斯将两只死亡的鲸沉入海底，以观察鲸落的生物群落过程和了解更多的与鲸类残骸有关的生物多样性情况。

在其他一些富含硫的栖息地，例如深海热泉附近，已经发现了超过15种鲸落物种。史密斯曾经认为鲸类残骸可能起到阶梯的作用，将依靠化能作用生存的生物从一个深海热泉区域扩散到另一个深海热泉区域。这个理论的反对者则认为，在鲸残骸区域发现的生物种类和热泉的生物种类重合的部分很小，并且深海热泉生物通常在1 500 m水深以下，而大多数鲸类在沿着大陆架边缘的浅海区域生活和死亡，并且，人们发现深海热泉生物的种类数目不断增长，表明从热泉到热泉之间的扩散并不是一个大问题。无论鲸类残骸是不是阶梯，人们对鲸类残骸生物群落的研究兴趣依然存在。它与海底热泉的联系也许不如设想的那么紧密，但它仍然是冰冷黑暗、不适宜生命的深海海底的一种新的生物群落形式。

者更高，每一音节持续时间小于1毫秒，一秒中能重复高达800次。当声脉冲遇到目标体时，部分声脉冲会被反射回来，哺乳动物通过连续发出声波并根据回声的时间和方向，判断目标物体的速度、距离和方向（图17.8）。低频声波用来察看周围环境，高频声波用来辨别特定目标。

海豚和鼠海豚能够使空气在通过鼻道时振动来产生声音。它们将空气挤出鼻腔，产生口哨声和尖叫声。鼠海豚圆形的前脑和鼠海豚球根状的肥胖前额能够像透镜一样将声音汇聚成一条声束，向它们正前方传播。抹香鲸能够发出更短、更有力、范围更宽的低频声音。这些声音可以传播几千米。抹香鲸的每一次叫声都是合成音，由多达9个不同的声音组成。抹香鲸肥大、充满油脂的前额可以用来汇聚这些声音。

这些动物必须能够接收返回的微弱回声，并且将它们发出的响声和其他海洋噪音区分开来。声音从下颚通过骨传导传到颅骨，下颚中的油脂可将声音直接带入中额。前额两侧区域也是接收声音的敏感部位。海洋哺乳动物大脑的听觉中心极为发达，可以分析和解释各种返回的声音信息。它们的视觉中心则欠发达。人们认为它们几乎没有嗅觉。

近年来，人类产生的噪音对鲸类行为的影响存在着很多争议。声呐可以在海水中传播很长距离。海军利用声呐探测潜水艇和其他水下危险。几年前，14头剑吻鲸被发现在巴哈马群岛的海滩上搁浅，在该事件36小时之前，海军曾使用声呐进行演习训练。许多人猜测，海军的声呐对鲸类有害。海军已经开展相关研究项目，与科学家一起判定如何更好地避免伤害这些动物。被报道的搁浅事件通常发生在热带和副热带具有陡峭悬崖海底的区域。研究人员认为这些剑吻鲸是非常敏感的动物。与其他呼吸空气的哺乳动物相比，剑吻鲸能够下潜到更深的水域。在正常的潜水过程中，它们的肺部收缩，能够下潜到70 m以下，这种生理特征帮助它们避免吸入过多的氮气，如果氮气过多进入血管中，会导致减压症。研究人员推断，海军的声呐听上去像是剑吻鲸的天敌虎鲸发出来的声音，这种声音有时候是致命的，它可能刺激剑吻鲸下潜到它们的肺不能够承受的深度，导致减压症。对于人类产生的噪音对鲸类影响问题，解决方案是尽量避免在鲸类可能迁徙的区域演习，或者尽可能减少演习的时间。

17.2　海洋鸟类

据估计，鸟类共有9 000～10 000种，其中约3%为海洋鸟类。海洋鸟类是指一生中绝大部分时间在海边生活的鸟类。一些鸟类已经很适应海洋的生活，以至于只在繁殖的时候才飞回岸上，而另一些鸟类则只是到近海区域捕食。但是，所有鸟类的巢都筑在岸上。大多数鸟类有固定的交配地点和季节。它们从觅食地到交配地可能需要迁徙上千千米。鸟类是恒温动物，这意味着它们能够保持相对稳定的体温。

海鸟在海表面和水下游泳时，可以利用它们长有蹼的脚和翅膀，或者两者兼用。它们体内的脂肪、为飞行而进化的轻质骨骼和气囊，使它们可以在水上漂浮，尾脂腺分泌的油脂避免它们的翅膀沾水。羽毛下的空气也可以帮助它们漂浮并保持体温，防止热量散发。下潜时，海鸟通过从肺呼出空气、收缩羽毛等方式来减少浮力。擅长在水下游泳的鸟类骨骼都比较厚重，例如鸬鹚和企鹅，但企鹅没有气囊。

海鸟的视力高度发达，因为它们需要靠视力寻觅水中的鱼。它们的听力和嗅觉不发达，最不发达的是味觉。它们几乎没有味蕾，迅速地吞咽食物。它们通过饮用海水或从食物中获得水分，海水中的盐分可以聚集到眼睛附近的盐腺中，多余的盐分可以从眼睛中分泌出来或者通过鼻腔排出。为了保持水分，海鸟可以减少尿量并产生高浓度的尿酸，从而产生一种几乎无毒的白色浆状尿酸、热粪便和分泌物混合的尿液。因为活动能力强，新陈代谢速度高，鸟类食量巨大。海鸟捕食鱼类、鱿鱼、磷虾、卵团、底栖无脊椎动物、腐肉和垃圾。它们喜欢聚集在食物富集的地方。海鸟是海表面高生产力区良好的指示标。

海鸟主要分为四大类：（1）信天翁、海燕、剪嘴鸥；（2）企鹅；（3）鹈鹕、鸬鹚、鲣鸟、军舰鸟；（4）海鸥、燕鸥、海雀。生活在南大洋海域的漂泊信天翁（*Diomedea exulans*）是最典型的大洋性海洋鸟类。它们的翼展是鸟类中最大的，约3.5 m。这种巨大的白色海鸟翅膀末端为黑色。在回到筑巢地之前，它们要在海上度过4～5年的时间。南太平洋黑脚信天翁（*Phoebastria nigripes*）体型较小，是远洋食腐动物，它们在海表面搜索包括渔船和轮船的残留物在内的可食用物，它的主要食物是鱿鱼、蟹类和表层鱼类。黄蹼洋海燕（*Oceanites oceanicus*）是最小的海鸟，这是一种和燕子非常相似的鸟类，它们在南半球冬季时沿着湾流飞到拉布拉多，夏季时返回，往返共32 000 km。

企鹅［图17.9（a）］不能飞翔。它们的翅膀已经演化为鳍状，这有助于在水下游泳，同时它们用脚控制方向。企鹅水下游泳的速度可以达到10 n mile/h。除一种企鹅外，其他企鹅都生活在南半球，主要位于南极洲和副极地海域，它们已经适应了那里的寒冷生活，羽毛下有一层厚厚的脂肪。企鹅会建立繁殖地，阿德利企鹅（*Pygoscelis adeliae*）聚集到繁殖地时能够达到100万对。帝企鹅（*Aptenodytes forsteri*）簇拥在一起相互取暖，雄性帝企鹅在脚掌间孵化一只企鹅蛋的时间长达两个月，而雌帝企鹅则返回海中进行捕食。小帝企鹅通常在春季出生，这是浮游生物暴发的季节。加拉帕戈斯企鹅（*Spheniscus mendiculus*）生活在远离南极的赤道区域。它们的生存范围仅局限于寒流上升区域。

鹈鹕和鸬鹚是具有大鸟嘴（喙）的捕鱼鸟类。它们是强有力的飞行者，通常在近岸水域出现，有时也会到深海区去冒险。鹈鹕［图17.9（b）］有巨大的鸟嘴，嘴下方垂着一个喉囊用于捕鱼。美洲白鹈鹕（*Pelecanus erythrorhynchos*）成群结队捕鱼，它们将小群鱼驱赶到浅水中，然后张开大嘴将鱼吞入喉囊。太平洋褐鹈鹕（*Pelecanus occidentalis*）能够从空中潜入水下到深达10 m处捕捉猎物。鸬鹚身体呈黑色，体型修长，有像蛇一样的长脖子和前端锐化成钩的长嘴。它们栖息在水上，可以从水面潜入水中。它们主要靠脚游泳，有时也利用翅膀。由于羽毛不具防水性，鸬鹚必须周期性地上岸晾干羽毛。

燕鸥［图17.9（c）］和海鸥是第四种海鸟成员，生活在除南美洲和澳大利亚之间的南太平洋之外的任何地方。海鸥飞行能力强，能够捕食各种东西，它们沿着海滩和外海来回觅食。相比较而言，燕鸥更小、更优雅，嘴型细长，尾部分叉。北极燕鸥在北极交配，每个冬季迁徙到南极圈南部，来回将近35 000 km。

海鹦鹉、海鸠和海雀是身体粗壮、翅膀和腿都较短的潜水鸟。它们以鱼卵、甲壳类动物、鱿鱼和磷虾为食。它们的生活范围局限在北大西洋、北太平洋和北极区域，大多数将巢筑在陡峭的悬崖和岛屿上。大海雀不能飞行，是一种大型、行动缓慢的鸟类，身高约0.6 m。它们曾经是水手们的猎物，不仅肉可以食用，羽毛还可以用来填充床垫。随着数目的减少，博物馆和收藏家愿意为每一只大海雀付越来越高的价钱。1844年6月2日，世界上最后两只大海雀在冰岛附近的一个小岛屿被杀死。

与海鸟不同，滨鸟游泳时间较少，对陆地有更强的依赖性。滨鸟有矶鹬、鸻、长脚鹬、反嘴鹬、沙锥鸟、蛎鹬、翻石鹬、瓣蹼鹬等［图17.9（d）］。这种鸟多数在冬季捕食区域和春季筑巢区域之间进行长距离迁徙。例如，瓣蹼鹬（*Calidris pusilla*）能从北大西洋海岸向南美洲的苏利南不停歇地飞行2 000 n mile。红鹬（*Calidris canutus*）从北极圈向南，一直飞到南美洲最南端的火地岛。滨鸟通常以小型甲壳类动物蛤蜊、海螺等为食，它们的捕食方式多样，有的用戳、刺、捶打来打开双壳类动物，有的以啄击的方式寻找泥沙下面的猎物。鸟喙的长度决定了搜集猎物的种类。大蓝鹭（*Ardea herodias*）和雪鹭（*Egretta thula*）用长长的鸟喙啄击水中的小鱼，它们都属于涉禽。

17.3 海洋爬行动物

尽管许多陆地爬行动物会爬到海滨觅食蟹类和贝类等，但现今在海里已经很少能看到爬行动物。海洋爬行动物的例子如图17.10所示。所有的爬行动物都是变温动物，这意味着它们的新陈代谢速率随温度变化。加拉帕戈斯群岛上群居性的巨型海洋鬣蜥是唯一的现代海洋蜥蜴。它们靠海而居，在低潮时潜入水中以海草为食。这些鬣蜥进化出适宜游泳的扁平尾巴和用于攀爬悬崖的具有大爪子的强力四肢，它们通过呼出空气来调节浮力，以停留在水中。印度洋群岛上著名的大型蜥蜴——科莫多龙能游泳，但只有在受到威胁的情况下它们才游泳。

短吻鳄可以进入浅的海滨水域，而我们已经知道鳄鱼也是可以进入海洋的。亚洲河口鳄在印度、斯里兰卡、马来西亚和澳大利亚的近岸水域出没。印度长吻鳄和马来切吻鳄具有窄长的鼻子，它们生活在近岸水域，以鱼类为食。

海　蛇

在太平洋和印度洋的温暖水域约发现50种海蛇，但大西洋中没有海蛇。海蛇有剧毒。它们的口部较小，扁平的尾巴适宜游泳，鼻孔在潜水时可以关闭。海蛇的皮肤可以阻止盐类的渗透，但是允许空气、氮气、二氧化碳和氧气透过。海蛇可以将氮气释放到海水中，因此，它们可以下潜到100 m深，并在那里停留将近2小时，然后迅速上升到表面而，无须担心潜水减压问题。海蛇的主要摄食对象是鱼类，大多数海蛇在海里产卵和发育。

图17.9 （a）麦哲伦企鹅。（b）一只褐鹈鹕飞离水面。（c）凤头燕鸥迎风站在岸边。（d）三趾滨鹬。

海　龟

与陆地龟不同，海龟的头部不能缩回到壳中，而且前肢演化为适宜游泳的蹼状。雄海龟和雌海龟在海上交配，然后雌海龟返回海滨产卵。在繁殖季节，雌海龟返回海滨数次，每次产蛋近100只并将其埋在沙中。美国和加勒比海域的生活着五种海龟，分别为：绿海龟（*Chelonia mydas*）、玳瑁（*Eretmochelys imbricate*）、蠵龟（*Caretta caretta*）、大西洋丽龟（*lepidochelys kempii*）和棱皮龟（*Dermochelys coriacea*）。

绿海龟通常出现在南北纬30°之间的热带和副热带海域。它们在20～50岁之间达到性成熟，并且一旦性成熟，它们就返回出生的海滩。绿海龟有三种不同类型的栖息地。它们的产卵地通常在高能量海滩，幼体通常聚集在开阔海域的辐聚区域，而成体则在浅海近岸水域。它们大多是植食性动物，以海草和藻类为食；幼体可能以小动物为食。美国较大的海龟产卵区在佛罗里达东海岸、美属维尔京群岛和波多黎各。玳瑁则遍布于热带海洋中，它们有鹰钩状的嘴。玳瑁在35岁左右到达性成熟，它们的主要产卵地在美属波多黎各、美属维尔京群岛、佛罗里达州和夏威夷。和绿海龟一样，玳瑁的幼体也生活在海洋辐聚区，在那里它们摄食藻类。成年玳瑁主要以珊瑚礁或海底间的海绵动物为食。蠵龟则遍布副热带和温带海域，主要分布在大陆架和河口区域。它们在30～40岁之间达到性成熟。蠵龟幼龟向外海迁移，直到它们会聚在马尾藻海。在海里度过几年之后，它们迁移到大陆架区域，以蟹类和贝类动物为食。产卵地则主要集中在温带和副热带区域。在美国，蠵龟产卵地主要位于佛罗里达州到北卡罗来纳州的大西洋沿岸。大西洋丽龟主要出现在墨西哥湾。它们在7～15岁达到性成熟，在墨西哥东北海岸新兰乔附近产卵。它们的幼龟也在马尾藻海聚集。成年龟则以蟹类和软体动物为食。

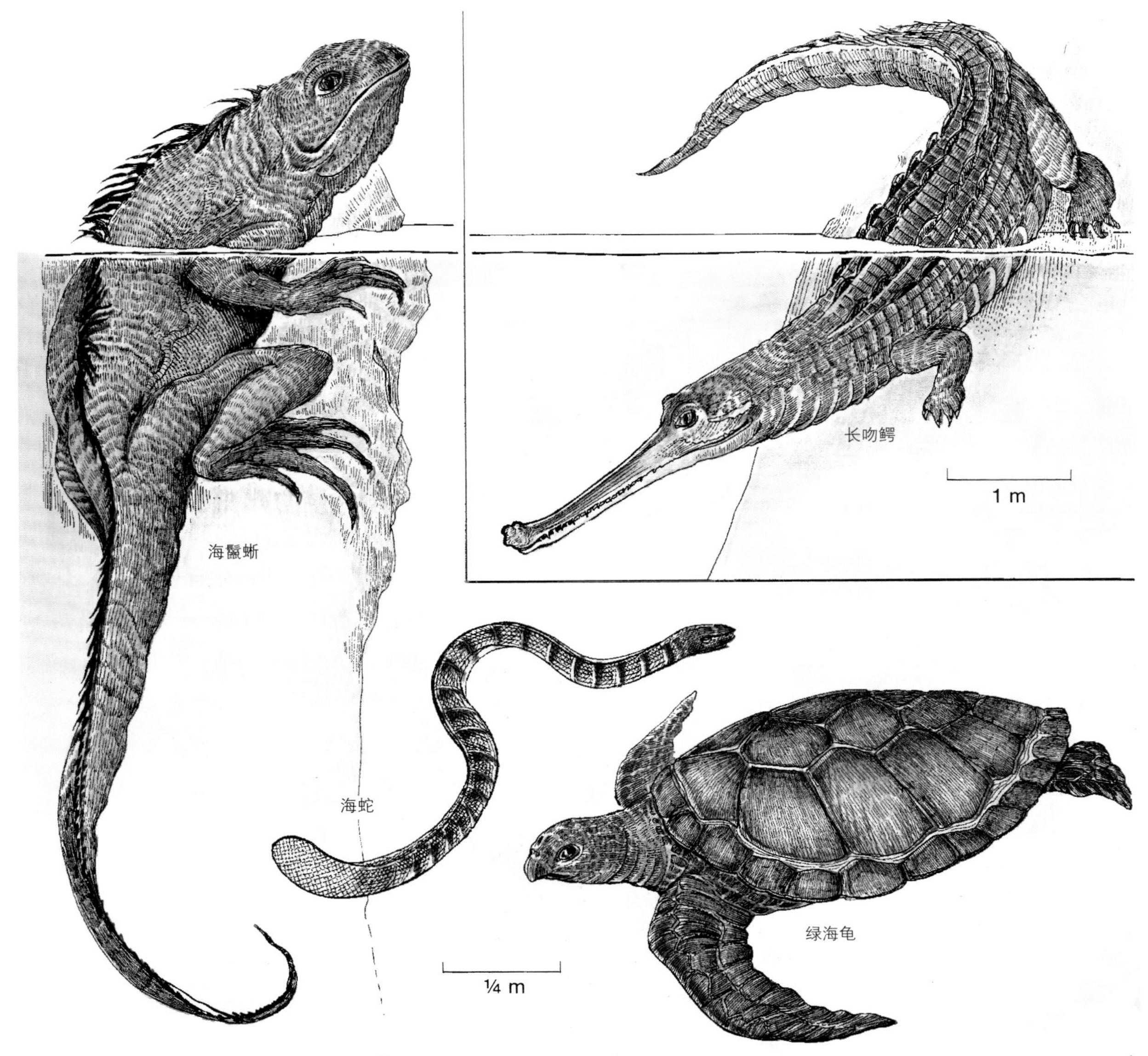

图17.10 海洋爬行类动物。鬣蜥是唯一的现代海洋蜥蜴，生活在加拉帕戈斯群岛；长吻鳄是来自印度的一种食鱼鳄；海蛇有剧毒，它们仅生活在太平洋和印度洋中；绿海龟生活在热带近岸水域，以绿藻和海草为食。

棱皮龟与其他海龟明显不同，它是所有海龟中最大的一种，平均重量达500 kg。已知最大的棱皮海龟从喙前端到尾部长约3 m，重达1 t。这些海龟不像其他海龟一样拥有坚硬的外壳，它们拥有独特的厚革状皮肤。棱皮海龟几乎完全是远洋性动物，它们在热带到极地之间区域出现，成年龟能够在整个海洋盆地之间迁徙。它们在8～15岁达到性成熟。就性成熟的时间来说，棱皮龟相比绿海龟、玳瑁和蠵龟要年轻得多。它们通常只在热带地区产卵，也只在这个时候它们才会来到近岸。它们主要以水母为食。在摄食时，它们用嘴吸入大量海水，其喉咙部位的特殊结构能够排出海水。

由于污染、生境退化和人类对海龟产品的需求，海龟种群数目急剧下滑。在整个太平洋地区，海龟蛋和海龟肉价格昂贵，海龟产卵地经常被偷猎者洗劫。海龟蛋的孵化时间通常为几个月。在这段时间中，海龟蛋容易被人类、狗、老鼠和其他食肉性动物偷食。此外，如前所述，海龟性成熟年龄很晚。上述所有海龟在美国都被列为濒危物种，因此进口海龟产品到美国是非法行为。大西洋丽龟是受威胁最严重的一种海龟，其原因主要是大量雌丽龟只在新兰乔附近产卵，因此特别容易受到破坏。1947年，约有42 000只雌海龟在该区域产卵。1985年下降到740只。墨西哥政府已经开始保护新兰乔的丽龟产卵地。2000年，超过6 000只雌海龟在此地产卵，说明这个物种正在恢复之中。另一个重要威胁，则来自渔业误捕导致的伤残和死亡。目前已经发明一种海龟逃生装置（turtle excluder device，TED）来减少捕虾时对海龟带来的伤害。海龟逃生装置是装在拖网顶部或底部开口的一组栅栏。这组栅栏的大小正好合适于虾拖网的颈部。个体小的动物能够通过这些横栏进入拖网底部的袋子被捕获，而个体大的动物则被这些横栏阻拦，不能进入拖网中。

17.4 鱿鱼类

海洋中的鱿鱼（图17.11）数量丰富。我们直到现在都对深海鱿鱼所知甚少。潜水器和机器人所携带的摄像头能够为研究人员提供罕见的深海鱿鱼记录。鱿鱼擅长游泳、行踪难觅，现在人们已经知道它们不仅能够以中性浮力漂浮在水中，而且还能栖息在海底。它们普遍具有生物发光能力和变色能力，能够快速改变颜色而消失。

鱿鱼有8条较短的腕和2条细长的触腕，在触腕末端分布有很多吸盘。有些鱿鱼可利用生物发光来吸引猎物。鱿鱼可以在水中静止或前后移动。它们体型差异巨大，小至体长几厘米的小鱿鱼，大至巨乌贼（*Architeuthis*）。巨乌贼是一种深水物种，体长可达20 m，重达1 t。科学家对于这些巨型生物所知甚少，因为目前还没有捕捉过活的巨乌贼。

17.5 鱼　类

鱼类是海洋中最主要的游泳动物，它们可以在任何深度任何地方生存。如第15章所描述，它们的分布或直接或间接地由它们对海洋初级生产者的需求决定。鱼类聚集在上升流区域、浅海近岸区域和河口区域。相较于食物来源稀少的深层海水，表层海水每单位水体支撑着更多的生物量。

鱼可分为三大类：无颌鱼类（包括盲鳗和七鳃鳗）、软骨鱼类（包括鲨、魟、鳐和黑线银鲛）和硬骨鱼类（包括绝大部分鱼类）。鲨鱼捕食其他低营养级物种，并且在自然界几乎没有天敌，它们被视为是顶级掠食者（图15.8）。鱼类形状多样，其形状与所处环境和行为特点有关。一些呈具有流线型，在水中移动迅速，例如金枪鱼和旗鱼；一些呈侧向扁平型，可缓慢穿过礁石和岸线，例如鲷鱼和热带蝶鱼；一些底栖鱼类外形扁平，例如鳎目鱼和大比目鱼；还有一些身体细长，生活在柔软的沉积物或岩石底部，例如鳗鱼。鱼鳍为鱼在运动时提供推力或冲力。不同鱼类的鱼鳍形状和大小各异，起到控制方向、保持平衡或“刹车”的作用。飞鱼利用它们的鱼鳍在海表面进行滑行，弹涂鱼和杜父鱼利用鱼鳍行走。

一些鱼类普遍存在成群现象（鲱鱼和鲭鱼）。鱼群可以由小范围内一小群鱼组成，也可以是覆盖几平方千米的巨大鱼群。例如，北海的鲱鱼群曾经形成长15 km、宽5 km的鱼群。通常鱼群由大小相似种类相同的鱼构成。鱼群没有特定的领头鱼，并且连续交换位置。在鱼群移动或改变方向时，鱼和鱼之间仍然保持相对恒定的距离。大多数鱼群中的鱼具有宽视角视力，能够感知水体距离的变化，从而使得它们与相邻鱼保持距离。鱼群可能是一种保护机制，处于鱼群中的鱼要比单个的鱼具有更多的逃生机会。鱼群的形成也可能是为了将种群中的繁殖成员聚集在一起。

海鱼可以分为两大类：软骨鱼类和硬骨鱼类。人们认为软骨鱼类——鲨和它们的近亲鳐、魟和银鲛——比硬骨鱼更古老更原始。人类主要食用硬骨鱼。

鲨和魟

鲨是一种古老的鱼类，它们猎食哺乳动物，早在4.5亿年前就出现在海洋中。与大多数鱼类不同，绝大部分鲨鱼是胎生的，而且它们的骨骼主要是软骨。鲨鱼的鳞片像牙齿一样，外面包裹着一层与脊椎动物牙齿同源的釉质。这些鳞片非常耐磨，因此鲨鱼的皮肤可以做成用于抛光材料的砂纸。鲨鱼的牙齿就是改进的鳞片，它们脱落后可以快速生长，可多至7排。鲨鱼视觉敏锐，能够快速感知周围环境。它们也具有

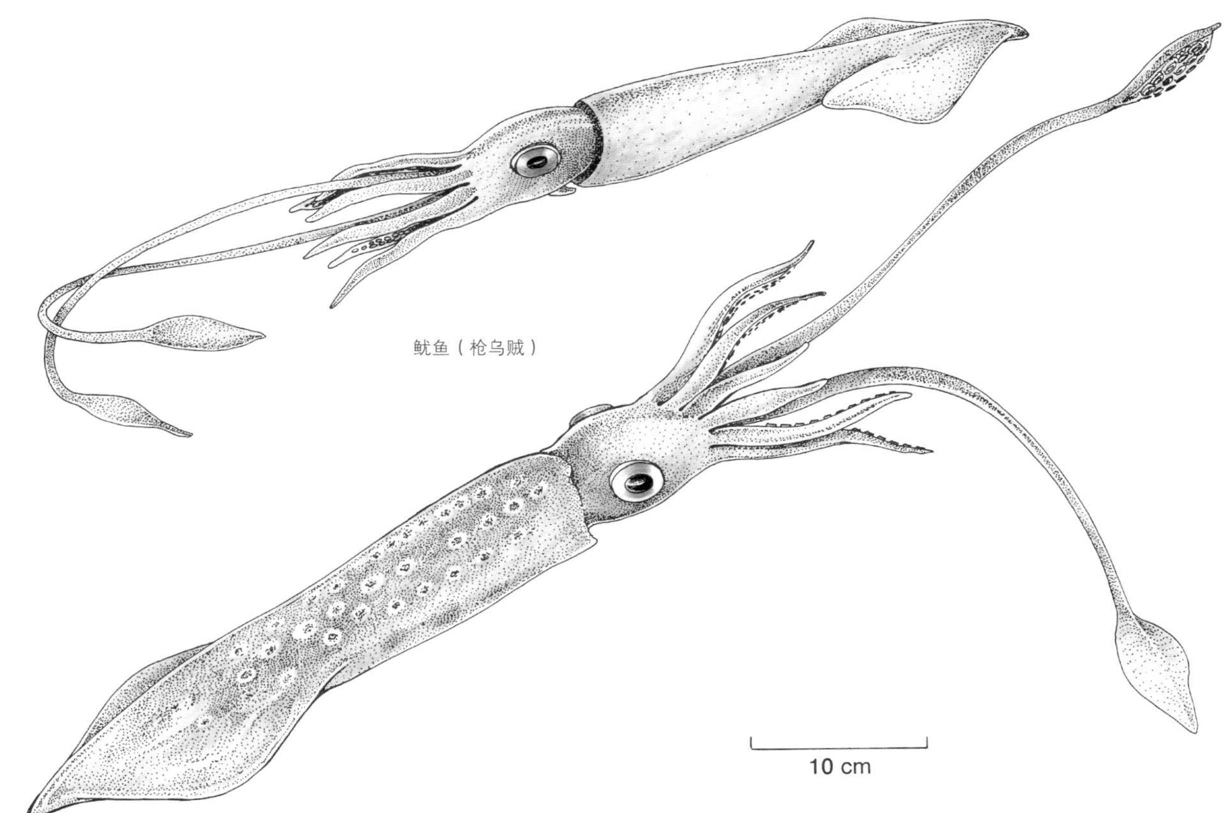

图17.11 鱿鱼是一种软体动物，同时也是游泳生物。

优秀的嗅觉、听觉和触觉，以及感应电信号的能力。

鲨鱼在昏暗光线条件下视力良好。它们能够通过嗅觉、味觉和遍布全身的一种特殊的陷器官，感知水环境中的化学成分。这些陷器官包含着与味蕾相似的感觉细胞群。鲨鱼的嗅觉相当敏锐，它的口腔上方有一对鼻腔，在鲨鱼游动时，海水流进鼻腔，经过一系列富含感觉细胞的褶皱。鲨鱼对它们的猎物产生的化学物质特别敏感，甚至在这些化学物质浓度稀释到10^{-9}时，它们也仍然能够感觉到。

位于鲨鱼两侧的侧线是感知触觉、震动、水流、声音和压力的器官，能感知受伤无力的鱼或水的流动。这些感觉器官通过一系列管状小通道与水环境相联系。水的运动能够刺激这些神经。鲨鱼利用它们来感知猎物的位置。鲨鱼皮肤的毛孔，特别是头部和口部，对于小的电磁场感受极为敏感。鱼类和其他一些海洋生物会向周围发出电场，鲨鱼利用自身的感电能力能定位和识别猎物。当鲨鱼在地球磁场中游动时，会根据方向变化产生电场，从而使鲨鱼拥有自己的方向罗盘。

目前已知超过350种鲨鱼，科学家正在发现新的种类。鲨鱼在海洋中分布广泛，在远离海洋100 n mile的河流中也有发现，有一种尼加拉瓜湖鲨就被发现生活在淡水中。一些鲨鱼的形态如图17.12所示。鲸鲨（*Rhicodon typus*）是世界上最大的鱼类，长度超过15 m，这种鲨鱼觅食浮游生物，对其他鱼类和哺乳动物无害。姥鲨（*Cetorhinus maximus*）是另一种浮游生物摄食者，长达5～12 m，通常出现在加利福尼亚州附近的海域和北大西洋中。它的肝脏中富含油脂，因此曾被大量捕杀。第三种以浮游生物为食的鲨鱼称为巨口鲨（*Megachasma pelagios*），被发现于1976年。巨口鲨体长可以达到4 m，体重可达680 kg。据推断，这种鲨鱼有昼夜垂直迁移的习性，白天可位于深水150 m处，在夜晚可上升至浅水15 m处。这种垂向迁移习性与浮游动物和小型鱼类的深层散射层垂直移动有关。

许多鲨鱼是灵敏的主动捕食者，它们的攻击迅速而有效，能够利用多排锯齿状的牙齿撕碎生物的组织或整个身体。如同陆地上的狼和大型猫科动物一样，它们也扮演着食腐动物的重要角色，捕食老弱的动物。鲨鱼也会攻击人类，对其攻击人类和成群鲨鱼疯狂捕食的原因还没有充分的解释。一个在海表面游泳的人，看上去可能像一个因衰弱而在挣扎的动物，因而遭到鲨鱼的攻击；而一个完全沉入到水中的潜水者，看上去则可能更像自然环境的一部分，反而被鲨鱼忽略。

鳐和魟（图17.12）与鲨鱼相似，呈扁平状，生活在海底。世界上大约有450～550种鳐鱼和魟鱼。它们在游动时摆动巨大的侧鳍，看上去就像在水中飞行。它们具5对腮裂，处于身体下方而不是侧面。大型蝠鲼是浮游生物掠食者，但大多魟鱼和鳐鱼是肉食动物，它们以鱼类为食，更喜欢摄食甲壳类软体动物和其他底栖动物。它们的尾巴通常像鞭子一样细长。例如，魟鱼中的刺魟，尾巴上就有一根毒刺。有些鳐鱼和少数魟鱼具有电击器官，能够产生高达200 V的电压。这些器官位于鳐鱼的尾巴侧边和魟鱼的翅膀外侧，它们起到防卫作用。和鲨鱼一样，绝大部分魟鱼是胎生的。鳐鱼卵被卵鞘包裹着，被人们称为“美人鱼的钱包”。鳐鱼卵被排到海洋中后，在几个月内小鱼就会出生。

硬骨鱼的经济鱼种

硬骨鱼可以根据体型分类。金枪鱼和鲭鱼具有流线型身体，这使它们在水中快速游动（见第14章）。神仙鱼之类的鱼类则具有侧扁平身体，这使得它们在珊瑚礁或海带场中能灵活穿行。比目鱼和大比目鱼等鱼类呈扁平状，更适于生活在海底，它们的两只眼睛都长在顶部。生活在海底和靠近海底的鱼称为**底层鱼类**（demersal fish）。

绝大部分有经济价值的鱼类是生活在表层水和水深200 m之间的硬骨鱼（图17.13）。在这些鱼类中，最重要的品种主要是那些数量庞大且体型较小的种类（类似于鲱鱼），例如沙丁鱼、鳀鱼和鲱鱼。这些鱼类直接以浮游生物为食，处在小型而高效的食物网中，它们通常聚集在初级生产力高的海域，例如上升流区域。

深水硬骨鱼种类

人们对深水鱼类所知甚少，因为深层海洋难以观测、采样昂贵。代表鱼类如图17.14。

在昏暗的、作为过渡带的中层海洋里，在200～1000 m处生活着大量小型的发光鱼群。中层海洋鱼类通常体型较小、嘴大，具有下颌和针状牙齿。圆罩鱼（*Cyclothone*）是世界上最常见的鱼类，不同的种类生活在不同的深度：较深的种类是黑色的，较浅的种类是银色的，从而与昏暗的光线相融合。在这个深度区间，世界范围内约生活着200种灯笼鱼，根据发光器官可辨别它们所属的种类，它们也是金枪鱼、鱿鱼、鼠海豚的主要食物。巨口鱼（*Stomias*）是一种有着巨大嘴巴、长尖牙齿和两侧具有发光器官的鱼。巨口鱼和大眼斧头鱼以大量磷虾群和浮游动物群为食，这些磷虾群和浮游动物群位于中层海洋。

在永久黑暗的深海区，食物稀少。真光层产生食物只有5%能够到达这个区域。这里的鱼类都是小型的，体长为2～10 cm，通常没有鱼刺和鳞片，但是长相凶狠丑恶。它们大多数呈黑色，有小眼睛、大嘴巴和巨大的胃。它们呼吸缓慢，身体的组织中含有大量的水和低浓度蛋白质。它们通常在某一深度漂浮，无须耗费能量游泳。这些鱼从食物中获取的能量不是用于身体组织的生长，而是用于在较长的进食间隔中维持生存。大多数鱼在身体底部具有生物发光器官或发育发光器官，从而与上方的亮光相融合。这些发光器的形态依据种类和性别可能不同，还可以用于吸引猎物或逃避捕食者。一些鱼具有大的牙齿，并向食道的方向生长，以防止猎物逃脱；还有一些鱼可以让下颌脱臼，从而吞噬比自身还大的猎物。

这些深海捕食者中最著名的是宽咽鱼（*Macropharynx longicaudatus*）和囊咽鱼属（*Saccopharynx*）鱼类，它们具有漏斗般的喉咙和逐渐缩小的身体，尾端有像鞭子一样的尾巴。当胃空着的时候，这些鱼看上去很苗条；但当吃饱之后，它们体积可以膨胀数倍。雌性鮟鱇鱼的背脊已经演化成一根从背部伸出的“鱼竿”。在“鱼竿”的末梢有一个发光器官，可引诱其他的鱼。鮟鱇鱼可以将发光器官从背部一直移转到嘴边。

17.6 实际应用：渔业

全球渔业数据由联合国粮食及农业组织维护。最

图17.12 鲨鱼、鳐鱼、魟鱼都是软骨鱼类。鳐鱼的革质卵壳被称为“美人鱼的钱包”。

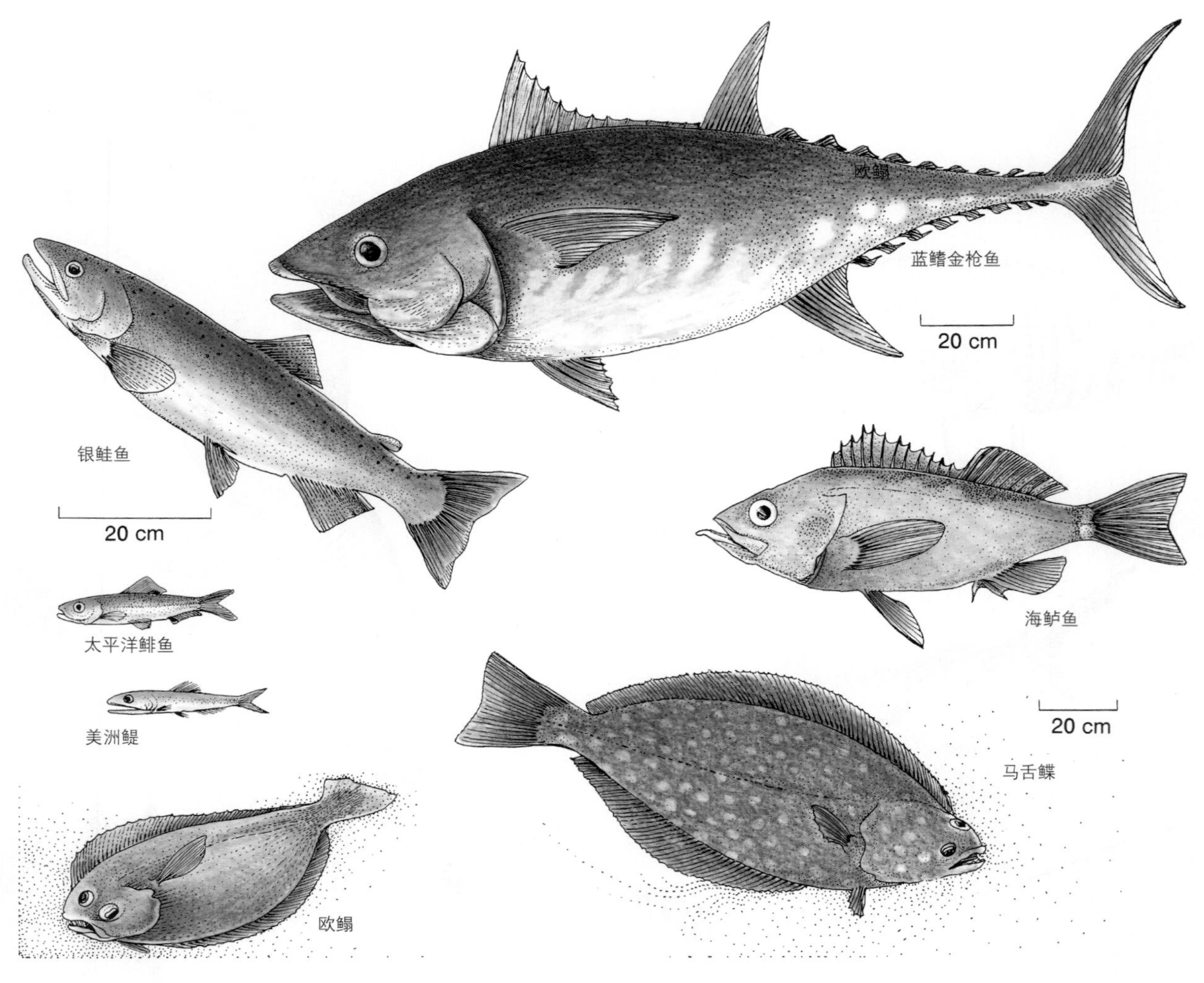

图17.13 具有经济价值的硬骨鱼。

新的报告发布于2006年，涵盖了截至2004年的数据。[①]1950年，全球总渔获量大约为100万吨，之后的50年，各国的捕捞力度增强，捕鱼所用的技术和设备也得到了很大改进（见第13章）。1960年渔获量为4 000万吨，1970年为7 000万吨。2004年，渔获量达到8 600万吨。在食品产业中，水产养殖（在后续“鱼类养殖”部分有详细论述）的增长速度最快，2004年的渔获量中，有1 800万吨来自水产养殖。鲤鱼等淡水鱼养殖占水产养殖的比例最大。据估计，海洋捕捞和淡水养殖为2 600万人提供的平均动物蛋白摄取量约占20%。此前2005年的评估表明，现有供人类消费的鱼类产量从100万吨增加到1.7亿吨。然而，由于人口的增长，全球的人均供给量保持不变。阿拉斯加狭鳕鱼类产品是近期渔业对应消费需求的一个例子。狭鳕鱼属底层鱼类，加工时去除油脂（实际这些油脂包含着该鱼特有的风味），然后加工后成一种名为**鱼糜**（surimi）的高度精制鱼蛋白质。鱼糜经过再加工和调味，制成人造蟹肉、虾肉和扇贝肉等制品。

此前数十年，全球渔获量保持相对稳定，仅秘鲁鳀渔获量有显著波动，这种鱼以浮游生物为食，特别容易受恩索现象影响（见第7章）。例如，1998年（厄尔尼诺年）鳀鱼的渔获量为170万吨，2000年（非厄尔尼诺年）则达到1 130万吨。其他年份渔获量也有上下波动，因此整体保持相对不变。联合国粮食及农业组织报告总结称，此前10～15年，过度开发和资源枯竭的物种比例保持相对不变。据估计，2005年联合国粮食及农业组织所监测的鱼类物种中，大约1/4未被开发或者只是

① 指联合国粮食及农业组织渔业及水产养殖部的出版物——《世界渔业和水产养殖状况》。这份文件每两年出版一期，截至现在，最新的版本发布于2018年。——编者注

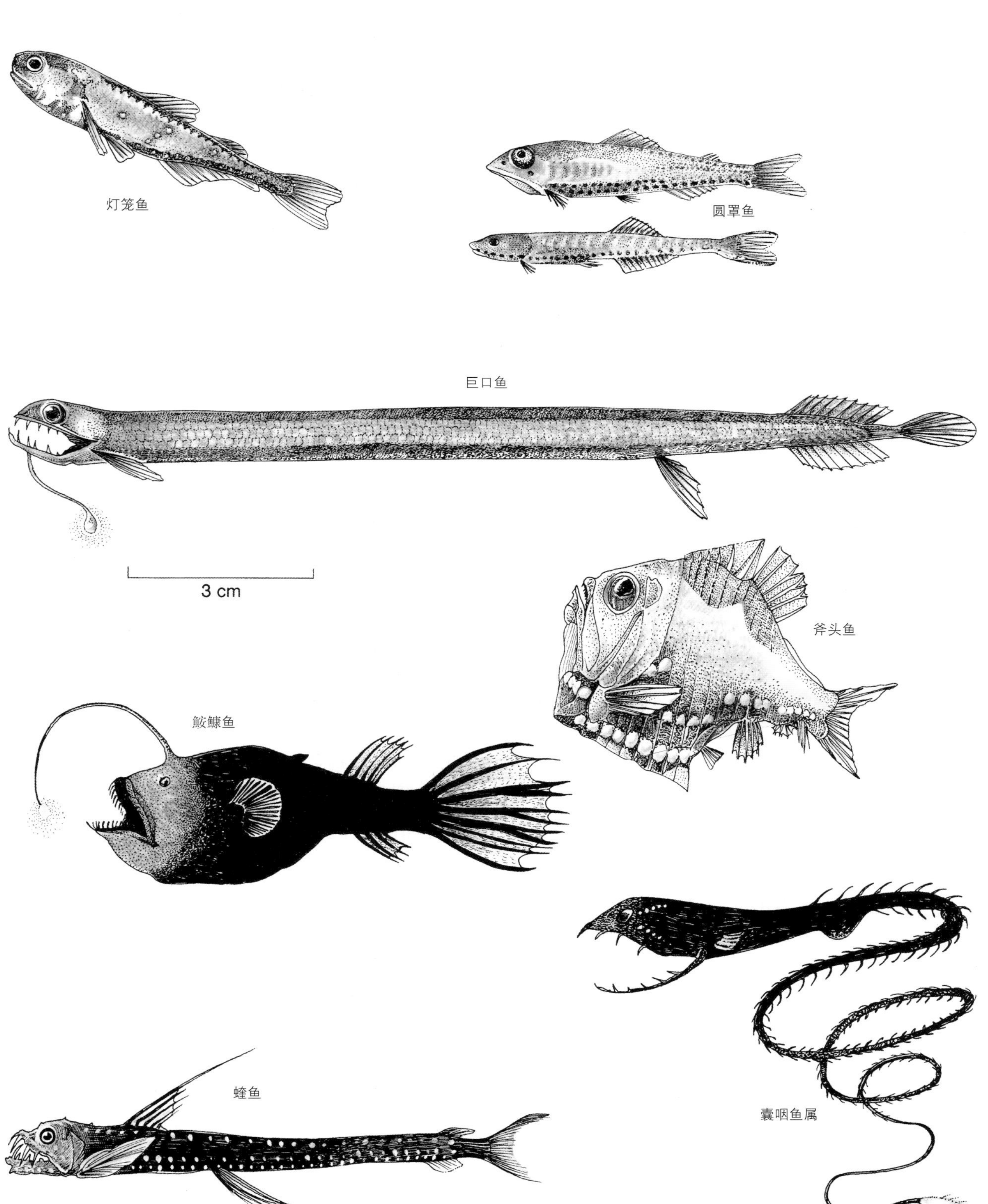

图17.14 深海鱼类。

适度开发，具有继续开发的潜能；大约1/2的鱼类物种已经被完全开发，没有继续加大开发的空间了；剩下大约1/4的鱼类物种已经被过度开发、枯竭，或正从枯竭中修复。过度开发会对单一开发或半开发的开阔大洋渔业，以及高度洄游的鲨鱼产生的影响特别严重。联合国粮食及农业组织指出，全球海洋可能已经开发到了自然种群的最大潜在可捕量。

接下来将讨论五大渔业，将逐一阐述每种渔业的渔获量衰减和成本的增长给渔民、渔业管理者、渔业大国以及鱼类消费者带来的困境。

鳀 鱼

鳀鱼类主要集中于秘鲁沿岸上升流区，曾经是全球渔获量最大的鱼种。鳀鱼体型小、生长迅速，以上升流区的浮游植物为食。它们成群密集游动，因此容易被大量网获。这种鱼主要被加工成鱼肉制品，作为家畜饲料出口。

人类自1950年开始捕捞鳀鱼，当年渔获量为7 000 t。1962年，渔获量升至650万吨。随着全球鱼肉需求量的增长，鳀鱼的渔获量不断增长。1970年是渔获量最高的一年，达1 230万吨。随着渔获量的增加，所捕获的鳀鱼平均体长变小了，为了保证渔获量不下降，需要捕捞更多的幼鳀鱼。当秘鲁海岸出现厄尔尼诺现象（参见第7章）时，风向发生逆转，变为西风，上升流减少，温暖低营养盐的表层水转而向东流动，进入正常年份中水温较低且多产的上升流区域。营养物质减少以及温度升高导致浮游生物量减少，继而对整个生态系统产生影响。厄尔尼诺现象对当地渔业资源造成破坏，以鳀鱼群为食的海鸟被大量饿死。

图17.15为与厄尔尼诺有关的鳀鱼渔获量变化。1970—1971年的大量捕捞加上1972年厄尔尼诺造成严重的影响，导致1973年的渔获量仅为200万吨。1974—1975年，随着政府配额实施，渔获量产量缓慢增加，但是1976年及1982—1983年再遭厄尔尼诺侵袭。渔获量在1988—1990年保持稳定，并且在1992—1993年弱厄尔尼诺年继续增加。1994年的渔获量为1250万吨，是该地区迄今为止渔获量最大的年份。1995—1997年的渔获量稳定保持在860万～760万吨。1997—1998年发生的厄尔尼诺对渔业影响很大；1998年的渔获量仅为170万吨。捕捞过度加上环境变化，加剧了捕捞过度带来的影响。到1999年，渔获量增加到870万吨，2000年为1 130万吨。

金枪鱼

像北方蓝鳍金枪鱼（*Thunnus thynnus*）这样的顶级捕食者在20世纪80年代早期就已被过度捕捞。北方蓝鳍金枪鱼长可达3 m，体重可达750 kg。它们属于温血动物，分布范围从亚热带产卵场到亚北极的索饵场。温血动物的特性使得它们具有很强的游泳能力。已知的金枪鱼繁殖地有2个——墨西哥湾和地中海。该鱼种的监管组织——大西洋金枪鱼保护国际委员会（International Commission for the Conservation of Atlantic Tunas，ICCAT）——以西经45°为界，划定两块管理范围，即西大西洋区和东大西洋区。此前30年中，西大西洋区的资源数目急剧降低。1996年，研究人员利用能够存储并向卫星传输数据的电子追踪器，来追踪这种高度洄游鱼类的行为。利用这种复杂的追踪器所获取的数据清楚地表明，该鱼种可以在一年内来回横贯大西洋。这表明，与迁移产生的生态效益相比，横贯大洋迁移的代谢成本相对较低。蓝鳍金枪鱼主要生活在距离海面300 m以内的表层水域，偶尔下潜至1 000 m深海域。有文献记载，北方蓝鳍金枪鱼在繁殖季节可游至墨西哥湾和地中海东部。为了维护这种渔业资源的健康，应对这两个地域加以保护。使用追踪器可以确定这些鱼类是否每年都回到产卵场产卵，以及海洋环境对它们洄游模式的潜在影响。

鲑 鱼

另一种重要的渔业是西北太平洋以及阿拉斯加的鲑鱼产业，美国在这种渔业中起了重要作用，并对其进行了重要投资。这些区域有7种鲑鱼：细鳞大麻哈鱼（*Oncorhynchus gorbuscha*）、红大麻哈鱼（*Oncorhynchus nerka*）、大麻哈鱼（*Oncorhynchus keta*）、大鳞大麻哈鱼（*Oncorhynchus tshawytscha*）、银大麻哈鱼（*Onco-*

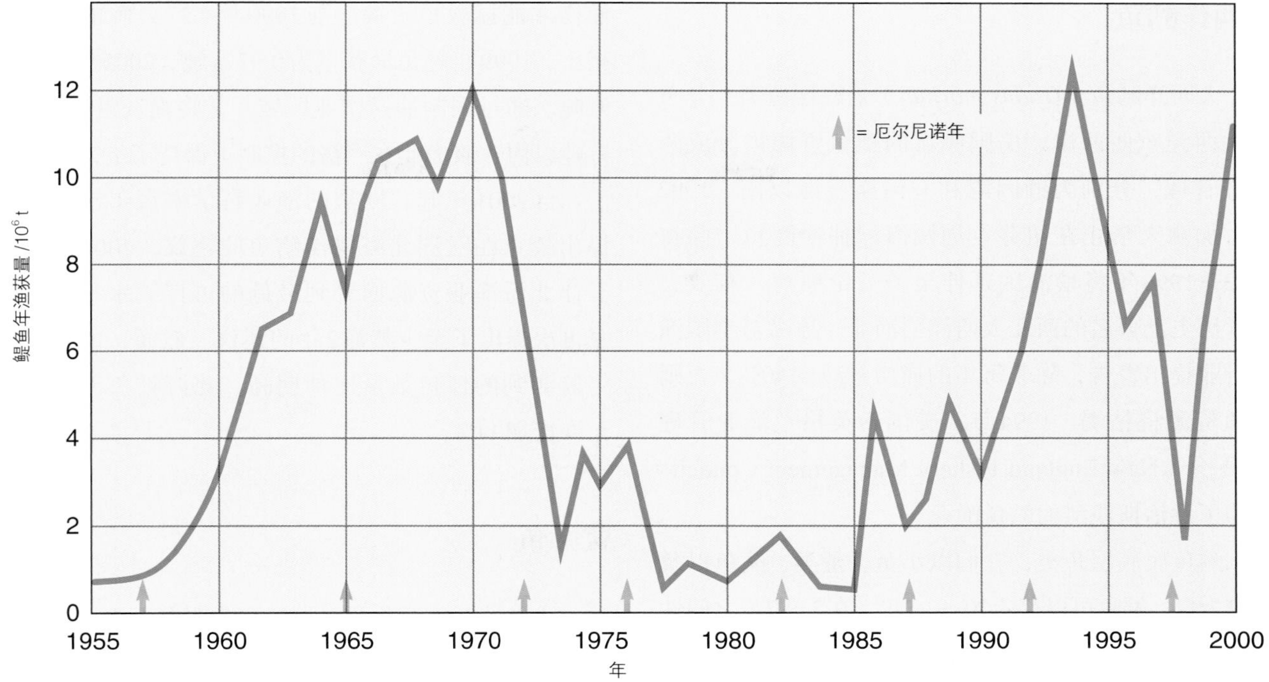

图17.15 秘鲁和厄瓜多尔的鳀鱼年渔获量，单位为10^6 t。1957、1965、1972、1976、1982—1983以及1997—1998年为厄尔尼诺年。

rhynchus kisutch）、虹鳟（*Oncorhynchus mykiss*）和克拉克大麻哈鱼（*Oncorhynchus clarki*）。鲑鱼在淡水中产卵，幼鱼在淡水里生长的时间不到一年，具体时长因种类而异。红大麻哈鱼较为独特，它们的生活史中部分阶段需要在湖泊中生活。所有鲑鱼最后都会游到海里，在海中生长并生活1～4年。我们对它们在海水环境的生命阶段知之甚少。成熟的鲑鱼会洄游到它们出生的淡水溪流、河流或湖泊产卵（见第14.4节）。这就意味着鱼类资源可能在某一个政府管辖的淡水区域产卵，而在另一个政府管辖的沿海水域内被捕获。这就导致国家间对捕鱼时长和可捕量的谈判变得复杂。

鲑鱼的年渔业产量由之前几年洄游产卵的鱼的数量决定。科学家在1997年认识到，鲑鱼数量与被称为太平洋年代际振荡（见第9章）的大规模气候变化有联系。鲑鱼受自然环境、食物供给情况、幼鱼天敌，以及食物竞争等因子影响。太平洋年代际振荡影响加利福尼亚州至阿拉斯加州的沿海表层温度。太平洋年代际振荡暖位相期间，西北部太平洋的银大麻哈鱼和大鳞大麻哈鱼的数量降低；而太平洋年代际振荡冷位相期间，这两种鱼则均超出平均数量。过去100年中，在降雨量高、沿岸温度低、春夏季的风有利于形成上升流时，西北太平洋的大多数鲑鱼种群的长势很好。

鲑鱼需要在高质量无污染的水、洁净的砂质海底或凉爽的溪水中自然产卵。随着人口的增长，对鲑鱼栖息地的压力也在增大。为利用能源和控制洪水而建造的水坝，切断了鲑鱼洄游通道；沿岸的树木被砍伐，裸露的土地被侵蚀，流失的泥土和砂砾覆盖了溪流；人们利用水流处理垃圾，无视垃圾对水质以及仔鱼和洄游鲑鱼的影响。这些行为在很多地方已经得到纠正，但是自然产卵的鱼的数量仍在减少。为了弥补日益减损的渔业资源，人们同时还不得不支付水质清理工作和孵化场项目的费用。红大麻哈鱼、大鳞大麻哈鱼、硬头鳟和虹鳟等种群，现在都已被列为濒危鱼种。

成熟鲑鱼产卵后，联邦、州立、私营孵化场将仔鱼喂养到最佳放养期再将他们放归大海。这些仔鱼游到海里，幸存的成年鱼将洄游到自然产卵地。这种做法被称为“海洋牧场”。由于鱼卵和仔鱼在受保护的环境中成长，因此，相比野生鱼的存活率更高，这些养殖的鱼群和野生鱼群混杂在一起，从海里洄游到相同的产卵地。如果商业以及休闲钓鱼许可的数量根据洄游鱼的总数而定，那么随着养殖场放养数量的增长，野生种群将面临枯竭。

大西洋鳕鱼

大西洋鳕鱼（*Gadus morhua*）是底层鱼类，分布于大西洋东西两岸。美国海域的鳕鱼资源被分成两部分管理，分别为缅因湾和乔治斯浅滩以南。1992年，加拿大禁止在纽芬兰周围海域捕捞鳕鱼，并在1993—1994年将禁渔区延伸至圣劳伦斯湾，有效关停了历史上著名的西北大西洋鳕渔业。冰岛对本国渔业行业提出警告，除非每年的捕捞量减少40%，否则鳕鱼资源将枯竭。1994年，美国新英格兰渔业管理委员会（New England Fishery Management Council）关停了乔治斯浅滩的鳕鱼渔业。

鳕鱼属底层鱼类，它们以小鱼、蟹类、鱿鱼以及蛤蜊为食。鳕鱼可以存活20～25年，在3～7岁之间性成熟，每次可产卵数百万枚。这些数量丰富的鳕鱼曾经帮助新移民得以生存，然而，100年前人工渔猎时代能够提供5万吨渔获量的鱼类资源，怎会如此彻底地衰落呢?

近400年来，人们一直依赖手钓捕捞鳕鱼；到19世纪，手钓被挂着上万个钩子和网饵的多钩长线捕捞取代。到了1895年，人们使用拖网捕捞，拖网的长度可达45～60 m。20世纪50年代，英国、苏联、德国等国家的大型加工拖网渔船也加入了捕捞行列。1968年，渔船鳕鱼总渔获量为81万吨，这是1954年全年渔获量的3倍。20世纪70年代，鳕鱼渔获量降至20万吨。加拿大和美国都将自己的海域向外延伸了320 km，以禁止外国船只捕捞。由于没有人提出关于减少渔获量配额的建议，为了维持渔获量，捕捞行为加剧。1968—1992年间，渔获量下降了69%；1993—1996年间的渔获量也有同样的降幅。伴随大西洋鳕鱼渔业关闭，失业人数超过了3万人。纽芬兰大浅滩地区的鳕鱼场仍然维持关闭状态。

新英格兰地区的渔业也经历了同样的变迁——渔船规模在1977—1982年间从825艘增至1 423艘。尽管渔获量开始降低，但是新英格兰渔业委员会并没有打算控制捕捞量，并在1982年废除了渔获量配额制度。1991年，美国国家海洋渔业局被要求重新恢复配额制度。1993年，美国国家海洋渔业局宣布新英格兰地区55%的鳕鱼资源已被捕捞殆尽，只有禁止捕捞才能拯救该资源。与1990年4.37万吨的捕获量相比，1999年鳕鱼渔获量为0.97万吨，2005年为0.69万吨。通过限制捕捞作业区域，并将渔获量限制在1万吨以内，该渔业在严格的控制下保持了下来。

自2001年起，欧洲的渔业科学家每年都对欧盟提出禁止在欧洲北海捕捞鳕鱼的建议。2006年，为了让北海渔业资源回升到最低的可持续水平，科学家再次提出了至少禁渔2年的建议。然而，由于2008年监测到的仔鱼数量比预期高，北海鳕鱼渔获量被允许增加11%。

鲨　鱼

捕捞过度已经危及常见的商业深海鱼类（例如金枪鱼和剑鱼），渔业的压力也开始向其他种群转移。大部分鲨鱼已经面临捕捞过度的危险。鲨鱼寿命长，需要很多年才能达到性成熟，而且每次繁殖的幼鱼数量也很少。大部分鲨鱼种类从捕捞过度中恢复正常的时间，需要数年甚至数十年。以前，人们捕获鲨鱼仅依靠手钓和本地小型渔业；20世纪80年代末期，美国开始商业性捕鲨，载至加利福尼亚州码头的长尾鲨为21 t。1982年，长尾鲨的渔获量达1 100 t。1989年渔获量降至300 t，加利福尼亚州的长尾鲨渔业自此崩溃。

《马格努森-史蒂文斯渔业养护和管理法》(Magnusun-Steven Fishery Conservation and Management Act）要求，重建被过度捕捞的鲨鱼种群，并要求维持鲨鱼资源的健康。在大西洋、墨西哥湾和加勒比海，大型沿岸鲨鱼（例如虎鲨和双髻鲨）已经捕捞过度。但是，目前人们还不清楚高度洄游的深海鲨鱼（例如大青鲨和灰鲭鲨）的捕捞状况，对当前太平洋地区的大多数鲨鱼的现状也缺乏了解。任何在美国水域或美国捕鱼船上获取鲨鱼鱼翅，再将鲨鱼丢回大海的行为都不被允许。

美国国家海洋渔业局对在大西洋、墨西哥湾和加勒比海的鲨鱼商业捕捞设置了严格的配额（图17.16)，限制了休闲性钓鱼并禁止猎取鱼翅。联合国《濒危野生动植物种国际贸易公约》在2002年将全世界最大的鲨鱼种类——鲸鲨——列入仅在严格控制下才可进行渔猎和交易的物种目录。对这种在海洋中分布最为广

图17.16 美国国家海洋渔业局的科研人员对鲨鱼种群进行采样，以评估它们对经济鱼种的影响。

泛的顶级捕食者所面临的灭绝的危险，人们将持续关注。没有人知道，全世界的海洋中究竟有多少鲨鱼，它们的消失将对海洋的食物网造成怎样的影响。

鱼类养殖

在野生鱼类渔获量减少的同时，全球对海洋食物的需求却正在增加。增加渔业产量的一个替代方法就是进行鱼类养殖，称为**水产养殖**（aquaculture），即在水体环境中养殖动植物。**海水养殖**（mariculture）是指养殖海洋动植物。目前，水产养殖为全球鱼市场提供了30%的供给。根据联合国粮食及农业组织的计划，到2010年水产养殖品种将提供全世界人类消费鱼类产品的35%。[①]1986—1996年间，水产养殖按重量计产量翻倍。目前，人类所消费的全部鱼类产品中，超过25%来自水产养殖。

水产养殖开始于4 000年前的中国。早在公元前1000年中国人就开始养殖鲤鱼。在公元前500年，一本关于鱼类养殖的书问世，该书涵盖了如何建造鱼塘、选择鱼种以及如何捕捞等内容。从古至今，中国、东南亚国家和日本的淡水养殖和海水养殖场实用且有效，大规模养殖鲤鱼、虱目鱼、罗非鱼和鲇鱼。大多数养殖场是以家庭经营为主的劳动密集型作业。养殖渔民可采用**单一养殖**（monoculture）或**混养**（polyculture）模式。单一养殖即只养殖一种鱼类；混养即养殖多种鱼类，包括表层鱼类和底层鱼类。混养模式充分利用了鱼塘的空间。

美国的鱼类养殖仅占水产品总量的2%，但这个数量中包括50%的鲇鱼和几乎所有鳟鱼。为了保证成功和利润，美国的鱼类养殖要有成熟的市场，还要在较低成本下大规模运作。在饲养条件下，被选作养殖的鱼种具有易繁殖、仔鱼成活率高、增重速度快、饲料成本低，以及市场价格高等特点。

随着商业性捕捞业衰退，海水养殖相应在全球范围内产量翻了三倍多。1987年，海水养殖提供了400万吨的鱼类和贝类产品；2005年为1 900万吨。在进行海水鱼类养殖时，需要在平静且受保护的海岸浅滩布设浮笼或围隔，随着越来越多的海岸线被改造成休闲区，适宜养殖的区域变得越来越少。缺乏合适的场地、

① 2018年发布的《世界渔业和水产养殖状况》对养殖品种在全球人类消费鱼类产品所占比例的预测已更新，根据预测，到2030年将达到约60%。——编者注

围隔对水质的影响（营养增多、含氧量降低）、抗生素进入海洋环境，以及鱼类疾病传染到野生鱼群的可能性等因素，更容易影响外海水体，将废水和过多营养盐释放到更大区域。对高能饲料的研究也在进行中，鱼类食用这种饲料后可促进成长，缩短生长周期。

人工养殖鲑鱼在大西洋和太平洋发展迅猛，渔获量已经超过野生鲑鱼。市场上约一半的鲑鱼为人工养殖。20世纪80年代末期，年养殖鲑鱼产量已超过100万吨。大部分用于养殖鲑鱼的开放式围隔被放置在野生鲑鱼的洄游路线附近。一些研究报告称，人工养殖的鲑鱼可使野生鲑鱼感染海虱。2008年年初，一种传染性病毒导致智利人工养殖鲑鱼死亡。人工养殖鲑鱼的饲料中约含45%的鱼肉和25%的鱼油，通常来自鲱鱼和鳀鱼。对养殖鲑鱼来说，体重每平均增长一磅，需要食用野生鱼三磅，这实际增加了野生鱼类的生存压力。

加拿大政府实行鼓励鲑鱼养殖的国家政策。在不列颠哥伦比亚省，养殖的鱼种并非本地的太平洋鲑鱼类鱼种，而是大西洋鲑鱼，因此有人担心大西洋鱼种会与太平洋鱼种竞争。鲑鱼围隔中的寄生海虱数量大大增加。大规模人工养殖需要引入抗生素，还会产生相当大数量的鱼废弃物以及食物饲料残余物，这些都将消耗水中的氧气。一个典型的养殖场的鱼养殖量为40万～100万条。不列颠哥伦比亚省本地的细磷大麻哈鱼数量在两年内从360万条降至14.7万条，很多人将此归责于人工养殖鲑鱼。在美国，缅因州、华盛顿州、加利福尼亚州以及俄勒冈州允许人工养殖鲑鱼，但是审批时间长，且程序繁杂。到2010年，在市场需求下，海水养殖研究开始关注其他几种鱼类。夏威夷州围隔养殖的鲯鳅在150天内可以长到1.5 kg，有望最早进入市场。挪威拥有养殖大西洋鳕鱼技术，但是对于商业市场来说成本还太高。美国和加拿大正在进行大西洋大比目鱼的养殖试验。

本章小结

游泳生物能够自由游动。海洋哺乳动物包括鲸、海豹、海狮、海象、海獭和海牛。海洋哺乳动物呼吸空气，体温近似保持恒定。1972年美国通过《海洋哺乳动物保护法》，保护所有海洋哺乳动物，禁止对海洋哺乳动物产品进行商业贸易。当前，对海洋哺乳动物最大的威胁是，生境地退化以及人类干扰对它们累积的影响。

鲸在分类上隶属鲸目。一些鲸长有牙齿，例如抹香鲸、虎鲸、海豚和鼠海豚；其他鲸则长有用于滤食水中的浮游生物的鲸须，例如座头鲸和蓝鲸。有些鲸每年进行数千里的季节性迁徙。有些鲸面临濒危。国际捕鲸委员会在各国自愿的基础上对捕鲸进行管理。目前暂停商业捕鲸，但是以科研为目的的捕鲸活动仍在继续。

海豹、海象、海狮、海獭属于鳍足类动物。它们大部分时间都在海里觅食，但是仍需要上岸休息和繁殖。海獭是海草森林中的关键捕食者。海狗及海獭在19及20世纪被大量捕猎，但目前数量已经有所恢复。哺乳动物及儒艮属动物以海草为食，它们通常出现在印度洋和大西洋温暖的海水中，面临因与人类接触增多而生境地减少的状况。斯特勒海牛已灭绝。北极熊是北极海洋食物网中的顶级捕食者，它们的生存完全依赖海冰。目前，海冰消失是北极熊面对的主要威胁。

所有鸟类中，只有3%是海洋鸟类。这些鸟为适应海洋生活而进化出特定功能。许多海洋鸟类每年作长距离迁徙。海鸟大部分时间生活在海上，而滨鸟不经常游动，大部分时间生活在陆地上。

海蛇、海鬣蜥、鳄鱼、海龟是会游泳的爬行动物。海龟是濒危物种。雌海龟洄游到特定海滩产卵，它们把蛋埋在沙子中，几个月后孵化。在孵化期间，海龟蛋极易受到来自捕食者的威胁。

鱼生活在海洋中各个深度。鲨和鳐是软骨原始鱼类。其他多数鱼类，包括各种经济鱼种和深海高度特化的鱼类，都具有硬骨骼结构。

由于捕捞强度和技术的提高，从1950年开始，世界渔获量猛增。尽管渔业资源下降，但是新发展的渔业捕捞能力使得渔获量保持稳定。联合国粮食及农业组织认为，目前野生鱼类的渔获量已经达到世界海洋最大承受值。

传统商业性渔业面临的问题包括捕捞过度、监管加强和成本增加。秘鲁鳀鱼曾是世界上产量最高的鱼类，但该渔业已被过度捕捞和厄尔尼诺效应击溃。由于鲑鱼淡水区域环境的恶化和洄游中的损失，西北太平洋和阿拉斯加鲑鱼渔业也面临困境。大西洋鳕鱼由于捕捞过度而崩溃，鲨鱼种群因全世界范围内的鲨鱼渔业而面临衰竭。

水产养殖和海水养殖在全世界范围内正在兴起，特别是在亚洲产生了实际效益。人工养殖鲑鱼主要来自挪威、智利、苏格兰。海水养殖在美国为小型工业，需要大规模运作、成熟的市场和缩减成本技术才能运作成功。水产养殖的副作用包括水质恶化，以及可能向自然种群传播疾病。

专业术语

mammal　哺乳动物

cetacean　鲸类动物

baleen　鲸须

pinniped　鳍足类

manatee　海牛

dugong　儒艮

sea cow　海牛

Sirenia　海牛目

echolocation　回声定位

demersal fish　底层鱼类

surimi　鱼糜

aquaculture　水产养殖

mariculture　海水养殖

monoculture　单一养殖

polyculture　混养

本章中的关键术语可在“词汇表”中检索到。同时，在本书网站www.mhhe.com/sverdrup10e中，读者可学习术语的定义。

思考题

1. 1972年美国《海洋哺乳动物保护法》的实施，已经使一些物种资源得到恢复。这些物种资源的过度繁荣导致一些对于人类有经济价值的渔业资源受到影响。在这种情况下，是否应对该法进行调整，并解释原因。
2. 鲨鱼主要运用哪种感知能力寻找猎物?
3. 在过去50年中，世界海洋渔获量从4 000万吨增长到8 000万吨以上。但在这段时间内，许多大型渔业的渔获量却呈下降趋势。如何解释这种矛盾?
4. 过去数百年里，海鸟迁徙所面临的问题发生了哪些改变?
5. 海洋哺乳动物如何发出声音?
6. 过去五年里，为什么阿留申群岛的海獭种群数量减少?
7. 预测厄尔尼诺现象如何帮助人们管理秘鲁鳀鱼渔业?
8. 仅从食物需求角度讨论，为什么齿鲸多生活在低纬度地区，而须鲸生活在温带和极地区域?
9. 比较大西洋鳕鱼渔业和太平洋鲑鱼渔业所面临的问题，这些问题是否相同，又有什么异同?
10. 人们认为海蛇源于印度和东南亚陆地上的蛇。为什么大西洋中没有海蛇? 穿过巴拿马地峡的巴拿马运河对此可能有什么影响?
11. 解释目前的海龟种群情况。
12. 讨论人类对海象、海狗、海獭种群的影响。
13. 比较美国和不发达国家在渔业捕捞方面的区别。
14. 比较美国和其他国家在鱼类养殖方面的区别。
15. 深海鱼类的共同特征有哪些? 这些共同特征如何提高了这些鱼类在深海的生存能力?

学习目标

学习完本章以后，读者可以：

1. 描述海草生长的控制因子。
2. 理解潮间带关键捕食者的角色。
3. 描述底栖动物生长的决定因子。
4. 理解共生在不同生态系统中的作用。

第18章

底栖生物：海底的居民

在海底或海底沉积物中生活的动物和海藻属于底栖生物。海藻和植物生长在阳光充足的浅海近岸区域和潮间带，而底栖动物则生活在海洋的不同深度中。底栖生物数量众多、类型丰富，包括茂盛的热带珊瑚礁生物群落、近期新发现的海底热泉周围的生物、冷水域巨大的海藻森林，以及躲藏在淤泥或沙滩下的小生物。底栖生物是人类重要的食物来源，为人类提供有价值的经济产品，例如牡蛎、蛤蜊、蟹类和龙虾。本章中，我们先主要将目光投向全世界范围内最受人类关注的底栖群落，并按种类和生境加以说明，然后讨论底栖生物的捕捞情况、面临问题和开发潜力。底栖动物丰富多样，限于篇幅无法囊括所有种群，本章仅对该主题做入门性介绍。

18.1 海藻和植物

海藻属于**藻类**（algae）成员。在第16章中已讨论过单细胞浮游藻类，本章中我们将学习大型底栖多细胞海藻，它们是潮间带和潮下带生物群落的主要成员。与植物一样，藻类含有色素（包含叶绿素a），能够吸收太阳能进行光合作用。藻类的形态、繁殖方式、所含的色素以及贮存物质与普通植物均不同。它们的组织结构简单，不开花结果，也没有根。

底栖海藻的一般特点

海藻是底栖生物，它们固着在岩石、贝壳或其他任何固体物体上。海藻的底部通过一种类似于根的器官，固着在固体结构或基底上，称为**固着器**（holdfast）。固着器并不是根，因为它不能吸收水分或营养。固着器之上像枝干一样的坚硬部分称为**叶柄**（stipe）。有的叶柄短到几乎不可见，也有的可长达35 m。它灵活地将固着器和**叶片**（blade）连接在一起。叶片是海藻进行光合作用的结构。海藻的叶片很薄，在水里能朝各个方向展开。它们具有和树叶相同的功能，但是由于不像陆地植物那样需要将水分从土壤中运输到叶中，因此海藻没有树叶那种特殊的组织和叶脉。叶片可以呈扁平状、褶皱状、羽毛状，甚至还可以被碳酸钙包裹，呈硬壳状。底栖海藻的一般特点如图18.1所示。

海藻不能生长在淤泥或砂质基底上，因为固着器无法系附在这些基底上。有时候一场风暴就可以将海藻送到其他地方，它们的固着器会随之挟带泥石。这些挟带着泥石的海藻可能会漂流一段时间，

◀ 低潮时海星出露出海面。

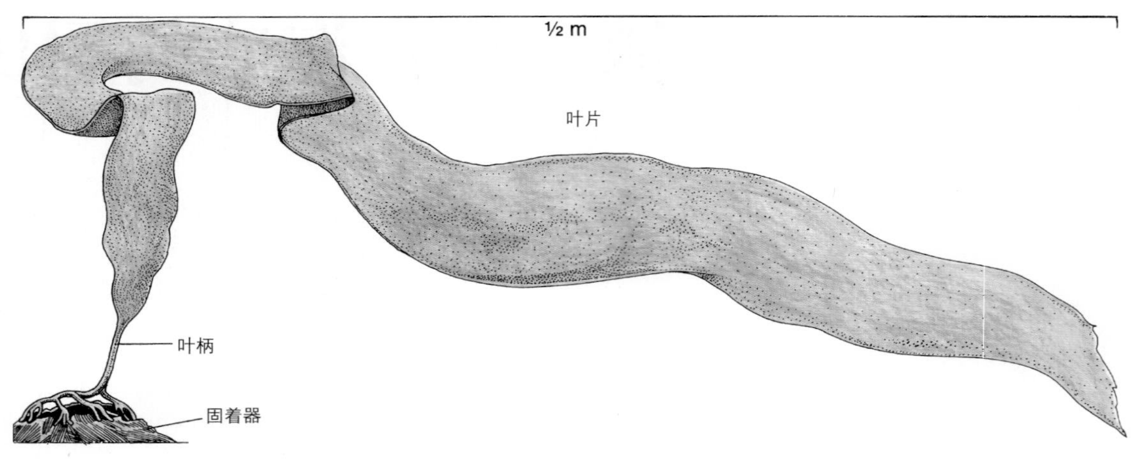

图 18.1 底栖藻类通过固着器固定在海底，叶柄连接固着器和叶片。海带属（*Laminaria*）是褐藻的一属。

然后在新的地方沉降并固定下来。如果沉降到没有足够的光线照射的深海中，它们就会死亡；如果它们的叶片能够保留在真光层中，便能够继续生长。底栖海藻需要阳光才能生存，因此，它们的生长区域被限制在海洋的浅水区域。在这些区域里，它们被水、溶解的二氧化碳和营养盐所包围。它们是高效率的初级生产者，大面积生长的叶片可以接触大量的水和阳光。

海洋中透射光的特征和强度随着深度变化。可见光谱中，红光在表层即被吸收，蓝绿光的透射能力最强（参照图 14.7）。在陆地上和海洋表面，藻类吸收全波段可见光。绿藻的叶绿素和陆地植物相同，因此，二者吸收光的波段也相同。绿藻通常生活在浅水域中。生长在中等深度海水中的海藻呈褐色，这个深度能有效地吸收波长较短的光；生长最深处的海藻多为红色，因为红色素吸收了剩余的蓝绿光。这样，海藻就形成了一种随深度分布的特征：在基岩海岸浅水域，自浅入深，依次生长着绿藻、褐藻和红藻。在低潮时，可以看到少量大型红藻，因为它们主要是潮下带种类。

就像生长在陆地上的森林和灌木丛一样，生长在海里的海藻为许多动物提供了食物和栖息地。一些鱼类和其他动物，例如海胆、帽贝、海螺等，可以直接以海藻为食。而另一些在海底定居的动物，以海藻的碎屑为食。有些生物和小型海藻将大型海藻作为系附物，有些藻类能够产生含钙外壳，这对于热带珊瑚礁的建造非常重要。我们将在第 18.4 节讨论珊瑚礁。

海藻的种类

如上所述，根据所包含的色素不同，可将海藻分成不同种类。绿藻、褐藻和红藻分别含有不同的色素，它们的颜色也因此而不同。回顾图 15.1，理解色素如何影响海藻对不同波段的光的吸收。记住，树叶看起来呈绿色，是因为它们的色素主要吸收蓝光和红光，而不是绿光。植物或海藻所呈现的颜色，是因为这些颜色不能被它们的色素很好地吸收，因此，这些颜色被反射进我们的眼中。下述中对海藻的分类是基于它们所含色素的特征。然而，仅仅依靠可见光来区分海藻，有时会出错。一些红藻可以呈现褐色、绿色或紫色，而一些褐藻也可以呈现黑色或绿色。图 18.2 为一些代表性海藻。

绿藻是中型海藻，能够形成细条分支或细长扁平的薄片状分支。大部分绿藻是淡水生物，但也有一小部分生活在海洋中，包括石莼属（*Vlva*，俗称“海白菜”）和松藻属（*Codium*，俗称“死人指”）的绿藻。绿藻是陆地植物的近亲，它们拥有和陆地植物相同的绿色叶绿素，以淀粉形式储存养分。

从细微的链状海藻到**巨藻**（kelp），所有褐藻都生活在海洋中。巨藻是世界上最大的海藻。相比于大多数海藻，巨藻比其他大部分海藻组织结构复杂，但与陆地上的开花植物相比则简单得多。海棕榈属（*Postelsia*）的藻类具有坚硬的叶柄和有力的

图18.2 代表性底栖藻类。石莼（*Ulva*）和松藻（*Codium*）都是绿藻；海棕榈（*Postelsia*）、海囊藻（*Nereocystis*）和大昆布（*Macrocystis*）是巨藻；海带和墨角藻（*Fucus*）属于褐藻；红藻有珊瑚藻（*Corallina*）、紫菜（*Porphyra*）和红叶藻（*Polyneura*）。珊瑚藻（*Corallina*）具有坚硬的钙质外壳。

固着器，这使得它们可以在流速较快、波浪汹涌的岩石区域生长。其他巨藻固着在波浪作用以下的区域，通过气囊使叶片浮在海洋表面，例如海囊藻属（*Nereocystis*）的藻类，在阿拉斯加州、不列颠哥伦比亚省和华盛顿州沿岸水域特别茂盛，而巨藻属（*Macrocystis*）的藻类则出现在加利福尼亚州沿岸水域。其他种类的巨型藻常见于智利、新西兰、北欧和日本海域。它们的褐色来自墨角藻黄素，硅藻中也含有这种色素（如图15.1）。它们的能量以海带多糖和甘露醇的形式被存储，而不是以淀粉的形式。

红藻几乎全部是海洋藻类，它们是世界上数目最多、分布最广泛的大型藻类。红藻的形态多样且优美，具扁平状、褶皱状、花边状，或具有复杂的分支结构。它们的生活史具特殊性和复杂性，被认为是最高级的藻类。所有红藻都包含藻红蛋白和藻蓝蛋白色素（图15.1），它们贮存的养分是红藻淀粉。

尽管已在第16章中将硅藻作为浮游生物讨论，也有部分硅藻是底栖藻类。通常这些硅藻属于羽纹纲，系附在岩石、淤泥、码头或巨藻的叶片上生长，形成一层光滑的褐色藻层。

海洋植物群落

海洋中也生长着一些具有真正的根、茎、叶的开花植物。这些海草成片生长在泥滩上，经常被完全淹没，有助于稳固泥沙。大叶藻（也称鳗草）有带状叶子，生长在太平洋和大西洋沿岸海湾和河口地带平静的水底淤泥和沙质海滩上；泰莱草常见于墨西哥湾沿岸；冲浪草生长在湍流区，受波浪和潮汐的作用。海草是重要的初级生产者。海草死亡后，叶子被分解，为近岸和河口区域带去大量植物物质和营养盐。它们为海绵类动物、小蠕虫、被囊动物提供了生境地，也为其他许多底栖动物提供了栖息地。

能够适应咸水环境的沼泽草是温带水域盐沼中的主宰。这些盐沼草中，少部分被盐沼中的植食性动物消费，大部分在盐沼中分解，然后被潮流冲到河口区域，在那里这些残留的植物物质进一步被细菌分解，其中的营养盐释放到水中，并被细菌再次利用。详见第13章知识窗中对互花米草的讨论。

红树林生长在潮湿的热带海岸潮间带。它们具有耐盐的特性，木质树干经过特别的演化，使其能够在低氧的淤泥中生存。它们蜡质化的树叶减少了水分流失，并且，树叶上的组织能够排出多余的盐分。一些红树从树枝上生长出支柱根，伸入水中以扩展根系；还有一些红树则从水面以下的根中长出垂直向上的根。鸟类、昆虫和其他动物生活在红树林树叶的树荫中，小型海洋生物则以红树林交错的根系为栖息地。这些根系有助于保持泥沙和有机物质，这有利于人类在向海的方向建造和扩展海滨。

18.2 动 物

与底栖海藻不同，底栖动物可以出现在各个深度和各种底质上。底栖动物的种类超过15万种，其中3 000多种为远洋物种。约有80%的底栖动物为**底表动物**（epifauna），这些动物生活在岩石或固定沉积物表面或系附在表面；生活在基底内部的则属于**底内动物**（infauna），这些动物通常与松软沉积物有关，例如淤泥和泥沙。与12万种底表动物相比，目前已知的底内动物仅约3万种。

一些海底动物（例如藤壶、海葵和牡蛎）成年后固着在海床上生活，称为**固着**（sessile）生物；而另外一些则终生运动（例如蟹类、海星和海螺）。尽管绝大多数底栖生物在幼虫阶段以阶段性浮游生物的形式漂流，这段仅持续数周的漂流状态对于这些固着生物来说非常重要。这能缓解这些动物生存区域过分拥挤的压力，还能使这些种类向新的区域迁移。成年固着生物必须等待食物"上门"，这些食物有可能自己"送上门来"，也有可能随波浪、潮汐和海流而来。而能独立运动的生物可以追逐它们的猎物、在底部寻找腐食，或在海草覆盖的岩石上觅食。

底栖动物的分布不仅仅受到某一单独因子（例如光或者压力）影响的控制，而是各种因子复杂相互作用的结果。这些影响可能会导致底栖动物生活环境发生剧烈地变化。海底底质可能是坚硬的岩石、滚动的卵石、流沙或软泥。深层海水温度接近稳定，但是浅海区域每天由于潮汐交替淹没和暴露在空气中，温差变化剧烈。在潮间带，盐度、pH值、干露、水中的氧含量、水的湍流程度等都会发生剧烈变化。海洋各个深度都有底栖动物生存，因此，伴随着生活环境的截然不同，底栖动物呈现多样性。它们的生活方式与生境相适应。在接下来的章节中，我们将了解底栖动物的各种不同生境及其生活方式。

基岩海岸动物

基岩海岸具有丰富的海藻和动植物群落，这些生物生活在极端环境中。在这里，海水情况稳定，陆地条件多变，二者在此交汇。海水在潮汐的影响下每天有规律地涨落，生物们将遭遇各种环境条件的快速变化，例如温度、盐度、湿度、pH值、溶解氧的能力以及食物供给等。在潮间带顶部，生物必须面对以下情况的严酷考验：长时间暴露在空气中、升温、降温、降雨、降雪、陆地动物和海鸟的捕食，以及波浪和回流冲刷。在潮间带的最底端，尽管生物很少遇到暴露在空气中的危险，但是也面临着空间竞争和被捕食的命运。潮间带不同区域的海洋生物能承受的暴露程度如图18.3所示。

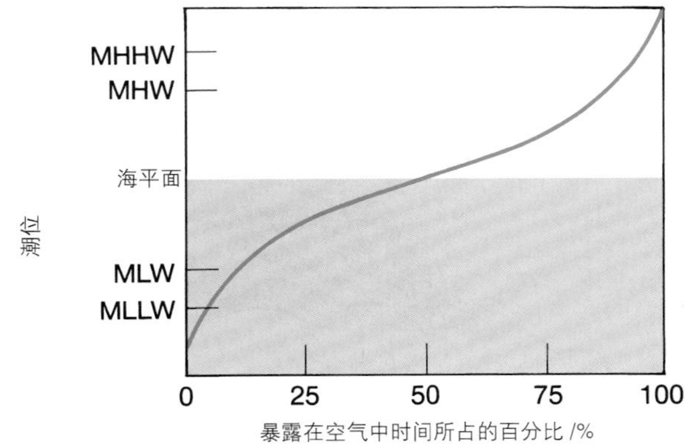

图18.3 潮间带底栖生物在空气中暴露的时间由它们相对于海平面的位和潮位决定（MLLW=平均低低潮；MLW=平均低潮；MHW=平均高潮；MHHW=平均高高潮）。

海藻和动物的分布取决于它们能适应的暴露程度，承受湍流、脱水和食物网动力等胁迫因素的能力。沿着北美洲、澳大利亚、南非等地的基岩海岸，生物学家注意到许多海藻和动物在潮间带自动分级，形成特定的分布规律，这种现象称为成带现象。图18.4为**垂直成带**（vertical zonation）或**潮间带成带**（intertidal zonation）。海草的分布、浅水中绿藻的分布、潮间带褐藻的分布以及潮下带红藻的分布，就是这种垂直成带的典型例子。

在第17章中，我们介绍了关键捕食者的概念，在那个例子中，海獭作为关键捕食者，维持着海藻森林的生态多样性。另一个关键捕食者的例子来自罗伯特·佩因（Robert Paine）的经典工作。为了理解华盛顿州沿岸潮间带不同物种分布在不同的区域的原因，佩因和他的学生研究了潮间带生物群落结构。他们已知道该区域的优势种贻贝［加州壳菜蛤（*Mytilus californianus*）］在干燥的环境容易脱水，需要长时间生活在水下。因此该物种的生长上限取决于海平面高度，而其的生长下限则取决于它们的捕食者海星［赭色海星（*Pisaster ochraceous*）］。这种海星的体型比贻贝更大，而且对脱水更为敏感，它们的生长上限所处水位要比贻贝深。所以可以这样理解，贻贝生长在一条狭长的生物带中，其生长上限由水位决定，下限则由捕食者决定。该实验还有另一个有趣的部分。佩因和他的学生清除了这个生物带中贻贝线以下的所有海星，发现贻贝很快就侵占了更深的水域。并且，这些贻贝生长迅速，排挤了更深水域的其他所有物种，最终导致生物多样性急剧下降。这种去除单个捕食者导致生物多样性急剧下降的例子，再次强调了关键捕食者的概念。当我们考虑沿基岩海岸的生物分布时，应当牢记这个概念。

接下来我们继续讨论基岩潮间带中较为突出的生命形式。当然，不同海域的生命形式肯定存在较大的区别。如果想要探索你所处地区的基岩海岸，最好找一本专门描述你所处地区的指导手册。

潮上带（或称为浪溅带）位于高潮水位线以上，只有在风暴和大潮最高潮的时候才会被海水淹没。尽管这里是海洋地带，但是这里的环境更接近于陆地。潮上带的宽度随基岩海岸的坡度变化而变化，也受光影变化、对于波浪和水的暴露程度、潮差以及频繁造访的冷空气和雾的影响。在该潮上带顶部，块状黑色地衣和海藻包裹着岩石，难以区

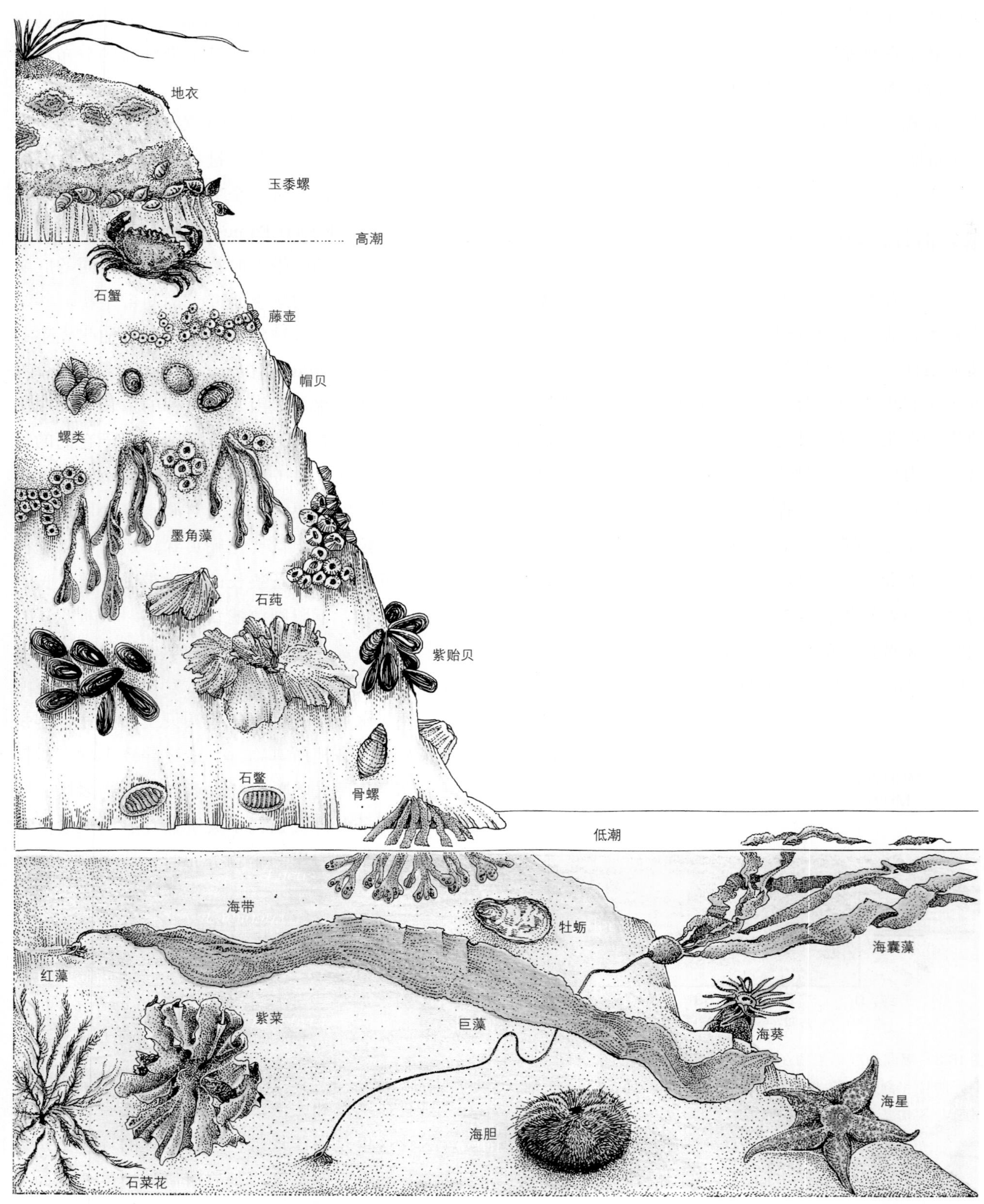

图18.4 中纬度地区基岩海岸典型底栖藻类和动物分布。垂直分层是生物和潮间带环境相互作用的结果。

分。零星的海藻为潮上带的小型植食性海螺和帽贝提供了食物。这里干燥的环境适宜玉黍螺科的滨螺（*Littorina*）生长，这些海螺能呼吸空气，在水中则容易死亡。为了防止低潮时出现脱水，海螺缩进壳里以防止水分流失，并通过一个角质盘（称为鳃盖）将壳封住；帽贝则将它们肌肉发达的足部紧紧地吸附在岩石上。

在海螺和帽贝带下方的水域，藤壶依靠滤食生活。它们大部分时间都生活在水中，只有每个月大潮期间才短暂地暴露于空气之中。藤壶是甲壳类动物，与蟹类和龙虾是近亲，但是藤壶能够有力地黏在附着物上。它们被描述成是仰面躺着，用脚将食物踢进自己的嘴中的生物。另一种甲壳动物——海蟑螂（*Ligia*）也栖息在一些地区的基岩海岸溅浪带上，它们是大型等足类动物（3～4 cm）。潮上带的各种生物如图18.5所示。

在潮间带上部生活的一些典型的动物如图18.6所示。这些生物包括几种其他类型的藤壶、帽贝、海螺，以及两种**软体动物**（mollusk）——双壳类贻贝和石鳖。石鳖看起来像帽贝，但是仔细观察会发现，它由八块彼此独立的壳板组成。和帽贝一样，石鳖也以刮食坚硬表面上的藻类为食。贻贝是滤食性动物，它通过分泌厚重的黏液从水中过滤食物，然后通过唇状的触须将食物送至嘴中。石鳖和帽贝用强有力的足吸附在岩石上，藤壶能分泌黏性强的液体，而贻贝则使用特殊的足丝固着在岩石上。这些生物紧闭的贝壳可以帮助它们在低潮期间防止水分流失，它们的圆形外形减少了其对波浪的阻力。这个区域还生长着特殊的褐藻，具代表性的是岩藻（*Fucus*），通常具有强壮的固着器和灵活的叶柄。

鹅颈藤壶能够固着在波浪作用非常强区域的岩石上。它们的摄食方式非常有趣，面向陆地摄食波浪破碎回流时的颗粒物质。贻贝床可以为一些不起眼的生物提供保护，例如身体分节的海虫沙蚕（*Nereis*）和小型甲壳类动物。身体颜色和图案各异的滨蟹生活在岩石的潮湿阴暗处，这些滨蟹是主动捕食者，也是重要的食腐动物。在这些区域还能发现一些小的海葵成群地聚集在一起，以维持环境的湿润程度。

这个区域非常拥挤，空间竞争极其严酷。这些

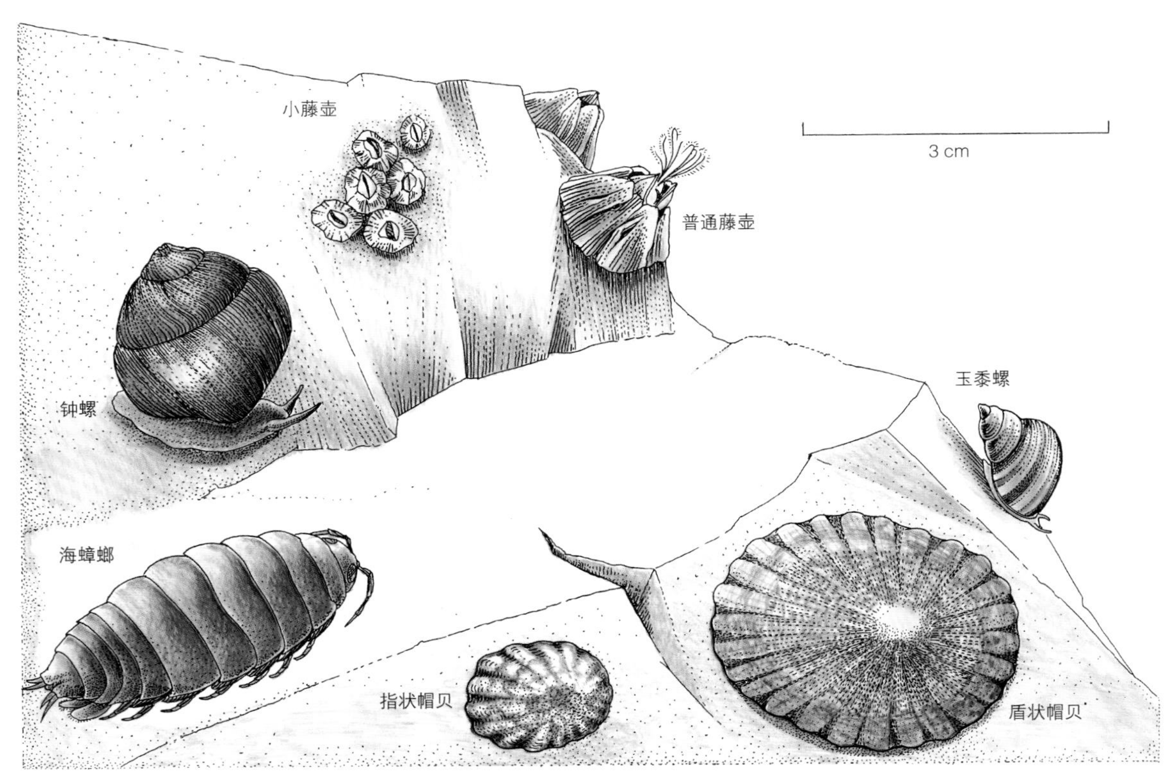

图18.5 潮上带生物。帽贝和滨螺是植食动物，藤壶以水中的悬浮颗粒为食，海蟑螂（*Ligia*）是食腐动物。

图 18.6 潮间带代表性生物。贻贝和藤壶在水中滤食，石鳖刮食覆盖在岩石上的海藻。蛾螺是食肉海螺，小滨蟹和寄生蟹是食腐动物。在此处生活的藤壶比在潮上带生活的藤壶更大、更重。沙蚕（*nereis*）常常出现在贻贝床上，海葵暴露于空气中时簇成一团以保持湿润。

动物幼年时自由游动，成年后则固着下来竞争空间。每一种生物都有自身特定需求。当蛾螺（一种食肉海螺）猎食某些薄壳藤壶时，它们就产生了一块新的栖息地。同理，海星随着潮汐向上游动摄食贻贝。这类捕食行为将薄壳藤壶的生存空间限制在潮间带较浅的区域，因为那里较为干燥，不适宜作为捕食者的海螺生存。在潮间带较深区域，生活着另一种壳较厚的藤壶，捕食者海螺不能穿透这种成年藤壶的厚壳。季节性衰败的海藻、强劲风浪的冲击以及漂流木，也可能为海洋中的后来者清理出新空间。

生活在潮间带较深区域的一些生物如图18.7所示。大型海葵是潮间带中部和深部的常见生物，这些像花一样优雅的动物牢固地附着在岩石上，伸展出它们的触手。这些触手上布满了有毒的刺细胞，称为刺丝囊。当小鱼、小虾和蠕虫经过这些触手时，刺细胞将麻痹这些猎物，然后触手抓住猎物并将其推入海葵中央的口中。当人们碰触海葵的触手时，大部分海葵只是使人感觉到刺痛，但是某些大型热带海葵可能导致严重的伤害。一些海螺和海参类动物不受刺细胞的影响，并能够捕食海葵。某些海参甚至能够在自身的组织中存储海葵的这种毒素，并将其用于自身的防卫。

各种颜色、大小不一的海星栖息在潮间带较深的区域。这些移动缓慢但贪婪的肉食动物以贝类、海胆和帽贝为食。它们的口位于自身向下的中央盘中心，口的周围是多个强有力的触手，这些触手上有上百个细小的吸盘或管足。这些管足的作用与液压系统类似，将海星牢牢吸附在坚硬表面上。在海星摄食时，这些管足粘住贝壳，然后通过挤压、扭拉的方式将贝壳撬开。海星的胃可以翻出来，它们将自己的胃从贝壳的缝隙中钻进去，释放消化酶，然后开始消化贝类动物。贝类动物可以通过海星释放的物质感知海星的来临，有些贝类动物能够采用较为强烈的逃跑方式，扇贝可以一颠一颠地游泳，蛤蜊和海扇可以跳着逃走，即使是移动缓慢的海胆和帽贝，在此时也会尽其所能地迅速移动。海星是如此高效的掠食者，以至于牡蛎养殖场必须严格防范海星的侵入。

附着在岩石上的滤食性海绵类动物，有些呈平坦状，也有些呈瓶状。退潮时，自由生活的纤细扁平虫类和具有毒液的**纽虫**（nemertean）躲在海藻床中，以维持湿润。海螺和蟹类在这些区域栖息。这里还生活着另一种滤食性双壳类扇贝和红藻，在沿着海藻床、大叶藻海草和虾形藻海草区域就能发现它们。钙质红藻可以在一些岩石上结壳生长，形成一簇一簇的群落。在潮间带较深区域，偶尔能够发现**腕足动物**（brachiopod），它们和蛤蜊相似，但完全属于不同的类别，它们的贝壳有一圈用于摄食的触手。

美丽优雅的海蛞蝓类动物，又称**裸鳃类**（nudibranch），是主动捕食者，它们以海绵类动物、海葵类动物和其他生物的卵为食。尽管它们身体柔软，但几乎没有什么天敌，因为它们可以分泌一种有毒的分泌物。在潮间带较深区域也能发现植食性动物，石鳖、帽贝和海胆摄食覆盖在岩石上的藻类。海参躲藏在石头裂缝中。一些海参长着彩色明亮的触手，像拖把一样滤出海水中的颗粒食物，并将它们推向口中。管虫将身体隐藏在自身分泌的革质或钙质物质的管中，仅将优美的、羽毛状的触手伸向水中滤食食物。

在潮位特别低的时候，偶尔在海滨能看到章鱼。这些八腕肉食动物是软体动物，以蟹类和贝类动物为食，生活在洞穴或者洼地中。章鱼的洞穴外通常堆砌着贝壳。众所周知，章鱼能够变色，优雅快速地在水中游动。世界上最大的章鱼位于太平洋东北部近岸水域中，通常直径达2～3 m，重达20 kg。但是人们也曾发现长度超过7 m，重达45 kg的章鱼样本。一般来说，章鱼非常害羞，没有攻击性。同时，它们具有好奇心，并表现出一定的学习能力和记忆力。

潮　池

底栖动物的成带现象与局地地理条件情况有关。如果海滩的坡度陡、潮差小，分布带就通常较窄；反之，则分布带较宽。海岸上光照和阴影的方向、波浪方向和海滩地形通常影响着底栖生物带的分布。潮池是退潮后海岸上的一些残余海水形成的礁石洼

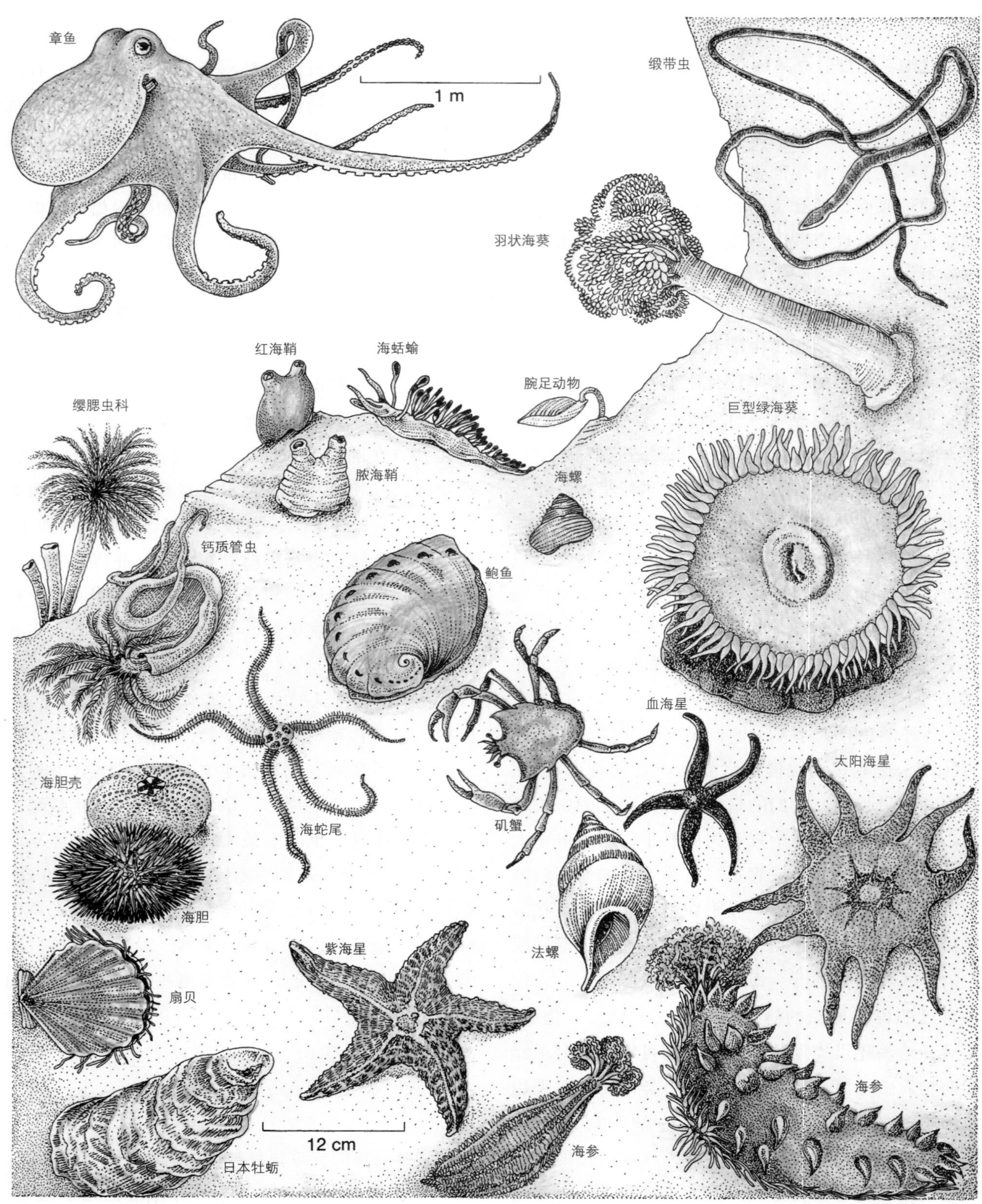

图18.7 潮间带较深区域生物。这个区域栖息着各种相互关联的生物。海星以牡蛎为食，海胆是植食动物，海参以悬浮在水中的腐屑为食。软体动物有牡蛎、扇贝、海螺、鲍鱼、裸鳃类和章鱼。牡蛎和扇贝是滤食性动物。钟螺和鲍鱼是食藻动物。裸鳃类、章鱼和法螺是捕食者。注意这个区域中海葵的体型大小。

地或一些小水池，从而为下层潮间带生物提供了栖息地。有些小的、孤立的潮池能够形成非常独特的生境。在蒸发和太阳能加热的作用下，这些孤立潮池的盐度和温度不断升高。夏季，潮池中的水温度很高；秋季和冬季，有些潮池蓄积了雨水，潮池中的海水盐度温度均较低。孤立的潮池通常生长着微型藻类的藻华，这使潮池看上去像豌豆汤。在世界各地的潮池中都发现了一种微小的、呈鲜红色桡足类动物——虎斑猛水蚤（*Tigriopus*）。

潮池越深，体积越大，在退潮后孤立期间的环境就越稳定；潮池越大，温度、盐度、pH值、CO_2-O_2平衡变化就越慢。对于潮下带生物，例如海星、海胆和海参，只能在较大较深的潮池中生存，这些动物不能忍受化学和物理环境的剧烈变化。一些鱼类，如小体型的杜父鱼可以存活在潮池中，这些鱼的图案与颜色和潮池中的岩石和藻类相似，它们大部分时间在底部休息，偶尔从一个栖息地迅速游到另一个栖息地。每一个潮池都是一个特殊的环境，在这个环境中，生存着大量能够适应这些潮池特定条件变化的生物。

潮间带底部与潮下带起点相连，潮下带能够一直延伸到大陆架。如果潮下带为岩石底质，那么也存在许多与潮间带较深的区域相同的生物；如果保护区或深水中开始堆积软泥沉积物，生物种群就会发生改变，生活在岩石底质的生物将逐渐被那些生活在淤泥和沙质底类动物所取代。

松软底质区域的动物

软底区域的生物分布如图18.8所示，这些生物有一部分也在图18.9中。沿着暴露的砾石和沙质海滨，波浪产生不稳定的海底环境。几乎没有海藻能够系附在这些移动的底质上，这里的摄食动物也很少。小港湾和海湾中水体运动较弱，泥沙沉积从而提供更为稳定的生境。在这些区域，泥沙颗粒的大小和形状以及沉积物的有机成分决定环境的质量，颗粒之间的空隙大小可以调节水的流动以及溶解氧的比例。沙滩颗粒相对较粗且多孔，能够快速地得到和失去水分；而淤泥则是较为细腻的颗粒，能够锁住更多水分，但是水体更新也较慢。沙质海滩比泥滩能够更快地进行水体、溶解废物和有机颗粒的交换。淤泥的颗粒大小越细，就越能紧密地粘在一起，从而水的交换越缓慢，氧气补给变慢，废物的清除越慢。通常在淤泥表层之下有1～2 cm的黑色层。在黑色层之上，沉积物微粒之间的水含有溶解氧；在黑色层之下，生物（主要是细菌）在无氧环境下活动，产生硫化氢（臭鸡蛋味）。缺氧环境会限制底内动物的生存深度。但是也有一些动物，例如蛤蜊，在低氧气浓度的环境中也能生存，它们通过类似吸管的器官在沉积物之上获取食物和氧气。

在波浪和海流较弱的区域，海草可以稳定小颗粒沉积物，从而为生物提供栖息地、底质和食物，产生一种特殊的动植物生态群落（见本章第18.1节“海洋植物群落”部分）。

大多数在泥沙和淤泥底质生活的动物都是食**碎屑**（detritus）动物，大多数碎屑则是植物或海藻被细菌和真菌分解的产物。沙钱（又叫海钱，海胆的一种）以砂砾之间的碎屑物微粒为食；蛤蜊、鸟蛤和一些蠕虫是滤食性动物，它们以碎屑和悬浮在水体中的细小生物为食；其他生物则是食底泥动物，它们能够吞食底泥，然后以类似蚯蚓的消化方式在消化道中吸收有机物。这些食底泥动物通常见于高有机物含量的淤泥或泥沙中。例如穴居海参和沙蚕（*Arenicola*），它们的洞穴外常见圈状的排泄物。生物在沉积物中掘穴和摄食活动对沉积物的影响称为**生物扰动**（bioturbation）。小型甲壳类动物、蟹类和一些蠕虫是食腐动物，它们以各种藻类和动物为食。还有一些蠕虫和海螺是肉食性动物，玉螺捕食蛤蜊，它们在蛤蜊的壳上钻洞，然后将蛤蜊肉吸出。

细菌不仅在有机物分解中起到重要作用，也是主要的蛋白质来源。据估计，细菌分解产物中，转化为细菌的细胞物质的占25%～50%。这些细菌能够被其他微生物消费，成为小的蠕虫、蛤和甲壳类动物的食物。富含有机物碎屑的淤泥能够产生大量细菌。

软质泥沙海滩的潮间带具有一定程度的底栖生物分带现象，但是不如基岩海岸的分带现象明显。在中纬度地区，潮间带较浅区域可以发现小的甲壳类动物沙蚕，在热带地区则能发现沙蟹。沙虫、鼹

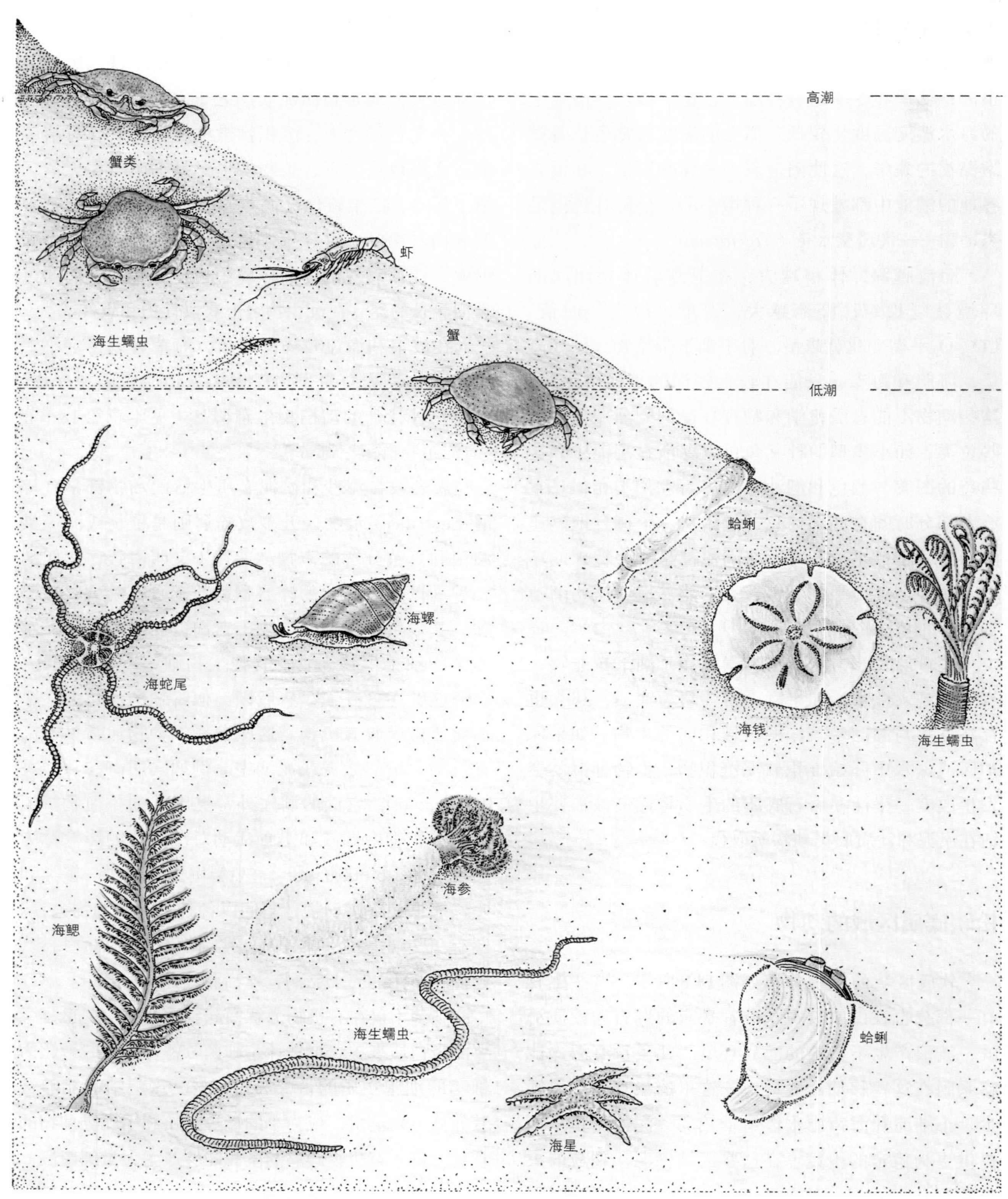

图 18.8 松软沉积物海滩的分带现象没有基岩海滩明显。生活在较高潮位的动物依靠挖洞穴来保持湿润。

蟹和幽灵虾生活在海滩中部；蛤蜊、鸟蛤、多毛虫、沙钱位于潮间带较深区域；海参、海鳃，更多的蟹和蛤，以及一些蠕虫、海螺和海蛞蝓则聚集在潮下带。

深海海底的动物

深海海底包括平坦的海底平原、海沟、海山和大洋中脊的岩石斜坡。与那些靠近陆地的浅水区域相比，这里的海底沉积物颗粒更均匀，粒径更小。半深海、深海和超深渊地带通常是均一的寒冷黑暗地带。

海底稳定的环境适合多种以沉积物为食的底内动物生存。很多底内动物体积小，它们是人们熟知的**小型底栖生物**（benthic meiofauna），通常小于2 mm。这些生物包括线虫、穴居甲壳类动物和各种蠕虫。在深7 000 m处，角贝将身体埋在深海软泥中，触手伸出软泥表层，它以捕捉有孔虫为食；在4 000 m的深海采样时经常能够发现囊舌虫；在深2 000 m处，八目鳗在沉积物中挖穴。所有海洋的海底都分布有以碎屑为食的蠕虫和双壳类软体动物。

在底表动物中，原生动物数量丰富分布广泛。大洋中脊和海岭零星分散的岩块上系附着玻璃海绵、海鞘和海葵。它们的茎支撑自身从软质沉积物中伸到水里，并滤食海水中的有机物。有些藤壶也可以附着在玻璃海绵和海鞘的茎上，或者附着在贝壳和卵石上。管虫很常见，长度在几毫米到20 cm之间。在深7 000 m处，可以看到海蜘蛛，它们有四对长足，这些长足之间的距离可以达60 cm。海螺生活在更深处，那些在最深的海沟里生活的海螺通常没有眼睛或者眼柄。

须腕类动物（pogonophora）在水下10 000 m的海域内生活。它们能够分泌并建造细长竖立的管状物，只将下部分身体埋在沉积物下。它们没有口、消化道和肛门，而是通过表皮来吸收需要的化合物分子。与热泉生态群落有关的须腕类动物将在第18.6节讨论。

柳珊瑚俗称海扇，虽然是动物，但更像海藻，生活在5 000～6 000 m的深处。在这个深度下，单株形式的石珊瑚生长得比表层水中的珊瑚礁体型大。海百合与海星种类相近，也能在这个深度生存。其他动物还有海蛇尾和海参，海参生活在富含有机物的沉积物中，它们是深海盆地的优势种，分布广泛。

海洋污损生物和海洋钻孔生物

生活在木桩、码头和船体表面的生物会给这些表面带来污损。污损生物包括藤壶、海葵、管虫、海鞘和藻类。这些生物在船壳上生长，降低了船在水中的运动速度，增加了运输时间和清理的费用。污损生物也使得在海洋环境中操纵这些船只变得困难（见专业笔记“生物污损”）。许多研究项目试图利用涂漆和合金来阻止和控制这些污损生物。

一些生物会习惯性地在它们所处基质上钻孔。海绵能够在扇贝和蛤的硬壳上钻孔，海螺在牡蛎上钻孔，一些蛤类在岩石上钻孔。在木头上钻孔的生物会给人们带来经济损失，因为它们会破坏海港和码头建筑物以及木质船壳。最主要的钻木生物有两种：船蛆（*Tersdo*）和蛀木水虱。船蛆是像虫一样的软体动物，一端有双壳，这种软体动物会分泌一种蛋白酶，能够破坏和部分消化木质纤维素，它们能在木材上钻深孔并造成极大破坏；蛀木水虱是一种甲壳类动物，它侵蚀木材表面，钻的洞也较浅，但也非常具有破坏性。

海底藻类和动物具有惊人的多样性。最容易研究的是潮间带的较浅部分，科学人员和学生们已经对这个区域研究了上百年。现在，潜水器、遥控潜水器和自治式潜水器可以调查到那些从未被采样过的海洋生境。随着人们继续探索，也许有希望出现更多意外发现，例如裂谷区域的热泉生物群落。在目前和将来考虑对海洋的利用时，我们必须考虑到这些活动对海底环境和生境的影响。如果以牺牲其他资源为代价而利用某种资源，那我们几乎没有从中受益。海洋环境的平衡是脆弱的，很容易遭受破坏且很难重建。海洋动植物的健康对我们来说极其重要，它是地球健康的标志。物种之间息息相关，每一种生物都会彼此影响到其他生物。

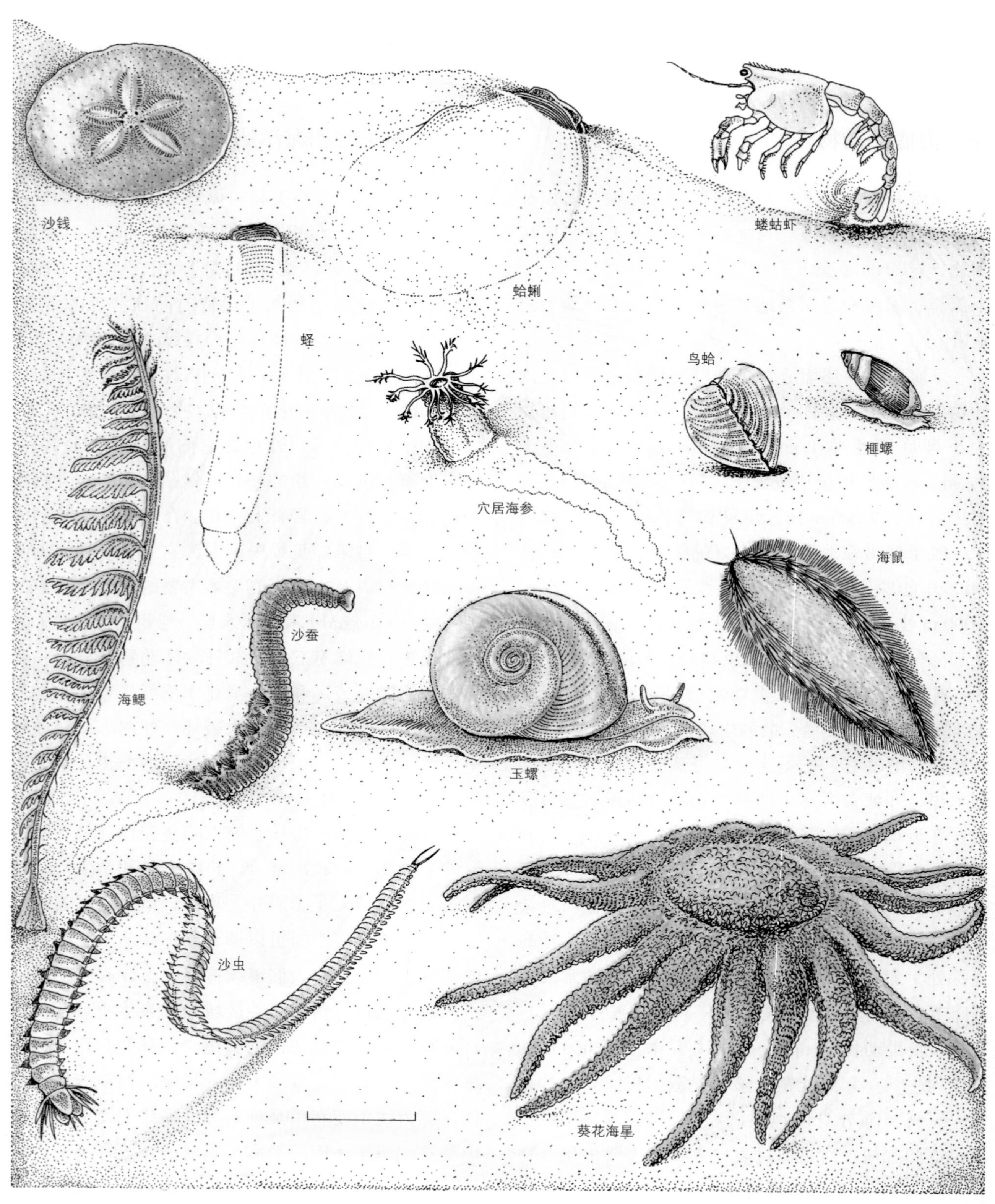

图18.9 松软沉积物中的生物。底层水生动物包括蝼蛄虾、沙蚕、蛤蜊、鸟蛤和洞穴海参。沙钱以腐屑为食，玉螺能在贝壳上钻洞，海鳃在软底之上的水中觅食。和沙蚕一样，海鼠是多毛虫类蠕虫。

18.3 高能环境

最近的研究表明，不断受到波浪冲击的潮间带生态群落比世界上最茂盛的热带雨林的生产力还要高。沿着海岸线，每平方厘米区域内波浪功率平均为0.335 W，这相当于太阳能的15倍，即使在海况平静的时候，波浪能也绝对高于太阳能。海藻几乎没有木质组织，因此基岩潮间带的海藻每平方米相当于光合作用区域面积的2.5倍，相当于热带雨林植被的2～10倍。该区域的消费者——贻贝，在这些强波浪作用的区域生长时，能够达到甚至超过热带雨林的生产力。

这种能量利用方式是间接的。波浪的作用能够减少捕食者，例如海星和海胆，因此该区域单位面积内能生长更多的贻贝和海藻。运动的海水给藻类持续带来营养盐，并使它们的叶片不断摆动，因此叶片不会长时间停留在阴影下，能得到更多光照。此外，波浪还能带动贻贝迁移，使更多的海藻生长。波浪高度聚集初级生产者可以促进消费者生长，并扩大它们的数量。

18.4 珊瑚礁

热带珊瑚礁是所有海洋生态群落中最具多样性和结构复杂的生物群落（图18.10）。珊瑚礁覆盖全世界海岸线的1/6，为成千上万种鱼类和其他生物提供栖息地。世界上最大的珊瑚礁——大堡礁，从新几内亚向南，一直延伸至澳大利亚东海岸，全长超过2 000 km。造礁珊瑚生长时需要温暖清澈干净的浅水和坚硬的底质，因为它们生长的水温不能低于18℃（最佳温度在23～25℃），生长范围限制在南纬30°至北纬30°之间的热带水域，远离寒流。大多数加勒比珊瑚生长在光线充足的水中（深度小于50 m）；印度和太平洋珊瑚能够生长在更清澈的水中，约150 m深度处。因泥沙而使水体透明度降低的水域，往往没有珊瑚礁。

热带珊瑚

珊瑚是群居动物，每个单体珊瑚称为**珊瑚虫**（polyp）。珊瑚虫就像是微型的海葵，有触手和刺细胞。但与海葵不同的是，珊瑚虫能够从海水中吸收碳酸钙，形成钙质骨架。古玩店和珠宝店里的珊瑚就是这些珊瑚虫的钙质骨架。大量珊瑚虫群居在一起，能够形成精美的枝杈形状或圆盘形状。

珊瑚虫在清澈的浅水域中构筑珊瑚礁。在珊瑚虫组织中有大量单细胞甲藻，称为**虫黄藻**（*zooxanthellae*）。这些虫黄藻需要光进行光合作用，因此珊瑚礁被限制在透光层内（回顾第16.2节关于浮游植物的内容）。珊瑚虫和虫黄藻是共生关系（回顾第14章对共生关系的讨论），珊瑚为甲藻细胞提供环境保护、二氧化碳、氮和磷等营养物质，而甲藻细胞光合作用产生氧气并清除废物，虫黄藻为珊瑚虫提供大量的光合作用产物；有些种类的珊瑚有60%的营养是从虫黄藻中获取的。虫黄藻也能够提高珊瑚吸收碳酸钙的能力，从而增加它们钙质骨骼的生长能力。虫黄藻和珊瑚之间的依靠关系随着种类不同而变化。在晚上，珊瑚虫主动进食，通过伸展它们的触手捕捉浮游动物；在白天，这些触手收缩起来，以便让内层的藻细胞充分得到阳光照射。

热带珊瑚礁

珊瑚的骨骼需要固着在坚硬的基底上。岸礁和堡礁是典型的热带海洋珊瑚礁，通常依附在已经存在的岛屿或陆地物质上。环礁则依附在淹没的海山上（关于围绕海山的环礁的形成见第4章）。珊瑚的生长缓慢，有些种类每年的生长速度可能小于1 cm，不过也有些种类能达到每年5 cm。基于水深和波浪作用的不同，同种珊瑚的形状和生长的大小不同，珊瑚礁周边的环境变化多样，在波浪作用和水深的作用下形成水平和垂直带状分布，如图18.11所示。在珊瑚礁的背波面，浅的**礁坪**（reef flat）被大量多种分支珊瑚礁和其他生物覆盖。珊瑚礁顶部破碎的细小珊瑚颗粒形成沙粒，填充了背波面。而在珊瑚礁的迎波面，珊瑚的最高点称为**礁顶**（reef crest）。

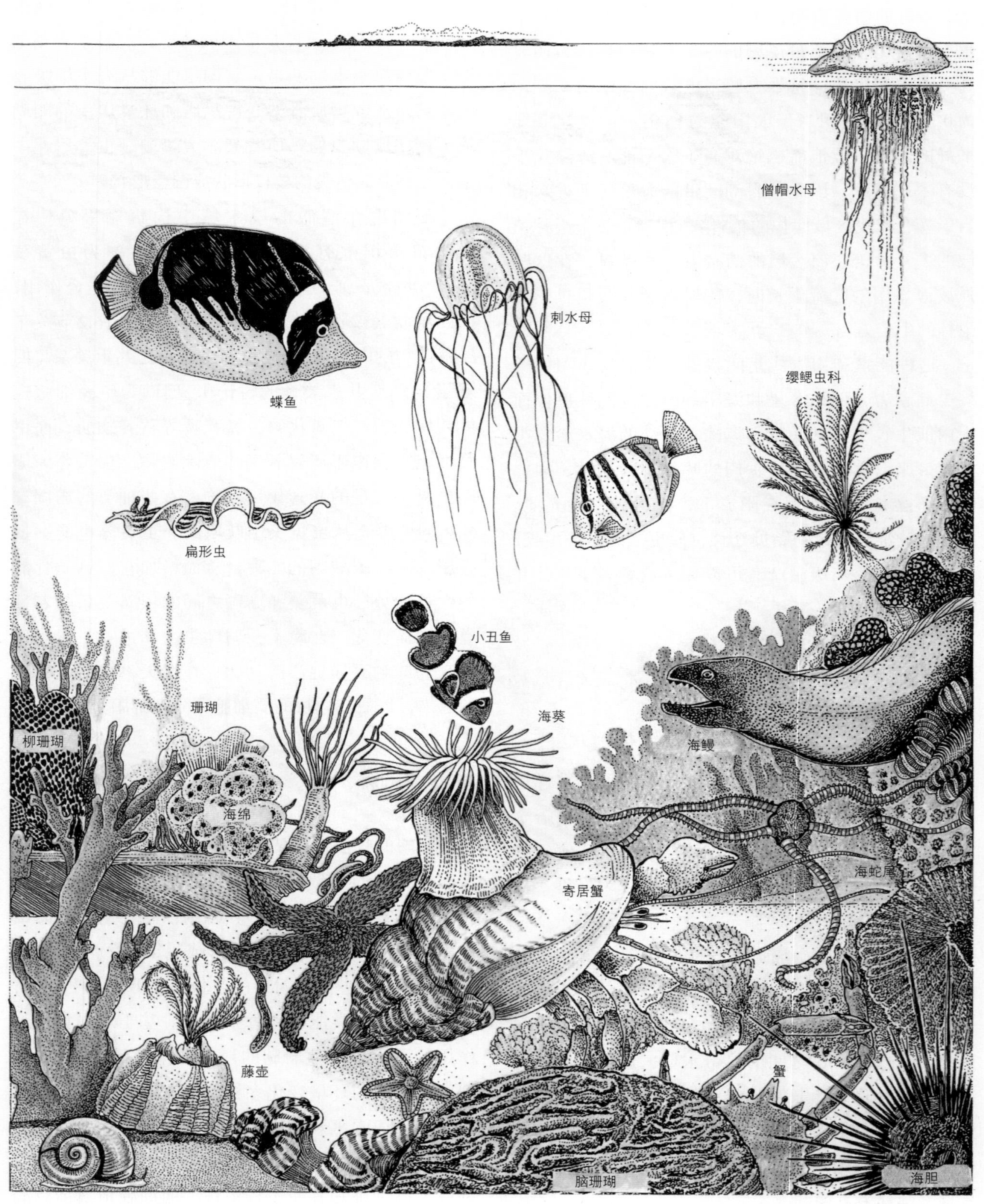

图 18.10 珊瑚礁是复杂、相互依赖又自给自足的群落，生活在其中的物种包括珊瑚虫、蛤蜊、海绵、海胆、海葵、管虫、海藻和鱼。

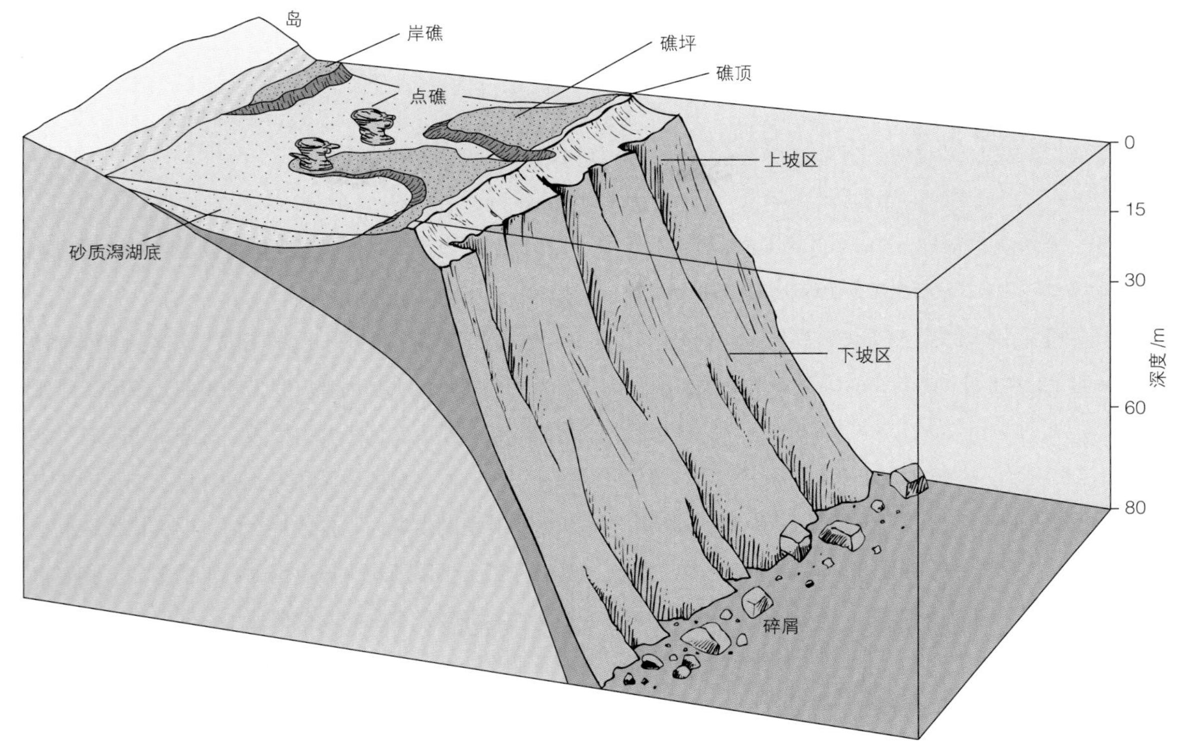

图18.11 珊瑚礁区域。海底深度和波浪活动在珊瑚礁区域变化很大，在低潮时礁顶可能会暴露在水面之上。珊瑚礁碎屑产生的颗粒物会填满潟湖，并且沿着外侧坡面上的沟槽输运，在那里大陆坡上坡区耗损从开阔大洋传来的波浪能。

低潮时礁顶可以暴露在空气中，经常受到破波区破碎波浪的冲击。在这里会经常出现大量的弧形珊瑚。在低潮面和水深10～20 m处，向海一面是一片陡峭崎岖的礁前外坡和陆坡上部，这些坡面之间存在许多沟槽，多种大型珊瑚在此生长，各种大型鱼类频频来此。礁前区域消耗波能，沟槽能够冲刷掉细小的泥沙和碎屑颗粒，这些细小的泥沙和碎屑会导致珊瑚群落窒息。在更深的水域，20～30 m处，波能很小，光强仅为表层的25%，然而这里仍然能够支撑珊瑚藻和珊瑚虫的生长。这个深度的珊瑚数量较少，枝桠形状更加优雅。在深30～40 m的区域，坡度平缓，光强更弱，沉积物在此堆积，珊瑚通常以块状生长。在50 m深度以下，坡度突然变陡进入深海。

珊瑚礁是多种不同类型的藻类和动物的复杂群体（图18.10），对空间和食物的竞争激烈。藻类、海绵类动物和珊瑚经常过度生长、彼此竞争。有些种类只在夜间活动，例如一些鱼类、海螺、虾类、章鱼、火刺虫和海鳗。另一些依靠颜色和视觉生存的种类则在白天活动。据估计，在单个珊瑚礁中，共同生存的动物种类超过3 000种。大型砗磲（*Tridacna*）能够长达1 m，重达150 kg，这种蛤的贝壳条纹边缘的彩色组织中生长着大量虫黄藻。蟹类、海鳗、色彩鲜艳的珊瑚鱼类、有毒的石鱼、长刺海胆、海马、虾、龙虾、海绵类动物以及其他多种生物也在此一起生活。在一些珊瑚礁区域，虫黄藻比一般浮游植物能够生产多数倍的有机物，这可能由珊瑚虫和虫黄藻之间快速的营养再循环所导致。

珊瑚礁并不完全由珊瑚虫的碳酸钙骨骼形成，有些海藻类植物也能产生钙质外壳，协助珊瑚礁形成。有孔虫的细小外壳、双壳类动物的外壳、多毛虫的钙质管足、海胆的骨刺和壳，所有这些物质被压缩和黏结在一起，为更多的生物生存提供新的空间。与此同时，一些海绵类动物、蠕虫和蛤类在珊瑚礁内钻孔；一些鱼类在捕食珊瑚虫和藻类；而一些海参则食用破碎的珊瑚礁残余物，将它们变成砂质沉积物。

珊瑚礁为我们提供了一个例子，在这个例子中，单个物种在维持生态系统多样性中扮演着重要角色。冠海胆（*Diadema antillarum*）在维持珊瑚礁物种多

生物污损

弗朗西斯科·查维斯博士

弗朗西斯科·查维斯（Francisco Chavez）博士是蒙特雷水产研究所的高级科学家，该研究所位于加利福尼亚州莫斯兰丁。查维斯博士是海洋生物学家，研究方向为全球尺度的气候、海洋物理、海洋化学，以及海洋生态系统之间相互的作用。

人类和海洋生物之间的竞争已经持续了几个世纪，海洋生物不可避免地侵占被淹没的人工设施及地表，例如船舶、浮标、仪器和网具。微生物（如细菌、微藻）和大型生物（如海葵、藤壶、软体动物）可以成为侵占优势种。对空白区域的侵占可以由一系列的生物（从小到大）引起，也可以由像鹅颈藤壶这样的并不依赖小生物生存的较大生物引起。藤壶需要固着的底基，成熟后主要以周围的浮游生物为食。这类表面生长物被称为生物污损。每年去除海洋设备上的污损生物成本就达数百万美元。

任何物体一旦进入海洋，就相当于一个培养基，很快表面就被海水中的无机和有机聚合物（分子结构的重复单元）固着。这个过程依赖于环境因素，如表面粗糙度、材料的化学组成、海水温度、pH值、营养水平和海流速度等。最初，病毒、细菌、藻类和真菌占据表面，形成一种黏液样的基质。这个过程所花费的时间可能为几分钟，也可能为数周。基质进一步加速了生物增长与定居。这种黏滑的有机物膜层具有海绵状结构，含有大量的水。膜层之间的空隙和水通道提供了获得新鲜营养物质和氧气的机会，也为微生物提供了交换基因的机会，以保证生长和生产。这些生化过程改变了原始表面。这种稳定、多层、膜状的环境是大生物生长的理想区域。

微菌群落在网状结构上蓬勃生长，原生动物捕食者和较大的浮游动植物也如此。生物多样性最终使得更大的生物有了牢固的固着点。在海洋条件下，藤壶可能是最成功地占领表面的大生物。

自然漂浮物（例如树干）通常成为这些生物群落的基质。鲸表面也被其他生物固着。我们观察到，鲸利用船舶和锚系刮擦背部以摆脱其他生物的固着。这些“搭便车”的小生物需要一个可以寄居的表面和摄食的环境。例如，在赤道太平洋数千英里的海域内，仅数月之内，浮标锚系装置上就可以固着成百上千以海流中浮游生物为食的藤壶。藤壶常加速装置腐蚀并导致昂贵的科学仪器发生故障。另外，越来越多的固着生物群落也吸引其他的捕食者，例如鱼。鱼的聚集又吸引有可能意外损坏浮标的其他捕食者。

多年以来，科学家已经开发和测试了很多方法来减少和阻止生物污损。大部分方法都用到能杀死海洋生物的剧毒物质。这些毒素通常混合进涂漆中。毒素可以减少生物污损，但涂层的毒性随着时间推移而减弱，因此涂料必须经常更新。有时表面结构和化学物质的结合会促进微生物的蓬勃生长。不幸的是，目前人们还不是很清楚这些化学物质对海洋的影响。使用能够抑制微生物薄膜生长的材料也能减少生物污损，例如铜。很多仪器采用了类似快门的机械装置来保护仪器表面，以免仪器持续浸没于海水中和遭受生物污损的破坏，然而，浸没于海水的可移动部件容易发生机械故障。近年来，防止生物污损的研究都集中在理解微生物薄膜和微生物固着的相互作用方面，这些研究正在寻找能够抵抗高等生物的天然化学物质和细菌。至今为止，还没有能够完全抑制生物污损的办法，海洋生物和人类在海中各种应用表面的斗争仍在持续中。

样性中也扮演着关键角色。这种海胆是植食动物，以海藻为食，具有防止珊瑚中海藻过度生长的作用。海胆能够在某些区域大量摄食海藻，这使得这些区域被清除出来，为珊瑚虫幼虫的固着和发展提供空间。1983年，加勒比海的海胆突然大量死亡，一些区域海胆死亡甚至超过93%，其原因可能是感染了一种水生病菌。海胆的骤减导致海藻急剧增长，从而致使珊瑚礁的覆盖面积减少。即使已过去多年，该区域珊瑚礁和海胆的数量仍然很低。

珊瑚白化

海洋生物学家以及一些曾经去热带珊瑚礁游玩过的人们都越来越关心这些海洋生物的健康问题。珊瑚白化是指珊瑚失去了与之共生的虫黄藻所引起的珊瑚变白现象。如果白化不是特别严重，重新获得虫黄藻后珊瑚能够恢复。在1876—1879年间，只发生过三次白化事件，而在1979—1990年则超过了60次。在最近20年中，白化事件变得越来越频繁和严重，而且有些珊瑚礁没有得到恢复。在1982—1983年厄尔尼诺事件期间，大量白化事件发生，爪哇海的浅水珊瑚礁损失了80%～90%。1990—1991年，在加勒比海和法属波利尼西亚群岛发生了大型白化事件。在1997—1998年厄尔尼诺事件（该事件维持了一年时间）期间，印度洋和西太平洋海表温度达到历史最高纪录。2005年，在加勒比和大西洋珊瑚礁区域发生了最为极端的珊瑚礁白化事件。同年，全球珊瑚礁监测网络（Global Coral Reef Monitoring Network）建立了广泛的监测系统。美国国家海洋与大气局的全球珊瑚礁观测项目利用卫星遥感和现场仪器来监测和报告珊瑚礁的物理环境条件。这两个组织都为珊瑚礁管理者提供近乎实时的信息，以帮助监测当地的珊瑚礁。

捕食和疾病

棘冠海星（*Acanthaster*）长得像带刺的皇冠。这些海星以珊瑚虫为食，周期性地暴发式增长。化石证据表明，沿着大堡礁区域，这些海星的暴发性增长至少在8 000年前就开始了。至于为什么会这样，答案尚不明确。有证据表明，这与雨季（低盐度）和径流（营养盐增加）有关，这些变化导致大量海星幼虫存活下来。用于农业的陆地污水和近岸地带的发展也与之有关。还有一些人认为这种海星的天敌——一种大型海螺，被人类大量捕捞也导致了生态系统的失衡。因此，从1995年开始的海星暴发持续到了1997年，这影响了40%的珊瑚礁。单个珊瑚礁中的海星暴发能够维持1～5年，整个珊瑚礁系统的暴发能够维持10年甚至更长。在海星暴发之后，珊瑚礁区域需要10～15年才能恢复，但是这些被海星吃光的珊瑚礁区域也可以让那些生长较慢的珊瑚礁物种有机会扩张。

最近，研究人员发现和珊瑚一样具有造礁功能的海藻正在受到某些以前未知的疾病袭击。其中一种珊瑚橙色致死病（coralline lethal orange disease, CLOD），由一种明黄色细菌原生物引起，对在珊瑚礁中沉积碳酸钙的红藻有致命作用。这些红藻能够将泥沙、死亡的藻类和其他碎屑黏结起来，形成坚固稳定的基底。珊瑚橙色致死病最初于1993年在库克群岛和斐济被发现，1994年扩散到所罗门群岛和新几内亚，到1995年已经覆盖了南太平洋6000km的范围。这种疾病是最近才被引进的，还是以前就存在于珊瑚礁之中，只是进化出了更加致命的形式？这个问题的答案目前尚不明确。

人类活动

对珊瑚礁来说，人类和人类的活动是最大的威胁。纤细的珊瑚枝可能会被不小心的冲浪运动者刮伤，或者被船底的锚拽毁。砍伐森林和经济发展增加了陆地径流量。这些径流携带着泥沙、营养盐以及人类和动物的废弃物进入到近岸水体中，其中增加的营养盐有助于藻类的生长，而藻类与珊瑚虫竞争空间，使已生存的珊瑚虫窒息，并阻止新的珊瑚虫群落发展。

珊瑚礁可用于收藏或用作建筑材料。在法属波利尼西亚、泰国和斯里兰卡，每年成吨的珊瑚礁被用作建筑材料。低洼近岸区域失去珊瑚礁后很容易受到风暴潮及与其相伴生的极端天气的破坏，这对于一些位于太平洋上的岛国来说非常危险。

在用拖网捕捞珊瑚鱼类较困难的地方，渔民利用氰化钠和炸药捕鱼。无论是有毒氰化物进入水中，还是炸药在水中引爆，都会使这些鱼类暂时晕厥而变得容易捕捉。但这些方法同时也杀死了许多珊瑚礁生物，包括筑造珊瑚礁的生物。尽管在印度尼西亚和菲律宾明文禁止用这种方法捕鱼，但这种方式仍然是利益丰厚的国际水族馆和餐馆业的第一选择。

目前珊瑚礁受威胁最严重的地区是东非、印度尼西亚、菲律宾、中国南部、海地、美属维尔京群岛的海域。为了确保这些美丽富饶区域的可持续存在，人们需要进一步认识珊瑚礁生物群落复杂特征，并且需要出台保护它们不受人类干扰生长的相关政策。联合国环境规划署、国际海洋学委员会、世界气象组织和不同国家的科学家在世界许多主要珊瑚礁区域建立了监测站。美国国家海洋与大气局的珊瑚礁监测计划正在发展一套长期珊瑚礁监测系统，目的是预报整个美国珊瑚礁区域的白化事件。这些站点的数据与卫星海表面温度以及生物监测数据相结合，为保护珊瑚礁提供早期的预警系统。为了保护这些复杂而脆弱的区域，我们还需要更多的海洋保护区、更多的科学监测站和更多的全球观测系统来定期收集数据。

深海珊瑚

并不是所有珊瑚都位于温暖的热带浅水海域。深海珊瑚（或称“冷珊瑚”）缺少与之共生的虫黄藻，它们能在温度低至4 ℃，深至2 000 m的水域形成大珊瑚礁。研究者认为，这些珊瑚依靠死亡的浮游生物摄食，或是从经过的海流中滤取食物。有些位于挪威、苏格兰、爱尔兰、加拿大新斯科舍省和阿拉斯加的阿留申群岛等地的珊瑚礁已存在了上百年。有人担心现代渔业中的海底拖网可能会破坏这些珊瑚礁，并且最新的发现已表明，一些区域的珊瑚礁已经被这些拖网所破坏。2001年，加拿大新增了一条关于珊瑚礁的保护措施。挪威禁止在某些区域进行拖网捕鱼。许多其他国家也正在计划考虑推行类似的规定。

18.5 深海化能合成生物群落

热　泉

1977年3月，伍兹霍尔海洋研究所利用潜水器——“阿尔文”号，进行了一次海底调查。他们在东太平洋海隆的加拉帕戈斯裂谷中发现了生活在海底热泉周围的密集生物群落。在此之前，人们认为所有深海底栖生物群落由少量以底泥为食、生长缓慢的动物组成，它们生活在松软的沉积物表面或层内，依靠表层缓慢降落的腐烂有机物存活。现在人们发现，海底热泉生物群落广泛零星地分散在全世界的海底扩张中心，已鉴定将近300个新物种。已知热泉生物群落位于北纬9°～21°的东太平洋海隆、西太平洋的北斐济盆地、马里亚纳海沟、冲绳海沟、中大西洋中脊、南纬22°～49°的东太平洋和西北太平洋的戈达海岭和胡安德富卡海岭附近。

深海热泉动物包括滤食性蛤类、贻贝、海葵、蠕虫、藤壶、帽贝、蟹类和鱼类。蛤类的生物量非常巨大，是已知深海动物中生长速度最快的物种之一，每年生长4 cm。管虫的体长竟然能达到3 m。有的研究人员将它们归类为前庭动物门（Vestimentifera）[①]，这些拥挤的生物群落每平方米包含的生物量是通常深海海底生物量的500～1 000倍。

热泉区域的管虫没有口和消化系统，它们内部身体空隙中的柔软组织中布满了细菌。这些管虫能够将硫化物（与蛋白结合）、二氧化碳、氧气传给它们体内组织中的细菌。这些细菌是热泉周围生物群落的初级生产者，它们利用化学能将二氧化碳固化成有机分子。尽管这些管虫体型大、数量多，它们完全依靠体内共生的细菌来获取营养。蛤和贻贝的鳃中也有大量细菌，贻贝只有非常基础的消化器官。蛤和贻贝具有红色的肉和血，呈现这种颜色是因为运载氧的血红蛋白分子，血红蛋白分子携带的氧气

① 关于前庭动物门是否独立成一个新的门类，目前尚无统一意见。——编者注

深海冰蠕虫

天然气水合物是在高压低温环境下形成的类冰状结晶物质，主要成分为甲烷，还包含一些硫化氢。经调查，大多数天然水合物都埋藏在较厚的沉积物之下（见第4章）。1997年，科学家在墨西哥湾海域水深约540 m处发现未被沉积物掩盖的天然气水合物小土丘。小土丘上有白色和黄色的带状沉积物，其中的黄色条带中含油气。更令人惊奇的是，天然气水合物表面布满了蠕虫，密度约为2 500只/cm^2。这是第一次在天然气水合物上发现非细菌类的生物。

这种蠕虫生活在水合物的椭圆形凹洞中，每个凹洞中只有一只蠕虫的占95%以上。蠕虫长2～4 cm，呈粉红色，消化器官贯穿全身并具有一条自上而下的红色血管，眼睛退化，雌雄异体。科学家认为，这些蠕虫以水合物表层的细菌为食。这些蠕虫的疣足能够搅动水流，为蠕虫和细菌提高含氧量，这种行为可能导致凹洞的形成。甲烷冰虫（*Hesiocaeca methanicola*）是环节动物多毛纲的新物种。

科学家也发现，这种蠕虫可以在沉积物以下10 cm深的地方中生存。这个发现，引发了蠕虫可以在多深的沉积物中生存的思考。

尽管水合物表面有潜在捕食者出没，例如鱼和大型甲壳类，冰蠕虫似乎不受捕食者的影响。在初次调查一个月之后，科学家再次回到原处调查，他们没有发现空的凹洞，而且蠕虫的密度增加到了3 000只/m^2。也许这些蠕虫不够美味，因而难以引起捕食者的兴趣。

用于氧化硫化氢，维持身体组织和快速生长。

水中的热泉浮游生物和细菌为许多滤食性动物提供营养。其他细菌则围绕着热泉形成菌藻席，这些菌藻席是一些海螺和其他摄食者的食物。这些热泉微生物形成了营养级系统的底部。在这个底部宽、自给自足的系统中，营养通过动物与动物之间的共生、摄食、滤食和觅食相互传递。

研究者在研究一些热泉区域的大型龙虾种群时发现，这些龙虾脑后有一个反射点。这个反射点由两个脑叶组成，每个脑叶通过巨大的神经索与大脑相连，这里也有与视觉色素有关的光敏感色素。这些系统使得龙虾能够检测到海底热泉释放的辐射，也许可以让龙虾定位自己的方向，从而向热泉和食物供给区域运动。

1991年，一个潜水器监测了东太平洋海隆阿卡普尔科以西的一处热泉，深度为2 500 m。一次火山爆发事件导致该区域中的大型动物死亡，只留下了一层白色毯状的细菌。一年之后，即1992年，研究者返回该区域，发现菌藻席已经被一些大型动物，如鱼类、蟹类和其他种类动物所摄食。1993年，此处的巨型管虫已经长到1 m高，每年生长将近1 m，人们认为这些管虫是海底中生长速度最快的无脊椎动物之一。与此同时，研究者发现富含金属的硫化物沉积物已经长成10 m高的烟囱。在此之前，地质学家认为要形成这样的地质结构至少需要数十年的时间。在1995—1997年，该区域物种数量翻倍，由12种变为29种，贻贝和一些龙介虫类的小蠕虫移居到此，许多小型甲壳类动物也云集于此，但是大型白蛤还没有出现。

各种动物最初如何移居到海底热泉，其原因目前尚不明确。起初，这些热泉区域之间的距离似乎是一道障碍，但随着越来越多的热泉被发现，距离似乎不是个大问题，特别是当我们考虑到这些生物的快速成熟速度，以及它们生成的大量自由游泳的幼虫的时候。另一个生物在热泉之间移动的可能原因，请见第17章知识窗“鲸落”。

2000年12月，研究人员利用潜水器“阿尔文”号和水下摄像机器人“阿尔戈2号”发现一种新型的海底热泉。这个热泉被称为“迷失的城市”，位于北大西洋大西洋中脊之外700～800 m深的平地处。与以往发现的黑色烟囱不同，“迷失的城市”具有边缘陡峭的白色碳酸盐小尖塔状烟囱，高为10～30 m。这些碳酸盐烟囱支撑着由古生菌和细菌组成的密集微生物群落。这个热泉周围没有大型生物种群，蟹类和海胆稀少，而海绵类动物和珊瑚稍微多一些。关于更多对“迷失的城市”的讨论见第3章。

冷　泉

在佛罗里达州、俄勒冈州和日本外海，一些冷泉区域也发现了基于化学能的生物群落。细菌是该生物群落的初级生产者，它们能利用甲烷和硫化氢。在墨西哥湾路易斯安那州和得克萨斯州的大陆坡区域断层上，油和天然气向上渗出海底。1985年，人们第一次在这些区域采集到蛤、贻贝和大型管虫。许多其他动物生活在大陆架区域的动物，包括鱼类、甲壳类动物、软体动物，被这些食物供给吸引而在此处聚集。

1990年，有报道称在墨西哥湾海底发现盐泉。表层沉积物中逸出的气体被压缩在卤水中，导致这些卤水的盐度是正常海水的3.5倍。这些极高浓度卤水池包含甲烷，并通常被大型贻贝生物群落包围。

18.6　底栖生物采样

研究人员在低潮时的海滩上用桶和小铲进行采样。为了理解生物与它们所处环境之间的关系，研究人员需要知道这些藻类和生物生活的海滩相对于潮位的位置，即垂直分带特征。这些分带特征可以通过测定海滩坡面相对于平均海平面的位置来建立。首先测量一条**海滩样线**（beach transect line），样线从低潮位穿过高潮位。通过在沙滩上平行于海滩样线挖槽沟，可以列出测量区域内的层内动物数量，或在基岩海滨上计算沿着样本线的特定大小面积内的生物个数。一旦确定样线，就可以在不同年份、不同季节研究相同位置种群随季节的变化，并确定每年新补给的幼体数目。另一种方法则是通过比较天然区域和清除了底栖生物的实验区域内海藻和动物恢复的速率和顺序，以揭示物种之间的关系。有时，由于人类活动影响或自然灾害事件发生，物种的恢复速率也可以揭示出物种之间的一些关系。

获取潮下带物种信息的经典作法是，利用缓慢移动的船进行底部拖网。拖网是系附着沉重网袋的金属框，它们在海底拖行过程中刮掉沿途的海底生物。严格意义上说，这是一种定性取样方式，因为生物的数目和种类与采样面积不能精确关联。底拖网框架上也可以绑上一个测量装置，这个测量装置用于计算拖网在底部运行的距离，通过拖网的宽度估算出大概的采样面积，采用这种方法的前提是拖网在遇到粗糙地形时不会弹起或跳过。

软底质采样可以通过抓泥器或盒式岩芯采样器（见第4章）。将收集到的沉积物通过一系列的筛网进行清洗和筛选，收集并进行清点。

配备水下呼吸器装置的潜水员，可以在水深近35 m的区域进行海底生物群的采样和拍照。潜水员将一个框架放置在海底特定位置上，鉴定其中的物种，并清点每个物种的数目。如果海底没有受到扰动，潜水员则有可能回到相同地点进行再次确认。其他不扰动而又能够观测海底的方法还包括水下拍照和录像，这些方法可以利用船舶或遥控潜水器进行。

在过去，半深海、深海和超深渊区域的底栖生物采样需要大型科考船和长时间的海上作业，而且只能获取较小范围和大间隔的区域样本。现在，潜水器、遥控潜水器和自治式潜水器提供了新的观测方式，使研究人员能够到达深海中许多从未调查过的地方，并观察那里的生境，同时也

鱼和贝类动物的基因技术

北美、日本和北欧的渔业科学家利用转基因技术和染色体操作技术来保护沿岸水质和放养快速生长的鱼类资源。染色体操作技术被用于生产不育鱼、特定性别的鱼和**三倍体**（triploid）鱼。和正常的鱼相比，三倍体鱼多携带一套**染色体**（chromosome）。

将受精后的鲑鱼和鳟鱼的卵置于特定的温度、压力下，或者短时化学刺激，从而得到三倍体鲑鱼和鳟鱼。这种刺激干扰了细胞核的分裂，细胞核保留了额外的第三套染色体。携带第三套染色体的鱼在发育过程中性成熟受到抑制。携带正常染色体的鲑鱼能够正常地生长、性成熟、产卵并死亡，三倍体鱼则是不育的，不需要消耗能量产生卵子和精子，所以这些鱼成体很大，成活率也高。因此，三倍体鳟鱼在英国已经广泛地投入养殖。

鲑鱼和鳟鱼的杂交也用到相同的技术。含有正常染色体数目的鲑鱼和鳟鱼的杂交后代不能存活，但它们的三倍体杂交后代可以成活。在艾奥瓦州，一种鳟鱼病毒疾病经常给当地养殖户的巨大经济损失，而虹鳟和银鲑的杂交后代能够抵抗这种病毒。

通过染色体操作技术和激素处理可以控制鱼的性别。利用雌核发育技术，研究人员用紫外线照射精子，使染色体变性，用失活的精子去受精，并短暂冷却受精卵，能够让受精卵只发育雌性染色体，结果是所有的后代都是雌性。许多鱼雌性的体型比雄性体型大，寿命更长。雌性比目鱼是雄性的两倍，雌性银鲑的肉质比雄性更结实可口，全雌鲟鱼养殖在鱼子酱生产方面将会带来更大的收益。同理，也可以进行雄核发育技术，通常的做法是，用双倍染色体精子给失活的卵子受精。

通过从某种鱼中提取特定功能的基因，或者使用特定人造基因，可以提高鱼类资源的质量。将这些基因转入另外一种鱼类的卵子或精子中，可培育出**转基因**（transgenic）鱼类。这些转基因鱼生长得更快，具有更强的抗病能力，更高的食物转化效率。美国食品和药物管理局已经批准养殖一种转基因鲑鱼。与野生的大西洋鲑鱼相比，这种鲑鱼长到销售体长只需要一半的时间。加拿大气候寒冷，养殖大西洋鲑鱼较为困难，通过转基因技术，研究人员在大西洋鲑鱼渔场和它们的后代中，成功引入了一种能够抑制冰晶生长的抗冻蛋白。

由于夏季死亡率高和市场波动，牡蛎业具有季节性。牡蛎在夏季开始繁殖，这个时期的牡蛎肉质量很差，不具备市场价值。三倍体牡蛎，或称全年牡蛎，通常不产生精子或者卵子，生长稳定，且比正常的牡蛎要大很多，能够进入夏季市场。三倍体大西洋牡蛎已经成为美国西海岸线水产养殖重要组成部分，能达到水产养殖总生产的1/3～1/2。四倍体牡蛎也已投入养殖，这种牡蛎有四套染色体且可育。当四倍体牡蛎和正常的二倍体牡蛎配对的时候，只能繁殖三倍体牡蛎。

转基因鱼和转基因贝类的商业时代已经到来。在转基因鱼方面，无论美国还是加拿大都没有出台相关的规章制度，研究人员花费巨的大精力建造栅栏、阻隔装置和警报系统，以防止实验鱼逃入自然环境中，然而，还是会发生偶然性的防护失败，导致转基因鱼逃到大自然中。如果转基因鱼和正常鱼杂交，会不会危及产卵种群？快速培育的种群会更容易受到疾病和环境问题影响吗？不育鱼的快速生长是否会影响整体渔业资源？尽管面临以上问题，但染色体和基因操作技术在水产养殖和渔业管理中仍然是有效的工具。

不破坏自然环境。

18.7 实际应用：捕捞底栖生物

动 物

底栖生物是有价值的海洋食品，包括甲壳类动物（蟹类、虾类、对虾、龙虾）和软体动物（贝类动物——蛤、贻贝、牡蛎，以及鱿鱼）。2000年，全世界范围内野生渔获量为720万吨贝类动物和600万吨甲壳类动物。考虑到市场对贝类动物和甲壳类动物的需求，相比与捕捞重量，它们的经济价值更重要。在美国，主要在墨西哥湾、新英格兰地区南部、切萨皮克湾和普吉特海湾捕捞牡蛎；在新英格兰地区捕捞龙虾；在所有的海岸线附近都能捕捞蟹和蛤；而在海湾及其他外海地带捕捞虾。这些地区的渔业一定程度上对当地经济作出了重要贡献。

许多在有鳍鱼类渔业遇到的问题也同样出现在底栖渔业中。例如1975—1980年间，越来越多的渔船进入白令海捕捉帝王蟹。1979年的渔获量为7万吨，到1994年则骤降为5 000 t。渔获量的快速减少是由于捕捞过度，加上对帝王蟹生活史的认知不足。帝王蟹要穿越白令海海底迁徙，但是如果对这些蟹种群以及它们的迁徙规律没有很好地认知，就难以实施有效的渔业保护措施。布里斯托尔湾曾是白令海中帝王蟹最丰产的区域，但是在1994年和1995年，由于该海湾雌蟹的数量极低，渔业被迫关闭。该渔场于1996年重新开放，在1998年渔获量达到7 500 t，但是在接下来的一年又急剧减少，到2001年的捕捞配额设置仅为3 200 t。

增加甲壳类动物和软体动物渔获量的主要措施是扩大全世界范围内的水产养殖和海洋养殖。2000年，海洋养殖的甲壳类动物和软体动物超过1 000 t。牡蛎、贻贝、扇贝和蛤在全世界海洋养殖场都有养殖。在亚洲和欧洲，筏式养殖软体动物十分普遍。把贝类动物的稚体绑在浮筏的绳子上，使贝类动物既能保持在水体中，又能获得丰富的食物并较少遭遇捕猎者。在日本、韩国、法国和西班牙，海水养殖品种主要为牡蛎和贻贝。日本的筏式养殖每年能够获得25万吨牡蛎。西班牙的筏式养殖则生产超过24.8万吨贻贝。日本也通过悬挂和置于海底的网笼来养殖扇贝，年产量约为21.1万吨。中国的扇贝养殖在2000年增加了将近100万吨。美国的贻贝和牡蛎养殖主面临的困难包括成本、许可政策、取代手工劳动的技术、提高饵食和疾病控制的研究等方面，如果美国海产品产量也想达到相同的增长，需要注意上述问题。

全世界海水养殖池中虾产量在1999年和2000年超过100万吨。按重量计算，甲壳类动物占全世界水产养殖量的5%，但是按价值计算则仅占25%。虾饲料中需含30%的鱼肉和3%的鱼油，高强度的虾水产养殖给全世界的野生鱼类带来压力（见第17章对鲑鱼水产养殖的讨论）。美国是世界上最大的虾市场，虾占海产品进口量的近50%，美国公司正在利用拉丁美洲成本较低的优势，在那些地方大规模投资建造虾养殖场。

藻 类

野外采集藻类主要在北欧、日本、中国和东南亚等地，它们是日本水产养殖和海洋养殖工业的重要组成部分。据估算，1999年海藻产品的产量为900万吨，绝大部分来自海水养殖。1999年和2000年，500万吨褐藻、190万吨红藻和近100万吨的绿藻来自海水养殖。

藻类是维生素和矿物质的良好来源而不提供热量，因为它的大多数细胞物质不被人所消化。一些绿藻被称为海中的生菜，可以用来制作海藻汤、色拉和其他菜中的调味品。海带（*Laminaria japonica*）在亚洲又被称为**昆布**（kombu），它的叶片可以用来做汤或炖煮食物，它既可以趁新鲜时食用，也可以烘干和腌制食用。它还可以调节甜度或切丝，用于制作糖或蛋糕。同属另一种海带也在欧洲有相同的用途。在沿岸地区，这些海带历史上曾被用来作为羊和牲口的冬季饲料，或者被撒在田地中以增肥。在美国和加拿大的西北沿岸，巨藻的叶柄被制成腌菜。红藻（*Porphyra*）在日本被称为海苔（nori），在不列颠群岛则被称为**紫菜**（laver）。日本从1700年开始就养殖红藻。海苔可以做汤、炖煮，也可以和大米、鱼肉包裹在一起制作成寿司。紫菜可晒干食用或用于制作色拉。

海藻也具有重要的工业用途。褐藻中可以提取**褐藻胶**（algin），红藻中可以提取**琼胶**（agar）和**卡拉胶**（carrageenan）。在加利福尼亚州，巨藻被用来生产褐藻胶。褐藻胶用作奶制品、颜料、墨水和化妆品中的稳定剂。它也可以用来加固陶瓷，提升石膏的黏性，使果酱变得黏稠，保持啤酒泡沫持久等。在日本、非洲、墨西哥和南美地区广泛生长着可以提炼琼胶的藻类。琼胶是实验室和医院用于细菌培养的介质，也是点心和药产品的成分。富含卡拉胶的野生藻类生长在新英格兰地区和加拿大东北部海域。卡拉胶是一种稳定剂和乳化剂，可以用来防止冰激凌、色拉酱、汤羹、布丁、化妆品和药物融化或分层。在美国，每年约使用455 t琼胶和4 550 t卡拉胶。

生物医药产品

许多底栖动物能够产生具有治疗作用的生物活性物质。一些海绵类动物的提取物具有抗炎和抗生素功能；从红藻中人们曾分离出抗凝血剂；有些珊瑚能产生抗微生物的化学成分；海葵（*Anthopleur*）能为人类提供一种强心剂；鲍鱼和牡蛎的提取物具有抵抗细菌的作用；骨螺（*Murex*）中可以分离出一种肌肉松弛剂；贻贝分泌的黏性物质可以用来加固牙的填料和牙冠，这些物质也可以被用来修复眼睛的眼角膜和视网膜，并取得了非常好的效果。

自20世纪80年代中期开始，人们对上千种海洋有机物的活性成分进行了筛选，检测它们在抗癌、抗炎、抗肿瘤、免疫抑制和抗病毒方面的可能性。采用分子生物技术可以快速筛查这些物质，例如检查这些自然化合物对抑制癌细胞生长的影响。圆皮海绵内酯就是从海绵体内提取的一种抗癌化合物。研究人员于1987年首次采集到这种海绵类动物，1990年分离出其中的化合物，1998年通过了研发和制造许可。

许多被研究的化合物来自将毒素用于自身防御的软体无脊椎动物，其中多数动物生活在种群数量密集、非常拥挤的环境中，例如生活在珊瑚礁和码头桩上。这些生物都发育出一系列化合物，用于保护自身不受捕食，从而在空间竞争上获得优势。有毒化合物能够毒死捕食者或相邻的生物，为自身提供生长的空间，而一些无毒化合物可以使它们变得难吃。从20世纪80年代中期开始，已经报道了超过5 000种此类化合物。

从全世界底栖生物中采集、提取、鉴定、检测和评价活性自然化合物，是花费时间且成本昂贵的事情。从发现特殊化合物到变成药品上架，需经过10～15年的时间，而且过程中可能耗资上亿美元的费用。即使这些都很顺利，也可能存在着其他各种问题。除非这些物质能够被成功地人工合成出来，否则对这种生物的需求量可能远远超过它们的供给量。

本章小结

底栖藻类固着在坚固底质上。这些藻类具有固着器、叶柄和叶片，能够进行光合作用，但是没有根、茎和叶。在基岩海滩生长的海藻，在表层水中为绿藻，在中等深度为褐藻，而在低潮水位以下主要为红藻。藻类都含色素，吸收在生长深度上透过的太阳光。通常按所含色素对藻类进行分类。巨藻属于褐藻。海藻为其他生物提供食物、栖息地和基底。还有一些底栖硅藻和种子植物也是底栖植物，包括海草和红树林。

底栖动物划分为生活在海底之上的底表动物和被埋在底质层下的底内动物。栖息在基岩潮间带的动物可以被划分为不同的分带，潮上带生物长时间暴露于空气中，潮间带中部的动物暴露于空气中和淹没于海水中的时间相当。这些动物具有紧密的贝壳或聚集在一起，以防止脱水。这个区域非常拥挤，对空间的争夺相当激烈。潮间带较浅区域的生存压力较小，是许多动物的栖息地。潮间带生物既有植食性的，也有肉食性的，每一种生物都有独特的生活方式和生存策略。

底栖区域的生物分带随栖息条件变化。潮池为潮间带较浅区域生物提供了栖息地，这里也可能变为极端生境。

相对于基岩区域，泥沙、砾石区域较不稳定。底质颗粒之间的空隙距离决定了沉积物的透水性。一些海滩比其他海滩含有更多有机物。几乎没有海藻能够固着在软质沉积物上，这里的摄食者也因此相对较少。大叶藻海草和虾形藻海草为特殊生物群落提供食物和栖息地。大多数生活在松软沉积物上的生物以碎屑和底泥为食。沿松软底质分带现象不明显。细菌在植物分解并把它们转变成碎屑的过程中，扮演着重要角色。细菌自身也是一个大型食物资源。

深海海底的环境非常均一。物种多样性随着深度增加而增加，但是种群密度随着深度增加而减少。深海底内动物的微小成员是小型底栖生物群落。大型穴居生物（例如海参）持续地改造沉积物。底上动物则在各个深度都能生存。

一些生物擅长于固着在底质表层，而一些擅长于钻洞。蛀虫对木材的危害极大。

高能海岸的底栖环境的生产力是热带雨林的2～10倍。热带珊瑚礁是特别的自控生态系统。珊瑚虫生长需要温暖清澈干净的浅水和坚硬底质。虫黄藻是一种能进行光合作用的甲藻，生活在珊瑚礁细胞中和大型蛤类中。珊瑚礁具有复杂而精妙的生物平衡，但是很容易被打破。珊瑚礁具有典型的成带结构，该结构与水深和波浪作用有关。珊瑚礁目前正经历着珊瑚白化、捕食者和疾病的巨大威胁。人类活动对珊瑚礁也是巨大威胁之一，这些威胁来自捕捞过度、污染、炸药和有毒物质的使用。为此，一个国际监测网正在运行。

在一些深的冷水区域中也能找到珊瑚礁。这里的珊瑚礁缺乏虫黄藻，人们对它们的认识才刚刚开始。

在一些自给自足的深海底栖生物群落中，大型快速生长的动物依靠化能细菌生存，它们是食物网的第一步。海底热泉和冷泉区域有生物群落分布。在北大西洋，密集的细菌群落与碳酸盐“白烟囱”有关。

在潮间带，可以通过手工方式对底栖生物进行采样；在更深地带采样则需要拖网、采泥器、岩芯采样器、遥控潜水器和自治式潜水器。采样方式有定性和定量两种。

贝类动物和甲壳类动物是富含价值的世界性食物资源，通过大型水产养殖的方式可以增加牡蛎、贻贝和虾的产量。

许多国家的人们采集藻类，日本养殖藻类。一些藻类被直接用来作为食物，一些被用作稳定剂和乳化剂，添加到食品和其他产品中。许多从底栖生物中分离出来的生物活性物质具有潜在使用价值。目前，研究人员已筛查了上千种活性化合物，以检测其抗癌抗肿瘤功能和其他特性。

关键术语

algae　藻类

holdfast　固着器

stipe　叶柄

blade　叶片

kelp　巨藻

epifauna　底表动物

infauna　底内动物

sessile　固着

vertical zonation　垂直成带

intertidal zonation　潮间带成带

mollusk 软体动物

nemertean 纽虫

brachiopod 腕足动物

nudibranch 裸鳃亚目动物

detritus 碎屑

bioturbation 生物扰动

benithic meiofauna 小型底栖生物

pogonophora 须腕类动物

polyp 珊瑚虫

zooxanthellae 虫黄藻

reef flat 礁坪

reef crest 礁顶

beach transect line 海滩样线

kombu 昆布

nori/laver 海苔/紫菜

algin 褐藻胶

agar 琼胶

carrageenan 卡拉胶

triploid 三倍体

chromosome 染色体

transgenic 转基因

本章中的关键术语可在“词汇表”中检索到。同时，在本书网站www.mhhe.com/sverdrup10e中，读者可学习术语的定义。

思考题

1. 解释海底热泉环境下，硫化物、细菌、管虫和蛤类之间的关系。
2. 底栖藻类（海藻）以什么方式适应潮间带和潮下带环境？回答时考虑它们的结构、色素和生存必须条件。
3. 在什么情况下，底栖藻类对于海洋环境非常重要？
4. 讨论潮间带和潮下带移动和固着生物的食物获取策略。
5. 讨论沿着基岩海滨的海洋生物潮间带分带的影响因子。
6. 假设一种新型生物能够适应潮上带、潮间带或潮下带，考虑它对食物、栖息地、避免被捕食的保护策略，它对环境的适应及其生命史。
7. 为什么一些潮下带生物生活在位于岩石、海滩高处的潮池中，而另一些潮下带生物却没有？
8. 为什么在没有黏性沉积物的沙滩上，波浪和破浪区域底栖生物很少？
9. 讨论细菌对底栖生物的重要性。
10. 比较$1m^2$的深海海底和$1m^2$的基岩潮间带区域，你会发现什么区别？请考虑生物量、物种丰富度和底质条件。
11. 当珊瑚礁周围的海水清澈并缺少浮游生物初级生产者时，珊瑚礁如何能够支持丰富多样的种群？
12. 什么是珊瑚白化？描述其发生的原因及后果。
13. 比较深海热泉区域和油气渗透区的生物。
14. 讨论鱼和贝类的基因操作，这些技术的优点是否大于其可能存在的缺点？
15. 比较光合作用和化能作用，列举它们的相同点和不同点。

附 录

方程和量化关系

比例关系

模型：$A/B=A'/B'$

缩放比例和垂直变形：（D/L）× V变形 $=D'/L'$

位移、速度、时间问题

位移 = 速度 × 时间

面积 = 面积扩展率 × 时间

体积 = 体积流动速率 × 时间

质量传输 = 质量传输速率 × 时间

旋转 = 旋转速率 × 时间

体积流率 = 流速 × 面积

平衡、稳态问题

体积、质量和能量不随时间变化。

流入量等于流出量。（速率 × 时间）$_{进}$=（速率 × 时间）$_{出}$

停留时间 = 质量或体积 / 输入或输出的速率

指数问题

$X=Ye^{\pm(rz)}$，计算时需要查找数学表或者使用计算器。

在随时间变化的问题里，z=时间，r=A/时间，X是初值Y变化一段时间之后的值。如果rz为正，那么X大于Y；如果rz为负，那么X小于Y。

当X=0.5(Y),(rz前符号为负号)且（rz）=0.693

以放射性衰变为例，半衰期的计算公式为：

$$0.5(Y)=1(Y)e^{-(rt)}$$

以光衰减为例：

$$I_z=I_o e^{-kz}$$

I_o为海表面光强，I_z海水深度为z时的光强，k是光衰减系数（见第5章的讨论）。光衰减系数k大约为$1.7/D$，D是海水透明度盘的下降深度。k由所有可见光或者个别光的波长所决定。

以种群为例：

$$P_{\text{time}=t}=P_{t=0}e^{+(rt)}$$

P是个体或种群的数量。在这个例子中，r为群落的繁殖速率（死亡率+捕食率）。

三维问题

体积 = 长度 × 宽度 × 高度

面积 = 长度 × 宽度

斜率问题

斜率 = 上升位移 / 水平位移

水平位移 × 斜率 = 海拔或高程的变化

微小颗粒的沉降速度：斯托克斯定律

$$V=(2/9)[g(\rho_1-\rho_2)/\mu]r$$

V=沉降速度，自由沉降速度，单位为cm/s

2/9=所有球状小颗粒的形状系数

g=地球重力加速度，9.8 m/s^2

ρ_1=（石英的）颗粒密度，单位为g/cm^3

ρ_2=海水密度，单位为g/cm^3

μ=海水黏性

r=颗粒半径，单位为cm

$V_{cm/s}$=（2.62×10^4）（r cm）^{2}用来确定直径小于0.125 mm的微小颗粒的沉降速度，通过测定其沉降速率来反演微小颗粒的大小。

热量问题

水在0℃时的溶解潜热为80 cal/g

水在100℃时的汽化潜热为540 cal/g

水的热容为1 cal/（g·℃）

热量＝质量（g）×热容×温度的变化值（℃）

数据插值

已知值为坐标值（a，c，d和f）以及相对应的数据值（P, R, V和X）。选择值b（在a和c之间）和e（d和f之间），找出被选择的值b和e所对应的数据值T。

	d	e	f
a	P		V
b	Q	T	W
c	R		X

步骤一：找到位于坐标值b和d之间的数据值Q

Q=P+（b−a）（R−P）/（c−a）

步骤二：找到位于坐标值b和f之间的数据值W

W=V+（b−a）（X−V）/（c−a）

步骤三：找到位于坐标值b和e之间的数据值T

T=Q+（e−d）（W−Q）/（f−d）

海水组成物质的稳定性

$$Cl_1‰ / Cl_2‰ = S_1‰ / S_2‰ = 离子A_1/离子A_2 = 离子B_1/离子B_2$$

下标1和2分别表示两种不同的浓度。

静水压强

$$p=\rho gz$$

p为压强，ρ为流体密度，g为地球重力加速度，z为流体的高度。

前进表面波

简单正弦波理论：

波速公式为$C= L/T$。L为波长；T为周期，是固定值。

C^2=（$g/2\pi$）$L\tanh$［（$2\pi/L$）D］，g=地球重力，D=水深，L=波长，tanh［ϕ］=角度［ϕ］的双曲正切。此处，ϕ等于（$2\pi/L$）D（弧度）。计算时需要查表或者使用计算器。

深水时的近似解：

当$D>L/2$时，$\tanh$［（$2\pi/L$）D］≈1.0，C^2=（$g/2\pi$）L

浅水时的近似解：

当$D<L/20$时，$\tanh$［（$2\pi/L$）D］≈（$2\pi/L$）D，$C=gD$

内波

沿双层系统边界的内波的速率（C）由水层的密度与其厚度的关系所决定。当波长L与水深相差很大时：

$$C^2=(g/2\pi)L\left[\frac{\rho-\rho'}{\rho\mathrm{cotanh}(2\pi h/L)+\rho'\mathrm{cotanh}(2\pi h'/L)}\right]$$

h和ρ是较重底层水的厚度和密度，h'和ρ'是较轻表层水的厚度和密度。cotanh是双曲余切。

当L与水深相差很小，cotanh（$2\pi h/L$）和cotanh（$2\pi h'/L$）的值接近1，并且

$$C^2=(g/2\pi)L\left[\frac{\rho-\rho'}{\rho+\rho'}\right]$$

这个方程与海表面的深水波方程有关，是两种流体的分界线——空气和水。在后来的情况里，空气的密度ρ'大约为水的密度ρ的1/1 000，可以忽略。

驻波、假潮

基于$L/T=\sqrt{gD}$，且为浅水波时。

闭合边界：

振荡周期为T=（$1/n$）（$2l/\sqrt{gD}$），n为波节点；L=2×海盆长度l；$L=2l$；D为海盆深度。

开放边界：

振荡周期为T=（$1/n$）（$4l/\sqrt{gD}$）。L=4×海盆长度，$L=4l$。

光、声音以及波的折射

斯涅尔定律：传播速度的改变会引起波向线和波前的折射和弯曲。

$$C_1\sin(a_2)=C_2\sin(a_1)$$

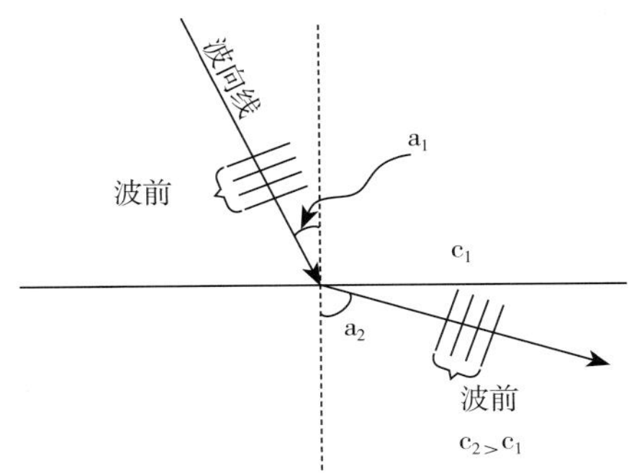

引潮力

两个物体之间的万有引力为

$$F=G（M_1M_2）/R^2$$

M_1为物质1的质量，M_2为物质2的质量，R为M_1与M_2中心之间的距离，G为牛顿万有引力常数。

$6.67\times10^{-8}\mathrm{cm}^3/（\mathrm{g}\cdot\mathrm{s}^2）=6.67\times10^{-8}\mathrm{dyn}\times\mathrm{cm}^2/\mathrm{g}^2$

由月球或太阳（质量为M_2）引起的对地球上单位质量物体M_1的万有引力为

$$F/M_1=G（M_2/R^2）$$

R为地球上单位质量物体M_1与太阳或者月球中心的距离。

$\Delta F/M_1$为引潮力，是地球表面单位质量物体所受的万有引力与地球中心单位质量物体所受的引力之差。

$$(F/M_1)_{表面}-(F/M_2)_{中心}=\Delta F/M_1$$

$$\Delta F/M_1=[GM_2/(R-r)^2]-[GM_2/(R)^2]$$

R为地球中心和太阳或者月球中心之间的距离，r为地球半径

$$\Delta F/M_1=(-GM_2/R^2)[1-(1/(1-r/R)^2)]$$

$$=(-GM_2/R^2)[-2r/R+(r/R)^2]/(1-r/R)^2$$

若已计算出r/R和$(r/R)^2$的值，那么：当$(r/R)^2$远小于$2r/R$时，$(r/R)^2$在分子中就能忽略；同理，当r/R远小于1.0时，那么r/R就能在分母中被忽略。

$$\Delta F/M=(-GM_2/R^2)[(-2r/R)/1]=2GM_2r/R^3$$

计算大圆距离

已知每个点的经度和纬度，以及地球的平均半径，可以计算地球上两点之间的大圆距离。

(ϕ_1,θ_1)和(ϕ_2,θ_2)是地理上的纬度和经度，单位为弧度。他们之间经度差$\Delta\theta$表示为弧度。

两点之间的地心角距离用弧度$\Delta\sigma$表示，公式表示如下：

$$\Delta\sigma=\arctan\left[\frac{\sqrt{(\cos\phi_2\sin\Delta\theta)^2+(\cos\phi_1\sin\phi_2-\sin\phi_1\cos\phi_2\cos\Delta\theta)^2}}{\sin\phi_1\sin\phi_2+\cos\phi_1\cos\phi_2\cos\Delta\theta}\right]$$

两点之间的大圆距离（单位为km）等于两点地心角距离乘以平均半径。平均半径约为6 372.8 km。

例如，计算加州洛杉矶的洛杉矶国际机场（LAX，点1）（北纬33° 56.4′，西经118° 24.0′）与伊利诺伊州芝加哥的奥黑尔机场（ORD，点2）（北纬41° 58.7′，西经87° 54.3′）之间的大圆距离。首先，将这些坐标转换为十进制的（北纬为正，西经为负）；然后乘以（π/180），将其转化为弧度。

LAX（点1）：

$\varphi_1=+33.94°$或者0.592 4 rad

$\theta_1=-118.40°$或者$-2.066\ 5$ rad

ORD（点2）：

$\varphi_2=+41.98°$或者0.732 7 rad

$\theta_2=-87.91°$或者$-1.534\ 3$ rad

那么：$\Delta\theta=(-2.066\ 5)-(-1.534\ 3)=-0.532\ 2$

将以弧度为单位的坐标代入地心角公式中，计算出$\Delta\delta$为0.440 6。将以弧度为单位的地心角距离乘以平均地球半径，以获得两点之间的距离：

（0.440 6）×（6 371 km）=2 807 km

部分混合河口处的水体和盐收支

流入的水体 = 流出的水体 = 水体的收支，体积恒定

得到的盐量 = 失去的盐量 = 盐量的收支，盐度恒定

T_0= 流出的混合水体体积速率，体积/时间

T_i= 海水流入体积速率，体积/时间

R= 江河流入河口速率，体积/时间

$S_0=T_0$水体的平均盐度，质量/体积

$\overline{S}_i=T_i$海水的平均盐度，质量/体积

水体收支：$T_o=T_i+R$

盐量收支：$T_oS_o=T_iS_i$

综合收支：$T_o=[\overline{S}_i/(\overline{S}_i-\overline{S}_o)]R$

河口的冲刷时间或者河口水的停留时间 = 河口的体积/T_o

$(\overline{S}_i-\overline{S}_o)/\overline{S}_i$= 以$T_o$流动的淡水部分

$(\overline{S}_i-\overline{S}_a)/\overline{S}_i$= 河口处的淡水部分

$\overline{S}_a$为河口水体中的平均盐度

$[(\overline{S}_i-\overline{S}_a)/\overline{S}_i]\times$河口体积=储存在河口处的淡水体积

（河口处的淡水体积/R）=淡水在河口处停留时间

浮游植物生产的碳

以质量计，浮游植物在光合作用中会以固定的比率生产碳（C），释放氧气（O_2），以及消耗营养盐中氮（N）和磷（P）。如果已知某一项的生产率或消耗量，通过比率关系就能得到其他物质相应的量。

$$O_2:C:N:P=109:41:7.2:1$$

词汇表

A

absorption 吸收 以化学或分子方式吸收物质；也可指通过穿透介质或者撞击表面，将声能或光能转换为其他形式，通常为热能。

abyssal 深海 深度4 000 m左右的海洋区域。

abyssal clay 深海黏土 深海海床上的陆源沉积物，至少占沉积物重量的70%。

abyssal hill 深海丘陵 高度小于1 000 m的海底圆形小山。

abyssal plain 深海平原 从大陆坡和大陆隆底部向海延伸的平坦海底盆地。

abyssopelagic 深渊 4 000 m以下至最深的海域。

accretion 淤积 沿海滩自然或人为沉积物的堆积现象，有助于形成新陆地。

acoustic profiling 声学剖面测量 利用振动能量探测海床沉积物的厚度和层理。

active margin 主动大陆边缘 见leading margin。

absorption 吸附 固体表面吸引离子。

advection 平流 水平或垂向的海水运输，有时仅指水平流动。

agar 琼胶 由红藻产生的一种胶类物质。

algae 藻类 多样化的从单细胞到多细胞的海洋和淡水植物。

algin 褐藻胶 从褐藻中发现并提取的复杂有机物质。

alluvial plain 冲积平原 河流从高处冲刷形成陆相沉积平原。

amphidromic point 无潮点 等潮线在同潮图上的汇聚点；旋转潮波的节点或低振幅点。

amplitude 振幅 波浪的振幅是从无扰动情况下的海平面到波峰或波谷的垂直距离，即波高的一半。

anadromous 溯河 在海洋中生长，成熟后回到江河上游产卵、培育仔鱼的迁移方式。

anaerobic 厌氧 生活在无氧的环境中。

andesite 安山岩 成分介于玄武岩和花岗岩之间的火山岩，与俯冲带有关。

anion 阴离子 带负电荷的离子。

anoxic 缺氧 缺乏氧气。

Antarctic Circle 南极圈 见Arctic and Antarctic Circle。

antinode 波腹 驻波中，振幅最大处。

aphotic zone 无光带 海洋中光强不足以进行光合作用的区域。

aquaculture，mariculture 水产养殖或海水养殖 控制条件下的水生生物养殖。

Arctic and Antarctic Circles 北极圈和南极圈 纬度分别为北纬66.5° 和南纬66.5° ，北极圈为夏至日时的昼夜边界，南极圈为冬至日时的昼夜边界。

armored beach 耐蚀型海滩 粗粒滞留沉积物形成的可以抵抗波浪和潮水侵蚀的海滩。

aseismic ridge 无震海岭 见transverse ridge。

asthenosphere 软流圈 位于地幔上部、岩石圈下部的可塑部分，可能部分呈熔融状态，在此可能形成热对流。

atmospheric pressure 大气压 地球上任一点处大气施加的压力，表现为某点上方的空气柱所受的重力。

atoll 环礁 环形珊瑚礁，被外海包围，中间为没有暴露陆地的潟湖。

attenuation 衰减 波或粒子束的能量随着远离源头而下降；由吸收、散射和点源发散引起。

autotrophic 自养 能够利用无机物为自己制造食物的生物。参见化能合成作用和光合作用。

autumnal equinox 秋分 见equinoxes。

auxospore 复大孢子 裸露的硅藻生殖细胞，可以成长到正常硅藻大小，并形成新的硅质外层。

B

backshore 后滨 前滨和海岸之间的海岸带，只在剧烈风暴和特大高潮时才受到波浪的影响。

bacterioplankton 浮游细菌 由细菌和古生菌组成。

baleen 鲸须 以浮游生物为食的鲸的上颚向下生长的角质物，呈梳状薄片的过滤器官。

bar 沙坝，沙洲 外滨底部由泥沙、砾石或其他松软沉积物形成的岭或堆，通常不露出水面，或者至少在高潮潮位时不露出水面；常出现在河口区域或与海滩平行的较短距离内。

barrier island 障壁岛 平行于海岸，高于海平面的砂质沉积体，可以支持植物和动物生活。

barrier reef 堡礁 平行且与海岸有一段距离的珊瑚礁，礁和海岸被水隔开。

basalt 玄武岩 细粒度黑色的火成岩，富含铁和镁，是典型的海洋型地壳岩石类型。

basin 海盆 巨大的海底洼地，长度和宽度大小相当。

bathyal 半深海的 深度为1 000 m至4 000 m的海洋区域。

bathymetry 测深学 研究和绘制海底高程和水深变化，相当于海底地形学。

bathypelagic 深海带 水深为1 000 m至4 000 m的海洋带。

beach 海滩 由松散物质组成的地带，在平均低潮线和永久植被覆盖区之间，也是有效限制风暴潮的地带；有时候包括离岸、向岸以及沿岸输送的物质。

beach face 滩面 暴露在波浪作用下的前滨部分。

Beaufort scale 蒲福风级 按风速范围划定的风力等级；或由这些风力引起的海况等级。

benthic 海底的 海底或者与海底动物有关的。

benthos 底栖生物 生活在海底的生物。

berm 滩肩 高潮时由海浪作用形成的近乎水平的海滩。

berm crest 滩肩脊 滩肩向海方向的末端。

bilateral symmetry 左右对称型 左右两侧彼此呈镜像。

biodiversity 生物多样性 相对于个体数量，一个区域的物种数量。

biogenous sediment 生源沉积物 由生物衍生的沉积物。

biological pump 生物泵 大气中二氧化碳以有机分子形式向海洋泵吸的光合作用输运；当有机物下沉和分解时，碳被输运到中层和深层海洋中。

bioluminescence 生物发光 生物体利用细胞、器官，或体外某种分泌物进行化学反应产生光亮。

biomass 生物量 全部或特定生物的总质量，通常表述为单位面积或单位体积内碳的干重。

biomechanics 生物力学 研究化学和物理过程如何影响生物基本特征例如大小和形状。

bioturbation 生物扰动 生物掘穴和摄食过程中对沉积物的扰动。

blade 叶片 藻类或海草的平整叶状部分，可进行光合作用。

bloom 藻华 一定区域内浮游植物因为繁殖能力增加而高度聚集，通常会使海水变色。见red tide。

breaker 破碎波 过陡导致崩塌破碎的海水表面波。

breakwater 防波堤 保护海滨、港口、码头、港池免受海浪破坏的建筑，导堤的一种。

buffer 缓冲剂 能够中和酸碱的物质，因此能够维持稳定的pH值。

bulkhead 堤岸 隔离陆域和水域的建筑物。主要用来防止陆地滑坡或坍塌，或减少海崖底部的波浪侵蚀。

buoy 浮标 与海底固定物或与其他物体连接的漂浮物，常作为航海辅助或海面标记物。

buoyancy 浮力 物体处于流体内或流体上，由流体的支撑作用而使物体浮动的力。

by-catch 副渔获物 见incidental catch。

C

caballing 混合增密 密度相同但水温和盐度不同的海水混合后，密度大于混合前两者平均密度的现象。

calcareous 钙质 包含碳酸钙或由碳酸钙组成。

calcareous ooze 钙质软泥 深海中含量大于30%的钙质生物壳体或小型海洋生物残骸的细粒沉积物。

calorie 卡路里 将1 g水升高1℃所需要的热量。

calving 裂冰 大量的冰从母冰川断裂，形成冰山或海冰。

capillary wave 毛细波 波长小于1.5 cm，主要恢复力为表面张力的波。

carbonate 碳酸盐 由含碳酸钙的有机物或无机物沉淀而成的沉积物或岩石。

CCD 碳酸盐补偿深度 也称为方解石补偿深度，是碳酸钙总量低于总沉积物20%的深度。通常也定义为生物骨骼物质产生碳酸钙的总量等于碳酸钙在水中溶解总量时的深度。该深度以下没有碳酸钙沉积。

carbon fixation 固碳 二氧化碳转换为有机碳的过程。

carnivore 食肉动物 食肉的生物。

carrageenan 卡拉胶 产自某些藻类的物质，类似于增稠剂。

catadromous 降海的 成年后在淡水中生活，产卵在开阔大洋的洄游方式。

cation 阳离子 带正电荷的离子。

cat's-paw 猫爪波 由阵风引起的水面明暗相间的条状波纹。

centrifugal force 离心力 一个物体沿曲线运动或绕轴旋转时向外的力，属于惯性力。

centripetal force 向心力 保持物体沿曲线运动或绕轴旋转时，必须向内的力。

chaetognath 毛颚动物 自由游动的肉食远洋类虫浮游动物，俗称箭虫。

chemoautotroph 化能自养生物 利用化学能量产生有机物的生物。

chemosynthesis 化能合成 利用无机物质如氨、甲烷、硫和氢，获取能量来形成有机化合物。

chloride 氯离子 氯原子在溶液中形成的带负电荷的离子。

chlorinity，Cl‰ 氯度 海水中氯离子的浓度，单位为g/kg。

chlorophyll 叶绿素 可进行光合作用的一类绿色色素。

chloroplast 叶绿体 细胞中可利用阳光进行光合作用的部分。

chromosome 染色体 细胞中携带线性序列基因的部分。

chronometer 天文钟 精度很高的便携式表盘，用于海上确定经度。

ciguatera 西加鱼素 热带鱼中发现的毒素，由甲藻产生。

cilia 纤毛 活细胞上微小像毛一样的部分，用于运动。

cluster 星系团 一组星系，可能包含数千个星系。

coast 海岸 宽度不定的陆地沿岸带，从内滨延伸，一直到不受海洋过程影响的地界。

coastal circulation cell，drift sector，littoral cell 沿岸环流系统 将沿岸沉积物从源头区搬运到淤积区的环流系统。

coccolithophorid 颗石藻 微小浮游藻类，其细胞壁含有钙质板。

cohesion 内聚力 物质中微粒之间的分子力，使微粒聚集。

colonial organism 群体生物 由不能独立生存的半依赖生物组成，或各自完成某特定功能的生物群协作组合。

commensalism 共栖 不同生物之间存在密切的关联，其中一种生物受益，另一种既不受损害，也不受益。

compensation depth 补偿深度 藻类通过光合作用产生的氧与通过呼吸作用消耗的氧达到平衡的深度，净产氧量为零。

condensation 冷凝 蒸汽变为液体或固体的过程。

conduction 传导 通过物质内部分子运动传递热量。

conservative constituent 保守成分 只是因为混合、扩散和对流，而不是因为生物或化学过程改变海水成分的性质，例如盐度。

consumer 消费者 以植物（初级消费者）或其他动物（次级消费者）为食的动物。

continental crust 大陆型地壳 形成大陆板块的地壳，主要成分为花岗岩和其衍生物。

continental drift 大陆漂移 大陆的移动。在板块构造理论之前，由阿尔弗雷德·魏格纳提出理论。

continental margin 大陆边缘 分离大陆和深海盆地的区域，通常可以细分为大陆架、大陆坡和大陆隆。

continental rise 大陆隆 由沉积物形成的大陆坡底部缓坡。

continental shelf 大陆架 从被水淹没线延伸，到有显著或急剧深度下降的大陆边缘区。

continental shelf break 大陆架坡折 大陆架外边缘坡度急剧增加的区域。

continental slope 大陆坡 从大陆坡折到更深的海区相对陡峭的下降坡。

contour 等值线 海图或图像上连接相同高程、温度、盐度或其他属性的线。

convection 对流 受热气体或液体通过运动传递热量，由流体密度改变导致的垂向环流。

convection cell 对流单体 由底部受热导致的流体或类似流体物质的环流。加热底部流体，使其密度降低并上升。上升后流体冷却，密度变大而下降，形成环流。

convergence 辐合 表面海水聚集下沉或和地表空气聚集上升。

convergent plate boundary 汇聚边界 两个板块不断汇聚或碰撞间的边界。

copepod 桡足类 小型类似虾的浮游动物，属于类甲壳纲。

coral 珊瑚 一种能够分泌坚硬钙质骨骼的寄居生物。珊瑚虫骨骼形成暖水珊瑚礁的部分框架。

corange line 等潮差线 旋转潮波潮差相等位置的连线。

core 岩芯或地核 岩芯指底部沉积物的垂向圆柱形采样，从中可以获取自然属性；地核指地球的中心区域，内部固态，外部熔融液态。

corer 岩芯采取器 空心管设备，用于打入底部沉积物中提取垂直样品。

Coriolis effect 科里奥利效应 作用在运动物体上的力，由于地球自转使北半球运动物体向右偏转，南半球运动物体向左偏转。该力与运动物体的速度呈正比，随所处纬度而变化。

cosmogenous sediment 宇宙沉积物 来自外太空的沉积物微粒，例如流星碎片和宇宙尘埃。

cotidal lines 同潮时线 海图上一定时间间隔潮波波峰位置的连线。

covalent bond 共价键 原子间通过共用电子对形成的化学键。

cratered coast 火山口型海岸 火山坑向海的一侧被海水侵蚀或火山喷发时破损，火山坑的内部与外海相连形成的一个凹湾的原生海岸。

craton 克拉通 组成大陆中心的大陆地壳构造单元。

crest 峰或脊 见滩肩脊、礁脊、波峰。

crust 地壳 固体地球的最外层，其下界通常被认为是莫霍界面。

crustacean 甲壳动物 一类主要水生生物，有成对的附肢和坚硬的外骨骼，包括龙虾、螃蟹、基围虾、桡足类动物等。

Cryoprotectant 冷冻保护剂 降低生物内液体冰点的物质。

ctenophore 栉水母动物 透明的浮游动物，具有球形或圆柱状的纤毛排，属于肠腔动物的一种。

Curie temperature 居里点 在火成岩冷却过程中，磁性特征被固定时的温度。

current 海流 海水的水平运动。

current meter 海流计 测量海流速度和方向的仪器。

cusp 滩角 一系列沿砂质或砾石海滩均匀分布的新月形洼地。

cyanobacteria 蓝细菌 开阔大洋中占主要成分的浮游植物。

cyclone 气旋 见typhoon和hurricane。

D

deadweight ton，DWT 载重吨 船舶运输货物、燃料、储存等的能力，取决于船的排水量。

declinational tide 赤纬潮 见diurnal tide。

decomposer 分解者 异养微生物（通常为细菌和真菌），分解无生命的有机物并释放营养物质，然后供自养生物再利用。

deep，Hadal zone 超深渊带 通常深于6 000 m的海底区域。

deep scattering layer，DSL 深海散射层 生物层，白天向海底运动，夜晚向海面运动。该层散射或直接垂直发射声波脉冲。

deep-water wave 深水波 海水深度大于1/2波长的水波。

degree 度 温度的单位。温度有三种不同的单位：华氏温度（℉）、摄氏度（℃）和开尔文（K）。

delta 三角洲 由松软沉积物淤积而成，通常外观呈三角形，形成于河流入口。

demersal fish 底层鱼类 生活在水体底部或靠近底部区域的鱼类。

density 密度 物质的性质，定义为单位体积物质的重量，通常表示为g/cm^3或kg/m^3。

depth recorder 深度记录仪 见echo sounder。

desalination 脱盐 从海水中获取淡水的过程。

detritus 碎屑　各种松散物质，特别是分解、破碎和死亡了的有机物质。

dew point 露点　水蒸气凝结的最高温度。露点温度下湿度接近100%。

diatom 硅藻　含硅质的微小单细胞藻类。

diatomaceous ooze 硅藻软泥　含量大于30%硅藻遗骸的沉积物。

diffraction 绕射　沿着波峰线侧向传播能量的过程。

diffusion 扩散　物质从高浓度区域向低浓度区域运动。

dinoflagellate 甲藻　浮游生物的一类。一些种类可以进行光合作用，而另一些不可以。

dipole 偶极子　和地球磁场一样，具有相反的两极。

dispersion，sorting 色散　波浪在离开风暴中心后传播时发生色散；在深水中，长波传播得比短波快。

diurnal inequality 日潮不等　在一个太阴日内，两次高潮或两次低潮的水位不等；两次涨潮流或两次落潮流的速度不等。

diurnal tide，declinational tide 全日潮或赤纬潮　一个太阴日内，只有一次高潮和一次低潮。

divergence 辐散　从某个共同中心向外的水平流动，与海水上升流和空气下降运动有关。

divergent plate boundary 离散板块边界　两板块的边界相互离散或分开。

Dobson unit 多布森单位　臭氧单位，定义为标准温度和压力。

doldrums 赤道无风带　航海术语，指赤道无风或弱风的区域。

domain 域　生物分类的最高级别。生命分为三个域——细菌域、古生菌域和真核生物域。

downwelling zone 下降流区　海水下沉，通常因为表面辐聚或表面海水密度增加的地带。

dredge 拖网　圆柱形或长方形的装置，由金属、网或两者兼有而制成，用于底部拖网获得生物或地质样本。

drift bottle 漂流瓶　为研究海流，在瓶子放置一张卡片并扔进海里。卡片上写有投放日期和地点，以及要求发现者汇报记录发现的日期和地点。

drift sector 漂移区　见coastal circulation cell。

dugong 儒艮　见sea cow。

dune 沙丘　风吹形成的砂质丘陵。

dune coast 海岸沙丘　由风吹沙丘沉积而成的原生海岸。

dynamic equilibrium 动态平衡　所有变化总量平衡，没有净变化。

E

Earth sphere depth 地球球深　假设地球固体体积不变，表面均匀平滑，海底距离当前平均海平面之下的深度。

ebb current 落潮流　当潮位下降时，潮流远离海岸或流向外海的运动。

ebb tide 落潮　潮位下降，从高潮到下一次低潮的时段。

echolocation 回声定位　一些海洋生物利用声波定位，识别水下物体。

echo sounder，depth recorder 回声测深仪　通过测定发出声波脉冲与其到达水底返回之间的时间间隔，测定水深的仪器。见precision depth recorder（PDR）。

ecology 生态学　研究生物与环境之间相互作用，以及生物和生物之间相互作用的学科。

ecosystem 生态系统　群落中各种生物和无生命环境之间的相互作用。

eddy 涡旋　海水的旋转流动。

Ekman spiral 埃克曼螺旋　对于无限深、无限宽、黏性均匀的理想海洋，恒定的风作用其表面，北半球表面海水将相对风向向右转动45°流动。在海水深处，水流速度逐渐衰减且向右旋转，直至在某一深度。

electrodialysis 电渗析　电荷相反的电极放置于半透膜的两端，用以加速穿过半透膜的离子分离过程。

electromagnetic radiation 电磁辐射　由电磁振荡形成的能量波。电磁波谱是所有电磁辐射的连续波谱，范围从低能量的无线电波到高能量的伽马射线，包括可见光。

electromagnetic spectrum 电磁波谱　见electromagnetic radiation。

El Niño 厄尔尼诺　风力驱动的太平洋赤道洋流逆转，导致暖水向美洲沿岸流动，因通常发生在圣诞节后而得名。

endotherm 内温动物　可以保持比周围海水更高的温度，但是不能像恒温动物一样控制相同的温度水平。

entrainment 卷吸　河口区域从底部盐水混合进入上层

淡水的过程。

epicenter 震中 地球表面地震位置正上方的点，用于识别地震发生的经纬度。见focus和hypocenter。

epifauna 底表动物 在海底固着生存或在海底自由移动的动物。

epipelagic 大洋上层带，光合作用带 大洋海水的上层部分，从海表向下延伸约200 m。

episodic wave，rogue wave 突发巨浪 与当地风暴条件无关的异常高巨浪。

equator 赤道 由垂直于地球轴线的平面确定的纬度0°，赤道上所有地方到南北极的距离相等。

equilibrium tide 平衡潮 由月球、太阳和不考虑自转的地球产生的引潮力所形成的理论潮汐。

equinoxes 平分点 一年中太阳直射赤道的一天，全球的白天和夜晚时间长度相同。春分发生在3月21日，秋分发生在9月22—23日。

escarpment 陡崖 由侵蚀和断层导致形成的海崖或陡坡。

estuary 河口 半孤立的海洋部分，受陆源淡水稀释。

eukaryote 真核生物 基于细胞形态学分类的一组生物。既有单细胞生物也有多细胞生物，所有的真核生物都有被内膜包裹的细胞核，细胞核包含有DNA。

euphausiid 磷虾类 浮游生物，虾状甲壳动物，例如磷虾。

euphotic zone 真光层 有充足光照可供光合作用生物生长的水层。

eustatic change 海平面变化 影响大陆海岸线的海平面全球变化。

evaporation 蒸发 液态变为气态的过程，水分通过水循环进入大气。太阳热量加热水体，水体蒸发变成水汽并上升进入大气。

evaporate 蒸发岩 水分蒸发后留下的沉淀或矿物，尤其是盐。

evapotranspiration 蒸发、蒸腾总量 蒸发和蒸腾共同作用的结果。

extremophile 嗜极微生物 在极端温度、缺氧条件，或者高酸、高盐环境下生存的微生物。这些环境一般会杀死其他绝大多数生物。

F

fast ice 固定冰 在浅水区，与海滨或者海床冻结在一起的海冰。

fathom 英寻 长度单位。1英寻约合1.8 m。

fault 断层 地壳破裂或断裂，一侧相对另一侧发生位移。

fault bay 断层湾 沿原生海岸的断层形成的海湾。

fault coast 断层海岸 由构造活动和断层形成的原生海岸。

fetch 风区 方向基本恒定的风吹过的连续水域。

filament 丝状体 排成链状的活体细胞。

fjord 峡湾 狭窄、深、边缘陡峭的入海口，由下降的多山海岸形成，或由于冰川融化后冰川入海蚀刻的槽谷而成。也可为一个深的表面区域较小的河口，有着相对多的河流输入和很弱的潮汐混合。

flagellum 鞭毛 活细胞表面延伸出的长鞭型器官，可以用于运动。

floe 浮冰 随海流或风运动的离散海冰。

flood current 涨潮流 当潮位上升时，潮水向岸或潮流上方的流动。

flood tide 涨潮 潮位上升，低潮水位到下一次高潮水位之间的时段。

flushing time 冲刷时间 河口与开阔海域交换水体需要的时长。

focus 震源 地球内部地震发生的位置。震源指明确的地震经纬度和深度。见epicenter。

fog 海雾 由水蒸气在空气中冷凝形成的可见的液态小水滴，是以地表为底的云。

food chain 食物链 将动物按照食物序列排列。见food web。

food web 食物网 复杂的交叉食物链，群落内捕食关系的集合。包括生产者、消费者、分解者和能量流。

foraminifera 有孔虫 微小的单细胞生物，通常分泌钙质壳。

foraminifera ooze 有孔虫软泥 组成中含有30%或更多的有孔虫遗骸的沉积物。

forced wave 强制波 由连续作用力产生的波，其传播速度快于自由传播。

foreshore 前滨 海滩的一部分，包括低潮阶地和滩面。

fouling 污损 海洋生物在水下物体上附着或生长，通常由人类制造或引入。

fracture zone 断裂带 海底深度不规则长条区域，特征为不对称的脊和槽。通常与断层有关。

free wave 自由波 一个力激发波动后，波动以其自然速度持续移动。

friction 摩擦 物体沿其表面移动。

fringing reef 岸礁 直接连接岛屿或大陆岸边的珊瑚礁石，没有被潟湖分离。

frustule 硅藻壳 硅藻的硅质外壳。

G

gabbro 辉长岩 粗质深色火成岩，富含铁和镁，相当于缓慢冷却的玄武岩。

galaxy 星系 多重引力作用下聚集的恒星集合。

generating force 生成力 产生波浪的力，例如风或山体滑坡掉进水中。

geomorphology 地貌学 研究地球陆地形成和形成过程的学科。

geostrophic flow 地转流 重力与科里奥利效应平衡时发生的海水水平流动。

glacier 冰川 大块由旧雪压缩再结晶形成的陆地冰，通过融化或冰裂，从积累区域向消融区域缓慢流动。

Global Positioning System(GPS) 全球定位系统 全球的无线电导航系统，包括24颗导航卫星和5个地面监测站。GPS系统利用卫星作为参考点计算地球表面精确的位置，GPS接收机可获得该位置。

Gondwanaland 冈瓦纳古陆 史前大陆，其分裂产生非洲、南美洲、南极洲、澳洲和印度。

graben 地堑 向下运动的部分地壳，是陡峭断层的边界。裂缝。

grab sampler 抓斗式采泥器 用于采取部分海底样品以进行研究的仪器。

granite 花岗岩 晶体粗质火成岩，主要由石英和长石组成。

gravitational force 万有引力 物质之间相互吸引的作用力。

gravity 重力 地心引力，由地球的质量确定的加速度是981cm/s^2，符号为g。

gravity wave 重力波 回复力为重力的波动，波长大于2 cm。

great circle 大圆 穿过地球中心的平面与地球表面的交叉线。任意两条经度相差180°的经线和赤道都是大圆航线。

greenhouse effect 温室效应 地球表面的“温室气体”，例如大气中的水汽和二氧化碳，吸收红外辐射造成全球平均温度逐渐增加。

Greenwich Mean Time (GMT) 格林尼治标准时 穿过英国格林尼治的本初子午线太阳时，也被称为世界时或祖鲁时间。

groin 丁坝 海岸防护建筑，通常垂直于岸线而建，用来捕获沿岸沉积物或防止海岸侵蚀。防波堤的一种。

group speed 群速度 一组波的传播速度。

guyot 平顶海山 水下平顶的海山。

gyre 流涡 水的环流运动，比涡流大，适用于较大的水流系统。

H

habitat 栖息地，生境 动植物生存和繁衍的地方。

hadal 超深渊 海洋中最深的部分。

half-life 半衰期 放射性元素的原子核半数发生衰变所需要的时间。

halocline 盐跃层 海洋中盐度随深度而迅速变化的水层。

harmful algal bloom（HAB）有害藻华 有毒和有害藻类大量暴发。

harmonic analysis 调和分析 将某地观测水位分解成许多有固定周期的天文分潮所采用的方法，用来预测某地的潮汐。

heat 热量 物质中原子和分子的总动能的标度。

heat budget 热量收支 由于辐射和反射作用，一年内地球吸收的太阳热量等于地球释放的热量。

heat capacity 热容量 单位质量物质改变单位温度所需的热量。见specific heat。

herbivore 食草动物 只吃植物的动物。

heterotrophic 异养的 不能直接利用无机物合成食物，需要有机物来维持生活。

higher high water 高高潮 不正规半日潮的两次高潮中

的水位较高的高潮。

higher low water 高低潮 不正规半日潮的两次低潮中的水位较高的低潮。

High Nitrate Low Chlorophyll a (HNLC) 高硝酸盐低叶绿素 尽管硝酸盐含量高，但是低含铁量限制浮游植物生产力的海洋表面区域。

high water 高潮 涨潮时达到的最大高度。

holdfast 固着器 底栖藻类依附在海床上的器官。

holoplankton 终生浮游生物 在整个生命史中都处于漂浮状态的生物。

homeotherm 恒温动物 身体温度只在很小的范围内变化的生物。

hook 钩状沙嘴 在外海一端转向陆地的沙嘴。

horse latitudes 马纬度 纬度在南北纬30°～35°之间的平静无风区域。

hot spot 热点 热地幔物质持久上升的地幔柱表面特征。

hurricane 飓风 恶劣的热带风暴气旋，风速大于120 km/h，通常用于大西洋区域。见typhoon。

hydrogen bond 氢键 一个水分子一端带正电荷的氢与另一个水分子一端带负电荷的氧之间微弱的吸引力。

hydrogenous sediment 水成沉积物 海水中溶解物质沉淀而形成的沉积物。

hydrologic cycle 水循环 陆地、海洋、大气之间由于垂直和水平运输、蒸发、降水产生的水体输运。

hydrothermal vent 热泉 高温地下水海底出口，与矿物沉积有关。

hypocenter 震源 见focus。

hypothermophile 嗜热菌 可以在温度大于90℃时生长的微生物。许多微生物生存在热液喷口处，它们是超嗜热菌。

hypothesis 假说 基于成熟的物理或化学规律对数据的初步解释。

hypoxic 缺氧的 水中含氧水平低，生物很难或不可能生存在低含氧量环境。

hypsographic curve 陆高海深曲线 按照陆地高程和海洋深度绘制的面积分布图。

I

iceberg 冰山 大块的陆地冰从冰川上断裂并漂浮在海上。

igneous rock 火成岩 熔浆凝固形成的岩石。

incidental catch 副渔获物 目标物种之外捕捞或收获的渔获物。

inertia 惯性 物质抵制运动发生变化时的性质。

infauna 底内动物 在沉积物内生存的动物。

inner core 内核 地球最内层的区域，呈固态，主要包括铁和少量其他可能元素，还包括镍、硫和氧。

internal wave 内波 在海表面之下，两种不同密度层边界处产生的波。

international date line 国际日期变更线 由国际协议设置的界线，位于180°经度，穿越太平洋，东边的日历日期比西边提前一天。

intertidal 潮间带 见littoral。

intertidal volume 纳潮量 海湾因为潮汐升降获得或失去的水体积。

inverse estuary 逆河口 多位于干旱气候条件下的高蒸发、少淡水输入地区。环流方向与典型河口相反，为深层向海，表层向陆。盐度通常高于普通海水盐度。

ion 离子 带正电荷或负电荷的原子或原子组。

ionic bond 离子键 相反电荷离子之间的静电相互作用。

island arc system 岛弧系统 俯冲带下沉板块上形成的火山岛岛链。

isobar 等压线 压强值相等的连线。

isobath 等深线 深度值相等的连线。

isohaline 等盐线 盐度值相等的连线。

isopycnal 等密度线 密度值相等的连线。

isostasy 地壳均衡 地壳上升或者下沉直至质量相互平衡，“漂浮”在地幔上的一种机制。

isothermal 等温线 温度值相等的连线。

isotope 同位素 质子数相同，但中子数不同的原子。

J

jellyfish, sea jelly 水母 半透明、铃铛状的浮游生物，通常有长触手和刺细胞。

jet stream 急流 分别位于南北纬30°～50°，地球上方12 km处的气流，自西向东以100 km/h的平均速度移动。

jetty 导堤 海岸建筑物，用于影响海流，或保护海港和河流入口免受波浪影响。

K

kelp 巨藻 大型褐藻，包括已知最大海藻。

kinetic energy 动能 物体运动产生的能量。

knot 节 速度单位，相当于0.51 m/s或1 n mlie/h。

krill 磷虾 类虾小型甲壳动物，大量存在于极地海水中，是须鲸类的食物。

L

lag deposit 滞留沉积物 较小颗粒物质被冲走后，较大颗粒物质留在海滩上的沉积物。

lagoon 潟湖 浅水体，通常有一个与海洋相连的受限浅水出口。

Langmuir cells 朗缪尔环流 风驱动产生的浅层环流，成对的螺线型水将漂浮物沿着线状辐聚区聚集。

LaNiña 拉尼娜 热带太平洋东部表面海水温度低于正常温度的事件。

larva 幼体 某种动物不成熟的幼年个体。

latent heat of fusion 融化潜热 将1 g冰转变为液态水所需的热量。

latent heat of evaporation 蒸发潜热 将1 g水从液态水转化为水蒸气时所需的热量。

latitude 纬度 用于表征赤道以南或赤道以北的距离。纬度是赤道平面和从地球中心向外到达地球表面某点的直线之间的角度。纬度变化从赤道向北为0° 到+90° ，向南为0° 到-90° 。结合经度，可用来确定地球表面某点的位置。

Laurasia 劳亚古陆 古代大陆，分裂产生北美洲和欧洲。

lava 火山岩浆 到达地球表面的岩浆或熔岩，有时指熔岩冷却凝固成的岩石。

lava coast 熔岩海岸 由活火山岩浆向海中延伸而形成的原生海岸。

leading margin，active margin 主动大陆边缘 海沟或俯冲带区域，处于上层的大陆板块边缘。

lee 背风区 不受风和波浪直接作用的区域。

light year 光年 光在一年内传播的距离。一光年等于9.46×10^{12} km。

lithification 岩化作用 松散沉积物向固体岩石的转换过程。

lithogenous sediment 岩源沉积物 主要受持续海水、海风、海浪侵蚀的岩石颗粒组成的沉积物。

lithosphere 岩石圈 地球外部的刚性圈层，包括大陆地壳、洋壳和地幔的上层部分。

littoral 沿岸带 平均高潮和平均低潮之间的海滩，潮间带区域。

longitude 经度 用于表征本初子午线以东或以西的距离。经度是本初子午线和经过地球某位置的第二条子午线在赤道平面上的夹角。经度有两种表述方法：一种是从0° 到东经360° 本初子午线，另一种是0° 到东经180° 和0° 到西经180° 。结合纬度，可用来确定地球表面某点的位置。

longshore current 沿岸流 与海岸成一定角度的破波带波浪破碎后产生的水流。沿岸流大致平行于岸线。

longshore transport（longshore drift）沿岸运输 由沿岸流引起的沉积物运动。

loran 罗兰导航系统 通过测定同步无线电信号的时间差异，确定所在位置的导航系统。这个单词源自于“远程导航”（long-range navigation）。

lower high water 低高潮 混合潮地区中，一个太阴日两次高水位中较低的一次高潮。

lower low water 低低潮 混合潮地区中，一个太阴日两次低水位中较低的一次低潮。

low-tide terrace 低潮阶地 前滨的平坦部分，位于斜坡滩面向海方向。

low water 低潮 退潮达到的最低水位。

lunar month 太阴月 月球从一个新月到下一个新月的历时（大约29天）。

lysocline 溶跃层 钙质骨骼物质开始溶解的深度。

M

magma 岩浆 冷却形成火成岩的地下熔岩物质，到达地球表面的岩浆又被称为火山熔岩。

magnetic pole 磁极 地球表面两个特定地点中的一个，该位置磁力线为垂向。

manatee 海牛 见sea cow。

manganese nodule 锰结核 深海海底呈多层圆形的块状

物，平均成分为约18%的锰结核，17%的铁，以及少量的镍、钴、铜和20多种其他金属。陆源沉积物的一种。

mantle 地幔 地球的主要组成部分，位于地壳和地核之间，压力和温度随着深度增加而增加，形成同心圈层。

mariculture 海水养殖 参见水产养殖。

maximum sustained yield 最大持续产量 在保证一个物种数量不发生持续衰减的情况下，每年能够捕获的最大产量。捕捞后剩下的渔业资源足以通过自然繁殖来补充捕获量。

meander 曲流 弯曲迂回的海流。

mean Earth sphere depth 平均地球球深 重新分布地球固体物质，将地球变成一个无海拔高度变化的光滑圆球后，陆地表面位于海平面之下的深度。在这种情况下，陆地表面在当前海平面之下2 403 m处。

mean ocean sphere depth 平均海洋球深 重新分布地球固体物质，将地球变成一个无海拔高度变化的光滑圆球后，海洋的深度。其值为2 646 m。

mean sea level 平均海平面 海表面的平均高度，基于各个验潮站19年观测数据。

meiobenthos 小型底栖生物 生存在海底沉积物里的小型动物。

Mercator projection 墨卡托投影 圆柱投影的一种。缺点是在高纬和极地地区变形较大。墨卡托投影经常被用于航海，因为其在地图上的方向就是真正的方向或罗盘航向。

meridian 子午圈 经过极点和地球表面上某点所形成的大圆。

meroplankton 阶段性浮游生物 成体为底栖生物或游泳生物，幼体为浮游生物。

mesoplagic 海洋中层带 200～1 000 m的大洋区域。

Mesosphere 中间层 平流层以上50～90 km之间的大气层，或指软流圈以下的地幔带。

metamorphic rock 变质岩 已存在的岩石因高温或者压力而改变重新生成的岩石。

microbial loop 微生物环 海洋食物网的组成部分，即细菌和微型浮游生物分解有机物，再将其返还给小型浮游动物的过程。

microplankton 小型浮游生物 体型微小的浮游生物，个体大小为0.07～1 mm，能被小型浮游生物网所捕捉。

minus tide 负潮高 低于平均低潮位或者验潮站零点基准的低潮。

mitigation 减灾 海岸带管理概念，要求开发者用等价的自然区域来取代已被开发的区域，或者恢复其他区域补偿开发区域。

mitochondria 线粒体 细胞中从食物提取能量的结构。

mixed tide 混合潮 在一个太阴日中，两次高潮和两次低潮的潮位存在较大差异的潮汐类型。

mixotrophic plankton 混合营养浮游生物 能够根据环境同时进行光合作用和呼吸作用的浮游植物类型。

Mohorovičič discontinuity（Moho）莫霍面 地壳和地幔之间的分界面，以地震波的速度快速增加为标志。

mollusk 软体动物 海洋生物，通常有壳。包括贻贝、牡蛎、蛤蚌、海螺和海参等。

monoculture 单一养殖 在一个水产养殖系统中仅进行一种生物的培养。

monsoon 季风 随季节变化的风。首先用于称呼阿拉伯海域的季风，一年有六个月是东北向，另外六个月是西南向；现在已经将类似定义扩大到了其他地区；在印度，西南季风为大众所熟知，该季风为印度带来降水。

Moon tide 太阴潮 仅仅由月球引潮力所引起的那部分潮汐，与由太阳引潮力引起的潮汐区别。

moraine 冰碛 由冰川沉积所形成的岩石、砾石，以及残留在冰盖边缘的沉积物。

mutualism 互利共生 两种生物因能彼此获益而共同生活的紧密关系。

N

nanoplankton 微型浮游生物 能够穿透普通浮游生物网，但却能够被离心技术分离出来的浮游生物。

nautical mile 海里 长度单位，约合1 852 m，等于纬度1'所对应的距离。

neap tide 小潮 发生在上弦月和下弦月期间，潮位达到最低水平。

nebula 星云 宇宙中一大团气体和尘埃形成的密集云状天体。

nekton 游泳生物 活跃浮游的中上层海洋动物，如成年的鱿鱼、鱼类以及海洋哺乳动物。

neritic zone 浅海带 从低潮水位到大陆架边缘的浅水地带。参见中上层。

net circulation 净环流 水体从表层流出河口，从深层流入河口的长期运输，是多个潮汐过程的平均值。

net plankton 网采浮游生物 见 microplankton。

nitrogen fixation 固氮 将氮气作为无机氮来源的生产过程。

node 节点 驻波中振幅为零或最小值的点。

nonconservative constituent 非保守成分 海水受生物或者化学过程以及混合、对流、扩散等作用而使浓度发生改变的成分，如海水中的营养盐和溶解氧。

normalization 标准化 将初级生产力除以生物量的标准方法。

nucleus 细胞核 储存大部分DNA的细胞组成部分。

nudibranchs 裸鳃亚目动物 软体腹足类动物，例如海参类动物。

nutrient 营养盐 在海洋中，初级生产者主要需要的大量无机物、有机物、离子等营养物质，例如氮、磷化合物。

O

oceanic 大洋的 大陆架向海延伸部分，又称“开阔海域”。

oceanic crust 大洋型地壳 位于深海沉积物之下的地壳，主要是玄武岩。

oceanic zone 大洋区 远离陆地直接影响的开阔海域。

offshore 滨外 海滨向海的方向。

offshore current 离岸流 远离海滨的海流。

offshore transport 离岸运输 沉积物或者水体远离海滨的运动。

onshore 向岸 海滨向岸的方向。

onshore current 向岸流 流向海滨的海流。

onshore transport 向岸运输 沉积物或者水体朝向海滨的运动。

oolith 鲕粒 由碳酸钙组成的小型圆形淤积。它是温暖浅水中的碳酸钙沉淀受到水温或者酸度变化而产生的沉积物。

ooze 软泥 含有30%或更多的微小海洋生物残余的钙质或硅质细粒深海沉积，剩余主要为黏土粒径的沉积物。

orbit 轨道 在水体波动中，指水质点随波动的运动轨迹；也指一个物体受到另外一个物体的万有引力而形成的固定运动路径，如地球绕太阳运动的轨道。

orographic effect 地形效应 流动空气爬越山脉而产生的降雨过程。

osmosis 渗透 通过扩散穿过半透膜，使膜两边的浓度趋同的作用。

osmotic pressure 渗透压 因渗透作用产生的流体压力。

outer core 外核 内核周围的液态区域，主要由铁和少量其他元素组成，如镍、硫、氧等。

overturn 对流 高密度水下沉，由底部低密度水取代。

oxygen minimum 最小含氧区 因呼吸作用和分解作用使溶解氧消耗至最小值的区域，通常深度为800～1 000 m。

ozone 臭氧 氧的一种形式，能够从太阳辐射中吸收紫外线，化学符号是O_3。

P

paleoceanography 古海洋学 研究过去海洋的特征及过程。

paleomagnetism 古地磁学 研究岩石中的古代磁场记录，包括历史上地球磁场逆转而导致的地球磁极位置改变。

Pangaea 泛大陆 包括所有大陆的古老大陆板块，后来分裂成劳亚古大陆和冈瓦纳大陆。

parallel 纬线 地球表面与赤道平行并把所有相同纬度的点连接起来的圆圈，纬度线。

parasitism 寄生 一方受益另外一方受损的不同物种间的紧密关系。

partially mixed estuary 部分混合河口 表层为较强向海净流，深层为较强的海水入流。

passive margin 被动边缘 见 trailing margin。

pelagic zone 远洋带 海洋的主要部分，包括了整个水体，又可细分为浅海和远洋带，当然也包括开阔海域。

period 周期 参见潮汐周期。

pH 酸碱度 用来衡量水溶液中的氢离子浓度。氢离子浓度决定了溶液的酸度。$pH=-\log_{10}(H^+)$，式中H^+指溶液中氢离子浓度。

phosphorite 磷灰岩 由大量磷酸钙形成的沉积岩，大部分以结核和团块的形式出现。

photic zone 透光层 水体中含有充足阳光可以进行光合作用的水层，通常深度浅于100 m。

photoautotroph 光合自养生物 能够利用光能产生有机物的生物。

photo cell 光敏电池 一种能够将光能转换为电能的装置，也能用来确定海面下的太阳辐射强度。

photophore 发光器 鱼类身上的发光器官。

photosynthesis 光合作用 植物有水、阳光和叶绿素的条件下，吸收二氧化碳释放氧气生产有机物的过程。

phylogeny 系统发育 古代生物与其后代之间的进化关系。

physiographic map 地文图 以透视图的形式描绘地球特征的图。

phytoplankton 浮游植物 微型海藻和能进行光合作用的浮游生物。

piezophile 嗜压微生物 在高压环境下生长的微生物，如生活在深海里的微生物。

pinniped 鳍足类 拥有能够游泳的鳍状肢的海洋哺乳动物种类，如海豹和海狮。

plankton 浮游生物 缺乏运动能力的被动漂浮生物。

plate 板块 岩石圈可大致分为12个板块，每个板块能够在软流圈上层独立移动。板块覆盖在软流圈上，由大洋地壳和大陆地壳及上层地幔的一小部分组成。

plate tectonics 板块构造学 研究地球岩石圈板块间的形成、移动、相互作用以及相互毁灭的理论，尝试用板块移动来解释地壳的变化。

poikilotherm 变温动物 体温随周围温度的变化随之变化的生物。

polar easterlies 极地东风带 从极地吹向大约北纬60°和南纬60° 的地区的风；在北半球是东北风，在南半球是东南风。

polar molecule 极性分子 具有不均衡电荷分布的分子。分子的一端呈弱正电荷，另一端呈弱负电荷。

polar reversal 极性倒转 地球的磁场呈现周期性的逆转，即北磁极转换为南磁极，反之亦然。

polar wandering curve 极移曲线 在不同地质时代地球北磁极位置连成的曲线。

Polaris（North Star）北极星 在离天极小于1° 的位置处，地球自转轴延长线到天空的直线上。它指向地理北极。北极星在水平面上的角高，即为北半球的观测者所在纬度位置。

polychaete 多毛类 海洋环节蠕虫类动物，有一些生活于管中，有一些是自由游动的。

polyculture 混养 在一个水产养殖系统中，培养两种及以上的物种。

polyp 水螅 某些腔肠动物（刺细胞动物门）生长过程中的固着阶段，例如海葵和珊瑚。

potential energy 势能 物体因其位置和状态所具有的能量。

precipitation 降水 大气中因冷凝而成所落下的产物，如雨、雪、冰雹；也包括降水时溶解的物质。

precision depth recorder（PDR）精密深度记录仪 通过返回脉冲的时间间隔能够得到连续海底图像的仪器。见echo sounder。

primary coast 原生海岸 主要由陆地过程而不是海洋过程所形成的海岸。

primary production 初级生产量 由光合作用或化能作用所形成的生物量，通常用单位体积海水所生产碳的克数表示。

primary productivity 初级生产力 通过光合作用以及化能作用所产生的生物量的速率，通常用每天单位体积海水所生产碳的克数表示。

prime meridian 本初子午线 经度为0° 的子午线，用来作为经度的起始位置；国际上公认的本初子午线位于英国格林尼治皇家天文台。

producer 生产者 能够将无机物质转化为食物的生物。

progressive tide 前进潮波 沿某个方向传播或前进的潮波。

progressive wind wave 前进风浪 沿某个方向传播或前进的风浪。

projection 投影 将经度和纬度投射到平面的制图方法，参见墨卡托投影。

prokaryote 原核生物 基于形态分类的一种生物种类。所有的原核生物都是没有细胞膜结构的单细胞生物。

原核生物也包括古生菌和细菌。

protozoa 原生动物 大多数只有一个细胞的微小生物。

pseudopodium 伪足 细胞质流动延伸出的临时性细胞器，用于移动或捕食。

psychrophile 嗜冷微生物 在低温环境下生存的微生物，例如在海冰中。

pteropod 翼足类动物 腹足演化成可游泳的翼足的上层软体动物。

pteropod ooze 翼足类软泥 含有30%或更多的翼足类动物外壳组成的沉积物。

P-wave（primary wave）纵波 质点振动方向与波传播方向相同的一种地震波。

pycnocline 密度跃层 海水密度随深度变化较大的水层。

R

radar 雷达 通过探测无线电信号发送和返回的时间间隔来确定和显示物体距离的系统，它源于“无线电探测”（radio detecting and ranging）。

radial symmetry 辐射对称型 绕中心轴的对称分布。

radiation 辐射 不需要其他物质，用电磁波或电磁射线传递能量。

radiolarian ooze 放射虫软泥 含有30%或更多放射虫残骸的沉积物。

radiolarian 放射虫 含有大量硅质的单细胞原生生物。

radiometric dating 放射性定年法 通过测定放射同位素丰度来确定样品地质年代的方法。

rafting 筏运作用 沉积物、岩石、黏土及其他陆源物质通过冰、圆木及类似物向海的运输，伴随有运载介质溶解或分解时所携带的沉积物。

rain shadow 雨影 在岛屿或者山脉的背风面，降水量很小的区域。随着空气沿着岛屿或山脉的迎风面的上升会形成降水，导致在背风面下降的空气十分干燥。

range 潮差 见tidal range。

red clay 红黏土 红棕色细粒的岩成沉积物，是主要的黏土类型，产生于陆地，由风和洋流运输，在远离陆地的深海处淤积，也称为棕泥 （brown clay）。

red tide 赤潮 由大量微生物（通常是甲藻类）引起沿岸海域的水体呈红色的现象；一些赤潮会引起鱼类的大量死亡，一些会污染甲壳类生物，也有一些不会产生有害影响。

reef 暗礁 由岩石或珊瑚组成的近海礁石，深度小于20 m，影响海上航行。

reef coast 珊瑚礁海岸 一种存在于热带海域中，由造礁珊瑚形成的次生海岸。

reef crest 礁顶 露出海面的珊瑚礁边缘，是珊瑚礁的最高部分。

reef flat 礁滩 珊瑚礁礁顶向岸和潟湖向海之间的区域。

reflection 反射 光、热量、声音、波动等撞击平面之后的反弹。

refraction 折射 波的方向发生改变或弯曲。

relict sediment 残留沉积物 由不再活跃的过程形成的沉积物。

reservoir 水储库 水的各种来源，或者临时储备水的地方，如海洋和大气。

residence time 停留时间 给定区域内某种物质被更换所需的平均时间，计算方法是将物质总量除以物质输入或者输出的速率。

respiration 呼吸作用 由食物或食物储存分子生成活细胞所需能量的新陈代谢过程。

restoring force 回复力 使扰动水面回复到平衡的力，如表面张力和重力。

reverse osmosis 反渗透 阻碍盐离子和其他杂质通过，让水分子通过半透膜，从而将海水变成淡水的过程。

ria coast 里亚型海岸 最后一个冰河时代冰川和冰盖融化，而海面上升时淹没沿岸河谷形成的原生海岸。

ridge 海岭 边缘陡峭，地形不规则的狭长海底高地。

rift valley 裂谷 板块分开新洋壳生成处由于断层形成的海底沟槽，例如沿着大洋中脊的中央裂谷。

rift zone 裂谷带 在岩石圈分裂断开的地带，新的地壳物质侵入裂缝或裂谷。

rip current 裂流 海滨离岸方向强的表面流，这是由入射海波和风在海滨处堆积的水体的回流产生的。

rise 海隆 长而宽的高地缓慢地从海底抬升。

rotary current 旋转潮流 在一个潮周期中，潮流方向连续变化，经过罗盘上的所有方向。

rotary standing tide 旋转驻潮 由驻波绕盆地中部某点不断转动所形成的潮汐。

S

salinity 盐度 海水中溶解盐的数量。它定义为当碳酸盐转化为氧化物，所有的溴化物、碘化物转化为氯化物，所有有机物都被氧化时，每1 kg海水中溶解物质总量的克数。

salinometer 盐度计 在已知的温度条件下，通过测定海水样品的导电性来确定海水盐度的仪器。

salt budget 盐收支 水体中盐分的增加和减少速率的平衡。

salt marsh 盐沼 由耐盐性的草类植物所构成的相对较浅沿岸环境。通常存在于温和的气候条件下。生产力丰富，并能通过堆积细小沉积物向海扩张岸线。

salt wedge 盐水楔 盐水沿底部侵入。在河口区，盐水楔在涨潮时向上游移动，在落潮时向海移动。

sand spit 沙嘴 见spit。

satellite 卫星 绕行星转动的物体，例如月球。从地球上发射到轨道上环绕某一行星或太阳运动的仪器。

saturation concentration 饱和浓度 溶液能够容纳某种溶解物质并且没有淀积的最大量。在溶解物质达到饱和浓度时，溶解和淀积的速率相等。

scarp 滩坎 海底或者海滩上狭长并相对较陡的斜坡，将两个滩肩分开。

scattering 散射 光能和声能由于不均匀的海表面或海底、水分子或水中悬浮颗粒物的反射，导致方向发生随机改变。

sea 海，风浪 有时与“海洋”（ocean）一词通用，海洋的较浅区域；有时特指与涌浪区分的风浪。

sea cow（dugong，manatee）海牛 生活在热带和亚热带海域的大型海洋哺乳类食草性动物，包括海牛（dugong）。

seafloor spreading 海底扩张 地壳板块远离大洋中脊的运动，并在大洋中脊产生新生地壳物质的过程。

sea level 海平面 相对某些参考面的海平面高度。参见平均海平面。

seamount 海山 海底高程至少1 000 m的独立火山。

sea smoke 海面蒸汽雾 由干冷空气流动到较温暖海域所形成，是海雾的一种。

sea stack 海蚀柱 在岬角附近因受侵蚀而与其分离的独立岩石柱。

sea state 海况 以等级或形态描述海表面波形高度的粗糙度。

Secchi disk 海水透明度盘 透明度盘通常为白色或黑白相间，通过目测透明度盘在水中消失的深度来测定水的透明度。

secondary coast 次生海岸 主要由海洋营力或海洋生物作用形成的海岸。

sediment 沉积 以松散形式累积起来的有机和无机物质的微粒。

sedimentary rock 沉积岩 矿物颗粒因风、水、冰输运，或者化学过程在某个位置的沉淀积累粘结而形成的岩石。

seiche 假潮 在扰动力停止之后，封闭或者半封闭水体内驻波周期性的持续振荡。

seismic 地震的 与地震或地壳运动有关的，或因其引起的。

seismic sea wave 海啸 见tsunami。

seismic tomography 地震层析成像 利用地震数据反演的精细三维地球内部层析图。

seismic wave 地震波 由地震引起的弹性扰动或振动。

semidiurnal tide 半日潮 在一个太阴日里有两次高潮和两次低潮的潮汐。

semipermeable membrane 半透膜 能够允许某些物质通过，但阻止其他物质通过的薄膜。

sessile 固着 永久被固定的，不自由移动。

set 流向 海流流动的方向。

shallow-water wave 浅水波 波长小于1/20水深的水波。

shingle 卵石 海滩上被水冲击研磨的光滑鹅卵石。

shoal 浅滩 除岩石和珊瑚之外物质形成的海底较高部分；可能会危害航行。

shore 海滨 水体和陆地交界的条状中间地带，随着潮汐和海浪被水掩盖或暴露于空气中。

sidereal day 恒星日 地球相对于遥远星系自转一周所需的时间，比一个平太阳日大约短4分钟。

sigma-t 海水的条件密度 海水密度的简写形式为 σ_t，在给定温度和盐度，不考虑压强的条件下，σ_t=（海水密度-1）×1 000。

siliceous 硅质 包含或组成二氧化硅的物质。

siliceous ooze 硅质软泥 生物源深海细粒沉积物，包含

30%或更多硅质沉积或小型海洋生物的残骸。

sill 海槛 分隔两个海洋盆地的浅水区域，或分隔海湾和相邻开阔海域的隆起地形。

slack water 平潮 潮流速度接近于零的时刻，发生在潮流方向改变时。

slick 海面带斑 光滑的水表面（注：通常具有不同水色的带状海面）。

sofar channel 深海声道 大海中能够远距离传输声音的自然声道；海洋中声速最小的深度；sofar源于词语“声音定位与测距”（sound fixing and ranging）。

solar constant 太阳常数 指在日地平均距离处，与入射辐射垂直的大气表面层，单位面积每秒钟接受的太阳辐射；数值等于2 cal/（cm^2· min）。

solar day 太阳日 地球相对于太阳自转一周的时间，平均太阳日为24小时。

solstice 至点 一年中太阳直射南纬或北纬23.5° 时的时间。冬至日约为12月22日，夏至日约为6月22日。

snoar 声呐 通过水下声波来确定海洋中目标的存在、位置、属性的仪器和方法。snoar源于“声波导航与测距”（sound navigation and ranging）。

sorting 色散 见dispersion。

sounding 测深 测量航行器下方水深。

sound shadow zone 声影区 声波不能穿透的水层，因水体密度结构能够反射声波所致。

Southern Oscillation 南方涛动 在东、西太平洋主要的高压和低压分布发生周期性转换。

specific gravity 相对密度 某种物质的密度与4℃水的密度之间的比值。

specific heat 比热容 某种物质的热容与水的热容之间的比值。

spectrum 光谱 按照波长或频率对电磁辐射的波段进行排序的波谱。常见光谱为可见光光谱，由自然光通过棱镜产生的从红色长波到紫色短波有序排列。

sphere depth 球深 假设某种物质均匀分布于地球面积相同光滑球体上，该物质能够产生的厚度。

spicule 骨针 海绵等动物体内的小型钙质软骨或硅质骨骼结构。

spit（sand spit）沙嘴 从河岸延伸下来的低洼的狭长带，或相对较长的狭窄的浅滩。

splash zone 浪溅区 见supralittoral。

spoil 弃土 疏浚淤土。

spore 孢子 水藻中一种微小的单细胞无性繁殖结构。

spreading center 扩张中心 产生新生地壳物质的区域。

spreading rate 扩张速率 两个板块之间分离的速率。扩张速率通常为在2～10 cm/a。

spring tide 大潮 新月和满月期间附近产生的潮汐，此时潮汐振幅最大。

standing crop 现存量 某个时刻的生物量。

standing wave 驻波 水表面在固定位置（也称波节）之间连续垂直振荡，不前进传播的一种波。波振幅最大的点叫波腹。

steepness of wave 波陡 见wave steepness。

stipe 叶柄 水藻中叶片与茎之间的部分。

storm berm 风暴浪滩肩 见winter berm。

storm center 风暴中心 风生表面波的发源地，是低压辐合系统。

storm tide（storm surge）风暴潮 沿着海岸，由风暴伴随的风应力和低压大气引起的水位异常上涨，当其与潮汐高潮、浅水地形结合起来时，水位可能会进一步上涨。

stratosphere 平流层 对流层上方的大气层，温度保持不变或者随高程变暖。

subduction zone 俯冲带 俯冲板块和上冲板块之间的辐合带，板块逐渐远离海沟向下俯冲，伴随地震活动。

sublimation 升华 某种物质不经历液态，直接从固态变为气态的过程。

sublittoral 潮下带 从低潮线到大陆架向海一侧边缘之间的水底带，潮下带。

submarine canyon 海底峡谷 相对狭窄“V”字形深陷，两侧为陡坡，底部穿过大陆坡不断下降。

submersible 潜水器 能进行研究的潜水设备，能够设计成载人型或进行远距离遥控的无人深海探测器。

subsidence 沉降 没有明显形变的广阔地壳整体下沉。

substrate 基质 生物能够生活或附着在基底上，构成这种基底的物质。

subtidal 潮下带 见sublittoral。

summer berm 夏季滩肩 在夏季由低能量的波形成的季节性滩肩，在冬季这种滩肩会被高能量的波移除。

summer solstice 夏至点 见solstice。

Sun tide 太阳潮 仅由太阳引潮力引起的潮汐，区别于月球引潮力引起的潮汐。

supersaturation 过饱和 溶解物质的浓度高于正常的饱和值。

supralittoral 潮上带 高水位之上被波浪、飞沫和最高高潮所影响的底栖带，也称作浪溅区（splash zone）。

surf 拍岸浪 波浪在滨线和破波带最外边缘之间区域破碎。

surface tension 表面张力 液体表面由于分子之间的结合力而收缩的趋势。

surimi 鱼糜 用于人造蟹肉、虾和扇贝肉的一种鱼肉蛋白细粉。

swash 冲流 破碎波水体爬坡冲刷的水流。

swash zone 冲流带 海中破碎浪冲刷的海滨区域。

S-wave（secondary wave）横波 质点振动方向垂直于波的传播方向的一种地震波。

swell 涌浪 从遥远的风浪生成区域传播而来的相对平稳的海浪。

symbiosis 共栖 两种不同生物生活在一起的紧密关系。

T

taxonomy 分类学 生物的科学划分方法。

tectonic 构造 导致地壳大规模变形和移动的过程。

tektite 玻陨石 撞击大气层中熔化而形成的圆形微粒。

temperature 温度 物质中原子或分子运动速率的表征。

terrane 地体 以断层为边界的地壳碎片，每个岩层有不同的历史。

terrigenous 陆源 陆地上的，主要由来自陆地的物质所组成。

test 壳 生物的外壳。

theory 理论 经过重复观察被验证的可信精确的结论。

thermocline 温跃层 温度随深度变化大的水层。

thermohaline circulation 热盐环流 因密度变化而产生的垂向环流，由温度和盐度的变化驱动。

thermosphere 热电离层 中间圈以上的大气层，从90 km高空一直延伸到外太空。

tidal bore 涌潮 在河口或河道以破碎波形式快速传播的高潮潮峰。

tidal current 潮流 因潮汐的涨落而导致的水平方向交替运动。

tdial datum 潮位基准面 测量海洋深度和潮汐水位的参考面，零潮位面。

tidal day 潮汐日 月球连续两次经过某一子午线的时间间隔，约为24小时50分钟。

tidal period 潮汐周期 连续两次高潮或低潮之间的时间间隔。

tidal range 潮差 连续的高潮和低潮之间的水位高度差。

tide 潮汐 月球和太阳引力作用于自转的地球，引起海平面的周期性起伏。

tidal wave 潮波 引潮力产生的长周期重力波，以潮汐涨落形式被观察到。

tombolo 连岛坝 松散物质沉积物，存在于两个岛之间，或者岛屿和大陆之间的连结处。

topography 地形学 陆地表面。见bathymetry。

toxicant 有毒物质 溶解于水中对生物产生有害影响的物质，也指服用大量这种物质或长期服用小剂量这种物质所产生的有害影响。

trace element 微量元素 浓度小于百万分之一的可溶于海水中的元素。

trade winds 信风 占据热带大部分区域的风系，从南北半球30° 左右流向赤道；在北半球是东北风，在南半球是东南风。

trailing margin（passive margin）被动边缘 最靠近大洋中脊的大陆边缘。

transform fault 转换断层 大洋中脊偏移处末端产生的水平位移断层。一些板块沿着转换断层彼此错动。

transform plate boundary 转换板块边界 两个板块之间相互平滑移动的边界。边界处常出现转换断层。

transgenic 转基因 遗传物质中引入另一种生物遗传物质的生物。

transpiration 蒸腾作用 植物将水分变成空气的过程。植物从根部吸收水分，从叶的气孔失去水分。生长旺盛的植物每天要蒸腾5～10倍体内含水总量的水分。

transverse ridge 横向海岭 与主脉海岭垂直分布的海岭。

trench 海沟 海底的长、深、狭窄深陷地形，具有陡峭的边缘，通常与俯冲带有关。

triploid 三倍体 细胞中含有三套染色体。

trophic 营养的 与营养物质有关的，营养级是某种生物在食物链或食物金字塔上的位置。

Tropics of Cancer and Capricorn 南北回归线 南北纬23.5°，标志在夏至日和冬至日之间，从赤道到太阳的最大弧度。

troposphere 对流层 大气层的最底层，温度随海拔增加而降低。

trough 海槽 海床上长条状凹陷地带，两侧坡度相对平缓，通常比海沟水平方向更宽，垂直方向更浅。另见wave trough。

T–S diagram 温盐图解 坐标轴分别为温度和盐度的曲线图，用不同深度的海水样品来描述水团。

Tsunami（seismic sea wave）海啸 由海底地震、火山爆发、沉积物滑坡或者海底断层引起的长周期海洋波浪。海啸波在远洋的源头点不易被注意到，它穿过海洋，到达浅水和海滨的时候高度会陡然增加。

tube worm 管虫 附着在水下基质上的蠕虫类生物，能够分泌生成管状物。

turbidite 浊积岩 由浊流堆积而成的沉积岩，其底部是粗糙颗粒，向上逐渐以细微粒和泥分层。

turbidity 浊度 由于悬浮物质所引起的水体透明度或清澈度的下降。

turbidity current 浊流 沿水下斜坡向下的稠密挟沙水流。

twilight zone 弱光层 有轻微的光亮，但是不足以用来光合作用的水层区域。

typhoon 台风 源于西太平洋的剧烈热带气旋风暴，在中国南海周边尤其常见。见hurricane。

U

ultraplankton 超微型浮游生物 比微型浮游生物更小的浮游生物，很难将它们与水体分离开。

Universal Time 世界时 经过英国格林尼治的本初子午线对应的太阳时，也称为格林尼治标准时（GMT）或者祖鲁时间（Zulu Time）。

upwelling 上升流 含有丰富营养物质的向上水流，通常由表面流辐散引起。

V

vernal equinox 春分 见equinoxes。

vertebrate 脊椎动物 拥有脊椎或脊柱的动物。

virus 病毒 只能在寄生活细胞中进行繁衍的传染性非细胞结构。

viscosity 黏性 流体抵抗流动的性质，流体的内部摩擦力。

W

Wadati–Benioff zone 和达–贝尼奥夫带 沿汇聚型板块边缘俯冲进入地幔的地震活动区。

water bottle 采水瓶 用作获取某一深度水样的装置。

water budget 水分收支 在某一区域内水体增加和减少之间的平衡。

water mass 水团 从海表面到深海，以温度相似性和盐度相似性划分的水体。

water type 水型 相同源头产生的温度和盐度在特定范围内的水体。

wave 波浪 在介质中或介质表面的周期性扰动，速度由介质属性决定。

wave crest 波峰 波浪的最高部分。

wave height 波高 波峰和相邻波谷之间的垂直距离。

wavelength 波长 两个连续波峰或两个连续波谷之间的水平距离。

wave period 波周期 两个连续波峰或波谷经过一个固定点所需要的时间。

wave ray 波向线 指示波的传播方向的直线，与波峰线垂直。

wave steepness 波陡 波高与波长的比值。

wave train 波列 从相同方向过来的一系列相似的波。

wave trough 波谷 波的最低处。

well–mixed estuary 强混合型河口 存在强烈的风应力或潮汐混合的河口。水体的盐度不随深度变化而变化，但从海洋至河流处会降低。

westerlies 西风带 大约位于北纬30°～60°之间，从西边刮来的风的系统；北半球为西南风，南半球为西北风。

wind wave 风浪 风作用在海表面所引起的波浪。

winter berm 冬季滩肩 由冬季高能量的波浪所形成的相对持久的滩肩。

winter solstice 冬至点 见solstice。

Z

zenith 天顶 头顶正上方天空中的一点。

zonation 成带现象 在近岸区域出现的利用最优生存条件形成的各种植物和动物群落带状分布。

zooplankton 浮游动物 浮游生物中的动物。

zooxanthellae 虫黄藻 一种与珊瑚或其他海洋生物共生的微生物（属于甲藻）。

Zulu Time 祖鲁时间 经过英国格林尼治的本初子午线对应的太阳时，也称为格林尼治标准时（GMT）或者世界时间（Universal Time）。

资料来源

第 2 章

表 2.4：Data from H. W. Menard and S. M. Smith. 1966. Hypsometry of Ocean Basin Provinces. *Journal of Geophysical Research,* 71 (18): 4305–25.

第 3 章

图 3.1：Courtesy of Berkeley Seismological Laboratory, University of California Berkeley. Reprinted with permission.

图 3.8：Earthquake Epicenters, 1961–1967. From Barazangi and Dormar, *Bulletin of Seismological Society of America,* 1969. Two maps depicting earthquake epicenters. Seismological Society of America, El Cerrito, CA.

图 3.9：Data from J. G. Sclater and J. Crowe, "On the Variability of Oceanic Heat Flow Average" in *Journal of Geographical Research,* 81:17 (June 1976), p. 3004. American Geophysical Union, Washington, D.C.

图 3.12：From D. H. Tarling and J. C. Mitchell, "The Earth's Magnetic Polarity as a Function of Millions of Years Before Present" in *Geology,* 4.3 (1976). The Geological Society of America. Reprinted with permission.

图 3.13：Modified with permission from R. L. Larson and W. C. Pitman, III, 1972, Geological Society of America Bulletin.

图 3.15：From The Bedrock Geology of the World by R. Larson, et al. © 1985 by R. L. Larson and W. C. Pitman. Used with permission of W. H. Freeman and Company.

图 3.27：From Robert J. Stern, "A Subduction Prime for Instructors of Introductory-Geology Courses and Authors of Introductory-Geology Textbooks," *Journal of Geoscience Education* 46:221-28, 1998. Reprinted with permission.

图 3.29：Courtesy of NASA.

第 4 章

图 4.7：From pp. 321–322 from SUBMARINE GEOLOGY, 3rd ed. By Francis P. Shepard. Copyright © 1948, 1963. Reprinted by permission of Pearson Education, Inc.

第 112 页，窗图 1：Figure is modified from Figure 1 in Clauge, D. A., and J. G. Moore, 2002. "The Proximal Part of the Giant Submarine Wailau Landslide, Molokai, Hawaii." *Journal of Volcanology and Geothermal Research* 113: 259–87.

第 113 页，窗图 2：Figure is modified from Figure 1 in Moore, J. G., D. A. Clague, R. T. Holcomb, P. W. Lipman, W. R. Normark, and M. E. Torresan. 1989. Prodigious Submarine Landslides on the Hawaiian Ridge. *Journal of Geophysical Research* 94: 17465–84.

图 4.17：From *Sedimentary Geology: An Introduction to Sedimentary Rocks and Stratigraphy,* 2/e by Donald R. Prothero and Fred Schwab, p. 198. © 1996, 2004 by W. H. Freeman and Company. Used with permission.

表 4.3：Reprinted from *Chemical Oceanography* 2nd Edition, Vol. 1, 1975, Riley & Skirrow, "Major constituents of seawater," with permission of Elsevier.

表 4.4：Reprinted from *Chemical Oceanography* 2nd Edition, Vol. 1, 1975, Riley & Skirrow, "Major constituents of seawater," with permission of Elsevier.

图 4.19(a) ~ (b)：From M. N. Hill, *The Sea,* Vol. 2. © 1963. Reprinted with permission of John Wiley & Sons.

第 5 章

表 5.5：Reprinted from *Chemical Oceanography,* Vol. 8, 1983, Riley & Chester, with permission of Elsevier.

图 5.10：From Sverdrup/Johnson/Fleming, *The Oceans,* 1942, renewed 1970, p. 105. Adapted by permission of Prentice Hall, Inc., Upper Saddle River, N.J.

第 6 章

表 6.1：From J. P. Riley and G. Skirrow, *Chemical Oceanography,* Vol. 1, 2nd edition. Copyright 1975, Elsevier Science. Reprinted by permission.

表 6.2：From J. P. Riley and R. Chester, *Chemical Oceanography,* Vol. 8. Copyright 1983, Elsevier Science. Reprinted by permission.

表 6.3：Data from U.S. Geological Survey.

图 6.6：Modified from Carbon Cycle, Wikipedia (http://en.wikipedia. org/wiki/carbon-cycle).

第 7 章

图 7.3：Source: NOAA Meteorological Satellite Laboratory.

图 7.9：Source: NOAA Marine Climate of Washington.

图 7.11(a)：Scripps Institution of Oceanography/ UCSD

图 7.11(b)：Source info: Scripps Institution of Oceanography, UC San Diego. Reprinted with permission.

图 7.12：Source: Modified from National Oceanic and Atmospheric Administration: www.cpc.ncep.noaa.gov.

图 7.29：From *The Open University, Open Circulation,* 2nd edition. Reprinted with permission of Elsevier.

图 7.31：Data from NOAA-CIRES Climate Diagnostic Center, University of Colorado at Boulder.

图 7.33：Image courtesy of Robert Leben, Colorado Center for Astrodynamics Research, University of Colorado, Boulder. Reprinted with permission.

第 8 章

图 8.11：Adapted from the National Renewable Energy Laboratory.

第 9 章

第 232 页，窗图 1：Source: Curtis E. Ebbesmeyer and W. James Ingraham, Jr., "Shoe Spill in the North Pacific," in American Geophysical Union EOS, *Transactions,* Vol. 73, No. 34, August 25, 1992, pp. 261, 365.

第 233 页，窗图 2：Source: Curtis E. Ebbesmeyer and W. James Ingraham, Jr., "Shoe Spill in the North Pacific," in American Geophysical Union EOS, *Transactions,* Vol. 73, No. 34, August 25, 1992, pp. 261, 365.

图 9.11：From Sverdrup/Johnson/Fleming, *The Oceans,* 1942, renewed 1970, p. 105. Adapted by permission of Prentice Hall, Inc., Upper Saddle River, N.J.

第 10 章

图 10.18：Source: www.ndbc.noaa.gov/dart.shtml.

图 10.20(a)：Source: Adapted from "Oceanic internal waves" found at http://www.ifm.uni-hamburg.de/ers- sar/Sdata/oceanic/intwaves/intro/index.html.

图 10.20(c)：From Alpers, W., P. Brandt, and A. Rubino, Internal Waves Generated in the Straits of Gibraltar and Messina: Observations from Space, in V. Barale and M. Gade (Editors), "Remote Sensing of the European Seas," Springer, p. 321, 2008. With kind permission of Springer Science+Business Media.

第 11 章

表 11.2：Source: www.tidepredictor.com, University of South Carolina.

表 11.3：Source: www.tidepredictor.com, University of South Carolina.

第 12 章

图 12.15：D. L. Inamn and J. D. Frautschy, *Littoral Process and the Development of Shorelines,* 1965, pp. 511–536. Coastal Engineering, ASCE, New York. Reprinted with permission of ASCE.

图 12.17：Image Courtesy of NASA.

第 308 页，窗图 1：From Leuliette, E. W., R. S. Nerem, and G. T. Mitchum, 2004: Calibration of TOPEX/Poseidon and Jason altimeter data to construct a continuous record of mean sea level change. *Marine Geodesy,* 27(1–2), 79–94. http://sealevel.colorado.edu. Reprinted with permission from the Colorado Center for Astrodynamics Research.

第 13 章

表 13.1：Data from U.S. Environmental Protection Agency.

表 13.2：From George M. Woodwell, et al., DDT Residues in an East Coast Estuary, *Science* 156 (1967): 821–2Copyright 1967 American Association for the Advancement of Science. Adapted with permission from AAAS.

图 13.3：Data source: Lefkovitz, L. F., C. I. Cullinan, and E. A. Crecilius. Historical Trends in Accumulation of Chemicals in Puget Sound. NOAATechnical Memorandum NOS ORCA 1111, Silver Spring, Maryland, 1997.

图 13.4：Data source: Nancy Rabalais, Louisiana Universities Marine Consortium.

图 13.5：Data source: Nancy Rabalais, Louisiana Universities Marine Consortium.

图 13.7：Data from D. Spences, An Abyssal Ocean Option for Waste Management, 1991.

图 13.8：From International Tanker Pollution Federation, Ltd. Reprinted with permission.

表 13.4：Data from Accidental Tanker Oil Spill Statistics, International Tanker Owners Pollution Federation, Ltd.

第 338 页，窗图 1：Reprinted from Eos. Trans., AUG, 83, 30, July 23, 2002, Washington, D.C. Reprinted by permission of the American Geophysical Union.

第 339 页，窗图 2：Reprinted from Eos.Trans., AUG, 83, 30, July 23, 2002, Washington, D.C. Reprinted by permission of the American Geophysical Union.

第 339 页，窗图 3：Reprinted from Eos. Trans., AUG, 83, 30, July 23, 2002, Washington, D.C. Reprinted by permission of the American Geophysical Union.

第 339 页，窗图 4：Reprinted from Eos. Trans., AUG, 83, 30, July 23, 2002, Washington, D.C. Reprinted by permission of the American Geophysical Union.

表 13.5：From: The World's Imperiled Fish, by C. Safina. In Scientific American Presents the Oceans 9 (3): 58–63, 1998.

表 13.6：Data from D.M. Alverson et al., "A Global Assessment of Fisheries by Catch and Discards," 1994. FAO Technical Paper No. 339. Reprinted with permission of the Food and Agriculture Organization of the United Nations.

第 15 章

图 15.1：James L. Sumich, *An Introduction to the Biology of Marine Life*, 7/e, 1999. Jones and Bartlett Publishers, Sudbury, MA, www.jbpub.com. Reprinted with permission.

表 15.2：Reprinted from *Biological Oceanography, An Introduction*, 2nd ed., C. M. Lalli and T. Parsons, 1997, with permission from

Elsevier.

表 15.3：Data from S. Smith and J. Hollibaugh. 1993 Coastal Metabolism and the Ocean Organic Carbon Balance. *Review of Geophysics* 31 (1): 75–89. Reproduced by permission of American Geophysical Union.

图 15.10：Adapted from Ralph and Mildred Buchsbaum, *Basic Ecology*, 1957, Boxwood Press.

第 16 章

表 16.1：After J. T. Turner and P. A. Tester, Toxic Marine Phytoplankton, Zooplankton, Grazers and Pelagic Food Webs, *Limnology and Oceanography* 42 (5, part 2; 1997): 1203–14. Copyright 1997 by the American Society of Limnology and Oceanography, Inc. Reprinted with permission.

出版后记

我们经常在媒体上看到“厄尔尼诺”一词，这是发生在秘鲁和厄瓜多尔附近东太平洋洋面温度上升的现象。厄尔尼诺现象发生时，海水温度升高，海流和信风减弱，从而影响全球气候。通常，厄尔尼诺发生后，我国容易出现暖冬，次年夏季容易出现暴雨洪涝。尽管厄尔尼诺的发生源地距离我国十分遥远，但海水温度哪怕只上升1℃，也会给全球带来极大影响，这不能不说是一种“蝴蝶效应”。

当今，塑料污染是又一个摆在人类面前的严峻问题。数量庞大的塑料垃圾被投入海洋。它们在茫茫大海上漂浮，犹如鬼影，威胁着海洋动物的生命。海洋动物遭遇或误食这些塑料后，很容易窒息身亡。此外，海洋微塑料会带来更严重的危害。这些比肉眼还细微的塑料经由海洋食物进入食物链，最终被端上人类的餐桌。这些无论在陆地上还是海洋中都难以降解的塑料，一旦在人体内聚集，最终损害的还是人类自身。

不过，海洋中蕴藏着丰富的资源，包括水和食物资源、深海矿产、渔业资源、石油和天然气水合物。人类还利用与海洋有关的能量来发电，例如温差能、波浪能、潮流能。因此，从更广义的视野看来，我们通过海洋获益良多。

以上所提及的种种，只是海洋与人类生活众多关系中的一些侧面。事实上，现在普遍认为，地球生命起源于海洋；海洋塑造并调节地球气候，同时也是塑造地表形貌的一种重要作用。认识地球，就绕不开这占据了地球表面71%面积的存在。我们应该从最基础的原理出发，全面认识海洋，构建海洋思维，系统理解海洋－大气－陆地之间的相互作用关系，从而为解决人类发展中那些重要的自然问题开拓更好的思路。

《认识海洋》（全彩插图：第10版）正是这样一本书，它为读者开辟了一条了解海洋的航道，带领读者进行一次海洋之旅。本书的两位作者在海洋研究领域颇有建树，基斯·A. 斯韦德鲁普在威斯康星大学密尔沃基分校讲授海洋学课程多年，多次获得该校的本科教学奖；E. 弗吉尼亚·安布拉斯特是华盛顿大学的生物海洋学专家。

打开本书，读者首先会加入人类历史上多次激动人心的航海之旅，了解人类探索海洋的缘起和历史，以及海洋学这门学科的形成和发展概况；接下来，读者可以跳出地球视野，从宏观的宇宙角度来理解海洋所遵循的自然规律；之后再落回地球，认识海洋地质过程对地球的塑造作用。这些基础知识有助于帮助读者打造系统化思维，融会贯通地理解后续内容。在之后的内容中，作者分别从物理（波浪、海流、潮汐，以及声、光、热）、化学（海水组成、溶解气体和营养盐）、气象（热量传递、海气作用和水循环）、生态（沿岸环境、污染物以及各种尺度的海洋生物）等方面，由表层到海底，全方位地剖析海洋学知识。本书每章的开头部分都概括了读者阅读完该章后所能了解和掌握的知识，每章末尾也都设置了思考题，部分章节附有简单的计算题。感兴趣的读者可以尝试练习解答这些题目，相信一定能有所收获。

科学研究与实际应用也密不可分。书中还穿插了两种形式的专栏（“知识窗”和“专业笔记”），读者可以通过这些极具趣味性和可读性的专栏了解到：海洋家是如何展开思考和研究问题，并从研究走向实际应用的，以及哪些新技术和新方法会伴随着科学的发展而诞生。如今在人们眼中具有浪漫意义的漂流瓶，最早其实是科学家用来研究海流的手段。现在，人们已经能利用卫星和深潜器，“上天入地”地理解海洋过程。我国的“蛟龙”号载人深潜器最深可达水下7 000米，工作范围可覆盖海洋99.8%的区域。在科学家的不懈努力下，公众不断增进对海洋的认识。

随着经济的发展，人口向沿海发达地区聚集。海洋与我们的生活息息相关，对它的了解不应当只流于表面。海洋具有极强的包容性和贯通性，“21世纪是海洋的世纪”，掌握一定的海洋学知识非常必要。认识海洋，爱护海洋，扩充个人的知识素养，拓展视野，理解世界海洋系统和原理——这些都非常有助于人们理解地球的过去和未来。究竟如何才能维持地球的可持续发展？也许，人们可以从海洋中找到出路。

服务热线：133-6631-2326　188-1142-1266

读者信箱：reader@hinabook.com

后浪出版公司

2020年2月